架空输电线路
施工机具
手册

蒋平海　高怡　陈其泽
缪谦　杨军宁　编著

中国电力出版社
CHINA ELECTRIC POWER PRESS

内 容 提 要

本手册包括目前国内架空输电线路建设中所需的各种施工机械设备和工器具，并附有详细的插图。全书共分五篇二十一章，按基础施工、组塔施工机具和架线施工机具三大工序详细阐述了各自所用施工机械设备和工器具的技术参数、结构原理及使用维护等方面的内容。对线路施工机具标准的主要内容，以及设计、制造、使用、试验和检验等方面也做了较详细的阐述。另外对光缆施工机具、索道运输、直升机施工技术也做了介绍。手册中还列出了 110kV 及以上电压等级的架空输电线路各施工工序所需机械设备和工器具的配置表，可供施工现场配置、选购施工机具时参考。

本手册可供从事高压架空输电线路施工的工程技术人员和管理人员使用，也可供从事线路施工机具设计、制造的工程技术人员使用，是架空输电线路施工机械设备和工器具的使用、科研、设计、生产制造的实用工具书，对架空输电线路施工组织设计时的设备和工器具选用与采购也有较好的参考价值。

图书在版编目(CIP)数据

架空输电线路施工机具手册/蒋平海等编著. —北京：中国电力出版社，2014.1
ISBN 978-7-5123-3948-4

Ⅰ.①架… Ⅱ.①蒋… Ⅲ.①架空线路-输电线路-施工机具-技术手册 Ⅳ.①TM726.3-62

中国版本图书馆 CIP 数据核字(2012)第 315609 号

中国电力出版社出版、发行
(北京市东城区北京站西街 19 号 100005 http://www.cepp.sgcc.com.cn)
北京丰源印刷厂印刷
各地新华书店经售

*

2014 年 1 月第一版 2014 年 1 月北京第一次印刷
787 毫米×1092 毫米 16 开本 58.75 印张 1412 千字
印数 0001—3000 册 定价 188.00 元

　　架空输电线路施工机械设备和工器具的使用不但直接关系输电线路建设的工程进度，而且对工程质量也有很大的影响。随着电网建设的快速发展，特别是第一条500kV线路投建至今，架空输电线路施工中采用的施工机械设备和工器具的品种规格不断增加、更新，大大提高了我国输电线路施工的机械化水平。

　　本手册根据架空输电线路建设的基础施工、组塔施工、架线施工三大工序，全面系统地介绍了当前我国的架空输电线路施工中使用的机械设备和工器具，从结构原理到使用维修，也涉及设计理论、计算方法等。

　　本手册介绍了在基础施工中一些常用的土方工程机械、混凝土施工机械、凿岩机和桩工机械等，较详细地阐述了一些架线施工中专用的结构比较复杂的机械，如牵引机、张力机，并以一种代表性型号产品介绍了它的分部结构。组塔施工用机具的结构虽然简单，但使用时受力情况比较复杂，如抱杆，本手册对稳定计算、强度计算、试验载荷以及用各种不同的抱杆进行组塔等方面做了较详细的阐述。手册中也较详细地介绍了架空索道运输技术、工作索的理论技术等内容，还介绍了一些施工机具设计的有关要求和常用数据资料、行业标准及施工机具各种试验项目等内容。考虑国内很多施工单位也采用了国外进口设备，故手册中介绍了使用较多的意大利牵引机、张力机系列产品。还介绍了一些机械设备的维修、故障排除方法。

　　本手册对输电线路施工机械设备和工器具的设计、制造、使用、维修和培训等均有一定的参考价值。

　　本手册由蒋平海统稿，并负责编写第一～四章、第十一章第二～六节、第十二～十六章、第十七章第一～八节和第十节、第十八章和第十九章；高怡负责编写第八章第一～十节、第九章第一节、第十一章第一节；陈其泽编写第五～七章；缪谦编写第八章第十一节、第九章第二节、第十章和第二十章；杨军宁编写第二十一章第一～六节。直升机在线路施工中的应用技术在国内虽未作为常规施工方法使用，但作为一种新技术，黄克信在第二十一章第七节中对直升机在架空输电线路施工中的应用技术做了介绍；甘肃送变电工程公司刘文邦提供了该公司生产的牵引机、张力机（国产牵引机及国产张力机）介绍；中国电力科学研究院江明、白雪松也参与编写第二十章。另外，南京线路器材厂孔耕牛对特高压大截面多分裂导线用特种滑车和走板、飞车的介绍（第十七章第九节和第十八章第五节中五）也编入其中。

在本手册的编写过程中，广西送变电建设公司李庆林同志审阅了编写提纲，并提出了不少有益的建议；宁波东方电力机具制造有限公司研发中心的陈家伦、周世聪、陈延蕊等帮助绘制了大量插图和整理文字，在此一并表示衷心感谢。

由于水平有限，手册中可能存在不少缺点和错误，希望读者给予批评指正。

2013 年 11 月

前言

第一篇　施工机具的一般要求和常用资料

第二篇　基础施工机具

第三篇 组 塔 施 工 机 具

第四篇　架线施工机具

第五篇　其他施工机具、工机具现场配置

第一篇

施工机具的一般要求和常用资料

线路施工机具的一般要求

第一节 线路施工机具的分类及用途

一、概述

线路施工机具主要是指建设 10～1000kV 架空输电线路施工所用的主要机械设备和工器具，其中又以 110～1000kV 的施工机具为主。

线路施工作业点分散性很大，施工机具转场运输频繁，沿线地质、地貌结构复杂。所以施工机具种类较多，包括各种基础开挖机械、混凝土浇筑机械；杆塔吊装或整体组立的机械；导线架设的导线展放、牵引机械；附件安装机械及物料平面运输、垂直运输的起重运输机械等。在线路施工中，如对基础施工而言虽然每基塔位的土石方工作量一般情况下不会太大，但施工机具的结构原理、使用性能差异很大；杆塔组立的高空作业工作量大，且作业面孤立，四周无连体，最高可达数百米；架线是线路施工的最后一道工序，它不但要把电流载体导线以较快的牵引速度牵引展放到沿线路各杆塔上，并且要保护好导线不被磨损。鉴于上述这些特殊的施工条件，对线路施工机具比同类常规施工机具提出了更多的要求。

线路施工机具按线路施工的工序可分基础施工机具、组塔施工机具和架线施工机具三大部分。

二、基础施工机具

基础施工机具主要有：①土方开挖机械。挖掘机械、钻扩机、旋锚钻机、夯实机、手工掏挖铁铲、抽水机。②山区岩石施工机。凿岩机、岩石钻机。③混凝土浇筑机械。混凝土搅拌机、混凝土振动器、钢模板、模板顶撑器和基础拨正器等。

国内土方挖掘采用人工挖掘施工工具，主要有钢铲、十字镐、钢钎等，在地形平坦、土方开掘工作量较大的地方用小型挖掘机开挖土方效率更高。考虑到塌方等会危及人身安全，国外已有采用遥控操作的挖掘机（机械手）开挖土方。

钻扩机保持了原状土基础，提高了基础的承载能力，对基础的质量、环保等均有利。凿岩机用于山区杆塔基础施工时冲击式钻孔，有内燃凿岩机、风动凿岩机和液压凿岩机三种，前者自备动力，轻便灵活，但出力较小；后两者有较高的冲击力，可钻较大的孔，但必须配备液压泵站或空气压缩机。

混凝土搅拌机有立式和卧式两种，为便于搬运到分散的各作业点，这些搅拌机一般都做成装配式，转移场地时能拆散成几部分便于搬运。由于每塔基础的混凝土量相对较少，故一次混凝土的搅拌量也比较小。振捣器及钢模板等和建筑用的基本相似，但规格品种要单一得多。

三、杆塔组立施工机具

杆塔组立施工机具主要包括各种抱杆，机动绞磨，流动式起重机和倒装组塔用液压提升装置，各种钢丝绳、麻绳，起重用滑轮滑车、卸扣、双钩紧线器、千斤顶等。在地形条件较好的地区，也有采用流动式起重机或塔式起重机分段或分片吊装组立铁塔。

（1）抱杆是组立杆塔用主要施工机具，根据组立杆塔的方法不同，抱杆又有各种不同的形式，如倒落式人字抱杆、座腿式人字抱杆、倒落式单抱杆、落地式摇臂抱杆、内拉线悬浮抱杆、外拉线抱杆等。

倒落式人字抱杆主要用于整体组立拉 V 塔、拉门塔、拉锚塔等带拉线的铁塔；座腿式人字抱杆主要用于宽基的自立式铁塔；倒落式单抱杆用于组立重量较轻的铁塔；内拉线悬浮抱杆、外拉线抱杆、落地式摇臂抱杆主要用于分解组立各种自立塔、跨越塔等。

（2）液压提升装置、滑轮组提升装置主要用于全倒装或半倒装组立高塔，使用这种施工机具组塔，大大减少了人员高空作业的工作量，保证了作业的安全。

（3）机动绞磨是一种小型牵引设备，是在现场无电源的情况下，组塔中最常用的起重设备，它同起重滑车、卸扣、紧线器、钢丝绳等配合，组成各种不同的起吊系统，完成各种不同形式的组塔作业。机动绞磨在其他工序中有时也被采用，如用于紧线作业等。

直升机组立铁塔在有些国家使用比较普遍，我国在 20 世纪 80 年代也在个别线路上使用过，但因国内可选直升机的种类少，使用成本高等原因未能推广。直升机组装铁塔有整体吊装和分段吊装两种方式：整体吊装主要用于拉线塔；分段吊装主要用于自立塔。分段吊装时，还必须在分段处预先装上四个导轨（有内导轨或外导轨两种形式），以保证两段连接处快速无误地用背铁连接在一起。不论用分段吊装或整体组立，直升机的主吊钩和铁塔的连接都必须采用特殊的吊装索具。

也有把铁塔现场组装后用流动的大型吊车直接整体吊装或分段吊装组立的方法组立铁塔。

四、架线施工机具

架线施工主要是将导线展放到各杆塔上，并进行弛度调整和防振锤、间隔棒等附件安装，相对其他工序而言，架线施工使用施工机具种类最多的工序。

为把导线架设到各杆塔上去，早期是先把导线用人拉、肩扛或机械拖拽牵引的方法敷设到各塔位，再用人工安放到塔上滑车中，但使用本方法劳动强度大，还容易磨伤导线。随着输电线路电压等级的不断提高，输送容量增加，导线截面增大，20 世纪 50 年代开始，国外采用张力放线的施工方法，目前，这种方法已在国内外被广泛采用。并研制出成套的张力架线设备和逐步实现系列化，这些设备主要有牵引机、张力机、钢丝绳卷绕装置、导线轴架、牵引板和防捻器、旋转连接器、网套式连接器、钢丝绳连接器、编织钢丝绳、多轮放线滑车等。其他架线施工机具还有卡线器、导线压接机、提线器、飞车等。

（1）牵引机在放线过程中通过钢丝绳牵引导线，它根据总体布置方式、传动方式、牵引卷筒形式又分成若干种结构不同的形式。目前使用最多的是拖车式双摩擦卷筒液压传动牵引机和自行走式双摩擦卷筒机械传动牵引机。

（2）张力机是当导线通过张力机展放过程中给导线上施加一定的张力，使导线在张紧情况下在空中展放，从而不会触及地面及被跨越物，保护导线不被磨损。张力机根据传动方式、放线机构结构方式有多种形式，目前最常用的是双摩擦放线卷筒液压传动张力机。

（3）钢丝绳卷绕装置用于卷绕回收放线过程中牵引机回收的钢丝绳，这时卷筒的容绳量一般不超过1000m，该装置大多数情况下安装在牵引机尾部，和主机成一整体。也有做成分离式的单独的钢丝绳卷绕机，这时钢丝绳卷筒有较大的容绳量，可达数千米。

（4）导线轴架用于支撑被展放的导线线轴，并使线轴在放出导线时保持足够的尾部张紧力，导线轴架也有组合式和整体式、导线轴拖车等不同结构形式。

（5）牵引板和防捻器用于牵引展放多分裂导线时，防止导线翻转绞绕，并能把导线导入多轮滑车各自的滑轮中去。

（6）各种连接装置用于钢丝绳之间、导线之间、钢丝绳和导线之间、导线和牵引板之间、钢丝绳和牵引板之间的连接，其中旋转连接器能自由旋转，以释放被连接的钢丝绳或导线上残存的旋转力矩，钢丝绳连接器必须通过牵引机牵引卷筒。

（7）导线压接机用于通过压接管连接各轴导线，并要保证压接接头规定的机械强度和接触电阻。导线压接机根据压接力的大小，有压接钳和压接机之分，压接钳用于压接较小截面的导线，压接机用于压接截面较大的导线。压接机由超高压泵站和压接机体两部分组成。

（8）飞车能在分裂导线上通过，用于安装间隔棒及拆除压接管保护套。根据轮子同导线的接触方式有单线、双线、三线和四线、六线、八线等多种形式的飞车。

（9）编织钢丝绳是张力放线时专用的牵引钢丝绳，它的自扭转力矩很小，避免了普通钢丝绳展放出后易打结、起金钩等现象。

带电跨越架是在放线过程中，被展放的导线通过已建成的输电线路上方时，为防止被展放的导线触及带电线路，必须在带电线路的上方搭设保护架体，即带电跨越架。带电跨越架由主架体、上部保护尼龙网及用于倒装组立架体用的提升井等组成。根据跨越带电线路电压等级不同，要求的跨越架搭设高度不同，可选用不同规格的带电跨越架。

在山区和地形条件复杂地区，因带电跨越架难以运到作业点，可采用索道跨越的方法，索道跨越装置主要由高强度承力绝缘绳、保护网、保护装置等组成。

压接管保护套是用于保护压接管通过滑车弯曲、拉升时不会损伤压接管出口处的导线及压接管不被弯曲。根据压接管的外径大小，有不同规格。

其他如出线平梯、力矩扳手、提线器等也是架线施工作业中附件安装的必要工具。

第二节　线路施工机具的一般要求

输电线路施工机械设备和工器具（简称线路施工机具）应满足线路施工的以下特点：

（1）施工的作业点沿施工的输电线路分布在几十乃至几百、上千千米范围内、分散性很大，使各种施工机具转场运输频繁。

（2）施工涉及的专业面广，有地面以下的基础施工作业，地面的杆塔组装、组立起吊作业；导线压接及高空钢结构组装作业；空中的导地线架设作业，故使线路施工机具涉及的专业门类也较广。

（3）由于输电线路常沿线通过山区、丘陵地带或河网地带，在这些地形复杂地区用的线路施工机具，只能采用人工搬运的方式运送到作业点上。

（4）因架设好的导线要通过大的电流及承受高的电压（最高可达 1000kV 及以上），故要求施工机具作业时对导线或被安装的附件要有很好的保护作用，不会对它们造成损伤。

（5）不少作业点无电源，对带动力的施工机具，一般只能采用内燃机动力。

（6）送电线路通过农田、果园、森林时，要尽量减少对作业点及作业点周围的环境及生态的破坏，把对青苗、果树、森林及其他植被的损坏减到最少。

由于输电线路施工有上述一些特殊性，对线路施工机具也有特殊的要求，如下：

（1）因线路施工作业点分散、线路施工机具转场运输频繁，对线路施工机具的体积和质量有一些特殊的要求，为便于迅速转场运输，施工机具要便于人工搬运，或用如手扶拖拉机等运输工具能在较狭小的道路上拖运，如对于液压压接机，单件质量不超过 60kg；切线机的搬动质量不宜超过 30kg；基础施工机具在山区使用时其搬运质量不宜超过 100kg（见DL/T 875—2004《输电线路施工机具设计、试验基本要求》）；有的线路施工机具还应考虑使用装配式结构（如有的放线滑车、混凝土搅拌机等），便于拆散后搬运到作业点再组装。

（2）凡触及导线的线路施工机具，要求保护导线不受损伤。对施工过程中直接触及导线的机具（如张力机、放线滑车），和导线连接接触部分一般应衬有橡胶、MC 尼龙等衬垫，保护导线不被磨损；接触时和导线表面固定的、无相对滑移的线路施工机具（如卡线器）也应保证接触部分的导线表面无明显压痕，或稍加处理能基本消除压痕。为满足该要求，卡线器的钳口除应呈喇叭口状外，并平滑过渡；卡线器夹嘴应有足够的长度，以降低导线被卡部分表面的接触应力。

（3）线路施工机具要求能满足环境保护的要求。使用线路施工机具时，要求能较好地保护环境，尽量减少对青苗、果木、森林、植被及地层的破坏。为满足该要求，要求线路施工机具自身体积小、重量轻，在施工现场就位时能减少对青苗及植被损坏。还可采用一些专门设计的专用线路施工机具，在施工时不会对周围环境造成破坏，如通过张力机实现张力放线，导线在空中被牵引展放，不触及地面及跨越物；采用钻扩机开挖基础坑，保护基础周围的原状土不被破坏；用岩石钻机在岩石上钻孔，采用群锚基础防止山体岩层破坏；采用直升机分段或整体吊装组立杆塔，防止杆塔在现场组立时对周围青苗、植被等的损坏。

（4）线路施工机具要具有多功能和多用性。如前所述，由于线路施工涉及专业面广，再加上具有作业点分散、流动性大等特点，要求线路施工机具能一机多用，以减少频繁转场运输的困难。如手扶拖拉机绞磨可通过磨芯牵引展放导线，也可通过其一输出轴同水泵软轴接头连接，既可抽出基础坑内的积水，还可通过该磨芯起吊安装绝缘子串、放线滑车于铁塔横担上，机动绞磨可用于牵引组立铁塔、吊装滑车和绝缘子串，放线完毕，也可用于紧线调整导线弧度等；有的金属结构抱杆经过不同组合后可用于整体组塔、分片吊装组塔及作为带电跨越架等。

（5）带动力的线路施工机具一般均应采用内燃机作为动力源。由于很多施工作业点无电源，故带动力的线路施工机具都以内燃机作为原动力。对于需人工搬运的带动力的线路施工机具，内燃机一般应选用高转速的汽油机，少数也可采用柴油机，但后者重量较重，不便于搬运，属于此类的线路施工机具有机动绞磨、导线压接机、混凝土搅拌机等。对大中型线路施工机具，一般均采用工程机械用柴油机，也有少数采用汽油机，属于此类的线路施工机具有张力架线机械设备中的牵引机、张力机、手扶拖拉机绞磨、拖拉机牵引机等。

第三节 不同工序线路施工机具使用前的准备工作

线路施工机具在使用前，根据施工方案和施工工艺的要求进行品种和规格的选择和准备，除数量上要满足要求并优化配制外，还要对所选用的线路施工机具进行细致检查，检查名称、型号、规格、技术性能及是否按要求做过预防性试验；必要时，还可按有关标准进行检验或载荷试验，确认合格无误后，才可使用。

一、基础施工机具使用前的准备工作

基础施工机具运往施工现场前，必须进行全面检查、维修，确保工器具完整、合格。

对基础施工用的机械设备（如搅拌机、搅拌站、旋锚器、挖掘机、岩石钻机、振动器、专用动力源、水泵、夯实机等），必须选用合适的型号、规格，并进行试运转，发现问题及时检修，必要时还可要求厂方派人来现场试机或维修。

对基础施工用计量仪器（如经纬仪等）也要检查是否在计量器具定期检查合格的有效期内，必要时也要重新校验。

对钢模板及支架和混凝土基础浇筑专用工具，应根据混凝土基础的土方量、结构尺寸选用或加工钢模板。钢模板应考虑其足够周转的数量，以保证基础各部分结构尺寸的正确性及浇筑混凝土的工程进度。当两模板之间的拼接缝隙过大（＞1mm）、组装模板的平面度＞2mm时，应对模板进行校直、校平，甚至重新加工。

二、组塔施工机具

由于组立杆塔的方法较多、工序较多，所用的施工机具根据施工方法不同也有差别。首先应根据组塔的施工方法，编制组塔施工机具的配制计划。组塔施工机具必须满足下述基本要求：

（1）对起重用的机具，应检查是否按有关规定时间（一般一年）做过预防性试验，试验合格后方可使用。

（2）所有机具的标牌上许用载荷是否满足要求，并必须进行外观检查，不合格者不能使用，也严格禁止以小代大。

（3）对需定期检测的工具（如经纬仪、水平仪、拉力计及测量用工具等），也应检查是否在有效期之内，如已过期必须重新进行校核试验。

（4）对安全保护用工具（如安全带、踏板、高空工作用平台、梯子等）每次必须进行外观检查，检查有无裂缝、磨损等现象，无制造厂家、许可证编号等产品严禁使用。

（5）对起吊设备，如机动绞磨也要进行检查、维修，特别是制动器是否能快速有效制动等。

三、架线施工机具

架线使用的施工机具也要根据架线的施工方案，列出施工机具的清单，并对施工机具进行检验、维修，确保架线施工的安全。

（1）线路施工机具须按相关安全规程要求进行检验或必要的试验，确保其质量合格，各项技术参数符合铭牌数值。

1）架线用大型机械设备牵引机、张力机属特种设备，应检查其是否有国家质量监督检验检疫总局颁布的特种设备制造许可证，该许可证是否在有效期之内。此外，架线前应进行维修保养。

2）导线轴架也应进行检查维修，如采用液压马达的导线轴架，必要时还要和张力机进行联动试验；如钢丝绳卷绕装置为分离式时，必要时也要进行空载联动卷绕试验。

3）机动绞磨、压接机等小型机动线路施工机具，使用前也应进行检查及维修保养，机动绞磨重点要检查制动状况，制动时是否反应灵敏；压接机要进行空载加压试验、液压胶管快速接头是否有渗漏油情况等。

4）对防捻钢丝绳及其他钢丝绳套等要检查有否断丝、磨损等现象，对有怀疑的旧钢丝绳，必要时应做拉力试验进行评定，不合格者严禁使用。

5）对放线滑车要检查其转动是否灵活，轴承润滑是否良好，以保证它有小的摩擦系数。

6）对手扳葫芦、双钩紧线器、抗弯连接器、旋转连接器、网套式连接器、卸扣等应进行外观检查，检查其可靠性、灵活性，必要时可进行拉力试验，不合格者严禁使用。

7）施工中如要跨越带电线路须用带电跨越架等时，对其起绝缘作用的绝缘板、绝缘绳等还必须做耐压试验，保证使用安全。

（2）各种线路施工机具在选用时，根据载荷大小，必须选用承载能力大于或等于表2-19所列安全系数的线路施工机具。严禁以小代大或超载使用。

1）牵引机的选择。选用牵引机的额定牵引力可按第十三章第六节有关要求选择。为保证牵引钢丝绳不在牵引机牵引卷筒上打滑，与牵引机配套的钢丝绳卷绕装置对牵引卷筒尾部牵引钢丝绳的张紧力应按第十三章第六节有关要求选择。

2）张力机的选择。选用张力机时，每个放线卷筒施加在单个导线上的额定制动张力按第十四章第八节有关要求选择。

为保证导线在放线卷筒上不打滑，与张力机配套的导线轴架能使放线卷筒尾部导线上保持制动张力也应满足第十四章第八节导线轴架选择要求。

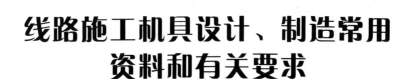

线路施工机具设计、制造常用资料和有关要求

第一节 常 用 数 据

线路施工机具在设计制造和使用过程中常用的一些基本数据见表 2-1～表 2-17，涉及传动效率、各种材料的密度、弹性模量、摩擦系数、线膨胀系数及液体材料的物理性能，各单位的换算，螺栓、螺钉和螺柱的机械性能等。

（1）机械传动效率见表 2-1。

表 2-1　　　　　　　　　　　　　　机 械 传 动 效 率

类别	传动形式	效率 η	类别	传动形式	效率 η
圆柱齿轮传动	很好跑合的 6 级精度和 7 级精度齿轮传动（稀油润滑）	0.98～0.99	减（增）速器	单级圆柱齿轮减速器	0.97～0.98
	8 级精度的一般齿轮传动（稀油润滑）	0.97		双级圆柱齿轮减速器	0.95～0.96
	9 级精度的齿轮传动（稀油润滑）	0.96		单级行星圆柱齿轮减速器	0.95～0.96
	加工齿的开式齿轮传动（干油润滑）	0.94～0.96		单级圆锥齿轮减速器	0.95～0.96
	铸造齿的开式齿轮传动	0.90～0.93		双级圆锥—圆柱齿轮减速器	0.94～0.95
圆锥齿轮传动	很好跑合的 6 级精度和 7 级精度齿轮传动（稀油润滑）	0.97～0.98	滑动轴承	润滑不良	0.94
				润滑正常	0.97
	8 级精度的一般齿轮传动（稀油润滑）	0.94～0.97		润滑特好（压力润滑）	0.98
				液体摩擦	0.99
	9 级精度的齿轮传动（稀油润滑）	0.92～0.95	滚动轴承	球轴承（稀油润滑）	0.99
				滚子轴承（稀油润滑）	0.98
	铸造齿的开式齿轮传动	0.88～0.92	摩擦传动	平摩擦传动	0.85～0.92
				槽摩擦传动	0.88～0.90
蜗杆传动	自锁蜗杆	0.4～0.45	带动传	V 带传动	0.96
				同步齿形带传动	0.96～0.98
	单头蜗杆	0.7～0.75	链传动	焊接链	0.93
				片式关节链	0.95
	双头蜗杆	0.75～0.82		滚子链	0.96
				无声链	0.97
	三头和四头蜗杆	0.8～0.92	丝杆	滑动丝杠	0.3～0.6
				滚动丝杠	0.85～0.95
	圆弧面蜗杆传动	0.85～0.95	齿轮泵	容积效率	0.90～0.96
				总效率	0.80～0.83
			轴向柱塞泵	容积效率	0.92～0.97
				总效率	0.90～0.95

类别	传动形式	效率 η		类别	传动形式	效率 η
径向柱塞泵		容积效率	0.80～0.90	双作用低速液压马达		机械效率 0.95
		总效率	0.81～0.83			总效率 0.90
单作用低速液压马达		机械效率	0.93 (连杆式) 0.95～0.96 (其他)	液压系统管道、阀类等		总效率 0.88～0.92
		总效率	0.90			

（2）常用材料密度见表 2-2。

表 2-2　　　　　　　　　　　常 用 材 料 密 度　　　　　　　　　　　（t/m³）

材料名称	密度	材料名称	密度	材料名称	密度
灰铸铁	7.25	铝	2.7	银	10.5
铸钢	7.8	锡	7.29	镁	1.74
钢材	7.85	工业橡胶	1.3～1.8	酒精	0.8
不锈钢、合金钢	7.9	酚醛层压板	1.3～1.45	汽油	0.66～0.75
磷青铜	8.8	陶瓷	2.3～2.45	煤油	0.78～0.82
镁合金	1.74～1.81	胶木	1.3～1.4	柴油	0.83
软木	0.1～0.4	聚乙氯烯	1.35～1.4	石油（原油）	0.82
木材（含水 15%）	0.4～0.75	聚苯乙烯	1.05～1.07	各类机油	0.9～0.95
石膏	0.56	聚四氟乙烯	2.1～2.3	变油器油	0.88
凝固水泥块	2.2～2.4	聚丙烯	0.9～0.091	汞	13.55
混凝土	3.05～3.15	有机玻璃	1.18～1.19	水（4℃）	1
大理石	1.8～2.45	泡沫塑料	0.2	空气（20℃）	0.0012
花岗石	2.6～2.7	玻璃钢	1.4～2.1	细砂（干）	0.7～1.5
沥青	2.6～3	尼龙	1.04～1.15	黏土（小块）	1.7
石蜡	0.9～1.5	MC 尼龙	1.14～1.16	黏土（湿）	0.9～1.7
石棉	0.9	橡胶石棉板	1.5～2.0	水泥	0.9～1.7
紫铜	8.9	钛	4.51		
黄铜	8.4～8.85	金	19.32		

注　表内数值 $t=20℃$ 的数值，部分是近似值。

（3）材料弹性模量见表 2-3。

表 2-3　　　　　　　　　　　材 料 弹 性 模 量　　　　　　　　　　　（GPa）

名　称	弹性模量 E	名　称	弹性模量 E
镍铬钢、合金钢	206	玻璃	55
碳钢	109～206	混凝土	14～39
铸钢	172～202	纵纹木材	9.8～12
球墨铸铁	140～154	横纹木材	0.5～0.98
灰铸铁、白口铸铁	113～157	橡胶	0.00784
轧制磷青铜	113	聚四氟乙烯	1.14～1.42
轧制纯铜	108	可锻铸铁	152
冷拔黄铜	89～97	拔制铝线	69
硬聚氯乙烯	3.14～3.92	花岗石	48
硬铝合金	70	夹布酚醛塑料	4～8.8
轧制铝	68	高压聚乙烯	0.15～0.25

（4）常用摩擦副材料和物体的摩擦系数见表2-4和表2-5。

表2-4 常用摩擦副材料的摩擦系数

摩擦副材料	摩擦系数 μ		摩擦副材料	摩擦系数 μ	
	无润滑	有润滑		无润滑	有润滑
钢—钢	0.15*	0.1～0.12*	钢—青铜	0.15～0.18	0.1～0.15*
	0.1**	0.05～0.1**			0.07**
钢—软钢	0.2	0.1～0.2	钢—铝	0.17	0.02
钢—铸铁	0.2～0.3*	0.05～0.15	钢—轴承合金	0.2	0.04
	0.16～0.18**		钢—粉末冶金材料	0.35～0.55	—
钢—青铜	0.15～0.18	0.10～0.15*	石棉基材料—铸铁或钢	0.25～0.40	0.08～0.12
钢—黄铜	0.19	0.03			—
木材（硬木）—铸铁或钢	0.20～0.38	0.12～0.16	铝—酚醛树脂层压材	0.26	0.1*
软木—铸铁或钢	0.30～0.50	0.15～0.25	木材—木材	0.4～0.6*	0.07～0.10**
软木—铸铁	0.2*，0.18**	0.05～0.15		0.2～0.5**	
软钢—青铜	0.2*，0.18**	0.07～0.15	麻绳—木材	0.5～0.8*	—
铸铁—铸铁	0.15	0.15～0.16*		0.5**	
		0.07～0.12**	45号淬火钢—聚甲醛	0.46	0.016
铸铁—橡胶	0.8	0.8	45号淬火钢—尼龙9（加3%MoS$_2$填充料）	0.57	0.02
橡胶—橡胶	0.5	0.5			
黄铜—硬橡胶	0.25	0.25			
铝—不淬火的T8钢	0.18	0.03	45号淬火钢—尼龙1010（加30%玻璃纤维填充物）	0.039	—
铝—黄铜	0.27	0.02			
铝—钢	0.30	0.02			

注 1. 表中滑动摩擦系数是摩擦表面为一般情况时的试验数值，由于实际工作条件和试验条件不同，表中的只能作近似计算参考。

2. 除*、**标注外，其余材料动、静摩擦系数两者兼之。

* 静摩擦系数。

** 动摩擦系数。

表2-5 物体的摩擦系数

名称		摩擦系数 μ	名称		摩擦系数 μ
滚动轴承	圆锥滚子轴承 径向载荷	0.008	滑动轴承	半液体摩擦	0.008～0.08
	圆锥滚子轴承 轴向载荷	0.02			
	圆柱滚子轴承	0.002			
	推力球轴承	0.003		半干摩擦	0.1～0.5
	调心滚子轴承	0.004			

注 表中滚动轴承的摩擦系数为有润滑情况下的无量纲摩擦系数。

（5）材料的线膨胀系数见表2-6。

表 2-6 　　　　　　　　　　　　　　　　　材料的线膨胀系数 　　　　　　　　　　　　　　　（10⁻⁶/℃）

材　料	温度范围（℃）	材　料	温度范围（℃）
	20～100		20～100
工程黄铜	16.6～17.1	3Cr13	10.2
紫铜	17.2	1Cr18Ni9Ti	16.6
黄铜	17.8	铸铁	8.7～11.1
锡青铜	17.8	镍铬合金	14.5
铝青铜	17.6	砖	9.5
铝合金	22.0～24.0	水泥、混凝土	10～14
碳钢	10.6～12.2	胶木、硬橡胶	64～77
铬钢	11.2	玻璃	4～11.5
40CrSi	11.7	赛璐铬	100
30CrMnSiA	11	有机玻璃	180

（6）液体材料的物理性能见表 2-7。

表 2-7 　　　　　　　　　　　　　　　　　液体材料的物理性能

名　　称	密度 ρ（$t=20℃$，kg/dm³）	熔点 t（℃）	沸点 t（℃）	热导率 λ [$t=20℃$，W/（m·K）]	比热容 [$0<t<100℃$，kJ/（kg·K）]
水	0.998	0	100	0.60	4.187
苯	0.879	5.5	80	0.15	1.70
甲苯	0.867	−95	110	0.14	1.67
甲醇	0.8	−98	66		2.51
乙醚	0.713	−116	35	0.13	2.28
乙醇	0.79	−110	78.4		2.38
丙酮	0.791	−95	56	0.16	2.22
甘油	1.26	19	290	0.29	2.37
重油（轻级）	≈0.83	−10	>175	0.14	2.07
汽油	≈0.73	−30～−50	25～210	0.13	2.02
煤油	0.81	−70	>150	0.13	2.16
柴油	≈0.83	−30	150～300	0.15	2.05
润滑油	0.91	−20	>360	0.13	2.09
变压器油	0.88	−30	170	0.13	1.88

（7）常用单位换算见表 2-8～表 2-16。

表 2-8 　　　　　　　　　　　　　　　　　长 度 单 位 换 算

米（m）	英寸（in）	英尺（ft）	千米（km）	英里（mile）
1	39.3701	3.28084	0.001	6.21371×10⁻⁴
0.0254	1	0.0833333	0.0254×10⁻³	1.57828×10⁻⁵
0.3048	12	1	0.3048×10⁻³	1.89394×10⁻⁴
0.9144	36	3	0.9144×10⁻³	5.68182×10⁻⁴
1000.0	39370.1	3280.84	1	0.621371
1609.344	63360	5280	1.609344	1
1852	72913.4	6076.12	1.851999	1.15078

表 2-9   面 积 单 位 换 算

平方米（m²）	平方英寸（in²）	平方英尺（ft²）	市　亩	公亩（a）	公顷（hm²）
1	1550.00	10.7639	0.15×10^{-2}	1×10^{-2}	1×10^{-4}
6.4516×10^{-4}	1	6.94444×10^{-3}	9.67742×10^{7}	0.64516×10^{-5}	6.64516×10^{-8}
0.0929030	144	1	1.39355×10^{-4}	9.29030×10^{-4}	9.29030×10^{-5}
0.836127	1296	9	1.25419×10^{-3}	8.36127×10^{-3}	8.36127×10^{-5}
6.66667×10^{2}	1.03333×10^{6}	7.17593×10^{3}	1	6.66667	6.66667×10^{-2}
2.58999×10^{6}	4.01449×10^{9}	2.78784×10^{7}	3.88499×10^{3}	2.58999	2.58999×10^{-2}
1×10^{6}	1.55000×10^{9}	1.07639×10^{7}	1500	1×10^{4}	1×10^{2}
1×10^{2}	1.55000×10^{5}	1.07639×10^{3}	0.15	1	1×10^{-2}
1×10^{4}	1.55000×10^{7}	1.07639×10^{5}	15	1×10^{2}	1

注　1. 英亩（care）＝0.404686ha＝4046.86m²＝0.004047km²。

2. 公顷的国际通用符号为 ha。

表 2-10   体 积、容 量 单 位 换 算

立方米（m³）	立方分米，升（dm³，L）	立方英寸（in³）	立方英尺（ft²）	美加仑（US，gal）
1	1000	61023.7	35.3147	264.172
0.001	1	61.0237	0.0353147	
0.16387064×10^{-4}	0.16387064×10^{-2}	1	5.78704×10^{-4}	0.264172
0.0283168	28.3168	1728	1	4.32900×10^{-3}
0.764555	764.555	46656	27	7.48052
4.54609×10^{-3}	4.54609	277.420	0.160544	1.20095
3.78541×10^{-3}	3.78541	231	0.133681	1

表 2-11   质 量 单 位 换 算

吨（t）	千克（kg）	克（g）	磅（lb）	市斤	市两
1	1×10^{3}	1×10^{6}	2204.62	2×10^{3}	2×10^{4}
1×10^{-3}	1	1×10^{3}	2.20462	2	20
1×10^{-6}	1×10^{-3}	1	2.20462×10^{-3}	2×10^{-3}	2×10^{-2}
1.01605	1016.05	1.01605×10^{6}	2240		
0.907185	907.185	9.07185×10^{5}	2000		
4.5359237×10^{-4}	0.45359237	453.59237	1	0.907184	9.07184
2.83495×10^{-5}	0.0283495	28.3495	6.25×10^{-2}	0.0566990	0.566990
0.5×10^{-3}	0.5	5×10^{2}	1.10231	1	10
0.5×10^{-4}	0.05	50	0.110231	0.1	1

表 2-12   密 度 单 位 换 算

千克每立方米（克每升）[kg/m³（g/L）]	克每毫升（克每立方厘米，吨每立方米）[g/mL（g/cm³，t/m³）]	磅每立方英寸（lb/in³）	磅每立方英尺（lb/ft³）	磅每美加仑[lb/（US，gal）]
1	0.001	3.61273×10^{-5}	6.24280×10^{-2}	0.834540×10^{-2}
1000	1	0.0361273	62.4280	8.34540
27679.9	27.6799	1	1728	231
16.0185	0.0160185	5.78704×10^{-4}	1	0.133681
99.7763	0.0997763	3.60165×10^{-3}	6.22883	0.832674
119.826	0.110826	4.32900×10^{-3}	7.48052	1

表 2-13　　　　　　　　　　　　　　　压 力 单 位 换 算

帕斯卡 [Pa (N/m²)]	牛顿每平方毫米 [N/mm² (MPa)]	千克力每平方厘米 (kgf/cm²)	磅力每平方英尺 (lb/ft²)	巴 (bar)	标准大气压 (atm)
1	1×10^{-6}	1.01972×10^{-5}	1.45038×10^{-4}	1×10^{-5}	9.86923×10^{-6}
1×10^{6}	1	10.1972	145.038		
9.80665×10^{4}	9.80665×10^{-2}	1	14.2233	0.980665	0.967841
6.89476×10^{3}	6.89476×10^{-3}	0.0703070	1	0.0689476	0.0680460
1×10^{5}		1.01972	14.5038	1	0.986923
100		1.01972×10^{-3}	0.0145038	0.001	9.86923×10^{-4}
101325.0		1.03323	14.6959	1.01325	1
133.322		1.35951×10^{-3}	0.0193368	0.00133322	1.31579×10^{-3}
249.089					
133.322					

注　1at（工程大气压）＝1kgf/cm²＝0.96784atm＝98066.5Pa＝10⁴mmH₂O＝735.6mmHg。

表 2-14　　　　　　　　　　　　　　　力 单 位 换 算

牛 (N)	千克力 (kgf)	达因 (dyn)	吨力 (tf)	磅力 (lbf)
1	0.101972	100000	1.01972×10^{-4}	0.224809
9.80665	1	980665	10^{-3}	2.20462
10^{-5}	0.101972×10^{-5}	1	0.101972×10^{-8}	2.24809×10^{-6}
9806.65	1000	980665×10^{3}	1	2204.62
0.138255	0.0140981	13825.5	1.40981×10^{-5}	0.0310810
4.44822	0.453592	444822	4.53592×10^{-4}	1

表 2-15　　　　　　　　　　　　　　力矩与转矩单位换算

牛米 (N·m)	千克力米 (kgf·m)	磅达英尺 (pdl·ft)	磅力英尺 (lbf·ft)	达因厘米 (dyn·cm)
1	0.101972	23.7304	0.737562	10^{7}
9.80665	1	232.715	7.23301	9.807×10^{7}
0.04211401	4.29710×10^{-3}	1	0.0310810	421401.24
1.35582	0.138255	32.1740	1	1.356×10^{7}
10^{-7}	1.020×10^{-8}	2.373×10^{-6}	0.7376×10^{-7}	1

表 2-16　　　　　　　　　　　　　　　功 率 单 位 换 算

瓦（特） (W)	千瓦（特） (kW)	千克力米每秒 (kgf·m/s)	米制马力	英制马力 (hp)
1	1×10^{-3}	0.101972	1.35962×10^{-3}	1.34102×10^{-3}
1×10^{-3}	1	0.101972×10^{3}	1.35962	1.34102
1×10^{-7}	1×10^{-10}	0.101972×10^{-7}	1.35962×10^{-10}	1.34102×10^{-10}
9.80665	9.80665×10^{-3}	1	0.0133333	0.0131509
735.499	0.735499	75	1	0.986320
1.35582	1.35582×10^{-3}	0.138255	1.84340×10^{-3}	1.81818×10^{-3}
745.700	0.745700	76.0402	1.01387	1
4.1868	4.1868×10^{-3}	0.426935	5.69246×10^{-3}	5.61459×10^{-3}
1.163	1.163×10^{-3}	0.118593	1.58124×10^{-3}	1.55961×10^{-3}
0.293071	0.293071×10^{-3}	2.98849×10^{-2}	3.98466×10^{-4}	3.93015×10^{-4}

注　米制马力无国际符号。

（8）螺纹连接机械性能和材料见表 2-17。

表 2-17　螺栓、螺钉和螺柱的机械性能和材料（参见 GB/T 3098.1—2010《紧固件机械性能　螺栓、螺钉和螺柱》）

性能等级		3.6	4.6	4.8	5.6	5.8	6.8	8.8 (d≤16 mm)	8.8 (d>16 mm)	9.8	10.9	12.9
抗拉强度 σ_b (N/mm²)	公称	300	400	400	500	500	600	800	800	900	1000	1200
	min	330	400	420	500	520	600	800	830	900	1040	1220
维氏硬度 HV$_{0.3}$　$F \geq 98N$	min	95	120	130	155	160	190	250	255	290	320	385
	max	220	220	220	250	250	250	320	335	360	380	435
布氏硬度 HB，$P=30D^2$（HB≤140 时，$P=10D^2$）	min	90	114	124	147	152	181	238	242	276	304	366
	max	209	209	209	238	238	238	304	318	342	361	414
洛氏硬度 HR	HRB min	52	67	71	79	82	89					
	HRC min							22	23	28	32	39
	HRB max	95.0	95.0	95.0	95.0	95.0	99.5					
	HRC max							32	34	37	39	44
表面硬度 HV$_{0.3}$	max							*	*	*	*	*
屈服点 σ_b (N/mm²)	公称	180	240	320	300	400	480	640	640			
	min	190	240	340	300	420	480	660	660			
规定非比例伸长应力 $\sigma_{p0.2}$ (N·mm²)	公称									720	900	1080
	min									720	940	1100
保证应力	S_P/σ_{smin}	0.94	0.94	0.91	0.93	0.90	0.92	0.91	0.91			
	$S_P/\sigma_{0.2min}$									0.90	0.88	0.88
	S_P (N/mm²)	180	230	310	280	380	440	580	600	660	830	970
伸长率 δ_5 (%)，min		25	22		20			12	12	10	9	8
楔承强度		对螺栓和螺钉（不包括螺柱）实物进行测试的数值等于最小拉力载荷										

性能等级		3.6	4.6	4.8	5.6	5.8	6.8	8.8 (d≤16mm)	8.8 (d>16mm)	9.8	9.8	10.9	10.9	12.9
机械性能	冲击吸收功 Aku (J), min				25			30	30	25	25	20	20	15
	头部坚固性						在头部及钉杆与头部交接的圆角处不应产生任何裂缝							
	螺纹未脱碳层的最小高度 E							$\frac{1}{2}H_1$	$\frac{1}{2}H_1$	$\frac{1}{2}H_1$	$\frac{1}{2}H_1$	$\frac{2}{3}H_1$	$\frac{2}{3}H_1$	$\frac{3}{4}H_1$
	全脱碳层的最大深度 G (mm)							0.015	0.015	0.015	0.015	0.015	0.015	0.015
材料	材料和热处理				碳钢			中碳钢，淬火并回火或低碳合金钢（如硼或锰或铬），淬火并回火	中碳钢，淬火并回火 或低碳合金钢（如硼或锰或铬）淬火并回火	中碳钢，淬火并回火	低碳合金（如硼或锰或铬），淬火并回火	低、中碳合金（如硼或锰或铬），淬火并回火	合金钢，淬火并回火 低碳合金（如硼或锰或铬），淬火并回火	合金钢，淬火并回火
	化学成分 (%)	C min	—	—	—		0.13	—	0.25	0.25	0.25	0.15	0.20	0.15	0.28
		C max	0.20	0.55	0.55		0.55	0.55	0.55	0.55	0.55	0.35	0.55	0.35	0.50
		P max	0.05	0.05	0.05		0.05	0.05	0.035	0.035	0.035	0.035	0.035	0.035	0.035
		S max	0.06	0.06	0.06		0.06	0.06	0.035	0.035	0.035	0.035	0.035	0.035	0.035
		B max	0.003	0.003	0.003		0.003	0.003	0.003	0.003	0.003	0.003	0.003	0.003	0.003
	回火温度 (℃)							425	425	425	425	425	340	380

注：
1. GB/T 3098.1—2010规定了在环境温度为10~35℃条件下进行试验时，有碳钢或合金钢制造的、符合GT 192、GB/T 193、GB/T 196和GB/T 197的规定。GB/T 3098.1—2010适用的螺栓、螺钉和螺柱的机械性能。GB/T 3098.1—2010不适合于紧定螺钉及类似不受拉应力的螺纹紧固件。
2. GB/T 3098.1—2010规定螺纹M1.6~M39；粗牙螺纹M8×1~M39×3；细牙螺纹。工作温度高于300℃（对10.9级为250℃）或低于-50℃的性能要求、耐腐蚀性、耐剪切应力和耐疲劳性。
3. 性能等级代号，由两部分数字组成，第一部分数字表示公称抗拉强度（σ_s）或低于公称屈服点的1/100；第二部分数字表示公称屈服点的1/10。这两部分的乘积为公称应力（$\sigma_{p0.2}$）的1/10。
4. 表中规定的最低回火温度是必须遵守的。
5. 对10.9、12.9级材料应具有良好的淬透性，以保证紧固件的芯部在淬火后、回火前获得约90%的马氏体组织。
6. 合金钢至少应含有以下元素中的一种，其最小含量为：铬0.30%，镍0.30%，钼0.20%，钒0.10%。
7. 考虑受拉应力，12.9级的表面不允许有白色磷集聚。
8. 对于8.8级，为保证良好的淬透性，螺纹直径超过20mm的紧固件，螺纹直径为12mm。
9. 9.8级仅适用于螺纹直径d≤16mm。
10. 表中带*表面硬度不应比芯部硬度高出30个硬度值。对10.9级的表面硬度不应大于390HV0.3。
11. 在螺栓和螺钉末端测试的硬度，对10.9级的最大硬度为250HV、238HB或99.5HRB。
12. 某些紧固件，因其头部尺寸造成头部剪切应力面积小于螺纹切应力面积，可以达不到GB/T 3098.1—2010关于抗拉或抗扭矩的要求，如沉头、半沉头和圆柱头。

第二节　安　全　系　数

安全系数是线路施工机具设计、制造和使用时最关键的数据，安全系数的大小也决定了作业的安全性和施工机具的使用寿命。

安全系数和材料的许用应力也有密切关系。许用应力是材料工作时所能允许应力的最高极限，如超过此应力使用时，脆性材料就会断裂，塑性材料就会产生永久变形。根据材料的受力情况不同，许用应力又有拉升许用应力、挤压许用应力和剪切许用应力之分，分别用 $[\sigma_s]$、$[\sigma_j]$、$[\tau]$ 表示。

1. 拉升许用应力 $[\sigma_s]$

抗拉时的正应力称为拉升应力，允许拉升应力也称拉升许用应力，用 $[\sigma_s]$ 表示。

2. 挤压许用应力 $[\sigma_j]$

挤压的作用面称为挤压面或受压面，挤压面上的分布压力集度称为挤压应力，它是进行构件挤压强度计算的依据。由于挤压应力在挤压面上的分布情况较为复杂，一般设计时，许用挤压应力 $[\sigma_j]$ 可取 $(0.5 \sim 0.6)\sigma_s$ 计算。

3. 剪切许用应力 $[\tau]$

构件在两个大小相等而方向相反、作用线互相平行且相距很近的作用力作用下时，介于二力作用线之间而与之平行的各个相邻截面发生相对错动，形成的变形叫剪切变形。上述作用力称为剪切力，构件剪切面所受的力称为剪切应力。

为了使线路施工机具或零部件有足够的机械强度和稳定性（有时还要有足够的刚度），除选用合适的材料外，所用材料的许用应力必须低于破坏应力，并大于线路施工机具或其零部件在额定工作载荷时其所用材料承受的应力；当线路施工机具或零部件承受的应力使其达到破坏时，这个破坏应力和许用应力之比，即为强度安全系数，也称安全系数。对脆性材料，因无屈服极限，故只有破坏应力 σ_b，则

$$n_b = \frac{\sigma_b}{[\sigma]}$$

式中　n_b——断裂（或破坏）安全系数；

　　　$[\sigma]$——许用应力。

在静拉升和静压缩中，对于可塑性材料，也可以屈服点的应力 σ_s 作为破坏应力，则

$$n_s = \frac{\sigma_s}{[\sigma]}$$

式中　n_s——按屈服点所定出的强度安全系数，称屈服安全系数。

对同一可塑性材料，在受拉和受压时，屈服点的值大致相等，故其许用应力的值也相同；对于非塑性的脆性材料，可以取屈服强度 $\sigma_{0.2}$ 作为破坏应力从而定出许用正应力。材料在拉升过程中，塑性变形达到 0.2% 时的应力为屈服强度。

为保证线路施工机具在要求的使用寿命内能正常工作而不致失效，要同时考虑到以下几个方面的因素选用适当的安全系数。采用过大的安全系数会使线路施工机具过于笨重，既浪费材料，又不便使用；采用过小的安全系数会使线路施工机具结构单薄而易损坏，不安全。

对各种线路施工机具选择安全系数的大小，主要决定于该机械设备和工器具的重要性、

负荷的类型及使用材料的性能等。较重要的工器具或破坏后涉及人身安全等后果严重的要求较大的安全系数；受动载荷作用的也要求有较大的安全系数，而脆性材料比塑性材料需要较大的安全系数。安全系数有以下几种。

1. 屈服安全系数

屈服安全系数只应用于塑性材料，它是指零部件所用材料的屈服应力 $[\sigma_s]$ 和其承受额定工作载荷（或最大工作载荷，视载荷类型而定）时材料应力之比，这时材料受力变形全部在弹性变形范围内。

最大工作载荷对应的屈服安全系数一般应不小于 1.75，对特殊载荷、屈服安全系数应不小于 1.45。

2. 断裂安全系数

断裂安全系数（即安全系数）是指材料的强度极限应力（破坏应力）σ_b 和其承受的额定载荷时材料应力之比。

最大工作载荷对应的安全系数一般应不小于 2.5。对特殊载荷，断裂安全系数应不小于 1.85。

安全系数一般适用于脆性材料、屈服极限与断裂强度极限之比大于 0.7 的材料以及无明显屈服现象的材料。表 2-18 为常用线路施工机具的断裂（或失稳）安全系数。

3. 疲劳安全系数

疲劳安全系数是指与疲劳计算载荷循环数相同的疲劳极限载荷或材料疲劳极限应力对疲劳计算载荷或其对应的应力之比。疲劳安全系数一般不应小于 1.2。

4. 制动安全系数

制动安全系数是指制动器能承受的制动力矩和被制动轴最大工作力矩之比。制度安全系数一般不应小于 1.5。凡使用制动器的线路施工工器具，如牵引机、张力机牵引卷筒或放线卷筒上减速器高速轴侧的制动器，或设置在张力机放线卷筒上的带式制动器等，其制动安全系数均取不小于 1.5。

线路施工机具所指的安全系数除特殊说明外，一般指断裂安全系数。

表 2-18　　　　　　　常用线路施工机具的断裂（或失稳）安全系数

线路施工机具名称		断裂安全系数	线路施工机具名称	断裂安全系数
倒装组塔提升机具（承载结构）		≥2.5	附件安装工具	≥3
金属锚体		≥3	乘人装置、梯架	≥5
安全带		≥5	安全绳	≥5
牵引机	锚固装置	≥3	脚扣	≥5
	制动器	≥1.5	牵引板	≥3
	其他零件	≥2.5	放线用牵引钢丝绳	≥3
张力机	锚固装置	≥3	飞车	≥5
	制动器	≥1.5	卡线器	≥3
	其他零件	≥2.5	机动绞磨	≥3
放线滑车		≥3	网套式连接器	≥3
起重附件 (含各种环、钩、卡、销、板）等		≥3	旋转连接器	≥3
			金属跨越架	≥2.5
			金属抱杆	≥2.5
抗弯连接器		≥3	起重滑车	≥3（100kN 以下）
各种紧线器		≥3		≥2.5（160～500kN）

18

第三节　线路施工机具设计通用技术条件

对线路施工机具的设计，首先应选择合理的机构，以满足施工作业要求，同时还要考虑使用方便、安全可靠、效率高、成本低，并能保证足够的使用年限。线路施工机具设计时应满足以下基本要求。

（一）强度要求

线路施工机具要有足够的机械强度，在设计其每一个零件时，要保证它们在工作时不应产生断裂损坏及发生有害的残余变形。为此，设计时必须满足线路施工机具及其零部件规定的安全系数。

对使用条件不同的线路施工机具强度要求也是不同的，这主要反映在要求的安全系数大小，一般对损坏后会直接危及人身安全或出现重大事故的线路施工机具，设计时安全系数取得较大，使用应力相对较小，如载人的工机具、某些起重工器具等。

满足强度要求的方法除增强零部件的断面外，在断面不能增加时，也可采用高强度的材料，或使用有效的热处理来满足强度要求。

（二）对刚度和稳定性的要求

刚度是指在一定的工作条件下，零件抵抗弹性变形的能力。

线路施工机具除要求有足够的机械强度外，有的还要求有足够的刚度或稳定性，以防止变形而影响线路施工机具的正常工作，或受压杆件失稳而引起事故。如大直径五轮放线滑车的心轴受力变形，虽然这种变形在弹性范围内，但因挠度超过一定值时，会导致滑轮轮缘相碰，影响正常工作。抱杆起吊重物失稳时，会引起抱杆破坏而发生事故。

结构不合理而使刚度不够的零部件受弯曲时，产生变形会导致弯曲应力增加，故应尽量避免。

对抱杆等受压力作用的细长杆，在受力情况下，其中间横向变形应小于保证受压抱杆稳定允许的数值。受压杆件失稳临界载荷与最大工作载荷之比应符合 GB/T 3811—2008《起重机设计规范》有关规定，其他金属锻件＞1.5，金属铸件＞4.5。

零件的变形不能超过容许的限度，刚度不够的零部件虽然在所受外力消失后仍能恢复到原来状态，不会引起永久变形，但也会影响线路施工机具的使用。如上所述，如多轮放线滑车相邻两滑轮轮缘相碰，会影响正常使用。故对有些工器具或有些零部件，设计时还要进行刚度校核。

（三）使用寿命的要求

整机的使用寿命一般是指线路施工机具投入使用后，到第一次大修前的使用时间。经过大修，更换零部件仍可使用一段时间。对几种主要线路施工机具的使用寿命 DL/T 875—2004 中有具体的规定：牵引机、张力机不小于 3200h；机动绞磨不小于 1600h，导线压接机压接不小于 5000 次；切线机不小于 10000 次；混凝土搅拌机要求平均无故障时间为 200h。其他机动的线路施工机具也可参照确定。对牵引机、张力机、压接机这样的架线机具，其使用寿命除考虑设备的大小、价值等外，还要考虑到展放导线的千米数。如牵引机、张力机使用寿命为 3200h，是未计入转场运输、就位及无工程时待用情况下，实际用于展放导线时的时间，而且是在允许持续牵引力、牵引速度和放线张力、放线速度情况的作业条件下；由于牵引机、张力机是大型设备，投资较大，故要求在不间断地正常作业使用条件下，约 5 年后进行首次大修；而对机动绞磨等小型机动设备连续使用时间较短，开、停机操作频繁的，要求使用寿命相对小时数较少；压接机也是小型机动设备，考虑到一个压接管压接次数为 4～6 次，故相对使用寿命小时数定得大一些。

对有些线路施工机具，关键零部件的使用寿命十分重要，它关系到线路施工机具的性能和整机寿命，故在新产品设计前，必须进行试验研究，必要时做寿命试验。如钢绞线卡线器的钳口，要做额定载荷下的卡握试验，试验卡握钢绞线不打滑的极限卡握次数，以确定卡线器钳口的最佳尺寸等。

（四）噪声要求

噪声污染和水污染、空气污染当今已被公认为世界三大公害。噪声是各种不同频率和声强的声音无规律的杂乱组合，它对人类的身体健康有很大的危害，同时也对现场操作人员的注意力、听力和通信、指挥产生很大干扰，故对噪声的要求是评价机动线路施工机具的重要指标。

对野外作业或室内作业的线路施工机具噪声要求均基本执行有关国家标准。野外（离居民区 500m 以外）使用的线路施工机具可参照 GB 16710—2010《土方机械　噪声限值》执行。

表 2-19 所列为基本噪声标准，是生产中的听力保护，保证交谈时的清晰度和交谈时不受干扰。

表 2-19　　　　　　　　　　　基 本 噪 声 标 准　　　　　　　　　　　［dB（A）］

适用范围	理想标准值	最大值
睡　眠	35	60
交谈思考	45	60
听力保护	75	90

柴油机是牵张机及其他机动线路施工机具主要噪声源，在线路施工机具设计时必须考虑，GB 14097—1999《中小功率柴油机噪声限值》中规定的中小功率柴油机的噪声限值见表 2-20。

表 2-20　　　　　　　　　　　中小功率柴油机的噪声限值

标定功率（kW）＼标定转速（r/min）	噪声限值［dB（A）］		
	$n \leqslant 2000$	$2000 \leqslant n \leqslant 2500$	$n > 2500$
17 以下	107	108	109
＞17～22	108	109	110
＞22～28	109	110	111
＞28～35	110	111	112
＞35～45	111	112	113
＞45～55	112	113	114
＞55～70	113	114	115
＞70～85	114	115	116

标定转速 (r/min) 标定功率 (kW)	噪声限值〔dB（A）〕		
	$n \leqslant 2000$	$200 \leqslant n \leqslant 2500$	$n > 2500$
>85～105	115	116	117
>105～135	116	117	118
>135～175	117	118	119
>175～220	118	119	120
>220～275	119	120	121
>275～340	120	121	122
>340～430	121	122	123

工程机械噪声限值标准见表 2-21，机外辐射噪声根据发动机标定功率不同规定不同的噪声限值。

表 2-21　　　　　　　　　　　　工程机械噪声辐射限值

额定功率 N_e（kW）	声功率级 A〔dB（A）〕	额定功率 N_e（kW）	声功率级 A〔dB（A）〕
$N_e \leqslant 40$	106	$100 \leqslant N_e \leqslant 130$	116
$40 \leqslant N_e \leqslant 50$	108	$130 \leqslant N_e \leqslant 160$	118
$50 \leqslant N_e \leqslant 65$	110	$160 \leqslant N_e \leqslant 200$	120
$65 \leqslant N_e \leqslant 80$	112	$200 \leqslant N_e \leqslant 250$	122
$80 \leqslant N_e \leqslant 100$	114	$250 \leqslant N_e \leqslant 350$	124

注　dB（A）为噪声（dB）采用 A 声级计权网络计量，A 声级是目前使用最普遍的计量声级。

DL/T 875—2004 中对噪声的一般要求除执行国家标准外，对机动绞磨作了特别规定，其噪声在操作人员处测量应不大于 95dB(A)，在 DL/T 1109—2009《输电线路张力架线用张力机通用技术条件》和 DL/T 372—2010《输电线路张力架线用牵引机通用技术条件》规定噪声不得超过 105dB(A)，也略大于工程机械规定的司机位置噪声不大于 90dB(A) 的要求。这是因为考虑到大部分工程机械均有能起到一定隔音作用的驾驶室，而机动绞磨、牵引机和张力机作业时，操作人员要直接面对发动机，噪声值难以达到表 2-20 中 90dB(A) 的要求。

减少线路施工机械的噪声，主要从声源、传动系统及操作人员三方面采取措施。

（1）对声源的控制，在设计时，在相同功率情况下应尽量采用噪声相对小的发动机，并在发动机机座上使用弹性垫支承，以减少振动，并采用带百叶窗的机罩等。

（2）传动系统也是影响噪声的重要因素，对传动系统可提高齿轮的加工精度或对使用圆柱齿轮减速的场合，改用斜轮传动；对液压系统，与发动机或分动箱用弹性连接直接连在一起；防止空气进入液压系统或产生气蚀，使管路振动而产生噪声。散热器风扇可在保证风量的前提下尽量增加风扇直径，降低转速增加风扇叶片数等减少风扇产生的噪声。

（3）对操作人员可采用有效的听力保护措施，如采用防声耳塞、防声耳罩、帽盔等，目前已有采用有线或无线遥控操作牵引机、张力机的，使操作人员离机械设备一定距离，以降低操作人员处的噪声。

（五）对制动的要求

凡是运动机械如牵引机、张力机、机动绞磨、提升机械、行走机构、运输机械等，均应有制动装置，且在停机、关机时，制动装置处于制动状态。线路施工机具的制动器有带式、钳盘式、全盘式、蹄式等几种。

线路施工机具用制动器，应满足下述几项要求：

（1）要有足够的制动力矩，设计时，制动器的制动力矩应满足不小于被制动运动件最大转动力矩的 1.5 倍。对于国家标准、行业标准有规定的，按国家标准、行业标准执行。

（2）制动器摩擦副要有足够的散热性和耐磨性，能很好地耗散制动过程瞬时滑动摩擦产生的热量。另外摩擦副、摩擦材料有足够的耐磨寿命，在摩擦副损坏后要容易调整摩擦副之间的间隙和便于更换。

（3）制动器动作安全可靠，对有些机械设备，还要求能实现快速制动。

（4）要操作轻便、灵活，对直接用手柄操作的制动器，手柄上的操作力不应大于 150N，踏板上的足蹬力不应大于 220N，踏板行程应小于或等于 150mm。

（六）对操作力的要求

操作力除应满足国家标准、行业标准及安全、劳保、环保、卫生等规定要求外，还应符合下列要求。

（1）对于非人力驱动的机具，其操作手柄的操作力值推荐不超过以下规定。

1）手动：

频繁操作	＜35N；
不频繁操作水平推拉	＜70N；
不频繁操作垂直提压	＜150N；
偶然操作水平推拉	＜150N；
偶然操作垂直推压	＜300N。

2）足蹬：

频繁操作	＜110N；
不频繁操作	＜220N；
偶然操作	＜550N。

（2）以人力为动力源的机具，其单人最大输入功率及操作力值一般不超过表 2-22 中的规定。

表 2-22　　　　　　　　　人力机具单人最大输入功率及操作力值一览表

项　　目	操作方法	输入功率（W）	操作力（N）
连续运动	手　摇	＜80	＜100
	足　蹬	＜84	＜110
	手拉链绳	＜112	＜150
	双手手推		＜160
短时运动	手　摇	＜118	＜150
	足　蹬	＜160	＜550
	手拉链绳		＜260
	双手手推		＜320

对多人同时操作的机具（如人推绞磨），其操作力不能超过操作人数乘以单人操作力的 0.7 倍，而且有可靠的逆止装置或止动装置，以防止操作力集中于少数人时，发生倒转事故。

（七）相关标准要求

所有线路施工机具在设计过程中，都应严格执行和引用各种标准，包括国际标准、国家标准和电力行业标准，如无具体标准可依的，也应尽量引用类似设备的有关标准。我国涉及线路施工机具的标准主要有 DL/T 875—2004、DL/T 689—1999《液压压接机》、《放线滑车基本要求、检验规定及测试方法》和 DL/T 733—2000《机动绞磨技术条件》，DL/T 1109—2009 和 DL/T 372—2010、DL/T 371—2010《架空输电线路放线滑车》。这些标准均为推荐性标准，其中 DL/T 875—2004 为设计和试验线路施工机具的最基本的标准，主要内容包括线路施工机具设计一般要求、试验一般要求及对各种基础施工机具、组塔工机具及架线施工机具的具体要求。

除此以外，线路施工机具现有的标准均为行业标准，尚无一个国家标准，虽行业标准要比国家标准要求高，但在设计新产品的过程中，还应该以用户的要求和国外先进标准作为设计产品的依据，绝不能用行业标准来限制自己，行业标准是我们基本的标准，是下限，而不是上限。

第四节　齿轮和齿轮传动的基本要求

线路施工机具齿轮传动主要用于大型专用设备张力架线用牵引机和张力机以及小型专用设备机动绞磨上。基础施工用小型混凝土搅拌机及导线压接机等上也有少量齿轮采用。

牵引机的主减速器一般均采用外购的行星传动减速器，而直接驱动牵引卷筒的末级齿轮传动减速器则是专门设计加工；钢丝绳卷绕装置上的齿轮传动系统也是专门设计加工的。张力机的主减速器（此处主要作增速用），一般也采用外购的行星传动减速器，而直接和放线卷筒连接的齿轮传动减速器则也是专门设计加工的，固定在张力机放线卷筒上，最大模数为 8～10，齿顶圆直径为 1000～2000mm。牵引机末级传动齿轮模数最大可达 16。

在机动绞磨变速箱内的齿轮均为小齿轮，该机动绞磨要实现多挡变速（变速箱内有 8～9 根传动轴，24～26 个齿轮，模数为 1.5～2.5），还有多个带内花键的齿轮。

一、材料要求

（1）线路施工机具齿轮常用材料及其力学性能见表 2-23。

表 2-23　　　　　　　　　　线路施工机具齿轮常用材料及其力学性能

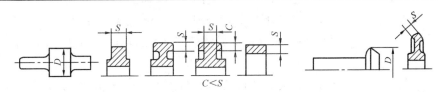

材料牌号	热处理种类	截面尺寸		力学性能		硬度	
		直径 D（mm）	壁厚 S（mm）	σ_n（N/mm²）	σ_s（N/mm²）	HB	HRC
调质钢							
45	正火	≤100	≤50	588	294	169～217	
	调质	101～300	51～150	569	284	162～217	
		301～500	151～250	549	275	162～217	
		501～800	251～400	530	265	156～217	
		≤100	≤50	647	373	229～286	

材料牌号	热处理种类	截面尺寸		力学性能		硬 度	
		直径 D (mm)	壁厚 S (mm)	σ_n (N/mm²)	σ_s (N/mm²)	HB	HRC
调 质 钢							
45	调质	101～300	51～150	628	343	217～255	
	表面淬火	301～500	151～250	608	314	197～255	40～50
40Cr	调质	≤100	≤50	735	539	241～286	48～55
		101～300	51～150	686	490	241～286	
		301～500	151～250	637	441	229～269	
		501～800	251～400	588	343	217～255	
渗碳钢、氮化钢							
20CrMnTi	渗碳、淬火、回火	≤30	≤15	≥1079	≥883	心部 HB240～300	渗碳 56～62
		≤80	≤40	≥981	≥785		
		≤100	≤50	≥883	≥686		
铸 钢							
ZG310-570	正火			570	310	163～197	
ZG340-640	正火			640	340	179～207	

（2）齿轮轴直径在 300mm 以内为小齿轮，一般采用锻件，材质为 45、40Cr 和 20CrMnTi 三种。

（3）齿坯直径为 300～500mm 的中齿轮，根据设计要求可采用锻件或铸件，材质为 45、40Cr 和 20CrMnTi。

（4）齿轮直径为 500～2000mm 的大齿轮（大齿圈），采用铸钢件，其材质为 ZG310～570、ZG340～640，采用锻件，材料为 40Cr。

二、热处理要求

齿轮热处理和齿轮副的合理啮合面硬度有关：

（1）齿轮副工作齿面硬度以软、硬齿面配合时，齿面硬度相差较大，小齿轮 HRC40～45（表面淬火）、大齿轮 HB200～230（正火）或者小齿轮 HRC56～62（渗碳淬火）、大齿轮 HB220～260（调质）。

（2）齿轮副工作齿面硬度都以硬齿面配合时，齿面硬度大致相同，小齿轮 HRC45～50（表面淬火）、大齿轮 HRC45～50（表面淬火）或者小齿轮 HRC56～62（渗碳淬火）、大齿轮 HRC56～62（渗碳淬火）线路施工机具采用齿轮传动较多的有机动绞磨、牵引机、张力机、导线压接机、混凝土搅拌机等。

由于机动绞磨及压接机传动箱中传动齿轮承载大、体积小，特别是机动绞磨传动箱，所有齿轮或齿轮轴均采用 20CrMnTi 渗碳淬火，属于上述硬齿面啮合齿轮传动。而对牵引机末级齿轮传动，大齿轮一般 45、40Cr 锻钢，高频淬火，小齿轮均采用 20CrMnTi 锻钢渗碳淬火而成；张力机首级齿轮传动大齿轮直径较大，齿胚一般采用 ZG310～570 正火加工后，高频淬火或火焰淬火而成。小齿轮则常用 20CrMnTi 锻钢渗碳淬火而成。

齿轮各类材料热处理特点及适用条件见表 2-24，渗碳深度见表 2-25。

表 2-24 　　　　　　　　　　齿轮各类材料热处理特点及适用条件

材料	热处理	特　点	适用条件
高碳钢	高频淬火	（1）齿面硬度高，具有较强的抗点蚀和耐磨损性能；心部具有较好的韧性，表面经硬化后产生残余压缩应力，大大提高了齿根强度；通常的齿面硬度范围为合金钢 HRC45～55，碳素钢 HRC40～50。 （2）为进一步提高心部强度，往往在高频淬火前先调质。 （3）高频淬火时间短。 （4）为消除热处理变形，需要磨齿，增加了加工时间和成本，但是可以获得高精度的齿轮。 （5）当缺乏高频设备时，可用火焰淬火来代替，但淬火质量不易保证。 （6）表面硬化层深度和硬度沿齿面不等。 （7）由于急速加热和冷却，容易淬裂	广泛用于要求承载能力高、体积小的齿轮，如牵引机末级大齿轮、张力机末级小齿轮
渗碳钢	渗碳淬火	（1）齿面硬度很高，具有很强的抗点蚀和耐磨损性能；心部具有很好的韧性，表面经硬化后产生残余压缩应力，大大提高了齿根强度；一般齿面硬度范围是 HRC56～62。 （2）切削性能较好。 （3）热处理变形较大，热处理后应磨齿，增加了加工时间和成本，但可以获得高精度的齿轮。 （4）渗碳深度可参考表 2-26 进行选择	广泛用于要求承载能力高、耐冲击、性能好、精度高、体积小的中型以下的齿轮，如牵引机末级小齿轮、张力机首级小齿轮、机动绞磨变速箱全部齿轮
铸钢	正火或调质，以及高步淬火	（1）可以制造复杂形状的大型齿轮。 （2）其强度低于同种牌号和热处理的调质钢。 （3）容易产生铸造缺陷	用于不能锻造的大型齿轮，如张力机大齿圈、混凝土搅拌机大齿圈

表 2-25 　　　　　　　　　　　　　　渗　碳　深　度

模　数	>1～1.5	>1.5～2	>2～2.75	>2.75～4	>4～6	>6～9	>9～12
渗碳深度	0.2～0.5	0.4～0.7	0.6～1.0	0.8～1.2	1.0～1.4	1.2～1.7	1.3～2.0

注　1．表中数据是气体渗碳的概略值，固体渗碳和液体渗碳略小于此值。
　　2．对模数较大的齿轮，渗碳深度有大于表中数值的倾向。

三、精度等级和加工方法

齿轮的精度等级根据它在线路施工机具中传动的作用、使用工况条件、传递的功率大小和圆周速度、润滑情况及其他经济技术指标决定，表 2-26 为线路施工机具常用齿轮传动的精度等级和加工方法、达到的传动效率及使用范围。

表 2-26　　　线路施工机具常用齿轮传动的精度等级和加工方法、达到的传动效率及使用范围

精度等级		7 级（比较高的精度级）	8 级（中等精度级）	9 级（低精度级）
加工方法		在高精度的齿轮机床上范成加工	用范成法或仿型法加工	用任意的方法加工
齿面最终精加工		不淬火的齿轮推荐用高精度的刀具切制。淬火的齿轮需要精加工（磨齿、剃齿、研磨）	不磨齿。必要时剃齿或研磨	不需要精加工
齿面粗糙度 Ra（μm）		0.8	3.2～1.6	6.3
使用范围		用于高速、重载、体积小的齿轮，如机动绞磨高速轴上齿轮、导线压接机泵站用齿轮	牵引机、张力机传动齿轮，机动绞磨后几级速度较低的齿轮	混凝土搅拌机齿圈、小型张力机大齿圈等
圆周速度（m/s）	直齿轮	≤10	≤6	≤2
	斜齿轮	≤20	≤12	≤4
传动效率（%）		98（97.5）以上	97（96.5）以上	96（95）以上

线路施工机具有关标准的内容介绍

第一节 线路施工机具设计、试验基本要求

DL/T 875—2004 是在 SD165—1987《电力建设施工机具设计基本要求 输电线路施工机具篇》的基础上修订而成的，内容几乎包括线路建设时基础施工、杆塔组立、架线施工三个工序的所有施工机械设备和工器具的一些关键技术要求，其中不少机械设备和工器具正在逐步制订单项标准，提出较详细的技术条件和试验、检验规则。

线路施工机具设计、试验基本要求的主要内容分述如下（已有单项标准的线路施工机具，内容从略）。

（一）设计计算的一般要求

1. 设计计算概述

（1）设计计算时所用数据凡引用国家标准、行业标准及国家与电力行业劳保、安全、环保与卫生等有关规定内容时，要注明标准及规定代号及条款序号。

（2）凡属（1）条所述标准及规定中没有规定的（或推荐的）一般设计计算方法和数据，但在教材中或国内外正式出版物中有论证的可直接引用，只注明出处（著作名称、作者、章节）即可。

（3）凡不属（1）及（2）条中所规定的设计计算方法及数据，使用时必须对设计计算方法进行论证。论证可作为附件列在设计计算说明书后面，简短论证可在设计计算说明书正文中说明。

（4）采用国际标准及国外先进标准应按照中华人民共和国国家质量监督检验检疫总局的有关规定执行。

（5）委托设计单位及上级主管部门对设计计算进行审查，对不符合（1）条所述标准规定及设计任务书者，有权要求改正。

（6）出口产品应按订货方要求的标准设计。

（7）线路施工机具设计应尽量采用标准化零件，并应力求结构轻巧、拆装方便。

2. 一般零件的强度要求

（1）最大工作载荷对应的屈服安全系数一般应不小于 1.75；对特殊载荷，屈服安全系数应不小于 1.45。屈服安全系数只限于用在塑性材料，特殊载荷是指除工作最大载荷外需要验算的载荷。

（2）最大工作载荷对应的安全系数一般应不小于 2.5，对特殊载荷，安全系数应不小于

1.85。安全系数适用于以下三种情况：

1）脆性材料。

2）屈服极限与断裂强度极限之比大于0.7的材料。

3）无明显屈服现象的材料。

（3）疲劳安全系数应不小于1.2。

（4）对多向应力状态，一般零件应满足第一强度理论要求；对损坏会造成人身事故或重大设备生产事故的关键零件应同时满足第一、第三、第四强度理论要求。

3.振动的一般要求

（1）线路施工机具工作时，不得发生共振。在用户有特殊要求时，自振频率与工作时引起的振动频率之差，应根据用户要求决定。

（2）线路施工机具振动加速度在乘人处应小于ISO 2631规定的人体耐振极限。

（3）工作频率小于1Hz的手动线路施工机具可不进行振动校验。

4.噪声的一般要求

（1）室内使用的线路施工机具噪声应执行标准规定。

（2）野外（离居民区500m以外）使用的线路施工机具噪声，可参照GB 16710—2010《土方机械　噪声限值》执行。

（3）噪声的测量应在操作人员处进行，测量方法按相关国家标准或行业标准执行。

5.刚度与稳定性的一般要求

（1）传动及运动零件不得发生影响其正常工作的变形。

（2）应避免采用因运行中变形而使零件应力增加的结构。

（3）受压杆件失稳临界载荷与最大工作载荷之比应符合下列规定。

1）钢结构按照GB/T 3811—2008《起重机设计规范》有关规定执行。

2）其他金属锻件＞1.5。

3）金属铸件＞4.5。

（4）线路施工机具工作时不得有倾翻的可能。

6.磨损的一般要求

（1）磨损使安全系数下降不得超过规定值。

（2）磨损后效率下降不得低于电力行业标准的规定值

（3）磨损校核可参照GB/T 3811—2008有关规定执行。

（4）磨损后不得出现违反国家及电力行业安全、劳保、卫生、环保等规定以及违反国家标准、行业标准有关规定的情况。

7.寿命的一般要求

（1）线路施工机具的寿命推荐按使用情况、使用时间确定，利用等级范围为T1～T6。

（2）易损件寿命比整机寿命要低，其寿命应在使用说明书中标明。

8.制动的一般要求

（1）凡属有安全制动要求的运动机械，如牵引机械、张力卷筒、提升机构、行走机构、运输机械等均应有制动装置，停、关机时应处于制动状态。需靠限制机械出力提高工作安全性的机械应有过载保护装置。

（2）对制动器的要求，按照国家标准、行业标准规定执行。对无明确规定者，其制动安全系数应不小于1.5。

9. 操作力的一般要求

操作力的要求见第二章第四节相关内容。

10. 外购件的选择

设计中选用的外购件应符合国家标准、行业标准及安全、劳保、环保及卫生等规定的要求。

11. 线路施工机具铭牌要求

线路施工机具产品应有标准的、牢固的铭牌、标志及使用说明书，线路施工机具型号中的载荷为额定载荷。其内容需要标明如下：

（1）产品名称、标准编号。

（2）企业名称、生产日期。

（3）型号、规格、等级、主要参数。

线路施工机具产品的铭牌、标志及使用说明书也可按国家标准或其他行业标准的相关规定执行。

12. 电气系统的一般安全要求

电气系统的一般安全要求应按照 GB 4064—1983《电气设备安全设计导则》和 GB 5226.1—2008《机械电气安全 机械电气设备 第1部分：通用技术条件》规定执行。

（二）试验一般要求

（1）出厂试验。

1）出厂试验应至少包括以下内容。

a. 空载试验：在额定速度下进行，持续不少于 1h。

b. 负载试验：在额定载荷及额定工况下进行，额定工况必须包括全部使用工况（每种工况持续应不少于 1h）。

c. 过载试验：以大于额定载荷的慢速情况下的载荷（无冲击）加于线路施工机具，并停留 10min 以上进行检查。过载试验载荷与额定载荷倍率应不低于以下数值。

绞磨	1.25
提升机具	1.25
金属锚体	1.50
金属抱杆	1.25
起重滑车	1.50
起重附件（环、钩、卡、销、板等）	1.50
牵引机	1.25
张力机	1.25
导线轴架	1.25
跨越架	1.25
放线滑车	1.25
飞车	2.0

压接机	1.15
双钩紧线器	1.25
连接器	1.25
卡线器	1.25
牵引板	1.50
液压切线机	1.15
乘人装置、梯架	2.0

d. 压力耐压试验：适用于液、气压系统，当最大工作压力≤31.5MPa 时，以额定压力 1.25 倍的压力作用于设备内，保压 5min 后检查；当最大工作压力＞31.5MPa 时，以额定压力 1.15 倍的压力作用于设备内，保压 5min 后检查。

e. 制动试验：按（一）中的 8. 进行。

2）出厂试验后检查必须达到以下要求：

a. 零件无目视可见裂纹；

b. 零件无残余变形或超过设计许可的变形；

c. 无固定连接松动及紧固件松动；

d. 无不允许的不均匀振动冲击和噪声；

e. 无漏气漏液；

f. 温升不超过规定值或设计许可值；

g. 无违反安全、劳保、环保、卫生等规定及国家标准、行业标准规定的情况，并能达到设计使用性能要求；

h. 有电气系统的机械要求整套系统安全可靠，动作反应灵敏。

（2）型式试验。型式试验适用于新产品定型、老产品转厂生产、产品改进、停产两年以上的老产品恢复生产等场合。型式试验至少包含以下内容：

1）出厂试验全部内容，要求见 1.。

2）寿命试验。在额定工况下测定违反试验要求情况出现的时间（累计小时），试验要求与出厂试验相同。

3）耐振试验。要求以 1.5g 加速度振动 $2×10^5$ 次，不出现违反出厂试验要求的情况。也可用装于载重车上在山区土路上以不低于 10km 时速累计行驶 200km 代替，要求同前。

4）破坏试验。对起重附件及损坏后会造成人身伤亡和重大生产设备事故的关键零部件和小型线路施工机具，应进行破坏试验。其安全系数应满足有关标准对破断安全系数的要求。

（3）工业试验。工业试验适用条件与型式试验相同。产品总量低于五台时，可用工业试验代替型式试验。其要求与型式试验相同，但额定工况可改为使用工况。使用工况应不超过额定工况规定。工业试验不能代替出厂试验。

1）小型线路施工机具型式试验的试件不得少于三件，若试验中有一件不合格，应按不同机具补足或加倍取样，进行复查。如仍不合格时，则判定该产品的该项试验为不合格。其他机具试验的取样和质量判定应符合行业标准或参照相关国家标准的规定执行。

2）试验必须符合国家、各行业标准及国家与电力行业安全、劳保、环保、卫生等规定的要求。

（三）基础线路施工机具

（1）土石方机具应符合国家标准及行业标准的要求。

（2）基础施工机具在山区使用时，其搬运单件重不宜超过100kg。

（3）混凝土搅拌机。

1）混凝土搅拌机应符合GB/T 9142—2000《混凝土搅拌机》及JG/T 5062.1—1995《混凝土搅拌机可靠性实验方法》的要求。

2）混凝土搅拌机应工作可靠、搅拌均匀，不得有水泥成团、砂成团及稀稠不匀等现象。搅拌至均匀的时间不宜超过2min。

3）搅拌筒内的残留率不超过公称容量的5%。

4）混凝土搅拌机上料高度不得高于1000mm。

5）平均无故障工作时间不少于200h。

（四）杆塔施工机具

1. 起重滑车

（1）滑轮槽底直径与钢丝绳直径之比应符合以下规定：

1）机动驱动时应不小于11；

2）人力驱动时应不小于10。

（2）滑轮可采用铸钢、球墨铸铁或MC尼龙等材料制成。轴、吊钩（环）、梁、侧板等应用断裂前有明显屈服现象的材料制成。

（3）起重滑车的安全系数为：100kN以下的应不小于3；160～500kN的应不小于2.5。

（4）起重滑车未列内容应符合JB/T 9007.1—1999《起重滑车 型式、基本参数主尺寸》和JB/T 9007.2—1999《起重滑车 技术条件》的规定。

2. 起重附件（含各种环、钩、卡、销、板等）

（1）起重附件的安全系数应不小于3。

（2）起重附件应用塑性材料锻造制成，不允许焊接。材料在断裂前应有明显屈服现象。

3. 金属抱杆

（1）金属抱杆应采用塑性材料制成，抱杆断裂前有明显屈服现象。通用抱杆材料应由起重载荷条件选择。山区施工用抱杆应尽可能采用铝合金材料制成，以减轻搬运重量。

（2）钢结构抱杆整体结构长细比为120～150，主要受力构件长细比不应超过120，次要受力构件不应超过150。

（3）铝合金结构抱杆整体结构长细比为90～110，主要受力构件长细比不应超过100，次要受力构件不应超过110。

（4）金属抱杆的屈服安全系数应不小于2.1。抱杆稳定的安全系数应不小于2.5。

（5）金属抱杆制造或组装后，其横向变形不得超过$L_1/1000$，L_1为段长或组装后的杆长。

（6）铝合金抱杆的主材及辅材表面应经硬膜阳极化处理，以避免腐蚀。

（7）铝合金抱杆的主材与辅材、辅材与辅材间的连接应采用铝合金铆钉连接，不得用焊接方法连接。

（8）抱杆出厂前应经组装检验合格，且经 1.25 倍额定载荷的过载试验。过载试验时，以中心受压进行变形测量时，其横向变形不得超过 $L_2/600$，L_2 为抱杆全长。

（9）需方有特殊要求时，抱杆可做偏心压力试验，偏心载荷达到偏心额定载荷的 1.25 倍时，其横向变形不得超过抱杆全长的 3‰。

（10）抱杆中心受压试验时，其试验方法可采用平卧式或竖立式布置。平卧式试验时，抱杆下方应垫弹性支垫，支点应不少于 2 个。竖立式试验时，抱杆应增加临时拉线，以防倾倒。

（11）抱杆帽及抱杆底座应与抱杆相配套，并应使抱杆尽可能受中心压力，避免偏心受压。

（12）进行型式试验时，除所有出厂试验项目外，还应做 1.5 倍额定载荷的中心压力过载试验，其横向变形不得超过 $L_2/500$（L_2 为抱杆全长），实测应力与计算值应基本相符。

4. 倒装组塔提升机具

（1）提升机具应与确定的施工方法相适应，承载结构及部件的安全系数应不小于 2.5。

（2）多台提升装置同时提升一段塔体时，其速度差别应保证提升时塔偏在许可值范围内。

（3）多台提升装置同时提升一段塔体时，其中任一台提升装置所受载荷不能超过其额定提升载荷。

（4）多根钢丝绳（索）同时提升一段塔体时，应力求塔体载荷在钢丝绳（索）间分布均匀，任一钢丝绳（索）所受载荷不得超过该绳索的许用载荷值。

5. 金属锚体

（1）金属锚体应选用塑性材料制作，断裂前应有明显屈服现象。

（2）锚体形状应因地制宜，有利于提高地锚上拔力。金属锚体的安全系数应不小于 3。

（3）金属锚体的焊缝强度应不小于锚体材料的强度，且应尽量使焊缝避免设置在最大受力部位。

（五）架线施工机具

1. 牵引板及平衡锤

（1）牵引板本体应采用焊接性能优良、有明显屈服的塑性材料制成；结构应能防止应力集中及附加焊接应力；焊缝必须焊满，且双面焊透，不得采用间断焊。

（2）牵引板的安全系数应不小于 3。

（3）牵引板及平衡锤应能平滑通过放线滑车。

（4）平衡锤应安全可靠，有足够的平衡力矩，能防止牵引板被拉翻。

（5）牵引板上应有防止平衡锤摆动撞击绝缘子的限位装置。

（6）采用导引链牵引的牵引板，导引链必须采用铆接或螺栓连接，不得采用焊接。

2. 连接器

（1）旋转连接器

1）旋转连接器的安全系数应不小于 3。

2）旋转连接器应采用塑性材料制成。

3）旋转连接器应保证在 1.25 倍额定载荷下转动灵活。

4）旋转连接器推力轴承的安全系数应不小于 1.5。

（2）网套连接器。

1）网套连接器的夹持力与额定拉力之比应不小于 3，网套连接器强度安全系数应不小于 3。

2）张力波动时网套连接器不得打滑。

3）网套连接器使用的钢丝应柔软，保证安装拆卸方便。

4）网套连接器夹持长度应不小于导线、钢绞线和光缆直径的 30 倍。

5）压接管到网套过渡部分的钢丝必须用薄壁金属管保护。

（3）抗弯连接器。

1）抗弯连接器的安全系数应不小于 3。

2）抗弯连接器应用塑性材料制成，其结构形状应不损伤钢丝绳。

3）抗弯连接器能顺利通过放线滑车钢丝绳轮和牵引机牵引卷筒。

3. 切线机

（1）线体切断时，不损伤钢芯。切断后两侧切面均应保持各线股断面和整体断面齐整，无飞边毛刺和压扁变形，不影响线体顺利插入直线接续管和耐张管。

（2）液压传动的切线机应限定最高使用压力，并有压力保护装置。

（3）切线机质量应尽可能轻，其搬运质量不宜超过 30kg。

（4）切线机使用寿命不小于 10000 次。

4. 卡线器

（1）卡线器安全系数应不小于 3。

（2）在额定载荷作用下导线应无明显压痕；在 1.25 倍额定载荷作用下，卡线器夹嘴与线体在纵横方向均无相对滑移，且线体的表面压痕及毛刺不超过 GB 50233—2005《110～500kV 架空送电线路施工及验收规范》规定的打光处理标准，线体与夹嘴无偏移，直径无压扁，表面无拉痕和鸟巢状变形。

（3）在 2 倍额定载荷作用下，卡钱器夹嘴与线体在纵横方向均无明显相对滑移，卸载后卡线器应装、拆自如。

（4）导线卡线器的夹嘴要有足够的长度，长度 $\geqslant$（6.5d－20）mm，d 为导线直径。

5. 手扳紧线器

（1）手扳紧线器的安全系数应不小于 3。

（2）手扳紧线器必须有自锁装置。

6. 双钩紧线器

（1）双钩紧线器安全系数应不小于 3，螺纹接触面的接触应力应小于容许值。

（2）双钩紧线器必须自锁（不自动缓扣）。

（3）双钩紧线器必须有保险装置，保证螺纹和杆套（螺母）任何时候都有足够的啮合长度。

7. 线路附件安装工具

（1）线路附件安装工具安全系数应不小于 3。

（2）线路附件安装工具不得损伤导线及金具，并应尽量轻。

8. 光缆施工机具

（1）光缆张力机主卷筒槽底直径应不小于光缆直径的 70 倍，且应不小于 1000mm，其余要求应满足 DL/T 1109—2009《输电线路张力架线用张力机通用技术条件》中除张力机主卷筒槽底直径外的所有其他条款。

（2）光缆放线滑车的滑轮槽底直径应大于光缆直径的 40 倍，且应大于 500mm，其余要求应满足 DL/T 371—2010《架空输电线路放线滑车》中除滑轮槽底直径的要求。

9. 光缆牵引链和平衡锤

（1）牵引链的安全系数应不小于 3。

（2）牵引链及平衡锤应能顺利通过放线滑车。

（3）平衡锤应安全可靠，有足够平衡力矩，能防止牵引链被扭转拉翻。

（4）平衡锤接触光缆部位应有橡胶衬垫。

（5）牵引链的链条长度应不小于 6m。

（6）板式牵引链必须采用铆接或螺栓连接，不得采用焊接。

10. 飞车

（1）用于出线安装附件的飞车，其关键元件（损坏后能导致人身或设备重大事故者）安全系数应不小于 5。

（2）飞车材料必须采用有明显屈服现象的塑性材料（尽可能采用铝合金）制成。

（3）飞车必须配置防止高空坠落装置。

（4）飞车刹车时必须安全可靠，在 1s 内能够使车轮停止转动；飞车悬停在导线上的任何位置时不会滑动，且应设置停车保险。

（5）飞车驱动轮与导线的摩擦系数应不小于 0.5。轮子和导线的接触面积应足够大。

（6）飞车轮子在导线上通过时，车轮不得损伤导线，飞车有可能和导线接触的地方均必须衬有橡胶。

（7）飞车爬坡角度不小于 18°，其自重应能保证方便通过线夹。

11. 金属跨越架

（1）金属结构跨越架组立应操作方便，安全可靠，强度满足施工设计强度要求。

（2）金属结构跨越架跨越 110kV 及以上（张力放线）线路时，每基架体应满足垂直载荷 15kN，水平载荷根据跨越架顶部材料及结构形式确定，计算风速 15m/s。

（3）金属结构跨越架材料屈服安全系数应不小于 1.5，稳定安全系数应不小于 2.5。

（4）金属结构跨越架每基架体及横担上羊角宽度应不小于 3～5m，横担上有可能和导线接触的部分，均应装有用对导线磨损极小的绝缘材料制成的横辊，如用金属杆作横辊或羊角，均必须在表面包胶且转动灵活。

（5）架体拉线中部应串接高强度绝缘体。

（6）进行型式试验时，除做所有出厂试验项目外，还应进行 1.5 倍额定载荷的过载试验，实测应力与计算值应基本相符。

（六）液压系统

（1）施工机具液压系统应符合 GB/T 3766—2001《液压系统通用技术条件》的要求。

（2）液压系统所用元件应符合 GB/T 7935—2005《液压元件通用技术条件》的要求，在国家标准无规定时，应不低于机械行业标准。

（3）液压传动系统应设置失压自锁装置。

（4）手动液压机具操作力在国家标准无规定时按 DL/T 875—2004 要求执行。

（5）手动及机动液压机具额定正常工况总容积效率应符合表 3-1 的规定。

表 3-1   手动及机动液压机具额定正常工况总容积效率

压力（MPa）	容积效率（%）	压力（MPa）	容积效率（%）
<31.5	≥85	>63.0	≥80
31.5~63.0	≥82		

（6）对额定工况采用溢流阀卸载的系统（如液压张力机等），通过溢流阀的流量应计入有效容积及有效功率之内。

（7）液压油黏度应满足元件在许可温度范围内正常工作的要求，不得采用不符合国家、行业、生产企业标准规定的液压油。液压油过滤精度应保证元件正常工作。

（8）液压系统温度最高不得超过 80℃。

（9）液压系统过载运行试验压力按（二）（1）1）d. 中相关条款执行，不得出现渗漏、裂纹及不可恢复的变形。

第二节　压接机、机动绞磨、放线滑车技术要求

一、压接机技术要求（参见 DL/T 689—1999《液压压接机》）

（1）压接机应符合 DL/T 689—1999 要求，并按规定程序批准的图样及技术文件制造。

（2）金属材料进厂应具有供应厂的质量证明书，进厂后要进行化学成分和机械性能的验证。

（3）压接机的主要零部件按下列规定制造。

1）所有主要钢件及铸件（不包括有色金属）在加工前均须进行消除应力处理。

2）压接机的液压缸丝堵、活塞、液压缸体、上下压模、承压头等零件所用材料的化学成分、机械性能、热处理规范、硬度等均应符合重型机械行业统一标准的规定。

3）所有弹簧零件材料及许用应力应符合 GB/T 23935—2009《圆柱螺旋弹簧设计计算》的规定。

4）箱体及框架表面油漆，其表面均匀、光滑、牢固，不得有明显影响外观的斑点、皱纹、气泡、流痕等缺陷。进行镀铬及其他防腐处理的零件在正常保管条件下应不锈蚀。

5）上、下模具合模后，任一对边偏差不超过±0.1mm。

6）压接机的外观应光滑、平整、无裂纹损伤，转动部件的转动应灵活。

7）缸体外露部分承压头，提手，提把架板，上、下模均需进行发蓝或其他防腐处理。

8）每副压模应有永久性规格标志，标明所适用压接管的材质和外径，如用 L-4.5 表示适用于外径 45mm 的铝管，用 G20 表示适用于外径 20mm 的钢管。

9）在额定压力的作用下，压接机活塞杆上升、下降应平稳，行程不小于标定值。

10）在1.25倍额定压力的作用下，活塞杆连续往复3次，每次保持1min，固定密封处不得渗油，运动密封处允许油膜存在。卸荷后，各部件不得有永久变形，承压头的转动仍应灵活。

11）压力表应使用油浸式压力表，使用范围要大于1.5～2倍额定压力。

12）连接油管的工作耐压应为液压系统最大工作压力的1.5～2倍。

13）在额定压力的作用下，泵站和压接钳正常工作次数不得少于10000次。

14）模坯应用整体坯料锻造，不得有影响强度的缺陷。

15）各零部件均应按规定的工艺流程进行，并按规定的尺寸标准及技术要求进行检验。

16）有关安全要求应符合有关国家标准的规定。

二、机动绞磨技术条件（参见 DL/T 733—2000《机动绞磨技术条件》）

（1）机动绞磨应符合 DL/T 733—2000 要求，并按规定程序批准的图样及技术文件制造。

（2）金属材料应具有供应厂的质量证明书，进厂后要进行化学成分和机械性能的验证，以确保符合图样上的设计要求。

（3）磨芯形状应保证钢丝绳能平稳滑动，钢丝绳在磨芯上不发生重叠。所用钢丝绳应符合 GB/T 8918 的规定，机动绞磨磨芯细腰部最小外径不小于所适用最大钢丝绳直径的10倍。

（4）最大载荷下，尾绳所需张力不得大于200N。使用时，钢丝绳牵引方向与磨芯中心线之间的夹角范围为90°±5°。

（5）锻件的技术要求。

1）不准有过烧、过热、夹灰以及裂纹等缺陷，不允许将缺陷焊后再用。

2）机加工之前须经正火或调质处理。

（6）铸件的技术要求。

1）减速箱体宜采用铝合金材质铸成，箱体不得有裂纹及砂眼等影响强度的缺陷。箱体加工完毕后，向内注入柴油观察10min，不得有渗油现象。

2）其余铸件应符合相应材料铸件标准的有关规定。

（7）焊接件所用焊条必须符合 GB/T 5117—1995《碳钢焊条》或 GB/T 5118—1995《低合金焊条》的规定，焊缝应焊透，焊接件须经消除内应力处理。

（8）未注公差尺寸应按 GB/T 1804—2000《一般公差 未注公差的线性和角度尺寸的公差》中公差等级 V 级的规定。

（9）零部件未注明形位公差的部位应不低于 GB/T 1184—1996《形状和位置公差 未注公差值》中公差等级 L 级的规定。

（10）齿轮传动装置的采用应符合 GB/T 10095.1～2—2008《圆柱点轮 精度制》中的规定。

（11）制动轮制动面、离合器结合面的粗糙度不大于6.3；其接触斑点分布面积不小于接触面积的80%；松开时，接触面应全部脱离。

（12）制动机构装配调试正确，安全可靠；制动轮的制动力矩不小于制动轴额定工作力矩的 1.5 倍；制动空行程时间不大于 0.5s。

（13）各类轴承均应符合相应轴承的技术条件与要求。

（14）操作系统中，各手柄位置正确，挡位准确，灵活可靠。传动离合器手柄操作所需力应小于 50N。

（15）机动绞磨各紧固螺钉应无松动，并有防松装置。

（16）机动绞磨运转时，整机振动不得影响操纵控制元件的正常工作。

（17）机动绞磨工作时应无异声，动转平稳，齿轮无咬死现象。

（18）轴承及齿轮应采取适当的润滑措施，确保轴承及齿轮能够得到可靠的润滑。

（19）机动绞磨各部位轴承油温不得超过 90℃。

（20）机动绞磨在 1.25 倍最大载荷的作用下，零件无裂纹、无变形。

（21）各零部件的制造均应按规定的工艺流程进行，并按其所规定的尺寸标准及技术要求进行检验。

（22）有关安全要求应符合有关国家标准的规定。

（23）机动绞磨使用寿命不得低于 1600h（易损件除外）。

（24）机动绞磨的传动效率不得低于 0.75。

（25）机动绞磨所配备的动力源应满足机动绞磨性能的要求，并符合相关国家标准。

三、放线滑车技术要求（参见 DL/T 371—2010《架空输电线路放线滑车》）

（一）放线滑车基本参数

1. 放线滑车基本参数

放线滑车的基本参数主要包括额定工作载荷、滑轮槽底直径、滑轮槽形底部半径（简称槽底半径）、滑轮宽度、滑轮两侧之间间隙、通过物有效高度等。

放线滑轮、放线滑车基本参数系列及尺寸参照 GB/T 321—2005《优先数和优先数系》和 GB/T 2822—2005《标准尺寸》中 R20、R40 常用系列选择确定。

2. 放线滑车载荷

单轮放线滑车（被架设线索滑轮）的额定工作载荷一般是指相应线索在一定包络角时，其张力作用于滑轮上的最大垂直载荷计算值。多轮放线滑车的额定工作载荷一般是指相应线索在一定包络角下，其张力同时作用于每一个滑轮上的最大垂直载荷之和。

实际使用中也可通过垂直档距内导线重量来估算滑车额定工作载荷。

在表 3-2、表 3-3 中，放线滑车的额定工作载荷系列 1 是相应线索在 1000m 档距、包络角 30°等条件下，其张力同时作用于每一个滑轮上的最大垂直载荷之和；额定工作载荷系列 2 是相应线索在 650m 档距、包络角 30°等条件下，其张力同时作用于每一个滑轮上的最大垂直载荷之和。系列 1 为通用系列，系列 2 为轻型系列。

系列 1、系列 2 为推荐系列，在不能满足施工要求的特殊工况时，应进行单独设计或采取挂双滑车等其他措施。

3. MC 铸型尼龙滑轮放线滑车（简称 MC 尼龙放线滑车）系列

MC 铸型尼龙滑轮放线滑车系列包括 MC 尼龙挂胶滑轮放线滑车和 MC 尼龙滑轮放线滑车。

MC 铸型尼龙滑轮放线滑车基本参数见表 3-2。

4. 铝合金滑轮放线滑车系列

铝合金滑轮放线滑车系列包括铝合金挂胶滑轮放线滑车和铝合金滑轮放线滑车。

铝合金滑轮放线滑车基本参数见表 3-3。

表 3-2 　　　　　　　　　　　　MC 铸型尼龙滑轮放线滑车基本参数

型　号*	滑轮槽底直径 (mm)	透用导线截面 (mm²)	额定工作载荷* (kN)		导线滑轮宽度* (mm)		钢丝绳滑轮宽度* (mm)	
			系列1	系列2	系列1	系列2	系列1	系列2
SHD-1N-120/8	120	95 以下	6	4	40	40	40	40
SHD-1N-280/15	280	95～160	10	6	60	60	60	60
SHD-1N-400/12	400	185～250	12	8	70	70	70	70
SHD-3N-400/25			25	16				
SHD-5N-400/50			50	32				
SHD-1N-560/18	560	300～450	18	12	85	80	85	80
SHD-3N-560/35			35	23				
SHD-5N-560/70			70	46				
SHD-7N-560/100			100	65				
SHD-1NJ-710/25	710	500～630	25	16	100	95	100	95
SHD-3NJ-710/50			50	12				
SHD-5NJ-710/100			100	65				
SHD-7NJ-710/150			150	100				
SHD-9NJ-710/200			200	130				
SHD-1NJ-800/30	800	710～800 (900)	30	20	110 (120)	105 (115)	110 (120)	105 (115)
SHD-3NJ-800/60			60	40				
SHD-5NJ-800/120			120	80				
SHD-7NJ-800/180			180	120				
SHD-9NJ-800/220			220	150				
SHD-1NJ-900/35	900	900～1000 (1120)	35	23	120 (125)	115 (120)	120 (125)	115 (120)
SHD-3NJ 900/70			70	50				
SHD-5NJ-900/150			150	100				
SHD-7NJ-900/210			210	140				
SHD-9NJ-900/260			260	170				
SHD-1NJ-1000/45	1000	1120～1250	45	30	130	125	130	125
SHD-3NJ-1000/90			90	60				
SHD-5NJ-1000/180			180	120				
SHD-7NJ-1000/250			250	160				
SHD-9NJ-1000/320			320	210				

注　1. 表中滑车系列不能满足输电线路施工条件或施工要求时，需单独进行滑轮设计。
　　2. 扩径导线用放线滑车应选用不小于普通导线直径滑轮的放线滑车。
　　3. 表中未涉及的八轮滑车、六轮滑车及多轮不平衡等形式的滑车，其基本参数可参照执行；滑轮结构尺寸应符合下述（二）2. 中的规定。
　　4. 表中导线滑轮宽度数据是根据表 3-5 中槽底半径规定值确定，DL/T 371—2010 不建议通过扩大槽底半径方式加宽滑轮宽度。
　　5. 表中括号内的适用导线规格不宜采用。
＊　推荐值。

表 3-3			铝合金滑轮放线滑车基本参数						
型 号*	滑轮槽底直径（mm）	适用导线截面（mm²）	额定工作载荷*（kN）		导线滑轮宽度*（mm）		钢丝绳滑轮宽度*（mm）		
			系列1	系列2	系列1	系列2	系列1	系列2
SHD-1L-120/8	120	95以下	6	4	40	40	40	40
SHD-1L-280/15	280	95～160	10	6	60	50	60	50
SHD-1LJ-400/12	400	185～250	12	8	75	75	75	75
SHD-3LJ-400/25			25	16				
SHD-5LJ-400/50			50	32				
SHD-1LJ-560/18	560	300～450	18	12	100	90	100	90
SHD-3LJ-560/35			35	23				
SHD-5LJ-560/70			70	46				
SHD-7LJ-560/100			100	65				
SHD-1LJ-710/25	710	500～630	25	16	110	105	110	105
SHD-3LJ-710/50			50	32				
SHD-5LJ-710/100			100	65				
SHD-7LJ-710/150			150	100				
SHD-9LJ-710/200			200	130				
SHD-1LJ-800/30	800	710～800（900）	30	20	120（130）	115（125）	125（130）	120（125）
SHD-3LJ-800/60			60	40				
SHD-5LJ-800/120			120	80				
SHD-7LJ-800/180			180	120				
SHD-9LJ-800/220			220	150				
SHD-1LJ-900/35	900	900～1000（1120）	35	23	130（135）	125（130）	135（135）	130（130）
SHD-3LJ-900/70			70	50				
SHD-5LJ-900/150			150	100				
SHD-7LJ-900/210			210	140				
SHD-9LJ-900/260			260	170				
SHD-1LJ-1000/45	1000	1120～1250	45	30	140	135	145	135
SHD-3LJ-1000/90			90	60				
SHD-5LJ-1000/180			180	120				
SHD-7LJ—1000/250			250	160				
SHD-9LJ-1000/320			320	200				

注　1. 表中滑车系列不能满足输电线路施工条件或施工要求时，需单独进行滑轮设计。
　　2. 扩径导线用放线滑轮应选用不小于普通导线直径滑轮的放线滑车。
　　3. 表中未涉及的八轮滑车、六轮滑车及多轮不平衡等形式的滑车，其基本参数可参照执行；滑轮结构尺寸应符合下述（二）2. 中的规定。
　　4. 表中导线滑轮宽度数据是根据表3-5中槽底半径规定值确定，DL/T 371—2010不建议通过扩大槽底半径方式加宽滑轮宽度。
　　5. 表中括号内的适用导线规格不宜采用。
＊　推荐值。

5. 光纤复合架空地线放线滑车系列

光纤复合架空地线放线滑车一般为单滑轮放线滑车，滑轮宜采用双 R 槽形、挂胶滑轮或 MC 铸型尼龙滑轮。光纤复合架空地线放线滑车基本参数见表 3-4。

表 3-4　　　　　　　　光纤复合架空地线放线滑车基本参数（推荐值）

型　号	滑轮槽底直径（mm）	适用光纤直径（mm）	型　号	滑轮槽底直径（mm）	适用光纤直径（mm）
SHG-1NJ-560	560	14～15	SHG-1NJ-800	800	18～20
SHG-1NJ-710	710	15～17	SHG-1NJ-900	900	20 以上

（二）导线滑轮主要结构参数

1. 结构形式

滑轮结构有单 R 槽形和双 R 槽形两种形式，如图 3-1、图 3-2 所示。滑轮槽内表面宜挂有橡胶衬里，其橡胶衬里的形式见图 3-3、图 3-4 或其他局部挂胶形式。

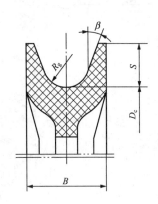

图 3-1　单 R 槽形滑轮

D_c—滑轮槽底直径，mm；β—滑轮槽倾斜角，（°）；R_g—导线滑轮槽底半径，mm；S—滑轮槽深度，mm；B—滑轮宽度，mm

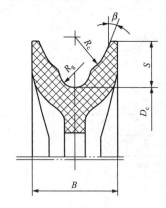

图 3-2　双 R 槽形滑轮

D_c—滑轮槽底直径，mm；β—滑轮槽倾斜角，（°）；R_c—通过物槽底半径，mm；R_g—导线滑轮槽底半径，mm；S—滑轮槽深度，mm；B—滑轮宽度，mm

2. 结构参数

（1）导线滑轮的主要结构参数包括滑轮槽底直径、槽形结构尺寸及胶层底部厚度。其参数应符合表 3-5 的规定。槽形结构尺寸参数代号见图 3-1～图 3-4。

表 3-5　　　　　　　　导线滑轮直径和槽形主要技术参数

滑轮槽底直径 D_c（mm）	适用导线截面（mm²）	滑轮槽倾斜角 β（°）	单 R 槽槽底半径 R_g（mm）	双 R 槽槽底半径 R_g（mm）	滑轮槽深度 S（mm）	胶体度部厚度 H（mm）
280	160 及以下		≤18	10±0.25	45	
400	185～250	15～20	≤22	12±0.5	50	≥6
560	300～450		≤26	16±0.5	50	
710	500～630		≤30	19±1	56	

滑轮槽底 直径 D_c （mm）	适用导线截面 （mm²）	滑轮槽倾 斜角 β （°）	单 R 槽槽底 半径 R_g （mm）	双 R 槽槽底 半径 R_g （mm）	滑轮槽 深度 S （mm）	胶体度部 厚度 H （mm）
800	710～800（900）		≤34	21.5±1	58（63）	
900	900～1000（1120）	15～20	≤36	24±1	70	≥6
1000	1120～1250		≤38	26±1	75	

注 表中括号内的适用导线规格不宜采用。

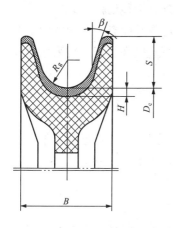

图 3-3 单 R 滑轮槽挂胶形式

D_c—滑轮槽底直径，mm；β—滑轮槽倾斜角，

（°）；R_g—导线滑轮槽底半径，mm；S—滑轮槽

深度，mm；B—滑轮宽度，mm；

H—胶体底部厚度，mm

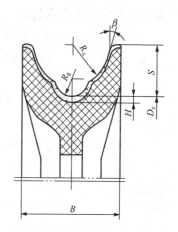

图 3-4 双 R 滑轮槽挂胶形式

D_c—滑轮槽底直径，mm；β—滑轮槽倾斜角，

（°）；R_c—通过物槽底半径，mm；R_g—导线滑轮

槽底半径，mm；H—胶体底部厚度，mm；

S—滑轮槽深度，mm；B—滑轮宽度，mm

（2）导线滑轮槽底直径 D_c 不宜小于 $20d_c$（d_c 为导线直径），地线滑轮槽底直径 D 不宜小于 $15d$（相应线索），光纤复合架空地线滑轮槽底直径 D 不宜小于 $40d$（相应线索），且应大于 500mm。

（3）单 R 槽形滑轮槽底部半径 R_g 应符合表 3-5 的规定，以减少架线施工中对线索的损伤。

（4）双 R 槽形的 $R_g=（0.54～0.56）d_c$，R_c 应能顺利通过接续管保护装置、旋转连接器等通过物直径。

（5）对展放有特殊要求或特殊结构的导线（如扩径导线等），宜优先采用双 R 槽形。

3. 钢丝绳滑轮

（1）钢丝绳滑轮槽形及宽度应能满足旋转连接器等通过时的强度要求。

（2）滑轮槽应具有良好的耐磨性能。

（三）技术要求

1. 基本要求

（1）放线滑车的设计、制造、检验等应符合 DL/T 371—2010 及 DL/T 875—2004《输

41

电线路施工机具设计、试验基本要求》的要求，按照规定程序审批的图样和技术文件制造。

（2）对于不同电压等级及不同线索规格，应按照本标准选择放线滑轮的主要技术参数。

（3）放线滑轮，滑车安全系数应不小于 3。

（4）放线滑车应便于保养和维护。

（5）放线滑车宜具有防止运输中滑轮被损坏的保护装置。

2. 性能要求

（1）导线放线滑车摩阻系数应不大于 1.015。摩阻系数是指被测滑车出线侧与进线侧的张力之比。

（2）放线滑车应能顺利通过牵引板、接续管保护装置及旋转连接器等。

（3）钢丝绳滑轮轮槽表面应不损伤导引绳和牵引绳，并且应有一定的使用寿命。

（4）对于通过不同种类线索的同一个滑轮，其表面不应损伤线索，宜采用挂胶滑轮或其他保护装置。

（5）滚动轴承的润滑脂应根据工作的环境温度选用，并控制适度的注油量，不应增大滑车的摩阻系数。

（6）接地放线滑车的滑轮直径和槽形应按照（二）、（三）的有关条款要求执行。

（7）地线滑轮、光纤复合架空地线滑轮的槽形及技术参数、材料等应参照（二）、（三）的有关条款要求执行。

（8）电气性能。

1）接地滑车、接地放线滑车均应保证导线展放过程中接地良好。

2）接地滑车、接地放线滑车不应存在故障隐患，否则应修复或更换。

3. 放线滑车外观质量

（1）外观应平整、光滑，不应有尖角、锐边。

（2）零部件不应存在沙眼、气孔、裂纹和疏松等缺陷。

（3）焊缝应美观、平整，不应有毛刺、漏焊、裂纹、折叠、过热、过烧等降低强度的其他局部缺陷。

（4）橡胶表面不应有气泡、气孔、波纹等缺陷。

（5）镀锌表面应光洁，镀层均匀。

（6）MC 尼龙滑轮应采用规范的离心浇铸工艺制成，不应有飞边、气泡、缩孔等铸造缺陷。

4. 放线滑车装配质量

（1）放线滑车相邻两滑轮间及滑轮与架体间的侧向间隙为 4～6mm。滑轮槽底直径等于或大于 710mm 时侧向间隙为 5～6mm，滑轮槽底直径小于或等于 560mm 时侧向间隙为 4mm。

（2）滑车设计、加工时，应严格控制轴向安装尺寸。装配后各滑轮应转动灵活、无卡滞，整体刚性好，无晃动量。

（3）滑轮槽底直径的径向跳动量应小于标准滑轮槽底直径的 1‰～2‰。轮体轮槽的轴向跳动量和晃动量应小于标准滑轮宽度的 3‰～5‰。

（4）滑轮与轴承应采用过盈或过渡配合，对 MC 尼龙材料应适当增加过盈量；轴承与轴应采用较小的间隙配合，应拆装方便且应满足温度的变化要求。

（5）销轴拆装方便，销轴的保险装置应有效、可靠。

5. 主要零部件

（1）滑轮材料。滑轮材料包括本体材料（MC铸型尼龙、铸造铝合金材料）和滑轮槽衬里材料（橡胶）。对滑轮材料的性能要求如下：

1）MC尼龙滑轮的原材料及改性添加剂应为符合有关标准要求的合格产品，不应使用再生原材料。

2）MC尼龙材料应在−30～40℃的环境温度下正常工作。

3）铸造铝合金材料的强度应满足设计要求，且同时应具有较好的耐冲击性能。

4）橡胶与滑轮本体的粘接应均匀、牢固，使用中不应出现脱胶、分离等现象。

5）MC铸型尼龙、橡胶材料主要性能参数（推荐值）见表3-6，橡胶材料可选择氯丁橡胶、丁腈橡胶、聚氨酯橡胶。滑轮材料在满足强度要求的同时应有足够的硬度和较好的韧性。

表3-6　　　　　　　　　MC铸型尼龙、橡胶材料主要性能参数（推荐值）

材料 性能指标			MC铸型尼龙	氯丁橡胶	聚氨酯橡胶	丁腈橡胶
冲击强度（kJ/m²） （−40℃、有缺口）			9～13	—	—	—
压缩强度（MPa）			95～103	—	—	—
压缩模量（GPa）			3.2～3.5	—	—	—
弯曲强度（MPa）			95～110	—	—	—
拉伸强度（MPa）			85～95	—	—	—
扯断强度（MPa）			—	≥12	≥22	≥15
扯断伸长率（%）			—	≥200	≥200	≥250
硬度	邵尔A		—	75±5	78±5	75±5
	邵尔D		75±3～ 75±5	—	—	—
	洛氏R		110～120	—	—	—
阿克隆 （磨耗量） （cm³/ 1.61km）	GB/T 1689—1998《硫化橡胶耐磨性能的测定（用阿克隆磨耗机）》		—	≤0.6	≤0.1	≤0.2
	对偶	铝（导线）	≤0.0045	≤0.04	—	—
		特种钢	≤1.4	—	—	—

（2）架体。

1）放线滑车架体应结构合理、牢固；车架的强度及刚性应符合相关规定要求。

2）架体宜选择高强材料，以减轻多轮滑车的整体重量。

3）与销轴连接部位应设置止动安全装置，并便于拆装。

4）应设置合理的吊装挂环。

（3）连板。

1）连板上吊挂孔尺寸应与相应使用载荷的金具匹配或按照有关标准配置。

2）连板应设置与导线滑轮相对应的临锚孔。

（4）轴承及轴向定位套。

1）滑车应选用符合国家标准的滚动轴承，钢丝绳滑轮应选用同时能承受一定轴向载荷的推力滚动轴承，导线滑轮应选用转动灵活的滚动轴承。

2）轴向定位套应使用金属材料加工而成，以避免高温下因轴套变形过大而导致滑轮的摆动量过大。

3）滑车在高温环境下使用时应安装金属材料制造的轴承防尘盖。

4）滚动轴承静载安全系数应不小于 1.5，其使用寿命应符合 DL/T 875—2004 的有关规定。

（5）轴及销轴。

1）轴及销轴的强度应符合 DL/T 875—2004 的有关规定，并应进行相应的热处理。

2）轴与轴承应选择合理的配合公差，使轴承既拆装方便又不会产生相对运动。

第三节　牵引机、张力机技术要求

一、输电线路张力架线用牵引机技术要求（参见 DL/T 372—2010《输电线路张力架线用牵引机通用技术条件》）

1. 一般要求

（1）牵引机工作环境温度在—30～40℃能持续工作。

（2）牵引机能够正反方向转动、牵引或送出牵引绳。

（3）牵引力应能够根据载荷大小在最小与最大值之间设置，宜采用无级调整。额定牵引力（kN）应优先选用以下系列：30、40、50、80、125、160、200、250（R10）。

（4）牵引速度应能够根据作业要求在最小与最大值之间调整，宜采用无级调整。

（5）牵引机应有过载保护功能，牵引力超过设置值后，能自动停止牵引。

（6）在最大牵引力工况下，牵引机应能够直接起动或经过简单操作后起动，牵引或送出牵引绳。

（7）根据作业要求或事故状态下能够快速制动，在牵引机事故状态下宜设置自动制动功能。

（8）牵引机的设计计算应符合 DL/T 875—2004 中 4.3 的要求，即本章第一节（一）的要求。

（9）应能够显示牵引力等参数。

（10）牵引机锚固装置的安全系数不得小于3。

（11）牵引机的总效率（牵引卷筒钢丝绳上的牵引功率和发动机飞轮输出功率之比），对液压传动≥0.50，对机械传动≥0.65，对液力传动≥0.64。

（12）牵引机噪声不得超过105dB。

（13）连续不间断工作时间应不小于2h。

（14）牵引机使用寿命应不小于3200h。

（15）金属结构设计应符合GB/T 3811—2008《起重机设计规范》的要求。

（16）金属结构的焊接应符合JB/T 5943—1991《工程机械　焊接件通用技术条件》的规定。

（17）一般零件的安全系数应符合DL/T 875—2004中4.4的要求，即本章第一节（一）和（二）的要求。

（18）牵引机涂装应符合JB/T 5946—1991《工程机械　涂装通用技术条件》的规定。

（19）牵引机的运输应符合铁路、公路等交通运输部门的规定。

（20）拖行式牵引机的最小离地间隙应不小于320mm。

（21）自行式或拖行式牵引机在道路上行驶应符合道路交通法规的规定。

2. 原动机

（1）原动机为内燃机时必须采用工程机械用发动机。

（2）对液压、液力传动的牵引机，其发动机的扭矩储备系数应不小于1.2；对其他传动形式的牵引机，其发动机扭矩储备系数应不小于1.25。

（3）额定牵引力按照发动机的12h功率进行计算，最大牵引力按照发动机的1h功率进行计算。

（4）发动机噪声应符合GB 16710—2010《土方机械　噪声限值》的要求。

（5）发动机应符合国家对于排放标准的要求。

（6）原动机采用电动机时必须采用冶金起重电动机。

3. 减速器

（1）减速器的扭矩应满足牵引机最大牵引力的要求，其额定转速应满足牵引机最大牵引速度的要求。减速器扭矩的储备系数应不小于1.25。

（2）对液压传动、液力传动的牵引机，应优先采用行星传动减速器。

（3）应对减速器使用过程中的发热进行验算，超过90℃时应采用冷却系统。

4. 牵引卷筒

（1）牵引卷筒直径应不小于牵引钢丝绳直径的25倍。卷筒直径应优先选用以下系列：250、280、315、355、400、450、500、560、630、710、800、900、1000（R20）。

（2）卷筒绳槽的节距必须保证牵引钢丝绳连接器能顺利通过，槽数应保证尾部钢丝绳拉力≤500N时不打滑。

（3）卷筒绳槽对钢丝绳的摩擦系数应不小于0.1。

（4）卷筒应优先用耐磨钢制成。其表面硬度推荐范围为HRC50～55，轮槽表面粗糙度不大于3.2μm。

（5）牵引卷筒绳槽槽形有浅槽形和深槽形两种，如图13-12和图13-11所示，轮槽各个槽底直径的公差等级不低于 IT7。

(6) 牵引卷筒在牵引机使用寿命期内不应出现影响使用的磨损。

5. 制动器

(1) 制动器安全系数应不小于 1.5。

(2) 制动器摩擦副应具备好的耐磨性和散热性，对非油浸式制动器应有足够的热容量以防止制动过程中温升过高影响使用。

6. 钢丝绳卷绕装置

(1) 钢丝绳卷绕装置卷绕钢丝绳的速度应自动与牵引机的牵引速度同步，自动无级调速，自动保持卷绕钢丝绳的张力（牵引机牵引钢丝绳尾部张力）。

(2) 钢丝绳卷绕装置提供的牵引机牵引钢丝绳尾部张力不小于 2000N，并应连续可调。

(3) 必须有排绳机构，使钢丝绳能在钢丝绳卷绕装置卷筒上排列整齐，其卷筒直径应不小于钢丝绳直径的 20 倍。

(4) 和牵引机一体的钢丝绳卷绕装置的钢丝绳卷筒必须装卸容易，更换方便。

(5) 分离式钢丝绳卷绕装置应具有可靠的锚固装置，其安全系数应不小于 3。

(6) 钢丝绳卷绕装置应能够正、反两个方向送出钢丝绳，并仍保持足够的张紧力。

(7) 卷绕装置支架应能够自动升降，便于钢丝绳卷筒装卸和更换。

(8) 钢丝绳卷筒筒芯宽度及其他相关尺寸应满足各种钢丝绳卷绕装置上均能使用，根据牵引钢丝绳的直径推荐选用表 3-7 中的钢丝绳卷筒。钢丝绳卷筒结构示意图如图 3-5 所示。

表 3-7 　　　　　　　　　　　　钢丝绳卷筒规格尺寸

序　号	尺寸（mm）			
	A	B	C	D
1	250	450	400	950
2	420	535	570	1100
3	420	560	570	1200
4	420	560	570	1250
5	420	560	570	1400
6	420	560	570	1600
7	420	560	570	1900

注　A、B、C、D 的含义如图 3-5 所示。

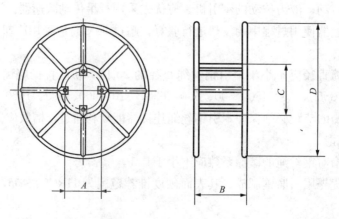

图 3-5　钢丝绳卷筒结构示意图

7. 液压系统

（1）采用液压传动的牵引机液压回路系统应符合 GB/T 3766《液压系统通用技术条件》的要求。

（2）液压系统所用元件应符合 GB/T 7935《液压元件通用技术条件》的要求。

（3）系统工作压力可以预调，当压力达到预定值时，系统压力不再升高，牵引作业自动停止。

（4）液压系统控制回路的设计应达到无级调整牵引力和牵引速度，换向平稳，操作简单，安全可靠。

（5）当压力超过最大牵引力对应压力时，系统能够自动停止牵引作业。

（6）液压系统应设置失压自锁装置，在系统出现故障或失压时能够快速制动，防止发生跑线现象。液压系统的工作、停止和调速应能够实现与制动系统联动，以保证操作安全可靠。

（7）液压系统总效率，即主马达输出轴功率和主液压泵输入功率之比不得低于 65%。

（8）液压系统温度不得超过 80℃。

（9）液压油黏度应满足元件在许可温度范围内正常工作的要求，不得采用不符合国家、行业、生产企业标准规定的液压油。液压油过滤精度应保证元件正常工作。

8. 电气系统的要求

（1）牵引机电气系统应符合 GB 5226.1《机械电气安全　机械电气设备　第 1 部分：通用技术条件》的要求。

（2）设备电器系统宜采用单线制、负极搭铁（24V）低压电路。

（3）设备电气系统显示部分与控制部分应有独立的保护。

（4）牵引机主要电气回路应安装过载保护装置以防线路出现故障时造成设备损坏。

（5）各连接导线接触紧密、固定可靠。

（6）绝缘电阻应大于 1MΩ。

二、输电线路张力架线用张力机技术要求（参见 DL/T 1109—2009《输电线路张力架线用张力机通用技术条件》）

1. 一般要求

（1）张力机工作环境温度在 -30～40℃ 能持续工作。

（2）张力应能够根据放线要求在最小与最大值之间设置，宜采用无级调整。额定张力（kN）应优先选用以下系列 6、8、10、16、20、25、30、35、40、45、50、56、63、80、100。

（3）放线速度应能够自动适应牵引机牵引速度变化。

（4）张力机应能够实现恒张力放线，不应因牵引速度变化而出现明显张力波动现象，张力波动值不得超过调定值的 10%。

（5）当张力机失去张力时，应能自动停止放线作业并发出报警信号。

（6）张力机卷筒不应磨损、损伤导线。

（7）张力机的设计计算应符合 DL/T 875—2004 中 4.3 的要求，即本章第一节（一）的要求。

（8）应能够显示张力等参数。

（9）张力机锚固装置的安全系数不得小于 3。

（10）张力机噪声不得超过 105dB。

（11）连续不间断工作时间应不小于 2h。

（12）张力机使用寿命应不小于 3200h。

（13）金属结构设计应符合 GB/T 3811—2008《起重机设计规范》的要求。

（14）金属结构的焊接应符合 JB/T 5943《工程机械 焊接通用技术条件》的规定。

（15）一般零件的安全系数应符合 DL/T 875—2004 中 4.4 的要求，即本章第一节（一）和（二）的要求。

（16）张力机涂装应符合 JB/T 5946 的规定。

（17）拖行式张力机的最小离地间隙应不小于 320mm。

（18）张力机的运输应符合铁路、公路等交通运输部门的规定。

（19）自行式或拖行式张力机在道路上行驶时应符合道路交通法规的规定。

（20）Z 型张力机卷筒能够正反方向转动，回收和送出导线等。

（21）ZQ 型牵张两用机的张力功能应满足 DL/T 1109—2009 的要求，其牵引功能应满足 DL/T 372—2010 的要求。

（22）对于通过机械摩擦方式产生张力的张力机，其制动装置应符合以下要求：

1）制动装置可采用钳盘式或带式制动装置。

2）摩擦材料要有足够的摩擦系数和热稳定性，当制动盘（或制动鼓）摩擦面温度 500℃及以下时摩擦系数稳定。

3）制动盘（或制动鼓）采用中碳钢，摩擦材料宜采用铁基粉末冶金材料。

2. 原动机

（1）原动机为内燃机时必须采用工程机械用发动机。

（2）发动机噪声应符合 GB 16710—2010《土方机械 噪声限值》的要求。

（3）发动机应符合国家对于排放标准的要求。

（4）原动机采用电动机时必须采用冶金起重电动机。

3. 减速器

（1）减速器的扭矩应满足张力机最大张力的要求，其额定转速应满足张力机最大放线速度的要求。减速器扭矩的储备系数应不小于 1.25。

（2）对液压制动的张力机，应优先采用行星传动减速器。

（3）应对减速器使用过程中的发热进行验算，超过 90℃时应采用冷却系统。

4. 放线卷筒

（1）放线卷筒直径 D 按下式计算

$$D \geqslant 40d - 100\text{mm}$$

式中 d——导线直径，mm。

卷筒直径应优先选用以下系列 800、900、1000、1200、1400、1500、1600、1700、1800、1900、（R40）。

（2）张力机两个放线卷筒宜采用双驱动卷筒。

（3）对展放多分裂导线的张力机，每根导线对应的各组卷筒应能单独控制。

（4）卷筒绳槽的节距必须保证导线连接器能顺利通过，槽数应保证张力机尾部张力

≤500N时导线在放线卷筒上不打滑。

(5) 张力机放线卷筒表面应采用耐磨材料制成，不应损伤导线；各槽槽底直径的公差等级为IT8，其表面粗糙度不得大于 $3.2\mu m$。

(6) 张力机放线卷筒槽形有浅槽形和深槽形两种，采用深槽形时（见图14-18），宜用合成橡胶衬垫。

5. 制动器

(1) 制动安全系数应不小于1.5。

(2) 制动器摩擦副应具备好的耐磨性和散热性，对非油浸式制动器应有足够的热容量以防止制动过程中温升过高影响使用。

6. 导线轴架

(1) 导线轴架应设有保持尾部张力的制动装置。尾部张力应力求平稳，张力波动不得造成导线在张力机进线侧跳槽或在线轴上摩擦。

(2) 尾部张力应在0~3000N连续可调。

(3) 导线轴架应能方便更换导线盘及转移场地。

(4) 导线轴架应具有可靠的锚固装置，其安全系数应不小于3。

(5) 对于ZQ型张力机导线轴架应具有反卷功能，反卷速度与张力机同步。

7. 液压系统

(1) 采用液压传动的张力机液压回路系统应符合GB/T 3766《液压系统通用技术条件》的要求。

(2) 液压系统所用元件符合GB/T 7935《液压元件通用技术条件》的要求。

(3) 系统工作压力可以预先设置，当压力达到设置值时，系统压力不再升高，张力不再增加。

(4) 液压系统控制回路的设计应达到无级调整张力，操作简单，安全可靠。

(5) 当压力超过最大张力对应压力时，系统能够自动停止压力上升以防止系统过载。

(6) 液压系统应设置失压自锁装置，在系统出现故障或失压时能够快速制动，防止发生跑线现象。且液压系统的工作、停止和调速应能够实现与制动系统联动，以保证操作安全可靠。

(7) 液压系统温度不得超过80℃。

(8) 散热器的额定使用压力不应低于2.5MPa。

(9) 液压油黏度应满足元件在许可温度范围内正常工作的要求，不得采用不符合国家、行业、生产企业标准规定的液压油，液压油过滤精度应保证元件正常工作。

8. 电气系统的要求

(1) 张力机电气系统应符合GB 5226.1《机械电气安全 机械电气设备 第1部分：通用技术条件》的要求。

(2) 设备电器系统宜采用单线制、负极搭铁（24V）低压电路。

(3) 设备电气系统显示部分与控制部分应有独立的保护。

(4) 张力机主要电气回路应安装过载保护装置以防线路出现故障时造成设备损坏。

(5) 各连接导线接触紧密、固定可靠。

(6) 绝缘电阻应大于 $1M\Omega$。

第四节　防扭钢丝绳、钢丝绳吊索和插编索扣

一、输电线路张力架线用防扭钢丝绳（参见 DL/T 1079—2007《输电线路张力架线用防扭钢丝绳》）

（一）防扭钢丝绳分类

1. 防扭钢丝绳按结构形式分类

防扭钢丝绳按外观形状可分为正四方形、正六方形；按股数可分为 8 股、12 股、16 股、18 股等，分类见表 3-8，方径与股径对照见表 3-9。

表 3-8　　　　　　　　　　　　　　防扭钢丝绳分类　　　　　　　　　　　　　　（mm）

外观形状	股数	结构形式	股径	股绳结构（从中心向外）	公称方径
四方	8 股	8×7	1.5～1.8	(1+6)	6～7
		8×19	1.5～5.0	(1+6+12)	6～19
		8×19W	1.5～4.0	(1+6+6/6)	6～15
		8×19S		(1+9+9)	
		8×25Fi	4.0～7.5	(1+6+6F+12)	15～29
		8×29Fi		(1+7+7F+14)	
		8×31SW		(1+6+6/6+12)	
		8×37	5.6～7.0	(1+6+12+18)	21～27
	12 股	12×7	1.5	(1+6)	7
		12×19	1.8～4.0	(1+6+12)	8～18
		12×19W		(1+6+6/6)	
		12×19S		(1+9+9)	
		12×25Fi	4.0～6.5	(1+6+6F+12)	18～30
		12×29Fi		(1+7+7F+14)	
		12×31SW		(1+6+6/6+12)	
	16 股	16×19W	2.0～4.0	(1+6+6/6)	13～24
		16×25Fi	4.5～5.3	(1+6+6F+12)	27～31
六方	12 股	12×7	1.5	(1+6)	7
		12×19	1.8～4.0	(1+6+12)	8～18
		12×19W		(1+6+6/6)	
		12×19S		(1+9+9)	
		12×25Fi	4.0～6.5	(1+6+6F+12)	18～30
		12×29Fi		(1+7+7F+14)	
		12×31SW		(1+6+6/6+12)	
	18 股	18×19W	2.0～4.0	(1+6+6/6)	15～27
		18×25Fi	4.0～6.5	(1+6+6F+12)	27～43
		18×29Fi		(1+7+7F+14)	
		18×31SW		(1+6+6/6+12)	

注　1. 16 股中含有 8×2 系列的双股同编钢丝绳。
　　2. 18 股中含有 6×3 系列的三股同编钢丝绳。
　　3. 股径中有非标准系列。

| 表 3-9 | | 方径与股径对照 | | | | (mm) |

股　径	四　　方			六　　方	
（标准系列）	8 股	12 股	16 股	12 股	18 股
1.5	6	7	—	7	—
2.0	7	9	13	9	15
2.5	9	11	16	11	18
3.0	11	13	18	13	21
3.5	13	15	21	15	24
4.0	15	18	24	18	27
4.5	17	20	27	20	305
5.0	19	23	30	23	33
5.5	21	25	32	25	36
6.0	23	27	—	27	39
6.5	25	30	—	30	436
7.0	27	—	—	—	—
7.5	29	—	—	—	—

2. 防扭钢丝绳按同编股数分类

按股绳（子绳）同编数目分为单股编织、双股同编（每组两股并排）、三股同编（每组三股并排）等，如图 3-6～图 3-9 所示。

图 3-6　四方形、单股编织

图 3-7　六方形、单股编织

图 3-8　四方形、双股同编（8×2 系列）

图 3-9　六方形、三股同编（6×3 系列）

（二）尺寸和重量

1. 防扭钢丝绳方径

（1）公称方径。防扭钢丝绳的公称方径应符合表 3-9 的规定，力学性能见表 3-10～表 3-22。表中未列出的公称方径由供需双方协商，在订货合同中注明。

（2）允许偏差。按（四）中 1. 规定的方法，实测的防扭钢丝绳方径允许偏差不应超过其公称方径的±10%。

2. 长度及其允许偏差

长度小于或等于 400m：0～5%；

长度大于 400m 并小于或等于 1000m：0～20m；

长度大于 1000m：0～2%。

经供需双方协议，也可提供长度偏差较小的钢丝绳。

3. 质量

理论质量＝（钢丝绳中钢丝横截面面积×0.785）×100，为100m质量。

参考质量＝理论质量×1.06

防扭钢丝绳的出厂质量（不包括涂油质量）不应超过其参考质量的±5%。

4. 股径

股径标准系列级差0.5mm，如1.5、2.0、2.5、…、9.0mm等，其余为非标准系列，应优先选用标准系列股径。股径偏差：3.0mm及以下为0～8%；3.5～5.0mm为0～7%；5.5mm及以上为0～6%。

（三）技术要求

1. 材料

（1）制绳用钢丝。

1）股绳用钢丝应符合YB/T 5343《制绳用钢丝》要求，钢丝的公称抗拉强度为1570、1670、1770、1870、1960、2060MPa。

2）镀锌钢丝绳中所有钢丝均应镀锌，镀锌质量应符合GB/T 20118《一般用途钢丝绳》规定。

（2）制绳用股绳。股绳（子绳）由专业钢丝绳生产厂供应，应符合YB/T 5343及GB/T 20118标准，根据钢丝绳用途选用一般用途或重要用途钢丝。

（3）防扭钢丝绳绳芯。一般应采用天然纤维。

（4）防扭钢丝绳涂油。防扭钢丝绳用油脂应符合有关标准的规定，涂油应采用热浸，用户要求不涂油时应注明。

2. 防扭钢丝绳编织方法

防扭钢丝绳的股为左向捻或右向捻，编织方法为左向捻股、右向捻股各占一半，成有规律的螺旋线交叉编织。

3. 编织质量

（1）防扭钢丝绳中钢丝的接头应尽量减少，直径大于0.6mm的钢丝应用对焊连接，直径小于和等于0.6mm的钢丝可用对焊或插接连接。成品绳10m范围之内只允许有一个接头。

（2）防扭钢丝绳根据用户要求可以加绳芯或不加绳芯，六方防扭钢丝绳应加绳芯。

（3）防扭钢丝绳的节距应均匀，应保持在其公称方径的10～14倍，节距大小应保证插套股绳无法拉出，节距波动在±10%之内。

（4）防扭钢丝绳的两端应插套，绳套插结长度不小于绳节距的4倍，股绳端头应焊接，截断端宜埋入绳内，如用户要求不插套时两端应扎紧。

（5）防扭钢丝绳轴向外轮廓楞线应平行于钢丝绳轴线，不得为斜线或螺旋线，外观形状应为正四边形、正六边形，不允许出现斜四边形或斜六边形。

（6）防扭钢丝绳不允许有断丝、缺丝、钢丝交错、断股、错股、股松弛、股及钢丝弯折、接头不良、节距不均、波浪形、灯笼形、扭结、压扁、涂油不良、锈蚀等缺陷（缺陷定义参见GB/T 8706《钢丝绳 术语标记和分类》）。

4. 防扭钢丝绳力学性能和断面结构

(1) 防扭钢丝绳力学性能。防扭钢丝绳破断拉力试验数值乘以最小破断力折算系数 K 后，其值均不得小于表 3-10～表 3-22 中钢丝绳最小破断拉力。

防扭钢丝绳最小破断拉力按下式计算

$$F_0 \geqslant AR_0K/1000$$

式中　F_0——防扭钢丝绳最小破断拉力，kN；

　　　A——钢丝绳中钢丝横截面面积（见表 3-10～表 3-22），mm^2；

　　　R_0——钢丝公称抗拉强度，MPa；

　　　K——最小破断拉力折算系数，取 0.80～0.85，K 的取值与股数及股的结构有关，详见表 3-10～表 3-22。

(2) 防扭钢丝绳结构及力学性能见表 3-10～表 3-22。

表 3-10　　　　　　　　　8×7（四方）防扭钢丝绳结构及力学性能

公称方径 (mm)	股径 (mm)	横截面 面积 (mm²)	参考质量 (kg/100m)	钢丝公称抗拉强度 (MPa)					
				1570	1670	1770	1870	1960	2060
				钢丝绳最小破断拉力 (kN)					
6	1.5	11.0	9.15	14.68	15.61	16.55	17.48	18.33	19.26
7	1.8	15.83	13.18	21.13	22.47	23.82	25.16	26.37	27.72

注　1. 最小破断拉力＝钢丝计算破断拉力总和×K（K 为最小破断拉力折算系数，K＝0.80）。

　　2. 参考质量＝理论质量×1.06。

表 3-11　　　　　　　　　8×19（四方）防扭钢丝绳结构及力学性能

公称方径 (mm)	股径 (mm)	横截面 面积 (mm²)	参考质量 (kg/100m)	钢丝公称抗拉强度 (MPa)					
				1570	1670	1770	1870	1960	2060
				钢丝绳最小破断拉力 (kN)					
6	1.5	10.74	8.94	13.49	14.35	15.21	16.07	16.84	17.70
7	2.0	19.10	15.89	23.99	25.52	27.05	28.57	29.95	31.48
9	2.5	29.85	24.83	37.49	39.88	42.27	44.66	46.80	49.19
11	3.0	42.98	35.76	53.98	57.42	60.86	64.30	67.39	70.83
13	3.5	58.50	48.67	73.48	78.16	82.84	87.52	91.73	96.41
15	4.0	76.40	63.58	95.96	102.07	108.18	114.29	119.80	125.91
17	4.5	96.70	80.46	121.46	129.19	136.93	144.66	151.63	159.36
19	5.0	119.38	99.34	149.94	159.49	169.04	178.59	187.19	196.74

注　1. 最小破断拉力＝钢丝计算破断拉力总和×K（K＝0.80）。

　　2. 参考质量＝理论质量×1.06。

表 3-12 **8×19W、8×19S（四方）防扭钢丝绳结构及力学性能**

公称方径 （mm）	股径 （mm）	横截面 面积 （mm²）	参考质量 （kg/100m）	钢丝公称抗拉强度 （MPa）					
				1570	1670	1770	1870	1960	2060
				钢丝绳最小破断拉力 （kN）					
6	1.5	11.64	9.69	14.62	15.55	16.48	17.41	18.25	19.18
7	2.0	20.64	17.17	25.92	27.58	29.23	30.88	32.36	34.01
9	2.5	32.36	26.92	40.64	43.23	45.82	38.41	50.74	53.33
11	3.0	45.94	38.23	57.70	61.38	65.05	68.73	72.03	75.71
13	3.5	63.05	52.46	79.19	84.23	89.28	94.32	98.86	103.91
15	4.0	82.54	68.68	103.67	110.27	116.88	123.48	129.42	136.03

注 1. 最小破断拉力＝钢丝计算破断拉力总和×K（K＝0.80）。

2. 表中数据是按 8×19W 结构计算的。

3. 参考质量＝理论质量×1.06。

表 3-13 **8×25Fi、8×29Fi、8×31SW（四方）防扭钢丝绳结构及力学性能**

公称方径 （mm）	股径 （mm）	横截面 面积 （mm²）	参考质量 （kg/100m）	钢丝公称抗拉强度 （MPa）					
				1570	1670	1770	1870	1960	2060
				钢丝绳最小破断拉力 （kN）					
15	4.0	82.32	68.50	103.39	109.98	116.57	123.15	129.08	135.66
17	4.5	103.85	86.41	130.44	138.74	147.05	155.36	162.84	171.14
19	5.0	128.38	106.82	161.25	117.52	181.79	192.06	201.30	211.57
21	5.5	155.19	129.14	194.92	207.33	219.75	232.16	243.34	255.75
23	6.0	184.68	153.67	231.96	246.73	261.51	276.28	289.58	304.35
25	6.5	217.95	181.36	273.75	291.18	308.62	326.05	341.75	359.18
27	7.0	252.25	209.89	316.83	337.01	357.19	377.37	395.53	415.71
29	7.5	288.99	240.46	362.97	386.09	409.21	432.33	453.14	476.26

注 1. 最小破断拉力＝钢丝计算破断拉力总和×K（K＝0.80）。

2. 表中数据是按 8×25Fi 结构计算的。

3. 参考质量＝理论质量×1.06。

表 3-14   **8×37（四方）防扭钢丝绳结构及力学性能**

公称方径 （mm）	股径 （mm）	横截面 面积 （mm²）	参考质量 （kg/100m）	钢丝公称抗拉强度 （MPa）					
				1570	1670	1770	1870	1960	2060
				钢丝绳最小破断拉力 （kN）					
21	5.6	148.79	123.81	186.88	198.78	210.69	222.59	233.30	245.21
24	6.3	188.31	156.69	236.52	251.58	266.65	281.71	295.27	310.33
27	7.0	232.48	193.45	291.99	310.59	329.19	347.79	364.53	383.13

注 1. 最小破断拉力＝钢丝计算破断拉力总和×K（K＝0.80）。

    2. 参考质量＝理论质量×1.06。

表 3-15   **12×7（四方、六方）防扭钢丝绳结构及力学性能**

公称方径 （mm）	股径 （mm）	横截面 面积 （mm²）	参考质量 （kg/100m）	钢丝公称抗拉强度 （MPa）					
				1570	1670	1770	1870	1960	2060
				钢丝绳最小破断拉力 （kN）					
7	1.5	16.49	13.72	22.01	23.41	24.81	26.21	27.47	28.87

注 1. 最小破断拉力＝钢丝计算破断拉力总和×K（K＝0.85）。

    2. 参考质量＝理论质量×1.06。

表 3-16   **12×19（四方、六方）防扭钢丝绳结构及力学性能**

公称方径 （mm）	股径 （mm）	横截面 面积 （mm²）	参考质量 （kg/100m）	钢丝公称抗拉强度 （MPa）					
				1570	1670	1770	1870	1960	2060
				钢丝绳最小破断拉力 （kN）					
8	1.8	23.21	19.31	29.15	31.01	32.87	34.72	36.39	38.25
9	2.0	28.65	23.84	35.98	38.28	40.57	42.86	44.92	47.22
11	2.5	44.77	37.25	56.23	59.81	63.39	66.98	70.20	73.78
13	3.0	64.47	53.64	80.97	86.13	91.29	96.45	101.09	106.25
15	3.5	87.74	73.01	110.20	117.22	124.24	131.26	137.58	144.60
18	4.0	114.61	95.36	143.95	153.12	162.29	171.46	179.71	188.88

注 1. 最小破断拉力＝钢丝计算破断拉力总和×K（K＝0.80）。

    2. 参考质量＝理论质量×1.06。

表 3-17　　　　　　12×19W、12×19S（四方、六方）防扭钢丝绳结构及力学性能

公称方径 (mm)	股径 (mm)	横截面 面积 (mm²)	参考质量 (kg/100m)	钢丝公称抗拉强度 (MPa)					
				1570	1670	1770	1870	1960	2060
				钢丝绳最小破断拉力 (kN)					
8	1.8	25.24	21.00	31.70	33.72	35.74	37.76	39.58	41.60
9	2.0	30.95	25.76	38.87	41.35	43.83	46.30	48.53	51.01
11	2.5	48.53	40.39	60.95	64.84	68.72	72.60	76.10	79.98
13	3.0	68.91	57.34	86.55	92.06	97.58	103.09	108.05	113.56
15	3.5	94.57	78.69	118.78	126.35	133.91	141.48	148.29	155.85
18	4.0	123.81	103.02	155.51	165.41	175.31	185.22	194.13	204.04

注 1. 最小破断拉力＝钢丝计算破断拉力总和×K（K＝0.80）。

2. 表中数据是按 8×19W 结构计算的。

3. 参考质量＝理论质量×1.06。

表 3-18　　12×25Fi、12×29Fi、12×31SW（四方、六方）防扭钢丝绳结构及力学性能

公称方径 (mm)	股径 (mm)	横截面 面积 (mm²)	参考质量 (kg/100m)	钢丝公称抗拉强度 (MPa)					
				1570	1670	1770	1870	1960	2060
				钢丝绳最小破断拉力 (kN)					
18	4.0	123.48	102.75	155.09	164.97	174.85	184.73	193.62	203.50
20	4.5	155.77	129.62	195.65	208.11	220.57	233.03	244.25	256.71
22	4.8	177.72	147.88	223.22	237.43	251.65	265.87	278.66	292.88
23	5.0	192.57	160.23	241.87	257.27	272.68	288.08	301.95	317.36
25	5.5	232.79	193.71	292.38	311.01	329.63	348.25	365.01	383.64
27	6.0	277.01	230.50	347.92	370.09	392.25	414.41	434.35	456.51
30	6.5	326.93	272.04	410.62	436.78	462.93	489.09	512.63	538.78

注 1. 最小破断拉力＝钢丝计算破断拉力总和×K（K＝0.80）。

2. 表中数据是按 12×25Fi 结构计算的。

3. 参考质量＝理论质量×1.06。

表 3-19　　　　　　16×19W（四方）防扭钢丝绳结构及力学性能

公称方径 (mm)	股径 (mm)	横截面 面积 (mm²)	参考质量 (kg/100m)	钢丝公称抗拉强度 (MPa)					
				1570	1670	1770	1870	1960	2060
				钢丝绳最小破断拉力 (kN)					
13	2.0	41.27	34.34	51.84	55.14	58.44	61.74	64.71	68.01
16	2.5	64.71	53.85	81.28	86.45	91.63	96.81	101.47	106.64
18	3.0	91.88	76.45	115.40	122.75	130.10	137.45	144.07	151.42
21	3.5	126.09	104.92	158.37	168.46	178.54	188.63	197.71	208.80
24	4.0	165.08	137.36	207.34	220.55	233.75	246.96	258.85	272.05

注 1. 最小破断拉力＝钢丝计算破断拉力总和×K（K＝0.80）。

2. 参考质量＝理论质量×1.06。

表 3-20　　　　　　　16×25Fi（四方）防扭钢丝绳结构及力学性能

公称方径 （mm）	股径 （mm）	横截面 面积 （mm²）	参考质量 （kg/100m）	钢丝公称抗拉强度 （MPa）					
				1570	1670	1770	1870	1960	2060
				钢丝绳最小破断拉力 （kN）					
27	4.5	207.70	172.82	260.87	277.49	294.10	310.72	325.67	342.29
28	4.8	236.97	197.18	297.63	316.59	335.55	354.51	371.57	390.53
30	5.0	256.75	213.65	322.48	343.02	363.56	384.10	402.58	423.12
31	5.3	228.20	239.81	361.98	385.04	408.09	431.15	451.90	474.95

注　1. 最小破断拉力＝钢丝计算破断拉力总和×K（K＝0.80）。

　　2. 参考质量＝理论质量×1.06。

表 3-21　　　　　　　18×19W（六方）防扭钢丝绳结构及力学性能

公称方径 （mm）	股径 （mm）	横截面 面积 （mm²）	参考质量 （kg/100m）	钢丝公称抗拉强度 （MPa）					
				1570	1670	1770	1870	1960	2060
				钢丝绳最小破断拉力 （kN）					
15	2.0	46.43	38.63	58.32	62.03	65.74	69.46	72.80	76.52
18	2.5	72.80	60.58	91.44	97.26	103.08	108.91	114.15	119.97
21	3.0	103.36	86.01	129.82	138.09	146.36	154.63	162.07	170.34
24	3.5	141.86	118.04	178.18	189.52	200.87	212.22	222.44	233.79
27	4.0	185.72	154.54	233.26	248.12	262.98	277.84	291.21	306.07

注　1. 最小破断拉力＝钢丝计算破断拉力总和×K（K＝0.80）。

　　2. 表中数据是按 18×19W 结构计算的。

　　3. 参考质量＝理论质量×1.06。

表 3-22　　　　18×25Fi、18×29Fi、18×31SW（六方）防扭钢丝绳结构及力学性能

公称方径 （mm）	股径 （mm）	横截面 面积 （mm²）	参考质量 （kg/100m）	钢丝公称抗拉强度 （MPa）					
				1570	1670	1770	1870	1960	2060
				钢丝绳最小破断拉力 （kN）					
27	4.0	185.22	154.12	232.64	247.45	262.27	277.09	290.42	305.24
30	4.5	233.66	194.43	293.48	312.17	330.86	349.56	366.38	385.07
32	4.8	266.59	221.83	334.84	356.16	377.49	398.82	418.01	439.34
33	5.0	288.85	240.35	362.80	385.90	409.01	432.12	452.92	476.02
36	5.5	349.19	290.56	438.58	466.52	494.45	522.39	547.53	575.47
40	6.0	415.52	345.75	521.89	555.13	588.38	621.62	651.54	684.78
43	6.5	490.40	408.06	615.94	655.17	694.41	733.64	768.95	808.18

注　1. 最小破断拉力＝钢丝计算破断拉力总和×K（K＝0.80）。

　　2. 表中数据是按 18×25Fi 结构计算的。

　　3. 参考质量＝理论质量×1.06。

（四）检查与试验方法

1. 方径的测量

（1）给防扭钢丝绳施加10%最小破断拉力的情况下进行测量。

（2）防扭钢丝绳方径应用带有宽钳口的游标卡尺进行测量，钳口的宽度要足以跨越两个相邻的股。

（3）测量应在防扭钢丝绳端头15m以外的直线部位进行，在相邻至少1m的两个截面上，并在向一截面的不同方向各测量一次。测量结果的平均值作为防扭钢丝绳实测方径，该值应符合（二）中1.规定。

2. 节距的测量

在距离防扭钢丝绳端头5m以外的直线部位任选三处；对任一股绳进行测量，取其平均值作为节距。

3. 长度的测量

测量钢丝绳长度的方法应供需双方协议，钢丝绳长度的测量以米为单位。

4. 质量的测量

钢丝绳卷质量包括钢丝绳、卷轴和包装材料的质量，应以衡器测量，用kg表示。

计算钢丝绳的单位质量时，用钢丝绳的净质量除以钢丝绳实测长度。钢丝绳的实测单位质量用kg/m表示。

5. 外观质量检查

防扭钢丝绳的编织质量及外观质量用手感和目测检查。

6. 防扭钢丝绳破断拉力试验

防扭钢丝绳破断拉力试验有以下两种方法：

（1）防扭钢丝绳整绳破断拉力的测定方法，按 GB/T 8358《钢丝绳破断拉伸试验方法》的规定进行。

（2）防扭钢丝绳内钢丝破断拉力总和的测定方法，按如下规定：

1）当试验防扭钢丝绳内股绳时，钢丝破断拉力总和按下式计算

$$F = \Sigma F_i \times N$$

式中　F——钢丝破断拉力总和，kN；

　　　F_i——任一股内每根钢丝的实测破断拉力，kN；

　　　N——防扭钢丝绳股数。

2）当试验防扭钢丝绳内全部钢丝时，是将每根钢丝的实测破断拉力相加。

（五）检验规则

1. 检验项目

产品检验分出厂检验和型式试验两种，检验项目见表3-23。

表3-23　　　　　　　　　　　检　验　项　目

序号	项目	技术要求	检查与试验	出厂检验	型式试验
1	方径测量	（二）中1.	（四）中1.	√	√
2	节距测量	（三）中3.（3）	（四）中2.	√	√
3	长度测量	（二）中2.	（四）中3.	√	√

序号	项　目	技术要求	检查与试验	出厂检验	型式试验
4	质量测量	（二）中 3.	（四）中 4.	✓	✓
5	外观质量	（三）中 3.（3）～（6）	（四）中 5.	✓	✓
6	破断拉力试验	（三）中 3.（1）	按（四）中 6.（1）进行	✓	✓
			按（四）中 6.（2）的 1）或 2）进行		✓

2. 验收方法和取样数量

（1）需方的验收，可委托有防扭钢丝绳检定资格的检测部门进行。验收的依据是 DL/T 1079—2007《输电线路张力架线用防扭钢丝绳》和订货合同（对到货的绳可逐条或随机取样），验货期不应超过一年。

（2）防扭钢丝绳的破断拉力不仅与钢丝的材料性能有关，而且与编织的方法密切相关。因此，防扭钢丝绳的破断拉力应以整绳的破断拉力试验为交货时的验收依据。

（3）同批生产、同一结构、同一公称方径、同一公称抗拉强度、同一表面状态的防扭钢丝绳，从任选三盘中分别取样，按 GB/T 8358《钢丝绳破断拉伸试验方法》规定的方法进行整绳破断拉力测定。如订货数量不足三盘，按实际盘取样，但试样数量不少于三个。

（4）防扭钢丝绳生产企业应为用户提供股绳制造企业钢丝试验的所有数据，如钢丝实测直径、抗拉强度、反复弯曲次数、扭转、打结拉伸、镀锌层质量等。

3. 复验与判定规则

（1）如果所有试验均符合要求，则该批（或条）防扭钢丝绳合格。

（2）如果一个或一个以上的试验项目不符合规定要求时，则应在同一条钢丝绳上重新取样进行不合格项目的复验，复验结果符合规定要求时，则该批（或条）钢丝绳仍为合格，复验不符合规定要求时，则该批（或条）钢丝绳为不合格。

（3）当一条防扭钢丝绳截成数条交货时，则从其中任选一条取样试验，如果合格，其余各条免于试验，否则应逐条取样进行试验。

二、钢丝绳吊索——插编索扣

将绳股末端反向插入钢丝绳主体内，在钢丝绳端部构成一个环孔，钢丝绳插编索扣如图 3-10 所示。

（一）技术要求

1. 钢丝绳

（1）钢丝绳的类型。所使用的钢丝绳类型应为 GB 8918《重要用途钢丝绳》规定的交互捻纤维芯或金属芯的钢丝绳，但 GB 8918 规定的单股钢丝绳、异形股钢丝绳和多层股钢丝绳除外。

（2）钢丝绳的钢丝公称抗拉强度级应为 1570～1770MPa。

2. 索扣的设计要求

（1）索扣的实际破断强度应至少为相应钢丝绳的最小破断

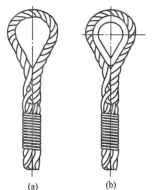

图 3-10　钢丝绳插编索扣图

（a）无套环的索扣；

（b）有套环的索扣

拉力的 70%。

注：如果钢丝绳为金属芯的，则金属芯应至少穿插三次，可以把它看做是钢丝绳的承载部分。

（2）索扣经 20000 次疲劳试验后，其破断拉力应符合（1）的规定。

（3）在单据吊索中，每一端索扣的插编部分的最小距离不得小于钢丝绳公称直径的 10 倍。

3. 插编操作

（1）穿插次数。

1）手工插编。插编操作对每一股至少应穿插五次，并且至少五次中的三次用整股穿插。

注：为了得到平滑过渡的插接头，可以用切去部分钢丝的绳股作最后一次或二次穿插。

2）机械插编。插编操作由三股穿插四次，另外三股穿插五次而成（共穿插 27 次）。

3）根据钢丝绳的尺寸、结构以及插编的方法，每股穿插次数可以多于上述规定。

（2）插编方法。推荐按图 3-12、图 3-13 和表 3-24、表 3-25 中规定的插编方法。

（3）插编操作应由经严格培训，并且考试合格的穿扣工进行。

4. 索扣的外观

（1）插编部分的绳芯不得外露，各股要紧密，不能有松动的现象。

（2）插编后的绳股切头要平整，不得有明显的扭曲。

（3）根据需方的要求，插编的绳股钢丝端部应采用合适的被覆物包扎，但应在合同中注明。

（二）手工插编方法

1. 一般规则

手工插编方法规定了用交互捻纤维绳芯或金属绳芯的六股钢丝绳手工插编制作装有套环的吊索索扣的方法，也适用于没有套环的索扣。

2. 方法

（1）经五次穿插制成插接头，五次穿插可由三次整根股穿插和二次减少的股穿插组成。所有插接头都应与钢丝绳的捻向相反；除第一组穿插外，其他组穿插所有股绳的尾端都应与钢丝绳的捻向相反。

（2）穿插应采取一股上、一股下的方式进行。

（3）如果钢丝绳有纤维主芯，绳芯应随第一组穿插的第一个尾端完全穿过去，然后将外露的绳芯剪掉。如果绳股有纤维芯，则股芯应留在原来的股绳内。

（4）如果钢丝绳有独立的金属丝绳芯，应将该芯分成三部分。

——两个股；

——两个股；

——两个股加其芯。

应用三根交错的尾端插编这三部分，并仅从三个完整的插接处穿过去。

（5）如果钢丝绳具有独立的金属丝股芯，此芯应在第一组穿插时向里折，再向上完全插进五次完整穿插的插编头中心。

（6）所有的穿插应牢牢拉紧到与被插钢丝绳的中心线相一
致为止。为了使插编的部位平滑和圆整，应使用适当的工具进
行整形，使它们进入合适的位置。

3．准备

（1）应在虎钳上夹紧套环，并让钢丝绳穿过套环，以便使
得钢丝绳的主体部分在右边和自由端在左边。

（2）应在环顶和套环两侧部位将钢丝绳捆扎在套环上，或
者用套环卡夹固定它们。

（3）解开钢丝绳的各股。未预变形的钢丝绳的股端应牢固
地绑扎。

（4）钢丝绳和套环的布置应如图 3-11 所示。

4．插编初期

手工插编初期的方法如图 3-12 所示，第一、第二和第三组
穿插程序（交互捻钢丝绳）见表 3-24。

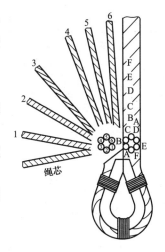

图 3-11　钢丝绳和套环的布置

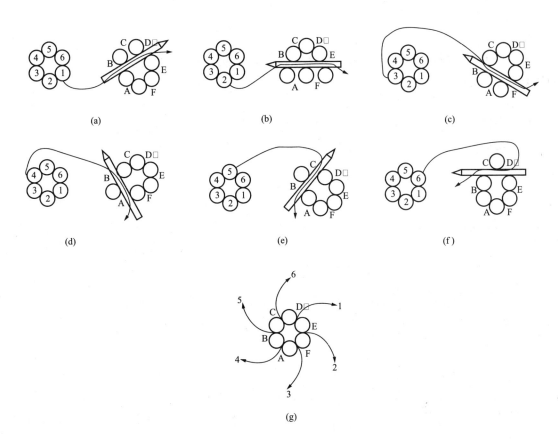

图 3-12　手工插编初期的方法

（a）第一股的穿插；（b）第二股的穿插；（c）第三股的穿插；（d）第四股的穿插；
（e）第五股的穿插；（f）第六股的穿插；（g）第一组穿插后露出来的尾端

表 3-24 第一、第二和第三组穿插程序（交互捻钢丝绳）

第一组穿插			第二组穿插			第三组穿插		
尾端编号	插入	穿出	尾端编号	插入	穿出	尾端编号	插入	穿出
1	B	D	1	E	F	1	A	B
2	B	E	2	F	A	2	B	C
3	B	F	3	A	B	3	C	D
4	B	A	4	B	C	4	D	E
5	C	B	5	C	D	5	E	F
6	D	C	6	D	E	6	F	A

5. 第四组和第五组穿插

（1）在第三组穿插后，可从每绳股切除部分钢丝来减小尾端。应把剩余的钢丝沿股的中心反向捻入上述被切除部分钢丝的股绳中。

（2）应使用减少尾端按上述 2. 中（2）或 2. 中（3）规定的方法进行第四、第五组穿插。为了使插编的部位平滑和圆整，应使用适当的工具进行整形，使它们进入合适的位置。

（三）机械插编方法

1. 一般规则

机械插编方法规定了用交互捻纤维绳芯或金属绳芯的六股钢丝绳机械穿插制作装有套环的吊索索扣的方法，也适用于没有套环的索扣。

2. 方法

（1）插接头是由三股四次和另外三股五次整股穿插而制成的（共 27 次）。

（2）机械插编初期的方法如图 3-13 所示，机械插编程序（交互捻钢丝绳）见表 3-25。

表 3-25 机械插编程序（交互捻钢丝绳）

第一组穿插			第二组穿插			第三组穿插			第四组穿插			第五组穿插		
尾端编号	插入	穿出	尾端编号	插入	穿出	尾端编号	插入	穿出	尾端编号	插入	穿出	尾端编号	插入	穿出
1	A	D	1	F	D	1	F	D	1	F	D	1	F	D
2	A	E	2	A	E	2	A	E	2	A	E	2	剪掉	
3	B	F	3	B	F	3	B	F	3	B	F	3	B	F
4	C	A	4	C	A	4	C	A	4	C	A	4	剪掉	
5	D	B	5	D	B	5	D	B	5	D	B	5	D	B
6	E	C	6	E	C	6	E	C	6	E	C	6	剪掉	

（3）插编完第四组绳股后，采取插一股，剪掉相邻一股的方法穿插，最后把余股全部剪掉。

（4）按照（二）中 2.（3）～（5）规定的方法处理绳芯。

（5）为了使插编的索扣严紧美观，应用整形机整形，使它们进入合适的位置。

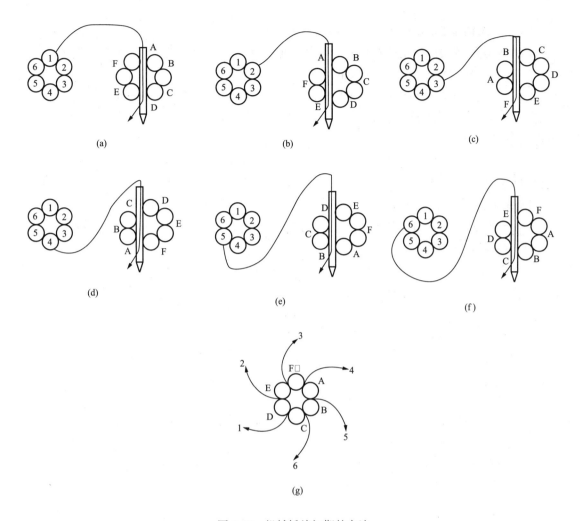

图 3-13　机械插编初期的方法

(a) 第一股的穿插；(b) 第二股的穿插；(c) 第三股的穿插；(d) 第四股的穿插；

(e) 第五股的穿插；(f) 第六股的穿插；(g) 第一组穿插后露出的尾端

第五节　带电跨越架[❶]

一、使用金属结构跨越架的基本规定

(1) 金属结构跨越架架体的强度，要求在发生断线或跑线事故工况时能承受冲击荷载。

(2) 跨越架架体横担中心，应设置在新架线路每相导线的中心垂直投影上。

(3) 新型金属结构跨越架架体必须经过静载加荷试验和断线冲击试验，试验合格后方可使用。

(4) 金属结构跨越架架体宜采用倒装分段组立或吊车整体组立，也可采用其他方法组立。无论采用何种方法组立均必须确保人身、设备安全。

---

❶　参见 DL 5106—1999《跨越电力线路架线施工规程》。

二、使用钢管、木质、毛竹跨越架的基本规定

（1）木质跨越架所使用的立杆有效部分的小头直径不得小于 70mm。横杆有效部分的小头直径不得小于 80mm，60～80mm 的可双杆合并或单杆加密使用。

（2）毛竹应采用 3 年生长期以上的。立杆、大横杆、剪刀撑和支杆有效部分的小头直径不得小于 75mm。小横杆有效部分的小头直径不得小于 90mm，60～90mm 的可双杆合并或单杆加密使用。

（3）木、竹跨越架的立杆、大横杆应错开搭接，搭接长度不得小于 1.5m，绑扎时小头应压在大头上，绑扣不得少于 3 道。立杆、大横杆、小横杆相交时，应先绑 2 根，再绑第 3 根，不得一扣绑 3 根。

（4）钢管跨越架宜用外径 48～51mm 的钢管，立杆和大横杆应错开搭接，搭接长度不得小于 0.5m。

（5）架体立杆均应垂直埋入坑内，杆坑底部应夯实，埋深不得少于 0.5m，且大头朝下，回填土后夯实。遇松土或地面无法挖坑立杆时应绑扫地杆。跨越架的横杆应与立杆成直角搭设。

（6）跨越架两端及每隔 6～7 根立杆应设置剪刀撑、支杆或拉线，拉线的挂点、支杆或剪刀撑的绑扎点应设在立杆与横杆的交接处，且与地面的夹角不得大于 60°。支杆埋入地下的深度不得小于 0.3m。

（7）各种材质跨越架的立杆、大横杆及小横杆的间距不得大于表 3-26 的规定。

表 3-26   立杆、大横杆及小横杆的间距   （m）

跨越架类别	立　杆	大横杆	小横杆
钢管	2.0		1.5
木质	1.5	1.2	1.0
竹质	1.5		0.75

三、使用索道跨越方法的基本规定

（1）索道跨越方法仅限于人力展放导、地线跨越 330kV 及以下不停电线路施工。

索道绳（线）必须具有足够的机械强度，其安全系数应大于 5。绝缘固定控制绳、牵引绳的安全系数应大于 3.0，展放专用滑车的安全系数应大于 2.5。

（2）每处被跨带电线路上的展放固定滑车组数不能少于 4 组。

（3）在采用中间支点跨越展放架空地线紧线中，当地线弛度超出辅助杆高度时，收回展放滑车后，地线高空挂线作业必须采取可靠措施防止"跑线"。

（4）中间支点跨越选用的支点辅助杆应有足够的机械强度，安全系数应大于 2；辅助杆竖立位置距带电线路边导线（考虑风偏）距离，应大于辅助杆高度 1.2 倍。

四、主要设备、工器具管理

（一）绝缘工器具及材料的管理

（1）跨越用绝缘绳索必须根据 GB/T 13035—2008《带电作业用绝缘绳索》进行选择。绝缘绳、网提供厂家应向用户提供有关材料的具体技术性能及产品合格证。

（2）跨越施工工器具，均应建立使用登记卡，登记卡包括名称、规格、特性、出厂时

间、试验、使用情况、允许使用的最大荷重等。

（3）绝缘绳、网应存放在干燥、通风的房间内，并应经常检查，防止受潮、受污和机械损伤，并应有防虫蛀措施。

（4）绝缘绳、网受潮烘干时，不能用明火，且应分多次进行，每次时间不得过长，防止水分进入绝缘绳内部，干燥后方可入库。

（5）绝缘绳、网的报废条件应根据使用的具体情况，经常进行检查，不合格者即可报废。

（二）设备及工器具管理

（1）跨越架架体部分及材料应置于通风条件好、较干燥的地方，并在其底部垫起0.2m。跨越用工器具部分应分类置于库房内存放。

（2）跨越架设备及工器具的管理，应由各使用单位根据设备的类型，制定具体的维修、维护管理方法和质量标准。

（3）木质跨越架所使用的杉木杆，如有木质腐朽、损伤严重或弯曲过大任一情况的，则严禁使用。

（4）毛竹跨越架所使用的毛竹，如有青嫩、枯黄、麻斑、虫蛀以及其裂纹长度通过一节以上任一情况的，则严禁使用。

（5）钢管跨越架所使用的钢管，如有弯曲严重，磕瘪变形，表面有严重腐蚀，裂纹或脱焊任一情况的，则严禁使用。

（6）钢丝绳应具有符合国家标准的产品检验合格证，并按出厂技术数据使用。无技术数据时，应进行单丝破断试验。

（7）钢丝绳的动荷系数、不均衡系数、安全系数分别不得小于表18-57、表18-59、表18-55中所列数值。

（8）钢丝绳（套）有下列情况之一者应报废或截除。

1）钢丝绳在一个节距内的断丝数达到表18-56规定的数值时。

2）钢丝绳有锈蚀或磨损时，应按表18-56中要求报废。

3）绳芯损坏或绳股挤出。

4）笼状畸形、严重扭结或弯折。

5）压扁严重。

6）受过火烧或电灼。

（9）钢丝绳端部用绳卡固定连接时，绳卡压板应在钢丝绳主要受力一边，不得反正交叉设置，绳卡间距不应小于钢丝绳直径的6倍，绳卡数量应符合第十八章第十节中有关规定。

（10）插接的环绳或绳套，其插接长度应不小于钢丝绳直径的15倍，且不得小于300mm。新插接的钢丝绳套应做125%允许负荷的抽样试验。

（11）钢丝绳使用后应及时除去污物，每年浸油一次，并放在通风干燥处。

（12）棕绳（麻绳）作为辅助绳索使用，其许用应力不得大于 $0.98kN/cm^2$（$100kgf/cm^2$）；用于捆绑或在潮湿状态下使用时，应按许用应力减半计算。霉烂、腐蚀、断股或损伤者不得使用。

（13）滑车的吊钩或吊环变形，轮缘破损或严重磨损，轴承变形，轴瓦磨损以及滑轮转动不灵者，均不得使用。

（14）双钩紧线器应经常润滑保养。换向爪失灵、螺杆无保险螺钉、表面裂纹或弯曲严重，严禁使用。

（15）安全防护用品、用具的管理按 DL 5009.2—2004《电力建设安全工作规程 第 2 部分：架空电力线路》中有关规定进行。

五、跨越带电线路施工设备、工器具及材料的检测

（一）设备及工器具检测

（1）金属结构跨越架架体的结构质量，在出厂前应依照有关规定进行检查。

（2）新型金属结构跨越架必须根据设计要求、技术参数进行静荷载强度试验。在静荷载强度试验基础上，应进行封网动荷载冲击试验，即牵引绳断线冲击试验，试验后应提交试验报告。

（3）金属结构跨越架架顶设置的挂胶保护部位，不得有露出金属骨架等严重损坏情况。

（4）大修的设备及工器具应在使用前进行过载试验（过载试验为在大于额定荷载、慢速工况下，加荷载于设备或工器具上并保持荷载大于 10min），试验中设备应工作正常，工器具无塑性变形、裂痕。

（5）设备及工器具过载试验载荷与额定载荷倍率按表 3-27 选择。

表 3-27　　　　　　　　设备及工器具过载试验载荷与额定载荷倍率

设备及工器具名称	过载载荷与额定载荷比	设备及工器具名称	过载载荷与额定载荷比
起重机、卷扬机、绞磨	≥1.25	起重附件（环、钩、卡销、板等）	2.0
紧线器、卡线器	2.0	工作台	2.5
抱杆及承压杆件	1.25	机动动力源	1.25
钢丝绳	2.0	双钩紧线器及手扳葫芦	1.25

（6）金属结构跨越架液压系统的性能应符合 GB/T 3766—2001《液压系统通用技术条件》中的要求。

（7）金属结构跨越架液压系统的性能试验按表 3-28 进行。

表 3-28　　　　　　　　金属结构跨越架液压系统性能试验

项　　目	要　　求
耐压试验	以额定压力的 150%，保压 5min，进行最大压力的耐压试验，不得有漏油现象
跑合试验	额定速度、无负荷运转 10min 以上，情况正常
冲击试验	在额定压力、额定速度下以每分钟 10 次的频率冲击开关，冲击 20 次后运转正常

（二）绝缘工器具及材料的检测

（1）凡新购置、翻新的绝缘绳网要进行外观检查验收，包括以下内容。

1）包装。绝缘绳成卷用塑料袋密封，并置于专用包装内。

2）标注。有品名、型号、质量、长度、出厂时间、厂名、防潮、防高温标志。

3）工艺要求。

a. 捻合绳各股线之间及各股中的丝线应紧密结合，不得有松散、分股现象。

b. 捻合绳各股及各股中丝线均不应有叠痕、凸起、压伤、背股、抽筋等缺陷，不得有错乱交叉的丝线股。

c. 接头应单根丝连接，线股不允许有接头，单丝接头应封闭在绳股内部，不得外露。

d. 捻合绳及绳中各股线的捻距在其全长内应均匀。

e. 成品绝缘绳不得沾染油污及受潮。

（2）凡新加工、购置、翻修的各种绝缘工具、绳，都必须进行机械强度和电气性能试验。其电气性能试验必须在机械性能试验后进行。

（3）绝缘绳的机械强度试验，包括拉伸断裂强度试验，伸长试验（温度20℃±2℃，相对湿度63%~67%）。

（4）拉伸断裂强度试验，要求其破坏强度不得小于额定强度的5倍。

第 四 章

施工机具的试验、检验

第一节 施工机具的出厂试验

施工机具的检验和试验是合理、安全使用施工机具重要的环节，对保证施工质量，加快工程进度等均起到重要作用。

施工机具的检验主要在出厂前进行，新的施工机具的质量，除在制造过程中，通过厂内制定的各种检验标准加强检验，实现严格的过程控制外，最终还要通过出厂试验，检验产品是否合格，有些较为复杂的检验试验，也可通过相关的施工机具质量检测中心来完成。

施工机具一旦进入用户，用户就要对它的使用负责，除必须定期对施工机具进行维修保养外，还要定期做好各种预防性试验，时常对它们进行是否完好状态的检查，只有这样，才能确保施工机具使用安全可靠。

施工机具出厂前的试验主要有出厂试验、型式试验和工业性试验三种，后两种主要用于开发的新产品，但也适用于根据有关规定，停产两年以上的老产品恢复生产时的试验。出厂试验主要用于定型后正常生产的产品出厂前的试验。现将出厂试验的项目和要求分述如下。

出厂交付销售前，必须进行出厂试验，以确定它是否能满足使用的技术参数和功能，包括承载能力等要求，出厂试验包括以下几方面内容。

（1）功能试验。检查施工机具的工作机构工作是否正常，动作是否满足设计要求。

（2）空载试验。不带负载，在额定速度下运转，持续不少于 1h，没有异常情况。

（3）负载试验。在额定载荷及额定工况下运转（不小于 1h，额定工况必须包括全部使用工况）；对非运转的承力机具，使其在额定载荷下承力 10min 以上，检查均无异常情况。

（4）过载试验。以大于额定载荷的情况下加载于被试的施工机具上，慢速运转或动作（无冲击），并停留 10min 以上；对非运转的承力工机具，使其在承受超过额定载荷的载荷下停留 10min 以上，检查无异常，即为通过。

过载试验所加载荷与额定载荷的倍率，见第三章第一节内容。

（5）耐压试验。对液压传动气动的施工机具，出厂前要进行耐压试验。

出厂前对液压系统或气动系统进行耐压试验，其试验参照 JB/T 58207—1993《液压系统总成出厂试验技术条件》，采用空载打压试验，试验压力如下。

1）当最大工作压力≤31.5MPa 时，试验压力取额定压力的 1.25 倍。

2）当最大工作压力＞31.5MPa 时，试验压力取额定压力的 1.15 倍。

在上述两种压力作用于设备液压系统后，保压 5min 后进行检查，看液压系统是否有渗漏现象或其他异常情况。

（6）制动试验。对所有机动（如牵引机、张力机、机动绞磨）及某些手动（如飞车）施工机具在出厂前必须进行制动试验。该试验是使被试机具在1.5倍最大载荷情况下起动该机具的制动器，该机具的工作机构（如上述机具的牵引卷筒、放线卷筒、磨芯卷筒、飞车行走轮等）均停止转动并无滑移现象。

出厂试验后，必须对施工机具进行全面仔细的检查，要求零件无目视可见的裂纹；无残余变形或有超过设计许可的变形；连接固定件及紧固件无松动；无不允许的不均匀振动和噪声；温升不超过规定值或设计许可值；对液压或气动系统无透漏油液或漏气现象；电气系统工作可靠，受其控制的机械系统动作灵敏无误，各项技术指标达到设计要求。

第二节　施工机具的型式试验

当新产品定型、老产品转厂生产或老产品停产两年以上恢复生产时，均必须对产品进行型式试验。型式试验是新产品试验项目最多的试验，除包括上述产品出厂试验全部内容及测试其技术参数和性能是否满足设计要求外，还要进行寿命试验、耐振试验（这些试验也称可靠性试验）和破坏性试验等。

（1）寿命试验。寿命试验和耐振试验一起，也称新产品的可靠性试验，是新产品投产前的一项重要试验，它可以考核产品设计是否合理，制造工艺是否稳定。寿命试验是在额定工况下反复试验，记录未满足试验要求出现的时间，包括首次出现故障的时间、主机或配套件出现故障的时间、机具必须进行大修、更换零部件后才能运转的时间，最后确定其使用寿命。一般以运行到需要大修的时间视为该机的使用寿命。

易损件损坏更换的时间不能判断使用寿命。

我国电力行业对主要的施工机具有规定的使用寿命，机动绞磨为1600h，牵引机和张力机为3200h，切线机为10000次，混凝土搅拌机无故障时间为200h，导线压接机的寿命为满足压接10000次。

（2）耐振试验。由于线路施工作业点分散性大，沿途道路崎岖不平，施工机具在运输过程中振动大，如机具耐振性能不好，就会损坏，导致不能正常使用，故施工机具新产品在做型式试验时，必须做耐振试验，要求以$1.5g$加速度振动2×10^5次，不出现违反出厂试验要求的情况。实际试验中，常用将该机具装在载重汽车上，在山区土路上以不低于10km/h的速度，累计行驶200km，检查不出现违反出厂试验要求的情况，以此来代替上述振动试验。

（3）破坏试验。对使用中损坏后会造成人身伤亡事故和重大设备事故的小型机具、起重附件及工作时主要起张拉作用的工器具均必须做破坏试验，破坏试验主要检查机具的安全系统是否满足有关标准对破断安全系数的要求。

破坏试验主要用于非机动工器具，如卡线器、紧线器、起重附件（环、钩、卡、销、板）及各种连接器等。

破坏试验的试件一般为1～2件。

（4）工业试验。工业试验的要求与型式试验相同，但大多在作业现场实际使用条件下进行，故它更接近于现场实际工况。

工业试验的项目和内容与型式试验基本相同（不做过载试验）。对产量较少的（总量少于五台），可用工业试验代替型式试验，其要求与型式试验相同，但额定工况可改为使用工况，使用工况应不超过额定工况的规定，也不做过载试验。工业试验不能代替出厂试验，对用工业试验代替出厂试验的产品，在出厂前仍必须做完出厂试验。

关于施工机具的检验和验收。施工机具的检验是指施工机具在制造厂家出厂前的检验，检验的项目对不同的施工机具是不同的，要求检查以下内容。

1）外观检查。此项检查除检查焊缝、油漆等外观质量外，其余同出厂试验后的检查项目。检验时已按要求项目检查完的，可不再进行外观检查，但必须检查出厂试验后的检查记录。

2）检查出厂试验时的空载试验、负载试验及过载试验报告及记录，同本机的技术设计参数是否相符。

3）检查出厂随机文件，包括使用说明书、质量保证书、易损件清单及随机工具是否齐全。

4）检查标板上的型号规格、技术参数是否正确无误。用户在制造厂购买施工机具后验收时，对大型设备应派人参加出厂试验，检查其各技术指标是否达到合同要求。

第三节　施工机具的预防性试验

施工机具在工程中使用后，必须进行定期的预防性试验，施工机具在现场使用时条件恶劣，而且随作业工况的改变而使用方法改变频繁。小型施工机具同类数量大，进货批次多，作业人员选用施工机具的随意性也较大，使同品种规格的施工机具各自的使用时间无法清楚确认；再加上同品种施工机具制造厂家很多，虽技术参数一样，但制造质量、使用性能均有差异。为保证施工机具的使用安全，定期对施工机具进行预防性试验是很有必要的。

施工机具经多次使用，零部件疲劳及磨损后，安全系数就会下降，影响使用的可靠性，这也是必须定期对其进行预防性试验的必要性。

预防性试验，对不同的施工机具要求是不同的，对大型施工机械如牵引机、张力机及各种大中型的机动施工机具，除定期的或日常的维护外，一般在大修后做必要的空载试验及额定负载试验，这些试验有条件时可以在现场测试，也可在大修厂内或专用的施工机具试验场进行。对小型的工器具或起重附件（环、钩、卡、销、板）各种紧线器及连接器、放线或起重滑车、抱杆等定期做预防性试验时，主要在拉力机上做拉力试验。一般情况下做 1.15～1.25 倍额定值的过载试验，少数使用时间较长，外观检查又基本正常的工器具，也可抽 1～2 件做破坏性试验，看其安全系数是否有变化，以便必要时可采用降低允许额定载荷的等级等措施，保证施工机具的安全使用。

如上所述，施工机具预防性试验主要为考虑施工机具使用的安全性，只对危及安全的部分进行试验，故除外观目测检查外，一般只做施工机具受力方面的试验，其他涉及速度、传动效率等方面的数据不予试验。对制动器、棘轮、棘爪等元件，考虑到动作的灵敏性危及安全，故还要对它们有关动作的灵敏度进行检查、试验。

（1）载荷试验（拉力试验）。载荷试验的拉力值同新机具出厂试验数值一样，可先加载到额定载荷的 80%，停留 1min，再升到额定载荷，再停留 1min，然后加载到额定载荷倍率［见第三章第一节（二）］进行过载试验，保持 10min 即可。

（2）破坏性试验。对使用年限较长、快到报废年限或外观检查有明显变化（较旧）的批量较大的施工机具，可取若干工件做破坏性试验，使其安全系数满足有关要求。

第四节　施工机具的试验设备

预防性试验用主要设备有卧式拉力机、直读式拉力表、各种连接器具，如用直读式拉力表在现场测试时，还要配备机动绞磨及手扳葫芦等加载装置、起重滑车、地锚等。

一、卧式拉力机

卧式拉力机是施工机具进行预防性试验的主要工器具，它可用于各种工器具的拉力试验，卧式拉力机有 50、150、350、600、1000kN 等规格，而工器具预防性试验用的卧式拉力机主要有 50、150、350kN 三种。其机械部分结构原理基本相同，控制方式则根据使用要求有所不同。

（一）卧式拉力机结构原理

卧式拉力机一般由机架、液压泵站、推力液压缸、拉力控制装置、各种连接部件、打印机械、拉力传感器等几大部分组成，其中根据不同性能的要求，控制装置又有电气控制、数字控制和计算机控制三种。

1. 机架

机架是卧式拉力机的承力件，它在拉力试验过程中始终受压应力，一般为角钢或槽钢焊接而成的框架结构。其长度由要求测试试件的长度决定，此类拉力机除能对放线滑车、各种连接器、紧线器等做拉力试验外，一般还要求能对导线或钢绞线的压接接头、绳索及绳索接头等做试验。由于这些器材均较长，故根据能承担的最大拉力 50～1000kN 卧式拉力机机架的长度为 6～15m。

2. 液压泵站

液压泵站是卧式拉力机动力源，它由液压泵、溢流阀、换向阀、油箱等液压元件和辅助元件组成。由液压泵站驱动卧式拉力机液压油缸对试件施加张拉数值。拉力的大小是通过调整液压泵出口处设置的高压溢流阀的压力大小来实现的，可通过直动式溢流阀调整，也可通过先导阀调整。

3. 推力液压缸

推力液压缸的活塞杆头部通过串接拉力传感器、连接部件和被拉试件相连，实现拉力功能。

4. 拉力控制装置

拉力控制装置有电气控制、数字控制和计算机控制三种。

（1）电气控制。最早的拉力控制装置采用继电器、接触器、行程开关等组成的电气控制回路，通过和被拉施工机具串接直读式拉力表，同时参考高压液流阀的压力来测定拉力。

（2）数字控制。数字控制是通过拉力传感器、数显数控拉力仪等来完成试验和各种记录。

（3）计算机控制。计算机控制是通过拉力传感器、计算机和液压系统采用比例阀无级控制拉力。

5. 各种连接部件

各种连接部件用于被拉试件和液压缸、拉力传感器之间的连接传递拉力，并根据被拉试件长度不同，调整被拉试件和液压缸、拉力传感器之间的连接距离。

（二）YLJ-350 型卧式拉力机

YLJ-350 型卧式拉力机是数控数显的液压拉力机，其主要技术参数如下：

（1）测量拉力范围 0～350kN。

（2）液压缸工作行程 800mm。

（3）额定工作压力 16MPa。

（4）拉伸速度 0～700mm/min。

（5）外形尺寸 0.9m×1.5m×9m。

YLJ-350 型卧式拉力机结构如图 4-1 所示。移动接头小车用于支撑一端的接头体及移动接头的位置，与承拉接头和试件连接。图 4-2 所示为该拉力机液压系统原理图，拉力机的拉力主要通过图中液压缸 12 来实现。

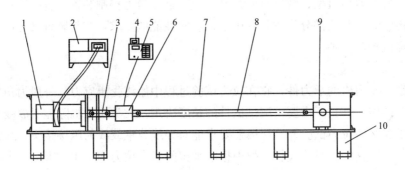

图 4-1　YLJ-350 型卧式拉力机结构图

1—液压缸；2—液压泵站；3—连接拉板；4—打印机；5—数控数显拉力仪；

6—拉力传感器；7—架体；8—试件；9—移动接头小车；10—支腿

（三）YSD1000J 型卧式拉力机

YSD1000J 型卧式拉力机是计算机控制的拉力机，其结构如图 4-3 所示，其液压系统如图 4-4 所示。

电气控制箱和计算机组成该拉力机控制系统。电气控制箱装有智能化变送器、继电器和主令电器，根据试验工况随时收集拉力传感器输出的信号控制液压泵站中的液压泵及相关电磁阀，发出相关指令，进行拉力试验、数据显示及打印试验数据。液压泵站为拉力试验的动力源，它由液压泵、电磁溢流阀、电磁比例阀、液控单向阀、油箱及电动机等组成。带箱梁的承力机架由槽钢和矩形型钢焊接而成，为运输方便，该承力机架分段组装而成，液压缸为双作用液压缸。

图 4-5 所示为 YSD1000J 型卧式拉力机的工作过程原理图。

表 4-1 为 YSD 系列卧式拉力机的型号和参数。

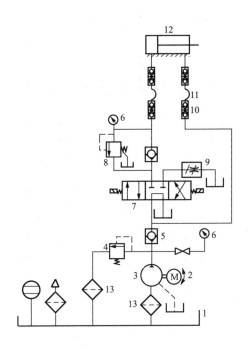

图 4-2　YLJ-35 型卧式拉力机液压系统原理图

1—油箱；2—电动机；3—液压泵；4—溢流阀；

5—单向阀；6—压力表；7—换向阀；8—稳压阀；

9—节流阀；10—快速接头；11—胶管；

12—液压缸；13—滤油器

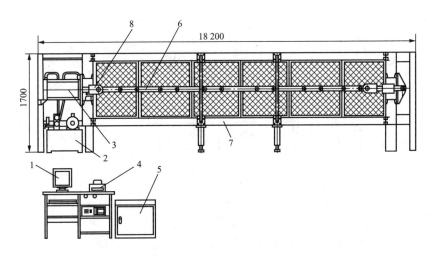

图 4-3　YSD1000J 型卧式拉力机结构图

1—计算机系统；2—液压泵站；3—液压缸；4—打印机；5—电气控制箱；

6—可调拉板；7—带箱梁的承力机架；8—拉力传感器

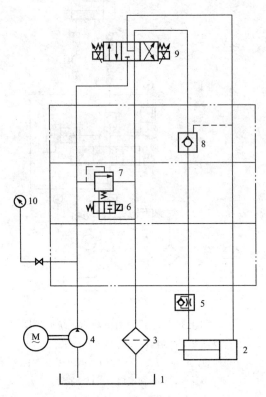

图 4-4　YSD1000J 型卧式拉力机液压系统图

1—油箱；2—液压缸；3—滤油器；4—液压泵；

5—单向节流阀；6—电磁截止阀；7—电磁溢流阀；

8—单向阀；9—电磁换向阀；10—压力表

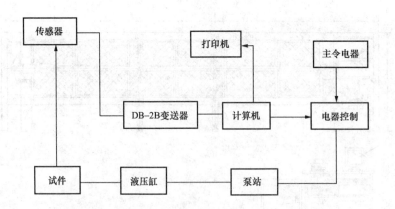

图 4-5　YSD1000J 型卧式拉力机的工作过程原理图

表 4-1

YSD 系列卧式拉力机的型号和参数

型号	测量范围 （kN）	测试 精度	最小 显示值 （kN）	保压 时间 （min）	测试 行程 （mm）	外形尺寸 （m×m×m）	质量 （kg）
YSD50	1～50		0.01	5		6×0.83×1.2	1500
YSD150	20～150		0.1	5		7×0.85×1.5	2000
YSD300	30～300		0.1	5		8×0.85×1.5	2100
YSD150J	20～150	±1.5%	0.1	任意	500	7×0.85×1.5	2100
YSD300J	30～300		0.1	任意		8×0.85×1.5	2200
YSD600J	60～600		0.1	任意		7.7×0.85×1.5	2700
YSD1000J	60～1000		0.1	任意		18.2×1.12×1.7	8500

注　1. 型号带 J 的产品为带计算机的微机控制型，其余为数控型。

　　2. 由宁波东方电力机具制造有限公司生产。

表 4-2 为 YSJ 系列计算机控制卧式拉力机的型号和参数。

表 4-2　　　　　　　　　　**YSJ 系列计算机控制卧式拉力机的型号和参数**

序号	型　号	测力范围 （kN）	测试空间 （m）	工作 行程 （mm）	外形尺寸 （m×m×m）
1	YSJL-100 I	0～100	1～2.4×0.8	1200	0.45×0.6×1.5
2	YSJL-20 I	0～20	1～2.4×0.8	1000	0.45×0.6×1.2
3	YSJD-100 I	0～100	3.5～7.5×0.8×0.8	700	6～10×1.0×1.5
4	YSJD-200 I	0～200	5.5～7.5×0.8×0.8	600	8～10×1.0×1.5
5	YSJD-300 I	0～300	5.5～9.5×0.8×0.8	600	8～12×1.0×1.6
6	YSJD-500 I	0～500	5.5～11.5×0.8×1.1	650	10～14×1.0×1.8
7	YSJD-300 II	0～300	6.0～10×0.8×0.8	600	8～12×1.1×0.9
8	YSJD-500 II	0～500	8.0～12×0.9×0.9	800	10～14×1.2×1.0
9	YSJD-600 II	0～600	8.0～12×1.0×0.9	800	10～14×1.3×1.0
10	YSJD-1000 II	0～1000	10～14×1.1×0.8	1000	12～16×1.5×1.0

注　由宝鸡电力线路工具厂生产。

二、立式拉力机

立式拉力机主要用于卸扣、抗弯连接器、旋转连接器、双钩紧线器及其他一些受力件长度较小的工器具。这种试验机是一般材料试验的拉力机，这里不多赘述。

第二篇

基础施工机具

输电线路杆塔基础点多线长，工程分散。多采用人工作业，劳动强度高、效率低。随着近年线路等级的提高、施工技术的发展及装备条件的改善，部分作业如混凝土浇筑、桩基施工等已基本实现机械化。基面平整、基坑开挖等作业正逐步向机械化过渡。

　　地质条件及载荷条件千差万别，决定了杆塔基础形式及施工工艺的多样化，涉及土、石方开挖，夯实，混凝土作业，桩基施工等各方面。所需机械涉及土方工程机械、岩石施工机械、混凝土施工机械、桩基施工机械等多种类型。其中部分可在通用工程机械中选用。为满足特殊需要，解决施工关键，也研发了部分专用机械，如旋锚机、套挖钻机等。本篇包括基础施工常用的设备如土方工程机械、混凝土施工机械、凿岩机械及桩工机械，并对部分研发成果作适当介绍。

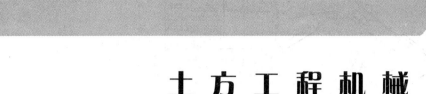

第 五 章

土 方 工 程 机 械

土方工程机械包括基面平整、基坑开挖、回填、土方搬运、夯实作业等使用的工程机械。常用的土方工程机械有挖掘机、推土机、土方夯实机等。

第一节 挖 掘 机

挖掘机是土方工程机械化施工中的主要机械，用以进行基坑开挖、基面平整等土方挖掘作业，对减轻劳动强度、提高工效等效果显著。杆塔基础施工土方作业分散，适用便于转场的中、小型单斗挖掘机。结合深孔基坑、套挖基坑等特殊基坑工程特点，采用专用挖掘机能发挥较好的作用。

一、挖掘机的分类和主要特点

（一）挖掘机的分类

挖掘机按挖斗结构形式可分类为单斗、多斗挖掘机；按动力配备可分类为电动、内燃机挖掘机；按传动方式可分类为机械、液压挖掘机；按行走装置可分类为履带、轮胎、步履挖掘机；按回转角度可分类为全回转和非全回转挖掘机。

（二）不同类型挖掘机主要特点

1. 内燃机驱动型机械式挖掘机

内燃机驱动型机械式挖掘机为较早期产品，采用柴油机为动力，以钢绳牵引方式实现斗杆、动臂的运动，并通过齿轮、传动轴等机械传动方式实现挖掘机左右回转及前后行走。结构笨重、行动迟缓、操纵费力。

2. 电力驱动型机械式挖掘机

电力驱动型机械式挖掘机无排气污染、节能、环保，适用于有电源的作业点。传动结构类同内燃机驱动型机械式挖掘机。因可配用大功率电动机，为大型挖掘机主要型式。

3. 内燃机驱动型液压传动挖掘机

内燃机驱动型液压传动挖掘机采用液压传动，取代原用的机械传动装置，技术性能大为改善，以液压缸取代钢丝绳牵引挖掘装置。行走装置、上车回转装置也采用液压马达驱动。根据不同需要，可配备履带式或轮胎式底盘（见图5-1和图5-2）。其中，小型产品更适用于杆塔基础施工。

4. 杆塔基础专用挖掘机

为解决原状土基坑开挖研制的钻扩机（见图5-9）和为解决深井基坑开挖研制的深井挖

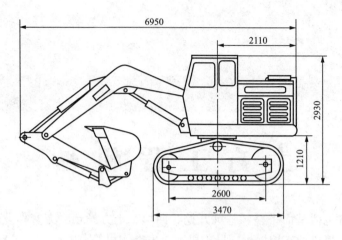

图 5-1　内燃机驱动型液压传动式履带挖掘机

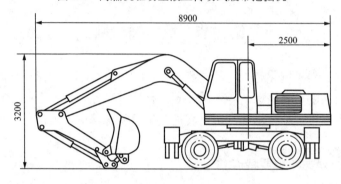

图 5-2　MH6-A2 型内燃机驱动型液压式轮胎挖掘机

掘机（见图 5-10）等而专门研制的专用挖掘机。

二、液压传动单斗挖掘机

液压传动单斗挖掘机是当前使用最广泛的挖掘机，其中较小规格机型适用于线路基坑开挖作业。现将其工作原理和主要结构分述如下。

（一）液压挖掘机工作原理

液压挖掘机是将发动机的动力驱动高压液压泵，以高压液压泵产生的高压油推动相关工作装置进行挖掘工作，挖掘中动臂的升降、斗杆的变幅、挖斗的开合动作均通过液压缸的推动实现；挖掘机转台的旋转、行走装置的驱动则通过液压马达进行。采用液压传动方式，提高了挖掘机的挖掘力和牵引力，改善了操纵性和平稳性，免除了庞大复杂的中间传动部件，大大简化了主体结构，机体重量可以减轻 30%。为降低对地比压，改善整机行走性能创造了条件。

液压传动方式以液压油为介质，对有关作业的控制表现在供给该作业油流的通、断，流向的正、反和流量的大、小。前两者可由换向阀控制有关油路的开、停及进、退，升、降和开、合来实现。为控制流量的大小，可通过液压泵变量、发动机调速或油路的串、并联进行控制；换向阀的控制使挖掘工作的转换操作变得轻松自如；因液压传动属于容积式传动，且基于液压油的不可压缩性，液压传动中可视为运动的速度与流量的大小成正比；通常选用的液压变量泵均有较大变量调节范围，可以实现由零至最大的无级平滑调节，使作业既可保证高速度，也可保持高精度，大大改善了挖掘机作业条件。

（二）动力装置

动力装置由内燃机、液压泵、冷却器、滤清器及控制、连接等部件组成。发动机通过机械传动部件驱动各主、辅液压泵，产生工作油流在有关操作阀的控制下经连接管件送达液压马达、液压缸等执行元件进行工作。

（1）挖掘机动力装置功率计算。挖掘机工作时土壤切割（挖掘）的作用力与做功决定了动力装置所需功率，是发动机的选型重要因素；挖掘时挖掘机的切割力 P 值可由式（5-1）计算

$$P = FZ \tag{5-1}$$

式中　F——被切割的土壤的截面积，m^2；

　　　Z——土壤的单位切割阻力，N/m^2。

切割 S 长度距离（m）所需的功 A_1 可由式（5-2）得出

$$A_1 = PS = ZFS = ZQ \tag{5-2}$$

式中　Q——切割土壤的体积，m^3。

土壤的单位切割阻力 Z 的数值见表 5-1（当铲斗切刃及切齿在良好状况且切削角为 $30°\sim40°$ 时）。

表 5-1　　　　　　　　　　土壤的单位切割阻力 Z 的数值

土壤等级	Ⅰ	Ⅱ	Ⅲ	Ⅳ
土壤的单位切割阻力 Z（N/m^2）	$(50\sim60)\times10^3$	$(80\sim100)\times10^3$	$(150\sim200)\times10^3$	$(300\sim400)\times10^3$

注　Ⅰ级土壤——砂子、砂土、原状植物土壤、黑土、无根茎的泥煤。

　　Ⅱ级土壤——软的及黄土状的黏土、潮湿松软的黄土、盐沼地、在 15cm 以下的中小尺寸的砂砾、带有草根的植物土壤、混有石子或小圆石和碎木片的砂子和建筑土壤、带有石子或小圆石等混合物结成块的土壤。

　　Ⅲ级土壤——肥沃纯净的泥土，硬的砂土，尺寸在 15~40cm 的砂砾和卵石、干的或自然潮湿的混有小圆石或砂砾的黄土；带有树根的植物土壤或泥煤，混有小圆石和石子或建筑瓦砾的黏土。

　　Ⅳ级土壤——硬的重的泥土，带有石子、小圆石、建筑的瓦砾和质量在 10kg 以下的大圆石的混合物之肥沃泥土和硬黏土、片岩的泥土、泥灰石、凝固成块的黄土或盐沼地，尺寸在 99cm 以下，纯粹的或带有 10kg 以下的石块的小圆石、硅藻土、白圭石、水泥黏合的建筑瓦砾等。

单斗式挖土机动力装置的功率 N_e 可按式（5-3）计算

$$N_e \geqslant \frac{qk_HZ}{1000k_pt\eta_P\eta_Mk_N} \quad kW \tag{5-3}$$

式中　q——铲斗的几何容积，m^3；

　　　t——铲斗装满所需时间，s；

　　　η_P——挖掘机工作机构的效率，$0.6\sim0.8$；

　　　η_M——自原动机至工作机构的传动效率，$0.45\sim0.55$；

　　　k_N——原动机功率的利用系数，$0.8\sim0.85$；

k_p——土壤的松散系数，1.1～1.3；

k_H——铲斗的装满程度系数：0.8～1。

（2）国产挖掘机配套柴油机机型。国产挖掘机配套柴油机型号较多，其中简易的小型机多采用如 2100、2105 等农用小型柴油机，大中型挖掘机多采用直喷式高速柴油机，涡轮增压中冷机型的采用也很普遍，常用机型有道伊茨 F6L912 型柴油机（北京产 RH6 型挖掘机采用）、康明斯发动机（玉柴 YC45 型挖掘机采用）等。

道伊茨 F6L912 型柴油机为引进自德国的风冷直喷型高速柴油机，具有较好的动力性能和经济指标，输出端配有 S.A.E 标准法兰，可与 A8V 型变量柱塞泵直接连接。采用该机配套的有北京产 RH6 型挖掘机和贵阳产 WY60 型挖掘机等。

（三）液压传动单斗挖掘机的液压系统

液压传动单斗挖掘机的液压系统主要由液压动力元件、液压执行元件、液压控制元件和其他辅件组合构成。元件的性能与不同的组合方式在很大程度上影响其整机效率和质量，其液压系统的技术发展方向是：系统压力由低压向高压发展；液压泵性能由定量向变量发展；液压泵及回路数量由单泵单路向多泵多路发展；操控方式由手控向自控发展，挖掘机的多种液压系统反映了其液压技术由低级向高级的不断完善的发展过程。

1. 液压挖掘机液压系统基本形式

依据主泵配备和油路布置，有关系统可分为以下 6 种基本形式。

（1）单泵或双泵单路定量系统。

（2）双泵双路定量系统。

（3）多泵多路定量系统。

（4）双泵双路分功率调节变量系统。

（5）双泵双路全功率调节变量系统。

（6）多泵多路定量或变量混合系统。

按液压回路组合方式不同，在各种不同型式的系统中又可分为串联、并联、顺序单动和复合回路四种。

按液流循环方式的不同还可分为开式系统和闭式系统两种。

2. 单泵、双泵和多泵液压系统

系统中采用一台主油泵的，为单泵液压系统，在装备有两台或多台主油泵时，则为双泵或多泵液压系统。

单泵液压系统仅适用于驱动单项作业。对需要完成动臂、斗杆、挖土上车回转等多项驱动作业的循环，需要逐一切换回路分别驱动。难以提高工作效率，故目前已很少采用。

双泵液压系统在采用同轴双联泵时安装难度较前者无大差别。但由此可配置成既可相互独立又可按要求相互串并联的液压回路，因此可以满足同时进行两项作业驱动要求和单项作业时分级调速、调压要求，使整机技术性能获得显著改善。

多泵液压系统可以组成多个液压回路，技术性能更获提高。

3. 开式系统与闭式系统

执行元件的回油直接返回油箱的系统，为开式系统。开式系统结构简单、散热条件好，但油箱容量大。设备较笨重，主要用于变容积执行元件如液压缸的驱动。

执行元件的回油直接返回液压泵吸油口，使之构成液压泵与执行元件间油液可在闭合回路中循环的系统、称闭式系统。该系统结构紧凑、运转平稳，适宜作回转元件驱动。但需要解决系统补油和散热问题。

4. 定量系统与变量系统

在液压泵转速一定时，液压泵输出油量不可变的，称定量泵。采用定量泵为主泵的系统，称定量系统。

在液压泵转速一定时，液压泵输出油量可通过内部结构调整改变的，称变量泵。采用变量泵为主泵的系统，称变量系统。

定量系统具有动力传递功能，变量系统在具有上述功能的同时，还可具备调速功能和换向功能。

定量泵品种较多，常用的有滑片泵、摆线泵，齿轮泵等中、低压产品，压力等级通常为12～16MPa，少数达25MPa。结构简单，但内部泄漏大，传动效率低。在要求高压场合，需选用柱塞副行程不可变的柱塞泵如斜轴泵或斜盘泵，压力可达40～50MPa。基于柱塞副的精密配合，容积效率可高达98％以上。

变量泵一般为可变倾角的斜轴柱塞泵或通轴式变量柱塞泵。通过调节柱塞副的工作行程，可实现泵油量的无级调整，达到恒功率调节目的，它们的缺点是自吸能力不强。需在进油口保持一定的供油压力，配备适当的补油泵。

5. 多泵多路变量定量混合系统实例

多泵多路变量定量混合系统是性能较完善、技术较先进的挖掘机液压系统，有关实例见图 5-3。

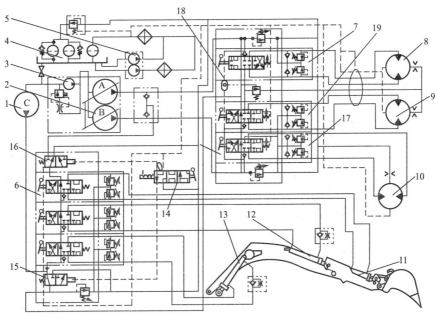

图 5-3　多泵多路变量定量混合型挖掘机液压系统图

1—定量泵；2—变量泵组；3—供油泵；4—油箱；5—独立式散热系统；6、7、17、19—分配阀组；
8—左行走马达；9—右行走马达；10—回转马达；11—铲斗液压缸；12—斗杆液压缸；13—动臂
液压缸；14—工作阀；15、16—合流阀；18—速度限制阀该系统由两台变量柱塞泵 A 和 B 组成驱动行走马达 8 和 9；回转马达 10 的闭式液压系统；铲斗液压缸，斗杆液压缸和动臂液压缸（11、12、13）组成开式液压系统。供油泵 3 为泵 A，B 补油，定量双泵供油箱内抽油散热。工作阀 14 用于变换各系统的组合形式，满足不同工况需要。当该阀至 0 位时（见图 5-3），一台定量泵和一台变量泵合力给各液压缸供油，另一台变量泵负责上车回转；在 I 位时，三泵不合流，可各自工作；II 位时，三泵全部合流供给行走马达，使能获得较快速度。

（四）液压传动单斗挖掘机工作装置❶、❷

液压传动单斗挖掘机的工作装置如图 5-4 所示。

动臂下端与上车底座铰接，斗杆下端与动臂顶部铰接，连同相应液压缸组合成两套滑块四连杆机构，经动臂液压缸、斗杆液压缸推动，使 1、2 各绕铰轴回转适当的角度，使挖斗到达图 5-4 中弧形曲线范围内预定位置，挖斗根部与斗杆上端铰接，并连同有关拉杆组成四连杆机构，在挖斗液压缸驱动下绕铰轴做掘进、装填、卸土动作，挖斗可按需更换为正、反铲，抓斗，破碎锤，桩机，起重装置等不同工具。

1. 动臂

动臂是工作装置中的主要构件，按整机总的结构形式和特征大致可分为以下三种。

（1）整体单节动臂如图 5-5 所示，该动臂结构较为简单，具有较大的动臂转角和挖掘深度。整体单节动臂配用加长可调斗杆的反铲装置。

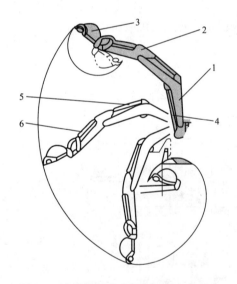

图 5-4　液压传动单斗挖掘机的工作装置

1—动臂；2—斗杆；3—挖斗；4—动臂液压缸；
5—斗杆液压缸；6—挖斗液压缸

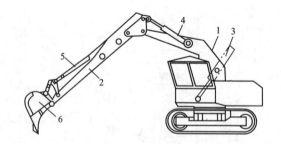

图 5-5　整体单节动臂

1—单节主动臂；2—加长可调斗杆；3—动臂液压缸；
4—斗杆液压缸；5—铲斗液压缸；6—反铲斗

（2）双节可调动臂如图 5-6 所示。一种是上动臂用销轴与下动臂及拉杆分别连接（或用液压缸代替拉杆），作业时可任意调节拉杆（或液压缸）的长度，多用于中小型挖掘机〔见

❶ 中国水利水电工程总公司. 工程机械使用手册. 北京：中国水利水电出版社，1998.
❷ 国家建委设备材料施工机械分配处. 国外施工机械选编. 北京：机械工业出版社，1981.

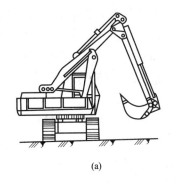
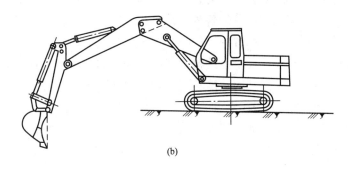

(a)   (b)

图 5-6　双节可调动臂

（a）拉杆连接；（b）双螺栓连接

图 5-6（a）〕；另一种是上、下动臂用双螺栓连接，一般用在大型挖掘机上〔见图 5-6（b）〕。

（3）伸缩式动臂挖掘机如图 5-7 所示，它是一种具有独特型式的挖掘和平地工作装置，动臂由两节套装而成，由专门机构控制其伸缩。有的伸缩臂和作业机具还可绕动臂轴线旋转。

2. 斗杆

斗杆为动臂与挖斗间的中间连接件。依靠斗杆液压缸的推动绕动臂前端铰轴旋转，斗杆液压缸推动斗杆在挖斗齿尖产生的力，称撬动力或称断裂力，其作用线方向在沿斗齿尖垂直于斗齿尖至斗杆和动臂铰接点的连线上。挖掘机的撬动力为评价液压挖掘机技术性能的主要指标。

3. 挖斗

挖斗是挖掘机的主要工具，由耐磨钢板组焊成形，端部装有钢制尖齿，以便切入土壤。根据作业需要，可换用不同型式挖斗，如正铲挖斗、反铲挖斗等。

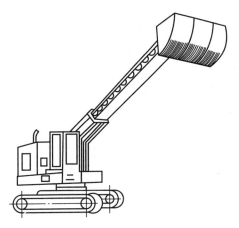

图 5-7　伸缩式动臂挖掘机

挖斗在液压缸推动下，可绕挖斗铰轴做大角度回转以完成挖掘装土作业。

4. 液压传动单斗挖掘机回转装置

液压传动单斗挖掘机的回转装置用于工作装置（上车）的沿垂直轴旋转，以便进行换位挖掘或卸土作业。简易型挖掘机多采用单液压缸或双液压缸驱动的半回转装置，其回转范围为 0°～180°，结构较完善的挖掘机多采用回转支承滚盘及回转马达驱动，其上车部分连同工作装置可进行全方位回转。有关结构分述如下。

（1）挖掘机的回转平台。回转平台也称上部机架，多为焊接构件，由前后两部分组合而成。平台的前部装有工作装置、动臂支架和上部各传动机构。通常在平台前部还装有侧向悬臂，用来安装操纵系统和其他辅助装置，以及司机室、机棚、维修通道等，在下底面装有回转支承装置的上滚道及钩轮（或称反滚子）等。后部配重箱上装有发动机组和平衡重块。

（2）回转支承装置。为实现回转平台的回转运动，需要回转平台与行走装置的下支承架之间能够相对旋转，为此在两者之间设有回转支承装置。回转支承装置在完成作业动作时，还需要承担上车部分的各种载荷并传至下支承架，保证回转平台旋转时保持平衡而不损坏或倾覆。回转支承装置的结构形式很多，其共同特点都是把该装置的上下滚盘分别装在回转台和下支承架上，在上下滚盘之间设有滚动体（滚轮、滚子或滚球），驱使滚动体滚动，回转平台与下支承架之间就能相对旋转。回转支承装置有以下两种。

1) 滚轮式回转支承装置：滚轮成对配置（有 4 个、6 个、8 个等），以中央枢轴为回转中心在滚道上滚动。枢轴和钩轮承受向上的倾覆力矩，以防止转台倾覆。

2) 滚子夹套式回转支承装置：采用多个直径较小的圆柱形或锥形滚子，其相互距离由特制保持架固定，回转时滚子以中央枢轴为中心在滚道上滚动，保持架也随之转动。挖掘机的向上倾覆力矩由中央枢轴和钩轮承受。钩轮滚子装在偏心轴上，用以调整钩轮与滚道间因磨损而出现的间隙。

(3) 回转装置的液压传动。回转装置的液压传动，是在上部安装一台由液压马达驱动的回转驱动装置，驱动与下部大齿圈相啮合的小齿轮，使上部连同工作装置围绕以中央枢轴为回转中心的圆周回转。根据所采用液压马达的转速特性，回转装置可分为低速回转装置和高速回转装置两种类型。低速回转装置通常由液压马达、回转制动器组成；高速回转装置采用高转速液压马达，除制动器外还配有行星齿轮副进行减速。

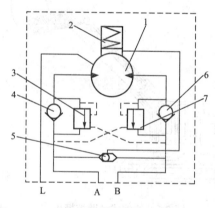

图 5-8　低速回转装置工作原理图
1—液压马达；2—制动器；
3、5、7—液压锁；4、6—梭阀

1) 低速传动装置由低速大扭矩液压马达与自动制动器组成，该马达无需减速装置，即可满足传动匹配要求，结构比较简单。其工作原理如图 5-8 所示，系统由马达工作油路和制动器控制油路两部分组成。高压油经主油口 A 或 B 向回转装置供油，当操纵换向阀使 A 口为高压时，高压油经单向阀进入液压马达 1 同时向液控溢流阀发出信号，开通回油通道，通过 B 口回油；反之则 B 口为高压，液压锁 3 开通，油流反向，马达反转。当 A、B 口中任一口为高压时，流向梭阀任一侧的高压油将阀芯推向低压侧，开通制动回路，松开制动器，当 A、B 口关闭时，马达停转同时制动油路失压，制动器弹簧回位，制动力自动恢复，以免回转失控。

2) 高速回转装置用轴向柱塞式高速液压马达配以行星齿轮减速箱来驱动。这种传动方式效率高，不需要背压，动力元件和执行元件能够通用，适用于高液压参数的液压系统。但因增加了减速部件，装置较笨重，价格也较高。

5. 行走装置

行走装置是挖掘机整机的支承基座，它承受工作过程的负载及执行作业、运输时的行走，兼有支撑和运行两大功能。为保证挖掘机的正常工作，行走装置技术性能对挖掘机的整机性能影响重大。

(1) 对行走装置的基本要求。

1) 足够强劲的行走驱动力：应能满足挖掘机在湿软或高低不平等不良地面上行走时出

力的需要，并有良好的爬坡能力和转向性能。

2）较大的离地间隙：在不增大行走装置高度的前提下应能适当增大底盘离地间隙，以提高挖掘机通过障碍的能力。

3）较大的接地支撑面积或较小的接地比压：以防止机体下陷，改善对软地层的通过性能。

4）良好的制动设备配置：以避免挖掘机行驶过程的溜坡、打滑，保证安全。

5）较小的外形尺寸：以便于进行装车、运输。

（2）液压挖掘机行走装置的型式特点。液压挖掘机的行走装置，按结构可分为履带式、轮胎式和步履式三种类型。

1）履带式行走装置是挖掘机中应用最为广泛的一种形式，它的特点是驱动力大（每条履带的驱动力可达其荷重的 70%～90%），接地比压小（40～150kPa），越野性能及稳定性好，行走速度一般为 2～6km/h，爬坡能力大（可达 80%～100%），且转弯半径小，灵活性好，因此被液压挖掘机广泛采用。履带行走装置性能优越，一般机型多采用双履带结构。履带行走装置的接地比压一般为 40～150kPa，爬坡能力可达 100%。该装置主要缺点是制造成本高、运行速度低、运行和转向时功率消耗大、零件磨损快，长距离运输时需依靠其他运输车辆搭载。

2）轮胎式行走装置可利用汽车底盘或轮式拖拉机底盘，成本低、运行速度快、机动性好，运行时轮胎不损坏路面，适于多点分散作业，切合输电线路施工条件，缺点是接地比压大、越野性能差、爬坡能力小；为提高越野性能，需采用全轮驱动和超低压轮胎等技术措施。

3）步履式行走装置主要用于特大型挖掘机（机重 140t 以上），按工作原理有偏心轮式和液压推动式两种。机型庞大，不适于输电线路基础施工应用。

三、单斗液压挖掘机技术性能

1. 国产履带式挖掘机技术性能参数

（1）国产部分履带式单斗挖掘机技术参数见表 5-2。

表 5-2 国产部分履带式单斗挖掘机技术参数

项目	型号	单位	CR35SE	WY15A	WY40	WY60A	WY60C	RH6C-600	WY100A-SJ
斗容		m³	0.1	0.15	0.4	0.6	0.6	0.4～1.2	1
发动机	型号		ISUZU-3KR1	490	4115S	F6L912	F6L912G3	F6L912	6135K-6C
	功率	kW	30	20.6	47	69	73.5	67	110
	转速	r/min	2600	2000	1700	2150	2300	1900	1800
液压系统	型式				双泵	总功率变量	双泵	分功率调节	变量双泵
	压力	MPa	21		20	25	16	30	31.5
	流量	L/min			2×40	2×170	2×115	2×152	
	主泵				CB12040/40	A8V80	CB2063	A8V80	斜轴式

项目	型号 单位	CR35SE	WY15A	WY40	WY60A	WY60C	RH6C-600	WY100A-SJ
挖掘半径	m		4.7	7.2	8.46	8.17	8.5	9
挖掘深度	m	3.1		4.0	5.14	4.2	5.3	5.8
最大挖掘力	kN	22.56			98.1		120	
回转扭矩	kN·m						65	
回转速度	r/min	0～11	0～10	0～6.4	8.65	6.5	0～12	0～8.5
行走速度	km/h	0～2.4	0～1.6	0～1.6	0～3.4	0～1.8	0～3	0～2.8
爬坡能力	%	58	40	49	47	44		44
对地比压	kPa	28		43.4	27		48	50
整机质量	t	3.3	4.0	11.6	17.5	14.2	18.9	25
外形尺寸 总长	m	4.8	5.0	9.060	9.28	7.9	8.9	9.51
外形尺寸 总宽	m	1.5	1.68	2.48	3.05	2.47	2.9	3.1
外形尺寸 总高	m	2.2	2.22	2.93	3.22	3.2	2.95	3.4
制造厂家		贵阳矿山机器厂	上海建筑机器厂	北京建筑机械厂	合肥矿山机器厂	贵阳矿山机器厂	北京建筑机械厂	上海建筑机器厂

（2）三一重工 SY65C 型液压履带式挖掘机技术参数见表 5-3，作业范围见表 5-4。

表 5-3　　　　　　三一重工 SY65C 型液压履带式挖掘机技术参数

规格		规格	
整机质量（kg）	6300	动臂液压缸—缸径（mm）	110
标准斗容（m³）	0.25	动臂液压缸—行程（mm）	885
主要性能		斗杆液压缸—缸径（mm）	90
行走速度（高/低）（km/h）	4.7/2.4	斗杆液压缸—行程（mm）	900
回转速度（r/min）	10.9	铲斗液压缸—缸径（mm）	80
行走牵引力（kN）	48.5	铲斗液压缸—行程（mm）	730
爬坡能力（°）	75％（35）	推土铲液压缸—缸径（mm）	130
对地比压（kPa）	32	推土铲液压缸—缸径（mm）	
铲斗挖掘力（kN）	49	发动机	
斗杆挖掘力（kN）	35	型号	五十铃 CC-4JG1PAC
液压系统		型式	4 缸、4 冲程、水冷、直喷
主泵型式	变量斜盘柱塞泵	额定功率（kW）	40/2100
主泵最大流量（L/min）	149	最大扭矩（N·m）	188/1800
主安全阀压力（MPa）	26	排量（L）	3.059
行走液压回路（MPa）	26	油类和冷却液容量	
回转液压回路（MPa）	21.6	燃油箱（L）	130
控制液压回路（MPa）	3.6	液压油箱（L）	100

规　　格		规　　格	
发动机油（L）	10	托链轮每侧（个）	1
冷却系统（L）	12	支重轮每侧（个）	5
终传动（L）	2×2.5	用于标准行走机构的标准型履带（mm）	400
回转驱动（L）	1.5		
行走部分		可选用的履带（mm）	450
履带板数（块）	42		

表 5-4　　　　　　　　　　　作 业 范 围

名　　称	SY65 型	名　　称	SY65 型
最大挖掘高度（mm）	6930	最小回转半径（mm）	1720
最大卸载高度（mm）	5145	最小回转半径时的最大高度（mm）	5650
最大挖掘深度（mm）	3985	推土板抬起最大离地间隙（mm）	200
最大垂直臂挖掘深度（mm）	3470	推土板沉下最大深度（mm）	480
最大挖掘距离（mm）	6160		

2. 国产轮胎挖掘机技术参数

（1）国产部分轮胎挖掘机技术参数见表 5-5。

表 5-5　　　　　　　　　　国产部分轮胎挖掘机技术参数

项　目		产品型号	单位	WLY25	WLY202-CW	WLY-16	W4-60C	WLY-60A	WLY-100	A912	A922
铲斗标准斗容			m³	0.25	0.4	0.6	0.6	0.6	1		
发动机	型　号					F6L912	F6L912G1	F6L912	BF6L913	F6L912	BF6L913
	功率/转速		kW/(r/min)	37/—	74/—	78/2300	69/2150	100/2300	112/2300	70/2000	100/2000
液压系统	型　式			定量双泵	全功率变量	变量双泵	双泵		全功率变量	全调双泵	全调双泵
	主液压泵						CBG2080 CBG2060		轴向柱塞	轴向柱塞	轴向柱塞
	工作压力		MPa	14.7	29.4		14	16	30	30	30
	流　量		L						2×174	2×126	2×155
	液压马达										
性能	回转速度		r/min	11	10		7.5	10	8	10	10
	爬坡能力		(°)								
	行走速度	越野	km/h			10	7.08			0~6.7	
		道路	km/h	18	0~20	32	31.4	30	0~20	0~20	0~20
作业性能	正铲斗容范围		m³				0.6				
	最大挖掘半径		m				6.7				
	最大卸载高度		m				5.2				

项目＼产品型号	单位	WLY25	WLY202-CW	WLY-16	W4-60C	WLY-60A	WLY-100	A912	A922
作业性能 反铲斗容范围	m³	0.25	0.4～1.0	0.6	0.6	0.6	1	0.15～1.15	0.24～1.7
最大挖掘半径	m			8.5	8.2	10.11	10.56	10.5	11
最大挖掘深度	m	3.5	7.5	5	4.63	6.24	6.3	7.6	8
最大挖掘力	kN			98.1			117.7	117.7	137.34
整机质量	t	8	20	15.5	13.6	14.5	27.8	18	
外形尺寸（长×宽×高）	m×m×m	6.1×2.2×2.9	8.7×2.5×3.14	8.93×3.63×2.5	7.59×2.7×3.85	7.7×2.7×3.88	9.67×2.85×4.11	8.65××3.18	7.07××4.0
轮胎规格					12.5～20.16	12.5～20		10.00～20	
制造厂家		长江挖掘机厂	长江挖掘机厂	六四一一工厂	贵阳矿山机器厂	贵阳矿山机器厂	贵阳矿山机器厂	贵阳矿山机器厂	合肥矿山机器厂

（2）农用小型轮式液压挖掘机。天津市万通农用挖掘机厂生产的小型轮式液压挖掘机技术参数见表 5-6。

表 5-6 　　　　　　　　　　　小型轮式液压挖掘机技术参数

机型	WYL3.0-A 型	WYL-5.0 型
外形尺寸（长×宽×高，mm×mm×mm）	4500×2000×2500	4500×2000×2500
轮距（mm）	1470	1470
轮距（mm）	2500	2500
地隙（mm）	260	260
整机质量（kg）	3000	4000
发动机型号	SD2100-2115	495-4100
标定功率（kW）	22（30hp）	40.5（60hp）
额定铲斗容量（m³）	0.2～0.3	0.4～0.5
最大挖掘深度（mm）	2000～2500	2800～3200
最大挖掘半径（mm）	5300	5500
最大挖掘高度（mm）	5200	5600
最大卸载高度（mm）	3000	3500
回转角度（°）	180	180
液压系统工作压力（MPa）	16	20
液压系统额定流量（mL/r）	50	63～80
耗油量［g/（kW·h）］	≤200	≤220
行驶速度（km/h）	30～40	30～40

（3）国产高性能轮胎式液压挖掘机。贵州詹阳动力重工有限公司生产的 JYL80 型轮胎式液压挖掘机技术参数见表 5-7。

表 5-7 　　　　　　　　　　**JYL80 型轮胎式液压挖掘机技术参数**

参　数　项	参考值	参　数　项	参考值
整机质量（t）	8.2	压力（MPa）	30
标准斗容量（m³）	0.35	行走速度（km/h）	0～30
柴油机	康明斯	爬坡能力（%）	46
型号	B3.3	回转速度（r/min）	0～12
功率（kW）	60	斗杆挖掘力（kN）	43.3
液压系统	负载敏感	铲斗挖掘力（kN）	51.2

整机尺寸

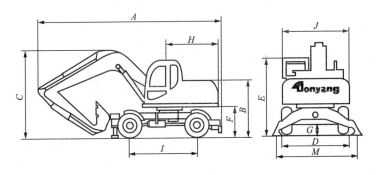

A—总长（mm）	6250	H—尾部旋转半径（mm）	1800
B—总高（至机罩顶端）(mm)	1976	I—轴距（mm）	2400
C—总高（至动臂顶端）(mm)	2600	J—上车宽度（mm）	2160
D—总宽（后轮外侧）(mm)	2122	K—推土板宽（mm）	2120
E—总高（至司机室顶部）(mm)	2748	L—推土板高（mm）	450
F—离地间隙（配重）(mm)	1043	M—支腿中心宽度（mm）	2560
G—最小离地间隙（mm）	263	N—后桥至支腿距离（mm）	635

3. 部分国外液压挖掘机技术参数

（1）日产机材侏式会社生产的日产牌 N 型挖掘机为小型挖掘机，适用于类同杆塔基础的小断面基坑开挖。其技术参数见表 5-8。

表 5-8 　　　　　　　　　　**日产牌 N 型挖掘机技术参数**

型号	N-1 型	N-X 型	N-3 型	N-4 型	N-35 型	N-45 型
总装质量(kg)	2000	2450	2800	3950	3475	无排土板 4480 带排土板 4610
铲斗容量(m³)	0.07 （最大 0.10）	0.09 （最大 0.11）	0.09 （最大 0.12）	0.11 （最大 0.14）	0.10 （最大 0.13）	0.12 （最大 0.15）
铲斗宽(mm)	400 （最大 600）	430 （最大 600）	450 （最大 600）	450 （最大 700）	450 （最大 600）	550 （最大 700）

型号	N-1 型	N-X 型	N-3 型	N-4 型	N-35 型	N-45 型
旋转速度(r/min)	13	12	13	13	10	10
行驶速度(km/h)	0～1.6	0～2.0	0～1.4	0～2.0	0～1.8	0～1.8
外形尺寸 总长(mm)	3750	4170	4320	4700	4900	5300
总宽(mm)	1300	1400	1420	1600	1500	1700
总高(mm)	2200	2150	2200	2250	2340	2380
履带总长×总宽(mm×mm)	1300×350	1400×350	1500×350	1600×350	1536×350	1750×400
最大挖掘深度(mm)	2200(最大)	2450(最大)	2700(最大)	3100(最大)	2800(最大)	3250(最大)
爬坡角度(°)	30	30	30	35	30	35

（2）日本小松系列液压履带式挖掘机技术参数见表 5-9。

表 5-9　　　　　日本小松系列液压履带式挖掘机技术参数

型　号	工作质量(kg)	飞轮功率(kW/hp)	标准斗容(m³)
PC01-1	380	2.6/3.5	0.008
PC02-1	530	3.3/4.4	0.012
PC03-2	870	5.5/7.4	0.02
PC15MRX-1	1805	11.2/15.0	0.044
PC20MRX-1	2190	14/18.7	0.066
PC30MRX-1	3200	20.6～27.6	0.075
PC40MRX-1	4580	28.3/38	0.14
PC45MRX-1	4820	28.3/38	0.15
PC60-7	6250	40/54	0.3
PC78US-6	6850	40.5/54	0.3
PC100-6	10750	60/81	0.4
PC120-6	12030	64/86	0.5
PC128US-6	13000	64/86	0.5
PC200-7	19500	107/143	0.8
PC200LC-7	20900	107/143	0.8
PC220-7	22840	125/168	1.0
PC220LC-7	24270	125/168	1.0

4. 杆塔基础开挖专用挖掘机[1]

（1）人力钻扩机。人力钻扩机为甘肃送变电工程公司研制，用于人力推动旋挖土坑，其腰部锯齿形切刀可通过杠杆驱动向外张开一定角度，形成底部扩孔的套挖式原状土基坑，该机结构如图5-9所示。

甘肃送变电工程公司研制的一种钻扩机主要性能参数：钻孔直径600mm，扩孔直径1400mm，钻扩深度4000mm，整机质量420kg。

（2）门架式深井挖掘机：门架式深井挖掘机结构如图5-10所示。

日本四国电力公司研制的用于大型深井式基坑井筒开挖的技术参数如下：

挖掘机反铲容量 0.18m³

挖掘机挖掘力 10kN

挖掘深度 0.85m

挖掘半径 0.45～1.6m

井孔直径 2.5～3m

质量 1400kg

其中最大件质量 500kg

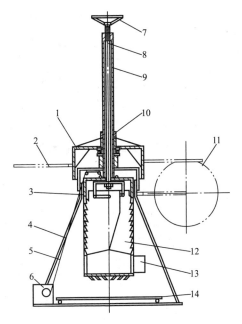

图5-9　人力钻扩机结构

1—帽状转盘；2—推杠；3—钻土桶；4—机架；
5—钢丝绳；6—机动绞磨；7—手轮；8—内钻杆；
9—外钻杆；10—定位卡子；11—轮胎；
12—扩孔刀；13—侧门；14—取土小车

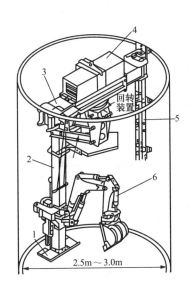

(a)

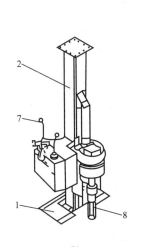

(b)

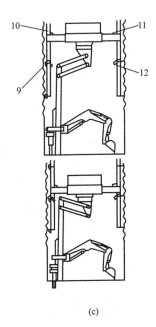

(c)

图5-10　门架式深井挖掘机结构

（a）门架式挖掘机；（b）定位锚钎；（c）挖掘机工作程序
1—底板；2—挖掘机固定柱；3—水平梁；4—动力装置；5—垂直导轨；6—反铲挖掘机；
7—手柄；8—液压锚杆；9～12—销子

❶ 岑阿毛. 输配电线路施工技术大全. 云南：云南科技出版社，2004.

第二节 推 土 机[1][2][3]

推土机是一种自行式铲推土机械，它以拖拉机或专用牵引车为主机，前部加装推土装置而成，可用于铲土、平场、压实、堆集、牵引等多项作业。在杆塔基础施工中，可完成开基面、基坑回填、压实等工作。

一、推土机分类方法和基本型式

（一）推土机分类

推土机可按发动机功率、工作装置、传动方式、操纵方式分类，也可按行走装置分类。

（1）按发动机功率可分为小功率（50hp以下）、中功率（80～120hp）和大功率（140hp以上）。

（2）按工作装置分类可分为固定推土刀式和回转推土刀式。

（3）按传动方式分类可分为机械式、液力机械式、液压传动机械式。

（4）按操纵方式分类可分为液压操纵和钢绳—滑轮操纵。

（5）按行走装置分类可分为履带式、轮胎式。

（二）推土机基本形式

推土机有履带式机械传动推土机、履带式液控机械传动推土机、履带式液力传动推土机、履带式液压传动推土机、轮胎式推土机。

1. 履带式机械传动推土机

履带式机械传动推土机由履带式拖拉机配装机械控制推土装置组成，接地比压低，越野能力强。T-100型机械式推土机如图5-11所示。

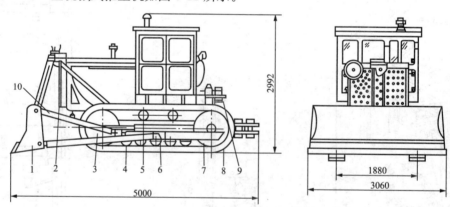

图 5-11 T-100 型机械式推土机

1—推土刀；2—支持架（护板）；3—引导轮；4—支重轮；5—托带轮；6—铰销；7—驱动轮；8—履带；9—绞盘；10—推杆

2. 履带式液控机械传动推土机

履带式液控机械传动推土机为履带式机械传动推土机的改进型，其底盘结构与T-100型机械式推土机相同，推土刀控制改为液压控制，以获得更好的性能，这类推土机常为中型

❶ 杨文渊．简明工程机械施工手册．北京：人民交通出版社，2001．
❷ 国家建委设备材料施工机械分配处．国外施工机械选编．北京：机械工业出版社，1981．
❸ 中国水利水电工程总公司．工程机械使用手册．北京：中国水利水电出版社，1998．

机，图 5-12 所示为 T2-120 型履带式液控机械传动推土机，在后部通过取力器用齿轮泵代替了钢绳绞盘以满足液控需要，并配有可操控推土刀的液压缸、操作控制阀组等。推土刀为活动式，可根据工作需要，通过控制阀推动液压缸使推土刀作水平回转或垂直倾斜调整。

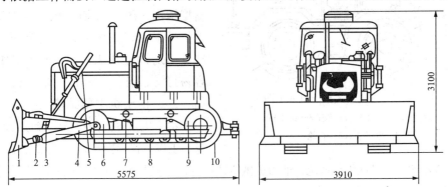

图 5-12　T2-120 型履带式液控机械传动推土机
1—推土刀；2—下撑臂；3—上撑臂；4—"门"形架；5—液压缸；6—引导轮；7—托带轮；
8—支重轮；9—驱动轮；10—履带

推土时，液压油经控制阀进入液压缸，推动阀杆上升或下降，带动推土刀上下动作。控制阀的阀杆处于浮动位置时，推土刀按地面条件自由上升或下降。

3. 履带式液力传动推土机

履带式液力传动推土机采用液力变矩器取代机械离合器，常用于大马力推土机以强化性能并改善操控条件。这类机型有国产 TY-240 型、TY-320 型、美国 D4E 型、日本 D45A 型等，与履带式机械传动推土机相较，具有以下特点。

(1) 牵引力大。液力变矩器能增大输出力矩。在推土机失速时液力变矩器输出扭矩可增大至发动机输出力矩的 1.6～4 倍，增强了推土机的出力。

(2) 履带式液力传动推土机的牵引力根据路面附着条件可自动调整，改善了推土机的适应能力。

4. 履带式液压传动推土机

履带式液压传动推土机的柴油机动力通过分动箱驱动液压泵，由液压泵和液压马达组成液压传动系统，驱动终传动减速机构，将动力传到履带上，取代了大量中间传动部件。通过改变液压泵和液压马达旋转斜盘角度的相对位置，可实现恒功率无级调速，使推土机能在各种条件下良好作业。这类机型有美国的 JD750 型（飞轮输出功率 110hp）、德国的 PR721 型（飞轮输出功率为 90hp）等。

履带式液压传动推土机的主要性能特点如下。

(1) 履带式液压传动推土机的牵引特性曲线是一条与外负荷曲线相一致的双曲线，能实现真正的无级变速，可微调履带运动的方向和速度，这点是液力传动难以做到的。

(2) 履带式液压传动推土机能在全速范围内随负荷的变化而自动进行恒功率调节，使发动机保持在最佳工况下运转。

5. 轮胎式推土机

轮胎式推土机装备了轮胎行走装置，国产轮胎式推土机有 74 型、TL-160 型、TL-180

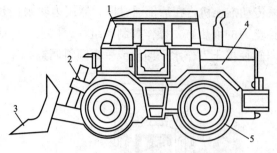

图 5-13 74 型轮胎式推土机外形图

1—驾驶室；2—工作液压缸；3—推土板；
4—发动机；5—行轮

型等。轮胎式推土机发动机功率较大，均采用液力变矩器、液力换挡多挡变速箱、行星齿轮减速器和气液联动盘式制动器等新型结构。图 5-13 所示为 74 型轮胎式推土机外形图，该机型优点是行驶速度快。缺点是对地比压大，附着牵引性能较差，容易打滑、陷车，应用不太普遍。

二、推土机主要结构

推土机主要由拖拉机底盘或带轮胎的底盘、工作装置和操控机构等部分组成。拖拉机底盘包括发动机、机械传动系统、液力机械传动系统、驾驶室和履带推土机行走装置等部件。

1. 发动机

推土机上用的柴油机，早期主要采用预燃室式柴油机。这种柴油机排量大、转速低、自重大，对燃料油和润滑油要求较低，便于增大牵引力，保养要求不高，较适合土方机械使用条件，如东方红 54 型、4146 型柴油机均属此类。它们比功率大、结构紧凑、转速高、容易起动、便于增压，是直接喷射式柴油机，目前已成为该类产品主流。提高发动机转速可以减小配套变矩器、液压泵和变速箱体积，把节余重量用于加固底盘、加固机体，降低重心、提高平稳性，并降低油耗 5%～10%。油料供给等技术保障条件的改善也为优质油料的采用提供了保证，结合节能、环保的规定要求，新的高速、直喷、增压型柴油机成为主导机型条件已经成熟，成为发动机选用的新方向。

2. 机械传动系统

推土机机械传动系统示意图如图 5-14 所示。

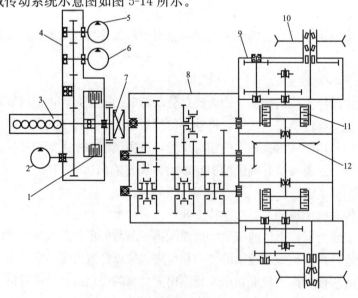

图 5-14 推土机机械传动系统示意图

1—主离合器；2—转向液压泵；3—发动机；4—分动箱；5—工装液压泵；6—离合助力液压泵；
7—联轴节；8—变速箱；9—最终传动；10—链轮；11—转向离合及其制动机构；12—中央传动

（1）主离合器。主离合器一般为单片干式摩擦离合器，大功率机型采用非经常接合湿式多片摩擦片式离合器，液压助力操纵。摩擦副采用耐磨的铜基粉末冶金材料。主离合器结构如图5-15所示。

（2）变速箱。多采用斜齿啮合的多挡齿轮变速箱，轴承采用压力强制润滑。

（3）中央传动。由圆弧齿螺旋锥齿轮副传动结构、转向离合器及制动机构组成。转向离合器为常合多片摩擦式，部分机型采用液压助力以提高传动能力及可靠性。转向制动机构多采用湿式浮动带式或片式制动器。补垫材料采用铜质粉末冶金材料。推土机中央传动装置结构如图5-16所示。

（4）最终传动。中小型推土机多采用二级直齿圆柱齿轮减速，大型推土机多采用第一级圆柱齿轮＋第二级行星齿轮减速。TZ-120A型推土机最终传动结构如图5-17所示。

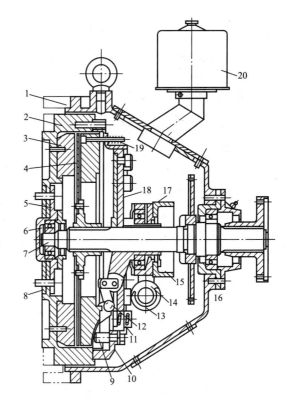

图5-15　主离合器结构

1—外壳；2—飞轮；3—小飞轮；4—被动盘；5—法兰盘；6—滚动轴承；7—主轴；8—压盘；9—定位销；10—主动盘；11—调整环装置；12—凸轮轴；13—操纵叉；14—套筒；15—制动压盘；16—制动片；17—轴承耳座；18—锁紧片；19—分离弹簧；20—空气滤清器

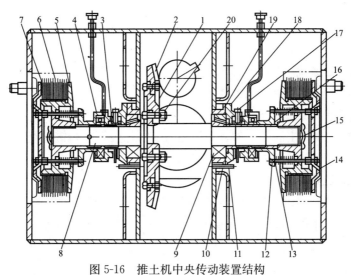

图5-16　推土机中央传动装置结构

1—轮壳；2—大圆锥齿轮；3—滚子；4—凸轮；5—主动轮；6—从动片；7—主动片；8—中央传动轴；9—轴承；10—调整垫片；11—螺钉；12—弹簧座；13—弹簧；14—压盘；15—大螺钉；16—轴套；17—防松螺钉；18—滚子座；19—轴承座；20—螺栓

97

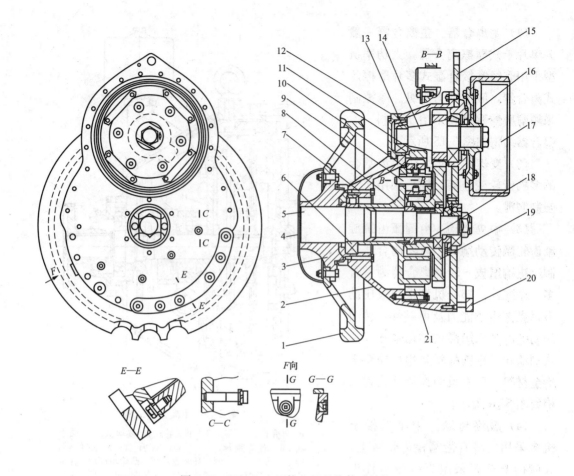

图 5-17　TZ-120A 型推土机最终传动结构

1—驱动轮；2—外壳；3—轴端法兰；4—轴头盖；5—轴；6、10、13—轴承；7—螺栓；
8—行星轮座；9—行星轮轴；11—行星轮；12—轴承盖；14—齿轮轴；15—大盖板；
16—内法兰盘；17—被动轮；18—大轴套；19—双联齿轮；
20—弓形压板；21—内齿圈

3. 液力机械传动系统

液力机械推土机传动系统示意图如图 5-18 所示。

4. 履带推土机行走装置

履带推土机行走装置由履带支架、张紧装置、减振装置、托链轮组、支重轮组、链轮等部分组成。TZ-120A 型推土机行走装置如图 5-19 所示。

三、推土机的工作装置

1. 推土机工作装置分类

推土机的工作装置分为固定式［见图 5-20（a）］和回转式［见图 5-19（b）］两种。

2. 推土铲常用型式

推土铲用于推铲作业，目前常用的推土铲有三种形式，如图 5-21 所示。

（1）直推铲。直推铲动作最灵活，如图 5-21（a）所示。铲宽较小，故具有较大的入土力，铲土容易，对单位体积松散物料有较高的推运功率。如配以侧倾调节液压缸，可进一步

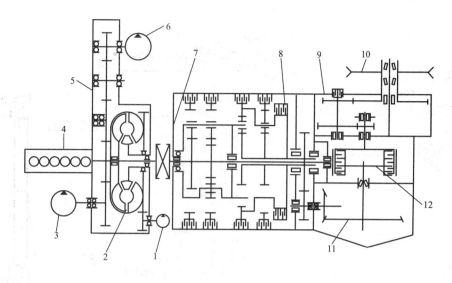

图 5-18　液力机械推土机传动系统示意图

1—换挡油泵；2—液力变矩器；3—转向液压泵；4—发动机；5—分动箱；

6—工装液压泵；7—联轴结；8—传动箱；9—最终传动；10—链轮；

11—中央传动；12—转向离合器及制动机构

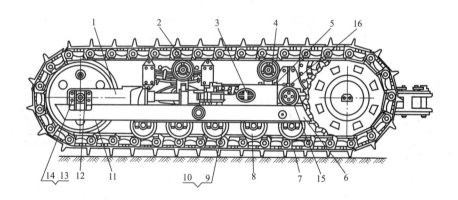

图 5-19　TZ-120A 型推土机行走装置

1—履带张紧装置；2—前托轮；3—减振弹簧；4—后托轮；5、9、12、13—螺栓；

6—履带架；7—履带板；8—双边支重轮；10、14—弹簧垫圈；11—导向轮；

15—轴套；16—驱动轮

提高其灵活性和工作效率。

（2）斜推铲。斜推铲也称回转式推铲。可以平置，也可左右预调 25°，如图 5-20（b）所示。宜用于侧向推土、筑路填沟、傍山作业等工况。

（3）通用推铲。通用推铲两侧有较宽的翼板，如图 5-21（c）所示。可使推料向中堆集不易外溢，适用于长距离推土作业，如填土、堆料、开荒、向料斗喂料等工作。

四、推土机产品技术参数

（1）国产推土机的技术参数见表 5-10 和表 5-11。

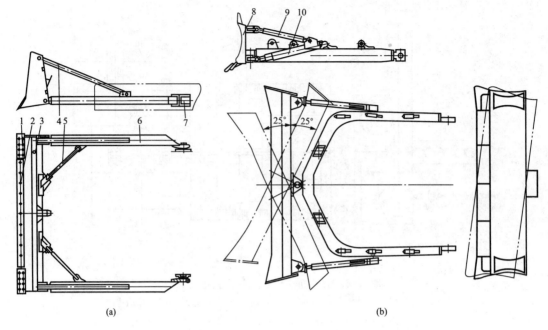

图 5-20　推土机的工作装置

（a）固定式装置；（b）回转式装置

1—刀角；2—中间刀片；3、8—推土板；4—斜撑杆；5、9—上支撑杆；

6—顶推杆；7—推杆轴孔；10—下支撑杆

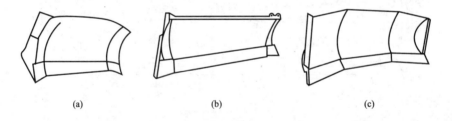

图 5-21　推土铲常用型式

（a）直推铲；（b）斜推铲；（c）通用推铲

表 5-10　　　　　　　　　　　东方红系列推土机技术参数

推土机型号			802K/KT	东方红 T90 型	东方红 T100 型
发动机型号			4125A4	LR6105T11	LR6105T13-A
标定功率/转速[kW/(r/min)]			58.84/1550	66/2200	73/2300
工作速度	前进	1挡（km/h）	3.98	2.51	2.6～10.4
		2挡（km/h）	6.01	3.72	
		3挡（km/h）	7.46	6.47	
		4挡（km/h）	9.79	10.37	
	后退	倒1挡（km/h）	3.80	3.54	3.7～7.1
		倒2挡（km/h）	6.07	6.42	

推土机型号		802K/KT	东方红 T90 型	东方红 T100 型
推土铲参数 (mm)	全宽		2935	2935
	全高		960	960
外形 尺寸	长（mm）	3840/4214	4177	4990
	宽（mm）	2055/2462	2984	2935
	高（mm）	2432	2782	2982
整机质量（kg）		6500/7000	9650	10650
轨距（mm）		1435	1650	
履带板宽（mm）		530	400	450
对地比压（kPa）		31/35.5	52.7	
生产厂			洛阳拖拉机厂	

表 5-11   **移山系列推土机技术参数**

推土机型号			T120	T140	T160(D60A8)
发动机型号			4146T	6130T6A	6130T8A
标定功率/转速[kW/(r/mim)]			73.6/1500	103/1600	118/1850
工作 速度	前进	挡位	5	5	2.6～10.4
		速度（km/h）	2.4/10.53	2.56/11.23	2.7/11.0
	后退	挡位	4	4	4
		速度（km/h）	3.03/9.99	3.23/10.66	3.5/9.8
最大牵引力（kN）			125.3	141	187
最大爬坡度（°）			30	30	30
推土铲参数(宽/高,mm)			3776/1050	3776/1045	3970/1040
液压泵参数 P/Q [MPa/（L/mim）]			12/220	14/140	13.7/250
外形 尺寸	长（mm）		5412	5560	5135
	宽（mm）		3776	3776	2970
	高（mm）		2790	2913	2658
整机质量（kg）			14700	15900	15690
链轮节距（mm）					203
履带板宽（mm）			500	500	510
对地比压（kPa）			60	62	62
生产厂				鞍山拖拉机厂	

（2）国外部分推土机技术参数见表 5-12。

表 5-12 国外部分推土机技术参数

推土机型号			美国 D3B	美国 D6D	日本 D155A	日本 D65P6	意大利 8-B	意大利 7-D
发动机型号			3204	3306	155-4	4D92-1	OMC03/130MT	
标定功率/转速 [kW/(r/mim)]			48/2400	103/1900	235.4/2000	114/1850	65/2100	60/2000
工作速度	前进	挡位	3	3	3	3	3	5
		速度 (km/h)	0~10.6	0~10.8	0~11.8	0~9.0	0~9.9	0~9.49
	后进	挡位	3	3	3	3	3	5
		速度 (km/h)	0~11.4	0~12.9	0~13.7	0~11.4	0~11.5	0~10.58
最大牵引力 (kN)			149	157	650	330	167	84.6
最大爬坡度 (°)			30	30				
推土参数 (宽/高，mm)			2401/740	3200/1130	4130/1590	3970/1050	2580/963	3290/846
履带中心距 (mm)			1420	1880	2410	2050		
履带板宽 (mm)			305	457	560	950	610	610
对地比压 (kPa)			55	65	95	25	51	55
液压系统	流量 (L/min)		液力传动	157	355	255	液力传动	机械传动
	压力 (MPa)			15.5	14	14		
外形尺寸 (mm)	全长		3680	3730	6940	5585	4265	4125
	全宽		2410	3200	4130	3970	2580	3290
	全高		2670	3060	3640	3055	2888	2730
	离地间隙		305	310	500	510	385	277
整机质量 (kg)			6380	14060	33800	17790	9905	8980

第三节 土方夯实机[1]、[2]

土方压实机用于基坑回填后土方的夯（压）实，是保证工程质量的重要措施。为适应不同工程特点需要，有多种形式和规格。大型工程如道路、机场等多采用大型碾压设备进行压实作业，压实强度大、施工效率高。因输电线路杆塔基础面积不大，场地狭小，小型夯实机如蛙式夯实机、振动夯实机、内燃夯实机等更加适用。本节重点介绍小型夯实机。

土方压实机可依据工作原理、动力配备、行走方式等特点进行分类，按压实原理可分压实式、夯实式两种；按动力配备可分电动机、内燃机两种；按行走方式可分自行式、拖式、手扶式三种；按工作装置可分平板式、单轮式、双轮式三种；按具体规格可分小型、中型、大型、特大型四种。

---

[1] 中国水利水电工程总公司. 工程机械使用手册. 北京：中国水利水电出版社，1998.

[2] 杨文渊. 简明工程机械施工手册. 北京：人民交通出版社，2001.

常用小型夯实机的特点如下：

（1）振动夯实机。振动夯实机利用偏心块高速旋转运行产生的离心力对土壤进行冲压和振动，以达夯实效果。对各种土壤均较有效，特别是对非黏性的砂质黏土、砾石、碎石的效果最佳。振动夯实机结构简单、操作方便、工作可靠，目前获得广泛应用，其产品有轮式、平板式等多种结构形式，具体规格自 0.1～25t 不等，适用于输电线路杆塔基础的小规格机型有双轮振动压路机、单轮振动压路机、单向平板夯和双向平板夯等几种，图 5-22 所示为振动夯实机的常用形式。

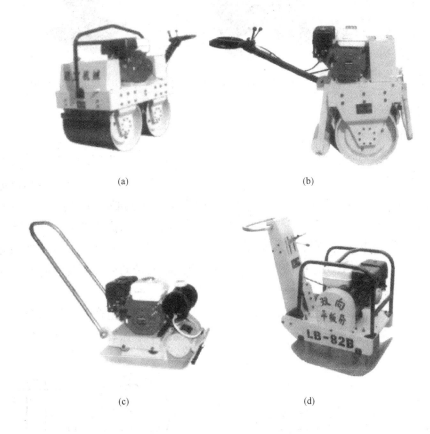

（a）   （b）

（c）   （d）

图 5-22　振动夯实机的常用形式

（a）双轮振动压路机；（b）单轮振动压路机；

（c）单向平板夯；（d）双向平板夯

（2）蛙式夯实机。蛙式夯实机工作原理与振动夯实机相同，但采用低转速、大偏心设计，使整机当偏心轮旋转时可带前冲力离地跃起，每次落地依靠重力夯实地面同时向前跳动一定距离，动作与蛙跳相似，适用于长条形基础夯实作业。蛙式夯实机一般由电动机经二级皮带减速驱动，结构简单、经济实用。图 5-23 所示为 HW60 型蛙式夯实机。

（3）冲击式夯土机。冲击式夯土机的工作原理是利用偏心块旋转产生的离心力或燃气爆燃产生的爆发力使夯锤（气缸）跳起后向下冲击，压实土层。采用立式结构，机体轻便、便于人力搬运，底部面积小、冲击能量较集中，可获得良好夯实效果，适宜狭小场地作业采用。图 5-24 所示为冲击式夯实机。

图 5-23 HW60 型蛙式夯实机　　　图 5-24 冲击式夯实机

一、振动夯实机

（一）振动夯实机工作原理

振动夯实机工作原理为利用机载动力驱动的激振力使机体产生振动，并将其振动运动传到土壤，在振动力的作用下，土壤各个颗料间附着力和摩擦力大大降低并产生相对运动，相互填充原有间隙，达到压实土壤效果。振动力的产生多采用偏心块旋转产生离心力（激振力）的方法进行。激振装置是振动夯实机的关键部件，决定了激振力的大小和特性，其基本结构是由动力装置、偏心轴、安装在偏心轴上的偏心块（偏心子）及有关传动件和轴承等部件组成。动力装置可采用电动机或内燃机，该装置经偏心轴带动偏心子旋转时产生的离心力导致振动器的振动。

偏心子型式和结构：偏心子有多种样式，采用不同的偏心子组合，可控制激振力的特性和方向，常见的有偏心子型振动子（见图 5-25）和双偏心子型振动子（见图 5-26）。

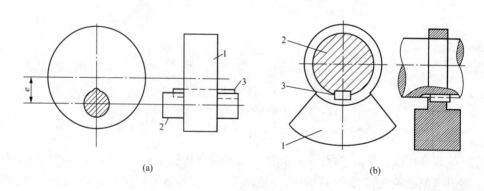

图 5-25 偏心子型振动子

（a）盘形；（b）扇形

1—偏心子；2—偏心轴；3—键

a 型偏心子采用偏心圆型式，多用于高速振动装置，如平板夯实机，其偏心距 e 为两偏心圆的中心距；b 型偏心子为扇形型式，适用于低速大偏心结构如蛙式夯实机，其偏心距为扇形面积重心对旋转轴心距离。双偏心子结构，两者偏心矩相等并相互反向等速旋转，水平分力相互抵消，只产生垂直方向的激振力。如冲击式振动夯实机，振动子的旋转由动力装置驱动，电动机、柴油机或汽油机均有采用。它们间多采用皮带传动，以减小振动对主机的影响。

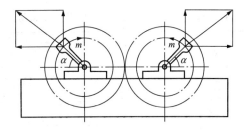

图 5-26　双偏心子型振动子

（二）振动夯实机的基本结构

振动夯实机由动力机、振动器和底盘等组成。动力机通常采用电动机或柴油机。在小规格夯实机中，也采用汽油机；振动器由偏心子及其传动、支持部件等组成，并与底盘相互固定，以便振动力向土壤的传递；平板夯实机底盘为钢制平板，轮式夯实机则为钢制平板与其下压轮的组合。为改善工作条件，动力机及其操控装置需要与振动部分采取隔振措施，通常在相互间布置减振弹簧，动力由动力机向振动器的传动也多采用便于隔振的皮带传动。

（三）几种常见的振动夯实机

1. 手扶式平板振动夯实机

（1）手扶式平板振动夯实机工作原理和结构。手扶式平板振动夯实机多由电动机驱动，并采用皮带传动，双偏心子发振、平板对地振压、弹簧隔振方式。图 5-27 所示为 HZ-400 型平板振动夯实机，它由电动机 1 经三角皮带二级减速传动，驱动振动器内的偏心转子旋转，使机器发生振动完成土壤的压实，振动器 2 装在底盘 4 上，底盘为船形平板，直接压实土壤，其压实密度可与 10t 静作用压路机的压实密度相当。4 个弹簧布置在该机四角，托起电动机及手柄以达减振目的。

平板振动夯实机适用于含水量小于 12% 的黏土、非黏性的砂质土壤、砾石、碎石等的压实工作，压实效果良好。

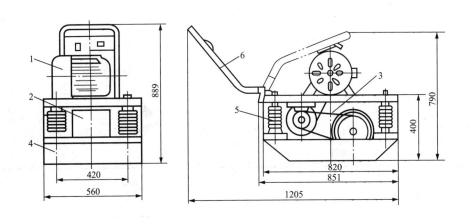

图 5-27　HZ-400 型平板振动夯实机

1—电动机；2—振动器；3—传动皮带；4—底盘；

5—减振弹簧；6—控制手柄

（2）平板振动夯实机的主要技术性能。国产平板振动夯实机的主要技术性能参数见表5-13，国外平板振动夯实机的主要技术性能参数见表5-14。

表 5-13   国产平板振动夯实机的主要技术性能参数

型 号	自重 (kg)	振动频率 (r/min)	工作速度 (m/min)	激振力 (kN)	功率 (kW)	影响深度 (mm)
HZR500	560			50	5.4	
HZR450	450			40	5.9	
HZR400	400	1100～1200	10～16		4	300
HZR380	380		10～16		4	
HZR250	250	2240	17	19.62	4.4	
HZ90	90			14.72		
HZR70	70	5000	20	9.81	3.7	

表 5-14   国外平板振动夯实机的主要技术性能参数

型 号	静重 (kg)	振频 (次/min)	激振力 (kN)	最大工作速度 (m/min)	爬坡能力 (%)	功率 (kW)	生产厂
CM60	220	2260	19.5	18	30	3.3	
CM70	450	1850	42.0	20	35	5.1	Dynapac
CM80	775	1750	58.0	20	35	7	
BVP11	245	750～1600	12.24	25	30	5.1	宝马
BVP22	580	1000～1700	35.7	25	30	7.35	
PVD1900	200	4050	11.8	20	30	4.4	
PVD3500	360	3600	34.5	22	30	5.1	ABC
PVD4000	530	2000	49.1	20	30	6.6	
PVD6000	720	3150	58.9	20	30	10.3	
AVN1000	307	1680	13	15	30	2.7	
AVS2002	314	2112	20	18	35	4.4	Vibromax
AVN2000	760	1440	35	20	30	6.6	
AVS6002	760	1830	60	25	35	8	

2. 手扶式双轮振动压实机

(1) 手扶式双轮振动压实机（见图 5-28）工作原理和结构。手扶式双轮振动压实机为轮式压实机械，可在驱动轮 3 的驱动下行走，由卧式单缸农用柴油机驱动，由皮带传动驱动装在柴油机下方的双偏心子型振动装置，产生垂直方向的振动力，通过驱动轮压实地面。转向轮 1 的扶手柄 6 与机架为铰接连接，侧向扳动作柄可控制行走转向。

该机具有擦边压实性能好的特点，适用于狭小场合工作。

(2) 手扶式双轮振动压实机主要技术性能参数见表 5-15。

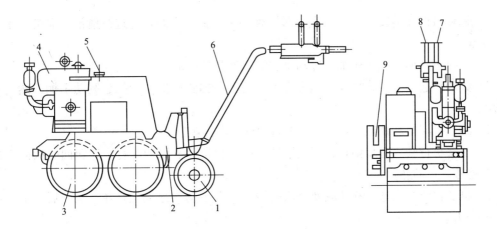

图 5-28　手扶式双轮振动压实机结构简图

1—转向轮；2—机架；3—驱动轮；4—柴油机；5—洒水箱；6—扶手柄；

7—换向操纵杆；8—制动手柄；9—起振操纵杆

表 5-15　　　　　　　　　**手扶式双轮振动压实机技术性能参数**

型　号			YZS05	YZS06
整机质量（t）			0.5	0.68
振动轮	直径（mm）		350	406
	宽度（mm）		400	600
振动频率（次/min）			2580	2900
激振力（kN）			19.6	12
振幅（mm）				
线载荷	静态（N/cm）		62.5	
	动态（N/cm）		233.5	
轴距（mm）			560	470
最小离地间隙（mm）				
最小转弯半径（mm）				
爬坡能力（%）			20	20
行走速度	Ⅰ挡（km/h）		1.3	2.4
	Ⅱ挡（km/h）		2.5	（后退）2.7
发动机	型号		X170F	175N
	功率（kW）		3	3.7
	转速（r/min）			2200
外形尺寸	长（mm）		2188	2560
	宽（mm）		500	750
	高（mm）		1085	1279
生产厂			邯郸建筑机械厂	四平建筑机械厂

（3）手扶式振动压实机操作要点。

1）操作人员应对本机进行专业技术培训，测试及格。

2）每台班作业前要对设备外观全面检查，确认状态完好，并进行清洁、润滑、紧固等保养作业。

3）本机运转前要检查柴油、冷却水和润滑油及时加足。

4）柴油机起动前、将换向手柄置中位、起振手柄置停振位、拉起制动手柄，然后起动柴油机。

5）柴油机应空转预热 2～3min，然后进行压实作业。

6）压实机行驶、起步前松开制动手柄。挂好挡位后平稳加油行进。转向时换向手柄至中位时略停，以防止产生换向冲击。

7）压实作业，应选择在非硬质路面起振，起振手柄置起振位，降速起振后，平稳加油加大振压力。

8）压实作业中注意观察下陷情况，适当调整振压力至满意效果。

9）停车作业，先将换向手柄置中位，再拉紧刹车，制动压实机，怠速发动机适当降温后熄火。

10）安全注意：压实时机手不可坐在扶手柄上，以免侧翻伤人，压实过程密切注意振动部分运转状况，发现异常情况及时处理。

11）严寒条件下作业，应采取发动机防冻措施，现场作业下班前应按规定排尽机内存水，并挂牌示意。

12）压实机施工结束入库前应进行全面保养，恢复完全完好状况。

3. 振动冲击式夯实机

（1）振动冲击式夯实机工作原理和结构特点。振动冲击式夯实机又称快速冲击夯，是一种新型、高效的夯实机械，可采用内燃机或电动机驱动，采用双偏心子高速旋转产生激振，经底板下传压实土壤。该机耗能少、效率高、操作灵活、使用方便，适用于场地、沟槽、电杆回填土等的夯实，也可用于黏性土的压实。其整机外貌如图 5-24 所示。

（2）振动冲击式夯实机的主要技术性能参数见表 5-16。

表 5-16　　　　　　　　　振动冲击式夯实机的主要技术性能参数

型式			内燃式				电动式	
型号	HC70	HC70	HC70	HC75	HC75	HC75D	HC70D	HC70D
整机质量（kg）	70	70	70	75	75	75	70	70
夯板面积 长（mm）	345	300	300	362	260	300	300	300
夯板面积 宽（mm）	280	280	280	280	280	280	280	280
夯击次数（次/min）		420～672	400～600	648～678	600～680		644	400～600
跳起高度（mm）	80	45～65	45～60	5.5～50	15～70	40～50	45～65	45～60
冲击力（kN）	5.67	5.488		5.68	23		5.5	
前进速度（m/min）		12.5	9～12	6～12.7	12		12.5	9～12
调节挡位				4	4			
外形尺寸 长（mm）	650	665			720	665	840	690
外形尺寸 宽（mm）	420	430			430	430	690	430
外形尺寸 高（mm）	1250	920			1000	950	452	940

型　式		内　燃　式					电　动　式		
动力机	型号	ST76L	1E50F	1E50F	1E50F	1E50F	YNL90L-2		YCH90-2
	功率（kW）	1.9	2.2	2.2	2.2	2.2	2.2	2.2	2.2
	转速（r/min）	4700	4000	4000	4000	4000	2840	2900	2850
生产厂		上海工程机械厂	湖北振动器厂	洞庭工程机械厂	资江机器厂	青岛内燃机厂	新乡建工机械厂	湖北振动器厂	洞庭工程机械厂

（3）振动冲击式夯实机常见故障及排除。振动冲击式夯实机常见故障及排除方法见表 5-17。

表 5-17　　　　　　　　振动冲击式夯实机常见故障及排除方法

故障	原　　因	排　除　方　法
跳起高度太小	夯实机润滑油不够，造成烧缸	拆机修复，必要时换缸
	机体内混有杂质造成卡缸	拆机清洗并修复坏处
	汽油夯离合器的摩擦片脱落	拆机更换，可视情况重补胶粘
	活塞杆与滑块的固定螺母松动	紧固螺钉
	活塞头与活塞杆的连接螺钉脱丝或松脱	更换螺钉

二、蛙式夯实机

（一）蛙式夯实机工作原理和结构

蛙式夯实机是我国独创的夯实机械，广泛用于建筑施工中的墙基、灰土、黏土、黏砂土等道路和地坪的夯实作业。各种蛙式夯实机的构造大致相同，由夯头、传动系统（包括电动机）、拖盘等组成。其工作原理与振动夯实机基本相同，特点是低速、大偏心矩，电动机经过两组减速，使夯头上的大皮带轮旋转，利用偏心块在旋转中所产生的激振力，使夯头上下跳动产生周期夯击，并使夯实机自行前进，具有夯实质量好、工效高、简单实用等特点。H8-25A 型蛙式夯实机结构简图如图 5-29 所示。

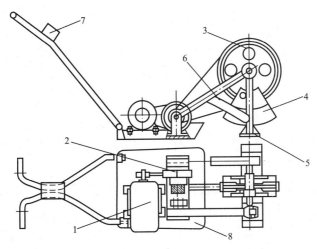

图 5-29　H8-25A 型蛙式夯实机结构简图

1—电动机；2——级皮带传动；3—二级皮带传动；4—偏心块；5—夯头；6—摇臂；7—控制手柄；8—底盘

（二）蛙式夯实机技术参数

蛙式夯实机主要技术性能参数见表 5-18。

表 5-18 蛙式夯实机主要技术性能参数

型　号		HW20	HW60	HW140	H201-A	HW170	HW280
整机质量（kg）		151	250	130	125	170	280
夯板面积（m²）		0.055	0.078	0.04	0.04	0.078	0.078
夯击能量（Nm）		200	620	200	220	320	620
夯击次数（次/mim）		155～165	140～150	140～145	145	140～150	140～150
前进速度（m/min）		6～8	8～13	9	8	8～13	11.2
夯头跳高（mm）		100～170	200～260	100～170	130～140	140～150	200～260
电动机	型　号	JO2-31-4	Y100L2-4	JO2-32-4	JO2-22-4	Y100J-6	IO2-32-4
	功率（kW）	2.2	3	1	1.5	1.5	3
	转速（r/min）	1430	1420	1420	1410	960	1430
外形尺寸	长（mm）	1560	1220	1080	1050	1220	1220
	宽（mm）	520	650	500	500	650	650
	高（mm）	590	750	850	980	750	750
生产厂		蒲城建筑机械厂	天津建工机械厂	新疆建筑机械厂	安平建筑机械厂	济南建筑机械厂	天津建工机械厂

注 蛙式夯实机生产厂众多，技术性能均相类似。

（三）蛙式夯实机常见故障及排除方法

蛙式夯实机常见故障及排除方法见表 5-19。

表 5-19 蛙式夯实机常见故障及排除方法

故　障	原　因	排 除 方 法
夯击次数减少、夯击力下降	V 形皮带松弛	张紧 V 形皮带
轴承过热	缺少润滑油	及时注满润滑油
托盘行走不稳、夯机摆动	拖盘底部黏泥过重	清除泥土
行进时突然停车	电源损坏或电线拉断	检修电路，接好断线
拖盘行进不直，步距不准	V 形皮带松弛	张紧 V 形皮带
夯实机在运行中有异常	螺栓松动或弹簧垫圈折断	旋紧螺栓、更换垫圈

三、内燃夯实机

内燃夯实机（又称为爆炸夯土机），它是利用内燃机工作原理制成的一种冲击式夯实机械。该机按二冲程内燃机原理工作，汽缸内有上、下两个活塞，上活塞是内燃活塞，下活塞是缓冲活塞。汽缸下部套装有倾斜底面的夯锤，使汽缸竖向轴线朝前偏斜。上活塞杆从汽缸顶盖中间的通孔伸出，下活塞杆从汽缸下端面伸出，并与夯锤连成一体，汽缸与夯锤之间用弹簧拉紧，并设有扶手以控制夯实机的前进方向。工作时用火花塞将汽油（混合一定比例的机油）与空气的混合气体在汽缸内点燃并膨胀做功，产生的爆炸力使夯锤（即汽缸）跳起，朝前上方跃离地面，并在自重作用下，坠落地面夯击土壤，夯锤一跃一坠，机身就步步前移。然后向下冲击，使土层得到压实。能在一次起动后自动连续的工作，有操作方便、劳动强度低、夯击能量大和效率高等优点。

内燃夯实机对各种类型的土壤均有较好的夯实效果，尤其对砂质黏土和灰土的效果最佳。H7-120 型内燃夯实机构造如图 5-30 所示，表 5-20 为国产内燃夯实机技术参数。

表 5-20　　　　　　　　　国产内燃夯实机技术参数

型　　号		H7-80	H7-120（ZH7-120）	H7-60（NH3-60）
夯板面积（m²）		0.042	0.0551	0.09
夯击次数（次/mim）		60	60～70	600～700
跳起高度（mm）		300～500	300～500	
燃　料		66 号汽油、15 号机油	66 号汽油、15 号机油	汽油与机油
燃料混合比例（机油：汽油）		1：16	1：16～1：20	1：20
润滑方式		机油混入燃油式	机油混入燃油式	机油混入燃油式
点火装置		磁电机	C21 型磁电机	飞轮磁电机
冷却方式		空　气	空　气	
燃油消耗量（mL/h）	汽油	664		
	机油	41.5		
油箱容积（L）		1.7	2	2.6
生产率（m²/h）		55～83		64
外形尺寸（宽×高，m×m）		554×1230	410×1180	632×315×1288
质量（kg）		85	120	115
生产厂		长治工程机械配件厂、晋城机械厂	浦源工程机械厂	晋城机械厂、渭滨机械厂

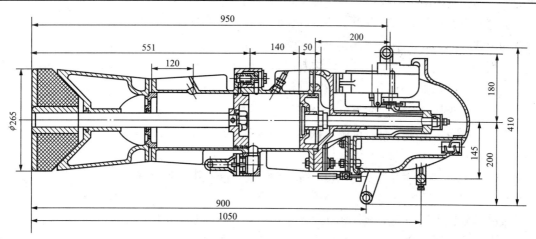

图 5-30　H7-120 型内燃夯实机构造简图

第 六 章

混凝土施工机械

混凝土施工机械是进行混凝土工程各种作业所需的机械，包括用料准备机械，如砂、石、水泥及水的供给及计量设备，这类设备主要有散装水泥车、破碎机、砂石筛分清洗机和称量仪表等。

进行混凝土混合及拌合、运输、浇筑、捣固等作业的设备有混凝土搅拌机、混凝土搅拌站、混凝土振动器、混凝土泵及混凝土泵车、混凝土搅拌车等。

进行钢筋准备及加工作业机械有钢筋扎扭机、冷拔机、切断机、弯曲机、钢筋焊接机、压接机械等。

此外，为保证混凝土按设计浇筑成形，还需采用混凝土模板及其连接、支护等有关工具。

混凝土施工机械化可提高施工效率、改善劳动条件；进行科学配方、准确供料；是节约水泥、提高强度，降低工程成本和保证工程质量的重要手段。

大型输电线路杆塔基础有重力式基础、套挖式基础和灌注桩基础等多种形式。为保证有足够的承载能力，大多采用现场浇筑的混凝土或钢筋混凝土结构。并采用机械搅拌作业方式，但限于作业点分散、作业量小等客观因素，以前大多采用小型机械作业，今后随输电电压等级的提高、基础作业量增大、施工现场交通条件的改善，可向搅拌工厂化、运输机械化方向发展，以求提高工效，取得更优经济效益。

本章内容包含混凝土搅拌机械、振动捣固机械、钢筋制备机械及混凝土模板支护等。

第一节 混凝土搅拌机

线路基础施工用混凝土搅拌机主要包括混凝土搅拌机、混凝土搅拌站和混凝土搅拌车等，其中混凝土搅拌站和混凝土搅拌车是在特定的条件下才被采用。

一、混凝土搅拌机

（一）用途和发展概况

混凝土搅拌机是将一定配合比的水泥、砂、石骨料和水（包括混合料或外加剂）等拌制成混凝土的机械。它是制备混凝土的主要设备，是提高工效、加快工程进度、减轻劳动强度、提高混凝土质量的重要手段。为满足各种物料品种和生产规模需要，混凝土搅拌机具有多种品种规格，如为满足干硬性搅拌要求制作搅拌力极强的强制式混凝土搅拌机，为满足大规模作业要求制作的特大型搅拌机和连续出料的螺旋搅拌机，为满足移动作业要求制作的内燃机动力搅拌机，为满足山区作业要求制作的方便解体的轻便型搅拌机等。

针对偏远山区杆塔基础施工，为保证设备到位，采用机械搅拌，近年开发出一种轻便、可分体、易组装的小型混凝土搅拌机，采用内燃机动力。该搅拌机分体简易，分体后单件重量不大，可依靠人力搬运，到达各杆塔基础作业点。

（二）常用混凝土搅拌机

1. 鼓筒型混凝土搅拌机

鼓筒型自落式混凝土搅拌机，利用鼓筒旋转进行搅拌，结构如图 6-1 所示，分固定式和移动式两种，适用于搅拌塑性和半塑性混凝土。图 6-1 所示为采用柴油机驱动的移动式机型，该机出料容量为 250L，进料容量为 400L，搅拌时间约需 2min。

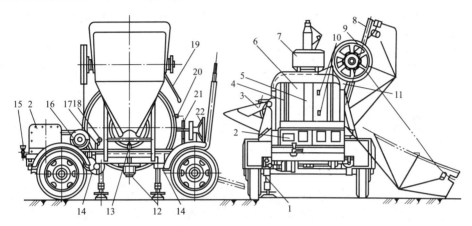

图 6-1　鼓筒型自落式混凝土搅拌机

1—撑脚；2—动力箱；3—卸料槽；4—轮圈（滚道）；5—大齿圈护罩；6—搅拌筒；
7—量水器；8—进料斗；9—吊轮；10—振动楔铁；11—龙门架；12—振动辊轮；
13—振动触杆；14—托轮；15—水泵加水口；16—升降离合器；17—凸铁；
18—限位触臂；19—放水手柄；20—上料（提升）手柄；21—下降手柄；
22—卸料槽摇转手轮

鼓筒型自落式混凝土搅拌机上装有动力机组、进料、配水、防护等设备。进料机构设有凸轮振动装置，使进料斗卸料干净。搅拌筒叶片用螺钉固定，以便磨损后更换。行走部分由橡胶轮胎、减振弹簧、牵引拖杆等组成，容许牵引速度 20km/h。

这种混凝土搅拌机为早期主流产品，曾在工程中广泛应用，其搅拌筒水平放置，筒体旋转，搅拌作业采用自落方式，在动力装置驱动下，筒体内布置有两组搅拌叶片——进料口旁的带倾角的进料叶片和内侧沿圆周等距径向布置的搅拌叶片，搅拌时物料一边沿进料叶片倾角被向内抛入，一边被搅拌叶片提升、落下进行搅拌。该机上料配有钢索提升料斗装置，每斗满足一次搅拌用量。自备水泵及水量计量装置。结构简单、维护方便，适用于搅拌塑性较高的普通混凝土和大粒径物料，缺点是较笨重、开式搅拌，不宜搅拌干硬性混凝土。国产部分鼓筒型混凝土搅拌机技术参数见表 6-1。

表 6-1　　　　　　　　　国产部分鼓筒型混凝土搅拌机技术参数

型　号	J₁250	J₁250A
出料容量（L）	250	250

型　号		J₁250	J₁250A
进料容量（L）		400	400
鼓筒转速（r/min）		18/19	18
最大料径（mm）		60	60
生产率（m³/h）		3～5	3～5
搅拌主机	型式	电动机	柴油机1105型
	功率（kW）	5.5	10
轮　距（mm）		1840	1890
拖行速度（km/h）		20	20
外形尺寸	长（mm）	2280	2280
	宽（mm）	2200	2165
	高（mm）	2400	2400
整机质量（t）		1.5	2.0
生产厂		华东建筑机械厂	华东建筑机械厂

2. 双锥型反转出料式混凝土搅拌机

图 6-2 所示为双锥型反转出料式混凝土搅拌机结构。该机是在鼓筒型混凝土搅拌机结构基础上改进的换代型产品，其搅拌原理及上料方式与鼓筒型混凝土搅拌机基本相同，也采用自落式搅拌方式，搅拌筒轴线始终保持水平位置，通过搅拌筒旋转时附着在其内的搅拌叶片对物料扰动进行搅拌，但将搅拌叶片由沿圆周等距布置改用成对交叉对称布置，并在出料侧制成螺旋形倾角。搅拌时物料在被叶片提升、落下的同时被强迫向内做轴向窜动，出料时搅拌筒反转，物料即沿螺旋叶片卸出。双锥型反转出料式混凝土搅拌机的搅拌作用比鼓筒型混凝土搅拌机强烈，搅拌筒也由铸造改用钢板卷焊，比鼓筒型混凝土搅拌机结构简单、轻便节

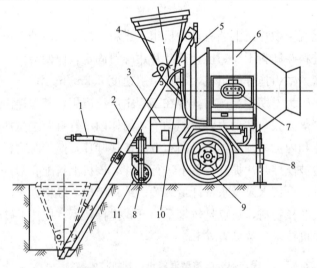

图 6-2　双锥型反转出料式混凝土搅拌机结构图

1—牵引拖杆；2—上料轨道；3—动力箱；4—进料斗；5—料斗牵引钢丝绳；
6—搅拌筒；7—控制屏；8—撑脚；9—胶轮；10—进料承口；11—支撑铁轮

能，有固定、移动两种型式，是现有中、小型搅拌机的主导产品。有关产品技术参数见表 6-2。

表 6-2　　　　　　　　　　　　国产双锥型反转出料式混凝土搅拌机技术参数

型　　　号		JZY150	JZC200
出料容量（L）		150	200
进料容量（L）		240	320
循环次数（t/h）		＞30	＞40
搅拌速度（r/min）		18	16.3
最大料径（mm）		60	60
料斗提升速度（m/s）			0.34
生产率（m³/h）		4.5～6	6～8
搅拌电动机	型　　号		
	功率（kW）	5.5	5.5
卷扬电动机		700-16	650-16
轮　距（mm）		1300	1770
拖行速度（km/h）		20	20
外形尺寸	长（mm）	2450	2380
	宽（mm）	1890	1990
	高（mm）	2410	2760
整机质量（kg）		1200	1365
生产厂			湖北振动器厂

3. 双锥型倾翻出料式混凝土搅拌机

图 6-3 所示为双锥型倾翻出料式混凝土搅拌机结构图。该型混凝土搅拌机采用搅拌筒旋转方式，并依靠汽缸推动使搅拌筒做俯仰运动。搅拌筒采用双锥型以便回转及物料装填。

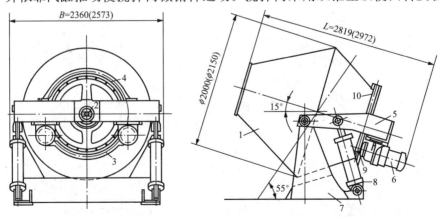

图 6-3　双锥型倾翻出料式混凝土搅拌机结构图

1—搅拌筒；2—心轴；3—齿轮下罩；4—齿轮上罩；5—搅拌筒支撑梁；

6—行星摆线齿轮减速箱；7—底架；8—汽缸；

9—小齿轮；10—大齿轮

进、出料合为一个口，搅拌动力采用减速电动机经齿圈驱动，搅拌时锥型搅拌筒轴线具有约15°的仰角，出料时搅拌筒可向下旋转50°～60°。卸料方便、速度快、生产率高，可搅拌大直径粒料，但较笨重，可在混凝土搅拌站（楼）作主机使用。表6-3为国产双锥型倾翻出料式混凝土搅拌机技术参数。

表6-3 国产双锥型倾翻出料式混凝土搅拌机技术参数

型 号		JF750	JF1000
出料容量（L）		750	100
进料容量（L）		1200	1600
搅拌筒转速（r/min）		16	14
最大料径（mm）		60	60
料斗提升速度（m/s）			0.34
生产率（m³/h）		4.5～6	6～8
搅拌电动机	型 号		
	功率（kW）	5.5	5.5
卷扬电动机		700～16	650～16
轮 距（mm）		1300	1770
拖行速度（km/h）		20	20
外形尺寸	长（mm）	2450	2380
	宽（mm）	1890	1990
	高（mm）	2410	2760
整机质量（t）		1.2	1.365
生产厂		郑州水工机械厂	湖北振动器厂

4. 强制式混凝土搅拌机

图6-4所示为强制式混凝土搅拌机结构图。该机搅拌筒为固定式，驱动用电动机位于搅

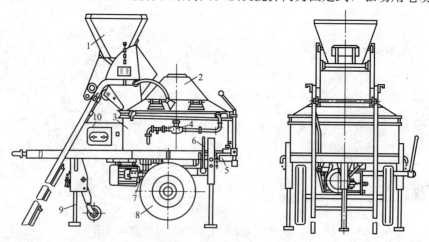

图6-4 强制式混凝土搅拌机结构图

1—进料装置；2—上罩；3—搅拌筒；4—水表；5—出料口；6—操作手柄；
7—传动装置；8—行走轮；9—支腿；10—电器工具箱

拌筒下方，经搅拌筒中央的立轴传递动力至搅拌筒内驱动装有涡桨式叶片的搅拌摇臂做周向旋转，将物料挤压、翻转、抛出而进行强制搅拌，具有搅拌均匀、时间短、密实性好的特点，适合于搅拌干硬混凝土和轻质混凝土，但通道有限，不适用于大粒径物料拌制。其上料斗位于顶部，出料门在搅拌筒下方，用手柄控制启/闭；采用周期出料方式，完成每次搅拌后开启出料门出料；强制式混凝土搅拌机有立轴强制式、单卧轴强制式和双卧轴强制式等几种结构型式。表6-4为部分国产单卧轴强制式混凝土搅拌机技术参数。

表6-4　　　　　　　　　部分国产单卧轴强制式混凝土搅拌机技术参数

型　号		JD150	JF150H
出料容量（L）		150	150
进料容量（L）		240	240
搅拌用时（s/次）			30
搅拌轴转速（r/min）		43.7	38.6
最大料径（碎石/卵石）（mm）		40/60	40/60
生产率（m³/h）		7.5～9	7.5～9
搅拌电动机	型　号	Y132S-4	Y132S-4
	功率（kW）	5.5	5.5
卷扬电动机	型　号	JZ02-31-4	JZ02-31-4
	功率（kW）	2.2	2.2
水泵电动机	型　号	C02-8022	C02-8022
	功率（kW）	0.55	0.55
外形尺寸	L（mm）	2800	2780
	B（mm）	1830	1850
	H（mm）	2000	2970
整机质量（kg）		1490	1800
生产厂		山东建筑机械厂	甘肃一建机械厂

5. 山区用轻型混凝土搅拌机

山区用轻型混凝土搅拌机为国内电力机具生产厂家开发产品，主要用于线路杆塔基础施工，特点是容量小型化、动力配内燃机、分体部件、组装简易，搅拌筒采用薄钢板卷成，容量按一袋（50kg）水泥考虑，动力配套采用农用单缸柴油机，整机结构简单，分体后单件质量约100kg。表6-5为山区用轻型混凝土搅拌机的技术参数。

（1）JJ-170型山区用轻型混凝土搅拌机。该机为双锥型倾翻出料式，动力经减速后通过锥齿轮传动驱动搅拌筒旋转，柴油机、搅拌筒、机架可分别运输。图6-5所示为JJ-170型山区用轻型混凝土搅拌机结构图。

（2）JZR-170型山区用轻型混凝土搅拌机。山区用轻型混凝土采用自落式搅拌反转出料，鼓筒由钢板卷制成型，由柴油机经齿轮减速进行传动。机体拆装方便，单件重小于100kg。图6-6所示为JZR-170型山区用轻型混凝土搅拌机结构图。

由一台R175A型柴油机1驱动，经柴油机皮带轮2、皮带轮式离合器3及变速箱4的减速（或换向）后，再由变速箱的输出小齿轮5带动搅拌筒15上的大齿圈14，来实现搅拌筒的旋转。

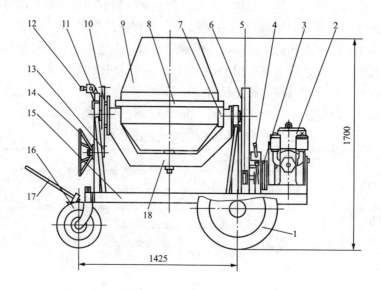

图 6-5　JJ-170 型山区用轻型混凝土搅拌机结构图

1—大胶轮；2—柴油机；3—第一级从动槽轮；4—离合器操纵手柄；5—第二级小槽轮；
6—第一级从动槽轮；7—锥型小齿轮；8—锥型大齿轮；9—搅拌机；10—搅拌筒倾翻
大齿轮；11—定位装置；12—操纵手柄；13—搅拌筒倾翻小齿轮；14—手轮；
15—机架；16—转向轮；17—转向手柄；18—弓形梁

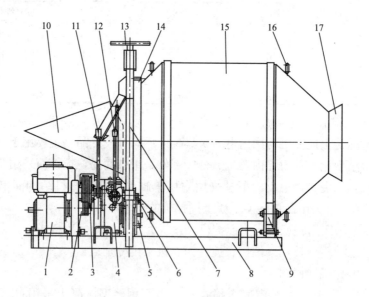

图 6-6　JZR-170 型山区用轻型混凝土搅拌机结构图

1—R175A 型柴油机；2—皮带轮；3—皮带轮式离合器；4—变速箱；5—输出小齿轮；
6—前滚轮；7—开合门架；8—机座；9—后滚轮；10—加料斗；11—离合器操纵手柄；
12—换挡手柄；13—压轮扳手；14—大齿圈；15—搅拌筒；16—吊环；17—出料口

搅拌筒为卧式双锥型，内有搅拌叶片、出料叶片、挡料叶片。正转为搅拌状态，反转可自动出料。

表 6-5   山区用轻型混凝土搅拌机技术参数

型号		JJ-170	JZR-150
出料容量（L）		170	150
进料容量（L）		280	240
搅拌筒转速（r/min）		21	16
出料次数（次/h）		20～25	20～25
柴油发动机	型号	185F	175A
	功率（kW）	5.88	4.4
	转速（r/m）	2200	2200
整机质量（kg）		400	420
生产厂		宁波东方电力机具制造有限公司	江都市福都电力机具厂

（三）山区用轻型混凝土搅拌机选型要点及允许最大骨料粒径

1. 山区用轻型混凝土搅拌机选型要点

山区用轻型混凝土搅拌机的选择应根据工程量的大小、搅拌机的使用期限、施工条件以及设计的混凝土组成特性（如骨料的最大粒径、坍落度大小、稠度要求）等具体情况，来选择和合理使用。一般地，在选定搅拌机的形式和数量时，要注意以下几点。

（1）工程量和工期方面。若混凝土工程量大且工期长，宜选用中型或大型固定式混凝土搅拌机；若混凝土量不太大，工期不太长，则宜选用中型固定式或中小型移动式混凝土搅拌机组；若混凝土量零散且较少时，宜选用中小型和小型的移动式混凝土搅拌机；实验室常采用小型的混凝土搅拌机。

（2）动力方面。若具备充足的电力供应，应选用电动混凝土搅拌机；若电源不足或缺乏，则应选用以内燃机为动力的内燃机混凝土搅拌机；在运输特别困难地区，宜优先选用汽油机为动力的轻便型混凝土搅拌机。

（3）设计既定的混凝土性质。混凝土为塑性或半塑性时，宜选用自落式混凝土搅拌机；若要求混凝土为高强度、干硬性或为轻质混凝土时，则宜选用强制式混凝土搅拌机。

（4）从混凝土的组成特性和稠度方面考虑，若稠度小且骨料粒径大时，宜选用容量较大的自落式搅拌机；若稠度大且骨料粒径较大时，宜选用搅拌筒旋转速度较快的自落式混凝土搅拌机；若稠度大而骨料粒径较小（粒径不大于60mm的卵石或不大于40mm的碎石）时，宜选用强制式混凝土搅拌机或中小容量的锥型反转出料式混凝土搅拌机。

2. 山区用轻型混凝土搅拌机允许最大骨料粒径

山区用轻型混凝土搅拌机允许最大骨料粒径取决于搅拌通道的大小和筒体、搅拌叶片等部件的强度。按厂家规定，一般混凝土搅拌机的额定装料容量与允许搅拌最大骨料粒径见表6-6。

表 6-6 混凝土搅拌机的额定装料容量与允许搅拌最大骨料粒径

额定装干料容量（L）	出料容量（L）	允许搅拌最大骨料粒径（mm）
250	162.5～175	60
250～800	175～520	80
1200～1600	800～1000	120
2400	1500	150
5000	3000	250

（四）混凝土搅拌机安装及作业要点

1. 混凝土搅拌机安装要点

（1）搅拌机必须安装在坚实、平整的地面上，以保证搅拌作业的稳定可靠。移动式搅拌机要放下支腿，不使轮胎受力。

（2）使用前，检查各系统，注意各结合机件是否连接牢固，离合器和制动器是否灵活可靠，发动机技术状况，传动带松紧度是否合适等。

（3）钢丝绳的表面要保持有一层润滑油膜，绳头卡结必须牢固，当钢丝绳断丝过多或绳股散松时应该及时更换。

（4）安装强制式混凝土搅拌机需在上料斗的最低点挖置地坑，上料轨道要伸入坑内，斗口与地面相平，以便可由料斗斗底向搅拌筒中卸料。

（5）强制式混凝土搅拌机的卸料门，应保持轻快的开启，并保证封闭严密，其松紧度可由卸料底板下方的螺母调整。

2. 混凝土搅拌机作业要点

（1）新机使用前应按使用说明书要求，对各系统和部件进行检验和试运转，确认正常方可使用。投运初期应适当减少装料，进行磨合。

（2）料斗放到最低位置时，在料斗与地面之间应加一层缓冲垫木。

（3）以电动机为动力的混凝土搅拌机，机体应可靠接地，供电电源应符合本机技术要求。

（4）作业前应先进行空载试验，观察搅拌筒或叶片旋转方向是否与箭头所示方向一致。如方向相反，则应改变电动机接线。反转出料的搅拌机，应使搅拌筒正反转运转数分钟，查看有无冲击抖动现象。如有异常应停机检查，排除故障。

（5）搅拌筒或叶片运转正常后，进行料斗提升试验，观察离合器、制动器是否灵活可靠。

（6）供水系统的指示水量与实际水量应相一致，如误差超过 2%，应及时检查修复。

（7）每次加入的拌合料，不得超过搅拌机规定值的 10%。注意减少黏罐，加料的顺序应为砂子—水泥—粗骨料。

（8）料斗提升时，严禁任何人在料斗下停留或通过。检修搅拌筒时，必需切断电源，关停发动机，并设专人监护。

（9）搅拌过程中不宜停车，如因故必须停车，再次起动前应卸除荷载，不得带载起动。

（10）作业中不得进行检修、调整和加油。并勿使砂、石等物料落入机器的传动机构内。

（11）以内燃机为动力的混凝土搅拌机，在停机前先脱开离合器，停机后仍应合上离合器。

（12）如遇冰冻气候，下班停机时应立即将供水系统及内燃机内冷却水的积水放尽，并挂指示牌。

（13）搅拌机在场内移动或远距离运输时，应将进料斗提升到上止点，用保险铁链锁住。

（14）每次作业后，下班停机时清洗搅拌筒内外积灰。

（15）内燃机混凝土搅拌机的内燃机部分应按内燃机保养有关规定执行。电动搅拌机应清除电器的积尘，并进行必要的调整。

3. 混凝土的搅拌时间

用混凝土搅拌机搅拌混凝土时，搅拌时间和最短搅拌时间见表 6-7 和表 6-8。

表 6-7 混凝土的搅拌时间 (s)

坍落度	混凝土搅拌机干料容量（L）	
	400	500～800
5cm 以下	90	90
大于 5cm	60	60

表 6-8 混凝土的最短搅拌时间

混凝土搅拌机干料容量（L）	延续搅拌时间（s）			混凝土容重 1800～2200kg/m³
	混凝土容重>2200kg/m³			
	混凝土坍落度（cm）			
	0～1	2～7	>7	
≤400	120	60	45	180

二、混凝土搅拌站

（一）概述

为满足线路基础施工沿线作业点分散性大的特点，近年开发出一种移动式混凝土搅拌站，它们在继承了搅拌楼优点的同时，实现了小型化、轻便化，解决了产能匹配问题和运输转场问题，扩宽了适用范围，获得了广泛应用。

移动式混凝土搅拌站产能 15～60m³，台架采用钢结构组合，便于拆装转移，在大中型杆塔基础施工中，实行集中搅拌、多点供应方式进行混凝土作业，实现工厂化施工。可提高工程质量，降低施工成本。

移动式混凝土搅拌站占地面积小、设备布置紧凑、动力消耗低、生产率高、运行管理很方便。

（二）混凝土搅拌站的组成

移动式混凝土搅拌站主要由物料供给系统、称量系统、控制系统和搅拌主机四大部分组成。

1. 物料供给系统

物料供给系统是指组合成混凝土的石子、砂、水泥、水等有关物料的堆积、储存和提升系统。砂和石科的提升一般采用悬臂拉铲、小型推土机、装载机等机械上料，配以皮带机输送。水泥则用压缩空气将散装水泥吹送至水泥筒仓，经仓底的螺旋给料机给水泥秤供料。搅拌用水一般用水泵实现压力供水。

2. 称量系统

砂、石一般采用累积计量，水泥单独称量，搅拌用水一般采用定量水表计量或用时间继电器控制供水时间实现定量供水。

（1）称量系统的误差规定。有关物料称量系统的误差规定如下。

1）水泥称量精度为±1%或衡器最大读数的±0.3%。

2）砂石称量精度为±2%或衡器最大读数的±0.3%。

3）水称量精度为±1%或衡器最大读数的±0.3%。

4）添加剂称量精度为±3%或衡器最大读数的±0.3%。

（2）累积计量时的允许误差。

1）水泥或砂石为所需材料的累积质量的±1%，或衡器最大读数的±0.3%。

2）添加剂为所需材料的累积质量的±3%，或衡器最大读数的±0.3%。

3）水为所需水的体积的±1%或±1L。

以上各项中并列的精度，均可按较大数值确定。

3. 控制系统

控制系统一般有两种方式：①采用单板机电路，除定量设定、程序控制外，具有配比设定、落实调整容量变换功能，属于继电器程序控制方式；②微机控制技术，除具备前者全部功能外，增加了配比储存、自重除皮、落差迫近、物料消耗和搅拌量累计等功能，其控制系统的可靠性也显著提高。

4. 搅拌主机

搅拌主机的性能决定了搅拌站的生产率。常用的主机有锥型反转出料式（JZ）、主轴涡浆式（JW）、单卧轴强制式（JD）和双卧轴强制式（JS）等，搅拌主机的规格和数量按搅拌站的生产率选用。

（三）HZS25A 型混凝土搅拌站

HZS25A 型混凝土搅拌站是混凝土搅拌站系列中的小型产品，由供料、配料、搅拌、电气控制及钢结构部件组成的全自动混凝土拌制成套设备，适用于小规模的建筑工地、预制件厂和商品混凝土生产厂。

1. HZSZ5A 型混凝土搅拌站主要特点

（1）采用组合式结构、单元模块化，安装、搬迁十分方便。

（2）搅拌主机及骨料提升采用 JS500 型双卧轴强制式混凝土搅拌机，搅拌质量好、效率高。

（3）骨料配料采用 PLD800 型配料机，计量准确、生产效率高。

（4）粉料、水、外加剂均采用电子秤计量，配料精度高。

（5）供水系统采用虹吸式水泵加压原理，使水流速加快、喷洒均匀。

（6）电气控制系统采用进口元器件，性能可靠，可进行手动/自动控制，操作方便。

2. 主要技术参数

HZS25A 型混凝土搅拌站主要技术参数见表 6-9。

表 6-9　　　　　　　　　　　　HZS25A 型混凝土搅拌站主要技术参数

项　目	单位	参数值	项　目	单位	参数值
最大生产率	m²/h	25	提升功率	kW	5.5
主机公称容量	m³	0.5	整机功率	kW	60
骨料秤最大称量值	kg	1500	整机质量	t	25
水泥秤最大称量值	kg	300	外形尺寸（长×宽×高）	m×m×m	15×8×14
水秤最大称量值	kg	150	卸料高度	m	3.8
外加剂最大称量值	kg	40	骨料计量精度	%	±2
螺旋输送机额定输送量	t/h	35	水计量精度	%	±1
水泥仓容量	t	50	水泥计量精度	%	±1
搅拌功率	kW	18.5	外加剂计量精度	%	±1

3. HZS25 型混凝土搅拌站设备配置方案

HZS25 型混凝土搅拌站设备配置方案见表 6-10。

表 6-10　　　　　　　　　　　　HZS25 型混凝土搅拌站设备配置方案

名　称	主要组成	规　格	数量	单位	备注
PLD800	储料仓	2m³	2	个	计量精度±2%
	称量斗	1500kg	1	个	
	称重传感器	XYL-1	1	件	
	环形胶带	B500	1	条	
主体部分	搅拌主机	JS500	1	套	
	搅拌电动机	18.8kW	1	台	
	润滑系统		1	套	
	卸料汽缸		2	件	
	水泥称量系统	最大称量 300kg	1	个	计量精度±1%
	称重传感器	XYL-1	3	件	
	卸料蝶阀	φ250	1	件	
	带阀汽缸	LZE/F100×150	1	件	
	振动电动机	ZF-0.8	1	件	
	水称量斗	最大称量 150kg	1	件	计量精度±1%
	称重传感器	XYL-1	3	件	
	卸料水泵	1.1kW	1	件	

名　称	主要组成	规　格	数量	单位	备注
主体部分	外加剂称量斗	最大称量 40kg	1	个	计量精度±1％
	传感器	XYL-1	1	件	
	卸料泵	0.55kW	1	件	
	主体钢结构		1	套	
	提升电动机	5.5kW	1	台	
	提升轨道		1	套	
	提升料斗		1	套	
供水系统	水箱	2.5m³	1	个	
	水泵	3kW	1	件	
	液用电磁阀	DF-50F	1	件	
	管路		1	套	
液体添加剂供给系统	添加剂箱	2.5m³	1	个	
	磁力泵	BW6-16	1	台	
	管路		1	套	
	气搅拌系统		1	套	
	截止阀	K23JD-10	1	件	
供气系统	空压机	Z-0.3/7	1	套	
	供气管路		1	套	
	气路附件		1	套	
控制系统	控制室	4m²	1	套	中间继电器：日本欧姆龙 控制室：复合彩钢板
	控制系统	HJK25-4A	1	套	
选购件	水泥仓	SC50A（卸料高度 5.32m）	1	台	除尘器：进口滤芯
	螺旋输送机	LSY200-16	1	台	

注　由青岛方圆集团公司生产。

（四）HZS35 型全自动混凝土搅拌站

HZS35 型全自动混凝土搅拌站是由供料、配料、搅拌、电气控制等组成的混凝土拌制成套设备。该站搅拌主机及骨料提升采用 JS750 型双卧轴强制式搅拌机，骨料配料部分采用 PLD1200-Ⅲ型混凝土配料机，装载机上料，电子秤计量；水泥由水泥仓储存，螺旋输送机输送，水泥秤计量；水由水箱和蓄水池储存，水泵供水、水秤计量。液体外加剂在外加剂储存箱中搅拌均匀后，由不锈钢耐蚀泵送入外加剂秤进行计量。整个配料与搅拌全过程由电控系统控制自动完成（也可进行手动控制），控制系统可存储多个不同的混凝土配比供用户随时调用。HZS35 型全自动混凝土搅拌站结构简单、安装调试方便、系统配置先进、计量和控制系统采用进口元件、工作可靠性高。

HZS35 型全自动混凝土搅拌站技术参数和设备配置见表 6-11 和表 6-12。

表 6-11   **HZS35 型全自动混凝土搅拌站主要设备配置技术参数**

项目名称	单位	参 数	项目名称	单位	参 数
最大生产率	m³/h	35	整机功率	kW	70
主机公称容量	m³	0.75	整机质量	t	25
骨料秤最大称量值	kg	2000	外形尺寸(长×宽×高)	m×m×m	15.2×8.5×19.4
水泥秤最大称量值	kg	400	卸料高度	m	3.8
水秤最大称量值	kg	200	滑料计量精度	%	±2
螺旋输送机额定输送量	t/h	35	水计量精度	%	±1
水泥仓容量	t	100	水泥计量精度	%	±1
搅拌功率	kW	30	外加剂计量精度	%	±2
提升功率	kW	7.5			

表 6-12   **HZS35 型全自动混凝土搅拌站设备配置**

序号	零部件名称	技术参数	数量	主要元件及特性
1	JS750 双卧轴强制式搅拌机	进料容量 1.2m³,出料容量 0.75m³,卸料高度 3.80m,汽缸控制卸料门开关,用日本欧姆龙接近开关检测料门状态。主机搅拌轴支承采用一流的轴端密封技术,性能可靠,维修快捷方便	1 台	(1) 主传动电动机功率 30kW。 (2) 主要衬板及叶片材料采用耐磨铸钢
2	PLD1200-Ⅲ型混凝土配料机	储料斗容量 3×2m³,最大称量值 2000kg,采用累计计量方式可配 3 种骨料,称量精度≤±2%	1 台	(1) 采用电子杠杆秤称量。 (2) 输送皮带为无接头硫化皮带
3	空压机及气路系统	流量 0.67m³/min,压力 0.7MPa,功率 5.5kW	1 台	气路中设有气体处理三联件、分气包等气路附件,更好地保证气动装置的可靠有效运行
4	水泥、水和添加剂计量装置	(1) 水泥计量斗由汽缸控制蝶阀的开关,水和添加剂用水泵卸料。 (2) 水泥称量误差≤±1%。 (3) 水称量误差≤±1%,采用虹吸式水泵加压原理,喷水迅速、压力大,具有叶片冲洗之功效。 (4) 添加剂称量误差≤±2%。 (5) 添加剂供给储箱内设气搅拌系统,有效保证添加剂的均质性	1 套	(1) 水泥、水与添加剂分别单独计量。 (2) 秤斗振动器为 ZF-120 型。 (3) 添加剂供给泵为不锈钢离心泵。 (4) 称量供给系统设有主机冲洗管路
5	HJK50-4A 型控制系统	(1) 控制方式为自动/手动。 (2) 动态零位跟踪,可最大限度地保证称量系统精度。 (3) 落差自动测定和修正。 (4) 能方便地进行 10 种配方的保存和提取,以及自动保存当前使用的配方。 (5) 系统扩展和简化灵活方便适用于多种组合(简易)站及全功能站	1 套	(1) 采用施耐德公司生产的空气开关、交流接触器、按钮开关、指示灯。 (2) 采用欧姆龙公司生产的中间继电器、接近开关。 (3) 采用德国万可公司生产的接线端子。 (4) 提升料斗有两重防冲顶装置,下限位有钢丝绳防松装置。 (5) Ⅱ型控制室

序号	零部件名称	技术参数	数量	主要元件及特性
6	LSY200-6 型螺旋输送机	输送量 35t/h（水泥），电机功率 7.5kW，外壳管径 ϕ219，长 6m	可选	进料口与水泥罐出口为法兰球铰式连接，安装快捷方便，密封性能优良
7	100t 水泥仓	水泥筒仓直径 ϕ2880，容积 100t，5.32m 卸料高度	可选	含破拱、除尘装置各 1 套

（五）混凝土搅拌站安装维护及作业要求❶

1. 混凝土搅拌站安装维护要求

（1）混凝土搅拌站的操作人员必须经专业培训、熟悉设备的性能与特点，并认真执行操作规程和保养规程。

（2）新设备使用前需经专业人员安装调试，并经验收合格后，方可投产使用。经过拆卸运输后重新组装的搅拌站，也应调试合格后，方可使用。

（3）供电电源参数必须符合搅拌设备的电器要求。电气系统的过载保护必须按照小规定整定，不得任意变更或取消。

（4）应经常检查操作盘上的主令开关、旋钮、指示灯等的准确性、可靠性。操作人员必须弄清操作程序和各旋钮、按钮作用后，方可独立进行操作。

（5）机械起动后应注意观察各部运转情况，并应检查水、砂、石准备情况。

（6）骨料规格应与搅拌机的性能相符，粒径超出许可范围的不得使用。

（7）机械运转中，不得进行润滑和调整工作。严禁将手伸入料斗、拌筒探摸进料情况。

（8）混凝土搅拌机不得满载起动，搅拌中不得停机。如发生故障或停电时，应立即切断电源，将搅拌筒内的混凝土清除干净，然后进行检修或等待电源恢复。

（9）控制室的室温应保持在 25℃以下，以保证电子元件工作的灵敏度和精确度。

（10）不得使机械超载工作，并应经常检查电动机的温升。如发现运转声音异常、转速达不到规定时，应立即停止运行，查明原因。如电源电压过低，不得强制运行。

（11）停机前应先卸载，然后按顺序关闭各部分开关和管路。作业后，应对设备进行全面清洗和保养。

（12）电气部分应按一般电气安全规程进行定期检查。三相电源线截面面积，铜线不得小于 25mm²，铅线不得小于 35mm²，并需有良好的接地保护。电源电压波动应在 ±5% 以内。

2. 混凝土搅拌站作业要求

（1）作业前应注意对原材料质量、配合比、标号等作详细检查，确认符合施工质量要求时，方可进行作业。

（2）空转片刻后，检查油、水、气路通畅情况和有无溢漏。各料门起/闭是否灵活。

（3）冰冻季节和长期停放后使用，应对水泵和附加剂泵进行排气引水。

（4）检查气路系统中气水分离器积水情况。积水过多时，打开阀门排放。检查油雾器内油位，过低时应加 20 号或 30 号锭子油；拧开储气筒下部排污螺塞，放出油水混合物。

---

❶ 杨文渊. 简明工程机械施工手册. 北京：人民交通出版社，2001.

（5）清理搅拌筒、出料门及出料斗积灰，并用水冲洗，同时冲洗附加剂及其供给系统。

（6）冰冻季节，应放完水泵、附加剂泵、水箱及附加箱内存水，并起动水泵和附加剂泵，运转 1～2min。

（7）运转中定期监控各料斗储料情况上料系统运行情况，保证供给正常。

（8）搅拌站需要转移或停用时，应将水箱、附加剂箱、水泥、砂、石储存斗及称量斗内的物料清空，并清洗干净。并应将杠杆秤表头平衡砣及秤杆加以固定，防止转移中碰撞损坏，影响计量精度。

（9）拌合料需按规定预留试块，称量装置要定期校准。

三、混凝土搅拌车

（一）简述

当混凝土由混凝土搅拌站集中搅拌时，从搅拌站到沿线杆塔基础作用点浇筑场地的距离势必增大，为防止长距离运送过程中混凝土的分离和初凝，必须采用混凝土搅拌车来运送。

混凝土搅拌车是在普通运输车辆的底盘上加装一台混凝土搅拌机而成（见图6-7）。

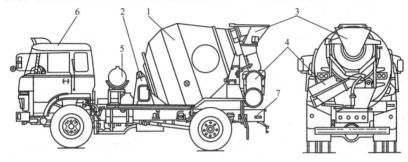

图 6-7 混凝土搅拌车

1—搅拌筒；2—旋转传动装置；3—进料斗；4—卸料槽；5—水箱；6—驾驶室；7—底盘

（二）搅拌筒

搅拌筒轴线与水平线成18°的仰角。筒体低端有中心轴，并安装在机架的轴承座内。高端外周焊有滚道，并由机架上的两只托轮支承。筒体内焊有两条相隔180°的螺旋形叶片。筒口装有进料斗、卸料槽和引料槽。进料斗伸入筒内，引料槽是将卸料槽卸出的料引到适当的位置，便于装运。引料槽的升降、变倾角和回转，都能用手进行调节。出料时由搅拌筒反转完成。将拌合好的混凝土送出筒外。

混凝土搅拌筒由汽车分动箱通过液压泵及液压马达液压驱动。其液压系统通常采用变量泵，马达闭式传动，并经减速后驱动末级开式齿轮组，以满足大速比可变向工况需要。

搅拌筒内壁焊有两条螺旋叶片，后端向上倾斜 18°～20°，如图 6-8

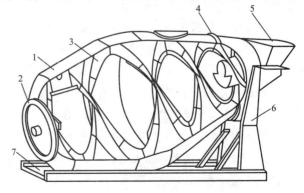

图 6-8 混凝土搅拌筒结构

1—搅拌筒体；2—大齿圈；3—螺旋叶片；4—后辊道；
5—进料斗；6—后支架；7—底座

127

所示。

（三）混凝土运送方式

搅拌车运送混凝土可采用湿料运送方式、干料运送方式或半干料运送方式。

第二节 混 凝 土 振 动 器[1]、[2]

混凝土振动器是一种借助动力通过一定装置作为振源产生频繁的振动，并把这种频繁的振动传给混凝土，使混凝土得到振动捣实的机械。

合理地振捣是混凝土施工中的重要关键环节，直接关系到浇筑速度、质量和工程造价。使用振动器与人工捣固相比，不但可以使混凝土内部组织均匀，增加混凝土的密度和浇筑层之间的黏结力，提高混凝土强度，而且可以减少搅拌用水量，减少混凝土体积的收缩性，进而防止混凝土开裂的可能性，增强防冻性和抗渗性，提高抗风化和抗冲击能力。具有提高功效、降低成本、改善劳动条件，节约水泥用量为 10%～15%，缩短凝固成形时间，提高模板的周转使用率和加速工程进度等好处。

为满足不同工程需要，混凝土振动器有多种类型品种，此处收集其中部分品种简介如下。

一、混凝土振动器基本类型及选型要求

（一）混凝土振动器基本类型和分类

混凝土振动器基本类型有插入式、附着式、平板式和台式四种。其中使用最为广泛的是插入式振捣器，其次是平板式和附着式振捣器。可按其工作方式、结构表征、振动子形式、振源动力等进行分类。

（1）按传播振动的方式可分为内部式（或称插入式）、外部式（或称附着式）、表面式、平台式等。

（2）按工作部分的结构表征可分为锥型（又称杖型或锤型）、棒型（又称杆型或柱型）、片型、条型（又称尺型）、平台型等。

（3）按振源的振动子形式不同，可分为偏心式（包括柱形偏心振动子、盘形偏心和扇形偏心振动子、可调整式偏心振动子等）、行星式、往复式、电磁式等。

（4）按使用振源的动力可分为电动式、风动式、内燃式、液压式等。

（5）按振动频率的不同可分为高频（频率范围为 8000～21000 次/min）、中频（频率范围为 5000～8000 次/min）、低频（频率范围为 2000～5000 次/min）等。

此外还可以按其构造原理、操作方式等的不同分类。

（二）混凝土振动器型号分类及表示方法

混凝土振动器型号分类及表示方法见表 6-13。

（三）混凝土振动器的选用原则

选用混凝土振动器的总原则是根据混凝土施工工艺条件，选用合适的混凝土捣固振动

---

[1] 杨文渊. 简明工程机械施工手册. 北京：人民交通出版社，2001.

[2] 中国水利水电工程总公司. 工程机械使用手册. 北京：中国水利水电出版社，1998.

器。换句话说就是根据混凝土的组成特性（如骨料粒径、粒形，级配，水灰比和稠度等）以及施工条件（如建筑物的类别、规模和结构物的形状、断面尺寸大小和宽窄，钢筋的稀密程度、操作方式方法、动力来源等）的具体情况，选择振动器合适的结构形式和合理的工作参数（如振动频率、振幅和振动加速度），同时还应考虑振动器的结构特点、制造和供应条件、使用寿命、维修配套和功率消耗等技术经济指标因素。

表 6-13　　　　　　　　　混凝土振动器型号分类及表示方法
(参见 JG/T 5093—1997《建筑机械与设备产品分类及型号》)

类	组	型	代号	代号含义	主参数	
					名称	单位
混凝土机械	混凝土振动器 Z（振）	内部振动式 N（内）	ZN ZPN ZDN	电动软轴行星插入式混凝土振动器 电动软轴偏心插入式混凝土振动器 电动机内装插入式混凝土振动器	棒头直径	mm
	混凝土振动器 Z（振）	外部振动式（外）	ZB ZF ZFD ZJ	平板式混凝土振动器 附着式混凝土振动器 单向振动附着式混凝土振动器 台架式混凝土振动器	功率	W·Hz
	混凝土振动台 ZT（振台）	—	ZT	混凝土振动台	载质量	t

一般来说，频率范围在 8000～20000 次/min 的高频混凝土振动器适用于干硬性混凝土和塑性混凝土的振捣，其结构形式绝大部分是行星滚锥插入式振动器。频率为 2000～5000 次/min 的低频混凝土振动器，多用作外部振动器。

二、混凝土振动器的主要工作参数

左右混凝土振动器的主要工作参数是振动加速度、频率和振幅。

（一）振动加速度

振动加速度是在振动状态下促使混凝土液化的主要参数。不同特性的混凝土产生液化所需要的最小极限振幅、频率和振动加速度是不同的，其中起决定性影响的是振动加速度，但是也只有在振动频率和振幅选择得合理时，才能发挥振动加速度的有效作用。其相互关系为

$$a_{\max} = Af^2 \tag{6-1}$$

式中　$a_{\max}$——振动加速度；

　　　A——振动振幅；

　　　f——振动频率。

在一定范围内提高振动加速度，能增加混凝土的强度。

在一般情况下，硅酸盐水泥混凝土在振动频率为 6000 次/min 时，液化的最小极限加速度为 1.53g（g 为重力加速度）。干硬系数在 20s 以上的低流态干硬性混凝土的最小振动加速度为 4～5g，试验证明，水灰比也影响振动加速度。例如，水灰比为 0.42 时，有效振动加速度为 4g；水灰比为 0.6 时，有效振动加速度为 1.5g。这表明混凝土的塑性越小，所需要的振动加速度越大，振捣越困难。

（二）频率和振幅

频率和振幅是相互制约的两个参数。在一定条件下频率越高，振幅越小，频率越低则振幅越大，但两者数值都与促进混凝土液化的效果成正比关系。

各种不同特性的混凝土所需要的振动频率取决于各种不同大小颗粒本身所固有的自振频率，而颗粒的自振频率 n 与其直径 d 的平方根成反比，即

$$n = \frac{K}{\sqrt{d}} \tag{6-2}$$

式中　K——物料的自振常数；

　　　d——物料粒径。

当振动器的强迫振动频率与颗粒间的自振频率相同或接近时，混凝土颗粒体系便处于共振或相对振动状态。此时，颗粒间的接触点松开，接触面积大大减小，颗粒间的液体毛细管张力消失，混凝土呈现液化状态。液化的效果与混凝土骨料颗粒间的内摩擦有关，接触面越小，越容易呈现液化状态。据有关计算，混凝土物料粒径与自振频率的关系见表6-14。

表 6-14　　　　　　　　　　　　混凝土物料粒径与自振频率的关系

物料粒径（mm）	<300	<60	<15	<4	<1
自振频率（次/min）	660	1500	3000	6000	12000

根据颗粒引起相对振动的曲线图分析，当 $\frac{d_1}{d} < 4$（d 为处于共振状态下的颗粒直径；d_1 为比 d 大的颗粒直径）时，所有颗粒都能引起相对振动，不过 d_1 只能引起较微弱的相对振动，而比 d_1 更大的颗粒则成了容易吸振的惰性颗粒。因此一般认为上万次的高频振动对于砂浆和骨料粒径小于20mm的混凝土振实效果较好。因为它能促使砂和水泥颗粒的相对振动，对于减少混凝土内的水泥黏结性是有利的。有关资料认为：高频率可扩大作用半径，减少作用时间，对小骨料混凝土可以提高强度20%～25%。但是对于大骨料混凝土来说，由于惰性颗粒的成分偏多，容易吸振，因而振动效果就不明显。例如，频率为16200次/min时，对二级配塑性混凝土液化作用半径可达420mm，而对三级配塑性混凝土就较差，作用半径仅为260mm，对于最大骨料粒径为150mm的四级料混凝土，基本没有效果。由此可见，高频率、小振幅的振动器不适合于振捣骨料粒径较大的混凝土。振幅过小会影响振波传递。相反，频率过低时，虽然振幅较大，振动加速度也大，但只能引起细小石子的相对振动，不能使表面积最大的砂子产生相对振动，接触点不能有效地松开，混凝土仍然不能液化。例如，用下部最大振幅10mm，振动加速度为40g，而振动频率仅有2700次/min的插入式振动器振捣混凝土时，只能强烈地推动周围的骨料，而不能使混凝土顺利翻浆液化，振动时间一长，造成混凝土离析现象。所以一般的插入式振动器，频率最低不宜低于3000～60000次/min，最高不宜超过21000次/min。实践证明，振动频率不低于6000～80000次/min时，既能使砂子产生共振，又能引起石子的相对振动，促使混凝土明显液化。为了达到更佳的振动效果，还必须考虑振波在混凝土中的有效传递问题，也就是必须有相当的振幅和作用半径。

从理论上说，过高的频率，不但功率消耗越大，振动器寿命越短，而且振波在混凝土中

传播时的阻力也越大。试验结果表明，当振动频率从 30000 次/min 提高到 60000 次/min 时，其衰减系数值有所下降，有利于振波的传递；而当频率提高到 120000 次/min 时，其衰减系数值反而增加。这表明频率过分提高（10000 次/min 以上），对于振波在混凝土中传播反而不利。插入式振动器在混凝土中产生环形波的衰减公式如下

$$\frac{A_2}{A_1} = \sqrt{\frac{f_1}{f_2}} e^{-\frac{\beta}{2}(r_2 - r_1)} \tag{6-3}$$

式中　A_2——最小有效振幅，mm；

　　　A_1——振动器外壳的振幅，mm；

　　　r_1——振动器外壳半径，mm；

　　　r_2——振动器的作用半径，mm；

　f_1、f_2——振动频率；

　　　β——混凝土中振动的衰减系数，1/mm。

在实际应用中，振动器使用频率范围为 3000～21000 次/min，对于一般的普通混凝土振捣，选用频率为 7000～12000 次/min 的振动器；对于小骨料低塑性的混凝土，可选用频率为 7000～9000 次/min 以上的振动器。在钢筋稠密或舱面狭窄的浇筑部位，需用小型、轻便的振动器，宜选用直径较小（如棒径 ϕ75mm 以下）的插入式振动器或使用附着式振动器。

（三）振捣干硬性混凝土的问题和措施

对于硬性混凝土的振捣是混凝土施工技术发展的要求。随着振捣作业机械化的发展，采用干硬性混凝土浇筑日益普遍。由于干硬性混凝土加水量少、含砂率低、液相少、工作度差，拌制好的混凝土十分疏松，振动波传递困难，在没有加压的情况下，用插入式振动器进行振捣，只能振捣干硬系数 50s 以下的混凝土，当干硬系数超过 60s 时，即使高频振捣，也因振波难以有效传递而不能捣实。例如，用 14000 次/min 高频振动器振捣干硬系数 60s 以上的混凝土、插入后只能撞及周围的混凝土而形成一个洞孔，振波根本不能传播。因此对这种干硬性混凝土的振捣，还需外加一个压力迫使混凝土中的颗粒移动，才能获得满意的振实效果。这个外加压力一般推荐为 3～12kPa。还可采用振动碾压机械加以配合。

（四）振捣延续时间的影响

振捣延续时间是指振动器在某一点上振捣的延长时间。每一种振动器对某一特性混凝土都有其最佳的延续时间。这要根据混凝土的密实程度和成型要求来确定。适当延长振捣时间，可以增加混凝土强度，但是振捣时间过长，不仅影响生产率，而且会使混凝土发生分离现象，故应通过试验来确定合理的延续时间。对插入式混凝土振动器，一般经过 10～20s 就可以将 10 倍于振动棒直径范围的混凝土振实。

在实际使用混凝土振动器时，为获得正常工作和延长其使用寿命，必须特别注意振动器的润滑工作，润滑部位可参照有关产品说明书。

三、混凝土振动器基本结构和性能特点

（一）插入式混凝土振动器

1. 插入式混凝土振动器特点

插入式混凝土振动器，是将其振动棒插入混凝土内部进行振捣作业的振动器，故又称为内部振动器。因该型振动器是把振动直接传递给混凝土，故其振动效果较好。

插入式混凝土振动器主要用于捣固各种垂直方向尺寸较大的混凝土体，例如基础、墙、梁、柱、桩等工程。有手持式（一般为轻型）和机载式（重型）两种。手持式的一般由人工或机械手操作。机载式的适用于体积大的混凝土工程，一般与起重机械或混凝土平仓振捣机配合使用。

插入式混凝土振动器按使用动力不同分为风动式、电动式、内燃机式。此外还有近年开发的液压振动器等。杆塔基础施工常为野外作业，主要采用内燃机式振动器，因前者不如电动式振动器和风动式振动器比内燃机式振动器可靠耐用，在具备移动发电设备或空压设备时也会采用电动或风动机型。

（1）电动式振动器是由电动机通过软轴或者硬轴直连，把动力传给棒内的振动机构，使之产生偏心高频旋转运动而产生振动。动力可靠、操作方便。

（2）风动式振动器是由空气压缩机供给具有一定压力的压缩空气，通过胶管输入振动棒内的风动马达，再带动振动机构旋转而产生振动。风动式振动器分有轴承的（如 $\phi150mm$ 等）和无轴承的（如 CFZ-7 型等）两种。可靠、安全、耗能较大。

（3）内燃机式振动器是由汽油机通过软轴把动力传给振动棒内的振动机构而产生振动。转场便利，易发生故障。

（4）液压振动器是靠高压油流把动力传给油马达驱动振动机构产生振动。

国产插入式混凝土振动器振动机构中的振动子基本型式有偏心式和行星式两种。可用于水电施工。

偏心式混凝土振动器的主要特点是振动器所产生的振动频率与主轴转速相等。这类振动器结构简单、性能稳定可靠、使用方便。但由于主轴负荷较大，轴承负担较重而磨损较严重，故其使用寿命一般比行星式混凝土振动器的要短。

偏心式混凝土振动器有风动偏心式、电动偏心式。电动偏心式的消耗动力较小、工作较稳定，但较容易损坏。风动偏心式混凝土振动器无触电危险，使用安全可靠，且比较耐用，但动力消耗较大，且需要配备空压机组，因而投资较大、价格高，工作中常因工作气压波动导致出力不稳定，影响振实质量。

2. 插入式振动器的基本结构

插入式振动器由动力装置、偏心振动装置和传动轴等组成，图 6-9 所示为插入式振动器结构示意图。

图 6-9(a) 所示为内置电动硬轴直连式振动器，把电动机装在工作机构内，其结构简图如图 6-10 所示。

这种结构方式的特点是结构紧凑、传动部件简单，可以降低成本。缺点在于原动机的尺寸影响工作机构的尺寸，因而不可能制造小直径（小于 100mm）

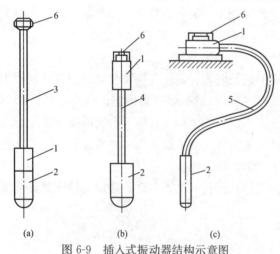

图 6-9　插入式振动器结构示意图
(a) 内置电动硬轴直连式振动器；(b) 外置电动硬轴
直连式振动器；(c) 软轴式振动器
1—原动机；2—带偏心子的工作部分；3—杆；
4—内有刚性轴的支杆；5—软轴；6—手柄

的工作机构，只能应用于配筋间距较大的开阔场合。

图6-9（b）所示为外置电动硬轴直连式振动器。为克服内置电动硬轴直连式振动器的缺点，把电动机装在振动器的上部，用通过空心管内的刚性轴与工作机构连接，以求减小工作机构尺寸，对场地适应能力大有改善，但仍存在安全和笨重问题。

图6-9（c）所示为软轴式振动器。把振动的工作机构与原动机分开，借助软轴相互连接，传递动力至工作机构。该机振动器轻便小巧，可以适应薄壁和密集钢筋的作业场合。工作适应性强，用途广泛。

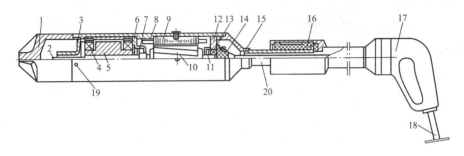

图6-10　内置电动硬轴直连式振动器结构简图

1—端塞；2—吸油嘴；3—油盆；4、13—轴承；5—偏心轴；6—油封座；7、11—油封；

8—棒壳；9—定子；10—转子；12—轴承座；14—接线盖；15—尾盖；16—减振器；

17—手柄；18—引出电缆；19—圆销钉；20—连接杆

3. ZX-50型软轴插入式振动器

ZX-50型软轴插入式振动器目前在工地上广泛使用。由电动机经软轴驱动行星式内部振动器，该机型适应性强，适用于各种混凝土施工作业，用于干塑性、半塑性、干硬性、半干硬性以及有钢筋或无钢筋混凝土的振捣时均有良好效果。操作方便、生产率高，单台每小时可振捣混凝土在$11m^3$以上。

（1）基本结构。ZX-50型软轴插入式振动器结构如图6-11所示。该振动器的电动机15为带盘型底座的交流三相电动机，出口装有防逆转装置14，用以防止因电动机反转损坏软轴，软轴套管两端的连接头9、13分别和电动机15、振动子的外壳锥套10相连接，将软轴12连接牢固以便传递动力。

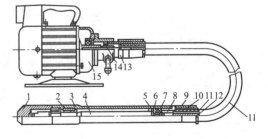

图6-11　ZX-50型软轴插入式振动器结构图

1—尖头；2—滚道；3—套管；4—滚锥；

5—油封座；6—油封；7—大间隙轴承；

8—软轴接头；9—软管接头；10—锥套；

11—软管；12—软轴；13—轴接头；

14—防逆转装置；15—电动机

（2）防逆转装置。防逆转装置是软轴插入式振动器的必备部件，它实质上是一超越离合器，由星轮、辊子和外壳等部件组成，用以防止软轴因电动机反转被损坏。其结构如图6-12所示。

外壳1、星轮2分别装在电机轴及软轴上，顶销8被弹簧7推出压紧辊子3，使之压向锁紧方向，当星轮顺时针转动时，辊子推向外壳并使离合器锁紧，带动软轴工作。反之如辊

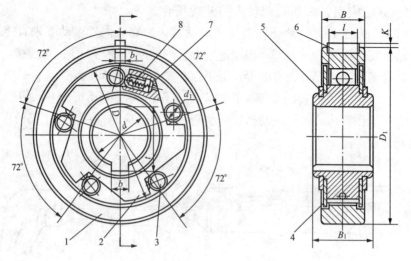

图 6-12　防逆转装置结构简图

1—外壳；2—星轮；3—辊子；4—挡板；5—卡环；

6—键；7—弹簧；8—顶销

子被压向星轮，离合器脱开，避免了软轴的反转。

（3）插入式振动器的软轴。插入式振动器与工作部分采用软轴传动，整套的传动软轴由钢丝软轴、套管、轴端部和套管箍等部件组成。带套管的软轴结构如图 6-13 所示。

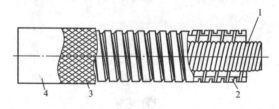

图 6-13　带套管的软轴结构

1—金属丝做的软轴；2—钢带制的套管；3—隔热层；4—橡皮软轴

钢丝软轴由多层依次缠绕的炭钢钢丝组成，相邻层间具有相反的缠绕方向。套管是软轴的外套，软轴在它的内部回转，套管由带石棉垫料的钢带组成，在外面用镀锌钢丝缠绕，再套上橡皮软管。

软轴的两端头分别和电动机轴、振动子轴相连接。其端头加工成方形断面芯轴以便插入连接轴孔。

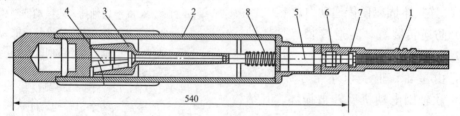

图 6-14　软轴式振动器的行星式振动子

1—软轴；2—振动子外壳；3—振动子；4—小轴；5—输入轴；

6—油封；7—套管接头；8—传动弹簧

（4）行星式振动子。行星式振动子是软轴振动器的工作部分，其结构如图6-14所示。软轴套管通过套管接头7将软轴连接到振动子输入轴5上，输入轴5经传动弹簧8与振动子3相连接。小轴4插入振动子3端部的钟形槽内，使其产生偏心距，行星式振动子成功地解决了由于不平衡质量的离心惯性力产生的轴承损坏问题，提高了轴承的寿命。同时在驱动轴较低的转速下有可能得到高频振动。驱动轴的转速为2900r/min时，不同直径的可换端部的振动频率达到10000次/min或14000r/min。

4. 内燃机式混凝土软轴振动器

内燃机式混凝土软轴振动器以小型汽油机或柴油机取代ZX-50型软轴插入式振动器的电动机，其余结构基本不变（可省略防逆转装置），它在保有ZX-50型软轴插入式振动器优点同时，因配有自备动力更适于无电源地区应用，为杆塔基础施工常用机具。

（二）外部混凝土振动器

外部混凝土振动器是在混凝土外部或表面进行振动密实的振动设备，有附着式表面和平板式表面混凝土振动器两种，两者基本结构原理相同，电动机轴均为卧式，振动装置为偏心块式，偏心块直接装在电动机轴的两端。

1. 附着式表面混凝土振动器

附着式表面混凝土振动器轴上装有偏心振子的电动机，外壳上有地脚螺钉孔，其基本结构如图6-15所示。

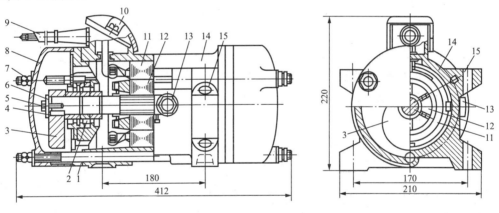

图6-15 附着式表面混凝土振动器结构图

1—轴承座；2—轴承；3—偏心轮；4—键；5—螺钉；6—转子轴；7—长螺栓；8—端盖；9—电源线；
10—接线盒；11—定子；12—转子；13—定子紧固螺钉；14—外壳；15—地脚螺钉孔

由于振动作业方式的不同，附着式表面混凝土振动器是靠底部的螺栓或其他锁紧装置固定在模板外部（或滑槽料斗等），间接传振给混凝土或其他被振动的物料。

2. 平板式表面混凝土振动器

在附着式表面混凝土振动器的底部附加一块适当的固定板，便成为平板式表面混凝土振动器，其结构如图6-16所示。平板式表面混凝土振动器可直接放在混凝土表面上移动进行振捣工作，适用于坍落度不太大的塑性、半塑性、干硬性、半干硬性的混凝土或浇筑层不厚、表面较宽敞的混凝土捣固。

附着式表面和平板式表面混凝土振动器在杆塔基础施工中不常应用，仅用于某些基础混

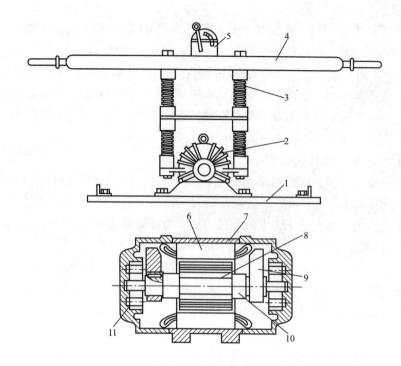

图 6-16 平板式表面混凝土振动器结构图

1—底部振板；2—电动机振子；3—缓冲弹簧；4—手柄；5—开关；6—定子；

7—机壳；8—转子；9—偏心块；10—转子轴；11—轴承

凝土构件预制、塔腿模板外附着捣固等作业中。

四、混凝土振动器技术性能资料

（1）山区施工用内燃机软轴插入式混凝土振动器：山区施工用内燃机软轴插入式混凝土振动器技术参数见表 6-15 和表 6-16。

表 6-15 汽油机插入式振动器技术参数

型号规格	ZNN25	ZNN35	ZNN42	ZNN50	ZNN50C	ZNN70
振动棒直径（mm）	25	36	44	51		68
空载频率不小于（Hz）	230	200	183			
空载振幅不小于（mm）	0.5	0.8	0.9	1		1.2
功率（kW）	2.2					
质量（发动机/棒，kg）	15/10	15/11	15/12	15/16	15/17	25/19

表 6-16 柴油机插入式振动器技术参数

型号规格	ZNNC25	ZNNC35	ZNNC42	ZNNC50	ZNNC50C	ZNNC70
振动棒直径（mm）	25	36	44	51		68
空载频率不小于（Hz）	230	200	183			
空载振幅不小于（mm）	0.5	0.8	0.9	1		1.2
功率（kW）	1.5	2.2				
质量（发动机/棒，kg）	26/10	26/11	40/12	40/16	40/17	40/19

（2）附着式混凝土振动器技术参数见表 6-17。

表 6-17　　　　　　　　　　附着式混凝土振动器技术参数

型号	功率（kW）	激振动（N/mm²）	振幅（mm）	振动频率（Hz）	电压（V）	转速（r/min）	质量（kg）
ZW5	1.1	5	1.5	50	380	2840	23
ZW7	1.5	7	1.6	50	380	2840	28
ZW10	2.2	9.8	1.8	50	380	2840	37
ZW20	3.0	16	2.2	50	380	2840	67

（3）电动插入式混凝土振动器技术参数见表 6-18。

表 6-18　　　　　　　　　　电动插入式混凝土振动器技术参数

名称	型号	振动棒（mm）			振动力（N）	振动频率（r/min）	软轴尺寸（mm）		配套动力功率（kW）	质量（kg）
		直径	长度	振幅			直径	长度		
插入式	CZ25/35	25	400	1	2500	1300		500	0.4	6.8
		35	500		3500					7.3
行星高频式	HZ$_6$X30	33	413	0.42	2300	19000	10	4000	1.1	26
高频式	HZ$_6$X50	50	500	空载0.85	6000	14800	13	4000	1.1	31
行星高频式	HZ$_6$X50	53	529	1.8～2.2	4800～5800	12500～14500				
插入式	ZX50	51	542	1.15		12000	13		1.1	
行星插入式	HZ$_6$X60	62	489	2～3	9290	15000	13	4000	1.1	35
行星插入式	HZ$_6$X70	68	480	1.4～1.8	9000～10000	12000～14000	13	4000	2.2	38
偏心插入式	HZ$_6$P70A	71	400	2～2.5		6200	13	4000	2.2	45
插入式	HZ$_6$X75	75	514		4000	10000	12		1.2	
行星高频式	ZX70	68	480	1.4～1.8	9000～10000	12000～14000	13	4000	1.5	38
偏心式	HZ$_6$X35	35	468		2500	15800	10	4000	1.1	25

（4）风动插入式混凝土振动器技术参数见表 6-19。

表 6-19　　　　　　　　　　风动插入式混凝土振动器技术参数

名称	型号	振动棒（mm）		振动频率（r/min）	软轴尺寸（mm）		配套动力功率（kW）	质量（kg）
		直径	长度		直径	长度		
插入式	CFZ270	76	335	18000～20000				13
行星插入式	HZ$_6$X80	80	400	14000～17000				12
插入式	CFZ150	150	80	4500～5500				32

（5）附着式混凝土振动器技术参数见表 6-20。

表 6-20附着式混凝土振动器技术参数

型号		ZF11	ZF15	ZF20	ZF22	ZB5.5
振动频率（1/min）		2850	2850	2850	2850	2850
振动力（kN）		4.3	6.3	10～17.6	6.3	0～5.5
偏心动力矩（N·cm）		49	65	196	65	
电动机	功率（kW）	1.1	1.5	3	2.2	0.55
	电压（V）	380	380	380	380	380
	转速（r/min）	2850	2850	2850	2850	2850
外形尺寸	长（mm）	388	420	531	420	
	宽（mm）	210	250	270	250	
	高（mm）	220	260	310	260	
总质量（kg）		27	28	85	32	2.5

五、插入式混凝土振动器施工要求和安全要求 ●

1. 施工要求

（1）根据混凝土具体作业要求，选择合适的振动棒。

（2）长期闲置的混凝土振动器使用前，应检查电动机的绝缘情况和三相电阻情况，检查合格后，方可接通电源，进行试运转。

（3）混凝土振动器的电动机旋转时，若软轴不转，振动棒不起振，应检查电动机旋转方向，若不符可调换任意两相电源线后重试；若软轴转动，振动棒不起振，可摇晃棒头或将棒头轻敲地面，使其起振。当试运转正常后，方可投入作业。如无效，应检修或更换振动棒。

（4）作业时，要使振动棒自然沉入混凝土，不可用猛力往下推。一般应垂直插入，并插到下层尚未初凝层中 50～100mm 处，以促使上下层相互结合。

（5）振捣时，要做到"快插慢拔"。快插是为了防止将表层混凝土先振实，与下层混凝土发生分层、离析现象。慢拔是为了使混凝土能来得及填满振动棒抽出时所形成的空间。

（6）振动棒各插点间距应均匀，一般间距不应超过振动棒有效作用半径的 1.5 倍。

（7）作业时，振动棒插入混凝土的深度不应超过棒长的 2/3～3/4。否则，振动棒将不易拔出而导致软管损坏。更不得将软管插入混凝土中，以防砂浆侵蚀及渗入软管而损坏机件。

（8）作业中要避免将振动棒触及钢筋、芯管及预埋件等，更不得采取通过振动棒振动钢筋的方法来促使混凝土振密。否则会因钢筋振动而降低钢筋与混凝土间的黏结力，甚至会发生相互脱离。

（9）振动棒在混凝土内的振密时间，一般每插点振密 20～30s，待见到混凝土不再显著下沉，不再出现气泡，表面泛出水泥浆和外观均匀为止。如振密时间过长，有效作用半径虽能适当增加，但总的生产率反而降低，而且还会使振动棒附近混凝土产生离析。这对塑性混凝土更为重要。此外，振动棒下部振幅要比上部大，故在振密时，应将振动棒上下抽动50～100mm，使混凝土振密均匀。

● 杨文渊. 简明工程机械施工手册. 北京：人民交通出版社，2001.

（10）混凝土振动器在使用中如温度过高，应立即停机冷却检查；如机件故障，要及时进行修理。冬季低温下，振动器作业前，要缓慢加温，使棒体内的润滑油解冻后，方能作业。

2. 电动软轴插入式振动器安全技术要求

（1）插入式混凝土振动器电动机电源上，应装有漏电保护装置，熔断器选配应符合要求，接地应安全可靠。电动机未接地线或接地不良者，严禁开机使用。

（2）混凝土振动器操作人员应掌握一般安全用电知识，作业时应穿戴好胶鞋和绝缘橡皮手套。

（3）工作停止移动混凝土振动器时，应首先断开电动机电源并待电动机停止转动；搬动混凝土振动器时不得用软管和电缆线拖拉、扯动电动机。

（4）振动器供电电缆上绝缘不得有裸露之处，电缆线必须放置在干燥、明亮处；不允许在电缆线上堆放其他物品，不得让车辆在电缆线上直接通过；更不能用电缆线吊挂混凝土振动器。

（5）振动棒软管弯曲半径不得小于规定值；软管应外观完好、不得有破损、脱落及断裂。若因使用过久，长度变长时，应及时进行修复或更换。

（6）混凝土振动器的起振，必须由操作人员掌握，不得将起振的振动棒平放在钢板或水泥板等坚硬物上，以免振坏。

（7）严禁用振动棒撬拔钢筋和模板，或将振动棒当锤使用；操作时勿使振动棒头夹到钢筋里或其他硬物中以免造成损坏。

（8）作业完毕，应将电动机、软管、振动棒擦刷干净，按规定要求进行保养作业。振动器存放时，不要堆压软管，应平直放好，以免软管变形；并防止电动机受潮，降低电气性能。

第三节　钢　筋　加　工　机　械[1]、[2]

钢筋加工机械包括钢筋强化机械、钢筋成型机械、钢筋接续机械等，主要用于钢筋混凝土基础中钢筋笼用料的准备、成型、焊接、组合等工艺。

（1）钢筋强化机械包括钢筋冷拉机械、钢筋冷拔机械、钢筋轧扭机械等，用于提高钢筋强度、改善钢筋与水泥的结合状态，达到节约钢材、提高混凝土基础强度的目的。

（2）钢筋加工机械包括钢筋切断机械、钢筋弯曲机械、钢筋调直机械等，用于按照基础设计要求进行钢筋元件的成型工作。

（3）钢筋接续机械包括钢筋焊接机械、钢筋压接机械、钢筋螺接机械等，用于进行钢筋相互连接的有关机械。

钢筋混凝土基础是高压输电线路的主要杆塔基础型式。由于塔基规格加大，钢筋规格及

---

❶ 《建筑施工手册》（第四版）编务组. 建筑施工手册（第4版）. 北京：中国建筑工业出版社，2003.（杨宗放. 预应力工程）

❷ 杨文渊. 简明工程机械手册. 北京：人民交通出版社，2001.

其用量均增大，对钢筋加工机械需求日增，其中部分可用于基础施工现场作业，部分可用于一、二线基地配备。

一、钢筋强化机械

钢筋强化机械用于通过冷加工作业提高钢筋的机械强度，可以节约钢材降低成本，同时规范钢筋状态，为后续工序提供有利条件。

（一）钢筋冷拉机械

钢筋冷拉机械是钢筋加工的主要设备之一，它是对Ⅰ～Ⅳ级热轧钢筋在正常温度下进行强力拉伸的机械。冷拉是把钢筋拉伸到超过钢材本身的屈服点，然后放松，以使其获得新的弹性极限，提高钢筋强度（经过冷拉至钢筋的屈服点，一般可提高20%～25%）。通过冷拉不但可使钢筋被拉直、延伸，而且还能起到除锈和检查质量的作用（检验经过对焊的接头等）。

钢筋冷拉机械有阻力轮冷拉机、丝杠冷拉机、卷扬机冷拉机及液压千斤顶冷拉机等。

（二）钢筋冷拔机械

钢筋冷拔是在强拉力作用下，将钢筋在常温下通过一个比其直径小（小0.5～1.0mm）的孔模（即拔丝模，多由特制的钨合金材料制成），使钢筋在拉应力和压应力的共同作用下被强行拔细，产生冷作硬化效应，达到提高抗拉强度的效果。被冷拔的钢筋直径一般为$\phi6mm$～$\phi8mm$，最大为$\phi10mm$的Ⅰ级钢筋。经过数次冷拔后，拔细成为$\phi3mm$～$\phi5mm$的低碳冷拔钢丝，其强度可提高40%～90%，同时塑性降低，没有明显的屈服阶段。进行该项工艺的机械称钢筋冷拔机械，也称拔丝机。与钢筋冷拉机械相比较，可大幅度提高材料强度，并且断面一致，质量更优。

（三）钢筋轧扭机械

钢筋轧扭机械是以低碳热轧盘圆钢条为原料，经冷轧硬化成型并按规定截面形状和节距生产连续螺纹状钢筋的钢筋强化机械，Ⅰ级钢筋经钢筋轧机械强化后强度可提高40%，并可在钢筋表面形成轧痕，增大与混凝土间的黏结力。

部分钢筋轧扭机械技术参数见表6-21及表6-22。

表 6-21　　　　　　　　　　　钢筋轧扭机械技术参数

参数 \ 型号	GU10 （LZNZ）	GU10 （GZU10）
轧扭钢筋最大直径（mm）	6、8、10	10
轧扭速度（m/min）	19	42
剪切长度（mm）	—	0.6～6.3
配套电动机功率（kW）	17	21.63
整机质量（kg）	—	2650
外形尺寸　长（mm）	1500	1350
宽（mm）	1240	3200
高（mm）	1050	1300
生　产　厂	牡丹江建筑机械厂	杭州建筑机械厂

表 6-22	钢筋冷轧扭机组技术参数	
型号	LZN-10	LZN-12
最大进线直径（mm）	$\phi10$	$\phi12$
轧制规格（mm）	$\phi6.5\sim\phi10$	$\phi6.5\sim\phi12$
轧制线速度（m/s）	$0\sim0.5$	$0\sim0.5$
调速方式	电磁调速	电磁调速
切断方式	液压自动	液压自动
装机容量（kW）	22	26
安装长度（m）	12	14
设备质量（t）	3	3.5

二、钢筋加工机械

钢筋加工机械包括钢筋调直、切断、弯曲成形等施工工序所需机械。

（一）钢筋调直机械

钢筋调直机械是用于将弯曲变形的钢筋调校成直线状态，并按定长要求切断，以供下续工序应用的钢筋加工机械。

在调直盘状钢筋作业中，该型机械兼有调直、输送、定长、切断及除锈等多项功能。

常用钢筋调直机型号有 GT6/12、GT3/8、GT4/14 等，分别适用于一定的钢筋规格范围。

目前，在 GT 型机基础上，已研制成采用数控技术光电控制的自动控制机型，其定位精度有所提高，并能自动记数自动停机。

除上述机型外，卷扬机张拉调直设备也有采用。

1. 钢筋调直机械工作原理和基本结构

钢筋调直机械是将待调直的钢筋盘条在牵引轮强力牵引下通过一内径略大于钢筋直径的调直筒，经过垂直方向多次反复弯曲，使钢筋形成直线状态，并剥离附着其表面的铁锈和氧化皮；在调直筒内调直后的钢筋继续前行经定长装置和切断装置，切成一定长度后移交后续工序，钢筋调直机结构示意图如图 6-17 所示。

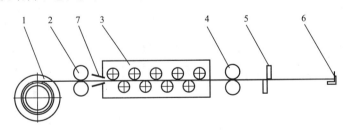

图 6-17　钢筋调直机结构示意图

1—钢筋盘条卷筒；2—前级牵引辊筒组；3—钢筋调直筒；4—后级牵引辊筒组；

5—切断装置；6—定尺装置；7—钢筋导入套

装载钢筋盘条卷筒设在钢筋调直机的前端，前级牵引辊筒组 2 由成对压辊组成，用以压紧钢筋盘条并将其经钢筋导入导套 7 送入钢筋调直筒 3 内，该筒由调直辊筒体、调直压盖、调直压块和调直筒轴承等组成，是进行调直的关键部件。后级牵引辊筒组 4 用来牵引调直后钢筋，进入切断装置 5、定尺装置 6，完成定长并切断下料的工序；牵引辊筒水平位置需根据钢筋规格进行预调调定；定尺装置 6 上设有可调定长度方向位置的接近开关，发出电气信号控制切断装置（切筋器）工作。

钢筋调直（切断）机易损件较多，在超过磨损极限时需要及时改换，以维持正常运转。它们是调直块、调直筒、调直螺钉、导套、调直筒压盖、上下剪切齿轮、剪切刀、上下剪切齿轮铜套、刹环、刹环螺钉、限位开关架总成、大小扭簧、行程开关、拐臂总成、拐臂、链条总成、调直筒轴承座、压辊、长筒齿轮、压辊齿轮、传动轴、杆轴、拔叉、滑块、托板、铜套等。

2. 钢筋调直机械主要技术性能

钢筋调直机械主要技术参数见表 6-23。

表 6-23　　　　　　　　　　　　钢筋调直机械主要技术参数

型　号		GT4/8	GT4/14	数控钢筋调直机
调直钢筋直径（mm）		4～8	4～14	4～8
自动切断长度（m）		0.3～6	0.3～7	＜10
调直速度（m/min）		40	30～54	30
调直用电动机	型号	J02-42-4	J02-414	J02-31-4
	功率（kW）	5.5	4	2.2
	转（r/min）	1440	1440	1430
曳引轮直径（mm）		90	110	
曳引轮转数（r/min）		142		
剪切刀数目（对）			3	
切断用电动机	型号		J02-52-8	J02-31-4
	功率（kW）		5.5	2.2
	转速（r/min）		710	1430
最大切断数量（根/h）				4000
根数控制范围（根）				9999
光电脉冲频率				500
计数器接收频率				＜1000
三相制动电磁铁型号				MZSIA-80H
切断长度误差（mm）		＜3	3	＜2
外形尺寸	长（mm）	7250	8860	
	宽（mm）	550	1010	
	高（mm）	1220	1365	
总质量（kg）		1000	1420	

HL4/10 型钢筋调直切断机技术参数见表 6-24。

表 6-24

名　　　称	数　　据
调直线材直径（mm）	4～10
自动切断长度（mm）	300～6300
调直长度误差（mm）	±2
调直速度（m/min）	≥35
调直筒转速（r/min）	2300
调直电动机型号	Y100L-2、3kW
切断电动机型号	Y11 2M-6、2.2kW
外形尺寸（mm×mm×mm）	7630×600×1240
适用范围	适用于各种金属线材的调直切断
质　量（kg）	1000
若需调直 6m 以上的线材，实行自动切断，可增加承受架长度	
生产厂	青岛华雷冷轧设备机械厂

（二）钢筋切断机械

将钢筋按施工技术要求长度切断，是钢筋加工的必要基础工作，钢筋切断机是完成该项工作的专用机械。把钢筋原材料和已矫直的钢筋切断成所需要的长度，该工作可安排工厂化生产或现场作业，不同的生产方式其对所需切断机的型式、特性也有不同的要求。

1. 机械式钢筋切断机

机械式钢筋切断机常用的有曲轴式钢筋切断机、砂轮式切割机、液压钢筋切断机等。

（1）曲轴式钢筋切断机。曲轴式钢筋切断机是利用曲轴回转时曲轴连杆机构使刀具产生的直线运动和增力作用，进行钢筋切断工作。常用型号有 GQ40（GJ5-40）型（见图 6-18）和

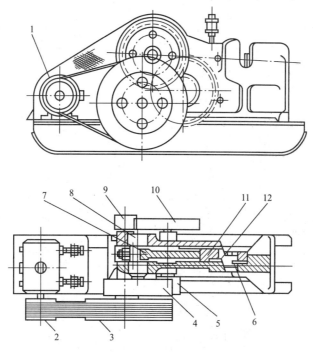

图 6-18　GQ40 型曲轴式钢筋切断机结构简图

1—电动机；2、3—V 型皮带轮；4、5、9、10—减速齿轮；6—固定刀片；

7—连杆；8—偏心轴；11—滑块；12—活动刀片

GQ40(GJ40-1)型两种，这两种类型的钢筋切断机，其构造基本相同，均由电动机、一级V型皮带及二级齿轮减速传动装置、曲轴连杆滑块机构、刀片以及机架等组成。后者为改进型，较前者减重约30%，电动机功率也显著降低。

曲轴式钢筋切断机工作原理如图6-19所示。电动机经皮带轮驱动飞轮旋转储备足够的动能，经两组齿轮减速驱动曲轴，由其上的连杆推动滑块11及活动刀片12工作。

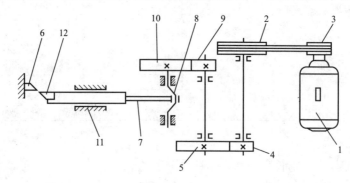

图6-19 曲轴式钢筋切断机工作原理图
1—电动机；2、3—V型皮带轮；4、5、9、10—减速齿轮；6—固定刀片；
7—连杆；8—曲轴；11—滑块；12—活动刀片

GQ40型曲轴式钢筋切断机在切断普通钢筋（Q235）时，其切筋能力见表6-25。

表6-25 GQ40型曲轴式钢筋切断机切断普通钢筋的切筋能力

钢筋直径（mm）	6	8	10	12	14～16	18～20	22～40
每次切筋根数	15	10	7	5	3	2	1

曲轴式钢筋切断机技术参数见表6-26。

表6-26 曲轴式钢筋切断机技术参数

型号	新	GQ40	GQ-40	GQ-40L	GQ32
	旧	GJ5-40	GJ40-A		GJ32
切断钢筋直径（mm）		6～40	6～40	40	32
切断最大角钢（mm×mm×mm）					L50×50×6
切断最大扁钢（mm×mm）		80×40			80×10
切断最大方钢（mm×mm）		35×35			
切断次数（次/min）		32	28	38	40
电动机	型号	Y132M-4	Y132M-4	Y132S-4	J02-32-2
	功率（kW）	7.5	5.5	5.5	3
	转速（r/min）	1440	1440	1440	2860
外形尺寸	长（mm）	1700	1400	1620	685
	宽（mm）	695	580	580	575
	高（mm）	828	760	760	984
质量（kg）		950	670	650	438

（2）砂轮式切割机（高速砂轮锯）。砂轮式切割机又称型材切割机，采用单相交流串励电动机为动力，靠通过传动机构驱动平形砂轮片切割金属工具，具有安全可靠、劳动强度低、生产效率高、切断面平整光滑等优点，适用于交流 50/60Hz，额定电压 220V。广泛用于圆形钢管、异形钢管、铸铁管、圆钢、槽钢、角钢、扁钢等型材进行切割加工。

1）砂轮式切割机工作原理。砂轮式切割机又称型材切割机，它是利用磨削原理切割工件的切割机械，高速电动机通过皮带轮增速驱动轮片，因旋转速度高、磨削面小，可在接触表面很快形成高温，使工件被局部熔化磨耗，切割快速，特别适用于对硬度较大的Ⅳ类钢筋的下料作业。

2）砂轮式切割机基本结构。砂轮式切割机外形如图 6-20 所示。由型钢组焊而成的轻便底盘 5 上设有铰轴座 8，用以支持由部件 1、2、3、4 等组成的电动砂轮切割装置，在操作手柄 4 控制下，可使砂轮片绕该轴上下转动进行进刀调节。平口钳 7 用以夹牢工件。作业时合上电动机电源使砂轮高速旋转，然后轻压手柄，使砂轮接触工件，进行切割，并适当下压进给，至工件被全部切断。

单相交流电动机根据定、转子与对地有无附加绝缘分为单绝缘型材切割机和双重绝缘切割机。

夹持工件的夹钳钳口与砂轮轴间的夹角可在左、右 0°～45°任意调节，有的产品可在 0°～30°任意调节。

图 6-20 砂轮式切割机(高速砂轮锯)外形图
1—电动机；2—增速皮带轮组；3—砂轮；
4—操作手柄；5—底盘；6—行走轮；
7—平口钳；8—铰轴座

型材切割机采用的平面砂轮为纤维增强树脂薄片砂轮，其直径最大为 406mm，额定线速度约 80m/s。

3）砂轮式切割机技术参数。砂轮式切割机技术参数见表 6-27。

表 6-27　　　　　　　　　　　砂轮式切割机技术参数

型　　号		400
功率电压（kW/V）		2.2/220
主轴空载转速（r/min）		2280
空载砂轮片线速度（m/s）		48
最大切割能力	钢管直径（mm×mm）	135×6
	角钢（mm×mm）	100×10
	槽钢（mm×mm）	126×53
	圆钢直径（mm）	50
夹钳可转角度（°）		±45
底座尺寸（mm×mm×mm）		510×300×75
质　量（kg）		70

（3）液压钢筋切断机。液压钢筋切断机的基本型式。液压钢筋切断机按动力配备可分电动、机动、手动三种，按体形规格可分中型、小型两种。

1）DYJ-32X 型液压钢筋切断机（见图 6-21）为电动中型机械，由电动液压泵站、液压缸、控制系统、刀片以及机架等组成。全机结构紧凑、底盘配有移动小轮，体积小、移动方便。

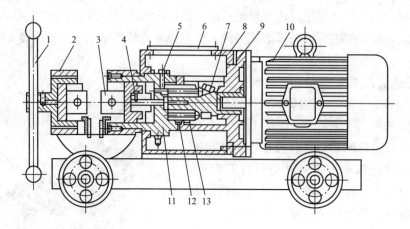

图 6-21　DYJ-32X 型液压钢筋切断机结构图

1—手柄；2—支座；3—主刀片；4—活塞；5—放油阀；6—观察玻璃；7—偏心轴；8—油箱；
9—连接架；10—电动机；11—液压缸缸体；12—液压泵缸；13—柱塞

2）手动液压钢筋切断机。手动液压钢筋切断机（见图 6-22）由手动液压泵、液压油箱、工作液压缸、固定刀架等部件组成。手动液压泵是由柱塞副及进、出油阀组成的手动往复式柱塞泵。扳动手柄将油压入工作液压缸，经活塞推动活动刀片完成切筋作业。

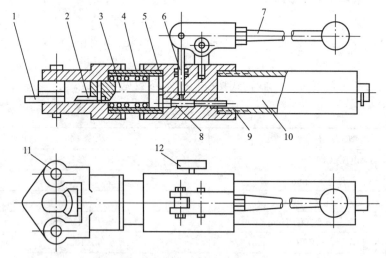

图 6-22　手动液压钢筋切断机简图

1—滑轨；2—刀片；3—活塞；4—回位弹簧；5—缸体；6—柱塞；7—手动压杆；
8—吸油阀；9—进油道；10—储油筒；11—拨销；12—放油阀

部分液压钢筋切断机技术参数见表 6-28。

表 6-28 部分液压钢筋切断机技术参数

型 式		电 动	手 动	手 持	
型 号		DYJ-32	SYJ-16	GQ-12	CQ-20
切断钢筋直径（mm）		8～32	16	6～12	6～20
工作总压力（kN）		320	80	100	150
活塞直径（mm）		95	36		
最大行程（mm）		28	30		
液压泵柱塞直径（mm）		12	8		
单位工作压力（MPa）		45.5	79	34	34
液压泵输油率（L/min）		4.5			
压杆长度（mm）			438		
压杆作用力（N）			220		
储油量（kg）			35		
电动机	型号	Y 型		单相串激	单相串激
	功率（kW）	3		0.567	0.750
	转速（r/min）	1440			
外形尺寸	长（mm）	889	680	367	420
	宽（mm）	396		110	218
	高（mm）	398		185	130
总质量（kg）		145	6.5	7.5	14

2. 钢筋切断机的使用与维护

(1) 曲轴式钢筋切断机。

该机切断钢筋工作过程，对工件及本体产生极大瞬间冲力，因此需要加强设备维护。正确懂慎作业、保证安全生产。

1) 可靠紧固切断刀片和各部件。加足润滑油，使全部运动部件运动自如。

2) 切断刀片应采用工具钢制造、刀片间应相互平行，并使保持水平间隙 0.5～1mm。

3) 作业过程中，操作人员必须与机器动作协调配合，并在刀片退程时送入钢筋，两手紧握钢筋，使钢筋平放并与刀口相互垂直。

4) 切断短料时不得用手直接送料，严禁用手触摸工作中的刀片，机器运转异常应立即停机处理。

(2) 砂轮式切割机。

1) 应选择平整场地放置该机就位，工件应平放本机平口钳上夹牢，较长工件需加辅助支承防止本机倾翻。

2) 供电电源应装设触电保护装置和过负荷保护装置，机上电气部分应定期检测绝缘性能，操作人员应配戴绝缘手套。

3) 作业前必须检查砂轮片技术状况，并可靠固定。

4) 砂轮片开动前应抬起不与工件接触，待运转正常后缓慢轻压进行切断作业。

(3) DYJ-32X 型电动液压钢筋切断机。

1) 注意保持液压部分清洁，按规定注入足够的合格液压油。

2）连接电源时注意保证电机转向正确、液压泵供油正常。

3）刀片安装调整同曲轴切断机。

4）每次切筋后必须用钢筋挤压主刀片，使其返回原位，以便下次作业。

（三）钢筋弯曲机械

钢筋弯曲机械将钢筋弯曲成一定的形状，如端部弯钩、梁内弓筋、起弯钢筋等，以符合基础设计技术要求。

钢筋弯曲机械主要为电动机械型的 GW 型钢筋弯曲机，常用的有 GW32、GW40、GW50 等系列规格。在小型工地，也有采用手工弯曲工具进行作业的 GW 型钢筋弯曲机，有关情况见 GW40 型钢筋弯曲机部分。

1. GW40 型钢筋弯曲机（见图 6-23）

（1）GW40 型钢筋弯曲机的工作原理如图 6-24所示。

该机装备有芯轴 1 和带有成型轴头 2 的转盘 4、挡铁轴 3。在驱动转盘逆时针旋转时钢筋将在成型轴头 2 推动下绕芯轴弯曲，图示弯曲 180°钢筋的四循环过程，控制转盘 4 回转角度即可弯成不同弯曲角度。在电动钢筋弯曲机中，转盘 4 由电动机通过减速传动装置驱动。

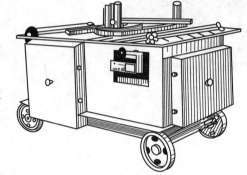

图 6-23　GW40 型钢筋弯曲机外形图

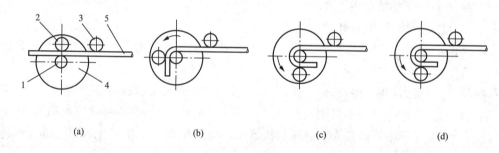

(a)　　　　　　　(b)　　　　　　　(c)　　　　　　　(d)

图 6-24　GW40 型钢筋弯曲机工作原理图

（a）装料；（b）弯90°；（c）弯180°；（d）回位

1—芯轴；2—成型轴头；3—挡铁轴；4—转盘；5—钢筋

（2）GW40 型钢筋弯曲机传动系统。GW40 型钢筋弯曲机传动系统如图 6-25 所示。工作时，电动机通过 V 形皮带驱动两级开式齿轮减速机及蜗杆—蜗轮减速机减速后，蜗轮的立轴旋转带动固装其上的转盘转动，进行钢筋弯曲加工作业。

为保证钢筋弯曲半径符合 $1.25d$（d 为钢筋直径）的技术要求，机上备有多种不同直径的可换芯轴。

2. 四头弯筋机

四头弯筋机是弯制小型钢筋的机械，由一台电动机通过三级减速驱动圆盘形曲轴带动四套连杆与齿条，使四个工作盘做往复摆动运动，其摆动角度可通过预调曲柄长度进行调整，每个工作盘上装有芯轴和成型轴，均可用以进行弯制钢筋作业。

四头弯筋机用于弯制钢筋时，可在四个工作面上同时作业，大大提高工效，弯制角度稳定、角度误差小。

3. 手动钢筋弯曲工具

手动钢筋弯曲工具可用于小型工地作业，其中手摇扳手用于弯制细钢筋，卡盘与扳头用于弯制粗钢筋。

4. 钢筋弯曲机主要技术参数

GW 型和 GWS 型钢筋弯曲机主要技术参数见表 6-29 及表 6-30。

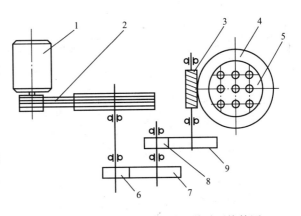

图 6-25　GW40 型钢筋弯曲机传动系统简图
1—电动机；2—V 形皮带；3—蜗杆；4—蜗轮；
5—工作盘；6～9—减速齿轮副

表 6-29　　　　　　　　　GW 型钢筋弯曲机主要技术参数

型　号		GW32	GW40A	GW50
弯曲钢筋直径(mm)		6～32	6～40	25～50
工作盘转速(r/min)		4.6	10	5
配套电机	型号	Y112M-5	Y100L$_1$-4	YDEJ80L-4/2
	功率(kW)	2.2	2.2	1.6/2.2
	转速(r/min)	1000	1420	1300/2600
整机质量(kg)		200	400	440
外形(长×宽×高，mm×mm×mm)		650×730×760	980×500×660	650×730×760
生产厂		山西前进机器厂	太原重型机械学院机械厂	
型　号		GW40	GW40(WJ40)	CW40A(GW40-Ⅰ)
弯曲钢筋直径(mm)		6～40	40	6～40
工作盘直径(r/min)		400	350	350
工作盘转速(r/min)		3.7、5.3、8、9、14	3.7、7.2、14	3.7、5.8、8.9、14
配套电机	型　号	Y100L$_2$-4	Y100L$_2$-4	Y100L$_2$-4
	功率(kW)	3	3	3
	转速(r/min)	1440	1440	1420
整机质量(kg)		450	435	435
外形(长×宽×高，mm×mm×mm)		897×850×758	850×750×700	870×760×710
生产厂		广东省始兴县建筑机械厂	福州市建筑机械厂	陕西省渭南建筑机械厂
型　号		GW40(GL-40)	GW40(GW40-1)	GW40(GW40-1)
弯曲钢筋直径(mm)		6～40	6～40	6～40
工作盘直径(r/min)		—	350	350
工作盘转速(r/min)		3.7、7.2、14	3.7、7.2、14	—

型　号		GW40(GL-40)	GW40(GW40-1)	GW40(GW40-1)
配套电机	型号	Y100L$_2$-4	Y100L$_2$-4	Y100L$_2$-4
	功率(kW)	3	3	3
	转速(r/min)	1430	1500	1429
整机质量(kg)		435	448	448
外形(长×宽×高，mm×mm×mm)		912×780×671	774×898×728	724×898×728
生产厂		济南建筑机械厂	山西前进机器厂	山西临汾地区通用机械厂

表 6-30　　　　　　　　　　GWS 型手持电动钢筋弯曲机主要技术参数

型　号	GWS16（GWY16）	GWS25（GWY25）	GWS32（GWY32）
弯曲钢筋直径（mm）	16	25	32
工作盘直径（mm）	40	50	64
配套功率（kW）	0.55	0.55	0.55
电动机转速（r/min）	1450	1450	1450
整机质量（kg）	26	28	32
生产厂	无锡市太湖建筑技术研究所		

5. 钢筋弯曲机的使用与维护

（1）钢筋弯曲机要安装在坚实的地面上，设备周围要有足够的物料堆放和作业空间。

（2）使用前要加足润滑油，并检查传动部件、工作部件以及电动机接地情况，并经试运转，确认正常后方可开始工作。

（3）如需更换机上芯轴、成型轴、挡铁轴时，必须切断电源，在机器静止状态下，方可作业。

（4）严禁弯曲超过设备规定直径的钢筋。如果弯曲未经冷拉或带有锈皮的钢筋，必须戴好防护眼镜。

（5）在运转中如发现卡盘颤动，电动机温升超过规定值等异常情况，均应立即切断电源，停机检修。

（6）弯曲较长的钢筋时，要有专人扶持钢筋。扶持人员应按操作人员的指挥进行工作，不能任意推拉。

（7）工作完毕，应切断电源，整理机具，将弯曲好的半成品堆放整齐，弯钩不要朝上，并清扫铁锈和污物。

三、钢筋接续机械

钢筋接续机械用于钢筋混凝土构件中的钢筋网架中钢筋的接续连接，连接方法有焊接、螺接、压接等多种。其中焊接应用较早，焊接方法与采用绑扎连接的传统方法比较，在大大提高了钢筋接头质量的同时，还可改善成型加工的工厂化和机械化水平。在减轻工人的劳动强度、提高效率、保证钢筋网架的刚度与质量，还为充分利用钢筋的短头余料，以短接长，节省钢筋及其绑扎用料，加快工程施工创造了有利条件。

近年来，先进技术的推广应用，螺接、压接等新技术进入钢筋接续工艺行列，有关新型机械不断涌现，形成了钢筋焊接机械、钢筋螺接机械、钢筋压接机械三大类。

钢筋焊接机械主要有钢筋对焊机、钢筋点焊机和弧焊机，钢筋对焊机耗电量大、工效较高，适用于较大加工工场，钢筋点焊机和手工弧焊机轻便、简易，更便于施工现场应用，其中以轻型内燃机为动力的弧焊发电机组，尤为适合山区施工应用。

1. 钢筋对焊机

（1）钢筋对焊机的工作原理及基本构造。将两根钢筋的端部对接在一起，并通电加压，使之焊接牢固的方法，称为对焊。完成钢筋对焊工艺的机械称为钢筋对焊机。对焊不仅可以提高工效、节约钢材，而且能确保焊接质量。

1）钢筋对焊机工作原理。钢筋对焊机是利用强大电流的熔焊作用配合工件端部间相互挤压使之焊成整体，钢筋对焊机上大电流的产生依靠机上的大电流发生装置，即由焊接变压器、交流接触器、铜引线等组成的电源系统，该系统经外接电源供电，经变压增大焊接电流，其电流增大倍率可达 100 以上。并通过变压器二次线圈（铜引线）传到钢筋对焊机电极上，钢筋对焊机的电极分别装在固定平板和滑动平板上，当推动压力机构推动滑动平板沿机身上的导轨移向固定平板2，使两根钢筋端头接触到一起，相互挤压焊接，达到牢固的对接。其工作原理如图 6-26 所示。

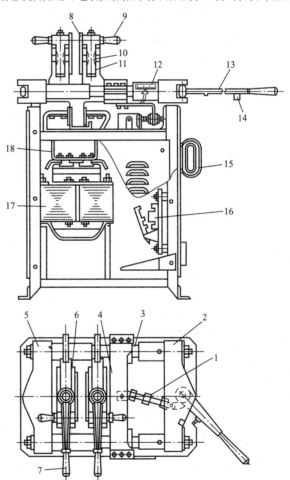

图 6-27 钢筋对焊机结构简图

1—调节螺钉；2—导轨架；3—导轨；4—滑动面板；5—固定面板；6—左电极；7—旋紧手柄；8—护板；9—套钩；10—右电极；11—夹紧臂；12—行程标尺；13—操纵杆；14—接触器按钮；15—分级开关；16—交流接触器；17—焊接变压器；18—铜引线

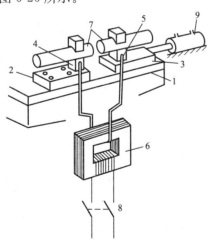

图 6-26 钢筋对焊机工作原理简图

1—机身；2—固定平板；3—滑动平板；4—固定电极；5—活动电极；6—变压器；7—钢筋；8—开关；9—加压汽缸

2）钢筋对焊机的基本构造。钢筋对焊机有 UN、UN_1、UN_5、UN_8 等系列，杆塔基础工程中常用 UN_1 系列钢筋对焊机。

UN_1 系列钢筋对焊机可用于电阻焊接、闪光焊接低碳钢、有色金属等。

钢筋对焊机由电源、左右电极、夹紧臂、操纵杆等部件组成，其简要构造如图 6-27 所示。UN_1-75 型钢筋对焊机，该机电力容量较小，适合于中小型工地。

（2）对焊焊接工艺。根据钢筋对焊机的工作原理，对焊工艺可分为电阻对焊与闪光对焊两种。

1）电阻对焊。电阻对焊是将钢筋的接头通电加热到接头呈塑性状态后切断电源，迅速加压达到塑性连接。这种焊接工艺容易在接头部位产生氧化或夹渣，并且要求钢筋端面加工平整光洁，焊接耗电很大，要求焊机功率也大，现已很少采用。

2）闪光对焊。闪光对焊是指在焊接过程中，从钢筋接头处喷出的熔化金属微粒，呈现火花及闪光。在熔化金属喷出的同时，也将氧化物及夹渣带出，使对焊接头质量更好，尤其对低碳钢和低合金钢的钢筋对接应用效果更佳。

（3）钢筋对焊机技术参数。钢筋对焊机主要技术参数见表 6-31。

表 6-31　　　　　　　　　　　钢筋对焊机主要技术参数

型号		UN_1-25	UN_1-75	UN_1-100
加压方式		杠杆加压式	杠杆加压式	杠杆加压式
额定容量（kVA）		25	75	100
一次电压（V）		220/380	220/380	380
暂载率（%）		20	20	20
二次电压调节范围（V）		1.75～3.52	3.52～7.04	4.5～7.6
二次电压调节级数		8	8	8
钳口夹紧力（kN）				35～40
最大顶锻力（kN）	弹簧加压	1.5	30	40
	杠杆加压	10.0	30	40
钳口最大距离（mm）		50	80	80
最大送料行程（mm）	弹簧加压	15	30	40～50
	杠杆加压	20	30	40～50
焊件最大截面面积（mm²）	低碳钢 弹簧加压	120	600	1000
	低碳钢 杠杆加压	300	600	1000
	铜	150		
	黄铜	200		
	铝	200		
焊接生产率（次/h）		110	75	20～30
冷却水消耗量（L/h）		120	200	200
外形尺寸（mm）	长	1335	1520	1580
	宽	480	550	550
	高	1300	1080	1150
整机质量（kg）		275	445	465

（4）钢筋对焊机操作要求。

1）钢筋对焊机操作人员须经专门培训，要熟知钢筋对焊机的构造性能、操作规程、保养和工艺参数及质量保证措施。并经考试合格，持证上岗。

2）操作前应检查钢筋对焊机各机构是否灵敏、可靠，电气系统是否安全，冷却水系统是否完好有效，运动部位润滑状况是否良好，必要时进行检修。

3）严禁对焊超过规定直径的钢筋。主筋对焊时，必须先对焊后冷拉。为确保焊接质量，在钢筋端头约 150mm 内，要进行清污、除锈及矫正工作。

4）操作人员作业时，必须戴好有色防护眼镜及帽子手套、围裙等安全用品，以免弧光刺激眼睛，熔化金属灼伤皮肤。

2. 钢筋点焊机

钢筋点焊机用于焊接钢筋网格节点，其特点是采用电极压紧相互叠置的钢筋，同时通过大电流使接触点熔合的焊接方法。采用点焊替代钢丝绑扎，可以强化节点接合强度，提高工作效率。适用于大型钢筋混凝土基础的钢筋网架安装。钢筋网架的组焊方法：①在工厂内将网格组焊成片；②在现场进行组焊。前者可采用大功率的专用网格钢筋点焊机，成片多点点焊，效率较高；后者采用手持式钢筋点焊机，较为轻便灵活。

（1）钢筋点焊机工作原理。钢筋点焊机工作原理与对焊机基本相同，也是依靠大电流的加热作用和电极对工件的挤压作用，使两相交钢筋相互熔合。不同是对焊机用于两钢筋间端部连接，点焊机用于交叉钢筋间叠合点连接。点焊时，将表面清理好并将平直的钢筋叠合放在两电极间，夹紧钢筋间交点并适当加压，使其相互接触紧密，同时将断路器合闸，接通电流，使钢筋交接点在极短的时间内产生大量的电阻热，将钢筋很快加热到熔点后，停电加压，交接点金属在压力作用下，冷却凝结成焊点，完成点焊工作。图 6-28 所示为钢筋点焊机工作原理图。

（2）钢筋点焊机的基本构造。钢筋点焊机由点焊变压器、时间调节器、电极和加压机构等组成。按照配备的时间调节器的型式和加压机构特点，点焊机可分为杠杆弹簧式（脚踏式）、电动凸轮式，气、液压传动式自动点焊机三种类型。施工现场使用的小型手提式点焊机是固定式单头点焊机的一种派生型式，主要区别在于点焊电极由固定式改为手持式焊钳。

图 6-29 所示为 DN1-25 型杠杆弹簧式点焊机结构简图。

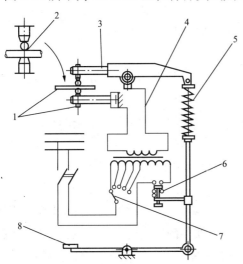

图 6-28 钢筋点焊机工作原理图
1—电极；2—工件（钢筋）；3—电极臂；
4—变压器二次线圈；5—弹簧；
6—断路器；7—变压器
调节开关；8—脚踏板

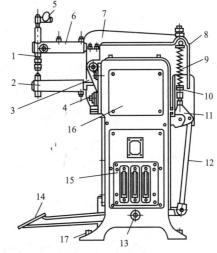

图 6-29 DN1-25 型杠杆弹簧式点焊机结构简图
1—电极；2—下电极臂；3—下夹块；4—夹座；
5—水嘴；6—上电极臂；7—压力臂；8—指示
板；9—压簧；10—调节螺母；11—三角形连
杆；12—连杆；13—支点销轴；14—脚踏板；
15—分级开关；16—焊接变压器；17—机脚

(3) 钢筋点焊机技术参数。钢筋点焊机主要技术参数见表 6-32。

表 6-32　　　　　　　　　钢筋点焊机主要技术参数

型　号		DN1-25	DN1-75	DN3-75
加压方式		杠杆弹簧式	电动凸轮式	气动加压式
额定容量（kVA）		25	75	75
一次电压（V）		220/380	220/380	380
额定暂载率（%）		20	20	20
一次额定电流（A）		114/66	341/197	198
二次工作电压（V）		1.76～3.52	3.52～7.04	3.33～6.66
二次电压调整级数		8	8	8
电极间最大压力（kN）		1.55	3.50	4.00
点焊频率（点/h）		600	3000	3600
压缩空气系统	压力（MPa）			0.55
	气量（m³/h）			15
电极间距离（mm）		125	160	150
电气控制箱型号				KD3-600
外形尺寸（mm）	长	1335	1520	1580
	宽	480	550	550
	高	1300	1080	1150
整机质量（kg）		240	455	800

(4) 钢筋点焊机使用要求。

1) 操作人员必须熟悉钢筋点焊机构造、性能、操作规程和保养维护方法，培训合格，持证上岗。

2) 作业前，应对电气设备，传动、加压、电极等工作机构进行检查、保养。确认技术状况良好，并按工件规格调整焊接电流、通电时间和电极压力，接通冷却水源，然后进行试焊，合格后方可进行正常作业。

3) 钢筋点焊机在使用过程中，要经常检查电极头部磨损情况，被焊钢筋的焊点质量状况。发现焊接质量问题，要及时调整处理。

4) 每班作业完毕后，要拉闸切断电源，寒冷季节施工时下班前要放净冷却水，以免冻裂部件。

3. 交流弧焊机

(1) 交流弧焊机原理和结构。交流弧焊机是利用电弧产生的局部高温熔融金属使之实现相互焊接的机械设备。其核心部件为一台开口式变压器，用于将电源电压降低转换为产生电弧所需的大电流发生装置。调整变压器开口间隙可改变其磁通密度，相应调控焊接电流的大小。并可通过增大铁芯磁阻，保持焊接电流的稳定性。

交流弧焊机的焊接电流自变压器的二次线圈的两端引出，其中一端接地线与待焊工件搭接，另一端以较长电缆连接电焊钳，由操作人员手持进行作业，因此可适应各种不同的焊接工况需要，成为焊接作业中使用较广泛的工艺装备。交流弧焊机结构简单、移动方便、价格低廉，维护保养简易，是施工常用设备。图 6-30 所示为交流弧焊机的外形图。

（2）钢筋弧焊焊接的基本方式。采用交流弧焊机进行钢筋接续作业时通常采用两根钢筋相互搭接焊接方式或钢筋两侧增设帮条焊接方式。

（3）交流弧焊机技术参数。交流弧焊机技术参数见表6-33。

表6-33　　　　　　　　　　　交流弧焊机技术参数

型　　号	BX2-500	BX1-330		BX3-300	
式　　样	同体式	动铁芯式		动线圈式	
一次电压（V，AC）	220/380				
接　　法		Ⅰ	Ⅱ	Ⅰ	Ⅱ
二次电压（空载）（V，AC）	80	70	60	80	65
电流调节范围（A）	200～600	50～180	160～450	40～130	120～400
额定负载率（%）	60	65		60	
额定焊接电流（A）	500	330		300	
额定工作电压（V）	45.5	30		30	
效率（%）	87	80		82.5	
功率因数	0.62	0.50		0.53	
额定输入容量（kVA）	45	21		20.5	
整机质量（kg）	445	185		167	

4. 汽（柴）油发电电焊机

（1）以小型内燃机为动力配装弧焊发电机组成的汽（柴）油发电电焊机以其自备能源的优势，在缺电地区获得较普遍应用。其焊接能力可满足现场钢筋焊接要求。该机可输出直流焊接电流，也可作为发电机输出交流电流。机组轻便紧凑，便于野外作业。缺点是结构复杂、维护保养困难、价格较高。汽（柴）油发电电焊机结构如图6-31所示。

图6-30　交流弧焊机外形图

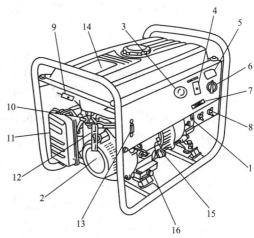

图6-31　汽（柴）油发电电焊机结构图

1—接地端子；2—汽油机；3—电力插座；4—交流断路器；5—指示灯；6—焊接电流调节器；7—自动调速开关；8—电焊端子；9—发电/焊接转换开关；10—燃油阀；11—空气滤清器；12—拉绳起动系统；13—起动开关；14—燃油箱；15—机油滤盖；16—机油排放口

（2）技术参数。部分汽（柴）油发电电焊机技术参数见表6-34。

表 6-34　　　　　　　　　部分汽（柴）油发电电焊机技术参数

型　　号		EP220X2C	EP350XE	HW260D
额定功率（kW）		3.6	5.6	6.3
额定电压（V，DC）		25.6	28	28.8
额定焊接电流（A）		140	200	220
空载电压（V，DC）		75	75	85
电流调节范围（A）		55～180	55～200	60～220
额定负载率（%）		60	65	60
适用焊条直径（mm）		2.5～4	2.5～6	
内燃机型号		GX390	GX670	Z482
类　　型		本田汽油机	本田汽油机	久保田柴油机
功率（kW）		8	14	10
额定转速（r/min）		3000	3000	3500
外形尺寸（mm）	长	660	880	944
	宽	530	550	556
	高	570	720	710
整机质量（kg）		68	170	150

第四节　混凝土模板及其附件[1]、[2]

混凝土模板是构成混凝土浇筑模型所需的主要器材，包括各种规格模板以及为保证其相互接合牢固所需连接件和支撑件。

为保证混凝土基础符合设计要求浇筑成型，构筑规定形状和尺寸的模型"盒子"是必要作业，称为模板工程。现浇混凝土基础所用模板工程的造价，在混凝土基础工程总造价中约占三分之一，劳动工作量约占二分之一，因此，采用先进的模板技术，对提高工程质量、加快施工速度、提高劳动生产率、降低工程成本和实现文明施工，都具有重要意义。

我国的模板技术，自从20世纪70年代提出"以钢代木"的技术政策以来，现浇混凝土结构所用模板技术获得了迅速发展。形成了组合式、工具化、永久式三大系列工业化模板体系。木（竹）胶合板模板，纤维强化塑料模板等的开发应用也有良好进展。

组合式模板为通用型模板，是现代模板技术中，具有通用性强、装拆方便、周转次数多等优点，用它进行现浇钢筋混凝土结构施工。可事先按设计要求组合成梁、柱、墙、楼板的大块模板。整体吊装就位，也可采用散装散拆方法，是目前使用较广泛的一种产品。通用型

[1] 《建筑施工手册》（第四版）编写组. 建筑施工手册（第4版）. 北京：中国建筑工业出版社，2003.（侯君伟. 模板工程）

[2] 尚大伟. 高压架空输电线路施工操作指南，北京：中国电力出版社，2007.

组合模板，有 55 型、70 型等规格。输电线路通常适用 55 型规格品种。

工具化模板为专用工具，多用于特定建筑的结构；永久式模板为用于某些特定场合的一次性模板，施工中与混凝土结合成整体。

电力线路基础有台阶式基础、正方（圆）锥台立柱基础、斜方（圆）锥台立柱基础等多种型式，所需模板形式多样，通常以标准模板为主，配以部分非标准模板。施工中目前多采用组合式模板，为 55 型组合式钢模板、70 型组合式模板，在大型基础也有采用。现将这两种模板分别简要介绍如下。

一、55 型组合式钢模板

55 型组合式钢模板指国内定型的肋高 55mm 的组合钢模板，主要由钢模板、连接件和支持件三部分组成。

（一）钢模板

钢模板采用 Q235 钢材制成，钢板厚 2.5mm，对于≥400mm 宽面钢模板的钢板厚采用 2.75mm 或 3.0mm。主要品种包括平面模板、阴角模板、阳角模板、连接角模等，见表 6-35。

表 6-35 钢模板用途及规格

名　称		用途	宽度（mm）	长度（mm）	肋高（mm）
平面模板		用于基础、墙体、梁、柱、板等多种结构的平面部位	600、550、500、450、400、350、300、250、200、150、100	1800　1500　1200　900、750600、450	55
转角模板	阴角模板	用于墙体和各种构件的内角及凹角的转角部位	150×150 100×150	1800、1500、1200、900、750、600、450	55
	阳角模板	用于柱、梁及墙体等外角及凸角的转角部位	100×100、50×50	1800、1500、1200、900、750、600、450	55
	连接角模	用于柱、梁及墙体等外角及凸角的转角部位	50×50	1800、1500、1200、900、750、600、450	55
倒棱模板	角棱模板	用于柱、梁、墙体等阳角的倒棱部位	17、45	1500、1200、900、750、600、450	55
	圆棱模板		R20、R25		
柔性模板		用于圆形筒壁、曲面墙体等部位	100	1500、1200、900、750、600、450	55
搭接模板		用于调节 50mm 以内的拼装模板尺寸	75		

（二）连接件

连接件由 U 形卡、L 形插销、钩头螺栓、紧固螺栓、扣件、蝶形扣件等组成，其组成及用途见表 6-36。对拉螺栓的规格和性能见表 6-37，扣件容许荷载见表 6-38。

157

表 6-36 连接件组成及用途

名 称		用 途	规 格	备 注
U形卡		主要用于钢模板纵横向的自由拼接,将相邻钢模板夹紧固定	ϕ12mm	Q235 圆钢
L形插销		用来增强钢模板的纵向拼接刚度,保证接缝处板面平整	ϕ12mm $L=345$mm	
钩头螺栓		用于钢模板与内、外钢楞之间的连接固定	ϕ12mm $L=205$、108mm	
紧固螺栓		用于紧固内、外钢楞,增强拼接模板的整体性	ϕ12mm $L=108$mm	
对拉螺栓		用于拉结两竖向侧模板,保持两侧模板的间距,承受混凝土侧压力和其他荷载,确保模板有足够的强度和刚度	M12、M16、T14、T18、M14、T12、T16、T20	
扣件	3型扣件	用于钢楞与钢模板或钢楞之间的紧固连接,与其他配件一起将钢模板拼装连接成整体,扣件应与相应的钢楞配套使用。按钢楞的不同形状,分别采用蝶形和3型扣件,扣件的刚度与配套螺栓的强度相适应	26型、12型	Q235 钢板
	蝶形扣件		26型、18型	

表 6-37 对拉螺栓的规格和性能

螺纹规格(mm)	净面面积(mm^2)	容许拉力(kN)
M12	76	129
M14	105	17.8
M16	144	24.5
T12	71	12.5
T14	104	17.65
T16	143	24.27
T18	189	32.08
T20	241	40.91

表 6-38 扣件容许荷载

项 目	型 号	容许荷载(kN)
蝶形扣件	26型	26
	18型	18
3型扣件	26型	26
	12型	12

(三) 支持件

1. 钢楞

钢楞又称龙骨,主要用于支承钢模板并加强其整体刚度。材料采用 Q235 圆钢管、矩形钢管、内卷边槽钢、轻型槽钢、轧制槽钢等,可根据设计要求和供应条件选用。

常用各种型钢钢楞的规格和力学性能见表 6-39。

表 6-39   **常用各种型钢钢楞的规格和力学性能**

规格 (mm)		截面面积 A (mm^2)	单位质量 (kg/m)	截面惯性矩 I_x (cm^4)	最小截面系数 W (cm^3)
圆钢管	$\phi48\times3.0$	4.24	3.33	10.78	4.49
	$\phi48\times3.5$	4.89	3.84	12.19	5.08
	$\phi51\times3.5$	5.22	4.10	14.81	5.81
矩形 钢管	□$60\times40\times2.5$	4.57	3.59	21.88	7.29
	□$80\times40\times2.0$	4.52	3.55	37.13	9.28
	□$100\times50\times3.0$	8.64	6.78	112.12	22.42
轻型 槽钢	[$80\times40\times3.0$	4.50	3.53	43.92	10.89
	[$100\times50\times3.0$	5.70	4.47	88.52	12.20
内卷边 槽钢	[$80\times50\times15\times3.0$	5.08	3.99	48.92	12.23
	[$100\times50\times20\times3.0$	6.58	5.16	100.28	20.06
轧制槽钢	[$80\times43\times5.0$	10.24	8.04	101.30	25.30

2. 柱箍

柱箍又称柱卡箍、定位夹箍,用于直接支承和夹紧各类柱模的支持件,可根据柱模的外形尺寸和侧压力的大小来选用。常用柱箍的规格和力学性能见表 6-40。

表 6-40   **常用柱箍的规格和力学性能**

材料	规格 (mm)	夹板长度 (mm)	截面面积 A (mm^2)	截面惯性矩 I_x (mm^4)	最小截面系数 W (mm^3)	适用柱宽范围 (mm)
扁钢	—60×6	790	360	10.80×10^4	3.60×10^3	250~500
角钢	L$75\times50\times5$	1068	612	34.86×10^4	6.83×10^3	250~750
J1 轧制 槽钢	[$80\times43\times5$	1340	1025	101.30×10^4	25.30×10^3	500~1000
	[$100\times48\times5.3$	1380	1275	198.30×10^4	39.70×10^3	500~1200
钢管	$\phi48\times3.5$	1200	489	12.19×10^4	5.08×10^3	300~700
	$\phi51\times3.5$	1200	522	14.81×10^4	5.81×10^3	300~700

3. 梁卡具

梁卡具又称梁托架,是一种将大梁、过梁等钢模板夹紧固定的装置,并承受混凝土侧压力,其种类较多,其中钢管型梁卡具(见图 6-32),适用于断面为 700mm×500mm 以内的梁;扁钢和圆钢管组合梁卡具(见图 6-33),适用于断面为 600mm×500mm 以内的梁。上述两种梁卡具的高度和宽度都能调节。材质采用 Q235。

4. 钢支柱

钢支柱用于水平模板的垂直支撑,采用 Q235 钢管,有单管支柱和四管支柱多种形式(见图 6-34)。

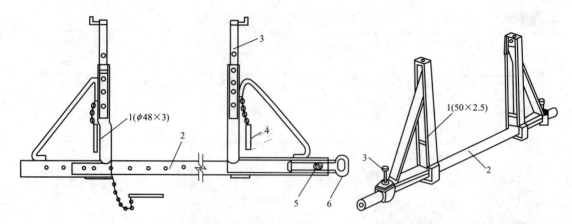

图 6-32　钢管型梁卡具　　　　　　　图 6-33　扁钢和圆钢管组合梁卡具

1—三脚架；2—底座；3—调节杆；4—插销；　　　　1—三脚架；2—底座；

5—调节螺栓；6—钢筋环　　　　　　　　　　3—固定螺栓

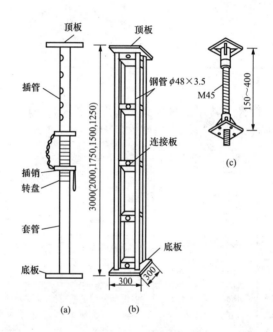

图 6-34　钢支柱

(a) 单管支柱；(b) 四管支柱；(c) 螺栓千斤顶

　　管支柱分 C18 型、C22 型和 C27 型，其长度分别为 1812～3112mm、2712～3512mm、2712～4012mm。单管钢支柱和四管钢支柱的截面特征见表 6-41 及表 6-42。

表 6-41　　　　　　　　　　　　　单管钢支柱截面特征

管柱规格 （mm）	四管中心距 （mm）	截面面积 （mm²）	截面惯性矩 I （cm⁴）	截面系数 W （cm³）	回转半径 r （cm）
$\phi48\times3.5$	200	19.57	2005.34	121.24	10.12
$\phi48\times3.0$	200	16.96	1739.06	105.14	10.13

表 6-42 四管钢支柱截面特征

类型	项目	直径（mm）		壁厚 （mm）	截面面积 （cm²）	截面积惯性矩 I （cm⁴）	回转半径 r （cm）
		外径	内径				
CH	插管	48	43	2.5	3.57	9.28	1.16
	套管	60	55	2.5	4.52	18.70	2.03
YJ	插管	48	41	3.5	4.89	12.19	1.58
	套管	60	53	3.5	6.21	24.88	2.00

5. 早拆柱头

早拆柱头用于梁和模板的支撑柱头以及模板早拆柱头（见图6-35）。

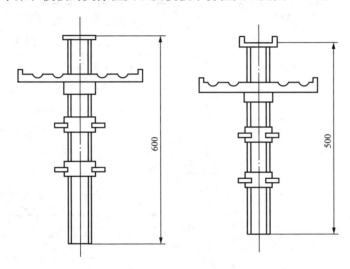

图 6-35　螺旋式早拆柱头

6. 斜撑

斜撑用于承受墙、柱等侧模板的侧向荷载和调整竖向支模的垂直度（见图6-34）。

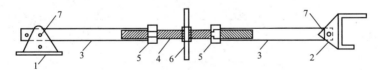

图 6 36　斜撑

1—底座；2—顶撑；3—钢管斜撑；4—花篮螺钉；5—螺母；6—旋杆；7—销钉

二、中型组合钢模板（G-70 组合钢模板）

中型组合钢模板是针对 55 型组合钢模板而言，其肋高增大至 70mm 或 75mm，模板规格尺寸也比 55 型加大，采用的薄钢板厚度也加厚，从而增大了模板的刚度。其中肋高为70mm 的模板是在近几年推广应用建筑模板及支撑新技术，它是在分析综合钢框胶合板模板和小钢模及整体大模板的特点基础上，研究开发的一种新产品，又称 G-70 组合钢模板。该组合钢模板组成如下。

(一) 模板块

全部采用厚度 2.75~3mm 优质薄钢板制成；四周边肋呈 L 形，高度为 70mm，弯边宽度为 20mm，模板块内侧，每 300mm 高设一条横肋，每 150~200mm 设一条纵肋。模板边肋及纵、横肋上的连接孔为蝶形，孔距为 50mm，采用板销连接，也可以用一对楔板或螺栓连接。

模板块基本规格：标准块长度有 1500、1200、900mm 三种，宽度有 600mm、300mm 种，非标准块的宽度有 250、200、150、100mm 四种，共十八种。平面模板块和角模、连接角钢、调节板的规格分别见表 6-43 和表 6-44。

表 6-43 G-70 组合钢模板平面模板块规格

代 号	规 格 (宽×长×高, mm×mm)	有效面积 (m²)	质量 (kg)	
			$\delta=3$mm	$\delta=2.75$mm
7P6009	600×900	0.54	23.28	21.34
7P6012	600×1200	0.72	30.61	28.06
7P6015	600×1500	0.90	37.92	34.76
7P3009	300×900	0.27	13.42	12.30
7P3012	300×1200	0.36	17.67	16.20
7P3015	300×1500	0.45	21.93	20.10
7P2509	250×900	0.225	11.16	10.23
7P2512	250×1200	0.30	14.76	13.53
7P2515	250×1500	0.375	18.35	16.82
7P2009	200×900	0.18	8.38	7.68
7P2012	200×1200	0.24	11.07	10.15
7P2015	200×1500	0.30	13.78	12.63
7P1509	150×900	0.135	6.97	6.39
7P1512	150×1200	0.18	9.23	8.46
7P1515	150×1500	0.225	11.48	10.52
7P1009	100×900	0.09	5.61	5.14
7P1012	100×1200	0.12	7.43	6.81
7P1015	100×1500	0.15	9.26	8.49

注 δ—厚度。

表 6-44 角模、连接角钢、调节板规格

名 称	代 号	规 格 (宽×长×高, mm×mm×mm)	有效面积 (m²)	质量 (kg)	
				$\delta=3$mm	$\delta=2.75$mm
阴角模	7E1059	150×150×900	0.27	11.06	10.14
阴角模	7E1512	150×150×1200	0.36	14.64	13.42
阴角模	7E1515	150×150×1500	0.45	18.20	16.69
阳角模	7Y1509	150×150×900	0.27	11.62	10.65

名 称	代号	规 格 (宽×长×高，mm×mm×mm)	有效面积 (m²)	质量（kg）	
				δ=3mm	δ=2.75mm
阳角模	7Y1512	150×150×1200	0.36	15.30	14.07
阳角模	7Y1515	150×150×1500	0.45	19.00	17.49
铰链角模	7L1506	150×150×600	0.18	11.00 (δ=4~5mm)	
铰链角模	7L1509	150×150×900	0.27	16.38 (δ=4~5mm)	
可调阴角模	TE2827	280×280×2700	1.35	63.00 (δ=4mm)	
可调阴角模	TE2830	280×280×3000	1.50	70.00 (δ=4mm)	
L形调节板	7T0827	74×80×2700	0.135	15.36 (δ=5mm)	
L形调节板	7T1327	74×130×2700	0.27	20.87 (δ=54mm)	
L形调节板	7T0830	74×80×3000	0.15	17.07 (δ=54mm)	
L形调节板	7T1330	74×130×3000	0.30	16.38 (δ=54mm)	
连接角钢	7J0009	70×70×900	0.27	11.00 (δ=4mm)	
连接角钢	7J0012	70×70×1200	0.36	16.38 (δ=4mm)	
连接角钢	7J0015	70×70×1500	0.45	16.38 (δ=4mm)	

（二）模板配件

G-70 组合钢模板的配件，规格见表 6-45。

表 6-45　　　　　　　　　　　　G-70 组合钢模板配件规格

名 称	代 号	规格（mm）	质量（kg）
楔板	J01	1 对楔板	0.13
小钢卡	J02	卡 $\phi48$	0.44
大钢卡	J03A	卡 2$\phi48$ 或 □50×100	0.64
大钢卡	J03B	卡 8 号槽钢	0.60
双环钢卡	J04A	卡 2□50×100	2.40
双环钢卡	J04B	卡 2 个 8 号槽钢	1.70
模板卡	J05		0.13
板销	J06	1 个楔板 1 个销键	0.11
平台支架	P01A	40×40 方钢管	11.07
平台支架	P01B	50×26 槽钢	13.10
斜支撑	P02A	$\phi60$ 钢管 1 底座 2 销轴卡座	30.64
斜支撑	P02B	50×26 槽钢	12.82
外墙挂架	P03	8 号槽钢 $\phi48$ 钢管 T25 高强螺栓	65.84
钢爬梯	P04	$\phi16$ 钢筋	18.42
工具箱	P05	3 厚钢板	26.80
吊环	P06	8 厚、$\phi12$ 螺栓 3 个	1.38
对拉螺栓	DS2570	T25，$L=700$	3.35

名　称	代　号	规格（mm）	质量（kg）
对拉螺栓	DS2270	T22，$L=700$	3.00
组合对拉螺栓	ZS1670	M16，$L=650$	2.14
锥形对拉螺栓	ZUS3096	$\phi26\sim30$，$L=965$	7.12
锥形对拉螺栓	ZUS3081	$\phi26\sim30$，$L=815$	6.29
塑料堵塞	SS25	$\phi25$	1（500 个）
塑料堵塞	SS18	$\phi18$	
塑料堵塞	SS16	$\phi16$	
方钢管龙骨	LGA	□50×100，L 按需要	
槽钢龙骨	LGB	8 号槽钢，L 按需要	
圆钢管龙骨	LGC	$\phi48$，L 按需要	

（三）G-70 组合钢模板特点

（1）G-70 组合钢模板由于采用了 2.75～3mm 厚钢板制成，肋高为 70mm，因此刚度大，能满足侧压力 50kN/m² 的要求；模板接缝严密，浇筑的混凝土表面平整光洁，能达到清水混凝土的要求。

（2）采用早拆支撑体系时，与常规支撑体系相比，其模板用量及支撑用量大大减小，综合用工相应降低。

（3）G-70 组合钢模板边肋增加卷边，提高了模板的刚度；采用板销，使模板连接方便，接缝严密；采用早拆柱头和多功能早拆柱头，实现立柱与模板的分离，达到早期拆模的目的。

三、钢框木（竹）胶合板模板

钢框木（竹）胶合板模板，是以热轧异型钢为钢框架，以覆面胶合板作板面，并加焊若干钢肋承托面板的一种组合式模板。面板有木、竹胶合板、单片木面竹芯胶合板等。板面施加的覆面层有热压三聚氰胺浸渍纸、热压薄膜、热压浸涂和涂料等。

品种系列（按钢框高度分）除与组合钢模板配套使用的 55 系列（即钢框高 55mm）外，现已发展有 63、70、75、78、90 等，其支承系统各具特色。JG/T 3059—1999《钢框竹胶合板模板》中，选定边框高度为 75mm。

钢框木（竹）胶合板的规格长度最长已达到 2400mm，宽度最宽已达到 1200mm。因此，具有自重轻、用钢量少、面积大，可以减少模板拼缝，提高结构浇筑后表面的质量；维修方便，面板损伤后可用修补剂修补等特点。钢框木（竹）胶合板模板的产品较多，其中部分产品简要介绍如下。

（一）75 系列钢框胶合板模板

75 系列钢框胶合板模板是由中国建筑科学研究院建筑机械化研究所凯博新技术开发公司研制开发的一种新型模板，由高度为 75mm 的钢框木胶合板模板与配件组成，又称凯博-75 系列模板。

75 系列钢框胶合板模板由平面模板块、连接模板、配件等部件组成。

（1）平面模板。平面模板以 600mm 为最宽尺寸，作为标准板，级差为 50mm 或其倍数，宽度小于 600mm 的为补充板。长度以 2400mm 为最长尺寸，级差为 300mm，见图 6-37 和表 6-46。

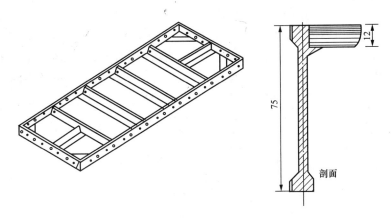

图 6-37　平面模板

表 6-46　　　　　　　　　　　　　　　　平面模板规格　　　　　　　　　　　　　　　（mm）

项　　目	尺　　寸
高度	75
宽度	200、250、300、450、600
长度	900、1200、1500、1800、2400

（2）连接模板。连接模板有阴角模、连接角钢与调缝角钢三种，见图 6-38。

为了加强阴角模边框的刚度，采用了专用热轧型钢，有 150mm × 150mm、150mm × 100mm，长度为 900mm、1200mm、1500mm，共 6 种规格。

凡结构阳角处均采用 75mm×75mm 连接角钢，其优点是每一平面上可少两条拼缝，加工简单、成本低、精度高。

调缝角钢宽度有 200mm 和 150mm，长度为 900、1200、1500mm，共 6 种规格。

平面模板和连接模板共 44 种规格，可满足拼装柱、梁、板、井筒等各种结构尺寸的需要。

（3）配件。配件有连接件、支承件两部分。

1）连接件。有楔形销、单双管背楞卡、I 形插销、扁杆对拉厚度定位板等。拼装操作快捷，安全可靠。

2）支承件。有脚手架钢管背楞、操作平台、斜撑等。

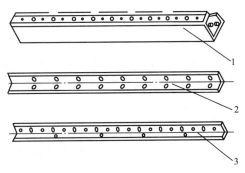

图 6-38　连接模板
1—阴角模板；2—连接模板；3—调缝模板

165

（二）55 型和 78 型钢框胶合板模板

结合目前模板的实际情况，开发、研制，并经实际应用和不断改进，逐步形成的一种新型模板，分钢模板和钢木模板系列。

1. 55 型钢框胶合板模板

55 型钢框胶合板模板可与组合钢模板通用。

（1）构造。模板由钢边框、加强肋和防水胶合板模板组成。边框采用带有面板承托肋的异型钢，宽 55mm，厚 5mm，承托肋宽 6mm。边框四周设 $\phi 13mm$ 连接孔，孔距 150mm，模板加强肋采用－ 43mm×3mm 扁钢，纵横间距 300mm。在模板四角及中间一定距离位置设斜铁，用沉头螺栓同面板连接。面板采用 12mm 厚防水胶合板。

55 型钢框胶合板模板允许承受混凝土侧压力为 $30kN/m^2$。

（2）规格。

1）长度为 900、1200、1500、1800、2100、2400mm。

2）宽度为 300、450、600、900mm。常用规格为 600mm × 1200mm （1800mm、2400mm）。面板的锯口和孔眼均涂刷封边胶。

2. 重型（78 型）钢框胶合板模板

78 型钢框胶合板模板刚度大，面板平整光洁，可以整装整拆，也可散装散拆。

（1）构造。模板由钢边框、加强肋和防水胶合板面板组成。边框采用带有面板承托肋的异型钢，宽 78mm，厚 5mm，承托肋宽 6mm。边框四周设 17mm×21mm 连接孔，孔距 300mm。模板加强肋采用钢板压制成型的 60mm×30mm×3mm 槽钢，肋距 300mm，在加强肋两端设节点板，节点板上留有与背楞相连的连接孔 17mm×21mm 椭圆孔，面板上有 $\phi 25mm$ 穿墙孔。在模板四角斜铁及加强位置用沉头螺栓同面板连接。面板采用 18mm 厚防水胶合板。模板允许承受混凝土侧压力为 $50kN/m^2$。

（2）规格。

1）长度为 900、1200、1500、1800、2100、2400mm。

2）宽度为 300、450、600、900、1200mm。

（3）独立式钢支撑。独立式钢支撑由支撑杆、支撑头和折叠三脚架组成，是一种可伸缩微调的独立式钢支撑，主要用于建筑物水平结构时作垂直支撑。单根支撑杆也可用作斜撑、水平撑。

1）支撑杆构造。

a. 支撑杆由内外两个套管组成。内管采用 $\phi 48mm×3.5mm$ 钢管，内管上每隔 100mm 有一个销孔，可插入回形销调整支撑高度；外管采用 $\phi 60mm×3.5mm$ 钢管，外管上部焊有一节螺纹管，同微调螺母配合，微调范围 150mm。由于采用内螺纹调节，螺纹不外露，可以防止螺纹的碰损和污染。

b. 支撑头插入支撑杆顶部，支撑头上焊有 4 根小角钢。净空 85mm 宽的方向用于搁置单根空腹工字钢梁；170mm 宽的方向用双根钢梁搭接。

c. 折叠三脚架的腿部用薄壁钢板压制成槽形，核心部分有 2 个卡瓦，靠偏心锁紧。折叠三脚架打开后卡住支撑杆，用锁紧把手紧固，使支撑杆独立、稳定。

2）支撑杆规格。独立式钢支撑杆规格见表 6-47。

表 6-47   独立式钢支撑杆规格

型号	LJC-3	LJC-3.4	LJC-4.1	LJC-4.9	LJC-5.5
支撑可调高度（m）	1.7～3.0	1.9～3.4	2.3～4.1	2.7～4.9	3.5～5.5
每根支撑杆质量（kg）	15.5	18.7	27.5	32.2	35.7
每根折叠架质量（kg）	3.4	3.4	3.4	3.4	3.4
支撑头上口尺寸（mm×mm）	85×170	85×170	85×170	85×170	85×170
支撑杆允许荷载（kN）	11.89～32.22	18.62～33.32	26.46～44.10	19.60～44.10	

注 LJC-3、LJC-3.4 等分别表示梁的长度为 3、3.4m 等。

（4）空腹工字钢梁。

1）空腹工字钢梁构造。空腹工字钢梁上下翼缘采用 1.5mm 厚冷轧薄钢板加工成型，腹部斜杆为 40mm×35mm 薄壁矩形焊接钢管，翼缘内开口处用 1.2mm 薄钢板封口 [见图 6-39（a）]。

2）主要技术参数。

允许弯矩：9.49kN·m；

允许剪力：18.82kN；

设计线载：3.82kN/m（跨度 2m）；

最大挠度：1.88mm（设计线荷载 7.64kN/m）。

（5）钢木工字梁。

1）钢木工字梁构造。钢木工字梁的上、下翼缘采用方木，腹板用薄钢板压制成型，与翼缘连接成整体。腹板之间用薄壁钢管铆接 [见图 6-39（b）]。

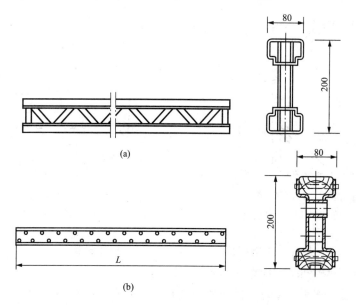

图 6-39　空腹工字钢梁和钢木工字梁

（a）空腹工字钢梁；（b）钢木工字梁

2）型号及长度：LJML-3（长 3m）、LJML-2.5（长 2.5m）、LJML-3.5（长 3.5m）、LJML-4（长 4m）、LJML-5（长 5m）、LJML-5.5（长 5.5m）、LJML6（长 6m）。

四、输电线路杆塔混凝土基础钢模板安装要点

(1) 输电线路杆塔混凝土基础钢模板安装时,将已按设计图纸尺寸拼装成片的模板,安装在规定的位置,对于最下层台阶,可立在垫层上,如无垫层可直接立在已整平的坑底。为防止倾倒,两侧要撑牢。支立第二层和第三层以及立柱模板时,应将拼装好的模板放在横档上,横档两端搁在下层已支好的模板上。横档一般利用槽钢或方木制作,见图6-40。

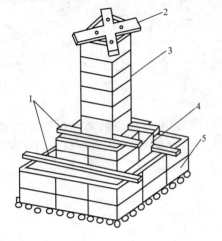

图 6-40 基础模板组合示意图
1—横档;2—固定底脚螺栓支架;3—立柱铁模板;4—第二层铁模板;5—底层铁模板

(2) 在泥水坑内,对比较大的基础,为防止钢模板变形或下沉,应在方框的四个角上加角钢斜撑(见图6-41),模板下侧适当垫以垫块,以保证在浇制过程中不坍倒。

(3) 在向基坑内运送较大块组合钢模板时,宜用吊车或抱杆吊运,以保证人身和设备安全;如系较小块模板可用人力传递,但不得抛扔。对于所使用的柱箍、斜撑、支柱等,宜选用定型标准件。

(4) 为防止模板变形或发生倾倒,模板与坑壁之间应用定型标准件支撑牢固(见图6-42),坑壁端应加垫板,以保证可靠。基础立柱较高或坑壁土质较软应增加斜撑数量。必要时,沿主柱的支撑点设长垫板并加两个或两个以上槽钢柱箍(0.8m设一处),在柱箍处也应设斜撑,斜撑应对称布置,受力要均匀,保证浇筑及捣固过程中安全可靠不走动。

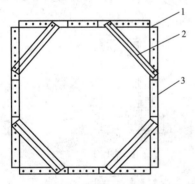

图 6-41 在方框上加角钢斜撑
1—固定角钢;2—角钢斜撑;3—铁模板

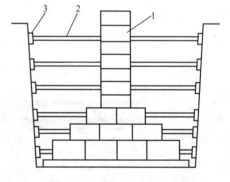

图 6-42 模板支撑示意图
1—钢模板;2—支撑木;3—垫木板

(5) 模板组装时,应按设计图纸尺寸进行找平找正和测量检查,保证根开、对角线尺寸及结构尺寸正确,模板间缝隙应严密堵塞,以防漏浆。

(6) 模板的强度和刚度验算。模板的强度和刚度验算,应按照下列要求进行:

1) 模板承受的荷载参见 GB 50204—2002《混凝土结构工程施工及验收规范》的有关规定进行计算。

2) 组成模板结构的钢模板、钢楞和支柱应采用组合荷载验算其刚度,其容许挠度应符合表6-48的规定。

表 6-48		钢模板及配件的容许挠度	
部件名称	容许挠度（mm）	部件名称	容许挠度（mm）
钢模板面	1.5	柱箍	$b/500$
单块钢模板	1.5	桁架	$L/1000$
钢楞	$L/500$	支承系统累计	4.0

注　L 为计算跨度；b 为柱宽。

3）模板所用材料的强度设计值，应按国家现行规范的有关规定取用。并应根据模板的新旧程度、荷载性质和结构不同部位，乘以系数 1.0～1.18。

4）采用矩形钢管与内卷边槽钢的钢楞，其强度设计值应按现行 GB 50018—2012《冷弯薄壁型钢结构技术规范》有关规定取用；强度设计值不应超过规定要求。

5）当验算模板及支承系统在自重与风荷作用下抗倾覆的稳定性时，抗倾覆系数不应小于 1.15。风荷载应根据 GB 50009—2012《建筑结构荷载规范》的有关规定取用。

（7）配板设计和支承系统。配板设计和支承系统工作应遵守以下规定。

1）要保证构件的形状尺寸及相互位置的正确。

2）要使模板具有足够的强度、刚度和稳定性，能够承受新浇混凝土的重量和侧压力，以及各种施工荷载。

3）力求构造简单，装拆方便，不妨碍钢筋绑扎，保证混凝土浇筑时不漏浆。柱、梁、墙、板的各种模板面的交接部分，应采用连接简便、结构牢固的专用模板。

4）配制的模板，应优先选用通用、大块模板，使其种类和块数最小，木模镶拼量最少。设置对拉螺栓的模板，为了减少钢模板的钻孔损耗，可在螺栓部位改用 55mm×100mm 刨光方木代替，或应使钻孔的模板能多次周转使用。

5）相邻钢模板的边肋，都应用 U 形卡插卡牢固，U 形卡的间距不应大于 300mm，端头接缝上的卡孔，也应插上 U 形卡或 L 形插销。

6）模板长向拼接宜采用错开布置，以增加模板的整体刚度。

7）模板的支承系统应根据模板的荷载和部件的刚度进行布置。

a. 内钢楞应与钢模板的长度方向相垂直，直接承受钢模板传递的荷载；外钢楞应与内钢楞互相垂直，承受内钢楞传来的荷载，用以加强钢模板结构的整体刚度，其规格不得小于内钢楞。

b. 内钢楞悬挑部分的端部挠度应与跨中挠度大致相同，悬挑长度不宜大于 400mm，支柱应着力在外钢楞上。

c. 一般柱、梁模板，宜采用柱箍和梁卡具作支承件。断面较大的柱、梁，宜用对拉螺栓和钢楞及拉杆。

d. 模板端缝齐平布置时，一般每块钢模板应有两处钢楞支承。错开布置时，其间距可不受端缝位置的限制。

e. 在同一工程中可多次使用的预组装模板，宜采用模板与支承系统连成整体的模架。

f. 支承系统应经过设计计算，保证具有足够的强度和稳定性。当支柱或其节间的长细比大于 110 时，应按临界荷载进行核算，安全系数可取 3～3.5。

g. 对于连续形式或排架形式的支柱，应适当配置水平撑与剪力撑，以保证其稳定性。

h. 模板的配板设计应绘制配板图。标出钢模板的位置、规格型号和数量。预组装大模板，应标绘出其分界线。预埋件和预留孔洞的位置，应在配板图上标明，并注明固定方法。

（8）配板步骤。

1）根据施工组织设计对施工区段的划分、施工工期和流水段的安排，首先明确需要配制模板的层段数量。

2）根据工程情况和现场施工条件，决定模板的组装方法。

3）根据已确定配模的层段数量，按照施工图纸中梁、柱、墙、板等构件尺寸，进行模板组配设计。

4）明确支撑系统的布置、连接和固定方法。

5）进行夹箍和支撑件等的设计计算和选配工作。

6）确定预埋件的固定方法、管线埋设方法以及特殊部位（如预留孔洞等）的处理方法。

7）根据所需钢模板、连接件、支撑及架设工具等列出统计表，以便备料。

五、模板工程的施工及验收

（一）施工前的准备工作

1. 模板的定位基准准备

安装前，要做好模板的定位基准工作，其工作步骤如下。

（1）进行中心线和位置的放线，并以中心轴线为起点，引出每条轴线及对角线。模板放线时，根据施工图用墨线弹出模板的内边线和中心线，以便于模板安装和校正。

（2）做好标高量测工作。根据基准标高点直接引测到模板安装位置。

（3）进行找平工作。模板承垫底部应预先找平，以保证模板位置正确，防止模板底部漏浆。常用的找平方法是沿模板边线（构件边线外侧）用 1：3 水泥砂浆抹找平层。在继续安装模板前，要设置模板承垫条带，并校正使其平直。

（4）设置模板定位基准。以分坑中心及基准桩，作为模板定位基准。

（5）分批浇筑在合模前要检查构件竖向接岔处面层混凝土是否已经凿毛。

2. 模板及附件准备

（1）按施工需用的模板及配件对其规格、数量、质量逐项清点检查。

（2）经检查合格的模板，应按照安装程序进行堆放或装车运输。运输时，要避免碰撞，防止倾倒。采取措施，保证稳固。

（3）模板重叠平放时，每层之间应加垫木，模板与垫木均应上下对齐，底层模板应垫离地面不小于 10cm。

3. 模板的预组装

（1）采取预组装模板施工时，预组装工作应在组装平台或经平整处理的地面上进行。

（2）模板预组装后应逐块检验其组装质量确保符合表 6-49 要求。

（3）模板预组装后需进行试吊，以检查其整体牢固情况试吊后再进行复查，并检查配件数量、位置和紧固情况。

（4）模板安装前，应准备的工作。

1）向施工班组进行技术交底，并且做样板，经监理、有关人员认可后，再大面积展开。

2）支承支柱的土壤地面，应事先夯实整平，并做好防水、排水设施，并备妥垫木。

表 6-49	钢模板施工组装质量标准
项　目	允许误差（mm）
两块模板之间拼接缝隙	≤2.0
相邻模板面的高低差	≤2.0
组装模板板面平面度	≤2.0，用2m长平尺检查
组装模板板面的长宽尺寸	≤长度和宽度的1/1000，最大±4.0
组装模板两对角线长度差值	≤对角线长度的1/1000，最大≤7.0

3）竖向模板安装的底面应平整坚实，并采取可靠的定位措施，按施工设计要求预埋支承锚固件。

4）模板应涂刷脱模剂。结构表面需作处理的工程，严禁在模板上涂刷废机油或其他油类。

（二）模板的支设安装

1. 模板的支设安装应遵守的规定

（1）按配板设计循序拼装，以保证模板系统的整体稳定。

（2）配件必须装插牢固。支柱和斜撑下的支承面应平整垫实，要有足够的受压面积。支承件应着力于外钢楞。

（3）预埋件与预留孔洞必须位置准确，安置牢固。

（4）基础模板必须支撑牢固，防止变形，侧模斜撑的底部应加垫木。

（5）预组装立模板吊装就位后，下端应垫平，紧靠定位基准；两侧模板均应利用斜撑调整和固定其垂直度。

（6）支护所设的水平撑与剪力撑，应按构造与整体稳定性布置。

2. 模板安装要求

模板安装时，应符合下列要求。

（1）同一条拼缝上的U形卡，不宜向同一方向卡紧。

（2）钢楞宜采用整根杆件，接头应错开设置，搭接长度不应少于200mm。

（3）对现浇混凝土梁、板，当跨度不小于4m时，模板应按设计要求起拱；当设计无具体要求时，起拱高度宜为跨度的1/1000～3/1000。

（4）曲面结构可用双曲可调模板，采用平面模板组装时，应使模板面与设计曲面的最大差值不得超过设计的允许值。

（5）模板安装及应注意的事项。模板的支设方法基本上有两种，即单块就位组拼（散装）和预组拼，其中预组拼又可分为分片组拼和整体组拼两种。采用预组拼方法，可以加快施工速度，提高工效和模板的安装质量，但必须具备相适应的吊装设备和有较大的拼装场地。

（6）柱模板安装应保证柱模的长度符合模数，不符合部分放到节点部位处理；高度为4m和4m以上时，一般应四面支撑。当柱高超过6m时，宜几根柱同时支撑连成构架。

（7）柱模根部要用水泥砂浆堵严，防止跑浆；柱模的浇筑口和清扫口，在配模时应一并考虑留出。

（8）柱模的清渣口应留置在柱脚一侧，如果柱子断面较大，为了便于清理，也可两面留设。清理完毕，立即封闭。

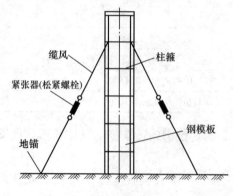

图 6-43 柱模板的校正及固定

（9）柱模安装就位后，立即用四根支撑或有张紧器花篮螺栓的缆风绳与柱顶四角拉结，并校正其中心线和偏斜（见图 6-43），全面检查合格后，再群体固定。

（三）钢模板工程安装质量检查及验收

钢模板工程安装过程中，应进行下列质量检查和验收。

（1）钢模板的布局和施工顺序。

（2）连接件、支承件的规格、质量和紧固情况。

（3）支承着力点和模板结构整体稳定性。

（4）模板轴线位置和标志。

（5）竖向模板的垂直度和横向模板的侧向弯曲度。

（6）模板的拼缝度和高低差。

（7）预埋件和预留孔洞的规格数量及固定情况。

（8）扣件规格与对拉螺栓、钢楞的配套和紧固情况。

（9）支柱、斜撑的数量和着力点。

（10）模板结构的整体稳定性。

（四）模板施工安全要求

模板安装时，应切实做好安全工作，符合以下安全要求。

（1）模板上架设的电线和使用的电动工具，应采用 36V 的低压电源或采取其他有效的安全措施。

（2）登高作业时，各种配件应放在工具箱或工具袋中，严禁放在模板或脚手架上；各种工具应系挂在操作人员身上或放在工具袋内，不得掉落。

（3）高山地区施工时，应有防雷击措施。

（4）严禁攀登组合钢模板等上下或行走。

（5）装拆模板时，上下应有人接应，随拆随运，并应把活动部件固定牢靠，严禁堆放高处和抛掷。

（6）装拆模板时，必须采用稳固的登高工具，高度超过 3.5m 时，应搭设脚手架。

（7）装拆施工时，除操作人员外，下面不得站人。高处作业时，操作人员应挂上安全带。

（8）安装柱模板时，应随时支撑固定，防止倾覆。

（9）预拼装模板的安装，应边就位、边校正、边安设连接件，并加设临时支撑稳固。

（10）预拼装模板垂直吊运时，应采取两个以上的吊点；水平吊运应采取四个吊点。吊点应作受力计算，合理布置。

（11）预拼装模板应整体拆除。拆除时，先挂好吊索，然后拆除支撑及拼接两片模板的配件，待模板离开结构表面后再起吊。

（12）拆除承重模板时，必要时应先设立临时支撑，防止突然整块坍落。

（五）模板拆除操作要点

（1）模板拆除的顺序和方法，遵循先支后拆，先非承重部位，后承重部位以及自上而下的原则。拆模时，严禁用大锤和撬棍硬砸硬撬。

（2）先拆除侧面模板（混凝土强度大于 $1N/mm^2$），再拆除承重模板。

（3）组合大模板宜大块整体拆除。

（4）支承件和连接件应逐件拆卸，模板应逐块拆卸传递，拆除时不得损伤模板和混凝土。

（5）拆下的模板和配件均应分类堆放整齐，附件应放在工具箱内。

（六）模板的运输、维修和保管

1. 运输

（1）不同规格的钢模板不得混装混运。运输时，必须采取有效措施，防止模板滑动、倾倒。长途运输时，应采用简易集装箱，支承件应捆扎牢固，连接件应分类装箱。

（2）预组装模板运输时，应分隔垫实，支捆牢固，防止松动变形。

（3）装卸模板和配件应轻装轻卸，严禁抛掷，并应防止碰撞损坏。严禁用钢模板作其他非模板用途。

2. 维修和保管

（1）钢模板和配件拆除后，应及时清除黏结的灰浆，对变形和损坏的模板和配件，宜采用机械整形和清理。钢模板及配件修复后的质量标准见表6-50。

表6-50 钢模板及配件修复后的质量标准

名　称	项　目	允许误差（mm）
钢模板	板面平整度	≤2.0
	凸棱直线度	≤1.0
	边肋不直度	不得超过凸棱高度
配件	U形卡卡口残余变形	≤1.2
	钢楞及支柱不直度	≤L/1000

注　L—钢楞或支柱的长度。

（2）维修质量不合格的模板及配件，不得使用。

（3）对暂不使用的钢模板，板面应涂刷脱模剂或防锈油。背面油漆脱落处，应补刷防锈漆，焊缝开裂时应补焊，并按规格分类堆放。

（4）钢模板宜存放在室内或棚内，板底支垫离地面100mm以上。露天堆放时，地面应平整坚实，有排水措施，模板底支垫离地面200mm以上，两点距模板两端长度不大于模板长度的1/6。

（5）入库的配件，小件要装箱入袋，大件要按规格分类整数成垛堆放。

第 七 章

凿岩机械及桩工机械

凿岩机械及桩工机械在输电工程中主要用于特殊杆塔基础施工。凿岩机械是岩石基础施工的主要机械，与其他基础型式相比，岩石基础材料消耗少，施工破坏面小，成本低廉，具有先进、环保特点。

桩式基础如灌注桩基础、贯入桩基础、旋锚桩基础在输电线路均有采用。在高水位地区或江河跨越场合，采用桩式基础可克服流沙、地下水等施工困难，提高基础承载能力。为解决原状土基础施工机械化问题，目前正开展有关钻扩桩基础机械化施工技术研究工作。

第一节 凿 岩 机[1]、[2]、[3]

凿岩机械包括凿岩机、穿孔机及其辅助设备，是钻凿岩孔的石方工程机械，凿岩机适用于钻凿小直径岩孔，穿孔机适用于穿凿大直径岩孔。

凿岩（穿孔）机的型式可按破碎岩石原理、工作动力、操作方式、作业条件等状况进行分类。

（1）按照破碎岩石原理分为冲击式、回转式和回转冲击式三类。

（2）按照工作动力可分为风动凿岩机、液压凿岩机、电动凿岩机和内燃凿岩机四种。

（3）按破碎岩石方式可分为冲击钻机、潜孔钻机、牙轮钻机和回转钻机四种。

一、风动凿岩机

风动凿岩机是以压缩空气为动力，采用冲击、扭切方式破碎岩石进行钻孔的专用机械。由于具有简单、轻便、安全可靠、适用于任何硬度的岩石等特点，目前在水利、电力和其他建筑工程中广泛采用。

风动凿岩机按支持方式可分手持式、气腿式、向上式（即伸缩式）、导轨式（包括柱架）四种。按钎杆回转机构特点可分内回转式和外回转式两种。

风动凿岩机选用的基本要求是结构先进、凿岩效率高；结构简单，便于操作维修；耗风量低，使用寿命长，有良好的消音和减振装置，重量轻，并有可靠的消除反坐力措施，使用

---

❶ 水利部、电力工业部编，工程机械使用手册. 北京：电力工业出版社，1980.
❷ 杨文渊. 简明工程机械施工手册. 北京：人民交通出版社，2001.
❸ 国家建委设备材料施工机械分配处. 国外施工机械选编. 北京：机械工业出版社，1981.

安全可靠，还要有良好的除尘装置。

风动凿岩机的主要技术性能如下：

（1）冲击功。冲击功是指凿岩机活塞锤每次冲击钎尾时所做的功，它表示活塞锤对钎子进行冲击时冲击力克服岩石阻力的能力。一般来说，在一定气压下活塞的冲击功与活塞行程和活塞有效面积成正比。因此同一种类型的风动凿岩机的凿岩效率是随着机重增加而提高的。

（2）扭矩。扭矩表示钎子克服岩石阻力，保证钎子转动连续凿岩的能力。在许可压力范围内，凿岩机的扭矩随空气压力的增高而增大。

（3）活塞的冲击频率。在其他各项指标一定的情况下，冲击频率与凿岩速度成正比。普通频率凿岩机与高频凿岩机构造基本相同，不同的是后者的活塞直径大而行程小，以便提高冲击频率，进而提高钻进速度。

（4）空气消耗量。空气消耗量是指凿岩机在单位时间内所消耗的空气量，它除与配气机构的构造形式有关外，主要与制造质量有关。

（5）空气压力。风动凿岩机一般都用 5～6 个大气压的压缩空气开动。压气的压力对钻进速度影响极大，在压力许可范围内，压力增高，冲击频率和钎杆扭矩也增大，钻进速度也随之加快；反之，则钻进速度降低。采用过高的压力会使凿岩机和钎头过快磨损，耗风量也增大。

（6）轴向推进力。要发挥凿岩机的凿岩效率，必须要有最优的轴推力。轴推力太小，凿岩机工作时容易产生回跳，振动增大，凿岩效率降低；轴推力过大，会使凿岩机和钎头加快磨损。选择合适的气腿或推进器可保证有最优的轴向推进力。

（7）机重。机重是风动凿岩机型号的主要参数。同一种类型的凿岩机，机重大的，其冲击功也较大。

风动凿岩机与凿岩条件是否相适应是影响凿岩效率的主要因素之一。凿岩地点、岩石硬度、凿岩方向、直径及深度是选择凿岩机的主要依据。各种风动凿岩机的结构和技术规格不同，使用条件也不同。一般是根据凿岩地点和炮眼方向先确定凿岩机的类型（型号），再根据岩石的硬度、孔深等选择风动凿岩机规格（重量和能力）。一般来说，岩石越硬和炮眼越深，所采用的风动凿岩的重量和冲击功率均应越大，也就是说应采用比较重型的风动凿岩机。

（一）手持式风动凿岩机

手持式风动凿岩机是用人手把持并施加推力进行凿岩作业的一种凿岩机，一般用于水电、建筑等石方工程，钻凿小直径浅孔。手持式凿岩机结构简单、维修方便、重量轻等。

（1）手持式风动凿岩机结构。图 7-1 所示为手持式风动凿岩机结构图。该机可在中硬、坚硬岩石中进行湿式钻凿水平、斜向或向下的炮孔，钻凿垂直向下的孔是气腿式凿岩机不能相比的。本机设有专门的气腿，可与有关风动支架配合使用。整机由柄体组件、气缸活塞组件和机头三大部分组成。在柄体组件中有进气操纵阀与冲洗吹风系统。在气缸活塞组件中有配气机构及钎杆回转机构的一部分。在机头组件中有钎杆回转机构及其连接机构。

（2）国产手持式风动凿岩机技术参数见表 7-1。

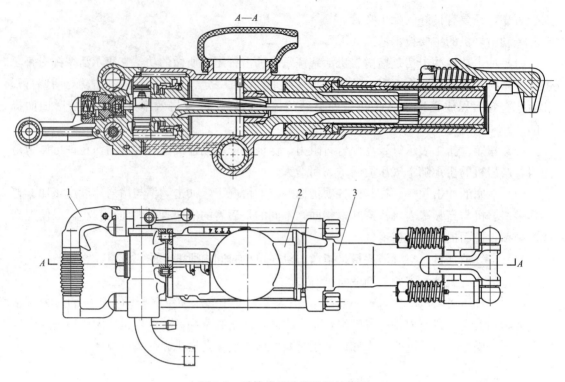

図 7-1 手持式风动凿岩机结构图

1—柄体；2—气缸活塞组件；3—机头

表 7-1　　　　　　　　　　　　国产手持式风动凿岩机技术参数

型　　号		01-30	改进 01-30	Y24	01-30A	YZ25
机　重（kg）		28	28.2	24.5	28	24.5
外形尺寸（长×宽，mm×mm）		635×456				
气缸内径（mm）		65	66	70	70	70
活塞行程（mm）		60	50～55	60	80	60
活塞重量（kg）		1.9	1.9	2.03		
使用气压为 5kg/cm² 时	冲击频率（次/min）	1600	1800	>2000	1800	2000
	冲击功（kg·m）	4.5	5.6	>6	6.5	>6
	扭矩（kg·cm）	90				
使用气压（kg/cm²）		5	5	5	5	5
钻孔直径（mm）		42				
最大孔深（m）		4				
耗气量（m³/min）		2.4	2.65	2.8	2.7	2.9
钎尾尺寸（六角对边×长，mm×mm）		25.4×108				
气管内径（mm）		19				
水管内径（mm）		13				
生产厂		沈阳风动工具厂 上海风动工具厂 昆阳风动工具厂 邢阳风动工具厂 辽宁省煤矿建设	辽宁省煤矿建设局		上海风动工具厂	徐州风动工具厂

176

（3）国外手持式风动凿岩机主要技术参数见表7-2。

表7-2　　　　　　　　　国外手持式风动凿岩机主要技术参数

型　号	机重 (kg)	气缸内径 (mm)	活塞行程 (mm)	活塞重量 (kg)	使用气压 (kg/cm²)	冲击功 (kg·m)	冲击频率 (次/min)	耗气量 (m³/mim)	钎杆转数 (r/min)	生产厂
22D(干，湿)	24.6， 25.2	70	70		5.5		1850	3.3，30		日本 古河
ASD22(干，湿)	22.1， 23.7	70	70	2.2	5		2000	3.1，3.8		
217D	18.8	68	49		5		2500	2.4		
112D	13	54	45		5		2450	2.0		
YS-30	26	76	72				1900	2.9		日本 山本
YS-20	20	66.7	66.5				2100	2.3		
YS-13	13	57	54.5				2400	2.0		
YS-11	11	54	42				2600	1.6		
DKR32	4.0	32						0.75		瑞典 阿特拉斯
BBD11	8.3	45						1.32		
RH658-5L	23.5	65						3.38		
BBD12TW	11.2	45	40				2050	1.2		
RH571-3W	18.6	55	60				2100	2.2		
SFA	3.3	33.3	31.7	0.24	5	1.1	3000	0.65		英国 霍尔曼
CB175	8.6	50.8	44.4				3200	1.3		
银8	11.3	60	40							
SL9G	18～19	63.5	47.6				2300	1.8		
SL303H	24～25	76.2	50.8				2100	2.8		
S58	28.1	67	58.4					1.75		美国 G.D
XP	23	78						3.5		法国
BM22L S	22.7	78	55				2370	4.2	188	德国 德马克
RD18L	18.2	64	55				2340	2.2		
RD11LT	11.3	45	46				2680	1.35	178	
L-47	22.2， 23.1	71，65	62，71					2.7， 2.35		加拿大 乔伊
K56	18.3	56	49		6		2200	1.21～ 1.6		芬兰 坦佩拉

（二）气腿式风动凿岩机

1. 基本结构和系列参数

（1）主要组成和参数系列。气腿式风动凿岩机由凿岩机、气腿和注油器三部分组成。操动机构集中，主机与气腿连接后其最大转动角度为140°，主机设有消音、减振、除尘装置，气腿为双向式。注油器有悬挂式和落地式两种。国产气腿式风动凿岩机，主要系列有四种，技术参数见表7-3。

表 7-3 国产气腿式风动凿岩机主要系列技术参数

| 产品系列 | 气缸直径 (mm) | 活塞行程 (mm) | 基本参数与尺寸 | | | | | | 质量 (kg) | 钎尾 (mm) | 气管内径 (mm) | 水管内径 (mm) |
| | | | 使用气压为 5kg/cm³ | | | | | | | | | |
			冲击功 (kg·m) (不小于)	扭力矩 (kg·cm) (不小于)	冲击频率 (次/min)	耗气量 (m³/min) (不大于)	噪声 [dB(A)] (不大于)	最大钻深 (m)				
22	65	65	5	110	1800~2200	2.5	102	3	<22	22×108	25	13
25	70、78	70、60	6	130,150	1800~2200	2.8,3.2	104	5	>22~25	22×108	25	13
28	95	50	6	180	2500~2800	3.0	105	5	>25~28	22×108 25×108	25	13

注 冲击频率在 2500 次/min 以上的为高频凿岩机。

（2）气腿式风动凿岩机的主要特点。配有可调节的气腿，采用气水联动装置，保证湿式凿岩能有效防尘，控制部分集中在柄体，操作方便，配有消声装置，可改变排气方向，噪声低，配有自动注油器，保证机械润滑，扭矩大、凿岩速度快、结构简单、耗气量小，采用内回转的转钎机构。

气腿式风动凿岩机可对中硬和坚硬岩石进行湿式凿岩，钻凿水平和倾斜炮孔。钻孔直径为 34~45mm，最大孔深可达 5m。

（3）机组组成。机组由下列单机与附件组成：YO-18 型手持式凿岩机 1 台，HP-1.2/4 型滑片式空压机 1 台，S195 型 12hP 柴油机（或 11kW 电动机）1 台，FS-100 型注水器 1 件，FT-100 型气腿 1 件，FY-200 型注油器 1 件，气管 1 套，水管 1 套，钎杆 1 套，钎头 1 套。

（4）机组主要技术性能。

1）空压机排气量/凿岩机耗气量 1.2~1.35m³/min；

2）空压机排气压力/凿岩机工作压力 0.4~0.5MPa；

3）配套动力：S195 型 12hp 柴油机或 11kW 电动机；

4）平均凿岩速度（f=10~14Hz，直径 ϕ36mm）80~120mm/min；

5）机组质量：空压机（包括配套柴油机及底座）295kg，凿岩机 18kg。

（5）机组的使用与操作。机组使用前，应按图 7-2 要求进行气、水管路连接，并可靠固定。柴油机、空压机、注油器、注水器按规定加足润滑油、柴油和水。将操纵手柄处于强力吹风位置，注水器进气阀打开，放气阀与注水阀（连在凿岩机上）应关闭。

作业时，待空压机进入正常运转，凿岩机操纵手柄处于轻击或重击位置，并打开注水阀进行凿岩作业。

凿岩机停机时，应首先关闭注水阀，并使操纵手柄处于强力吹风位置。如果不再作业，再按规定程序关上空压机。

YH12 型凿岩机组工作原理如图 7-2 所示。

（6）YO-18 凿岩机技术参数和配套设备说明。

1）YO-18 凿岩机技术参数：机重 18kg，全长 550mm，气缸直径 58mm，活塞行程 45mm，气管内径 19mm，水管内径 8mm，钎尾规格 22mm×108mm，防尘方式中心进水，使用气压 0.4~0.5MPa，使用水压 0.4MPa，耗气量 1.2m³/min，平均凿岩速度 80mm/min

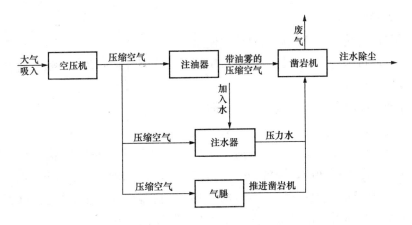

图 7-2　YH12 型凿岩机组工作原理图

($f<14$Hz，钎头 ϕ36mm）。

使用气压 0.5MPa（5kgf/cm）时：冲击功 24.5J（2.5kgf·cm），扭矩 7.85N·m（80kgf·cm），耗气量≤1.35m³/min，平均凿岩速度 120mm（$f<14$Hz，钎头 ϕ36mm）。

2）配套设备。FY-200 注油器：质量≤1.2kg，储油量 200mL。

FS-100 注水器：质量 50kg，注水压力 0.4MPa，储水量 100kg。

FT-100 气腿：质量 14kg，最大名义推力 980N（100kgf），推进长度 955mm，最大长度 2525mm，最小长度 157mm。

2. 使用维护注意事项

（1）使用新机器要进行清洗重装。由于新机器内部涂有黏性防锈油脂，在运输、库存难免侵入灰尘，故不应直接投入使用。一般情况，可卸下凿岩机长螺栓，清洗主要零件和进风弯管接头处即可。如发现毛刺应用油石仔细清除。装配时，在全部摩擦面上涂润滑油，阀组装配后上下摇动应活动自如，两个长蝶形螺母应均匀拼紧，检查操纵手柄、钎卡等活动是否正常。新机重装后都要开一下空车，检查运转是否正常。但空车运转时间不要超过 5min，时间过长，气缸气垫区温升过大容易产生研缸现象。

（2）做好管道清洗工作。每次接装气管胶管前都要吹清气管，防止泥沙污物进入凿岩机内腔损坏零件。每次接装水管前要冲洗管内储留的泥沙污物，以免堵塞水路影响正常使用。

（3）做好经常性的拆卸检修工作。新机器使用一两天后，就应拆检。要特别注意气缸和活塞摩擦面，如有研痕，需用油石或细砂纸仔细清除凸起部分。一般情况下研痕是因进入细砂硬点，原有毛刺或润滑不足而热涨研缸所致，应予以分析、清除。

新机器试凿岩后应检查一次，这是今后能否正常维持使用的关键。在使用过程中要根据实际条件经常检查处理，至少半个月做一次拆卸检修，使机器经常处于良好的技术状况。

检修时，卸下来的零件要用汽油或煤油清洗，检查有无伤痕和磨损情况，应注意吹洗小孔中的尘垢。若发现零件摩擦面有毛刺和擦伤时，应用油石仔细清除。已达报废限度和有显著损伤的零件应予以更换。使用新零件时应详细检查，用油石修去尖棱和毛刺。

（4）经常注意螺纹防松。在机器使用过程中，要注意各处螺纹配合有无松动，如有松动，应及时予以拼紧。

（5）棘爪与内棘轮单侧磨损后均可调面使用。

（6）凿岩机严重卡钎时，应卸下凿岩机用扳手夹住钎杆来回转动，最后将其拔出。严禁用凿岩机硬性冲击拔钎。

（7）注油器应按有关说明连接，严禁反向连接。

（三）潜孔凿岩机

潜孔凿岩机又称潜孔钻机，它与普通风动凿岩机的主要区别是冲击机构（潜孔冲击器）和钎头一起潜入孔底进行冲击，回转和推进动作则靠与之相配套的相应机构来完成。因此，它实际上也是一种特殊的独立回转式凿岩机。由于冲击器在凿岩过程中始终随着炮孔的加深而潜入孔底工作，因而有冲击功传递损失小、凿岩效率高、噪声低等特点，在水利、电力等石方工程中应用较为广泛。

潜孔钻机主要由潜孔冲击器和相应的回转、推进机构以及凿岩辅助设备（柱架、台车等）组成。同一种类型的潜孔冲击器可以根据使用条件，与不同的回转、推进机构和凿岩辅助设备组成不同型号的潜孔钻机。

国产潜孔钻机按照使用条件的不同，可分为井下式和露天式两大类，潜孔钻机应用条件见表 7-4。

表 7-4 国产潜孔钻机的应用条件

型　号	配套潜孔冲击器型　号	适用岩石硬度系数 f	钻孔尺寸		钻孔方向（°）	架持方式
			直径（mm）	深度（mm）		
井下式 YQ-80	C80	8~16	80~90	25	0~360	柱架式
井下式 YQ-100A	C100	8~16	100	60	0~360	柱架式
井下式 YQ-100B	C80,C100	8~16	80~130	60	0~360	柱架式
井下式 YQ-100	C100,C80	8~16	80~100	60	0~360	柱架式
露天式 YQ-150A	C150,C150B	>8	150	17.5	45,60,75,90	自行履带式台车
露天式 YQ-150B	C150,C150B	>8	150	17	45,60,75,90	自行履带式台车
露天式 KQ-200	C200	8~16	200~220	90°时 19.80	60~90	自行履带式台车
露天式 KQ(QZ)-250	C230,C250	8~16	230~250	18	90	自行履带式台车

潜孔钻机不仅适用于梯段爆破钻孔作业，而且也已扩展用于水井及其他建筑基础工程钻孔作业上。1974 年，美国英格索兰公司为了解决阿拉斯加管道工程在 −50℃ 永久冻土硬岩上（密积的冻结砾石）钻支承桩孔的需要，特别研制了 DHD124（610mm）超级潜孔冲击器，在该工程实际使用中取得钻进速度为旋转钻和螺旋钻的 2~3 倍的良好效果。

1. 潜孔冲击器技术参数

国产潜孔冲击器技术参数见表 7-5，国外部分潜孔冲击器技术参数见表 7-6。

表 7-5					国产潜孔冲击器技术参数					
型　号	C80	C100	C150	C230	C250	FC150	J100	J160	J170	J200
配套凿岩机型号	YQ80	YQ100	Y150	ZQ250 (KQ250)	ZQ250 (KQ250)	YQ150	YQ-100	YQ-150	东风-200 YQ-150	LQZ-200 73-200 东风-200
钻孔直径（mm）	80～90	100～130	150	230	250		11	21	2	
缸体内径（mm）	66	62	85							
活塞行程（mm）	91	75	85							
活塞锤体质量（kg）	1.6	1.85	4.4							
阀片厚度（mm）			2.8							
冲击功能（kg·m）	6.6	7.5	10		70	28.1	11	21	26	40
冲击频率（次/min）	1550～1900	1650～1250	1250	1000	650	850	950	850	860	860
冲击器外径（mm）	78	88	135				92	136	154	188
功率（kW）	1.9845	2.352								
全长（mm）	500	520	748							
使用气压（kg/cm²）	5～7	5～7	5～6			5	5	6	6	5
耗气量（m³/min）		6	11～13	24	30	10	9	11	15	20
质量（kg）	11.5	13	55				31	70	92	157
钎尾直径（mm）	45	50	60							
与钻头连接形式	单键	单键	单键							
冲击器段数（段）			二段							
台班进尺（m/台班）			76							
钻头直径（mm）							110	155	175	200～220
生产厂	宣化风动机械厂	宣化风动机械厂	宣化风动机械厂	宣化风动机械厂	宣化风动机械厂	鞍钢	嘉兴冶金机械厂	嘉兴冶金机械厂	嘉兴冶金机械厂	嘉兴冶金机械厂

表 7-6	国外部分潜孔冲击器技术参数		
型　号	DHD-120	DHD-124	DHD-130
钻孔直径（mm）	580	610	762
长度（带钻头，m）	2.44	2.44	2.44
外径（无钻头，mm）	457	533	689
质量（无钻头，kg）	2020	2906	5130
缸径（mm）	295	292	292
冲程（mm）	178	178	178
冲击频率（次/min）	700	700	700
耗气量（m³/min）	67.8	67.8	76.4
使用气压（kg/cm²）	8.75	8.75	8.75
上接头丝扣	$8\frac{5}{8}$"API 内平	$8\frac{5}{8}$"API 内平	$8\frac{5}{8}$"API 内平
钻头型式	球齿型	球齿型	球齿型

2. 潜孔钻机的钎头

(1) 特点和分类。潜孔钻机的钎头（又称钻头），用于与潜孔冲击器配合使用。根据配套需要和性能要求不同而异，其结构品种式样较多，按有关特点可分类如下。

1) 按照钎头的结构，可分为整体式和分体组合式两种。整体式钎头目前应用较多，分体组合式钎头是一种新型钎头，它的头部和尾部用特殊螺纹连接，当钎头磨损后，只需更换头部，而钎尾部分可继续使用，从而节省钢材和加工费用。

2) 按照钎头的形状，可分为十字超前刃合金片钎头、平头柱齿钎头、半球柱齿钎头等。十字超前刃合金片钎头适用于穿凿软、中硬岩石；平头柱齿钎头适用于穿凿中硬、坚硬及节理发育，有裂隙的岩石，半球柱齿钎头适用于穿凿中硬及坚硬岩层。

3) 按照钎尾结构，可分为花键和单键两种。前者能传递较大扭矩，不易断键。

4) 按照钎头的排气方式，可分为中心排气和侧面排气两种。

(2) 部分钎头产品样式及性能参数（英格索兰钻孔机械张家口有限公司）。

钎头产品式样。潜孔冲击器钎头式样如图 7-3 所示。

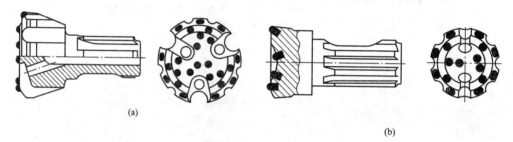

(a)

(b)

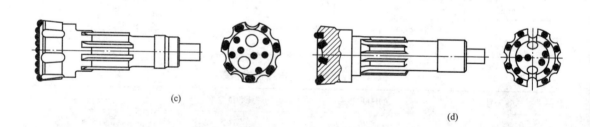

(c)

(d)

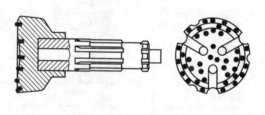

(e)

图 7-3 潜孔冲击器钎头式样

(a) CIR 系列钎头；(b) CIR 系列凹面钎头；(c) DHD 系列钎头；

(d) DHD 系列凹面钎头；(e) 分体系列钎头

部分钎头产品技术参数见表 7-7 及表 7-8。

表 7-7

CIR 系列标准低压钎头技术参数

名　称	CIR65 钎头	CIR70-18A 钎头	CIR80-16A 钎头	CIR80 尖齿钎头	QT-90B 钎头
图　号	CIR65-17	CIR70-18A	CIR80-16A	CIR80-16RL	QT-90B
零件号	209461710	209491810	209471610	209471631	209101620
直径（mm）	$\phi68$	$\phi75$	$\phi83$	$\phi83$	$\phi90$
长度（mm）	145	196	190	190	190
质量（kg）	1.5	2.6	3	3.6	3.5
适用冲击器	CIR65A	CIR70	CIR80/CIR80X	CIR80/CIR80X	CIR90
备　注			QT-80	尖齿	
名　称	QT-90C 钎头	QT-90D 钎头	QT-90A 钎头	CIR110-16A 钎头	CIR110-16B 钎头
图　号	QT-90C	QT-90D	QT-90A	CIR110-16A	CIR110-16B
零件号	209101630	209101640	229161610	209111610	209111620
直径（mm）	$\phi100$	$\phi130$	$\phi90$	$\phi110$	$\phi123$
长度（mm）	190	195	190	205	205
质量（kg）	4	6.5	3.3	6	6.8
适用冲击器	CIR90	CIR90	QCZ90	CIR110	CIR110
备　注			冲击器不供货		
名　称	CIR110-16C 钎头	CIR110-16F 钎头	CIR110-16G 钎头	CIR150-17A 钎头	CIR150-17D 钎头
图　号	CIR110-16C	CIR110-16F	CIR110-16G	CIR150-17A	CIR150-17D
零件号	209111630	209111650	209111670	209121710	209121740
直径（mm）	$\phi130$	$\phi140$	$\phi150$	$\phi155$	$\phi150$
长度（mm）	220	210	230	260	262
质量（kg）	7.2	8	10.2	16	16
适用冲击器	CIR110	CIR110	CIR110	CIR150 CIR150A	CIR150 CIR150A
备　注					凹面

表 7-8

CWG/DHD 系列标准高压钎头技术参数

名　称	CWG76-15A 钎头	CWG76-15C 钎头	CWG90-15A 钎头	DHD3.5-18A 钎头	DHD340A-15A 钎头
图　号	CWG76-15A	CWG76-15C	CWG90-15A	DHD3.5-18A	DHD340A-15A
零件号	219321510	219321530	219311510	219811800	219221510
直径（mm）	$\phi78$	$\phi110$	$\phi90$	$\phi90$	$\phi105$
长度（mm）	215	240	265	244	292
质量（kg）	3.5	6	5	4.9	8
适用冲击器	CWG76	CWG76	CWG90	DHD3.5	DHD340A DHD4
名　称	DHD340-15B 钎头	DHD340-15C 钎头	DHD350C-19B 钎头	DHD350R-17A 钎头	DHD360-19A 钎头
图　号	DHD340-15B	DHD340-15C	DHD340C-19B	DHD340R-17A	DHD340-19A
零件号	219221520	219221530	219301920	219821700	219241910
直径（mm）	$\phi115$	$\phi130$	$\phi140$	$\phi133$	$\phi152$
长度（mm）	292	292	340	349	400
质量（kg）	8.5	10	16	16	24
适用冲击器	DHD340A DHD4	DHD340A DHD4	DHD350Q	DHD350R	DHD360 DH6

3. 轻便型潜孔钻机

轻便型潜孔钻机是对输电线路施工研制的凿岩机械，主要用于山区岩石基础钻孔。与常规凿岩机比较，其主要特点如下。①结构轻便，可拆卸搬运，部件件重适应山区人力运输；②钻孔直径及深度，能满足塔基施工要求；③钻孔定位精度高，孔斜小；④有底架固定可靠装置。

现将近年研制完成并已经施工应用的部分机型简介如下。

（1）QZZ-88A 轻型组合潜孔岩石钻机。图 7-4 所示为 QZZ-88A 轻型组合潜孔钻机结构图。

QZZ-88A 轻型组合潜孔钻机是根据电力线路塔基施工中在成台上钻孔的需要而设计的一种轻型组合式凿岩钻机，主要适用于在成台上钻孔，也可用于平整岩石面或专用底脚板面上钻孔作业。在电力线路塔基施工工程中，可利用成台上预埋的四个地脚螺栓将机体固定于成台之上，在机架不动的情况下，转动钻具部分，钻出四个互为 90°的地脚螺栓孔。地脚螺栓孔孔距可根据需要在钻机上设定，该机采用可与地面锚固的轻型机架，配有独立回转动力装置，垂直导向装置和气缸加压装置，全部动力均采用压缩空气。钻机轻便高效，但耗气量

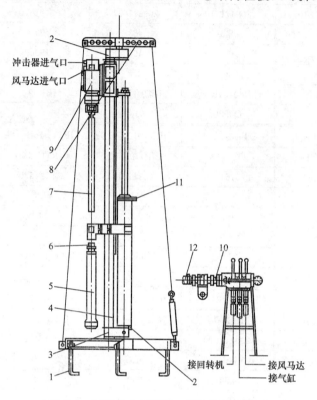

图 7-4　QZZ-88A 轻型组合潜孔钻机结构图
1—混凝土台；2、11—汽缸进排气口；3—底座；4—立柱、气缸、托钎器总成；5—冲击器钎头总成；6—过渡接头；7—钻杆；8—星形索架；9—风动马达；10—控制阀；12—总进风管

大，能耗较高，需大型空压机配套工作。

1）QZZ-88A 轻型组合潜孔钻机技术参数。

钻孔直径 80～130mm，适应岩石为中硬、硬岩

$f=8～16\text{Hz}$

孔深 60m，钻具一次钻进 1000mm

钻具回转速度 90r/min

工作气压 0.5～0.7MPa

凿岩速度 100～300mm/min

推进气缸：

气缸直径 140mm

有效行程 1100mm

最大推力 6.5kN

风马达：型号

JT6 型叶片式

功率 4.4kW

风压 0.5～0.7MPa

额定转速 3200r/min

长×宽×高 1000mm×1000mm×2380mm

台架质量 195kg，单件最大质量 70kg

2）QZZ-88A 轻型组合潜孔钻机的结构和工作原理。支架部分由十字底座、立柱、十字索架组成，三部分用 φ8mm 钢丝绳加双钩紧线器固定成一体。立柱上下端设有滑槽，调节上下十字底座和十字索架在滑槽中的位置，可钻 250～450mm 范围内任意孔距的孔。十字底座经地脚螺栓锚固于岩体上以保证钻孔位置的准确性。

潜孔冲击器由接头、阀柜、阀盖、阀、锤体、缸体、钎头等组成；压缩空气由操纵器、风水管、钻杆直接进入冲击器内部。经过缸体上接口和钎头上三个喷口向钻孔底部喷出，吹走钻屑；部分压缩空气进入配气装置，经阀体内阀片导向使压缩空气反复进入锤体的后部或前部，迫使锤件作反复运动冲击钎头进行凿岩工作。

3）回转动力头：QZZ-88A 轻型组合潜孔钻机回转动力头结构如图 7-5 所示。

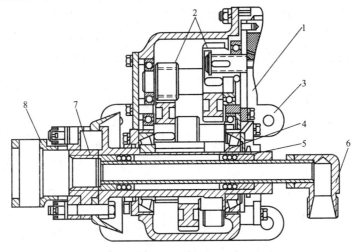

图 7-5 QZZ-88A 轻型组合潜孔钻机回转动力头结构图

1—风动马达；2—减速齿轮副；3—底座；4—输出轴；5—气动密封；

6—进气口；7—钻杆连接螺纹；8—卸杆器

回转动力头是实现钻具旋转的机构，由风动马达、减速箱、滑动座等组成。

减速箱与风动马达直接连接，采用四级齿轮减速传动、末级由空心轴传出，轴承间隙可通过压盖上的调整垫调整。

4）QZZ-88A 轻型组合潜孔钻机推进部分。推进气缸与滑架连接，活塞杆与回转动力头滑座连接，压缩空气通过管路进入气缸作用于活塞上，由活塞杆带动滑板进行凿岩工作。

5）使用维护要点。

a. 机器的安装和准备。

a）在清理好已开出的工作面的岩体上，按设计孔位选择好锚杆位置后，用人工或风镐打出 φ34mm、深 550mm 垂直孔（膨胀螺栓型锚杆用），或深 750mm 垂直孔（一次性预埋锚杆用），将孔内清理干净。将膨胀螺栓型机动锚杆插入、锁紧（预埋锚杆用水泥灌实）。

b）将气管引至工作面。吹净风管，并与气阀控制部分接好。

c）将 T 形钩装入星形底架 T 形槽内，底架三爪用方木垫稳，调整螺杆，将星形底座调好水平，并撑紧底座。

d）将立柱总成座于中心球面孔内，星形索架插入立柱上端，上下对应用双钩紧线器将立柱调整垂直，并将钢丝绳拉紧（动力头可先与立柱装成一体一次立起，也可先立柱，再装动力头）。

e）检查各紧固部分，无松动，将已吹净的风管与控制部分连接好。

b. 作业前的检查。

a）开始工作时、应仔细检查各气管路是否连接牢固，有无漏风现象。

b）检查注油器内是否已经注满机油。

c）检查各部分的螺钉、螺帽、接头等处是否都已拧紧，立柱是否确实安装牢固。

c. 凿孔作业程序。开始凿孔时，先以较小冲击力、推进力钻进，以便钻头定位，待钻头钻进 100mm 后再全风门冲击，并适当加大推进力，进行正常的凿岩作业；钻完一根钻杆，要停止风动马达和冲击器送气，用扳子在托钎器上卡牢钻杆卡槽，然后反转风动马达，上提滑架使动力头与钻杆脱开，接上第二根钻杆，按此循环连续工作。

d. 卸杆方法。钻机卸杆是靠卸杆器往复及两个扳子和风动马达反转等配合实现的。

当钻完钻杆时，调整卸杆器的四方框对准到钻杆的第一槽位置（此时钻杆的第二个槽被托钎器的扳子插牢），把另一扳子插到卸杆器中钻杆第一个槽中，然后又取出托钎器中的扳子，将卸杆器连同钻杆一起往上提，当下一钻杆的第二槽与托钎器的四方框相符时、把扳子插到托钎器四方框的钻杆槽中，反转风动马达，即可把第一根钻杆卸出、用上述方法可以逐一把全部钻杆卸出。

e. 作业中应注意事项。

a）随时注意检查气路，各部分螺钉、螺帽、接头的连接情况及立柱和横轴的牢固情况。

b）随时注意检查风动马达的润滑情况。

c）钻凿时不得反转，以免钻杆脱扣。

d）随时注意岩粉的排出情况是否正常，岩粉不易排出，必须微提钻杆，喷射压缩空气吹出积存孔底的岩粉后，再继续钻进。

e）短时停机，应继续向钻机小量供给压缩空气，以避免岩粉侵入冲击器内，若停机时间较长，应提高冲击器至距孔底 1～2m 处后固定。

f）工作中应注意冲击器声音和机器运转情况是否正常，出现异常情况应立即停机检查。

g）加接新钻杆时，要特别注意孔内清洁，以避免沙土混入冲击器内部，损坏机件，造成严重事故。

6）QZZ-88A 轻型组合潜孔钻机常见故障及处理。

a. 断钻杆。

原因：①钻杆与孔壁摩擦，使局部壁厚减薄；②钻杆接头加工不良，退刀槽过深。

预防处理：加接钻杆时，要注意检查，对磨损过度的钻杆应停止使用，已断在孔内的钻杆可用公锥取出。

b. 冲击器不响。

原因：①阀片破碎；②钎头尾部打坏，碎渣进入缸体；③排气孔被岩粉堵死；④向下凿岩时，孔内积水多，排气阻力大，冲击器不易起动。

处理方法：发现冲击器不响时，先按原因④进行检查，方法是将冲击器提升一段，减少排气阻力，将水吹出一部分，再慢慢推向孔底。若此法无效，则可能属于前三种原因，需拆检清洗冲击器或更换零件。

c. 卡钻。除遇有复杂地层能使机器在正常钻进中卡钻外，尚有以下原因：①钎头断翼；②新换钎头较原来直径大；③凿岩时机器发生位移或钻具在孔中偏斜；④凿岩时孔壁或孔口掉落石块或遇到大裂隙或溶洞；⑤遇有黄泥加碎石的破碎带，岩粉排不出来；⑥操作失误：长时间停钻时没有吹净岩粉，也没提起钻杆，使冲击器被岩粉埋没。

处理方法：发现断翼时，首先将孔底的岩粉吹净，然后用一段直径近似孔径的无缝钢管，在管内装满黄泥或沥青，与钻杆连接送入孔底，将断翼取出来，对于②～⑥卡钻，比较严重的是钻具提升不起来、放不下去，风动马达不转，冲击器不响。此时，只有外加扭矩或用辅助工具活动钻杆，使钻具回转，然后要边给风，边提钻，直至故障完全解除。重新凿岩时，应先稍加压力，然后逐渐加大至正常的工作压力。

d. 钎头碎片、掉角和脱片。遇有钻杆产生跳动，有可能掉下石头块，穿过岩层变化的交接处或掉合金片。从外表判断，若是掉合金片，几乎不见向前移动，钻杆跳动也比较有节奏。提钻证实了掉合金片时，可用强力吹风法吹出，合金块大吹不动时，也可用处理钎头断翼的方法取出。恰遇孔内有断层或破碎带时，将合金挤入这些地方的孔壁也可不取出，换上钎头继续钻凿。

7）QZZ-88A 轻型组合潜孔钻机环保措施。

a. 本机在控制阀体上设有一接水口，用于压力为 0.4MPa 的高压水。此高压水被高压风雾化成为水气混合物并送至凿岩孔底，将凿下的岩石粉末润湿后排出孔外。防止作业现场扬尘弥漫造成污染。

b. 在输电线路架设中使用本机。一般都是在高山峻岭野外作业、用水较困难，这时可根据作业现场情况决定是否使用水除尘，若不使用，操作者可利用风向在顺风避尘处操作。

（2）QYMZ-110 型风动锚杆钻机。图 7-6 所示为QYMZ-110 型风动锚杆钻机结构图。

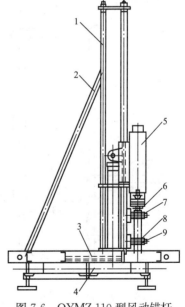

图 7-6　QYMZ-110 型风动锚杆
钻机结构图

1—立柱；2—斜拉杆；3—底架 2；
4—底架；5—回转头；6—钻杆；
7—托板器；8—定心套；
9—定心器

QYMZ-110 型风动锚杆钻机是北京送变电公司为解决输电线路锚杆基础的钻孔工艺而研制的钻孔机械。该机在具有组合、轻便等满足山区施工特点同时，强化了关键部件，采用了液压传动技术，装备了优质潜孔冲击器，具有大口径、高精度、低风耗、高节能特点。

1）结构特点。

a. 钻杆回转及升降采用液压动力。效率高，动力消耗仅为采用风动时的 20％。

b. 采用优质潜孔冲击器，低风耗、高效率，可用于大孔径深孔钻孔。

c. 构架式钻架，导向刚度高，钻孔精度满足塔基技术标准。

d. 配备圆周 4 等分及半径定长准确定位装置，可一次调定连续钻成一个塔腿的 4 个孔，从而大大提高了操作效率。

e. 液压泵站及空压机大量动力均采用轻便柴油机，重量适宜，可运送到桩号作业。

f. 液压胶管接头均采用快速接头，拆装方便；整机重量轻，组装拆卸方便，适应山区搬运，操作简易，安全可靠。

2）技术参数：

钻孔直径 φ80mm～φ130mm，钻孔深度 10m

孔距调整范围 250～800mm，回转速度 0～90r/min

回转扭矩 600N·m

推进力 10kN，提升力 15kN，一次推进行程 1000mm

钻杆长度 1026mm，钻杆直径 φ50mm

工作风压 0.4～0.7MPa

冲击器型号 CWG76，风耗 2.8～15m³

冲击能 170N·m

外形尺寸 1200mm × 1200mm × 2100mm，质量 1280kg，其中钻机部分 300kg、空压机部分 650kg、液压泵站部分 260kg。

3）钻机部分结构组成。钻机部分由回转动力头、进给液压缸、立柱、转台和底座等部件组成。

a. 回转动力头：由液压马达和滑动底座组成；本机采用凿岩机专用的 SP 型高压低速齿轮液压马达；该马达液压压力高、重量轻、出力大；采用空心主轴；利用通孔引入压缩空气，并在下端开有钻杆连接螺纹，简化了进气导入及钻杆连接装置，与常规装置比较，重量减少达 60％，长度缩短 50％（见图 7-7）。

b. 进给液压缸：为双作用液压缸，最大行程 1100mm，额定压力 16MPa，配有专用调压阀，推力可无级调节，当调定压力为 8MPa 时，顶升力可达 15kN。

c. 立柱与转台：立柱由四根等长的优质钢管组成的矩形断面构架，底部与厚钢板加工的底板焊牢。上部定位板采用螺栓固定，可拆卸以便装卸动力头；动力头滑座与立

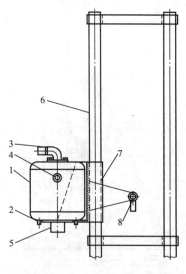

图 7-7 QYMJ-110 型风动
锚杆钻机简图

1—液压马达；2—底座；3—压缩空气接口；4—油管接口；5—钻杆接口；6—滑道；7—底座滑套；8—液压缸连接管

柱钢管采用套筒定位，其内镶铜套，相互配合精密，加以装在立柱下部的定心套控制钻杆运动轴线，保证钻孔精度。立柱底板以螺栓固定于转台上，转台由槽钢组焊而成，底面沿中轴线有带刻度标尺的长槽，将中心销对准刻度并在槽内锁定，即可确定塔基四孔孔距。

d. 底座：底座为正方形型钢架构，中心开有与中心销配合的中心孔，沿对角线有准确分度的分角线，用以供定位参照。在该底座四角，装有调整丝杠，以供底座调平。

4) 操作注意事项。

a. 本机操作人员必须持证上岗，做到专人专责。

b. 使用本钻机前，操作人员应首先阅读有关柴油机、空压机等说明书熟悉和掌握有关液压泵站、机械设备、柴油机等有关基本技术和安全常识。

c. 开机前操作人员应检查液压油箱及注油器油量是否满足要求，检查液压、气路各连接部位是否紧固，并确保各操纵手柄处于中位（关闭）位置。

d. 检查空压机、回转头、滑道等运动部件是否润滑良好。

e. 起动柴油机。柴油机起动后，注意观察液压、气路等部件工作是否正常。

f. 钻孔作业进行中，随时观察液压表压力指示是否正常，及时排除异常情况。

g. 在钻孔作业中，请勿更换任何零件，同时注意四肢不要触及有关运动部件，如回转头，滑板、液压缸座等，以防出现工伤事故。

h. 在钻孔作业中，随时观察注油器油量，确保注油量适当。

i. 接钻杆前，必须吹净钻杆内壁，防止杂物进入冲击器；接、卸钻杆时，确保扳手牢固卡紧，以防松动危及人身安全，并确保每次接卸后螺纹受到良好的润滑，有利于延长钻杆使用寿命和利于拆卸；每次完成作业或存放冲击器时，要吹净内部粉尘并封堵进气口。

j. 检修和拆卸主机有关零件，应在专业人员指导下进行。

5) 操作步骤。

a. 本机操作人员首先应掌握"操作注意事项"所列内容。

b. 将钻机三大部件运至工作现场，并合理放置。钻机的就位和固定如图7-8所示。

a) 将所要钻孔的塔腿整理出一个半径2m的平台。

b) 将钻架的底座搬至该平台。

c) 通过测工，使底座的对角线、中心与塔腿4个孔的对角线、中心重合，同时将底座找平。

d) 用风枪在底座的合适位置凿出4个以上的 ϕ40mm 深 500mm 左右的孔，用膨胀螺栓和压板将底座固定。

e) 用套筒扳手拧松转台中心销轴，并在刻度板上调整该轴，使其所对应的刻度数是塔腿4个孔的距离后定位并拧紧。

f) 将转台放在底座上，并将中心销插入底座中心孔，用4个螺栓使转台与底座相互可靠固定。

g) 将钻架立柱用4个螺栓固定在转台上，

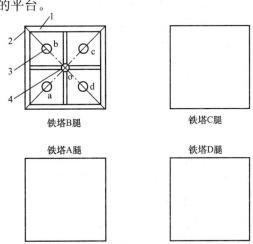

图7-8　钻机底座定位、锚固示意图
1—底座；2—底座对角线刻线；
3—塔基地脚孔位；4—底座中心孔

189

调节斜拉杆，确保立柱垂直。

　　c. 连接钻架和液压泵站上的 5 根液压油管，确保快速接头连接牢固，同时把钻架与泵站、泵站与空压机间的 2 根气路胶管连接牢固。

　　d. 凿岩钻进作业。

　　a）起动柴油机。

　　b）推动回转手柄，使回转头输出轴顺时针旋转。

　　c）拔出定心器上卡紧销和定心套，将定心套套在钻杆或冲击器上，然后将钻杆或冲击器螺纹接头涂上黄油，并使其与回转头连接上，最后用卡销使定心套固定在定心器上，注意保持导向良好，并确保钻杆或冲击器螺纹接头与回转头的螺纹连接牢固。

　　d）在接近工作孔位前，推动送风球阀手柄，冲击器开始工作。

　　e）当冲击器进入岩层后，控制推进压力和回转速度以适应该岩层钻之钻进作业及确保钻孔良好。

　　f）当一次推进行程结束后，将扳手牢固卡住钻杆或冲击器接头。

　　g）反向转动回转头，使回转头和钻杆脱开后，操纵提升手柄提升回转头至钻架顶端停止。

　　h）将另一根钻杆的螺纹孔与欲接钻杆或冲击器接头连接，另一端涂上黄油后与回转头接上，然后回转输出轴并推进。旋转和推进两动作的配合应有利于紧固旋紧螺纹，同时能够延长螺纹使用寿命。

　　i）确认连接钻杆牢固后，取下扳手，继续正常钻进，当完成该次推进后重复 f）～h）直到完成所需孔深。

　　e. 钻杆提升作业。

　　a）钻孔到达预定深度后停止推进，继续送风和回转，以保证孔底清洁。

　　b）用液压缸顶升提升回转头直至倒数第 2 根钻杆下扁口提过托扳器。

　　c）在回转停止后插上扳手卡住钻杆扁头。

　　d）反转同时适当提升回转头，使回转头与最后一根钻杆脱扣分离。

　　e）用管钳卡住最后一根钻杆，人力反向扳动，松开最后一根钻杆与倒数第 2 根钻杆间的螺纹连接，然后取下最后一根钻杆。

　　f）下降并缓慢正转回转头，使其与托扳器上的钻杆螺纹连接（不宜太紧），然后停止推进和回转。

　　g）上提回转头，将钻杆下扁口提过托扳器。

　　h）重复 c）～g），以拆卸其余钻杆直至全部钻具都提出孔外为止，用合适孔帽堵塞孔口，以备移交下步工序。

　　f. 孔位换位作业。

　　a）松开并拔出转台与底座间 4 根固定螺栓。

　　b）人力推动转台使回转 90°。

　　c）插入并拧紧转台与底座间 4 根固定螺栓。

　　d）重复作业 d. 和 e，完成下一孔作业。

　　e）重复作业 f. 直至坑内 4 孔全部完成。

　　g. 更换坑位，重复作业 c.～f. 直至各坑钻孔全部完成。

6) 维护与保养。QYMJ-110 型锚杆钻机是在野外环境工作的施工机械，正确使用、维护与保养是提高工作效率、减少故障、延长机具使用寿命最经济、最有效的措施。维护保养细则如下：

a. 柴油机在使用前，必须按规定进行空载运转磨合。

b. 保持使用现场清洁，尽量给钻机提供良好的使用环境。

c. 接卸或储存钻杆时，每次均在钻杆连接螺纹处涂润滑油脂，并保持钻杆内孔清洁。

d. 钻机工作前，要仔细调整油雾器针阀，使润滑油量合适。

e. 钻机滑道要定期注入润滑油脂。

f. 油雾器要及时加油，如油雾器缺油将有损于冲击器正常工作。

g. 要定期清洗油箱，及时更换堵塞的滤油器，以免引起液压系统的故障。液压油箱加满新更换的液压油后，应发动柴油机，操作换向阀使各部分在空载情况下充分运转，将系统充满液压油然后再观察油箱，补加液压油至合适刻度。

h. 各运动部件如滑道、回转头、减速箱等位置均需要定期加润滑脂。

二、液压凿岩机

液压凿岩机的工作系统基本上与独立回转式风动凿岩机一样，包括独立回转部分和冲击部分。冲击部分是借高压油作用于双作用活塞而动作。工作频率由液压油进出口来控制，即靠活塞的运动或者滑阀或转阀的作用，或两者的组合开启液压油进出口中的任一口来进行控制。

与风动凿岩机比较，液压凿岩机有以下主要特点：

（1）动力消耗低，效率可达 30%～40%，而风动凿岩机一般只有 10% 左右。同样的凿岩量，液压凿岩机所消耗的动力仅是风动凿岩机的 1/4～1/5。

（2）凿岩速度高，与同等重量级的风动凿岩机比较，液压凿岩机的凿岩速度要高 50%～150%，并且钻具和零件寿命不降低。据试验，在相同条件下，一般风动凿岩机每分钟推进 1.5m，而液压凿岩机则可达 3.8m，提高工效一倍以上。

（3）没有排气，噪声低，工作面能见度好，改善了劳动条件。

（4）按照不同的工作条件，可以调节冲击功、频率、扭矩、转数和推力等参数，以实现最优钻进，提高机器效率。

（5）可实现一人多机操作，便于程序控制和自动化。

（6）动力单一，不需要配备空压机和管道等设备。

（7）造价高、制造精度高、维修比较困难。

（8）需另备凿岩粉清除设备（空压机或水泵）。

（一）YYG80 型导轨式液压凿岩机

YYG80 型导轨式液压凿岩机由冲击器、转钎机构和蓄能器组成，是一种轻型独立回转全液压凿岩机，与液压台车配套，可在地下或露天对中硬、坚硬岩石钻凿任意方向炮孔。

（1）冲击器由缸体和在其中运动的活塞及阀等零件组成。活塞在冲程和回程的预定位置打开阀孔，使阀动作，油流换向，推动活塞运动。也就是说，使高压油通过分配阀交替进入缸体的前后油室推动活塞往复冲击。活塞行程为 50mm，冲击频率为 3000 次/min。冲击系统装有两个蓄能器，一个作为活塞运动过程中液压油的补偿，以增加活塞的冲击速度。另一个用于稳定主油路压力，以避免过大的液压冲击力。

（2）转钎机构主要由液压马达、减速齿轮箱（$i=1:3$）、钎尾套、供水机构等组成。液压马达的扭矩通过钎尾套的六方杆传给钎尾，从而实现独立转钎，根据需要可调节钎杆的转数。本机采用旁侧供水，实现湿式凿岩。本机在 $f=14\sim18Hz$ 的岩石中钻凿速度高达 1.8m/min。

（二）H45 型液压凿岩机

H45 型液压凿岩机为法国的第二代产品，配备有多项自动控制机构，有较高凿岩速度。该机配备的自动控制机构如下。

（1）自动冲击开眼机构。开眼时能自动降低冲击功，以保证开孔孔位精确。

（2）冲击、回转自动调整机构。冲击和回转机构的供油是串联的。凿岩时，一定的液压力自动地分配到回转和冲击部分，因此可以根据岩石性质自动调节冲击功和扭矩而不会发生卡钎现象。

（3）自动返回机构。当钻完一个炮眼后，凿岩机能自动退回。

（4）水量不足返回机构。当冲洗水量不足时，凿岩机停止推进并退回原处。

（三）液压凿岩机的主要技术参数

国产液压凿岩机主要技术参数见表 7-9。

表 7-9 　　　　　　　　　　国产液压凿岩机主要技术参数

型　　号	YYG80	YYTJ26C1
冲击功（N·m）	100	60
冲击频率（Hz）	50～60	50～60
回转扭矩（N·m）	150	55
钎杆转速（r/min）	0～300	250～300
轴推力（kN）	8～10	
冲击液压（MPa）	10～12	0～16
回转液压（MPa）	5～7	0～16
推进液压（MPa）	3～5	0～16
质量（kg）	80	26（冲击器）
总功率（kW）	30	11
噪声（dB）	107	
型　　式	导轨式	导轨式
生产厂	湘江风动工具厂	乐清采矿机械厂

三、内燃凿岩机

内燃凿岩机是一种由汽油发动机、压气机、凿岩机三种机械组成一体的手持式凿岩工具。该机以两冲程汽油机为动力，作业时，由本身产生的压缩空气吹岩粉，适用于无电源和无压缩空气的临时性勘探和施工场所。内燃式凿岩机除能进行凿岩作业外，一般都配备有十余种工具（如砂轮、镐、锹、铲等），可改成破碎、铲凿挖掘、劈裂、捣实等各种器具。常用机型有 YN-30 型、YN-27 型、YN-25 型和 YN-23 型等。

（一）内燃凿岩机的结构及工作原理

内燃凿岩机完成凿岩工作需要完成三个动作，即冲击钎尾、转动钎杆和清洗炮孔。

现以 YN-23 型内燃凿岩机为例，其结构简图如图 7-9 所示。

1. 冲击钎尾

在主气缸内，相向安装着两个活塞（发动机活塞 1，冲击活塞 3）。当抽拉起动绳，使曲轴转动，驱动发动机活塞移动时，空气经过滤清器进入汽化器，与汽油混合雾化后进入曲轴箱。发动机活塞继续向上运动，逐渐关闭进气孔，曲轴箱内的可燃混合气被压缩。活塞接近上死点时，排气孔、扫气孔开启，受到预压的可燃混合气自曲轴箱经扫气孔流入燃烧室，并将燃烧室内前一次燃烧产生的废气从排气孔中排出。此时发动机活塞 1 由于受前一次高压燃气的作用继续向上运动，曲轴箱中的预压可燃混合气继续进入燃烧室。当发动机活塞 1 经过上死点后，由于曲轴飞轮的惯性作用，开始下移。活塞下移到将进气、排气、扫气三孔都关闭后，开始对进入燃烧室的混合气体进行压缩。当发动机活塞向下运动到接近下死点时，磁电机点火，点燃混合气，使可燃气体燃烧，气缸中的压力迅速升高，而发动机活塞依靠曲轴飞轮的

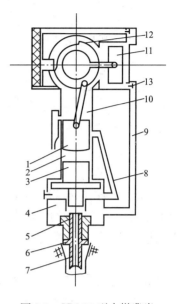

图 7-9　YN-23 型内燃凿岩机结构简图

1—发动机活塞；2—燃烧室；3—冲击活塞；4—机头腔；5—钎座；6—钎头；7—吹气孔；8、9—气道；10—气缸；11—压气活塞；12—曲轴；13—逆止阀

惯性动能继续运动到下死点，此时可燃气体已全部燃烧，并使缸体内达到最高压力。高压气体将冲击活塞 3 高速下移，实现了对钎尾的冲击。

发动机活塞 1 经过下死点后，被高压燃烧气体推动向上运动，到一定位置斜孔被打开，和燃烧室接通。高压燃气即经过斜孔和分流阀进入冲击活塞下腔，推动冲击活塞向上运动，并产生了冲击活塞下腔的气垫。此时实现了冲击活塞的一次往复运动。

当发动机继续运转时，新的循环又重新开始。

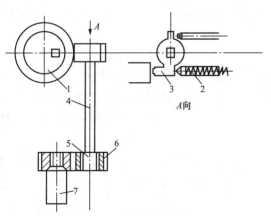

图 7-10　转钎机构原理

1—偏心轮；2—复位弹簧；3—推动爪；4—转轴；5—棘轮；6—齿圈；7—转钎轴

2. 转动钎杆

转钎机构原理如图 7-10 所示。偏心轮 1 装在汽油机曲轴的一端上。当曲轴转动时，由于偏心轮和复位弹簧 2 的作用使推动爪 3 做往复摆动。此摆动通过转轴 4 传到棘轮 5，当棘轮逆时针摆动时，棘轮带动齿圈 6 逆时针转动。当棘轮顺时针往回摆动时，齿圈 6 即停止不动，只有棘轮空转。故当曲轴连续转动时，即可实现齿圈 6 沿逆时针方向的间歇转动。齿圈 6 与从动齿轮啮合，钎尾插在从动齿轮的六方套内，带动钎杆顺时针方向转动。

3. 清洗炮孔

YN-23型内燃凿岩机清洗炮孔是采用压缩空气实现（见图7-9）。压气活塞由发动机曲轴直接带动。当发动机活塞上移时，压气活塞11向左运动，这时排气阀（逆止阀13）关闭，使压气缸产生真空度，在压差的作用下，空气通过滤清器进入压气缸。当发动机活塞下移时，压气机活塞向右运动，排气阀开启，压气机压出气体。压出的气体经排气阀和输进管，进入机头腔4内，再经过空心钎杆和钎头小孔吹入炮孔底部，将岩粉吹出孔外。

（二）凿岩工具

凿岩机所用的凿岩工具是钎子。钎子套在凿岩机的机头托钎架上，用以直接冲击岩石。钎子按其构造不同可分为整根钎子和组合钎子。整根钎子是由整根钢材制成，钎头、钎杆和钎尾是一体的。组合钎子由可更换的活钎头与钎杆组合而成的。钎子由六角形断面的钢棒制成，其中心有孔道，压缩空气即通过这一孔道进入孔底冲洗岩粉。钎尾的形状和尺寸应与凿岩机的钎尾套筒相适合。钎头上的刃片有一字形、十字形和六角星形等几种。在中硬岩石钻孔作业中，一字形钎头较为适宜，但遇岩石隙缝较多时容易卡钎。十字形和六角星形钻头则不易卡钎，在各种岩石中均可应用，但钻进速度比一字形刃片的钎头低。

（三）操作方法及使用须知

1. 操作方法

（1）起动操作。

1）向油箱加燃油为20∶1的汽油/机油混合油，加油时应注意将混合好的燃油重新搅拌，防止机油沉淀。加油时一定要用带有细滤网的漏斗，防止杂质进入油箱造成油路故障。

2）将离合器手柄置于停的位置。

3）将汽化器油针逆时针拧开2～3圈，并按下几次起动按钮，以便排除油腔内的空气，并使其适应起动时需要较浓混合气的要求。

4）握紧起动手把，并以轻快的动作拉动几次，即可起动，如不能起动，应检查油路和电路是否有故障。

5）机器起动时及起动后，都需要调节油门（即汽化器油针），油门过大或过小，机器都不能起动，起动后也不能正常工作。

（2）凿岩操作。

1）选好炮位，并清除炮孔周围碎石杂物，以防掉入炮孔，造成卡钎事故。

2）开孔时应转动阻风阀，使机器低速运转，便于开孔，并引导钎头，找到适当孔口位置，然后降下离合器，即开始进行凿岩。当钻孔进三分之一钎头时，才可使机器全速进行工作。

3）机器正常凿进时，操作者应握紧操作手把，对机器稍加压力，防止机器在凿岩中上下跳动，损坏机件。并且应扶正机身，使钎杆在凿进中，始终位于炮孔中心，防止卡钎。

4）在凿岩过程中进行换钎时，不用停车，只需升起离合器，并将钢托扳放在换钎位置，进行换钎，换钎后仍将离合器和钢托扳退回原位置，即可恢复工作。

（3）停车操作。

1）如需临时性紧急停车，可用手快速拉起紧急停车按钮，机器立即停车，也可立即起动，恢复正常工作。

2）如停车时间较长时，可升起离合器，关闭油针，机器停止工作。

2. 使用须知

（1）使用前的准备工作。在使用凿岩机工作前应做好以下准备工作。

1）备好一个作业班所用的汽油、机油及加油用的带滤网漏斗，并将汽油和机油按16：1在专门容器内混合均匀。注意不要临时在凿岩机油箱内混合。

2）准备好在现场临时进行小型维修用的工具及易损零件，以便工作时进行临时性的维修保养。但严禁在工作现场拆卸气缸。以防造成事故，损坏机件。

3）根据现场凿岩情况的需要，备好恰当规格和足够数量的钎头、钎杆。常用钎杆规格为 0.5、1、1.5m，钎头规格为 $\phi38$、$\phi36$mm。根据炮管直径适当选择。一般钎杆每加深半米应换成直径减小 0.5mm 的钎头，以防卡钎。

（2）每日保养工作。

1）每日工作前，在各运动部件加油润滑，特别是柱塞部分和推动爪。

2）每日工作前认真检查各部螺丝、接头、油管、风管等处是否松动或者渗漏现象，如有应及时处理。

3）机器开动后，应使其在小油门低速情况下运转 2～3min，停车前应升起离合器，拧松油针让机器在小油门低速情况下运转 2～3min。使机器各运转部分得到充分润滑，并可减少故障，延长使用寿命。

4）每工作 4h 后，取出空气过滤器，在汽油或煤油中洗净粉尘。洗完后甩去汽油或煤油，并在过滤芯上滴入机油 10 滴左右然后装上。

5）内燃凿岩机在工作中，应经常注意机器运转情况，如机器转速、冲击力、转钎、排粉和各部连接是否正常，以及有无杂音等，如发现异常情况应及时处理，严禁机器带病工作。

6）凿岩机停机后，清除机器上的粉尘和污物，特别是要打开护罩，将气缸散热片上的石粉和油污擦净，油污积存过多会影响气缸散热。

7）每日工作结束，将凿岩机收入室内，妥善保管。

（3）保管与运输。

1）凿岩机完工后，应经检查确认机况良好方可入库。

2）入库前应清洁整机、放净燃油，做好各部件润滑、防锈工作，封堵进排气口，然后放在专用包装箱内。

3）已装入包装箱内的凿岩机应存放在室内干燥通风场合。箱体相互码放整齐，保管库内有关设施应符合安全措施规定。

4）凿岩机运输前应妥善装箱，装车后应与车体可靠固定，机箱上部不得堆放杂物、重物，并应安排专人押运。

（四）国产内燃凿岩机的技术参数

国产内燃凿岩机的技术参数见表 7-10。

表 7-10 国产内燃凿岩机技术参数

型 号	YN-23	YN-23A (原东方红)	YN30A	YN-30	YN-25
机质量（kg）	23	23	28	28	25～28
发动机（缸径×冲程，mm×mm）	60×58		58×70		60×65
转速（r/min）	3000～3400	3000	2700～3000	2700～3000	2700～3000
冲击频率（次/min）	3000～3400	3000	2700～3000	2700～3000	2700～3000
冲击功（kg·m）	3.5	4	3.5	3.5	4.0
扭矩（kg·mm）	180	160	180		180
深度（m）	6	6	6	6	6
凿孔速度（mm/min）	220	250	180～200	180	280
耗油率（L/m）	0.15	0.18	<0.15	0.145	0.125
钎尾尺寸（六角对边×长度，mm）	22×108		22×108, 25×108	25×108, 22×108	25×108, 22×108
外形尺寸（长×宽×高，mm×mm×mm）	680×260×225	650×380×250	760×330×205	805×330×205	710×260×260
钎杆转速（r/min）			110	110	200
燃料（汽油∶机油）（按容积）			12∶1	12∶1	12∶1
生产厂	宜春风动工具厂	沈阳探矿机械厂	宜春风动工具厂 洛阳风动工具厂 西安筑略 机械修配厂	宜春风动工具厂	宜春风动工具厂

第二节 桩 工 机 械[1],[2]

在输电线路工程中，桩工机械主要用于杆塔的桩基施工，较常用于水网地区的灌注桩基础、软地层的贯入桩基础和旋锚桩基础等场合。

桩基工程的主要施工机械（即桩工机械），按其工作原理可分为冲击式、振动式、静压式和成孔灌注式等。常用的有柴油桩锤、蒸汽锤，液压锤、振动桩锤、静力压桩机、各种钻孔机以及与桩锤配套的各种打桩架等。它们分别适用于各种不同的施工作业。

根据工作原理、构造方式的不同，各类桩工机械有不同的性能特点，适用于各种不同的

[1] 国家建委设备材料施工机械分配处．国外施工机械选编．北京：机械工业出版社，1981．

[2] 杨文渊．简明工程机械施工手册．北京：人民交通出版社，2001．

桩基作业，现分述如下：

1. 潜水钻机（灌注桩钻孔机）

由钻土钻头、钻杆、卷扬机、水泵、可拖起的底架等配套设备组成；通过钻头冲、抓、或钻进形成深孔后，灌注钢筋混凝土桩。

该钻机适用于冲积土层，水网地区进行大直径塔基灌注桩施工。

2. 柴油打桩机

由柴油打桩锤和打桩架组成，靠桩锤冲击桩头，使桩在冲击力作用下打入土中，其中轻型宜于打木桩、钢板桩；重型宜于打钢筋混凝土桩、钢管桩。本机适用于黏土地层作业，不宜用在过硬或过软的反弹力土层作业。

3. 振动沉拔桩机

由振动桩锤和打桩架组成，利用桩锤的机械振动打入桩或拔出桩，可用于打拔钢板桩、钢管桩、钢筋混凝土桩。适用于沙质黏土、塑性黏土及松软砂黏土作业，在卵石夹砂及紧密黏土中作业效果较差。

4. 静力压桩机

由专用重型机械及压桩桩架组成，采用机械或液压方式产生静压力，使桩在持续静压力作用下压入土层至所需深度。可用于压拔板桩、钢板桩、型钢桩以及各种钢筋混凝土方桩，适用于软土基础及塑性黏土地带。硬土及夹石地区不宜采用。

5. 旋锚机

由可拖起的底架、桩架、导向装置、旋转动力头及其升降装置等组成，施工效率高，作业周期短，适用于黏土层、软地层及线路抢修进行塔基旋锚桩拧入作业。

6. 钻扩机

由可拖起的底架及其上钻架、旋转动力头、升降装置、可展开的扩底式钻头等组成，适用于密实黏土层进行原状土基础成孔施工。

一、潜水钻机

潜水钻机（灌注桩成孔机）是一种可深入地下水中旋转钻土的新型灌注桩成孔机械，其成孔直径大及深度深，钻孔效率高，在高地下水地区广泛用于输电线路塔基灌注桩施工。

（一）潜水钻机基本工作原理和主要结构

1. 潜水钻机工作原理

潜水钻机是采用专用钻头在水下旋转击碎土层，然后通过水泵抽吸排土形成钻孔。由孔中排出的水流进入渣土沉淀池内，余水回流钻孔循环使用；常用作业方式有两种：用水泵在池中吸水经管道泵送水冲刷孔底，使碎土随水流自孔口溢出，排土水流为自上而下循环，称正循环排土法（见图7-11）；将沙石泵附装在潜水电钻钻进时随同潜入孔底，

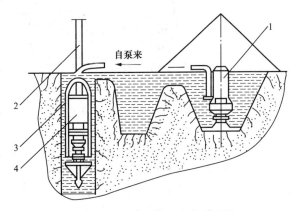

图 7-11 正循环排土成孔法简图

1—潜水泥浆泵；2—钻杆；3—送水管；4—潜水电钻

197

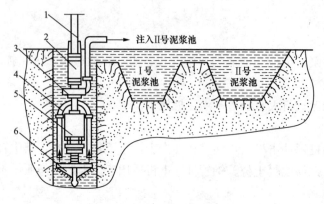

图 7-12　反循环排土成孔法简图

1—钻杆；2—电动机；3—沙石泵；

4—抽泥管；5—潜水电钻；6—钻头

碎土经泵吸后连同污水经出水管排出，经泥浆池沉淀后清水回流钻孔，水流方向与前者相反，称反循环排土法（见图 7-12）；后者抽吸力强，可排出卵石等块状物，更适合于含石土层应用。

2. 潜水钻机结构

潜水钻机结构主要由潜水电钻机、可拖动的钻孔台架、卷扬机、配电箱等部分组成，如图 7-13 所示。钻孔台架的钻架用以控制钻机的升降和导向，机架的垂直导轨经方钻杆 8 和导板 7 提供给钻机钻进的反力矩，钻机主机悬挂在卷扬机 12 的钢绳上，该绳通过架顶滑轮控制钻机沿钻架升降运动。钻机可通过放松钢绳，依靠自重下降，也可利用收卷卷扬机钢绳进行提升。根据使用需要，钻机台架可采用简易型（见图 7-13），也可采用自行式如履带式、轮胎式或步履式自行底盘台车。

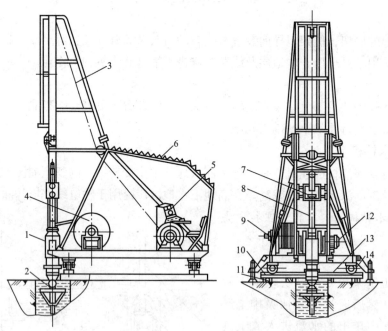

图 7-13　潜水钻机主机整机简图

1—钻机；2—龙式钻头；3—钻架；4—电缆和水管卷筒；5—配电箱；6—遮阳板；7—井口导板；

8—方钻杆；9—进水口；10—枕木；11—千斤顶；12—卷扬机；13—轻轨；14—行走车轮

潜水电钻机由潜水电动机、行星齿轮减速箱、笼形钻头等有关部件组成，传动系统示意图见图 7-14：电动机轴通过花键套 2 驱动行星齿轮减速箱太阳齿轮 6，带动三个行星齿轮 5 自转，并和固定不动的内齿圈 4 啮合绕太阳齿轮 6 转动，由于行星齿轮 5 装在行星齿轮架 3

上，从而使行星齿轮架 3 以一较低的速度转动，行星齿轮架 3 与钻机输出主轴 7 相连接，在主轴上装有钻头 8 进行钻土成孔。

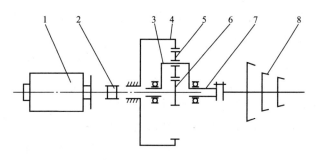

图 7-14　潜水钻机钻孔传动系统简图

1—电动机；2—花键连接套；3—行星齿轮架；4—内齿圈；

5—行星齿轮；6—中心齿轮；7—输出主轴；8—笼形钻头

（二）潜水钻机钻孔作业操作概要

潜水钻机（RRC 型）钻孔作业现场布置如图 7-15 所示。

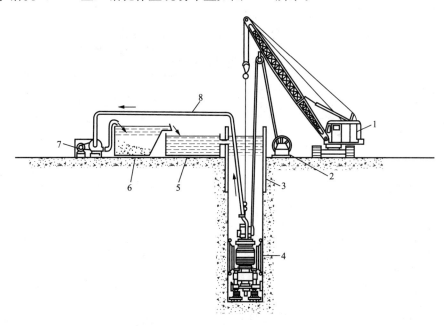

图 7-15　潜水钻机施工现场布置图

1—履带吊车；2—电缆卷筒；3—护井套筒；4—潜水电钻；

5—补水池；6—沉淀池；7—电动水泵；8—泵吸管

潜水电钻 4 通过电缆卷筒上的电缆供电，该机配有一组由三钻进钻头组成的钻孔钻头和一组井壁整形钻头，两组钻头转向相反，力矩可相互平衡，省略了方钻杆支持系统；履带吊车 1 用以悬挂钻机并控制升降，泵吸管 8 吸水口位于钻头侧面，便于吸入钻头切下碎土；循环用水经电动水泵 7 排入沉淀池 6，澄清后流入补水池 5 后返回孔内，护井套筒 3 用于提高井孔水位，防止井壁坍塌。该机操作简述如下：

（1）钻机悬挂于吊车机架上进行作业。

（2）钻进时注意以下事项：

1）套筒内须保持比地下水位高 2m 以上水位高度；循环溶液的比重不超过 1.1，以便在钻孔壁上形成防止坍孔的保护泥膜。

2）套筒防止受冲击与压力，注意筒内水面需经常保持要求的标高不要降低。

3）排渣管通至沉淀槽或振动除泥（碴）筛，使渣、水分离。

4）循环液经过沉淀槽或除砂设备处理后再注入钻孔。

（3）钻头给进压力由液压钻头加载计（压力表）控制。

（4）接电动机电缆由自动式电缆转盘收放，在钻孔深度不大时也可由人力转动转盘收放。

（5）在水深达到相当深度（7m 以上）时可改用压缩空气吹排钻碴。

（6）沙石泵应布置在靠近孔口和沉淀池，以保证对渣土的抽吸，排送能力条件下，位于不影响吊装作业的安全范围之外。

（7）采用振动除泥筛，除可起清除碴泥的作用外，还可监控挖掘中的钻孔地质情况。

（8）地质不良时须采用稳定溶液及其他成套管理的方法。

（三）潜水钻机有关技术资料

（1）河北新河钻机厂生产的 GZQ 型潜水钻机主要技术参数见表 7-11。

表 7-11　　　　　　　　　　　GZQ 型潜水钻机主要技术参数

机型 名称		型号					
		GZQ800	GZQ1250	GZQ1250A	GZQ1250B	GZQ1500	GZQ2000
钻孔直径（m）		800	1250	1250	1250	1500	2000
钻孔深度（mm）		50	50	50	50	50	50
主轴转速（r/min）		200	60	45	38.5	40	20
最大扭矩（kN·m）		1.07	3.57	4.76	5.57		
钻进速度（m/h）		18～60	18～60	9.6～12	9.6～12	4～10	2～6
潜水电动机功率（kW）		22	22	22	22	22	44
潜水电动机转速（r/min）		960	960	960	960	960	
主机质量（kg）		5500	7000	7000	7000		
整机质量（kg）		4600	4600	7500	7500	15000	20000
行走方式		轨道式	轨道式	轨道式	轨道式	轨道式	电动轨道式
排土方式		正循环	正循环	正反循环	正反循环	反循环	反循环
外形尺寸 （mm）	长	4300		5350			
	宽	2230		2220			
	高	6540		8742			

（2）新河中原桩工机械厂生产的 CFG 型潜水钻机主要技术参数见表 7-12。

200

表 7-12　　　　　　　　　　**CFG 型潜水钻机主要技术参数**

产品型号	成孔直径 （mm）	成孔深度 （m）	主机功率 （kW）	主机转速 （r/min）	托运方式
CFG13	300～600	13	22×2	21	整机
CFG15	300～600	15	22×2	21	整机
CFG18	400～800	18	37×2	21	整机
CFG21	400～800	21	45×2	21	部分拆机
CFG25	400～800	25	55×2	21	部分拆机
CFG30	400～800	30	55×2	18	部分拆机

（3）日本利根钻探公司生产的 RRC 型潜水钻机主要技术参数见表 7-13。

表 7-13　　　　　　　　　　**RRC 型潜水钻机主要技术参数**

项　　目　　　　　钻机型号			RRC-15	RRC-20	RRC-30
钻孔直径（mm）			1000、1270 1400、1500	1500、1600 1800、2000	2300、2500 2800、3000
钻孔深度（m）			最深80	最深80	最深80
钻机高度（mm）			3675	3675	3900
钻头转轴速度（r/min）			32	22	17
反循环钻管（杆） 内径（mm）			150	150	200
配用电动机（kW）			15×2 台	18.5×2 台	30×2 台
钻机质量（kg）			9000	12000	18000
吸入泵1台	出水管直径	（mm）	150	150	200
	流量	（m³/h）	300	300	360
	总扬程	（m）	18	18	15
	电动机	（kW）	44.5	44.5	52.5
除碴筛1台	产量	（m³/min）	4	4	5
	电动机	（kW）	7.5	7.5	11
泥浆泵2台	出水管直径	（mm）	100	100	100
	流量	（m³/h）	75	75	75
	电动机	（kW）	11	11	11
输泥1台（RRC15） 浆泵（RRC20） （辅助） 2台（RRC30）	出水管直径	（mm）	150	150	150
	流　量	（m³/h）	120	120	120
	电动机	（kW）	22	22	22
履带吊车1台	起重量	（t）	22.5	35	50

二、旋锚机

旋锚机是旋锚桩基础施工的专用机械，用于将旋锚桩拧入地层构成旋锚桩基础。由于旋锚桩基础具有施工简易、承载可靠，作业过程无需水源、电源，作业周期短、见效快，完工即可投入使用等特点，在有些地形条件下使用有其特殊的优越性，特别适用于电力线路抢修及软土地层地区输电线路的基础工程。

旋锚机作业主要为吊装旋锚桩至预定位置，并提供足够的下压力和旋转力矩，使其按规定角度沉入土中。为满足杆塔基础的施工精度要求，旋锚机的吊装设备应具备吊装就位能力及准确导向对中能力。实验证明，旋锚桩的旋入力矩与其承载能力存在相应关系，因此机上需配备旋入力矩实时观测装置，以便监控施工过程，保证桩基承载能力。

旋锚机目前尚无批量定型产品，可选用满足有关要求的自行式工程机械改装，北京送变电公司曾采用挖掘机底盘改装为旋锚机，用于国外 220kV 输电线路工程的旋锚桩基础施工，效果良好。

有关旋锚机基本要求、结构原理、改装要点、技术参数及施工工艺，分述如下。

（一）旋锚机基本要求

为满足旋锚桩施工需要，旋锚机技术性能应能满足以下基本要求。

（1）为满足施工、定位、转场等作业需要，旋锚机应具备足够的动力、必要的定位装置和良好的行走性能。

（2）为满足旋锚桩要求的输出扭矩和下压力，旋锚机应具有适当重量并能输出足够扭矩的旋转动力装置（旋锚动力头）。

（3）为进行旋锚桩的吊装就位，旋锚机应配备吊臂和卷扬机等有关起重装置。

（4）为满足旋锚桩定位精度和倾角精度要求，旋锚机应具备良好的基桩定位导向能力。

（5）为满足旋锚桩旋桩过程中旋入质量的实时监控要求，旋锚机应配备满足精度要求的扭矩显示仪表。

（二）旋锚机的基本结构

旋锚机主要由动力装置、起重装置、旋锚装置、定位调节装置、行走装置等组成。其主机通常采用性能符合要求的自行式工程机械，如汽车式吊车、挖掘机、长螺旋钻孔机等。主机部分通常配备有旋锚机所需的发动机及其传动系统、起重装置、行走装置和操纵装置等部分，其中尤以中、小型液压挖掘机适用于杆塔基础施工。

旋锚装置为旋锚机主要旋锚作业装置，由驱动装置、减速机和底座等部件组成，用以产生足够的扭矩将旋锚桩旋入地下；定位调节装置用于使旋锚桩准确就位。

1. 旋锚机主机的选择

旋锚机主机可在液压式汽车吊车、液压挖掘机和液压式履带钻孔机等工程机械中，其中，液压挖掘机更适用于杆塔基础施工。

（1）液压式汽车吊车。QY8 型液压式汽车吊车具有独立的动力装置和液压传动系统、完整的起重作业配套装置及可水平 360°回转的起重台车、可轴向伸缩和垂直变幅的起重吊臂、完善的轮胎式行驶装置。改装工作主要为在吊臂端部卸除滑轮组，挂接安装旋锚动力装置，并从液压系统引出动力进行驱动。改装工作简便、行驶快速，但液压系统功率较低，越野能力较差，适用于交通条件较好、载荷较小的旋锚作业，如城市配电线路基础、路灯灯杆基础等。

（2）液压挖掘机。液压挖掘机作业机构具有能 360°水平回转及垂直变幅主臂、操作条件良好的驾驶室和液压行走装置。改装工作主要为：卸除斗杆及挖斗，换装旋锚装置及吊重、导向装置；并将原斗杆及挖斗驱动油路及操纵系统改成旋锚装置。由于液压挖掘机的液压系统功率取自柴油机的全动力输出，使旋锚旋转扭矩大，且其履带式行走装置有良好越野性能。缺点是价格较高、长途运输较不便。

（3）液压式履带钻孔机。液压式履带钻孔机装备性能可满足旋锚作业要求，其作业机构除具备水平回转功能外，还可进行纵向液压微调；钻孔用旋转动力头可用作旋锚动力装置，动力头升降及旋锚桩吊装可利用配套的卷扬机等设备，吊臂可作俯仰角度调节。其优点是无需改动，定位调节装置完善，作业效率较高；缺点是车体笨重、价格昂贵。适用于工作量大、作业集中的施工场合。

旋锚主机规格的大小可按动力装置匹配要求进行初选。为满足旋锚机所需动力，主机发动机应有优良性能并具备足够的输出功率，即 $N_0 \geqslant K_D N_D$

因为
$$N_D = M_D \times 2\pi n_D / 60$$
$$= 0.104 M_D n_D$$

所以
$$N_0 \geqslant K_D N_D$$
$$\approx 0.177 M_D n_D$$

式中　N_0——发动机有效功率，kW；

M_D——旋锚装置输出扭矩，kN·m，应大于旋锚桩额定值的 1.5 倍；

n_D——旋锚装置输出转速，r/min，取 10～20r/min；

K_D——动力系数，考虑液压系统及减速器传动效率，取 $K_D = 1.7\sim2.0$。

为满足动力供给及适应不同工况，主机液压传动系统应按可全功率输出，并满足液压系统变量调速性能的要求。

2. 旋锚机的结构型式

旋锚机的常见结构型式有三种，见图 7-16。

（1）简易导向型。液压动力头直接装在吊臂端部，用以驱动锚桩，桩的着地点由主机

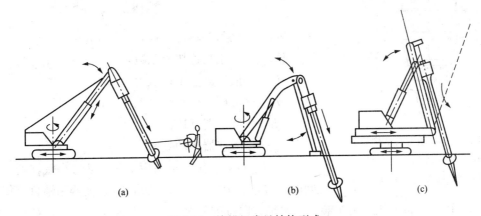

图 7-16　旋锚机常见结构型式

（a）简易导向型；（b）悬挂导向型；（c）精密导向型

与手动牵引机具配合定位，基桩对地倾角由主机旋转结合吊臂动作控制。作业中由动力头施加旋转力矩，由吊臂施加下压力。该型式结构简单，常用于吊车改装，但倾角控制精度较低。

（2）悬挂导向型。加装一导向杆悬挂在主臂上，杆顶部装有卷扬机，动力头装在导向杆上，可由卷扬机控制沿导向杆上下移动。桩的着地点定位方法类同简易导向型由主机旋转，移位结合吊臂动作调节导向杆的对地倾角，基桩下沉全过程将在导向杆导引下保持同一倾角，准确贯入；作业中由动力头施加旋转力矩同时，依靠动力头自重施加下压力。该型式适用于采用液压挖掘机进行简易改装，改装难度不大，作业精度及施工效率均符合塔基施工要求。

（3）精密导向型。在挖掘机转台上布置桩机平台，其上装备可调倾角的垂直导向桩架及卷扬机；平台配备有纵、横向位置精密调节装置；基桩的定点及倾角调整均利用液压缸操作进行。液压动力头连同基桩在卷扬机控制下可沿导向架滑移运动，定位调节后的旋锚作业方式同悬挂导向型。该型式定位方便、施工效率高，但改装工作量大、技术难度较高、整机笨重、造价昂贵，适用于大型基础作业工地。

3. 旋锚动力头

（1）旋锚动力头结构。旋锚动力头用于对旋锚桩施加旋转力矩，在使用导向支架时同时通过其自重施加旋锚桩所需下压力，它由液压马达、减速器、联轴器、底座等部件组成。液压马达用于驱动；减速器用于减速增大扭矩；联轴器用于连接基桩、传递动力；底座用于连接桩架。图 7-17 为用于导向架的旋锚动力头结构简图（图 7-17 中为高速液压马达与大速比减速器配套装置，也可采用低速大扭矩液压马达与小速比减速器配套方案），图 7-17 中 1 为斜轴式液压马达，2 为由一级斜齿轮与二级行星齿轮减速组成的三级减速器，3 为联轴器，用于减速器输出轴与桩帽连接，4 由铸钢或钢板组焊成，上面加工有安装减速器用的减速器座孔、控制动力头沿导向杆滑动的导向定位卡爪、固定吊绳端部的绳索挂孔等。

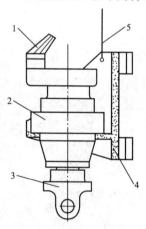

图 7-17 旋锚动力头结构简图
1—液压马达；2—行星齿轮减速器；
3—联轴器；4—底座；5—悬挂钢绳

（2）动力头扭矩计算。按旋锚桩施工技术要求，在旋入扭矩到达设计值后还需继续下旋一定深度，故动力头输出扭矩应大于旋锚桩设计旋入扭矩。动力头输出扭矩在液压系统相关参数及液压马达确定后可按下式计算

$$M_\mathrm{D} = K_\mathrm{D} P_\mathrm{D} q_\mathrm{D} i_\mathrm{j} \eta_\mathrm{j}$$

式中　M_D——动力头输出扭矩，kN·m；

　　　K_D——液压马达扭矩系数，0.14～0.16；

　　　P_D——液压马达工作压力，MPa；

　　　q_D——液压马达每转排油量，L/r；

　　　i_j——减速器减速比；

　　　η_j——减速器传动效率。

（3）旋锚桩帽。旋锚桩帽用于解决动力头联轴器与旋锚桩间的连接，其上端有带孔耳板，与联轴器用销钉连接；相互可作 90°回转，以便于动力头装入沿水平方向排列的桩段，下端为与桩段下端结构相同的套筒，可与桩段相互连接（见图 7-18）。

4．扭矩监测仪表

扭矩监测仪表需达设计规定精度并能进行数据的实时监测，是保证旋锚施工质量的关键。根据设备条件及有关原理可采用以下措施：

（1）根据液压马达输出扭矩与工作压力相关原理，可在马达供油回路装设高精度液压表，通过测试校正改换度盘，用以进行监测。这种方法简易直观，精度可达2%。

（2）根据相同原理，在液压马达进油口侧装设高精度压力传感器，以电测仪表进行观测。压力传感器精度等级高，精度可达0.5%。

（3）根据材料弹性变形特性，采用扭力传感器，串接于动力头与旋锚桩间，经应变仪表读数进行观测，精度高，可达0.2%，但操作维护较复杂，不利野外作业。

（三）BTP50型旋锚机

BTP50型旋锚机外形见图7-19，采用液压挖掘机底盘，卸除挖斗、斗杆及部分液压缸，在主臂顶端悬挂装有液压卷扬机及旋锚动力头、测角装置等部件的导向杆。为便于空间角度调节，导向杆上端采用双向铰轴悬挂，下端配有球铰底座。施工扭矩采用液压压力表测定。

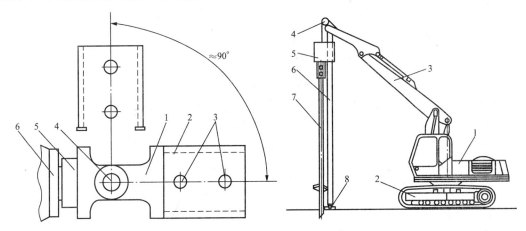

图 7-18　旋锚桩帽
1—联轴器从动侧；2—连接套筒；
3—旋锚桩连接销孔；4—联轴器传动销；
5—联轴器驱动侧；6—动力头减速器

图 7-19　BTP50型旋锚机外形图
1—上车；2—履带行走装置；3—主臂；
4—卷扬机；5—动力头；6—导向杆；
7—旋锚机；8—导向杆底座

主机为容量 $1m^3$ 液压挖掘机，配备78kW柴油机及全功率液压传动系统；上部有水平360°回转转台，底盘装备履带行走装置。

主要性能参数如下：

发动机型号F6L912，额定功率78kW，额定转速2500r/min

液压系统工作压力30MPa，液压泵容量2×80mL/r

额定动力头工作扭矩40kN·m，最大工作扭矩50kN·m

动力头出轴转速0～26r/min，适用最大旋锚桩规格φ500mm×3800mm

整机尺寸（长×宽×高）9300mm×2900mm×3250mm

整机质量19.5t，卷扬机鼓轮直径360mm

钢绳规格6×36—φ15.5mm，最大牵引力29kN

行走部分：

行驶速度 0～3km/h，爬坡能力 40°，接地比压 0.42t/m²

该机旋进速度快，吊桩、定位等辅助作业简易省时，因而作业效率高。φ219mm 旋锚桩平均进尺速度达到 1m/min。

（四）旋锚机基础施工工艺

目前国内外输电线路中所采用的旋锚桩基础型式多采用每腿四根多节单桩和插入式主角钢及混凝土承台基础组成。施工桩位处在低洼泥水地带时，基坑开挖是非常困难的，利用履带式旋锚机进行基础作业，使许多泥水施工难题得以解决。

1. 旋锚桩加工制作工艺要点

（1）旋锚桩采用 16Mn 无缝钢管。

（2）螺旋锚片模具制作。要求螺旋导向标准，压出的锚片不歪不扭、节距一致。

（3）钢管各接头段要进行内外孔壁机加工处理，以符合图纸中公差配合要求。

（4）各部件焊接应严格按有关技术规定进行，并由技术等级较高的焊工操作。

（5）接头处的穿钉孔位、孔距要统一基准定位，上下孔距要一致，左右孔位要同心。

2. 旋锚桩钻进作业

（1）将旋锚机轴线对准旋锚桩的倾斜线，即在基础对角线方向上。

（2）将旋锚桩导引段安装在旋锚机动力钻头上。

（3）调整机头位置使导引段尖头对准桩中心。

（4）用旋锚机垂直夹角度盘尺粗调导引段倾斜坡度，再用特制的坡度控制器靠在导引段管壁上细调倾斜坡度，使其与主角钢坡度一致。

（5）锁定钻臂，开始旋进作业，每旋进 0.5m，记录一次扭矩值，直到一根桩钻完为止。

（6）停止旋进，将动力钻头与旋锚桩脱开。进行接续，先将旋锚桩延长段一端与动力头连接，再将延长段提起，另一端与导引段连接，复核延长段倾斜坡度后，继续旋进。

（7）依次往复操作，直至单桩全部钻进为止。

三、柴油打桩锤

1. 导杆式柴油打桩锤主要结构、工作原理和技术性能

（1）导杆式柴油打桩锤主要结构见图 7-20。两根导杆 3，上、下两端分别与顶横梁 1、活塞体 5 相固定，构成一相互平行的起落架，架上装有顶座 2 和汽缸体 4，可沿导杆自如滑动，在其上部装有与升降卷扬机吊索连接用挂点和挂接汽缸用的吊锤挂钩。

活塞体 5 与内燃机的活塞构造一样，活塞体上设有桩锤的供油系统，其组成部分包括燃油箱、燃油泵 6，油门调节杠杆 8，高压油管和装在活塞顶部的喷油嘴，喷油泵的操纵销钉固定在汽缸上。燃油的输出量的调整可通过变换油泵柱塞的行程实现。油门曲臂装在液压泵偏心轴上、利用调整偏心轴摇臂的起始角度即可使柱塞的行程得到变更。

活塞的上部装有四个活塞环。两根导杆 3 固定在活塞体的底部，以掌握汽缸冲头的运动方向。导杆顶部固定在顶横梁 1 上。顶横梁的两侧装有横梁凸肩，用以与装在顶座的挂钩挂接，以便悬挂顶座。顶座下部还装有一套汽缸挂钩用以起吊作为桩锤的汽缸体，汽缸体（冲头）的上部有一凹形槽，在其内设置有可供挂钩挂接用的挂轴。

汽缸体下部有经精密搪磨成形的空心圆柱形孔，即为桩锤的工作汽缸孔；缸孔出口处是向下逐渐扩大的圆锥形锥孔，以便在汽缸冲击活塞时纳入活塞环。顶座可在导杆上自由运

动，也可用一个专用卡销固定在顶横梁上，使汽缸可以保持在高位吊起状态；汽缸和顶座的下落用操纵杆控制。

汽缸下部圆锥孔分成四个瓣，汽缸下落时四个瓣可通过活塞体十字形肋形成的凹部，冲击活塞体下部的桩帽。

桩帽分成上部桩帽座、下部桩帽两部分。桩帽座用一特制卡环连接在活塞体上。桩帽与桩帽座成球铰连接，以避免因桩顶倾斜影响桩锤打击方向。

(2) 导杆柴油桩锤工作原理参见图 7-21。

起动前需将桩锤置于设置好的垂直桩上，并将挂有锤头的顶座用卷扬机吊起至挂钩 14 和 16 (见图 7-20) 与横梁凸肩 13、17 挂牢，使汽缸 4 (桩锤) 位于高悬位置 [见图 7-21 (a)]；桩锤的起动通过拉动一根连接在操纵杆上的拉绳，使挂钩被释放，汽缸即可下落而打到活塞上。在汽缸套入活塞过程中，缸内空气因汽缸的继续下落而被压缩，当汽缸到达接近最低位置时将被压缩升温至 $500\sim700℃$，此时装在缸体上的燃油控制销钉恰好到达并打击油门曲臂使其推动燃油泵柱塞，将燃油加压并泵送至喷油嘴，通过喷油嘴小孔以雾状喷向缸内。

与此同时汽缸正好也到达最低点，打击到活塞体底座上，完成了第一个工作行程 [见图 7-21 (b)]。

油雾与缸内高温高压空气相作用后发生爆燃，产生的爆发力向下冲击使桩下沉，向上顶推使汽缸回升。

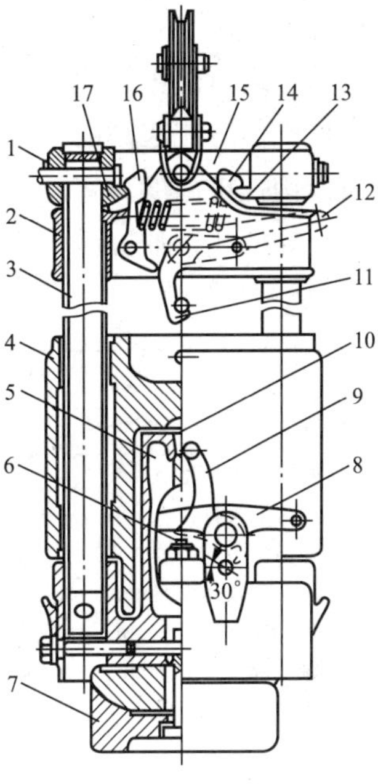

在汽缸上升至与活塞分离后，废气从缸内排出，由新鲜空气补充，完成为下次点火所需的换气过程。

图 7-20　导杆式柴油打桩锤主要结构图
1—顶横梁；2—顶座；3—导杆；4—汽缸体；5—活塞体；6—燃油泵；7—桩帽；8—油门调节杠杆；9—曲臂；10—喷油器；11—吊锤挂钩；12—操纵杆；13、17—横梁凸肩；14、16—挂钩；15—横梁

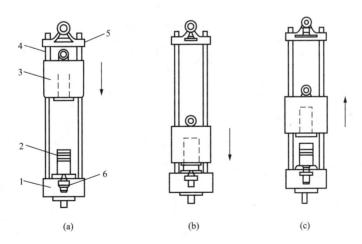

图 7-21　导杆柴油桩锤工作原理图
(a) 高悬位置；(b) 完成第一次工作行程；(c) 第二次工作行程
1—底座；2—活塞；3—汽缸；4—导杆；5—调架；6—高压轴泵

在重力作用下，汽缸升起后因自重回落，进行第二次打击［见图 7-21（c）］，如此往复循环运动，进行打桩作业。

汽缸工作时跳起高度，可通过液压泵供油量大小进行控制，一般选择接近导杆最高点而未达与挂钩挂接高度为宜。

（3）导杆式柴油桩锤主要技术参数见表 7-14。

表 7-14　　　　　　　　　　导杆式柴油打桩锤主要技术参数

机型 型号		型　　号			
		DD6	DD12	DD18	DD25
桩的最大长度（mm）		8	9	12	16
桩的最大直径（mm）		300	350	400	450
冲击部分重量（kN）		6	12	18	25
最大跳起高度（mm）		1870	1800	2100	2100
锤击能量（kN·m）		5.5	13.5	20	30
锤击次数（次/min）		50~70	50~60	45~50	45~50
最大耗油量（L/h）		3.1	5.5	6.9	10
外形尺寸（mm）	长	4400	5400	7500	7500
	宽	3900	4200	5600	6000
	高	11400	12450	17500	21000
总质量（kg）		6700	7500	14500	18000

2. 筒式柴油打桩锤主要结构、工作原理和技术性能

筒式柴油打桩锤冲击体为活塞，打桩能量大施工效率高，是目前使用最广泛的机型。其结构及工作原理与导杆式柴油打桩锤基本相同，有关内容简述如下：

采用经加长了的导向缸的内壁导向，省去了两根导杆，柱塞是锤头，可在汽缸中上下运动。工作时用起落架的吊钩将上活塞吊起，然后脱钩向下冲击，压缩封闭在汽缸内的空气，并进行喷油、爆发、冲击、换气等工作过程。如此往复循环运动，完成打桩作业。

筒式柴油打桩锤技术参数见表 7-15。

表 7-15　　　　　　　　　　筒式柴油打桩锤技术参数

桩锤型号	桩锤形式	冷却方式	冲击部分 质量（kg）	冲击部分 最大行程 （mm）	最大打 击能量 （kN·m）	打击次数 （Hz）	最大 爆发力 （kN）	燃油箱 容积 （L）
D1.4	筒式，单作用	风冷	140	2080	2.49	46~80	80	1.2
D12	筒式，单作用	风冷	1200	2500	30	40~60	500	21
D12/15	筒式，单作用	风冷	1200/1500	2500	30/37.5	40~60	500	21
D18	筒式，单作用	风冷	1800	2500	45	40~60	600	37
D18/22	筒式，单作用	风冷	1800/2200	2500	45/55	40~60	600	37
D25	筒式，单作用	水冷	2500	2500	62.5	40~60	1080	46
D25/32	筒式，单作用	水冷	2500/3200	2500	62.5/80	40~60	1080	46
D32	筒式，单作用	水冷	3200	2500	80	40~60	1500	48
D35	筒式，单作用	水冷	3500	2500	87.5	40~60	1500	50
D40	筒式，单作用	水冷	4000	2500	100	40~60	1900	58
D45	筒式，单作用	水冷	4500	2500	112.5	40~60	1900	62
D40/50	筒式，单作用	水冷	4000/5000	2500	100/125	40~60	1900	58
D50	筒式，单作用	水冷	5000/2500	12500	125	40~60	2140	58
D60	筒式，单作用	水冷	6000	3000	180	40~60	2800	130
D72	筒式，单作用	水冷	7200	3000	216	40~60	2800	158

桩锤型号	润滑油箱容积（L）	水箱容积（L）	燃油消耗量（L/h）	润滑油消耗量（L/h）	桩极限贯入度（mm/次）	总高（mm）	总质量（含起落架）（kg）
D1.4	2	0.75		0.5	2700	260	
D12	5		9.36	1	0.5	3830	2400
D12/15	5		9.36	1	0.5	3830	3900
D18	8		13	2	0.5	3947	4210
D18/22	10		15	2	0.5	3947	6573
D25	12	180	18.5	2～3	0.5	4870	6490
D25/32	12	180	18.5	2～3	0.5	4670	9650
D32	9.5	140	12～16	2.0	0.5	4700	8000
D35	9.5	150	12～16	2.0	0.5	4700	8000
D40	29	200	23	2～3.5	0.5	4700	9268
D45	20	210	19～23	3～4	0.5	4500	10000
D40/50	25	200	18～24	2～4	0.5	4780	14268
D50			20～25	3～4	0.5	5280	10500
D60	25	350	24～30	4	0.5	5770	15000
D72	44	400	25～37	5～6	0.5	5905	20000

四、振动桩锤

振动桩锤又称振动沉拔桩锤，利用它产生的机械振动力使桩沉入或拔出。由于振动桩锤具有速度快、噪声小、使用范围广等优点，因而获得了广泛应用。但振动桩锤对黏土层或坚硬层桩尖阻力较大，沉桩速度慢或者不能沉入；振动锤产生的振动力，对周围建筑物有不利影响。特别是当强迫振动频率与周围建筑物产生共振时，将会有一定的破坏作用。

1. 振动桩锤主要结构组成及工作原理

振动桩锤结构主要由悬挂装置、振动器、加压导向装置、液压操纵箱、液压夹紧装置等组成，其中加压导向装置用于沉桩作业，液压夹紧装置则用于拔桩作业中（见图 7-22 和图 7-23）。

（1）悬挂装置由四组弹簧并列组成，在工作中吸收振动锤传给桩架的振动力，在拔桩作业中，悬挂器对上拔力起稳定作用。

（2）振动器是产生垂直振动的机构，由耐振电动机通过三角皮带传动给其箱体内的一组或两组由两根相互反向旋转的偏心轴及其上安装的偏心轮、传动齿轮等组成的振动发生装置，每组振动发生装置，以一定频率振动，同组两轴产生的垂直振动力相互叠加，水平力相互抵消，形成了单纯的垂直振动。

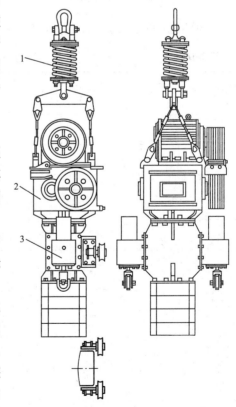

图 7-22 振动桩锤结构简图（沉桩时用）
1—悬挂装置；2—振动器；3—加压导向装置

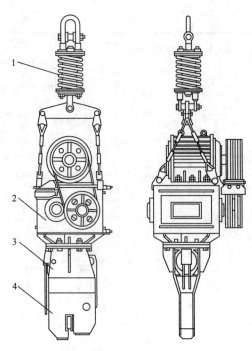

图 7-23　振动桩锤结构简图（拔桩时用）
1—悬挂装置；2—振动器；
3—液压操纵箱；4—液压夹紧装置

（3）液压操纵箱是提供压力油，并控制油缸活塞杆伸缩的装置，电动机带动齿轮油泵，压力油经过单向阀、手动换向阀等送至液压缸。操纵手动换向阀手柄，可改变液压缸两腔内的压力油的方向。系统的工作压力可通过溢流阀进行调整，压力大小由压力表示。

（4）加压导向装置是用于沉桩时配合振动沉桩架对振动锤进行加压和保持锤头沿桩架导轨上下移动用的装置，用以提高沉桩速度，由两台对称布置的加压液压缸进行加压，通过溢流阀调控调定所需压力。

（5）液压夹紧装置，又称液压夹头，用以使桩与振动器相互夹牢，以便可靠地传递振动器的振动力，进行拔桩作业。其夹头内部有液压缸，活塞杆端部与杠杆用销轴连接。杠杆的另一端与嵌有夹板的滑块用销轴连接。活塞杆通过杠杆推动滑块把桩夹紧。

2. 振动桩锤的技术性能

普通型振动桩锤的技术参数见表 7-16。

表 7-16　　　　　　　　普通型振动桩锤技术参数

项目 型号	电动机功率 (kW)	偏心力矩 (Nm)	激振力 (kN)	偏心轴转速 (r/min)	空载振幅 (mm)	许用拔桩力 (kN)	桩锤质量 (kg)	导向中心距 (mm)	外形尺寸			生产厂家
									长 (mm)	宽 (mm)	高 (mm)	
DZ22	22	100	135	1100	6.3		1577	330	1940	1031	723	兰州建筑通用机械总厂
DZ30	30	90	157	1250	4.6	160	1660	330	1994	1125	809	
		132	231		6.8							
DZ40	40	210	284	1100	7.6	180	2480	330	2187	1179	1073	
DZ45	45	190	281	1150	5.9	200	3456	330	2124	1313	1178	
		230	340		7.1							
		250	370		7.7							
DZ60	60	300	335	1000	7.8	250	4492	330	2345	1370	1277	
		360	402		9.4							
DZ90	90	300	335	1000	5.4	300	5764	330	2686	1523	1413	
		400	447		7.2							
		500	359		9.0							
DZ45A	45	245	363	1150	8.9	157	3880	330	2369	1313	1178	
DZ60A	60	360	402	1000	9.8	200	4963	330	2507	1370	1277	
DZ45B	45	363	260	800	13.7	157	3926	330	2360	1383	1216	
DZ60B	60	490	353	800	13.0	196	5256	330	2558	1452	1305	
DZ60C	60	588	295	670	15.2	196	5450	330	2546	1576	1231	
DZF-40Y	45	318	145	650	13.5	100	3400	330	1987	1320	1174	
			256	850								
DZ37Y	37	240	227.4	920	13.0	120	5300*	330	1787	1410	1157	郑州勘察机械厂

* 质量包括桩管。

210

低噪声型振动桩锤技术参数见表 7-17，液压型振动桩锤技术参数见表 7-18。

表 7-17   **低噪声型振动桩锤技术参数**

型号 项目	VX-40 型		VX-60 型		VX-80 型	
电动机功率（kW）	30		45		75	
偏心力矩（N·m）	100	130	150	210	220	360
振动频率（r/min）	900～1500		900～1500		900～1500	
激振力（kN）	91	252	135	377	199	553
空载振幅（mm）	3.1	4.0	3.5	4.8	3.4	5.5
空载加速度（g）	2.8～7.9		3.1～8.6		3.0～8.5	
质量（kg）	4000		5250		7400	
外形尺寸(高×长×宽， mm×mm×mm)	2189×1360×1002		2288×1452×1096		2550×1556×1247	
生产厂家	兰州建筑通用机械总厂					

表 7-18   **液压型振动桩锤技术参数**

型号 项目	LHV-025 型	LHV-04 型	LHV-07 型
振动频率（r/min）	1600～2200	1100～1800	1100～1800
质量（kg）	530	1000	1100
工作压力（MPa）	12.5～14	14～21	20～28
激振力（kN）	33～62	34～90	50～135
外形尺寸 （mm×mm×mm， 高×长×宽）	824×1018×607	105×1062×766	1183×1077×781
生产厂家	兰州建筑通用机械总厂		

第三节　掏　挖　钻　机❶

为解决特高压输电线路掏挖基础成孔施工机械化问题，国家电网公司组织开展了有关掏挖钻机研制工作，研制成 DR125T 型掏挖钻机。

（一）DR125T 型掏挖钻机主要用途及工作原理

1. DR125T 型掏挖钻机主要用途

DR125T 型掏挖钻机主要用于铁塔掏挖式基础机械化成孔施工，掏挖式基础开孔形状上小下大，如图 7-24 所示。掏挖式基础特点是形状合理，基坑坑壁土层保持原状，可节省材料、降低成本。本机采用优质液压挖掘机，以此为基础对上车部分进行重大改造，卸除原有挖土工装，置换为大型旋挖设备，并配装扩底式旋挖钻头及电子监控装置，以优化杆塔掏挖式基础成孔精度控制条件。

---

❶ 本节主要参数来自北京送变电公司 2009 年 3 月有关技术资料。

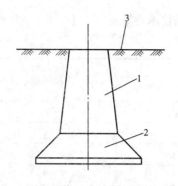

图 7-24 掏挖式基础开孔示意图
1—锥孔部分；2—扩孔部分；3—土层

2. DR125T 型掏挖钻机工作原理

DR125T 型掏挖钻机工作原理基本上与通用旋挖钻机相同，在采用液压挖掘机改换其工装为旋挖装置同时，保留原车主要部分；采用原有柴油机及液压传动系统提供所需动力，在旋挖作业中驱动旋挖动力头及有关辅助作业。本机配有 360°转盘和履带行走装置，可用于进行钻孔的粗定位，本机配有由液压缸驱动的平台纵横调位机构，供钻孔定位的精密调整；机上装有由液压缸支持的三节折叠式桅杆和主卷扬机控制钻杆及钻头的升降移动；旋挖动力头采用变量液压泵驱动以提高调速性能；采用在测深仪表指示下调节扩孔钻头以完成锥孔及扩底孔成形；采用下置动力头及底盘加蛙腿等措施改善底盘受力条件，以实现规格的小型化。

3. DR125T 型掏挖钻机主要特点

该机的设计充分吸取了大型旋挖钻机的优点。针对原机结构和钻挖要求，设计中进行了多项改进，增加了蛙腿、推土铲和两级液压缸控制桅杆等装置，可满足掏挖基础的施工特点，低转速大扭矩旋挖动力装置，满足孔径和扩底需求。具有施工效率高、移动方便、操作简单，对场地和路面要求低，设备成本和施工成本低等优点。

（1）采用大型掏挖钻机的施工方式，可以提高塔基的施工效率。

（2）采用小型挖掘机改造，设备成本低、运输方便、设备维护简单。

（3）自身带有推土铲，可自己平整路面和作业面。

（4）底盘采用蛙腿支撑，提高了钻机钻进工作的稳定性，也提高了对作业场地平整度的适应能力。

（5）很高的抖土空间（3000mm），完全满足钻头倒土和扩底装置的安装与使用。

（6）配有三泵全功率控制变量系统，可合理利用发动机功率调节流量和压力之间的关系。

（7）所有铰接全部采用液压缸人工控制，辅助人员的劳动强度小。

（8）驾驶员操作环境好，视野广，整机操纵平稳。

（9）装卸车方便可靠。

（10）行走速度快，最快可达 5km/h，运输时钻杆允许不拆下钻杆，节省装卸工作。

（二）DR125T 型掏挖钻机整体结构及主要装备

1. DR125T 型掏挖钻机整体结构

DR125T 型掏挖钻机结构见图 7-25，平台

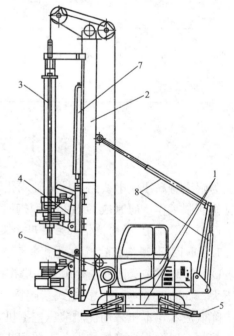

图 7-25 DR125T 型掏挖钻机结构简图
1—平台及底盘；2—桅杆；3—旋挖钻杆；
4—旋挖动力头；5—蛙腿；6—主卷扬机；
7—动力头加压液压缸；8—桅杆支撑油缸

及底盘1为国产SWE125型小型挖掘机，桅杆2置平台前部，旋挖钻杆3由通过桅杆顶部滑轮组的主卷扬钢绳吊挂并插入旋挖动力头4内，安装于桅杆上的加压液压缸7用于必要时对钻具施加较大旋挖压力，主卷扬机6装在平台前方，用于钻具的提升和下降。4个蛙腿5分置底盘四侧，用于增加整机工作稳定性。

2. 平台及底盘

平台及底盘采用国产SWE125型小型挖掘机，该机示意图见图7-26，其主要技术参数见表7-19。

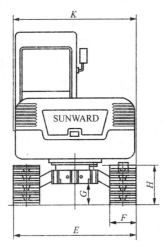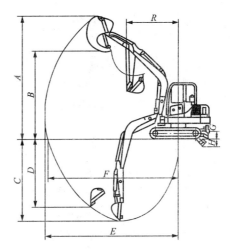

图 7-26　SWE125 型小型挖掘机示意图

表 7-19　　　　　　　　　　　**SWE125 型小型挖掘机主要技术参数**

整机质量（kg）	12100	排量（L/min）	22
标准斗容（m³）	0.42	液压油箱容量（L）	150
高/宽/长（mm）	2890/2421/7230	作业参数	
铲斗挖掘力（kN）	72.2	最大挖掘高度 A（mm）	7750
斗杆挖掘力（kN）	50.6	最大卸料高度 B（mm）	5410
最大牵引力（kN）	92	最大挖掘深度 C（mm）	4466
动臂偏转角度（°）	50（左）80（右）	最大垂直挖掘深度 D（mm）	3592
行走速度（km/h）	5.1/3.1	最大挖掘半径 E（mm）	7790
爬坡能力（°）	35	最大停机面挖掘距离 F（mm）	7618
接地比压（kPa）	42	推土铲最大提升高度 G（mm）	585
回转速度（r/min）	10.2	推土铲最大掘地深度 H（mm）	493
发动机	PERKINGS	最小回转半径 R（mm）	2660
形式	4缸4冲程水冷	推土铲（长/宽，mm/m）	2420/600
排量（L）	4.4	轮距（mm）	2685
功率/转速（kW/r/min）	74.5/2200	履带总长（mm）	3413
燃油箱容量（L）	180	平台离地间隙（mm）	913
主泵	2×105L/Min	平台尾端回转半径（mm）	1680
类型	柱塞泵	底盘宽度（mm）	2420
压力（MPa）	34.5	履带宽度（mm）	500
排量（L/min）	50	底盘离地间隙（mm）	440
齿轮泵		履带高度（mm）	794
压力（MPa）	20.6	运输长度（mm）	7230
排量（L/min）	44	司机室顶高（mm）	2890
先导泵		运输宽度（m）	2421
压力（MPa）	3.9		

3. 调平及测深控制装置

调平及测深控制装置由自动调平系统、操作面板、主控制箱、显示器和各部分操作控制按钮等组成。

（1）自动调平系统。自动调平系统能够大大提高生产效率和垂直精度，操作员可以一目了然，及时纠正垂直度误差。本机配备有专用的控制器、倾角传感器和操作手柄，可满足 $0.1°$ 精度要求，实现手动控制桅杆垂直度和在 X、Y 两轴 $±5°$ 情况下自动调整垂直度。并清楚显示垂直度状态，显示方式有图标和数字两种，如桅杆的垂直度出现误差，也可以很方便地标定出绝对垂直的参数，并储存结果。

图 7-27 操作面板示意图

（2）测深装置。深度测量，采用开关发信，微机控制检测方式进行。为此在桅杆的滑轮上装设了一个约 $\phi400mm$ 的牙型计数盘，上面分布 20 个开槽口。按照附装的两个开关吸合的顺序，微机可检测到一组二进制信号，根据固定参数即可计算出深度值并显示。

从界面上看，在显示深度上有三组数据，一个是钻头位置，即钻头的动态位置，一个是成孔深度，就是已经钻进的深度，另一个是单次进尺，即每次钻进的深度，这三项数据，可以实时检测到钻头到达位置，待达到成孔深度后即可钻进。控制器有对上次钻孔深度的记忆功能，可以实时地告诉操作者单次钻进的深度是多少，这样不会使操作者单次钻进过深或过浅而影响工作效率或埋钻。钻孔深度精度约为 $±150mm$。

（3）操作面板。操作面板如图 7-27 所示，可以方便地挂置在驾驶室。主要有显示器及各种控制按钮，如所有蛙腿控制按钮、横移控制按钮、桅杆支架控制按钮和调平控制按钮等。

（4）主控制箱结构。主控箱主要用于放置控制器、熔丝、继电器等。

4. 旋挖动力头及有关部件

有关部件包括旋挖动力头、钻杆、桅杆、蛙腿等。

（1）旋挖动力头。本机旋挖动力头结构见图 7-28。

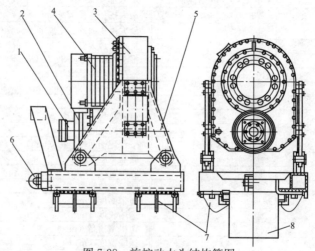

图 7-28　旋挖动力头结构简图

1—液压马达；2——级行星减速器；3—末级齿轮减速器；4—钻杆传动套；5—底座；6—钢绳挂点；7—滑动导向；8—桅杆

旋控动力头由液压马达、行星减速机、末级齿轮减速器组成，采用变量液压马达和单级行星齿轮减速机作为前级动力输入，末级齿轮减速器采用传动比 $i=6.1$、模数 $m=14$ 的圆柱齿轮传动，带动内花键轴套驱动直径 325mm 的钻杆旋转。动力头可在桅杆的轨道上下移动完成加压、钻进、倒土等工作。动力头转速为 6～24r/min，最大扭矩 12.5t·m，最大加压力为 8t，其自重约 2.1t。内花键轴套在磨损后可方便地更换，桅杆轨道平面到动力头回转中心的距离为 1000mm，动力头提供的扭矩可以完成软土钻孔直径到 1500mm、扩底直径为 3000mm 的要求。滑动面镶有减振和润滑性能良好的尼龙贴面板，在磨损后可以方便地更换。

在工作时，液压变量马达可以根据负载情况自动改变排量 55～135mL/r，转数为 6～24r/min，扭矩为 0～12.5t·m。液压控制用两档变速和在这两档速度范围内进行马达无级调速，以适应软土其基础和较硬地质条件的施工，同时在扩底需求情况下可以小排量低转数工作以增大扭矩，完成钻孔工作。设计使用 800mm 直径钻头时，在地质硬度小于 150kPa 的情况下，一般每小时可钻进约 15m。

（2）钻杆。按照强度计算，本机钻杆采用直径 325mm 的三节钻杆，单节长度为 4.5m，其最小直径的钢管直径为 180mm，相当于目前市场上的 22t·m 扭矩钻机的配置，其强度和刚度能满足本机 12.5t·m 扭矩要求。根据本钻机的配置方案，在没有扩底要求时，钻杆最长可以选定 6m，钻深最深可以达到 16m。

（3）蛙腿。底盘加装四个液压缸的蛙腿，以保障钻机在工作时的稳定性，行走和运输过程中可将蛙腿收起。蛙腿在钻机前、后方 45°左右各一个，结构简单轻巧，操作维护方便。该蛙腿的水平伸出长度为 2000mm。

（4）桅杆。采用 450mm×450mm 箱型结构，桅杆体长度为 8m，分上、中、下三节可折叠，其中下桅杆长度为 1385mm，中桅杆长度为 5115mm，上桅杆长度为 1500mm；分三节的主要目的是满足运输状态的外形尺寸，并将增加部分的重心尽量设计在底盘的中心，同时也可防止桅杆因运输而变形。三节桅杆拆装十分方便快捷。同时，在配置侧安装桅杆液压缸，既可以方便放倒桅杆，又防止了桅杆左右的晃动。

（三）DR125T 型掏挖钻机技术性能

DR125T 型掏挖钻机技术参数见表 7-20。

表 7-20   DR125T 型掏挖钻机技术参数

发动机型号	PERKINGS 珀金斯	履带间距（mm）	2000
发动机功率（kW）	74.5	液压系统设定压力（MPa）	32
动力头最大扭矩（kN·m）	12.5	加压液压缸行程（mm）	2500
动力头转速（r/min）	6～22	桅杆倾角 （侧向/前倾）（°）	±5/5
最高甩土转速（r/min）	无	行走速度（km/h）	5.1/3.1
最大钻孔直径（mm）	1500 （扩底 3000）	整机质量（t）	约 18
最大钻孔深度（m）	10	履带宽度（mm）	铸钢或橡胶履带 400
卷扬最大拉力	75kN，60m/min	标准钻杆	3 节×4m
蛙腿长度（mm）	2000	牵引力（kN）	80
最大提升加压力/提升力（kN）	80/60	接地比压（MPa）	0.08
外形尺寸 （长×高×宽，mm×mm×mm）	9600×5855×4600	运输尺寸（mm×mm×mm）	8100×3200×2500

第三篇

组塔施工机具

第 八 章

抱　杆

在电力线路施工时，起重作业常常用到抱杆。抱杆的种类较多，从使用形式上分，一般分为单抱杆、三角抱杆、四柱式抱杆、内悬浮抱杆、落地摇臂抱杆和人字抱杆，以及近几年才出现的内悬浮摇臂抱杆。从材质上分，过去常用木质杆，由于强度不高、使用寿命短，又浪费木材，所以近年来多用金属材料代替，开始时用钢材，主要是碳素结构钢中的 Q235 和优质碳素钢中的 Q345（即 16Mn）。这类材料的特点是强度高、加工工艺简单、价格低廉；缺点是重量太重、搬运起来较困难。另一种材料是高强度铝合金 LY12，它强度高、重量轻，但价格高、加工工艺较复杂，由于质地较钢材软，所以耐撞击、磨损方面不如钢材。但是它的重量轻，搬运起来也较方便，尤其适用于山地施工，所以目前使用还较普遍。也有用玻璃钢材料的，虽然玻璃钢材料比金属铝还轻，但加工工艺比较复杂，并且韧性较差，在起重作业中，这是一个致命的问题，所以在使用过程中已被逐渐淘汰。

抱杆由若干抱杆段组成，各段之间用法兰连接，故根据抱杆段结构形式不同，抱杆又分为单管式抱杆和格构式抱杆两种。

如图 8-1 所示为金属抱杆段的结构。此类抱杆的两端为抱杆的连接法兰，一般法兰是由钢板、角钢制作的。

由于不可能将一个长几米或几十米的抱杆做成一个整体，因为这样制作难度比较大，使用、运输也很困难。故将一个很长的抱杆分成施工所需要的一定长度"短节"（这里所说的"短节"一般都为 1～6m）。法兰的作用就是为了将各段的"短节"能用螺栓、螺母连接成一根整体抱杆。

法兰分为外法兰和内法兰两种。外兰和内法兰的区别主要是其连接螺栓、螺母在抱杆截面轮廓的外侧，还是内侧。图 8-1（a）所示为单管式抱杆，它的法兰就是外法兰。外法兰组装抱杆时比较方便，因为它连接螺栓、螺母时在抱杆截面轮廓的外侧，便于螺栓、螺母的连接。但外法兰有外凸沿，外凸沿不仅运输时不方便，而且有时会影响使用。如使用其配件"腰环"时就很不方便，所以一般的抱杆均使用内法兰。由于结构的原因，单管式抱杆只能使用外法兰，不可能使用内法兰。

图 8-1（b）和图 8-1（c）所示为格构式抱杆，均采用内法兰，有时也有用外法兰的。

图 8-1（b）所示为直段，即在整段内，其截面公称尺寸不发生变化。图 8-1（c）所示为锥段，它的截面在下半段是直段，而上半段呈棱锥形，也有的厂家将整段做成棱锥形的。

219

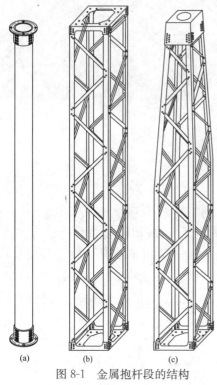

图 8-1 金属抱杆段的结构

（a）单管式抱杆；（b）、（c）格构式抱杆

若将单管式抱杆要做锥形段，工艺上是比较困难，而且由于单管式抱杆直径比较小，也没有必要做成锥段。

金属抱杆使用比较广泛，它已由抱杆派生出了多种产品，如临时恢复送电事故使用的"抢修塔"、架线使用的"跨越架"等产品。在抱杆产品中也相应派生出了许多不同类型的各种抱杆，这些抱杆在使用中通过不断地总结、改进、优选，将成为成熟的产品。三角抱杆和四柱式抱杆就是这类产品。

三角抱杆由三个单抱杆顶部通过铰支连接在一起，下面形成三点支撑，主要用于固定位置起吊重物而用；四柱式抱杆虽然也在组塔施工中使用，但目前使用得并不广泛。下面分别介绍典型的单抱杆、内悬浮抱杆、落地式摇臂抱杆、人字抱杆，主要介绍技术参数、结构原理、使用方法、维护保养、受力分析和设计计算。

第一节 单 抱 杆

单抱杆也称固定抱杆，一般是用金属材料制作的单管式或格构式的抱杆，也有用木质抱杆的。单抱杆本身结构简单、使用轻巧，但使用时需要打外拉线，外拉线受力较大。这就引起了一系列的问题。因工作面要求大、拉线使用的规格直径粗、使用过程需要不断调整位置、设置地锚多、地形要求高、准备工作量大、劳动强度高、安全性差等，给施工带来诸多不便，所以一般使用在要求不高、工作量不大的施工场合，如单个塔的组建、改装，车间桥式吊车安装起吊，检修、安装变压器或机床时起吊等。单抱杆不太适用于大型铁塔和大量组塔作业。图 8-2 所示为该抱杆的使用布置示意图。

组塔时，单抱杆用承托装置固定在一根主材上，承托装置应具备能将抱杆牢靠地固定在已架设好的铁塔主材上，同时在调整外拉线时，可以在一定角度内摆动。

一般牵引设备为机动绞磨和滑车组，牵引绳和外拉线为钢丝绳。钢丝绳的使用规格、绞磨的牵引力大

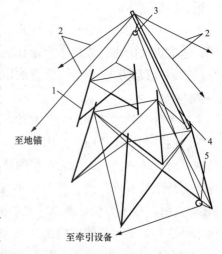

图 8-2 单抱杆的使用布置示意图

1—被起吊塔材；2—外拉线；
3—起重滑车；4—单抱杆；5—转向滑车

小、滑轮组吨位和轮数都是根据受力分析后，按施工要求取一定安全系数后再分别选取。

单抱杆一般起吊哪边的塔材，就调整四根外拉线的长短，使其向那边倾斜。如果要起吊另一边的塔材，而用调整拉线已无法再使用抱杆时，就必须将抱杆移动到另一根主材上，进行固定，才能继续使用（这就是使用单抱杆缺点之一）。

单抱杆选用时，长度一般为被吊物体最大高度的1.5～2.0倍。若太长，无法将被吊物体吊装到位，而且对抱杆受力状况不利，等于增大了抱杆的长细比，降低了抱杆的承载能力。截面尺寸的选择，主要根据抱杆的受力状况而定，包括抱杆承受的正压力、偏载产生的弯矩、抱杆的其他受力状况的综合分析。一般生产厂家已经在出厂时给出了抱杆安全使用轴向承压负荷参数，即抱杆最大承受的正压力，可供在选用抱杆时作参考。再进行详细受力计算分析，后面会介绍。

钢质或铝质抱杆的截面形式并不作严格要求，格构式和管式均可，只要力学性能能够满足使用要求均可以使用。如果选用木质抱杆，一定注意在抱杆顶部和根部增加钢质顶帽和承托装置，因为抱杆的顶部和根部连接比较复杂，同时在工作时还承受有一定的弯矩和力系，为了保护抱杆，所以要增加钢质顶帽（见图8-3）和承托装置。

在使用木质抱杆时一定要注意抱杆的材质、外观等，即使同一种木质，其强度都相差较大。而这些都全靠个人经验来判断，无法用实验来证明。由于内部材质无法观察到，个人的经验有差异，因此判断的准确度和可靠性就难以掌握，所以选用木质抱杆时一定要慎重。因木质抱杆价格便宜、质地轻巧、取材方便，以前使用较多，当时金属抱杆还未普及。目前金属抱杆已经普及，金属材质的性能比较准确、稳定，所以建议在条件许可的情况下，尽量选用金属抱杆，既安全可靠、又符合国家以钢代木、节约木材的政策。

现就单抱杆工作时的受力系统状态进行分析。图8-4所示为单抱杆受力分析图，其中 G 为吊装构件产生的重力，kN；F_T 为调整大绳的牵引力，kN；F_1 为钢绳对的吊装构件牵引力，kN；F_2 为过滑轮后钢绳的牵引力，kN；F 为牵引设备的牵引力，kN；P_1 为起重滑轮对抱杆头的作用力，kN；P_2 为改向滑轮承受的合力，kN。

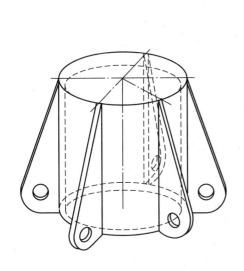

图 8-3　钢质顶帽

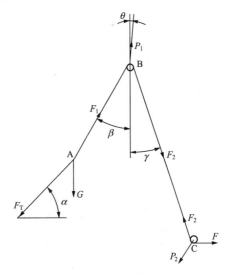

图 8-4　单抱杆受力分析图

221

图 8-4 中，各力与坐标之间的夹角分别为 α、β、γ、θ。先从吊装构件 G 作用点的 A 点受力状况分析，即

$$\sum F_x = F_1 \sin \beta - F_T \cos \alpha = 0 \tag{8-1}$$

$$\sum F_y = F_1 \cos \beta - G - F_T \sin \alpha = 0 \tag{8-2}$$

$$\sum M = 0 \tag{8-3}$$

由式 (8-1) 解得

$$F_T = \frac{F_1 \sin \beta}{\cos \alpha} \tag{8-4}$$

由式 (8-2) 解得

$$F_T = \frac{F_1 \cos \beta - G}{\sin \alpha} \tag{8-5}$$

由式 (8-4) 和式 (8-5) 整理得

$$F_1 = \frac{G\cos \alpha}{\cos (\alpha + \beta)} \tag{8-6}$$

将式 (8-6) 代入式 (8-4)，解得

$$F_T = \frac{G\sin \beta}{\cos (\alpha + \beta)} \tag{8-7}$$

如果给定调整大绳的牵引力 F_T 和夹角 α，有

$$\beta = \arctan \frac{F_T \cos \alpha}{G + F_T \sin \alpha}$$

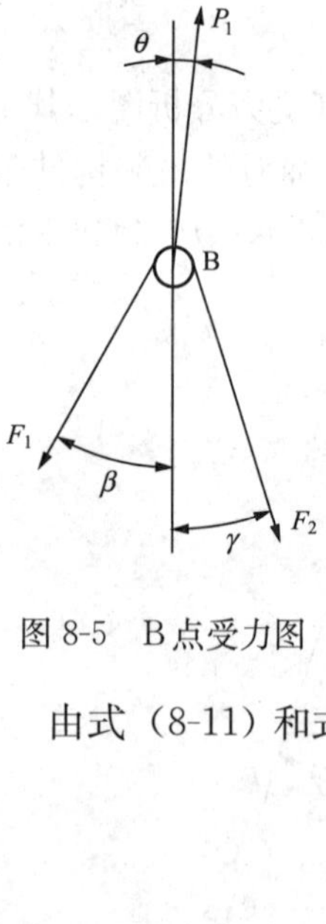

图 8-5 所示为图 8-4 中 B 点受力图，有

$$\sum F_x = F_1 \sin \beta - F_2 \sin \gamma - P_1 \sin \theta = 0 \tag{8-8}$$

$$\sum F_y = P_1 \cos \theta - F_1 \cos \beta - F_2 \cos \gamma = 0 \tag{8-9}$$

$$KP_1 = F_2 - F_1 \tag{8-10}$$

式中　K——滑轮的摩擦系数。

将式 (8-10) 分别代入式 (8-8) 和式 (8-9)，得

$$P_1 = \frac{F_1(\sin \beta - \sin \gamma)}{\sin \theta + K\sin \gamma} = \frac{2F_1 \cos \dfrac{\beta + \gamma}{2} \sin \dfrac{\beta - \gamma}{2}}{\sin \theta + K\sin \gamma} \tag{8-11}$$

图 8-5　B 点受力图

$$P_1 = \frac{F_1(\cos \beta + \cos \gamma)}{\cos \theta - K\cos \gamma} = \frac{2F_1 \cos \dfrac{\beta + \gamma}{2} \cos \dfrac{\beta - \gamma}{2}}{\cos \theta - K\cos \gamma} \tag{8-12}$$

由式 (8-11) 和式 (8-12) 整理得

$$\frac{\cos \dfrac{\beta - \gamma}{2}}{\cos \theta - K\cos \gamma} = \frac{\sin \dfrac{\beta - \gamma}{2}}{\sin \theta + K\sin \gamma} \tag{8-13}$$

$$\cos \frac{\beta - \gamma}{2} \times \sin \theta + K\sin \frac{\beta + \gamma}{2} = \sin \frac{\beta - \gamma}{2} \times \cos \theta \tag{8-14}$$

将式 (8-14) 两边同时平方，整理得

$$\sin^2 \theta + 2K\sin \frac{\beta + \gamma}{2} \cos \frac{\beta - \gamma}{2} \sin \theta - \left(\sin^2 \frac{\beta - \gamma}{2} - K^2 \sin^2 \frac{\beta + \gamma}{2}\right) = 0$$

根据二次方程解得

$$\sin \theta = -K \sin \frac{\beta+\gamma}{2} \cos \frac{\beta-\gamma}{2} \pm \sqrt{K^2 \sin^2 \frac{\beta+\gamma}{2} \cos^2 \frac{\beta-\gamma}{2} + \left(\sin^2 \frac{\beta-\gamma}{2} - K^2 \sin^2 \frac{\beta+\gamma}{2} \right)}$$

由于在解题过程采用了对式（8-14）两边同时平方的办法，这对于 $\sin \theta$ 来说就产生了增根，有了增根，那就要求对根进行判断，剔除增根。剔除增根的条件是：在 $F_2 \geqslant F_1$ 条件下 $0 \leqslant \theta \leqslant 90°$，因此 $\sin\theta \geqslant 0$。$\sin\theta < 0$ 为增根。

所以

$$\sin \theta = \sqrt{K^2 \sin^2 \frac{\beta+\gamma}{2} \cos^2 \frac{\beta-\gamma}{2} + \left(\sin^2 \frac{\beta-\gamma}{2} - K^2 \sin^2 \frac{\beta+\gamma}{2} \right)} - K \sin \frac{\beta+\gamma}{2} \cos \frac{\beta-\gamma}{2}$$

$$(8-15)$$

当判断出 $\sin\theta$ 值后，用反三角函数即可求出 θ，所以也可相应求出 P_1、F_2。

由式（8-11）和式（8-10）求出

$$P_1 = \frac{F_1(\sin \beta - \sin \gamma)}{K \sin \gamma + \sin \theta} \text{ 或 } P_1 = \frac{F_1(\cos \beta + \cos \gamma)}{\cos \theta - K \cos \gamma} \tag{8-16}$$

$$F_2 = F_1 + KP_1 \tag{8-17}$$

上面计算是比较复杂的，实际一般起重滑车使用滑动轴承有润滑脂的情况下摩擦系数约为 0.1；使用滚动轴承摩擦系数约为 0.01。如果在没有必要十分精确的时候，可采用下面的简便计算方法。

如果令 $\gamma = 0°$ 时，即 F_2 作用线为坐标轴，则式（8-8）～式（8-10）则变为下列方程组

$$\sum F_x = F_1 \sin \beta - P_1 \sin \theta = 0 \tag{8-18}$$

$$\sum F_y = P_1 \cos \theta - F_1 \cos \beta - F_2 = 0 \tag{8-19}$$

$$KP_1 = F_2 - F_1 \tag{8-20}$$

那么，式（8-15）和式（8-16）变为

$$\sin \theta = \sqrt{K^2 \sin^2 \frac{\beta}{2} \cos^2 \frac{\beta}{2} + \sin^2 \frac{\beta}{2} - K^2 \sin^2 \frac{\beta}{2}} - K \sin \frac{\beta}{2} \cos \frac{\beta}{2} \tag{8-21}$$

$$P_1 = \frac{F_1 \sin \beta}{\sin \theta} \text{ 或 } P_1 = \frac{F_1(\cos \beta + 1)}{\cos \theta - K} \tag{8-22}$$

如果忽略起重滑车本身产生的摩擦力，即令 $K = 0$，就变得更简单。则式（8-16）就可简化为

$$\sin \theta \approx \sqrt{\sin^2 \frac{\beta}{2}} = \sin \frac{\beta}{2}$$

$$\theta \approx \frac{\beta}{2} \tag{8-23}$$

$$P_1 \approx 2F_1 \cos \frac{\beta}{2} \tag{8-24}$$

$$F_2 \approx F_1 \tag{8-25}$$

另外式（8-15）～式（8-17）还有一个特例，即当同时 $\beta = 0$ 和 $\gamma = 0$ 时，则有

$$\theta = 0 \tag{8-26}$$

$$P = \frac{2F_1}{1-K} \tag{8-27}$$

$$F_2 = F_1 \left(1 + \frac{0.2}{1-K} \right) \qquad (8\text{-}28)$$

在抱杆使用过程中常常使用上下滑车组以减小牵引力的力值。由于牵引绳每通过一个滑轮，其力值都会因摩擦的存在而增加。下面以三轮滑车组为例讲述。

当滑轮的摩擦系数 $K = 0.1$ 时，则式（8-26）和式（8-27）分别为

$$P = \frac{2F_1}{1-K} = \frac{2F_1}{0.9}, \quad F_2 = F_1 \left(1 + \frac{0.2}{1-K} \right) = F_1 \left(1 + \frac{0.2}{0.9} \right)$$

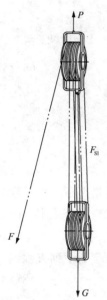

图 8-6 所示为三轮滑车组受力示意图，在固定挂点上挂接一对三轮滑车组（上、下各一只），起吊钢丝绳的一端固定在上滑车组的下固定环上，向下从下滑车第一个轮片绕过，即为第一根绳。然后从下滑车组第一个轮片绕向上滑车组的第一个轮片，为第二根绳，再反复缠绕两次。这就是说两个滑轮组间有六根绳连接。第七根绳通过上滑车组的第三个轮片向下至牵引绳的改向滑车。若令上滑车组重力（沿 P 的反方向）为 G_{SH}；下滑车组重力（沿 G 方向）为 G_{XH}。现设固定在上滑轮组的下固定环上绳索为第一根绳，其承受的力为 F_{S1}，继续绕过下滑轮组的第一个轮片的绳索为第二根绳，其承受的力为 F_{S2}。依此类推各绳上的力为 F_{S3}、F_{S4}、F_{S5}、F_{S6}、F_{S7}（F_{S7} 即图中的 F）。前六根绳间相互（基本）平行，则

图 8-6 三轮滑车组受力示意图

$\alpha = 0$，$\beta = 0$，得出 $\sin\theta_{Si} = 0$、$\cos\theta_{Si} = 1$

第一根和第二根绳对下滑车组的第一个轮片的合力为

$$P_{S1} = \frac{F_{S1}(\cos\alpha + \cos\beta)}{\cos\theta_{S1} - K\cos\beta} = \frac{2F_{S1}}{0.9}$$

第二根绳所承受的力为

$$F_{S2} = F_{S1} + KP_{S1} = F_{S1} \left(1 + \frac{0.2}{0.9} \right)$$

第二根和第三根绳对上滑车组的第一个轮片的合力为

$$P_{S2} = \frac{F_{S2}(\cos\alpha + \cos\beta)}{\cos\theta_{S2} - K\cos\beta} = \frac{2F_{S2}}{0.9} = \frac{2F_{S1}}{0.9} \left(1 + \frac{0.2}{0.9} \right)$$

第三根绳所承受的力为

$$F_{S3} = F_{S2} + KP_{S2} = F_{S1} \left(1 + \frac{0.2}{0.9} \right)^2$$

第三根和第四根绳对下滑车组的第二个轮片的合力为

$$P_{S3} = \frac{F_{S3}(\cos\alpha + \cos\beta)}{\cos\theta_{S3} - K\cos\beta} = \frac{2F_{S3}}{0.9} = \frac{2F_{S1}}{0.9} \left(1 + \frac{0.2}{0.9} \right)^2$$

第四根绳所承受的力为

$$F_{S4} = F_{S3} + KP_{S3} = F_{S1} \left(1 + \frac{0.2}{0.9} \right)^3$$

第四根和第五根绳对上滑车组的第二个轮片的合力为

$$P_{S4} = \frac{F_{S4}(\cos\alpha + \cos\beta)}{\cos\theta_{S4} - K\cos\beta} = \frac{2F_{S4}}{0.9} = \frac{2F_{S1}}{0.9} \left(1 + \frac{0.2}{0.9} \right)^3$$

第五根绳所承受的力为

$$F_{S5} = F_{S4} + KP_{S4} = F_{S1}\left(1 + \frac{0.2}{0.9}\right)^4$$

第五根和第六根绳对下滑车组的第三个轮片的合力为

$$P_{S5} = \frac{F_{S5}(\cos\alpha + \cos\beta)}{\cos\theta_{S5} - K\cos\beta} = \frac{2F_{S5}}{0.9} = \frac{2F_{S1}}{0.9}\left(1 + \frac{0.2}{0.9}\right)^4$$

第六根绳所承受的力为

$$F_{S6} = F_{S5} + KP_{S5} = F_{S1}\left(1 + \frac{0.2}{0.9}\right)^5$$

则有

$$G + G_{XH} = P_{S1} + P_{S3} + P_{S5} = \frac{2F_{S1}}{0.9} + \frac{2F_{S1}}{0.9}\left(1 + \frac{0.2}{0.9}\right)^2 + \frac{2F_{S1}}{0.9}\left(1 + \frac{0.2}{0.9}\right)^4$$

$$= \frac{2F_{S1}}{0.9}\left[1 + \left(1 + \frac{0.2}{0.9}\right)^2 + \left(1 + \frac{0.2}{0.9}\right)^4\right]$$

可得

$$F_{S1} = \frac{0.9(G + G_{XH})}{2\left[1 + \left(1 + \frac{0.2}{0.9}\right)^2 + \left(1 + \frac{0.2}{0.9}\right)^4\right]}, \quad F_{S2} = F_{S1}\left(1 + \frac{0.2}{0.9}\right)$$

$$F_{S3} = F_{S1}\left(1 + \frac{0.2}{0.9}\right)^2, \quad F_{S4} = F_{S1}\left(1 + \frac{0.2}{0.9}\right)^3$$

$$F_{S5} = F_{S1}\left(1 + \frac{0.2}{0.9}\right)^4, \quad F_{S6} = F_{S1}\left(1 + \frac{0.2}{0.9}\right)^5$$

$$P_{S2} = \frac{2F_{S1}}{0.9}\left(1 + \frac{0.2}{0.9}\right), \quad P_{S4} = \frac{2F_{S1}}{0.9}\left(1 + \frac{0.2}{0.9}\right)^3$$

如若 F_{S6} 与 F_{S7} 的夹角为 $\alpha \neq 0°$、$\beta = 0°$。

上滑车组的第三个轮片的合力 P_{S6} 与上滑车组的另两个轮片的合力 P_{S2}、P_{S4} 的夹角为

$$\theta_{S7} = \arcsin\sqrt{K^2\sin^2\frac{\alpha}{2}\cos^2\frac{\alpha}{2} + \sin^2\frac{\alpha}{2} - K^2\sin^2\frac{\alpha}{2}} - K\sin\frac{\alpha}{2}\cos\frac{\alpha}{2}$$

则有

$$\sin\theta_{S7} = \sqrt{K^2\sin^2\frac{\alpha}{2}\cos^2\frac{\alpha}{2} + \sin^2\frac{\alpha}{2} - K^2\sin^2\frac{\alpha}{2}} - K\sin\frac{\alpha}{2}\cos\frac{\alpha}{2}$$

第六根和第七根绳对上滑车组的第三个轮片的合力为

$$P_{S6} = \frac{F_{S6}(\sin\alpha - \sin\beta)}{K\sin\beta + \sin\theta_{S7}}, \quad F_{S7} = F_{S6} + KP_{S6}$$

如 F_{S6} 与 F_{S7} 的夹角为 $\alpha = 0°$ 时，也有 $\theta_{S7} = 0°$

$$P_{S6} = \frac{2F_{S6}}{1 - K} = \frac{2F_{S6}}{0.9}, \quad F_{S7} = F_{S6} + KP_{S6}$$

根据余弦定理，上滑车组对固定挂点的起重合力为

$$P = \sqrt{(P_{S2} + P_{S4})^2 + P_{S6}^2 - 2(P_{S2} + P_{S4})P_{S6}\cos(180 - \theta_{S7})} + G_{SH}$$

固定挂点的起重合力 P 与 P_{S2}、P_{S4} 的夹角

$$\gamma = \arcsin\frac{P_{S6}\sin(180° - \theta_{S7})}{P}$$

通过以上的计算看来，式（8-20）~式（8-22）在分析钢绳通过滑轮后的力值变化和钢绳对滑轮产生的作用力及作用力的方向应用较多。而这三个公式的应用是有一定条件的，关键是对 β、φ 角的认定。β 角必须是滑轮两边钢丝绳的夹角，φ 角必须是 F_2（钢绳输出端）的反向延长线与滑轮受力方向的夹角。认定了这两个角度后，式（8-20）~式（8-22）的正确使用就有了保证。

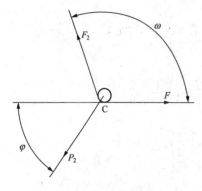

图 8-7 所示为图 8-4 中作用在 C 点转向滑车的受力关系图其中，F 为牵引力；P_2 为作用在转向滑车上的合力；φ 为 P_2 力和 F（入绳端的）力反向延长线的夹角（F 力处于水平方向）；ω 为 F_2 力和 F 的夹角。

根据式（8-15）～式（8-17）可得

$$\sin\varphi = \sqrt{K^2\sin^2\frac{\omega}{2}\cos^2\frac{\omega}{2} + \sin^2\frac{\omega}{2} - K^2\sin^2\frac{\omega}{2}} - K\sin\frac{\omega}{2}\cos\frac{\omega}{2}$$

图 8-7　转向滑车受力关系图

$$P_2 = \frac{F_2\sin\omega}{\sin\varphi} \quad 或 \quad P_2 = \frac{F_2(\cos\omega + 1)}{\cos\varphi - K}$$

$$F = F_2 + KP_2$$

当计算出 P_1、P_2、F_T、F 后，便可根据这些力值选用调整大绳、牵引钢丝绳、起重滑车、转向滑车和牵引设备的具体规格。选择这些受力元件在承受负荷能力上还必须留一些裕度，这主要是保证安全，防止一些意外情况的发生。这个裕度的大小尺度就是通常所说的安全系数。

如果选用一些旧的、使用次数较多的受力元件，还需考虑其疲劳、损坏程度。对特别重要的、受力较大的元件一般尽量选用新元件，且按施工安全规定经过力学检查的元件。以保证整个施工过程的安全。

图 8-8 所示为抱杆受力状况示意图，其受力状况分析如下。F_1、F_2 分别为起重滑车两边的钢丝绳的牵引力；P 为 F_1 和 F_2 的合力，即起重滑车对抱杆的作用力，它对抱杆中心线的夹角为 δ；F_L 为外拉线对抱杆的作用力，它对抱杆中心线的夹角为 ε。

δ 和 ε 一般不是直接从施工设计中得来的，但它可以从施工设计中计算得来。因为施工设计习惯和现在的讨论基准不同，拉线并不是一根，而一般是四根，F_L 仅是多个拉线对抱杆的合力。这里要说明的一点，无论怎样，力 P 及力 F_L 都会和抱杆中心线处在同一个平面内。如果不在同一个平面，抱杆系统将处于不稳定状态。由于系统设置了多根拉线（不能少于两根），这几根拉线将会自动调整各自的力值大小，使其合力 F_L 处于力 P 和抱杆中心线的相交平面内。最终使抱杆系统自动达到稳定状态。

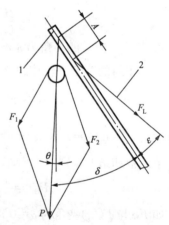

图 8-8　抱杆受力状况示意图
1—抱杆；2—外拉线

如果施工设计中知道抱杆对水平面的夹角为 δ_1，当拉线相对于抱杆固定时，拉线合力对水平面的夹角为 ε_1。当拉线负荷最大时，仅有一根拉线处于 P 和抱杆中心线的相交平面内。

那么此时，起重滑车对抱杆的作用力 P 与抱杆中心线的夹角为

$$\delta = (90° - \delta_1) + \theta$$

拉线合力和抱杆中心线的夹角为

$$\varepsilon = (\delta_1 - \varepsilon_1) - \delta_1$$

现在来分析抱杆的受力状况（以抱杆中心线为 Y 轴），设 P_H 为抱杆底部承受的正压力，P_H 力作用点到抱杆的底部长度为 L（即抱杆总长）。

由于 P_H 与 F_L 方向相反，作用点又不在同一个点上，则在抱杆长度为 A 段上，将会产生一个力矩 M，这个力矩是由抱杆头内部产生一个反力矩 M 来平衡（即抱杆头产生的内力矩），由

$$\sum F_x = P\sin \delta - F_L\sin \varepsilon = 0 \qquad (8\text{-}29)$$
$$\sum F_y = P\cos \delta + F_L\cos \varepsilon - P_H = 0 \qquad (8\text{-}30)$$
$$\sum M = PL\sin \delta - F_L(L-A)\sin \varepsilon - M = 0 \qquad (8\text{-}31)$$

解得

$$F_L = \frac{P\sin \delta}{\sin \varepsilon} \qquad (8\text{-}32)$$
$$P_H = P(\cos \delta + \sin \delta\cot\varepsilon) \qquad (8\text{-}33)$$
$$M = F_LA\sin \varepsilon \qquad (8\text{-}34)$$

这里要说明的几点：

（1）外拉线承受的最大拉力为 F_L，外拉线的材质、规格应以此数据进行选取。其中 $F_L\sin\varepsilon$ 为平衡 P 力产生的垂直抱杆中心线的分力。

（2）P_H 为抱杆承受的正压力，这也是选用抱杆规格的一个重要参数。其中 $F_L\cos\varepsilon$ 为外拉线对抱杆产生的下压力。

（3）力矩 $M = PA\sin\delta r$ 的平衡是需要抱杆头的内力来平衡的，这也就是前面所说对于木质抱杆要加钢质抱杆头的原因之一，用以提高抱杆头的抗弯性。

从另一个方面来说，如果在设计、制造、使用中，尽量使 A 值减小，也就是尽量缩小了抱杆头所承受的弯矩 M 值。因为抱杆在使用时是一个动态的，所以不可能使 A 值完全缩小至零，只能尽量使其值缩小。

BLG 系列铝合金格构式单抱杆参数见表 8-1。BL（G）DG 系列管式单抱杆参数见表 8-2。铝合金单抱杆参数见表 8-3。

表 8-1 　　　　　　　　　BLG 系列铝合金格构式单抱杆参数

型号	断面 (mm×mm)	高度 (m)	允许轴向载荷 (kN)	单位质量 (kg/m)
BLG200-7	200×200	7	11	11
BLG200-9	200×200	9	11	11
BLG250-7	250×250	7	13	12.5
BLG250-9	250×250	9	13	12.5
BLG250-11	250×250	11	10	12.5

注 由宝鸡银光电力机具有限责任公司生产。

表 8-2 　　　　　　　　　BL（G）DG 系列管式单抱杆参数

型号	断面 (mm×mm)	高度 (m)	允许轴向载荷（kN）	单位质量 (kg/m)	备注
BLDG120-7	$\phi120×5$	7	11	7.5	铝合金
BLDG120-9	$\phi120×5$	9	10	7.5	铝合金
BLDG120-11	$\phi120×5$	11	8	7.5	铝合金
BLDG150-9	$\phi150×8$	9	13	13	铝合金
BLDG150-11	$\phi150×8$	11	11	13	铝合金
BGDG160-9	$\phi160×6$	9	13	25	钢质
BGDG160-11	$\phi160×6$	11	12	25	钢质
BGDG160-13	$\phi160×6$	13	11	25	钢质

注 由宝鸡银光电力机具有限责任公司生产。

表 8-3

铝合金单抱杆参数

型 号	允许轴向负荷（kN）	单位质量（kg/m）	型 号	允许轴向负荷（kN）	单位质量（kg/m）
LBD250-8	37		LBD350-17	17	13.5
LBD250-9	29		LBD350-18	15	
LBD250-10	23		LBD400-12A	43	
LBD250-11	19		LBD400-13A	38	
LBD250-12	16	10.5	LBD400-14A	32	
LBD250-13	13		LBD400-15A	28	
LBD250-14	11		LBD400-16A	25	14.6
LBD250-15	10		LBD400-17A	22	
LBD300-10	35		LBD400-18A	19	
LBD300-11	30		LBD400-19A	16	
LBD300-12	24		LBD400-20A	14	
LBD300-13	22	11	LBD400-12B	65	
LBD300-14	18		LBD400-13B	57	
LBD300-15	16		LBD400-14B	50	
LBD300-16	13		LBD400-15B	44	
LBD350-11	40		LBD400-16B	38	16.5
LBD350-12	33		LBD400-17B	35	
LBD350-13	30	13.5	LBD400-18B	30	
LBD350-14	24		LBD400-19B	26	
LBD350-15	22		LBD400-20B	23	
LBD350-16	19		LBD600-16A	81	
LBD500-14A	75		LBD600-17A	75	
LBD500-15A	70		LBD600-18A	70	
LBD500-16A	64		LBD600-19A	65	
LBD500-17A	57	18	LBD600-20A	60	20
LBD500-18A	50		LBD600-21A	55	
LBD500-19A	45		LBD600-22A	49	
LBD500-20A	41				
LBD500-14B	120		LBD600-15B	140	
LBD500-15B	110		LBD600-16B	128	
LBD500-16B	100		LBD600-17B	119	
LBD500-17B	88	22	LBD600-18B	111	
LBD500-18B	77		LBD600-19B	104	24
LBD500-19B	70		LBD600-20B	94	
LBD500-20B	65		LBD600-21B	85	
LBD600-15A	87	20	LBD600-22B	76	

注 由宁波东方电力机具制造有限公司生产。

第二节 内悬浮抱杆

内悬浮抱杆一般为金属材料的管式或格构式抱杆，很少用木质抱杆。因为它的负荷都较大，用木质抱杆安全性较差。一般负荷较大的抱杆大多采用格构式，而负荷较小的抱杆也有采用管式，因为管式抱杆制造简单、截面较小，运输方便。

图8-9所示为单吊型内悬浮抱杆的施工现场工作图。内悬浮抱杆克服了单抱杆的缺点：①采用了内拉线方式，组塔占地面积比较小，减小了施工占地面积；②在抱杆顶部安装了朝天滑车或抱杆头，在吊装塔件时，这样可以避免产生不必要的附加弯矩，也相应地减少了因拉线受力，而对抱杆产生的下压力，等于增强了抱杆本身的承载能力；③由于安装的朝天滑车或抱杆头可以绕抱杆中心轴线进行旋转，施工时在不动抱杆主柱的条件下，可以吊装塔基下面的任意一侧面的塔材。不需再将抱杆主柱本身旋转，比单抱杆在施工方面方便了许多；④抱杆底部设置了朝地滑车（即承托装置），为抱杆可随组塔高度的升高而升高提供了方便；⑤内悬浮抱杆还在从其底部到已组建塔的顶部之间设置了腰环，这样即为提升抱杆创造了条件，又可以增强抱杆本身的刚度，大大提高了抱杆本身抗弯、抗压能力。

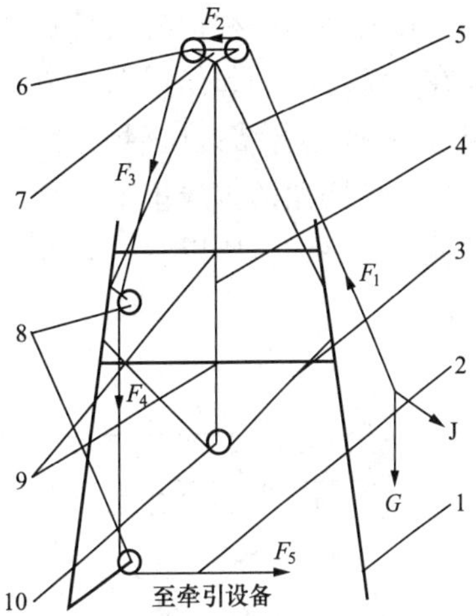

图8-9　单吊型内悬浮抱杆施工现场工作图
1—被建铁塔；2—牵引绳；3—承托绳；
4—抱杆；5—内拉线；6—抱杆头滑轮；
7—抱杆头；8—改向滑轮；9—腰环；
10—朝地滑车

内悬浮抱杆还有一个明显的优点，相对体积小、重量轻，运输方便，是目前组塔使用比较普遍的一种抱杆之一，尤其是组建高度较高的铁塔。

内悬浮抱杆主要由抱杆头、抱杆体、承托装置、腰环组成。使用时配置相应的牵引设备、滑轮组、牵引绳、转向滑轮、拉线绳索、承托绳索和其他辅助绳索，如控制大绳、腰环使用绳索等，以及其他的连接使用的钩、环、板等必要用具后，就可以使用了。

抱杆头最早仅是一个朝天滑车，一般使用的滑车吊点（支撑点）朝上，滑轮向下。而朝天滑车正好相反，它把支撑点放在了滑轮的下方，即把滑轮倒过来朝天，因此叫"朝天滑车"。内悬浮抱杆在使用时，抱杆体必须朝起吊物方向有一定的倾斜角，不然有时会发生起吊钢绳和抱杆体之间摩擦。这样有时还会妨碍朝天滑车的旋转。由于滑轮直径不可能制作得太大，因此起吊偏角和抱杆倾角都必须较大。起吊偏角和抱杆倾角太大时，将会对施工造成较大的困难、降低抱杆的负荷能力。所以现在组塔时所用的内悬浮抱杆的抱杆头部用两个拉开距离的小滑轮来代替大直径的滑轮（见图8-10）。这样就避免朝天滑车的滑轮直径过大，也就可以适当地减小起吊偏角和抱杆倾角。

抱杆头的支架主要起支撑作用，它是一个重要的受力部件。滑轮起导向作用。这里设置了四个滑轮，滑轮的上方为挡绳轴，主要是防止起吊钢绳从滑轮绳槽中跳出。每两个滑轮为一组，起吊钢绳一端固定在挂绳销上，然后沿第一滑轮组轮槽至另一端。然后倒挂一个单轮起重滑车，起吊绳又沿第二滑车组回到起点端，最后引至牵引设备（另外也可以同时起吊两边对称的塔件）。抱杆头也可以绕止口盘旋转，杆塔截面一般情况是方形的，当起吊完一个对称面的塔件，将塔头旋转90°时，就可起吊另一对称面的塔件。定位螺杆的作用主要是防止在使用过程中止口盘的脱出。

朝天滑车组存在一个难以克服的缺陷，就是在进行单吊时，由于两端力的不平衡，将在朝天滑车组上产生一个力矩。由于朝天滑车还要旋转，拉线就不可能固定在朝天滑车上来平衡这个力矩。这个力矩传给抱杆主体，在抱杆主体顶端就有一个附加力矩，会降低抱杆主柱的承载能力。

目前还有一种抱杆头结构（见图8-11），这种抱杆头称为起吊套帽，使用方法很简单，是在十字交叉的起吊梁端任意一个孔上挂一对多轮滑车组（一般用组二滑车组或组三滑车组）。看似这种结构比朝天滑车组还要偏重，偏重就要产生偏重力矩。它的偏重力矩一部分也可以由四角的拉线里来平衡，另一大部分偏重力矩传递给抱杆主柱。由于牵引端和起重端都偏在同一边，所以它的偏重力矩一般要比朝天滑车组的偏重力矩大。

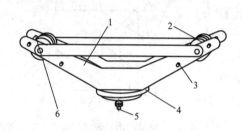

图 8-10　抱杆头部结构

1—支架；2—滑轮；3—挂绳销；
4—止口盘；5—定位螺杆；6—挡绳轴

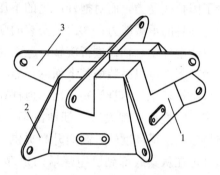

图 8-11　抱杆头部起吊套帽结构

1—锥帽；2—拉线耳；3—起吊梁

内悬浮抱杆的抱杆体一般是由图8-1中两节锥段［见图8-1（c）］和多节直段［见图8-1（b）］组成，根据施工需要选定合适的截面规格，并用螺栓、螺母通过法兰连接成需要的长度，组成需要的抱杆体。

内悬浮抱杆另一个特点就是悬浮，即抱杆的根部通过承托部件悬浮在空中，图8-12所示为内悬浮抱杆的承托部件。

内悬浮抱杆体的最下面一段的下法兰通过螺栓、螺母与承托架连接起来，组成一个整体，两根（或四根）承托钢绳通过悬浮滑车的滑轮槽，两根承托钢绳的四个绳端分别固定在已组建好的塔段的四根主材上，将承托架（包括抱杆体、抱杆头）悬浮在空中。提升钢绳通过朝地滑车轮槽，两端固定在主材上。抱杆在工作时，提升钢绳并不承多大的力，它只在随着组塔高度的升高，需要提升内悬浮抱杆本身时才通过它将抱杆升起，因此它的承力并不大，只需承受抱杆自重和提升摩擦力就可以了。而四根承托钢绳受力比较大，它不仅要承受抱杆本身的自重，还要承受工作负荷拉线的下压力等。

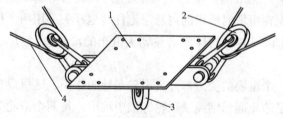

图 8-12　内悬浮抱杆的承托部件

1—承托架；2—平衡滑车；3—朝地滑车；4—承托绳

有的承托部件没有悬浮滑轮，而是用

四根钢绳直接固定在承托架上。这样的连接比较简捷，但由于没有悬浮滑轮，无法平衡下承托绳的受力状况，使得某根承托绳的受力过大。要保证施工安全，承托绳的规格就得用大些。

为了在提升抱杆时防止抱杆倾斜、翻倒，作为导向用，有的内悬浮抱杆还添加了腰环。腰环结构如图 8-13 所示，它主要是由四根带有可转动套管的边柱组成一个正四边形，四个边柱是有一个边柱可以开合的，为了能方便地套在抱杆体上。当腰环与抱杆体发生相对运动时，套管将滑动摩擦变为滚动摩擦，减少对抱杆体的磨损。一

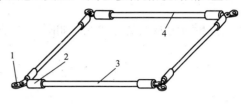

图 8-13　腰环结构图

1—绳环；2—滑套；3—活动杆；4—腰环框

般腰环套管与抱杆最大截面的单边距间隙为 10～20mm，这样，可保证抱杆的顺利提升。

在抱杆工作时，腰环也可以借用正在组建的塔体本身来限制抱杆的弯曲挠度，改变抱杆的工作约束方式，以叠加抱杆的刚性和强度。随着我国线路电压等级的不断提高（已由 500kV 提高到 1000kV），塔也越来越高、越大，对抱杆而言，负荷越来越沉，自身重量也会越来越重。为了增加抱杆的承受负荷的能力，尽量减轻抱杆的自身重量，可以借助腰环或拉线板，与拉线配合来解决这个问题。在后面的章节里还要专门讨论这一问题。

先对起吊系统进行力的分析。首先从抱杆头开始分析。抱杆头既可以单边起吊塔件，又可以一次同时起吊两边的塔件，为了分析方便，现在暂先只分析单边起吊的受力状况。要计全部的受力状况时，只需给所分析出的结果对应叠加即可。抱杆单边起吊受力图如图 8-14 所示，其中，G 为吊装构件产生的重力，kN；F_T 为调整大绳的牵引力，kN；F_1 为钢绳对吊装构件的牵引力，kN；F_2 为两滑轮之间钢绳的牵引力，kN；F_3 为过两滑轮后钢绳的牵引力，kN；F_4 为过 D 改向滑轮后钢绳的牵引力，kN；F_5 为过 E 改向滑轮后钢绳的牵引力，kN；P_1 为 F_1 和 F_2 对滑轮 B 的正压力，kN；P_2 为 F_2 和 F_3 对滑轮 C 的正压力，kN；P_3 为 F_3 和

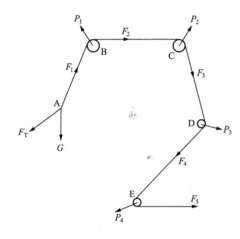

图 8-14　抱杆单边起吊受力图

F_4 对滑轮 D 的正压力，kN；P_4 为 F_4 和 F_5 对滑轮 E 的正压力，kN。A 为塔件吊点，B、C 为抱杆头滑轮，D、E 为起吊绳的改向滑轮。

先从吊装构件 G 力作用点 A 点受力状况开始分析，如图 8-15 所示，有

$$\sum F_X = F_1 \sin \beta_1 - F_T \cos \alpha = 0$$
$$\sum F_Y = F_1 \cos \beta_1 - G - F_T \sin \alpha = 0 \qquad (8\text{-}35)$$
$$\sum M = 0$$

式（8-35）与式（8-1）～式（8-3）完全相同，解也应完全相同。

故有

$$F_1 = \frac{G\cos \alpha}{\cos (\alpha + \beta_1)}, F_T = \frac{G\sin \beta_1}{\cos (\alpha + \beta_1)}$$

如果给定调整大绳的牵引力 F_L，则有

$$\beta = \arctan \frac{F_T \cos \alpha}{G + F_T \sin \alpha}$$

现在分析滑轮 B 的受力状况，如图 8-16 所示，有

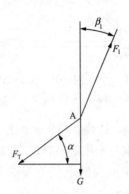 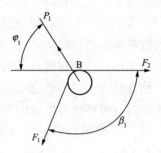

图 8-15　A 点受力分析　　　　　　　　图 8-16　B 点受力分析

$$\left.\begin{array}{l} \sum F_x = F_1 \sin \beta_1 - P_1 \sin \varphi_1 = 0 \\ \sum F_y = P_1 \cos \varphi_1 - F_1 \cos \beta_1 - F_2 = 0 \\ KP_1 = F_2 - F_1 \end{array}\right\} \tag{8-36}$$

式（8-36）与式（8-18）～式（8-20）完全相同，解也应完全相同，故有

$$\sin \varphi_1 = \sqrt{K^2 \sin^2 \frac{\beta_1}{2} \cos^2 \frac{\beta_1}{2} + \sin^2 \frac{\beta_1}{2} - K^2 \sin^2 \frac{\beta_1}{2}} - K \sin \frac{\beta_1}{2} \cos \frac{\beta_1}{2} \tag{8-37}$$

$$P_1 = \frac{F_1 \sin \beta_1}{\sin \varphi_1} \text{ 或 } P_1 = \frac{F_1 (\cos \beta_1 + 1)}{\cos \varphi_1 - K} \tag{8-38}$$

$$F_2 = F_1 + KP_1 = F_1 \left(1 + \frac{K \sin \beta_1}{\sin \varphi_1} \right) \tag{8-39}$$

可以推出 C 点（见图 8-17）、D 点（见图 8-18）、E 点（见图 8-19）的力值参数。

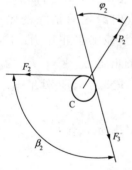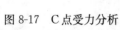 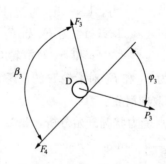 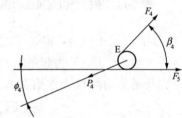

图 8-17　C 点受力分析　　　　图 8-18　D 点受力分析　　　　图 8-19　E 点受力分析

C 点

$$\sin \varphi_2 = \sqrt{K^2 \sin^2 \frac{\beta_2}{2} \cos^2 \frac{\beta_2}{2} + \sin^2 \frac{\beta_2}{2} - K^2 \sin^2 \frac{\beta_2}{2}} - K \sin \frac{\beta_2}{2} \cos \frac{\beta_2}{2}$$

$$P_2 = \frac{F_2 \sin \beta_2}{\sin \varphi_2}$$

$$F_3 = F_2 + KP_2 = F_2 \left(1 + \frac{K \sin \beta_2}{\sin \varphi_2}\right)$$

D 点

$$\sin \varphi_3 = \sqrt{K^2 \sin^2 \frac{\beta_3}{2} \cos^2 \frac{\beta_3}{2} + \sin^2 \frac{\beta_3}{2} - K^2 \sin^2 \frac{\beta_3}{2}} - K \sin \frac{\beta_3}{2} \cos \frac{\beta_3}{2}$$

$$P_3 = \frac{F_3 \sin \beta_3}{\sin \varphi_3}$$

$$F_4 = F_3 + KP_3 = F_3 \left(1 + \frac{K \sin \beta_3}{\sin \varphi_3}\right)$$

E 点

$$\sin \varphi_4 = \sqrt{K^2 \sin^2 \frac{\beta_4}{2} \cos^2 \frac{\beta_4}{2} + \sin^2 \frac{\beta_4}{2} - K^2 \sin^2 \frac{\beta_4}{2}} - K \sin \frac{\beta_4}{2} \cos \frac{\beta_4}{2}$$

$$P_4 = \frac{F_4 \sin \beta_4}{\sin \varphi_4}$$

$$F_5 = F_4 + KP_4 = F_4 \left(1 + \frac{K \sin \beta_4}{\sin \varphi_4}\right)$$

以上对内悬浮抱杆的起吊工作系统进行了基本的力学分析。根据分析的结果，不但可以选择整个工作系统中所需的各重要元件的规格，如承托装置拉绳、起重滑车、各改向滑车、起重钢丝绳、牵引设备及各滑车的吊点连接装置等。

抱杆倾斜时受力情况如图 8-20 所示，其中，F_C 为抱杆头对抱杆体作用的垂直力，kN；F_S 为抱杆头对抱杆体作用的水平力，kN；F_{C1} 为 F_C 对抱杆体（平行于抱杆体中心线）的正压分力，kN；F_{C2} 为 F_C 对抱杆体（垂直于抱杆体中心线）的倾斜分力，kN；F_L 为拉线上的作用力。抱杆头对抱杆体的作用力如下：

垂直于水平面的作用力

$$F_C = F_3 \cos \beta_3 + F_1 \cos \beta_1$$

抱杆头给抱杆体的水平力

$$F_S = F_3 \sin \beta_3 - F_1 \sin \beta_1$$

当抱杆体垂直于水平面（不倾斜）时，垂直于水平面的下压力 F_C 就是抱杆体承受的垂直于其中心轴线的下压力 F_Z，则有 $F_Z = F_C$。

如果（上述水平力理论上 $F_S = 0$）在施工中，抱杆体的中心线与 F_C 方向是相同的，那么抱杆的四根拉线将不会受什么力。但实际并不是这样的，往往它们的方向并不一致，尤其是单吊施工时（$F_S \neq 0$）；有时由于施工的需要，还要向重物方向故意倾斜一个角度。由于方向的不一致，假如存在一个角度 λ，F_C 除了给抱杆体一个正压力 F_{Z1}，而且还给了抱杆体另一个（与 F_{Z1} 力垂直的）分力 F_{S1}。正压力 F_Z 是抱杆在施工中应该承受的力。而水平力 F_{C2} 也是一个对施工有害的附加力。这个力矩将会降低包干的承载能力，所以称其为有害的附加力。因此在施工设计及施工中要尽量减少这种有害力矩。

$$F_{C1} = F_C \cos \lambda$$

$$F_{C2} = F_C \sin \lambda$$

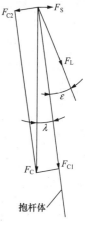

图 8-20　抱杆倾斜时
受力状况

抱杆头产生的水平合力 F_S 对抱杆体的作用也可分为两个分力，其中：

F_S 对抱杆体作用（平行于抱杆体）的正压分力 F_{S1} 为 $F_{S1}=F_S\sin\lambda$。

F_S 对抱杆体作用（垂直于抱杆体）的倾斜分力 F_{S2} 为 $F_{S2}=F_S\cos\lambda$。

F_{C2} 与 F_{S2} 的方向相反。抱杆体承受的倾斜合力 F_Q 为

$$F_Q = F_{C2} - F_{S2}$$

由于存在拉线，抱杆体会倾斜，而不会倾倒。这是因为拉线的拉力有一个垂直于抱杆体的分力来平衡上述的倾斜合力，它们大小相等、方向相反。因此拉线所承受的拉力 F_L 为

$$F_L = \frac{F_Q}{\sin\varepsilon}$$

当拉线所承受的拉力 F_L 产生了平衡倾斜力 F_Q 的分力时，同时也对抱杆体产生了一个下压分力 F_Y，即

$$F_Y = F_L\cos\varepsilon = F_Q\cot\varepsilon$$

抱杆体在倾斜工作时共承受了三个下压力，它们的合力为 $F_Z=F_{C1}+F_{S1}+F_Y$。

一定要注意各力的方向，以便在公式中正确使用它们的正负值。

现在分析下承托的受力状况。

抱杆既然是内悬浮抱杆，承托部件必然受到承托钢丝绳一个悬浮力（承托力），才能将抱杆悬浮起来。现在来研究这个悬浮力（承托力）的大小。图 8-21 所示为抱杆下承托力分析图。

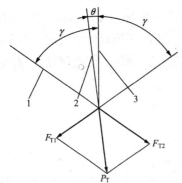

抱杆主柱的偏角为 θ，承托绳与垂直线的夹角为 γ。P_T 为抱杆柱主对下承托的正压力，F_{T1}、F_{T2} 为承托绳所受的力。

P_T 与 F_{T1} 的夹角为 $(\gamma+\theta)$，P_T 与 F_{T2} 的夹角为 $(\gamma-\theta)$，则有

$$\frac{F_{T1}}{\sin(\gamma-\theta)} = \frac{F_{T2}}{\sin(\gamma+\theta)} = \frac{P_T}{\sin(180-2\gamma)} = \frac{P_T}{\sin 2\gamma}$$

要说明的一点，前面介绍的承托部件（见图 8-12），承托绳是通过滑轮连接在已搭建好的塔架上。带有滑轮的承托部件，承托绳通过滑轮才连接到已搭建好的塔架上，滑轮具有调节承托绳长短和平衡承托绳上力大小的作用。因此考虑这

图 8-21 抱杆下承托力分析图
1—承托绳；2—抱杆主柱；3—垂直线

种承托部件的承托绳时，每根绳的规格必须能承受全部 F_{T1} 的一半。但是这种承托部件的缺点是，由于滑轮具有调节承托绳长短，抱杆的根部（承托部件）的位置是不十分稳定的。

这里的 P_T 值大小为

$$P_T = F_Z + G_Z\cos\theta$$

式中 G_Z——抱杆头和抱杆主体及挂在抱杆头上的绳索、滑轮等辅具的重力。

现在讨论 F_{T1} 和 F_{T2} 的变化情况，当抱杆体无偏角时（即 $\theta=0$），即

$$F_{T1} = F_{T2} = \frac{P_T}{2\cos\gamma}$$

当 $\gamma=0°$ 时 $F_{T1}=F_{T2}=\dfrac{P_T}{2\cos 0°}=\dfrac{P_T}{2}$

当 $\gamma=90°$ 时 $F_{T1}=F_{T2}=\dfrac{P_T}{2\cos 90°}=\infty$

这里要说明一点，承托绳是有弹性的，当有垂直力时，承托绳与铅垂线的夹角不可能为 90°，总是小于 90°，所以 F_{T1} 和 F_{T2} 也不可能为无穷大。但是它可以说明随着承托绳与垂直线的夹角的加大，F_{T1} 和 F_{T2} 也在增大。有时可增大到难以接受的程度，例如夹角 γ 增大到 80°时，则比 γ 为 0°时增大 5～6 倍。

如果夹角太小，抱杆根部容易产生不稳定，所以承托绳与垂直线的夹角宜采用 40°～60°。最大不要超过 70°。其根部的不稳定性也可用腰环固定的方法来弥补。

由于线路电压已升至 1000kV，铁塔及其部件也越来越重，抱杆的起重量也越来越大。图 8-12 所示的承托部件两个平衡滑车、四个吊点就不够了。在承托部件托板另两侧又增加了两个平衡滑车，变成了四个平衡滑车、八个吊点，这就大大增加了承托部件的承载能力，结构形式和强度上也有所加强和改善。

上述已对四点内悬浮抱杆下承托受力作了一个系统的分析，对于八吊点内悬浮抱杆下承托受力就不赘述了。只需对抱杆承托绳的受力按上述方法进行分析即可。

这些对内悬浮抱杆在施工过程的基本受力分析对产品设计人员是不够的，还需要了解抱杆头和抱杆体在受了外力之后所产生的内力。利用这些内力可以设计具体的产品。

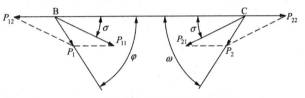

图 8-22　抱杆头部所受内力分析图

图 8-22 所示为抱杆头部所受内力分析图，在进行起吊工作时，B、C 两点为抱杆头两端滑轮的轴心。抱杆头上的滑轮受到钢绳 F_1、F_2、F_3 的作用力后，对两个滑轮上分别产生了压力 P_1、P_2，前面已求出 P_1、P_2 的数值和方向（与水平夹角 φ、ω）。

分析 B 点滑轮受力状况，P_1、P_{11}、P_{12} 组成了一个封闭的三角形。根据正弦定理，有

$$\frac{P_1}{\sin\sigma}=\frac{P_{12}}{\sin(\varphi-\sigma)}=\frac{P_{11}}{\sin(180-\varphi)}=\frac{P_{11}}{\sin\varphi}$$

式中　σ——抱杆头的支架斜支撑的制造角度，可通过测量或询问生产厂家。

因此，如图 8-16 所示，有 $\sin\varphi=\sin\varphi_1$，代入式（8-37）有

$$\varphi=\arcsin\left(\sqrt{K^2\sin^2\frac{\beta_1}{2}\cos^2\frac{\beta_1}{2}+\sin^2\frac{\beta_1}{2}-K^2\sin^2\frac{\beta_1}{2}}-K\sin\frac{\beta_1}{2}\cos\frac{\beta_1}{2}\right)$$

$$P_{12}=\frac{P_1\sin(\varphi-\sigma)}{\sin\sigma},\quad P_{11}=\frac{P_1\sin\varphi}{\sin\sigma}$$

同理，C 点滑轮受力状况如下：

如图 8-17 所示，有 $\omega=\beta_2-\varphi_2$，同上，将 β_1 变为 β_2，代入式（8-37），有

$$\omega=\beta_2-\varphi_2$$
$$=\beta_2-\arcsin\left(\sqrt{K^2\sin^2\frac{\beta_2}{2}\cos^2\frac{\beta_2}{2}+\sin^2\frac{\beta_2}{2}-K^2\sin^2\frac{\beta_2}{2}}-K\sin\frac{\beta_2}{2}\cos\frac{\beta_2}{2}\right)$$

$$P_{22}=\frac{P_2\sin(\omega-\sigma)}{\sin\sigma},\quad P_{21}=\frac{P_2\sin\omega}{\sin\omega}$$

这里要说明的是，由于滑轮有摩擦存在，P_1 并不等于 P_2，所以 P_{12} 也就不等于 P_{22}，P_{11} 也就不等于 P_{21}，那么就会在抱杆头上产生一个扭矩，这个扭矩的大小直接决定于摩擦系数的大小。如果施工时采用单吊法，这个扭矩相对就比较大。产生的这个扭矩就要由抱杆头的止口盘来承担，并会传递到抱杆体上。由于有扭矩的存在，将会降低抱杆的承载能力。

如果在施工中合理选择起吊绳的施力角和重力角，这一扭矩将会尽可能减少，但不可能完全消除。因为在施工中不可能将施力角和重力角的数值掌握得很准。

两个水平分力在抱杆头里将会产生一个内力，使得支架中的水平横拉板承受一个较大的拉力，因此在设计抱杆头时，水平横拉板也是一个重要的受力零件，应予以核算。

沿抱杆头斜支撑（中心线）的 P_{11} 和 P_{21} 对抱杆头斜支撑来说是一个正压力，在抱杆设计时可按压杆进行设计计算。压杆的计算将在后面的章节里详细介绍。

用拉线产生的水平力来平衡有害的倾斜分力 P_c，似乎已经解决了问题，实际拉线不仅仅起到了维持系统的平衡稳定的作用，由于拉线产生了平衡的水平力，同时也对抱杆体产生了一个下压力 P_{Z3}。

最好能利用抱杆头两边钢丝绳与铅垂线的夹角的变化来减少起吊系统给抱杆头的不平衡力，但要做到这一点是比较困难的。

在选购抱杆时，对抱杆各段的两法兰平面的平行度、两法兰平面与其中心线的垂直度及该段主材组成的方形截面的直线度都要注意。后面将会叙述。同时施工、运输、装卸、储藏都要注意文明工作、文明管理，以保证抱杆本身质量的延续性，这才能保证在后续施工时，抱杆具有较好的承载能力。

铝合金、钢质格构式内悬浮抱杆规格及技术参数见表8-4，铝合金格构式内悬浮抱杆规格见表8-5～表8-8，内悬浮铝合金管式抱杆规格及技术参数见表8-9和表8-10，内悬浮格构式钢抱杆规格及技术参数见表8-11。

表 8-4 铝合金、钢质格构式内悬浮抱杆规格及技术参数

型号	断面 （mm×mm）	高度 （m）	允许轴向载荷 （kN）	杆段组合	单位质量 （kg/m）
BLGX350-13	350×350	13	6	4.5+3+1+4.5	12.7
BLGX350-15	350×350	15	49	4.5+4+4.5	12.7
BLGX400-15	400×400	15	67	4+3+4+4	13.5
BLGX400-17	400×400	17	50	4+3+3+3+4	13.5
BLGX500-19	500×500	19	80	4.5+4+2+4+4.5	17
BLGX500-21 Ⅰ	500×500	21	60	4.5+4+2+2+4+4.5	17
BLGX500-21 Ⅱ	500×500	21	70	4.5+4+2+2+4+4.5	20
BLGX500-21	600×600	21	150	4.5+4+3+1+4+4.5	22
BLGX600-25 Ⅰ	500×500	25	60	4+3+3+1+3+3+3+4	22
BLGX600-25 Ⅱ	600×600	25	110	4+3+3+1+3+3+3+4	25
BLGX600-29	600×600	29	90	4+4+4+2+3+4+4+4	25
BLGX600-32	600×600	32	120	3+8×3+2+3	25
BLGXS600-35	600×600	35	120	3+9×3+2+3	28
BLGX800-35	800×800	35	200	3+9×3+2+3	32
BGGX350-13	350×350	13	70	3+3+3+1+3	30（钢质）
BGGX350-15	350×350	15	60	3+3+3+3+3	30（钢质）
BGGX400-17	400×400	17	80	3+3+3+2+3+3	38（钢质）
BGGX400-19	400×400	19	62	3+3+3+2+2+3+3	38（钢质）
BGGX500-17	500×500	17	102	3+3+3+2+3+3	40（钢质）
BGGX500-19	500×500	19	90	3+3+3+2+2+3+3	40（钢质）
BGGX500-21	500×500	26	70	4+4+4+2+4+4+4	40（钢质）
BGGX800-32	800×800	32	240	2.5+9×3+2.5	58（钢质）
BGGX800-38	800×800	38	220	2.5+11×3+2.5	58（钢质）
BGGX900-40	900×900	40	240	20×2	58（钢质）

注 由宝鸡银光电力机具制造有限公司生产。

表 8-5 铝合金格构式内悬浮抱杆规格（一）

型　号	允许轴向载荷（kN）	单位质量（kg/m）	型　号	允许轴向载荷（kN）	单位质量（kg/m）
LBNX250-10	23		LBNX500-16A	64	
LBNX250-11	19		LBNX500-17A	57	
LBNX250-12	16	10.5	LBNX500-18A	50	18
LBNX250-13	13		LBNX500-19A	45	
LBNX250-14	11		LBNX500-20A	41	
LBNX250-15	10		LBNX500-17B	88	
LBNX300-11	29		LBNX500-18B	77	
LBNX300-12	24		LBNX500-19B	70	
LBNX300-13	22		LBNX500-20B	65	
LBNX300-14	18	11	LBNX500-21B	60	22
LBNX300-15	16		LBNX500-22B	56	
LBNX300-16	13		LBNX500-23B	52	
LBNX300-17	12		LBNX500-24B	47	
LBNX300-18	11		LBNX500-25B	42	
LBNX350-11	40		LBNX600-17A	75	
LBNX350-12	33		LBNX600-18A	70	
LBNX350-13	30		LBNX600-19A	65	
LBNX350-14	24	13.5	LBNX600-20A	60	20
LBNX350-15	21		LBNX600-21A	55	
LBNX350-16	19		LBNX600-22A	49	
LBNX350-17	17		LBNX600-23A	45	
LBNX350-18	15		LBNX600-24A	41	
LBNX400-12	43		LBNX600-25A	38	
LBNX400-13	38		LBNX600-17B	119	
LBNX400-14	32		LBNX600-18B	111	
LBNX400-15	28		LBNX600-19B	104	
LBNX400-16	25	14.6	LBNX600-20B	94	
LBNX400-17	22		LBNX600-21B	85	24
LBNX400-18	19		LBNX600-22B	76	
LBNX400-19	16		LBNX600-23B	70	
LBNX400-20	14		LBNX600-24B	64	
LBNX500-14A	75	18	LBNX600-25B	58	
LBNX500-15A	70				

注 由宁波东方电力机具制造有限公司生产。

表 8-6   铝合金格构式内悬浮抱杆规格（二）

型 号	高度（m）	断面（mm）	允许轴向载荷（kN）	主 材	斜 材
LTB-1	13	300	20	L50×4	L25×3
LTB-2	13	350	30	L50×4	L25×3
LTB-3	15	350	25	L50×4	L25×3
LTB-4	19	400	40	L60×5	L30×3
LTB-5	21	400	27	L60×5	L30×3
LTB-6	17	500	70	L60×5	L30×3
LTB-7	19	500	110	L75×7	L40×4
LTB-8	21	500	50	L60×5	L30×3
LTB-9	21	500	89	L75×7	L40×4
LTB-10	22	500	81	L75×7	L40×4
LTB-11	23	500	74	L75×7	L40×4
LTB-12	25	500	32	L60×5	L30×3
LTB-13	25	500	66	L75×7	L40×4
LTB-14	26	500	30	L60×5	L30×3
LTB-15	26	500	60	L75×7	L40×4
LTB-16	27	500	24	L60×5	L30×3
LTB-17	28	500	47	L75×7	L40×4
LTB-18	24	550	84	L75×7	L40×4
LTB-19	25	550	75	L75×7	L40×4
LTB-20	27	550	64	L75×7	L40×4
LTB-21	28	550	58	L75×7	L40×4
LTB-22	19	600	196	L75×7	L40×4
LTB-23	21	600	134	L75×7	L40×4
LTB-24	22	600	122	L75×7	L40×4
LTB-25	23	600	112	L75×7	L40×4
LTB-26	24	600	103	L75×7	L40×4
LTB-27	25	600	94	L75×7	L40×4
LTB-28	26	600	89	L75×7	L40×4
LTB-29	28	600	75	L75×7	L40×4
LTB-30	32	600	30	L75×7	L40×4
LTB-31	40	700	160	L75×7	L40×4

注 1. 抱杆头部有朝天单双滑车 360°旋转头。

2. 由天津市蓟县下仓线路器材厂生产。

238

表 8-7 **铝合金格构式内悬浮抱杆规格（三）**

型　号	长度 （m）	允许轴向载荷 （kN）	截面 （mm）	组合 （m）	质量 （kg）
LBDF-300/10 铝合金方独抱杆	10	40	□300×300	5+5	100
LBDF-400/14 铝合金方独抱杆	14	50	□400×400	5+2+2+5	160
LBDF-300/12 锰钢方独抱杆	12.6	30	□300×300	4.2+4.2+4.2	360
MBDF-600/28 锰钢方独抱杆	28	50	□600×600		1500

表 8-8　　　　　　　　　　**铝合管格构式内悬浮抱杆规格（四）**

型　号	断面 （mm×mm）	高度 （m）	允许轴向 载荷（kN）	杆段组合	单位质量 （kg/m）
BLYN120-9	φ120×5	9	8	3+3+3 或 4.5+4.5	7.5
BLYN120-11	φ120×5	11	6	3.5+4+3.5	7.5
BLYN150-11	φ150×8	11	20	4.5+2+4.5	13
BLYN150-13	φ150×8	13	15	4.5+4+4.5	13
BLYN160-9	φ160×6	9	15	3+3+3 或 4.5+4.5	25
BLYN160-13	φ160×6	13	10	4+3+2+4 或 3+3+2+2+3	25

注　由宝鸡银光电力机具制造有限公司生产。

表 8-9　　　　　　　　　　**内悬浮铝合金管式抱杆规格及技术参数（一）**

型　号	长度 （mm）	φ/厚度 （mm）	允许轴向负荷 （kN）	安全系数	单位质量 （kg/m）	备　注
LNXGB120	10500	120/6	15	≥2.5	6.1	用于内拉线轴压减少20%
LNXGB140	12000	140/7	12	≥2.5	8.1	用于内拉线轴压减少20%

注　由宁波东方电力机具制造有限公司生产。

表 8-10　　　　　　　　　　**内悬浮铝合金管式抱杆规格及技术参数（二）**

型　号	LBNXG120-9	LBNXG120-10.5	LBNXG150-9	LBNXG150-10.5
允许轴向负荷（kN）	9	6	15	11
单位质量（kg/m）	7.5		8	

注　由宁波东方电力机具制造有限公司生产。

表 8-11　　　　　　　　　　**内悬浮格构式钢抱杆规格及技术参数**

型　号	抱杆断面 （mm）	抱杆高度 （m）	最大轴向压力 （kN）	质　量 （kg）
GNX800	□800	32	176	2560
GNX900	□900	40	258	4700

注　1. 用于1000kV特高压线路铁塔组立，也可用于其他类似场合。

　　　2. GNX800型按猫头塔单件最大吊重5t设计；GNX900型按酒杯塔单件最大吊重8t设计。

　　　3. 由宁波东方电力机具制造有限公司生产。

第三节　落地式摇臂抱杆

摇臂抱杆是组建铁塔的另一种起重器具，也称落地式摇臂抱杆。它分为双摇臂和四摇臂，高度有 40、50、60m 等多种，甚至最高有高达一百多米。既可以做成落地式摇臂抱杆，也可做成悬浮式摇臂抱杆。这里重点分析落地式摇臂抱杆。

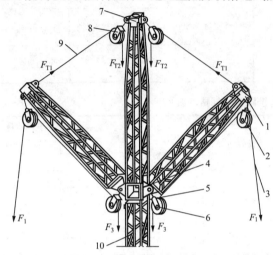

图 8-23　双摇臂抱杆示意图

1—摇臂；2—起重滑轮；3—起吊绳；4—方箱；
5—止口盘；6—改向滑轮；7—摇臂支撑柱；
8—摇臂调节滑轮；9—摇臂调节绳；10—抱杆柱

图 8-23 所示为双摇臂抱杆示意图，为了简化，未画出拉线、腰环及牵引设备等。

四摇臂是在双摇臂抱杆的另外两个 90°方向再增加两个摇臂。双摇臂抱杆最大转角为 90°，而四摇臂抱杆最大转角为 45°。它的转动也是靠止口盘定位，用起吊大绳牵动来完成方向的转动，摇臂、摇臂支撑柱安装在方向盘上，完成了整个摇臂头的转动。

摇臂抱杆利用摇臂调节滑轮、摇臂调节绳来调节摇臂与摇臂支撑柱之间的夹角，改变被起重物件与塔中心线的距离，大大方便了被起吊塔件的就位。

摇臂抱杆的优点：①组塔高度高。②由于有较长的摇臂，作业范围宽，起吊、就位都较方便。③由于可做成落地式，根部可和塔基直接相连，所以施工时它较内悬浮抱杆稳定。④由于它可落地，如果有条件的话，也可将抱杆主柱直接固定在被建塔的基础上，这样可以改善抱杆主柱的约束条件，降低长度修正系数 μ，可将 μ 值由 1 降至 0.7，这对提高抱杆使用能力（或降低抱杆成本）有好处。⑤由于摇臂抱杆使用时，抱杆主柱不会发生倾斜。抱杆主柱可用单层或多层中拉线来固定，可进一步降低抱杆主柱的 μ。有效提高了抱杆的承载能力（或降低抱杆成本）。⑥它也可以做成悬浮式摇臂抱杆，利用已组好的部分塔架逐步倒装升高，比较方便。这一点和内悬浮抱杆是相同的。

摇臂抱杆的缺点是体积庞大、重量重，给运输、保管、搭建都带来一定的困难。但是由于它具有其他抱杆没有的优点，所以在一定的场合下，还要使用它来组塔。

摇臂抱杆配用的各个滑轮、腰环、牵引设备的形式和内悬浮抱杆配用的形式是相同的，只是抱杆的形式不同。

摇臂抱杆受力是对称的，抱杆主柱不会倾斜，所以它的受力是另一种形式。现在对其受力系统进行分析，从单摇臂开始分析。只要解决了单摇臂受力分析，那么双摇臂和四摇臂的问题也就清楚了。

单摇臂分为两个力系，一个是起重力系；另一个是调整摇臂力系，如图 8-24 所示。起重力系和内悬浮抱杆基本相同，只不过力的大小和夹角不同，这并不影响分析结果，参见内悬浮抱杆的起重力系分析。现在就从摇臂外顶端受力分析开始，如图 8-25 所示。对调整摇臂力系分析时，假设 P_1、P_2 和它们与入绳端的力的反向延长线的夹角为 φ_1、φ_2 已经在起重力系分析中求出。

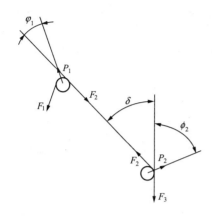

图 8-24　单摇臂抱杆的起重力系示意图

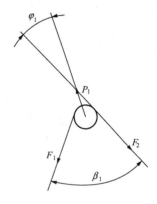

图 8-25　摇臂上端点滑轮
作用力受力分析图

由式（8-37）～式（8-39）得

$$P_1 = \frac{F_1 \sin \beta_1}{\sin \varphi_1}$$

$$F_2 = F_1 \left(1 + K \frac{\sin \beta_1}{\sin \varphi_1} \right)$$

$$\sin \varphi_1 = \sqrt{K^2 \sin^2 \frac{\beta_1}{2} \cos^2 \frac{\beta_1}{2} + \sin^2 \frac{\beta_1}{2} - K^2 \sin^2 \frac{\beta_1}{2}} - K \sin \frac{\beta_1}{2} \cos \frac{\beta_1}{2}$$

当 $K \leqslant 0.01$ 时，有

$$\varphi_1 \approx \frac{\beta_1}{2} , F_2 \approx F_1$$

图 8-26 所示为摇臂外顶端受力示意图，已知摇臂与铅垂线（抱杆主柱的中心线）夹角为 δ，摇臂调整绳与铅垂线的夹角为 ρ（此角是摇臂控制绳与抱杆主柱的夹角）。

在三角形 $OP_1F'_{Z1}$ 中，与 F'_{Y1} 平行的边所对的夹角为 φ_1，与 P_1 的夹角为 $(\delta + \rho)$，F_{Z1} 所对的夹角为 $(180° - \delta - \rho - \varphi_1)$。

根据正弦定理有

$$\frac{F'_{Y1}}{\sin \varphi_1} = \frac{P_1}{\sin (\delta + \rho)} = \frac{F_{Z1}}{\sin (180° - \delta - \rho - \varphi_1)}$$

$$= \frac{F_{Z1}}{\sin (\delta + \rho + \varphi_1)}$$

$$F_{Y1} = F'_{Y1} = \frac{P_1 \sin \varphi_1}{\sin (\delta + \rho)}$$

$$F_{Z1} = F'_{Z1} = \frac{P_1 \sin (\delta + \rho + \varphi_1)}{\sin (\delta + \rho)}$$

摇臂本身有重量，如果单个摇臂本身重量产生的重力为 G_Y，摇臂的身长为 L，则 G_Y 沿摇臂调整绳和摇臂中心

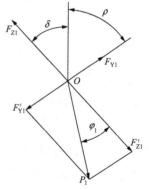

图 8-26　摇臂外顶端受力示意图
F_{Z1}—摇臂承受的正压力；F_{Y1}—摇臂控制绳承受的拉力；P_1—摇臂外段部滑车对摇臂的作用力；F'_{Z1}—P_1—在摇臂中心线上的分力；F'_{Y1}—P_1 力在摇臂调整绳方向上的分力

轴线方向各有一个分力为 F_{Y2} 和 F_{Z2}。

在 G_Y、F_{Y2} 和 F_{Z2} 组成的三角形中，G_Y 对应的角为 $(\delta+\rho)$，F_{Y2} 对应的角为 δ，F_{Z2} 对应的角为 ρ。同理根据正弦定理则有

$$\frac{G_Y}{\sin(\delta+\rho)} = \frac{F'_{Y2}}{\sin\delta} = \frac{F'_{Z2}}{\sin\rho}, F'_{Y2} = \frac{G_Y\sin\delta}{\sin(\delta+\rho)}, F_{Z2} = F'_{Z2} = \frac{G_Y\sin\rho}{\sin(\delta+\rho)}$$

由于摇臂本身重量 G_Y 可视为作用在摇臂长度的中点，那么在摇臂调整绳上产生一个平衡力 F_{Y2} 为

$$F_{Y2} = \frac{F'_{Y2}}{2} = \frac{G_Y\sin\delta}{2\sin(\delta+\rho)}$$

摇臂调整绳上产生一个平衡合力 F_{T1} 为

$$F_{T1} = F_{Y1} + F_{Y2} = \frac{P_1\sin\varphi_1}{\sin(\delta+\rho)} + \frac{G_Y\sin\delta}{2\sin(\delta+\rho)} = \frac{2P_1\sin\varphi_1 + G_Y\sin\delta}{2\sin(\delta+\rho)}$$

抱杆中心轴线承受的最大正压力为

$$F_Z = F_{Z1} + F_{Z2} = \frac{P_1\sin(\delta+\rho+\varphi_1)}{\sin(\delta+\rho)} + \frac{G_Y\sin\rho}{\sin(\delta+\rho)} = \frac{P_1\sin(\delta+\rho+\varphi_1) + G_Y\sin\rho}{\sin(\delta+\rho)}$$

图 8-27 所示为摇臂内侧端部滑轮受力分析图，若 F_2 与 F_3 的夹角为 β_2，可知 $\beta_2=180°-\delta$，又知 $\sin(180°-\delta)=\sin\delta$，则由式（8-37）得

$$\sin\varphi_2 = \sqrt{K^2\sin^2\frac{\delta}{2}\cos^2\frac{\delta}{2} + \sin^2\frac{\delta}{2} - K^2\sin^2\frac{\delta}{2}} - K\sin\frac{\delta}{2}\cos\frac{\delta}{2}$$

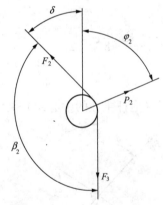

$$P_2 = \frac{F_2\sin\delta}{\sin\varphi_2}$$

$$F_3 = F_2\left(1 + K\frac{\sin\delta}{\sin\varphi_2}\right)$$

摇臂内侧端部滑轮和摇臂本身对抱杆方向的作用力的垂直力为

$$F_C = F_Z\cos\delta + P_2\cos\varphi_2$$

水平力为

$$F_S = F_Z\sin\delta - P_2\sin\varphi_2$$

图 8-27 摇臂内侧端部
滑轮受力分析图

这里要说明的是由于摇臂抱杆的摇臂都是对称的，无论是单边起吊（另一边一定要打有安全绳），还是双边同时起吊，两个对称摇臂产生的水平力大小相等、方向相反，相互抵消。只是对抱杆的方向产生了一个挤压力。

现在进一步分析摇臂调节滑轮上的受力状况，受力分析如图 8-28 所示，F_{T2} 是调节摇臂的牵引力，φ_3 为摇臂调节滑轮承受的合力与摇臂支撑柱（铅垂线）的夹角。由式（8-37）得

$$\sin\varphi_3 = \sqrt{K^2\sin^2\frac{\rho}{2}\cos^2\frac{\rho}{2} + \sin^2\frac{\rho}{2} - K^2\sin^2\frac{\rho}{2}} - K\sin\frac{\rho}{2}\cos\frac{\rho}{2}$$

$$P_3 = \frac{F_{T1}\sin\rho}{\sin\varphi_3}$$

242

$$F_{T2} = F_{T1}\left(1 + K\frac{\sin\rho}{\sin\varphi_3}\right)$$

由于摇臂调节滑轮是挂在摇臂支撑柱顶端，它必然对摇臂支撑柱产生一个垂直分力 F_{TC} 和一个水平分力 F_{TS}，即

$$F_{TC} = P_3\cos\varphi_3 = F_{T1}\cos\rho + F_{T2} = F_{T1}\left(1 + \cos\rho + K\frac{\sin\rho}{\sin\varphi_3}\right)$$

$$F_{TS} = P_3\sin\varphi_3 = F_{T1}\sin\rho$$

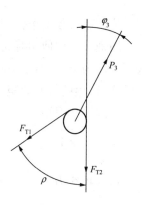

图 8-28 摇臂调节滑轮上的受力分析图

水平分力 F_{TS} 作用在摇臂支撑柱顶端上，由于抱杆摇臂是对称的，所产生的水平力大小相等、方向相反，相互抵消。仅需要考虑摇臂支撑柱头部承受 F_{TS} 的抗拉强度，由另一个对称的摇臂产生的 F_{TS} 来平衡。

对于垂直力 F_{TC} 而言，与摇臂控制绳端固定位置有关。当摇臂控制绳端固定在抱杆主柱的最底端，调节摇臂的角度比较方便，但是不只是抱杆头的中支柱要承受 F_{TC} 的下压力，而方箱以下的抱杆主柱也要承受 F_{TC} 的下压力，即抱杆主柱承受的正压力就包含了 F_C 和 F_{TC} 两个力。如果将摇臂控制绳端固定在抱杆主柱顶端的方箱上，那么 F_{TC} 中的一部分就变成了抱杆头中支柱的内力。方箱以下的抱杆主柱就不再承受 F_{TC} 中 F_{T2} 的了。而抱杆主柱承受的正压力就只包含 ($F_C + F_{T1}\cos\rho$) 了。但调节摇臂的角度不方便，要爬到抱杆的方箱上。

现在对摇臂抱杆主体的受力进行分析。摇臂抱杆主体通过方箱、止口盘、改向滑轮承受了摇臂和摇臂支撑柱给它的垂直力，这个力的大小如下：

当摇臂控制绳端固定在抱杆主柱的最底端时

$$P_H = Z(F_Z\cos\delta + P_2\cos\varphi_2 + P_3\cos\varphi_3 + \sum G) \tag{8-40}$$

当摇臂控制绳端固定在抱杆主柱顶端的方箱上时

$$P_H = Z(F_Z\cos\delta + P_2\cos\varphi_2 + F_{T1}\cos\rho + \sum G) \tag{8-41}$$

式中 Z——摇臂抱杆的摇臂数，是双数，因为目前使用的只有双摇臂和四摇臂抱杆，还没有其他摇臂抱杆，故只能是 2 和 4；

$\sum G$——摇臂抱杆自重产生的重力，但不包括摇臂的重量产生的重力 G_Y。

分析时没有考虑摇臂抱杆旋转止口下面的拉线对抱杆的影响，是因为摇臂抱杆不可能倾斜使用，如果使用时对称使用，力系分析中并无水平分力的产生，其拉线仅仅起到一个维持抱杆平衡的保护作用，所以式（8-40）和式（8-41）分析时并不包括拉线对抱杆的影响。假如是不对称使用，就要考虑水平力的影响。

由于式（8-40）和式（8-41）中抱杆的自重 $\sum G$ 并不是集中的，而是沿抱杆高度分布的，所以求出的 P_H 是抱杆主柱截面承受的最大下压力，这个截面处在抱杆主柱的最下端。

为了充分发挥抱杆的承力能力，建议将摇臂控制绳端固定在抱杆主柱顶端的方箱上。

但是由于组立抱杆质量不是很高，两边负荷并不完全均衡，抱杆垂直度也不一定很好，或抱杆本身直线度不够好，或施工时有一些如风力等不对称因素的存在，拉线上是有力，不然拉线就没有存在的必要。拉线上有力存在，必然有水平分力和垂直分力的存在。有力存

在，我们就必须给予合理的考虑。

当抱杆主柱使用时无中拉线，设定以上综合因素等效偏心距为 E，上拉线点到抱杆主柱底部距离为 H，拉线与抱杆中心线的夹角为 λ，施加在抱杆主柱底部的垂直力为 P_H。

P_H 产生的偏心力矩 $\quad M_P = EP_H$

拉线平衡力矩 $\qquad\qquad M_L = P_S H = M_P = EP_H$

拉线水平分力 $\qquad\qquad P_S = \dfrac{EP_H}{H}$

最大拉线力为 $\qquad\qquad P_L = \dfrac{P_S}{\sin\lambda} = \dfrac{EP_H}{H\sin\lambda}$

$$E = e\% \times H$$

式中　$e\%$——相对偏心值，则有

$$P_L = \frac{e\% \times P_H}{\sin\lambda}$$

拉线对抱杆产生的下压力为

$$P_{SX} = P_L\cos\lambda = \frac{e\% \times P_H}{\sin\lambda} \times \cos\lambda = e\% \times P_H\cot\lambda$$

此时的抱杆承受的正压力为

$$P_Z = P_H + P_{SX} = P_H(1 + e\% \times \cot\lambda)$$

一般（含制造、安装、综合等因素）取 $e\% = 1\% \sim 3\%$。

落地式摇臂抱杆、落地式钢摇臂抱杆、铝合金落地式摇臂抱杆、铝合金落地抱杆、铝合金双摇臂内悬浮回转抱杆规格及技术参数见表 8-12～表 8-16。

表 8-12　　　　　　　　　　　落地式摇臂抱杆规格及技术参数

型　号	断　面 （mm×mm）	高　度 （m）	允许轴向载荷 （kN）	单位质量 （kg/m）	备　注
BLGY400-45	400×400	45	28	14	铝合金格构式
BLGY400-50	400×400	50	21	14	
BLGY500-45	500×500	45	54	17	
BLGY500-50	500×500	50	43	20	
BLGY600-45	600×600	45	78	22	
BLGY600-50	600×600	50	45	22	
BLGY600-60	600×600	60	28	22	
BLGY600-70	600×600	70	20	25	
BGGY400-40	400×400	40	37	38	钢质格构式
BGGY400-50	400×400	50	21	38	
BGGY500-50	500×500	50	43	40	
BGGY500-60	500×500	60	54	40	

注　由宝鸡银光电力机具制造有限公司生产。

表 8-13   落地式钢摇臂抱杆规格及技术参数

型 号	抱杆断面 (mm)	总高度 (m)	顶段长度 (m)	摇臂长度 (m)	允许起吊载荷 (kN)	质 量 (kg)
GYB500	□500	70	4.5	3.5	15	3700
GYB650	□650	82	10.2	9	20	5700

注 1. 用于高塔组立,四摇臂、落地式、摇臂可调幅。

　　2. 起吊时一般三面拉平衡绳,一侧起吊,也可两对面平衡起吊。

　　3. 由宁波东方电力机具制造有限公司生产。

表 8-14   铝合金落地式摇臂抱杆规格及技术参数

型 号	摇臂尺寸 (mm)		主杆高度 (mm)	主杆断面 (mm)	摇臂载荷 (kN)	安全 系数	备 注
	长度	断面					
LCHYB-WE-1N	3000	250	26000	500	14	≥2.0	主材 L50mm×4mm 腰环×1
	4000	300		500	14		
	5000	350		500	14		
LCHYB-WE-2N	3000	250	32000/69500	600	14	≥2.0	主材 L60mm×5mm 腰环×2
	4000	300		600	14		
	5000	350		600/700	14		主材 L75mm×7mm 腰环×4

注 由天津蓟悬下仓线路器材厂生产。

表 8-15   铝合金落地抱杆规格及技术参数

型号名称	长度 (m)	起吊载荷 (kN)		截面 (mm×mm)	组合 (m)
LBCF-700/72	72	30m	72m	□700×700	
		25	13		

注 由扬州工三电力机具有限公司生产。

表 8-16   铝合金双摇臂内悬浮回转抱杆规格及技术参数

型 号	抱杆顶段长度 (m)	抱杆高度 (m)	抱杆断面 (mm)	极限起吊载荷 (kN)		质 量 (kg)
LBXH-10	2.5	14.5(3×4+2.5)	500×500	双面平衡吊时 2×10	单侧吊时 10	400

注 由宁波东方电力机具制造有限公司生产。

第四节 人 字 抱 杆

　　人字抱杆分为固定式和跌落式两种抱杆,它的结构比摇臂抱杆要简单得多,主要由两根主柱作人字形组成。图 8-29 所示为格构式人字抱杆结构图。人字抱杆的底座一般采用铰接形式,其中两根主柱可以是格构式主柱,也可以是管式主柱。若是格构式主柱,其主柱两端一般都是锥段。

固定式抱杆和跌落式抱杆的结构基本相同，尤其是主柱。它们的区别如下：

（1）固定式抱杆主要是用来起吊重物用的，而跌落式抱杆主要用在组立塔架场合。

（2）由于两者的工作原理不同，故两者的抱杆头不同。

（3）固定式抱杆使用时四边必须打固定拉线，最少打三根拉线，而跌落式抱杆使用时不必打拉线，它是用脱落环通过羊角头式抱杆头固定在牵引绳上，在牵引绳的牵引过程中跌落式抱杆随着塔件的起吊，也在不断改变与地面的夹角，当牵引绳拉直后，到一定位置时，抱杆头将会自动从脱落环上脱落，跌落在地面上。脱落环结构如图 8-30 所示。

（4）固定式抱杆除了两柱式，还有三柱式。三柱式主要将三个底座相对固定，就不再打拉线了。还有一种，为了能将起吊的重物短途移动，在相对固定的底座下安装轮子。这样就可实现在一定条件下，将起吊的重物连同固定式抱杆一同移动到需要的地方。而跌落式抱杆只有两柱式，而且底座是铰接式的，与地面相对固定不能移动。

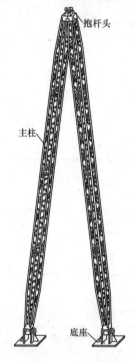

图 8-30　脱落环结构图

图 8-29　格构式人字抱杆结构图

图 8-31　跌落式人字抱杆头结构图

跌落式人字抱杆头结构如图 8-31 所示，俗称"羊角头"。也有将固定式抱杆和跌落式抱杆合二为一，其抱杆头如图 8-32 所示。若将图中抱杆头的两个羊角板翻转到外侧就是固定式抱杆头，翻转到内侧就是人字抱杆头。

在人字抱杆的基础上，还有塔上四柱式抱杆，四根柱脚用铰接方法固定在被组件塔的四根主材上。这种方法对被组件塔有一定的影响，所以使用受到一定的限制。

固定式抱杆的受力比较简单，若固定式抱杆起重的重物的重力为 G，单根抱杆主柱在其与过顶点铅垂线的平面内，轴线与地面的夹角为 θ，则固定抱杆每个单柱所承受的正压力为

$$N_{\mathrm{G}} = \frac{G}{m\cos\theta}$$

式中　　m——固定抱杆的柱数，两柱式固定抱杆 $m=2$，三柱式固定抱杆 $m=3$。

图 8-33 所示为人字抱杆工作时的侧视图。其中，G 为被吊杆塔的重量；L 为被吊杆塔的重心到抱杆底部的距离；A 为被吊杆塔的起吊点，G' 为 A 点的等效重力；L' 为被吊杆塔起吊点到抱杆底部的距离。跌落式抱杆的受力分析如下：

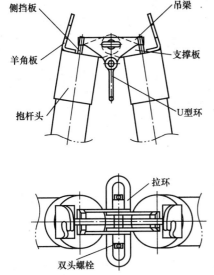

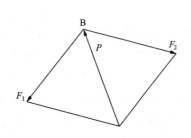

图 8-32　固定式、跌落式两用人字抱杆结构图　　　　图 8-33　人字抱杆工作时的侧视图

等效重力为
$$G' = \frac{LG}{L'}$$

A 点受力分析如图 8-34 所示。牵引绳 1 所受的牵引力为
$$F_1 = \frac{G'}{\sin\alpha} = \frac{LG}{L'\sin\alpha}$$

被吊杆塔所受的正压力为
$$P_1 = G'\cot\alpha = \frac{LG}{L'}\cot\alpha$$

B 点受力分析如图 8-35 所示。人字抱杆与牵引绳 1 的夹角为 $180°-\alpha-\beta=\alpha+\beta$

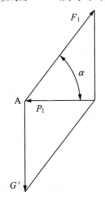

图 8-34　A 点受力分析　　　　　　图 8-35　B 点受力分析

人字抱杆与牵引绳 2 的夹角为 $\beta-\gamma$

247

则牵引绳 1 与牵引绳 2 的夹角为

$$(180°-\alpha-\beta) + (\beta-\gamma) = 180°-\alpha-\gamma = \alpha+\gamma$$

P 为人字抱杆承受的正压力（见图 8-35），根据正弦定理，有

$$\frac{F_1}{\sin (\beta-\gamma)} = \frac{P}{\sin (\alpha+\gamma)} = \frac{F_2}{\sin (180°-\alpha-\beta)} = \frac{F_2}{\sin (\alpha+\beta)}$$

则人字抱杆承受正压力为

$$P = \frac{F_1 \sin (\alpha+\gamma)}{\sin (\beta-\gamma)} = \frac{LG\sin (\alpha+\gamma)}{L' \sin \alpha \sin (\beta-\gamma)}$$

牵引绳 2 上的牵引力为

$$F_2 = \frac{F_1 \sin (180°-\alpha-\beta)}{\sin (\beta-\gamma)} = \frac{LG\sin (\alpha+\beta)}{L' \sin \alpha \sin (\beta-\gamma)}$$

单根人字抱杆承受的正压力为 $\qquad P_D = \dfrac{P}{2\cos\theta}$

下面介绍常用的人字抱杆整体组立杆塔方法。

整体组立杆塔实际就是在地面上将杆塔组装完整，然后整体一次吊装就位。一般整体组立杆塔是使用人字抱杆进行吊装，也可用直升机进行整体吊装组塔。直升机进行整体组立杆塔速度快、方便、安全，但成本较高。

人字抱杆一般适用于薄型塔的整体起吊，如门型塔、拉 V 塔、单水泥杆和抢修塔等。厚型塔整体吊装复杂得多，如猫头型塔、酒杯型塔、上字型塔、耐张型塔、电视塔和通信塔等，对于这些塔类一般不用整体起吊方法。另外从起吊重量分，人字抱杆一般适用于轻型塔，即塔体重量不大，使用这种方法简便易行。但是，当塔体重量过重时，一般也不用人字抱杆，因需要的抱杆太大，而且还要添置一些其他辅助设施。故对于较高、较重的塔一般用其他方法进行（如分段、分体、倒装）组塔。

此处介绍用人字抱杆对薄型塔、轻型塔的整体吊装组塔。初步确定整体吊装组塔方案后，要进行以下操作。

（1）对塔体刚性、强度进行评估，尤其是由水泥杆组成的杆塔，一定要避免吊装过程中塔体发生永久变形或断裂。必要时，在吊装前，必须对塔体的薄弱部位进行临时补强。当塔体组立结束后，再拆掉补强材料。

（2）对补强后的塔体的总重量进行计算，并计算出重心高度。根据计算结果选择人字抱杆长度。一般人字抱杆使用长度（即组成人字抱杆的垂直高度）都要比补强后的塔体重心高度长 1~2m。

（3）对吊装系统进行力学分析，计算出所需的抱杆、脱落环、"环前起吊绳"、"环后起吊绳"的受力大小。然后根据这些数据选用和设计抱杆、脱落环、"环前起吊绳"、"环后起吊绳"、牵引设备等。这些计算分析过程已在人字抱杆中叙述过了，这里不再赘述。选用、设计时要注意必须要具有一定的安全系数。屈服安全系数一般取 2.1 以上，起吊钢绳 3.0 以上，不得太小。同时选用防护绳和调整绳。选用防护绳和调整绳时很难计算得出来，因为这两种绳的作用都是为防止意外情况发生的，而无规律可循，所以只能凭经验选定，一般选用直径不小于 $\phi30mm$ 的麻绳。

（4）根据这些制订详细的施工方案。

需要说明的是：

（1）整体吊装组施工过程中还必须注意防止塔体歪斜倾倒，在施工方案中注意加装安全大绳。安全大绳必须加装在塔体的上端，挂点必须高于其重心位置很多。在纠正塔体偏斜时，安全大绳承受的力值就较小（最好能挂在塔体主干与横担的交点处或以上）。

（2）要考虑塔体吊装起来后的就位问题。如果塔根部是挖坑掩埋，那么就得考虑塔体在入坑时会受到重心滑移的冲击。对这类塔型必须采取防冲击措施，以免塔体滑入掩埋坑时受到冲击而损坏或受伤，影响塔体的寿命。

对于塔根部是固定在水泥基础的情况，也存在一个危险，即当塔体重心越过底脚支点时，在重力作用下，塔体底脚将会突然滑落到基础底面，甚至在惯性作用下会翻向牵引绳侧。同样要考虑安全保护措施，必须在牵引绳的另一侧的保护绳上施加一个足够的张力，用以避免危险的发生。

下面以水泥杆门型塔为例，在地面上组装后，用人字抱杆整体吊装（见图 8-36）。

（1）在预定位置挖好门型塔两支脚的两个预埋坑，对着门型塔两支脚方向给每个坑开一个 30°斜坡（如果条件限制也可开成 45°斜坡）。斜坡宽度为两支脚最大直径的 1.5 倍左右。两斜坡应基本在同一平面内。

（2）先将门型塔的两根水泥杆沿预埋坑的斜坡位置和方向就位，使水泥杆埋入端的端面距离预埋坑垂直面（斜坡相对的垂直坑面）

图 8-36　用人字抱杆整体吊装水泥杆门型塔

20～30cm。调整两水泥杆水平位置，两杆距离达到组装塔的要求。开始在地面上组装杆塔。组装完后应对塔体进行吊装前的加固。一般用两根相应的木杆或金属杆交叉（×型）来加固。加固时，各绑扎点必须绑扎牢固，使加固件与塔体组成一个稳固的一体。同时调整塔的地面位置，使塔体在吊装时能顺利地进入斜坡和预埋坑内。

（3）选择塔体上的起吊点、保护绳的连接点。起吊点一般在塔体重心位置或重心位置上方 0.5～1m 处（重心应包括加固件在内）。每根水泥杆上有一个起吊点，两起吊点应在水泥杆的同一高度上。保护绳连接点一般选在横担与主柱的交叉点。连接起吊绳与保护绳。对于保护绳，两交叉点各连接两根，共四根。其长度不小于杆塔高度的 2 倍。调整绳应连接在塔柱下端，距塔柱底平面必须大于预埋坑深度和其滑道长度，并且两柱间也要用刚性件连接固定。防止矫正塔位用力过大时，会损坏塔体。调整绳应连接在这个刚性固定件上，长度不小于塔体高度。每柱用一根，共两根。

（4）连接起吊绳、架设人字抱杆。起吊绳分为"环前起吊绳"和"环后起吊绳"。"环前起吊绳"为两根，分别连接在两根水泥杆的起吊点上，另一端连接在脱落环上。脱落环另一端连接"环后起吊绳"。脱落环的中轴架设在人字抱杆羊角头的豁口上。羊角头的叉口应朝着被起吊的杆塔方向。

人字抱杆底座位置一般放置在两杆体的中间（但也视具体情况而定）。人字抱杆的中心线应与杆塔的中心线在同一平面上，并将抱杆底座与地面用钢钎相对固定，以免在起吊时底座滑动。距水泥杆埋入端的端头 3～5m，与地面初始起吊夹角一般应保证在 70°左右，使"环前起吊绳"与地面夹角为 50°～60°。所以两根"环前起吊绳"长度各为抱杆长度的 1.1～1.2 倍，两根长度一定要相等。连接好后，此时抱杆应倒向塔头方向，平放在地面上，并将人字抱杆头部支高，使抱杆与水平面的夹角为 3°～5°（即略高于牵引设备的牵引点与抱杆底脚铰接点的连线，以便起吊时可躲过"起吊死点"）。

连接"环后起吊绳"、安置牵引设备。"环后起吊绳"也应与杆塔中心线重合，故牵引设备应放置在杆塔的中心线上，距抱杆底座为抱杆长度的 10～18 倍（一般保证"环后起吊绳"与地面夹角为 3°～5°）。在条件允许下倍数尽量取大值，以免对牵引设备产生过大的上拔力（即垂直力）。如果牵引设备的牵引力还不够的话，还需在"环后起吊绳"中串入滑轮组，以减小牵引设备所承受的牵引力。在串入滑轮组时，一定要考虑两个滑轮组间的距离足够。滑轮组可以省力，但不能省功，所以牵引距离会相应增加同样的倍数。此时牵引设备应放置得远些。

这里还要说的一点是牵引设备和滑轮组都必须用地锚（或其他方法）固定，但其上拔力必须够大。要防止起吊过程地锚被拔出，以免发生人身、设备事故。

如果地理环境条件限制，"环后起吊绳"与地面夹角不能满足小角度值的要求，就要在牵引设备前，给"环后起吊绳"增加改向滑轮，用以减小牵引设备的上拔力。同样也要为改向滑轮埋设地锚，所有地锚的上拔力都必须足够大。

（5）正式起吊塔体。起吊速度不能太快。牵引设备开始起吊时，躺在地面上的人字抱杆首先慢慢起立起来。当人字抱杆升到与地面夹角约 70°时（即两根"环前起吊绳"拉直时），塔体开始一边起立，一边沿着预埋坑 30°斜坡前滑（此时要特别注意杆塔底脚能够进入预埋坑 30°斜坡道内），直至杆塔底脚面顶住预埋坑斜坡对面的垂直坑壁时，杆塔就停止了前滑。

继续牵引时，杆塔就会慢慢起立，并且杆塔底脚面也会慢慢滑落至预埋坑底。继续起吊，当"环前起吊绳"与"环后起吊绳"成为一条直线时，人字抱杆此时开始就不再起作用了。再继续起吊时，抱杆羊角头上的豁口挂不住脱落环时，抱杆就会自动脱离脱落环，跌落到地面上。继续起吊直至杆塔被起吊到垂直位置。

从开始正式起吊塔体起，由于地面等原因，塔体在起吊过程中会发生不同程度的歪斜。故在现场指挥的命令下，要用保护绳和调整绳随时进行调整，使塔体能顺利进入预埋坑，并能顺利到达预定的方位。当到达杆塔预定方位时，将塔杆矫正垂直。按施工要求填埋预埋坑，一边填埋一边夯实。在有些土层，对填埋土还要掺入一定比例的黏结剂。

当杆塔完全组立好后，如果杆塔有拉线，将拉线和地锚连接好，并按施工要求绞紧各根拉线。此时可以拆卸杆塔起吊前所有附加的加强附件、固定附件、保护绳和调整绳等，完成杆塔的整体起吊。

没有预埋坑和铰接支座，而是直接在水泥基础面固定的其他类杆塔，起吊前，为防止杆塔底脚滑移，必须用钢绳将其底脚牵制住。其调整绳应增加到四根，而不是两根，且将调整绳连接在底脚根部。

在起吊过程中要特别注意安全，尤其是在杆塔已经起吊到与地面垂直时，挪动杆塔至要求的方位，此时必须将四根保护绳和四根调整绳通过四个不同方位的地锚相对固定，再使用保护绳和调整绳调整塔体方位。由于此时塔体的重心已处在较高的位置，底脚又没有完全固定，杆塔稍有偏斜都会产生较大的倾斜力矩。故保护绳和调整绳最好通过地锚缓慢调整，防止倾斜力矩突然变大，掌握保护绳和调整绳作业人员的拉力不足，发生倒塔事故。如果发生倒塔事故，将可能会伴随发生重大的人身事故。

对此类杆塔的底脚固定螺栓不可能提前预埋在混凝土基础中，只有将杆塔方位调整好、绞紧四根调整绳、打好拉线并收紧，此时才可拆掉除调整绳外的其他附件。然后将固定螺栓穿入杆塔底脚固定螺栓孔内，带上螺母，置于混凝土基础的螺栓预埋坑中。最后把搅拌好的混凝土填入基础的螺栓预埋坑中，并且按要求将混凝土捣实、填满、抹平。待混凝土干透后，紧固底脚螺母，拆除调整绳，完成组塔工作。

对有铰接支座的杆塔起吊比较简单。将塔在地面上组好后移到预定位置。调整好方位，将铰接支座固定在混凝土基础已埋设好的固定螺栓上，拧紧固定螺母。对杆塔进行加固，此时只需连接四根保护绳（没有必要再连接调整绳），就可以开始起吊杆塔至垂直位置。在调整好杆塔的方位、打好拉线、拆除加强附件和保护绳时，即完成组塔工作。

铝合金人字抱杆、铝合金格构式人字抱杆、铝合金管式人字抱杆、带人力绞磨铝合金管式人字抱杆、多功能组合式铝合金抱杆、铝合金管式塔上小抱杆、铝合金管式塔上小抱杆支座、带人力绞磨铝合金三角抱杆、铝合金三角抱杆的规格及技术参数见表8-17～表8-29。

表 8-17　　　　　　　　　　铝合金人字抱杆规格及技术参数

型　号	断　面 (mm×mm)	长　度 (m)	根　开 (m)	单根轴向载荷 (kN)	单位质量 (kg/m)	备　注
BLGR250-9	250×250	9	3	67	12	铝合金格构式
BLGR250-11	250×250	11	3.5	43	12	
BLGR250-13	250×250	13	4.5	40	12	
BLGR300-11	300×300	11	4	66	13	
BLGR300-15	300×300	15	4.8	40	13	
BLGR350-13	350×350	13	4.5	55	13.5	
BLGR350-15	350×350	15	4.8	65	13.5	
BLGR350-17	350×350	17	5.8	50	13.5	
BLGR400-15	400×400	15	5	65	14.4	
BLGR400-17	400×400	17	5.8	60	14.4	
BLGR500-17	500×500	17	5.8	97	17.2	
BLGR500-18	500×500	18	6.2	88	17.2	
BLDR120-7	φ120×5	7	3	55	6.5	铝合金管式
BLDR120-9	φ120×5	9	3	60	6.5	
BLDR150-11	φ150×8	11	3.5	65	13	
BLDR150-13	φ150×8	13	4.3	55	13	
BLDR160-13	φ160×8	13	4.3	60	25	
BLDR160-15	φ160×8	15	5.4	55	25	

注　由宝鸡银光电力机具有限责任公司生产。

表 8-18　　　　　　　　　　　铝合金格构式人字抱杆规格及技术参数（一）

型号	根开（m）	允许垂直载荷（kN）	单位质量（kg/m）	型号	根开（m）	允许垂直载荷（kN）	单位质量（kg/m）
LBR250-8	2.8	72		LBR400-12B	4.2	129	
LBR250-9	3.1	56		LBR400-13B	4.5	113	
LBR250-10	3.5	45		LBR400-14B	4.9	98	
LBR250-11	3.8	38		LBR400-15B	5.2	86	16.5
LBR250-12	4.2	32	10.5	LBR400-16B	5.6	75	
LBR250-13	4.5	27		LBR400-17B	5.9	69	
LBR250-14	4.9	22		LBR400-18B	6.3	60	
LBR250-15	5.2	20		LBR500-13A	4.5	162	
LBR300-8	2.8	100		LBR500-14A	4.9	148	
LBR300-9	3.1	87		LBR500-15A	5.2	136	
LBR300-10	3.5	70		LBR500-16A	5.6	125	
LBR300-11	3.8	56		LBR500-17A	5.9	112	18
LBR300-12	4.2	47	11	LBR500-18A	6.3	98	
LBR300-13	4.5	40		LBR500-19A	6.6	88	
LBR300-14	4.9	35		LBR500-20A	6.9	81	
LBR300-15	5.2	31		LBR500-13B	4.5	256	
LBR300-16	5.6	26		LBR500-14B	4.9	234	
LBR350-8	2.8	120		LBR500-15B	5.2	215	
LBR350-9	3.1	105		LBR500-16B	5.6	196	
LBR350-10	3.5	94		LBR500-17B	5.9	173	22
LBR350-11	3.8	78		LBR500-18B	6.3	151	
LBR350-12	4.2	65	13.5	LBR500-19B	6.6	138	
LBR350-13	4.5	58		LBR500-20B	6.9	127	
LBR350-14	4.9	46		LBR600-15A	5.2	171	
LBR350-15	5.2	42		LBR600-16A	5.6	160	
LBR350-16	5.6	37		LBR600-17A	5.9	148	
LBR400-11A	3.8	98		LBR600-18A	6.3	138	
LBR400-12A	4.2	85		LBR600-19A	6.6	130	20
LBR400-13A	4.5	75		LBR600-20A	6.9	120	
LBR400-14A	4.9	64		LBR600-21A	7.3	108	
LBR400-15A	5.2	56	14.5	LBR600-22A	7.6	96	
LBR400-16A	5.6	48		LBR600-15B	5.2	275	
LBR400-17A	5.9	44		LBR600-16B	5.6	252	
LBR400-18A	6.3	38		LBR600-17B	5.9	234	
LBR400-11B	3.8	147	16.5	LBR600-18B	6.3	219	
				LBR600-19B	6.6	204	24
				LBR600-20B	6.9	186	
				LBR600-21B	7.3	168	
				LBR600-22B	7.6	150	

注　1. 用于输配电线路施工中整体组立杆塔，稳定安全系数为 2.5。

　　2. 抱杆头部分为倒落式、固定式、倒落固定两用式，型号后缀 A 型为普通型，B 型为加强型。

　　3. 由宁波东方电力机具制造有限公司生产。

表 8-19 **铝合金格构式人字抱杆规格及技术参数（二）**

产品类型	长度 （m）	断面 （mm）	根开尺寸 （m）	允许轴向 载荷（kN）	安全 系数	备　注
LRB-1	7.5	250	2.5	40	2.5	主材 L50×4 斜材 L25×3
LRB-2	9.5	300	4	65	2.5	主材 L50×4 斜材 L25×3
LRB-3	11	350	4	70	2.5	主材 L50×4 斜材 L25×3
LRB-4	13	400	4/5	80	2.5	主材 L50×4 斜材 L25×3
LRB-5	15	500	6	230	2.5	主材 L60×5 斜材 L30×3
LRB-6	17	500	7	170	2.5	主材 L60×5 斜材 L30×3
LRB-7	21	600	8	150	2.5	主材 L75×7 斜材 L40×4

注　由天津蓟县下仓线路器材厂生产。

表 8-20　　　　　　　　**铝合金格构式人字抱杆规格及技术参数（三）**

型　号	长度 （m）	根开 （m）	允许垂直载荷 （kN）	截面尺寸 （mm）	组合长度 （m）	质量 （kg）
LBF-300/10	10	3.5	80	□300	5+5	150
LBF-400/14	14	4.9	100	□400	5+2+2+5	300
LBF-500/17	17	6	130	□500	5.5+2+4+5.5	550

注　由扬州工三电力机具有限公司生产。

表 8-21　　　　　　　　**铝合金管式人字抱杆规格及技术参数（一）**

型　号	根开（m）	允许垂直 载荷（kN）	单位质量 （kg/m）
LBGR100A-6	2.1	18	5.5
LBGR100A-7	2.4	13	
LBGR100A-8	2.8	10	
LBGR120A-6	2.1	30	7.5
LBGR120A-7	2.4	26	
LBGR120A-8	2.8	21	
LBGR120A-9	3.1	17	
LBGR150A-8	2.8	31	8
LBGR150A-9	3.1	28	
LBGR150A-10	3.5	24	
LBGR150A-11	3.8	20	
LBGR150A-12	4.2	16	
LBGR150A-13	4.5	13	

注　由宁波东方电力机具制造有限公司生产。

表 8-22 　　　　　　　铝合金管式人字抱杆规格及技术参数（二）

型号名称	长度（m）	根开（m）	允许垂直载荷（kN）	截面尺寸（mm）	组合（m）	质量（kg）	备注
LB-150/12	12	4.2	20	φ150	6+6 6+3+3	160	铝合金圆抱杆
LB-150/9	9	3.1	30	φ150	4.5+4.5 4.5+2+2.5 3+3+3	130	铝合金圆抱杆
LB-120/9	9	3.1	20	φ120	4.5+4.5 4.5+2+2.5 3+3+3	120	铝合金圆抱杆
LB-70/7	7	2.4	5	φ70	4.5+2.5	55	铝合金圆抱杆
MB-220/14.5	14.5	5	30	φ220	5+3+1.5+5	650	锰钢圆抱杆
MB-300/17	17	6	50	φ300	5+5+2+5	950	锰钢圆抱杆

注　由扬州工三电力机具有限公司生产。

表 8-23 　　　　　　　铝合金管式人字抱杆规格及技术参数（三）

产品类型	长度（m）	根开（m）	允许轴向载荷（kN）	安全系数	单位质量（kg/m）
LBGR100	6	2.1	18	2.5	5.5
LBGR100	7	2.4	13	2.5	5.5
LBGR100	8	2.8	10	2.5	5.5
LBGR120	6	2.1	30	2.5	7.5
LBGR120	7	2.4	26	2.5	7.5
LBGR120	8	2.8	21	2.5	7.5
LBGR120	9	3.1	17	2.5	7.5
LBGR150	8	2.8	31	2.5	8
LBGR150	9	3.1	28	2.5	8
LBGR150	10	3.5	24	2.5	8
LBGR150	11	3.8	20	2.5	8
LBGR150	12	4.2	16	2.5	8
LBGR150	13	4.5	13	2.5	8

注　由天津蓟县下仓线路器材厂生产。

表 8-24 　　　　　　带人力绞磨铝合金管式人字抱杆规格及技术参数

型号	根开（m）	不用手摇绞磨时允许垂直载荷（kN）	用手摇绞磨时适用起吊电杆				单位质量（kg/m）
			最大长度（m）	最大质量（kg）			
				最大直接起吊	采用双轮滑轮	采用三轮滑车	
LBGR100J-6	2.1	18	9		600	720	5.5
LBGR100J-7	2.4	13	11		550	700	5.5
LBGR120J-6	2.1	30	9	550	1050	1280	7.5
LBGR120J-7	2.4	26	11	550	870	1040	7.5
LBGR120J-8	2.8	21	13		700	840	7.5
LBGR150J-8	2.8	31	13	550	1100	1500	8
LBGR150J-9	3.1	28	15	550	1100	1500	8
LBGR150J-10	3.5	24	17	550	1050	1280	8
LBGR150J-11	3.8	20	19	550	980	1160	8

注　由宁波东方电力机具制造有限公司生产。

表 8-25	多功能组合式铝合金抱杆规格及技术参数						
型号规格	组合式抱杆		铝合金抱杆长度（m）		额定载荷（t）		
	通天杆截面（mm）	人字单肢截面（mm）	组合式	人字单肢	组合式工况通天杆倾斜角度		人字单肢工况倾斜角度
					10°	5°	5°
55m多功能组合式铝合金抱杆	700×700	600×600	55	28	2	5	4

注　1. 组装跨江、跨河塔用。

　　2. 由天津蓟县下仓线路器材厂生产。

表 8-26	铝合金管式塔上小抱杆规格及技术参数		
型　号	允许轴向载荷（kN）	单位质量（kg/m）
LBGT100-5	14	5.5
LBGT100-6	11	
LBGT120-4.5	35	7.5
LBGT120-5	26	
LBGT120-6	18	
LBGT120-7	14.5	
LBGT150-6	31	8
LBGT150-7	22	
LBGT150-8	16	

注　1. 另需配购塔上小抱杆支座，稳定安全系数为2.5。

　　2. 由宁波东方电力机具制造有限公司生产。

表 8-27	铝合金管式塔上小抱杆支座规格及技术参数	
型　号	JT130	JT200
适用最大主材	L125	L200
额定负荷（kN）	20	20
质量（kg）	9	25

注　由宁波东方电力机具制造有限公司生产。

表 8-28	带人力绞磨铝合金三角抱杆规格及技术参数		
型　号	根开（m）	允许垂直负荷（kN）	单位质量（kg/m）
LBGS120-7	4	30	8
LBGS120-9	4.8	22	8

注　由宁波东方电力机具制造有限公司生产。

表 8-29	铝合金三角抱杆规格及技术参数					
产品类型	长度（mm）	根开（mm）	允许轴向载荷（kN）	安全系数	质量（kg）	备　注
D80/5×7000×2＋LSB-2 D90/5×7000×1	7000	3500	20	≥2.5	85	配一套手动减速机
D90/5×7000×2＋LSB-3 D100/5×7000×1	8000	3500	30	≥2.5	96	

注　由天津市蓟县下仓线路器材厂生产。

第五节　抱杆主柱的稳定性计算

各类抱杆基本都分为抱杆头、抱杆主柱、抱杆底座。但有的抱杆可以没有抱杆头（如单抱杆就没有明显的抱杆头），也有的抱杆可以没有抱杆底座（如摇臂式通天抱杆就可以没有抱杆底座）。但抱杆都必须有抱杆主柱，主柱是抱杆最重要的部件。前边几节里对抱杆的受力力系已进行了分析，得出抱杆头、起吊绳、牵引绳、起重滑轮和改向滑轮的受力状况，同时也分析了抱杆主柱所受的正压力，为下一步分析打好了基础。这个正压力不但是对抱杆的正压力，而且是对抱杆底座的正压力。

现在就抱杆主柱（简称主柱）几个设计重点讨论如下。

此处讨论抱杆主柱的设计问题，也适用于抱杆头上的类似部件，如摇臂通天抱杆上的摇臂、摇臂支撑柱，悬浮抱杆头上的支架臂等。

压杆稳定中的临界载荷公式为

$$P_{CP} = \frac{\pi^2 EI}{(\mu L)^2} (\text{N})$$

$$I = \int y^2 \, dA$$

式中　　E——材料弹性模量，MPa（钢和合金钢 为 $1.96 \times 10^5 \sim 2.06 \times 10^5$ MPa，硬铝一般为 0.7×10^5 MPa）；

　　　　I——截面惯性矩，为受力杆件对通过杆件截面形心的某轴线的二次矩，mm^4；

　　dA——微小面积元；

　　　　y——dA 到某轴线的距离；

　　　　L——受压杆件的长度，mm；

　　　　μ——受压杆件的长度修正系数，它只与杆件受力时的连接约束方式有关。

π、E 是一个常数，L 可在具体杆件上测量，μ、I 可通过给定的具体条件计算得到。由于使用的受力杆件连接约束方式有限，因之 μ 也可以由设计手册查得。

抱杆主柱一般有两种：①管式抱杆；②格构式抱杆。管式主柱的截面惯性矩为

$$I_Y = \frac{\pi}{64} \times (D^4 - d^4)$$

式中　　D——管的外径尺寸，mm；

　　　　d——管的内径尺寸，mm。

但是格构式抱杆主柱的截面惯性矩的计算就复杂多了。因为格构式主柱材料可用角材，也可用管材。其截面形状可以是三角形，也可以是正方形，还可以是矩形，所以计算起来就比较复杂。对于管材可以计算（参见管式主柱的截面惯性矩的计算公式），对于角材而言，既可以计算，也可以查阅手册。但是对于截面形状和相对应的轴线来说，不是一句话或一个公式可以解决的。

不管主柱的主材截面是什么形状，主材的截面惯性矩为 $I_C = \int y^2 \, dA$。假如该主材截面在坐标系中由原来的位置对原对应轴线（回转轴线）平移了一个距离，这个对原对应轴线（回转轴线）平移的距离为 a 时，主材的截面惯性矩的变化为

$$I = \int Y^2 \, dA = \int (y+a)^2 \, dA = \int (y^2 + 2ya + a^2) \, dA = \int y^2 \, dA + 2a \int y \, dA + a^2 \int dA$$
$$= I_C + 2a y_C S + a^2 S \tag{8-42}$$

实际 y_C 就是主材截面原形心到其对应轴线的距离，而这个轴线就是通过截面原形心的一条直线，也就是说 $y_C = 0$。

此时式(8-42)就变成了
$$I = I_C + a^2 S_C \tag{8-43}$$

式中　I_C——该截面对通过它自身形心的某一轴线的惯性矩；

　　　a——该截面沿其轴线的垂直方向平移距离；

　　　S_C——该截面的有效面积。

这就是通常所说的"移轴公式"。在一般抱杆计算中，截面惯性矩经常应用该公式。

这个公式对于计算格构式抱杆各种截面主柱的惯性矩很有用处。下面讨论三角形、正方形的抱杆截面对于过其形心的任意轴线的惯性矩。

（一）三角形截面主柱

三角形截面主柱如图 8-37 所示，用圆环来代表主柱的主材截面，圆心为截面的形心。坐标原点处于三根主材截面形心连线所组成的截面（正三角形）的形心。三角形边长为 A_1，主材截面面积为 S，主材截面惯性矩为 I_Y，圆环形心到三角形形心的距离为 B_1，已知

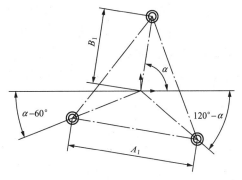

图 8-37　三角形截面主柱示意图

$$B_1 = \frac{\sqrt{3}}{3} A_1 = 0.57735 A_1, B_1^2 = \frac{A_1^2}{3}$$

根据式（8-43），有

$$I = I_C + a^2 S = I_Y + h^2 S$$

式中　h——主材形心到三角形回转轴的距离。

这三个主材形心到三角形回转轴的距离分别为

$$h_1 = B_1 \sin \alpha \ , \ h_2 = B_1 \sin(120° - \alpha) \ , \ h_3 = B_1 \sin(\alpha - 60°)$$

$$I_1 = I_Y + S B_1^2 \sin^2 \alpha, \ I_2 = I_Y + S B_1^2 \sin^2(120° - \alpha), \ I_3 = I_Y + S B_1^2 \sin^2(\alpha - 60°)$$

$$I_S = I_1 + I_2 + I_3 = 3 I_Y + S B_1^2 [\sin^2 \alpha + \sin^2(120° - \alpha) + \sin^2(\alpha - 60°)]$$

$$= 3 I_Y + \frac{S B_1^2}{2} [3 + \cos 2\alpha + \cos(2\alpha - 240°) + \cos(2\alpha - 120°)]$$

$$= 3 I_Y + \frac{3}{2} S B_1^2 = 3 I_Y + \frac{1}{2} S A^2 \tag{8-44}$$

该结论适用于对过其形心任意角度轴线的正三角形截面惯性矩计算。

（二）正方形截面主柱

图 8-38 所示为正方形截面主柱示意图，同样用圆来代表主柱的主材的截面，圆心为截面的形心。坐标原点处于四根主材截面形心连线所组成的截面（正方形）的形心。正方形边长为 A_2，主材截面面积为 S，主材截面惯性矩为 I_Y，角钢形心到正方形形心的距离为 B_2，已知

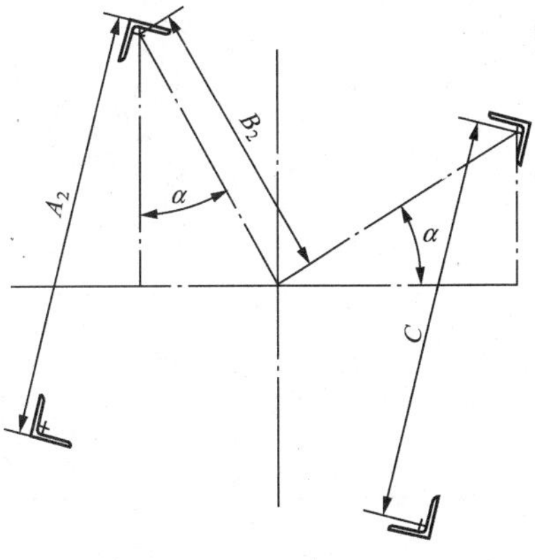

$$B_2 = \frac{\sqrt{2}}{2} C = \frac{\sqrt{2}}{2} (A_2 - 2Z_0) \ , B_2^2 = \frac{(A_2 - 2Z_0)^2}{2}$$

图 8-38　正方形截面主柱示意图　　根据式(8-43)有

$$I = I_C + a^2 S = I_Y + h^2 S$$

其中
$$h_1 = B_2 \cos \alpha, \ h_2 = B_2 \sin\alpha$$

$$I_1 = I_Y + SB_2^2 \cos^2\alpha, \ I_2 = I_Y + SB_2^2 \sin^2\alpha$$

$$I_{ZZ} = 2 \times (I_1 + I_2) = 4I_Y + 2SB_2^2(\sin^2\alpha + \cos^2\alpha)$$

$$= 4I_Y + 2SB_2^2 = 4I_Y + S(A - 2Z_0)^2$$

$$= 4 \times \left[I_Y + S\left(\frac{A}{2} - Z_0\right)^2 \right] = 4I_Y + S(A - 2Z_0)^2 \tag{8-45}$$

该结论适用于对过其形心任意角度轴线的正方形截面惯性矩计算。

要求主材的惯性矩 I_Y，必须先求出主材截面的形心位置（坐标），因为受弯截面的中性轴必然通过其截面的形心，且与弯矩平面垂直。

截面的形心也是匀质截面的重心，计算匀质任意形状截面重心坐标的公式为

$$X_Z = \frac{\int x\mathrm{d}A}{\int \mathrm{d}A}, \ Y_Z = \frac{\int y\mathrm{d}A}{\int \mathrm{d}A}$$

式中　　$\mathrm{d}A$——截面的微单元面积；

　　　　y——每个微单元到 Y 坐标的距离；

　　　　X_Z——重心的 X 坐标；

　　　　Y_Z——重心的 Y 坐标。

求出其形心的坐标，通过形心作出中性轴作为 X 轴，形心作为坐标原点。

然后在此坐标中求原图形的惯性矩，公式如下

$$I = \int y^2 \mathrm{d}A$$

这些计算虽然精确，但比较麻烦，且计算起来难度较大。现在介绍一种较实用的简单方法。实际常遇到的截面是有一定规律的截面，它们是由一些简单的规律图形组成。一些几何力学特性见表 8-30。

表 8-30　　　　　　　　　　　　　几 何 力 学 特 性

截面图形			
形心到截面边沿距离 e	$e = \dfrac{a}{2}$	$e = \dfrac{b}{2}$	$e = \dfrac{D}{2}$
截面面积 S	$S = a^2$	$S = ab$	$S = \dfrac{\pi D^2}{4}$
截面惯性矩 I	$I = \dfrac{a^4}{12}$	$I = \dfrac{ab^3}{12}$	$I = \dfrac{\pi D^4}{64}$

截面图形	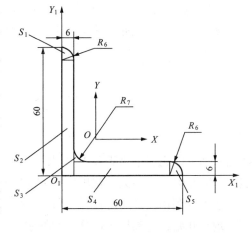 (扇形)	(弓形)	(三角形)
形心到截面边沿距离 e	$e = \dfrac{60R}{\pi\alpha}(2 + \cos^3\alpha - 3\cos\alpha - \sin^2\alpha\cos\alpha)$ 当 $\alpha = 90°$ 时，$e = \dfrac{4R}{3\pi}$	$e = R\left(1 - \dfrac{R^2\sin^2\alpha}{6S}\right)$ 当 $\alpha = 90°$ 时，$e = \dfrac{R(10-3\pi)}{3(4-\pi)}$	$e = \dfrac{h}{3}$
截面面积 S	$S = \dfrac{\pi R^2\alpha}{360°}$ 当 $\alpha = 90°$ 时，$S = \dfrac{\pi R^2}{4}$	$S = R^2\left(\sin\alpha - \dfrac{\pi\alpha}{360°} - 0.5\sin\alpha\cos\alpha\right)$ 当 $\alpha = 90°$ 时，$S = R^2\left(1 - \dfrac{\pi}{4}\right)$	$S = \dfrac{bh}{2}$
截面惯性矩 I	$I = \dfrac{R^4}{24}\left[2\sin^3\alpha\cos\alpha - (5 - 2\cos^2\alpha)\sin\alpha\cos\alpha + \dfrac{3\pi\alpha}{180}\right] - e^2 S$ 当 $\alpha = 90°$ 时，$I = \dfrac{9\pi^2 - 64}{144\pi}R^4$	$I = \dfrac{R^4}{24}\left(32\sin\alpha - 8\sin^2\alpha - 17\sin\alpha\cos\alpha - e^2 S + \sin^3\alpha\cos\alpha + \dfrac{15\pi\alpha}{180}\right)$ 当 $\alpha = 90°$ 时，$I = \dfrac{176 - 84\pi + 9\pi^2}{144(4-\pi)}R^4$	$I = \dfrac{bh^3}{36}$

利用表 8-30 中的参数和移轴公式，可将一些常用的截面形状的惯性矩计算出来，或近似计算出来，比直接用微分计算要简单得多，也避免了对截面边界函数的推导。只要将所求截面分割成若干个表 8-30 中的图形，就可以利用表中的参数和移轴公式，算出截面的形心位置和对任意指定轴的惯性矩。

图 8-39 所示为 L60mm×6mm 角铝的截面，将它分割成 S_1、S_2、S_3、S_4、S_5 五小块，这五块截面形状在表 8-30 中均有。S_1、S_3、S_5 的夹角均为 $\alpha = 90°$。

以角铝两外直角边分别作为坐标 X_1、Y_1 轴，

图 8-39　L60mm×6mm 角铝截面

交点为坐标原点。S_1、S_2、S_3、S_4、S_5 的形心到 X_1 和 Y_1 坐标轴的距离和面积分别为（e、S 公式见表 8-30）。

$b_{X1} = e_{X1} + (60 - 6) = 2.546479 + 54 = 56.546479(\text{mm})$，$S_1 = 28.274334(\text{mm}^2)$

$b_{X2} = e_{X2} = 27(\text{mm})$，$S_2 = 54 \times 6 = 324(\text{mm}^2)$

$b_{X3} = e_{X3} + 6 = 1.563576 + 6 = 7.563576(\text{mm})$，$S_3 = 10.515490(\text{mm}^2)$

$b_{X4} = e_{X4} = 3(\text{mm})$，$S_4 = 48 \times 6 = 288(\text{mm}^2)$

$b_{X5} = e_{X5} = 2.546479(\text{mm})$，$S_5 = 28.274334(\text{mm}^2)$

$$b_{Y1} = e_{Y1} = 2.546479 \text{(mm)}$$

$$b_{Y2} = e_{Y2} = 3 \text{(mm)}$$

$$b_{Y3} = e_{Y3} + 6 = 1.563576 + 6 = 7.563576 \text{(mm)}$$

$$b_{Y4} = e_{Y4} + 6 = 30 \text{(mm)}$$

$$b_{Y5} = e_{Y5} + (60-6) = 2.546479 + 54 = 56.546479 \text{(mm)}$$

$$\sum S = S_1 + S_2 + S_3 + S_4 + S_5 = 676.064158 \text{(mm}^2)$$

$$e_X = \frac{b_{X1}S_1 + b_{X2}S_2 + b_{X3}S_3 + b_{X4}S_4 + b_{X5}S_5}{\sum S} = \frac{11362.348739}{676.064158} = 16.806613$$

$$e_Y = \frac{b_{Y1}S_1 + b_{Y2}S_2 + b_{Y3}S_3 + b_{Y4}S_4 + b_{Y5}S_5}{\sum S} = \frac{11362.348739}{676.064158} = 16.806613$$

e_X、e_Y 分别为图 8-39 中所示 L60mm×6mm 角铝截面的形心在 X_1、Y_1 坐标系中的 X、Y 坐标值。这两个坐标值是相等的。

现在求截面对过形心 X、Y 轴的截面惯性矩。

h_{X1}、h_{X2}、h_{X3}、h_{X4}、h_{X5} 分别为 S_1、S_2、S_3、S_4、S_5 形心到 X、Y 坐标系中 X 轴的距离，则

$$h_{X1} = b_{X1} - e_X = 56.546479 - 16.806613 = 39.739866 \text{（mm）}, \ I_{X1} = 71.122511 \text{（mm}^4)$$

$$h_{X2} = b_{X2} - e_X = 27 - 16.806613 = 10.193387 \text{（mm）}, \ I_{X2} = 78732 \text{（mm}^4)$$

$$h_{X3} = b_{X3} - e_X = 7.563576 - 16.806613 = -9.243073 \text{（mm）}, \ I_{X3} = 18.115823 \text{（mm}^4)$$

$$h_{X4} = b_{X4} - e_X = 3 - 16.806613 = -13.806613 \text{（mm）}, \ I_{X4} = 864 \text{（mm}^4)$$

$$h_{X5} = b_{X5} - e_X = 2.546479 - 16.806613 = -14.260134 \text{（mm）}, \ I_{X5} = 71.122511 \text{（mm}^4)$$

该截面对过截面形心 X 轴的惯性矩为

$$I_{XO} = \sum I_{Xi} + h_{X1}^2 S_1 + h_{X2}^2 S_2 + h_{X3}^2 S_3 + h_{X4}^2 S_4 + h_{X5}^2 S_5$$

$$= 79756.360845 + 44652.438468 + 33665.264884 + 898.384563 + 54899.298009$$

$$+ 5749.626016 = 219621.373 \text{(mm}^4)$$

以上是利用典型截面几何力学参数和移轴公式对规范图形截面进行几何力学参数的较精确计算范例。当然对非规范图形截面（是指截面边界轮廓线无法用数学公式表达的任意形状截面）都可以用若干个表 8-30 中典型截面将其近似表达，然后用求重心和移轴公式可以近似求出其几何力学参数。这里所指的几何力学参数也包括截面抗弯模量。

还可以利用软件进行计算。目前，非规范截面计算出来的结果是近似值。

现在开始讨论临界载荷公式中的主柱长度修正系数 μ。首先讨论安装形式长度修正系数 μ_1。

抱杆主柱使用时有两类安装约束方式：一种是上端用拉线固定，下端用铰链座固定。拉线固定的性质实际和铰链固定是相同的，这类安装方式称为两端铰接，如内悬浮抱杆、人字报杆、单抱杆。第二种是多点铰接型。第三种，上端也是用拉线固定，下端固定在底座基础上，称为一端铰接，一端固定安装方式，如通天摇臂抱杆。

两端铰接抱杆示意图如图 8-40 所示，有微分方程

$$EI\nu' = -M = -P\nu \tag{8-46}$$

令 $\quad k^2 = \dfrac{P}{EI}$

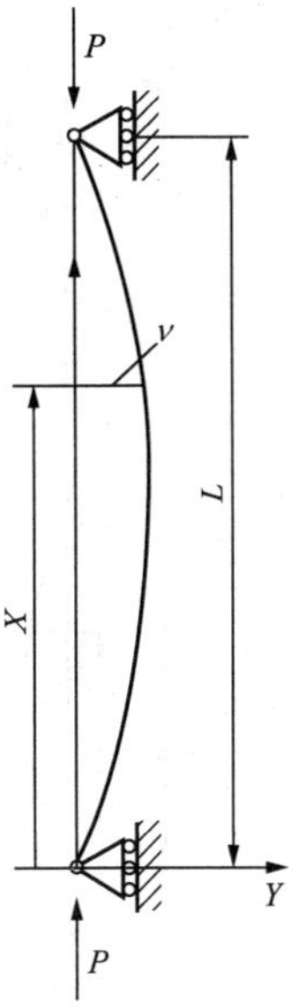

则式（8-46）为
$$\nu' + k^2\nu = 0$$

其通解为
$$\nu = C_1 \sin kX + C_2 \cos kX + C_3$$

一阶导数
$$\nu' = kC_1 \cos kX - kC_2 \sin kX$$

根据图 8-40，可知 $X=0$ 时，$\nu=0$；$X=L$ 时，$\nu=0$

当 $X=0$ 时，$\nu = C_1 \sin 0 + C_2 \cos 0 + C_3 = 0$

解得
$$C_2 = -C_3$$

当 $X=L$ 时，$\nu = C_1 \sin kL - C_3 \cos kL + C_3 = 0$

得
$$C_1 = -\frac{C_3 (1-\cos kL)}{\sin kL} = -C_3 \tan \frac{kL}{2}$$

将 C_1、C_2 代入 $\nu' = kC_1 \cos kX - kC_2 \sin kX$，则有

$$\nu' = -kC_3 \tan \frac{kL}{2} \cos kX + kC_3 \sin kX = -kC_3 \times \left(\tan \frac{kL}{2} \cos kX - \sin kX \right)$$

$$= -kC_3 \sec kX \left(\tan \frac{kL}{2} - \tan kX \right) \equiv 0$$

图 8-40　两端铰接抱杆示意图

结果表明，当 $X=\frac{L}{2}$ 时，$\nu'=0$ 说明挠度在 $X=\frac{L}{2}$ 这一点有极值，且是极大值（不论是正值，还是负值，都是极大值）。这个极大值为

$$\nu_{\max} = -C_3 \tan \frac{kL}{2} \sin \frac{kL}{2} - C_3 \cos \frac{kL}{2} + C_3 = -C_3 \left(\tan \frac{kL}{2} \sin \frac{kL}{2} + \cos \frac{kL}{2} - 1 \right)$$

$$= -C_3 \left(\frac{\sin^2 \frac{kL}{2} + \cos^2 \frac{kL}{2}}{\cos \frac{kL}{2}} - 1 \right) = -C_3 \left(\sec \frac{kL}{2} - 1 \right) \tag{8-47}$$

当细长杆的正压力达到临界压力 P_{CP} 时，将会失稳，挠度将会变得无穷大。式（8-47）中，当 $kL=\pi$ 时，$\nu_{\max}=\infty$。也就是说 $k=\frac{\pi}{L}$ 时的正压力为该杆的临界压力。则有

$$P_{CP} = k^2 EI = \left(\frac{\pi}{L} \right)^2 EI = \frac{\pi^2 EI}{L^2} = \frac{\pi^2 EI}{(\mu_1 L)^2}$$

得
$$\mu_1 = 1$$

图 8-41 为图 8-40 所示抱杆主柱使用安装约束方式的一个特例，即在抱杆中点再加一个铰接约束点，限制其中点挠度变化（此处 $\nu=0$）。现在求这种约束条件下的抱杆长度修正系数。

这与图 8-39 的方程、特解都相同，其计算公式都可直接引用。

即当 $X=\frac{L}{2}$ 时，
$$\nu = C_1 \sin k\frac{L}{2} - C_3 \cos k\frac{L}{2} + C_3 = 0$$

得
$$C_1 = -\frac{C_3 \left(1 - \cos k\frac{L}{2} \right)}{\sin k\frac{L}{2}} = -C_3 \tan \frac{kL}{4}$$

将 C_1、C_2 代入 $\nu' = kC_1 \cos kX - kC_2 \sin kX$，则有

$$\nu' = -kC_3 \tan \frac{kL}{4} \cos kX + kC_3 \sin kX$$

261

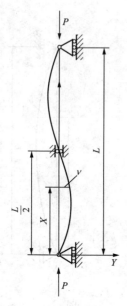

图 8-41　中间有约束点的
两端铰接抱杆示意图

$$=-kC_3\left(\tan\frac{kL}{4}\cos kX-\sin kX\right)$$

$$=-kC_3\sec kX\left(\tan\frac{kL}{4}-\tan kX\right)=0$$

当 $X=\dfrac{L}{4}$ 时，$\nu'=0$，说明挠度在 $X=\dfrac{L}{4}$ 这一点有极值，且是极大值，为

$$\nu_{max}=-C_3\tan\frac{kL}{4}\sin\frac{kL}{4}-C_3\cos\frac{kL}{4}+C_3$$

$$=-C_3\left(\tan\frac{kL}{4}\sin\frac{kL}{4}+\cos\frac{kL}{4}-1\right)$$

$$=-C_3\left(\frac{\sin^2\dfrac{kL}{4}+\cos^2\dfrac{kL}{4}}{\cos\dfrac{kL}{4}}-1\right)=-C_3\left(\sec\frac{kL}{4}-1\right)$$

$$(8-48)$$

当抱杆正压力达到临界压力 P_{CP} 时，其将会失稳，挠度将会变得无穷大，式（8-48）中，当 $kL=2\pi$ 时，$\nu_{max}=\infty$。也就是说 $k=\dfrac{2\pi}{L}=\dfrac{\pi}{0.5L}$ 时，正压力为该杆的临界压力，则有

$$P_{CP}=k^2EI=\left(\frac{2\pi}{L}\right)^2EI=\frac{\pi^2EI}{(0.5L)^2}=\frac{\pi^2EI}{(\mu_1L)^2}$$

故得

$$\mu_1=0.5$$

如果本特例的中部约束点不是在抱杆的中点上，而是在任意一点 $\dfrac{b}{L}$ 上，则可通过公式 $\mu_1=\sqrt{\dfrac{\pi^2}{\eta}}$ 计算出 μ_1。

下面对一端铰接，而另一端固定的抱杆进行分析。如图 8-42 所示，其中 P 为正压力，ν 为抱杆受正压力 P 产生的屈曲挠度。在这个屈曲挠度的垂直平面上，以抱杆根部为坐标原点，ν 方向为 Y 轴方向，抱杆原始垂直方向为 X 轴方向。R 为抱杆屈曲时，抱杆上端产生的水平反力。在下（固定）端处，产生了一个大小相等方向相反的水平力 R 和力偶 M_D。这个力偶的大小为 $M_D=RL$。

在 X 处的弯矩为　$M=P\nu-R(L-X)$

根据挠度微分方程得

$$EI\nu''=-M=-P\nu+R(L-X) \qquad (8-49)$$

令 $k^2=\dfrac{P}{EI}$，则式（8-49）为

$$\nu'+k^2\nu-R(L-X)/P=0$$

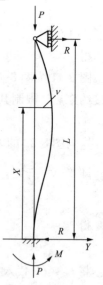

图 8-42　一端固定一端铰接
抱杆示意图

此方程通解为

$$\nu = C_1 \sin kX + C_2 \cos kX + R(L-X)/P$$

为了求出 C_1、C_2，从图 8-42 中得到下列三个特殊条件

$$X = 0 \text{ 时}, \nu = 0; \quad X = 0 \text{ 时}, \nu' = 0; \quad X = L \text{ 时}, \nu = 0$$

将以上条件代入通解 ν 和 ν' 式中，有

$$\left.\begin{array}{l} \nu = C_1 \sin(k \times 0) + C_2 \cos(k \times 0) + R(L-0)/P = C_2 + RL/P = 0 \\ \nu' = kC_1 \cos(k \times 0) - kC_2 \sin(k \times 0) - R/P = kC_1 - R/P = 0 \end{array}\right\} \quad (8\text{-}50)$$

由式（8-50），解得

$$C_1 = \frac{R}{kP}, \quad C_2 = -\frac{RL}{P}$$

$$X = L \text{ 时，} \nu = 0$$

$$\nu = C_1 \sin kL + C_2 \cos kL + R(L-L)/P = C_1 \sin kL + C_2 \cos kL = 0 \quad (8\text{-}51)$$

将 C_1 和 C_2 代入式（8-51），解得 $kL = \tan kL$，此式为超越方程，解得最小非零值为 $kL = 4.4934$。

由 $k^2 = \dfrac{P}{EI}$ 可导出该抱杆的临界载荷为

$$P_{ce} = k^2 EI = \frac{k^2 L^2 EI}{L^2} = (kL)^2 \times \frac{EI}{L^2} = \frac{(kL)^2}{\pi^2} \times \frac{\pi^2 EI}{L^2} \quad (8\text{-}52)$$

令 $\mu_1 = \dfrac{\pi}{kL}$，则式（8-52）为 $\quad P_{ce} = \left(\dfrac{kL}{\pi}\right)^2 \times \dfrac{\pi^2 EI}{L^2} = \dfrac{1}{\mu_1^2} \times \dfrac{\pi^2 EI}{L^2} = \dfrac{\pi^2 EI}{(\mu_1 L)^2}$

故得一端铰接，另一端固定的抱杆长度修正系数为

$$\mu_1 = \frac{\pi}{kL} = \frac{\pi}{4.4934} = 0.699$$

实际上 μ_1 就是由于主柱的安装约束形式不同，而引起的主柱有效长度变化的"长度修正系数"。

对于带有锥段的抱杆，在计算抱杆临界压力 P 时，除了要引用安装形式长度修正系数外，还得引用一个形状长度修正系数 μ_2，见表 8-31。

表 8-31 中 I_x 为锥段的最小截面的惯性矩，I_D 为锥段的最大截面的惯性矩，a 为抱杆直段的长度，L 为抱杆的总长。如果 a/L 比值等于 1，或 I_x/I_D 比值等于 1，即该抱杆只有直段，而没有锥段或锥段占抱杆总长的比例较小，此时 $\mu_2 = 1$。

求出 μ_1 和 μ_2 后，综合长度修正系数为 $\mu = \mu_1 \mu_2$。

前面在求抱杆临界压力 P_{CP} 时，所引用的长度修正系数 μ 为综合长度修正系数 μ，引用的抱杆长度 L 为实际长度。现在只要求出主柱的截面惯性矩 I 的长度修正系数 μ，就可求出 P_{CP}，π 是一个常数（圆周率），弹性模量 E 可以根据材料的不同查手册得出，抱杆长度 L 是实际测量出来的。

金属抱杆稳定安全系数应不小于 2.5。

表 8-31　　　　　　　　　　带有锥段抱杆的长度修正系数

图例 μ_2 I_X/I_D	a/L	0	0.2	0.4	0.6	0.8
0.0001		3.14	1.82	1.44	1.14	1.01
0.01		1.69	1.45	1.23	1.07	1.01
0.1		1.35	1.22	1.11	1.03	1.00
0.2		1.25	1.15	1.07	1.02	1.00
0.3		1.18	1.11	1.05	1.02	1.00
0.4		1.14	1.08	1.04	1.01	1.00
0.5		1.10	1.06	1.03	1.01	1.00
0.6		1.08	1.05	1.02	1.01	1.00
0.7		1.05	1.03	1.01	1.00	1.00
0.8		1.03	1.02	1.01	1.00	1.00
0.9		1.02	1.01	1.00	1.00	1.00
1.0		1.00	—	—	—	—

第六节　抱杆主柱的强度计算

第一~四节对各种抱杆进行了力学分析，也分析了抱杆主柱在各种工况最后承受的正压力 N，这个正压力对抱杆承受的强度有密切关系。

计算抱杆的强度，主要考虑主柱的主材、辅材、单肢所承受的内应力，以及主柱受力后所产生挠度。

主柱的主材内应力计算公式如下

$$\sigma = \frac{P}{\Psi S} + \frac{f_0 P + n M_J}{W} \tag{8-53}$$

式中　σ——主材所承受的内应力，MPa；

　　　P——抱杆主柱承受的正压力，N；

　　　S——抱杆主柱的主材截面面积之和，mm^2；

　　　Ψ——主材的压应力折减系数，见表 8-32 和图 8-43；

　　　f_0——主柱承受各种载荷后的最终挠度，mm；

　　　W——主柱的抗弯模量，mm^3；

　　　M_J——抱杆主柱承受的其他附加力矩，N·mm；

　　　n——附加力矩 M_J 对最危险截面的影响系数。

由于抱杆头系中的各外力（起重力、牵引力、拉线平衡力）并不交于同一点，虽然 $\Sigma X = 0$、$\Sigma Y = 0$，但 $\Sigma M \neq 0$。所以抱杆主柱还承受了一个附加力矩 M_J。M_J 不仅包含抱杆头上的附加力矩，而且还包含抱杆中间的附加力矩，如抱杆腰环拉线安装不正时，也会产生抱杆附加力矩。因此在施工导则中规定，抱杆固定后，收紧拉线，调整腰环使腰环呈松弛状态。这就要求避免腰环对抱杆主柱产生不必要水平侧向力，以免增加对抱杆主柱有害的附加力矩 M_J。

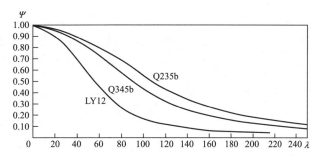

图 8-43　材料压力折减系数 Ψ

不同的材料其折减系数 Ψ 也不一样。就是相同的材料，若细长比 λ 不同，其折减系数也不会相同。随着细长比 λ 的变化，它的折减系数的变化也较大。Ψ 和 λ 并不是一个线性关系。也就是说对于某种材料来说，ϕ 也不是一个常数。表 8-32 和图 8-43 是统一的，使用起来各有优缺点，可根据需要选择。

表 8-32　　　　　　　　　　　　　主材压应力折减系数 Ψ 值

材料 \ λ	0	10	20	30	40	50	60	70	80	90	100	110	120
Q235B	1.000	0.989	0.956	0.936	0.899	0.856	0.807	0.751	0.688	0.621	0.555	0.493	0.437
Q345B	1.000	0.989	0.956	0.913	0.863	0.804	0.734	0.656	0.575	0.499	0.431	0.373	0.324
LY12	1.000	0.958	0.898	0.835	0.700	0.568	0.455	0.353	0.269	0.212	0.172	0.142	0.119

材料 \ λ	130	140	150	160	170	180	190	200	210	220	230	240	250
Q235B	0.387	0.345	0.308	0.276	0.249	0.225	0.204	0.186	0.170	0.156	0.144	0.133	0.123
Q345B	0.283	0.240	0.221	0.197	0.176	0.159	0.144	0.131	0.119	0.109	0.104	0.0929	0.0859
LY12	0.101	0.087	0.076										

$$\lambda = \frac{\mu L}{R}$$

式中　R——抱杆截面的回转半径，mm。

回转半径为

$$R = \sqrt{\frac{I}{S}}$$

式中　I——抱杆的截面惯性矩，mm^4（对有锥段的抱杆 I 就是 I_D）；

　　　S——抱杆主材截面面积之和，mm^2。

式（8-52）中的 f_0 为抱杆主柱承受负荷后的最终挠度，要想求出最终挠度，必须先求出初始挠度 C。C 对于抱杆来说比较简单，因为它包括制造、安装、综合因素等所产生的（不直度）挠度 C_A，主柱倾斜时，重心产生的挠度 C_Z 和风荷产生的挠度 C_f 等。这个（不直度）挠度 C_A 根据 DL/T 875—2004《输电线路施工机具设计、试验基本要求》规定不大于塔高的 1‰，即 $C_A = 1‰L$。那么这三者之和为初始挠度，即

$$C = C_A + C_z + C_f$$

由于有初始挠度的存在，载荷就会产生弯矩，弯矩更会加大挠度。挠度加大，弯矩也会加大。这样一直到材料内应力产生的反弯矩与外加的弯矩平衡，才会终止。这时的挠度就是最终挠度 f_0，则最终挠度为

$$f_0 = \frac{C}{1 - \dfrac{P_H}{P_{CP}}}$$

式中　P_H——抱杆主柱的可承受的最大正压力，N；

　　　P_{CP}——抱杆主柱的临界压力，N。

式（8-52）中的 W 为抱杆主柱的抗弯模量，抗弯模量计算公式为

$$W = \frac{I}{b}$$

对于三角形截面（见图 8-37），I 为抱杆主柱的截面惯性矩，mm^4；b 为主材形心到过主柱截面形心回转轴的最远距离；B 为抱杆主柱的截面主材形心到主柱截面形心的最长距离（即截面主材形心三角形中线长度的三分之二），mm。

对 X 轴　$b = B\cos\alpha$　或 $b = B\sin(\alpha - 120°)$　或 $b = B\sin(\alpha - 60°)$

对 Y 轴　$b = B\sin\alpha$　或 $b = B\cos(\alpha - 120°)$　或 $b = B\cos(\alpha - 60°)$

对于正方形截面（见图 8-38），其他符号的定义没有变。而 B 值实际为截面主材形心正方形对角线一半的长度。

对 X 轴　$b = \dfrac{B}{2}\cos\alpha$　或 $b = \dfrac{B}{2}\sin\alpha$

对 Y 轴　$b = \dfrac{B}{2}\sin\alpha$　或 $b = \dfrac{B}{2}\cos\alpha$

无论主柱截面是三角形，还是正方形；无论回转轴是 X 轴，还是 Y 轴，在抗弯模量计算公式中 b 值都取其中的最大值。

至于对其他中性轴的 b，就必须根据具体情况具体计算。

现在可求出主材所承受的压应力 σ。根据 DL/T 875—2004 的规定，金属抱杆屈服安全系数应不小于 2.1。

第七节　抱杆主柱的加工工艺质量评估

抱杆的承载能力是对抱杆最终的质量要求。由于设计抱杆无论是强度，还是稳定性都有安全系数存在。出厂试验，只能试验到额定负荷的 1.25 倍，型式试验也只做到额定负荷的 1.5 倍。但是不可能对每一个生产的抱杆出厂时都做最大承载能力试验。这种试验只能在做破坏性试验中进行。

好的产品除了有优秀的设计和质量好的材料保证外，还要有一套完整的先进加工工艺来保证。这就是说抱杆的最终质量要求也要有完整的先进加工工艺来保证。各生产厂家的工艺手段不尽相同。在此不讨论抱杆生产的加工工艺手段，只探讨工艺要求项目，用这些加工工

艺要求项目指标值来评估抱杆的制造质量。

一、尺寸、形状要求

1. 法兰的底平面的平面度

法兰的底平面是抱杆杆段的制造、安装基准。一般法兰是焊接件，它的底平面的平面度都比较差。这主要是由于焊接变形的原因。它直接影响了抱杆制造和使用安装的质量。所以在法兰铆接前，必须要对法兰底平面进行矫平。矫平要求平面度应不大于1mm，且底平面放置在3级平台上不得有不稳定的现象。

2. 主、辅材的直线度

角铝出厂时的直线度根据 GB/T 6892—2006《一般工业用铝及铝合金挤压型材》规定在壁厚为4~10mm的型材每米长度允许弯曲4mm，就是说直线度为4‰。角铝属于细长杆，易于弯曲。加上运输、装卸、表面处理等，在铆接时其直线度已比4‰大。所以在铆接前必须对角铝进行矫直工序。矫直后的铝材在不低于3级的平台上检查，其直线度应不大于0.5mm，更不得有硬弯点。

3. 单段主柱的直线度

保证单段主柱的直线度是保证抱杆主柱的直线度条件之一，按一般组立抱杆条件，正常产生的挠度（直线度）为1‰时，其影响压应力的比例占整个压应力的5%~10%。如果制造工艺中不能保证直线度在规定的范围内，那么这个比例将还会继续提高。由于挠度产生的压应力将会影响（降低）抱杆的承载能力，所以要求抱杆组立后其制造和安装的综合直线度不得大于1‰。因之抱杆出厂装配直线度不得大于0.7‰，最好不要大于0.8‰。

4. 单段主柱中心线与两法兰底面的垂直度

保证单段主柱与两法兰底面的垂直度也是保证抱杆主柱的装配直线度条件之一。

5. 单段主柱两法兰底面的平行度

保证单段主柱与两法兰底面的平行度也是保证抱杆主柱的装配直线度条件之一。

6. 法兰的铆合板与法兰底面、相邻的法兰铆合板间的垂直度

主材与法兰、辅材与主材铆接平面间必须贴合牢靠，不得有较大缝隙存在。这主要是要求法兰的铆合板制作时必须保证与法兰底面垂直，同时也要保证相邻的法兰铆合板间相互垂直。否则铆接时主材与法兰的铆合板间就会出现较大的缝隙。在这种情况下，工作受力时，铆钉将不但承受剪力，而且同时承受着弯力，无形加重了铆钉的负荷。

另一面主材与法兰间存在一个铆钉的拉力，这个拉力将给主材和法兰各产生一个内应力，也会削弱主材的承载能力。因此要求必须保证法兰的铆合板与法兰底面垂直，同时也要保证相邻的法兰铆合板间相互垂直，使铆接件间的间隙尽量小，这才会充分发挥主材和法兰的承载能力。这里还要说明一点，没有缝隙并不一定说明主材和法兰间完全没有内应力，只能说明其内应力比较小。

一些用户要求主材两端面与法兰平面不留缝隙、必须顶紧，辅材两端面与主材内平面不留缝隙、必须顶紧。但要做到完全没有缝隙，在工艺上很难做到，也没有必要。只要有微小缝隙存在，对主材、辅材的受压就无多大的帮助。因为主材与法兰、辅材与主材的连接强度完全是靠铆钉的作用。抱杆在工作中有弯矩存在时，主材、辅材的受力，是受拉力、还是受压力，这要具体分析。

至于1‰的直线度在工艺上怎样分配，要决定于各厂的具体工艺特点和各个抱杆的几何参数，各工序的具体参数由各厂进行分配决定。只要把住最后的装配质量要求不大于1‰即可。

二、防腐处理

1. 法兰的防腐处理

法兰的防腐处理有四种方法，即涂漆、电镀、热浸锌、热喷锌。

（1）涂漆。工艺简单、价格便宜、操作简便，用户在每个工程完成后，可方便地进行修补。缺点是漆膜附着力较低，易于脱落。

（2）电镀。工艺较简单、价格也不高、镀层俯着力好。缺点是镀层太薄，不耐碰、划。由于法兰是薄板焊接件，焊缝易于残留有腐蚀性的镀液。

（3）热浸锌。锌层厚、附着力好、耐腐蚀性好，耐碰、划。缺点是价格高、热变形大、锌层不均匀、清洗不干净的话，焊缝也易于残留有腐蚀性的酸洗液。

（4）热喷锌。锌层中等、附着力好、耐腐蚀性好、无热变形、锌层均匀，耐碰、划，焊缝不留存腐蚀性液。缺点是工艺除锈时噪声、空气污染大。

法兰的防腐处理应采用热浸锌或热喷锌。

2. 主、辅材的防腐处理

主、辅材的材质均为LY12（高强度合金铝），铝在空气中易于被侵蚀，故在铝材表面必须形成一层保护膜。一般都采用在铝材表面生成一层硫酸阳极氧化膜的办法。最后经热水封闭处理。着色仅是为了美观。只要生成的膜层均匀、连续、完整、致密、无伤痕，且达到标准规定的耐腐蚀程度即可。厚度一般应为 $10\sim25\mu m$。

三、主、辅材及铆钉的热处理

1. 主、辅材的热处理

主、辅材的材质为 LY12，要求淬火后自然时效处理。热处理代号为 CZ，自然时效处理后其抗拉强度 $\sigma_b \geqslant 392MPa$，屈服极限 $\sigma_{0.2} \geqslant 294MPa$，伸长率 $\delta \geqslant 10\%$。一般铝材厂就可以代为对主、辅材进行热处理。只有热处理后的材料才能发挥其应有的作用。

2. 铆钉的热处理

要重视铆钉的热处理，若增加铆钉的数量，主、辅材上铆钉孔过多，会影响主、辅材本身的强度。

铝铆钉一般选用LY10，并进行热处理。

CZ 的含义是淬火后自然时效。铝镁高强度合金材料热处理淬火后并不是立刻直接变硬、变到强度符合要求。这个过程称为材料热处理的孕育过程，这个孕育过程在炎热的夏季3天就可完成，到了寒冷的冬季则需要7天左右。

既然铝镁高强度合金材料 CZ 热处理淬火后具有这样一个性能，就可利用这一性能来对抱杆进行铆接，即在临铆接前对铝镁高强度合金铆钉进行热处理。刚刚热处理过的铆钉比较软，应马上进行铆接。此时铆钉还处于孕育初期过程，材料还比较软。铆接时铆接力并不大，可将铆钉铆接牢靠，铆钉孔可以充实，且铆钉头不会产生裂纹，铆接时新生成的铆钉头端面也不会产生较大的内应力。一般应在铆钉热处理后24h内完成铆钉的铆接为最好。一次用不完且处理过的铆钉，可二次处理后再用，但处理次数一般不要超过三次，以防铆钉热处理次数过多，铆钉材质发生变化。

LY10是铝合金抱杆铆接用铆钉的主要材料，其直径不大于8mm的铆钉，在CZ热处理后的剪切强度为245MPa左右。高强度铝合金铆钉处理后是提高了剪切强度，但是其韧性变得差了，也就变得脆了。一是耐冲击能力差了；二是当负荷过大，或铆钉疲劳时，被剪断时会突然断，而没有先兆，将会产生事故隐患。主、辅材虽然也质脆，但它们属于细长杆，在断裂前，可以看到其变形，及时采取措施，以防止事故的发生。而铆钉，由于它形状粗短，变形很小，性能脆，断裂前是看不见先兆的。建议使用韧性较高、剪切强度较大的材料作铆钉，如不锈钢1Cr18Ni9Ti，经实验证明其剪切强度在750MPa左右，是高强度铝合金铆钉剪切强度的3倍，其剪切破坏后断面有明显的变形，为断面直径的1/3~1/2。高强度铝合金铆钉剪切破坏后断面看不到有什么变形。这样就可以通过主、辅材间的位移进行检查。唯一缺点是硬度比高强度铝合金铆钉的硬度高，铆接起来较困难些。另外不锈钢的硬度高，铆钉头耐磨损。但这是一个建议，还要经过长时间的实践验证和考验。

第八节 抱杆的载荷试验

一个新型抱杆的设计、制作完成后，必须用载荷试验来证明能否投入使用，证明是否达到设计指标和要求。即在额定载荷的1.5倍下历时30min，而抱杆无永久变形，同时测定其最大挠度和应力。

一、载荷试验方法

对抱杆试验施加载荷，目前有两种试验方法：一种是按实际工况施加载荷，如图8-44所示；另一种是按设计要求施加正压力，如图8-45所示。

将承力钢绳一端固定在地锚上，并串上传感器。另一端绕过抱杆头的一侧滑轮，下行绕过动滑车，再返回抱杆头，跨过抱杆头另一侧滑轮，固定在抱杆头的挂环上。在动滑车下端挂上另一个传感器。传感器的下端连接加力绳。加力绳通过转向滑轮，与加力设备连接。

要求加载设备准确、稳定，一般为液压加载设备。

这种试验方法的优点：接近实际工况，方便抱杆倾斜试验，抱杆承受了本身的自重。

缺点：①两个传感器上的力值之和不是抱杆承受的正压力，它真正的值还包含抱杆头滑轮的摩擦力与承力钢绳和加力钢绳对抱杆轴线夹角的分力，但不包括抱杆拉线产生的下压力。②测量抱杆的试验挠度较为困难。③试验占地面积大，准备工作难

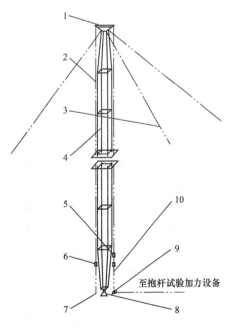

图8-44　按实际工况抱杆载荷试验示意图

1—抱杆头；2—承力钢绳；3—抱杆拉线；
4—被试抱杆；5—动滑车；6—传感器；7—地锚；
8—铰接支座；9—改向滑车；10—加力钢绳

度较高，试验的安全性较差。

图 8-45 中：①两端都用相同的抱杆头，这就保证了加载钢绳 4 与抱杆轴线平行，加载过程无水平分力。在试验过程中被试抱杆产生挠度时，试验系统不会失效。为了更保险起见，在被试抱杆的右端加装了不会对抱杆产生下压力的拉线。②传感器直接安装在加载液压缸的顶端，液压缸加载方向与被试抱杆轴线重合，传感器的拉力值直接显示了被试抱杆承受的正压力。③由于其试验被试抱杆是横躺在地平面上，所以对试验地点要求不高，也无多大危险性，测量抱杆挠度也较方便。④加载液压缸可用卧式拉力试验机控制系统来控制，试验力值准确度高。⑤对试验具有中点约束的抱杆尤为方便，其约束条件对抱杆不产生下压力。

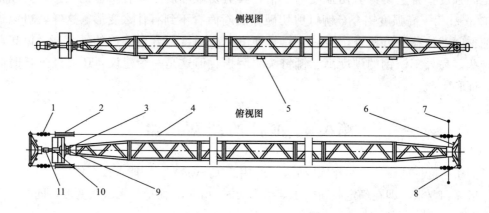

图 8-45　抱杆施加轴向正压力载荷试验图

1—起重滑车；2—调节丝杠；3—球铰；4—加载钢绳；5—橡胶块；6—抱杆头；7—钢钎和拉线；
8—抱杆头连接钢绳；9—加载液压缸支架；10—加载液压缸；11—传感器

存在的问题：①与实际工况有一定距离，仅从理论角度测出正压力。②由于试验时抱杆平躺在水平面上，其本身重量并未加在抱杆轴线上，相应其垂直与水平面的挠度受到干扰。

两种试验方法各有优缺点，要根据现有具体条件来决定，建议生产厂家、试验研究单位最好使用图 8-45 所示的方法，也可在图 8-44 所示的基础上进行改进试验。

二、抱杆各点应力测定

一般用应变片来测定抱杆主、辅材的应力。这种方法较方便快捷，也是测量应力经常采用的方法。

应变片从材质上分，一般为金属应变片和半导体应变片。金属应变片分为丝型应变片和箔型应变片两种。半导体应变片分为体型半导体应变片、薄膜型半导体应变片和扩散型半导体应变片三种。金属应变片的优点是温度稳定性较好，线性度高，应变范围大（可达到 4%，而半导体应变片只能达到 0.3%），使用方便（可贴敷在弯曲表面上）；缺点是阻值小、灵敏度低。半导体应变片在较小功耗下具有灵敏度系数大，机械滞后少，阻值范围大，横向效应小等特点，缺点是灵敏度的线性度低，随温度稳定性较差。

无论是金属应变片还是半导体应变片，工作原理都是基于材料的压阻效应——应力使电阻发生改变的现象。

电阻的表达公式为
$$R = \rho \frac{L}{S}$$

式中 R——电阻值，Ω；

  ρ——材料的电阻率，$\Omega \cdot m/mm^2$；

  L——电阻的导电长度，m；

  S——电阻的导电截面面积，mm^2。

将应变片电阻按一定方法粘接到被试材料上，当被试材料受到力的作用发生应变 ε 时，应变片也与被试材料一起发生相同的应变 ε，此时应变片阻值也会发生一个阻值变化 ΔR。

其电阻公式就会变成

$$R + \Delta R = (\rho + \Delta \rho) \frac{L(1+\varepsilon)}{S(1-\mu\varepsilon)^2} \tag{8-54}$$

这里 μ 是由长度应变 ε 转换到径向应变的系数。

对于金属应变片，发生应变时，ρ 变化并不大，$\Delta \rho$ 只是一个微量，可以忽略不计整理式 (8-54)，并略去高阶微小量 ε^2 项，式 (8-54) 就变为

$$\frac{\Delta R}{R} = (1+2\mu)\varepsilon = k\varepsilon \tag{8-55}$$

式中 k——灵敏系数，金属应变片的灵敏系数 k 一般为 $2.0 \sim 6.0$。

对于半导体应变片，发生应变后，ρ 变化较大，这时 $\Delta \rho$ 就不是一个微量了，不能忽略。

整理式 (8-55)，也同样略去高阶微小量 ε^2 项，式 (8-55) 就变为

$$\frac{\Delta R}{R} = \left[1 + 2\mu + \frac{\Delta \rho}{\rho}\left(1 + 2\mu + \frac{1}{\varepsilon}\right) \right]\varepsilon = k\varepsilon$$

这说明半导体应变片的灵敏系数要比金属应变片的灵敏系数大得多。同时灵敏系数值也不是一个常数，所以其线性度也相应较差。半导体应变片的灵敏系数一般为 $50 \sim 150$。无论金属应变片还是半导体应变片的灵敏系数值都是采用实测方法得到的。这就是说只要能测得 $\frac{\Delta R}{R}$，就不难得出应变 ε 来。电阻应变仪可直接测得应变。

根据胡克定律，应力为

$$\sigma = E\varepsilon$$

式中 E——被测材料的弹性模量。

应变片的选用应遵循试验或应用条件：①应用精度、环境条件；②试件大小、贴片面积、安装条件；③使用条件、功耗大小、最大允许电压；④试件材料类型、工作温度范围。

如抱杆检测一般使用通用金属应变片即可。

应根据被测构件材料选择应变片，注意温度自补偿系数，因为在无任何外力作用下，不受约束的试件上的应变片在环境温度发生变化时，其电阻值也随之改变，不同材料其变化值不同，根据这个变化值，应变片生产中采用了一种温度自补偿系数修正的工艺。应注意应变片的温度自补偿系数号，如 9 用于钛合金，10 用于合金钢、马氏体不锈钢和沉淀硬化型不锈钢，16 用于奥氏体不锈钢和铜基材，23 用于铝材料，27 用于镁合金。电阻值选用范围为 $120 \sim 350\Omega$。

根据测试要求所选择的应变片应符合指标，外观应无破损、无锈斑、无皱折、无短路，电阻值与标称值误差应小于 0.5%（通常应变仪自动平衡范围小于 1% 标称电阻）。

注意每次使用应变片检测前，应用与被检测件的同批材料做一样件，用相同方法粘贴本

批应变片，在拉力试验机上进行试验，并记录拉力、受力试验截面面积、应变片原始阻值、应变片受力时的阻值，以备对整体检测结果进行验证和误差校正。

应变片的粘贴应注意以下几点。

（1）粘接剂的选择。粘接剂的种类很多，如环氧、聚按酯、硫化硅橡胶、502 等，应根据粘接环境、条件选用不同粘接剂，要了解粘贴剂自身的物理、化学特性及固化条件。关键的一点是选择的粘接剂必须和应变片基片的原有粘接剂具有良好的相容性。

（2）母材粘接面的处理。清除表面的油污、锈斑、涂料、氧化膜、镀层等，打磨材料可选用 200～400 号的砂纸，并打出与贴片方向呈 45°角的交叉条纹，用丙酮粗擦后，再用无水乙醇精擦，擦洗时要顺向单一方向进行，待烘、吹干后贴片。处理的粘接面要有足够大，一般为应变片基片面积的 3 倍左右即可。

（3）应变片粘贴前的处理和粘贴。应变片在粘贴前，应浸入无水乙醇擦洗干净，不得沾有任何赃物，用微热烘干装置烘干。刷胶均匀，用胶量合理，贴片时要摆正应变片位置和方向，贴片后盖上聚四氟乙烯薄膜，用手指沿应变片轴线方向均匀滚压应变片，以排除多余胶液和气泡，一般以 3～4 个来回为宜，应注意粘贴后的应变片必须平整、牢靠、位置、方向正确无误，充分固化。整个操作过程应用干净工具操作，尤其是粘贴应变片。

（4）焊接连接电缆线。导线截面面积不要小于 1.5mm²。测量距离不要拉得过长，连接电线基本要宽松。焊接时速度尽量要快。焊接后，应用无水乙醇将应变片及焊点擦洗干净。

一切准备好后即可开始试验、检测。

三、抱杆各点挠度测定

挠度的测量比较简单，这里主要讨论一下测量基准线。测量基准线建议使用 0.5～0.8mm 的弹簧钢丝，一端用一根拉力弹簧固定在抱杆锥段大端法兰一边的中点，另一端用一个船用索具开式螺旋扣固定在另一端抱杆锥段大端法兰一边的中点。调整螺旋扣，拉紧弹簧钢丝，使之成为一条直线。保证在最大挠度时，弹簧钢丝仍不松弛，且能保持为一条直线。且保证抱杆受力产生挠度后不位移、不变形。这样的基准直线应在方便测量的相邻两个平面上都设置，以测量立体方位挠度。

然后在选定的点上，在抱杆不受力时和受各个负载时，测量抱杆其中一根相邻棱线到基准线的距离，并予以记录备案。同点受力时的距离值与不受力时的距离差值，为抱杆在这点上挠度值。

在图 8-45 所示的加载试验中，用板尺直接测量挠度，测量值可精确到毫米。在图 8-44 所示的加载试验中，只能用经纬仪观测挠度，但数据处理很麻烦，误差也大，尤其是抱杆倾斜时。

第九节　提高抱杆功能的措施

由于输电线路电压等级的不断提高，线路铁塔平均高度已从 40～50m 提高到 70～100m，塔的横担长度已增加到 50～60m，单基铁塔平均总重也达到 60～70t，仅横担的质量一般也为 15～22t。这对组装铁塔增大了不少难度。在起吊塔材和铁塔部件时就要求不但要增加抱杆的高度，而且也要相应提高其起吊功能。

要增加抱杆的高度、提高抱杆的起吊功能，而不增加抱杆的重量是不太可能的，但重量增加得越少越好。下面从抱杆的设计、制造、抱杆的选型、施工方法来分析。

一、更改设计和制作

1. 提高钢抱杆材料质量

以前一般钢抱杆用材都是 Q235，即普通碳素结构钢类。它具有较高的塑性、韧性和焊接性能、冷冲压性能，以及一定的强度、好的冷弯性能。它的破断极限 $\sigma_b = 375 \sim 500\text{MPa}$、屈服极限 $\sigma_s = 235\text{MPa}$、延伸率 $\delta_5 = 26\%$。它的主要优点是焊接性能好、延伸率高、不易脆断、价格便宜，但作为抱杆，材料强度还不理想。

目前钢抱杆使用的是 Q345。Q345 属于低合金结构钢，也似以前的 18Nb、09MnCuPTi、10MnSiCu、12MnV、14MnNb、16Mn、16MnRE 等材料，它具有高的塑性、韧性和焊接性能、冷冲压性能，以及一定的强度和好的冷弯性能。破断极限 $\sigma_b = 475 \sim 630\text{MPa}$、屈服极限 $\sigma_s = 345\text{MPa}$、延伸率 $\delta_5 = 21\% \sim 22\%$。主要优点是焊接性能好，延伸率还可以，不易脆断，但价格较高，是目前抱杆较为理想的材料，但强度还不够高。

也可将材料提高到 Q390、Q420、Q460。Q390 也属于低合金结构钢，也是以前的 10MnPNbRE、15MnV、15MnTi、16MnNb 等材料。综合力学性能好，焊接性，冷、热加工性能和耐蚀性能均好，C、D、E 级钢具有良好的低温韧性。破断极限 $\sigma_b = 490 \sim 650\text{MPa}$、屈服极限 $\sigma_s = 390\text{MPa}$、延伸率 $\delta_5 = 19\% \sim 20\%$。主要优点是焊接性能好、综合力学性能好，是目前抱杆较为理想的材料；但缺点是敏感性和时效敏感性较 Q345 大。Q420、Q460 虽然力学性能比较高，但焊接工艺要求也高，难度也大较大。这些材料由于需要量太少，目前还不普及。尤其对制作抱杆而言，其材料供应更缺少，相应价格也较高。

对于铝合金抱杆，材料发展为 2A12（LY12），在合金铝中强度已是较高的了。强度更高的 7A04（LC4）合金铝是一种常用的超硬铝，是高强度铝合金。在退火和刚淬火状态下可获得中等塑性，可通过热处理强化。通常在淬火人工时效状态下使用，可得到的强度比一般硬铝高得多，弹塑性较低，合金有应力集中倾向。正因为如此，虽然 7A04 的强度比 2A12（LY12）高，但塑性较低，且有应力集中倾向。这是起重工器具不允许的，所以抱杆目前不宜使用此材料。

这里要说明的是，提高抱杆制作材料的质量，仅能提高抱杆的抗压强度，但对提高抱杆的刚性（稳定性）、提高材料压应力折减系数作用不大。因为同类的各种材料的弹性模量都相差不多。

2. 提高主材规格、增大抱杆截面面积

这个措施可从式（8-43）分析可知。提高主材规格可增加公式中的 I_C 和 S_C。增大抱杆截面面积主要是增大公式中的 a 值。因 a 以平方存在，这对增加移轴后的惯性矩举足轻重。它比增加主材的 I_C 和 S_C 要高几个数量级。

实际上当线路电压等级从 500kV 升高到 1000kV 时，使用的抱杆截面也从 500mm×500mm 升高到 700mm×700mm～800mm×800mm。

但以此来提高承载能力，将会使抱杆越做越重、体积越做越大。对抱杆的近距离的搬运和远距离运输及组立抱杆都会带来困难。以下澄清几个误区。

（1）误区一。改换具有较高惯性矩的主材来提高抱杆截面惯性矩。下面举例说明。为了

能准确说明问题，首先必须确定改换条件：①改换前与改换后的抱杆截面外轮廓尺寸必须相等；②为了保证用材量相同，其主材截面形状可以改，但其面积必须尽量相等（因为标准型材没有绝对相等的）。没有这两个条件，就无法比较。因为条件不同，引起结果不同的因素就变得比较复杂，引起结果变化的方向、幅度也会无法控制。

同面积的方管、圆管型材比角材的力学性能要好。以 1000kV 铁塔组建常用的抱杆 800mm×800mm 为例，其主材使用的是 L80mm×6mm 的等边角钢。与 L80mm×6mm 等边角钢面积非常接近的圆管为 $\phi102mm×3mm$，与 L80mm×6mm 等边角钢面积非常接近的方管为 □80mm×80mm×3mm。现在将这三种材料都组成 800mm×800mm 截面抱杆，并将查得有关数据和计算的值对比，见表 8-33。

表 8-33   **不同型材方截面抱杆有关数据和计算数值**

型材规格		角钢 L80mm×6mm	钢管 $\phi102mm×3mm$	方管 □80mm×80mm×3mm
型材面积 S（mm²）		939.7	933.1	900.8
型材惯性矩 I_C（mm⁴）		573500	1144156	878380
型材回转半径 r（mm）		24.7	35	31.22
型材抗弯模量 W_C（mm³）		9870	22432.4	219595
形心最短边距 Z_0（mm）		21.9	51	40
形心位移距离 a（mm）		378.1	349	360
抱杆截面	$4I_C$ 计算数值（mm⁴）	2294000	4576624	3513520
	Sa^2 计算数值（mm⁴）	134339145.5	113652513.1	116743680
	总 I 计算数值（mm⁴）	136633145.5	118229137.1	120257200
	总 W 计算数值（mm³）	341582.9	295572.8	300643

从表 8-33 中的数据来看，并不是主材的力学参数优者组成的抱杆截面几何力学特性参数就优，而是恰恰相反。

正是主材几何力学特性较差的角钢，因其形心最短边距 Z_0 最小，而直接增大了形心位移距离 a 值。这就造成了 Sa^2 计算数值增大的基础。因为 Sa^2 计算数值要比 $4I_C$ 计算数值大两个数量级，即为其 30～50 倍。

如果对抱杆截面外轮廓尺寸必须相等不加限制，而保证各型抱杆截面 a 值相同，即各 Sa^2 相等，那么抱杆截面的总惯性矩 I 计算数值还是钢管大于方管，方管大于角钢。但与前述抱杆截面的总惯性矩 I 计算数值相比增加幅度并不大，比增加 a 值的抱杆截面的总惯性矩 I 计算数值还差了一个数量级。

上述结论适应任何材料。

当然抱杆主材使用较大惯性矩的型材也有一些优点，这样可以降低主柱主材肢节（单根主材上两个相邻辅材固定点间的主材段称为主材肢节）上的压应力。但降低主柱主材肢节的压应力的措施不仅只有提高主柱主材的惯性矩，而用缩短主材肢节长度，或降低主柱压力的偏心距、合理分配抱杆受力方案都是行之有效的方法之一。

（2）误区二。改变抱杆截面形状来提高抱杆截面惯性矩。目前一般抱杆使用截面是方形（正方形）、管型，还有少量的三角形。一般抱杆截面都是以中心为对称，这样可以尽量做到几何力学特性各向同性（即对过形心任意方向的回转轴而言其几何力学特性都一样的），也是抱杆的最基本要求。

与前述相同，首先也要确定改换条件：①主材从形心向外位移距离 B 相等。在对正多边形截面的惯性矩的大小比较时，为了保证位移后截面的外轮廓尺寸相等，所以要规定其主材外形轮廓尺寸相同。为了比较时计算方便，将对各种截面的主材统一使用管材。②主材面积的总和也必须相等。下面先对三角形截面和正方形截面的惯性矩的大小做一比较。

在本章第五节中已对三角形截面和正方形截面的惯性矩求解公式作了推论，其公式如下。

三角形截面的惯性矩求解公式为

$$I_{3S} = 3I_{3Y} + \frac{3}{2}S_3 B_3^2 \tag{8-56}$$

正方形截面的惯性矩求解公式为

$$I_{4S} = 4I_{4Y} + 2S_4 B_4^2 \tag{8-57}$$

根据条件①要求，得 $B_3 = B_4$；根据条件②要求，得 $3S_3 = 4S_4$，即 $S_3 = \frac{4}{3}S_4$。

将 B_3、S_3 与 B_4、S_4 的关系式代入式(8-55)中，即得 $I_{3S} = 3I_{3Y} + \frac{3}{2}\left(\frac{4}{3}S_4 B_4^2\right) = 3I_{3Y} + 2S_4 B_4^2$。

根据条件①的第二个要求，现设 $S_4 = \frac{\pi}{4}(D_1^2 - D_2^2)$，$S_3 = \frac{\pi}{4}(D_1^2 - D_3^2) = \frac{4}{3} \times \frac{\pi}{4}(D_1^2 - D_2^2) = \frac{\pi}{3}(D_1^2 - D_2^2)$，则有

$$3(D_1^2 - D_3^2) = 4(D_1^2 - D_2^2), \quad D_3^2 = \frac{4D_2^2 - D_1^2}{3}$$

可知　$I_{4Y} = \frac{\pi}{64}(D_1^4 - D_2^4)$

$$I_{3Y} = \frac{\pi}{64}(D_1^4 - D_3^4) = \frac{\pi}{64}\left[(D_1^2)^2 - \frac{(4D_2^2 - D_1^2)^2}{3^2}\right] = \frac{\pi}{64} \times \frac{8D_1^4 - 16D_2^4 + 8D_1^2 D_2^2}{9}$$

现在用正方形截面的惯性矩减去三角形截面惯性矩，即

$$I_{4S} - I_{3S} = 4I_{4Y} + 2S_4 B_4^2 - 3I_{3Y} - 2S_4 B_4^2 = 4I_{4Y} - 3I_{3Y}$$

$$= 4 \times \frac{\pi}{64}(D_1^4 - D_2^4) - 3 \times \frac{\pi}{64} \times \frac{8D_1^4 - 16D_2^4 + 8D_1^2 D_2^2}{9}$$

$$= \frac{\pi}{64} \times \frac{4}{3}(D_1^2 - D_2^2)^2 = \frac{S_4^2}{3\pi} > 0$$

所以说用同样多的主材，分别做成外轮廓包络直径相等正方形截面要比三角形截面的惯性矩大。

如果将条件①主材从形心向外位移距离 B 相等变成边长 A 相等，即 $A_4 = A_3$。

又知三角形截面惯性矩为

$$I_{3S} = 3I_{3Y} + \frac{1}{2}S_3 A_3^2 \tag{8-58}$$

正方形截面的惯性矩为

$$I_{4S} = 4I_{4Y} + S_4 A_4^2 \qquad (8\text{-}59)$$

用正方形截面的惯性矩减去三角形截面惯性矩，即

$$I_{4S} - I_{3S} = 4I_{4Y} + S_4 A_4 - 3I_{3S} - \frac{1}{2}S_3 A_3^2 = (4I_{4Y} - 3I_{3Y}) + \left(S_4 A_4^2 - \frac{1}{2}S_3 A_3^2\right) \qquad (8\text{-}60)$$

将 $4I_{4Y} - 3I_{3Y} = \dfrac{S_4^2}{3\pi}, A_3 = A_4, S_3 = \dfrac{4}{3}S_4$ 代入式(8-60)，得

$$I_{4S} - I_{3S} = \frac{S_4^2}{3\pi} + \left(S_4 A_4^2 - \frac{1}{2} \times \frac{4}{3}S_4 A_4^2\right) = \frac{S_4^2}{3\pi} + \frac{S_4 A_4^2}{3} > 0$$

在同边长的（并同样多的材料）情况下正方形截面的惯性矩比三角形截面惯性矩更大，所以可以得出一个结论：在同样多的材料（且同边长或等外轮廓包络直径）下做正方形截面抱杆要比做三角形截面抱杆要优越些。三角形截面抱杆的辅材较节省，在长途运输时要比正方形截面抱杆省体积，运输较方便。

再将圆形截面惯性矩与正方形截面惯性矩做一比较。在前面已经比较了三角形截面与正方形截面主材的惯性矩，但并没有提起辅材。这是因为辅材在抱杆的强度与刚性中并没有起到主要作用。在正方形截面中辅材与主材之比大约为 $1:2$，即每副抱杆所用辅材量为所用主材的一半左右。

对于圆形截面并无主、辅材之分，所用的材料全为主材，故圆形截面用材是正方形截面用材 1.5 倍左右。

同前所述一样，首先确定比较条件：①两截面的外轮廓尺寸相等；②圆形截面用材是正方形截面用材的 1.5 倍左右。设圆形截面为 D_3，两类抱杆截面外形的包络圆的直径为 A。

如果正方形截面抱杆主材也为管形材料，外径为 D_1、内径为 D_2，则其单根主材面积为

$$S_4 = \frac{\pi}{4}(D_1^2 - D_2^2)$$

正方形截面抱杆的惯性矩为

$$I_{4S} = 4I_Y + S_4(A - D_1)^2 = \frac{4\pi}{64}(D_1^4 - D_2^4) + \frac{\pi}{4}(D_1^2 - D_2^2)(A - D_1)^2$$

圆形截面抱杆的面积为

$$S_H = \frac{\pi}{4}(A^2 - D_3^2) = 1.5 \times 4S_4 = \frac{6\pi}{4}(D_1^2 - D_2^2)$$

则有

$$D_3^2 = A^2 - 6(D_1^2 - D_2^2)$$

圆方形截面抱杆的惯性矩为

$$I_H = \frac{\pi}{64}(A^4 - D_3^4) = \frac{\pi}{64}\{A^4 - [A^2 - 6(D_1^2 - D_2^2)]^2\}$$

$$= \frac{\pi}{64}[12A^2(D_1^2 - D_2^2) - 36(D_1^2 - D_1^2)^2]$$

现在比较正方形截面抱杆的惯性矩与圆方形截面抱杆的惯性矩的大小

$$I_{4S} - I_H = \frac{4\pi}{64}(D_1^4 - D_2^4) + \frac{\pi}{4}(D_1^2 - D_2^2)(A - D_1)^2$$

276

$$= \frac{\pi}{64}\left[12A^2(D_1^2 - D_2^2) - 36(D_1^2 - D_2^2)^2\right]$$

$$= \frac{\pi}{64}(D_1^2 - D_2^2)\left[4(D_1^2 + D_2^2) + 16(A - D_1)^2 - 12A^2 + 36(D_1^2 - D_2^2)\right]$$

$$= \frac{S_4}{16}\left[56D_1^2 - 32D_2^2 + 4A(A - 8D_1)\right] > 0$$

从以上分析来看，正方形截面抱杆比三角形截面抱杆和管形截面抱杆都好，本质原因是它能够尽最大限度地将材料安排在远离过截面形心的任意一个回转轴。

以上推论的结果是有条件的，随着条件的变化，推论的结果也会有所不同。

二、更改施工方案

1. 充分利用已建部分铁塔的高度，用较小抱杆发挥较大的作用

这种方法在 1000kV 输电线路施工中已有一些施工单位都已采用和实践。图 8-46 所示为双侧小抱杆组塔图，这是一个正在组建的酒杯型塔。此时用两个较小的塔上抱杆 3，将其安装在已建的部分铁塔（横担支腿）上，继续起吊、安装剩余的铁塔部件（中横担）。由于利用了已建部分铁塔的高度，这样就可用较短的小抱杆来起吊较重的物件。

抱杆在主、辅材和截面大小一定的情况下，当抱杆长度缩短，其承载能力将会大幅度提高，所以只要能充分利用已建部分铁塔的高度，就可用较短的抱杆发挥较大的作用。

另一种塔上抱杆的使用方法如图 8-47 所示，为单侧小抱杆组塔，实际上是延续图 8-46 的后续工序，继续起吊边横担和地线支脚。这种抱杆是一种固定式人字抱杆。图 8-46 主要说明塔上小抱杆可以是多种多样的，并不是仅指某一种抱杆才能做塔上抱杆，需根据具体情况来决定使用何种抱杆。

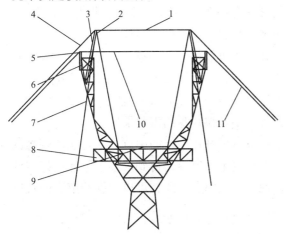

图 8-46　双侧小抱杆组塔图

1—抱杆中拉线；2—起重滑车；3—塔上抱杆；4—抱杆拉线；5—调整丝杠；6—拉线支撑；7—起吊绳；8—铁塔中横担；9—横担加强；10—铁塔中拉线；11—铁塔拉线

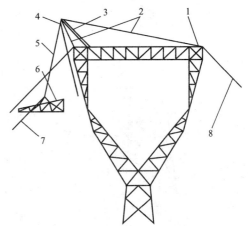

图 8-47　单侧小抱杆组塔图

1—调整丝杠；2—抱杆拉线；3—塔上抱杆；4—起重滑车；5—起吊绳；6—铁塔组件；7—调整大绳；8—铁塔拉线

现在常用的内悬浮抱杆就是一种典型的塔上抱杆，利用了已建铁塔的高度，缩小自身尺寸，提高负载能力。

塔上抱杆是一种巧用抱杆的起吊方法，它具有相当的优越性。故内悬浮抱杆应用得较为

广泛和普遍。但内悬浮抱杆仅是塔上抱杆的一种典型结构。塔上抱杆还可有其他多种形式，如何巧用塔上抱杆，是一个大的课题，还要在实践中继续研究、利用。此处所提的两种塔上抱杆仅是近期在1000kV和750kV输电线路施工过程中的新形式。

塔上抱杆并不是没有缺点，它的缺点是使用起来辅助系统较为复杂和麻烦。如内悬浮抱杆要比落地式抱杆多出承托拉线系统、腰环拉线系统、外拉线系统，还必须考虑到抱杆倾斜问题等。但是由于它将笨重的体积和重量变得比较轻便、小巧，因此它的使用虽然较为复杂和麻烦，却得到了广泛的使用。

2. 利用铁塔已组装部分，改变抱杆的约束方式，以期大幅度地提高抱杆的承载能力

在图8-41中给两端铰接的抱杆中点又增加了一个铰接支点，经公式推导证明，其抱杆的长度系数由1缩减到0.5。

这就是说对抱杆本身不用做任何改变，只是在抱杆中点上增加了一个铰接约束点，抱杆的临界压力就可变到原来的4倍，即稳定性大幅度增加。由于长度系数的降低，其压应力缩减系数也会相应大幅度增大，抱杆的承载能力也就会提升许多。

如何增加抱杆中点的铰接约束点呢？这个约束点实际是现成的，只是没有很好利用而已，过去腰环只做提升抱杆之用，而没有发挥其应有的作用。

如果将腰环定位在抱杆中点，并使其具有足够的强度，就是一个现成的铰接约束点。由于腰环四角固定在未组装的铁塔主材上，而铁塔根部已固定在塔基上，抱杆在负载情况下的挠度必然超不过腰环与抱杆截面之间的间隙。

如果按图8-48将腰环换成拉线盘，再将铁塔主柱用钢绳拉线给予加固。这样对抱杆挠度的约束更加有力、更加理想，同时也不会产生拉线对抱杆主体的下压力。这时抱杆稳定性将会提高到原来的3~4倍，强度也会提升1倍左右。这样既不增加材料，又不改变抱杆尺寸。

腰环在这里可做抱杆的约束点，但由于它和抱杆之间单边还存在10~20mm间隙。也就是说抱杆受到它的约束后仍可有10~20mm的挠度。所以它做约束点并不理想，不如拉线盘约束效果好。

希望约束点正好在抱杆的中点，这是比较理想的约束点。但是这不一定容易得到。如果不能正好将约束点放在抱杆的正中点，那么可以根据约束点的长度比，然后换算出抱杆的长度系数 $\mu\left(\mu=\sqrt{\dfrac{\pi^2}{\eta}}\right)$。

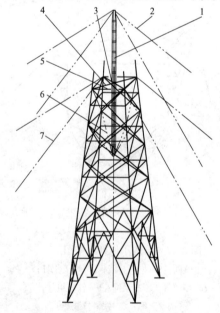

图8-48 内悬浮抱杆组塔图

1—内悬浮抱杆；2—抱杆拉线；3—抱杆拉线盘；4—拉线盘拉线；5—铁塔定位拉线；6—抱杆承托拉线；7—铁塔外拉线

3. 合理利用抱杆起重，尽量减少抱杆偏载

抱杆受力合力不在抱杆中心轴线重合，就会产生偏载或弯矩。要平衡偏载和弯矩，就必须用其拉线的水平分力来平衡。抱杆拉线力越大，其对抱杆的下压力也就越大。下压力要用抱杆正压力来抵消，实际是无形中减小了抱杆的承载能力。因此在做抱杆使用方案时，特别要注意合理利用抱杆起重能力，尽量减少

抱杆偏载。

第十节　42m 钢结构内悬浮抱杆的设计计算

一、概述

抱杆整体布置如图 8-49 所示，抱杆由抱杆头、抱杆主体、承托组件和辅助工器具及零件组成。其中，抱杆头由朝天滑车组件 3 和朝天滑轮组旋转盘组成；抱杆主体由抱杆主体 1、抱杆拉线盘 4、拉线盘拉线 5 组成；承托组件由下承托组件 10、抱杆承托绳 7、4 个下承托滑车组成（如用 2 次承托，则还需要 2 次承托拉板、承托绳、承托滑车加倍）。

42m 钢结构内悬浮抱杆使用要求如下。

（1）抱杆作内悬浮抱杆使用时，其最大单边吊重负载为 90000kN（指垂直荷重）。如需有偏角时（被吊装杆塔工件上有调整大绳斜拉），起吊绳与垂直线夹角偏移应不大于 20°；调整大绳与垂直线夹角偏移应不小于 45°。如要超过此值时，应适当（按计算）减少垂直吊重负载数值。

（2）抱杆起吊绳牵引端应与铅垂线夹角呈 30°，起吊绳载重端应与铅垂线夹角呈 20°，这样的角度配比无论是工况一、工况二还是工况三，产生的水平分力最小，拉线对抱杆主柱的下压力也最小。施工时要注意，如要改变此角度的数值，应适当（按重新计算）减少垂直吊重负载数值。

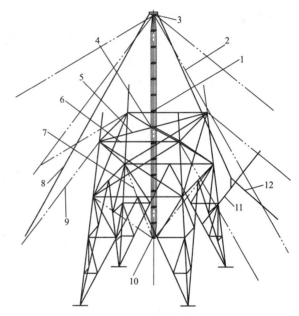

图 8-49　抱杆整体布置图

1—抱杆主体；2—抱杆拉线；3—朝天滑车组件；4—抱杆拉线盘；
5—拉线盘拉线；6—铁塔定位拉线；7—抱杆承托绳；8—起吊大绳；
9—铁塔外拉线；10—下承托组件；11—被吊塔件；12—调整大绳

（3）抱杆用作单边起吊使用时，起吊钢绳须按图 8-49 所示的固定和走线方式，起重端必须使用动滑轮。抱杆起吊时，抱杆主柱可在 0°～10°倾斜。如要超过此值，应适当（按重新计算）减少起吊负载。

抱杆作双边起吊使用时，抱杆主柱不得倾斜，每边负载不得超过 45000kN。最大偏角条件如上所述。

（4）抱杆作内悬浮抱杆使用时，在抱杆中点增加一拉线盘做抱杆中间约束点（21m 处）。为了抱杆提升方便，在架设时应保证最上一层腰环至下端面（下承托顶面）18～20m。其间腰环设置两层，间距不大于 6m。

（5）起吊钢绳的连接必须严格按施工方案要求和钢丝绳使用安全系数执行（如施工方案

与设计计算相同，也可从设计计算中选用工作力值，并考虑使用安全系数）。起吊钢绳须用动滑轮组起吊塔材或部件。

（6）抱杆作内悬浮抱杆使用时，架设后其主柱的直线度不得超过 2‰。

（7）抱杆的牵引动力应使用机动绞磨或小型牵引机，对于组建大型铁塔时，在条件允许下最好使用小型液压牵引机。小型液压牵引机工作平稳、操作方便。

（8）抱杆包括朝天滑车组、1 个拉线板、抱杆主柱杆段（12 个 3.0m 直段、2 个 3.0m 锥段）、2 个腰环、1 个下承托、1 个 2 次承托拉板及相应连接和固定的螺栓、螺母、平垫圈。其余辅件、钢绳、拉线、滑车等均由用户自备。

二、受力分析

朝天滑车组钢绳走线方式如图 8-50 所示。起吊绳一端编织一绳环，套在左前滑轮上，作为起吊绳的固定端。然后钢绳绕过右前滑轮上，下倒挂一 15t 单轮起重滑车作动滑车使用，动滑车吊钩上可挂载荷和调整大绳绳头。起吊绳绕过动滑车后，再上绕通过右后滑轮至左后滑轮。从左后滑轮下至地面改向滑车，直到牵引动力机械（也可用多轮动滑车，此处计算未采用多轮动滑车）。

1. 第一种工况

朝天滑车组（工况一）受力如图 8-51 所示。

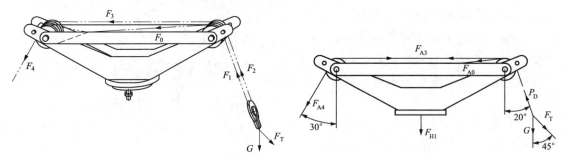

图 8-50　朝天滑车组钢绳走线方式　　　　　图 8-51　朝天滑车组（工况一）受力图

图 8-51 中，G 为起吊塔片最大重量；F_T 为调整大绳承受的调整力；P_D 为动滑轮的起吊力，即为起吊重力 G 与大绳调整力 F_T 的合力；F_{A0} 为朝天滑车右前滑轮钢绳固定端的固定力；F_{A3} 为朝天滑车右后滑轮钢绳起吊端的起吊力；F_{A4} 为朝天滑车左后滑轮钢绳起吊端的起吊力；F_{H1} 为方箱对抱杆主柱的正压力。

已知，$G=90000\text{kN}$，取起重滑车的摩擦系数 $k=0.10$。

（1）滑车力系图如图 8-52 所示，F_{D1} 和 F_{D2} 为过滑车绳索两端施加的力，P 为 F_{D1} 和 F_{D2} 的合力（即滑车承受的正压力）。当 $F_{D2}>F_{D1}$ 时，则有

$$F_X = F_{D2}\sin\beta + P\sin\theta - F_{D1}\sin\alpha = 0$$

$$F_Y = P\cos\theta - F_{D2}\cos\beta - F_{D1}\cos\alpha = 0$$

$$kP = F_{D2} - F_{D1}$$

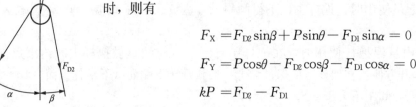

图 8-52　滑车力系图　解得

280

$$\sin\theta = \sqrt{k^2\sin^2\frac{\alpha+\beta}{2}\cos^2\frac{\alpha-\beta}{2} + \sin^2\frac{\alpha-\beta}{2} - k^2\sin^2\frac{\alpha+\beta}{2}} - k\sin\frac{\alpha+\beta}{2}\cos\frac{\alpha-\beta}{2}$$

$$P = \frac{F_{D1}(\cos\alpha+\cos\beta)}{\cos\theta - k\cos\beta} \ \text{或} \ P = \frac{F_{D1}(\sin\alpha-\sin\beta)}{k\sin\beta+\sin\theta} \ \text{或} \ P = \frac{F_{D2}(\sin\alpha-\sin\beta)}{k\sin\alpha+\sin\theta}$$

$$F_{D2} = F_{D1} + kP$$

（2）抱杆主柱轴线与铅垂线夹角为零。重物端起吊绳与垂直线向外夹角 20°向下。载荷的调整大绳偏角与垂直线为 45°。图 8-53 所示为起吊偏角力系图。根据正弦定理，倒挂滑轮承受的力值为

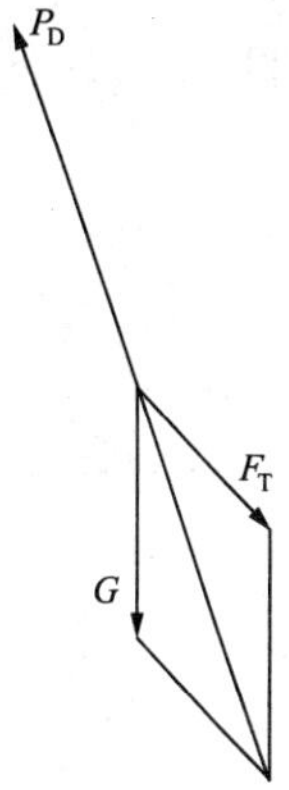

$$P_{DA} = \frac{\sin135°}{\sin25°}G = \frac{\sin135°}{\sin25°} \times 90000 = 150584.1(\text{N})$$

调整大绳调整力为

$$F_{TA} = \frac{\sin20°}{\sin25°}G = \frac{\sin20°}{\sin25°} \times 90000 = 72836.0(\text{N})$$

对于动滑车，如图 8-52 所示，其中 $\alpha = 0°$，$\beta = 0°$，$P_{DA} = 150584.1\text{N}$，求得 $\sin\theta_1 = 0$，则

$$\cos\theta_1 = 1$$

$$F_{A1} = F_{D1} = \frac{P_{DA}(\cos\theta_1 - k\cos\beta)}{\cos\alpha + \cos\beta} = \frac{0.9P_{DA}}{2} = 67762.9(\text{N})$$

$$F_{A2} = F_{D2} = F_{A1} + kP_{DA} = 82821.3(\text{N})$$

图 8-53　起吊
偏角力系图

对朝天滑车组前右滑轮，其中 $\alpha = 106.5°$，$\beta = 0°$，$F_{A1} = F_{D2} = 67762.9\text{N}$

$$\sin\theta_{QY} = 0.7507366, \cos\theta_{QY} = 0.6606016, \theta_{QY} = 48.65423°$$

$$P_{QY} = \frac{F_{D2}(\sin\alpha - \sin\beta)}{k\sin\alpha + \sin\theta} = \frac{F_{A1}(\sin\alpha - \sin\beta)}{k\sin\alpha + \sin\theta} = 76743.4(\text{N})$$

$$F_{A0} = F_{D1} = F_{A1} - kP_{QY} = 60088.6(\text{N})（\text{即起吊绳对前左滑轮的作用力}）$$

对朝天滑车组后右滑轮，其中 $\alpha = 110°$，$\beta = 0°$，$F_{A2} = F_{D1} = 82821.3\text{N}$，则

$$\sin\theta_{HY} = 0.7694145, \cos\theta_{HY} = 0.6387498, \theta_{HY} = 50.30134°$$

$$P_{HY} = \frac{F_{D1}(\sin\alpha - \sin\beta)}{k\sin\beta + \sin\theta_{HY}} = \frac{F_{A2}(\sin\alpha - \sin\beta)}{k\sin\beta + \sin\theta_{HY}} = 101150.4(\text{N})$$

$$F_{A3} = F_{A2} + kP_{HY} = F_{3A} = 92936.3\text{N}$$

对朝天滑车组后左滑轮，其中 $\alpha = 120°$，$\beta = 0°$，$F_{A3} = F_{D1} = 92936.3\text{N}$，则求得后左滑轮承受的正压力与水平线的夹角为（$120° - \theta_{HZ}$），于是

$$\sin\theta_{HZ} \doteq 0.8194704, \cos\theta_{HZ} = 0.5731215, \theta_{HZ} = 55.03182°$$

$$P_{HZ} = \frac{F_{D1}(\sin\alpha - \sin\beta)}{k\sin\alpha + \sin\theta_{HZ}} = \frac{F_{A3}(\sin\alpha - \sin\beta)}{k\sin\beta + \sin\theta_{HZ}} = 98216.2(\text{N})$$

$$F_{A4} = F_{D2} = F_{A3} + kP_{HZ} = 102757.9\text{N}$$

朝天滑车组对抱杆头的正压力为

$$F_{Z1} = F_{A4}\cos30° + P_{DA}\cos20° = 102757.9 \times 0.8660254 + 150584.1 \times 0.9396926$$
$$= 230493.7(\text{N})$$

朝天滑车组对抱杆头的水平力为

$$F_{S1} = F_{A4}\sin30° - P_{DA}\sin20° = 102757.9 \times 0.5 - 150584.1 \times 0.3420201$$
$$= -123.8(\text{N})$$

当外拉线与铅垂线夹角为 30°时，为平衡水平力，对抱杆而言产生的下压力，即

$$F_{X1} = -F_{S1}\cot 30° = 123.8 \times \cot 30° = 214.5(\text{N})$$

抱杆所承受的正压合力为

$$F_{H1} = F_{Z1} + F_{X1} = 230493.7 + 214.5 = 230708.2(\text{N})$$

2. 第二种工况（倾斜 5°）

图 8-54 所示为朝天滑车组（工况二）受力图，抱杆主柱轴线与铅垂线夹角为 5°。重物端起吊绳与垂直线向外夹角 20°向下。负载的调整大绳偏角与垂直线为 45°。

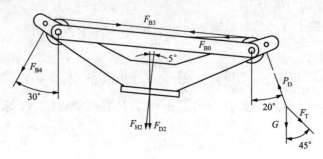

图 8-54 朝天滑车组（工况二）受力图

如图 8-53 所示，取 $G_B = 90000\text{kN}$。根据正弦定理，倒挂滑轮承受的力值为

$$P_{DB} = \frac{\sin 135°}{\sin 25°}G = \frac{\sin 135°}{\sin 25°} \times 90000 = 150584.1(\text{N})$$

调整大绳调整力为

$$F_{TB} = \frac{\sin 20°}{\sin 25°}G = \frac{\sin 20°}{\sin 25°} \times 90000 = 72836.0(\text{N})$$

对于动滑车，其中 $\alpha = 0°$，$\beta = 0°$，$P_{DB} = 150584.1\text{N}$，则求得 $\sin\theta_1 = 0$，$\cos\theta_1 = 1$，于是

$$F_{B1} = F_{D1} = \frac{P_{DB}(\cos\theta_1 - k\cos\beta)}{\cos\alpha + \cos\beta} = \frac{0.9P_{DB}}{2} = 67762.9(\text{N})$$

$$F_{B2} = F_{D2} = F_{B1} + kP_{DB} = 82821.3(\text{N})$$

对朝天滑车组前右滑轮，其中 $\alpha = 111.5°$，$\beta = 0°$，$F_{B1} = F_{D2} = 67762.9\text{N}$，则

$$\sin\theta_{QY} = 0.7772402, \cos\theta_{QY} = 0.6292040, \theta_{QY} = 51.00858°$$

$$P_{QY} = \frac{F_{B1}(\sin\alpha - \sin\beta)}{k\sin\alpha + \sin\theta} = 72445.2(\text{N})$$

$$F_{B0} = F_{D1} = F_{B1} - kP = 60518.4(\text{N})（即起吊绳对前左滑轮的作用力）$$

对朝天滑车组后右滑轮，其中 $\alpha = 115°$，$\beta = 0°$，$F_{B2} = F_{D1} = 82821.3\text{N}$，则

$$\sin\theta_{HY} = 0.7950711, \cos\theta_{HY} = 0.6065162, \theta_{HY} = 52.66198°$$

$$P_{HY} = \frac{F_{B2}(\sin\alpha - \sin\beta)}{k\sin\beta + \sin\theta_{HY}} = 94408.6(\text{N})$$

$$F_{B3} = F_{D2} = F_{B2} + kP_{HY} = 92262.2(\text{N})$$

对朝天滑车组后左滑轮，其中 $\alpha = 115°$，$\beta = 0°$，$F_{B3} = F_{D1} = 92262.2\text{N}$，则求得后左滑轮承受的力与水平线的夹角为 $(115° - \theta_{HZ})$，于是

$$\sin\theta_{HZ} = 0.7950711, \cos\theta_{HZ} = 0.6065162, \theta_{HZ} = 52.66198°$$

$$P_{HZ} = \frac{F_{B3}(\sin\alpha - \sin\beta)}{k\sin\beta + \sin\theta_{HZ}} = 105170.4(N)$$

$$F_{B4} = F_{D2} = F_{B3} + kP_{HZ} = 102779.2(N)$$

朝天滑车组对抱杆的铅垂正压力为

$$F_{D2} = F_{B4}\cos30° + P_{DB}\cos20° = 102779.2 \times 0.8660254 + 159584.1 \times 0.9396926$$
$$= 230512.2(N)$$

朝天滑车组对抱杆的水平力为

$$F_{S2} = F_{B4}\sin30° - P_{DB}\sin20° = 102779.2 \times 0.5 - 150584.1 \times 0.3420201$$
$$= -113.2(N)$$

朝天滑车组对抱杆轴线的垂直下压力为

$$F_{Z2} = F_{D2}\cos5° + F_{S2}\sin5° = 230512.2 \times 0.9961947 - 113.2 \times 0.0871557$$
$$= 229625.2(N)$$

当外拉线与铅垂线夹角为30°时，为平衡水平力，对抱杆轴线而言产生的下压力为

$$F_{X2} = -F_{S2}\cos5°\cot25° = 113.2 \times \cos5°\cot25° = 241.8(N)$$

抱杆所承受的正压合力为

$$F_{H2} = F_{Z2} + F_{X2} = 229625.2 + 241.8 = 229867.0(N)$$

3. 第三种工况（倾斜10°）

图 8-55 所示为朝天滑车组（工况三）受力图，抱杆主柱轴线与铅垂线夹角为10°。重物端起吊绳与垂直线向外夹角20°向下。负载的调整大绳偏角与垂直线为45°。

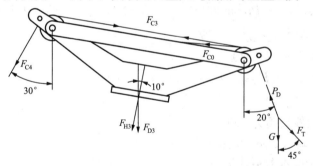

图 8-55　朝天滑车组（工况三）受力图

如图 8-53 所示，取 $G = 90000$kN，根据正弦定理，倒挂滑轮承受的力值为

$$P_{DC} = \frac{\sin135°}{\sin25°}G = \frac{\sin135°}{\sin25°} \times 90000 = 150584.1(N)$$

调整大绳调整力为

$$F_{TC} = \frac{\sin20°}{\sin25°}G = \frac{\sin20°}{\sin25°} \times 90000 = 72836.0(N)$$

对于动滑车，其中 $\alpha=0°$，$\beta=0°$，$P_{DB}=150584.1$N，则求得 $\sin\theta_1=0$，$\cos\theta_1=1$，于是

$$F_{C1} = F_{D1} = \frac{P_{DB}(\cos\theta_1 - k\cos\beta)}{\cos\alpha + \cos\beta} = \frac{0.9P_{DB}}{2} = 67762.9(N)$$

$$F_{C2} = F_{D2} = F_{B1} + kP_{DB} = 82821.3(N)$$

对朝天滑车组前右滑轮，其中 $\alpha=116.5°$，$\beta=0°$，$F_{C1}=F_{D2}=67762.9$N，则

$$\sin\theta_{QY}=0.8025255, \quad \cos\theta_{QY}=0.5966178, \quad \theta_{QY}=53.37195°$$

$$P_{QY}=\frac{F_{B1}(\sin\alpha-\sin\beta)}{k\sin\alpha+\sin\theta}=67984.4 \text{（N）}$$

$F_{C0}=F_{D1}=F_{C1}-kP=60964.5 \text{（N）}$（即起吊绳对前左滑轮的作用力）

对朝天滑车组后右滑轮，其中 $\alpha=120°$，$\beta=0°$，$F_{B2}=F_{D1}=82821.3\text{N}$，则

$$\sin\theta_{HY}=0.8194704, \quad \cos\theta_{HY}=0.5731215, \quad \theta_{HY}=55.03182°$$

$$P_{HY}=\frac{F_{B2}(\sin\alpha-\sin\beta)}{k\sin\beta+\sin\theta_{HY}}=87526.5\text{(N)}$$

$$F_{C3}=F_{D2}=F_{C2}+kP_{HY}=91573.9\text{(N)}$$

对朝天滑车组后左滑轮，其中 $\alpha=110°$，$\beta=0°$，$F_{C3}=F_{D1}=91573.9\text{N}$，则求得后左滑轮承受的力与水平线的夹角为（$110°-\theta_{HZ}$），于是

$$\sin\theta_{HZ}=0.7694145, \quad \cos\theta_{HZ}=0.6387498, \quad \theta_{HZ}=50.30134°$$

$$P_{HZ}=\frac{F_{C3}(\sin\alpha-\sin\beta)}{k\sin\beta+\sin\theta_{HZ}}=111840.0\text{(N)}$$

$$F_{C4}=F_{D2}=F_{C3}+kP_{HZ}=102757.9\text{(N)}$$

朝天滑车组对抱杆的铅垂正压力为

$$\begin{aligned} F_{D3}&=F_{C4}\cos30°+P_{DC}\cos20°=102757.9\times0.8660254+150584.1\times0.9396926\\ &=230493.7\text{(N)} \end{aligned}$$

朝天滑车组对抱杆的水平力为

$$\begin{aligned} F_{S3}&=F_{C4}\sin30°-P_{DC}\sin20°=102757.9\times0.5-150584.1\times0.3420201\\ &=-123.8\text{(N)} \end{aligned}$$

朝天滑车组对抱杆轴线的垂直下压力为

$$\begin{aligned} F_{Z3}&=F_{D3}\cos10°+F_{S3}\sin10°=230493.7\times0.9848078-123.8\times0.1736482\\ &=226970.5\text{(N)} \end{aligned}$$

当外拉线与铅垂线夹角为 30° 时，为平衡水平力，对抱杆轴线而言产生的下压力为

$$F_{X3}=-F_{S3}\cos10°\cot20°=123.8\times\cos10°\cot20°=335.0\text{(N)}$$

抱杆所承受的正压合力为

$$F_{H3}=F_{Z3}+F_{X3}=226970.5+335=227305.5\text{(N)}$$

三、抱杆重力（只计算压在下承托顶面上的重力）

抱杆头 $\qquad F_{BT}=874.6\text{kg}=8571.1\text{N}$

朝天滑车组 95kg，起吊钢绳 588.6kg（300m，直径 $\phi22\text{mm}$，$\sigma_b\geqslant1670\text{MPa}$），四段外拉线 186kg（$4\times120\text{m}$，直径 $\phi10\text{mm}$，$\sigma_b\geqslant1570\text{MPa}$），连接辅件和螺栓、螺母、平垫圈等共 5kg。

抱杆主柱 $F_{BZ}=2596\text{kg}=25440.8\text{N}$

两个拉线板 120kg（60kg/单件），顶帽 45kg，主柱 2366kg（12 节 3m 直段，170.5kg/段。2 节 3m 锥段，150kg/段），连接辅件和螺栓、螺母、平垫圈等共 65kg，下承托 75kg。

施加在下承托顶面上的重力（不含下承托自身重量）为

$$F_L=F_{BT}+F_{BZ}=34011.9 \text{（N）}$$

下承托自身质量 74kg（重量 725.2N）。

四、技术参数

（1）工况一（倾斜 0°）。额定载荷：抱杆主柱承受的最大正压力为 $P_{H1}=F_{H1}+F_L=$ 278487.1N≈278.5kN。

（2）工况二（倾斜 5°）。额定载荷：抱杆主柱承受的最大正压力为 $P_{H2}=F_{H2}+F_L\cos5°=$ 263759.3N≈264kN。

（3）工况三（倾斜 10°）。额定载荷：抱杆主柱承受的最大正压力为 $P_{H3}=F_{H3}+$ $F_L\cos10°=260800.7N≈261kN$。

屈服安全系数 2.1，稳定安全系数 2.5。

五、尺寸参数

抱杆主柱截面为正方形，边长 900mm；主材为 L80mm×6mm；辅材为 L45mm×4mm；总长 40m，分 12 段直段，每段长 3mm，2 段锥段，锥段长 20m（锥段小端边长 400mm）。

朝天滑车组两端滑轮中心距 $L=1200mm$，滑轮底径 $D_C=200mm$。

制造、安装、使用最大相对偏心 3‰。

六、力学参数

主柱主材为 Q345，$I_{ZZ}=573500mm^4$，$S_{ZZ}=939.7mm^2$，$Z_{0Z}=21.9mm$，$W_{ZZ}=9870mm^3$。

主柱辅材为 Q345，$I_{ZF}=66500mm^4$，$S_{ZF}=348.6mm^2$，$Z_{0F}=12.6mm$，$W_F=2050mm^3$。

材料弹性模量 $E=200×10^3MPa$，材料屈服强度 $\sigma_{0.2}=345MPa$。

七、主柱主材计算

抱杆主辅材内力图如图 8-56 所示。

设角钢的惯性矩为 I，角钢的截面面积为 S，正方形边长为 A，角钢形心到正方形形心的距离为 B。根据本章第五节抱杆主柱的稳定性设计（见图 8-38），所推导的公式［式（8-45）］如下

$$I_{ZZ}=4I+S(A-2Z_0)^2 \tag{8-61}$$

主柱（$A_D=900mm$，$Z_0=21.9mm$）的截面惯性矩为

$$I_{ZD}=4I_Z+S(A_D-2Z_0)^2=539650582.068(mm^4)$$

主柱（$A_X=400mm$，$Z_0=21.9mm$）的截面惯性矩为

$$I_{ZX}=4I_Z+S(A_X-2Z_0)^2=121521670.068(mm^4)$$

抱杆主柱截面抗弯模量为

$$W=\frac{2I_{ZD}}{A}=\frac{2×539650582.068}{800}=1349126.455(mm^3)$$

抱杆主柱截面回转半径为

$$R=\sqrt{\frac{I_{ZD}}{4S}}=\sqrt{\frac{539650582.068}{4×939.7}}=378.906(mm)$$

该抱杆为内悬浮抱杆，上、中、下三点均为拉线固定（如图 8-41 所示的三点约束），其安装形式长度修正系数 $\mu_1=0.5$。

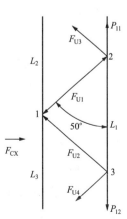

图 8-56　抱杆主辅材内力图

285

由于主柱最上下部各有一段锥段，其长度为 3.0m，总长 42m，则直段为 36m，即有 $\dfrac{a}{L}=\dfrac{36}{42}$ =0.8571。其锥段两端惯性矩比值为 $\dfrac{I_{ZX}}{I_{ZD}}=\dfrac{121521670.068}{539650582.068}=0.225186≈0.225$。

查表 8-31 有锥段长度修正系数为 $\mu_2=1$，则主柱综合长度修正系数为 $\mu=\mu_1\mu_2=0.5$。

主柱抱杆细长比为

$$\lambda=\frac{\mu L}{r}=\frac{0.5×42000}{378.906}=55.4227$$

查图 8-43 或表 8-32，有压应力折减系数为 $\psi=0.7673$。

八、工况一

1. 抱杆主柱计算

（1）抱杆主柱稳定性计算。抱杆主柱所能承受的临界压力为

$$P_{CP}=\frac{\pi^2 EI}{(\mu L)^2}=\frac{\pi^2×200×10^3×539650582.068}{(0.5×42000)^2}=2415481.977(\text{N})$$

抱杆主柱稳定性安全系数为 $K_W=\dfrac{P_{CP}}{P_{H1}}=\dfrac{2415481.977}{278487.1}=8.674>2.5$，合格。

（2）抱杆主柱受力偏心距计算。主柱组装后的最大绝对偏心为

$$a_Z=2‰×\mu L=2‰×21000=42 \ (\text{mm})$$

下面计算抱杆主柱所承受的正压合力的偏心距。已知抱杆头两滑轮相距 1200mm，滑轮直径 200mm，相邻两拉线孔孔心连线距抱杆轴线 300mm，则

$$a_{P1}=\frac{(P_{DA}\cos20°-F_{A4}\cos30°)×(L+D_C)-F_{X1}×A}{2×F_H}$$

$$=\frac{(150584.1\cos20°-102757.9\cos30°)×(1200+200)-214.5×600}{2×230708.2}$$

$$=159.0(\text{mm})$$

偏心距之和为 $\qquad \sum a=a_Z+a_{P1}=42+159.0=201.0 \ (\text{mm})$

（3）抱杆主柱主材压应力为

$$\sigma=\frac{P_{H1}}{4\psi S_{ZZ}}+\frac{a_Z F_L+\sum a F_H}{W}=\frac{278487.1}{4×0.7673×939.7}+\frac{42×34011.9+201.0×230708.2}{1349126.455}$$

$$=132.051(\text{MPa})$$

抱杆主柱主材屈服安全系数为 $K_Q=\dfrac{\sigma_{0.2}}{\sigma}=\dfrac{345}{132.051}=2.613>2.1$，合格。

（4）抱杆挠度为

$$f_{max}=0.0624×\frac{M(\mu L)^2}{EI}=0.0624×\frac{(a_Z F_L+\sum a F_H)×(0.5L)^2}{EI}$$

$$=0.0624×\frac{(42×34011.9+201.0×230708.2)×(21000)^2}{200×10^3×539650582.1}=12.188(\text{mm})$$

2. 抱杆主柱内力计算

（1）抱杆主柱内力计算（见图 8-56）。主柱单根主材等效侧向力为

$$F_{CXA}=\frac{2(a_Z F_L+\sum a_1 F_H)}{\mu L}=\frac{2×(42×34011.9+201.0×230708.2)}{21000}=4552.5(\text{N})$$

主柱单根主材顶端平均承受的最大下压力为

$$F_{TA} = \frac{\left(0.5 + \dfrac{a_Z}{A}\right)F_L + \left(0.5 + \dfrac{\sum a_1}{A}\right)F_{H1}}{2}$$

$$= \frac{\left(0.5 + \dfrac{42}{800}\right) \times 34011.9 + \left(0.5 + \dfrac{201.0}{800}\right) \times 230708.2}{2}$$

$$= 96055.6(N)$$

1 点为抱杆主柱中点，在纯受 F_{CX} 作用时，其最大受力状况的方程组如下。

1 点受力方程组为

$\sum F_X$ $\qquad\qquad F_{CX} - F_{U1}\sin 50° - F_{U2}\sin 50° = 0$

$\sum F_Y$ $\qquad\qquad F_{U2}\cos 50° - F_{U1}\cos 50° = 0$

2 点受力方程组为

$\sum F_X$ $\qquad\qquad F_{U1}\sin 50° - F_{U3}\sin 50° = 0$

$\sum F_Y$ $\qquad\qquad P_{11} - F_{U1}\cos 50° - F_{U3}\cos 50° = 0$

3 点受力方程组为

$\sum F_X$ $\qquad\qquad F_{U2}\sin 50° - F_{U4}\sin 50° = 0$

$\sum F_Y$ $\qquad\qquad P_{12} - F_{U2}\cos 50° - F_{U4}\cos 50° = 0$

根据这 6 个方程解得

$$F_{U1} = F_{U2} = F_{U3} = F_{U4} = \frac{F_{CX}}{2\sin 50°} = \frac{4552.5}{2\sin 50°} = 2971.4(N)$$

$$P_{11} = P_{12} = 2F_{U1}\cos 50° = 3820.0(N)$$

同理，有 $\quad F_{U1} = F_{U2} = F_{U3} = \cdots\cdots = F_{Ui} = F_{UA} = 2971.4$ （N）

$$P_{11} = P_{12} = \cdots\cdots = P_{ij} = P_{JA} = 3820.0 \text{ （N）}$$

这就是说，主柱辅材最大受力为 $F_{UA} = 2971.4N$。受力性质有拉力和压力。在主柱主材单根肢节上也增加了一个力，即 $P_{JA} = 3820.0N$。它的受力性质同样也有拉力和压力。对受 F_{CXA} 力内侧的肢节（如 L_2 和 L_3 肢节）为压力，对受 F_{CXA} 外侧的肢节（如 L_1 肢节）为拉力。对受压力的主柱主材肢节除此之外还要受单根主材顶端平均承受的下压力 $F_{TA} = 96055.6N$，它的压力和为

$$F_{JA} = F_{TA} + P_{JA} = 96055.6 + 3820.0 = 99875.6(N)$$

（2）主柱主材肢节最大弯应力。

主柱主材肢节长 $\quad L_J = \dfrac{2A}{\tan 50°} = \dfrac{2 \times 800}{\tan 50°} = 1342.6$ （mm）

主柱主材肢节平均挠度 $\quad f_{JA} = \dfrac{(f_{max1} + a_Z) L_J}{\mu L} = \dfrac{(12.332 + 42) \times 1342.6}{21000} = 3.474$ （mm）

主柱主材肢节最大综合弯应力 $\quad \sigma_{WJA} = \dfrac{f_{JA} F_{JA}}{W_{ZZ}} = \dfrac{3.474 \times 99875.6}{9870} = 35.154$ （MPa）

（3）主柱主材肢节最大压应力。主柱肢节和辅材用焊接方式连接，此连接方式可视为两端固接方式（不能算作铰接），故此长度修正系数为 $\mu_{1J} = 0.5$，综合长度修正系数为 $\mu_J = \mu_{1J} = 0.5$。

主柱主材肢节的回转半径 $R_J = \sqrt{\dfrac{I_{ZZ}}{S_{ZZ}}} = \sqrt{\dfrac{573500}{939.7}} = 24.7$（mm）

主柱主材肢节的细长比 $\lambda_J = \dfrac{\mu_J L_J}{R_J} = \dfrac{0.5 \times 1342.6}{24.7} = 27.1781$

查压应力折减系数 $\Psi_J = 0.9258$

主柱主材肢节的压应力 $\sigma_{YJA} = \dfrac{F_{JA}}{\Psi_J S_{ZZ}} = \dfrac{99875.6}{0.9258 \times 939.7} = 114.803$（MPa）

主柱主材肢节的综合压应力 $\sigma_{JA} = \sigma_{YJA} + \sigma_{WJA} = 114.803 + 35.154 = 149.957$（MPa）

主柱主材肢节的强度安全系数为

$$K_{JA} = \dfrac{\sigma_{0.2}}{\sigma_{JA}} = \dfrac{345}{149.957} = 2.301 > 2.1，合格。$$

（4）主柱主材肢节稳定性计算。

主柱主材肢节的临界压力 $P_{JCP} = \dfrac{\pi^2 EI_{ZZ}}{(\mu_J L_J)^2} = \dfrac{\pi^2 \times 200 \times 10^3 \times 573500}{(0.5 \times 1342.6)^2} = 2512059.2$（N）

主柱主材肢节的稳定安全系数为

$$K_{WJA} = \dfrac{P_{JCP}}{F_{JA}} = \dfrac{2512059.2}{99875.6} = 25.152 > 2.5，合格。$$

3. 主柱辅材强度计算

（1）主柱辅材强度计算。

主柱辅材的最大长度 $L_F = \dfrac{A}{\sin 50°} = \dfrac{800}{\sin 50°} = 1044.3$（mm）

主柱辅材的回转半径 $R_F = \sqrt{\dfrac{I_{ZF}}{S_{ZF}}} = \sqrt{\dfrac{66500}{348.6}} = 13.812$（mm）

辅材的长度修正系数与主材肢节的长度修正系数相同，即 $\mu_F = 0.5$。

主柱辅材的细长比 $\lambda_F = \dfrac{\mu_F L_F}{R_F} = 37.805$

查压应力折减系数有 $\Psi_F = 0.8747$。

主柱辅材的最大压应力为

$$\sigma_{FA} = \dfrac{F_{UA}}{\Psi_F S_{ZF}} + \dfrac{(2‰L_F + Z_{0F})F_{UA}}{W_F} = \dfrac{2971.4}{0.8747 \times 348.6} + \dfrac{(2‰ \times 1044.3 + 12.6) \times 2971.4}{2050}$$

$$= 31.035 \text{(MPa)}$$

主柱辅材的屈服安全系数为

$$K_{FA} = \dfrac{\sigma_{0.2}}{\sigma_{FA}} = \dfrac{345}{31.035} = 11.116 > 2.1，合格。$$

（2）主柱辅材的稳定性计算。

主柱辅材的临界压力 $P_{FCP} = \dfrac{\pi^2 EI_{ZF}}{(\mu_F L_F)^2} = \dfrac{\pi^2 \times 200 \times 10^3 \times 66500}{(0.5 \times 1044.3)^2} = 481460.7$（N）

主柱辅材的稳定性安全系数 $K_{WFA}=\dfrac{P_{FCP}}{F_{UA}}=\dfrac{481460.7}{2971.4}=162.032>2.5$，合格。

九、工况二

1. 抱杆主柱计算

(1) 抱杆主柱稳定性计算。抱杆主柱所能承受的临界/压力为

$$P_{CP}=\frac{\pi^2 EI}{(\mu L)^2}=\frac{\pi^2 \times 200 \times 10^3 \times 539650582.068}{(0.5\times 42000)^2}=2415481.977(\text{N})$$

抱杆主柱稳定性安全系数为

$$K_W=\frac{P_{CP}}{P_{H2}}=\frac{2415481.977}{263759.3}=9.158>2.5，合格。$$

(2) 抱杆主柱受力偏心距计算。主柱组装后的最大绝对偏心为

$$a_Z=2‰\times\mu L=2‰\times 21000=42（\text{mm}）$$

抱杆主柱所承受的正压合力的偏心距为

$$a_{P2}=\frac{(P_{DB}-F_{B4})\cos 25°\times(L+D_C)-F_{X2}A}{2F_{H2}}$$

$$=\frac{(15584.1-102779.2)\cos 25°\times(1200+200)-241.8\times 600}{2\times 229876.0}=131.6\text{mm}$$

偏心和为

$$\sum a_2=a_Z+a_{P2}=42+131.6=173.6（\text{mm}）$$

(3) 抱杆主材压应力为

$$\sigma_B=\frac{P_{H2}}{4\psi S_{ZZ}}+\frac{a_Z F_L\cos 5°+\sum a_2 F_{H2}}{W}$$

$$=\frac{263759.3}{4\times 0.7673\times 939.7}+\frac{42\times 34011.9\cos 5°+173.6\times 229876.0}{1349126.455}=122.086(\text{MPa})$$

抱杆主柱主材屈服安全系数为

$$K_{QB}=\frac{\sigma_{0.2}}{\sigma_B}=\frac{345}{122.086}=2.826>2.1，合格。$$

(4) 抱杆挠度计算。偏心力挠度为

$$f_{\max 2}=0.0624\times\frac{M(\mu L)^2}{EI}=0.0624\times\frac{(a_Z F_L\cos 5°+\sum a_2 F_{H2})\times(0.5L)^2}{EI}$$

$$=0.0624\times\frac{(42\times 34011.9\cos 5°+173.6\times 229876.0)\times(21000)^2}{200\times 10^3\times 539650582.1}$$

$$=10.538(\text{mm})$$

自重力挠度为

$$f_{Z2}=\frac{F_L(\mu L)^3\sin 5°}{48EI}=\frac{34011.9\times 21000^3\times\sin 5°}{48\times 200\times 10^3\times 539650582.068}=5.299(\text{mm})$$

抱杆主柱最终挠度为

$$f_{02}=\frac{f_{\max 2}+f_{Z2}}{1-\dfrac{P_{H1}}{P_{CP}}}=\frac{10.538+5.299}{1-\dfrac{263759.3}{2415481.977}}=17.778(\text{mm})$$

2. 抱杆主柱内力计算

（1）抱杆主柱内力计算（见图 8-56）。

主柱单根主材等效侧向力为

$$F_{CXB} = \frac{2(a_0 F_L \cos 5° + \sum a_2 F_{H2})}{\mu L} = \frac{2 \times (42 \times 34011.9 \cos 5° + 173.6 \times 229876.0)}{21000}$$

$$= 3936.1(N)$$

主柱单根主材顶端平均承受的最大下压力为

$$F_{TB} = \frac{\left(0.5 + \dfrac{a_z}{A}\right) F_L \cos 5° + \left(0.5 + \dfrac{\sum a_2}{A}\right) F_{H2}}{2}$$

$$= \frac{\left(0.5 + \dfrac{42}{800}\right) \times 34011.9 \cos 5° + \left(0.5 + \dfrac{173.6}{800}\right) \times 229876.0}{2}$$

$$= 91770.6(N)$$

1 点为抱杆主柱中点，在只受力 S 作用时，其最大受力状况的方程组如下：

1 点受力方程组

$\sum F_X$ $F_{CX} - F_{U1} \sin 50° - F_{U2} \sin 50° = 0$

$\sum F_Y$ $F_{U2} \cos 50° - F_{U1} \cos 50° = 0$

2 点受力方程组

$\sum F_X$ $F_{U1} \sin 50° - F_{U3} \sin 50° = 0$

$\sum F_Y$ $P_{11} - F_{U1} \cos 50° - F_{U3} \cos 50° = 0$

3 点受力方程组

$\sum F_X$ $F_{U2} \sin 50° - F_{U4} \sin 50° = 0$

$\sum F_Y$ $P_{12} - F_{U2} \cos 50° - F_{U4} \cos 50° = 0$

根据这 6 个方程解得

$$F_{U1} = F_{U2} = F_{U3} = F_{U4} = \frac{F_{CX}}{2 \sin 50°} = \frac{393}{2 \sin 50°} = 2569.1(N)$$

$$P_{11} = P_{12} = 2 F_{U1} \cos 50° = 3302.8(N)$$

同理，有 $F_{U1} = F_{U2} = F_{U3} = \cdots\cdots = F_{Ui} = F_{UB} = 2569.1(N)$

$$P_{11} = P_{12} = \cdots\cdots = P_{ij} = P_{JB} = 3302.8(N)$$

这就是说在 S 力作用下，主柱辅材最大受力为 $F_{UB} = 2569.1N$。受力性质有拉力和压力。在主柱主材单根肢节上也增加了一个力，即 $P_{JB} = 3302.8N$。它的受力性质同样也有拉力和压力。对受 F_{CXB} 力内侧的肢节（如 L_2 和 L_3 肢节）为压力，对受 F_{CXB} 力外侧的肢节（如 L_1 肢节）为拉力。对受压力的主柱主材肢节除此之外还要受单根主材顶端平均承受的下压力 $F_{TB} = 91770.6N$，它的压力和为

$$F_{JB} = F_{TB} + P_{JB} = 91770.6 + 3302.8 = 95073.4(N)$$

（2）主柱主材肢节最大弯应力。

主柱主材肢节长为

$$L_J = \frac{2A}{\tan 50°} = \frac{2 \times 800}{\tan 50°} = 1342.6(mm)$$

主柱主材肢节平均挠度为

$$f_{JB} = \frac{(f_{02} + a_Z) \times L_J}{\mu L} = \frac{(17.778 + 42) \times 1342.6}{21000} = 3.822 \, (\text{mm})$$

主柱主材肢节最大综合弯应力为

$$\sigma_{WJB} = \frac{f_{JB}F_{JB}}{W_{ZZ}} = \frac{3.822 \times 95073.4}{9870} = 36.816 \, (\text{MPa})$$

（3）主柱主材肢节最大压应力。主柱肢节和辅材连接用焊接方式连接，此连接方式可视为两端固接方式（不能算作铰接），故此长度修正系数 $\mu_{1J} = 0.5$；综合长度修正系数 $\mu_J = \mu_{1J} = 0.5$。

主柱主材肢节的回转半径 $\quad R_J = \sqrt{\dfrac{I_{ZZ}}{S_{ZZ}}} = \sqrt{\dfrac{573500}{939.7}} = 24.7 \, (\text{mm})$

主柱主材肢节的细长比 $\quad \lambda_J = \dfrac{\mu_J L_J}{R_J} = \dfrac{0.5 \times 1342.6}{24.7} = 27.1781$

查压应力折减系数 $\quad\quad\quad \Psi_J = 0.9258$

主柱主材肢节的压应力 $\quad \sigma_{YJB} = \dfrac{F_{JB}}{\Psi_J S_{ZZ}} = \dfrac{95073.4}{0.9258 \times 939.7} = 109.265 \, (\text{MPa})$

主柱主材肢节的综合压应力 $\quad \sigma_{JB} = \sigma_{YJB} + \sigma_{WJB} = 109.283 + 36.816 = 146.099 \, (\text{MPa})$

主柱主材肢节的强度安全系数为

$$K_{JB} = \frac{\sigma_{0.2}}{\sigma_{JB}} = \frac{345}{146.099} = 2.361 > 2.1，合格$$

（4）主柱主材肢节稳定性计算。

主柱主材肢节的临界压力 $\quad P_{JCP} = \dfrac{\pi^2 E I_{ZZ}}{(\mu_J L_J)^2} = \dfrac{\pi^2 \times 200 \times 10^3 \times 573500}{(0.5 \times 1342.6)^2} = 2512059.2 \, (\text{N})$

主柱主材肢节的稳定安全系数为

$$K_{WJB} = \frac{P_{JCP}}{F_{JB}} = \frac{2512059.2}{95073.4} = 26.422 > 2.5，合格$$

3. 主柱辅材强度计算

（1）主柱辅材强度计算。

主柱辅材的最大长度 $\quad L_F = \dfrac{A}{\sin 50°} = \dfrac{800}{\sin 50°} = 1044.3 \, (\text{mm})$

主柱辅材的回转半径 $\quad R_F = \sqrt{\dfrac{I_{ZF}}{S_{ZF}}} = \sqrt{\dfrac{66500}{348.6}} = 13.812 \, (\text{mm})$

辅材的长度修正系数与主材肢节的长度修正系数相同，为 $\mu_F = 0.5$

主柱辅材的细长比 $\quad\quad\quad \lambda_F = \dfrac{\mu_F L_F}{R_F} = 37.805$

查压应力折减系数，有

$$\Psi_F = 0.8747$$

主柱辅材的最大压应力为

$$\sigma_{FB} = \frac{F_{UB}}{\Psi_F S_{ZF}} + \frac{(2‰ L_F + Z_{0F}) F_{UB}}{W_F} = \frac{2569.1}{0.8747 \times 348.6} + \frac{(2‰ \times 1044.3 + 12.6) \times 2569.1}{2050}$$

$$= 26.834 \, (\text{MPa})$$

主柱辅材的屈服安全系数为

$$K_{FB} = \frac{\sigma_{0.2}}{\sigma_{FB}} = \frac{345}{26.834} = 12.857 > 2.1,合格$$

（2）主柱辅材的稳定性计算。

主柱辅材的临界压力　　$P_{FCP} = \dfrac{\pi^2 EI_{ZF}}{(\mu_F L_F)^2} = \dfrac{\pi^2 \times 200 \times 10^3 \times 66500}{(0.5 \times 1044.3)^2} = 481460.7(N)$

主柱辅材的稳定性安全系数为

$$K_{WFB} = \frac{P_{FCP}}{F_{UB}} = \frac{481460.7}{2569.1} = 187.404 > 2.5,合格$$

十、工况三

1. 抱杆主柱计算

（1）抱杆主柱稳定性计算。抱杆主柱所能承受的临界压力为

$$P_{CP} = \frac{\pi^2 EI}{(\mu L)^2} = \frac{\pi^2 \times 200 \times 10^3 \times 539650582.068}{(0.5 \times 42000)^2} = 2415481.977(N)$$

抱杆主柱稳定性安全系数为

$$K_{W3} = \frac{P_{CP}}{P_{H3}} = \frac{2415481.977}{260800.7} = 9.262 > 2.5,合格$$

（2）抱杆主柱受力偏心距计算。

主柱组装后的最大绝对偏心为

$$a_Z = 2\text{‰}\mu L = 2\text{‰} \times 21000 = 42(mm)$$

抱杆主柱所承受的正压合力的偏心距为

$$a_{P3} = \frac{(P_{DC}\cos30° - F_{C4}\cos20°) \times (L + D_C) - F_{X3}A}{2 \times F_H}$$

$$= \frac{(150584.1\cos30° - 102757.9\cos20°) \times (1200 + 200) - 335 \times 600}{2 \times 227305.5} = 103.8(mm)$$

偏心和为　　　　$\sum a_2 = a_Z + a_{P3} = 42 + 103.8 = 145.8(mm)$

（3）抱杆主材压应力为

$$\sigma_C = \frac{P_{H3}}{4\psi S_{ZZ}} + \frac{a_Z F_L + \sum a_3 F_{H3}}{W} = \frac{260800.7}{4 \times 0.7673 \times 939.7} + \frac{42 \times 34011.9 + 145.8 \times 227305.5}{1349126.455}$$

$$= 116.050$$

抱杆主柱主材屈服安全系数为

$$K_{QC} = \frac{\sigma_{0.2}}{\sigma_C} = \frac{345}{116.050} = 2.973 > 2.1,合格$$

（4）计算抱杆挠度。

偏心力挠度为

$$f_{max3} = 0.0624 \times \frac{M(\mu L)^2}{EI} = 0.0624 \times \frac{(a_Z F_L \cos10° + \sum a_3 F_{H3}) \times (0.5L)^2}{EI}$$

$$= 0.0624 \times \frac{(42 \times 34011.9\cos10° + 145.8 \times 227305.5) \times (21000)^2}{200 \times 10^3 \times 539650582.1} = 8.809(mm)$$

自重力挠度为

$$f_{Z3} = \frac{F_L(\mu L)^3 \sin 10°}{48EI} = \frac{34011.9 \times 21000^3 \times \sin 10°}{48 \times 200 \times 10^3 \times 539650582.1} = 10.558(\text{mm})$$

抱杆主柱最终挠度为

$$f_{03} = \frac{f_{\text{max}3} + f_{Z3}}{1 - \frac{P_{H3}}{P_{CP}}} = \frac{8.809 + 10.558}{1 - \frac{260800.7}{2415481.977}} = 21.711(\text{mm})$$

2. 抱杆主柱内力计算

(1) 抱杆主柱内力计算（见图 8-56）。主柱单根主材等效侧向力为

$$F_{CXC} = \frac{2(a_Z F_L \cos 10° + \sum a_3 F_{H3})}{\mu L} = \frac{2 \times (42 \times 34011.9 \cos 10° + 145.8 \times 227305.5)}{21000}$$

$$= 3290.3(\text{N})$$

主柱单根主材顶端平均承受的最大下压力为

$$F_{TC} = \frac{\left(0.5 + \frac{a_Z}{A}\right)F_L \cos 5° + \left(0.5 + \frac{\sum a_3}{A}\right)F_{H3}}{2}$$

$$= \frac{\left(0.5 + \frac{42}{800}\right) \times 34011.9 \cos 5° + \left(0.5 + \frac{173.5}{800}\right) \times 229876.8}{2} = 91756.5(\text{N})$$

1 点为抱杆主柱中点，在只受力 S 作用时，其最大受力状况的方程组如下：

1 点受力方程组

$\sum F_X$ $\qquad\qquad\qquad F_{CX} - F_{U1}\sin 50^0 - F_{U2}\sin 50° = 0$

$\sum F_Y$ $\qquad\qquad\qquad\qquad F_{U2}\cos 50° - F_{U1}\cos 50° = 0$

2 点受力方程组

$\sum F_X$ $\qquad\qquad\qquad\qquad F_{U1}\sin 50° - F_{U3}\sin 50° = 0$

$\sum F_Y$ $\qquad\qquad\qquad P_{11} - F_{U1}\cos 50° - F_{U3}\cos 50° = 0$

3 点受力方程组

$\sum F_X$ $\qquad\qquad\qquad\qquad F_{U2}\sin 50° - F_{U4}\sin 50° = 0$

$\sum F_Y$ $\qquad\qquad\qquad P_{12} - F_{U2}\cos 50° - F_{U4}\cos 50° = 0$

根据这 6 个方程解得

$$F_{U1} = F_{U2} = F_{U3} = F_{U4} = \frac{F_{CXC}}{2\sin 50°} = \frac{3290.3}{2\sin 50°} = 2147.6(\text{N})$$

$$P_{11} = P_{12} = 2F_{U1}\cos 50° = 2760.9(\text{N})$$

同理 $\qquad\qquad F_{U1} = F_{U2} = F_{U3} = \cdots\cdots = F_{Ui} = F_{UC} = 2147.6(\text{N})$

$$P_{11} = P_{12} = \cdots\cdots = P_{ij} = P_{JC} = 2760.9(\text{N})$$

这就是说在力 S 作用下，主柱辅材最大受力为 $F_{UC} = 2147.6$N。受力性质有拉力和压力。在主柱主材单根肢节上也增加了一个力，为 $P_{JC} = 2760.9$N。它的受力性质同样也有拉力和压力。对受 F_{CXC} 力内侧的肢节(如 L_2 和 L_3 肢节)为压力，对受 F_{CXC} 外侧的肢节(如 L_1 肢节)为拉力。对受压力的主柱主材肢节除此之外还要受单根主材顶端平均承受的下压力 $F_{TC} = 91756.5$N。它的压力为

$$F_{JC} = F_{TC} + P_{JC} = 91756.5 + 2760.9 = 94517.4(\text{N})$$

（2）主柱主材肢节最大弯应力。

主柱主材肢节长 $\qquad L_{\mathrm{J}}=\dfrac{2A}{\tan 50°}=\dfrac{2\times 800}{\tan 50°}=1342.6(\mathrm{mm})$

主柱主材肢节平均挠度 $\qquad f_{\mathrm{JC}}=\dfrac{(f_{03}+a_{\mathrm{Z}})L_{\mathrm{J}}}{\mu L}=\dfrac{(21.711+42)\times 1342.6}{21000}=4.073(\mathrm{mm})$

主柱主材肢节最大综合弯应力 $\qquad \sigma_{\mathrm{WJ}}=\dfrac{f_{\mathrm{JC}}F_{\mathrm{JC}}}{W_{\mathrm{ZZ}}}=\dfrac{4.073\times 94517.4}{9870}=39.004(\mathrm{MPa})$

（3）主柱主材肢节最大压应力。主柱肢节和辅材连接用焊接方式连接，此连接方式可视为两端固接方式（不能算作铰接），故此长度修正系数 $\mu_{\mathrm{LJ}}=0.5$，综合长度修正系数 $\mu_{\mathrm{J}}=\mu_{\mathrm{LJ}}=0.5$。

主柱主材肢节的回转半径 $\qquad R_{\mathrm{J}}=\sqrt{\dfrac{I_{\mathrm{ZZ}}}{S_{\mathrm{ZZ}}}}=\sqrt{\dfrac{573500}{939.7}}=24.7(\mathrm{mm})$

主柱主材肢节的细长比 $\qquad \lambda_{\mathrm{J}}=\dfrac{\mu_{\mathrm{J}}L_{\mathrm{J}}}{R_{\mathrm{J}}}=\dfrac{0.5\times 1342.6}{24.7}=27.1781$

查压应力折减系数，有 $\qquad \Psi_{\mathrm{J}}=0.9258$

主柱主材肢节的压应力 $\qquad \sigma_{\mathrm{YJC}}=\dfrac{F_{\mathrm{JC}}}{\Psi_{\mathrm{J}}S_{\mathrm{ZZ}}}=\dfrac{94517.4}{0.9258\times 939.7}=108.644\ (\mathrm{MPa})$

主柱主材肢节的综合压应力 $\qquad \sigma_{\mathrm{JC}}=\sigma_{\mathrm{YJC}}+\sigma_{\mathrm{WJC}}=108.644+39.004=147.648\ (\mathrm{MPa})$

主柱主材肢节的强度安全系数为

$$K_{\mathrm{JC}}=\dfrac{\sigma_{0.2}}{\sigma_{\mathrm{JC}}}=\dfrac{345}{147.648}=2.337>2.1，合格。$$

（4）主柱主材肢节稳定性计算。

主柱主材肢节的临界压力 $\qquad P_{\mathrm{JCP}}=\dfrac{\pi^2 E I_{\mathrm{ZZ}}}{(\mu_{\mathrm{J}}L_{\mathrm{J}})^2}=\dfrac{\pi^2\times 200\times 10^3\times 573500}{(0.5\times 1342.6)^2}=2512059.2\ (\mathrm{N})$

主柱主材肢节的稳定安全系数为

$$K_{\mathrm{WJC}}=\dfrac{P_{\mathrm{JCP}}}{F_{\mathrm{JC}}}=\dfrac{2512059.2}{94517.4}=26.578>2.5，合格。$$

3. 主柱辅材强度计算

（1）主柱辅材强度计算。

主柱辅材的最大长度 $L_{\mathrm{F}}=\dfrac{A}{\sin 50°}=\dfrac{800}{\sin 50°}=1044.3(\mathrm{mm})$

主柱辅材的回转半径 $R_{\mathrm{F}}=\sqrt{\dfrac{I_{\mathrm{ZF}}}{S_{\mathrm{ZF}}}}=\sqrt{\dfrac{66500}{348.6}}=13.812(\mathrm{mm})$

辅材的长度修正系数与主材肢节的长度修正系数相同，为 $\mu_{\mathrm{F}}=0.5$

主柱辅材的细长比 $\qquad \lambda_{\mathrm{F}}=\dfrac{\mu_{\mathrm{F}}L_{\mathrm{F}}}{R_{\mathrm{F}}}=37.805$

查压应力折减系数，有 $\qquad \Psi_{\mathrm{F}}=0.8747$

主柱辅材的最大压应力为

$$\sigma_{\mathrm{FC}}=\dfrac{F_{\mathrm{UC}}}{\Psi_{\mathrm{F}}S_{\mathrm{ZF}}}+\dfrac{(2‰L_{\mathrm{F}}+Z_{0\mathrm{F}})F_{\mathrm{UC}}}{W_{\mathrm{F}}}=\dfrac{2147.6}{0.8747\times 348.6}+\dfrac{(2‰\times 1044.3+12.6)\times 2147.6}{2050}$$

$$=22.431(\mathrm{MPa})$$

主柱辅材的屈服安全系数为

$$K_{FC}=\frac{\sigma_{0.2}}{\sigma_{FC}}=\frac{345}{22.431}=15.380>2.1,合格$$

（2）主柱辅材的稳定性计算。

主柱辅材的临界压力　　$P_{FCP}=\frac{\pi^2EI_{ZF}}{(\mu_FL_F)^2}=\frac{\pi^2\times200\times10^3\times66500}{(0.5\times1044.3)^2}=481460.7$（N）

主柱辅材的稳定性安全系数为

$$K_{WFC}=\frac{P_{FCP}}{F_{UC}}=\frac{481460.7}{2147.6}=224.185>2.5,合格$$

上述计算结果见表 8-34。

表 8-34 　　　　　　　　　　　　计算结果统计

使 用 工 况	工况一		工况二		工况三	
	抱杆主柱倾斜 0°		抱杆主柱倾斜 5°		抱杆主柱倾斜 10°	
额定起吊载荷（N）	90000		90000		90000	
最大轴向载荷（N）	230708.2		229876.0		227305.5	
项目	参数值	安全系数	参数值	安全系数	参数值	安全系数
主柱细长比	$\lambda=100.289<120$					
主柱的稳定参数（N）	2415482.0	8.674	2415482.0	9.158	2415482.0	9.262
主柱的强度参数（MPa）	132.051	2.613	122.086	2.826	116.050	2.973
主柱挠度（mm）	12.188		17.778		21.711	
主材肢节稳定参数（N）	2512059.2	25.152	2512059.2	26.422	2512059.2	26.578
主材肢节强度参数（MPa）	149.957	2.301	146.099	2.361	147.648	2.337
辅（斜）材稳定参数（N）	481460.7	162.032	481460.7	187.404	481460.7	224.185
辅（斜）材强度参数（MPa）	31.035	11.116	26.834	12.857	22.431	15.380

经过对主柱、主材、辅材的屈服安全系数和稳定安全系数核算，均达到或超过了 DL/T 875—2004 中规定的要求，故该抱杆设计和主、辅材及主柱尺寸的选用符合要求。

第十一节　格构式方形抱杆设计

一、格构式方形抱杆设计的基本要求

格构式方形抱杆设计要求、计算参数和模型如下：

（1）抱杆的主要材料选用 Q345，稳定安全系数取 2.5，屈服安全系数取 2.1。

（2）超载 25% 时抱杆中部变形不超过 1/600。

（3）抱杆标准节每段质量不宜超过 200kg，截面一般不超过 □900mm×900mm。

（4）起吊钢丝绳一般不超过 φ15mm。

（5）单抱杆竖直时重物允许最大偏角 20°，抱杆竖直偏角 15° 时重物最大竖直偏角 5°；双摇臂抱杆摇臂方向允许最大竖直偏角 10°，垂直于摇臂方向最大允许偏角 5° 起吊。

（6）抱杆外拉线对地 45°，控制绳对地 45°。

单抱杆计算模型简图如图 8-57 所示，各种特

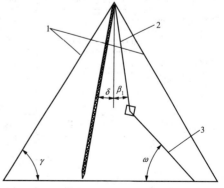

图 8-57　单抱杆计算模型简图
1—拉线；2—起吊绳；3—控制绳

295

高压格构式方形抱杆参数及计算结果见表 8-35，落式和悬浮双摇臂抱杆的参数及计算结果见表 8-36。

表 8-35　　　　　　　　各种特高压格构式方形抱杆参数及计算结果

型　号	A1	A2	B1	B2	C1
起重量（t）	8	6	5	4	6
总长（m）	40	40	40	40	30
中间截面（mm×mm）	□900×900	□800×800	□800×800	□800×800	□600×600
两头截面（mm×mm）	□300	□300×300	□300×300	□300×300	□250×250
主材规格（mm×mm）	L90×8	L80×8	L90×6	L80×6	L80×8
斜材规格（mm×mm）	L56×4	L56×4	L56×4	L56×4	L50×4
倍率	6	5	4	4	5
标准节高（m）	2	2.5	2.5	2.5	2.5
标准节重（kg）	192	193.4	180	170	180
抱杆总重（t）	4	3.4	3.1	2.9	2.4
长细比	94.4	106.1	106	105.9	108
临界力（N）	993250	888346	768952	681535	856823
计算轴压（N）	249719	193082	168609	136995	193082
起吊绳合力（N）	159050	122977	104940	85264	122977
外拉线张力（N）	77521	59939	68147	41557	59939
控制绳拉力（N）	76931	59482	50758	41241	59482
承托绳张力（N）	145131	129943	116964	84135	123706
最大屈服应力（MPa）	116.2	118.6	127	99.4	111.3
最大稳定应力（MPa）	109.5	121.5	126	118	117.1
中间变形（mm）	43.5	51	54	48	38.9

表 8-36　　　　　　　　落式和悬浮双摇臂抱杆的参数及计算结果

型　号	C2	C3	悬浮双摇臂抱杆		落地双摇臂抱杆	
			抱杆	摇臂	抱杆	摇臂
起重量（t）	5	4	2×5，15t·m		2×5，18t·m	
总长（m）	30	30	40	6	86.7	6.12
中间截面（mm×mm）	□600×600	□600×600	□900×900	□400×400	□800×800	□400×400
两头截面（mm×mm）	□250	□250	□440	□240	□440×440	□240×240
主材规格（mm×mm）	L90×6	L80×6	L90×8	L56×5	L100×7	L56×5
斜材规格（mm×mm）	L50×4	L50×4	L56×5	L45×3	L56×5	L45×3
倍率	4	4	4		4	
标准节高（m）	2.5	3	1.8	3	2	3
标准节重（kg）	170	197.2	195	140	190	120
抱杆总重（t）	2.3	2.2	4		9	
长细比	107.9	107.6	80.5	27.5	79.5	28.2
临界力（N）	768952	658676	1760000	—	558564	—
计算轴压（N）	168609	136995	173634	—	117007	—

型　　号	C2	C3	悬浮双摇臂抱杆		落地双摇臂抱杆	
			抱杆	摇臂	抱杆	摇臂
起吊绳合力（N）	104940	85264	68710	—	91254	
外拉线张力（N）	68147	41557	17572	—	53355	
控制绳拉力（N）	50758	41241	11539	—	44534	
承托绳张力（N）	110727	81433	78905			
最大屈服应力（MPa）	112.6	115	160	114	150	74
最大稳定应力（MPa）	121	116	56	25	55	20
中间变形（mm）	40.7	38	59.8	—	40	
起升机构	最大起升高度 135m，起升速度 3～6m/min					
拉线角度	抱杆外拉线对地 45°，承托绳对地 45°					
控制绳角度	控制绳对地 45°					
吊重偏角	抱杆竖直时重物最大竖直偏角 20°， 抱杆竖直偏角 15°时、重物最大竖直偏角 5°					

二、钢铝组合抱杆的钢铝比例计算

钢铝组合抱杆相对于单一材料的抱杆具有自重轻、起重量大的特点，在特高压输电线路工程中，应大力推广。但对于这种新型的抱杆，计算较为复杂，应对其计算模型进行理论计算和研究。

当压杆的长细比大于其柔度的极限值 λ_p 时，需用欧拉公式来计算其临界力。λ_p 仅与材料有关，一般低碳钢的 λ_p 约为 100，铝合金的 λ_p 约为 63，则钢铝组合式抱杆的 λ_p 必介于这两个值之间，而抱杆的长细比通常在 100 以上，故对于大长细比抱杆的受力计算必以其稳定临界力为基准。

（一）钢铝组合式抱杆稳定临界力计算

钢铝组合式抱杆在受轴向压力情况下可简化为如图 8-58 所示的两端铰支的压杆，其长度为 l，其中两端为铝段，长度为 l_1，惯性矩为 I_1，弹性模量为 E_1，中间段为钢段，长度为 $2l_2$，惯性矩为 I_2，弹性模量为 E_2，轴向压力为 P。

其弹性曲线微分方程为

$$E_1 I_1 y_1'' + P y_1 = 0 \quad (0 < x < l_1)$$
$$E_2 I_2 y_2'' + P y_2 = 0 \quad (l_1 < x < l_1 + 2l_2) \quad (8\text{-}62)$$

令 $\alpha_1 = \sqrt{\dfrac{P}{E_1 I_1}}$，$\alpha_2 = \sqrt{\dfrac{P}{E_2 I_2}}$，则有

$$y_1'' + \alpha_1^2 y_1 = 0 \quad (0 < x < l_1)$$
$$y_2'' + \alpha_2^2 y_2 = 0 \quad (l_1 < x < l_1 + 2l_2) \quad (8\text{-}63)$$

式（8-63）的解为

$$y_1 = A_1 \sin\alpha_1 x + B_1 \cos\alpha_1 x$$
$$y_2 = A_2 \sin\alpha_2 x + B_2 \cos\alpha_2 x$$

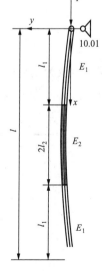

图 8-58　钢铝组合
式抱杆受轴向压力简
化模型图

积分常数 A_1、B_1 和 A_2、B_2 由上下边界条件和 $x=l_1$ 处的变形连续条件确定。

当 $x=0$ 时，有 $y_1=0$，由此得 $B_1=0$。当 $x=\dfrac{l}{2}$ 时，有 $y'_2=0$，由此得 $A_2=B_2\tan\dfrac{\alpha_2 l}{2}$。当 $x=l_1$，有 $y_1=y_2$，$y'_1=y'_2$，由此得

$$\begin{bmatrix} \sin\alpha_1 l_1 & -\left(\tan\dfrac{\alpha_2 l}{2}\sin\alpha_2 l_1+\cos\alpha_2 l_1\right) \\ \alpha_1\cos\alpha_1 l_1 & -\alpha_2\left(\tan\dfrac{\alpha_2 l}{2}\cos\alpha_2 l_1-\sin\alpha_2 l_1\right) \end{bmatrix}\begin{bmatrix} A_1 \\ B_2 \end{bmatrix}=\begin{bmatrix} 0 \\ 0 \end{bmatrix}$$

由系数行列式等于零，可求得特征方程，为

$$\tan\alpha_1 l_1\tan\alpha_2 l_2=\frac{\alpha_1}{\alpha_2} \tag{8-64}$$

这个超越方程，如给定 $\dfrac{E_1 I_1}{E_2 I_2}=\eta$，$\dfrac{l_1}{l_2}=\mu$，即可求解。

如取 $\eta=1$，则可得此方程的最小值 $P_{cr}=\dfrac{\pi^2 E_1 I_1}{l^2}$，即为欧拉公式。

对于钢铝抱杆，如取截面相同，则可得 $\eta=\dfrac{70}{206}=0.34$。若钢段长度为抱杆长度的1/3，即 $\mu=2$，则式（8-64）变为

$$\tan\alpha_1 l_1\tan(0.291464\alpha_1 l_1)=1.71548$$

由此解得最小根 $\alpha_1 l_1=1.336$，从而可得

$$P_{cr}=\frac{(1.336)^2 E_1 I_1}{l_1^2}=16.064\frac{E_1 I_1}{l^2} \tag{8-65}$$

如全部采用铝材，其临界力为

$$P_{cr}=\frac{\pi^2 E_1 I_1}{l^2}$$

由此可见，如钢铝组合式抱杆中间采用1/3段钢材，则比铝合金抱杆的临界力提高了 $\dfrac{16.064-\pi^2}{\pi^2}\times 100\%=62.76\%$，试验值相对于根据公式计算出来的理论值偏小（见表8-37），偏差可认为是初始变形造成的附加弯矩而引起的，可以看出初始变形对临界力的影响非常明显，尤其是当轴压力接近临界力时。

表 8-37   钢铝抱杆最大承载试验值与理论值比较

抱杆规格	□200mm×200mm×12m（3）	□200mm×200mm×10m（1）	□200mm×200mm×9m
试验值（kN）	48.89	63.76	76.82
理论值（kN）	59.38	94.856	105.4

由式（8-65）可得，两端铰支的钢铝抱杆临界力计算公式可表达为

$$P_{cr}=\kappa\frac{E_1 I_1}{l^2} \tag{8-66}$$

式中 κ——稳定系数。

若全部采用钢，即 $\mu=0$，则 $P_{cr}=\dfrac{\pi^2 E_2 I_2}{l^2}=\pi^2\times 2.9412\dfrac{E_1 I_1}{l^2}=29.045\dfrac{E_1 I_1}{l^2}$。

故 κ 的取值范围为 $\pi^2 \leqslant \kappa \leqslant 29.045$。

对于不同主材及长度比例的钢铝组合抱杆，根据式（8-66）可求出稳定系数 κ。表 8-38 为稳定系数 κ 值，可供选取使用。

工程上常用的钢铝组合式抱杆一般截面相同，其钢铝组合比例有以下几种：一种是中间钢段占 1/3，两端铝段各占 1/3，这种组合的钢铝抱杆的临界力为同等规格钢抱杆临界力的 0.55 倍，为同等规格的铝抱杆的 1.62 倍；另一种组合是中间钢段占 1/2，两端铝段各占 1/4，这种组合的钢铝抱杆的临界力为同等规格钢抱杆临界力的 0.72 倍，为同等规格的铝抱杆的 2.11 倍。在工程应用中，可以通过以上关系简化计算。

表 8-38   稳定系数 κ 值

η \ μ	0.4	0.5	0.6	0.8	1.0	1.2	1.4	1.6	1.8	2.0
0.34	26.92	25.82	24.69	22.60	20.85	19.45	18.33	17.42	16.68	16.06
0.37	24.98	24.08	23.15	21.39	19.89	18.67	17.68	16.87	16.20	15.64
0.40	23.29	22.56	21.79	20.30	19.01	17.95	17.07	16.35	15.75	15.24
0.43	21.82	21.21	20.57	19.31	18.20	17.27	16.50	15.86	15.32	14.86
0.46	20.52	20.01	19.47	18.41	17.45	16.64	15.96	15.39	14.90	14.49
0.49	19.36	18.94	18.48	17.58	16.76	16.05	15.45	14.94	14.51	14.14
0.52	18.33	17.98	17.59	16.82	16.11	15.50	14.97	14.52	14.13	13.80

（二）钢铝组合式抱杆的分析及优化

给出了精确的临界力计算公式后，如何选择合理的铝段与钢段的长度比和采用何种材料规格进行搭配是工程人员关心的问题。为此选取抱杆的稳定临界力与其自重的比值 γ 作为衡量依据，则有

$$\gamma = \frac{P_{cr}}{G} \tag{8-67}$$

式中 P_{cr}——抱杆的临界力；

       G——抱杆自重。

如果抱杆的铝段、钢段采用相同的截面形状，忽略连接法兰等不同引起的重量不同，则其单位长度的自重比可近似为其密度比。假设铝段的单位长度自重为 K_1，钢段的单位长度自重为 K_2，则有 $K_2/K_1 = 2.872$。于是

$$G = (K_1 l_1 + K_2 l_2) \times 2 = \left(K_1 l_1 + 2.872 K_1 \frac{l_1}{\mu}\right) \times 2 = \frac{\mu + 2.872}{\mu + 1} K_1 l$$

代入式（8-67），可得

$$\gamma = \frac{\kappa(\mu + 1)}{\mu + 2.872} \times \frac{E_1 I_1}{K_1 l^3} \tag{8-68}$$

令

$$\zeta(\mu) = \frac{\kappa(\mu + 1)}{\mu + 2.872}$$

图 8-59 为 ζ 值随 μ 值的变化曲线图，可以看出，当 $\mu = 0.42$ 时，ζ 有最大值，为 11.52，即此时 γ 值最大。

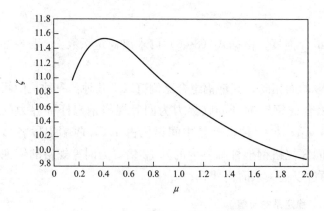

图 8-59 ζ 值随 μ 值的变化曲线图

故截面相同的钢铝组合式抱杆，当中间钢段的长度占其总长的 $\dfrac{1}{1+0.42}\times100\%=70.4\%$ 时，临界力与自重比 γ 最大。

若 $\mu=0$，即采用铝抱杆，则 $\zeta=\pi^2$；若 $\mu=+\infty$，即采用钢抱杆，则 $\zeta=10.113$。可以看出，采用最佳比例的钢铝组合抱杆，其临界力与自重比 γ 分别较铝抱杆和钢抱杆提高了 16.72% 和 13.91%。

采用该最佳比例，即中间钢段占 70.4%，两端铝段各占 14.8%，则此种组合的钢铝抱杆的临界力为同等规格钢抱杆临界力的 0.92 倍，为同等规格的铝抱杆的 2.7 倍。

如果钢铝抱杆的铝段与钢段截面不同，γ 值将如何变化是下一个需要讨论的问题。

假设铝段与钢段主材截面比 $A_1/A_2=a$，则其单位长度的自重比可近似为其密度比与截面比的乘积，即 $\dfrac{K_1}{K_2}=\dfrac{a}{2.872}$。截面比 a 不同时 ζ 的最大值见表 8-39。

表 8-39　　　　　　　　　　　截面比 a 不同时 ζ 的最大值

a	0.95	1.00	1.01	1.02	1.03	1.04	1.05	1.1
μ	0.40	0.42	0.42	0.42	0.43	0.43	0.44	0.45
ζ	11.5172	11.5208	11.5212	11.5212	11.5213	11.5211	11.5208	11.5173

$$G=(K_1l_1+K_2l_2)\times2=\left(K_1l_1+\frac{2.872}{a}K_1\frac{l_1}{\mu}\right)\times2=\frac{a\mu+2.872}{a\mu+a}K_1l$$

代入式 (8-67)，可得

$$\gamma=\frac{\kappa(a\mu+a)}{a\mu+2.872}\times\frac{E_1I_1}{K_1l^3}\qquad(8-69)$$

令

$$\zeta(\eta,\mu,a)=\frac{\kappa(a\mu+a)}{a\mu+2.872}\qquad(8-70)$$

抱杆一般为空间桁架结构，故可仅考虑主材的惯性矩，则 $\dfrac{E_1I_1}{E_2I_2}=0.34a=\eta$，代入式 (8-66)，解出 κ，再代入式 (8-70)，可求出 ζ。

由表 8-39 可见，当 $a=1.03$ 时，ζ 有最大值 11.5213，此时 $\mu=0.43$。故当铝段和钢段截面面积比为 1.03，铝段与钢段长度比为 0.43，即钢段长度占总长的 $\dfrac{1}{1+0.43}\times100\%=69.93\%$ 时，临界力与自重比 γ 值最大。

根据平衡微分方程推导出精确的稳定临界力的计算公式，可在钢铝组合式抱杆的设计计算时直接使用。同时在理论计算和分析中，经研究发现，对于大长细比的钢铝组合式抱杆，钢段长度占其总长的 70% 左右，铝段的主材截面面积比钢段的主材截面面积大 3% 时，其临界力与自重的比值系数值 ζ 最大，相对于单一采用钢材或铝材的抱杆，其 ζ 值能提高 $14\%\sim17\%$。采用合理比例的钢铝组合式抱杆，可最大程度地利用钢、铝两种材料的性能，对于优化抱杆性能，提高施工效率有着重要的意义。

三、格构式方形抱杆创新性设计

（一）最佳钢铝组合比例

在钢铝组合式抱杆设计时，中间钢段占 70%，两端铝段占 15%，该比例最能减轻大长细比抱杆的重量。钢铝组合式抱杆整体及标准节结构示意见图 8-60。

（二）钢铝组合式标准节

目前，国内输电线路工程施工铁塔组立施工用抱杆标准节主材与辅材均为同一材质，普遍使用钢制标准节及铝制标准节。钢制标准节重量较重，但刚度大、稳定性好；铝制标准节重量较轻，但刚度小、稳定性差。输电线路工程抢修施工用抱杆在山区施工频繁，必须尽可能减轻其重量。

在钢段标准节的设计中，辅材采用铝合金替代原来的钢材，标准节重量可减小 15% 左右。标准节的钢铝材料之间采用铝铆钉。钢铆钉强度高，在运输中铆钉不容易损坏，但是钢铆钉对铝材损伤较大，在施工中，一旦碰撞钢铆钉，就会对铝材造成损坏，导致抱杆不能使用。采用铝铆钉，加工抱杆容易，且对铝材损伤很少，虽然铝铆钉表面容易损伤，但对主材和辅材没有影响，不影响受力，可在工程结束后修补。

（三）可回转式抱杆头部设计

目前，国内输电线路工程铁塔组立施工用抱杆均为头部不可回转的形式，这种形式的抱杆只能在很小的转动范围内围绕抱杆摆动被吊重物。当需要大范围内转动被吊重物时，头部不可回转的抱杆无法满足上述要求，还需采取辅助方法方能实现。因此，施工复杂、效率低、成本高。

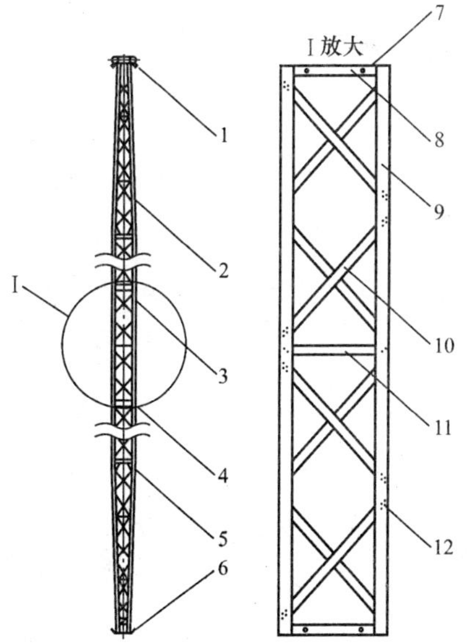

头部可水平回转的抱杆，它可以在以抱杆轴线为转轴的 360° 范围内转动被吊重物，因而具有施工简便、施工成本低、应用范围广的特点。

头部可水平回转的抱杆，包括有底托、下段节、铝段标准节、钢段标准节、腰环、上段节、顶节、回转支撑、顶部滑车，其特征在于：回转支撑固定在顶节上，顶部滑车固定在回转支撑上，被吊重物通过钢丝绳与顶部滑车连接并通过与顶部滑车相连的回转支撑转动。

回转支撑由内外两个圆环组成，内外两个圆环之间可以相对转动，外环与抱杆顶节固定连接，内环与顶部滑车固定连接，内环转动带动顶部滑车转动。

顶部滑车由回转连接板、滑轮护板、滑轮、滑轮销轴组成，回转连接板与回转支撑的内环固定连接，滑轮护板与回转连接板固定连接，滑轮护板通过滑轮销轴组成一个整体，如图8-61所示。

图 8-60 钢铝组合式抱杆整体及标准节结构示意图

1—顶部拉板；2—上端节；3—标准节；4—连接螺栓；5—下端节；6—底部拉板；7—连接板；8—端头连接角钢；9—主材；10—斜材；11—中间辅材；12—铆钉

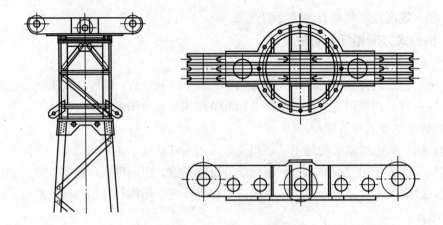

图 8-61　头部回转装置图

第 九 章

倒装组塔施工机具

第一节　滑轮倒装组塔提升系统

　　滑轮倒装组塔提升系统是一个较复杂的系统，主要由支架、支架拉线、提升绳、朝天滑车、地滑车、起吊绳、调整绳、铁塔保护绳、改向滑车、升降工作平台、牵引设备等组成。如图 9-1 所示为酒杯型铁塔的滑轮倒装组塔提升系统示意图。图中没有画出牵引设备，牵引设备根据具体情况而定，可用牵引机或机动绞磨。使用的原则：①牵引力必须满足要求，否则，可以用滑轮组降速提高牵引力；②4 根提升绳的提升速度必须基本同步；③提升速度不能过快，且具有自锁能力。因此，建议在有条件时，对大型铁塔组建尽量用液压牵引设备。液压牵引机牵引力大、升降自由度大、牵引速度随时可调快慢、牵引过程无冲击、有可靠的制动系统、可以实现 4 根提升绳通过转向滑车统一由 1 根牵引机的牵引绳牵引，以达到 4 根牵引绳的速度同步的要求。缺点是牵引机体积大、重量重、运输困难，所以使用受环境影响较大。

　　对于滑轮倒装组塔提升系统，首先组立由 4 根立柱组成的倒装架。这 4 根立柱应以塔基中心对称进行布置，立柱间的距离应比实际塔基的最大尺寸大 2～3m。立柱间的距离过大，将会引起提升力增加过大。立柱间的距离过小，将会给施工带来许多不便。

　　立柱位置确定好后，用人字抱杆将 4 根立柱竖起。顶端和 4 角分别用 4 根横的和 4 根斜的支架拉线进行固定，使其组成的倒装架支架 7 能够稳定地进行施工。在竖起立柱的同时，注意应提前将 4 个朝天滑车、4 个转向滑车固定在立柱的顶端，并将提升绳、起吊绳分别挂入朝天滑车和转向滑车中，使它们能够和立柱同时竖起来。此时将 4 个地滑车和布置提升绳所需的转向滑车（图 9-1 中上没有画出提升绳所需的转向滑车）固定在施工需要的位置，个数由具体情况而定。

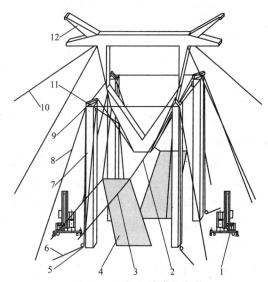

图 9-1　酒杯型铁塔的滑轮
倒装组塔提升系统示意图

1—升降工作平台；2—起吊绳；3—调整绳；4—被起吊的塔片；5—地滑车；6—提升绳；7—倒装架支架；8—支架拉线；9—朝天滑车；10—铁塔保护绳；11—转向滑车；12—已被提升的塔头

将提升绳与牵引设备连接好，并调节好 4 根提升绳的松紧程度，尽量使它们在施工中能够松紧基本一致。

除此之外，还有一些必要的小工具，如各类钩、环，各种扳手，固定 4 根铁塔保护绳和地面用改向滑车及牵引设备的地锚等。

准备工作基本做好了，就可以开始组塔作业。

（1）按照组塔方案将第 1 节塔段（即铁塔的最上端的 1 节）在塔基中央位置连接好。将 4 根提升绳和 4 根铁塔保护绳分别挂连在该段的 4 角适当位置，开动牵引设备，将第 1 节塔段提升到指定的高度，此高度应比下面要安装的 1 节的高度稍高 1m 左右（因提升的高度过高，将会增大提升力）。此时将牵引设备置于制动状态，使 4 根提升绳固定不动。同时拉紧 4 根铁塔保护绳，拉紧力也不宜太大，仅保证上端塔体不会翻倒即可。

（2）将在地面上预先按组塔方案分解并连接好的第 2 节 2 个塔片，分别移动至指定位置，连接好起吊绳 2 和调整绳 3。拉动起吊绳 2，慢慢将第 2 节塔片吊起，随时调整调整绳 3，使塔片顺利就位。起吊绳 2 和调整绳 3 最好用人力操作，如果塔片过重，起吊力过大，也可用机动绞磨牵引起吊。

如果条件许可，可将 2 个塔片同时起吊。2 个塔片基本就位后，开动连接提升绳的牵引设备，适当松开 4 根铁塔保护绳 10，调节提升件的高度（缓慢下降），同时配合调整起吊绳 2 和调整绳 3，使已被提升的提升件与起吊件进行对接。当两部分就位后，适当固定 4 根铁塔保护绳 10 及起吊绳 2 和调整绳 3。然后移动升降工作平台 1 到适当工作位置，连接人员登入工作筐。将升降工作平台 1 的工作筐升到需要高度。连接人员在升降工作平台 1 上，按施工方案将起吊件和提升件连接在一起。

连接好这 2 面的塔片后，将另外 2 面的塔材分别吊起，继续进行连接。将此段的塔段和原已提升的提升件连接成一个整体，使之成为一个新的提升件。

（3）撤离升降工作平台 1、松开起吊绳 2 和调整绳 3、开动连接提升绳 6 的牵引设备，配合提升调整 4 根铁塔保护绳 10，提升新的提升件。使新的提升件能够稳步地提升到需要的高度。

（4）重复（2），继续起吊下 1 节塔片。然后再重复（3）提升新的提升件。这样不断重复（2）和（3），直至该塔全部组完。

（5）最后调整铁塔的位置，使铁塔塔腿的底脚安装孔套入塔基的底脚螺栓上。然后调整正塔的垂直度，锁死底脚螺母。拆去所有的辅助设施和器具。组塔完成。

随着提升件的重量和高度增加，危险性就越大，就越要注意安全。因此 4 根提升绳 6 提升的同步性和 4 根铁塔保护绳 10 在提升（下降）时的调整都是非常重要的，尤其是 4 根提升绳 6 提升的同步性，所以现场指挥随时注意已提升铁塔的铅垂度，一旦发生偏移超过组塔方案要求，必须及时予以调整 4 根提升绳 6 的松紧，来纠正铁塔的偏移。4 根铁塔保护绳 10 在提升（下降）时必须通过地锚环，地锚的位置设置尽量距离塔基远一点，且具有随时都可制动的功能。因为当铁塔发生偏斜时，仅靠人力制止、纠正是不够的，必须具有强有力的措施来保证能及时地制动。

下面这个系统进行力学分析，设铁塔的重量为 G，提升绳与铅垂线的夹角为 α，则每根提升绳平均承受铁塔所加的最大力为

$$F_1 = \frac{G}{4\cos\alpha}$$

α 的广泛意义为 F_1 与过滑轮后 F_2 力的垂直线的夹角。

提升绳通过朝天滑车的第 1 个滑轮时，由于滑轮产生摩擦力的作用，F_1 变大，变成 F_2 力。如果 F_1 和 F_2 的合力 N 与 F_2 反向夹角为 φ。根据图 8-14 和式（8-35）～ 式（8-39），得

$$F_2 = F_1\left(1 + K\frac{\sin\alpha}{\sin\varphi}\right)，\text{其中} \quad \sin\varphi = \sqrt{K^2\sin^2\frac{\alpha}{2}\cos^2\frac{\alpha}{2} + \sin^2\frac{\alpha}{2} - K^2\sin^2\frac{\alpha}{2}} - K\sin\frac{\alpha}{2}\cos\frac{\alpha}{2}$$

滑轮所受到的合力为 $\qquad P_1 = \dfrac{F_1\sin\alpha}{\sin\varphi}$

合力 N 与 F_2 力的夹角为

$$\varphi = \arcsin\sqrt{K^2\sin^2\frac{\alpha}{2}\cos^2\frac{\alpha}{2} + \sin^2\frac{\alpha}{2} - K^2\sin^2\frac{\alpha}{2}} - K\sin\frac{\alpha}{2}\cos\frac{\alpha}{2}$$

用此方法可以求出提升绳通过 i 个滑轮其力值就增大到

$$F_{i+1} = F_1\left(1 + K_1\frac{\sin\alpha_1}{\sin\varphi_1}\right)\left(1 + K_2\frac{\sin\alpha_2}{\sin\varphi_2}\right)\cdots\cdots\left(1 + K_i\frac{\sin\alpha_i}{\sin\varphi_i}\right)$$

式中　K_1、K_2、$\cdots$、K_i——各个滑轮的摩擦系数；

$\qquad$ α_1、α_2、$\cdots$、α_i——输入力与输出力垂直线的的夹角，即 F_i 力与 F_{i+1} 力垂直线的夹角为 α_i；

$\qquad$ φ_1、φ_2、$\cdots$、φ_i——各个滑轮承受的合力 N_i 与输出力 F_{i+1} 的夹角。

$$\varphi_i = \arcsin\sqrt{K_i^2\sin^2\frac{\alpha_i}{2}\cos^2\frac{\alpha_i}{2} + \sin^2\frac{\alpha_i}{2} - K_i^2\sin^2\frac{\alpha_i}{2}} - K_i\sin\frac{\alpha_i}{2}\cos\frac{\alpha_i}{2}$$

各个提升转向滑轮所承受的合力为 $\qquad P_i = F_i\dfrac{\sin\alpha_i}{\sin\varphi_i}$

在提升过程中要求 4 根绳要同步提升、同步下降，且要求随时调整 4 根绳的松紧、长短。

如果施工方案中规定在提升过程中铁塔的垂直度偏差为 $e\%$，最大的重心高度为 h，则铁塔提升基面的偏移距离为 $\Delta = e\% \times h$。最恶劣的情况是铁塔基本组成，且重心偏移方向是朝着某 1 根提升绳，这根提升绳的受力就会大大增加。假如铁塔根部的对角线长为 $2b$，那这根提升绳承受的最大力就会近似变为

$$F_{i2} = 2\left(1 + \frac{\Delta}{b}\right)F_i = 2\left(1 + \frac{e\% \times h}{b}\right)F_i = K_P F_i$$

式中　F_{i2}——重心偏移后提升绳承受的力值；

$\qquad$ K_P——重心偏移系数，故考虑提升绳的安全系数时，应将 K_P 考虑在提升绳的安全系数中。

K_P 的大小决定于 $e\%$、h、b 的具体数值，不同的铁塔就有不同的 h、b 值，所以 K_P 没有一个固定的数值（这个数值也不由施工者决定），可根据施工的水平和条件而定。一般 K_P 最大不超过 1.2。过大将会影响铁塔保护绳和固定铁塔保护绳的地锚的大小以及使施工操作难度加大。除此之外固定铁塔保护绳还会产生下压力以增加提升绳的载荷力，也就是说施工

过程中，根据施工水平，尽量让 $e\%$ 越小越好。

用该方法一直求到各条提升绳的末端力值，给这个力值乘以绳的许用安全系数，即为选取各绳规格的依据数值。把 4 根提升绳的末端力值加在一起，再乘以提升系统意外安全系数，所得数值就是选取提升设备大小的依据数值。

对于提升绳而言，如果每个朝天滑车（见图 9-1）都是由 2 个滑轮组成的，那么提升绳通过朝天滑车产生的垂直下压力为

$$P_{\mathrm{TC}} = \frac{G_1}{4\sin\alpha_1}\Big[\Big(1+K\,\frac{\sin\alpha_1}{\sin\varphi_1}\Big)\Big(1+K\,\frac{\sin\alpha_2}{\sin\varphi_2}\Big)\sin\alpha_2 + \sin\alpha_1\Big]$$

其水平分力为
$$P_{\mathrm{TS}} = \frac{G_1}{4\sin\alpha_1}\Big[\Big(1+K\,\frac{\sin\alpha_1}{\sin\varphi_1}\Big)\Big(1+K\,\frac{\sin\alpha_2}{\sin\varphi_2}\Big)\cos\alpha_2 - \cos\alpha_1\Big]$$

式中 G_1——被提升起部分塔的总重量；

α_1——朝天滑车 9 第 1 个滑轮两边提升绳的夹角；

α_2——朝天滑车 9 第 2 个滑轮两边提升绳的夹角；

φ_1——提升绳过朝天滑车 9 第 1 个滑轮出线侧与第 1 个滑轮承受压力的夹角；

φ_2——提升绳通过朝天滑车 9 第 2 个滑轮出线侧与第 2 个滑轮承受的压力的夹角。

对于这个水平力方向基本上是位于通过各支柱的斜拉线的垂直平面上，指向 4 个倒装架支架主柱的内侧。因为主柱外侧的提升绳都垂直于地平面（即 $\alpha_2 = 90°$），没有水平分力。

其水平分力就变为
$$P_{\mathrm{TS}} = -\frac{G_1}{4}\cot\alpha_1$$

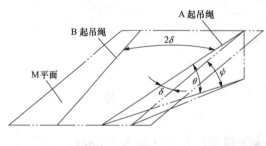

图 9-2 起吊绳受力图

起吊绳问题比较复杂。因此塔件的宽窄直接影响转向滑车 11（见图 9-1）的轮片平面与倒装架支架的支柱中心轴线的夹角，同时也影响轮片平面与水平拉线和斜拉线的夹角。如图 9-2 所示为起吊绳受力图，其中，M 平面为塔片的 2 根起吊绳所在的平面，M 平面与水平面的夹角为 ψ。A、B 两条线代表塔片的 2 根起吊绳，2 根起吊绳间的夹角为 2δ。现设定 A 起吊绳与地面的夹角为 θ，则此夹角为 $\sin\theta = \cos\delta\sin\psi$。

如果起吊的最重塔片的重量为 G_2。起吊点与其重心在塔片上的高度比为 n（见图 9-2），此时两条起吊绳组成的平面与地面的夹角为 ψ。当塔片在未起吊前（即平放在地面上时）起吊同 1 片塔片的两条起吊绳的夹角为 2δ，则加给每 1 根起吊绳上的力为

$$F_{\mathrm{Q1}} = \frac{G_2}{2n\cos\delta\sin\psi} = \frac{G_2}{2n\sin\theta}$$

经过转向滑轮 11 后起吊绳出绳端上的力值就变为 F_{Q2}。

在 F_{Q1} 和 F_{Q2} 组成的平面内，过滑轮中心点作一平行于和滑轮同一挂点的水平拉线的铅垂面。两面的交线将 F_{Q1} 和 F_{Q2} 的夹角分为 β 和 γ，即 F_{Q1} 和交线的夹角为 β，F_{Q2} 和交线的夹角为 γ。

根据式（8-15）～式（8-17），得

$$\sin\varphi_Q = \sqrt{K^2\sin^2\frac{\beta+\gamma}{2}\cos^2\frac{\beta-\gamma}{2}+\left(\sin^2\frac{\beta-\gamma}{2}-K^2\sin^2\frac{\beta+\gamma}{2}\right)}-K\sin\frac{\beta+\gamma}{2}\cos\frac{\beta-\gamma}{2}$$

$$P_Q = \frac{F_{Q1}(\sin\beta-\sin\gamma)}{K\sin\gamma+\sin\varphi_Q}=\frac{G_2(\sin\beta-\sin\gamma)}{2n\sin\theta(K\sin\gamma+\sin\varphi_Q)}$$

$$F_{Q2}=F_{Q1}+KP_Q$$

式中　φ_Q——滑车承受的合力 P_Q 与上述交线的夹角。

这里要说明一点，在考虑起吊绳受力状况时，忽略了调整绳 3（见图 9-1）的作用。调整绳仅起调整塔片位置的作用，此时塔片已基本到位，接近垂直地面的状态，力值很小，所以可忽略不计。

当 F_{Q1} 和 F_{Q2} 组成的平面于水平面的夹角为 ω 时，起吊绳对每个转向滑车 11 对支架的单根支柱的垂直下压力为

$$P_{QC}=P_Q\cos\varphi_Q\cos\omega$$

每个转向滑车塔片正对的水拉线上的水平合力为

$$P_{QS}=P_Q\sqrt{\sin^2\varphi_Q+\sin^2\omega}$$

垂直下压力 P_{QC} 和水平合力 P_{QS} 的大小、方向可以计算得出，确定 ω 角比较烦琐，而 G_2 只是铁塔的一个小的组成部分，而 G_1 几乎是铁塔的总重，所占比重很小。而且 φ_Q 和 ω 的数值都很小，所以 P_{QC} 和 P_{QS} 对支架产生的影响并不大。故在计算 P_{QC} 和 P_{QS} 时，直接取 $P_{QC}=P_Q$，$P_{QS}=0.5P_Q$ 即可，取 P_{QS} 的方向与 P_{TS} 相同。

倒装架支架承受总的水平合力为 $P_{ZS}=P_{TS}+P_{QS}$

斜拉线承受的拉力（σ 为斜拉线与水平面的夹角）为

$$F_{XL}=\frac{P_{ZS}}{\cos\sigma}$$

斜拉线受力后对倒装架支架产生的下压力为

$$P_{XC}=P_{ZS}\cot\sigma$$

每个倒装架支架主柱承受的总下压力为

$$P_C=P_{TC}+P_{XC}$$
$$=\frac{G_1}{4\sin\alpha_1}\left[\left(1+K\frac{\sin\alpha_1}{\sin\varphi_1}\right)\left(1+K\frac{\sin\alpha_2}{\sin\varphi_2}\right)\sin\alpha_2+\sin\alpha_1\right]+\frac{G_2(\sin\beta-\sin\gamma)}{2n\sin\theta(K\sin\gamma+\sin\varphi_Q)}$$

式中，G_1 取被建铁塔的总重；G_2 取被建铁塔的起吊件的最大重量；α_1 取施工过程中的最大值；α_2 取 $90°$；β、θ 取施工过程的最小值；φ_1、φ_2、φ_Q 取计算值；γ 取施工方案中的规定值。

根据 P_{ZS} 的数值选定水平拉线的大小；根据 P_{XL} 的数值选定斜拉线的大小；根据 P_C 的数值选定支架立柱的截面大小；根据 F_{Q2} 选定起吊绳的规格；根据 P_Q 的数值选定转向滑车 11 的规格；根据最后的 F_{i+1} 数值选定提升绳的规格；根据各 P_i 的数值选定相应的提升转向滑车；根据 P_1、P_2 的数值设计制造支架立柱顶上的朝天滑车。

关于在施工中需采用的升降工作平台，主要由施工的高度和同时在升降工作平台工作所需要工作人员的人数及所携带的工具重量来确定。一般升降工作平台的工作斗高度都可以无级调节，随着工作位置不同，它的水平移动也是很方便的。

第二节 液压承载装置倒装组塔机具

液压承载装置是一种特殊的轻小型起重设备，主要由电气控制柜、液压泵站、液压千斤顶（承载机构）、承载介质和锚具等部分组成。

液压承载装置可分为电气控制系统、液压传动系统及机械承载系统。电气控制系统负责采集液压千斤顶的行程信息及承载系统的承载状态，通过运算，对液压传动系统发布相应的动作指令；液压传动系统执行电气控制系统发布的动作指令，通过控制液压回路以及压力油流实现液压千斤顶的运行以及机械承载系统的动作；机械承载系统通过液压系统的控制实现相应的动作且具有机械自锁功能，可在电气控制系统或者液压系统出现故障时实现自动闭锁。

一、液压承载装置特点

液压承载装置与常规起重设备的起重原理、执行机构、性能有着明显的差别。常规的起重设备，无论是卷扬机，还是各种类型的吊车，其基本的起重机理均为：借助卷绕（或展放）钢丝绳实现载荷的运动。而液压承载装置是通过双层承载机构交替承载并配合液压千斤顶的伸（缩）动作实现载荷的运动。它与常规起重设备相比具有以下特点。

（1）体积小、重量轻、施工现场占用场地小，在空间狭窄、常规大型机械无法进入施工的场合，更具独特的优越性。

（2）起重能力强，安全性好，自动化程度高，施工工艺简单，安装、拆卸方便，施工工期短。

（3）运行稳定，吊装作业中负载升降平稳，冲击力及振动小，为安全施工提供了可靠的保证。

（4）装置可在各种工况下实现带载荷升、降和停留，能随时进行工况转换，并可实现长时间悬停。

（5）液压千斤顶具有多组同步联动运行和单组调整功能。根据施工作业的需要可选择手动操作和自动操作，且相互转换灵活。

（6）承载机构机械自锁设计，并在电气控制、液压传动方面设置多种保护。如遇突然停电、天气异变等突发情况，系统能自动闭锁，安全可靠。

二、液压承载装置分类

液压承载装置有液压提升装置、液压顶升装置两种形式。

1. 液压提升装置

液压提升装置有穿心式和扁担式两种形式，图 9-3 所示为这两种液压提升装置的结构示意图。穿心式与扁担式的承载原理相同，均采用预应力钢绞线（简称钢绞线）作为承载钢索，其区别在于：穿心式液压提升装置的钢绞线是竖直穿过千斤顶的活塞与被吊物体连接的，使用相对简便，但要求在千斤顶承载梁上设计出钢绞线的穿索孔；扁担式液压提升装置在液压千斤顶上下两端连接了扁担式横梁结构，钢绞线穿过位于扁担式液压提升装置横梁两端的承载机构与被吊物体连接，千斤顶可以跨坐在承载横梁上，不必设计穿索孔，有利于承载横梁的优化设计。

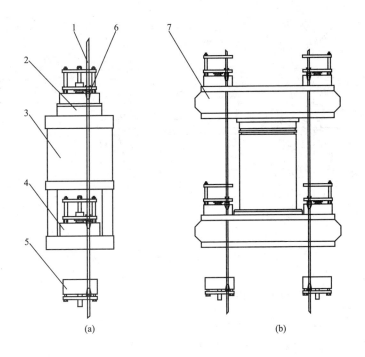

图 9-3　穿心式及扁担式千斤顶结构示意图

(a) 穿心式千斤顶；(b) 扁担式千斤顶

1—钢绞线；2—上承载机构；3—液压千斤顶；4—下承载机构；

5—吊挂锚头；6—卡爪；7—上承载横梁

以穿心式液压提升装置为例进行介绍。

(1) 承载机构。承载机构主要包括卡座、卡爪、提爪螺钉、提爪液压缸、提爪板、复位弹簧和盖板等。

卡爪是液压提升装置的关键承载部件，采用圆锥形卡紧形式。卡爪整体为圆锥形，内附啮齿，共分为 3 片，采用 O 形圈连接，使用过程中与卡座的内圆锥孔相配合，实现钢绞线的卡紧。钢绞线的结构形式为 $1 \times 7 - \phi 15.24 \text{mm}$，整根额定提升力为 98kN，破断拉力为 260kN。卡爪的握紧力大于钢绞线的破断拉力。图 9-4 所示为液压提升装置承载机构结构及不同状态示意图。

卡爪在使用过程中存在三种状态，即卡紧、放松和打开。由图 9-4 可见，在提爪板未提起状态下，当钢绞线相对卡爪有向锥顶方向运动时，卡爪在重力及摩擦力的作用下与钢绞线做同向运动，在此过程中与卡座的内圆锥孔进行紧密接触，并受到挤压，于是自动卡紧预应力钢绞线并承载，随着承载力的增大，挤压力也将增大，这种状态为卡爪的卡紧状态。在提爪板未提起状态下，当钢绞线相对卡爪有向锥底方向运动时，卡爪在摩擦力的作用下与钢绞线做同向运动，被从卡座上的内圆锥孔中带起，直到被提爪板挡住。此时，卡爪失去卡座的挤压力，不对预应力钢绞线产生束缚，这种状态为放松状态。当提爪板提起的状态下，由于提爪螺钉的作用，卡爪被带离卡座上内圆锥孔的范围，此时无论钢绞线做锥顶方向还是锥底方向的运动，卡爪都无法形成挤压力，将不对预应力钢绞线起到限制作用，这种状态为开启状态。

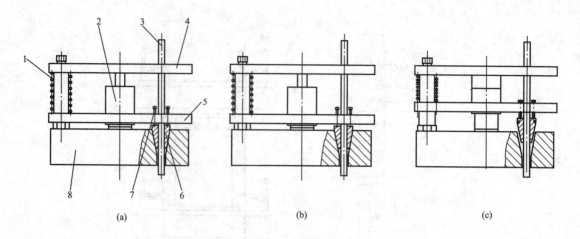

图 9-4　液压提升装置承载机构结构及不同状态示意图

（a）卡紧状态；（b）放松状态；（c）打开状态

1—复位弹簧；2—提爪液压缸；3—钢绞线；4—盖板；5—提爪板；6—卡爪；7—提爪螺钉；8—卡座

液压千斤顶的活塞行程有限，而在实际使用过程中，被吊物的吊装高度远大于液压千斤顶的行程，所以在液压提升装置中每个液压千斤顶上都设置了两套承载机构。一套与千斤顶活塞连接，实现被吊物的动作，称为上承载机构；另一套位于液压千斤顶基座上，实现载荷悬停，以便于上承载机构进行卸载，称为下承载机构。上、下承载机构交替承载并配合液压千斤顶的伸缩实现了被吊物的间歇式上升或者下降。

（2）液压提升装置工作原理。液压提升装置有上升和下降两种工况，分别对应提升重物和下降重物。

1）上升工况。液压提升装置上升工况运行原理如图 9-5 所示。设定液压千斤顶的活塞行程为 a，所需载荷交换的行程为 b，并且，初始状态为液压千斤顶活塞处于最下端，下卡紧机构承载，处于卡紧状态，上卡紧机构为放松状态。

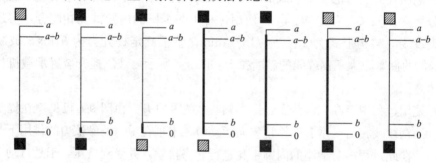

图 9-5　液压提升装置上升工况运行原理图

■—卡紧状态；▨—放松状态

作业开始后，液压千斤顶活塞伸长，上承载机构随着活塞一起上升，钢绞线在重力的作用下产生向上卡爪锥顶方向的运动，卡爪被摩擦力带入卡座上的内圆锥孔，产生挤压力，并卡紧钢绞线。此时，上卡紧机构由放松状态转换为卡紧状态，上卡紧机构承载。上卡紧机构转换为卡紧状态后，钢绞线随着活塞一起运行，而下承载机构固定在液压千斤顶的基座上，所以钢绞线相对于下卡爪产生了向锥底方向的运动，下卡爪被带离卡座上的内圆锥孔，由锁

310

紧状态变为放松状态，下承载机构卸载。活塞刚开始伸长到下承载机构完全卸载的过程为载荷交换的过程。上承载机构带着全部的载荷随着活塞的伸长而被提起，直至活塞到达最上端，活塞的动作由伸长变为缩短。随着活塞的缩短，上卡紧机构与预应力钢绞线一起向下运动，下卡爪借助于钢绞线的摩擦力被带入静止的下卡座的内圆锥孔中，从而受到挤压，下卡爪由放松状态变为卡紧状态，下卡紧机构承载。下卡紧机构转换为卡紧状态后，钢绞线停止下降动作，处于悬停状态，但上卡紧机构和活塞的运行状态未改变，所以上卡爪被预应力钢绞线带离上卡座的内圆锥孔，由卡紧状态变为放松状态，上承载机构卸载。活塞刚开始回缩到上承载机构完全卸载的过程为载荷交换的过程。钢绞线悬停，活塞空载回缩直至行程最短，回缩过程结束，系统恢复到初始状态。以上过程往复循环，可实现被吊物的提升。

2）下降工况。液压提升装置下降工况运行原理如图9-6所示。

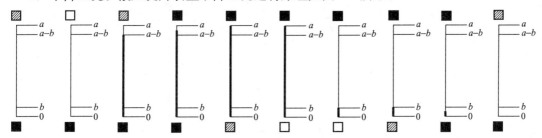

图9-6　液压提升装置下降工况运行原理图

■—卡紧状态；▨—放松状态；□—打开状态

作业开始后，上提爪板提起，上卡爪由放松状态转换为打开状态，此时由下卡紧机构承载，上卡紧机构不对钢绞线的运行产生约束。上提爪板提起后活塞伸长，运行 $a-b$ 后上提爪板落下，上卡爪由打开状态转换为放松状态。之后活塞继续伸长，上卡爪由于预应力钢绞线的摩擦力的作用被带入上卡座的内圆锥孔中，并受到挤压，从而卡紧钢绞线，上卡紧机构承载。上卡爪由放松状态转换为卡紧状态。上卡爪卡紧后钢绞线随活塞的伸长而向上运行，产生向下卡爪锥底方向的相对运动，将下卡爪带离下卡座的内圆锥孔，使下卡爪由卡紧状态转换为放松状态。载荷转换运行了行程 b，活塞伸长的总行程为 a，停止伸长。下提爪板提起，下卡爪由放松状态转换为打开状态，下卡紧机构不对钢绞线的运行产生约束。活塞回缩，钢绞线随着活塞一起下降，运行 $a-b$ 的行程后，下提爪板落下，下卡爪由打开状态转换为放松状态。随着活塞的继续回缩，下卡爪被预应力钢绞线带入下卡座的内圆锥孔中，并产生挤压力，下卡爪由放松状态转换为卡紧状态，下卡紧机构承载，钢绞线悬停。由于活塞处于继续回缩过程中，钢绞线产生向上卡爪锥底方向的运动，将上卡爪带离上卡座的内圆锥孔，使上卡爪由卡紧状态转换为放松状态。载荷转换运行了行程 b，活塞回缩到最短，系统恢复到初始状态。以上过程往复循环，可实现被吊物的下降。

（3）液压提升装置系统组成。倒装组塔常用的液压提升装置主要有 GYT-50 型和 GYT-100 型两种，总起重量分别为 $4×50t$ 和 $4×100t$。随着液压提升装置的系列化发展，出现了多种型号的液压提升装置，如 $4×10t$、$4×200t$、$4×300t$，有利于根据施工条件进行优化选型。下面选择三种代表性的配置方案进行介绍。

1）GYT-10 型液压提升装置。GYT-10 型液压提升装置采用穿心式液压千斤顶，其电气控制系统和液压系统集成在液压泵站上，不单独设置控制室，采用1台液压泵站控制4台液压千斤顶，主要的动力系统由高压柱塞泵和低压齿轮泵组成，其中高压柱塞泵主要控制液压千斤顶的运行，低压齿轮泵控制提爪板的开闭。千斤顶与泵站之间通过高压油管及低压油管连接，并且，通过信号电缆将千斤顶位置信号反馈给泵站上的电气控制系统。

GYT-10型液压提升装置体积小、重量轻，便于运输和安装，并且提升速度快，更有利于在倒装组塔施工中使用。GYT-10型液压提升装置系统连接图如图9-7所示。

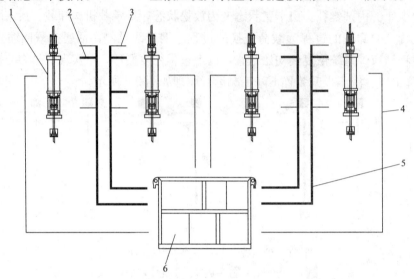

图 9-7　GYT-10 型液压提升装置系统连接图

1—液压千斤顶；2—高压油管；3—低压油管；4—信号电缆；5—油管束；6—液压泵站

2）GYT-50 型液压提升装置。GYT-50 型液压提升装置采用穿心式液压千斤顶，采用1台液压泵站控制2台液压千斤顶的形式，设置有独立的控制室实现集中控制，并且可以在泵站上对2台千斤顶进行就地控制。主要的动力系统由高压柱塞泵和低压齿轮泵组成，高压柱塞泵主要控制液压千斤顶的运行，低压齿轮泵控制提爪板的开闭。千斤顶与泵站之间通过高压油管及低压油管连接，并且，通过信号电缆将千斤顶位置信号反馈给泵站上的电气控制系统。控制室通过数据电缆进行控制信息的采集以及控制信号的发布。GYT-100、GYT-200、GYT-300 型液压提升装置与 GYT-50 型液压提升装置系统配置基本相同。GYT-100 型液压提升装置系统连接图如图9-8所示。

3）GYT-200Ⅱ型液压提升装置。GYT-200Ⅱ型液压提升装置采用扁担式液压千斤顶，采用1台液压泵站控制1台液压千斤顶的形式，设置有独立的控制室。液压系统由高压柱塞泵和低压齿轮泵组成，高压柱塞泵主要控制液压千斤顶的活塞伸出动作以及下承载机构提爪板的开闭，低压齿轮泵控制液压千斤顶的活塞收缩动作以及上承载机构提爪板的开闭。千斤顶与泵站之间通过高压油管及低压油管连接。液压千斤顶通过信号电缆将位置信号反馈给控制室，控制室通过控制电缆进行控制各泵站的油路变换，从而实现对各自千斤顶的动作控制。GYT-200Ⅱ型液压提升装置系统连接图如图9-9所示。

（4）液压提升装置主要技术参数。液压提升装置现已形成系列产品，包括 GYT-10 型、GYT-50 型、GYT-100 型、GYT-200 型、GYT-200Ⅱ型（扁担式）、GYT-300 型，外形尺

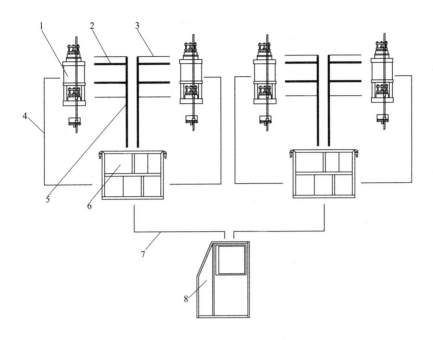

图 9-8　GYT-100 型液压提升装置系统连接图

1—液压千斤顶；2—高压油管；3—低压油管；4—信号电缆；

5—油管束；6—液压泵站；7—数据电缆；8—控制室

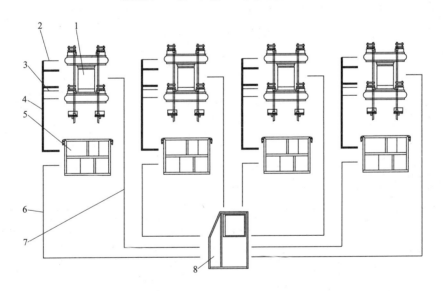

图 9-9　GYT-200Ⅱ型液压提升装置系统连接图

1—液压千斤顶；2—低压油管；3—高压油管；4—油管束；

5—液压泵站；6—控制电缆；7—信号电缆；8—控制室

寸和主要技术参数见表 9-1 和表 9-2。

（5）液压提升装置的安装与使用。液压提升装置是机电液一体化的设备，并已经被国家质量监督检验检疫总局列入特种设备的序列。因此，在安装使用前，必须对人员进行定岗定责，并进行专业的培训。

表 9-1 　　　　　　　　　　　　液压提升装置主要部件的外形尺寸及自重

部件名称	外形尺寸或质量	单位	型号					
			GYT-10型	GYT-50型	GYT-100型	GYT-200型	GYT-200Ⅱ型	GYT-300型
液压千斤顶	单台千斤顶外形尺寸（长×宽×高）	cm×cm×cm	200×160×900	450×360×940	600×450×1180	710×680×1400	1180×640×1610	760×750×1530
	单台千斤顶质量	kg	80	300	900	1100	2200	1800
	四组千斤顶质量	kg	320	1200	3600	4400	8800	7600
	吊挂锚头及附件质量（单台）	kg	20	130	340	630	60	120
液压泵站	单台泵站外型尺寸（长×宽×高）	cm×cm×cm	1250×850×750	1500×750×1120	1500×750×1120	1940×1100×1320	1500×750×1120	1940×1100×1320
	单台泵站质量（带油）	kg	650	1100	1100	1500	1100	1500
	泵站总质量	kg	650	2200	2200	3000	4400	3000
控制室	外形尺寸（长×宽×高）	cm×cm×cm	—	1100×900×1500				
	重量	kg	—	200				

表 9-2 　　　　　　　　　　　　　　液压提升装置主要技术参数

序号	主要技术参数	单位	型号					
			GYT-10型	GYT-50型	GYT-100型	GYT-200型	GYT-200Ⅱ型	GYT-300型
1	单台额定提升力	kN	98	490	980	1960	1960	2940
2	整套设备总提升力	kN	392	1960	3920	7840	7840	11760
3	额定工作压力	MPa	19	19	17	19	20	20
4	液压千斤顶工作行程	mm	200					
5	提升速度	m/h	15	15	10	10	6	6
6	承载钢索的结构形式	mm	$1×7—\phi15.24$					
7	单根钢索额定提升力	kN	98	82				92
8	单根钢索破断力	kN	260					
9	单台所用钢索数量	根	1	6	12	24	24	32
10	单台钢索束安全系数	—	2.6	3				2.8
11	钢索使用寿命	—	额定满载荷下限用6次					
12	单台使用卡爪数量	副	2	12	24	48	48	64
13	卡爪使用寿命	次	额定满载荷下限用600次					

液压提升装置安装步骤如下：

1）吊装方案的设计，需要考虑到施工现场的各种条件，比如液压千斤顶的支撑结构、液压泵站的安装位置、吊点分布位置、承载钢索的悬垂位置等。

2）液压提升装置作业前的准备工作，首先检查所要安装卡爪及提爪螺钉的完整性，必须符合安装要求。其次是安装上、下承载机构的卡爪，安装过程中注意对卡爪的润滑以及提爪螺钉的紧固；液压泵站也需要进行液压油的检查，过滤杂质并根据需要及时补充。

3）液压提升装置的安装，根据方案设计将液压提升装置各个部分安装到位，并进行有效固定。按照系统连接图连接油管、控制电缆及动力电源等。

4）在液压千斤顶下方固定疏导板，上方并搭设导向架，导向架需满足所承载的钢索总重量，并保证钢索回转半径。

5）安装承载钢索，首先将承载钢索按照预定的长度截取，并将钢索头部磨成子弹头形状；其次在液压千斤顶下方搭设脚手架，并将上锚头安放在导向架上方；将承载钢索按照左右旋向交替穿过液压千斤顶，穿出钢索至少达到离开上锚头 400mm，每安装完 1 根承载钢索需在上锚头上安装相应的卡爪，每个液压千斤顶上的钢索安装完毕后安装上锚头压板。

6）梳导钢索，安装下锚头，安装时注意钢索上下锚头各自吊引的钢索相对应，避免出现钢索间的交叉、相绞旋转等现象。下锚头安装必须按照安装维护说明书的要求，并在安装完毕后进行检查。

7）预紧钢索，保证每根钢索受力均匀，以保证吊装的安全性。

8）试吊，运行上升工况将被吊物吊离地面，静止观察各部分支撑结构以及钢索、锚头、卡爪等部位，确认无问题后，运行上升工况、下降工况各两个行程，之后再次拧紧下锚头压板螺钉。

9）准备工作完毕，正式吊装。

2. 液压顶升装置

液压顶升装置承载形式采用伸缩承力臂，液压千斤顶上下两端设有承力力臂结构，通过承载结构的交替承载与液压千斤顶的伸缩，同时配合专门的支撑轨道实现物体的上升与下降。

(1) 承载机构以及支撑轨道。YDS-70 型液压顶升装置承载机构及轨道示意如图 9-10 所示。承载机构主要包括承力箱、承力臂、伸缩臂液压缸、传动螺栓等。承载机构是通过伸缩臂液压缸进行相应的动作，伸缩臂液压缸是双向双作用液压缸，通过传动螺栓带动承力臂的运行，当伸缩臂液压缸的活塞伸出时带动承力臂同时伸出，进入承载工况，反之则承力臂缩回，进入运行工况。承力臂采用圆柱形销轴，保证了承力臂与支撑轨道间的有效接触面积。

支撑轨道采用槽形开口结构，是自支撑式的设计，依附于其他结构。支撑轨道采取标准段的形式，段与段之间采用法兰连接。槽形开口结构的侧板上每隔一定的间距设置对称的孔洞，即踏步孔，作为伸缩销轴的支撑点。轨道踏步孔设计中采用的中心偏离一定距离的两圆弧组成的相贯异形孔，既保证在承载时轨道与承力销轴间良好的面接触，改善了踏步孔的受力状况，又保证了在穿、抽销轴时销轴与踏步孔之间的合理间隙，同时具有导向销轴的作用，使得承力销轴可以轻松地伸入或缩回。

(2) 液压顶升装置运行原理。液压顶升装置有上升和下降两种工况，分述如下。

千斤顶的静止状态为：上承力臂处于伸出状态，落在踏步孔 $N+1$ 上，荷载由上承力臂承担，活塞处于最短状态，下承力臂自然伸出，其中心与踏步孔 N 的中心重合。液压千斤顶行程为 a_1，载荷转换距离为 b_1。

1）上升工况。YDS-70 型液压顶升装置上升工况运行原理如图 9-11 所示。由初始状态

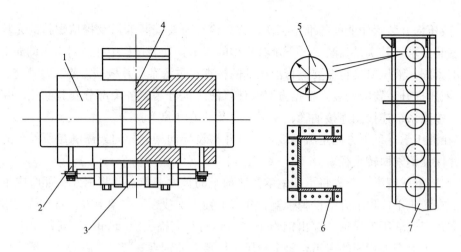

图 9-10　YDS-70 型液压顶升装置承载机构及轨道示意图

1—承载臂；2—传动螺栓；3—伸缩臂液压缸；4—承力箱；

5—踏步孔；6—轨道（俯视）；7—轨道（侧视）

下开始运行，活塞伸出 b 后停止，在此过程中下承力臂首先落在踏步孔 N 上，上承力臂离开踏步孔 $N+1$，载荷由上承力臂转换到下承力臂，之后上承力臂回缩；上承力臂回缩完毕后活塞继续伸长，直至活塞伸至最长后停止，在此过程中下承力臂一直承力，千斤顶运行停止时上承力臂的中心与踏步孔 $N+2$ 的中心重合，活塞到达最长的位置后上承力臂伸出；上承力臂伸出完毕后，活塞收缩 b 后停止，在此过程中上承力臂首先落在踏步孔 $N+2$ 上，下承力臂离开踏步孔 N，载荷由下承力臂转换到上承力臂，之后下承力臂回缩；下承力臂回缩完毕后活塞继续缩短，直至活塞缩至最短后停止，在此过程中上承力臂一直承力，活塞停止时下承力臂的中心与踏步孔 $N+1$ 的中心重合，下承力臂伸出，载荷千斤顶回到静止状态。此过程循环往复，可实现重物的顶升。

2）下降工况。YDS-70 型液压顶升装置下降工况运行原理如图 9-12 所示。由初始状态下开始运行，下承力臂回缩；千斤顶伸长 $a-b$ 的距离后停止，在此过程中上承力臂位于踏步孔 $N+1$ 上并一直承力，下承力臂的中心与踏步孔 $N-1$ 的中心重合，下承力臂伸出；下承力臂伸出完毕后，活塞继续伸长，直至伸至最长，在此过程中下承力臂落于踏步孔 $N-1$ 上，上承力臂离开踏步孔 $N+1$，上承力臂回缩；上承力臂回缩完毕后，活塞缩短 $a-b$，在此过程中下承力臂一直承力，活塞停止时上承力臂的中心与踏步孔 N 的中心重合，上承力臂伸出；上承力臂伸出完成后，活塞继续缩短，直到缩至最短，在此过程中上承力臂首先落在踏步孔 N 上，下承力臂离开踏步孔 $N-1$，载荷由下承力臂转换到上承力臂，千斤顶回到静止状态。此过程循环往复，可实现重物的下降。

（3）液压顶升装置系统组成。YDS-70 型液压顶升装置采用 1 台液压泵站控制 1 台液压千斤顶，设有独立的控制室，不能进行泵站就地操作。主要的动力系统由高压柱塞泵和低压齿轮泵组成，高压柱塞泵主要控制液压千斤顶的活塞伸动作，低压齿轮泵控制液压千斤顶的承载机构承立臂的伸缩。千斤顶与泵站之间通过高压油管及低压油管连接。液压千斤顶通过信号电缆将千斤顶位置信号反馈给泵站上的电气控制系统。控制室通过数据电缆进行控制信息的采集以及动作信号的发布。YDS-70 型液压顶升装置系统连接如图 9-13 所示。

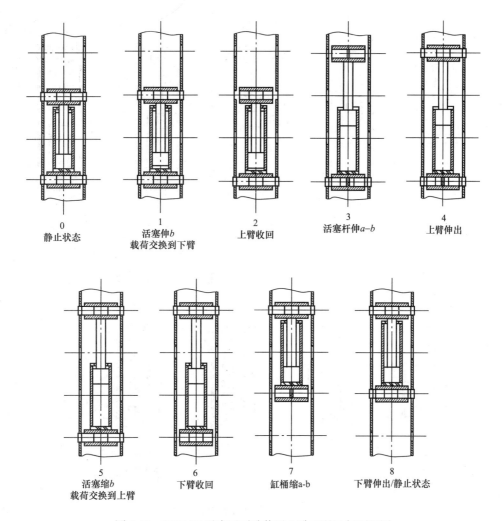

图 9-11　YDS-70 型液压顶升装置上升工况运行原理图

（4）液压顶升装置主要技术参数。液压千斤顶 4 台，液压泵站 4 台，电气控制柜 1 台，配套用轨道 4 组，额定提升力 686kN（70t）/千斤顶，液压千斤顶活塞工作行程 370mm，液压系统额定工作压力 15MPa，额定提升速度 7m/h，电动机功率 7.5kW/台，油箱容积 200L，全套设备总重 8t（不含轨道）。

（5）液压顶升装置的安装与使用。液压顶升装置是机电液一体化的设备，因此，在安装使用前，必须对人员进行定岗定责，并进行专业的培训。

液压顶升装置安装步骤如下：

1）安装顶升用配套轨道，安装期间注意需保证轨道的竖直，并且保证每段轨道连接过渡接口间的平滑过渡，同时连接好与支撑结构间的附着结构。

2）使用安装工况将上、下承力臂收回后，将液压千斤顶吊装至槽形轨道内部预定高度，并使上承力臂的轴心处于轨道踏步孔的中心上。

3）伸出上承力臂，将液压千斤顶下降，使之由上承力臂承载，并将下承力臂伸出。

4）安装好所有液压千斤顶后吊装承载横梁，使承载横梁两端伸入槽形轨道的开口后下降，最终使液压千斤顶承载吊装横梁（以上步骤也可调整为先将承载横梁安放到指定位置，

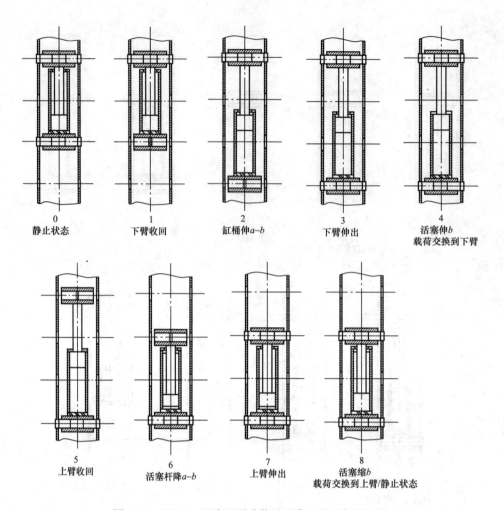

图 9-12　YDS-70 型液压顶升装置下降工况运行原理图

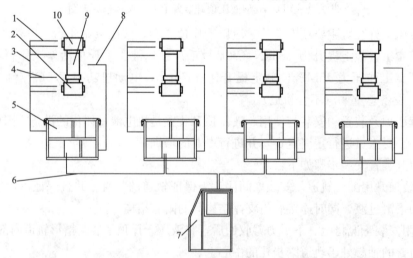

图 9-13　YDS-70 型液压顶升装置系统连接图

1—低压油管；2—下承载机构；3—油管束；4—高压油管；5—液压泵站；
6—数据电缆；7—控制室；8—信号电缆；9—主千斤顶；10—上承载机构

再安装槽形轨道以及液压千斤顶）。

5）将液压泵站安置于承载横梁上方，并连接液压油管、信号电缆、数据电缆、动力电源等。

6）运行系统，使用上升工况将承载横梁顶离地面，即可实现顶升运行；反之，使用下降工况可实现承载横梁的下降。

第 十 章

起重机组塔设备

第一节 塔式起重机

一、塔式起重机简介

塔式起重机分为上回转塔式起重机和下回转塔式起重机两大类。施工现场多为上回转式上顶升加节接高的塔式起重机。塔式起重机按移动类型又分为行走式和固定式。固定式塔式起重机塔身固定不转，安装在混凝土基础上。

（一）塔式起重机的特点和安全装置

塔式起重机的吊臂形式分水平式和压杆式两种。吊臂为水平式时，载重小车沿水平吊臂运行变幅，变幅运动平稳且吊臂较长，但吊臂自重较大。采用压杆式吊臂时，变幅机构曳引动臂仰俯变幅，变幅运动不如水平式的平稳，但其自重较小。

塔式起重机的起重量随幅度变化。起重量与幅度的乘积称为载荷力矩，是这种起重机的主要技术参数。通过回转机构和回转支撑，塔式起重机的起升高度大，回转和行走的惯性质量大，故需要有良好的调速性能，起升机构要求能轻载快速、重载慢速、安装就位微动。除采用电阻调速外，还常采用涡流制动器、调频、变极、可控硅和机电联合等方式调速。

为了确保安全，塔式起重机具有良好的安全装置，如起重量、幅度、高度和载荷力矩等限制装置，以及行程限位开关、塔顶信号灯、测风仪、防风夹轨器、爬梯护身圈、走道护栏等。司机室要求舒适、操作方便、视野好和有完善的通信设备。

（二）塔式起重机的组成

以工业与民用建设中常用的塔式起重机为例介绍塔式起重机的组成。

1. 塔式起重机的金属结构

塔式起重机的金属结构由起重臂、塔身、转台、承座、平衡臂、底架、塔尖等组成。

起重臂构造为小车变幅水平臂架，具体有单吊点、双吊点和起重臂与平衡臂连成一体的锤头式小车变幅水平臂架。单吊点是静定结构，双吊点是超静定结构。锤头式小车变幅水平臂架装设在塔身顶部，形状像锤头，塔身像锤柄，不设塔尖，故又称平头式。平头式的结构更简单，更有利于受力，减轻自重，简化构造。小车变幅臂架大都采用正三角形的截面。

塔身结构也称塔架，是塔式起重机结构的主体。目前塔式起重机均采用方形断面，有 1.2m×1.2m、1.4m×1.4m、1.6m×1.6m、2.0m×2.0m 等，塔身标准节常用尺寸是

2.5m和3m。塔身标准节采用的连接方式，应用最广的是盖板螺栓连接和套柱螺栓连接，其次是承插销轴连接和插板销轴连接。标准节有整体式塔身标准节和拼装式塔身标准节，后者加工精度高、制作难，但是占地小，运费少。塔身节内必须设置爬梯，以便司机及机工上下。爬梯宽度不宜小于500mm，梯步间距不大于300mm，每500mm设一护圈。当爬梯高度超过10m时，梯子应分段转接，在转接处加设一道休息平台。

塔尖的功能是承受臂架拉绳及平衡臂拉绳传来的上部荷载，并通过回转塔架、转台、承座等的结构部件直接通过转台传递给塔身结构。自升塔顶有截锥柱式、前倾或后倾截锥柱式、人字架式及斜撑架式。

一般的上回转塔式起重机需设平衡配重，其功能是支撑平衡配重，用以平衡相反方向的起重力矩。除平衡配重外，还常在其尾部装设起升机构。起升机构之所以同平衡配重一起安放在平衡臂尾端，一方面可发挥部分配重作用；另一方面可增大绳卷筒与塔尖导轮间的距离，以利于钢丝绳的整齐顺次排绕。平衡配重的用量与平衡臂的长度成反比关系，而平衡臂长度与起重臂长度之间又存在一定比例关系。轻型塔式起重机一般至少要3～4t，重型的要近30t。平衡配重可用铸铁或钢筋混凝土制成，前者加工费用高但迎风面积小；后者体积大迎风面大对稳定性不利，但简单经济，故被广泛采用。通常是将平衡配重预制区分成2～3种规格，宽度、厚度一致，高度加以调整，以便与不同长度臂架匹配使用。

2. 塔式起重机的零部件

每台塔式起重机都要用许多种起重零部件，其中数量最多、技术要求严而规格繁杂的是钢丝绳。塔式起重机用的钢丝绳按功能不同有起升钢丝绳、变幅钢丝绳、臂架拉紧钢丝绳、平衡臂拉紧钢丝绳、小车牵引钢丝绳等（钢丝绳的特点是：整根的强度高，而且整根断面一样大小，强度一致，自重轻，能承受振动荷载，弹性大，能卷绕成盘，能在高速下平衡运动，并且无噪声，磨损后其外皮会产生许多毛刺，易于发现并便于及时处置）。钢丝绳通常由每股直径为0.3～0.4mm的细钢丝搓成绳股，再由股捻成绳。塔式起重机用的是交互捻，特点是不易松散和扭转。高层建筑施工用塔式起重机以采用多股不扭转钢丝绳最为适宜，这种钢丝绳由两层绳股组成，两层绳股捻制方向相反，采用旋转力矩平衡的原理捻制而成，受力时自由端不发生扭转。塔式起重机起升钢丝绳及变幅钢丝绳的安全系数一般取5～6，小车牵引钢丝绳和臂架拉紧钢丝绳的安全系数取3，塔式起重机电梯升降钢丝绳安全系数不得小于10。由于钢丝绳的重要性，必须加强对钢丝绳的定期全面检查，储存在干燥面封闭的、有木地板或沥青混凝土地面的仓库内，以免腐蚀，装卸时不要损坏表面，堆放时要竖立安放。对钢丝绳进行系统润滑可以提高使用寿命。

变幅小车是水平臂架塔式起重机必备的部件。整套变幅小车由车架结构、钢丝绳、滑轮、行轮、导向轮、钢丝绳承托轮、钢丝绳防脱辊、小车牵引钢丝绳张紧器及断绳保险器等组成。对于特长水平臂架（长度在50m以上），在变幅小车一侧随挂一个检修吊篮，可载维修人员前往各检修点进行维修和保养。作业完成后，小车驶回臂架根部，使吊篮与变幅小车脱钩，固定在臂架结构上的专设支座处。

零部件还有滑轮、回转支撑、吊钩和制动器等。

3. 塔式起重机的工作机构

塔式起重机的工作机构有起升机构、变幅机构、小车牵引机构、回转机构和大车行走机构（行走式的塔式起重机）五种。

4. 塔式起重机的电气设备

塔式起重机的主要电气设备包括以下部分：

（1）电缆卷筒。

（2）电动机。

（3）操作电动机用的电器（如控制器、主令控制器、接触器和继电器），保护电器（如自动熔断器、过电流继电器和限位开关等）。

（4）主副回路中的控制、切换电器（如按钮、开关和仪表等），属于辅助电气设备的有照明灯、信号灯、电铃等。

5. 塔式起重机的液压系统

塔式起重机的液压系统中主要元器件是液压泵、液压缸、控制元件、油管和管接头、油箱和液压油滤清器等。

液压泵和液压马达是液压系统中最复杂的部分，液压泵把油吸入并通过管道输送给液压缸或液压马达，从而使液压缸或马达得以进行正常运作。液压泵可以看成是液压的能量来源。我国的塔式起重机液压顶升系统采用的液压泵大都是齿轮泵，工作压力为 12.5～16MPa。

6. 塔式起重机的安全装置

安全装置是塔式起重机必不可少的关键设备之一，可以分为限位开关（限位器）、超负荷保险器（超载断电装置）、缓冲止挡装置、钢丝绳防脱装置、风速计、紧急安全开关和安全保护音响信号等。

限位开关按功能分有吊钩行程限位开关、回转限位开关、小车行程限位开关和大车行程限位开关。

7. 自升式塔式起重机的附着锚固

当自升式塔式起重机达到其自由高度继续向上顶升接高时，为了增强其稳定系数保持起重能力，必须通过锚固附着于建筑结构上。附着层次与施工层建筑总高度、塔式起重机和塔身结构、塔身自由高度有关。在建筑物上的附着点选择时要注意：附着加固定点之间的距离适当；固定点应设置在丁字墙和外墙转角处；对框架结构，附着点宜布置在靠近柱的根部；布置在靠近楼板处以便传力和安装。

要保证塔式起重机的安全使用和取得比较长的使用寿命，必须对它进行润滑、故障排除、定期保养与零部件的检修。

（三）塔式起重机组塔施工

高塔特别是特高压铁塔具有高度高、尺寸和重量大等特点（如：已经建设完成的 500kV 江阴长江大跨越工程耐张塔高 346.5m，重约 4000t。1000kV 晋东南—南阳—荆门特高压交流试验示范工程中黄河、汉江两个大跨越高塔，高度分别为 156m 和 196.8m，特高压输电线路试验示范工程中常规塔高一般也在 70m 以上）。使用常规的施工技术及工器具施工难度大、危险因素多，因此对组塔施工技术及工器具提出了新的要求。针对高塔组立施工，特别是在特高压交流输电线路示范工程中，首次采用了输电线路组塔专用塔式起重机,对提高施工效率,保障安全施工均有重要意义。

由于组塔用塔式起重机单件较重,一般适用于运输地形较好的平原地区,且只有在高塔组立中才能体现其优越性。我国的塔式起重机在我国其他建设领域,如建筑业、火电施工等广泛采用,但是由于组塔施工的工艺复杂、现场运输条件差,而且我国的输电线路工程施工机械化程度低、人工费用相对较低,塔式起重机在铁塔组立施工中还不普遍。

二、常规塔式起重机组塔施工工艺

(一)塔式起重机组塔的优越性

(1)塔式起重机可通过调整塔身满足塔式起重机安装的高度,可配置长吊臂满足横担吊装需要,具有较大作业控制范围。

塔式起重机配置有起升机构、变幅机构、回转机构,调速性能优良,方便塔材就位安装。

(2)塔式起重机可使用电力驱动,必要时还可装备遥测、遥控装置,改善作业条件,使高塔组立施工条件大有改观。

(3)塔式起重机采用塔身落地方式,较在塔身上悬浮作业有良好的稳定性,杜绝了拉线缺陷造成的不安全因素。

塔式起重机设置有高度、幅度限制器,起重量限制器或力矩限制器,全部采用电气控制,操作方便。

(4)操作人员少,施工效率高,就位速度快,精度高。

(二)塔式起重机组塔施工适用范围

内附着塔式起重机组塔施工方案适用于各种型式的直线塔、耐张塔、转角塔和终端塔。外附着塔式起重机组塔施工方案适用于所有塔形(需对铁塔强度校核)。

(三)塔式起重机组塔施工作业过程

塔式起重机组塔施工布置示意见图 10-1,操作步骤如下。

(1)在塔位中心(内附着塔式起重机)或外侧(外附着塔式起重机)组装塔式起重机塔头及上部支柱。

(2)提升塔式起重机,组装塔式起重机塔身至预定高度。

(3)用塔式起重机组装铁塔至塔式起重机吊装能吊装部分。

(4)将塔式起重机附着于已组立的铁塔,提升塔式起重机塔身,至新一级高度。

(5)重复上述吊装和提升塔式起重机作业,直至铁塔全部吊装完毕。

(6)沿铁塔外侧卸下塔式起重机吊臂(专用组塔塔式起重机及外附着塔式起重机无此步骤)。

(7)按照提升的相反程序拆卸塔式起重机。

(四)主要工器具

主要工器具见表 10-1。

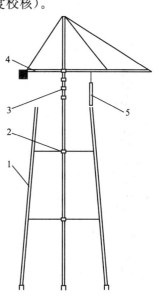

图 10-1　塔式起重机组塔
施工布置示意图
1—塔式起重机;2—被吊构件;3—备用腰环;4—腰环;5—已组塔段

表 10-1   主要工器具

序号	名　称	单位	数量	备　注
1	塔式起重机	台	1	
2	附着腰箍	付	6	配套附着腰箍及调节装置
3	移动式起重机	台	1	安装及拆卸塔式起重机
4	发电机	台	1	
5	钢丝绳	根	4	控制绳
6	塔式起重机基础	个	1	固定基础或简易基础

（五）劳动力组织

劳动力组织见表 10-2。

表 10-2　　　　　　　　　　劳动力组织

序号	项　目	人　数		备　注
		技工（人）	普工（人）	
1	现场总指挥	1		
2	安全监护	1		
3	塔式起重机操作工	1		
4	维护工	2		塔式起重机及发电机
5	塔上作业	9		
6	地面组装	2	10	
7	控制绳	2	8	
8	测工	2		
	小　计	20	18	

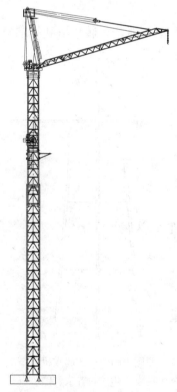

图 10-2　S64L4 型组塔专用
塔式起重机总图

三、组塔专用塔式起重机组塔

（一）组塔专用塔式起重机基本参数

图 10-2 所示为 S64L4 型组塔专用塔式起重机总图，该组塔专用塔式起重机工作级别为 A4，最大起重量为 4t，最大起重力矩为 64t·m，最大独立高度为 51m，最大起升高度为 100m，最上一道附着高度为 80m。起升、变幅、回转机构均采用电力驱动，顶升机构采用液压驱动。设置短路及过电流保护，欠压、过压及失压保护，零位保护、电源错相及断相保护，并配备起重力矩限制器、幅度限制器、起升高度限制器、行程限位、断绳保护、风速仪等全面的安全保护装置。

（二）组塔专用塔式起重机的组成

组塔专用塔式起重机是根据铁塔组立的要求来专门进行设计的。该起重机由固定基础和起重机本体两大部分组成。

1. 固定基础

组塔塔式起重机的固定基础为混凝土基础。需在施工前浇筑完成，并经过养护期达到要求。固定支脚必须以混凝土块中心线为准对称安装，形成 1.6m×1.6m 的正方形固定支脚形式；固定支脚主要由 152mm×14mm 的方钢（长 1010mm）和板（650mm×650mm）组成。塔身节为 12 节，独立高度在 53m 时地脚所受最大压力为 89kN，地面压应力为 $1.8×10^5$Pa。固定支脚的安装需要以下材料：

（1）4 个固定支脚、拉杆及销轴。

（2）1 个标准塔身。

（3）1 个铅垂线铊或水平仪。

安装的方法：将固定支脚放在基础内垫平，用拉杆在对角线方向把 4 个固定支脚连接起来，然后在固定支脚上安装上标准节。整体吊起，在固定支脚支承板上，用楔块调平，用测量仪器检查塔身 2 个方向的垂直度，在 1/1000 以内。固定好后，浇筑混凝土，待其完全干硬后，方可继续安装。

混凝土基座块的加强筋，由上下两层钢筋网组成，中间用圆钢连接起来，每层钢筋又由两个交错层组成，混凝土中水泥含量 350kg/m³。

图 10-3 所示为组塔塔式起重机的基础、图 10-4 所示为组塔塔式起重机基础的地脚螺栓安装图。

2. 起重机本体的主要构件

（1）回转机构。回转机构通过销轴与起升机构专用节连接，吊臂、塔头、变幅机构通过销轴固定在回转机构上。

（2）塔头。塔头是通过销轴固定在回转机构上的，塔头上装有变幅滑轮组和吊臂缓冲装置。

（3）起升机构。起升机构作为塔式起重机吊重的动力系统，该系统可根据吊重大小改变不同的提升速度。

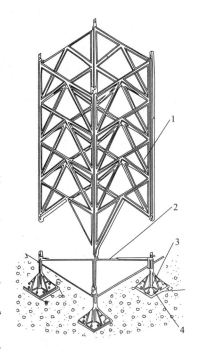

图 10-3　组塔塔式起重机的基础
1—塔身节；2—拉杆；3—固定
支脚；4—螺栓

（4）变幅机构。变幅机构用于实现吊臂的仰俯，以满足不同的回转半径要求。

（5）吊臂。吊臂是由高强度钢管焊接而成的结构件，通过销轴连接两臂节。

（6）塔身。塔身（标准节、内塔节及起升专用节）作为回转机构等等上部各部件、机构的支承件，能承受较大的扭曲、挤压载荷，并能满足塔式起重机工作所需要的高度。

（7）司机室。司机室是按人机工程设计的，能提供各种气候及各种作业环境下操作的最佳效能，所有窗户均为安全玻璃，侧向窗户可开启通风。所有的控制动作方便，司机室座椅可调整用来提供最舒适的操作姿势，并提供最佳视野。

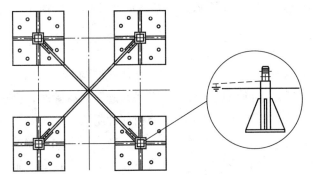

图 10-4　组塔塔式起重机基础的地脚螺栓安装图

（三）组塔塔式起重机的设计

1. 软附着形式

特高压铁塔的高度一般都在 70m 以上，塔式起重机超过一定的高度由于稳定性的要求，必须对塔身进行附着支撑。在组立铁塔的施工中，塔式起重机的附着形式有两种，即铁塔外附着和铁塔内附着。由于铁塔一般都是下部大、顶部小，如果采用铁塔外附着，则顶部附着杆过长，不但不利于塔式起重机附着的稳定性，且对铁塔的抗扭要求很高，一般均需要对铁塔加固，施工难度较大，且安全性差。而采用内附着方案，可用 4 套钢丝绳组软附着于铁塔节点上，对塔式起重机与铁塔受力均有利。由于铁塔顶部窗口较小，在铁塔组立完成后，塔式起重机拆除时需从铁塔顶部的窗口退出，则在塔式起重机设计时，需对其最大截面尺寸进行控制，这也是塔式起重机设计的难点之一。

2. 抗倾覆设计

塔式起重机出于提高抗倾覆力矩的要求，一般采用平衡臂加配重来抵消一部分倾覆力矩。由于塔式起重机组塔完成后需拆除的特殊性，在设计时必须考虑平衡臂的影响。方案有两种，一种是在拆除塔式起重机时，先将平衡臂拆除；另一种是不采用平衡臂，完全靠塔身来抵抗倾覆力矩。如果采用第一种方案，则需在铁塔组立完毕后，在铁塔或塔式起重机上设置一小抱杆，先将平衡臂拆除。平衡臂重量较大，且长度较长，在铁塔顶部拆除平衡臂，高空作业多，安全性低，且拆除工期长。

3. 机构布置

以 JDT1D 干字形转角塔为例，顶部窗口宽度为 3400mm×3400mm，在设计塔式起重机顶部回转转盘时，最大截面限制为 2800mm×2800mm。一般塔式起重机的起升和变幅机构均设置在平衡臂上，而组塔塔式起重机因其结构特殊未设置平衡臂，机构布置为设计的难点之一。组塔抱杆一般通过多个转向滑轮将钢丝绳引至放置于地面的起升和变幅机构，这样节省了顶部的空间，但是降低了安全性，且地面钢丝绳较多，占用场地较大，因此塔式起重机设计时未采用该布置形式。另外在设计塔式起重机时还需考虑由于钢丝绳重量而引起的吊钩和吊臂不能靠自重下落等因素。组塔塔式起重机变幅机构较小，可放置于回转平台上。起升机构较大，回转平台空间不够，且钢丝绳到起升卷筒之间必须有一定距离，以满足排绳的需要。考虑到以上要求，在回转平台以下单独设置一长度为 11m 的起升专用节，起升机构置于起升专用节的底部，顶升节置于起升专用节以下。这样，所有的机构全部布置在塔式起重机的顶部，既节省了空间，又提高了安全性。图 10-5 所示为该塔式起重机的各机构布置示意图。

4. 组合式标准节

塔式起重机塔身标准节一般有整体式和组合式两种结构形式。整体式结构简单，加工容易；组合式结构复杂，但运输方便。由于铁塔的断面尺寸较小，在塔式起重机拆除时，必须采用将标准节分片后拆除，故必须采用组合式标准节。一个标准节由四片组成，在塔式起重机拆除时，可将标准节先拆开，再通过自身的吊钩将其落到地面，大大减小了拆除所需的空间。标准节之间以及标准节各片之间全部采用销轴连接，连接紧密，安装快捷，提高了施工效率、降低了劳动强度。图 10-6 所示为标准节示意图。

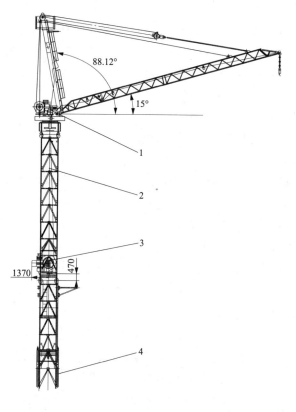

图 10-5 机构布置示意图

1—变幅机构；2—起升专用节；3—起升机构；4—顶升机构

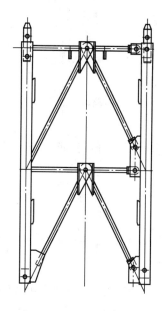

图 10-6 标准节示意图

5. 吊臂最大仰角

由于铁塔断面窗口的限制，在塔式起重机拆除时，最大截面不能超过 2800mm×2800mm，这就要求在拆除时塔式起重机的吊臂必须尽可能仰起，以通过铁塔的断面。在设计时，将吊臂的最大仰角确定为 88°，吊臂的顶部距离塔式起重机中心的水平距离限制在 1400mm 以内，可顺利通过铁塔断面。

6. 自拆卸设计

普通塔式起重机在拆卸时可利用自身吊钩拆除自身的标准节，而组塔塔式起重机由于在拆除时不能回转，其自身的吊钩不能拆卸自身的标准节。为了解决这个问题，在塔式起重机顶升节的上部设置了 4 个自拆卸小钩，如图 10-7 所示，在拆除时，可同时利用多个绞磨等临时设备辅助拆除，提高了拆除效率。

根据特高压输电线路工程铁塔设计的 S64L4 型组塔塔式起重机，在附着形式、抗倾覆设计、各机构布置、组合式标准节、吊臂最大仰角、自拆卸设计等方面有较大创新，并通过有限元计算，优化了塔式起重机的结构设计。

（四）组塔塔式起重机的工程应用

某工程 JDT1D 型转角塔，总重为 193.4t，总高 75.3m，根开 20.1m，且总重较大，高度较高。塔式起重机组立 JDT1D 干字形转角塔施工流程如图 10-8 所示。

（1）首先按照塔式起重机的使用说明浇制混凝土，埋入预埋件，达到养护期后，开始安装塔式起重机。

（2）采用一台 25t 汽车吊依次安装底部标准节、内塔节、起开专用节、回转平台、塔顶撑杆、吊臂及各机构。安装完毕后进行电气调试。

（3）采用其自身的顶升装置及自身吊钩，安装标准节至最大自立高度 51m。

（4）在地面将铁塔塔材组装成不超过 4t 的塔片，开始用塔式起重机吊装塔片。塔式起重机在吊装过程中，严禁斜拉。在吊重时，起吊钢丝绳垂直方向偏角不超过 3°。铁塔底部先安装 4 个塔腿的主材，后吊装辅材。塔身下部先吊 4 个主材，再吊 4 个辅材。

（5）使用塔式起重机组立铁塔至 45m 高度后，在塔身 27m 处设置第一道附着装置，向上顶升 7 节标准节，第二道附着装置设置在 45m 处。此时塔式起重机高 68m，再向上顶升 3 节，塔式起重机高 77m，高于铁塔的设计高度 75.3m，张紧附着装置钢丝绳后，组立铁塔，塔身中部分片吊装。对于断面尺寸较小的上部塔身吊装，根据构件形式可以补强后分为 2 片吊装。

（6）外角横担及跳线支架的吊装为：分横担后段（靠近塔身）、横担前段、跳线支架三部分起吊，其中横担前、后段需要分成两片吊装。内角横担分为横担前段、中段、后段（靠近塔身）三部分吊装，横担中段和后段需要拆除部分辅材。外角地线支架整体吊装，内角地线支架及跳线架分为两段吊装。

（7）铁塔组立完成之后，准备拆除塔式起重机，将吊臂完全仰起到 88°。

（8）利用液压顶升装置往下落塔式起重机，下落 3m 后拆开一节塔身标准节，利用塔式

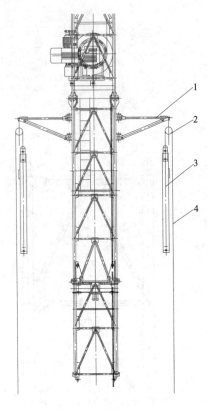

图 10-7　自拆卸结构示意图
1—自拆卸结构；2—滑轮组；3—标准节片；4—至绞磨的钢丝绳

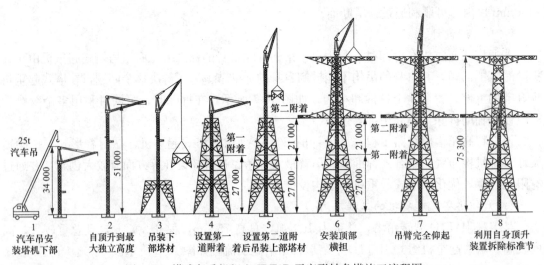

图 10-8　塔式起重机组立 JDT1D 干字形转角塔施工流程图

起重机自身的吊钩和设置在铁塔上的吊点，将标准节落到地面。

（9）到第二道附着装置时，先拆去附着装置，再重复上一步骤，直至内塔节接近地面。

（10）在铁塔上相应处挂吊点，并通过汽车吊将吊臂、撑杆、内塔身等上部结构依次拆到地面。

（11）塔式起重机转场。

四、塔式起重机组塔施工方案

在塔位附近或中心组装大型塔式起重机，用它来吊装塔身，塔式起重机借助于已组好的塔身来提升，随着塔身的升高而加高，直至全塔组立完成，最后借助组立好的铁塔来拆卸塔式起重机。这是一种借鉴于建筑工程施工的立塔方法，适合于组立特高、特重的跨越塔。按照塔式起重机相对铁塔的位置的不同，可分为内附着和外附着两种施工方式。

（一）内附着塔式起重机组塔施工的特点

内附着塔式起重机有水平式吊臂和平衡臂，在铁塔组立完成后，必须先拆除吊臂和平衡臂。所以，需在吊臂上设置吊点将吊臂和平衡臂高空拆除后再塔身降下，高空作业较多。

（二）内附着塔式起重机组塔施工实例

1. JCP4033 型平头式塔式起重机组立大跨越直线跨越塔

某大跨越 2 基直线跨越塔分别采用 SKT721C-135/140 塔型和 SKT721C-130/135/150 塔型，高低腿布置，全高分别为 171.1m 和 181.1m，塔重分别为 720.0t 和 740.0t。对现行各种施工方法组立这 2 基铁塔进行详细比较，见表 10-3。

表 10-3　　　　　　　　　直线跨越塔组立施工方法比较

项目	中心座地双摇臂抱杆方法	中心悬浮双摇臂抱杆方法	建筑用自升式塔式起重机
优点	采用双摇臂，施工时铁塔的受力小；受力计算简单；施工人员比较熟悉	采用双摇臂，施工时铁塔的受力小；受力计算简单；施工人员熟悉；工具较少，运输较方便	现场施工布置简单，塔式起重机施工可实现点对点的控制；使用的工器具少；塔式起重机的型号较多，根据工程的实际选择性大
缺点	控制系统较复杂	控制系统较复杂	由于塔式起重机本身是细长结构，到一定高度后需附着在铁塔上，由铁塔来保持塔式起重机的稳定，在附着点对铁塔产生了一定的外力作用，所以对铁塔的受力影响大
安全	高空作业工作量大，事故发生概率高	由于抱杆的提升塔上作业工作量大，事故发生概率高	塔式起重机自带提升装置，大大减少塔上工作量及事故发生概率
工期	起吊重量小，增加吊装次数，施工进度慢	起吊重量小，增加吊装次数，施工进度慢	起吊重量大，减少吊装次数，施工进度快
成本	需投入大量人力、物力，抱杆成本相对较低	需投入大量人力、物力，抱杆成本相对较低	塔式起重机可在社会上租用，租赁成本相对较高

通过方案比较，在工期紧迫的情况下，选择建筑用自升式塔式起重机方案较为合理。根据该工程直线跨越塔的技术参数及吊装特点，最终确定直线跨越塔组立采用 JCP4033 型塔式起重机，塔式起重机设置于铁塔中心，内附着连接形式。图 10-9 所示为内附着连接示意图。

图 10-9　内附着连接示意图

根据 JCP4033 塔式起重机自身抗倾覆力矩及对铁塔作用力的影响，该工程 JCP4033 塔式起重机采用 5 道附着装置，各附着点高程自下而上依次为 68.6、97.4、119.6、140.6m 及 155.5m（以上高程均以铁塔 30.0m 塔腿为基准）。塔式起重机附着装置抱箍由铁塔生产厂家预先制作，每道附着装置设 4 件抱箍，铁塔每腿各装一件。在安装抱箍时，在铁塔主材表面垫一层胶皮，起保护塔材表面镀层作用。每道附着装置需设置 6 根附着连杆，附着装置连杆由 φ320mm 钢管通过法兰连接组成，两端分别与铁塔主材上的附着装置抱箍和塔式起重机身连接。连杆长度根据具体位置确定，同时用调节螺杆进行微调，可调节距离（±100～±200）mm。

跨越高塔因铁塔根开比较大，塔座板以上 30m 左右的塔腿组合件均较重，采用 50t 汽车吊装组立。30m 以上塔身，由塔式起重机分片吊装。塔式起重机吊装附着 5 次，塔身需升高 5 次，才能将跨越由塔式起重机组装。塔式起重机在起吊高度 80m 以下，限重 8t，在起吊高度 80m 以上，限重 4t。在制订施工方案时，将塔身每段重量进行分解，超重件要分两次或多次吊装或拆去一些散件，确保安全起吊。

由于该铁塔采用内附着式塔式起重机组装，塔式起重机安装在铁塔中心位置，当铁塔施工完成后，塔式起重机前后臂被铁塔阻挡而无法实现塔式起重机下降工作时，需要在 181.3m 处将塔式起重机前后臂拆除后，才能实现塔式起重机下降工作。具体实施步骤如下：

（1）在塔式起重机主机安装期间，利用地面汽车吊将塔式起重机平衡臂辅助吊杆和塔头转换吊杆安装就位。

（2）当塔式起重机完成铁塔施工后，卸去 2 个标准节，将塔式起重机降塔至 181.3m 高度，利用塔头转换吊杆安装起重臂辅助吊杆。

（3）利用塔式起重机起升机构动力和平衡臂配重滑轮系统，将塔式起重机配重块全部吊卸至地面。

（4）通过变幅小车，将起重臂辅助吊杆滑动到第三节（末端倒数第二节）起重臂位置固定好，并通过塔式起重机起升机构动力将塔式起重机末端起重臂吊卸至地面。

（5）参照上述办法，将塔式起重机第三节和第二节起重臂依次吊卸至地面。

（6）利用平衡臂辅助吊杆和地面 5t 机动绞磨（或卷扬机）动力，将第二节平衡臂（包括起升机构）依次拆除吊卸至地面。

（7）利用塔头转换吊杆，将起重臂辅助吊杆和变幅小车拆除并吊卸至地面，同时将平衡臂辅助吊杆拆除转移到塔头位置。

（8）利用地面机动绞磨（或卷扬机）动力，通过塔头上的辅助吊杆将余下的第一节起重臂和平衡臂分别吊卸至地面。

（9）由于塔式起重机安装在铁塔中心位置，铁塔上部开口处断面只有 5.0m×5.0m，而塔身断面达到 2.0m×2.0m，因此，塔式起重机标准节在铁塔上部从套架内推出来时受到已完工的铁塔阻碍，不能整体推出，需要在塔身内部拆卸成 4 片以后才能够推至套架外，实现塔式起重机下降的目的。

（10）塔式起重机降卸操作程序为顶升程序的反向操作。严禁在塔式起重机尚未下降到安全独立高度以内（塔式起重机起重臂下平面高度距最上面一道附着距离 55m 以内）时提前将附着装置连杆拆除。

（11）利用地面汽车吊依次将塔头、司机室、回转支承、套架、余下的标准节及基础支腿拆除吊离施工现场。至此，塔式起重机拆卸工作完成。

2. QTZ63 型塔式起重机组立跨越钢管塔

该钢管塔全高 122m、整基塔重 157.186t、底段根开 20.24m、顶段根开 3.6m。该跨越塔为全钢管结构，钢管最大直径 450mm、最小 200mm；变坡大、塔腔断面小、无施工作业面，拟采用 QTZ63 型塔式起重机组立。

现场使用 16t 起重机进行塔式起重机部件吊装，安装程序为底架、顶升套架、回转塔身、平衡臂及卷扬机、起重臂、平衡铁块、附属设施。塔式起重机的起升采用顶升系统液压顶升。顶升系统由泵站和顶升液压缸组成。

塔式起重机在进行建筑物施工时，采用的是单面三杆式附着方式。从塔身受力和铁塔整体稳定性方面考虑，将三杆式改成六杆式附着，这种方式在对塔身作用力和塔身整体稳定性上相对三杆式附着有很大的优点。

采用内附着方式，塔式起重机中心与基础中心重合，塔式起重机身与铁塔身平行，附着杆安装后角度 $\alpha_1=45°$，α_2 值范围为 23°~39°，受力方向基本通过主材轴线，对主材的偏心扭矩和铁塔整体扭矩很小。图 10-10 所示为塔式起重机与铁塔附着连接示意图。

在附着层数上，结合铁塔具体情况及该塔式起重机使用的技术原则（独立式其起升高度不得大于 41m，附着时其上端自由高度不得大于 25m），确定采用 7 道附着。通过 6 杆式附着和水平拉线的安装，使用 7 道附着，使铁塔形成了由下向上的 7 道隔面，增强了铁塔整体的结构稳定性。

塔式起重机共安装 7 道附着，每道附着装置由附着框、6 根附着杆和 4 个在铁塔上的附着点组成。将附着框连接在与铁塔附着点同一水平面的塔身上，各顶块应顶紧，紧定梁可靠地与塔身主弦杆贴紧，连接螺栓应紧固好。附着杆采用

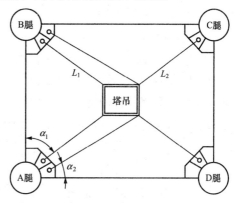

图 10-10　塔式起重机与
铁塔附着连接示意图

ϕ133mm×6mm 钢管，与铁塔附着点接处为双牙调整杆。附着杆端头焊接起吊环，用塔式起重机将附着杆平行塔身吊装到安装位置，固定端与附着框连接，穿入销钉，开口销张开 60°~90°。调整端调整附着杆长度并与铁塔单耳板相连，穿入销钉。将 6 根附着杆全部安装

完毕，调整附着装置，用经纬仪在正面监视塔的垂直度，要求不大于万分之一。附着杆与附着框、附着杆与附着点连接可靠，附着杆长度调整好后，并紧螺母均应可靠并紧。开口销张开符合有关要求，运行后，应经常检查有否发生松动。

跨越塔采用分解组塔施工方式，采用单腿吊、单根吊、单片吊、单侧筒吊多种吊装方式；在吊装主材就位后，使用拉线在45°控制主材内倾，并协助中间水平杆就位；使用与孔径匹配（比孔径大0.4mm）的定位销对角定位法兰盘，使用电动扳手紧固螺栓，保证法兰的同心度。在主材上安装自行加工的临时爬梯，为操作人员提供作业面及上下的便利条件；使用合成纤维吊装带吊装构件，不会磨损镀锌层，长短结合的吊装带便于吊装斜材。考虑塔式起重机的吊装特点，先吊装导线横担，然后再吊装地线支架。

塔式起重机的拆除是整个大跨越组塔施工中最重要的环节，是整个组塔安全工作的重中之重，拆除塔身标准节将塔式起重机降低高度是起升的逆过程，在拆除中容易操作；利用小抱杆拆除平衡块、起重臂和平衡臂是整个拆除工作的重点。施工顺序：拆除平衡块—移动起升机构—拆除第二节平衡臂—拆除起重臂—卷扬机及平衡臂上置—拆除塔身。

从安全性考虑，在拆除起重臂与平衡臂时应设平衡拉线。拆除第二节平衡臂时在第一节平衡臂上设平衡拉线，设置位置为平衡臂6m处，平衡重为2t，附着后倾力矩为12t·m。拆除最前端起重臂时应在第一节平衡臂上设平衡拉线，设置位置为平衡臂6m处，平衡重为4t，后倾力矩为24t·m。最前端起重臂拆除前，调节手扳葫芦，使平衡拉线带4t张力。考虑到随着拆除作业变化前后力矩差的变化，所以用拉线形成的平衡臂后倾力矩应随之改变，在施工时可用6t手扳葫芦调节，通过塔式起重机力矩限制器检查。当起重臂落地时调节葫芦，使拉线张力适当减少。当拆除完第四节起重臂后前后力矩差10.5t·m，满足塔式起重机力矩要求，可拆除拉线。在地面连接平衡拉线的平衡块应直立放置，用双V型套连接。

拆除平衡块，移动卷扬机后需拆除平衡臂拉杆，并在卷扬机固定架下面的平衡臂主材上设拉线固定在塔顶。此时平衡臂加起升结构和附加荷重等共重5t，2根平衡臂主材各设1根拉线，与平衡臂夹角45°，合力受力按照7.5t考虑，每根受力按3.8t考虑安全系数、不平衡系数和冲击系数，选择拉线。将拉线连接完毕，用手扳葫芦收紧至平衡臂上翘使拉杆不受力，用3t手扳葫芦连接 ϕ12.5mm长2m的钢绳套将拆除点两侧连接、收紧，再用 ϕ19.5mm长2m的钢绳套将拉杆固定作为保护，拆除销子，将3t手扳葫芦缓松，将拉杆落在平衡臂上拆除。图10-11所示为拆除拉杆示意图。

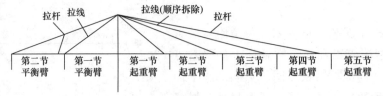

图10-11　拆除拉杆示意图

拆除完最前端起重臂，再拆除起重臂拉杆。先在第三节起重臂上端主材中间设拉线，拉线与起重臂夹角30°，起重臂质量为2.5t，拉线受力按照5t考虑。在第二节起重臂上端主材中间设拉线作为保护。将2根拉线用手扳葫芦收紧至塔式起重机原拉杆不受力，与起重臂连接 1m 短杆落在起重臂主材上。用 3t 手扳葫芦连接 ϕ12.5mm 长 2m 钢丝绳，将 1m 短杆后拉杆和起重臂主材间连接、收紧，再用 ϕ19.5 mm 长 2m 钢丝绳套将拉杆固定作为保护，拆除销子，将 3t 手扳葫芦缓松，将拉杆落在平衡臂上逐段拆除。然后拆除第三节起重臂。依次类推拆除其他起重臂，拆除起重臂用小车一定要固定可靠，防止溜车出现危险。

平衡臂和卷扬机上置为拆除工作重要工序，危险性较大。在上置时要防止起升机构固定不稳下落、上调动力绳断绳造成平衡臂下落以及平衡臂接近垂直时起升机构向塔顶倾覆。图 10-12 所示为一节平衡臂和卷扬机上置示意图。

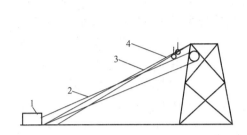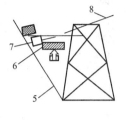

图 10-12　一节平衡臂和卷扬机上置示意图

1—起升机构；2—卷扬机牵引绳；3—上调时安全绳；4—拆除拉线时固定拉线；
5—平衡臂；6—防倾覆枕木（随铁衬垫上场而上移）；7—铁衬垫；8—提升机构

将卷扬机可靠固定，并用 ϕ15.5mm 长 8m 钢丝绳套固定在平衡臂上作后备保护。将卷扬机的钢丝绳通过塔顶的滑车固定在卷扬机的固定点形成上调动力绳，用 6t 手扳葫芦（5m 尾链）连接 ϕ21.5 mm 长 3m 钢丝绳套，用 ϕ15.5mm 长 2m 钢丝绳套和 5t 卸扣连接塔顶和平衡臂主材形成上置保险绳，随动力绳收紧而收紧。当手扳葫芦绳收完时，用另一套手扳葫芦形成保险绳随之收紧。当平衡臂上扬与铅垂线夹角为 30° 时，要用道木作好防倾覆保护并随平衡臂与塔顶的间隙而向上移动。当平衡臂上扬与铅垂线夹角 20° 时将防倾控制丝杠与平衡臂连接随手扳葫芦而调节。当平衡臂上扬与铅垂线夹角 5° 左右时起吊停止，将丝杠固定，调整绳固定，道木固定，用 ϕ15.5mm 长 6m 钢丝绳套将平衡臂与塔顶连接作保护。在拆除标准节时通过调整丝杠保证上置平衡臂平衡。

3. STT293 型平头式塔式起重机组立大跨越钢管塔

该钢管塔高达 215.5m，基础根开 44m，单基质量达 1650 多吨。为保证安全、经济、优质，并高效地完成铁塔的组立，施工方选用 2 台 300t·m 平头塔式起重机吊装铁塔钢结构的施工方案。

为了减少塔式起重机对铁塔的受力影响，施工方选择了将塔式起重机摆放在铁塔中心的方案，并利用增加附着点的办法来分解铁塔的受力。图 10-13 所示为塔式起重机安装示意图。

由于塔式起重机安装在铁塔塔身中间，塔式起重机完成 215.5m 的铁塔材料吊装以后，受铁塔的影响，塔式起重机不能正常拆卸，需要在 215.5m 以上的空中将塔式起重机的前后臂解体后，再将塔身部分通过顶升装置将标准节逐节降到地面，实现塔式起重机的拆卸工作。为了避免铁塔镀锌层遭破坏，同时考虑到铁塔受力产生变形可能会给以后安装升降电梯带来影响，施工方要求前后臂在空中解体过程中，绝对不允许在铁塔上安装辅助吊具，因

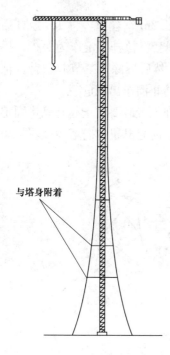

图 10-13　塔式起重机
安装示意图

此，选择了空中易于自行拆卸的平头式塔式起重机。

该平头式塔式起重机具有一套可移动辅助吊杆，安装在塔式起重机起重臂变幅小车上，用于拆卸塔式起重机前臂，如果选择带拉杆的塔式起重机，前臂拉杆将会阻碍辅助吊杆的移动。同时具有一套吊装平衡臂的辅助吊杆和一套空中转换吊杆作为中途在空中转换辅助吊杆时的吊装工具。图 10-14 所示为 STT293 塔式起重机空中解体自卸辅助吊杆示意图。

采用自卸辅助吊杆，就可在 215.5m 以上高空不需要借助任何建筑物实现塔式起重机自我前后臂解体。

塔式起重机安装了 40m 长的起重臂，可以将全部配重（图 10-15 中①）卸完而塔式起重机前后臂仍能维持平衡状态。利用前臂吊杆，将 4 节前臂中的前面 3 节卸下（图 10-15 中②③④），动力装置采用的是塔式起重机自身起重卷扬机。在拆卸配重臂之前，利用配重臂上的原有维修吊杆将塔式起重机起升机构、电控箱等拆除。利用后臂吊杆拆除配重臂（图 10-15 中⑤），动力装置采用地面卷扬机。将后臂吊杆通过转换吊杆转移到塔式起重机回转部位，分别将平衡臂（图 10-15 中⑥）和最后一节起重臂（图 10-15 中⑦）拆卸下来，动力装置采用地面卷扬机，就可在 215.5m 的高空上完成了塔式起重机前后臂的解体工作。当前后臂全部拆除后，利用地面卷扬机来吊装降下的标准节，实现塔式起重机降塔工作。

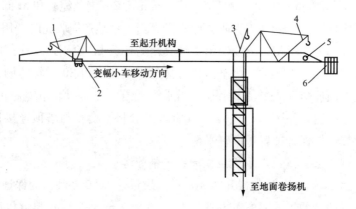

图 10-14　STT293 塔式起重机空中解体自卸辅助吊杆示意图
1—前臂吊杆；2—锁紧器；3—转换吊杆；4—后臂吊杆；5—起升机构；6—配重

（三）外附着塔式起重机组塔施工的特点

外附着塔式起重机施工可直接租用建筑塔式起重机，无需作任何改装，施工安全性高。但是塔式起重机需预制混凝土基础，另外，塔式起重机为外附着式铁塔，需单独校核并对铁塔加固，且塔式起重机和铁塔均为柔性较大结构，在施工时对铁塔附着结构要求较高。

（四）外附着塔式起重机组塔施工案例

该塔采用钢管法兰连接，塔高 175m，重 335t，下部根开 22m，钢管最大直径 720mm，

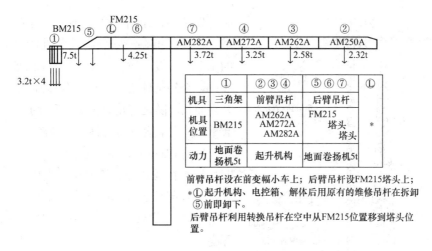

图 10-15　STT293 空中拆卸顺序及使用机具示意图

	①	②③④	⑤⑥⑦	Ⓛ
机具	三角架	前臂吊杆	后臂吊杆	
机具位置	BM215	AM262A AM272A AM282A	FM215 塔头 塔头	*
动力	地面卷扬机5t	起升机构	地面卷扬机5t	

前臂吊杆设在前变幅小车上；后臂吊杆设FM215塔头上；
*Ⓛ起升机构、电控箱、解体后用原有的维修吊杆在拆卸
⑤前即卸下。
后臂吊杆利用转换吊杆在空中从FM215位置移到塔头位置。

法兰最大直径 $\phi886mm$，圆钢斜拉杆粗 $\phi68mm/\phi66mm$。横担长 46m，离地 55m 范围内主钢管灌 50mm 厚离心混凝土。该铁塔施工采用外附着 JL-150 塔式起重机组立施工。塔式起重机基础采用 5 根 $\phi650mm$、深 35m 灌注桩，承台基础为 6000mm×6000mm×2000mm。

JL-150 塔式起重机是一种水平臂、小车变幅、上回转自升式塔式起重机。该机最大起升高度180m，臂长25m（标准臂53m），最大起重量为7.7t（力臂小于17m），最大起重力矩1284kN·m。升降采用液压顶升增减塔身各节，使塔式起重机能随铁塔高度增加而平稳地升高，且其起重能力不因塔式起重机的升高而降低。塔式起重机与高塔的相对位置及塔式起重机安装方向根据计算确定，塔式起重机顺线路方向上布置，其中心与铁塔基础中心距离12m。塔式起重机身上的爬爪在安装时应保证在同一顺线路方向面上，避免塔式起重机顶升和拆除时与高塔发生干扰。塔式起重机布置示意图见图 10-16。

吊塔主体安装顺序：固定节—下塔身节—爬升架—回转装置及司机室—回转塔身—塔顶—平衡臂—起重臂—平衡重—穿起升钢丝绳—塔身节顶升—调试—附着装置安装。塔式起重机安装用25t汽车吊，塔式起重机主体高19m，最大吊重为平衡臂7.5t。塔式起重机基础需经28天养护，地脚螺栓埋入尺寸要准确，其接地电阻应不大于4Ω，整机使用需75kW电源。当安装到19m后，连接好电源及机械系统，自升到有效吊高44m，进行调试。

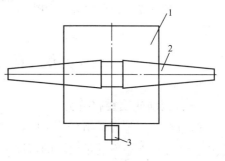

图 10-16　塔式起重机布置示意图
1—铁塔；2—铁塔横担；3—塔机

塔式起重机与铁塔间连接用撑杆作稳定塔式起重机的水平支撑，其长度和结构因铁塔高度不同而异。塔式起重机最大起升高度很高，为便于安装及保证拆卸安全采用外附着方式，全高内共配置6套附着装置，附着装置间的间距分别为 $h_1=38.5m$，$h_2=31.5m$，$h_3=27m$，$h_4=22.5m$，$h_5=16.5m$，$h_6=17m$，最后自由悬高 $h_7\leqslant27m$。在未安装第1道附着装置之前，塔式起重机自由悬高允许工作高度为44m（指大钩到地面距离）。第1道附着装置附着后，塔式起重机各级自由作业悬高为附着装置间距加8m，而允许顶升悬高为两附着装置间距加12m。为安全起见，作业或顶升悬高超过附着高度

335

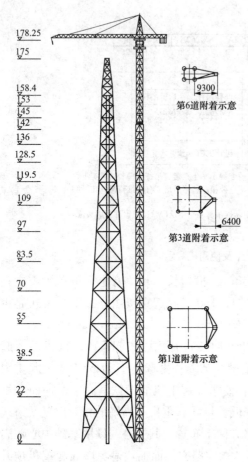

178.25
175
158.4
153
145
142
136
128.5
119.5
109
97
83.5
70
55
38.5
22
0

第6道附着示意
9300

第3道附着示意
6400

第1道附着示意

图 10-17　外附着塔式起重机
附着装置撑杆与铁塔结合图

时，先安装好附着，然后再进行作业或顶升。铁塔主材及横担在需安装附着装处，焊上 20mm 厚的 16Mn 钢板，横担主材管壁厚由原 6mm 增到 8mm，个别构件给予加强。每道附着撑杆随塔身升高而长度随之变化。图 10-17 所示为外附着塔式起重机附着装置撑杆与铁塔结合图。

所有构件吊装的高度、重量、塔式起重机力臂均控制在塔式起重机使用范围内，每天工作完毕，塔式起重机大钩停在吊臂端部，回转塔身处于自由回转位置，塔式起重机顶部航空障碍灯开亮。

铁塔组立完毕，拆除塔式起重机，顺序如下：塔身各节—附着撑杆—附着框架—平衡重块—起重臂—平衡臂—回转塔身及塔顶—回转装置及司机室—爬升架—下塔身—固定节，从拆平衡重块开始均用 25t 汽车吊；拆附着撑杆、附着框架用机动绞磨；其余均用塔式起重机自身起重、顶升机构进行。拆卸时为保证塔式起重机垂直（用经纬仪监视），在起重臂大钩处吊一节塔身用以平衡。所有构件在拆卸时均有防止碰撞铁塔及塔式起重机措施。由于采用外附着方式，塔式起重机的安装、升高、附着装置安装、降低，附着拆卸、塔式起重机身拆除均能顺利完成。

第二节　流动式起重机

一、流动式起重机简介

输电线路工程杆塔组立施工中，因受地形及道路条件限制，使用流动式起重机组立杆塔较少。但在地形条件满足要求的情况下，采用流动式起重机组立杆塔为一种高效且安全的施工方法。

流动式起重机主要有汽车式起重机（轮胎式起重机）、履带式起重机等，可根据现场条件和设备情况选择。

（一）汽车式起重机

汽车式起重机是将起重机安装在通用或专用汽车底盘上的起重机械，它有汽车的行驶通过性能、机动性能，行驶速度高，可快速移动。

汽车式起重机按照起重量可分为轻型、中型、重型三种。起重量在 20t 以内的为轻型；20～50t 的为中型；50t 以上的为重型。按起重臂形式可分为桁架臂和箱形臂两种。按传动装置型式分为机械传动、电力传动和液压传动三种。目前，液压传动的汽车式起重机比较普遍。

（二）汽车式起重机的组成

汽车式起重机由起吊、回转、变幅和支撑腿等机构组成，装置在载重汽车的底盘上。图 10-18 所示为汽车式起重机外形示意图。它转场迅速（转移时的速度可接近汽车的行驶速度），支腿固定方便，吊重效率较高，特别适用于野外杆塔组立的分散施工。因此，在条件允许的情况下用汽车式起重机组立杆塔是机械化组立杆塔的优选方案。

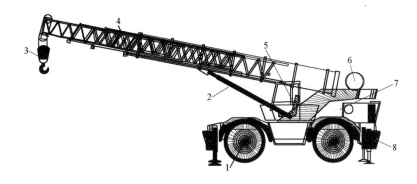

图 10-18　汽车式起重机外形示意图

1—底盘；2—变幅液压缸；3—起升滑轮组；4—伸缩吊臂；

5—司机室；6—起升卷扬机；7—车身；8—伸缩支腿

全液压汽车式起重机是全部采用液压传动来完成起吊、回转、变幅、吊臂伸缩以及支腿收放等动作的，操作灵活、起吊平稳，具有可带载升缩吊臂的功能。以下介绍几种典型的全液压汽车式起重机的基本参数。

1. QY8D 汽车起重机

QY8D 汽车起重机是一种全液压汽车起重机，该机采用国内先进的汽车底盘——EQ1092F19DJ 东风汽车底盘，除底盘外，该机采用液压传动，并能实现液压变幅，三节伸缩主臂及水平、垂直支腿液压伸缩功能，该机液压全回转，行星起升机构，液压系统采用双泵双回路，取力、稳定器均使用气动操纵。表 10-4 为 QY8D 汽车起重机行驶状态主要技术参数。表 10-5 为 QY8D 汽车起重机作业状态主要技术参数。

表 10-4　　　　　　　　QY8D 汽车起重机行驶状态主要技术参数

类　别	项　目		单　位	参　数
外形尺寸	整机全长		mm	9080
	整机全宽		mm	2400
	整机全高		mm	3180
	轮距	前轮	mm	1810
		后轮	mm	1800
	轴距		mm	3950
质量参数	行驶状态总质量		kg	10 000
	轴荷	前轴负载	kg	2600
		后轴负载	kg	7400

类　别	项　目		单　位	参　数
行驶参数	行驶速度	最高行驶速度	km/h	75
		最低稳定行驶速度	km/h	2.5
	转弯半径	最小转弯直径	m	16
		臂头最小转弯直径	m	18
	最大爬坡度		(%)	28
	纵向通过半径		m	4.35
	横向通过半径		m	0.869
	最小离地间隙		mm	260
	接近角		(°)	29
	离去角		(°)	11
动力参数	制动距离			≤8
	发动机型号			YC4E140-20
	发动机功率		kW/r/min	105/2800
	发动机扭矩		N·m	402

表 10-5　　　　　　　　　　**QY8D 汽车起重机作业状态主要技术参数**

类　别	项　目		单　位	参　数
主要性能参数	最大额定总起重量		kg	8000
	最小额定幅度		m	3
	最大起重力矩		kN·m	235.2
	最大起升高度	基本臂	m	7.5
		最长主臂	m	16.98
		最长主臂加副臂	m	22.1
	支腿距离	纵向	m	3.825
		横向	m	4.0
工作速度	起升速度（单绳、第二层）	单泵	m/min	53
		双泵合流	m/min	96
	最大回转速度		r/min	2.8
	起重臂伸（缩）时间	全伸	s	36
		全缩	s	25
	变幅时间	全程起臂	s	35
		全程落臂	s	20
	收放支腿时间	水平 同时收	s	16
		水平 同时放	s	16
		垂直 同时收	s	17
		垂直 同时放	s	17

338

2. QY50C 汽车起重机

QY50C 汽车起重机具有以下性能特点：①起重臂采用进口或国产低合金高强度结构钢精心制作，大圆弧六边形截面，自对中性好，起重能力强；大跨度支腿，稳定性好。②单绳拉力大，起吊速度快，单绳最大速度达 125～135m/min，作业效率高；独特的回转缓冲设计，操作更精确，制动更平稳，最大限度地提升了工作平稳性。③超长主臂，QY50C 汽车起重机主臂全伸臂长 42.5m，最大起升高度 43m。④制器控制系统，融合了微电子技术、智能故障诊断技术、动态系统监控技术于一体，从而使设备的作业更安全、更高效。⑤国内工程机械行业独创的 ECC 控制管理系统，通过 GPS 全球定位，帮助客户随时掌握车辆所在位置和使用状态，实现车辆的跨区域即时管理和故障诊断。表 10-6 为 QY50C 汽车起重机技术参数。

表 10-6 QY50C 汽车起重机技术参数

尺寸参数（mm）			
整机全长	13 750	第一、第二轴距	1450
整机全宽	2750	第二、第三轴距	3850
整机全高	3650	第三、第四轴距	1350
质量参数（kg）			
整机总质量	一、二轴		三、四轴
42 000	15 600		26 400
动 力 参 数			
发动机型号	发动机额定功率		发动机最大扭矩
上柴 SC9DK320Q3	235kW/2200r/min		1250/1500N·m
行 驶 参 数			
最高行驶速度（km/h）	最小转弯直径（m）	最小离地间隙（m）	爬坡度（%）
78	24	232	35
接近角（°）	离去角（°）	百千米油耗（L/百 km）	
18	12	45	
主要性能参数			
最大额定起重量（t）	55	最长主臂+副臂长度（m）	58.5
最小额定幅度（m）	3	基本臂起升高度（m）	12
基本臂最大起重力矩（kN·m）	1786	最长主臂起升高度（m）	43
全伸臂最大起重力矩（kN·m）	956	最长主臂+副臂起升高度（m）	58.8
最长主臂+副臂最大起重力矩（kN·m）	392	副臂安装角（°）	0、15、30
纵向支腿跨距（m）	6	横向支腿跨距（m）	7.2
基本臂长（m）	11.5	全伸臂长（m）	42.5
工作速度参数（s）			
起重臂变幅时间（起幅/落幅）	80/60	起重臂伸缩时间（伸/缩）	120/100

（三）履带式起重机

履带式起重机是在行走的履带式底盘上装设起重装置的起重机械。它由底盘、回转台、发动机、卷扬机、滑轮组、起重臂、平衡配重及履带等部件组成。其外形示意见图 10-19。

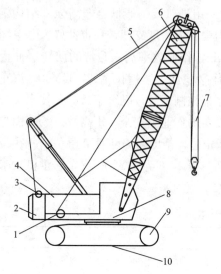

图 10-19　履带式起重机外形示意图

1—起重卷扬机；2—平衡配重；3—变幅卷扬机；4—机身；5—变幅滑轮组；6—吊臂；7—起重滑车组；8—底盘；9—支重轮；10—履带

履带式起重机主要由以下几部件组成：①动臂。为多节组装桁架结构，调整节数后可改变长度，其下端铰装于转台前部，顶端用变幅钢丝绳滑轮组悬挂支承，可改变其倾角。也有在动臂顶端加装副臂的，副臂与动臂成一定夹角。起升机构有主、副两卷扬系统，主卷扬系统用于动臂吊重，副卷扬系统用于副臂吊重。②转台。通过回转支承装在底盘上，其上装有动力装置、传动系统、卷扬机、操纵机构、平衡配重和机罩等。动力装置通过回转机构可使转台在 360°范围内回转。回转支承由上、下滚盘和其间的滚动件（滚球、滚柱）组成，可将转台上的全部重量传递给底盘，并保证转台的自由转动。③底盘。包括行走机构和行走装置，前者使起重机作前后行走和左右转弯；后者由履带架、驱动轮、导向轮、支重轮、托链轮和履带轮等组成。动力装置通过垂直轴、水平轴和链条传动使驱动轮旋转，从而带动导向轮和支重轮，使整机随履带滚动而行走。

履带式起重机的优点是操作灵活，使用方便，车身可带载回转 360°，在平整坚实的路面上，还可带载行走。该机运行速度较慢，适宜在较小范围内活动。该机在起吊时靠履带抗倾覆，故稳定性不如汽车起重机好。履带行走装置须经常加油检查，清除污秽，否则容易损坏。因起重机在负载时对地面的单位压力较大，一般应在较坚实的和较平整的地面上工作。必要时，铺设石料、枕木、钢板或特制的钢木路基箱等，提高地面承载能力。由于履带起重机空载时重心偏向平衡配重，平衡配重一侧履带对地面的局部压强超过满载时的局部压强，故在空载行驶时履带对地面的破坏较大，不宜在公路上行走，转移工地需要其他车辆搬运。

以下介绍两种常用的履带式起重机的技术参数。表 10-7 为 QUY50C 液压履带式起重机主要技术参数。表 10-8 为 QUY100 全液压履带式起重机主要技术参数。

表 10-7　　　　　　　　　QUY50C 液压履带式起重机主要技术参数

项 目 名 称	单 位	数 值
最大额定起重量	t	50
主臂长度	m	13～52
主臂＋副臂最大长度	m	43＋15.25
起重臂变幅角度	(°)	30～80
提升钢绳速度	m/min	80～40
下降钢绳速度	m/min	90～45
提臂速度	m/min	52
落臂速度	m/min	52
行走速度	km/h	1.3

项 目 名 称	单 位	数 值
爬行能力	%	40
柴油机额定输出功率	kW/r/min	124/2000
回转速度	r/min	3.2
配重质量	t	17.5
主提升倍率	t	10
整机质量（基本臂50t吊钩时）	t	49
履带接地比压	MPa	0.069
起重力矩	t·m	180
主机运输尺寸（长×宽×高）	mm×mm×mm	6745×3300×3080
柴油机型号	6BT5.9-C167	

表 10-8   **QUY100 全液压履带式起重机主要技术参数**

项 目		单 位	数 值
最大起重量	主臂	t	100
	副臂	t	11
最大起重力矩		kN·m	5395
主臂长度		m	18～72
主臂变幅角度		(°)	0～80
固定副臂长度		m	12～24
固定副臂安装角		(°)	10，30
最大单绳起升速度（空载、第五层）		m/min	100
最大单绳变幅速度（空载、第五层）		m/min	45
最大回转速度		r/min	1.4
行走速度		km/h	1.1
最小变幅时间		s	240
满载时起升机构速度		m/min	4
爬坡度		(°)	30
平均接地比压		MPa	0.092 7
发动机功率 M11-C250		kW	184
整机质量（主吊钩，18m臂）		t	114
本体运输状态质量（无配重、左右履带架、臂架等）		t	40.0
本体运输状态外形尺寸（长×宽×高）		m×m×m	9.6×3.3×3.3

    履带起重机在杆塔组立中应用较少。履带起重机按传动形式可分为机械式、液压式、电动式，其中电动式不适合杆塔组立施工。

二、流动式起重机组塔施工方案

（一）流动式起重机组塔施工

（1）确定组塔方法。组塔方法的选择要考虑两个因素：一个地形条件；二是铁塔高度及质量。用流动式起重机组立铁塔有两种方式，一种是铁塔组立全部由起重机完成；另一种是铁塔的一部分由起重机完成。当道路条件较好，而杆塔较轻且不太高时，一般宜采用流动式起重机组立杆塔。

（2）绘制起重机作业现场布置图。用起重机组塔，首先要确定起重机的摆放位置，要尽可能避免起吊过程中移动起重机，以提高作业效率。起重机作业的地面应平整坚实，防止支撑腿地面下沉。其次，塔片组装的位置，应与起重机回转范围相适应。第三平面布置中要注意塔片位置与起吊顺序相适应。上述位置确定后应绘制平面布置图。

（3）选择起重机的型号和起重量。根据确定的组立方式列出分次起吊的质量及高度，然后选择合适的起重机型号，使其满足吊装要求。确定起重机型号后，落实起重机及操作人员。

（4）选择吊点位置。对于分件、分片或分段吊装铁塔，吊点一般选择在构件的上端，便于塔体就位。对于整体吊装铁塔应选择塔体重心以上位置，吊点位置越高越有利于就位。

（5）起吊钢丝绳应有足够的安全系数。由于起重机吊装铁塔起始状态时起吊钢丝绳受力较小，但可能受力不均，最终状态时受力最大。选择起吊钢丝绳时应对初始状态和最终状态两种工况进行验算，以保证起吊绳及相应连接件的安全。

（6）校核铁塔强度。为了就位方便，起重机吊塔的吊点一般偏高，因此塔体吊点处中部及下端都可能因弯曲变形而损坏，对塔体受力部位应进行强度验算，必要时进行补强。

（二）流动式起重机组塔施工组立直线酒杯塔施工方法

（1）对于110～220kV直线酒杯塔，由于其结构尺寸小，质量较轻，可选择一台吊车整体吊装。图10-20所示为流动式起重机组立酒杯塔示意图。对于330～500kV直线酒杯塔，由于其结构尺寸较大，质量较重，应选择两台吊车进行整体抬吊。

（2）吊点的选择：①对于110～220kV直线酒杯塔，用一台吊车整体吊装时，吊点可选择在下曲臂内侧或横担上平面。②对于330～500kV直线酒杯塔，用两台吊车台吊时，吊装酒杯塔的上吊点宜选在上下曲臂连接的K节点处，下吊点宜选在塔身与下曲臂连接的平口处。

（3）铁塔组装位置应顺线路方向，即铁塔结构中心应与线路中心相重合，铁塔重心位置应略高于基础中心位置。

（4）吊车的位置：①对于110～220kV直线酒杯塔，单台吊车应布置在顺线路方向，

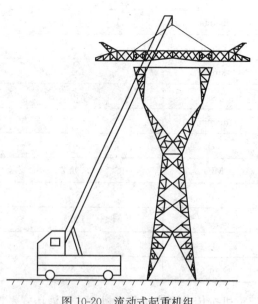

图10-20　流动式起重机组
立酒杯塔示意图

距铁塔根部应不小于根开尺寸。②对于双台吊车吊塔时，起重机吊臂回转中心应布置在横线路方向且距塔位中心略大于半根开，即铁塔就位时吊臂恰在铁塔线路方向侧。

（5）吊点处的绑扎应注意：①铁塔吊点处是受力的支持点，应尽可能设计专用挂板或挂环，避免损伤铁塔主材和镀锌层。②铁塔吊点处无专用挂板或挂环时，应使用尼龙吊带，其额定载荷应根据铁塔质量经计算确定。③吊点处的塔身强度应进行验算，确保安全。

第 十 一 章

起重滑车及辅助起重工具

第一节 起重滑车的分类及主要零件受力分析

起重滑车是一种使用方便、结构简单、起重能力大的简易起重工具,与绞磨、钢丝绳等配合,可用于输电线路施工中组立杆塔、架线、设备吊装及其他起重作业。在起重施工中,常用定滑轮与动滑轮组成滑车组,牵引绳索通过起重滑车的旋转,既可按工作需要改变力的方向,又可省力,便于牵引设备和起吊较大质量的物件。

起重滑车按载荷可分为 10、20、30、50、80、100、150、250、300kN 等。

起重滑车按轮数可分为单轮滑车、双轮滑车、三轮滑车以及多轮滑车;按滑车与起吊物的连接方式可分为吊钩型、吊环型和链环型等;按夹板型式可分为开口型、闭口型;按照制造的材料可分为起重钢滑车、铝合金、MC 尼龙起重滑车等。图 11-1 所示为单轮起重滑车结构图,图 11-2 所示为吊钩型和吊环型起重滑车结构图。

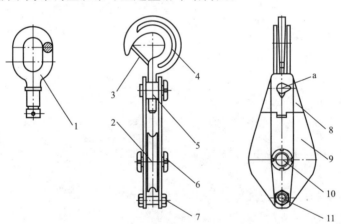

图 11-1　单轮起重滑车结构图

1—吊环;2—滑轮;3—弹性挡板;4—吊钩;5—吊梁;6—锁轴圆螺母;7—固定螺母;8—铰接板;9—加强板;10—滑轮轴;11—固定销;a— 桃型开口

吊钩型起重滑车采用标准的吊钩,在吊钩上安装安全装置形成封闭,可绕垂直的轴线旋转,具有拆装方便、使用灵活的特点,但不适合大吨位的起重作业。链环型起重滑车采用链状的环型吊钩,也可绕垂直的轴线旋转,使用比较灵活、安全性能好。吊环型起重滑车采用U 形吊环与滑车横销连接成的封闭式吊钩,结构简单、使用安全、起重范围广、起重吨位

344

大，但不能绕垂直的轴线进行旋转，灵活性较差。

开口型起重滑车的一侧夹板为铰接式，可以打开，便于钢丝绳的安装和滑车的布置，使用方便灵活、操作简单，且多为单轮滑车。闭口型起重滑车的夹板是固定的，钢丝绳只能从首端穿入安装，结构简单、安全性能好、灵活性较差。

下面介绍起重滑车的基本型式，单轮吊钩式起重滑车结构如图 11-3 所示，和其他起重滑车相比，只是在吊具和轮数上有区别。对于多轮起重滑车，在护板定位螺杆上换套有一个绳环 [见图 11-2 (a)]。

吊具有三种钩式、环式、叉板式三种。如图 11-4 所示，吊具为钩式。

以钩式为例分析其受力状况，如图 11-4 所示为吊钩工作图。吊具主要由滑车起重的重力和工作情况而定。

假定吊钩承受的提升力为 N，那么吊钩的颈部受一个拉力。其螺纹颈部除了承受拉力外，其螺纹牙部还受剪切力。钩的弯曲部分要承受一个弯矩，A 截面承受的弯矩最大。钩的顶部 B 截面承受一个剪力。

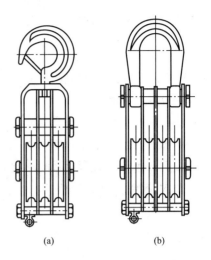

图 11-2　吊钩型和吊环型
起重滑车结构图

(a) 吊钩型；(b) 吊环型

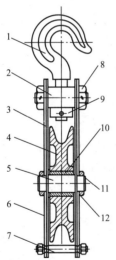

图 11-3　单轮吊钩式起重滑车结构图

1—吊钩；2—吊梁；3—护板；4—滑轮；5—心轴；
6—加强板；7—定位螺杆；8—螺母；9—吊梁螺母；
10—滑动轴承；11—圆螺母；12—止动垫片

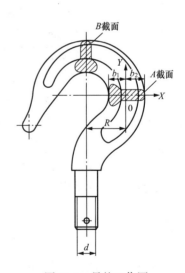

图 11-4　吊钩工作图

吊钩颈部（直径为 d 的截面）的拉应力为

$$\sigma_{jl} = \frac{4N}{\pi d^2}$$

式中　d ——颈部的最小直径，mm；

345

N ——吊钩承受的提升力，N。

螺纹牙部承受的剪切应力为

$$\tau = \frac{N}{kn\pi d_X t}$$

式中　　d_X ——外螺纹的底径，mm；

　　　　t ——螺距，mm；

　　　　n ——螺纹旋合圈数；

　　　　k ——螺纹旋合效率（一般取 0.8）。

A 截面承受最大弯矩截面的弯曲应力，其中：

最大拉伸弯曲应力为

$$\sigma_L = \frac{M_L}{W_L} = \frac{N(R_1 - b_1)b_1}{I + R^2 S_A}$$

最大挤压弯曲应力

$$\sigma_Y = \frac{M_Y}{W_Y} = \frac{N(R_1 - b_2)b_2}{I + R^2 S_A}$$

$$I = 2\int_{b_1}^{b_2} f(x)^2 \mathrm{d}S$$

以上式中　　M_L —— A 截面拉伸弯矩；

　　　　　　W_L —— A 截面拉伸模量；

　　　　　　M_Y —— A 截面挤压弯矩；

　　　　　　W_Y —— A 截面挤压模量；

　　　　　　S_A ——承受最大弯矩截面的面积；

　　　　　　R ——承受最大弯矩 A 截面的形心到吊钩中心点的距离；

　　　　　　I —— A 截面对过形心 Y 轴的惯性矩（其坐标以 S_A 截面形心 O 为原点）；

　　　　$f(x)$ —— A 截面 X 轴以上的边界函数（A 截面边界以 X 轴为对称）；

　　　　b_1、b_2 —— A 截面边界函数在 X 轴上的起始点和终止点数值。

B 截面承受的剪力最大，其剪应力为

$$\tau_B = \frac{N}{S_B}$$

式中　　S_B —— B 截面的面积。

图 11-5 所示为吊环工作图。吊环扣和卸扣（U 形环）的受力状况一样，形状相同，只是大小不一样。在 A—A 截面上受弯、受剪，在 C—C 截面和 B—B 环中心断面上受拉。

A—A 截面的面积

$$S_A = \pi R^2 + 2RB$$

A—A 截面是一个水平、垂直方向都是对称图形，中心点就是它的形心点，以形心为坐标原点，水平轴为 X 轴，垂

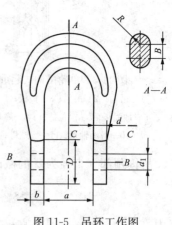

图 11-5　吊环工作图

直轴为 Y 轴。其截面的惯性矩为

$$I = \int_{-R}^{R} y^2 \mathrm{d}A + \int_{-R}^{R} (-y)^2 \mathrm{d}A = 4\int_{0}^{R} y^2 \mathrm{d}A = 4\int_{0}^{R} y^2 \mathrm{d}y\mathrm{d}x = 4\int_{0}^{R} \frac{1}{3} y^3 \mathrm{d}x = \frac{4}{3}\int_{0}^{R} y^3 \mathrm{d}x$$

这就是说其截面的惯性矩等于边界函数 y 的立方在第一象限内对 x 的积分。

根据截面图形，可知边界函数为

$$y = \sqrt{R^2 - x^2} + \frac{B}{2} = \sqrt{R^2 - x^2} + h$$

将函数代入 $I = \dfrac{4}{3}\displaystyle\int_{0}^{R} y^3 \mathrm{d}x$ 中，则

$$I = \frac{4}{3}\int_{0}^{R} \left(\sqrt{R^2 - x^2} + h\right)^3 \mathrm{d}x$$

$$= \frac{4}{3}\int_{0}^{R} \left[(R^2 - x^2)^{\frac{3}{2}} + 3(R^2 - x^2)h + 3(R^2 - x^2)^{\frac{1}{2}}h^2 + h^3 \right]\mathrm{d}x$$

$$= \frac{4}{3}\left\{ \frac{x}{8}(5R^2 - 2x^2)(R^2 - x^2)^{\frac{1}{2}} + \frac{3}{8}R^4 \arcsin\frac{x}{R} + 3\left(R^2 x - \frac{1}{3}x^3\right)h \right.$$

$$\left. + 3h^2\left[\frac{x}{2}(R^2 - x^2)^{\frac{1}{2}} + \frac{R^2}{2}\arcsin\frac{x}{R} \right] + xh^3 \right\}_0^R$$

$$= \frac{4}{3}\left(\frac{3\pi}{16}R^4 + 2R^3 h + \frac{3\pi}{4}R^2 h^2 + Rh^3 \right) = \frac{4}{3}\left(\frac{3\pi R^4}{16} + R^3 B + \frac{3\pi R^2 B^2}{16} + \frac{RB^3}{8} \right)$$

$$= \frac{3\pi R^4 + 16R^3 B + 3\pi R^2 B^2 + 2RB^3}{12}$$

A—A 截面的形心到截面最远的 Y 向距离为 $\dfrac{2R+B}{2}$

则 A—A 截面的抗弯模量为

$$W = \frac{I}{\dfrac{2R+B}{2}} = \frac{2I}{2R+B} = \frac{3\pi R^4 + 16R^3 B + 3\pi R^2 B^2 + 2RB^3}{6(2R+B)}$$

如果 A—A 截面是一圆形截面，抗弯模量为 $\quad W = \dfrac{\pi R^3}{256}$

面积为 $\qquad\qquad\qquad\qquad\qquad S_{\mathrm{A}} = \pi R^2$

作用在环形梁上的力矩为 $\qquad\qquad M = \dfrac{N(a+b)}{4}$

A—A 截面上的弯应力为 $\qquad\qquad \sigma_{\mathrm{W}} = \dfrac{M}{W}$

A—A 截面上的剪应力为 $\qquad\qquad \tau_{\mathrm{J}} = \dfrac{N}{S_{\mathrm{A}}}$

A—A 截面上的合应力为 $\qquad\qquad \sigma_{\mathrm{H}} = \sqrt{\sigma_{\mathrm{W}}^2 + \tau_{\mathrm{J}}^2}$

d 截面的拉应力为 $\qquad\qquad\qquad \sigma_{\mathrm{L}} = \dfrac{2N}{\pi d^2}$

$B—B$ 孔水平断面上的拉应力为　　　$\sigma_{L1}=\dfrac{N}{4(D-d_1)b}$

$B—B$ 孔底部断面上的剪应力为　　　$\tau_{J1}=\dfrac{n}{2(D-d)b}$

下面分析起重滑车的轮片受力情况。一般起重滑车的轮片直径都比较小，在轮辐上没有减重孔，所以轮片在轮槽受力时，就直接通过轮辐传到轴承室、轴承、轴上。较大直径的轮片，有减重孔，受力情况不同，在放线滑轮部分叙述。

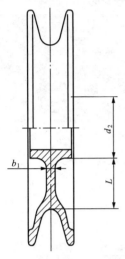

图 11-6　无减重孔的起重滑轮轮片剖面图

如图 11-6 所示为一个无减重孔的起重滑轮轮片剖面图。d_2 为轮片轴承室的外径、b_1 为轮片轮辐的厚度、L 为轮片轮辐的高度。

吊具所承受的力为 N，也就是轮片承受的力。对于轮片，它是通过绳具（吊绳）加在轮槽底径上，然后通过轮槽在传递到轮辐上。

由于轮辐厚度较薄，相当于一个承力杆件，必须考虑杆件的稳定性和承压强度。

轮辐的最危险截面是一个柱面矩形，其边长分别为 $\pi\left(\dfrac{L+d_2}{2}\right)$、$b_1$，而有效边长为 L、b_1；其杆长为 L（上述两个 L 的数值相等，相互垂直）。

则其截面最小有效惯性矩为　　　$I_F=\dfrac{Lb_1^3}{12}$（见表 8-30）

有效平面的面积为　　　$S_F=d_2b_1$

回转半径为　　　$r=\sqrt{\dfrac{I_F}{S_F}}=\sqrt{\dfrac{b_1^2}{12}}=\dfrac{b_1}{3.4641}$

其柔度为　　　　　　　　　$\lambda=\dfrac{L}{r}=\dfrac{3.4641L}{b_1}$

大柔度：当 $\lambda>\lambda_p$ 时，称为大柔度杆。

中柔度：当 $\lambda_p\geqslant\lambda>\lambda_s$ 时，称为中柔度杆。

小柔度：当 $\lambda\leqslant\lambda_s$ 时，称为小柔度杆。

其中，λ_p 为比例极限柔度；λ_s 为它屈服极限柔度。

大柔度杆的临界压应力为　　$\sigma_{cp}=\dfrac{P_{cp}}{S}=\dfrac{\pi^2EI}{S(\mu L)^2}=\dfrac{\pi^2E\dfrac{I}{S}}{(\mu L)^2}=\dfrac{\pi^2Er^2}{(\mu L)^2}=\dfrac{\pi^2E}{\left(\dfrac{\mu L}{r}\right)^2}=\dfrac{\pi^2E}{(\mu\lambda)^2}$

中柔度杆的临界压应力为　　　　　　$\sigma_{cp}=A-B\lambda$

小柔度杆的临界压应力为　　　　　　$\sigma_{cp}=\sigma_s$

以上式中　　P_{cp} ——杆件的临界压力，N；

　　　　　　S ——杆件的最小截面的有效平面面积，mm^2；

　　　　　　π ——常数，圆周率；

　　　　　　E ——弹性模量，MPa；

　　　　　　I ——杆件的最小有效截面的惯性矩，mm^4；

L ——杆件的实际长度，mm；

μ ——长度修正系数，由于起重滑车轮片的轮辐下端与轴承室壁固连，可看作为一端自由、一端固定的杆件，其值为 $\mu = 1$；

λ ——杆件的细长比；

A、B ——与材料力学性能有关的常数，MPa。

常用材料的比例极限柔度、屈服极限柔度、A、B 数值见表 11-1。

表 11-1   常用材料的比例极限柔度、屈服极限柔度、A、B 数值

材　料	A (MPa)	B (MPa)	λ_p	λ_s
Q235 $\sigma_b = 375\text{MPa}$, $\sigma_s = 235\text{MPa}$	304	1.12	105	61.6
优质碳钢 $\sigma_b = 471\text{MPa}$, $\sigma_s = 306\text{MPa}$	461	2.57	105	61.6
高强度硬铝 $\sigma_b = 421\text{MPa}$, $\sigma_s = 284\text{MPa}$	392	3.26	50	33.13

其中
$$\lambda_s = \frac{A - \sigma_s}{B}$$

大、中柔度杆的压应力为
$$\sigma_y = \frac{N}{\Psi S}$$

小柔度杆的压应力为
$$\sigma_y = \frac{N}{S}$$

式中 $\overline{\Psi}$ ——压应力折减系数（参照图 8-43 的压应力折减系数）。

由于起重滑车的运行线速度都比较低、轮径小、要求承载能力大，所以一般起重滑车的轴承多为滑动轴承，并大多采用普通滑动轴承。要求起重滑车的运行线速度高、轮径大、载荷大的起重滑车一般使用滚动轴承。选用滚动轴承时，可以根据滑轮受力大小，并按照滚动轴承径向基本额定静载荷 C_{or} 和径向基本额定动载荷 C_r 数值来选定，必要时还得对轴承的使用寿命进行修正计算。这些在滚动轴承标准中都有详细介绍。

普通滑动轴承的优点是承载能力大、起动力矩小、运行平稳、噪声低、功耗小、使用场所广泛、运行费用低和成本低廉等。缺点是运行速度不高、寿命有限，并应定期加注或更换润滑脂以及定期清理。

一般滑动轴承大多是圆管整体形式的普通滑动轴承。使用普通滑动轴承主要考虑三个指标。一个是许用单位面积的承载力 $[p]$ (MPa)，另一个是许用承受最高的圆周线速度 $[v]$ (m/s)，二者的乘积 $[pv]$ 也是要考虑。

其中 $p = \dfrac{N}{dL} \leqslant [p]$, $v = \dfrac{\pi dn}{60} \leqslant [v]$, $pv = \dfrac{10\pi nN}{L} \leqslant [pv]$

起重滑车常用的普通滑动轴承材料的性能见表 11-2。

表 11-2　　　　　　　　　　起重滑车常用的普通滑动轴承材料的性能

材料	牌　号	许　用　值			硬度 HB		最高工作温度
		[p] (MPa)	[v] (m/s)	[pv] (MPa·m/s)	金属模	砂模	(℃)
锡青铜	ZQSn10-1	15	10	15	90~120	80~100	280
	ZQSn7-0.2						
	ZQSn6.5-0.1						
	ZQSn6-6-3	8	8	6	60~75	60	
	ZQSn5-5-5	8	3	15	100	50	
	ZQSn4-4-17	10	4	10		60	
青铜	ZQA19-4	30	8	12	120~140		
	ZQA110-3-1.5	20	5	15	12	110	
	ZQA110-3-2.5	20	5	15	12		
	ZQA1-7-1.5-1.5	25	8	20			
铅青铜	ZQPb30	冲击载荷时 [p]=15MPa, [v]=8m/s, [pv]=60MPa·m/s 稳定载荷时 [p]=25MPa, [v]=12m/s, [pv]=30MPa·m/s			25		250~280
铸造黄铜	ZHMn58-2-2				100	90	200
	ZHA166-6-3-2	10	1	10	160		
	ZHA152-5-2-1						
	ZHSi80-3-3	12	2	10	100	90	
	ZHMn52-4-1	4	2	6	100		
锡锑轴承合金	ZChSnSb4-4	变载荷时 [p]=20MPa, [v]=60m/s, [pv]=16MPa·m/s 稳定载荷时 [p]=25MPa, [v]=80m/s, [pv]=200MPa·m/s			28.3 (100℃时)		250~280
	ZChSnSb7.5-3						
	ZChSnSb8-4						
	ZChSnSb11-6				13(100℃时), 30(17℃时)		
	ZChSnSb12-4-1.6						
铅锑轴承合金	ZChPbSb16-16-1.8	15	12	10	13(100℃时), 30(17℃时)		
	ZChPbSb16-16-2						
	ZChPbSb15-5-3	5	6	5			
	ZChPbSb15-10	20	15	15			
	ZChPbSb10-14-1.6	20	15	15	14(100℃时), 29(17℃时)		
铸造锌合金	ZnA110-5	20	3	10	100	80	80
	SJ$_1$	20~25	5~7	22~25	105~125		95~100
	SJ$_2$	20~25	5~7	22~25	80~90	62~89	80
	SJ$_3$	22~28	7~9	24~26	100~130		100~120
	SJ$_4$	25~30	7~9	26~28	90~130		120~150
	SJ$_5$	25~30	9~11	28~30	100~140		130~160

材料	牌　号	许　用　值			硬度 HB		最高工作温度 (℃)
		$[p]$ (MPa)	$[v]$ (m/s)	$[pv]$ (MPa·m/s)	金属模	砂模	
粉末冶金	铁基	69/21	2	1.0			80
	铜基	55/14	6	1.0			
	铝基	28/14	6	1.8			

吊梁和主轴的受力基本类同，都是受一个或几个力共同作用的简支梁。

如图 11-7 所示为主轴受力示意图，有 n 个力均布作用在梁上。这个假设和起重滑车梁的受力状况基本类同。

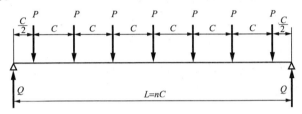

图 11-7　主轴受力示意图

均布载荷梁两端的支反力为

$$Q = \frac{nP}{2}$$

其最大弯矩在梁的中部或在梁两支点的中点位置。令在第 n 个力的作用点上，则其最大弯矩为：

当 n 为奇数时，可得　$M_{max} = \frac{PC}{8} \times (n^2 + 1) = \frac{PL(n^2 + 1)}{8n}$

当 n 为偶数时，可得　$M_{max} = \frac{PC}{8} \times n^2 = \frac{nPL}{8}$

一般使用起重滑车的吊梁和主轴的截面都是圆形的，它的抗弯模量为

$$W = \frac{I}{R} = \frac{2I}{D} = \frac{\pi D^3}{32}$$

式中　I ——吊梁或主轴的最危险截面惯性矩，mm^4；

R ——吊梁或主轴的最危险截面的半径，mm；

D ——吊梁或主轴的最大弯矩处截面的直径，mm。

吊梁或主轴截面的最危险截面的弯应力 $\sigma_{Wmax} = \frac{M_{max}}{W}$。只要其最危险截面的弯应力不大于许用弯应力，吊梁（主轴）就是安全的。

吊梁（主轴）最大剪力就是两端的支反力 Q，其承受的最大剪应力为

$$\tau = \frac{4Q}{\pi D^2} = \frac{Q}{\pi R^2} = \frac{nP}{2\pi R}$$

式中　Q ——吊梁（主轴）两端的支反力，N；

D ——支反力 Q 作用点处的截面直径，mm；

R——支反力 Q 作用点处的截面半径，mm；

π——圆周率；

n——吊梁（主轴）上滑轮（力）的个数；

P——滑轮对吊梁（主轴）的作用力，N。

滑轮对吊梁（主轴）的作用力 P，为了简化计算，按集中载荷处理，实际上它是一个随轴承长度的分布载荷。这对分析结果影响不大，所得出的应力数值稍微偏大一些。从使用角度看安全系数更保险些。

护板和加强板主要是承受滑轮轮片和吊具施加的拉力。其每个轴孔承受吊梁（主轴）对它的挤压力，这个力就是支反力 Q。

承受拉力的最危险截面是过吊梁垂直与力 Q 中心线的截面。其拉应力为

$$\sigma_{\mathrm{L}} = \frac{Q}{S_{\mathrm{YX}}}$$

式中　S_{YX}——这个截面上不包括轴孔的有效面积，mm^2。

其轴对孔的挤压强度为

$$\sigma_{\mathrm{LY}} = \frac{Q}{bD}$$

式中　b——护板和加强板的总厚度，mm；

D——轴孔的直径，mm。

第二节　起重钢滑车

起重钢滑车是起重作业中使用最多的一种起重工具，结构简单、使用寿命长、维护保养方便，通常由吊钩（吊环）、滑轮、轴、轴套或滚动轴承、夹板等组成。滑轮在轴上自由转动，为减少磨损、延长使用寿命，轴套采用铜套或粉末冶金含油轴套，滚动轴承常采用滚珠或滚针轴承。国内有关电力机具厂家生产的钢滑车见表 11-3～表 11-5。

表 11-3　　　　　　　　　　QH 系列钢滑车（一）

型号	滑轮数	额定载荷 （kN）	滑轮 外径×轮宽 （mm×mm）	钢丝绳直径 （mm）	质量 （kg）	吊点形式		
QH1-1K	单轮	10	$\phi100\times31$	$\phi7.7$	2.8	G	H	
QH1-2	双轮	10	$\phi80\times28$	$\phi6$	2.8	G	H	
QH1-3	三轮	10	$\phi80\times27$	$\phi6$	4.1	G	H	
QH2-1K	单轮	20	$\phi120\times35$	$\phi9.3$	4.2	G	H	B
QH2-2	双轮	20	$\phi100\times31$	$\phi7.7$	4.2	G	H	
QH2-3	三轮	20	$\phi100\times31$	$\phi7.7$	6	G	H	
QH3-1K	单轮	30	$\phi150\times39$	$\phi11$	7	G	H	B
QH3-2	双轮	30	$\phi120\times35$	$\phi9.3$	5.3	G	H	
QH3-3	三轮	30	$\phi100\times31$	$\phi7.7$	6.5	G	H	

型号	滑轮数	额定载荷（kN）	滑轮外径×轮宽（mm×mm）	钢丝绳直径（mm）	质量（kg）	吊点形式		
QH5-1K	单轮	50	φ166×40	φ13	9.6	G	H	B
QH5-2	双轮	50	φ150×39	φ11	10.8	G	H	
QH5-3	三轮	50	φ120×35	φ9.3	7.7	G	H	
QH8-1K	单轮	80	φ205×50	φ17	12.5	G	H	B
QH8-2	双轮	80	φ166×40	φ13	17	G	H	
QH8-3	三轮	80	φ150×39	φ11	17.5	G	H	
QH10-1K	单轮	100	φ246×60	φ18.5	25	G		B
QH10-2	双轮	100	φ166×40	φ13	18.5		H	
QH10-3	三轮	100	φ150×39	φ11	20		H	
QH15-1K	单轮	150	φ280×65	φ21.5	34			B
QH15-2	双轮	150	φ205×50	φ17	22		H	
QH15-3	三轮	150	φ166×40	φ13	26		H	
QH15-4	四轮	150	φ150×39	φ11	30		H	
QH20-4	四轮	200	φ205×50	φ17	50		H	

注　1. G 为钩式，H 为环式，B 为吊板式。

　　2. 由宁波东方电力机具制造有限公司生产。

表 11-4　　　　　　　　QH 系列钢滑车（二）

型　号	额定载荷（kN）	滑轮数	轮　径（mm）	质　量（kg）
QH-1	10	单轮	100	3.0
QH1-2	20	单轮	120	4.5
QH1-3	30	单轮	130	7
QH1-5	50	单轮	140	8.5
QH1-8	80	单轮	150	12
QH1-10	100	单轮	180	15
QH2-3	30	双轮	130	3.8
QH2-5	50	双轮	150	11
QH2-8	80	双轮	160	16
QH2-10	100	双轮	165	18
QH2-15	150	双轮	175	29
QH3-3	30	三轮	125	6.5
QH3-5	50	三轮	135	13

型　号	额定载荷 （kN）	滑轮数	轮　径 （mm）	质　量 （kg）
QH3-8	80	三轮	145	19
QH3-12	120	三轮	160	24
QH3-15	150	三轮	175	35
QH3-20	200	三轮	185	42
QH3-25	250	三轮	202	48
QH4-8	80	四轮	140	25
QH4-10	100	四轮	150	32
QH4-15	150	四轮	165	38
QH4-20	200	四轮	175	48
QH4-25	250	四轮	188	52
QH4-30	300	四轮	202	56

注　由宝鸡银光电力机具有限公司生产。

表 11-5　　　　　　　　　　　　HG 系列钢滑车

型　号	滑车型式			额定载荷 （kN）	适用钢丝绳 （mm）	质　量 （kg）
	滑轮数	种类	吊架型式			
HGGK-1	单轮	开口式	吊钩型	10	$\phi7.7\sim\phi11$	2
HGLK-1			链环型			1.8
HGG-1		闭口式	吊钩型			1.8
HGL-1			链环型			1.7
HGGK-2		开口式	吊钩型	20	$\phi11\sim\phi14$	3.6
HGLK-2			链环型			3.1
HGG-2			吊钩型			3
HGL-2			链环型			2.8
HGG2-2	双轮	闭口式	吊钩型		$\phi7.7\sim\phi11$	3.7
HGL2-2			链环型			3.2
HGD2-2			吊环型			2.9
HGGK-3	单轮	开口式	吊钩型	30	$\phi12.5\sim\phi15.5$	5.2
HGLK-3			链环型			4.8
HGG-3			吊钩型			4.4
HGL-3			链环型			4
HGG2-3	双轮	闭口式	吊钩型		$\phi11\sim\phi14$	5.5
HGL2-3			链环型			5
HGD2-3			吊环型			4.5
HGG3-3	三轮		吊钩型		$\phi7.7\sim\phi11$	7
HGL3-3			链环型			6
HGD3-3			吊环型			5.4

型　号	滑车型式			额定载荷（kN）	适用钢丝绳（mm）	质　量（kg）
	滑轮数	种类	吊架型式			
HGGK-5	单轮	开口式	吊钩型	50	φ15.5～φ18.5	10
HGLK-5			链环型			8.4
HGG-5		闭口式	吊钩型			9
HGL-5			链环型			8.5
HGG2-5	双轮		吊钩型		φ12.5～φ15.5	9.2
HGL2-5			链环型			8.8
HGD2-5			吊环型			7.4
HGG3-5	三轮		吊钩型		φ11～φ14	12
HGL3-5			链环型			11
HGD3-5			吊环型			10
HGGK-8	单轮	开口式	吊钩型	80	φ17～φ20	17
HGLK-8			链环型			14
HGG-8		闭口式	吊钩型			14.8
HGL-8			链环型			13
HGG2-8	双轮		吊钩型		φ15.5～φ18.5	17.8
HGL2-8			链环型			15
HGD2-8			吊环型			13
HGG3-8	三轮	闭口式	吊钩型	80	φ12.5～φ15.5	22
HGL3-8			链环型			19.5
HGD3-8			吊环型			17
HGGK-10	单轮	开口式	吊钩型	100	φ20～φ23	24.7
HGLK-10			链环型			22
HGG-10		闭口式	吊钩型			21
HGL-10			链环型			19.5
HGG2-10	双轮		吊钩型		φ17～φ20	23.5
HGL2-10			链环型			21.5
HGD2-10			吊环型			20
HGG3-10	三轮		吊钩型		φ15.5～φ18.5	26
HGL3-10			链环型			23.5
HGD3-10			吊环型			22

型 号	滑车型式			额定载荷 (kN)	适用钢丝绳 (mm)	质 量 (kg)
	滑轮数	种类	吊架型式			
HGLK-16	单轮	开口式	链环型	160	$\phi23\sim\phi24.5$	34
HGL-16			链环型			27
HGL2-16	双轮		链环型		$\phi20\sim\phi23$	37
HGD2-16			吊环型			34
HGL3-16	三轮		链环型		$\phi17\sim\phi20$	39
HGD3-16						36
HGD4-16	四轮				$\phi15.5\sim\phi18.5$	45
HGD2-20	双轮	闭口式	吊环型	200	$\phi23\sim\phi24.5$	44
HGD3-20	三轮				$\phi20\sim\phi23$	52
HGD4-20	四轮				$\phi17\sim\phi20$	61
HGD3-32	三轮			320	$\phi23\sim\phi24.5$	82.5
HGD4-32	四轮				$\phi20\sim\phi23$	100
HGD4-40				400	$\phi23\sim\phi24.5$	110
HGD5-40	五轮				$\phi20\sim\phi23$	130.5
HGD5-50				500	$\phi23\sim\phi24.5$	140

注 由常熟电力机具有限公司生产。

第三节 铝合金 MC 尼龙起重滑车

铝合金 MC 尼龙起重滑车与起重钢滑车相比,具有重量轻、使用方便的特点,更加广泛地应用在起重作业中,但其使用寿命和抗磨能力不如起重钢滑车。国内有关电力机具厂家生产的铝合金 MC 尼龙起重滑车见表 11-6～表 11-8。

表 11-6   QHN 系列铝合金 MC 尼龙起重滑车 (一)

型 号	滑轮数	额定载荷 (kN)	滑轮 外径×轮宽 (mm×mm)	钢丝绳直径 (mm)	质 量 (kg)	吊点型式		
QHN1-1K	单轮	10	$\phi100\times31$	$\phi7.7$	1.8	G	H	
QHN1-2	双轮	10	$\phi80\times27$	$\phi6$	1.8	G	H	
QHN1-3	三轮	10	$\phi80\times27$	$\phi6$	2.1	G	H	
QHN2-1K	单轮	20	$\phi120\times35$	$\phi9.3$	2.2	G	H	B
QHN2-2	双轮	20	$\phi100\times31$	$\phi7.7$	2.6	G	H	
QHN2-3	三轮	20	$\phi100\times31$	$\phi7.7$	3.7	G	H	
QHN3-1K	单轮	30	$\phi150\times39$	$\phi11$	3.4	G	H	B
QHN3-2	双轮	30	$\phi120\times35$	$\phi9.3$	4.5	G	H	
QHN3-3	三轮	30	$\phi100\times31$	$\phi7.7$	4.6	G	H	

型 号	滑轮数	额定载荷 (kN)	滑轮 外径×轮宽 (mm×mm)	钢丝绳直径 (mm)	质 量 (kg)	吊点型式		
QHN5-1K	单轮	50	φ166×40	φ13	5.2	G	H	B
QHN5-2	双轮	50	φ150×39	φ11	5.5	G	H	
QHN5-3	三轮	50	φ120×35	φ9.3	5.1	G	H	
QHN8-1K	单轮	80	φ205×49	φ17	7.2	G	H	B
QHN8-2	双轮	80	φ166×40	φ13	8.3	G	H	
QHN8-3	三轮	80	φ150×39	φ11	7.9	G	H	
QHN10-1K	单轮	100	φ246×60	φ18.5	11.4	G		B
QHN10-2	双轮	100	φ166×40	φ13	10.2		H	
QHN10-3	三轮	100	φ150×39	φ11	11.7		H	
QHN15-1K	单轮	150	φ280×65	φ21.5	12.1			B
QHN15-2	双轮	150	φ205×49	φ17	12.8		H	
QHN15-3	三轮	150	φ166×40	φ13	11.8		H	
QHN15-4	四轮	150	φ150×39	φ11	13.9		H	

注 1. G为钩式，H为环式，B为吊板式。

2. 由宁波东方电力机具制造有限公司生产。

表 11-7 **QHL系列铝合金MC尼龙起重滑车（二）**

型 号	额定载荷 (kN)	滑轮数	轮 径 (mm)	质 量 (kg)
QHL1-1	10	单轮	100	2.0
QHL1-2	20	单轮	125	3.0
QHL1-3	30	单轮	135	4.5
QHL1-5	50	单轮	145	6.5
QHL1-8	80	单轮	160	7.5
QHL1-10	100	单轮	180	15
QHL2-3	30	双轮	125	2.5
QHL2-5	50	双轮	135	4.5
QHL2-8	80	双轮	145	5.5
QHL2-10	100	双轮	160	8.0
QHL2-15	150	双轮	180	12.0
QHL3-3	30	三轮	100	3.5
QHL3-5	50	三轮	125	4.2
QHL3-8	80	三轮	145	6.5
QHL3-12	120	三轮	160	9.0
QHL3-15	150	三轮	180	15

型　号	额定载荷 （kN）	滑轮数	轮　径 （mm）	质　量 （kg）
QHL3-20	200	三轮	195	20.0
QHL3-25	250	三轮	208	23
QHL4-8	80	四轮	142	12
QHL4-10	100	四轮	150	18
QHL4-20	200	四轮	196	28
QHL4-25	250	四轮	200	32

注　由宝鸡银光电力机具有限责任公司生产。

表 11-8　　　　　　　　　　**LZH 系铝合金起重滑车**

型　号	额定起重量 （t）	轮　数	适用钢丝绳直径 （mm）	可供型式	质　量 （kg）
LZH-0.5	0.5	1	$\phi5.7$	G、L	1.2
LZH-1	1	1	$\phi7.7$	G、L	1.5
LZH-1(2)	1	2	$\phi5.7$	G、L、D	1.75
LZH-1(3)	1	3	$\phi5.7$	G、L、D	2
LZH-2	2	1	$\phi11$	G、L	2
LZH-2(2)	2	2	$\phi7.7$	G、L、D	2.5
LZH-2(3)	2	3	$\phi7.7$	G、L、D	2.75
LZH-3	3	1	$\phi12.5$	G、L	3.5
LZH-3(2)	3	2	$\phi11$	G、L、D	4
LZH-3(3)	3	3	$\phi7.7$	G、L、D	4.2
LZH-5	5	1	$\phi15.5$	G、L	4
LZH-5(2)	5	2	$\phi12.5$	G、L、D	4.5
LZH-5(3)	5	3	$\phi11$	G、L、D	4.75
LZH-8	8	1	$\phi18.5$	G、L	6
LZH-8(2)	8	2	$\phi15.5$	G、L、D	6.5
LZH-8(3)	8	3	$\phi15.5$	G、L、D	6.75
LZH-10(2)	10	2	$\phi17$	D	20
LZH-10(3)	10	3	$\phi15.5$	D	25
LZH-15(3)	15	3	$\phi17$	D	30
LZH-15(4)	15	4	$\phi17$	D	35
LZH-15(5)	25	5	$\phi12.5$	D	45

注　1. 由扬州工三电力机具有限公司生产。

　　　2. 单轮滑车为一侧开口型，均为钩式。

第四节　其他起重滑车及辅件

一、高速起重滑车

高速起重滑车采用滚子轴承，适用于高速牵引或起吊重物。国内有关厂家生产的高速起重滑车见表 11-9。

表 11-9　　　　　　　　　　　　　　高 速 起 重 滑 车

型　号	滑车型式			额定载荷 (kN)	适用钢丝绳 (mm)	质　量 (kg)
	滑轮数	种　类	吊架型式			
HGGRK-3	单轮	开口式	吊钩型 或 链环型	30	$\phi 12.5 \sim \phi 15.5$	8.0
HGLRK-5				50	$\phi 15.5 \sim \phi 18.5$	18
HGLR-5		闭口式				15
HGLRK-8		开口式		80	$\phi 17 \sim \phi 20$	30
HGLR-8						26
HGDR2-8	双轮	闭口式	吊环型	100	$\phi 15.5 \sim \phi 18.5$	28
HGDR2-10					$\phi 17 \sim \phi 20$	35
HGDR2-16					$\phi 20 \sim \phi 23$	40
HGDR3-16	三轮			160	$\phi 17 \sim \phi 20$	61
HGDR4-16	四轮				$\phi 15.5 \sim \phi 18.5$	80
HGDR4-20				200	$\phi 17 \sim \phi 20$	100
HGDR5-32	五轮			320		130
HGDR6-50	六轮			500	$\phi 20 \sim \phi 23$	178

注　由常熟电力机具有限公司生产。

二、双面开口双轮起重滑车

双面开口双轮起重滑车左右两侧均能开口，便于装卸钢丝绳。国内有关厂家生产的双面开口起重滑车见表 11-10～表 11-12。

表 11-10　　　　　　　　QHS 系列双面开口双轮起重滑车

型　号	额定载荷 (kN)	钢丝绳直径 (mm)	质　量 (kg)	钩　式	环　式
QHS2-3	30	$\leqslant \phi 9.3$	6.3	G	H
QHS2-5	50	$\leqslant \phi 11$	11	G	H
QHS2-8	80	$\leqslant \phi 13$	16	G	H
QHS2-10	100	$\leqslant \phi 13$	18	G	H

注　1. G 为钩式，H 为环式。

　　2. 由宁波东方电力机具制造有限公司生产。

表 11-11 HGDK 系列双面开口双轮起重滑车

型 号	额定负载 (kN)	轮径（mm）		轮宽 (mm)	质 量 (kg)
		外 径	底 径		
HGDK-2-50	50	136	106	26	10
HGDK-2-80	80	165	132	33	18
HGDK-2-100	100	195	155	37.5	25
HGDK-3-160	160				48

注 由常熟电力机具有限公司生产。

表 11-12 棕绳用三轮铝滑车

型 号	形 式	额定载荷 (kN)	外径×轮宽 (mm×mm)	质 量 (kg)
QH1GL-1	单轮开口钩式	10	$\phi100\times31$	2.2
QH2GL-1	二轮钩式	10	$\phi80\times27$	2.3
QH2HL-1	二轮环式	10	$\phi80\times27$	1.9
QH3GL-1.5	三轮钩式	15	$\phi80\times27$	3
QH3HL-1.5	三轮环式	15	$\phi80\times27$	2.6
QH3GL-2	三轮钩式	20	$\phi100\times31$	4.5
QH3HL-2	三轮环式	20	$\phi100\times31$	3.5
QH2GL-2	二轮钩式	20	$\phi100\times31$	3.6
QH2HL-2	二轮环式	20	$\phi100\times31$	3
QH1HL-2	单轮开口环式	20	$\phi120\times35$	3.4

注 由宁波东方电力机具制造有限公司生产。

三、塔上起重滑车挂具

塔上起重滑车挂具主要用于将起重滑车固定在铁塔主材（竖材）或平材上，代替钢丝绳套或衬木。其型号及结构见表 11-13。

表 11-13 塔上起重滑车挂具型号及结构

型 号	额定载荷 (kN)	适用角钢规格	适用场合	质 量 (kg)
TG1	10	L50～100	平材	1.15
TG2	10	L50～100	竖材	2.25
TG3	30	L140（max）	竖材	5.0

注 由宁波东方电力机具制造有限公司生产。

第五节 滑 车 及 滑 车 组

一、起重滑车及滑车组效率

起重滑车及滑车组效率见表 11-14。

表 11-14 **起重滑车及滑车组效率**

项目	简 图	关系公式	说 明
单个定滑车的效率		$\eta = \dfrac{Q}{P} = \dfrac{1}{\varepsilon}$ $\varepsilon = \dfrac{1}{\eta} = \dfrac{P}{Q}$	滑车转动时，由于克服轮轴与绳索之间的摩擦阻力，因此，拉力 P 值大于 Q。 式中　η——定滑车的滑车效率； 　　　ε——定滑车的滑车阻力系数
单个动滑车的效率		$\eta = \dfrac{S}{P} = \dfrac{1+\varepsilon}{2\varepsilon}$ $\varepsilon = \dfrac{P}{S} = \dfrac{1}{\eta+1}$	理论拉力 P 应等于绳索固定端张力 S。因有轮轴与绳索之间的摩擦阻力，所以 P 恒大于 S。 式中　η——动滑轮的滑轮效率； 　　　ε——动滑轮的滑轮阻力系数

项目	绳索与滑车轮轴	ε	η
单个滑车的 η、ε 值	钢丝绳，滑轮用滑动摩擦轴承	1.04～1.05	0.96～0.95
	钢丝绳，滑轮用滚动摩擦轴承	1.015～1.02	0.985～0.98

项目		滑车组穿绕方式	计 算
滑车组绕绳方式和效率	牵引端从定滑车绕出		不计摩阻时 $$P = \dfrac{Q}{n}$$ 计入摩阻时 $$\eta_\Sigma = \dfrac{Q}{nP} \times \dfrac{1}{n} \times \dfrac{\eta(1-\eta^n)}{1-\eta}$$ $$P = \dfrac{Q}{n\eta_\Sigma} = \dfrac{Q\varepsilon_\Sigma}{n} = \dfrac{1-n}{n(1-\eta^n)}Q$$

项目	滑车组穿绕方式		计　算
滑车组绕绳方式和效率	牵引端从动滑车绕出	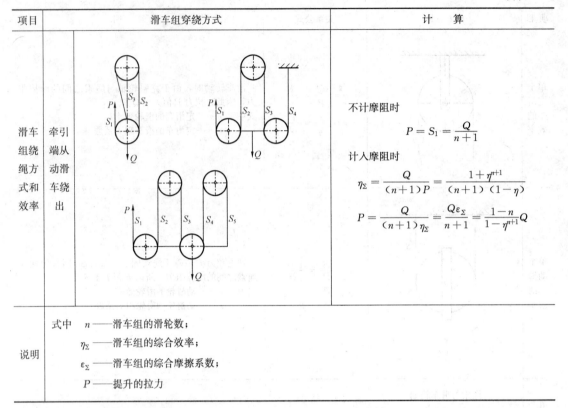	不计摩阻时 $$P=S_1=\dfrac{Q}{n+1}$$ 计入摩阻时 $$\eta_\Sigma=\dfrac{Q}{(n+1)P}=\dfrac{1+\eta^{n+1}}{(n+1)(1-\eta)}$$ $$P=\dfrac{Q}{(n+1)\eta_\Sigma}=\dfrac{Q\varepsilon_\Sigma}{n+1}=\dfrac{1-n}{1-\eta^{n+1}}Q$$
说明	式中　n——滑车组的滑轮数； 　　　　η_Σ——滑车组的综合效率； 　　　　ε_Σ——滑车组的综合摩擦系数； 　　　　P——提升的拉力		

二、滑车组系数 K 值

起重吊装作业中，为了方便选择滑车组，根据提升重物的质量，起重设备始端绳索的作用力与重物的重量之间的比值为滑车组系数，即

$$K=\frac{Q}{P} \text{ 或 } P=\frac{Q}{K}$$

式中　Q——起重物的重量，kN；

　　　P——绞车始端的绳索拉力，kN；

　　　K——滑车组系数。

K 值随着滑轮数和滑车组工作绳数的不同而变化，见表 11-15。

表 11-15　　　　　　　　　　　滑 车 组 系 数

滑车组工作绳数	滑车组中工作滑轮数	滑车组系数 K 导向滑轮数						
		0	1	2	3	4	5	6
1	0	1.00	0.96	0.92	0.88	0.86	0.82	0.78
2	1	1.96	1.88	1.81	1.73	1.66	1.60	1.53
3	2	2.88	2.76	2.65	2.55	2.44	2.35	2.26
4	3	3.77	3.62	3.47	3.33	3.20	3.07	2.95
5	4	4.62	4.44	4.26	4.09	3.92	3.77	3.61

滑车组工作绳数	滑车组中工作滑轮数	滑车组系数 K						
		导向滑轮数						
		0	1	2	3	4	5	6
6	5	5.43	5.21	5.00	4.80	4.61	4.43	4.15
7	6	6.21	5.59	5.72	5.49	5.27	5.06	4.86
8	7	6.97	6.69	6.42	6.17	5.92	5.68	5.45
9	8	7.69	7.38	7.09	6.80	6.53	6.27	6.02
10	9	8.38	8.04	7.72	7.41	7.12	6.83	6.56
11	10	9.04	8.68	8.33	8.00	7.68	7.37	7.08
12	11	9.68	9.29	8.92	8.56	8.22	7.89	7.58
13	12	10.29	9.88	9.48	9.10	8.74	8.39	8.05
14	13	10.88	10.44	10.03	9.63	9.24	8.87	8.52

注 1. 1个滑轮的效率等于0.96。

2. 绳索牵引端经定滑车的滑轮绕出，也作导向滑轮计。

三、钢丝绳滑车组滑轮不同时钢丝绳的始端拉力

钢丝绳滑车组滑轮不同时，钢丝绳始端拉力见表11-16。

表 11-16　　　　钢丝绳滑车组滑轮不同时钢丝绳始端拉力

滑车组的滑轮数	滑车组钢丝绳的穿绕方式	滑车名称	绕绳特点	滑车组每个滑轮的效率 η	滑车组的综合效率 η_Σ	提升重物时所需拉力 P (kN)
2		一一滑车	1个定滑轮和1个动滑轮，绳索固定端在定滑轮一端，引出端从定滑轮绕出	0.94 0.95 0.97 0.98	0.916 0.93 0.95 0.975	0.54Q 0.538Q 0.526Q 0.51Q
3		二一滑车	2个定滑轮和1个动滑轮，绳索固定端在动滑轮一端，引出端从定滑轮绕出	0.94 0.95 0.97 0.98	0.883 0.90 0.944 0.967	0.378Q 0.37Q 0.354Q 0.344Q

滑车组的滑轮数	滑车组钢丝绳的穿绕方式	滑车名称	绕绳特点	滑车组每个滑轮的效率 η	滑车组的综合效率 η_Σ	提升重物时所需拉力 P (kN)
4		二二滑车	2个定滑轮和2个动滑轮，绳索固定端在定滑轮一端，引出端从定滑轮绕出	0.94 0.95 0.97 0.98	0.86 0.88 0.927 0.95	0.29Q 0.284Q 0.27Q 0.26Q
5		三二滑车	3个定滑轮和2个动滑轮，绳索固定端在动滑轮一端，引出端从定滑轮绕出	0.94 0.95 0.97 0.98	0.834 0.86 0.914 0.94	0.24Q 0.227Q 0.219Q 0.21Q
6		三三滑车	3个定滑轮和3个动滑轮，绳索固定端在定滑轮一端，引出端从定滑轮绕出	0.94 0.95 0.97 0.98	0.81 0.84 0.90 0.934	0.206Q 0.198Q 0.186Q 0.178Q
7		四三滑车	4个定滑轮和3个动滑轮，绳索固定端在动滑轮一端，引出端从定滑轮绕出	0.94 0.95 0.97 0.98	0.786 0.82 0.887 0.922	0.18Q 0.174Q 0.16Q 0.155Q
8		四四滑车	4个定滑轮和4个动滑轮，绳索固定端在定滑轮一端，引出端从定滑轮绕出	0.94 0.95 0.97 0.98	0.766 0.80 0.875 0.913	0.164Q 0.156Q 0.14Q 0.137Q

滑车组的滑轮数	滑车组钢丝绳的穿绕方式	滑车名称	绕绳特点	滑车组每个滑轮的效率 η	滑车组的综合效率 η_Σ	提升重物时所需拉力 P (kN)
2		一一滑车	1个定滑轮和1个动滑轮，绳索固定端在动滑轮一端，引出端从动滑动绕出	0.94 0.95 0.97 0.98	0.94 0.954 0.968 0.983	0.355Q 0.350Q 0.344Q 0.340Q
3		一二滑车	1个定滑轮和2个动滑轮，绳索固定端在定滑轮一端，引出端从动滑轮绕出	0.94 0.95 0.97 0.98	0.912 0.925 0.96 0.976	0.274Q 0.266Q 0.260Q 0.256Q
4		二二滑车	2个定滑轮和2个动滑轮，绳索固定端在动滑轮一端，引出端从动滑轮绕出	0.94 0.95 0.97 0.98	0.887 0.904 0.94 0.96	0.226Q 0.220Q 0.210Q 0.208Q
5		二三滑车	2个定滑轮和3个动滑轮，绳索固定端在定滑轮一端，引出端从动滑轮绕出	0.94 0.95 0.97 0.98	0.862 0.883 0.929 0.95	0.194Q 0.189Q 0.180Q 0.176Q
6		三三滑车	3个定滑轮和3个动滑轮，绳索固定端在动滑轮一端，引出端从动滑轮绕出	0.94 0.95 0.97 0.98	0.833 0.863 0.914 0.943	0.170Q 0.166Q 0.160Q 0.150Q

滑车组的滑轮数	滑车组钢丝绳的穿绕方式	滑车名称	绕绳特点	滑车组每个滑轮的效率 η	滑车组的综合效率 η_Σ	提升重物时所需拉力 P (kN)
7		三四滑车	3个定滑轮和4个动滑轮，绳索固定端在定滑轮一端，引出端从动滑轮绕出	0.94 0.95 0.97 0.98	0.813 0.842 0.90 0.932	0.154Q 0.148Q 0.139Q 0.134Q
8		四四滑车	4个定滑轮和4个动滑轮，绳索固定端在动滑动一端，引出端从动滑轮绕出	0.94 0.95 0.97 0.98	0.792 0.822 0.89 0.922	0.140Q 0.135Q 0.125Q 0.120Q

注　在滑车组中，通常用定滑轮和动滑轮的数量来命名，例如，3个定滑轮和2个动滑轮组成的滑车组，命名为三二滑车；2个定滑轮和2个动滑轮组成的滑车组，命名为二二滑车，以此类推。

四、滑车、滑车组的使用

1. 滑轮凹槽与钢丝绳的容许间隙

（1）滑车使用前，必须检查滑车滑轮，应部件齐全，轮轴、钩环、支架、轮槽等有无损伤情况，转动部分应灵活。发现下列情况之一者不得使用：

1）吊钩、吊环变形。

2）槽壁磨损超过其厚度的 10％。

3）槽底磨损深度大于 3mm。

4）轮缘裂纹、破损。

5）轴承变形或轴瓦磨损。

6）滑轮转动不灵。

（2）滑车的大小应与起重力相适应，滑车的滑轮直径应不小于钢丝绳直径的 16 倍，并检查钢丝绳与轮槽是否相适应，钢丝绳和滑轮槽间允许间隙见表 11-17。

表 11-17　　　　　　　　　　　　钢丝绳和滑轮槽间允许间隙

钢丝绳直径 (mm)	容许间隙(mm)		钢丝绳直径 (mm)	容许间隙(mm)	
	最　小	最　大		最　小	最　大
$\phi 6.35 \sim 7.94$	0.387	0.794	$\phi 30 \sim 38$	1.588	3.175
$\phi 9.5 \sim \phi 19$	0.794	1.588	$\phi 39.7 \sim 57.2$	2.382	4.763
$\phi 20 \sim \phi 28.5$	1.191	2.381	$\phi 58.7$ 以上	3.175	6.350

（3）吊挂大滑车时，搬动不便，可先挂小滑车穿绳用于起吊大滑车。

（4）多轮滑车的起重力，由各轮承受平均载荷的，不能用其中一个或两个滑轮承受全部载荷。

（5）当使用滑车起重时，应防止用手接触正在行走的钢丝绳，十分必要的情况下，可用撬杠等工具接触。

（6）在受力方向变化较大的场合或在高处使用时，应采用吊环式滑车；如采用吊钩式滑车，必须对吊钩的门扣锁好，封口保险。

（7）滑车组的钢丝绳不得产生扭绞。

（8）滑车应按铭牌规定的荷载使用，禁止超载荷使用。

滑车组拉紧时上下滑车的最小间距见表11-18。

表 11-18　　　　　　　　　　滑车组拉紧时上下滑车的最小间距

简　图	起重能力 （kN）	滑轮轮轴间距 h （mm）	拉紧状态下滑车组的长度 L （mm）
	10	700	1400
	50	900	1400
	100	1100	2200
	150	1200	2800
	200	1200	2800
	250	1200	3200
	300	1200	3500
	400	1200	3700
	500	1200	3700
	800	1400	4000
	1000	1600	4000
	1400	1800	4000

2. 起重钢丝绳长度计算

钢丝绳长度 L 由下式计算

$$L = n(h + 3d) + l + 10\,000$$

式中　　d ——滑轮直径，mm；

　　　　l ——定滑轮与绞磨之间的距离，mm；

　　　　n ——工作绳数；

　　　　h ——提升高度，mm。

第六节　高强度卸扣（U 形环）

高强度卸扣主要用于物件装卸时和钢丝绳套之间的连接或钢丝绳套之间的连接，其结构如图 11-8 所示。

高强度卸扣一般采用锻造，使用材料有 20Cr、20Mn2、35CrMo 等。卸扣体使用时，应注意以下几点：

（1）应按额定载荷使用，严禁超载荷使用。

（2）卸扣表面应光滑，不应有毛刺、裂纹、尖角、夹层等缺陷，不得用焊接补强法焊接卸扣的缺陷。

（3）卸扣使用时不得横向受力。

（4）卸扣的 U 形扣体及销轴的螺纹损坏者不得使用。

（5）卸扣销子不得扣在能活动的索具内，严禁绳索在 U 形环上连续滑移（即代替滑车使用）。

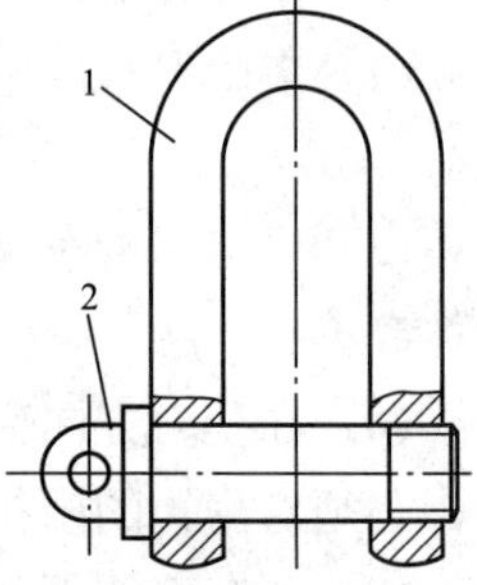

（6）卸扣使用时螺纹部分应旋入到位、拧紧。

（7）卸扣损坏后，原则上不进行维修；如出现裂纹、变形、砂眼夹层等缺陷直接按报废处理。表 11-19、表 11-20 为国内有关厂家生产的高强度卸扣尺寸。表 11-21 为一般起重用锻造卸扣的结构尺寸。

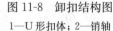

图 11-8　卸扣结构图
1—U 形扣体；2—销轴

表 11-19 GXK 系列高强度卸扣

型　号	主要尺寸（mm）				额定载荷（kN）	质　量（kg）	简　图
	A	B	C	D			
GXK-1	55	42	12	20	10	0.15	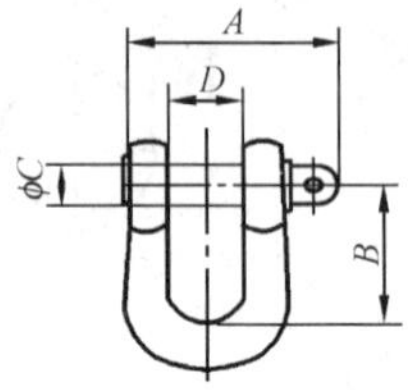
GXK-2	67	58	16	24	20	0.29	
GXK-3	97	82	20	34	30	0.8	
GXK-3A	97	112	20	34	30	0.9	
GXK-5	107	89	22	38	50	1.12	
GXK-5A	107	131	22	38	50	1.29	
GXK-8	128	97	30	45	80	2.4	
GXK-10	141	114	34	48	100	3.56	
GXK-16	152.5	139	37	54	160	4.8	
GXK-20	164	140	39	60	200	5.17	
GXK-30	186	146	50	68	300	7.5	

注　由宁波东方电力机具制造有限公司生产。

表 11-20 DG 系列高强度卸扣

型　号	额定载荷（kN）	横销直径（mm）	环腔间距（mm）	质　量（kg）
DG1	10	12	20	0.25
DG2	20	18	28	0.6
DG3	30	22	35	1.0
DG4	40	24	40	1.2
DG5	50	22	44	1.5
		27		
DG6.3	63	30	50	2.5
DG8	80	27	45	3.5
		33	56	

型　　号	额定载荷 (kN)	横销直径 (mm)	环腔间距 (mm)	质　　量 (kg)
DG10	100	30	42	5
		39	63	
DG16	160	37	64	8
		48	79	
DG20	200	42	70	11
		52	89	
DG25	250	60	99	15
DG30	300	45	72	20
DG32	320	68	112	22
DG40	400	75	125	30
DG50	500	86	140	40

注 由常熟电力机具有限公司生产。

表 11-21 　　　　　　　　　一般起重用锻造卸扣的结构尺寸

简　　图

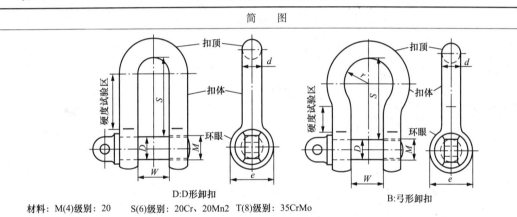

材料：M(4)级别：20　　S(6)级别：20Cr、20Mn2　　T(8)级别：35CrMo

销轴的几种形式

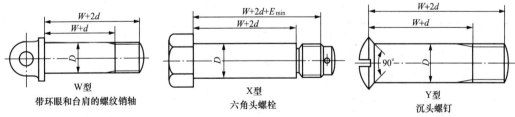

Z 型：在不削弱卸扣强度的情况下，采用的其他形式的销轴

起重量(t)			D 形卸扣的尺寸(mm)				弓形卸扣的尺寸(mm)				
强度级别			d max	D max	W min	S min	M	d max	D max	W min	$2r$ min	S min	M
M(4)	S(6)	T(8)										
—	—	0.63	8.0	9.0	18.0	M9	9.0	10.0	16.0	22.4	M10

起重量(t)			D形卸扣的尺寸(mm)					弓形卸扣的尺寸(mm)				
强度级别			d	D W		S	M	d	D W	$2r$	S	M
M(4)	S(6)	T(8)	max	max min		min		max	max min	min	min	
—	0.63	0.8	9.0	10.0		20.0	M10	10.0	11.2	18.0	25.0	M11
—	0.8	1	10.0	11.2		22.4	M11	11.2	12.5	20.0	28.0	M12
0.63	1	1.25	11.2	12.5		25.0	M12	12.5	14.0	22.4	31.5	M14
0.8	1.25	1.6	12.5	14.0		28.0	M14	14.0	16.0	25.0	35.5	M16
1	1.6	2	14.0	16.0		31.5	M16	16.0	18.0	28.0	40.0	M18
1.25	2	2.5	16.0	18.0		35.5	M18	18.0	20.0	31.5	45.0	M20
1.6	2.5	3.2	18.0	20.0		40.0	M20	20.0	22.4	35.5	50.0	M22
2	3.2	4	20.0	22.4		45.0	M22	22.4	25.0	40.0	56.0	M25
2.5	4	5	22.4	25.0		50.0	M25	25.0	28.0	45.0	63.0	M28
3.2	5	6.3	25.0	28.0		56.0	M28	28.0	31.5	50.0	71.0	M30
4	6.3	8	28.0	31.5		63.0	M30	31.5	35.5	56.0	80.0	M35
5	8	10	31.5	35.5		71.0	M35	35.5	40.0	63.0	90.0	M40
6.3	10	12.5	35.5	40.0		80.0	M40	40.0	45.0	71.0	100.0	M45
8	12.5	16	40.0	45.0		90.0	M45	45.0	50.0	80.0	112.0	M50
10	16	20	45.0	50.0		100.0	M50	50.0	56.0	90.0	125.0	M56
12.5	20	25	50.0	56.0		112.0	M56	56.0	63.0	100.0	140.0	M62
16	25	32	56.0	63.0		125.0	M62	63.0	71.0	112.0	160.0	M70
20	32	40	63.0	71.0		140.0	M70	71.0	80.0	125.0	180.0	M80
25	40	50	71.0	80.0		160.0	M80	80.0	90.0	140.0	200.0	M90
32	50	63	80.0	90.0		180.0	M90	90.0	100.0	160.0	224.0	M100
40	63	—	90.0	100.0		200.0	M100	100.0	112.0	180.0	250.0	M110
50	80	—	100.0	112.0		224.0	M110	112.0	125.0	200.0	280.0	M125
63	100	—	112.0	125.0		250.0	M125	125.0	140.0	224.0	315.0	M140
80	—	—	125.0	140.0		280.0	M140	140.0	160.0	250.0	355.0	M160
100	—	—	140.0	160.0		315.0	M160	160.0	180.0	280.0	400.0	M180

注 1. $e_{max} = 2.2D_{max}$。

2. E_{min} 为螺母厚度。

第 十 二 章

拉紧、张紧、顶升工具

第一节 手拉和手扳葫芦及棘轮收线器

手拉和手扳葫芦是输电线路工程施工中常用的轻小型起重机具，按驱动方式有手拉和手扳两种，前者是通过手拉手拉环链达到拉紧、起重的目的，后者是通过手柄扳动钢丝绳或链条来达到拉紧或起重的目的。手扳葫芦有环链（链条）手扳葫芦和钢丝绳手扳葫芦两种。

一、手拉葫芦

手拉葫芦是以焊接的环链作为绕性承载件的起重工具，在输电线路工程施工中常用作展放完毕或弛度调整完毕后导线的临时锚固，和牵张机现场的锚固就位及附件安装时提升重物等。

图 12-1 所示为 HS 系列手拉链条葫芦结构图，它采用对称排列的二级正齿轮传动，其工作原理如下：起重或张紧时，拽动手拉链条 3，手链轮 1 顺时针方向转动，使摩擦片 12、棘轮 10、制动器座 13 压成一体带动齿轮长轴 6 共同旋转，再带动片齿轮 9、齿轮短轴 8、花键齿轮 7 转动，使安装在花键齿轮上的起重链 4 转动，带动起重链 4 提升重物或张紧绳索。卸货物时只要使手链轮反向转动，和制动器脱离，起重链受重力作用下带重物下降。

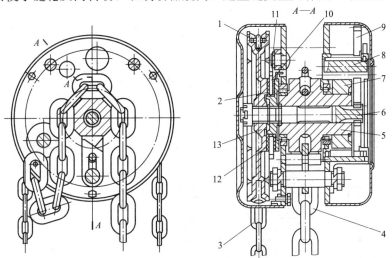

图 12-1 HS 系列手拉链条葫芦结构图

1—手链轮；2—载荷自制式制动器；3—手拉链条；4—起重链；5—起重链轮；
6—齿轮长轴；7—花键齿轮；8—齿轮短轴；9—片齿轮；10—棘轮；
11—棘爪；12—摩擦片；13—制动器座

由于该手拉葫芦采用了棘轮摩擦式的单向制动器，在载荷下能自行制动，即棘爪 11 在弹簧作用下锁住棘轮，阻止了起重链和重物下降或在张紧力的作用下反向转动，保证制动安全可靠。

常用手拉链条葫芦有 HS 系列和 HSZ 系列，后者为重型，其结构尺寸及技术参数分别见表 12-1 和表 12-2。

表 12-1   **HS 系列手拉链条葫芦结构尺寸及技术参数**

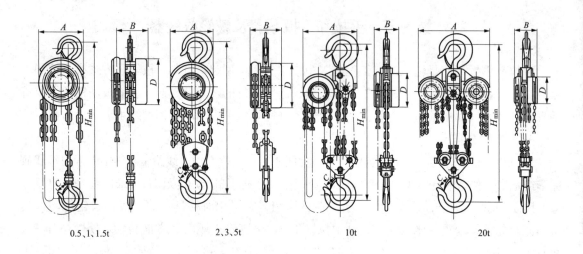

0.5、1、1.5t   2、3、5t   10t   20t

型　号		HS0.5	HS1	HS1.5	HS2	HS2.5	HS3	HS5	HS10	HS20
起重量	t	0.5	1	1.5	2	2.5	3	5	10	20
标准起升高度	m	2.5					3			
试验载荷	t	0.625	1.25	1.88	2.5	3.13	3.75	6.25	12.5	25
两钩间最小距离 H_{min}	mm	280	300	360	380	420	470	600	730	1000
满载时手链拉力	N	160	320	360	320	390	360	390	400	
起重链行数	行	1			2	1	2		4	8
起重链条圆钢直径	mm	6		8	6	10	8	10		
主要尺寸	A		142	178	142	210	178	210	358	580
	B		122	139	122	162	139	162		189
	C	mm	24	28	32	34	36	38	48	64	82
	D		142	178	142	210	178	210		
质量	kg	9.5	10	15	14	28	24	36	68	155
起重高度每增加 1m 应增加的质量		1.7	1.7	2.3	2.5	3.1	3.7	5.3	9.7	19.5

表 12-2　　　　　　　HSZ 系列手拉链条葫芦结构尺寸及技术参数

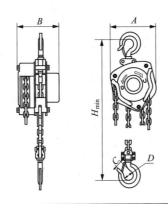

型　　号		HSZ-0.5A	HSZ-1A	HSZ-1.5A	HSZ-2A	HSZ-3A	HSZ-5A	HSZ-10A	HSZ-20A
额定起重量	t	0.5	1	1.5	2	3	5	10	20
标准起重高度	m	2.5	2.5	2.5	3	3	3	3	3
试验载荷	kN	6.3	12.5	18.8	25	37.5	62.5	125	250
满载时手拉力	N	221	304	343	410	343	414	414	414×2
起重链条行数	行	1	1	1	1	2	2	4	8
起重链条直径	mm	6	6	8	8	8	10	10	10
主要尺寸 （mm）	A	125	147	183	183	183	215	404.5	595
	B	113	126	141	141	141	163	163	191
	C	30	34	38	41	48	52	64	85
	D	36	40	45	50	58	64	85	110
两钩间最小距离 H_{min}	mm	255	306	368	368	486	616	750	1000
净重	kg	8.5	11	18	18	27	42	83	193
包装尺寸	cm× cm× cm	25.5×18.5 ×13.7	25.5×20.5 ×14.7	33×25.5 ×16.2		36×27 ×16.2	43×34 ×19.2	50×41 ×21	64×38 ×64
起升高度每增加 1m增加质量	kg	1.7	1.7	2.3	2.3	3.7	5.6	9.7	19.4

二、手扳葫芦

1. 钢丝绳手扳葫芦

钢丝绳手扳葫芦是较轻型的张紧、起重工具，主要用于输电线路工程施工中张紧拉线、牵引移动重物等。由于在理论上牵引的距离可不受限制，故也可用它来牵引拉紧导线、调整导线弛度等。钢丝绳手扳葫芦的结构如图 12-2 所示，其工作原理如下。

（1）提升重物（钢丝绳向前进方向移动），逆时针方向扳动前进手柄 1，转动摇臂 10，传动大连杆 8、小连杆 9，带动前后两套夹紧机构 4、11 作反向运动，其中前夹紧机构 4 处

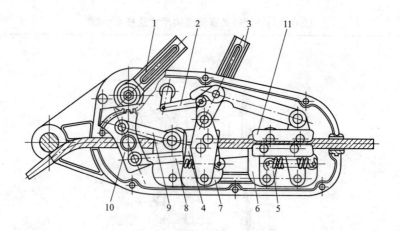

图 12-2 钢丝绳手扳葫芦结构图

1—前进手柄；2—松卸手柄；3—倒退手柄；4—前夹紧机构；5—弹簧；6—后
侧板；7—前侧板；8—大连杆；9—小连杆；10—摇臂；11—后夹紧机构

于夹紧状态，后夹紧机构 11 则处于松弛状态，带动钢丝绳向前移动，达到牵引目的。

（2）下降重物（钢丝绳向后退方向移动），顺时针方向拨动倒退手柄 3，向前移动的前夹紧机构 4 的夹持力减小，向后移动的后夹紧机构 11 的夹紧力增大，紧握钢丝绳，使其后退。

（3）夹持锁紧重物（钢丝绳被锁紧），当前进手柄 1 和倒退手柄 3 处于静止状态时，由于弹簧 5 压力作用，钢丝绳被夹持，停止不动。

（4）松绳（穿入或卸下钢丝绳），扳动松卸手柄 2，拉紧弹簧，使前后夹紧机构松开，可以穿入或卸下钢丝绳。

HSS 系列钢丝绳手扳葫芦技术参数见表 12-3。

表 12-3　　　　　　　　　　HSS 系列钢丝绳手扳葫芦技术参数

型　　　号		HSS408	HSS416	HSS432
额定起重量	t	0.8	1.6	3.2
一次行程	mm	≥40	≥40	≥16
钢丝绳直径	mm	$\phi8$	$\phi11.6$	$\phi16$
钢丝绳标准长度	m	20	20	20
净重	kg	6.8	13	25
额定载荷时手扳力	N	≤343	≤400	≤441
装箱尺寸	mm×mm×mm	420×106×250	530×126×315	660×160×360

2. 环链手扳葫芦

HSH 型环链手扳葫芦的外形如图 12-3 所示，其结构如图 12-4 所示，它也是一种使用简单、携带方便的起重工具，在输电线路工程施工中用于张紧固定施工设备、提升重物、临时锚固导线，以及在高空作业附件安装时张拉调整器材位置，提升移动滑车、绝缘子等。

374

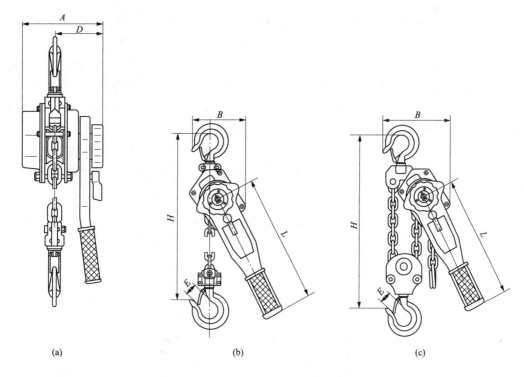

图 12-3　HSH 型环链手扳葫芦外形图

（a）侧视图；（b）HSH，0.75t/1.5t/3t；（c）HSH，6t

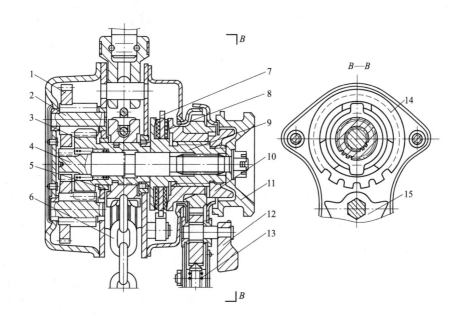

图 12-4　HSH 型环链手扳葫芦结构图

1—传动片齿轮；2—短轴齿轮；3—花键齿轮；4—长轴齿轮；5—起重链轮；6—起重链；
7—棘轮；8—摩擦片；9—制动器座；10—凸轮；11—手轮；12—拨块；13—手柄；
14—换向棘轮；15—换向棘爪

环链手扳葫芦采用对称排列，二级齿轮传动结构，由手柄操动机构、齿轮离合装置、制动装置、齿轮减速机构、起重链轮及起重链等组成。工作时，只要将拨块 12 置于向上位置，扳动手柄 13 使摩擦片 8、棘轮 7、制动器座 9 压成一体共同旋转，带动长轴齿轮 4、传动片齿轮 1、短轴齿轮 2、花键齿轮 3 和起重链轮 5，通过棘轮 7 旋转，带动重物上升或下降。

如将拨块 12 置于中位，并将手轮 11 拉出向左旋转定位，离合器即打开，可自由拉动起重链条，调整吊钩位置。如手轮向右旋转，离合器啮合。

环链手扳葫芦有 HB、HSH 两种型号，HB 型一般起重量为 3t 及以下，HSH 型最大起重量可达 9t，起重高度为 1.5～6m。HB 型环链手扳葫芦和 HSH 型环链手扳葫芦技术参数见表 12-4 和表 12-5。

表 12-4　　　　　　　　　　　　HB 型环链手扳葫芦技术参数

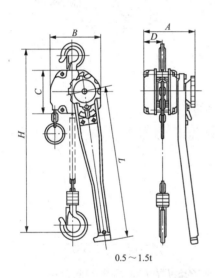
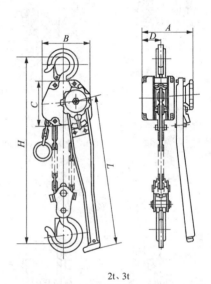

0.5～1.5t　　　　　　　　　　　　　　　　　　　　　2t、3t

型号	起重量	起升高度	扳手长度 L	满载时手扳力	手柄扳动 90° 时升高	两钩间最小距离 H	起重链		主要尺寸				质量
							行数	规格	A	B	C	D	
	t	m	mm	N·m	mm	mm	行	mm		mm			kg
HB0.5	0.5			150	13	246		5×15	138	120	113	45.5	6.5
HB1	1		360	250	11.4	295	1	6×18	142	137	124	51	7.1
HB1.5	1.5	1.5		300	12.2	325		8×24	154	153	145	57.5	10
HB2	2		460	26.5	5.7	350	2	6×18	142	137	124	51	9.2
HB3	3			320	6.1	410		8×24	154	153	145	57.5	14.5

注　由南京起重机械总厂生产。

376

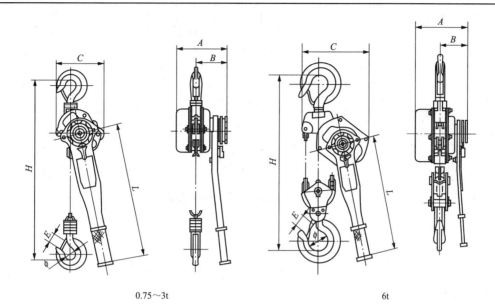

0.75～3t   6t

型号	起重量	起升高度	扳手长度 L	满载时手扳力	手柄扳动 90° 时升高	两钩间最小距离 H	起重链 行数	起重链 圆钢直径	主要尺寸 A	B	C	ϕ	E	质量
	t	m	mm	N·m	mm	mm	行	mm	mm					kg
HSH¾	0.75		290	20		303		6	139	84	153	37	26	7
HSH1½	1.5	1.5		21		365	1	7	174	108	160	45	31	11
HSH3	3		410	33		485		10	200	115	185	55	40	20
HSH6	6			35		600	2				230	65	45	30

另外，还有改进型的 HSH-A 型环链手扳葫芦和 HSH-C 型环链手扳葫芦，其技术参数分别见表 12-6 和表 12-7。

表 12-6   **HSH-A 型环链手扳葫芦技术参数（见图 12-3）**

型 号	HSH3/4	HSH3/2	HSH3	HSH6
额定起重量(t)	0.75	1.5	3	6
标准起重高度(m)	1.5	1.5	1.5	1.5
试验载荷(kN)	11.03	22.05	37.50	75
两钩间最小距离 H(mm)	325	380	480	620
满载时的手扳力(N)	140	220	320	340
起重链条行数(行)	1	1	1	2
起重链条直径(mm)	6	8	10	10
手柄长度 L(mm)	280	410	410	410

型 号		HSH3/4	HSH3/2	HSH3	HSH6
主要尺寸(mm)	A	148	172	200	200
	D	90	98	115	115
	B	136	160	180	235
	E	30	35	40	50
净 重(kg)		7	11	21	31
装箱尺寸(长×宽×高, cm×cm×cm)		38×13×17	48×14×20	55.5×18.5×22.5	55.5×20.0×22.5
起重高度增加 1m 增加的质量(kg)		0.92	1.6	2.4	4.8

表 12-7   **HSH-C 型环链手扳葫芦技术参数**

型 号	HSH-C110.25	HSH-C110.5	HSH-C110.75	HSH-C111.5	HSH-C113	HSH-C116	HSH-C119
额定载荷(kN)	2.5	5	7.5	15	30	60	90
链条长度(m)	1.5~5						

注 由宁波东方电力机具制造有限公司生产。

三、棘轮手扳葫芦

棘轮手扳葫芦是一种在输电线路工程施工中用于收紧钢绞线、小截面导线的张紧、紧线的工具，图 12-5 所示为其结构图，它由吊钩 1、主架 4、操作手柄 5、制动棘爪 2、驱动棘

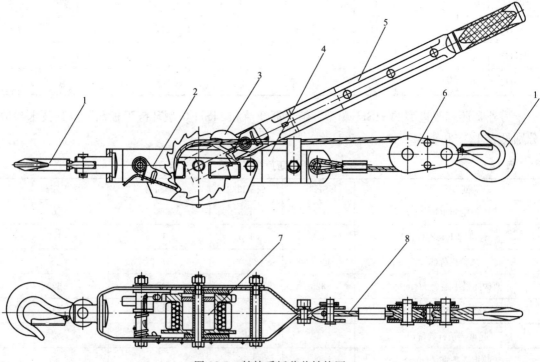

图 12-5   棘轮手扳葫芦结构图

1—吊钩；2—制动棘爪；3—驱动棘爪；4—主架；5—操作手柄；6—滑轮；7—卷筒；8—收紧钢丝绳

爪 3、卷筒 7、收紧钢丝绳 8、滑轮 6、滑轮架等组成。其工作原理如下：操作手柄 5 下压，通过驱动棘爪 3 迫使卷筒 7 沿逆时针方向转动，通过收紧钢丝绳 8 经两侧吊钩 1 进行紧线作业，收紧钢丝绳的长短由卷筒的容绳量决定，一般为 1m，它的另一端经绳套固定在主架 4 上，另一端经滑轮 6 固定在卷筒上。当手柄下压到下止点后，再向上移动时，驱动棘爪 3 和棘轮分离，这时棘轮在收紧钢丝绳张紧力的作用下，有反向转动趋势时和制动棘爪 2 啮合，卷筒被制动，故只要使操作手柄上下移动，即可通过卷筒完成张紧导线或钢绞线的目的。通过操作使制动棘爪和驱动棘爪退出啮合，即可使卷筒自由转动，调整两侧吊钩的位置。表 12-8 为 SJJS 型棘轮手扳葫芦技术参数。

表 12-8   SJJS 型棘轮手扳葫芦技术参数

型 号	额定载荷（kN）	质量（kg）	备 注
SJJS-2A	20	6.5	钢丝绳滑轮吊钩
SJJS-1A	10	3.6	

注 1. 自由伸缩长度为 1m。

2. 由宁波东方电力机具制造有限公司生产。

四、棘轮收线器

棘轮收线器主要用于输电线路工程施工中收紧小型钢绞线、小截面导线等，其结构如图 12-6 所示，其工作原理如下：工作时，该棘轮收线器一端通过插销式组件 2（或吊钩）与锚体固定，另一侧通过固定在滑轮 5 上的钢丝绳的绳套和需被张紧的导线或钢绞线固定后，即可操作手柄经棘轮收紧机构 7 拨动滑轮转动，进行卷绕收紧导线或钢绞线；当手柄操作完一个行程，反向转动进行第二个操作行程时，卷筒通过另一侧与其固定在一起的棘轮由止推棘爪 4 进行制动，防止滑轮被拉反向转动。当止推棘爪 4 和棘轮分离，滑轮 5 就能自由转动，缠绕在滑轮上的钢丝绳即可被拉出，进行下一次张紧作业。

SJJ 型棘轮收线器技术参数见表 12-9，SH、HP 棘轮收线器技术参数见表 12-10。

表 12-9   SJJ 型棘轮收线器技术参数

型 号	额定载荷（kN）	规 格	吊挂形式	质 量（kg）
SJJ-1	8	棘轮齿数 18	销式	1.7
			钩式	1.8
SJJ-1A	8	棘轮齿数 18	销式	1.9
			钩式	2
SJJ-2	12	棘轮齿数 20	销式	2
			钩式	2.1
SJJ-2A	12	棘轮齿数 20	销式	2.2
			钩式	2.3

注 1. 型号后缀带 A 的产品配有 1.2m 钢丝绳。

2. 由宁波东方电力机具制造有限公司生产。

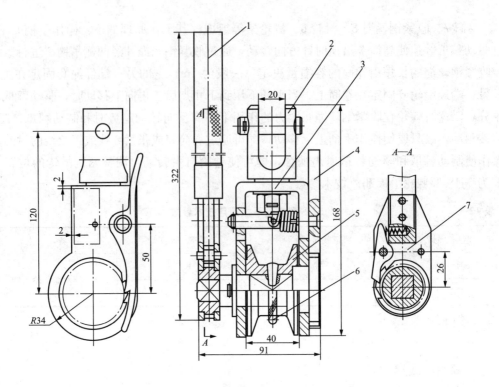

图 12-6　棘轮收线器结构图

1—手柄；2—插销式组件；3—滑轮架；4—止推棘爪；5—滑轮；6—牵引钢丝绳；7—棘轮收紧机构

表 12-10　　　　　　　　　　　SH、HP 棘轮收线器技术参数

型　　号	额定载荷 （kN）	配用钢丝绳 （mm）	质　　量 （kg）	备　　注
SH-10	10	$\phi5$	3	
SH-20	20	$\phi6$	4	
HP-123	10	$\phi5$	3.6	进口产品
HP-146	20	$\phi5$	3.7	

注　由扬州工三电力机具有限公司生产。

第二节　双钩紧线器

双钩紧线器主要用于输电线路工程架线施工时收紧拉线、调整设备或器材的位置、更换绝缘子及在其他施工过程中张紧时使用。

双钩紧线器有钢质和铝合金两种，前者较重，但允许承载力大，最大的可承载 100kN 的张紧力，后者重量轻，携带及使用方便，但最大载荷一般不大于 50kN。

一、钢质双钩紧线器

图 12-7 所示为 SJS 型钢质双钩紧线器结构图，其中张紧拉管 3 和张紧管体 5 是焊接在一起的，要进行紧线作业时，只要将两侧钩体 4 通过钢丝绳套和各自的物体相连，操作棘轮

棘爪总成的手柄7，由于棘轮通过键和螺钉和张紧拉管连接在一起，带T形螺纹的张紧管体5转动，通过管体内的T形内螺纹使两侧带T形外螺纹的钩体4向中间移动，起到收紧张拉的作用，常用的SSJ、SJS、SJ、TSJ型钢质双钩紧线器技术参数见表12-11～表12-13。

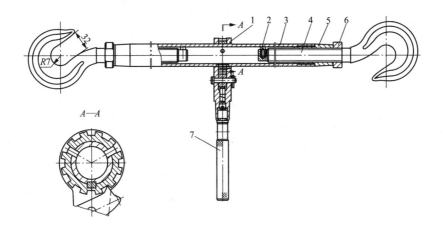

图 12-7　SJS型钢质双钩紧线器结构图

1—棘轮棘爪总成；2—止推销；3—张紧拉管；4—钩体；

5—带T形螺纹的张紧管体；6—锁紧螺母；7—手柄

表 12-11　　　　　　　　　　　SSJ 型双钩紧线器技术参数

型　号	形　式	额定载荷 （kN）	最大中心距 （mm）	可调节距离 （mm）	质　量 （kg）
SSJ-1.5B	CC	14.7	1320	590	5
	OO				
	CO				
SSJ-3B	CC	29.4	1692	700	10
	OO				
	CO				
SSJ-6B	CC	58.8	2162	940	19
	OO				
	CO				
SSJ-3	CC	29.4	1692	700	10
	OO				
	CO				
SSJ-6	CC	58.8	2162	940	19
	OO				
	CO				

注　1. CC为双钩式，OO为双环式，CO为一侧钩式，另一侧环。

　　2. 由南京线路器材厂生产。

表 12-12　　　　　　　　　　　　SJS 型双钩紧线器技术参数

型　号	额定载荷 （kN）	最大中心距 （mm）	可调节距离 （mm）	质　量 （kg）
SJS-0.5	5	800	300	2.5
SJS-1	10	860	280	3.5
SJS-2	20	1050	370	4
SJS-3	30	1350	500	6
SJS-5	50	1440	540	8
SJS-8	80	1670	590	8.5
SJS-10	100	1740	600	10

注　由宁波东方电力机具制造有限公司生产。

表 12-13　　　　　　　　　SJ、TSJ 型双钩紧线器技术参数

型号及名称	额定载荷 （kN）	最大中心距 （mm）	可调节距离 （mm）	质　量 （kg）
SJ-10 型双钩紧线器	10	800	300	2
SJ-20 型双钩紧线器	20	994	360	5.5
SJ-30 型双钩紧线器	30	1300	500	6.5
SJ-50 型双钩紧线器	50	1430	500	8
SJ-80 型双钩紧线器	80	1788	738	12
TSJ-10 型套式双钩紧线器	10	678	310	3
TSJ-20 型套式双钩紧线器	20	735	335	3.3
TSJ-30 型套式双钩紧线器	30	1030	500	5.2
TSJ-50 型套式双钩紧线器	50	1125	575	6.5

注　由扬州工三电力机具有限公司生产。

二、铝合金双钩紧线器

SJSL 型铝合金双钩紧线器结构如图 12-8 所示，铝合金张紧拉管 3 大大减轻了紧线器的重量，通过销轴螺钉 5 和带 T 形螺纹的钢质接头 2 连接在一起的，钩体 1 也是钢质的。其工作原理同 SJS 型钢质双钩紧线器。表 12-14 为 SJSL 型铝合金双钩紧线器技术参数。

表 12-14　　　　　　　　SJSL 型铝合金双钩紧线器技术参数

型　号	额定载荷 （kN）	最大中心距 （mm）	可调节距离 （mm）	质　量 （kg）
SJSL-1	10	768	290	2
SJSL-2	20	926	350	2.5
SJSL-3	30	1278	530	4.5
SJSL-5	50	1500	630	6

注　由宁波东方电力机具制造有限公司生产。

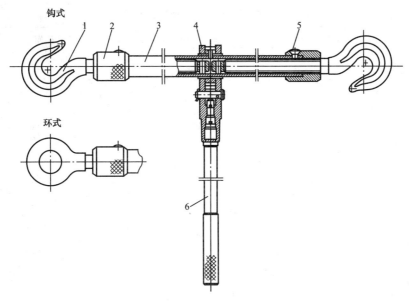

图 12-8 SJSL 型铝合金双钩紧线器结构图

1—钩体；2—带 T 形螺纹的钢质接头；3—铝合金张紧拉管；

4—棘轮棘爪总成；5—销轴螺钉；6—操作手柄

第三节 千 斤 顶

千斤顶是一种常用的起重工具，由于它有体积小、重量轻、携带方便、操作简单、维修容易等特点，在输电线路工程施工中，用于在空间狭小的场合进行流动性和临时性的作业，如调整物件位置，作支撑或移动重物等。千斤顶根据结构形式分为液压千斤顶和机械螺旋千斤顶，液压千斤顶有整体式液压千斤顶与动力源和顶升液压缸两者分开的分离式液压千斤顶两种。

一、螺旋千斤顶

螺旋千斤顶结构如图 12-9 所示。螺旋形千斤顶一般采用伞齿轮，对于大吨位的千斤顶，因受传动比的限制，100t 的采用蜗轮副结构，50t 的有锥齿轮和蜗轮副两种。普通螺旋千斤顶采用自锁螺纹（螺旋角 $\alpha = 4° \sim 4°30'$），使用安全可靠其效率较低（30%～40%）。但由于这种结构的千斤顶效率低。目前对于大吨位 50t 及以上的千斤顶，有些产品采用梯形双线非自锁螺杆及制动装置，平时旋紧制动螺栓，制动瓦压住制动轮，阻止螺栓旋转。只要旋松制动螺栓，当载荷超过一定值时能自动快速下降。QL 型螺旋千斤顶技术参数见表 12-15。

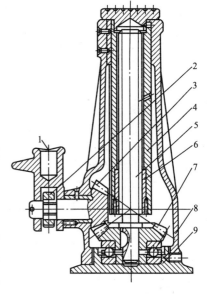

图 12-9 螺旋千斤顶结构图

1—手柄；2—棘轮组；3—小锥齿轮；4—升降套筒；5—螺杆；6—螺母；7—大伞齿轮；8—机架；9—底座

383

表 12-15

型　号	额定起重量 （t）	最低高度	起升高度	调整高度	手柄操作力 （N）	质　量 （kg）
		（mm）				
QL3.2	3.2	200	110			6
QL5	5	250	130			7
QL8	8	260	140			10
QL10	10	280	150			11
QLD10	10	192	80			10
QL16	16	320	180			14.5
QL20	20	325	180			18
QLD25	25	262	125			20
QL32	32	395	200			24
QLD32	32	320	180			20
QL50	50	452	250			45
QLZ50	50	700	400			109
QL100	100	455	200			86

注　由上海千斤顶厂生产。

二、液压千斤顶

1. 立式液压千斤顶

立式液压千斤顶的结构如图 12-10 所示，起重时上下摆动手柄，起动手动液压泵 1 使液压油压入液压缸体 6，驱动活塞 5 上升，顶起重物。下降时放松回油阀 9，压力油经通油孔 8 回储油室后，再完成下一行程。

QYL 型液压千斤顶技术参数见表 12-16。

表 12-16　　　　　　　　　　QYL 型液压千斤顶技术参数

型　号	额定起重量 （t）	最低高度	起升高度	调整高度	手柄操作力 （N）	质　量 （kg）
		（mm）				
QYL1.6	1.6	158	90	60		2.9
QYL3.2	3.2	195	125	60		4.2
QYL5	5	197	125	80		5.2
QYL8	8	236	160	80		7
QYL10	10	240	160	80		7.6
QYL12.5	12.5	245	160	80		8.5
QYL16	16	250	160	80		11.5
QYL20	20	280	180			14
QYL20D	20	245	145	70		
QYL32	32	285	180			21

型 号	额定起重量 (t)	最低高度	起升高度	调整高度	手柄操作力 (N)	质 量 (kg)
		(mm)				
QYL50	50	300	180			34
QYL100	100	340	180			70
QW100	100	360	200		36×2	120
QW200	200	400	200		36×2	250
QW320	320	450	200		36×2	435

注 由上海千斤顶厂生产。

2. 分离式千斤顶

分离式液压千斤顶是由超高压泵站、千斤顶和连接两者的胶管三大独立部分组成。使用时千斤顶和泵站通过高压胶管连接在一起，起动泵站，即可使千斤顶进行顶升作用。其中，泵站可以是机动的，也可以是手动的。由于分离式千斤顶本体和液压泵分离，使用时不受位置的限制，可以垂直、横卧及倒放等。另外，因液压泵和顶升部分均为独立单元，中间用胶管连接，故可以进行远距离操作，使用安全。输电线路工程施工现场常用的分离式千斤顶的液压泵主要采用手动液压泵。但变电站施工顶升重物有时使用机动液压泵驱动多台千斤顶。

图 12-11 所示为分离式液压千斤顶结构原理图，该千斤顶是采用压簧复位，只要操作手动液压泵 4，通过液压胶管 6 向液压千斤顶供压力油，即可使千斤顶完成顶升作业。液压千

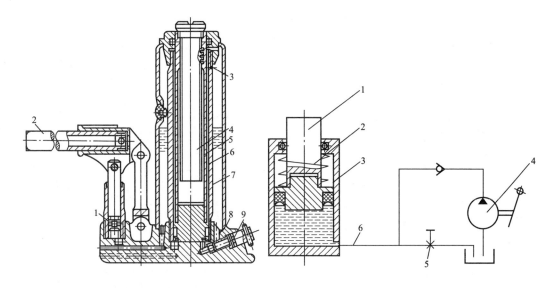

图 12-10 立式液压千斤顶结构图
1—手动液压泵；2—手柄；3—限油油孔；4—调整螺杆；5—活塞；6—液压缸体；7—储油室；8—通油孔；9—回油阀

图 12-11 分离式液压千斤顶结构原理图
1—柱塞；2—回程弹簧；3—缸体；4—手动液压泵；5—回油阀；6—液压胶管

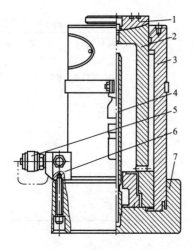

图 12-12　分离式千斤顶结构图

1—顶头；2—活塞；3—缸体；4—回油管；
5—快速接头；6—单向阀；7—底座

斤顶由柱塞 1、回程弹簧 2 和缸体 3 组成。回油阀 5 在顶升作业完成后开启，柱塞借助回程弹簧复位时，使液压油回油箱。

图 12-12 所示分离式千斤顶结构图，千斤顶部分由缸体、活塞、底座、快速接头、单向阀等构成。起升时以电动高压液压泵站的压力油作为动力源，液压泵输出的工作油经换向阀和高压油管与千斤顶的快速接头 5 连接，通过单向阀 6 进入液压缸，驱动活塞 2 上升而做功。当活塞达到极限位置后，如连续供油，油压升高到最大工作油压时，液压泵的安全阀打开泄油。QF 型和 FYQ 型分离式液压千斤顶技术参数见表 12-17 和表 12-18。FYQB 型超薄型分离式液压千斤顶技术参数见表 12-19，该千斤顶主要用于空间狭小的位置顶升重物。

表 12-17　　　　　　　　　　QF 型分离式液压千斤顶技术参数

型　号	额定起重量	最低高度	起升高度	工作压力	外形尺寸	质　量
	（t）	（mm）		（MPa）	（mm）	（kg）
QF50-20	50	325	200			33
QF100-20	100	350	200			58.8
QF200-20	200	385	200			127.4
QF320-20	320	410	200			216
QF500-20	500	460	200			390
QF630-20	630	517	200			630
QF800-20	800	567	200			940
QF1000-20	1000	620	200			1200

注　由上海千斤顶厂生产。

表 12-18　　　　　　　　　　FYQ 型分离式液压千斤顶技术参数

顶力（t）	压力（MPa）	行程（mm）	缸径（mm）
5	40	100	$\phi40$
10	63	125/200	$\phi45$
20	63	100/150	$\phi63$
30	63	150	$\phi80$
50	63	200	$\phi100$
80	63	200	$\phi125$
100	63	200	$\phi140$
160	63	200	$\phi180$
200	63	200	$\phi200$
320	63	200	$\phi250$
500	63	200	$\phi320$
630	63	200	$\phi360$

注　由上海华光工具厂生产。

386

表 12-19　　　　　　　　　　FYQB 型超薄型分离式液压千斤顶技术参数

型　号	最低高度（mm）	起重高度（mm）	工作压力（MPa）
FYQB5-7	33	7	63
FYQB10-11	43	11	63
FYQB20-11	52	11	63
FYQB30-12	59	12	63
FYQB50-15	67	15	63
FYQB75-15	80	15	63
FYQB100-15	86	15	63
FYQB150-14	100	14	63

注　由上海华光工具厂生产。

第四篇

架线施工机具

牵 引 机

第一节 牵引机的基本要求、组成及分类

一、张力架线对牵引机的基本要求

张力架线用牵引机，因有特殊的牵引作业要求，同一般牵引设备或卷扬机相比，有许多不同的地方，也有某些相似之处，有以下几个方面。

1. 对牵引力、牵引速度和过载保护的要求

在整个放线过程中，要求牵引机在满足放线时的牵引力和牵引速度时，还能按放线工况要求，随时、无级迅速调整牵引力和牵引速度的大小。同时，还要求有过载保护。

（1）对牵引力的要求。在放线张力不变的情况下，导线每通过一个杆塔，就要求牵引力增加，以克服杆塔上放线滑车阻力。一般情况下，导线由张力机前的第一基杆塔至被牵引通过最后一基杆塔，总的牵引力要求增加 20％～30％（按通过 12～13 基杆塔计算。对较长的放线段，牵引力可能增加到起始值的 150％）。图 13-1 所示为放线张力不变时，牵引力随通过放线段内杆塔数的变化情况，图中小峰值是考虑了牵引板通过滑车时造成的瞬时牵引力波动。

（2）对牵引速度的要求。在牵引过程中，当牵引板通过滑车时，有些情况下要求降低牵引速度。钢丝绳连接器通过牵引卷筒，或连接导线的网套式连接器通过某些张力机放线卷筒时，一般也都要求降低牵引速度。

最理想的牵引机应能实现恒功率运行，它在原动机输出轴的转速、扭矩不变的情况下，能随外界载荷变化自动调整牵引力和牵引速度的大小（当外界载荷增大时能自动降低牵引速度，增大牵引力；反之，当外界载荷减少时能自动增大牵引速度），操作人员不必进行频繁操作。

（3）要有过载保护。当牵引机的牵引力超过预整定值时，要求能自动停止牵引作业，实现过载保护，以防止发生拉倒杆塔等事故。

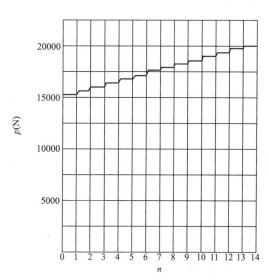

图 13-1　牵引力随通过放线段内杆塔数的变化情况

p—牵引力；n—放线段内杆塔数

过载保护的动作要正确无误、安全可靠（可保护的最大牵引力应不小于额定牵引力的 1.25 倍），这对液力传动牵引机尤为重要。因为该机在牵引钢丝绳卡阻情况下，如无过载保护措施，或保护失灵，牵引力会自动增加 3 倍左右，会严重影响架线作业的安全。

2. 对满载起动、正反转动和快速制动的要求

（1）牵引机能在满载情况下起动。在放线过程中因故障停机时，为防止导线落地，导线上的张力一般仍必须保持原定的数值。牵引机再次起动时，牵引钢丝绳上也仍保持原有张力不变，故必须能满载起动。

（2）牵引机能正反方向转动。牵引作业时为正向转动，但在有些情况下，如为处理导线或钢丝绳跳槽，必须使牵引卷筒反向转动。当牵引卷筒在导线或牵引钢丝绳上张力的作用下反向转动时，要求牵引机能快速自动制动。为此，必须设置专门机构，使牵引机根据作业工况，并经操作人员操作后，能反向自动转动。

（3）牵引机能实现快速制动。如牵引过程中因事故紧急停机，或发动机因故障熄火自动停机等时，牵引卷筒上牵引力消失，导线上的张力会通过牵引钢丝绳迫使牵引卷筒反向转动。这时如不能迅速使牵引卷筒自动处于制动状态，就会造成跑线，使导线落地，并造成对机械设备的瞬时冲击，容易打坏齿轮，损坏液压、液力元件。故牵引机应能实现快速制动。

3. 对一次牵引展放导线长度的要求

一次牵引展放导线的长度，一般不少于 5～8km，因此，除要求选择的原动机在额定功率情况下能连续运转一定时间外，还必须具有同牵引机相匹配的卷绕回收牵引钢丝绳的卷绕机构，并具备一定的卷绕容量。由于作业过程中牵引机被锚定不动，还必须考虑牵引机的散热问题，尤其是在夏季烈日下作业时更重要。

另外，要求牵引机的体积小、重量轻、操作简单、维护方便、便于转场运输，运转时噪声不得超过国家或行业标准规定的野外作业机械设备噪声要求。

采用不同传动方式的牵引机，使用性能是有差异的，设计时，应根据现场使用情况，全面综合考虑，选用合理的传动方式和结构，以满足使用要求。

二、牵引机的组成

牵引机一般由动力部分、主传动部分、制动器、减速装置总成、牵引卷筒、钢丝绳卷绕装置、机架及辅助装置等几大部分组成。有的牵引机没有和牵引机做成一体的钢丝绳卷绕装置，而采用独立的钢丝绳卷绕机。

图 13-2 所示为常用的拖车式液压传动牵引机结构图，由动力部分（发动机 11）、主传动部分（主液压泵和分动箱总成 1、主液压马达 10 及其组成的液压系统）、制动器 9、多级减速装置（二级行星齿轮减速器 8、末级齿轮减速器 20）、双摩擦牵引卷筒 21、钢丝绳卷绕装置（卷绕传动装置 12、钢丝绳卷筒 13、排绳机构 14、卷筒调位顶升液压缸 15）、机架（机架纵梁 6、拖架 22）、辅助装置（后支腿 2、前支腿 5、导向滚子组 16、钢丝绳夹紧装置 17、工具箱 4）等组成。

1. 动力部分

同所有工程机械和牵引设备一样，牵引机上也设有动力装置，用于驱动牵引卷筒进行牵引作业。动力装置主要采用柴油机或汽油机，如在作业场有一定容量的电源，也可采用电动机，还可从一些机动车辆上通过取力器取力。从使用性能或经济性方面考虑，一般应采用

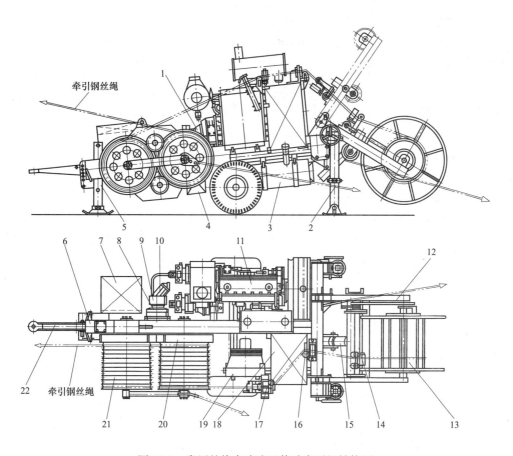

图 13-2 常用的拖车式液压传动牵引机结构图

1—主液压泵和分动箱总成；2—后支腿；3—燃料油箱；4—工具箱；5—前支腿；6—机架纵梁；7—控制箱；
8—二级行星齿轮减速器；9—制动器；10—主液压马达；11—发动机；12—卷绕传动装置；13—钢丝绳卷筒；
14—排绳机构；15—卷筒调位顶升液压缸；16—导向滚子组；17—钢丝绳夹紧装置；18—液压油箱；19—风
扇散热器；20—末级齿轮减速器；21—双摩擦牵引卷筒；22—拖架

柴油机。对某些大功率牵引机，有时还在一台牵引机上同时采用两台发动机并联运转。

动力装置的选用形式，对牵引机的性能有较大影响。根据牵引力、牵引速度和辅助装置消耗的功率、连续工作时间等综合考虑后选择动力装置的功率。

2. 主传动部分

主传动部分是把原动机的动力传递到工作机构上去。常用的传动方式有液压传动、液力传动、机械传动和电气传动四种，由液压泵、液压马达、液力传动箱、离合器、变速器、电动机调速装置以及其他辅助元件组成。主传动方式的选择对牵引机的使用性能、传动效率等起决定作用。使用性能主要是指牵引机对外载荷的适应性能和对牵引速度的调节性能。

在正常工作情况下，发动机转速和扭矩的变化范围都比较小，最好能在最经济工作点左右运转。牵引机上减速器的传动比是不能改变的，牵引卷筒的转速（牵引速度）主要依靠主传动部分来调节。在上述几种传动方式中，液压传动对牵引速度的调节范围较大，能很好地满足无级变速的要求，对外载荷也有较好的适应性。

机械传动牵引机只能依靠变速箱换挡和直接调节发动机油门来改变牵引速度。一般还应在变速箱前面设置离合器，以便在发动机起动时能切断载荷。

电气传动牵引机一般也采用变速箱有级改变牵引速度。

3. 制动器

制动器是确保作业安全可靠不可缺少的部件。在临时停机、紧急停机或过载保护自动停机等时，必须通过制动器使牵引卷筒处于制动状态，以防止在导线张力的作用下牵引卷筒倒转而使导线落地，或者不能停止牵引而发生事故。

用于牵引机上的制动器有盘式、内蹄式和外蹄式三种，一般都设置在减速器输入轴（即高速轴）上。

4. 减速装置总成

任何形式的牵引机都必须有由减速器（一般都同时采用两种减速器）或和变速箱组成的减速装置总成，以保证在高效率情况下满足各种牵引速度的要求。但是不同形式的牵引机对减速器的传动比要求也不同。以内燃机、电动机为原动机的机械传动牵引机，其减速装置总成的总传动比较大，一般为 40～60。液压传动牵引机，减速装置总成除减速器外，有的还包括分动箱（双泵并联时）。分动箱的传动比根据主泵和发动机的额定转速而定；液压马达至牵引卷筒的减速器，其传动比根据液压马达的类型而定。高速小扭矩液压马达传动比大，同上述机械传动牵引机基本相同；低速大扭矩液压马达传动比小。液力传动的牵引机，通常是将液力变矩器和多挡变速箱联合使用，组成液力机械传动箱，再和减速器组成减速装置总成，对这种牵引机，只要发动机与液力变矩器匹配合理，也能得到与液压传动牵引机相同，甚至更良好的工作性能。

常用的减速器有行星减速器、普通圆柱齿轮减速器、蜗轮减速器和圆锥齿轮减速器等。

5. 牵引卷筒

钢丝绳通过牵引卷筒进行牵引展放导线，它是牵引机牵引作业的工作机构。常用的牵引卷筒有双摩擦卷筒、磨芯式卷筒和卷线筒式单卷筒。牵引卷筒形式的选择对牵引机整机结构影响较大。

6. 机架和辅助装置

机架用于固定和安装牵引机的所有部件。常用的机架有带轮子的拖车架、台架式车架。也有将牵引机直接安装在机动车辆底盘上的，以便于转场就位。辅助装置有钢丝绳进出线导向装置、牵引力测定装置、液压或机械顶升支腿。有的牵引机上还带有犁锚或空气压缩装置等。另外，为防止噪声或设备感应电流对操作人员的伤害及考虑到作业中其他安全因素，国外少数牵引机、张力机配备了有线或无线遥控操作装置，使牵线机操作人员能在 30m（有线）或 600m（无线）远距离范围内操作设备。

7. 钢丝绳卷绕装置

有的牵引机同钢丝绳卷绕装置是分离的，称钢丝绳卷绕机。其动力部分与主机相连，即由牵引机辅助液压泵通过软管同钢丝绳卷绕机上的液压马达连接，提供动力，但大部分牵引机是将钢丝绳卷绕机直接安装在拖车的尾部，构成一体。钢丝绳卷绕装置有钢丝绳卷筒、传动装置和排绳机构等组成。

三、牵引机分类

牵引机的类型很多，一般按总体布置、传动方式、牵引卷筒形式分类，每类又分若干种，现分述如下。

1. 按总体布置分类

（1）拖车式牵引机。这种牵引机是将牵引机集中安装在特定的拖车上，主要优点是原动机动力输入部分结构简单，且不受传动方式的限制，运输方便。但野外运输的灵活性和现场就位不如自行驶式好，转场必须用车辆拖运。拖车式牵引机是目前使用最广泛的一种形式。

拖车式牵引机的结构如图 13-2 所示。有的拖车式牵引机由于未设置车轮制动及悬架等防振装置，拖运速度一般在 15km/h 以内，不能在公路上远距离拖运，只能在作业点附近小范围内转场运输。有的拖车式牵引机设置气刹车装置、车轮轮轴和机架之间通过防振的悬架连接，且有尾车信号灯，它就和普通带拖挂的汽车拖车一样，可以在公路上正常行驶。

（2）自行驶式牵引机。这种牵引机是安装在机动车辆底盘上，并采用车辆自身发动机的动力作为驱动牵引机的动力，不另配备发动机。优点是能自身行驶、体积小、转场和就位灵活方便。缺点是由于它的动力输出部分既要满足行驶要求，又要满足牵引作业要求，使结构复杂化。这种牵引机虽然少用了一台发动机，但是长期占用一台车辆，使设备利用的经济性较差，而且这种牵引机采用液力传动比较困难，使传动方式的选择有局限性，总的造价也比较高。自行驶式牵引机也是目前中型牵引机中比较广泛采用的一种形式。图 13-3 所示为采用车辆发动机动力带取力器的自行驶式牵引机结构图。也有下述将台架式牵引机安装在汽车

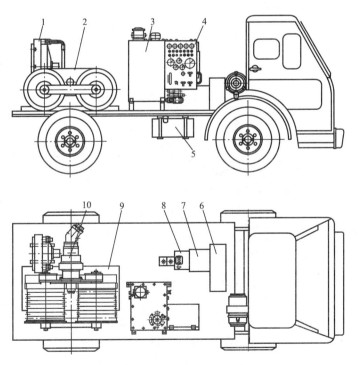

图 13-3　自行驶式牵引机结构图

1—液压油散热器；2—牵引卷筒；3—液压油箱；4—控制箱；5—燃油箱；6—取力器；7—变速器；8—液压泵；9—机架；10—液压马达、制动器、减速器总成

底盘上的自行驶式牵引机。

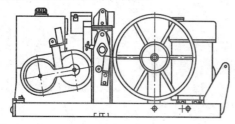

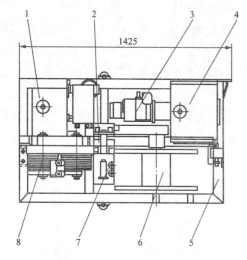

图 13-4 台架式牵引机结构图

1—液压油箱；2—液压马达、制动器、减速器总成；3—液压泵；4—发动机、燃油箱；5—机架；6—牵引绳卷绕装置；7—导向滚子组；8—牵引卷筒

（3）台架式牵引机。牵引机各部分集中安装在一个台架式机架上。这种牵引机结构简单、造价低，但转场运输和就位比较困难，一般都需配备较大的起吊设备，目前只用作较小功率的牵引机，或电气传动牵引机。图 13-4 所示为台架式牵引机结构图。

2. 按传动方式分类

牵引机原动机转速高、扭矩小，但它的牵引卷筒转速低、输出扭矩大，故在原动机和牵引卷筒之间，必须设置能降低转速、增大扭矩的传动装置。传动装置不但能根据工况要求较好地适应牵引力的变化和改变牵引速度的大小，而且当牵引机在不同牵引力和牵引速度时，传动装置又必须保证牵引机有良好的牵引特性。对以发动机作为动力装置的牵引机，由于发动机不能反转，在某些工况下要求牵引机牵引卷筒反向转动时，也只有靠传动装置来实现。

传动装置的选择对牵引机工作特性、传动效率、总体布置、加工制造和维修等方面都有很大的影响。必须根据牵引机的使用要求、牵引力和牵引速度的大小、传动效率、环境条件、配套元件的供货情况和零部件加工制造等方面因素综合考虑。

按传动方式分类，牵引机有液压传动牵引机、液力传动牵引机、机械传动牵引机和电气传动牵引机四种。

（1）液压传动牵引机。它是通过液压泵、液压马达及各种液压阀等组成的液压系统，以液体为工作介质，借助运动着的压力油的容积变化来传递动力的牵引机。同其他工程机械和牵引车辆一样，液压传动牵引机是目前最常用的牵引机之一。

（2）液力传动牵引机。它是通过液力传动箱、利用运动着的液体动能进行能量传递的牵引机。这种牵引机也能达到上述液压传动牵引机的主要功能，而且对外载荷变化的适应性还优于液压传动牵引机。但由于受到目前液力变矩器品种规格的限制，以及它必须和发动机严格匹配才能具有良好性能，故使用上不如液压传动牵引机普遍，只有大、中型牵引机才采用液力传动方式。

（3）机械传动牵引机。它是通过机械传动系统来实现能量传递的牵引机。这种牵引机结构简单、传动效率高、造价低、体积小、重量轻，但只能实现有级调速，使用性能不如上述两种牵引机好。目前这种牵引机使用也比较广泛，主要用作中、小型牵引机。

（4）电气传动牵引机。其动力传递主要依靠机械变速箱，但是调速（有的这类牵引机不考虑调速）、制动以及过载保护是通过电气操作系统来实现。这种牵引机实际上是以电动机为原动机，以机械和电器相结合的形式来实现动力传递的卷扬机械。这种设备主要也用作中、小型牵引机，由于受电源容量的限制，只用于城市周围、人口稠密地区及有一定容量电源的地方。

3. 按牵引卷筒形式分类

牵引卷筒的结构形式直接影响到整机的总体结构，按牵引卷筒形式分类，牵引机可分为双摩擦卷筒式牵引机、磨芯式牵引机和卷线筒式牵引机三种。

（1）双摩擦卷筒式牵引机。这种牵引机用两个多槽卷筒使牵引钢丝绳由内到外规则地交替绕缠，借助于钢丝绳和卷筒槽之间的摩擦力进行牵引作业。这种牵引机对钢丝绳的损伤小，安全可靠，且传递功率大，是目前使用最广泛的牵引机。双摩擦卷筒牵引机结构如图13-2 所示。双摩擦卷筒结构如图 13-5 所示。

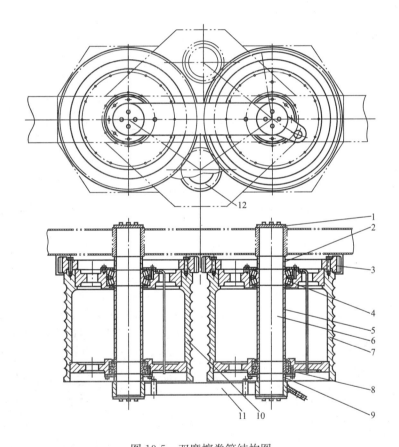

图 13-5 双摩擦卷筒结构图

1—压板；2、5、9—轴套一、二、三；3—大齿轮；4—后滚动轴承；6—卷筒轴；
7—后卷筒；8—前滚动轴承；10—前卷筒；11—连杆；12—小齿轮

（2）磨芯式牵引机。这种牵引机采用一个中间小、两侧大的腰鼓形卷筒进行牵引作业。与双摩擦卷筒相比，结构简单、体积小、重量轻（可以简化牵引机减速部分的结构）。但由于钢丝绳进入卷筒后，必须靠互相挤压产生指向磨芯中间的推力，使它在卷筒表面滑移，因而容易损伤钢丝绳。尤其是在钢丝绳连接器通过时很不安全，牵引速度也较低，所以目前只有

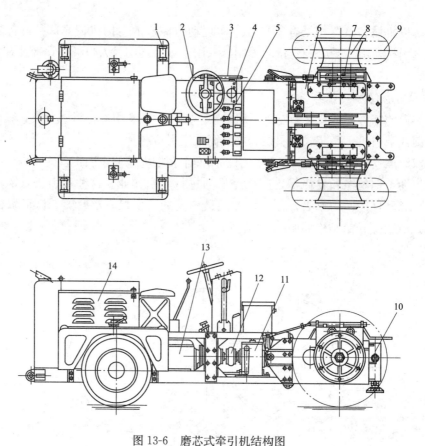

图 13-6 磨芯式牵引机结构图

1—钢丝绳滚轮；2—方向盘；3—手刹车手柄；4—仪表盘；5—脚踏板操作底座；
6—圆锥、圆柱齿轮减速器；7—棘轮停止器；8—磨芯式卷筒；9—车轮；10—机械
式千斤顶支腿；11—单级圆柱齿轮减速器；12—联轴器；13—变速箱；14—发动机

中、小型牵引机才采用这种形式。图 13-6 所示为磨芯式牵引机结构图，图 13-7 所示为磨芯式牵引卷筒结构图。

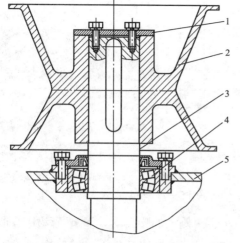

图 13-7 磨芯式牵引卷筒结构图

1—压盖；2—磨芯卷筒；3—卷筒轴；
4—滚动轴承；5—减速箱体

（3）卷线筒式牵引机。这种牵引机牵引卷筒容量大，可把牵引过程中回收的钢丝绳全部卷绕在牵引卷筒上。因此省去了上述两种牵引机必须配备的钢丝绳卷绕装置和钢丝绳卷绕机，传动部分结构简单、操作方便。这种牵引机的缺点是牵引长度受到限制，而且上下层钢丝绳之间挤压严重，在恒扭矩输出的情况下，牵引力随钢丝绳卷绕层数增加而减小，故一般只应用于牵引力不大、一次牵引展放导线长度较小的场合。这种形式的牵引机，有的也可以用作张力机。图 13-8 所示为卷线筒式牵引机结构图。

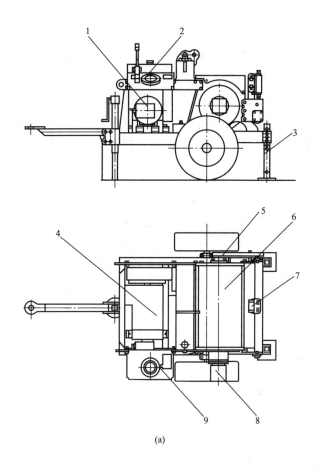
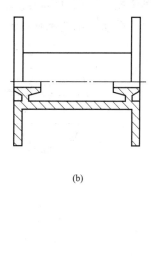

(a)

(b)

图 13-8　卷线筒式牵引机结构图

（a）卷线筒式牵引机；（b）卷线筒外形图

1—发动机、液压泵总成；2—控制箱；3—支腿；4—液压油箱；5—排绳机构链传动装置；
6—卷线筒；7—排绳机构；8—液压马达减速器总成；9—燃油箱

第二节　牵引机牵引卷筒

　　牵引卷筒是牵引机进行作业的执行机构，它输出扭矩进行牵引作业是通过钢丝绳在牵引卷筒上缠绕一定的圈数产生的摩擦力矩来实现的。牵引卷筒形式的选择，对牵引机的整体结构、牵引用钢丝绳直径的大小、使用寿命等都有很大的影响。

　　牵引机牵引卷筒同一般卷扬机等起重机械的牵引卷筒相比，有很大差别。后者由于牵引绳的长度比较短，它们都把牵引钢丝绳直接卷绕在卷筒上。而牵引机一次牵引展放导线达数千米，牵引过程中回收的钢丝绳数量很大，无法直接卷绕在牵引卷筒上。因此，必须将牵引卷筒牵引回收的钢丝绳引入专门设置的钢丝绳卷绕机构上。若一次展放导线的长度较短，放线张力较小时，也可以将牵引钢丝绳直接卷绕在容绳量较大的卷筒上。一般情况下，牵引机一次牵引导线的长度应该不受限制。

　　牵引机常用牵引卷筒的形式有双摩擦卷筒、磨芯式卷筒和类似卷扬机卷筒的单卷筒三种，其中以双摩擦卷筒使用最为普遍。

一、双摩擦卷筒

图 13-9 所示为双摩擦卷筒结构示意图，它由两个轴线平行、表面带有数个钢丝绳槽的卷筒Ⅰ、Ⅱ组成。牵引作业时，牵引钢丝绳首先从上方进入卷筒Ⅰ的第一个槽，并从内侧到外侧逐槽排列，最后从卷筒Ⅱ的外侧槽内向上引出，进入钢丝绳卷绕装置。这样，当卷筒Ⅰ、Ⅱ被驱动时，靠钢丝绳和卷筒之间的摩擦附着力，使钢丝绳不断顺次交替进出两个卷筒上的绳槽，并通过钢丝绳卷绕装置连续卷收钢丝绳，进行牵引作业。现分别叙述双摩擦卷筒的受力分析、结构和强度计算等。

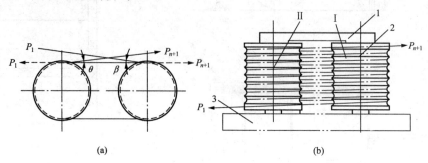

图 13-9　双摩擦卷筒结构示意图

(a) 正视图；(b) 俯视图

1—支撑；2—卷筒体；3—减速器；Ⅰ、Ⅱ—卷筒

1. 牵引钢丝绳在双摩擦卷筒上的受力分析

分析钢丝绳在卷筒上的受力情况，确定牵引力和尾部出线拉紧力的关系，对合理确定双摩擦卷筒的槽数、磨芯式卷筒的宽度等有重要意义。

在牵引作业过程中，是靠钢丝绳在卷筒上缠绕数圈后，使卷筒和钢丝绳之间产生足够的摩擦附着力，带动钢丝绳牵引导线。卷筒自身则由原动机通过不同的传动方式，并经减速器减速后驱动。

为了便于分析，假定卷筒上的阻力很大，相当于它处于静止状态。钢丝绳在卷筒槽上的受力如图 13-10 所示，设钢丝绳进线处某一小段在卷筒上的包绕角为 α，在牵引力的作用下，它在卷筒上形成的压力为 p，则

$$p = P_1 \sin \frac{\alpha}{2} + P'_2 \sin \frac{\alpha}{2}$$

式中　P_1——钢丝绳上的牵引力；

　　　P'_2——由该小段钢丝绳后面的钢丝绳和卷筒表面的摩擦阻力产生的拉紧力。

若设卷筒的等效半径为 R，则这一小段钢丝绳同卷筒的接触长度为 $R\alpha$，由此便得

$$q = \frac{p}{R\alpha} = \frac{(P_1 + P'_2) \sin \frac{\alpha}{2}}{R\alpha}$$

而　　　　　　　$$R = \frac{1}{2} (D_s + d_s)$$

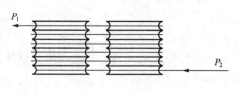

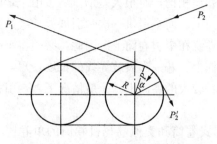

图 13-10　钢丝绳在卷筒槽上受力图

式中　q——单位长度上钢丝绳对卷筒的压应力；

　　　D_s——卷筒槽底直径；

　　　d_s——钢丝绳直径。

当 α 很小时，钢丝绳的弧长 $R\alpha$ 也很小，P_1 和 P'_2 可认为相等（即 $P_1=P'_2$），则

$$q=\lim_{\alpha\to 0}\frac{(P_1+P'_2)\ \sin\frac{\alpha}{2}}{R\alpha}=\frac{P_1}{R}\frac{\sin\frac{\alpha}{2}}{\frac{\alpha}{2}}$$

即
$$q=\frac{P_1}{R} \tag{13-1}$$

由式（13-1）可见，钢丝绳同卷筒之间的压应力与卷筒的等效半径成反比，同牵引力成正比。

又设 $\mathrm{d}p$ 为某一段钢丝绳 $\mathrm{d}l$ 在牵引力 P_1 作用在相应卷筒表面的压应力，则

$$\mathrm{d}p=q\mathrm{d}l=\frac{P_1}{R}\mathrm{d}l$$

$$\mathrm{d}P_1=\mathrm{d}p\mu=\frac{P_1}{R}\mu\mathrm{d}l$$

因为 $\mathrm{d}l=R\mathrm{d}\alpha$，故 $\mathrm{d}P_1=P_1\mu\mathrm{d}\alpha$，此式经变换后，将等式两边积分，有

$$\int\frac{1}{P_1}\mathrm{d}P_1=\int\mu\mathrm{d}\alpha$$

由此得
$$\ln P_1=\mu\alpha+C$$

C 为常数，可以由边界条件求得。当 $\alpha=0$ 时，$P_1=P'_2$，故得

$$\ln P_1=\ln P'_2=C$$

即
$$\ln P_1=\mu\alpha+\ln P_2$$

因此
$$\ln\frac{P_1}{P_2}=\mu\alpha$$

$$\frac{P_1}{P_2}=\mathrm{e}^{\mu\alpha}=\mathrm{e}^{2\pi n\alpha} \tag{13-2}$$

式中　e——自然对数的底，e$=2.718\cdots$；

　　　P_2——卷筒出线处钢丝绳上的拉力；

　　　μ——钢丝绳与卷筒之间的摩擦系数，由接触面的材料而定；

　　　α——钢丝绳在卷筒上的有效包绕角，对磨芯式卷筒，$\alpha=2\pi n$；对双摩擦卷筒，因每
　　　　　　个卷筒上只有半圈有效，故 $\alpha=\pi n$，其中 n 为钢丝绳在卷筒上的缠绕圈数。

由式（13-2）可见，为保证钢丝绳不会在卷筒上打滑，卷筒进线处钢丝绳上的牵引力确定后，卷筒出线处钢丝绳上要求最小拉力的数值和 μ 及 n 有关。

2. 双摩擦卷筒的受力分析

如图 13-9 所示，钢丝绳在卷筒上各槽中通过时，上、下两排钢丝绳上的受力情况是不同的，设两卷筒各槽上面的钢丝绳拉力为 P_1，P_3，P_5，$\cdots$；各槽下面的钢丝绳拉力为 P_2，P_4，P_6，$\cdots$。卷筒 I 第一槽进线水平夹角为 β，卷筒 II 最后一槽出线水平夹角为 θ，钢丝绳通过两卷筒各槽后包绕角分别为 $\pi-\beta$，$2\pi-\beta$，$\cdots$，$(n+1)\pi-(\beta+\theta)$。这时，经两个卷筒

槽后，钢丝绳内的向心拉力顺次为

$$P_2 = \frac{P_1}{e^{(\mu\pi-\beta)}\eta_k}$$

$$P_3 = \frac{P_2}{e^{\mu\pi}\eta_k} = \frac{P_1}{e^{\mu(2\pi-\beta)}\eta_k^2}$$

$$\vdots$$

$$P_n = \frac{P_1}{e^{\mu[(n-1)\pi-\beta]}\eta_k^{n-1}}$$

$$P_{n+1} = \frac{P_1}{e^{\mu[n\pi-(\beta+\theta)]}\eta_k^n}$$

式中　η_k——钢丝绳在卷筒上缠绕半圈的效率（不包括双摩擦卷筒上轴承的摩擦损失）；

n——缠绕圈数（通过每个摩擦卷筒的每槽为半圈）。

卷筒 I 上承受的牵引力为 P_I，则

$$P_I = P_1 - P_2 + P_3 - P_4 + \cdots + P_{n-1} - P_n$$

卷筒 II 上承受的牵引力为 P_{II}，则

$$P_{II} = P_2 - P_3 + P_4 - P_5 + \cdots + P_n - P_{n+1}$$

设双摩擦卷筒上实际输出的牵引力为 P，则

$$P = P_I + P_{II} = P_1 - P_{n+1}$$

卷筒 I 的轴承受的向心合力 F_I 为

$$F_I = P_1\cos\beta + P_2 + P_3 + \cdots + P_n$$

卷筒 II 的轴承受的向心合力 F_{II} 为

$$F_{II} = P_2 + P_3 + P_4 + \cdots + P_{n+1}\cos\theta$$

若考虑卷筒轴承的摩擦系数，则双摩擦牵引卷筒实际需要的牵引力 P_e 为

$$P_e = P_I + P_{II} + (F_I + F_{II})\mu_0 \frac{\phi}{D_s + d_s}$$

式中　μ_0——轴承的摩擦系数；

D_s——卷筒的槽底直径（见图 13-11），mm；

d_s——钢丝绳直径，mm；

ϕ——卷筒轴直径，mm。

双摩擦卷筒的传动效率 η_r 为

$$\eta_r = kP/P_e$$

由于 F_I、F_{II} 数值较大，轴承摩擦阻力引起的牵引力的损耗不能忽视，故在计算发动机功率时必须考虑 P_e 值，一般可取 $\eta_r = 0.96$。

一般在设计时，牵引钢丝绳的 β 为 15°，θ 为 15°或更小些。考虑到钢丝绳上带有油脂，起润滑作用，钢丝绳与卷筒槽之间的摩擦系数相应降低，一般取 $\mu = 0.2$。在此条件下，如钢丝绳在双摩擦卷筒上缠绕 7 圈，并均由卷筒上方进线和出线，当入口牵引力为 P_1 时，出口尾部拉力为 $0.0116P_1$，已很小。F_I 约为 $3.29P_1$，F_{II} 约为 $2.28P_1$。当牵引力 P_1 为 60000N 时，卷筒 I 的轴水平方向承受的向心合力 F_I 约为197400N，卷筒 II 的轴水平方向承受的向心合力 F_{II} 约为136800N。由此可见，卷筒 I 和卷筒 II 的轴上承受很大的弯矩。为改

402

善卷筒轴的受力状况，一般均在双摩擦卷筒和卷筒的端部之间加一支撑（见图13-9中的1）。

3. 双摩擦卷筒槽底直径的确定

双摩擦卷筒槽底直径同它要求通过钢丝绳的直径大小有关。对一定直径的钢丝绳，槽底直径越大，它在上面通过时弯曲应力越小，有利于提高钢丝绳的使用寿命，而且也使钢丝绳连接器在上面通过时内部应力减小，确保了作业安全。同时，降低了钢丝绳在卷筒上弯曲、拉伸产生的能量损耗，提高了机械效率。但因槽底直径大，卷筒承受的扭矩大，同时也会使整机重量增大，对设备的轻型化不利。

钢丝绳在卷筒上通过时，弯曲应力的计算是一个十分复杂的问题，可用下述巴赫公式表示，即

$$\sigma_{\mathrm{w}} = K_1 \frac{\delta}{D_{\mathrm{s}}} E \tag{13-3}$$

式中　σ_{w}——弯曲应力，MPa；

　　　δ——钢丝绳中单根钢丝的直径，m；

　　　K_1——弯曲应力特性系数，$K_1 = \frac{3}{8}$；

　　　E——钢丝的弹性模数，$E = 2.1 \times 10^5 \mathrm{MPa}$；

　　　D_{s}——摩擦卷筒槽底直径，m。

由式（13-3）可见，钢丝绳的弯曲应力 σ_{w} 和摩擦卷筒槽底部直径 D_{s} 成反比，同钢丝绳内单股钢丝的直径 δ 成正比。根据有关资料介绍，最理想的 D_{s} 值应为 $D_{\mathrm{s}} \geqslant 500\delta \sim 600\delta$，当 $D_{\mathrm{s}} \geqslant 1000\delta$ 时，$\eta_{\mathrm{k}} \approx 1$。

一般可按下式要求确定摩擦卷筒槽底部直径 D_{s}，即

$$D_{\mathrm{s}} \geqslant 25 d_{\mathrm{s}}$$

式中　d_{s}——钢丝绳直径，mm。

国外牵引机双摩擦卷筒槽底直径和所用钢丝绳直径的倍率关系见表13-1，供参考。

表 13-1　　　　　国外牵引机双摩擦卷筒槽底直径和所用钢丝绳直径的倍率关系

国　　家	卷筒槽底直径（mm）	钢丝绳直径（mm）	倍　　率
意 大 利	585	18~24	32.5~24.4
	600	18~24	33.3~25
日 　 本	460	24	19.2
	500	26	19.2
加 拿 大	609	22.22	27.4

双摩擦卷筒的两个卷筒在加工时，应严格控制卷筒上各钢丝绳槽槽底直径 D_{s} 的误差。因为当钢丝绳在卷筒上通过时，必须顺次交替进出两卷筒上的各绳槽，如各绳槽的槽底直径不一致，使各绳槽内钢丝绳的长度也不一样。各绳槽内钢丝绳的长度不同时会出现两种情况：①当钢丝绳从槽底直径大的绳槽进入槽底直径较小的绳槽时，钢丝绳就会出现松弛现象，并在相邻槽内钢丝绳的张紧力作用下在该槽内滑移，达到重新张紧；②当钢丝绳从槽底直径较小的槽进入较大的槽时，会迫使钢丝绳内部的张紧力增大，从而张拉本槽及相邻槽内的钢丝绳，以补偿钢丝绳长度的不足，使其满足槽底直径较大槽的周长要求。上述两种情况，都会使钢丝绳的表面或内部受到损伤。

4. 双摩擦卷筒上钢丝绳槽型和槽数的确定

双摩擦卷筒上钢丝绳槽型的确定，除考虑槽和钢丝绳一定的接触面外，还必须考虑钢丝绳连接器的通过、牵引速度，以及钢丝绳在卷筒上不跳槽等因素。

常用的槽型有深槽型和浅槽型，其中浅槽型用于牵引速度相对比较慢、通过钢丝绳连接器比较频繁的牵引机上。

（1）深槽型。这种槽型同起重机械设备上卷筒采用的非标准深槽相似，但相邻槽之间的节距 t_1 稍大，槽也更深一些。这种槽型的结构如图 13-11 所示（图中 D_s 为卷筒绳槽底直径），其尺寸为

$$t_1 = d_s + (7 \sim 12) \quad mm$$
$$h_1 = (0.7 \sim 1)d_s \quad mm$$
$$R_1 = (0.6 \sim 0.7)d_s \quad mm$$

（2）浅槽型。这种槽型相邻槽之间的节距 t_2 比深槽型要大得多，这种槽型的结构如图 13-12 所示（其中 D_s 为卷筒绳槽底直径），其尺寸为

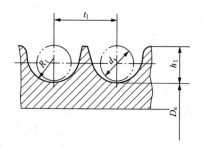

图 13-11 深槽型的结构

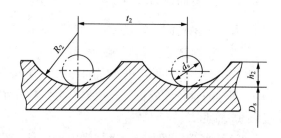

图 13-12 浅槽型的结构

$$t_2 = d_s + (34 \sim 38) \quad mm$$
$$h_2 = (0.6 \sim 0.9)d_s \quad mm$$
$$R_2 = (1.6 \sim 2.2)d_s \quad mm$$

其中，h_2、R_2 等式中括号内数值是按卷筒直径的大小取值，直径越大，取值越小。

双摩擦卷筒上钢丝绳槽的数目 n 的确定，必须满足在较小尾部拉力情况下，卷筒承受最大牵引力时，钢丝绳不会在槽内滑动。可按下式进行计算

$$n = \frac{1}{2\pi\mu}\ln\frac{P_{1max}}{P_{n+1}} \tag{13-4}$$

式中　P_{1max}——卷筒可能承受的最大牵引力，N；

P_{n+1}——卷筒出口处尾部钢丝绳拉力，一般情况下，可取 $P_{n+1} \leqslant 400 \sim 500N$。

目前国内外牵引机双摩擦卷筒上一般采用 6～9 个钢丝绳槽。

5. 双摩擦卷筒材料

选择双摩擦卷筒的材料时，除考虑它的强度、耐磨性外，还必须考虑对钢丝绳的保护，尽量减少对钢丝绳的磨损，故卷筒表面硬度应适当。

由于这种卷筒形状比较复杂，筒壁比较厚，采用焊接结构比较困难，一般均为铸造件。常用的材料有 ZG35、ZG45 铸钢或 45 号锻钢等，并经过表面热处理，要求表面硬度为

HRC50～55，也有用 1Cr17Ni2 不锈钢锻件加工的。

6. 双摩擦卷筒的强度计算

由于双摩擦卷筒直径大，长度相对较小，所以它自身承受的弯矩和扭矩产生的合成应力，远小于压应力，故它的强度计算只考虑压应力。

卷筒表面与钢丝绳接触的槽底压应力 σ_y 为

$$\sigma_y = A \frac{P_{max}}{\delta t} \leqslant [\sigma_o] \quad \text{Pa} \tag{13-5}$$

式中　A——应力减小系数，考虑到钢丝绳进入卷筒时，对卷筒表面应力有减小作用，一般 A 取 0.75；

P_{max}——在钢丝绳上最大的牵引力，N；

δ——卷筒壁厚度，对铸钢 $\delta = d_s$，对铸铁 $\delta = 0.02D_s +$（0.006～0.01），m；

t——卷筒相邻绳槽的节距，m；

$[\sigma_o]$——允用压应力，对钢 $[\sigma_o] = \frac{\sigma_s}{2}$，其中 σ_s 为屈服极限；对铸铁 $[\sigma_o] = \frac{\sigma_y}{5}$，其中 σ_y 为抗压极限。

根据式（13-5）可以确定合理的卷筒壁厚。

目前国内外在牵引机上采用双摩擦卷筒最广泛，绝大部分的大、中型牵引机都采用这种卷筒。

二、磨芯式卷筒

磨芯式卷筒（见图 13-13）表面加工成悬链线曲面或抛物线曲面，如图 13-13 中曲面 a 所示（也有加工成锥面的），中间小，向两侧逐渐增大。

牵引作业前，钢丝绳从卷筒支承侧进线，在它表面绕缠数圈后引出，与钢丝绳卷绕机连接，或者直接由人工回收卷绕。

磨芯式卷筒一般情况下都采用卷筒轴线水平布置的方式支承，也有个别牵引机上采用垂直布置的方式支承，但进线侧都必须在卷筒支承侧。

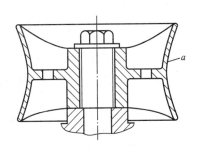

图 13-13　磨芯式卷筒

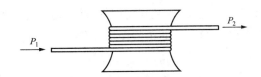

图 13-14　钢丝绳在磨芯式卷筒上绕缠图

1. 磨芯式卷筒的受力分析

钢丝绳在磨芯式卷筒上绕缠如图 13-14 所示，设牵引力为 P_1，尾部引出钢丝绳的拉力为 P_2，则有关系式

$$P_2 = \frac{P_1}{e^{\mu 2\pi n}}$$

$$n = \frac{1}{2\pi\mu}\ln\frac{P_1}{P_2}$$

式中　n——钢丝绳在磨芯式卷筒上安全绕缠卷数，P_1 确定后，根据 P_2 的大小而定；

P_2——为保证钢丝绳在卷筒上不打滑而必须施加的尾部钢丝绳拉力，如用人工拉尾部钢丝绳时，一般取 $P_2 \leqslant 150 \sim 200\text{N}$，如用钢丝绳卷绕机收绕时，$P_2 \leqslant 400 \sim 500\text{N}$。

卷筒产生的牵引力 P 为

$$P = P_1 - P_2$$

在牵引作业过程中，磨芯式卷筒上钢丝绳和筒壁之间、钢丝绳匝和匝之间的受力情况十分复杂，如图 13-15 所示。

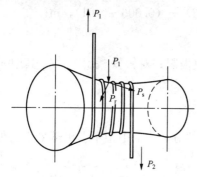

图 13-15　磨芯式卷筒上钢丝绳和筒壁之间、钢丝绳匝和匝之间的受力情况

磨芯式卷筒被驱动进行牵引作业时，钢丝绳由中部向左侧直径大的方向绕缠。此时在进线钢丝绳上的牵引力 P_1 作用下，使卷筒壁上同时产生了径向正压力 P_r、指向磨芯中部的轴向推力 P_s。P_s 不断推动钢丝绳向中部滑移，保证了钢丝绳在卷筒表面中部的一定范围内进出卷绕，连续进行牵引作业。

2. 磨芯式卷筒直径的确定

磨芯式卷筒的直径，是指中部最小处的直径，一般也是以倍率来评价。

采用磨芯式卷筒进行牵引作业时，钢丝绳必须顺次不断向卷筒中部滑移。滑移时，必须克服各圈钢丝绳同卷筒表面的摩擦阻力。摩擦阻力的大小，取决于钢丝绳与卷筒表面的摩擦系数和径向正压力 P_r，而滑移力（如图 13-15 中轴向推力 P_s）与磨芯曲面的轴向斜角有关。曲面的轴向斜角太小，钢丝绳的摩擦阻力大于滑移力，不能在曲面上滑移，会导致钢丝绳在入口处重叠；反之，轴向斜角太大，滑移力大于摩擦阻力时，又会引起钢丝绳在曲面上滑移过快而在卷筒中部重叠。一般要求钢丝绳入口和出口处的轴向斜角为 $20° \sim 25°$。斜角大小不当，容易使钢丝绳在卷筒上重叠、紊乱，无法正常作业。

如果磨芯式卷筒的直径太小，倍率太低，在同样牵引力的情况下，增加了钢丝绳和卷筒表面之间的正压力，使两者表面都容易磨损，而且也会增加钢丝绳的扭绞力，容易使钢丝绳扭绞打结，影响它的正常使用寿命。

磨芯式卷筒直径的大小，应综合考虑上述因素，并根据所用钢丝绳直径的大小来确定。DL/T 875—2004《输电线路施工机具设计、试验基本要求》规定，小型牵引设备机动绞磨磨芯式卷筒直径取 $D_s = (15 \sim 20)d_s$。日本是目前国外使用磨芯式卷筒最普遍的国家，取 $D_s = 20d_s$。

3. 磨芯式卷筒用材料

磨芯式卷筒可用钢板焊接而成，也可用铸铁或铸钢浇铸而成。采用焊接结构时，常用的材料有 25 号钢、16Mn 等。铸造时用 ZG270-500、ZG310-570 号铸钢和 QT600-3 球墨铸铁等材料。为提高耐磨性能，还要进行表面热处理。

由于磨芯式卷筒在牵引过程中轴向力较大，故卷筒支承必须采用推力轴承。卷筒表面要求光滑，以保证钢丝绳在表面顺利滑移。

磨芯式卷筒的强度校核，可参照起重机械单卷筒的方法进行计算。

磨芯式卷筒一般只用于牵引速度小于 60m/min、最大牵引力 50kN 的中小型牵引机上。

三、单卷筒

单卷筒用作牵引机牵引卷筒时，它和一般卷扬机等起重机械上的卷筒作用相同。不同的是单卷筒上钢丝绳卷绕的容量，远大于卷扬机等卷筒卷绕钢丝绳的容量，它必须卷绕容纳放线段内牵引导线的全部钢丝绳。

单卷筒由卷筒芯、法兰和钢丝绳头固定装置等组成，它和钢丝绳卷绕机的钢丝绳卷筒结构基本相同。

1. 单卷筒的结构尺寸

(1) 卷筒芯直径。卷筒芯直径的大小，除满足钢丝绳允许弯曲半径外，还要考虑到整个卷筒结构的稳定性。一般取卷筒芯直径 $D_s = (25 \sim 30) d_s$。

(2) 卷筒长度及法兰盘直径。当钢丝绳在卷筒上的卷绕为 a 层时，根据放线要求，则牵引钢丝绳的长度 l 为

$$l = Z\pi(D_1 + D_2 + \cdots + D_a) \quad \text{m} \tag{13-6}$$

式中　　　Z——每层绕缠钢丝绳的圈数，它是根据整机结构尺寸大小、钢丝绳直径 d_s
　　　　　　　以及 l 值等综合考虑，并先初定卷筒长度后确定；

$D_1, D_2, \cdots, D_a$——各层的计算直径，m。

式 (13-6) 中 $D_1 = D_s + d_s$，$D_2 = D_1 + 3d_s$，$\cdots$，$D_a = D_1 + (2a-1) d_s$，由此可得

$$l = Z\pi(aD_s + a^2 d_s) \quad \text{m}$$

考虑到钢丝绳在卷筒上排列不均匀，特别在外层，一般应将卷筒的长度适当增加 15%，则卷筒有效长度 L_0 为

$$L_0 = 1.15Zt \quad \text{m}$$

式中　　t——相邻钢丝绳之间的节距，m。

卷筒法兰盘直径 ϕ 为

$$\phi = 1.2(D_s + 2ad_s) \quad \text{m}$$

(3) 卷筒槽型。单卷筒可以在卷筒芯上加工钢丝绳槽，也可不加工槽，一般根据卷筒的容量而定（如要加工槽时，可选用标准槽型，也可参照有关起重机手册确定）。

卷筒用材料一般为 Q235、16Mn 等钢板，因外形尺寸较大，都采用焊接结构。

2. 钢丝绳在单卷筒上的固定方法

钢丝绳在单卷筒上常用压板固定的方法，如图 13-16 所示。这种方法装拆方便，也比较安全可靠。它是在卷筒的一侧靠法兰根部卷绕 1.5～2 圈后，用专用的钢丝绳压板扣压，再用螺栓拧紧固定即可。必要时，要根据起重机卷筒有关规定，进行固定处的拉力、螺栓扣紧力和螺栓合成应力校核。

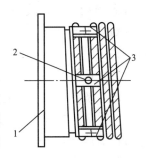

图 13-16　压板固定方法图

1—卷筒法兰；

2—螺栓；3—压板

3. 使用单卷筒的优缺点

采用单卷筒作为牵引机卷筒的优点是：①可以节省一般牵引

机必须配备的钢丝绳卷绕机，便于牵引机在作业现场布置；②不会使钢丝绳在卷筒上多次弯曲、拉伸，或者挤压滑移，而是钢丝绳一进入卷筒，和卷筒表面就无相对位移。主要缺点是当牵引力较大时，内外层钢丝绳之间挤压严重，特别是靠近外层的钢丝绳，常会出现排列不整齐、不规则现象，从而更加剧了钢丝绳之间挤压变形，容易损伤钢丝绳。此外，由于绕到卷筒上的钢丝绳长度有限，使一次牵引展放导线的长度受到限止；又由于卷筒卷绕直径在牵引过程中随着收回的钢丝绳增加而增大，故如要保持牵引速度不变，必须随时调整牵引卷筒的转速，这给操作带来一定麻烦。因此，这种牵引卷筒除了极少数放线距离比较短的大功率牵引机上有时采用外，一般只在中小型牵引机上采用。

第三节　牵引机减速器及制动器

减速器的主要作用是降低转速，增大扭矩。因为牵引机原动机的转速一般为 $1500 \sim 2800 \mathrm{r/min}$，牵引卷筒的转速则为 $30 \sim 70 \mathrm{r/min}$，最高也不超过 $100 \mathrm{r/min}$，总的传动比很大，所以中间必须经过多级减速，才能满足牵引速度和牵引力的要求。虽然不同的传动方式（如液压传动、液力传动、电气传动等）具有一定的减速作用，但在动力传递到牵引卷筒之前，仍必须增设各种减速器，以满足牵引卷筒转速的要求。常用的这类减速器有行星减速器、蜗轮减速器、圆柱齿轮减速器、圆锥齿轮减速器和链传动减速装置。为满足牵引机结构和性能的要求，这类减速器往往有特殊性，必须专门设计。

一、蜗轮减速器

蜗轮减速器在液力传动牵引机及其他一些中小型牵引机上应用，除用它减速外，还起到改变动力传递方向的作用，使传递轴间交角改变成 $90°$。

牵引机牵引力的方向一般同拖车架或机架的纵梁（拖车架上和拖运方向平行的梁）平行，牵引卷筒的轴则和纵梁垂直，以便于牵引机整体布置和现场锚定就位。为使拖车架或机架的宽度控制在拖运允许范围内，原动机输出轴多数情况下均采用轴线和拖车架（或机架）的纵梁平行布置方式（某些液压传动牵引机除外），也即它和牵引卷筒轴之间必须成 $90°$ 夹角。采用蜗轮减速器能满足这一要求。

1. 牵引机用蜗轮减速器的特点

（1）必须能正反向转动，不允许自锁，要求有较高的传动效率。由于增加蜗杆头数可以提高传动效率，故一般都采用多头蜗杆（$3 \sim 4$ 头）。这种蜗杆的螺旋升角一般大于 $15°$，因为螺旋升角太小，传动效率降低，不但影响整机效率，而且容易引起自锁，这是不允许的。

（2）传动比小。一般采用的传动比为 $7 \sim 20$。为了提高传动效率，传动比不宜太大。由于传动系统其他部分都能起到不同程度的减速作用，故蜗轮减速器的传动比可以小一些。

（3）每天连续工作时间一般在 3h 以内，载荷比较平稳，尖峰载荷小。由于牵引机用蜗轮减速器传动效率较高，摩擦损失和由此而引起的发热量相对较小，一般在箱体上增加一些散热片就能满足散热要求，因而该减速器体积小、重量也轻。

（4）在某些牵引机上，蜗轮减速器采用"浮动"结构安装在机架上，使本体能绕蜗轮轴摆动一定角度，便于借助传动过程中的反作用力测定牵引力。蜗杆输入轴应采用铰支连接。

2. 牵引机用蜗杆传动的参数、强度和材料选择

蜗轮传动有普通蜗杆传动、圆弧齿蜗杆传动和圆弧面蜗杆传动三种形式。牵引机上多采用圆弧齿蜗杆传动，它的承载能力为普通蜗杆的 1.25～1.5 倍。牵引机用蜗杆传动的基本参数如下。

（1）模数 m 和压力角 α。牵引机用蜗杆传动传递的功率较大，模数 m 常用 8～16。

蜗轮分度圆直径的计算公式和齿轮分度圆直径的计算公式相同。分度圆直径 $d_{f1}=mZ_2$，其中 Z_2 为蜗轮齿数，m 为模数。

主剖面内蜗杆的轴面压力角或蜗轮的端面压力角也为标准值，用 α 表示。对普通蜗杆 $\alpha=20°$，对圆弧齿蜗杆 $\alpha=22°\sim24°$。

（2）蜗杆的特性系数 q。它是为了蜗杆加工而特定的一个参数。分度圆直径 d_{f1} 和模数 m 的比值 q 称谓蜗杆的特性系数，即 $q=d_{f1}/m$。

牵引机蜗杆传动常用的 q 值为 8～10。q 值的大小影响蜗杆的刚度和传动效率。q 值较大，蜗杆直径也相应较大，刚度好，啮合接触情况也好。但当蜗杆头数 Z_1 一定，增大 q 值时，螺旋升角 λ 减小，使传动效率下降。q 值小时，蜗杆刚度差，影响啮合。一般在 m 小时 q 可取大值；反之 m 大时取小值。

（3）蜗杆螺旋升角 λ。螺旋升角 λ 是对蜗杆传动效率有很大影响的一个几何参数，它和蜗杆特性系数 q、蜗杆头数 Z_1 的关系可用下式表示

$$\tan\lambda=\frac{Z_1}{q}$$

当蜗杆头数 Z_1 确定后，q 越小，则 λ 值越大，效率越高。牵引机上常用蜗杆传动的 λ、Z_1、q 三者关系，经计算结果见表 13-2。

（4）蜗杆头数 Z_1 和蜗轮齿数 Z_2。为得到较高的传动效率，Z_1 值一般取 3～4 个头。当传动比一定时，Z_1 越少，则 Z_2 也越少，虽然传动结构紧凑，但蜗杆螺旋升角 λ 减少，使传动效率下降。Z_2 太小，加工时容易产生根切；而 Z_1 太大，又会使结构不紧凑。根据传动比的大小，Z_1 和 Z_2 的推荐数值，见表 13-3。

表 13-2　牵引机上常用蜗杆传动的 λ、Z_1、q 三者关系

Z_1 \ q	8	9	10
3	20°33′22″	18°26′06″	16°41′57″
4	26°33′54″	23°57′45″	21°48′05″

表 13-3　Z_1 和 Z_2 推荐数值

传动比 i	7～8	9～13	14～27
Z_1	4	3～4	2～3
Z_2	28～32	27～52	28～81

蜗轮常用的材料有锡磷青铜（ZCuSn10Pb1）和铝铁青铜（ZCuAl10Fe3）。蜗杆用 45 号钢、40Cr 和 40CrNi 等镍铬钢材料制成。

二、圆柱齿轮减速器

牵引机不论采用哪种传动方式，都必须采用圆柱齿轮减速器。其中有的作主减速器用；有的除起到一定减速作用外，是为满足牵引机某部分的结构需要而采用的（如，为满足牵引机采用双摩擦牵引卷筒的结构，有时末级必须设置对称驱动的单级圆柱齿轮减速器）。减速

器的结构形式，要根据传输功率的大小，各级传动比的分配和使用时的一些特殊要求综合考虑。

在设计圆柱齿轮减速器时，应使各级齿轮副的承载能力（一般指齿面接触强度）基本相等，各级齿轮的支承轴也要有足够的强度和刚度，以防止齿轮由于轴的变形而不能正常啮合或啮合不良。轴两端的支承轴承固定可靠，轴承的型号和尺寸应根据载荷的大小、转速高低进行合理选择。减速器的壳体应有足够的强度和刚度，材料一般用灰铸铁，也可用钢板焊接而成。润滑油、密封结构也必须认真考虑，一般采用闭式传动，油池润滑（但对上述用于驱动双摩擦式牵引卷筒的单级齿轮减速器，大多采用开式传动，干膜润滑脂润滑）。减速器的滚动轴承采用飞溅润滑。轴承的密封形式按配合面的线速度而定，当 $v \leqslant 30\text{m/s}$ 时采用迷宫式；$v \leqslant 6 \sim 7\text{m/s}$ 时采用橡胶密封环；$v \leqslant 5 \sim 6\text{m/s}$ 时采用油沟式。

现将牵引机常用的几种比较典型的圆柱齿轮减速器分述如下。

1. 单输入、双输出轴二级齿轮减速器

减速器动力由一高速轴输入后，经减速分别传递到两低速轴上，以驱动它上面的双摩擦卷筒。单输入、双输出轴二级齿轮减速器示意如图 13-17 所示，这种减速机构采用闭式齿轮传动，油池润滑，主要应用于单液压马达驱动的液压传动牵引机。

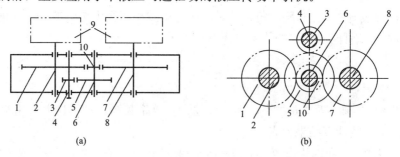

(a)　　　　　　　　　(b)

图 13-17　单输入、双输出轴二级齿轮减速器示意图

(a) 传动示意图；(b) 传动轴剖面示意图

1、7—大齿轮；2、8—低速轴；3—小齿轮；

4—高速轴；5—中间齿轮；6—中间轴；9—双摩擦卷筒；

10—中间轴的小齿轮

其减速过程：牵引机主液压马达经联轴器和减速器的高速轴 4 相连，高速轴的小齿轮 3（齿数为 Z_1）和中间轴 6 的中间齿轮 5（齿数为 Z_2）实现第一级减速。中间轴的小齿轮 10（齿数为 Z_3）对称驱动两低速轴 2、8 的两大齿轮 1、7（齿数为相等的 Z_4）为第二级减速。双摩擦卷筒 9 的两个卷筒通过键连接分别固定在这两低速轴上。高速轴和中间轴采用上下垂直布置，两低速轴对称布置在它们的两侧，结构紧凑；但高速轴、中间轴和它们两端轴承的润滑条件，相对于在同一平面布置时差。采用斜齿轮传动不但提高了传动的平稳性、噪声小，而且也提高了承载能力。一般在高速轴和原动机之间的联轴器上，还装设制动器。

某液压传动牵引机采用这种减速器时，输入最高转速 1000r/min，第一级传动比 $i_1 = \dfrac{Z_2}{Z_1} =$ 5.37，第二级传动比 $i_2 = \dfrac{Z_4}{Z_3} = 4.16$，总传动比 $i = i_1 i_2 = 22.34$。

2. 双输入、双输出轴三级齿轮减速器

双输入、双输出轴三级齿轮减速器主要用于采用两个液压马达（两液压马达的参数必须相同）并联驱动双摩擦卷筒的液压传动牵引机，它由两个独立的齿轮传动系统组成，其示意如图 13-18 所示，每个传动系统均由高速轴 11、第一中间轴 3、第二中间轴 9 和低速轴 7 和安装在这些传动轴上的三对齿轮啮合组成。这三对齿轮的第一对是高速轴小齿轮 1（齿数为 Z_1）和第一中间轴大齿轮 2（齿数为 Z_2）；第二对为第一中间轴小齿轮 10（齿数为 Z_3）和第二中间轴大齿轮 8（齿数为 Z_4）；第三对为第二中间轴小齿轮 4（齿数为 Z_5）和低速轴大齿轮 5（齿数为 Z_6）。它们分别啮合，实现三级减速，然后分别驱动安装在低速轴另一端的摩擦卷筒 6，经牵引钢丝绳缠绕，组成双摩擦卷筒进行牵引作业。这种减速器一般又设计成第一级、第二级传动的齿轮（分别为 Z_1、Z_2 和 Z_3、Z_4 啮合）分别装在两个小箱体内；第三级传动齿轮（Z_5、Z_6）则共同装在同一大箱体内。由于两个摩擦卷筒的受力不平衡（牵引绳首先进入的那个卷筒受力较大），还需在两低速轴大齿轮之间加一个中间齿轮 12，以使两摩擦卷筒机械同步转动。

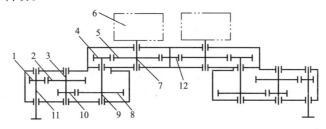

图 13-18　双输入、双输出轴三级齿轮减速器示意图

1—高速轴小齿轮；2—第一中间轴大齿轮；3—第一中间轴；4—第二中间轴小齿轮；5—低速轴大齿轮；6—摩擦卷筒；7—低速轴；8—第二中间轴大齿轮；9—第二中间轴；10—第一中间轴小齿轮；11—高速轴；12—中间齿轮

减速器总传动比为

$$i = \frac{n_1}{n_2} = \frac{Z_2}{Z_1} \times \frac{Z_4}{Z_3} \times \frac{Z_6}{Z_5}$$

式中　n_1——输入转速，r/min；

　　　n_2——双摩擦卷筒转速，r/min；

　$Z_1 \sim Z_6$——各齿轮的齿数。

在双输入情况下，采用这种结构的减速器后，增加了液压马达等驱动装置布置的灵活性。高、低速齿轮传动部分分别安装在不同齿轮箱内结构的优点是：缩短了高速轴和两中间轴的长度，从而改善了它们的受力状况，也使高速齿轮传动部分结构紧凑；使各级齿轮和它们的支承轴承的润滑情况也得到了改善。

3. 单级开式传动减速器

单级开式传动减速器主要用于液力传动和某些机械传动牵引机的末级传动。双摩擦牵引卷筒直接安装在减速器低速轴上，被低速轴上的大齿轮同轴驱动。

该减速器有两种形式：①采用输出轴端小齿轮对称驱动两个低速大齿轮的传动方式，如图 13-52 中末级减速器 4 所示；②两输出轴端的小齿轮，分别驱动各自的低速大齿轮（如图

411

13-18 中第二中间轴小齿轮 4 驱动低速轴大齿轮 5）的传动方式。后者主要用于采用双发动机的大型牵引机，并可制成双输入、双输出的形式。

因为这种单级减速器一般都用于牵引机最末一级减速，故转速低，大多数采用开式传动，只是在齿轮周围加上防护罩。减速器大齿轮的传动轴承，一般直接安装在牵引卷筒内。

上述第一种形式的减速器，由于采用一个小齿轮对称驱动两个大齿轮，使小齿轮齿面啮合次数加倍，故它的齿面磨损、根部折断、表面疲劳点蚀和胶合等现象较上述第二种形式减速器容易发生（因第二种形式小齿轮只是单侧啮合）。但第一种形式减速器小齿轮承受的径向力相互抵消，小齿轮轴和轴承的受力情况较好。上述这些情况，设计时应予充分考虑。

4. 单输入、单输出轴多级齿轮减速器

单输入、单输出轴多级减速器（见图 13-19）主要用于机械传动的磨芯式牵引机，由于这类牵引机的牵引功率相对比较小，牵引速度较慢，故它的传动比较大。输出轴（即低速轴）5 一般直接和磨芯式牵引卷筒 4 连接。输入轴（即高速轴）9 和动力输入部分的连接有两种方式：①直接和发动机（或电动机）的输出轴通过联轴器连接，这种方式结构简单，但不能实现变速；②和多挡变速箱的输出轴连接，可以有级地改变牵引速度，这是比较普遍采用的连接方式。

除上述四种形式的圆柱齿轮减速器外，最常用于牵引机的减速器有属于单输入、单输出轴的行星减速器，以及由双液压马达驱动的、采用连成一体的两个行星减速器组成的双输入、双输出轴减速器等形式。

三、圆锥圆柱齿轮减速器

在某些机械传动牵引机上，采用圆锥圆柱齿轮传动减速。圆锥齿轮传动除起到一定的减速作用外，也有改变动力传递方向的作用。这和某些采用蜗轮传动减速器的牵引机相似。为此，牵引机上减速器采用的圆锥齿轮传动，两轴的夹角（$\delta_1 + \delta_2$）为 90°，如图 13-20 所示。它的传动比 i 为

$$i = \frac{n_1}{n_2} = \frac{R_2}{R_1} = \frac{Z_2}{Z_1} = \frac{\sin\delta_2}{\sin\delta_1} \tag{13-7}$$

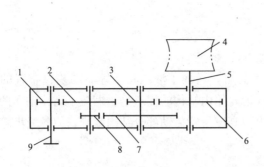

图 13-19　单输入、单输出轴
多级齿轮减速器示意图
1、2、3、6、7、8—齿轮；4—磨芯式
牵引卷筒；5—输出轴；9—输入轴

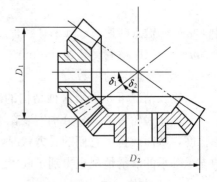

图 13-20　圆锥齿轮传动

式中 n_1、n_2——分别为小齿轮和大齿轮的转速；

R_1、R_2——两齿轮分度圆半径；

δ_1、δ_2——两齿轮分度圆锥角；

Z_1、Z_2——两齿轮齿数。

在确定主动齿轮的齿数 Z_1 后，即可算出 Z_2。Z_1 的最小值根据传动轴直径的大小和轮毂的厚度决定，通常 $Z_{1min}=14\sim16$。

圆锥齿轮的模数为 m，则

$$m=\frac{2R_1}{Z_1}=\frac{2R_2}{Z_2}=\frac{D_1}{Z_1}=\frac{D_2}{Z_2}$$

式中 D_1、D_2——两齿轮分度圆直径；

其余符号含义与式（13-7）相同。

牵引机上采用的圆锥圆柱齿轮减速器，一般都采用 $2\sim3$ 级减速。由于圆锥齿轮的制造工艺较为复杂，当尺寸大时更为困难，故常把它安排在第一级（即高速级）传动。因为在相同功率下，速度越高，齿轮所受的扭矩越小，从而可以使结构尺寸越小。按照各级齿轮齿面接触强度相等，并能获得较小的外形尺寸和重量的分配原则，牵引机常用三级（一级圆锥、二级圆柱）圆锥圆柱齿轮减速器的传动比，可按图 13-21 所示分配。根据给定的总传动比 i_Σ 值由图 13-21 中找出 i_1 和 i_2 后，即可求出第三级（低速级）传动比 $i_3=\dfrac{i_\Sigma}{i_1 i_2}$。图 13-22 所示为这种减速器的示意图。

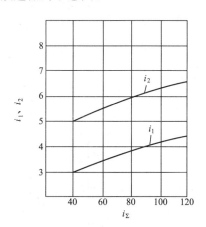

图 13-21 三级圆锥圆柱
齿轮传动比分配曲线图
i_1—第一级传动比；i_2—第二级
传动比；i_Σ—总传动比

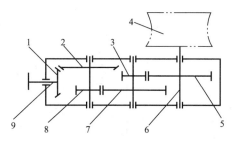

图 13-22 圆锥圆柱
齿轮减速器示意图
1、2—圆锥齿轮；3、5、7、8—圆柱齿轮；
4—磨芯式卷筒；6—低速轴
（输出轴）；9—高速轴（输入轴）

在某些带有左右两磨芯式卷筒的牵引机上，圆锥齿轮和圆柱齿轮分别安装在各自的箱体内。由单级圆锥齿轮减速器输出轴两端通过离合器分别输入左、右两个圆柱齿轮减速器。经减速后再分别驱动牵引机两侧的两个磨芯式卷筒，进行牵引作业。

由于圆锥齿轮的加工比较困难，安装精度要求也比较高，齿轮越大，问题就越突出。故这种减速器目前一般都应用在中、小型磨芯式卷筒牵引机上。

四、行星齿轮减（增）速器

行星齿轮传动在牵张机上应用较多，主要是因为它同普通定轴齿轮传动相比，可以用较少的齿轮，获得很大的传动比。而且体积小，重量轻（相同传动功率、传动比的行星传动减速器，其体积和重量只有普通齿轮减速器的 1/2～1/6），传动效率高（形式要选择恰当），并可实现同轴传动。其主要缺点是结构比较复杂，部件加工精度要求较高。

行星齿轮传动在牵引机上用作减速器时，高速输入端通过同轴的盘式制动器和高速液压马达或电动机相连，低速输出端通过一级开式齿轮传动或链传动驱动双摩擦牵引卷筒；也有同时用作减速和变速用的，如液力传动牵引机上液力变矩器和齿轮传动组成的液力机械传动箱中，采用了行星传动变速箱。在张力机上行星传动主要用作增速器，放线卷筒通过行星齿轮增速器增速后驱动高速液压马达以液压泵的工况运转，输出压力油。这时行星增速器的低速侧为输入端，高速侧为输出端。

1. 行星齿轮的减（增）速原理

图 13-23 所示为应用最广泛的 NGW 型单级行星传动减速器（或增速器）的示意图，太阳轮的一端为高速输入轴，内齿圈是固定的。

当太阳轮 a 被驱动时，带动行星轮 c、行星架 x 绕太阳轮啮合转动。此时，由于内齿圈 b 是固定不动的，故迫使行星架 x 也和行星轮沿一致方向转动。设太阳轮齿数为 Z_a，内齿圈齿数为 Z_b；输入轴转速为 n_a，输出轴转速为 n_x，则它的减速传动比为

$$i_{ax}^b = \frac{n_a}{n_x} = \frac{Z_a + Z_b}{Z_a}$$

为得到更大的减速比，可以采用几级串接使用。图 13-24 所示为 NGW 两级型行星减速器示意图，这时传动比为

$$i_{a_1 x_2}^{b_1 b_2} = \frac{Z_{a_1} + Z_{b_1}}{Z_{a_1}} \times \frac{Z_{a_2} + Z_{b_2}}{Z_{a_2}}$$

总传动比可达 10～60，在牵引机上已足够使用。

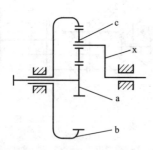

图 13-23　NGW 型单级
行星齿轮减速器（或增速器）示意图
a—太阳轮；b—内齿圈；c—行星轮；x—行星架

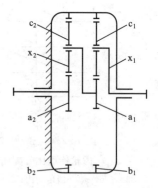

图 13-24　NGW 两级型行
星齿轮减速器示意图

如用作张力机的增速机用，则如图 13-23 所示，行星架一端为低速输入轴，它同放线卷筒相连，太阳轮的一端为高速输出轴，内齿圈同样是固定不动的。这时，当行星架 x 被驱动时，带动行星轮 c、绕太阳轮 a 啮合转动，此时由于内齿圈 b 是固定不动的，故迫使太阳轮也和行星架沿一致方向转动。当输入转速为 n_x，输出转速为 n_a，则它的增速传动比为

$$i_{xa}^{b}=\frac{n_x}{n_a}=\frac{Z_a}{Z_a+Z_b}$$

如采用 NGW 两级型行星增速器，则其增速传动比为

$$i_{x_2 a_1}^{b_2 b_1}=\frac{Z_{a_1}}{Z_{a_1}+Z_{b_1}}\times\frac{Z_{a_2}}{Z_{a_2}+Z_{b_2}}$$

2. 行星齿轮的变速原理

在行星齿轮传动中，除了上述所介绍的通过太阳轮 a 带动行星架 x 同轴线转动外，还可以在太阳轮 a、齿圈 b 和行星架 x 三个元件中，将其中任何一个元件固定，另外两个元件作为主动件和被动件。其输入轴通过制动器和液压马达相连，输出轴和张力机或牵引机末级开式传动力齿轮相连，就会使张力机或牵引机获得各种不同的传动比（但对牵引机、张力机而言，一般采用两级行星传动减速机）。或者将它们分别和液力变矩器涡轮输出轴或液力机械变

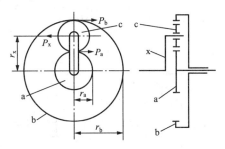

图 13-25　单级行星
齿轮机构及作用力

a—太阳轮；b—齿圈；c—行星轮；x—行星架

速箱输出轴相连，可得到不同的传动比，从而使液力机械变速箱获得各种不同的传动比。现将行星齿轮传动机构的传动比计算方法分述如下。

单级行星齿轮机构及作用力如图 13-25 所示，作用在太阳轮 a 上的力矩为 M_a，作用在齿圈 b 上的力矩为 M_b，作用在行星架 x 上的力矩为 M_x，则

$$M_a=P_a r_a,\ M_b=P_b r_b,\ M_x=P_x r_x$$

式中　P_a、P_b、P_x——分别为作用于太阳轮、齿圈、行星架上的圆周力；

　　　r_a、r_b、r_x——分别为太阳轮、齿圈和行星架的半径。

设齿圈和太阳轮的齿数比为 α，则

$$\alpha=\frac{Z_b}{Z_a}=\frac{r_b}{r_a},\ r_b=\alpha r_a$$

而

$$r_x=\frac{1}{2}\ (r_a+r_b)\ =\frac{r_a}{2}\ (1+\alpha)$$

式中　Z_a、Z_b——分别为太阳轮和齿圈的齿数。

由行星轮 c 的力平衡条件可得

$$P_a=P_b,\ P_x=-2P_b$$

因此，太阳轮、齿圈和行星轮上的力矩分别为

$$\left.\begin{array}{l} M_a=P_a^{'} r_a \\ M_b=\alpha P_a r_a \\ M_x=-\ (\alpha+1)\ P_a r_a \end{array}\right\} \tag{13-8}$$

根据能量守恒定律，三个元件上输入和出的功率之和为零。设三个元件上功率分别为 N_a、N_b 和 N_x，则

$$\Sigma N_i=N_a+N_b+N_x=0$$

或者

$$M_a n_a+M_b n_b+M_x n_x=0 \tag{13-9}$$

式中　n_a、n_b、n_x——分别为太阳轮、齿圈和行星架转速。

把式（13-8）代入式（13-9）中，就得出表示单级行星传动机构一般运动规律的特性方程式，即

$$n_a + \alpha n_b - (1+\alpha) n_x = 0 \qquad (13\text{-}10)$$

由此可得出以下各种情况的传动比。

（1）太阳轮 a 为主动件，行星架 x 为从动件，齿圈 b 固定，如图 13-26（a）所示。这时式（13-10）中 $n_b = 0$，则

$$n_a - (1+\alpha) n_x = 0$$

$$i_{ax} = \frac{n_a}{n_x} = 1+\alpha = 1 + \frac{Z_b}{Z_a}$$

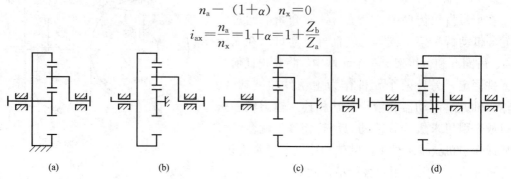

(a)　　　　　　(b)　　　　　　(c)　　　　　　(d)

图 13-26　单级行星机构的不同传动方案

（a）太阳轮 a 为主动件，齿圈 b 固定；（b）齿圈 b 为主动件，太阳轮 a 固定；
（c）太阳轮 a 为主动件，行星架 x 固定；（d）三个元件中任何两个元件连成一体

（2）齿圈 b 为主动件，行星架 x 为从动件，太阳轮 a 固定，如图 13-26（b）所示，这时式（13-10）中 $n_a = 0$，则

$$i_{bx} = \frac{n_b}{n_x} = \frac{1+\alpha}{\alpha} = 1 + \frac{Z_a}{Z_b}$$

（3）太阳轮 a 为主动件，齿圈 b 为从动件，行星架 x 固定，如图 13-26（c）所示，这时式（13-10）中 $n_x = 0$，则

$$i_{ab} = \frac{n_a}{n_b} = -\alpha = -\frac{Z_b}{Z_a}$$

这时，太阳轮转速 n_a 和齿圈转速 n_x 方向相反，故为倒挡减速运动。

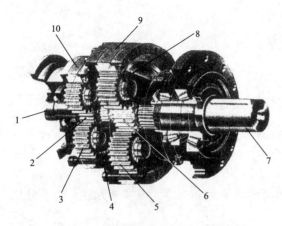

图 13-27　二级行星减速器立体剖面图

1—输入轴；2、6—太阳轮；3、5—行星轮；4—第一级行星架；7—输出轴；8—第二级行星架；9、10—内齿圈

（4）若使三个元件中任何两个元件连成一体，则第三个元件的转速必然和前两元件转速相等。也即行星齿轮传动机构中各元件（包括行星轮）之间无相对运动，即在 $n_a = n_x$ 或 $n_b = n_x$ 时，可得 $n_a = n_b = n_x$。如太阳轮和齿圈连成一体，即 $n_a = n_b$，代入式（13-10），得

$$n_x = \frac{n_a + \alpha n_a}{1+\alpha} = n_a = n_b$$

这时形成直接挡，传动比 $i = 1$，如图 13-26（d）所示。

图 13-27 所示为目前国内外牵张机上使用比较普遍的二级行星减速器立体剖面

图，其工作过程如下：输入轴 1 通过和太阳轮 2 一体的轴，带动该太阳轮转动，太阳轮 2 和行星轮 3 啮合，由于内齿圈 10 是固定不同的，迫使行星轮和内齿圈啮合，绕太阳轮 2 转动，同时带动第一级行星架 4 转动，行星架 4 通过架体上的内花键又带动太阳轮 6 转动，同样由于内齿圈 9 是固定不动的，使行星轮 5 绕太阳轮 6 转动，同时带动第二级行星架 8 转动，再通过该行星架上的内花键带动输出轴 7 转动，达到减速作用。

该减速器在使用时，一般还将高速输入端同制动器连接（这时，输入轴的输入端采用花键轴和油浸盘式制动器相连），再通过制动器的输入端花键和液压马达相连。

如改变动力传递方向（由放线机构在低速侧驱动本减速器）同样也可以作为增速器用。

图 13-28 是应用高速液压马达的液压制动张力机（该张力机液压马达额定转速为 1500r/min，放线卷筒转速为 15.5r/min，要求总传动比为 15.5/1500＝0.0103，第一级采用链传动）上采用的 NGW62 型行星齿轮增速器结构图。该行星齿轮增速器用于张力机第二级增速，它的传动比为 0.0365。

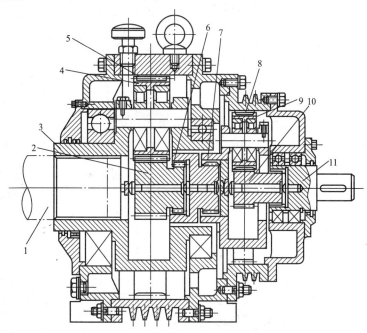

图 13-28 NGW62 型行星齿轮增速器结构图

1—低速轴；2、10—太阳轮；3—第一级行星架（输入轴）；4、9—行星轮；

5、8—内齿圈；6—浮动齿套；7—第二级行星架；11—输出轴

这种增速器的传动过程是由低速轴 1 通过轴端的花键，插入输入轴 3 端部的矩形内花键中。输入轴为第一级行星架，它转动时通过行星轮 4、第一级内齿圈带动第一级太阳轮。太阳轮 2 又通过浮动齿套 6 带动第二级行星架 7 转动。行星架再通过本级内齿圈 8 带动本级行星轮 9 和太阳轮 10 转动。太阳轮 10 的另一端插入增速器的输出轴 11 的内花键中。输出轴再和液压马达相连，驱动液压马达（作液压泵使用）运转。

由于上一级传动的低速轴采用花键插入本增速器行星架的结构，故减少了连接部分的轴向尺寸。该增速器还采用浮动齿套连接前后两级行星机构，使它们在径向处于浮动状态，在

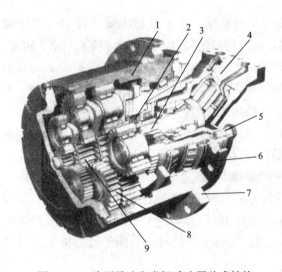

图 13-29　液压马达和卷扬减速器总成结构

1—带旋转外齿圈的卷扬减速器壳体；2—全盘式制动器；3—液压马达输出齿轮轴；4—液压马达；5—螺栓；6—外法兰；7—内法兰；8—行星齿轮；9—太阳轮

工作中各构件可以自动调整，以达到各套行星轮载荷均匀，从而可以降低制造精度的目的。

目前，有的牵引机或张力机上采用如图13-26（b）所示的齿圈为主动件，行星架为从动件，太阳轮固定的行星传动减速器（或增速器），这时减速器（或增速器）安装在双摩擦牵引卷筒（或放线卷筒的内部）上，直接驱动双摩擦牵引卷筒（或放线卷筒），省去了末级开式齿轮传动减速器（或链传动增速器）传动结构更为紧凑。液压马达和卷扬减速器总成结构如图 13-29 所示，液压马达输出齿轮轴 3 直接插入卷扬减速器的高速输入轴内，在输入轴上又装有常规的通入压力油开启，无压力油制动的全盘式制动器 2。液压马达通过壳体上的法兰，用螺栓 5 固定在卷扬减速器上。卷扬减速器再通过其壳体上的外法兰 6 和内法兰 7 分别和牵引卷筒内法兰及固定在机架上的机座相连。该卷扬减速器采用三级减速。

图 13-30 所示为液压马达、卷扬减速器总成与牵引卷筒连接图，上述卷扬减速器和牵引卷筒的内法兰通过内法兰连接螺栓 1 连接，外法兰通过外法兰连接螺栓 2 和机座 6 连接，两组牵引卷筒组成牵引机的双摩擦牵引卷筒，但它们之间无支撑杆支撑。

制动器是牵引机的主要组成部分之一，牵引机用制动器，必需满足以下要求。

（1）要有足够的制动力矩。在牵引作业过程中因故停机时，制动器的制动力矩必须克服牵引钢丝绳上的张紧力对牵引卷筒形成的反向转动力矩，并要有足够的安全系数。根据有关规定，制动力矩应大于牵引机归算到制动鼓上的最大扭矩的 1.5 倍，即

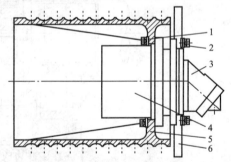

图 13-30　液压马达、卷扬减速器总成与牵引卷筒连接图

1—内法兰连接螺栓；2—外法兰连接螺栓；3—液压马达；4—卷扬减速器；5—牵引卷筒；6—机座

$$M_b > 1.5 M'_e \eta_{M\Sigma} i_{M\Sigma} \qquad (13\text{-}11)$$

或

$$M_b > 0.75 P_{max}(D_s + d_s) \frac{1}{i_{m\Sigma} \eta_{m\Sigma}} \qquad (13\text{-}12)$$

式中　M_b——制动器制动力矩，N·m；

　　　M'_e——发动机额定输入牵引机变速箱或液力变矩器的净扭矩，N·m；

　　　P_{max}——最大牵引力，N；

　　　$i_{m\Sigma}$——制动器到牵引卷筒之间的总传动比；

　　　$i_{M\Sigma}$——牵引机变速箱或液力传动箱的总传动比，取最大值；

$\eta_{m\Sigma}$——制动器到牵引卷筒之间的总传动效率；

$\eta_{M\Sigma}$——发动机输出轴到制动器之间的总传动效率；

D_s——牵引卷筒槽底径或磨芯式卷筒底部直径，m；

d_s——牵引钢丝绳直径，m。

式（13-11）计算的是制动器承受发动机输出扭矩时要求的制动力矩。式（13-12）计算的是考虑停机时制动器能承受的制动力矩。

（2）动作安全可靠，并能实现快速制动。张力放线时，导线离被跨越物的距离在保证放线设备安全的情况下，越小越好。但在牵引机因故停机或故障时，若制动器不能快速制动，则牵引钢丝绳的张力作用会使牵引卷筒倒转；牵引钢丝绳被放出，会引起导线弛度增大，甚至触及被跨越物。同时，卷筒被拉倒转，还会造成反向冲击损坏牵引机上某些传动部件（这对某些只有在倒挡情况下才允许牵引卷筒反向转动的牵引机，反向冲击损坏部件尤为严重）。所以制动器动作不但要安全可靠，还必须能瞬时快速制动。

（3）操作轻便、灵活。对液压、液力传动牵引机，均采用液控和电控操作。对某些采用手柄或踏板操作的牵引机，手柄上的操作力不应大于 150N，踏板上的足蹬力不应大于 220N，踏板行程应小于或等于 150mm。

（4）制动器摩擦副性能满足要求。它应具备好的耐磨性和散热性，并有足够的热容量，防止制动过程中温升过高。摩擦片磨损后，要易于调整摩擦副之间的间隙和便于更换。

牵引机上常用的制动器主要有外蹄式制动器、内蹄式制动器和全盘式制动器，前两种主要用于液力传动、机械传动和电气传动牵引机上，一般都用于主减速器输入侧高速轴上。目前牵引机以液压传动为主，主要采用全盘式制动器，且一般都在液压马达、主减速器同轴线安装成一体使用。

全盘式制动器是沿制动盘的轴向施加制动力，制动轴不承受弯矩。为改善这种制动器的性能和提高使用寿命，又常采用把摩擦副浸泡在油液中的湿式全盘式制动器。由于摩擦副浸泡在油液中，故散热能力大、磨损小、制动平稳。但摩擦副表面的摩擦系数低（一般为 0.08~0.12）。为得到较大的制动力矩，常采用多对摩擦副同轴心串接使用，这时各对摩擦副之间的间隙为 0.1~0.2mm。

全盘式制动器主要用于液压传动，并采用高速小扭矩液压马达的牵引机和张力机上，一般设置在液压马达（或液压泵）输出轴上。

全盘式制动器制动力矩 M_b 的计算式为

$$M_b = F\mu R_e n$$

其中

$$R_e = \frac{1}{2}(R_1 + R_2)$$

式中　F——制动盘上的总推力；

n——摩擦副接触面对数；

R_e——等效摩擦半径；

R_1、R_2——摩擦片的内径和外径；

μ——摩擦系数。

摩擦离合器传递的摩擦力矩，也可按此方法进行计算。

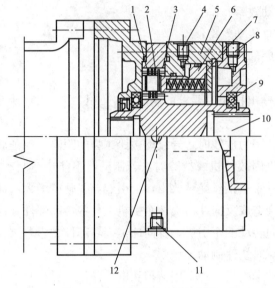

图 13-31　全盘式制动器结构图

1—动摩擦片；2—静摩擦片；3—静轴套；4—进（出）油口；

5—缸体；6—柱塞；7—制动弹簧；8—加油塞和通气孔；

9—轴承；10—带外花键的传动轴；11—放油塞；12—油位标

全盘式制动装置的结构计算，可参照上述有关制动器、制动装置的进行。

图 13-31 所示为牵张机上常用的全盘式制动器结构图，是一种摩擦副浸泡在油液中的湿式全盘式制动器，并且是常闭式的。只有从进油口通入压力油，才能使制动器打开。这种制动器的摩擦副采用粉末冶金材料，浸泡在油液中，它由静轴套 3、带外花键的传动轴 10、静摩擦片 2、动摩擦片 1、缸体 5、柱塞 6、制动弹簧 7 等组成。带外花键的传动轴 10 的一侧通过内花键和液压马达相连，另一侧通过内花键和减速器相连，另外，动摩擦片 1 通过传动轴上的外花键安装在传动轴上，并与传动轴同轴转动。静摩擦片 2 通过花键镶在静轴套的内花键槽中，可以在花键槽内轴向移动。动静摩擦片脱开时，两片之间有一定间隙（0.1~0.2mm），两者可自由的相对运动。

当牵引机或张力机停机非作业状态时，由制动弹簧 7 回程的轴向推力迫使动摩擦片 1 紧压静摩擦片 2，使传动轴处于制动状态。当牵引机、张力机要进行牵引作业时，必须将压力油（一般 2MPa 左右）通过进（出）油口 4 进入缸体 5，推动柱塞 6 向左移动，压缩制动弹簧 7，使动、静摩擦片之间分离，产生一定间隙，带外花键的传动轴 10 能自由转动。这时液压马达通过传动轴，带动减速机经减速后驱动牵引卷筒进行牵引作业；牵引作业完毕必须停止牵引，或故障情况下要紧急制动时，只要通过液压阀使进（出）油口 4 接通油箱，缸体内的液压油就会在制动弹簧 7 的作用后使柱塞 6 回程，迫使动摩擦片 1 紧压静摩擦片 2，传动轴迅速停止转动，实现快速制动的目的。

第四节　各类牵引机的结构原理及传动效率

决定牵引机使用性能的是传动方式，不同传动方式的牵引机，工作原理不同，整机结构也有许多相异之处，主要是主传动部分的结构差异。下面主要对液压传动牵引机、液力传动牵引机、机械传动牵引机和电气传动牵引机工作原理进行阐述。

一、液压传动牵引机

液压传动牵引机是通过由液压泵、液压马达及各种液压阀等组成的液压系统，以液体为工作介质，借助运动着的压力油的容积变化来传递动力的牵引机。同其他工程机械和牵引车辆一样，液压传动牵引机是目前应用最广泛的牵引机。

牵引机的液压传动除包括各种液压元件外，还包括分动箱和多级减速器，如图 13-32 所示为液压传动牵引机示意图。分动箱（图 13-32 中未标出）的作用是把发动机的转速变成符合液压泵的转速。多级减速器（图 13-32 中的末级减速器和主减速器）的作用是把液压马达的转速变成符合牵引卷筒要求的转速。

图 13-33 是液压传动牵引机的牵引特性曲线（恒功率时）。液压传动牵引机牵引力和牵引速度的调节是通过液压系统来完成。牵引力大小能根据外载荷的要求自动变化，而最大牵引力决定于经高压溢流阀调定的双向液压马达进口压力。牵引速度是通过改变输入驱动牵引卷筒的双向液压马达的流量来调节。因此，液压传动能很理想地满足无级调整牵引力和牵引速度的要求，它是目前国内外最常用的牵引机传动方式。

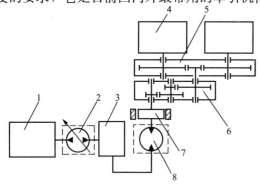 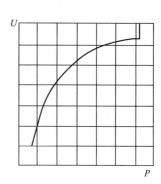

图 13-32　液压传动牵引机示意图
1—发动机（有的和分动箱连成一体）；2—双向变量液压泵；3—液压控制回路；4—牵引卷筒；5—末级减速器；6—主减速器；7—制动器；8—双向液压马达

图 13-33　液压传动牵引机
的牵引特性曲线

牵引机采用液压传动有以下优点：

（1）能在较大范围内带载无级变速，且能安全满足带载停机、起动、反向转动等各种工况要求。

（2）容易实现过载保护。只要将液压系统中高压溢流阀的压力调定在安全牵引力所相应的压力位置，当牵引力超过该数值时，就会自动停止牵引作业。这时主液压泵输出的压力油直接经高压溢流阀回油箱，不再通过驱动牵引卷筒的液压马达。

（3）由于它完全采用液压油作为工作介质，有更好的工作平稳性、吸振性和抗冲击性，更有利于延长牵引机上各零部件、配套设备的使用寿命。

（4）同机械传动相比，液压传动的牵引机操作简单、劳动强度小，且便于集中控制。

液压传动的主要缺点是液压系统结构较下述几种传动方式要复杂，比较笨重。液压元件的加工和装配精度要求较高，给现场维护带来一定困难。也容易出现漏油等现象。此外，传动效率也比较低（一般为 0.5~0.55），冬季使用在寒冷地区时，液压油必须加温才能起动牵引机。

（一）牵引机液压传动的工作原理

液压传动是通过液压系统来实现的，牵引机液压系统除它的工质液压油外，还有以下四部分组成。

（1）动力源部分。指由原动机驱动的液压泵。原动机的机械能，通过液压泵转换为流动液体的压力能输出，以驱动液压马达、液压缸等执行元件。

（2）执行元件部分。主要指液压马达（有时还有液压缸），通过它们将液压泵输出的流动液体的压力能，再转换成机械能输出，驱动负载。

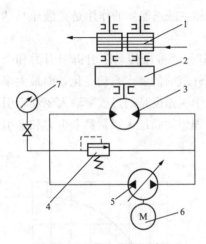

图 13-34 牵引机液压系统图

1—牵引卷筒；2—减速机；3—定量液压马
达；4—高压溢流阀；5—双向变量液压泵；
6—原动机；7—压力表

（3）控制部分。控制部分包括各种压力控制阀、方向控制阀等，用来控制和调整液压油流的压力和方向等，以满足对液压系统提出的工作性能要求。

（4）辅助装置部分。包括油箱、油管和管接头、滤油器、散热器和压力表等。

图 13-34 是液压传动牵引机最简单的液压系统图。其工作过程是：原动机 6 带动双向变量液压泵 5 转动，向液压系统输出压力油，驱动定量液压马达 3 转动；液压马达再通过减速机 2 带动牵引卷筒 1 进行牵引作业；高压溢流阀 4 用于调定双向变量液压泵 5 的出口压力，并由压力表 7 显示。

液压马达输出扭矩和油压、排量的关系为

$$M = 0.159 \Delta p q \eta_{\mathrm{M}} \quad \mathrm{N \cdot m} \qquad (13\text{-}13)$$

式中　Δp ——液压马达进出油口的压力差，Pa；

$\quad\quad q$ ——液压马达的排量，$\mathrm{m^3/r}$；

$\quad\quad \eta_{\mathrm{M}}$ ——液压马达的机械效率。

由式（13-13）可见，液压马达的输出扭矩同它的排量和进出口压力差成正比。

在上述牵引机液压系统中，采用的是排量 q 为常数的定量液压马达，故载荷的大小只决定定置液压马达 3 进出油口压力差 Δp 的大小。在考虑了减速机的传动效率后，当牵引力为 P_1 时，则牵引机牵引卷筒要求液压马达通过减速机后提供的扭矩 M_p 为

$$M_p = \frac{P_1 (D_{\mathrm{s}} + d_{\mathrm{s}})}{2 i \eta_1} \quad \mathrm{N \cdot m} \qquad (13\text{-}14)$$

将式（13-13）代入式（13-14），并经整理后得

$$P_1 = \frac{0.318 q i \eta_{\mathrm{M}} \eta_1}{D_{\mathrm{s}} + d_{\mathrm{s}}} \Delta p \quad \mathrm{N} \qquad (13\text{-}15)$$

式中　D_{s} ——牵引机牵引卷筒槽底径，m；

$\quad\quad d_{\mathrm{s}}$ ——牵引钢丝绳直径，m；

$\quad\quad i$ ——减速机传动比；

$\quad\quad \eta_1$ ——减速机传动效率。

对每个牵引机，各部分结构确定后，式（13-15）中除 Δp 以外，其余均为常数。所以牵引力的大小，和液压马达进出油口的压力差 Δp 成正比。

液压系统工作压力的大小，决定于载荷的大小。载荷主要取决于牵引机牵引卷筒的牵引阻力和它所克服的摩擦力，以及油液在管路中流动的沿程阻力。载荷越大，系统压力越高。图 13-35 表明牵引机牵引力和液压系统工作压力的关系。图中直线 1 为根据上述公式的计算值，直线 2 为实测值。

液压系统最大工作压力，可通过图 13-34 中的高压溢流阀 4 来调整。当溢流阀的压力调整到某一数值后，系统的最大工作压力就确定了。从而也就确定了牵引机能承受的最大牵引

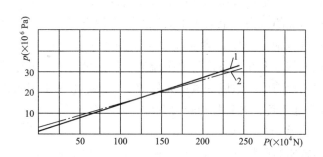

图 13-35　牵引机牵引力和液压系统工作压力的关系

p—压力；P—牵引力

力。所以只要调节高压溢流阀的压力，就能无级的控制牵引机最大牵引力。牵引机在这个牵引力以下工作时，液压马达进出油口压力差 Δp 也在相应的最大值以下根据牵引力的大小而相应地变化。

牵引机上液压系统，按液压油的循环方式分类，有开式系统和闭式系统两种形式。

1. 开式系统

开式系统如图 13-36 所示，液压泵 3 从油箱 4 吸油，经换向阀 2 驱动液压马达 1 做功后，液压油仍回到油箱。这种系统的结构较为简单。因油液回到油箱，在油箱内有一定停留时间，散热情况较好，也能起到沉淀杂质的作用。缺点是油液在油箱中同空气接触机会较多，容易使空气进入液压系统。此外，要求液压泵有较好的自吸能力，否则必须配备一个较大的补油泵，增加液压泵吸油口的压力，而且油箱的容量也要求较大，因而增加了整机的重量。所以，这种开式液压系统只在少数小型牵张机上采用。

2. 闭式系统

闭式系统如图 13-37 所示，液压泵输出的液压油进入液压系统，驱动液压马达输出机械功后，又直接回到液压泵的吸油口，自成闭路循环。主液压泵 1 进出油口直接和液压马达 2 的进出油口相接。补油泵 3 从油箱 4 吸油后补偿系统的泄漏损失，但它的容量比主液压泵 1 小得多，一般取主液压泵流量的 20％～30％。

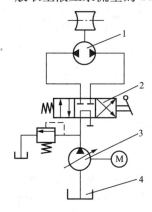

图 13-36　开式系统

1—液压马达；2—换向阀；3—液压泵；4—油箱

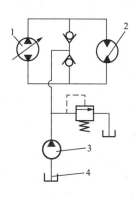

图 13-37　闭式系统

1—主液压泵；2—液压马达；3—补油泵；4—油箱

423

采用闭式系统后的优点是：液压油基本上都在主管路内循环，且保持有一定的压力，大大减少了空气进入液压油的机会；也减少了液压油因夹带空气而引起管路振动和产生噪声的可能性；防止了杂质进入液压系统，容易使液压油保持纯洁；油箱尺寸也可减小，效率也高。主要缺点是液压油基本上在主系统管道中流通，补油量又小，散热情况较差。但是由于牵张机的主系统结构比较简单，组成的液压元件较少，故一般都采用闭式系统。

（二）牵引机的调速方式、满载起动和过载保护

1. 牵引机的调速方式

牵引机液压马达转速的调整都采用容积式调速方式，它是通过改变输入液压马达的流量来实现无级调速的。

不考虑液压系统的泄漏时，液压泵、液压马达的转速、排量与流量有以下关系

$$Q = qn$$

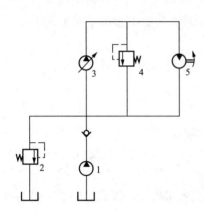

图 13-38　变量泵和定量马达调速回路
1—补油泵；2—低压溢流阀；3—变量液压泵；4—高压溢流阀；5—液压马达

式中　Q——流经液压泵或液压马达的流量，m^3/s；

n——液压泵或液压马达的转速，r/s；

q——液压泵或液压马达的排量，m^3/r。

由此可见，要改变液压马达的转速，有三种方法：①排量固定，改变流量；②流量固定，改变排量；③排量和流量都改变。这就形成了液压泵和液压马达组成的三种不同的速度控制回路。图 13-38 所示为变量泵和定量马达调速回路；图 13-39 所示为定量泵和变量马达调速回路；图 13-40 所示为变量泵和变量马达调速回路。牵引机上大多采用变量泵和定量液压马达组成的调速回路，即在液压马达排量不变的情况下，只需通过改变液压泵流量就可实现调速。图 13-38 是牵引机常用的最简单的变量泵和定量马达组成的调速回路。采用这种回路，有以下几个特点。

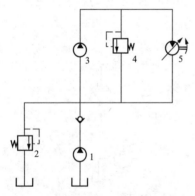

图 13-39　定量泵和变量马达调速回路
1—补油泵；2—低压溢流阀；3—液压泵；
4—高压溢流阀；5—变量液压马达

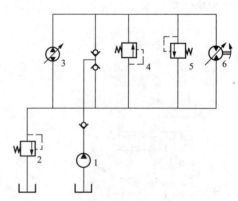

图 13-40　变量泵和变量马达调速回路
1—补油泵；2—低压溢流阀；3—双向变量液压泵；
4、5—高压溢流阀；6—双向变量液压马达

（1）转速调节范围较宽。由于液压马达排量是定值，在液压泵转速不变的情况下，靠调节液压泵的排量即能改变它的流量输出，从而改变液压马达的转速。液压马达的最大转速决

定于液压泵的最大输出流量，最小转速决定于液压泵的最小稳定流量，变量泵一般都能在很小的流量下工作，使液压马达有最大和很小的稳定转速，转速调节范围较宽。

（2）能实现恒扭矩调速。由液压马达输出扭矩公式［式(13-13)］可见，在液压马达进、出油口的压力差不变的情况下，由于液压马达的排量固定不变，它的输出扭矩也不变。液压马达的工作压力与输出扭矩成正比，其大小由外载决定。只要改变液压泵的输出流量，可以使液压马达在扭矩不变的情况下从小到大改变转速，实现无级调速。

有少数小容量的液压马达，如钢丝绳卷绕机用液压马达等，在某些情况下也采用节流调速回路，它由定量泵通过调速阀（节流阀）改变输入液压马达流量的大小，但液压油通过节流会造成能量损失。

对于张力机，由于在放线过程中处于被动状态，故放线速度的大小决定于牵引速度的大小。因为液压传动具有系统的惯量小、起动快、工作平稳等优点，所以张力机液压系统中主液压马达（放线过程中作液压泵运转）的转速，能较好地适应牵引速度的变化，连续、稳定的根据放线速度要求运转。

2. 满载起动和过载保护

（1）满载起动。牵引机在作业过程中因故停机后，牵引卷筒或放线卷筒上都仍然保持着线路上导线张力所施加的拉力。为防止载荷对牵张机牵引卷筒和放线卷筒相连的液压马达的冲击，在它们制动器液压缸的回路中串接一个单向节流阀（见图13-41），使制动器液压缸 1 在起动前缓缓打开。但制动时，只要操作换向阀 3 使它处于右边位置，制动器液压缸就能通过单向节流阀 2 中的单向阀迅速回油，实现快速制动。

牵引机主液压泵起动前，可使高压溢流阀处于卸载状态；起动后，调节高压溢流阀逐步加载，把压力调整到停机时的工作压力后，再打开制动器，使牵引卷筒上的载荷加到主液压泵上去。

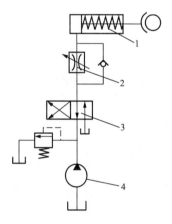

图 13-41　进油节流调速回路
1—制动器液压缸；2—单向节流阀；
3—换向阀；4—液压泵

为防止带载起动时损坏液压泵或液压马达，有时可用增加补油压力的方法，使液压泵和液压马达不会由于吸空而造成滑靴脱落（主要指直轴式轴向柱塞泵）等故障，且能改善带载起动的性能，起到较好的保护作用。

（2）过载保护。为保证工作安全可靠，所有牵引机都有过载保护装置。在作业过程中出现故障、牵引力超过预定的安全值时，牵引机将自动停止牵引。这在液压传动牵引机上，比较容易实现，通过调定液压系统高压溢流阀的开启压力值，就能满足要求。当牵引力逐渐增加时，迫使系统压力逐步上升，上升到预调定值时，溢流阀打开，液压泵输出的压力油便经溢流阀后直接流入低压管路或回油箱，系统压力不再上升，限制在调定数值以内。由于液压马达的输出扭矩同系统压力成正比，这时的输出扭矩不能满足外载荷要求的扭矩，故迫使液压马达停止转动。但液压泵仍可继续运转，输出的液压油经溢流阀流回油箱，发动机就不会因超载而熄灭或损坏。

为确保牵引作业的绝对安全，一般在液压系统内装设压力继电器，当系统内压力超过预调定值时，通过压力继电器能发出信号，引起操作人员的注意。也可通过压力继电器的触头接通或切断电路，来切断发动机供油系统或点火电源，使发动机自行熄火，以达到过载保护目的。采用这种方式时，在机械部分，一定要设置牵引卷筒反向自动制动装置，以在发动机熄火后，使牵引卷筒立刻停止转动，不会因被拉而反向转动造成飞车等事故。

（三）液压泵和液压马达的主要性能参数

在牵张机液压传动中，液压泵和液压马达都起着能量转换的作用。液压泵是将原动机的机械能转换成液压能（压力 p 和流量 Q）；液压马达则是将输入的液压能，再转换成机械能。

液压泵的种类很多，按其结构分有齿轮泵、叶片泵、柱塞泵，其中柱塞泵又分轴向柱塞泵和径向柱塞。在牵引机上，常用轴向柱塞泵和齿轮泵，通常前者为主变量泵，后者为辅助液压泵。在张力机上除采用定量轴向柱塞马达（一般作泵运转）、齿轮液压马达之外，低速径向大扭矩液压马达也被广泛采用。

所谓变量泵和定量马达，前者是指其排量（每转一周所排油液的体积）可变化，后者是指其排量不可变化（即前者可调节，后者不可调节）。

1. 液压泵主要性能参数

（1）压力 p_p。液压泵的输出压力 p_p 由负载决定。负载增加，泵的压力增高，反之压力减小。一般在液压泵的说明书中，对压力有额定压力和最大压力两种规定。

额定压力是指液压泵在连续运转情况下所允许使用的工作压力，在这种压力下运转，能保证液压泵的使用寿命和容积效率。

最大工作压力是指液压泵在短时间内超载运行时所允许的极限压力（这时泄漏增加，使容积效率降低）。

（2）流量 Q_p。流量是指泵在单位时间内输出油液的体积，它又有理论流量（或理论排量）和实际流量（或实际排量）之分。理论流量是在无任何泄漏情况下的流量，实际流量是理论流量除去液压泵的泄漏量之后纯输出的流量。

液压泵的实际流量 Q_p 小于理论流量 Q_{0p}，即

$$Q_p = Q_{0p} - \Delta Q_p = q_p n_p \eta_{pV} \quad \mathrm{m^3/s}$$

式中　ΔQ_p——泄漏量；

　　　η_{pV}——容积效率；

　　　n_p——液压泵的转速，r/s；

　　　q_p——液压泵的排量，$\mathrm{m^3/r}$。

（3）转速 n_p。液压泵的转速有额定转速和最高转速之分，额定转速是指液压泵在正常工作情况下的转速，一般不希望超过额定转速；最高转速受到运转部件磨损和寿命的限制，如液压泵超过最高转速，就会产生振动和噪声，并加速零件的磨损、破坏，降低使用寿命。

（4）扭矩和功率。液压泵输入扭矩见式（14-1），输入功率（也即驱动功率）N_0 和输出功率 N_p 分别为

$$N_0 = \frac{p_p Q_p}{1000 \eta_p} \quad \mathrm{kW}$$

$$N_p = \frac{p_p Q_p}{1000} \quad \mathrm{kW}$$

式中　p_p——液压泵的工作压力，Pa；

　　　η_p——液压泵的总效率；

　　　Q_p——液压泵的实际流量，m^3/s。

2. 液压马达的主要性能参数

（1）排量 q。液压马达每转一周所排出液体的体积称为排量，牵张机上采用的液压马达，一般排量都是固定不变的。单位为 m^3/r。

（2）输出扭矩和功率。输出扭矩见式（13-13），输出功率 N_m 为

$$N_m = \frac{\Delta p_m Q_m \eta_m}{1000} \quad kW$$

式中　Δp_m——液压马达进、出油口压力差，Pa；

　　　Q_m——液压马达的流量，m^3/s；

　　　η_m——液压马达的总效率。

（3）转速 n。液压马达转速 n 为

$$n = \frac{Q_m \eta_{mV}}{q} \quad r/s$$

式中　q——液压马达的排量，m^3/r；

　　　η_{mV}——液压马达的容积效率；

　　　Q_m——液压马达的流量，m^3/s。

（四）牵张机液压系统的确定和主要元件选择

液压系统由动力元件（液压泵）、执行元件（液压马达、液压缸）、控制元件（各种阀）和辅助元件（油箱、油管、散热器等）组成。牵张机液压系统的设计步骤是：①确定液压系统的形式；②为满足牵引力、牵引速度和放线张力、放线速度的要求，分别确定主液压马达的参数（在有些牵引机上，还要确定顶升液压缸的缸径）；③计算辅助液压马达的参数，计算管路系统的压力损失及其容积损失；④根据这些参数，对牵引机和具备紧线等牵引作业功能的张力机，确定其主液压泵的主要参数和原动机功率的大小；⑤拟订液压系统图，选择控制元件；⑥进行包括散热状况等的验算。对于只具备放线功能的张力机，因一般不设置主液压泵，除极少数小型张力机外，大多数还必须选择合适的补油泵、辅助油泵及确定驱动它们的原动机功率大小。

牵张机液压系统一般由主系统、补油系统和辅助系统（包括驱动冷却风扇，顶升液压缸和制动液压缸等）等组成。主系统除普遍采用闭式系统外，按主液压泵、液压马达的数目又可分为单泵系统和双泵系统。双泵系统实际上是把两个单泵系统并联使用，如图13-42所示。每台液压泵可以分别向各自回路中的液压马达供油，这时截止阀1、2关闭。若把2个截止阀都打开，那么2个液压泵、液压马达就处于并联运转状态。这种情况下，每台液压泵的功率，可根据整机计算总功率的一半考虑。

当液压系统的形式确定后，便可进入下述主要部分有关参数的计算和元件选择。

1. 液压系统的压力和流量的确定

在计算液压系统的参数时，起决定作用的是系统的压力和流量。当确定了牵引机要求的牵引力和牵引速度后，牵引机要求液压马达输出轴上的功率则为

$$N_p = \frac{P_1 v}{10^3 \eta_n} \quad kW$$

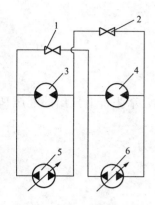

图 13-42 双泵系统

1、2—截止阀；3、4—液压马达；

5、6—变量液压泵

式中 P_1 ——牵引力，N；

       v ——牵引速度，m/s；

       η_{m} ——卷筒到液压马达输出轴之间的传动总效率，根据传动路线确定。

由 N_{p} 值便可求得要求液压系统输入液压马达的流量和工作压力（计液压马达效率时），即

$$N_{\mathrm{p}} = \frac{pQ}{10^3} \eta_{\mathrm{m}} \quad \mathrm{kW}$$

式中 p ——压力，Pa；

       Q ——流量，$\mathrm{m^3/s}$；

       η_{m} ——液压马达总效率。

由此可见，液压马达输出功率 N_{p} 和液压系统的压力、流量有关系，两者是相互关联的。在一定的输出功率的情况下，提高系统的压力可以使流量减小，从而使整机液压部分结构紧凑，体积小，重量轻。但系统压力增高后，对液压元件的性能和密封等要求相应提高，这就增加了造价。为此，应根据工作要求和现有的设备条件，包括液压元件的制造水平综合考虑，以确定系统的最高工作压力。张力架线设备整机的功率较大（从几十千瓦到几百千瓦），又系野外作业，要求便于运输转场、体积小、重量轻，所以一般都采用高压系统。即按照我国液压系统压力分级标准 GB 2346《液压传动系统及元件公称压力系列》，选用 $(16 \sim 31.5) \times 10^6 \mathrm{Pa}(160 \sim 320 \mathrm{kgf/cm^2})$。只有少数小功率牵张机采用中高压系统，选用 $(8 \sim 16) \times 10^6 \mathrm{Pa}(80 \sim 160 \mathrm{kgf/cm^2})$。通过实践证明，为了工作安全可靠，延长液压元件（特别是液压泵和液压马达）的使用寿命，在确定系统压力时，把系统最高工作压力控制在液压泵，液压马达额定工作压力的 0.8 倍左右更为有利。

2. 主液压马达的确定

主液压马达通过主减速器和牵引卷筒相连，当牵引力为 P_1 时，主液压马达的排量可以由式（13-15）求出，则

$$q = \frac{P_1(D_{\mathrm{s}} + d_{\mathrm{s}})}{0.318 i \eta_1 \eta_{\mathrm{M}} \Delta p} \quad \mathrm{m^3/r} \tag{13-16}$$

式中 Δp ——液压马达进出口的压力差，约等于初选时系统工作压力 p，Pa；

其余各量说明与式（13-13）和式（13-15）的相同。

牵引卷筒需要的转速 n_1 和液压马达最高转速 $n_{0\max}$ 为

$$n_1 = \frac{v_1}{\pi(D_{\mathrm{s}} + d_{\mathrm{s}})} \quad \mathrm{r/s}$$

$$n_{0\max} = \frac{v_{\max} i_1}{\pi(D_{\mathrm{s}} + d_{\mathrm{s}})} \quad \mathrm{r/s} \tag{13-17}$$

式中 $n_{0\max}$ ——液压马达最高转速，r/s；

       $v_{\max}$ ——最高牵引速度，m/s。

其余说明与式（13-15）相同。

根据 $n_{0\max}$ 可求得液压马达要求输入的最大流量 $Q_{1\max}$ 为

$$Q_{1\max} = q n_{0\max} \quad \mathrm{m^3/s}$$

由式（13-16）和式（13-17）得

$$Q_{1\max} = \frac{P_1 v_{\max}}{0.318\pi\eta_1\eta_M\Delta p} \approx \frac{P_1 v_{\max}}{\eta_1\eta_M p} \quad \text{m}^3/\text{s}$$

根据 p、q 和由它们算出的扭矩 M，可以选定牵引机的主液压马达。

选用主液压马达时，必须充分比较它们的性能、特点，并根据牵引机的工作特点综合考虑选择其型号、规格。

对张力机，其液压马达主要工况是作液压泵运转，故可根据最大放线张力和最大放线速度，按式（14-1）、式（14-2）计算确定液压马达的工作压力和排量，再合理选用液压马达（方法与牵引机的相同）。

3. 主液压泵的确定

由于牵引机一般都采用闭式系统，液压泵输出流量全部输入主液压马达，故液压泵输出的流量 Q_0 为

$$Q_0 = K'Q_{1\max} \tag{13-18}$$

式中　$Q_{1\max}$——被驱动主液压马达的最大流量，如同时带动两液压马达工作，则 $Q_{1\max}$ 为两个液压马达最大流量之和；

　　K'——系数，考虑了系统中液压油的管道泄漏取 $K'=1.1\sim1.3$。

液压泵的工作压力 p_0 为

$$p_0 = p + \Sigma\Delta p \tag{13-19}$$

式中　p——系统的工作压力，可视为主液压马达最高工作压力；

　　$\Sigma\Delta p$——液压油经管道、各种阀等的压力损失，可取系统工作压力的 $3\%\sim5\%$，或根据有关的公式计算。

根据 Q_0 和 p_0，可进行主液压泵的选择。

4. 主液压泵输入功率的确定

输入功率 N_i 可按下式计算

$$N_i = \frac{p_0 Q_0}{10^3 \eta_p} \quad \text{kW}$$

式中　η_p——液压泵总效率；

　　其余见式（13-18）和式（13-19）。

由于牵引机补油系统和辅助系统分别由各自的定量液压泵提供动力，故牵引机发动机的输出功率除考虑主液压泵输入功率外，还必须把这部分功率也考虑进去。

二、机械传动牵引机

机械传动牵引机是通过机械传动系统来实现能量传递的牵引机。这种牵引机结构简单、传动效率高、造价低、体积小、重量轻，但只能实现有级调速，使用性能不很好。目前使用比较广泛，主要用作中、小型的牵引机。

机械传动牵引机的机械传动由摩擦离合器、多挡齿轮变速箱、制动器、主减速器等组成，最后把动力传递到牵引卷筒上去，如图 13-43 所示。

机械传动牵引机的变速和换向均靠齿轮变速箱换挡操作实现。由于变速箱采用定传动比变速，所以这种牵引机只能实现有级变速。当牵引作业过程要求变速时，必须使牵引卷筒处于制动状态，并操作离合器，使变速箱脱开动力，才能进行换挡。只有当离合器全部接合，

制动器松开，发动机和牵引卷筒恢复连接时，才能进行牵引作业。

机械传动的优点是传动效率高、结构简单、维护方便、造价低。缺点是除不能实现无级变速、起动和换挡等操作复杂外，由于是刚性传动，起动不平稳，特别在换挡时有冲击现象，换挡不及时发动机容易熄灭。机械传动牵引机的牵引特性曲线如图13-44所示。

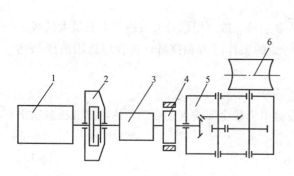

图13-43　牵引机机械传动示意图

1—发动机；2—摩擦离合器；3—变速箱；4—制动器；

5—减速器；6—牵引卷筒

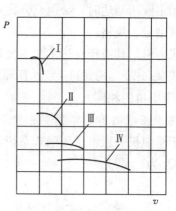

图13-44　机械传动牵引机的牵引特性曲线

Ⅰ～Ⅳ—变速箱排挡数；

P—牵引力；v—牵引速度

机械传动牵引机也有双摩擦卷筒和磨芯式卷筒等形式。图13-45是磨芯式卷筒机械传动牵引机的结构原理图，它是由发动机1、离合器2、变速箱3、万向联轴器4、减速器5、制动器6、末级减速器7、磨芯式卷筒8和各种操纵机构组成。除变速箱、离合器以及自行驶式牵引机上的取力器外，其余部分的结构都和其他传动方式的牵引机类似。

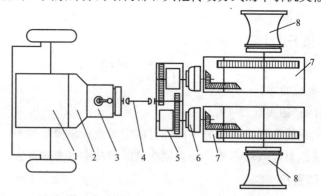

图13-45　磨芯式卷筒机械传动牵引机结构原理图

（一）变速箱

机械传动的牵引机的变速除靠调节发动机的油门外，主要通过多挡变速箱来实现。

由于发动机扭矩和转速的变化范围很有限，故机械传动牵引机只有靠变速箱来改变牵引卷筒的转速，才能既满足牵引作业时各种牵引速度的要求，又保证发动机能在较有利的工况范围内工作，以充分利用功率和降低油耗。

变速箱挡数越多，对牵引作业的适应性也就越好。但是，目前一般变速箱的变速都用改变不同齿轮副的传动比来实现，由于结构条件的限制，变速箱的挡数是有限的。挡数过多，操作过于频繁，不但增加了操作人员的劳动强度，有时还会影响作业效率。因此，目前牵引机的变速箱包括倒挡和空挡，一般设置4～5个挡数。倒挡用来改变牵引机的转向，放出钢丝绳。空挡可保证在停机和有载情况下发动机不必熄火。

变速箱换挡时应做到轻便灵活，无冲击，不发生自动脱挡、乱挡和跳挡现象。

由于牵引机工作状况比别的机械简单得多，故变速箱一般可以外购（即从各种车辆变速箱和工程机械变速箱中选用），而且通常在挡数、传动比和传递功率等方面，都很容易满足使用要求。所以只有对牵引功率比较小的牵引机，如机动绞磨及某些小型磨芯式牵引机，才需根据要求设计专用的变速箱。

选用变速箱时，应在满足传输功率的情况下，根据发动机最佳运行转速，以及牵引机常用最大、最小牵引力相对应的最小、最大牵引速度，先计算出发动机输出轴和牵引卷筒之间最高和最低的总传动比。再由各级减速器对总传动比进行合理分配，以确定变速箱的变速范围。然后按变速箱各挡传动比的分配方法，初定各挡传动比，初选变速箱。经验算如不合适，可重新调整它和各级减速器之间的传动比分配，直到合适为止。

变速箱由变速传动机构和变速操纵机构两部分组成。

1. 变速箱传动机构

变速箱传动机构主要有齿轮、换挡零部件、轴、轴承和壳体等组成。

为适应不同速度的要求，变速箱由不同传动比的多对齿轮副组成，当某一对齿轮传递动力时，其他齿轮脱开不啮合。最简单的常用齿轮变速箱工作原理如图13-46所示，双联齿轮2可以在带有花键的主动轴4上滑移，从动齿轮1、5被固定在输出轴6上，当拨叉3拨动双联齿轮2，使它的小齿轮和从动齿轮1啮合时，输出轴6输出转速 n_1；当拨叉3拨动双联齿轮2使其大齿轮和从动齿轮5啮合时，输出轴6又输出另一种转速 n_2；当拨叉3将双联齿轮拨到中间位置，使它既不同从动齿轮1啮合，也不同从动齿轮5啮合，这时输出轴6不转动，即为空挡位置。

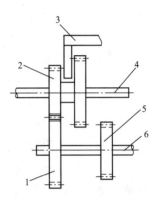

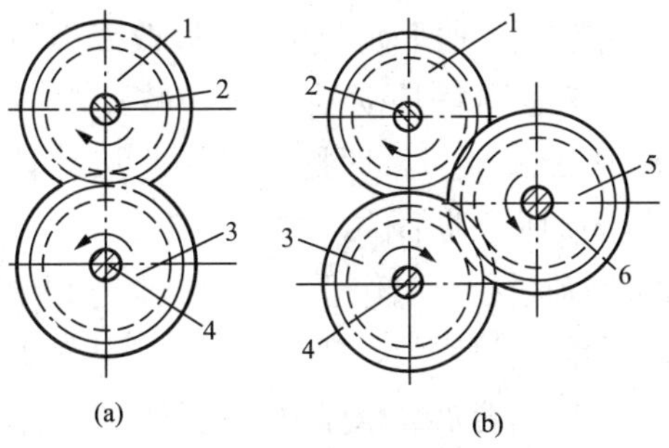

图13-46　常用齿轮变速箱
工作原理图
1、5—从动齿轮；2—双联
齿轮；3—拨叉；4—主动
轴；6—输出轴

设双联齿轮2上两齿轮的齿数分别为 Z_1、Z_2，从动齿轮1、5的齿数分别为 Z_3、Z_4；则上述变速箱就形成两种输出转速，即有两个变速挡和一个空挡。变速挡的传动比分别为 $i_1 = Z_3/Z_1$，$i_2 = Z_4/Z_2$。

若在输入轴和输出轴之间增加一次齿轮啮合，就可以改变输出轴的转向，实现倒挡。如图13-47（a）所示，当主动齿轮1和从动齿轮3直接啮合时，输入轴2顺时针方向转动，输出轴4逆时针方向转动。当按图13-47（b）所示，增加倒挡双联齿轮5，使主动齿轮1通过拨叉拨动和

图13-47　倒挡原理图
（a）增加一次齿轮啮合；（b）增加倒挡双联齿轮
1—主动齿轮；2—输入轴；3—从动齿轮；
4—输出轴；5—倒挡双联齿轮；6—中间轴

倒挡双联齿轮 5 啮合时，倒挡双联齿轮中的一个齿轮和从动齿轮 3 是常啮合的。这样，使输出轴 4 又反向顺时针转动，改变了输出轴的转向，达到倒挡的目的。

2. 变速箱的操纵机构

变速箱的操纵机构由变速杆、拨叉、拨叉轴以及为保证不脱挡和避免同时挂两个排挡而设置的定位、连锁等安全装置组成。这些零件一般都集中装在变速箱的上盖上，操纵方便，结构简单，每一个接合套或滑动齿轮均有各自的拨叉。挂挡时，首先横向移动变速杆，选择所需要的拨动叉（也称选挡）；然后纵向移动变速杆，拨动齿轮或接合套，使所需挡的齿轮啮合（也称换挡）。齿轮换到所需挡位后，一般都靠拨叉轴上的凹槽和弹簧钢球定位。为防止同时换上两挡，还设置互锁装置，利用拨叉轴侧面的凹槽配以适当的钢球和锁销，使各挡互锁，保证了操作和运转的安全可靠性。

（二）离合器

1. 摩擦离合器的作用

机械传动牵引机一般采用摩擦式离合器，它的作用如下：

（1）临时切断载荷，以便于挂挡。如载荷不被移去（即变速箱齿轮啮合面上有作用力），变挡齿轮很难拨动，即使拨动，挂挡时也容易发生冲击，甚至损坏齿轮。

（2）便于发动机起动。牵引机作业过程因故停机时，牵引卷筒上的载荷，一般是传递到制动器上，防止卷筒反转。起动时必须通过离合器切断发动机和外载荷的联系，使发动机处于卸载的状态，即空载起动。待发动机到额定转速后，再通过离合器和制动器的相互配合操作，使发动机逐步带上负载，平稳起动，进行牵引作业。

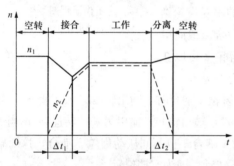

图 13-48　摩擦离合器接合、工作、分离过程中主、从动轴的转速变化

n_1—主动轴转速；n_2—从动轴转速；Δt_1、Δt_2—相对滑动时加速和减速的时间

（3）起缓冲和过载保护作用。机械传动牵引机在发动机输出轴和变速箱输入轴之间设置的离合器，要求能在任何不同转速下进行接合和分离，以满足牵引机的有载起动和停机工况。摩擦离合器的工作过程一般可分为接合、工作和分离三个阶段。在这三个阶段中，主、从动轴的转速变化如图 13-48 所示。

由于摩擦离合器在接合和分离过程中，主、从摩擦片必然有相对滑动产生，所以改变摩擦面的正压力，就能调整从动轴加速和减速的时间（图 13-48 中 Δt_1、Δt_2），即控制了主、从动轴上扭矩的变化，从而减轻了系统的冲击和振动，防止冲击损坏运动部件。

机械传动牵引机从发动机的空载起动到发动机带上载荷进行牵引作业，以及作业过程中的紧急停机，都必须通过操作离合器来实现。当它在起动和停机过程中，都会引起主、从轴上扭矩的突变。此外在牵引作业过程中，过载也是难免的。摩擦离合器靠摩擦力传递扭矩，在牵引机起动、紧急停机及瞬时过载时，主、从摩擦片的打滑能较好的起到缓冲和过载保护作用。

2. 摩擦离合器的种类

牵引机上主要采用片式摩擦离合器，这种离合器又分单片式、双片式和多片式三种。

（1）单片式离合器。单片式离合器主要应用于中小型牵引机上。这种离合器工作可靠、结构简单、尺寸紧凑、分离彻底、散热情况也比较好，从动部分的转动惯量小。

（2）双片式离合器。双片式离合器主要用于功率较大、安装位置又受空间位置限止的场合。这种离合器作用原理和构造基本和上述单片式相同，只是在主动部分增加了一个中间压盘、在被动部分增加了一个从动盘摩擦片。因为采用了两个从动盘，摩擦面积增加了一倍。故使传递功率的能力几乎也增加一倍。

和单片式离合器相比，双片式离合器有接合平稳、径向尺寸小的优点，但通风散热性较差，传动效率也较低。

（3）多片式离合器。多片式离合器浸泡在油液中工作，又称湿式离合器（上述单片式、双片式离合器直接暴露在空气中工作，故又称干式离合器）。这种离合器用较小的摩擦盘尺寸，就能传递很大的功率，接合平稳，散热情况也很好。主要缺点是结构比较复杂，一般只用于液力传动牵引机的液力传动箱，作为动力换挡离合器。

牵引机用摩擦离合器同上述变速箱一样，一般均可外购选用，但必须对摩擦力矩进行校核。由于离合器操作不太频繁，温升可不予考虑。

3. 摩擦力矩的校核

选用摩擦离合器时摩擦力矩 M_f 必须满足下式要求，即

$$M_f \geqslant \beta M_{emax} \quad \text{N} \cdot \text{m}$$

式中　　M_{emax}——发动机最大扭矩，$\text{N} \cdot \text{m}$；

　　　　β——储备系数，取 $\beta = 1.3 \sim 2$。

储备系数 β 的选择，应考虑到以下两方面：

（1）要保证摩擦片长期安全可靠的工作，即使在磨损后仍能安全传递发动机的扭矩；同时要使摩擦副的滑磨不会过大。因而要求 β 值大一些。

（2）为防止传动系统超载、并在发动机紧急停机时使传动系统不受冲击等情况下，又要求 β 值取得小一些。

在选用牵引机的摩擦离合器时，应对上述两方面进行综合考虑，同时还应考虑到压紧弹簧能否调整等因素。

摩擦力矩 M_f 可按下式计算，即

$$M_f = q_0 S \mu R_e Z \quad \text{N} \cdot \text{m}$$

式中　　q_0——许用单位压应力，粉末冶金材料取 $q_0 = 4 \sim 6\text{MPa}$，铜丝石棉取 $q_0 = 1 \sim 2.5\text{MPa}$；

　　　　S——摩擦片单位摩擦面积，$S = \dfrac{\pi}{4}(D^2 - d^2)$（其中 D、d 分别为摩擦片外径和内径），m^2；

　　　　R_e——平均摩擦半径，$R_e = \dfrac{1}{3} \times \dfrac{D^3 - d^3}{D^2 - d^2}$，$\text{m}$；

　　　　Z——摩擦面数，单片 $Z = 2$，双片 $Z = 4$；

　　　　μ——摩擦系数，见表 14-4。

（三）取力器

取力器是从机动车辆的变速箱（或越野车辆的分动箱）上取出功率的装置，也是一个齿轮传动箱。最简单的取力器结构如图 13-49 所示，使用时，把取力器通过壳体用螺栓固定在机动车辆的变速箱箱体 8 上，动力由变速箱内主动齿轮 9 经中间齿轮、从动齿轮后，由输出

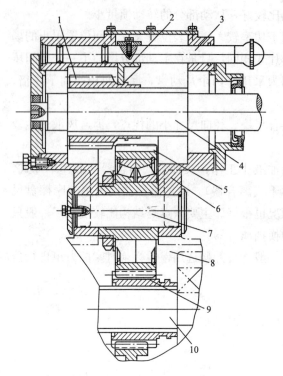

图 13-49　取力器结构图

1—从动齿轮；2—拨叉；3—操作手柄；4—输出轴；
5—中间齿轮；6—壳体；7—中间轴；8—变速箱（或
分动箱）箱体；9—主动齿轮；10—主动轴

轴输出，作为牵引机的驱动动力。取力器的输出轴是通过联轴器把动力传动到牵引机上。操作手柄 3 通过拨叉 2 使取力器投入或退出运转，即当车辆行驶时，用它切断变速箱和取力器之间的联系。

取力器的设计，必须根据选用车辆的变速箱或分动箱取力齿轮的参数、传递扭矩的能力、转速大小、取力窗口的位置（上述这些在必要时还要进行核算及实际测量），以及牵引机对驱动动力的要求等条件全面考虑。由于取力器运转时壳体根部和取力窗口连接处受力很大，故在设计时对变速箱取力窗口箱壁厚度、固定螺栓等都必须进行校核。取力器内中间齿轮、从动齿轮以及它们的支撑轴承的润滑问题，也必须认真考虑。

第十三章第十二节拖拉机牵引机则是直接从拖拉机变速箱出厂时预留的供取力的输出轴取出动力，能取出发动机部分功率，再通过专门设计的变速箱和牵引卷筒进行牵引作业。

三、电气传动牵引机

电气传动牵引机，实际上相当于一个能变速的卷扬机，但它的牵引速度比卷扬机要高得多。电气传动牵引机牵引特性如图 13-50 所示，可见，电气传动同机械传动相比，除原动机不同外，机械部分结构基本相同。当采用三相鼠笼式感应电动机作为原动机时，由于它的转速不能改变，牵引机速度只能根据变速箱的挡数，固定在几个点上运转（见图 13-51），不能进行速度调节。但牵引机为机械传动时（见图 13-44），牵引速度在各变速挡情况下，通过调节发动机转速仍有一定的调整范围。

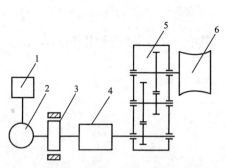

图 13-50　电气传动牵引机牵引特性

1—电气控制系统；2—电动机；3—制动器；4—变速箱；

5—减速器 ；6—牵引卷筒

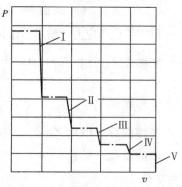

图 13-51　牵引机电气传动示意图

I～V—变速箱排挡数；P—牵引力；v—牵引速度

较理想的电气传动方式是采用直流电动机或绕线式异步电动机转子串接频率变阻器或多级电阻。前者可以实现无级调速，后者能在较大范围内实现无级调速，但两者均需配备复杂的辅助设备，一般很少采用。

考虑电气传动牵引机所用电动机控制设备的复杂程度，以及牵引作业地点的分散性和电源容量，一般选用电动机容量不大于 50kW。

牵引机电气传动的主要优点是大大简化了机械部分的结构，体积小、重量轻、便于集中控制，且操作简单、维护方便。主要缺点是要有一定容量的电源，而且调速性能差，因而使其应用有一定的局限性。

采用电动机作牵引机的原动机，其传动方式仍可采用液压传动。这时可直接选用简单的三相鼠笼式感应电动机，变成以电动机为原动机的液压传动牵引机。此时电动机驱动主液压泵。始终以恒转速运转，从而提高了牵引机的经济性。

电动机的选择，除要满足牵引功率、有载起动、过载保护以外，还要考虑到电源容量和使用时周围环境条件，并通过经济技术比较后进行选择。选定的电动机，应对它的起动能力、过载能力、温升等方面进行必要的校验，其牵引功率应按周围环境温度进行必要的修正。

对采用液压传动方式的牵引机可选用 YZ 系列鼠笼式感应电动机。对于要求调速的机械传动牵引机，一般采用 YR 系列绕线式异步电动机。对于调速要求不高，有多挡变速箱的机械传动牵引机，也可选用上述 YZ 系列鼠笼式感应电动机，也可选用 Y 系列鼠笼式感应电动机。

四、液力传动牵引机

图 13-52 所示为液力传动牵引机示意图。同上述机械传动牵引机不同的是由液力传动箱代替了摩擦离合器和变速箱。

液力传动箱由液力变矩器 2 和自动换挡的多挡变速箱 7 两部分组成。液力变矩器能在较大的范围内有载无级地改变传动比和输出扭矩，且有一定的高效工作范围。液力变矩器和经合理设计的变速箱联合使用，再通过和发动机的合理匹配，能保证它始终在高效区内工作，从而既保证了高的传动效率，又扩大了牵引力和牵引速度的调整范围。图 13-53 是有自动换

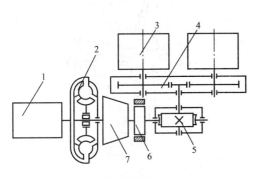

图 13-52 液力传动牵引机示意图

1—发动机；2—液力变矩器；3—牵引卷筒；
4—末级减速器；5—蜗轮减速器；6—制动器；
7—自动换挡的多挡变速箱

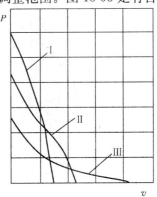

图 13-53 液力传动牵引机
的牵引特性曲线

Ⅰ～Ⅲ—液力传动箱排挡数；
P—牵引力；v—牵引速度

挡变速箱的液力传动牵引机的牵引特性曲线。图中，曲线Ⅰ、Ⅱ、Ⅲ分别表示相应排挡数时有不同的牵引特性，它取决于液力变矩器的输出特性等因素。

牵引机带载起动可在液力传动箱空挡情况下进行，使发动机到额定转速后，再换到作业挡。换挡开始时，液力变矩器输入轴（泵轮轴）的转速等于发动机转速，而它输出轴（涡轮轴）的转速为零。变矩器传动比无限大，它的变矩系数也最大，使牵引机有足够的起动扭矩，以逐步驱动牵引卷筒转动，开始牵引作业。随着液力传动箱输出轴转速的逐步增加，牵引卷筒的转速也逐步增加，而扭矩却逐渐减小，最后稳定在某一工作点上。当液力传动箱泵轮轴和涡轮轴的扭矩相等（即变矩系数数为1）时，就相当于一个液力偶合器。

（一）液力变矩器的工作原理

液力变矩器由泵轮、涡轮和导轮三部分组成，如图13-54所示，其各部分的作用如下：

（1）泵轮。泵轮用B表示，它是能量的输入部分。泵轮内有很多叶片，相当于一个离心泵，它和泵轮壳体连成一体，并通过泵轮壳体和发动机的输出轴连接在一起。

（2）涡轮。涡轮用T表示，它是能量的输出部分。涡轮内有很多叶片，相当于一个涡轮机，它和输出轴相连。

（3）导轮。导轮用D表示，它固定在与变矩器箱体连接的导轮座（即固定不转的套筒）上。导轮里面有很多叶片，相当于导向装置。

泵轮、涡轮和导轮三部分装配在一起，组成封闭式的元件，内部充满工作油液。

液力变矩器的工作过程如图13-55所示，发动机带动泵轮B转动，内部工作油液由于泵轮叶片的作用增加了能量。增加能量的液流再按箭头所示方向高速流入涡轮T，冲击涡轮叶片，使涡轮旋转，并使涡轮上获得一定的扭矩，克服外界阻力做功。液流从涡轮流出后，冲击导轮D，由于导轮是固定不动的，它强迫液流改变方向，因而可使液流在涡轮中的动量矩变化，大于泵轮中的动量矩变化，以使涡轮比泵轮的扭矩增大。液体从导轮流出后重新流入泵轮，重复上述能量变换的过程。这样，通过周而复始地使油液在工作腔内循环流动，便使液力变矩器输出轴连续转动，驱动外载荷。

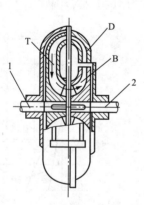

图 13-54　液力变矩器

1—从动轴；2—主动轴；B—泵轮；T—涡轮；D—导轮

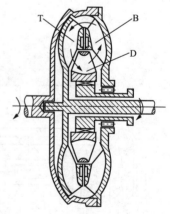

图 13-55　液力变矩器的工作过程

B—泵轮；T—涡轮；D—导轮

由此可见，液力变矩器能增大输出力矩的工作原理是由于固定导轮的存在，固定导轮对液流产生反作用力矩，这个反作用力矩和泵轮产生的力矩都传给涡轮输出，从而使输出力矩增大。也可从外力矩平衡的条件来说明输出力矩增大的原因。设泵轮、涡轮和导轮作用于工作液体的力矩分别为 M_B、M_T 和 M_D，则在液力变矩器处于稳定无角加速度情况下运转时，各工作轮作用于工作液体上的外力矩之和为 0，即

$$M_B + M_T + M_D = 0$$

则

$$-M_T = M_B + M_D$$

因此，只要导轮对液体产生的反作用力矩 $M_D \neq 0$，则涡轮输出力矩 $-M_T$ 和泵轮输入力矩 M_B 就不相等。一般情况下 $M_D > 0$，则 $-M_T > M_B$；也即涡轮输出力矩大于泵轮输入力矩，增大了输出力矩。

（二）液力变矩器的主要特性参数

液力变矩器的特性，可从特性参数、特性曲线来说明。

1. 传动比 i

液力变矩器传动比 i 为涡轮输出转速 n_T 和泵轮输入转速 n_B 的比值，即

$$i = \frac{n_T}{n_B}$$

2. 变矩系数 K

变矩系数 K 为涡轮输出扭矩 M_T 和泵轮输入扭矩 M_B 的比值，即

$$K = \frac{M_T}{M_B}$$

K 值表示液力变矩器改变输入扭矩的能力。当 $K = 1$ 时，液力变矩器不起改变扭矩的作用，这时相当于一个液力偶合器，称为偶合器工况。

3. 效率 η

液力变矩器的效率为涡轮输出功率 N_T 和泵轮输入功率 N_B 之比，即

$$\eta = \frac{N_T}{N_B} = \frac{M_T n_T}{M_B n_B} = Ki$$

可见，液力变矩器的效率为变矩系数 K 和传动比 i 的乘积。

4. 泵轮扭矩系数 λ_B

根据泵轮转矩方程式，进一步推导，可得到泵轮扭矩系数 λ_B 为

$$\lambda_B = \frac{M_B}{\gamma n_B^2 D^5} \quad \text{min}^2/\text{r}^2\text{m}$$

式中　D——变矩器的有效直径，即循环圆径向最大尺寸，m；

　　　γ——液体重度。

其余符号含义同前。

λ_B 值标志着液力变矩器传递扭矩的能力，一般由试验确定。

5. 透穿性 T

液力变矩器透穿性的物理意义是它输出轴载荷对输入轴性能的影响程度；也即对泵轮扭矩 M_B 的影响程度，其值为

$$T = \frac{\lambda_{BO}}{\lambda_{BM}}$$

式中　λ_{BO}——起动工况（$i = 0$）时 λ_B 值；

　　　λ_{BM}——偶合工况（$i = 1$）时 λ_B 值。

当 λ_B 不随传动比 i 的变化而变化时，液力变矩器具有不透穿性，这时 $T = 0.9 \sim 1.1$。（严格讲应 $T = 1$，实际上 λ_B 不可能绝对不变）。当 λ_B 随 i 的增大而减小时，具有正透穿性，且 $T > 1.1$。当 λ_B 随 i 的增大而增大时，具有负透穿性，且 $T < 0.9$。此外，有些变矩器还具有混合透穿性，即 λ_B 在 i 小时具有负透穿性；当 i 等于某一定数值时 λ_B 有最大值 λ_{Bmax}，i 大于此值时又具有正透穿性。所以，液力变矩器的透穿性影响发动机的工作状况。

（三）液力变矩器的变矩性

不少工程机械用液力变矩器时，为了使它更好地适应外界载荷的变化，都要求较大的变矩系数，特别是起动工况时 K_0 值要求大一些。为此，常采取增加涡轮叶片的弯曲度、采用多级涡轮、使导轮反转等措施，以获得较大的变矩系数。但这些措施使变矩器结构复杂，加工困难，效率降低。在选用牵引机液力变矩器时，由于牵引过程中载荷比较平稳，起动力矩的倍数也较小，一般不会超过 $1.5 \sim 2$ 倍，故就变矩系数而言，各种液力变矩器都能满足要求。变矩系数太大没有多大意义，反而会使牵引作业带来某些不安全因素。一般在牵引机上采用单级三相液力变矩器即能较好地满足起动和牵引过程中扭矩变化的要求。

（四）液力变矩器的载荷性能

载荷性能是指液力变矩器泵轮力矩系数随工况 i 的变化情况。它反映了涡轮输出轴的转速和扭矩变化时，对泵轮上转速和扭矩的影响程度。这将关系牵引作业过程中，牵引机牵引卷筒上载荷变化时，是否影响发动机运转的问题。一般希望在最高效率工况时泵轮的扭矩系数 λ_B 要大（在传递与发动机同样功率下，变矩器尺寸可以小）。

牵引机一般采用正透穿或混合透穿的液力变矩器，也可采用不透穿的。采用负透穿液力变矩器会使牵引机的经济性和动力性变坏，故很少采用。

采用不透穿的液力变矩器的优点是不管外界载荷如何变化，始终不会影响发动机的工作点，只有改变发动机的油门，才可改变发动机的工作状况。但是使牵引机的牵引性能和经济性能较差，这主要表现在液力变矩器的高效工况区和涡轮输出轴调速范围都比正透穿的液力变矩器窄。

牵引机和大多数工程机械一样，具有功率储备小、要求满载起动、调速范围大等特点，故采用正透穿液力变矩器较理想。透穿的液力变矩器在不同传动比情况下，泵轮扭矩系数 λ_B 是不同的；因而使发动机的工况也不同。正透穿的液力变矩器泵轮载荷特性是随着传动比的增大而逐步增大。液力变矩器和发动机共同工作时，根据发动机的外特性曲线（见图 13-80），若发动机选用柴油机，由于柴油机外特性曲线比较平坦，即图中扭矩 M_e 随转速 n 的变化小，而功率 N_e 随转速 n 的变化较大，故应偏重利用最大功率，宜选用小正透穿液力变矩器。若发动机选用汽油机，由于扭矩 M_e 随转速 n 的变化相对较大，可以选择正透穿性较大的液力变矩器。

（五）液力变矩器的结构

图 13-56 是单级单相液力变矩器结构图，它是导轮固定的三元件结构。其工作过程如下：变矩器壳体 7 和驱动齿轮 8 用螺栓固定在一起，再通过螺栓 19 和泵轮 1 连接在一起，驱动齿轮和发动机飞轮 9 的内齿圈啮合，传递发动机的动力。涡轮 2 和涡轮连接盘 4 铆接在一起，再由涡轮连接盘 4 通过花键和涡轮输出轴 5 的一端连接。涡轮输出轴的另一端通过由花键连接的输出连接盘 14 将动力输出。它们组合在一起后，左侧由向心球轴承 6 支撑在变矩器壳体的中心孔内，右侧由向心球轴承 13 支承。

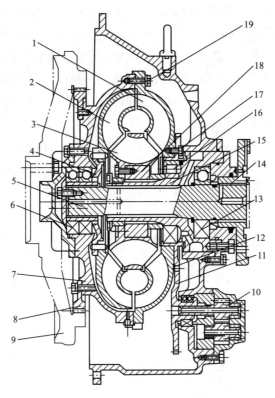

图 13-56　单级单相液力变矩器结构图

1—泵轮；2—涡轮；3—导轮；4—涡轮连接盘；5—涡轮输出轴；6—向心球轴承；7—壳体；
8—驱动齿轮；9—飞轮；10—齿轮泵；11、12—齿轮；13—向心球轴承；14—输出连接盘；
15—固定轴套；16—圆柱滚子轴承；17—螺栓；18—导轮座；19—螺栓

　　导轮 3 由导轮座 18 通过花键连接后和固定轴套 15 固定在一起。因此，导轮是静止不动的。

　　齿轮 11 和 12 啮合，用于驱动齿轮泵 10，以提供变矩器辅助装置的动力源。齿轮 12 是通过螺栓 17 直接和泵轮连接而被驱动的，并由圆柱滚子轴承 16 支撑。

　　单级单相液力变矩器结构简单，工作也十分可靠，但高效工况区较窄。

　　如把导轮座 18 换成单向离合器，就成为单级两相液力变矩器，即综合式液力变矩器。它提高了高传动比时的传动效率，使高效工况区变宽。

（六）液力变矩器的工作油液

　　工作油液在液力变矩器中除了作为工作介质传递能量外，还能起到润滑作用。同时也作为液力变矩器的冷却液体，通过外部循环，不断将变矩器内部由于能量传递过程中功率损失所产生的热量带入冷却系统。对于液力机械变速箱，其油液还可用作变速箱中轴承、齿轮润滑和操作用油。另外，它还用于牵引机辅助液压系统的工作油液。对液力变矩器工作油液，有以下几个要求。

　　（1）要有适当的黏度和润滑性能。油液黏度低，有利于减少液力变矩器传递功率过程中的摩擦损失，提高传动效率。但必须同时考虑它的润滑性能和密封性能要求。一般要求在 100℃时，油液的运动黏度 $\nu_{100} = (5 \sim 8) \times 10^{-2}$ cm²/s（5~8cSt）较好。

　　（2）黏温性能好。应选用油液的黏度基本同温度无关，或者温度对油液黏度影响较小的油液。必要时，夏季和冬季可分别用两种油液，以保证变矩器输出特性的稳定。

（3）要有良好的抗泡沫性。夹带泡沫的油液会使变矩器传递的功率急剧下降、传动效率 η 变低、换挡失灵、冷却效果下降和加速工作油液老化等，故要求油液有良好的抗泡沫性。

（4）具有较高的闪点。液力变矩器油液温度越高，油液的黏度越低，传动效率就越高，为此，变矩器出口油温允许为 110～120℃，短时允许高达 130℃，常用温度为 80～110℃，故一般要求油液的闪点在 150℃以上。

（5）具有较好的稳定性。油液在使用过程中要求不变质，也不应有稠化、黏性显著改变、产生沉淀和氧化等现象。

液力变矩器常用的工作油液性能参数指标见表 13-4，其中 6 号、8 号液力传动油是专门研制的。

表 13-4　　　　　　　　　液力变矩器常用的工作油液性能参数指标

性　能	22 号汽油轮机油	8 号液力传动油	6 号液力传动油	内燃机车专用油	
				Ⅰ	Ⅱ
相对密度（20℃）	0.901	0.860	0.872	0.872	0.865
黏　度（cSt）	20～23（50℃）	7.5～9（100℃）	22～26（50℃）	27.6（50℃）5.8（100℃）	23.2（50℃）5.9（100℃）
运动黏度比（ν_{50}/ν_{100}）不大于		3.6	4.2	4.1	3.9
闪点（℃）开口、不低于	180	150	180		
凝点（℃）不高于①	−15	−50−25	−25	−25	−38
氯化后酸值（mgKOH/g）	0.02			1.03	1.11
铜片腐蚀（100℃×3h）		合格	合格		
抗泡沫性（mL）②		50/0（93℃）	55/0（12℃）	10/0（120℃）	
		25/0（94℃）	10/0（80℃）	10/0（80℃）	
灰分（%）				0.21	0.22
抗乳化度时间（min）不大于	8				
临界载荷（N）不小于		785	824	824	785
颜色	无色透明	红色透明	浅黄色透明	淡黄色透明	淡黄色透明

① −50℃用于长城以北地区，−25℃适用于长城以南地区。
② 抗泡沫性栏数据说明：分子数表示毫升数，分母数表示含气泡个数。

五、各种传动方式的传动效率

由于各种传动方式的传动路径、通过的元件不同，故总传动效率也是不同的。下面就牵引机常用的三种传动方式（液压传动、机械传动和液力传动）总效率分述如下。

1. 液压传动总效率

液压传动牵引机的传动过程，当采用拖车安装形式时，其传动过程为原动机→分动箱→主液压泵→液压管道、阀→液压马达→主减速器→牵引卷筒；当采用汽车发动机作为动力的自行驶式牵引机时，其传动过程为汽车发动机→变速箱（或分动箱）→取力器→主液压泵→液压管道、阀→液压马达→主减速器→牵引卷筒。这两种传动过程，后者由于多了变速箱和取力器的传动，故总效率低于前者。各级传动效率如下：

（1）液压泵、液压马达传动效率。液压泵、液压马达的传动效率包括机械效率 η_m 和容积效率 η_V 两部分。对轴向柱塞泵、柱塞马达，总效率 $\eta_p = 0.79 \sim 0.9$；其中，容积效率

$\eta_V=0.85\sim0.98$。对齿轮泵、齿轮马达，总效率 $\eta_p=0.6\sim0.8$，其中容积效率 $\eta_V=0.7\sim0.9$。

（2）液压系统中管道、阀类等辅助部分效率。辅助部分考虑了它们的压力损失和流量损失后，总效率一般取 $\eta_e=0.9$。

（3）机械变速部分效率。主要是指各级齿轮传动效率，一对齿轮的传动效率为 0.97。上述拖车安装形式的牵引机和牵引卷筒之间，一般经分动箱一级和主减速器 2～3 级齿轮传动，总效率 $\eta_M=0.89\sim0.92$。

（4）牵引卷筒效率。钢丝绳经过牵引卷筒时，由于钢丝绳在牵引卷筒上弯曲和拉伸，产生能量损耗，故一般取卷筒效率 $\eta_r=0.96$。

（5）变速箱、取力器效率。采用以汽车（或拖拉机）发动机为动力的自行驶牵引机，其传动效率除考虑上述 4 项外，还必须考虑变速箱、取力器的四对齿轮的传动效率。一般变速箱输入轴到输出轴之间经过两对齿轮啮合，取力器中间齿轮亦必须同上下两个齿轮啮合输出动力。由于变速箱一般精度较高，齿轮传动效率取 0.98，故变速箱、取力器的总效率 $\eta_a=(0.98)^4=0.92$。

根据上述各级传动效率，可以计算出液压传动的拖车安装形式和采用汽车发动机的自行驶形式两种牵引机的总传动效率。设施车式液压传动牵引机总传动效率为 η_t，自行驶式液压传动牵引机的总传动效率为 η_s，则

$$\eta_t = \eta_p^2 \eta_c \eta_M \eta_r \approx 0.55$$
$$\eta_s = \eta_p^2 \eta_c \eta_M \eta_r \eta_a \approx 0.51$$

上述两个数值只是参考值，计算时，还需根据牵引机传动系统的具体情况酌情考虑。

2. 机械传动总效率

机械传动牵引机同液压传动牵引机一样，也有拖车安装式和自行驶式两种，并都以齿轮传动为基础。它们除了采用变速箱换挡变速以外，主减速器有多级圆柱齿轮减速器、蜗轮减速器、圆锥齿轮减速器和行星减速器。它们的传动效率如下：

（1）圆锥齿轮减速器传动效率 η_u。考虑到只采用单级传动，故取传动效率 $\eta_u=0.97$。

（2）行星减速器传动效率 η_n。同圆柱齿轮减速器一样，η_n 根据传动级数而定。牵引机上一般采用两级减速的行星减速器，取 $\eta_n=0.94$。

其余如变速箱、牵引卷筒等传动效率与前述相同。

设机械传动牵引机总传动效率为 η_j，则 $\eta_j=0.65\sim0.75$。

3. 液力传动总效率

液力变矩器和发动机要求匹配，匹配后两者可视为一体。因为考虑到发动机运行的经济性，变矩器泵轮输入转速不能随意改变，所以主传动系统的变速部分，都设置于变矩器涡轮输出轴之后。常用液力传动牵引机的传动过程为发动机→液力变矩器→多挡变速箱→蜗轮减速器→末级单级齿轮减速器→牵引卷筒。各级传动效率如下：

（1）液力变矩器效率。牵引机上常采用单级三相向心涡轮液力变矩器，其传动效率 η_h 较高（一般都使它在高效工况区运行），最高效率可达 0.95 及以上，一般可取 $\eta_h=0.83\sim0.85$。

（2）多挡变速箱传动效率 η_a。一般也都经过两对齿轮啮合，取 $\eta_a=(0.98)^2=0.96$。

（3）蜗轮减速器效率。牵引机上采用的蜗轮减速器，蜗杆采用 3～4 个头，传动比一般为 7～20，传动效率 η_w 较高，一般取 $\eta_w=0.86$。

（4）牵引卷筒效率 η_r 和末级单级开式齿轮传动效率 η_g，一般均取 0.96。设液力传动牵

引机的总传动效率为 η_e，则

$$\eta_e = \eta_h \eta_a \eta_w \eta_g \eta_r \approx 0.64$$

第五节 液压传动牵引机的典型构造

液压传动牵引机是各类牵引机中使用最广泛的张力放线用牵引机，由于它在牵引作业过程中，能无级调整牵引力和牵引速度，且能满足带载起动、停机和反向转动等要求，作业和起动时有好的工作平稳性、吸振性，能很好地实现过载保护，且操作简单，劳动强度小，目前已成为张力架线作业中主要使用的牵引机。

图 13-57 所示为 SA-YQ300 型液压传动牵引机结构图，是目前国内外应用比较典型的液压传动牵引机。下面介绍其结构。

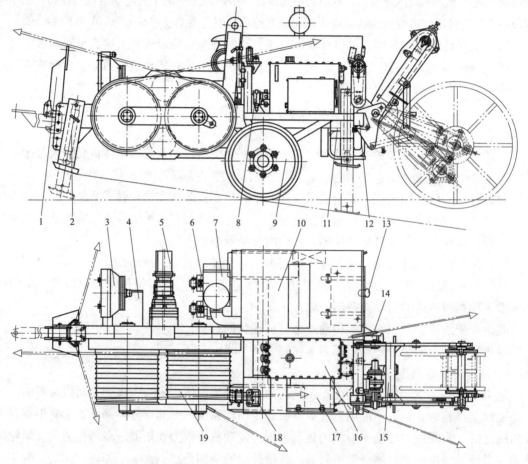

图 13-57 SA-YQ300 型液压传动牵引机结构图

1—拖架；2—液压前支腿；3—散热器；4—蓄电池；5—液压马达、制动器、减速器总成；6—主液压泵、辅助泵；7—动力装置；8—手动润滑泵；9—轮胎和轮轴总成；10—发动机护罩；11—工具箱；12—机架；13—燃油箱；14—手刹车总成；15—钢丝绳卷绕装置；16—液压油箱；17—控制箱；18—导向滚子组；19—牵引卷筒总成

该机采用单轴拖车方式，即单纵梁、单轴双轮胎布置，钢丝绳卷绕装置和主机连成一体，双摩擦牵引卷筒、液压油箱、操作控制箱设在纵梁一侧，发动机主液压泵，散热器、液压马达、制动器、减速器总成安装在纵梁的另一侧，纵梁尾部焊接一横梁，再通过绞支连接

442

安装尾部钢丝绳卷绕装置、调整卷筒支架位置的顶升液压缸，两端还设有两个后支腿及锚用耳板，两轮胎通过轮轴焊接固定在纵梁上，采用单纵梁单轴拖车的结构便于牵引机转场就位。整机结构紧凑、体积小、重心低、稳定性好。

该机采用双泵双马达并联的闭式液压系统，两个液压泵由一个发动机通过分动箱分别驱动，发动机安装在后部紧靠钢丝绳卷绕装置，牵引卷筒设置在前部，作业时整机有三个支腿支撑，前部一个、后部两个。操作控制箱设置在其同一侧的牵引卷筒和钢丝绳卷绕装置之间，有利于监视牵引绳（特别是牵引绳连接器）通过牵引卷筒情况和尾部钢丝绳卷绕装置的运转状况。

一、发动机和液压泵动力装置总成

SA-YQ300 型液压传动牵引机采用功率为 298kW、2100r/min 的 M11-400 型康明斯柴油发动机，水冷却。SA-YQ300 型液压传动牵引机采用了双泵双马达液压系统，发动机通过 A4380 分动箱，驱动两主液压泵和各自同轴安装的双联辅助齿轮泵，再通过它驱动由主液压马达带动的双摩擦牵引卷筒和钢丝绳卷绕装置，以及作为其他辅助液压回路动力源。

动力装置的操作控制部分如起动开关、油门调节旋钮、水温表、机油压力表、燃油油量表、转速表及各种指示灯等，与液压系统压力表（牵引力表）、补油压力表及其他操作、控制仪表、操作手柄、调节旋钮等安装在同一控制面板上。

发动机和液压泵动力装置总成如图 13-58 所示。

二、液压马达、制动器和减速器总成

液压马达、制动器和减速器总成如图 13-59 所示，它主要有液压马达、制动器、减速器、输出轴、输出小齿轮组成。通过减速器外壳法兰上的螺孔，用螺栓固定焊接在机架纵梁箱梁上的固定座上。输出轴上装有花键连接的小齿轮，该小齿轮直接和固定在双摩擦牵引卷筒上的大齿圈啮合，驱动牵引卷筒进行牵引作业。二级行星减速器的结构如图 13-24 和图 13-27 所示。制动器 11 为全盘油浸式，其结构如图 13-31 所示。SYA-YQ300 型液压传动牵引机采用的液压马达是可以改变两种固定排量的液压马达，以保证较小牵引力时的牵引速度达到 5km/h，而最大牵引力时仍能满足所要求的牵引速度，仍可选择相对较小排量的液压马达，增加了运行的经济性。

三、双摩擦牵引卷筒及大齿轮

双摩擦牵引卷筒及大齿轮如图 13-60 所示。两卷筒轴 8 通过压板 1 固定在机架纵梁上。两大齿轮分别和上述两组液压马达、制动器和减速器输出轴上的输出小齿轮啮合，组成牵引机的末级开式传动减速器。两个牵引卷筒必须同步转动，在两个末级减速器的两个大齿轮中的一个和其中一个小齿轮啮合，而另一个小齿轮则同时和这两个大齿轮啮合，迫使两个牵引卷筒机械同步转动，防止由于两个主液压马达转速不完全一样时，必须靠卷绕在上面的牵引钢丝绳迫使两卷筒同步，造成钢丝绳在双摩擦牵引卷筒上有可能产生相对滑移情况。牵引卷筒和末级齿轮传动如图 13-61 所示，为保证两小齿轮的承载尽量接近，牵引钢丝绳首先进入的卷筒I其同轴大齿轮由两个小齿轮 2、5 啮合驱动，而其中小齿轮 5 又啮合驱动另一个大齿轮。

由于牵引作业过程中两卷筒之间会产生很大的向心力，为改善卷筒轴的受力情况，两卷筒之间有图 13-60 中的支撑杆 14 支撑。支撑杆上焊接地锚耳板，用于牵引机就位后固定牵引机用。

四、液压系统

SA-YQ300 型液压传动牵引机液压系统如图 13-62 所示，由于发动机功率较大，考虑到液压泵、液压马达的排量，液压系统管路管径的选择和布置及其他配套设备供货等因素，本牵引机如采用结构简单的单液压泵、单液压马达液压系统有困难，故采用双液压泵、双液压马达并联运行的闭式液压系统。图 13-62 中双向变量液压泵 1、2 和两位变量的定量液压马达 3、4 组成并联的双变量液压泵、双定量液压马达组成闭式液压系统。

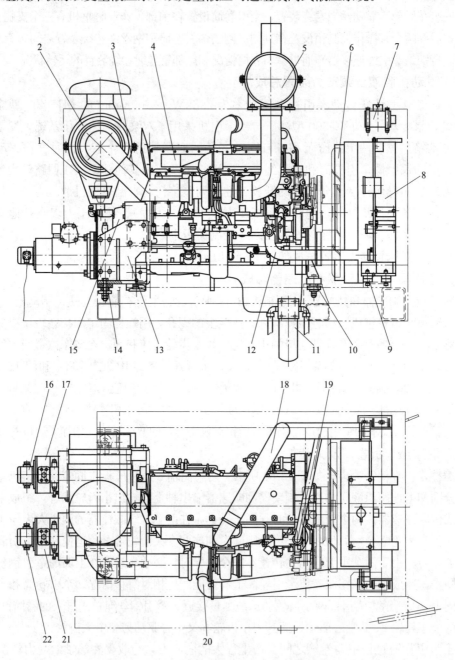

图 13-58 发动机和液压泵动力装置总成

1—空气滤清器支架；2—空气滤清器总成；3—进气管；4—柴油发动机本体；5—消声器；6—散热风扇；
7—膨胀水箱；8—复式冷却器；9—防振垫块；10、14—减振胶块；11—机油滤清器；12—进水管；
13—发动机支架；15—分动箱；16—辅助双联泵Ⅰ；17—主变量液压泵Ⅰ；18—进气管；19—出水管；
20—增压空气连接管；21—主变量液压泵Ⅱ；22—辅助双联泵Ⅱ

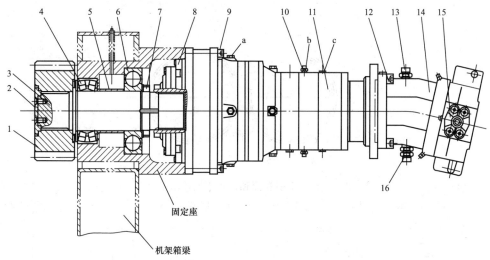

固定座

机架箱梁

图 13-59　液压马达、制动器和减速器总成

1—输出轴小齿轮；2—端盖；3—输出轴；4、6—滚动轴承；5—隔套；7—大螺母；8—二级行星减速器；
9、12—法兰连接螺栓；10、13、16—过渡管接头；11—制动器；14—能改变两种固定排量的液压马达；
15—进出油口连接法兰；a—减速器加油口、通气口；b—制动器进油口；c—制动器加油口

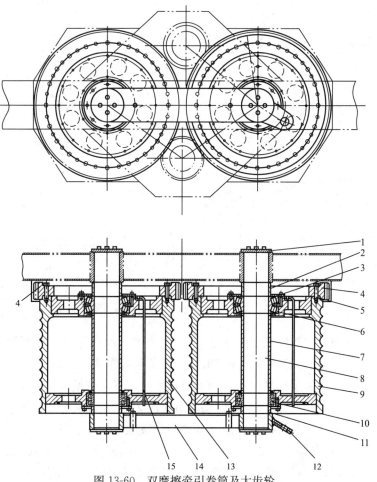

图 13-60　双摩擦牵引卷筒及大齿轮

1—压板；2、7、11—轴套；3—端盖；4—大齿轮；5—螺栓；6、10—轴承；8—卷筒轴；9—后卷筒；
12—地锚耳板；13—前卷筒；14—支撑杆；15—润滑油管

445

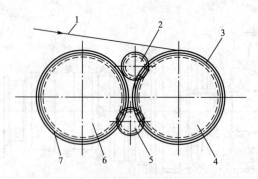

图 13-61　牵引卷筒和末级齿轮传动示意图

1—牵引钢丝绳；2、5—小齿轮；3—牵引卷筒I；4—牵引卷筒I大齿轮；6—牵引卷筒II大齿轮；7—牵引卷筒II

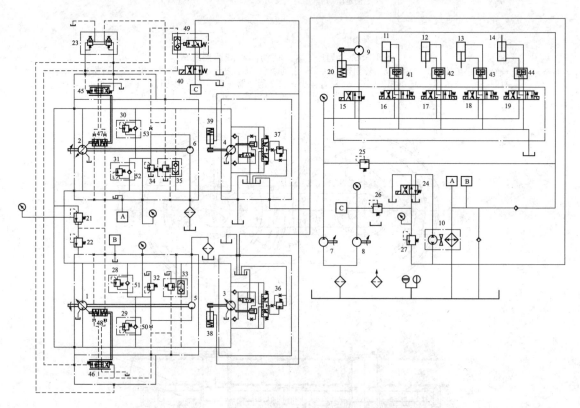

图 13-62　SA-YQ300 型液压传动牵引机液压系统

　　当进行牵引作业时，双向变量液压泵 1、2 上面为出油口，能改变两种固定排量的定量液压马达 3、4 正向转动，这时溢流阀 28、30 起安全阀作业，也确定了牵引机的最大牵引力；反之，当牵引卷筒需反向转动送出牵引绳作业时，双向变量液压泵 1、2 下方为出油口，有两种固定排量的液压马达 3、4 反向转动，溢流阀 29、31 起安全阀作用。而当牵引作业或送绳作业时，液压马达出油口的液压油又分别回到液压泵的进油口，形成闭式循环，这时辅助液压泵 5、6 又经单向阀 50、52 或单向阀 51、53 不断向液压泵的进油口补油。

　　牵引作业时，可以通过预先设定溢流阀 21 的压力来调定要求的最大牵引力，保证牵引作业的安全。补油压力由溢流阀 32 或溢流阀 34 调定。两液压泵进出油口的方向、排量改变

446

及停止输出等要求，均由操作液压先导控阀23经液控换向阀45、46和伺服液压缸47、48来实现。双向变量液压泵1、2能联动操作。两种固定排量的液压马达3、4的输出轴上设有制动器38、39，不工作情况下始终处于制动状态。液压泵工作时，同轴带动辅助液压泵7、8转动，向外输出液压油。使换向阀40位于图示位置、换向阀49的阀芯左移，液压泵7输出的液压油使制动器38、39打开，液压马达处于工作状态。事故状态下，只要操作制动器电磁换向阀旋钮，使换向阀阀芯左移，制动器在其回程弹簧的作用下迅速回油到油箱，实现快速制动，并停止牵引作业。

当先导控制装置23手柄在中位时，双向变量液压泵1、2的输出也为零，这时梭阀通过换向阀40、49，也能使制动器38、39处于制动状态。

辅助液压泵7通过操作换向阀15、16、17、18、19用于驱动尾部钢丝绳卷绕装置液压马达及打开其制动器；使制动器回油置于制动状态；控制钢丝绳卷筒顶升液压缸；同时用于控制前、后支腿液压缸、放线卷筒尾部钢丝绳夹紧装置液压缸等。其出口压力由溢流阀25调定，为保证液压缸顶升过程中保持（销定）在任意位置，在上述液压缸的回路中增加液控单向阀41、42、43、44锁定其回路，使其不受换向阀泄流的影响。

辅助液压泵8除上述用于控制主液压马达制动器38、39的开启外，在制动器开启后，操作换向阀24即可使散热器风扇马达投入运转，或在图13-62所示位置时，即可向油箱泄油。风扇液压马达10的压力由溢流阀27调定。

图13-63所示为液压系统液压泵、液压缸、液压马达、各种液压阀、散热器、液压油箱等液压元件之间的液压系统管路连接图。

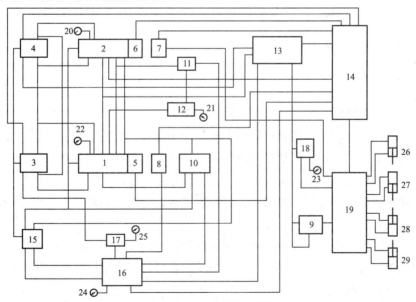

图13-63　液压系统管路连接图

1—主液压泵1；2—主液压泵2；3—液压马达、制动器、减速机总成1；4—液压马达、制动器、减速机总成2；5～8—辅助液压泵；9—钢丝绳卷绕装置液压马达、制动器；10—变量手柄；11—背压溢流阀；12—牵引力调整阀；13—散热器；14—液压油箱；15—隔离阀组件；16、19—集成块；17—风扇调整阀；18—尾部钢丝绳张紧力调整阀；20、22—补油压力表；21—牵引力表；23—尾部钢丝绳张紧力表；24—制动压力表；25—风扇压力表；26—前支腿液压缸；27—后支腿液压缸；28—钢丝绳卷绕装置顶升液压缸；29—夹紧液压缸

图 13-64 所示为多路换向阀及阀座集成块图，该多路换向阀及阀座主要用于牵引机前支腿液压缸、后支腿液压缸、尾部钢丝绳夹紧液压缸及钢丝绳卷绕装置顶升液压缸、卷绕液压马达及其制动器开启。

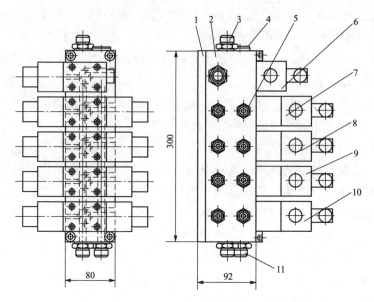

图 13-64　多路换向阀及阀座集成块图

1—固定板；2—集成块阀座；3、5、11—过渡接头；4—丝堵；6—钢丝绳卷绕装置液压马达、制动器开启换向阀；7—钢丝绳卷绕装置顶升液压缸换向阀；8—尾夹紧装置液压缸换向阀；9—后支腿液压缸换向阀；10—前支腿液压缸换向阀

图 13-65 所示为液压系统主要液压元件、集成块在 SA-YQ300 型液压传动牵引机上的安装位置图。

五、控制箱

SA-YQ300 型液压传动牵引机的控制箱设置在牵引机牵引卷筒和尾部钢丝绳卷绕装置同一侧（见图 13-57），有利于监视牵引钢丝绳进出牵引卷筒及它在钢丝绳卷筒上的卷绕情况。控制箱的控制屏呈水平布置。发动机控制旋钮、开关、仪表等均安装在控制屏右侧，如发动机起动开关、发动机油门调节旋钮、电源开关、紧急停机按钮、燃油油量表等设置在控制屏右下方，发动机转速表、冷却水水温表、机温压力表、电源电压表、各种指示灯、熔丝等均设置在控制屏上方。

牵引机牵引工况的旋钮、仪表、指示灯等设置在控制屏左侧，操作手柄则设置在控制屏下方的中间位置。其中，牵引力调整旋钮、钢丝绳卷绕装置张紧力调整旋钮、冷却风扇回路压力调整旋钮设置控制屏左下方，操作前后支腿、钢丝绳卷绕装置支架液压缸、尾部钢丝绳夹紧装置、起动冷却风扇等操作手柄和旋钮开关均设置在它们上方，牵引力指示表、放线长度、速度指示仪、补油压力表、冷却风扇压力表、钢丝绳卷绕装置回路压力表等指示仪表设置于控制屏左上方。最大牵引力设定时用操作旋钮，能改变两种固定排量的液压马达高、低速时变量旋钮设置在变量液压泵变量操作手柄的上方。SA-YQ300 型液压传动牵引机控制屏如图 13-66 所示。故障指示灯 16、故障检查开关 17 和故障显示转换开关 18 是用于诊断发动

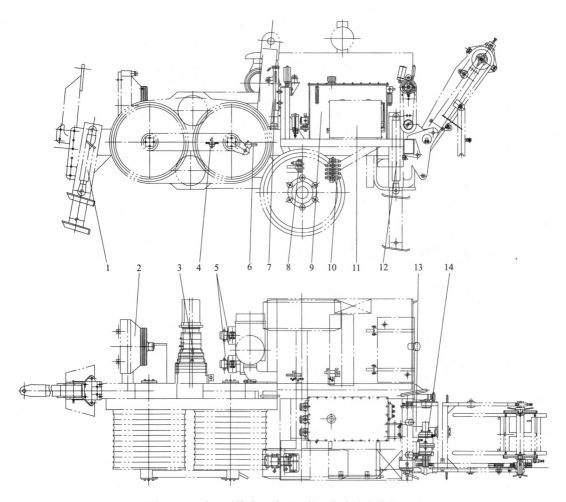

图 13-65　液压系统主要液压元件、集成块安装位置图

1—前支腿液压缸；2—散热器和风扇液压马达；3—1、2 号液压马达、制动器减速器总成；4—隔离阀；5—1、2 号主液压泵辅助液压泵；6—背压阀；7—夹紧液压缸；8—顺序阀和换向阀；9—液压油箱；10—钢丝绳卷绕装置、支腿液压缸换向阀集成块；11—控制箱；12—后支腿液压缸；13—钢丝绳卷绕装置顶升液压缸；14—钢丝绳卷绕装置液压马达、制动器、减速器总成

机故障用，当发动机出现故障时，首先指示灯亮起，这时先打开故障检查开关后，再拨动故障显示换转开关，再根据指示灯连续闪烁次数和间隔时间，对照发动机说明书，判断故障部位。

六、钢丝绳卷绕装置

钢丝绳卷绕装置安装于机架的尾部，靠近双摩擦牵引卷筒侧，其结构如图 13-67 所示，适用最大钢丝绳卷筒直径（外径）1900mm，宽 560mm，筒芯直径 570mm。

钢丝绳卷筒由液压马达通过行星减速器驱动，在其输出轴上设有液压开启、失压时靠弹簧推力自动制动的制动器，采用螺旋副往复式自动排绳机构排绳。

钢丝绳卷绕装置的顶升液压缸 3 的根部通过铰支销轴和尾部横梁实现铰支连接，能在略大于 90°的范围内摆动。顶升液压缸 3 在回程终端位置时，卷绕装置机架 17 处于最低点；钢丝绳卷筒能在地面装载在支架上，起动液压缸使其顶升时，卷绕装置机架底部铰支销轴 4 和

449

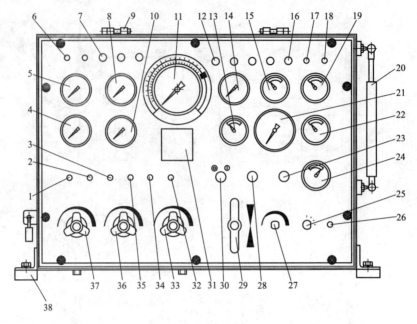

图 13-66　SA-YQ300 型液压传动牵引机控制屏

1—冷却风扇按钮；2—前支腿操作按钮；3—后支腿操作按钮；4—冷却风扇压力表；5—1 号主液压泵补油压力表；6—熔丝；7—过滤器指示灯；8—2 号主液压泵补油压力表；9—铰链；10—钢丝绳卷绕装置压力表；11—牵引力表；12—指示灯；13—制动压力表；14—液压油油温表；15—发动机水温表；16—故障指示灯；17—故障检查开关；18—故障显示转换开关；19—机油压力表；20—气弹簧撑杆；21—发动机转速表；22—电压表；23—紧急熄火按钮；24—燃油油量表；25—起动开关；26—电源开关；27—发动机油门调节旋钮；28—主液压马达变量旋钮；29—主液压泵变量操作手柄；30—牵引力设定操作旋钮；31—放线长度、速度显示仪；32—钢丝绳卷绕装置顶升液压缸操作旋钮；33—牵引力调整旋钮；34—钢线绳卷绕装置液压马达操作开关；35—尾部钢丝绳夹紧装置操作开关；36—钢丝绳卷绕装置张紧力调整旋钮；37—冷却风扇液压马达压力调整旋钮；38—控制箱底座

顶升液压缸底部铰支销轴 4 绕机架固定座 25 转动，钢丝绳卷筒被顶起，离开地面，调整钢丝绳卷筒位置，使机架支撑杆 20 端部支撑在卷绕装置机架支撑销轴 2 上，即可开始和双摩擦牵引卷筒同步卷绕牵引作业过程中收回的牵引钢丝绳。顶升液压缸回路中设置液压锁，防止液压缸泄漏，保持钢丝绳卷筒的位置。

　　牵引机牵引作业前，先把钢丝绳卷筒装在固定轴架上，再安装到机架的拨动盘组件 37 并和快装轴瓦块相连，压紧后即可进行由液压马达驱动的卷绕回收牵引钢丝绳作业。

　　顶升液压缸 3 用于调整钢丝绳卷绕装置的工作位置。牵引机不工作时，操作液压缸使机架上移，机架定位销轴 16 同时插入孔 a 和机架固定座上相应的孔内，即可进行牵引机的转场、运输。

　　在牵引作业过程中，钢丝绳卷筒的卷绕转动、排绳机构排绳架的左右移动均是由液压马达经减速器及减速器轴端两个链轮分别通过链传动减速后驱动的，卷绕回收钢丝绳时，钢丝绳上还必须保持一定的尾部张紧力防止牵引钢丝绳在牵引卷筒上打滑。有关钢丝绳卷绕装置及其排绳机的工作原理，详见第十八章第一节。

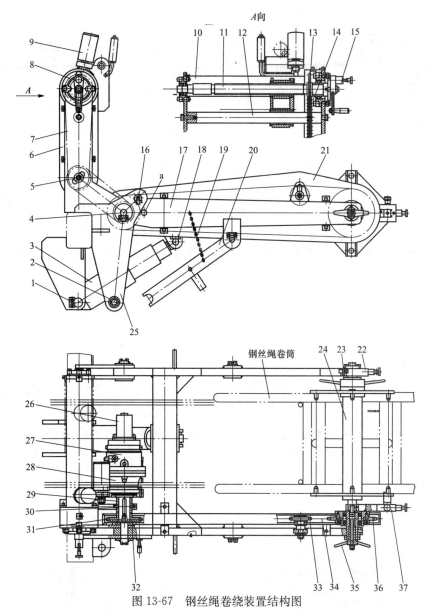

图 13-67　钢丝绳卷绕装置结构图

1、18—顶升液压缸铰支销轴；2—卷绕装置机架支撑销轴；3—顶升液压缸；4—卷绕装置机架底部铰支销轴；5—链轮轴；6—排绳机构链轮防护罩；7—排绳机构架体；8—防尘板；9—排绳架；10—防护罩；11—排绳螺杆；12—导向轴；13、30、31、36—链轮；14、34—链条；15—排绳螺杆离合拨盘；16—机架定位销轴；17—卷绕装置机架；19—支撑杆固定链条；20—机架支撑杆；21—驱动卷筒链传动防护罩；22—快装轴瓦块；23—铰接销轴；24—钢丝绳卷筒固定轴架；25—机架固定座；26—液压马达；27—制动器；28—减速器；29、32—轴套；33—压紧轮；35—压紧手柄；37—拨动盘组件；a—孔

七、液压油箱

SA-YQ300 型液压传动牵引机液压油箱的结构如图 13-68 所示。牵引机的液压油箱容量一般不小于主液压泵每分钟流量的 2～3 倍。因牵引机牵引作业过程中，油液经溢流阀节流的节流量相对张力机要少得多，油液在系统中循环一次的时间相对较短，液压油箱相对张力机较小，SA-YQ300 型液压传动牵引机液压油箱的储油量为 330L，用不锈钢焊接而成。

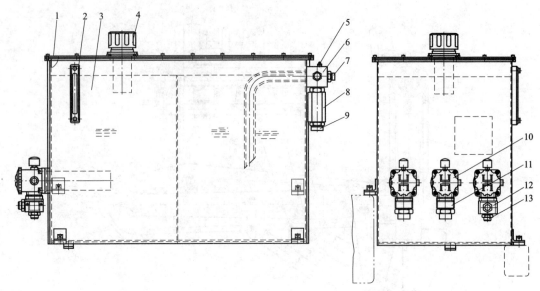

图 13-68　SA-YQ300 型液压传动牵引机液压油箱结构图

1—油箱盖；2—液压油温度计；3—箱体；4—空气滤清器；5—温度传感器；6、7、9、13—过渡接头；8—单向阀；10—吸油过滤器；11—过滤器接头 1；12—过滤器接头 2

八、散热器总成

牵引机上的散热器用于冷却液压系统中的功率损失（摩擦、节流等）。该功率损失一般为液压系统总效率的 20％～30％，散热器的散热量是上述功率损失转换成的发热量，减去液压油箱的散热量（在张力机上则主要是产生制动张力过程中高压溢流阀节流产生的热量），SA-YQ300 型液压传动牵引机的散热器采用强迫风冷的 AKG T8 型翅片式散热器，图 13-69 所示为散热器总成的结构图。

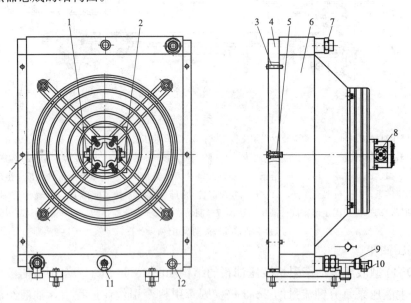

图 13-69　散热器总成结构图

1—左侧连接法兰；2—右侧连接法兰；3—隔套 1；4—护罩；5—隔套 2；6—T8 型液压油冷却器；7—过渡接头；8—液压马达；9—单向阀、三通过渡接头；10—小三通；11—小三通过渡接头和单向阀；12—温控开关

本散热器设置在液压系统的回油回路，经过冷却器的液压油直接回油箱。如冬天油黏度过高而难以通过时，可以从装有单向阀的防通管直接回油箱。

九、电气系统

SA-YQ300 型液压传动牵引机的电气系统如图 13-70 所示，其元件名称见表 13-5，该电气系统采用 24V 直流控制电源。

表 13-5　　　　　　　　　　**SA-YQ300 型液压传动牵引机电气系统元件名称**

序号	代号	名称	序号	代号	名称
1	B	蓄电池	29	QK	起动开关
2	BL	燃油油量传感器	30	R	预热塞
3	Bh	转速传感器	31	SB1	电源开关
4	Bp	机油压力传感器	32	SB10	故障状态开关
5	Bsv	速度/里程传感器	33	SB10	风扇开关
6	Bt	水温传感器	34	SB11	故障代码开关
7	By	液压油传感器	35	SB2	熄火按钮
8	FU1~FU5	熔丝	36	SB3	刹车开关
9	G	发电机	37	SB4	高低速转换开关
10	HL1	电源指示灯	38	SB5	卷绕装置卷绕开关
11	HL10	警告指示灯	39	SB6	卷绕装置支架双向自复位钮子开关
12	HL2	机油压力表照明灯	40	SB7	后支腿双向自复位钮子开关
13	HL3	水温表照明灯	41	SB8	前支腿双向自复位钮子开关
14	HL4~HL6	过滤器报警指示灯	42	SB9	尾绳松紧双向自复位开关
15	HL7	保养指示灯	43	V	电压表
16	HL8	等待指示灯	44	W1	油门开关
17	J1	电源继电器	45	YC1	牵引力设定电磁阀
18	J2	起动继电器	46	YC10、YC9	前支腿缩回电磁阀
19	J3	预热继电器	47	YC11	尾绳夹紧电磁阀
20	K1~K3	过滤器报警开关	48	YC12	尾绳放松电磁阀
21	K4	热敏开关	49	YC13	风扇电磁阀
22	M	起动电动机	50	YC2~YC3	高低速电磁阀
23	PL	燃油油量表	51	YC4	卷绕电磁阀
24	Phv	转速/小时计	52	YC5	卷绕装置支架上升电磁阀
25	Pp	机油压力表	53	YC6	卷绕装置支架下降电磁阀
26	Ps	速度/里程表	54	YC6	后支腿伸出电磁阀
27	Pt	水温表	55	YC8	后支腿缩回电磁阀
28	Py	液压油温度表	56	YC9	前支腿伸出电磁阀

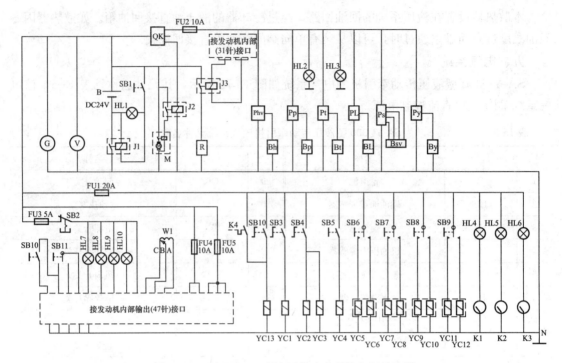

图 13-70　SA-YQ300 型液压传动牵引机电气系统图

十、尾部进线导向滚子组及夹紧装置

SA-YQ300 型液压传动牵引机尾部进线导向滚子组和夹紧装置安装在牵引卷筒外侧后部钢丝绳出线处，其中心线和牵引卷筒末端出线槽中心线重合，以保证钢丝绳经排绳机构顺次排列、卷绕到钢丝绳卷筒上时，不会因左右偏移而使钢丝绳在牵引卷筒上跳槽。在作业过程中更换钢丝绳卷筒时，夹紧装置夹握住放线卷筒末端尾部钢丝绳，防止在更换钢丝绳卷筒时钢丝绳在牵引卷筒上在钢丝绳张紧力的作用下滑移，甚至"跑绳"，危及作业安全。

该尾部导向滚子组及夹紧装置结构如图 13-71 所示。作业时，牵引卷筒牵引导线后回收的钢丝绳通过前横滚子 1，经上、下夹板 11、13 后进入由立滚子 3、后横滚子 5 及立圆柱 4 组成的导向滚子组后，再进入图 13-67 所示的钢丝绳卷绕装置中的排绳架 9，经排绳架左右移动使钢丝绳整齐排列卷绕到钢丝绳卷筒上。从图 13-67 中可以看出，卷绕装置上钢丝绳卷筒容绳的部位均在放线卷筒尾部出线槽中心线一侧（图 13-67 中所示为中心线以上方向）。排绳架左右移动时，钢丝绳始终紧靠立滚子 3，而立圆柱 4 只是在钢丝绳松弛情况下防止其滑出滚子组。

上、下夹板表层用硬木或 MC 尼龙块镶嵌，以增加其摩擦力，同时也不易损伤钢丝绳。顶升液压缸 14 为单作用液压缸，平时由弹簧的回程力使其处于打开状态，只有通过换向阀通入液压油，才能使其夹紧钢丝绳，为保持夹紧力，该回路上装有液压锁。

十一、轮轴总成

SA-YQ300 型液压传动牵引机采用单轴拖车结构，轮胎和轮轴装配总成和 SA-YZ2×70 型张力机所用的相同（见图 14-47）。带有手刹车，其手刹车和张拉装置同张力机上相似（见图 14-48），图 13-72 所示为轮轴和牵引机机架的连接图，它和机架纵梁（主梁）连接焊接固定。

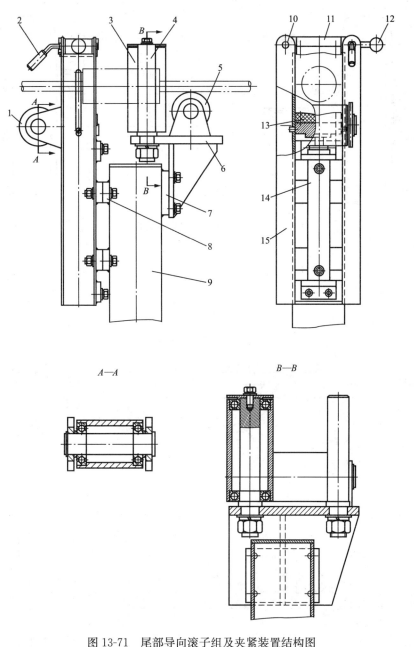

图 13-71　尾部导向滚子组及夹紧装置结构图

1—前横滚子；2—活动销轴；3—立滚子；4—立圆柱；5—后横滚子；6—滚子座；
7—滚子组固定板；8—夹紧装置固定板；9—立柱；10—固定销轴；11—上夹板；
12—夹板移位手柄；13—下夹板；14—顶升液压缸；15—夹紧装置架体

十二、机架及前后支腿

SA-YQ300 型液压传动牵引机机架结构如图 13-73 所示，纵梁（主梁）3 用 350mm×200mm×10mm 型钢加工，纵梁上两孔 b 和在纵梁上下焊接钢板形成上下两梯形箱梁上两孔 a 分别用于安装双摩擦牵引卷筒两卷筒轴和两液压马达、制动器、减速器总成，其中 a 孔上有法兰孔分别和上述两总成中的行星减速器法兰孔相连。前支腿总成和后支腿总成经它们的

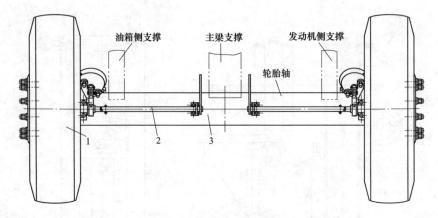

图 13-72 轮轴和牵引机机架连接图

1—轮胎；2—制动机构转动轴；3—轮轴

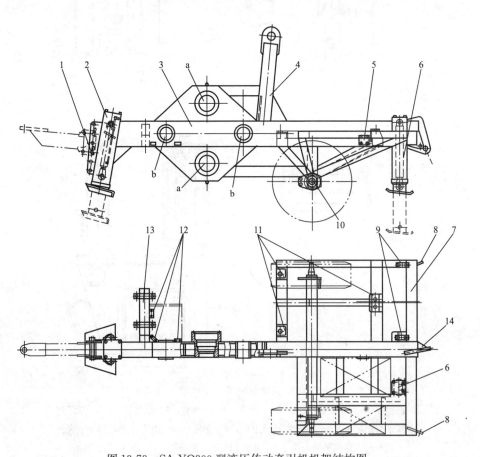

图 13-73 SA-YQ300 型液压传动牵引机机架结构图

1—插销；2—前支腿；3—纵梁（主梁）；4—吊杆；5—集成块固定座；6—后支腿；7—横梁；8—侧锚耳板；

9—发动机水箱支架座；10—轮轴；11—发动机机座；12—蓄电池固定架；13—散热器固定支架；

14—后主锚耳板；a、b—孔

方形外套筒分别焊接安装在机架纵梁前端和后横梁上，图 13-73 中发动机安装在纵梁右侧后部发动机机座上，液压马达、制动器、减速器总成安装在纵梁中部，散热器安装在纵梁前方

456

一侧；液压油箱、控制台安装在纵梁后部左侧支架上，双摩擦牵引卷筒安装在纵梁前方左侧。钢丝绳卷绕装置则安装在机架尾部横梁上。

机架的前支腿、后支腿均采用液压缸调整高度，现分述如下。

（一）前支腿

牵引机进行牵引作业时，前后支腿和两个拖车轮胎对整机起到四点支撑的作用。拖运时，前后支腿均收缩到最小位置。

牵引机前支腿结构如图13-74所示，外套管3除焊接有调位夹板1外，还焊接有两侧的拉锚耳板6，并整体焊接在机架纵梁的前端，犁锚底板和内套筒焊在一起。调位夹板上下有多个销轴孔，用于调整和拖架连接位置，便于车辆拖运时和车辆拖钩挂接。两侧拉锚耳板6用于当牵引机进行牵引作业时防止其左右移动而和地锚连接用，作为平衡牵引作业过程中牵引钢丝绳上的牵引力。欲调整牵引机纵梁前端的位置时，向支腿液压缸7内通入液压油，液压缸升起，通过上销轴5、铰支接头体4带动外套管3上移，调位夹板1上移选择拖架和拖车车辆拖钩挂接合适的孔后，再用插销轴插入连接，并使液压缸收缩，使犁锚底板离地满足拖运要求。

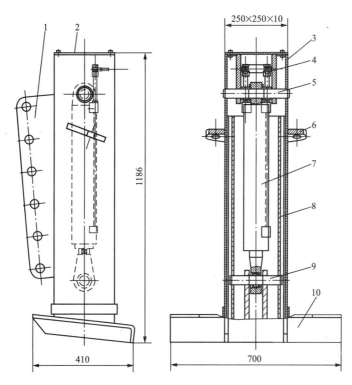

图 13-74　牵引机前支腿结构图

1—调位夹板；2—盖板；3—外套管；4—铰支接头体；5—上销轴；6—拉锚耳板；
7—支腿液压缸；8—内套筒；9—下销轴；10—犁锚底板

（二）后支腿

后支腿也采用液压缸调整高度，其结构原理同前支腿。牵引机后支腿的结构如图13-75所示，外套管4焊接在机架的后部横梁上。

457

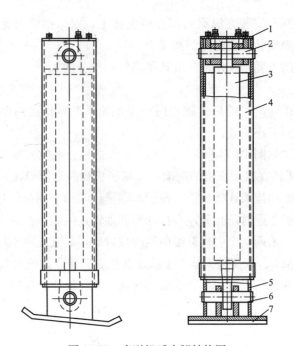

图 13-75　牵引机后支腿结构图

1—盖板；2—上销轴；3—液压缸；4—外套筒；5—内套筒；6—下销轴；7—犁锚底板

后支腿在牵引机作业前就位后，支腿液压缸一直处于受力情况，靠其液压回路中的液压锁保持液压缸固定在某一工作位置上。作业完毕，牵引机转场运输时，液压缸收缩，使犁锚底板离地距离满足拖运要求。

第六节　牵引机的使用与维护

一、牵引机放线作业时的选择

牵引机在放线施工时，用它通过牵引绳牵引展放导线，其牵引力和被展放导线上的张力一次牵引展放导线的根数，通过放线滑车的数量（即放线段长度）等有关。故首先应确定放线时需要的牵引力大小，再以此选择一定型号、规格的牵引机。同时还必须确定与牵引机配套的同步运转的钢丝绳卷绕装置，以保证牵引过程中回收的钢丝绳能有序地缠绕到钢丝绳卷筒上，并能保证牵引钢丝绳有足够的尾部张紧力，保证牵引钢丝绳在牵引卷筒上不滑移。

1. 牵引机的选择

根据有关架空输电线路张力架线施工工艺导则的规定，牵引机的额定牵引力 P 可按下式选用

$$P \geqslant mK_P T_P$$

式中　　P ——主牵引机的额定牵引力，N；

m ——同时牵放子导线的根数；

K_P ——选择主牵引机额定牵引力的系数，可取 $K_P = 0.25 \sim 0.33$；

T_P ——被牵引导线的保证计算拉断力，N。

根据上式中 P 值，可选择有关型号、规格的牵引机。

2. 钢丝绳卷绕装置

大部分钢丝绳卷绕装置均设置在牵引机的尾部，和牵引机是一体的，但有的牵引机的钢丝卷绕装置是分体式的，即单独的钢丝绳卷绕机。

不论一体的钢丝绳卷绕装置或分体式的钢丝绳卷绕机，必须满足以下几个要求。

（1）驱动能源来自主牵引机，并由主牵引机司机集中操作和控制。

（2）输送动力油源的高压软管接头采用密封良好的快速接头。

（3）能与主牵引机同步运转，保证牵引绳不在主牵引机牵引卷筒上打滑、松脱或跳槽，必须保持牵引绳尾部张力满足下面条件

$$2000 < P_\mathrm{w} < 5000$$

式中　　P_w——牵引绳尾部张力，N。

（4）具有良好的排绳机构，能使牵引绳整齐地排列在钢绳卷筒上。

（5）带有平滑可调且允许连续工作的牵引绳尾部张紧力的制动装置。

二、牵引机的使用

1. 牵引场的选择

牵引场为张力放线作业过程中牵引机就位布置的场地，一般应满足下述要求。

（1）地势平坦，在档距中间位置，牵引机能直接运达，或道路桥梁稍加平整或加固后能运达；线路始端、末端应作为牵引场。

（2）场地地形及面积满足牵引机布置要求、一般要求不小于 35m×25m（长×宽）。

（3）牵引场宜设置在张力放线时导线上扬的铁塔前后，这样可减少施工中的辅助作业。

（4）耐张塔前后、直线转角塔前后不宜设置牵引场，前者使紧线施工复杂，后者放线滑车固定困难。

（5）档内有重要交叉跨越或跨越次数较多时，不宜作牵引场。

（6）低洼、易积水的地方不宜设牵引场。

（7）不允许有导、地线接续管存在的档内设牵引场。

2. 牵引场布置一般要求

（1）牵引机应布置在线路中心线上，距杆塔 100～150m，对特高压线路，因杆塔高度大，距离应更远；牵引机牵引绳与邻塔悬点连线和地面水平线夹角不宜超过 15°，和边相线偏角不宜超过 7°。

（2）牵引机牵引卷筒、钢丝绳卷绕装置的受力方向均必须和其轴线垂直。

（3）牵引机锚固的地锚安全系数不应小于 3，一般锚固地锚的极限值不小于 150kN，钢丝绳卷绕装置如采用分体式时，锚固地锚的极限值不得小于 100kN。

（4）小张力机（展放牵引钢丝绳用）应设在牵引机的同一侧，并不影响牵引展放牵引绳钢丝绳和牵引展放导线同时作业。

（5）牵引场必须按施工设计要求有可靠的接地系统。

（6）尽量减少青苗损失，保护生态环境。

图 13-76 所示为牵引场平面布置示意图。

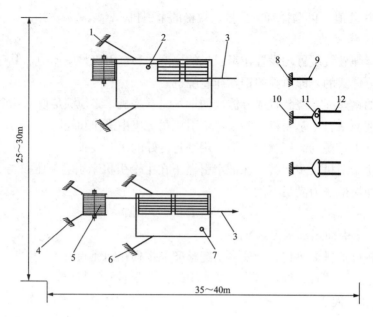

图 13-76　牵引场平面布置示意图

1—牵引机地锚；2—牵引机；3—牵引绳；4—钢丝绳卷筒支架地锚；5—
牵引绳盘及钢丝绳卷筒支架；6—小张力机地锚；7—小张力机；8—地线
锚线地锚；9—地线；10—导线锚线地锚；11—导线锚线架；12—导线

3. 施工场地限制时牵引场的布置

当施工场地限制，牵引机不能按 2. 中（2）和轴线垂直布置时，可通过转向滑车转向布置牵引机，这时应满足以下几点要求。

（1）每一个转向滑车的荷载均不得超过所用滑车的允许承载能力。各转向滑车荷载应均衡，即转向角度应相等。

（2）靠近邻塔的最后一个转向滑车应接近线路中心线。

（3）靠近牵引机的第一个转向滑车应使牵引机受力方向正确。

（4）转向滑车应使用允许连续高速运转的大轮槽专用滑车，每个转向滑车均应可靠锚定。

（5）转向滑车围成的区域及其外侧为危险区，不得放置其他设备材料，工作人员不应进入，牵引机转向平面布置如图 13-77 所示。

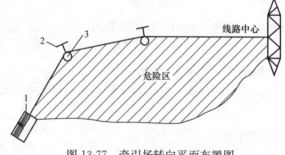

图 13-77　牵引场转向平面布置图

1—牵引机；2—转向滑车地锚；3—转向滑车

4. 牵引机操作注意事项

（1）牵引作业时，应随时保持牵引场与张力场信息畅通，以及同各塔位的作业人员信息畅通，若有故障或险情应马上停机。

（2）牵引场指挥人员要保持与专责操作人员之间信号畅通，便于操作人员能准确接收指挥命令。

（3）专责操作人员只接受现场指挥

人员的命令，其他任何人无权指挥操作人员的操作，也无权在运转时私自占用指挥人员的步话机通话，工作期间必须保持通信畅通。

（4）每次牵引施工前，各技术人员要对操作人员进行详细的技术交底，并且确保有操作记录。

（5）线路现场施工人员还应与牵引机操作人员进行技术交底，便于相互了解线路情况、设备情况。

（6）操作人员要时刻注意只有在对方张力机开机后才开启牵引机，在张力机停机前停牵引机。放线开始前，牵引机要作正、反转和紧急停机试运转。

（7）放线开始前，要检查设备的锚固情况，检查设备、牵引绳缠绕方向是否正确，尾车锚固是否可靠，并要做好接地装置。

（8）检查液压油油位，柴油机油位、减速器油位、燃油箱油位是否加足。制动情况是否有效可靠。

（9）牵引机发动机起动后，要怠速运转3～5min，待润滑油温达到50℃，液压油温达到15～30℃，各部仪表指示正常无误，方可进行作业。

（10）操作司机调节发动机节油门，要平缓无冲击，开始放线时，应先将发动机置于中速油门，缓慢加速，打开冷却风扇，把液压油温控制在80℃以下。加速或停车时，要逐步控制推进或减速再停，如采用机械传动牵引机作业，则变速箱换挡手柄，要在低油门下变换。

（11）液压操作手柄的切换，尽量在低压情况下切换，有的阀必须在高压切换时，要特别注意切换方向，动作要敏捷、准确。正转切换到反转时，须待牵引轮停转后，并给一定的时间，方可切换。

（12）每天工作完毕如导线未牵引到牵引机侧时，必须在牵引机前将牵引绳锚固，严禁牵引机带载过夜。

5. 牵引机一般维护（机械部分）

经常的维护，对机器的正常使用和减少故障、延长寿命有重要意义。

（1）机器应经常保持清洁，每天作业后，应擦净机体上的尘土、污垢，特别是散热器、水箱、液压油箱上的尘土，然后盖上篷布。

（2）要求轴瓦、转动摩擦部位每运行24h注油一次，减速器、制动器及发动机油底壳每天工作前要检查一次油位。

（3）第二天开机前，应检查制动器制动是否快速有效。

（4）柴油应符合环境温度要求，且经过48h以上静置沉淀的清洁柴油注入油箱，每累计工作400h，应更换柴油滤清器。

（5）润滑油的油品应符合柴油机和减速器使用要求，并在每累计工作时间250h后更换机油滤清器，每累计1000h或每年更换全部润滑油。减速器在使用时由于受热，润滑油可能会从排汽孔溢出，影响减速器润滑。

（6）冷却液。当环境温度高于5℃时可用干净的软水，当环境温度低于5℃时，必须使用防冻液，如果用普通软水，必须在工作结束后将水箱、柴油机内水放尽，以免冻裂水箱、缸体。

（7）液压泵和液压马达是高精密液压元件，若发现异常情况或故障，不得自行拆卸，应及时与生产厂家联系。

（8）柴油机的使用维护请参照柴油机使用说明书。

（9）设备停止使用后，及时关闭电源开关，以防电瓶漏电。

6. 牵引机转场运输

（1）牵引机转移时，由设备操作人员对设备进行全面检查，并紧固各部分零部件，以防松动和丢失。

（2）短距离转移时，可以进行拖行，挂好拖钩并锁紧，拖运时必须限速，路面较好时，时速不得超过 20km/h；在便道及不平整道路面时，须修整，不得超过 10km/h。

（3）设备转移时，专责司机应随车押运，随时注意运输情况，每行驶 5km 应停车检查一次。

（4）设备运进现场，应有专人看守，看守人员应严格看管，闲人不得靠近设备，换班时要交代清楚，并办理交接手续。现场看守人员对设备安全应负完全责任。

第七节　牵引机、张力机液压系统维护和故障排除

一、液压系统的故障特点

1. 故障的多样性和复杂性

液压系统出现的故障可能是多种多样的，而且在大多数情况下是几个故障同时出现。例如，系统的压力不稳定，常和振动噪声故障同时出现，而系统压力达不到要求经常又和动作故障联系在一起，甚至机械、电气部分的问题也会与液压系统的故障交织在一起，使得故障变得复杂。

2. 故障的隐蔽性

液压系统是依靠在密闭管道内通过一定压力能的油液来传递动力的，系统所采用的元件内部结构及工作状况不能从外表进行直接观察。因此，它的故障具有隐蔽性，不直观，不易于检测。

3. 引起同一故障原因和同一原因引起故障的多样性

液压系统同一故障引起的原因可能有多个，而且这些原因常常是互相交织在一起相互影响。如系统压力达不到要求，可能是泵引起的；也可能是溢流阀引起的；也可能是两者同时引起的结果。此外，油的黏度是否合适，以及系统的泄漏等都可能引起系统压力不足。

另外，如同样是液压系统混入空气，严重时能使泵吸不进油；轻者会引起流量、压力的波动，同时产生噪声，造成机械部件运动过程中的低速爬行。

4. 故障产生的偶然性与必然性

液压系统中的故障有时是偶然发生的，有时是必然发生的。故障偶然发生的情况如油液中的污物偶然卡死溢流阀的阻尼孔或换向阀的阀芯，使系统突然失压或不能换向，蓄电池电压的变化，使电磁铁吸合不正常而引起电磁阀不能正常工作。这些故障不是经常发生的，也没有一定的规律。故障必然发生的情况是指那些持续不断经常发生，并具有一定规律的原因引起的故障。如油的黏度低引起的系统泄漏、液压泵内部间隙大内泄漏增加导致泵的容积效

率下降等。

5. 故障的产生与使用条件的密切相关性

同一液压系统往往随着使用条件的不同而产生不同的故障。例如环境温度低，使油的黏度增大引起液压泵吸油困难；环境温度高，油的黏度下降引起系统泄漏和压力不足等故障。液压系统在不清洁的环境工作时，往往会引起油的严重污染，并导致系统出现故障。另外，操作维护人员的技术水平也会影响到液压系统的正常工作。

6. 故障难以分析判断

由于液压系统故障具有上述特性，所以当液压系统出现故障后，要想很快确定故障部位及产生的原因是比较困难的。必须对故障进行认真的检查、分析、判断，才能找出其故障部位及其原因。然而，一旦找出原因后，往往处理却比较容易，有的甚至稍加调整或清洗即可。

二、液压系统故障排除的步骤

处理液压系统故障是一件十分复杂而细致的工作。处理时要在充分掌握其特点的基础上，进行认真仔细的调查研究和分析判断。绝不可以发现故障就乱拆。处理故障一般应按以下步骤进行。

1. 故障排除前的准备工作

（1）认真阅读设备使用说明书。阅读设备使用说明书，掌握以下情况：

1）设备的结构、工作原理及其性能。

2）液压系统的功能、系统的结构、工作原理及设备对液压系统的要求。

3）系统中所采用各种元件的结构、工作原理、性能。

（2）查阅与设备使用有关的档案资料。与设备有关的档案资料，如生产厂家、制造日期、液压件状况、运输途中有无损坏、调试及验收时的原始记录、使用期间出现过的故障及处理方法记录等。

除上述外，还应掌握液压传动的基本知识。

2. 处理故障的步骤

（1）现场检查。任何一种故障都有一定的故障现象。这些现象是对故障进行分析、判断的线索。由于同一故障可能是由多种不同的原因引起的，而这些不同原因所引起的同一种故障又有着一定的区别，因此在处理故障时首先要查清故障现象，认真仔细地进行观察，充分掌握其特点，了解故障产生前后设备的运转状况，查清故障是在什么条件下产生的，并弄清与故障有关的其他因素。

（2）分析判断。在现场检查的基础上，对可能引起故障的原因做初步的分析判断，初步列出可能引起故障的原因。分析判断是一件十分仔细的推理工作。分析判断得正确可使故障得到及时处理，分析判断得不正确会使故障排除工作走许多弯路。

分析判断时应注意以下几方面的影响。

1）充分考虑外界因素对系统的影响，在查明确实不是外界原因引起故障的情况下，再集中注意力在系统内部查找原因。

2）分析判断时，一定要把机械、电气、液压三个方面联系在一起考虑，不可孤立地单纯对液压系统进行考虑。

3）要分清故障是偶然发生的还是必然要发生的。对必然要发生的故障，要认真查出故障原因，并彻底排除，对偶然发生的故障，只要查出故障原因并作出相应的处理即可。

（3）试验和测量。试验和测量就是对仍能运转的设备经过上述分别判断后所列出的故障原因进行压力、流量和动作循环的试验和测量，并对测试的数据进行分析，进一步证实并找出哪些更可能是引起故障的原因。

试验和测量可按照已列出的故障原因，依照先易后难的顺序一一进行；如果把握性较大，也可首先对怀疑较大的部位直接进行测试。

（4）拆卸检查。拆卸检查就是对经过测试后，对认定的故障部位进行打开检查。拆卸检查时，要注意保持该部位的原始状态，仔细检查有关部位，不可用脏手乱摸有关部位，以防手上污物粘到该部位上，或用手将原来该处的污物擦掉，影响拆卸检查的效果。

（5）处理。对检查出的故障部位，按照相关技术规程的要求，仔细认真地处理。切勿进行违反规程草率处理。

（6）重试与效果测试。在故障处理完毕后，重新进行试验与测试。注意观察其效果，并与原来故障现象进行对比。如果故障已经消除，就证实了对故障的分析判断与处理正确；如果故障还未消除，就要对其他怀疑部位进行同样处理，直至故障消失。

（7）故障原因分析总结。按照上述步骤故障排除后，对故障要进行认真的定性、定量分析总结，以便对故障产生的原因、规律得出正确的结论，从而提高处理故障的能力，也可防止同类故障的再次发生。

三、牵引机和张力机液压系统的维护和故障排除

由于牵引机和张力机在野外作业，故承受日晒雨淋、风吹、尘埃和冰雪等自然因素的侵袭较大；而且转场运输频繁，道路崎岖不平，运输时受震动也比较严重。如果使用维护不当，也会出现各种故障，以至缩短使用寿命，或者影响放线作业的正常进行。因此，正确的使用和维护牵引机和张力机的液压系统，是保证牵引机和张力机安全可靠工作、延长使用寿命的重要环节。

（一）液压系统的维护

1. 保证液压油的清洁，定期检查，定期换油

液压油中混入杂质，对液压系统的危害极大。这些杂质进入相对运动件配合间隙，不但会破坏配合表面的精度和光洁度、加剧零部件之间的磨损，使泄漏增加，严重情况下，还会在配合面产生划痕、拉毛，甚至咬死、堵塞溢流阀的节流孔，造成元件失灵或损坏，使液压系统不能正常工作。污物过多会使液压泵吸油口滤网堵塞，增加吸油阻力，产生噪声和振动，影响液压泵的正常工作。杂质还会破坏油液的化学稳定性，加速氧化物质的产生和油液中有机物质的分解，并产生沉淀。据有关资料介绍，造成液压系统故障的原因有 75% 是由于液压油不清洁、被污染所引起。为此，保持液压油的清洁是十分重要的，必须做到以下几点：

（1）液压油要定期检查、定期更换。检查液压油是否有嗅味变色及沉淀等异常现象。即使液压油的密封和过滤都很好，但在长时间压力和温度的反复作用下，也会逐渐老化，失去原有性能，故也应定期换油。在温度和湿度都较高的情况下频繁运转的牵引机和张力机，应缩短换油周期。在通常情况下，一般第一次运转 500h 以后更换，以后每隔 2000h 更换一次。

（2）换油时新加入的油必须经过严格过滤。向油箱中注油，必须通过 $80\sim180\mu m$ 以上的滤网过滤。液压系统中滤油器也应定期检查，并用清洁的汽油清洗。一般使用 500h 检查并清洗一次。如果发现液压系统噪声增加，或者补油压力增加，必须随时检查清洗或更换滤油器的滤芯。

（3）应经常检查油箱中的油位是否正常。

（4）油箱的密封性也要经常检查，以防止雨水进入油箱，或在湿度高的地方工作时，油箱外凝结水进入油箱。

（5）在检查、维修液压系统时，所拆下的液压零部件应放置在干净的地方，在重新装配时，要防止金属屑、棉纱和橡胶物等杂质进入元件中。在作业现场拆卸检查元件时，要特别注意不要让砂土等脏物进入液压系统。

2. 防止空气进入液压系统

空气进入液压系统的不良影响：①会造成系统振动和噪声，并使运动元件动作滞后；②丧失抗自振的稳定性及开机冲击、低速爬行；③破坏油液流动的连续性，甚至在小口径管道中产生"气塞"，妨碍阀的正常工作；④容易引起油液的发热（据有关资料介绍，含有空气的油液在高温下工作时，会产生比不含空气的油液高 25% 的热量）；⑤气泡在元件中扩散后，会影响元件的润滑性能，并使化学稳定性能恶化，加速了油液的老化和零件表面的锈蚀。

为防止空气进入液压油，在油液中形成气泡，应做到以下几点：

（1）回油管一定要插入油面以下，以防止油液从油面之上进入油箱时把空气夹带入油液中，再被液压泵吸入液压系统中去。

（2）吸油管及液压泵轴密封部分凡低于正常大气压的地方，应经常检查其密封情况。对失效的密封件要定期更换，不要让空气从这些地方进入系统。要及时检查清洗液压泵进油口的滤油器，以尽量减少吸油阻力，把溶解在油液中的空气分离出来。

（3）液压系统的各部分应经常保持充满油液，以减少空气进入系统的可能性。

（4）如果系统设有排气装置，应定期起动放掉系统中的积留空气。

（5）油箱中进油管和回油管之间要有隔板隔开，两者要有一定距离，使回油中夹带的气泡和飞溅的泡沫中的空气能逸出油面，不至于被吸油管吸入系统。

3. 防止油温过高

液压油的温度，一般保持在 30～60℃ 比较合适。油温太高将会带来不利影响：首先使油的黏度降低，导致泄漏增加，从而使液压泵、液压马达的容积效率降低，牵引速度减慢；同时将使油液节流孔或阀口的流量增大，使预先整定好的牵引力、牵引速度、放线张力等发生变化，影响了放线作业的稳定性和张力、牵引力的调整精度。

油液黏度降低还会使液压系统有相对运动的零部件（如液压泵、液压马达柱塞和柱塞孔之间）的润滑膜变薄，因此增加了机械磨损；也会加速系统中密封件的老化变质，破坏密封性能。

油液升高会加速油液的氧化，使油液变质，降低油的使用寿命；同时从油中析出的沥青等沉淀会堵塞节流孔和窄缝，从而影响液压系统的正常工作。

为防止油温升高，应注意以下几点：

（1）经常保持油箱中正常油位，以改善液压系统的循环冷却条件。在夏季野外作业中，要经常检查油温，发现超过允许温度时，应采取必要的冷却措施，直至临时中断放线作业，使油液冷却下来。还要及时清理并擦净油箱、油管和冷却器表面尘埃等脏物，保持其表面清洁，以利散热。

（2）正确选择所用液压油的黏度，黏度过高或过低，都会使油温容易升高。黏度过高会增加油液流动时的阻力损失，黏度过低会使泄漏增多，两者消耗的能量均转化为热量。

（3）尽量减少牵引机和张力机在液压系统有一定压力情况下空载运转的时间，避免增加油液经溢流阀节流产生热量而使油温升高。

（4）操作人员要正确掌握主液压泵变量机构的调整适度，尽量使主液压泵的流量符合主液压马达牵引速度所要求的流量。要防止在重载情况下流量过剩而经溢流阀节流造成系统油温急剧上升。在牵引过程中，由于牵引阻力超过高压溢流阀预调定值而迫使液压马达停止转动时，应迅速使牵引卷筒处于制动状态，并及时使主泵变量机构回零，防止主泵流量全部通过高压溢流阀而造成油温上升。

（5）检查散热器风扇运转是否正常，风扇转速降低、散热器上积存尘埃太多，都会引起油温升高。

4. 防止液压系统泄漏

液压系统的泄漏有内泄漏和外泄漏（外泄漏也称漏油）两种情况。内泄漏使液压元件的容积效率降低，它主要决定于零部件的加工精度、装配质量和相对运动部件之间的磨损等。外泄漏主要决定于装配质量和日常维护等。为防止内、外泄漏，应做到以下几点：

（1）定期检查液压泵、液压马达、阀、液压缸等元件中运动部位的间隙，间隙超过允许范围，必须更换零件或调整整个元件。

（2）液压系统在大修装配后投入使用前，要进行耐压试验。试验方法按 DL/T 875—2004《输电线路施工机具设计、试验基本要求》中第 5 条有关液压系统耐压试验要求进行。有条件时应进行单个元件的容积效率测定。

（3）经常检查液压系统各元件各部位外观有否渗漏，发现问题应及时处理。

（4）检修后装配各种接头时，一定要使紧固螺母和接头上的螺纹配合适当，对新的接头，要检查有否毛刺。带毛刺拧紧会使螺纹挤坏，并留下漏油的缺陷。

（5）在更换各处密封件时，规格、型号和精度一定要准确无误，质量可靠（决不能以小代大或者以大代小，防止大小混用）。安装时不要使用带棱角的工具，以防损伤密封件。对 O 形密封圈，安装完后不得有扭曲、不入槽等现象。安装 V 形、Y 形等带有方向性的密封圈时，要注意方向，不得装反。

（6）更换液压油时，油液的黏度应适当，不能太低。

5. 液压泵、液压马达的使用和维护

（1）液压泵或液压马达在起动前，要检查油箱的油位和油温是否正常。若油温低于 10℃时，应使系统空载运转 20min 左右，以提高液压系统油液温度。同时在起动前使液压泵和马达内充满液压油。

（2）起动必须按各种牵张机制定的操作顺序进行，起动过程中如发现液压泵无输出，或者噪声过大，应立刻停止运转，检查原因，进行排除。起动后缓缓调节溢流阀，逐步提高系统的压力，使牵引力、放线张力慢慢提高到要求的数值。

（3）液压泵、液压马达的转速、压力都不能超过额定值，并应随时检查它们的补油压力。

（4）随时监视液压泵、液压马达的发热情况。

6．对液压系统建立日常和定期检查制度

（1）液压系统在稳定运转工况下的检查。除了随时检查油温、压力、转速、噪声等情况外，还要注意液压泵、换向阀、溢流阀、风扇、散热器等的工作情况。

（2）日常检查。每日作业前后应对液压系统进行检查。检查内容除油位外，还要进行检查的主要内容有系统各连接处有无渗漏油，紧固件和接头有无松动，高低压胶管是否损坏和变形，系统中的空气是否排净，滤清器是否堵塞等。

（3）定期检查。进行一段时间放线作业后，对液压系统应进行定期检查。主要检查液压油的变质和污染情况，并清洗或更换滤油器；检查油箱底部的脏污物情况；检查各种阀的操作性能；检查橡胶管和上面的接头是否损伤；检查各部分螺栓是否松动；检查液压缸是否损坏；检查制动器或制动装置工作是否要调整间隙。在有条件的地方，可测试检查液压泵、液压马达的压力和流量等情况。

（二）液压系统常见故障及其排除方法

液压系统故障产生的原因有多种，有的是许多因素综合影响的结果；有的是由于液压系统中某一元件故障所引起；维护不当、装配调整不合适也会造成故障。当出现故障时，应仔细检查和分析产生的原因，根据故障的不同情况，采用不同方法处理。

下面首先介绍液压系统的常见故障和排除方法（如果找出的故障是来自某个液压元件，再根据该液压元件故障排除方法进行处理）。

1．牵引机和张力机液压系统常见的故障和排除方法

（1）主液压泵起动后，液压系统不能建立正常压力。产生这类故障原因有系统高压回路和低压回路短接、较严重的内泄漏和液压泵进油口吸不上油等。检查造成这类故障的原因和排除方法如下：

1）如为溢流阀故障使主泵处于卸荷状态，应检查溢流阀阻尼孔是否被油液中脏物堵塞、有无阀芯卡死或阀内弹簧损坏等现象，可以按溢流阀故障排除方法解决。

2）检查液压泵能否输出压力油，如无输出，应检查变量机构位置是否正常，如果正常，可按液压泵建立不起压力的故障排除方法解决。

3）如液压泵有输出，溢流阀也无故障，则可能液压系统某些阀被污物或其他原因卡死，使其处于回油位置，从而造成高低压回路短接，或这些阀内泄漏严重，或液压马达内部密封破坏，高低压油腔相通。排除方法是拆开有关阀，进行清洗；检查液压马达高低压油腔密封，更换密封圈等。

4）检查回路中及油箱中的滤油器是否被堵死，如堵死或吸油阻力太大，可拆洗或更换滤油器。

5）如果液压系统还有一定压力，但主液压泵流量随压力的升高而明显减小，压力也达不到需要数值。这可能是由于泵磨损后间隙增大的原因。排除方法是对液压泵进行容积效率测定，确定它是否能继续使用，必要时进行修理或更换。

（2）牵引机和张力机液压系统运行过程中噪声和振动严重。噪声和振动常常同时发生。噪声会影响和干扰牵引场和张力场之间的通信联系。振动还将使牵引机和张力机上管接头和其他一些紧固件松动，甚至脱落断裂。这一些都会严重影响张力放线作业的顺利进行。产生这类故障的主要原因是液压油中混入较多的空气，产生气泡；液压泵输出压力油的脉动太大，换向太快等。此外，管道固定处松动以及液压元件的共振等也会产生噪声和振动。排除方法如下：

1）如是由于系统中含有气泡所引起的，则应检查排气口有无堵塞现象，并在作业开始前进行排气。

2）如是由于溢流阀引起的，则可用溢流阀噪声和振动故障排除方法解决。换向阀在进行换向操作时，缓慢操作也能防止冲击和噪声。

3）提高补油压力、选用适当黏度的液压油、经常清洗吸油口滤网，均能有效地防止空气进入系统，减少噪声产生的可能性。

4）确认是液压泵、液压马达运转产生的噪声和振动，可按它们的排除方法解决。

5）由于管路引起的振动和噪声，平时要经常检查管路的固定点有否松动，必要时增加管子的固定点。

（3）低速爬行现象。低速爬行现象是指液压马达或液压缸在低速时出现时走时停的现象，低速大扭矩马达容易发生这种现象（如在张力机上出现低速放线时，放线速度时高时低，引起导线波动，溢流阀无法控制张力）。产生低速爬行的原因和排除方法如下：

1）液压系统中进入较多空气，空气夹杂在油液中，造成排吸油不连续。这时应考虑排掉空气。

2）液压马达吸油压力不够、造成吸空。这时增加补油压力，可防止吸空。

3）液压马达柱塞和柱塞缸、液压缸活塞和缸体之间摩擦阻力太大，或低速时润滑不良，使配合面油膜厚度减薄甚至破坏，形成干摩擦或半干摩擦都容易引起爬行。这时应考虑更换零件。

（4）油温过高是牵引机和张力机液压系统常见的故障，特别是在夏天作业时，排除方法如上所述。

2. 主要液压元件常见故障和排除方法

（1）齿轮泵的故障和排除方法见表13-6。

表 13-6　　　　　　　　　　　齿轮泵的故障和排除方法

故　障	产　生　原　因	排　除　方　法
不出油或流量不足，压力上不去	（1）吸油管或滤油器堵塞； （2）轴向间隙或径向间隙太小； （3）液压油黏度太大； （4）连接处进入空气	（1）清除堵物； （2）修理或更换有关零件； （3）预热加温； （4）紧定连接处螺钉
噪声严重和压力不稳	（1）吸油管或滤油器堵塞； （2）油中有气泡或从轴密封处和吸油口吸入空气； （3）齿轮磨损或精度不高； （4）油封损坏	（1）清除堵物； （2）消除回油管产生气泡的原因，在连接部位加点油，如噪声减小，可拧紧接头处或更换密封圈； （3）更换齿轮或对齿轮研磨修正； （4）更换油封，以免吸入空气

故　障	产　生　原　因	排　除　方　法
旋转不灵活或卡死，轴承烧坏	(1) 轴向间隙和径向间隙太小； (2) 装配不良； (3) 油液中脏物杂质吸入齿轮泵内； (4) 和传动输入轴的同心度不符合要求	(1) 修理或更换有关零件； (2) 重新装配； (3) 拆开检查，防止铁屑、铁锈皮进入泵内，保持油液清洁； (4) 调整同心度，使其满足装配要求

（2）轴向柱塞泵故障原因和排除方法见表 13-7。

表 13-7　　　　　　　　　　　　轴向柱塞泵故障原因和排除方法

故　障	产　生　原　因	排　除　方　法
流量不足	(1) 泵在起动前未充满液压油，有空气； (2) 直轴式柱塞泵中心回程弹簧损坏； (3) 液压油黏度太低； (4) 内部零件磨损，内泄漏增加； (5) 变量机构工作不良	(1) 使泵内充满液压油，排除空气； (2) 更换回程弹簧； (3) 降低油温； (4) 更换或修理各部零件； (5) 检查、拆洗或修理变量机构
无流量输出	(1) 液压油黏度太高； (2) 变量机构失灵，致使排量为零； (3) 泵内部零件或密封件损坏，高低油腔相通； (4) 转速太低	(1) 加温预热液压油； (2) 检查调整变量机构； (3) 更换或修理内部零件，更换密封件； (4) 适当提高转速
噪声和振动	(1) 泵体内留有空气未排尽； (2) 管路内有气泡； (3) 液压油黏度太高； (4) 转速超过额定值； (5) 压力超过额定值； (6) 泵内轴承损坏或磨损； (7) 变量机构工作不良	(1) 空载运转，排除泵体内空气； (2) 应保证完全清除气泡； (3) 加温预热液压油； (4) 降低转速到额定值以下； (5) 降低压力到额定值以下； (6) 更换轴承； (7) 检查调整变量机构，或拆洗修理，直至更换
压力不稳定	(1) 柱塞和柱塞孔、配油盘和缸体之间磨损，使内泄漏增加； (2) 进油管密封不良，漏气； (3) 变量机构工作不良	(1) 更换柱塞，磨平配油盘和缸体之间的接触面，紧固各连接处的螺栓，减少内部泄漏； (2) 拧紧进油口连接螺栓； (3) 检查调整变量机构或拆洗修理，直到更换
异常发热	(1) 内部泄漏过大，容积效率过低而异常发热； (2) 相对运动部件之间接触面破坏，甚至烧坏； (3) 轴承烧坏	(1) 修理内部零件，磨光内部配合面； (2) 修理或更换零部件； (3) 更换轴承
轴封漏油	(1) 轴封损坏； (2) 内部漏损过大，使轴封部分压力增加； (3) 外泄漏过大； (4) 泄漏管堵塞	(1) 更换轴封； (2) 修理内部零件； (3) 修理内部零件； (4) 清理泄漏管
漏损	(1) 轴承的旋转密封圈损坏； (2) 各接合处 O 形密封圈损坏； (3) 柱塞和柱塞孔、缸体和配油盘之间摩擦	(1) 更换密封圈； (2) 更换 O 形密封圈； (3) 更换柱塞、磨平缸体和配油盘的接触面
内部零件发生短期内异常磨损或烧坏	(1) 液压油污染； (2) 液压油混入水和空气； (3) 液压油牌号不当	(1) 更换液压油； (2) 消除混入水和空气的原因并予以排除； (3) 更换液压油
泵不能转动，卡死	(1) 滑靴脱落； (2) 柱塞球头折断； (3) 配油盘损坏	(1) 更换滑靴或柱塞； (2) 更换柱塞； (3) 更换配油盘

（3）轴向柱塞马达故障原因和排除方法。轴向柱塞马达故障原因和排除方法基本上和轴向柱塞泵相同。但它的转速和扭矩达不到要求的原因，除了自身的故障外，有时还可能由于液压泵供油不足、系统压力升不上去等因素造成。此外，有时轴向柱塞马达不能起动原因是制动器液压缸未打开或制动器故障所造成。

（4）溢流阀故障和排除方法见表 13-8。

（5）液压缸常见故障和排除方法见表 13-9。

表 13-8　　　　　　　　　　　　溢流阀故障和排除方法

故障	产生原因	排除方法
压力调不上去	(1) 阻尼孔堵塞； (2) 弹簧损坏或未装； (3) 阀芯卡阻； (4) 进出油口装反	(1) 拆洗阀芯，疏通阻尼孔； (2) 更换或补装弹簧； (3) 拆卸检查、调整； (4) 检查并更正
压力不能调到额定值	(1) 主阀芯动作不良，渣滓等杂物挤柱阀芯； (2) 先导阀弹簧用错； (3) 阀芯和阀座接触部位磨损； (4) 先导阀阀芯对不准阀座	(1) 将主阀芯拆下清洗； (2) 检查、核对并更换； (3) 更换阀芯或阀座； (4) 更换先导阀阀芯或阀座，如弹簧变形给予更换，有污物拆下清除
噪声和振动	(1) 螺母松动； (2) 泄油口有空气； (3) 弹簧变形不复原； (4) 主阀芯动作不良； (5) 和其他阀产生共振； (6) 先导阀磨损	(1) 紧固螺母； (2) 排除系统内空气； (3) 更换弹簧； (4) 检查主阀芯和阀体的同心度； (5) 重新调整压力、并更换弹簧； (6) 更换先导阀
压力不稳定	(1) 先导阀稳定性不良； (2) 先导阀有异常磨损或卡阻； (3) 油中有气泡； (4) 主阀芯动作不良	(1) 更换先导阀，或先导阀弹簧； (2) 更换先导阀，拆下清洗； (3) 排除系统内空气； (4) 修理阀芯锥面，清除污物

表 13-9　　　　　　　　　　　液压缸常见故障和排除方法

故障	产生原因	排除方法
推力不足或速度减慢	(1) 活塞和缸体内径间隙过大，内泄漏严重； (2) 活塞密封圈损坏； (3) 油压上不去	(1) 更换磨损活塞； (2) 更换密封圈； (3) 检查供油系统或液压泵，查明原因处理
爬行和局部速度不均匀	(1) 回路中有空气； (2) 缸盖活塞杆孔密封装置过紧或过松； (3) 液压缸安装位置偏移； (4) 液压缸内壁锈蚀或拉毛	(1) 排除空气； (2) 调整到密封圈，保证能平衡地拉动活塞杆，且不能有泄漏； (3) 调整安装位置； (4) 进行镗磨，必要时更换缸体
冲击	密封损坏，大量泄漏油	更换密封圈

第八节　液压油的选择和合理使用

一、对液压油的基本要求

液压传动通常采用矿物油为工作介质。由于液压系统在工作时液体的压力、流量和温度往往变化较大，故油的质量将直接影响液压系统的工作性能，因此正确地选用液压油十分重要。在选用液压油时应考虑以下几点：

（1）油液的黏度要适当。黏度是选择液压油时首先应该考虑的因素之一。在相同工作压力下，油液的黏度降低，会使液压泵、液压马达的容积效率降低，系统的泄漏增加；黏度太高，又会使油液流经管路孔道时摩擦阻力增加，压力降和功率损失加大，温升加快；并影响到液压泵和液压马达的自吸性。

液压油黏度的选择也和周围环境温度有关。环境温度高时，应采用黏度较高的液压油；反之选用黏度较低的液压油。对齿轮泵或柱塞泵，在周围环境温度为 14～38℃时，液压油的黏度一般为 $(18～38)×10^{-6} m^2/s$（50℃时运动黏度）。

另外，还应考虑到液压系统工作压力的因素。通常，系统的额定工作压力较高时，宜选用较高黏度的液压油，因为在高压力情况下，泄漏问题比克服黏度阻力更为突出。工作压力较低时，宜选用低黏度的液压油。

（2）黏温性能好。在使用温度范围内，要求油液黏度随温度的变化应比较小，为此一般液压油的黏度指数要求在 90 以上（油黏度指数是指被测油液黏度随温度变化程度同标准油液黏度随温度变化程度比较的相对值，可查阅有关手册得到）。

（3）油液要有良好的化学稳定性，本身不容易氧化变质，对金属表面、密封圈等无腐蚀和破坏作用。

（4）油液的质量要纯，不应含有包括水分、空气在内的各种杂质。油液中含有空气，会生成气泡，使油液的压缩性增加，从而引起液压系统的噪声、振动和冲击，严重影响工作的平稳性。油液中含有水分，会锈蚀金属表面（对于水溶性酸和碱，即使含量很微小也会腐蚀机件和密封装置）。

（5）油液的闪点要高，以满足防火和安全要求。

二、液压油的主要物理性质

（1）重度和密度。

1）重度。每种液压油、其单位体积所具有的重力称为重度，用 γ 表示，即

$$\gamma = \frac{G}{V}$$

式中　G——油液的重力，N；

　　　V——油液体积，m^3。

2）密度。每种液压油，其单位体积的重量称为密度，用 ρ 表示，即

$$\rho = \frac{m}{V}$$

式中　m——油液质量，kg；

　　　V——油液体积，m^3。

由于重力等于质量乘重力加速度，即 $G=mg$，所以重度和密度的关系为

$$\gamma = \frac{mg}{V} = \rho g$$

式中　g——重力加速度，$g=9.81 m/s^2$。

液压油的密度和重度都随压力和温度而变化，它们的值随压力增加而增大，随温度的升高而降低。但在一般工作情况下，温度和压力引起的变化甚微，故液压油的重度和密度可以

视为常数，在计算时可取液压油的重度 $\gamma = 8820\text{N/m}^3$，密度 $\rho = 901\text{kg/m}^3$。

（2）黏度。稀油和稠油的流动性是不同的，这是因为液体流动时，内部产生的摩擦力不同，液体的这种性质叫黏性。黏性也是液压油物理性质中最重要的一个特性，黏性的大小用黏度来表示。常用表示黏度大小的单位有动力黏度、运动黏度和相对黏度。

1）动力黏度。动力黏度用 μ 表示，它的物理意义是面积各为 $1 \times 10^{-4}\text{m}^2$ 和相距 $1 \times 10^{-2}\text{m}$ 的两层液体，当其中的一层液体以 $1 \times 10^{-2}\text{m/s}$ 的速度和另一层液体做相对运动时所产生的阻力，即为动力黏度。动力黏度 μ 的单位为 $\text{Pa} \cdot \text{s}$（帕·秒）。两者和重力单位制之间的换算关系为

$$1\text{Pa} \cdot \text{s} = 1\text{N} \cdot \text{s/m}^2$$

2）运动黏度。运动黏度是指液体的动力黏度 μ 和它的密度 ρ 的比值，常以符号 ν 表示，即

$$\nu = \frac{\mu}{\rho}$$

运动黏度 ν 的单位为 m^2/s，常用 mm^2/s，有时也用厘斯（cst）表示，即 $1\text{cst} = 1\text{mm}^2/\text{s}$。

运动黏度没有什么特殊的物理意义，只是因为在液压系统计算中常碰到动力黏度和密度（即 μ 和 ρ）的比值，因而才采用。

3）相对黏度。上述动力黏度和运动黏度是理论分析计算中经常使用的黏度单位，工程上常采用另一种黏度表示方法，即相对黏度。

相对黏度是以液体的黏度相对于水的黏度的大小程度来表示该液体的黏度。各国采用的相对黏度单位有所不同，我国采用恩氏黏度用符号°E表示。恩氏黏度用恩氏黏度计来测定，其方法是将 200cm^3 被试液体在某温度下从恩氏黏度计小孔（孔径为2.8mm）流完，记下所需时间 t_1；再用相同体积的蒸馏水在20℃时从同一小孔流完，记下所需时间 t_2。取 t_1 和 t_2 的比值则为恩氏黏度°E，即°E $= t_1/t_2$。

在牵引机和张力机（简称牵张机）及其他工程机械液压系统中，一般以50℃作为测定恩氏黏度的标准温度。国产液压油的运动黏度与温度的关系如图13-78所示。液压油的黏度对温度的变化很敏感，油温升高，黏度显著降低。因此，液压油黏度的变化将直接影响到液压系统的性能和泄漏量。

（3）闪点、燃点和凝点。

1）闪点是油液加热挥发的液体和空气的混合物在接触明火时，突然闪火的温度。

2）燃点是到达闪点温度后，继续加热到油液能自行连续燃烧的温度，燃点高的液压油难以着火。

3）凝点是温度下降时，油液黏度增大到不能流动、呈凝固状态的起始温度。

表13-10列出了为牵引机和张力机液压系统选用的国产液压油的主要性能指标，供参考。

表 13-10　　　　　　　　　牵引机和张力机用国产液压油的主要性能指标

性能 品种	40℃时运动黏度 （mm^2/s）	黏度指数 不小于	闪点（℃） 不低于	倾点（℃） （凝点） 不高于	水分	机械杂质 （%）
LHM-22	19.8～24.2	95	140	−15	无	无
LHM-32	28.8～35.2	95	160	−15	无	无
LHM-46	41.4～50.6	95	180	−9	无	无

性 能 品 种	40℃时运动黏度 （mm²/s）	黏度指数 不小于	闪点（℃） 不低于	倾点（℃） （凝点） 不高于	水 分	机械杂质 （%）
LHM-68	61.2～74.8	95	180	−9	无	无
LHM-100	90～110	90	180	−9	无	无
L-HV-22	19.8～24.2	130	140	−36	无	无
L-HV-32	28.8～35.2	130	160	−32	无	无
L-HV-46	41.4～50.6	130	160	−33	无	无
L-HV-68	61.2～74.8	130	160	−30	无	无
L-HV-100	90～110	130	160	−21	无	无
10 号航空液压油	不大于 1250	—	92	−70	无	无
13 号机械油	49	—	163	−45	无	无
合成锭子油	12～14	—	180	−45		无

注 表中 10 号航空液压油和 13 号机械油及合成锭子油的运动黏度为 50℃时的数值。

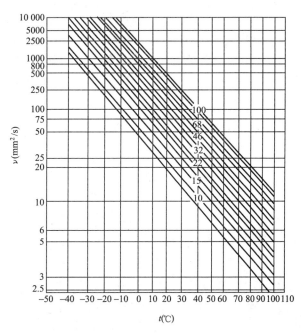

图 13-78　国产液压油的运动黏度与温度的关系图

ν—运动黏度；t—温度

三、液压油的合理使用

液压油的主要功能是在液压系统中传递能量，还兼有润滑密封、冷却、防锈等功能。故要正确选择液压油的品种，合理使用液压油，对保证液压油的使用性能、延长使用寿命，以及保证牵张机可靠运转起重要作用。

1. 液压系统的清洗

牵引机和张力机液压系统组装完毕后，在注入液压油之前，首先必须将液压系统清洗干净，清除组装过程中进入液压系统的各种杂质，如机加工残留的铁屑、焊渣、棉丝等。清洗时可以采用专用的清洗装置清洗，也可以在液压系统内接入高精度的滤油器，用低黏度油液自成回路冲洗，并尽可能提高油液速度。对系统中污染敏感的元件，在清洗时这些元件应从回路中断开，采用旁路连通回路。牵引机和张力机液压系统的冲洗一般可通过滤油机将液压油过滤后加入油箱，过滤精度要求 3～10μm；再起动牵引机和张力机的发动机和液压泵，使油液在液压系统中冲洗五六个小时，再拆下滤油器，更换滤芯。在冲洗过程中，若发现滤芯堵塞，应随时更换。

2. 液压油的更换

由于品种、工作环境和工作状况不同液压油的使用寿命有很大差异，如对液压系统和液压油具有良好的维护和管理，则可以延长换油期。

牵引机和张力机长期在野外作业过程中，由于雨水、空气、尘埃、杂质和液压系统中液压元件运动中金属磨损物的进入，在温度、压力的作用下，液压油会出现颜色变深、浑浊、有沉淀、酸值增加、抗乳化性和抗泡沫性差、黏度增加等现象。为确保液压系统正常运转，必须更换液压油。判断液压油是否劣化，一般可现场抽取油样，观察其颜色、气味、有无沉淀物，并和新油进行比较的定性法及把油样送实验室分析化验，评定状态变化的定量法。

在现场用吸墨纸斑点试验是一种简单的测试方法。把一滴油液滴到一张吸墨纸上，如果吸墨纸仍然没有颜色或仅出现一块淡黄色；或出现颜色，但颜色均匀，则该液压油仍可使用，不必更换。如果吸墨纸上出现斑点，且斑点中出现明显的环形痕迹，则应该换油。如果中心是明显的深色斑点，而淡色油液向四周散开，表示已超过换油时间。

通常情况下，牵引机和张力机液压系统第一次换油在运行 500h 后，以后每 2000h 更换一次。

3. 液压油的使用

对每台牵引机和张力机尽量使用同一型号的液压油。如要代用，则代用液压油的黏度不能超过原用液压油的 15%，且应优先考虑黏度稍大的液压油代用；不同种类的牌号、不同生产厂家、新油和旧油应尽量避免混用；且有乳化性要求的液压油不能和无抗乳化要求的液压油混用；专用液压油不能和其他液压油混用。

4. 液压油的储存

购进液压油后，应妥善保管储存，以获得液压油最长的使用寿命。

（1）储存液压油的容器必须干净，密封存放地点也必须清洁，必须存放在仓库里，以免受气候影响。

（2）液压油储存时，必须保持干燥，液压油主要通过空气中的水蒸气凝结而混入水分，水分不但会腐蚀液压系统中触及的金属，而且还会影响液压系统的正常工作；牵引机和张力机油箱最好定期放水，必要时，可用过滤器或离心机脱水。

（3）对桶装液压油，不同液压油应分开堆放，并各自应有明显标识。

（4）定期检查液压油，可用检测设备检查，也可从液压油的色、味、有无沉淀物等直接观察评定。

（5）检查装油容器有否泄漏及标识是否清晰，温度太高或太低均对液压油不利。这些地方不能长期放置油桶等。

第九节　发动机及其保养和常见故障排除

发动机是牵引机和张力机的重要组成部分，它在很大程度上决定了牵引机和张力机的结构特点和工作特性，并对它们的各项性能指标和运转的经济性有直接影响。根据牵引机和张力机使用要求，合理选用动力装置是十分重要的。

发动机又有汽油机和柴油机两种，而自行驶式牵引机是用汽车或拖拉机自身的发动机，用取力装置取得动力；或从拖拉机变速箱中供取的动力输出轴上取得动力。

一、发动机的主要指标

为了很好地完成牵引作业，发动机必须具有良好的动力性和经济性。前者是指有效功率和有效扭矩，后者是指耗油率，它们都是衡量发动机性能好坏的主要指标。

1. 有效功率 N_e 和转速 n

有效功率 N_e 是指发动机单位时间内对外所作功的数值，也即发动机实际输出的净功率。它是指扣除克服发动机自身的摩擦力并驱动发动机自身的各辅助装置（如水泵、液压泵、风扇、发电机等）所需的功率之后，能直接传递给牵引机传动系统上的功率。

有效功率 N_e 可根据下式计算

$$N_e = \frac{M_e n}{9550} \quad kW$$

式中　　n——转速，是发动机曲轴每分钟的转数，r/min；

　　　　M_e——发动机输出的有效扭矩，N·m。

由飞轮上输出的最大有效功率，称发动机的额定功率（或称标定功率）。一台发动机的额定功率，并不是在任何情况下使用时都不变的，而是根据发动机的用途、特点等综合考虑它的动力性、经济性和使用寿命等因素而标定的。如果发动机在最大功率情况下只是短时工作，则可将发动机的额定功率定得高一些。若发动机在最大功率情况下运转的时间较长，就只能将发动机的额定功率定得低一些。根据我国相关国家标准，在发动机铭牌上规定有以下四种功率。

（1）15min 功率：发动机连续正常运转 15min 能输出的最大有效功率（每 1h 只允许使用一次）。

（2）1h 功率：发动机连续正常运转 1h 能输出的最大有效功率（每 6h 内只允许使用一次）。

（3）12h 功率：发动机连续正常运转 12h 所能输出的最大有效功率（每 24h 内只允许使用一次），其中允许在同转速下有任何 1h 超过该功率的 10%。

（4）持续功率：发动机保持长期连续正常运转时，能输出的最大有效功率。

标准还规定，在给出上述额定功率的同时，还必须给出相应的转速。

张力架线设备用牵引机和张力机，一般连续作业时间在 2h 左右。在少数放线区段较长的情况下，或者牵引机和张力机额定放线速度较低时，连续作业时间有可能超过 2h。故一般情况下，应按 12h 功率进行设计计算。考虑到牵引作业过程中，放线段内牵引力由小到大在起始牵引力的 1~1.3 倍数值范围内变化（少数放线段较长的会超过此值），若按最大牵引力计算，有时也可按 1h 功率考虑。

2. 有效扭矩 M_e 和燃油消耗率 g_e

发动机曲轴和飞轮组件驱动外界工作机械的力矩称为有效扭矩，又称发动机对外输出的净扭矩，用 M_e 表示，单位是 N·m。

燃油消耗率（又称耗油率）g_e 是指每千瓦有效功率下发动机每小时所消耗的燃油量。燃油消耗率 g_e 越低，表明经济性越好。g_e 的计算式为

$$g_e = \frac{G}{N_e} \quad kg/(kWh)$$

式中　G——发动机每小时消耗的燃料质量，kg/h；

　　　N_e——有效功率，kW。

3. 发动机功率的确定

在选择牵引机发动机功率时，除考虑牵引卷筒上要求输出的功率和各级传动效率外，还必须考虑辅助装置消耗的功率（主要为补油泵、冷却风扇、钢丝绳卷绕机等消耗的功率）。此外，在发动机说明书上，如果没有说明已扣除发动机自身的辅助装置（如冷却水泵、水箱、发电机、空气滤清器、消声器等）消耗的功率，则这部分功率在计算总功率时，应给予考虑。但如果发动机资料中给的是飞轮功率，则这部分功率就不必考虑。

这时，要求发动机的输出功率 N_e 为

$$N_e = \frac{N_P}{\eta_\Sigma} + N_x$$

式中　η_Σ——总的传动效率，分别为上述 η_t、η_s、η_e、η_j 等；

　　　N_p——牵引机牵引卷筒输出功率；

　　　N_x——牵引机辅助机构消耗功率。

二、发动机主要特性曲线

发动机工作时，功率、扭矩、转速、耗油率等参数的相互变化规律，称为发动机的特性曲线。它反映了每个发动机的性能，因而对牵引机在各种传动方式下，如何合理选择和使用发动机是十分重要的。

发动机主要特性曲线有载荷特性、速度特性、调速特性、推进特性和万有特性五种特性曲线。其中，前两种特性曲线在为牵引机和张力机选配发动机时通常是必须考虑的。

1. 载荷特性曲线

载荷特性曲线是发动机保持在一定转速下，各项经济指标随载荷变化的规律，即转速 n 为常数时，耗油量 G 和耗油率 g_e 等随有效功率 N_e 的变化规律，如图 13-79 所示。它是评价发动机动力性能和经济指标的重要特性，从图中可以看出，在小载荷区域，耗油率 g_e 随着载荷的增大而逐渐减少，当减少到一定程度后，便不再继续减小，反而又逐渐增高，在 100kW 左右范围内，耗油率最小。这是因为在转速一定的情况下，发动机消耗的摩擦功率基本不变。随着有效功率的增加，机械效率提高，因而耗油率也随之降低。到一定载荷后，由于供油量加大而进气量基本不变，使发动机燃烧情况恶化，燃烧不完全，因而耗油率又增大。

根据发动机的载荷特性，可以找出该发动机耗油率最小时的功率范围。这对合理、经济地选择发动机工作点有重要意义，特别对使用转速变化范围不大的发动机，如液压传动或液

力传动牵引机上的发动机，更有重要的使用价值。

2. 速度特性曲线

速度特性曲线是指发动机调速手柄保持在一定位置，保持供油量一定，逐步改变载荷，使转速从小到大变化，来测定有效功率 N_e、有效扭矩 M_e、耗油率 g_e 随转速 n 变化的规律。改变油门的大小，可得到多组速度特性曲线，其中，供油量最大的那组速度特性曲线称为发动机的外特性曲线，如图 13-80 所示。

发动机的外特性代表了发动机具备的最高性能，也是发动机的主要特性，对计算牵引机原动机的功率又以其中的扭矩特性和功率特性最为重要。

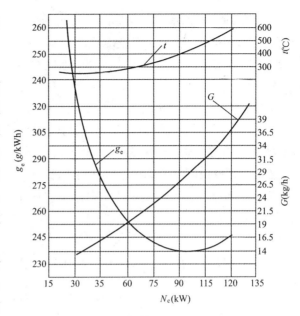

图 13-79 发动机的载荷特性曲线

g_e—耗油率；G—耗油量；t—排气温度；N_e—有效功率

发动机工作点的选择如图 13-81 所示，由图可见，当转速为 n_2、n_3、n_4 时，发动机分别有最大扭矩 M_{emax}、最小耗油率 g_{emin} 和最大输出功率 N_{emax}。n_1 则是发动机满载时最低稳定转速，转速增加，输出扭矩和功率都随之增加。当转速为 n_2 时，扭矩达到最大值 M_{emax}。当转速继续增加时，因进气行程时间短，气体流速高，阻力大，充气量小，这时摩擦损失反而增加，使扭矩随转速的增加而减少。当转速继续增加到 n_4 时，扭矩虽然继续下降，但它和转速的乘积（即为功率）达到最大值 N_{emax}。转速超过 n_4。由于气缸充气严重恶化，机械损失增加，动载荷显著增加，发动机零部件磨损加快。因此，在设计牵引机时，发动机的最大转速在正常工况下，不允许超过最大功率时的转速 n_4。

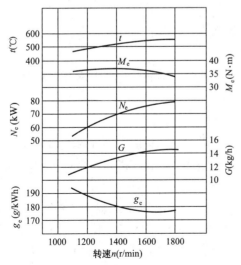

图 13-80 发动机的外特性曲线

N_e—有效功率；M_e—有效扭矩

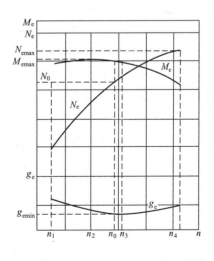

图 13-81 发动机工作点的选择图

n—转速

发动机最小耗油率 g_{emin} 对应的转速 n_3 在最大扭矩和最大功率的两个转速之间，它不但标志着发动机的机械损耗，也标志着工作循环的质量。一般都希望当功率变化时，最小耗油率 g_{emin} 的变化范围应越小越好，这样就能使发动机在载荷变化较大的情况下，仍有良好的经济性能。

在选择牵引机发动机时，工作点定在转速为 n_0（见图 13-81）附近时最为理想，最低转速不得小于 n_2（即最大扭矩 M_{emax} 对应的转速）。发动机在这范围内工作时，有较低的耗油率；转速增加时，输出扭矩略有下降，有较好的运转稳定性。

三、牵引机和张力机用发动机的选择

发动机种类很多，张力架线牵引作业工况有一些特殊的要求，选用发动机时，应予认真考虑。

1. 牵引机和张力机用的发动机应满足的要求

（1）要有足够的扭矩储备系数。扭矩储备系数 μ_M 为

$$\mu_M = \frac{M_{emax}}{M_e}$$

式中　　M_{emax}——额定工况的速度特性曲线上的最大输出扭矩值，N·m；

　　　　M_e——额定工况时的输出扭矩值，N·m。

发动机只有具备一定的扭矩储备系数后，才能适应牵引机和张力机牵引展放导线过程中遇到的短时超载（如牵引板通过架线滑车时），不至于在牵引过程中发动机出现熄火现象。对液力传动牵引机，由于它对载荷的自适应性较强，扭矩储备系数可适当小一些。对机械传动牵引机和张力机，一般扭矩储备系数不应小于 1.25。

（2）牵引机和张力机由于有时受到地面条件的限制，或者自身带有犁锚装置，锚定就位后，发动机会出现倾斜现象。为防止机油和液力传动箱及离合器内的工作油互相渗透，发动机曲轴前后必须严格密封，轴向的止推措施要特别加强。

（3）牵引机和张力机长期连续工作时间为 2h 左右，其自身又处于原地静止状态，要求发动机有较好的散热性，冷却系统有足够的散热能力。

（4）由于架线施工沿线路面条件较差，不但崎岖不平，而且尘埃大，所以对发动机要考虑防震和防尘措施，以使它有较好的野外作业适应性。

（5）在寒冷地区使用时，还必须考虑发动机冬季的起动问题，一般要求在 −30℃ 情况下仍能容易起动。

2. 有关柴油机和汽油机的选用

柴油机和汽油机都能用作牵引机和张力机的发动机，但从目前国内外总的趋势看来，柴油机多于汽油机。现将两者性能对比如下，选择时应综合考虑各种因素，根据实际使用情况而定。

（1）柴油机气缸进入压缩冲程时，到压缩终止点，气缸内压力可达 $(3\sim4)\times10^6$ Pa，压缩比一般为 12～22。汽油机压缩终止点时，气缸内压力只有 $(0.7\sim1.2)\times10^6$ Pa，压缩比为 6～9。所以，柴油机的效率比汽油机高，一般发出同样的功率，柴油机要比汽油机节省燃料 30% 左右，而且柴油比汽油价格便宜。因此，柴油机的经济性好。

（2）柴油机不需要复杂的点火系统，它是靠喷成雾状的柴油和空气在气缸内混合被压缩

后，温度增高（可达 $500\sim700$℃），自己燃烧、膨胀而做功，安全可靠性高。汽油机气缸内压力较低，汽油不能自燃，必须采用 $10\sim15$kV 高压电火花点火；不但要一套较复杂的点火系统，而且电火花会对张力放线中牵引机和张力机之间的无线电通信联系产生干扰。

（3）由于柴油机气缸内压力高，缸壁受力大，为保证各部分的强度，缸壁须增厚。因此，如发动机功率相同，柴油机要比汽油机笨重（如一台 75kW 柴油机的质量为 $800\sim900$kg，而同样 75kW 的汽油机，质量只有 600kg 左右）。

（4）汽油机用高压火花点火，柴油机依靠压缩雾状柴油和空气产生高温自燃，故在北方寒冷的冬季，柴油机起动不如汽油机方便，甚至起动困难，影响正常工作。

（5）柴油机结构要求坚固，材质较好，机上喷油泵和喷油器等部件的制造精度也比较高，所以它在制造方面不如汽油机方便，成本也较高。

（6）柴油机在运转过程中，噪声和振动都比汽油机大。但是，由于柴油机燃料消耗率低、工作可靠性高、寿命长、使用经济性好，在牵引机和张力机上采用比较广泛。汽油机具有升功率高、重量轻、起动方便、造价低等优点，故在一些牵引机和张力机上也被采用，特别在寒冷地区宜采用汽油机。

四、自行驶式牵引机和张力机车辆的选择

自行驶式牵引机和张力机主要有两种：① 选用现有的车辆，通过专门的取力装置从车辆发动机上取出动力，驱动牵引卷筒，这种牵引机一般应保持原来车辆行驶性能不变；②在机械传动牵引机上增加专门设计的车辆行驶系统，这种牵引机和张力机的行驶速度一般比较低，其行驶性能也比较差。所以利用现有车辆如汽车、拖拉机较为普遍。

自行驶式牵引机和张力机选用的车辆应满足以下要求。

（1）具有良好的越野性能，以适应沿线路转场运输的需要。

（2）车辆的变速箱或分动箱上，应具备全部功率取出（或大部分功率取出）的取力窗口或动力输出轴；或者只要将变速箱或分动箱的结构（包括个别传动齿轮、拨叉等）稍加变更，就能满足要求。这对某些越野汽车或拖拉机，比较容易实现。因为越野汽车大多数采用多桥驱动，发动机动力经变速箱输出后，不是直接驱动汽车后桥，而是先输入分动箱，再由分动箱将动力分配到各个驱动桥上。有些分动箱和变速箱上均有取力窗口，由于分动箱同牵引机之间的距离接近，传动连接比较方便，所以从分动箱取力较为理想。相反，变速箱一般都位于驾驶室下面，取力比较困难。有的拖拉机备有专供取力的输出轴，但它一般只考虑取出一部分功率，只能用作输出功率较小的自行驶式牵引机。

（3）车辆发动机的散热系统能满足牵引机和张力机的散热要求。汽车等车辆发动机水箱的冷却，除靠发动机自身的风扇冷却外，有很大一部分是依靠汽车行驶过程中形成的正面风力冷却。当用作牵引机和张力机时，汽车静止不动，因而使发动机的冷却条件比行驶时差得多，特别是在夏季。故此时必须重新校核汽车的冷却系统是否满足要求。

（4）牵引机和张力机部分的总重量必须满足车辆行驶时载重量的要求。如采用越野汽车，则总重量最好和越野汽车在最佳越野性能时的载重量相符，以使自行驶式牵引机和张力机能获得好的越野行驶性能。如尾部还带有钢丝绳卷绕机拖车，则拖车重量也应同该车越野行驶时允许的拖挂重量相符。

（5）车辆底盘大小适当，安装上牵引机和张力机本体后不应超高和超宽。

由于汽车等车辆所用发动机同一般形式的发动机相比，有许多不同之处，选用时应予考虑。

汽车等车辆发动机一般以最大功率（它的最大功率是指汽车在满载情况下，以最高行驶速度下的功率）工作的时间短，并规定以 15min 的功率为标功率。当它用作牵引机和张力机动力时，由于连续作业时间较长，在工作时间内载荷的变化范围较小，故不能以该标定功率作为设计牵引机的计算功率，而必须根据汽车等车辆发动机的速度特性曲线决定。一般也取该特性曲线中速度和耗油率 g_e 关系曲线的最低点（图 13-81 中 n_3）左右小范围之内所对应的速度和功率，作为设计牵引机的计算功率。也即图 13-81 中速度 n_0 和功率 N_0 作为设计参数进行计算。

此外，汽车发动机一般都有良好的扭矩特性，其扭矩储备系数 μ_M 较大，对外界阻力变化的适应能力强；发动机转速储备系数（额定转速和最大扭矩转速之比）也大；速度有较大的自行调节范围；汽车低速区扭矩特性也比较平稳。这些性能对机械传动牵引机是比较有利的。

对只考虑转场运输和现场就位，而不考虑取力的自行驶式牵引机和张力机，车辆的选择只要满载重和越野性能要求即可。

牵引机和张力机常用的发动均以柴油发动机为主，目前国内生产的牵引机和张力机又多以康明斯（或道依茨）发动机为最多，下面就以康明斯发动机为例，说明其保养要点及常见故障排除，其他型号柴油发动机，也可类比参照。

五、发动机的保养

1. 发动机的每日（或每周）保养

（1）柴油机机体检查。

1）首先检查柴油机的机油平面，可用柴油机上的机油尺检查，如低于要求位置，可添加与柴油机中质量和牌号相同的机油。

2）检查柴油机冷却液平面（在每天加注燃油时，并在冷却系统冷却后进行检查）。

（2）发动机皮带检查，检查皮带是否松弛，如否有打滑现象，如有上述现象，应对皮带进行张紧调整。检查的皮带主要有水泵皮带、风扇传动皮带、发电机的皮带。

（3）检查空气滤清器，检查进气阻力指示器，清洁或更换空气滤清器芯子（或更换油溶式空气滤清器中的机油）。检查过滤器集成盘。

（4）检查损坏情况，检查所有接头有无渗漏或损坏，检查柴油机其他部分有无损坏。

2. 发动机季节性保养（1500h）

除要完成上述每日（每周）保养外，应增加下述保养内容。

（1）更换柴油机油、真空控制器、液力调速器。

（2）更换滤清器。

（3）检查冷却液，检查其 DCA 浓度，需要时更换芯子或加 DAC。

（4）检查机油平面。

（5）放出储气筒中的积水，放出燃油箱或燃油滤清器中的水或沉积物。

（6）清洗或更换曲轴箱通风器，空气压缩机通风器。

六、发动机常见故障排除方法

发动机常见故障排除方法见附录六。

第十节 国产牵引机介绍

我国自 1976 年为国内第一条 500kV 线路投建，由原水利电力部电力建设研究所等单位组成科研攻关小组，研制第一套液压传动张力架线设备开始，至今经 30 多年的不断改进，已形成我国的牵引机、张力机系列。对牵引机而言，其主传动方式有液压传动和机械传动方式，其中又以液压传动为主，只有在一些中、小型牵引机上才采用机械传动。

国产的牵引机常用的有持续牵引力有 30、40、50、75、150、180、200、250、300kN 等系列。设计的最大牵引速度可达 83m/min（5km/h），常用 60m/min（3.6km/h）、40m/min（2.4km/h）、20m/min（1.2km/h）等。牵引机绝大部分采用拖车安装，并以单轴拖车式布置为主，也有少数把整机安装在车辆底盘上，或直接从车辆上取出动力通过传动系统驱动牵引卷筒，成为可自行走的牵引机。

下面就目前国内一些典型的牵引机的性能特点、技术参数、结构参数进行阐述如下。

一、SA-YQ 系列液压传动牵引机

SA-YQ 系列液压传动牵引机由宁波东方电力机具制造有限公司研制生产。该系列的牵引机同目前国内外所有液压传动牵引机一样，可无级平滑地调整牵引力和牵引速度。能预先调定牵引作业过程中的最大牵引力，当牵引力达到该预调定值时，能自动停止牵引，实现过载保护。当液压系统出现故障或发动机突然熄火失去动力时，制动器能实现快速制动，防止跑线等事故。该系列牵引机也能实现快速制动，防止跑线等事故，还能实现平稳的带载起动或满载起动。牵引卷筒能正反方向转动，进行牵引作业或通过卷筒送出牵引钢丝绳；并在牵引作业时，牵引机尾部的钢丝绳卷绕装置能在保证钢丝绳在一定张紧力的情况下，和牵引速度同步，卷绕回收牵引作业过程中牵回的钢丝绳。现介绍 SA-YQ 系列液压传动牵引机的总体结构、主要技术参数和主要配置等。

1. SA-YQ30 型液压传动牵引机

（1）概述。图 13-82 为 SA-YQ30 型液压传动牵引机结构图。该机主要用于牵引导线展放单根导线及光缆等的小型牵引机，采用单轴拖车安装方式，主机和钢丝绳卷绕装置成一体，前支腿和 2 个后支腿均采用机械升降。控制箱和双摩擦牵引卷筒分别布置于纵梁的两侧。液压系统采用变量泵和低速大扭矩液压马达组成的闭式系统，可无级控制牵引力和牵引速度的大小。低速大扭矩液压马达和牵引卷筒之间经全盘式制动器、两级圆柱齿轮减速器后，再和牵引卷筒相连接。

（2）主要技术参数。

最大牵引力：30kN

最大牵引速度：5km/h

持续牵引力：25kN

牵引卷筒槽底直径：300mm

槽数：7

适用最大牵引钢丝绳直径：13mm

允许通过最大连接器直径：42mm

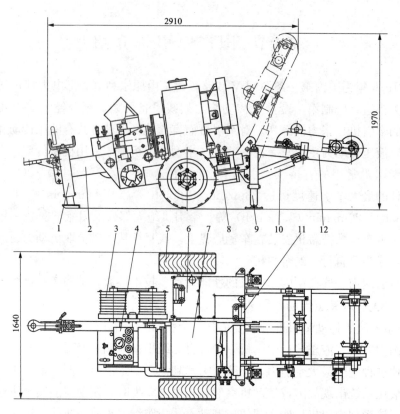

图 13-82　SA-YQ30 型液压传动牵引机结构图

1—前支腿；2—机架；3—牵引卷筒；4—控制箱；5—轮轴总成；6—液压油箱；7—发动机；8—蓄电池；
9—后支腿总成；10—卷绕装置顶升液压缸；11—导向滚子组；12—钢丝绳卷绕装置

发动机功率/转速：31kW/2200r/min

外形尺寸：2910mm×1640mm×1970mm

整机质量：1500kg

配套钢丝绳卷筒尺寸：ϕ950mm×ϕ400mm×450mm

卷筒连接器孔中心距：250mm×250mm

2.SA-YQ40 型液压传动牵引机

（1）概述。图 13-83 所示为 SA-YQ40 型液压传动牵引机结构图。本机采用单轴拖车安装方式，主机和钢丝绳卷绕装置做成一体。牵引卷筒、液压油箱和控制箱置于机架纵梁的同一侧，发动机、液压马达、减速器、制动器总成和散热器及风扇置于纵梁另一侧。本机采用萨澳（SaUer）变量液压泵和萨澳定量马达组成的闭式液压系统。其中定量液压马达和二级减速的 RR 行星减速器、制动器成一体，同轴驱动。锚固点设置于机架后横梁的两侧。前后两支腿均采用机械升降。

（2）主要技术参数。

最大牵引力：40kN

最大牵引速度：5km/h

持续牵引力：35kN

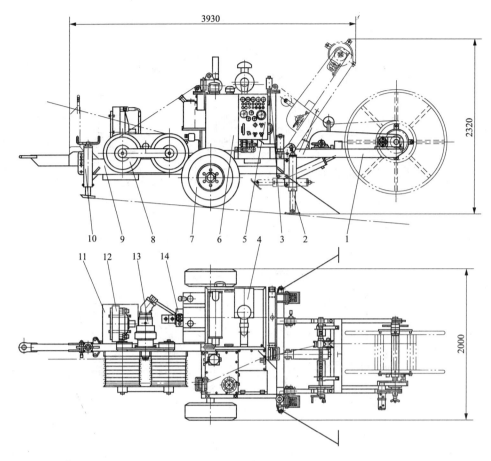

图 13-83　SA-YQ40 型液压传动牵引机结构图

1—钢丝绳卷绕装置；2—后支腿；3—导向滚子组；4—发动机；5—控制箱；6—液压油箱；7—轮轴总成；8—牵引卷筒；9—机架；10—前支腿；11—蓄电池；12—散热器；13—液压马达减速器、制动器总成；14—主液压泵

对应牵引速度：2.5km/h

牵引卷筒槽底直径：400mm

适用最大钢丝绳直径：16mm

允许通过最大连接器直径：48mm

发动机功率/转速：59kW/2400r/min

外形尺寸：3930mm×2000mm×2320mm

整机质量：2800kg

配套钢丝绳卷筒尺寸：ϕ1400mm×ϕ570mm×560mm

卷筒连接器孔中心距：420mm×420mm

3. SA-YQ60 型液压传动牵引机

（1）概述。图 13-84 为 SA-YQ60 型液压传动牵引机结构图。SA-YQ60 型液压传动牵引机，可用于一次同时牵引展放 220kV 线路的双分裂导线或大截面的单导线，该机采用宽基叉车轮胎，机架由主纵梁和后横梁组成，成 T 形结构，带排绳机构的钢丝绳卷绕装置同主

483

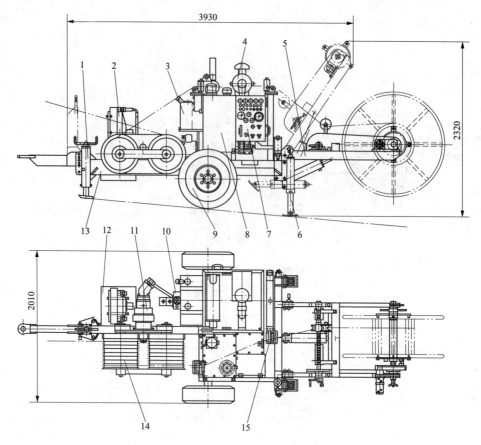

图 13-84　SA-YQ60 型液压传动牵引机结构图

1—前支腿；2—散热器；3—燃油箱；4—发动机总成；5—钢丝绳卷绕装置；6—后支腿；7—控制箱；8—液压油箱；9—轮胎总成；10—主液压泵；11—液压马达、减速器、制动器总成；12—蓄电池；13—机架；14—牵引卷筒；15—导向滚子组

机加工成一体，和后横梁绞支连接，并通过焊接在后横梁上的项升液压缸调整钢丝绳卷筒的位置。后横梁的两侧焊接有锚耳板，供作业时锚固用。发动机、主液压泵、液压油箱、控制箱安装于机架后部，主液压马达和制动器、行星减速器总成、末级开式齿轮传动减速器和牵引卷筒安装于机架前部、牵引卷筒和控制箱安装在纵梁的同一侧。前后三个支腿均采用机构升降，本机液压系统为由变量泵和定量马达组成的闭式液压系统，结构简单。传动装置采用液压失压自动制动的盘式制动器系统，设置制动隔离阀，传动、制动同步控制，并设压力切断阀，超载自动保护。

（2）主要技术参数。

最大牵引力：60kN

最大牵引速度：5km/h

持续牵引力：50kN

对应牵引速度：2.5km/h

牵引卷筒槽底直径：460mm

牵引卷筒槽数：7

适用最大钢丝绳直径：18mm

允许通过最大连接器直径：58mm

柴油机：77kW/2800r/min

外形尺寸：3930mm×2010mm×2320mm

整机质量：3000kg

钢丝绳卷绕装置所配钢丝绳卷筒尺寸为：ϕ1400mm×ϕ570mm×560mm

配套钢丝绳卷筒四孔连接中心距为：420mm×420mm

（3）主要配置。

发动机：美国原装进口康明斯发动机（也可选用国产东方康明斯发动机）

主变量液压泵、主液压马达：德国力士乐（也可选用萨澳变量液压泵、液压马达）

减速器、制动器总成：意大利RR

钢丝绳卷绕装置用液压马达：丹麦丹佛斯

散热器：德国爱克奇

液压阀：主要液压阀为德国力士乐产品，也可采用北京华德液压工业集团有限责任公司或上海立新液压有限公司产品

液压仪表：德国威卡公司

液压辅件：浙江黎明液压有限公司

4. SA-YQ90型液压传动牵引机

（1）概述。图13-85为SA-YQ90型液压传动牵引机结构图。本机采用单桥拖车安装方式，机架也由主纵梁和尾部横梁焊接而成，呈T型结构，钢丝绳卷绕装置在机架尾部和整机互为一体。该机也采用变量液压泵和定量液压马达组成的闭式液压系统，能无级调整牵引力和牵引速度。有超载能自动停止牵引的过载保护功能。

该机前支腿采用液压升降调节位置，后部两个支腿采用机械升降调节位置。

（2）主要技术参数。

最大牵引力：90kN

持续牵引力：75kN

这时持续牵引速度：2.5km/h

最大牵引速度：5km/h

这时持续牵引力：36kN

卷筒槽底直径：520mm

槽数：7

适用最大钢丝绳直径：20mm

发动机功率：121kW

转速：2500r/min

外形尺寸：4500×2100×2300mm

整机质量：4300kg

配套钢丝绳卷筒尺寸：ϕ140mm×ϕ570mm×560mm

卷筒四连接孔中心距：420mm×420mm

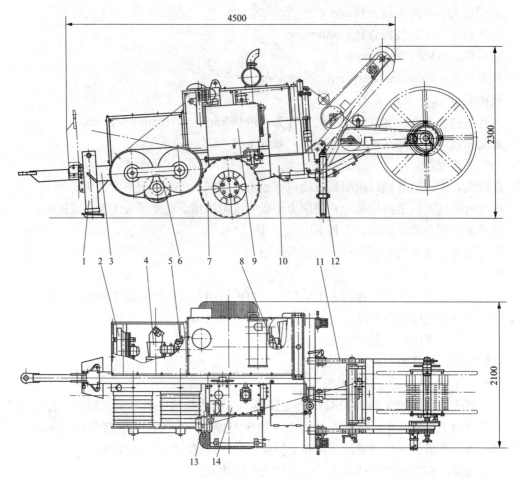

图 13-85　SA-YQ90 型液压传动牵引机结构图

1—前支腿；2—散热器；3—机架；4—液压马达、减速机、制动器总成；5—主液压泵；6—牵引卷筒；7—轮轴总成；
8—发动机；9—控制箱；10—蓄电池；11—钢丝绳卷绕装置；12—后支腿；13—导向滚子组；14—液压油箱

（3）主要配置。

发动机：美国原装进口康明斯发动机

主液压泵、主液压马达、液压阀：德国力士乐产品

减速器和制动器总成：德国力士乐产品

钢丝绳卷绕装置用液压马达：丹麦丹佛斯原装进口

液压仪表：德国威卡公司

散热器：德国爱克奇

液压辅件：温州黎明

5.SA-YQ180 型液压传动牵引机

（1）概述。图 13-86 所示为 SA-YQ180 型液压传动牵引机结构图。

该机也采用单轴拖车方式。尾部钢丝绳卷绕装置和机架成一体，并设置于牵引卷筒和操作控制箱同一侧；散热器风扇设置于另一侧，并在牵引机的前部。本机液压系统采用双变量液压泵和双液压马达组成的闭式系统。两液压马达通过其轴端的小齿轮驱动两大齿轮，组成

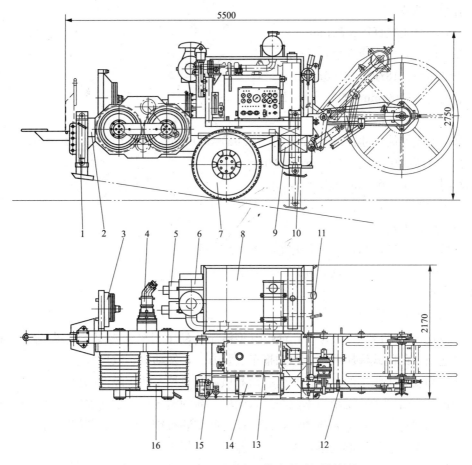

图 13-86　SA-YQ180 型液压传动牵引机结构图

1—前支腿；2—机架；3—散热器；4—液压马达、减速机、制动器总成；5—主液压泵；6—发动
机；7—轮轴总成；8—发动机罩；9—蓄电池；10—后支腿；11—燃油箱；12—钢丝绳卷绕装置；
13—液压油箱；14—控制箱；15—导向滚子组；16—牵引卷筒

末级开式传动齿轮减速器。两大齿轮通过销轴和两牵引卷筒相连，组成双摩擦牵引卷筒。其中一个小齿轮同时和两个大齿轮啮合，保证两牵引卷筒机械同步转动。牵引作业时操作控制面板和发动机的控制箱面板是分开的（除发动机油门调节和燃油指示表在到牵引作业控制面板上以外）。

该机作业时的锚固耳板，除焊在牵引卷筒外侧支撑杆上的一锚耳板外，另有两块设置于尾部后横梁的两侧。主纵梁的前部拖头处亦设置有左右两个锚固耳板供前部锚固用。

（2）主要技术参数。

最大牵引力：180kN

最大持续牵引力：150kN

对应牵引速度：2.5km/h

最大牵引速度：5km/h

对应牵引力：90kN

牵引卷筒槽底直径：600mm

牵引卷筒槽数：9

适用最大钢丝绳直径：24mm

允许通过最大连接器直径：66mm

发动机功率：187kW/2100r/min

外形尺寸：5500mm×2170mm×2750mm

整机质量：6750kg

配套钢丝绳卷筒尺寸：ϕ1600mm×ϕ570mm×560mm

卷筒器连接孔中心距：420mm×420mm

钢丝绳容绳量：ϕ24mm×1000m

（3）主要配置。

国产康明斯发动机

主液压泵、主液压马达、主液压阀：德国力士乐

减速器和制动器总成：意大利邦非利

发动机也可选用进口康明斯发动机

6. SA-YQ220 型液压传动牵引机

（1）概述。图 13-87 所示为 SA-YQ220 型液压传动牵引机结构图。该机采用双液压泵、双液压马达组成的闭式液压系统，单轴拖车安装方式，发动机、液压泵、液压马达和减速器总成，控制箱安装于纵梁的一侧；牵引卷筒和风扇散热器安装于纵梁的另一侧。其中控制箱安装在最前部，有利于监视牵引钢丝绳进入牵引卷筒的情况；钢丝绳卷绕装置和主机连成一体，安装于纵梁尾部；牵引卷筒和钢丝绳卷筒之间安装有钢丝绳夹紧装置，用于更换钢丝绳卷筒时夹握住牵引卷筒尾部的钢丝绳。牵引作业时机架由两个后支腿，一个前支腿支撑，有好的稳定性。本机与 SA-YZ2×40 型液压传动牵引机配套设计。

（2）主要技术参数。

最大牵引力：220kN

最大牵引速度：5km/h

持续牵引力：180kN

这时相应的牵引速度：2.5km/h

牵引卷筒槽底直径：760mm

牵引卷筒槽数：10

适用最大钢丝绳直径：30mm

允许通过最大连接器直径：75mm

发动机型号功率：美国康明斯 m11-330 型柴油发动机 243kW（330hp）2100r/min

外形尺寸：5780mm×2350mm×2820mm

整机质量：8000kg

钢丝绳卷筒尺寸：ϕ1600mm×ϕ570mm×570mm

卷筒器连接孔中心距：420mm×420mm

（3）主要配置。

发动机：美国进口康明斯发动机

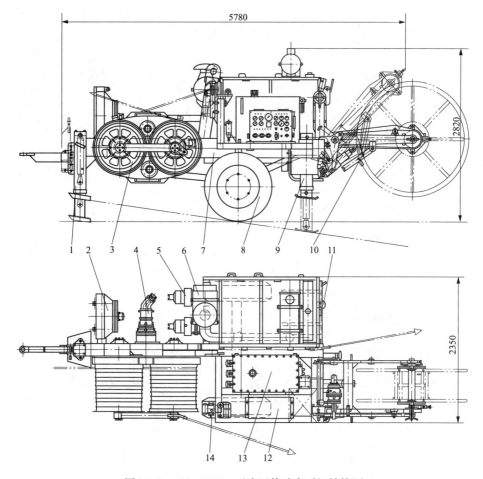

图 13-87 SA-YQ220 型液压传动牵引机结构图

1—前支腿；2—散热器；3—双摩擦牵引卷筒；4—液压马达、减速机、制动器总成；5—主液压
泵；6—发动机；7—机架；8—轮胎总成；9—后支腿；10—钢丝绳卷绕装置；11—燃油箱；
12—控制箱；13—液压油箱；14—导向滚子组

主液压泵、液压马达、液压阀：德国力士乐

减速器制动器总成：德国力士乐

液压仪表：德国威卡公司

液压胶管：浙江永华集团

散热器：德国爱克奇

7. SA-YQ250 型液压传动牵引机

（1）概述。图 13-88 所示为 SA-YQ250 型液压传动牵引机结构图。该机也采用双变量液压泵和双定量液压马达组成的闭式液压系统，整机采用单轴拖车式结构，钢丝绳卷绕装置安装在尾部的一侧，同主机成一体，和牵引卷筒、液压油箱、控制箱等安装于同一侧，便于清楚地监视牵引钢丝绳牵引作业的全过程。发动机、液压泵、液压马达和减速器总成、散热器风扇等安装在另一侧，使整机有较好的稳定性。当发动机突然熄火或液压系统发生故障时，制动器能自动制动，停止牵引作业。该机可选用两台该型号牵引机同步牵引展放导线的同步

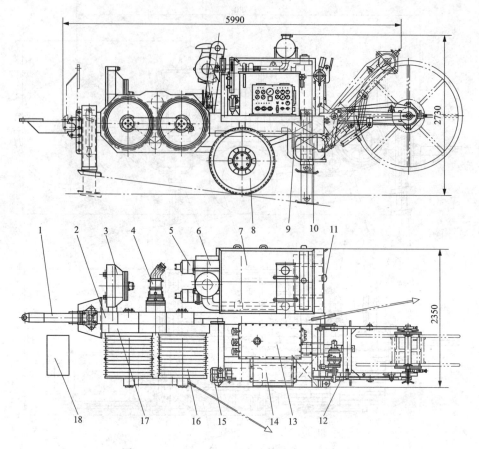

图 13-88 SA-YQ250 型液压传动牵引机结构图

1—拖架；2—机架；3—散热器；4—液压马达、减速器、制动器总成；5—主液压泵；6—发动机；7—发动
机护罩；8—轮胎总成；9—工具箱；10—蓄电池；11—燃油箱；12—钢丝绳卷绕装置；13—液压油箱；
14—控制箱；15—导向滚子组；16—牵引卷筒；17—卷筒护罩；18—并机箱（选配）

控制箱。

（2）主要技术参数。

最大牵引力：250kN

最大牵引速度：5km/h

持续牵引力：200kN

相应牵引速度：2.5km/h

卷筒槽底直径：820mm

卷筒槽数：10

适用最大钢丝绳直径：32mm

允许通过最大连接器直径：75mm

发动机型号功率：261kW/2100r/min，水冷，电气系统直流 24V

外形尺寸：5990mm×2350mm×2730mm

整机质量：900kg

钢丝绳卷筒尺寸：$\phi1600mm\times\phi570mm\times\phi560mm$

卷筒器连接孔中心距：$420mm\times420mm$

（3）主要配置。

柴油机：美国康明斯发动机

分动箱：意大利布莱维尼

主液压泵站、液压马达：德国力士乐

主减速器：意大利 RR 公司

钢丝绳卷绕装置马达：丹麦丹佛斯

8. SA-YQ300 型液压传动牵引机

（1）概述。图 13-89 所示为 SA-YQ300 型液压传动牵引机结构图。该机采用单轴拖车方式、单纵梁、单轮轴布置，钢丝绳卷绕装置安装在尾部的一侧，和主机联成一体，牵引卷筒、液压油箱、控制箱和钢丝绳卷绕装置安装在同一侧，在牵引作业过程中便于监视牵引钢丝绳进出牵引卷筒和钢丝绳卷绕情况；发动机、液压泵、液压马达和制动器减速器总成、风

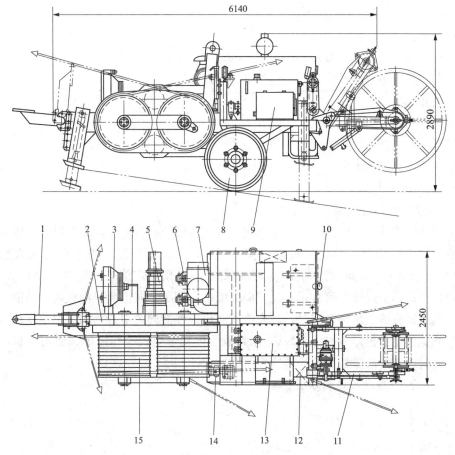

图 13-89　SA-YQ300 型液压传动牵引机结构图

1—拖架；2—机架；3—散热器；4—蓄电池；5—液压马达、减速机、制动器总成；6—主液压泵；7—发动机；8—轮胎总成；9—控制箱；10—燃油箱；11—钢丝绳卷绕装置；12—工具箱；13—液压油箱；14—导向滚子组；15—牵引卷筒

扇散热器安装在另一侧。本机采用双变量泵和双分级变量的液压马达组成的闭式液压系统，使牵引机的牵引速度在较大范围变化时，提高了液压泵恒功率输出范围，从而改善了运行的经济性。

(2) 主要技术参数。

最大牵引力：300kN

最大牵引速度：5km/h

最大持续牵引力：250kN

这时相应的最大持续牵引速度：2.5km/h

卷筒槽底直径：960mm

卷筒槽数：11

适用最大钢丝绳直径：34mm

允许通过最大连接器直径：80mm

发动机型号功率/转速：298kW/2100r/min

外形尺寸：6140mm×2450mm×2890mm

整机质量：11000kg

配套钢丝绳卷筒尺寸：ϕ1900mm×ϕ570mm×560mm

卷筒器连接孔中心距尺寸：420mm×420mm

(3) 主要配置。

发动机：美国康明斯发动机

主液泵、液压马达、液压阀：德国力士乐

液压仪表：德国威卡公司

散热器：德国爱克奇

二、SAQ 系列液压传动牵引机 ❶

SAQ 系列液压传动牵引机由甘肃送变电工程公司研制生产。SAQ 系列液压传动牵引机同所有液压传动牵引机一样，可根据载荷的要求，无级平滑的调整牵引力的大小，并在10kN 到最大牵引力之间可以预先调定，当牵引力超过预调定值时，能自动停止牵引作业，保证作业安全；牵引速度也可在正、反方向无级平滑调节，并能满足满载起动功能。钢丝绳卷绕装置卷绕回收或放出钢丝绳时，其卷绕或放出速度能同牵引卷筒的牵引速度或放绳速度同步，并能保持足够的尾部拉力。SAQ 系列液压传动牵引机操作简单、使用可靠，在发动机突然熄火时或意外故障情况下均能实现可靠地快速制动。

(一) SAQ-30 型液压传动牵引机

1. 主要技术参数

最大牵引力：40kN

持续牵引力：30kN

对应速度：2.5km/h

最大牵引速度：5km/h

---

❶ 本部分根据刘文邦提供资料编写。

对应牵引力：20kN

2. 主要结构参数

牵引轮槽底直径：400mm

允许使用的最大钢丝绳直径：16mm

允许使用的最大连接器直径：48mm

发动机性能：48kW/2500r/min，24V

牵引力测定仪表：液压式

尾绳轮架：液压升降式，适用于最大直径为1400mm的绳盘

整机质量：3300kg

外形尺寸（长×宽×高）：3800mm×1850mm×2100mm

轮胎型号：825-15

最小对地距离：330mm

3. 主要配置说明

（1）发动机：德国风冷道依茨柴油机。

（2）主泵、主马达、主泵控制手柄等闭式回路液压元件：德国力士乐产品。

（3）减速机：意大利 RR 公司产品。

（4）钢丝绳卷绕装置马达：美国伊顿公司产品。

（5）钢丝绳卷绕装置多级液压缸：意大利产品。

（6）液压仪表：德国"西德福"公司产品。

（7）牵引轮采用金属材料，不磨损，不生锈。

（8）其他液压附件均采用国内知名品牌。

（二）SAQ-50 型液压传动牵引机。

图 13-90 所示为 SAQ-50 型液压传动牵引机结构图。

1. 主要技术参数

最大牵引力：60kN

持续牵引力：50kN

对应速度：2.5km/h

最大牵引速度：5km/h

对应牵引力：30kN

2. 主要结构参数

牵引卷筒槽底直径：450mm

允许使用的最大钢丝绳直径：18mm

允许使用的最大连接器直径：52mm

发动机性能：78kW/2500r/min，24V

牵引力测定仪表：液压式

钢丝绳卷筒支架：自动升降式，适用于最大直径为1400mm的绳盘

整机质量：3500kg

外形尺寸（长×宽×高）：3800mm×2000mm×2200mm

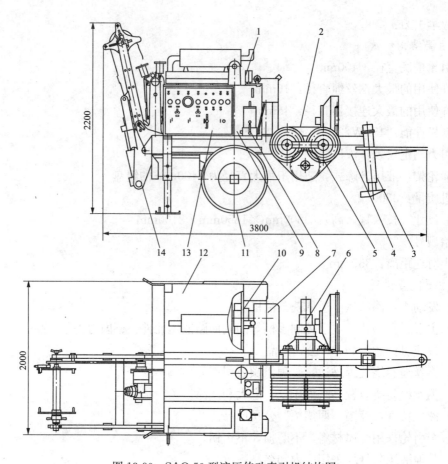

图 13-90 SAQ-50 型液压传动牵引机结构图

1—导向滚子组；2—大齿轮护罩；3—前支腿；4—机架纵梁；5—牵引卷筒；6—液压马达、减速器总成；7—燃油箱；8—润滑油泵；9—液压油箱；10—液压泵；11—轮胎；12—发动机；13—控制箱；14—钢丝绳卷绕装置总成

3. 主要配置说明

（1）发动机：德国进口风冷道依茨柴油机。

（2）主泵、主马达、主泵控制手柄等闭式回路液压元件：德国力士乐产品。

（3）减速机：意大利 RR 公司产品。

（4）钢丝绳卷绕装置马达：美国伊顿公司产品。

（5）钢丝绳卷绕装置多级液压缸：意大利产品。

（6）液压仪表：德国西德福公司产品。

（7）牵引卷筒采用特殊材质，不磨损，不生锈。

（8）其他液压附件均采用国内知名品牌。

（三）SAQ-75 型液压传动牵引机

图 13-91 所示为 SAQ-75 型液压传动牵引机结构图。

1. 主要技术参数

最大牵引力：90kN

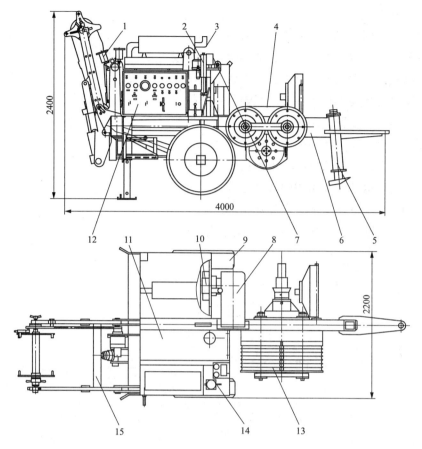

图 13-91 SAQ-75 型液压传动牵引机结构图

1—排绳机构；2—钢丝绳夹紧装置；3—发动机排气管；4—大齿轮护罩；5—前支腿；
6—机架纵梁；7—导向滚子组；8—燃油箱；9—轮胎；10—发动机、液压泵；11—液
压油箱；12—控制箱；13—牵引卷筒；14—润滑油泵；15—钢丝绳卷绕装置总成

持续牵引力：75kN

对应速度：2.5km/h

最大牵引速度：5km/h

对应牵引力：35kN

2. 主要结构参数

牵引卷筒槽底直径：500mm

允许使用的最大钢丝绳直径：20mm

允许使用的最大连接器直径：56mm

发动机性能：118kW/2500r/min，24V

牵引力测定仪表：液压式

钢丝绳卷筒支架：自动升降式，适用于最大直径为 1400mm 的绳盘

整机质量：4200kg

外形尺寸（长×宽×高）：4000mm×2200mm×2400mm

3. 主要配置说明

（1）发动机：德国风冷"道依茨"柴油机。

（2）主泵、主马达、主泵控制手柄等闭式回路液压元件：德国力士乐产品。

（3）减速机：意大利进口 RR 公司产品。

（4）钢丝绳卷绕装置马达：美国伊顿公司产品。

（5）钢丝绳卷绕装置多级液压缸：意大利产品。

（6）液压仪表：德国西德福公司产品。

（7）牵引卷筒采用特殊材质，不磨损、不生锈。

（8）其他液压附件均采用国内知名品牌。

（四）SAQ-150 型液压传动牵引机

图 13-92 所示为 SAQ-150 型液压传动牵引机结构图。

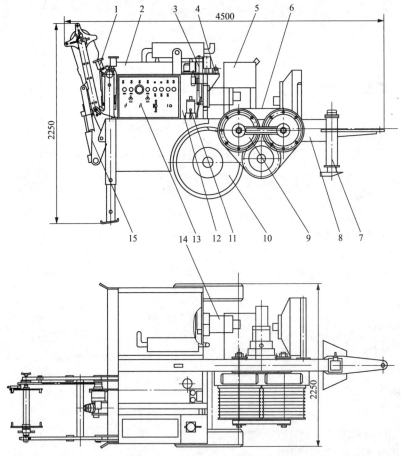

图 13-92　SAQ-150 型液压传动牵引机结构图

1—排绳机构；2—发动机；3—钢丝绳夹紧装置；4—导向滚子组；5—燃油箱；
6—大齿轮护罩；7—前支腿；8—机架纵梁；9—牵引卷筒；10—轮胎；11—润
滑油泵；12—液压油箱；13—控制箱；14—液压泵；15—钢丝绳卷绕装置

1. 主要技术参数

最大牵引力：180kN

持续牵引力：150kN

对应速度：2.5km/h

最大牵引速度：5km/h

对应牵引力：75kN

2. 主要结构参数

牵引卷筒槽底直径：600mm

允许使用的最大钢丝绳直径：24mm

允许使用的最大连接器直径：65mm

发动机性能：231kW/2100r/min 24V

牵引力测定仪表：液压式

钢丝绳卷筒支架：自动升降式，适用于最大直径为1400mm的绳盘

整机质量：7500kg

外形尺寸（长×宽×高）：4500mm×2250mm×2250mm

3. 主要配置说明

(1) 发动机：德国风冷道依茨柴油机。

(2) 主泵、主马达、主泵控制手柄等闭式回路液压元件：德国力士乐产品。

(3) 减速机：意大利RR公司产品。

(4) 钢丝绳卷绕装置马达：美国伊顿公司产品。

(5) 钢丝绳卷绕装置多级液压缸：意大利产品。

(6) 液压仪表：德国西德福公司产品。

(7) 牵引卷筒采用金属材料，不磨损，不生锈。

(8) 其他液压附件均采用国内知名品牌。

（五）SAQ-250型液压传动牵引机

图13-93所示为SAQ-250型液压传动牵引机结构图。

1. 主要技术参数

最大牵引力：300kN

持续牵引力：250kN

对应速度：2.5km/h

最大牵引速度：5km/h

对应牵引力：125kN

2. 主要结构参数

牵引卷筒槽底直径：960mm

允许使用的最大钢丝绳直径：24mm

允许使用的最大连接器直径：65mm

发动机性能：286kW/2100r/min，24V

牵引力测定仪表：液压式

钢丝绳卷筒支架：自动升降式，适用于最大直径为1600mm的绳盘

外形尺寸（长×宽×高）：拖车式6500mm×2350mm×2600mm

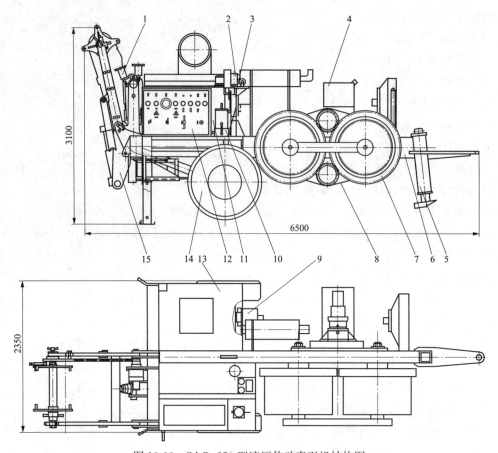

图 13-93　SAQ-250 型液压传动牵引机结构图

1—排绳机构；2—导向滚子组；3—钢丝绳夹紧装置；4—燃油箱；5—前支腿；6—机架纵梁；7—牵引卷筒；8—小齿轮罩；9—液压泵；10—润滑油泵；11—液压油箱；12—控制箱；13—发动机；14—轮胎；15—钢丝绳卷绕装置总成

车载式（重庆"铁马"牌军用越野车）型号"SAQC-250"

外形尺寸（长×宽×高）：8700mm×2500mm×3100mm

整机质量：悬挂式 10000kg

车载式 20000kg

车载式液压传动牵引机外形见图 13-94。

3. 主要配置说明

（1）发动机：德国进口风冷道依茨柴油机。

（2）主泵、主马达、主泵控制手柄等闭式回路液压元件：德国力士乐产品。

（3）减速机：意大利 RR 公司产品。

（4）钢丝绳卷绕装置马达：丹麦丹佛斯公司产品。

（5）钢丝绳卷绕装置多级液压缸：意大利产品。

（6）液压仪表：德国西德福公司产品。

（7）牵引卷筒采用特殊材料并经特殊处理，不磨损。

（8）其他液压附件均采用国内知名品牌。

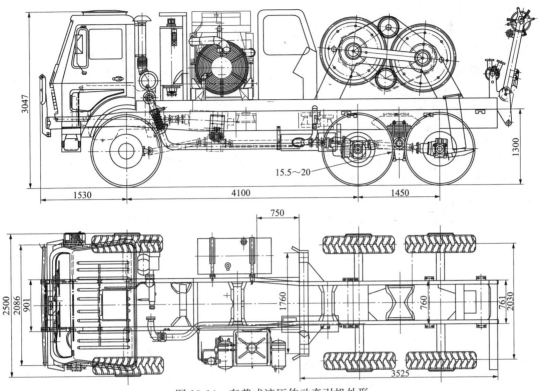

图 13-94　车载式液压传动牵引机外形

第十一节　国外牵引机介绍

目前世界上生产牵引机、张力机等放线设备的厂家，主要为加拿大 TE 公司（TIMBERLAND EQUIPMENT LIMITED）、意大利 TESMEC 公司和德国 ZECK 公司。我国在 20 世纪 80 年代初，我国投建的 500kV 线路平武线和几乎同时投建的东北元锦辽线时，开始引进国外的张力放线设备。第一套引进设备（一牵二）由东北送变电公司 1979 年由加拿大 TE 公司引进，随着上述两条 500kV 线路正式投建，随即又引进了五套一牵四的、当时属于大型的张力放线设备，其中四套为加拿大 TE 公司设备，一套为意大利 TESMEC 设备，以后又陆续引进了不少这两个国家的设备，但当时是以引进加拿大 TE 公司设备较多。早期批量引进的加拿大 TE 公司设备，牵引机为液力传动，且采用了自动换挡的阿里森（Allison）液力机械变速箱，它和多头蜗轮减速器和末级开式齿轮传动减速器组成减速系统；张力机则采用曲柄连杆 staffa 低速大扭矩马达，直接通过其输出轴上的小链轮和固定在放线卷筒上的大链轮组成的减速（增速）器，使放线卷筒上产生阻力矩，而达到导线在带张力情况下被展放的目的。同时引进一套意大利 TESMEC 公司的以圆柱齿轮减速器为主减速（增速）系统的液压传动牵引机和张力机。

国外牵引机和张力机从 20 世纪 80 年代是以上述链传动、圆齿轮传动、蜗轮蜗杆传动为主的减速（增速）系统，通过二十余年的发展，到最近已改换成为以体积小、重量轻、传动效率高的行星减速器为主的牵引机和张力机的主减速（增速）系统，使牵张机结构紧凑，使用更安全可靠。

随着发动机、增速器、减速器、液压泵、液压马达及其他液压元件等不断改进，国外牵张机也在不断更新换代。目前，国外生产的牵引机、张力机除主减速（增速）系统比以前有了较大的改进外，在液压系统及操作控制系统均有了较大改进；牵张机的液压系统比以前更合理，更安全可靠。操作控制系统有原有的手控，发展到液控、电控，目前已发展到有线遥控，甚至无线遥控，智能化控制，其整机结构更合理。技术性能更符合施工的现场放线作业的要求。

本节是对国外有代表性的意大利 TESMEC 公司近些年生产的各种牵引机性能特点和主要技术参数作简单介绍，有关该公司的张力机、牵张两用机的特点和技术参数，将在下面有关章节分别介绍。

（一）ARS 400 型液压传动牵引机

图 13-95 所示为 ARS 400 型液压传动牵引机结构图。

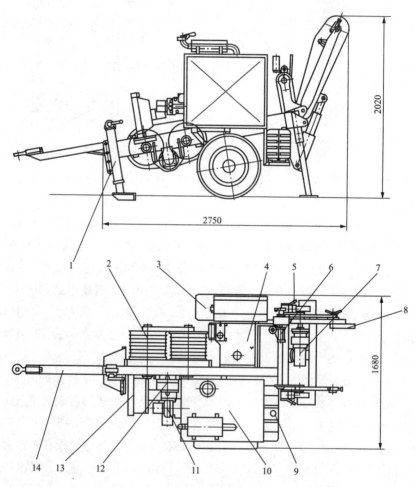

图 13-95　ARS 400 型液压传动牵引机结构图

1—前支腿；2—牵引卷筒；3—控制箱；4—液压油箱；5—锚耳板；6—排绳机构；7—钢丝绳卷
绕装置液压马达、制动器、减速器总成；8—钢丝绳卷筒支架；9—燃油箱；10—发动机；11—主
液压泵；12—液压马达、制动器、减速机总成；13—散热器；14—拖架

500

1. 主要性能特点

（1）液压系统采用闭式回路，可无级调整牵引力及正反方向的牵引速度。

（2）最大牵引力可在任何牵引速度情况下预先设定。当工作荷载发生意外变化时，可以随时调整牵引速度。

（3）可通过设定压力表上的某点设定最大牵引力。

（4）最大拖运速度30km/h，带有机械停车刹车。

（5）带有自动盘绳装置、自动排绳机构、自装载的钢丝绳卷绕装置。

（6）带型锚的机械升降支腿。

（7）带移动控制电缆（最长15m），也可实现无线电遥控。

（8）带牵引卷筒尾部钢丝绳液压夹紧装置。

2. 主要技术参数

（1）最大牵引力：40kN。

（2）持续牵引力：35kN，对应牵引速度2km/h。

（3）最大牵引速度：5.0km/h，对应牵引力17.5kN。

以上为在海平面位置，环境温度20℃时。

（4）卷筒槽底直径：400mm，适用钢丝绳最大直径：16mm。

（5）发动机功率：46kW，水冷，12V电源。

（二）ASR 506 型液压传动牵引机

图13-96所示为ASR 506 型液压传动牵引机结构图。

1. 主要性能特点

（1）液压系统采用闭式回路，可无级调整牵引力及正反方向的牵引速度。

（2）最大牵引力可在任何牵引速度情况下预先设定。当工作载荷发生意外变化时，可以随时调整牵引速度。

（3）可通过设定压力表上的某点设定最大牵引力。

（4）最大拖运速度30km/h，带有机械停车刹车。

（5）带有自动盘绳装置、自动排绳机构、自装载的钢丝绳卷绕装置。

（6）带犁锚的机械升降支腿。

（7）带移动控制电缆（最长15m），可实现无线电遥控。

（8）起动状况参数电子记录。

（9）带尾部钢丝绳液压夹紧装置。

2. 主要技术参数

（1）最大牵引力：90kN。

（2）持续牵引力：75kN，对应牵引速度2.2km/h。

（3）最大牵引速度：5km/h，对应牵引力33kN。

以上在海平面位置，环境温度20℃时。

（4）卷筒槽底直径：470mm。

（5）适用最大钢丝绳直径：18mm。

（6）最大拖运速度：30km/h，带有机械停车刹车。

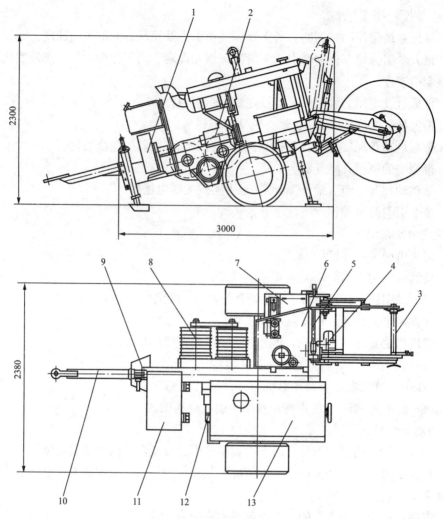

图 13-96　ASR 506 型液压传动牵引机结构图

1—散热器；2—主液压泵；3—钢丝绳卷筒支架；4—钢丝绳卷绕装置马达、制动器、减速机总成；5—排绳机构；6—液压油箱；7—控制箱；8—牵引卷筒；9—前支腿；10—拖架；11—燃油箱；12—液压马达、制动器、减速机总成；13—发动机

（7）发动机功率：45kW，水冷，12V 电源。

（三）ARS 500 型液压传动牵引机

图 13-97 所示为 ARS 500 型液压传动牵引机结构图。

1．主要性能特点

（1）液压系统采用闭式回路，可无级调整牵引力及正反转时的牵引速度。

（2）最大牵引力可在任何牵引速度情况下预先设定。当牵引力发生变化时，可以随时调整牵引速度。

（3）最大拖运速度 30km/h，带有机械停车刹车。

（4）带有自动盘绳装置，自装载的钢丝绳卷绕装置。

（5）带犁锚的机械支腿。

（6）带移动控制电缆（最长 15m），可有线遥控，也可实现无线电遥控。

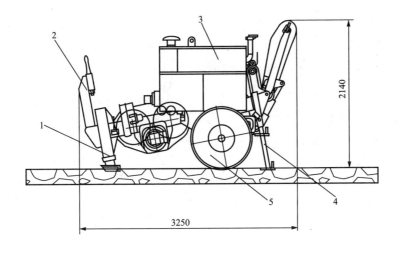

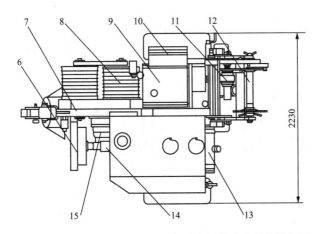

图 13-97 ARS 500 型液压传动牵引机结构图

1—前支腿；2—拖架；3—发动机；4—后支腿；5—轮胎总成；6—散热器；7—机架；8—牵引卷筒总成；9—液压油箱；10—控制箱；11—钢丝绳卷绕马达、制动器、减速机总成；12—钢丝绳卷筒支架；13—燃油箱；14—主液压泵；15—液压马达、减速机、制动器总成

(7) 起动状况参数电子记录。

(8) 带有牵引卷筒尾部钢丝绳液压夹紧装置。

2. 主要技术参数

(1) 最大牵引力：80kN。

(2) 持续牵引力：70kN，对应牵引速度 2.2km/h。

(3) 最大牵引速度：5km/h，对应牵引力 30kN。

以上在海平面位置，环境温度 20℃时。

（四）ARB 501 型液压传动牵引机

图 13-98 所示为 ARB 501 型液压传动牵引机结构图。

1. 主要性能特点

(1) 有两个闭式液压回路组成的各自的液压系统，能正反方向无级调整牵引速度大小，也可从小到大设定各自的牵引力值。

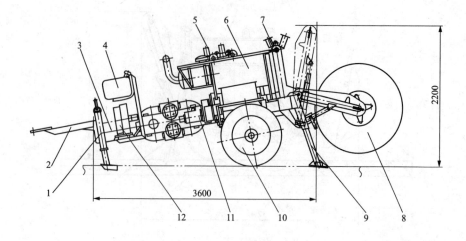

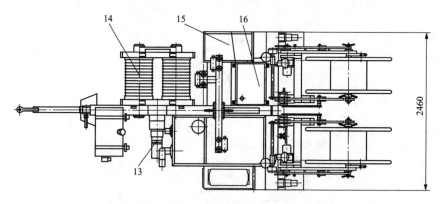

图 13-98　ARB 501 型液压传动牵引机结构图

1—前支腿；2—拖架；3—机架；4—燃油箱；5—导向滚子组；6—发动机；7—排线机构；
8—钢丝绳卷筒支架；9—后支腿；10—轮胎总成；11—主液压泵；12—散热器；13—液压
马达、减速机、制动器总成；14—双排牵引卷筒；15—控制箱；16—液压油箱

（2）2 个反向自动制动的液压制动器。

（3）2 个带有设定点设定最大张力的液压压力表。

（4）带有机械停车刹车，最大拖运速度达 30km/h 的刚性轮轴。

（5）有两组带有自动排绳机构的钢丝绳卷绕装置。

（6）液压升降的带有犁锚的前支腿。

（7）带有控制电缆（最长 15m），也可采用无线电遥控，还带有尾部钢丝绳液压夹紧装置。

2. 主要技术参数

（1）最大牵引力：2×40kN 或 1×80kN。

（2）持续牵引力：2×35kN 或 1×70kN，相应牵引速度 2.2km/h。

（3）最大牵引速度：5km/h，相应牵引力 2×15kN 或 1×30kN。

以上在海平面位置，环境温度 20℃时。

（4）卷筒槽底直径：540mm。

（5）适用最大钢丝绳直径：18mm。

（6）发动机功率：85kW，水冷，12V 电源。

（7）外形尺寸：3600mm（不包括拖架）×2460mm×2200mm。

（8）自重：4500kg。

（五）ARB 600 型液压传动牵引机

ARB600 型液压传动牵引机适用于用一根或两根牵引钢丝绳牵引展放导线，整机采用电气控制，图 13-99 所示为 ARB 600 型液压传动牵引机结构图。

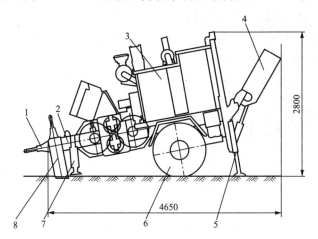

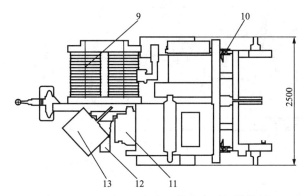

图 13-99　ARB 600 型液压传动牵引机结构图

1—拖架；2—机架；3—发动机；4—钢丝绳卷绕装置；5—后支腿；6—轮胎总成；7—顶升液
压缸；8—前支腿；9—双排牵引卷筒总成；10—导向滚子组；11—主液压泵；12—液压马达、
减速机、制动器总成；13—控制箱

1. 主要性能特点

（1）有两个闭式液压回路组成的两个各自独立的液压系统能正反方向无级调整牵引速度大小；各自的最牵引力可预先设定。

（2）2 个反向自动制动的液压制动器。

（3）2 个带有最大牵引力设定点的液压压力表（牵引力表）。

（4）带有机械停车刹车，最大拖运速度达 30km/h 的刚性轮轴。

（5）有两组带有自动排绳机构的钢丝绳卷绕装置。

（6）液压升降的带有犁锚的前支腿。

（7）带有移动控制电缆（最长 15m），可实现有线遥控，也可采用无线电遥控，还带有牵引卷筒尾部钢丝绳液压夹紧装置，以便于更换钢丝绳卷筒。

2. 主要技术参数

（1）最大牵引力：2×75kN 或 1×150kN。

（2）持续牵引力：2×70kN 或 1×140kN，相应牵引速度 2.5km/h。

（3）最大牵引速度：5km/h，相应牵引力 2×30kN 或 1×60kN。

以上在海平面位置，环境温度 20℃时。

（4）牵引卷筒槽底直径：600mm。

（5）适用最大钢丝绳直径：24mm。

（6）发动机功率：194kW，水冷，24V 电源。

（7）外形尺寸：4650mm×2500mm×2800mm。

（8）整机质量：7000kg。

（六）ARS 701 型液压传动牵引机

ARS 701 型液压传动牵引机只适用于一根钢丝绳牵引，采用电气控制，图 13-100 所示为 ARS 701 型液压传动牵引机结构图。

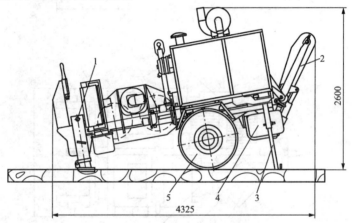

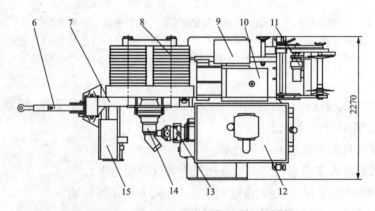

图 13-100　ARS 701 型液压传动牵引机结构图

1—前支腿；2—钢丝绳卷绕装置；3—后支腿；4—燃油箱；5—轮胎总成；6—拖架；7—机架；8—双摩擦牵引卷筒总成；9—控制箱；10—液压油箱；11—钢丝绳卷绕马达、减速器、制动器总成；12—发动机；13—主液压泵；14—液压马达、减速机、制动器总成；15—散热器

1. 主要性能特点

（1）液压系统采用闭式回路，可无级调整牵引力及正反方向的牵引速度。

（2）最大牵引力可在任何牵引速度情况下预先设定。当牵引力发生变化时，可以随时调整牵引速度。

（3）可通过设定压力表（牵引力表）上的某点设定最大牵引力。

（4）最大拖运速度30km/h，带有机械停车刹车。

（5）带有自动盘绳装置、自装载的钢丝绳卷绕装置。

（6）液压升降带有犁锚的前支腿。

（7）液压动力部分带有可控制分离式钢丝绳卷绕装置的液压胶管快速接头的接口。

（8）带移动的控制电缆（最长15m），可实现有线遥控，也可实现无线电遥控。

（9）带有牵引卷筒尾部钢丝绳液压夹紧装置便于更换钢丝绳卷筒。

2. 主要技术参数

（1）最大牵引力：160kN。

（2）持续牵引力：150kN，相应牵引速度2.7km/h。

（3）最大牵引速度：5km/h，相应牵引力80kN。

以上参数是在海平面情况下，周围环境温度20℃。

（4）牵引卷筒槽底直径：600mm。

（5）适用最大钢丝绳直径：24mm。

（6）发动机功率：209kW，水冷，24V电源。

（7）外形尺寸：4325mm×2270mm×2600mm。

（8）自重：5600kg。

（七）ARB 702 型液压传动牵引机

ARB 702 型液压传动牵引机适用于用一根或两根钢丝绳牵引展放导线，图13-101所示为ARB 702 型液压传动牵引机结构图。

1. 主要性能特点

（1）液压系统有两个闭式液压回路组成，能各自无级地调整正、反方向的牵引速度。

（2）液压系统有两个可从小到大无级设定最大牵引力值的系统。

（3）牵引力发生变化时，能无级调整牵引速度。

（4）2 个反向自动制动的液压制动器。

（5）2 个带有最大牵引力设定点的液压压力表（牵引力表）。

（6）带有机械停车刹车，最大拖运速度80km/h。

（7）有两组带有水平自动排绳机构的钢丝绳卷绕装置。

（8）液压升降的带有犁锚的前支腿。

（9）带有拖车的灯光系统。

2. 主要技术参数

（1）最大牵引力：2×90kN 或 1×180kN。

（2）持续牵引力：2×75kN 或 1×150kN，相应牵引速度2.5km/h。

（3）最大牵引速度：5km/h，相应牵引力 2×37.5kN 或 1×75kN。

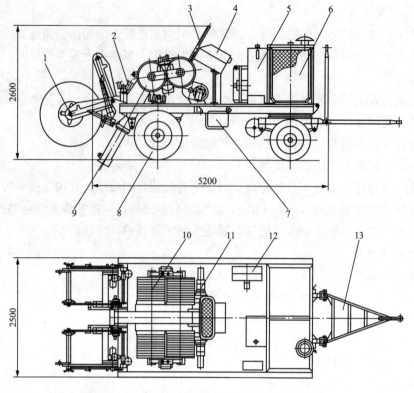

图 13-101 ARB 702 型液压传动牵引机结构图

1—钢丝绳卷绕装置；2—导向滚子组；3—防护网；4—控制箱；5—液压油箱；6—发
动机；7—燃油箱；8—轮胎总成；9—前支腿；10—双排双摩擦牵引卷筒总成；
11—液压马达、减速机、制动器总成；12—散热器；13—拖架

以上是在海平面位置及周围环境温度 20℃。

（4）牵引卷筒槽底直径：600mm。

（5）适用最大钢丝绳直径：24mm。

（6）发动机功率：194kW，水冷，24V 电源。

（7）外形尺寸：5200mm×2500mm×2600mm。

（8）整机质量：9850kg。

（八）ARS 800 型液压传动牵引机

ARS 800 型液压传动牵引机适用于用一根钢丝绳进行牵引作业，采用电气控制，图 13-102 所示为 ARS 800 型液压传动牵引机结构图。

1. 主要性能特点

（1）液压系统采用闭式回路，可无级调整牵引力及正反方向的牵引速度。

（2）最大牵引力可在任何牵引速度情况下预先设定。

（3）当牵引力发生变化时，可以随时调整牵引速度。

（4）可通过设定压力表（牵引力表）上的某点最大牵引力。

（5）最大拖运速度 30km/h，带有机械停车刹车。

（6）带有自动盘绳装置、自动排绳机构、自装载的钢丝绳卷绕装置。

（7）液压升降的带有犁锚的前支腿。

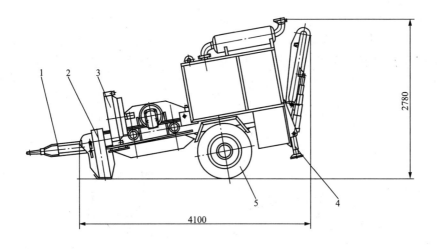

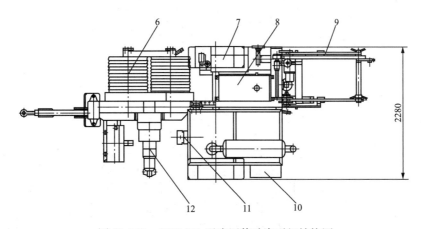

图 13-102　ARS 800 型液压传动牵引机结构图

1—拖架；2—前支腿；3—液压油散热器；4—后支腿；5—轮胎总成；6—双摩擦牵引
卷筒总成；7—控制箱；8—液压油箱；9—钢丝绳卷绕装置；10—发动机；11—主液
压泵；12—液压马达、减速机、制动器总成

（8）液压动力部分带有可控制分离式钢丝绳卷绕装置的液压胶管快速接头的接口。

（9）带移动的控制电缆（最长 15m），可实现有线遥控，也可实现无线电遥控。

（10）牵引卷筒尾部钢丝绳液压夹紧装置便于更换钢丝绳卷筒。

2. 主要技术参数

（1）最大牵引力：200kN。

（2）持续牵引力：180kN。

（3）最大牵引速度：5km/h，相应牵引力 107kN。

以上是在海平面位置及周围环境温度 20℃。

（4）卷筒槽底直径：700mm。

（5）适用最大钢丝绳直径：28mm。

（6）发动机功率：220kW，水冷，24V 电源。

（7）外形尺寸：4100mm×2280mm×2780mm。

（8）自重：7000kg。

（九）ARS 907 型液压传动牵引机

ARS 907 型液压传动牵引机适用于用一根牵引钢丝绳作业，采用电气控制，图 13-103 所示为 ARS 907 型液压传动牵引机结构图。

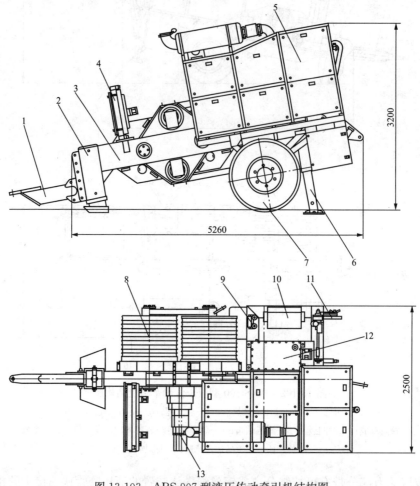

图 13-103　ARS 907 型液压传动牵引机结构图

1—拖架；2—前支腿；3—机架；4—液压油散热器；5—发动机；6—后支腿；7—轮胎总成；8—双摩擦牵引卷筒总成；9—导向滚子组；10—控制箱；11—钢丝绳卷绕装置；12—液压油箱；13—液压马达、减速机、制动器总成

1. 主要技术特点

（1）液压系统采用闭式回路，可无级调整牵引力及正反方向的牵引速度。

（2）最大牵引力可在任何牵引速度情况下预先设定。

（3）当牵引力发生变化时，可以随时调整牵引速度。

（4）可通过设定压力表（牵引力表）上的某点设定最大牵引力。

（5）最大拖运速度 30km/h，带有机械停车刹车。

（6）带有自动盘绳装置、自动排绳机构、自装载的钢丝绳卷绕装置。

（7）液压升降的带有犁锚的前支腿。

（8）液压动力部分带有可控制分离式钢丝绳卷绕装置的液压胶管快速接头的接口。

（9）带移动的控制电缆（最长15m），可实现有线遥控，也可实现无线电遥控。

（10）牵引卷筒尾部钢丝绳液压夹紧装置便于更换钢丝绳卷筒。

2. 主要技术参数

（1）最大牵引力：280kN。

（2）持续牵引力：250kN，相应牵引速度2.4km/h。

（3）最大牵引速度：5km/h，相应牵引力117kN。

以上是在海平面位置，周围环境温度20℃。

（4）牵引卷筒槽底直径：960mm。

（5）适用最大钢丝绳直径：38mm。

（6）发动机功率：317kW，水冷，24V电源。

（7）外形尺寸：5130mm×2490mm×3210mm。

（8）自重：12200kg。

第十二节 拖 拉 机 牵 引 机

拖拉机牵引机是一种能自行驶的机械传动牵引机，它是由拖拉机改制成的，主要由拖拉机变速箱的动力输出轴，经专门设计的减速箱变速后，经双摩擦卷筒进行牵引展放导线、组立杆塔、起吊重物等作业，由于该机仍保持了拖拉机野外作业的性能，挂上拖车后，还可作为运输器材用。目前国内的拖拉机牵引机主要有50型和250型两种，分别用上海500型拖拉机和奔野250型拖拉机改制。

一、拖拉机牵引机的结构

图13-104所示为上海500型拖拉机牵引机结构图，原由宁波东方电力机具制造有限公司生产，后由上海500拖拉机改制而成，主要在拖拉机的后部设置驱动双摩擦牵引卷筒10或磨芯卷筒12的减速箱，该减速箱的结构如图13-105所示，其动力输入来自该拖拉机变速箱内的动力输出轴，由动力输出轴操纵手柄6来控制其动力输出。

牵引作业由牵引制动器来控制牵引卷筒的制动，由离合器、制动器踏板机构5通过脚踏板对车辆的行驶进行控制。行驶及牵引切换手柄14使牵引作业时，发动机动力和行驶轮分开，使行驶轮静止不动；而拖拉机行驶时通过操纵手柄6切断至牵引变速箱的动力。由于该机的牵引减速箱9通过立式固定板组件8固定在拖拉机尾部，使整机重点后移，一定程度上影响了拖拉机爬坡性能，使其允许的爬坡角度减小，其主制动系统采用了超越离合器7自动单向制动器，辅助制动系统采用和拖拉机脚踏刹车联动的气动内蹄式制动器。

二、拖拉机牵引机牵引减速箱工作原理

拖拉机牵引机减速箱的结构如图13-105所示，其传动过程如下：动力输入轴上的输入小伞齿轮2驱动高速轴上的大伞齿轮21实现第一级减速，同时与大伞齿轮同轴的高速小齿轮3驱动中间轴上的中间大齿轮转动，实现第二级减速，再经中间轴上的中间轴小齿轮13驱动两低速轴11、18上的两低速大齿轮14、19，驱动同轴的双摩擦牵引卷筒17进行牵引作业。也可通过低速轴上的磨芯式卷筒10进行牵引作业。4为设置于高速轴端的制动器，7为超越离合器。

511

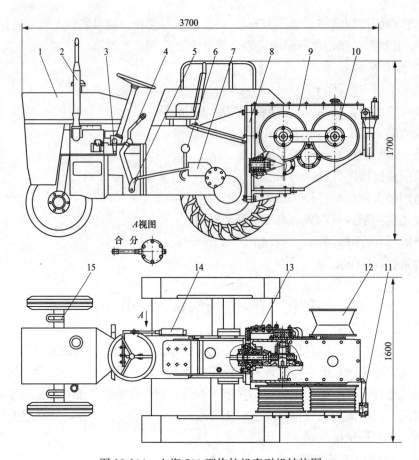

图 13-104　上海 500 型拖拉机牵引机结构图

1—发动机罩壳；2—发动机排气管；3—液压泵离合手柄；4—变速箱换挡手柄；5—离合器、制动器踏板机构；
6—动力输出轴操纵手柄；7—制动器总成；8—立式固定板组件；9—牵引机减速箱；10—双摩擦牵引卷筒；
11—导向轮滚子组；12—磨芯卷筒；13—牵引机制动器总成；14—行驶及牵引切换手柄；15—锚固环

三、几种拖拉机牵引机的技术参数及结构特性

（一）TJQ50 型拖拉机牵引机

（1）主要技术参数见表 13-11。

表 13-11　　　　　　　　　TJQ50 型拖拉机牵引机技术参数

挡　位	I	II	III	IV	V	VI	倒 1	倒 2
牵 引 力（kN）	50	40	30	20	12	6		
牵引速度（km/h）	0.36	0.60	0.90	1.44	2.40	3.12	0.51	2.04

（2）发动机功率：37kW/2000r/min。

（3）卷筒槽底直径：320mm。

（4）适用钢丝绳最大直径：16mm。

（5）最大行驶速度：27km/h。

（6）外形尺寸：3700mm×1600mm×1700mm。

（7）质量：2500kg。

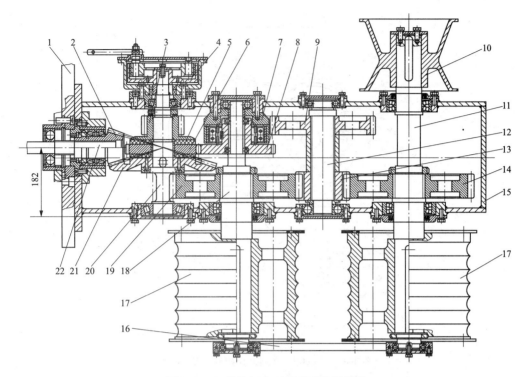

图 13-105　拖拉机牵引机减速箱结构图

1—拖拉机变速箱壳体；2—输入小伞齿轮；3—高速小齿轮；4—制动器总成；5—摩擦盘；6—摩擦离合器
齿轮；7—超越离合器；8—超越离合器齿轮；9—中间轴大齿轮；10—磨芯式卷筒；11、18—低速轴；
12—中间轴；13—中间轮小齿轮；14、19—低速大齿轮；15—减速箱壳体；16—支撑杆；17—双摩擦牵引
卷筒；20—高速轴；21—大伞齿轮；22—动力输入轴

（二）TQJ-80 型拖拉机牵引机

图 13-106 所示为 TQJ-80 型拖拉机牵引机结构图。该牵引机也采用了双输出轴结构形式，一侧为双摩擦牵引卷筒，另一侧为磨芯式卷筒。

（1）主要技术参数（上海纽荷兰 SNH700 型拖拉机改制而成）见表 13-12。

表 13-12　　　　　　　　　TQJ-80 型拖拉机牵引机主要技术参数

挡位	低速挡					高速挡				
	1	2	3	4	倒	1	2	3	4	倒
牵引力（kN）	80	80	80	62		48	29	20	15	
牵引速度（m/min）	6.5	11	16	21	8.6	26	43	63	82	34
行驶速度（km/h）	2.46	4.06	5.9	7.69	3.24	9.82	16.3	23.6	30.8	13

注　由扬州工三电力机具有限公司生产。

（2）发动机功率：51.5kW。

（3）卷筒槽底直径：450mm，7 槽。

（4）适用钢丝绳直径：18mm。

（5）外形尺寸：2600mm×1600mm×1900mm。

（6）质量：1450kg。

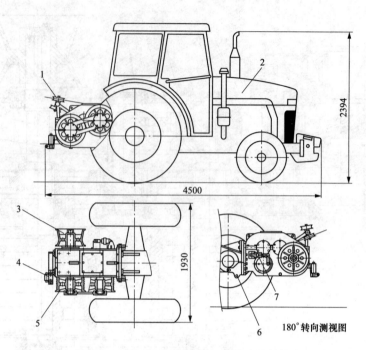

图 13-106 TQJ-80 型拖拉机牵引机结构图

1—出线导向滚轮组；2—SNH700 拖拉机；3—磨芯式卷筒；4—进线导
向滚子组；5—双摩擦牵引卷筒；6—锚耳；7—制动器

（三）TY800.03 自行式拖拉机牵引机

（1）主要技术参数见表 13-13。

表 13-13　　　　　TY800.30 自行式拖拉机牵引机主要技术参数

挡　位	慢速挡						快速挡					
	Ⅰ	Ⅱ	Ⅲ	Ⅳ	Ⅴ	倒	Ⅰ	Ⅱ	Ⅲ	Ⅳ	Ⅴ	倒
牵引力（kN）	80	65	55	35	28		25	20	17	10	5	
牵引速度（m/min）	15.6	19	23	43	65	14	70	84	103	190	285	62

注　由宜兴博宇电力机械有限公司生产。

（2）发动机功率：58.8kW/2300r/min。

（3）卷筒槽底直径：450mm。

（4）适用钢丝绳最大直径：18mm。

（5）外形尺寸：4050mm×2150mm×2690mm。

（6）质量：4300kg。

（四）TY500-03 型拖拉机牵引机

（1）主要技术参数（该机采用上海 SH500 型拖拉机改制而成）见表 13-14。

514

表 13-14   TY500-03 型拖拉机牵引机主要技术参数

挡 位	Ⅰ	Ⅱ	Ⅲ	Ⅳ	Ⅴ	Ⅵ	倒 1	倒 2
牵引力（kN）	50	30.6	16.2	12.7	7.7	4		
牵引速度（m/min）	10.13	16.65	31.55	40	66.61	126.3	13.34	50.3

注 由宜兴博宇电力机械有限公司生产。

（2）卷筒槽底直径：315r/min。

（3）卷筒槽宽和槽数：35mm，6 槽。

（4）外形尺寸：3360mm×1750mm×2320mm。

（5）质量：2260kg（不含牵引钢丝绳卷绕装置）。

（五）SX4-Ⅵ型拖拉机牵引机主要技术参数及结构特性

图 13-107 所示为 SX4-Ⅵ型拖拉机牵引机结构图。

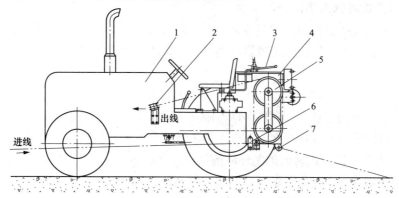

图 13-107   SX4-Ⅵ型拖拉机牵引机结构图

1—奔野 280 拖拉机；2—出线导向滚子组；3—换挡手柄；4—变速箱；5—双摩擦
牵引卷筒；6—进线导向滚子组；7—后锚耳板

（1）主要技术参数（采用奔野 280 拖拉机改制而成，外形小巧，机动性好，制动可靠），见表 13-15。

表 13-15   SX4-Ⅵ型拖拉机牵引机技术参数

挡　位	Ⅰ	Ⅱ	Ⅲ	倒
牵引力（kN）	40	30	20	
牵引速度（km/h）	0.715	1.275	2.270	0.650

（2）发动机功率：20.6kW/2200r/min。

（3）卷筒槽底直径：300mm。

（4）适用钢丝绳最大直径：14mm。

（5）最大行驶速度：22km/h。

第 十 四 章

张 力 机

第一节　张力机的基本要求、组成及分类

一、张力架线对张力机的基本要求

张力机在展放导线过程中，放线卷筒上产生制动阻力矩，使导线保持一定张力的情况下被牵引展放，保证导线与地面、跨越物之间有一定距离。为此，张力机必须满足下述几个基本要求。

1. 能较长时间连续稳定运转，且应保证热平衡

张力机作业工况同载重汽车利用制动器限速下坡相似，但后者运转时间短，制动器摩擦产生的热量，可以靠自然冷却或在制动鼓上增加散热片来满足散热要求。张力机连续运转时间长（有时可达 2～3h），运转时周围环境条件较差（如烈日下运转），如何使张力机上制动力矩所产生的热量及时耗散掉，保证热平衡，使温升不超过允许值是一个极关键的问题。为此，要求张力机要有足够的散热能力，保证能在要求的作业时间内连续稳定运转。

2. 能无级控制放线张力，且保持稳定

张力机对放线张力不但能无级控制，而且要调整方便，且不能因牵引速度变化而出现明显波动。

在放线过程中，根据工况要求常要调整张力，特别是展放多分裂导线时，由于各组双摩擦卷筒一般都是相对独立，而它们产生的制动力矩不一定完全相同，经一段时间运转后，常常会使各根导线上的弛度有差异，必须对其中某根导线上的张力进行调整，以保持各根导线上的张力基本相等，防止牵引板翻转。

另外，若放线速度不能随牵引速度的变化而迅速变化时，会使导线张力出现瞬时减少或瞬时增大现象，引起导线波动，严重情况下，会使导线落地或触及跨越物体。

3. 能实现恒张力放线

放线张力由放线区段导线和被跨越物之间最小距离所对应的弛度、导线允许承受的安全拉应力等因素决定。为简化操作、减轻操作人员的劳动强度，一般在放线作业开始时，将张力调整到要求数值，放线过程中不再改变。如果张力机不能保持张力恒定，操作人员必须随时进行调整，不但增加了操作人员的劳动强度，也影响作业安全。

4. 放线张力低于预定值时，自行制动，停止牵引

放线过程中，由于某种原因（如张力机液压系统故障时）会使张力下降，甚至消失。这时，要求张力机上的制动装置能自行制动，停止展放导线，防止导线弛度太大而落地或触及

跨越物。

此外，为使导线通过张力机放线机构时不受损伤，必须在张力机所有可能触及导线的部位，都衬以保护导线的衬垫材料。

二、张力机的组成

张力机大体由张力产生和控制装置、导线展放机构、机械传动总成、制动器和机架及辅助装置等组成。

1. 张力产生和控制装置

张力产生和控制装置（简称张力产生装置）是张力机最关键的部分。目前使张力机放线机构上产生阻力矩的张力产生装置，有溢流阀的节流、机械摩擦、电磁涡流和空气压缩排放等形式。由于张力产生装置的形式不同，结构差别很大，散热方法也随之而异，因而它们各有自己的特点。一般来说，张力机的类型取决于张力产生装置的形式。张力产生装置的形式又对张力机性能起着关键的作用。

2. 放线机构

放线机构是张力机的工作机构，导线通过它被展放。目前的放线机构有双摩擦放线卷筒、单槽大包角双摩擦轮、滑动槽链、多轮滚压式或履带压延式、导线轴架和最原始的木质磨芯式卷筒等形式。

3. 机械主传动总成

张力产生装置上产生的阻力矩，是通过机械主传动部分的各种不同增速机构传递到放线机构上。少数张力机的放线机构和张力产生装置的制动鼓同轴转动，省去了增速机构。

4. 制动器

同一般机械设备上的制动器作用相同，临时停机时保证放线机构不转动。张力机上用的制动器主要有带式和盘式两种（前者直接设置在放线机构上，后者设置在增速后的高速轴上）。

5. 机架及辅助设备

同牵引机一样，机架也有多种形式，其中拖车式机架和台架式机架使用较为普遍。

辅助设备根据张力产生装置的形式不同而不一样，主要有动力装置、空气压缩机、犁锚、顶升装置和进出导向滚轮组等。

图 14-1 所示为典型的液压传动张力机结构图，该机一次可同时展放两根导线。该机由张力产生和控制装置（液压泵、双联齿轮泵、液压马达、散热器、控制箱）、导线展放机构（双摩擦放线卷筒）、机械传动总成（减速器及制动器总成、大齿圈）、机架、辅助装置（进线导向滚子组、前支脚和后支腿、拖车和轮轴）和动力装置发动机（无动力张力机不设置动力装置）。

三、张力机的分类

张力机的种类也很多，国内外现有张力机根据它的总体布置和放线机构形式及其制动张力产生装置的分类，有下列几大类。

1. 按制动张力机产生的方法分类

（1）液压制动张力机。这种张力机制动张力是通过液压马达（起液压泵的作用）、液压阀等液压元件组成的液压系统，经高压溢流阀节流而产生。液压制动张力机的最大优点是能

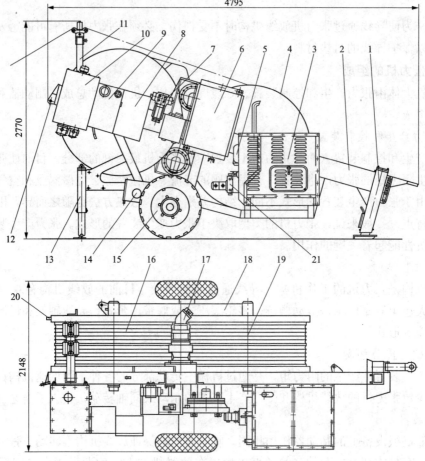

图 14-1　典型的液压传动张力机结构图

1—前支腿；2—机架；3—发动机；4—防护罩；5—燃油箱；6—液压油散热器；7—液压油
过滤器；8—并机控制箱；9—控制箱；10—液压油箱；11—进线导向滚子组；12—地锚耳
板；13—后支腿；14—蓄电池；15—轮胎；16—后摩擦放线卷筒；17—液压马达、减速器、
制动器总成；18—支撑杆；19—前放线卷筒；20—导线长度测量装置；21—主液压泵、
双连辅助液压泵总成

无级控制放线张力的大小；张力平稳，受放线速度的影响小；容易实现过载保护；处理节流
过程中产生热量的平衡也比较容易；且能方便地实行集中控制。主要缺点是液压系统组成的
各种元件较多，还包括管路系统和油箱等，故使整机重量较大；维护、检修技术要求较高；
易发生漏油等现象。

　　液压制动张力机是张力机中最普遍的类型，特别是在张力较大和展放多根导线的张力机
中应用更为普遍。

　　（2）机械摩擦制动张力机。导线通过这类张力机展放时，直接在张力机放线机构上施加
机械摩擦阻力矩得到制动张力。这种张力机在国内外使用历史最长。

　　机械摩擦制动张力机的优点是结构简单；操作、维护方便；制造成本低廉；体积小、重
量轻、容易实现轻型化。它的主要缺点是由于摩擦材料的摩擦系数受温度、速度和正压力变
化的影响，造成张力不如液压制动那样平稳；动、静摩擦系数不同，后者较大，造成起动力

518

矩大；张力的调节也不如上述液压制动方便。尽管这样，由于机械摩擦制动张力机还有上述一些优点，仍被普遍采用，特别是在同时展放两根导线及展放单导线时。国外也有同时展放3根或4根导线的机械摩擦式张力机。

（3）电磁制动张力机。电磁制动张力机是利用电磁感应在转盘上产生涡流的原理，使放线机构上产生阻力矩。

电磁制动张力机的优点是操作方便，结构也比较简单，噪声小。但它整机造价较高，低速性能较差，还必须有电源。这种张力机的使用，不如上述两种普遍。电磁制动一般只在大中型张力机上采用。

（4）空气压缩制动张力机。空气压缩制动张力机是利用放线机构驱动气泵（空气压缩机）压缩空气并节流排放而产生阻力矩的原理，来实现张力控制的。

这种张力机同液压制动张力机相比，因为被压缩的空气直接排放于大气，结构较为简单，省去了复杂的管路系统和油箱、散热装置等，故重量较轻。但噪声大，张力的平稳性较差，制动功率很小，只在少数地方采用。

2. 按放线机构的型式分类

（1）双摩擦卷筒张力机。为满足导线最小允许弯曲半径，张力机卷筒直径比牵引机卷筒的要大得多，且对卷筒衬垫有特殊要求。

双摩擦卷筒张力机结构简单、比较安全可靠。它主要缺点是外形尺寸较大，本体较重，导线在两卷筒上通过时，要经过多次弯曲、拉伸，对保护导线不利。

双摩擦卷筒张力机是目前国内外使用最广泛的一种张力机。

（2）滑动槽链卷筒张力机。这种张力机在日本使用最为广泛，其卷筒的导线槽是活动的，导线槽和导线同时以放线速度移动。

由于导线和导线槽之间无任何相对滑移，导线进卷筒后弯曲半径不变，故避免了导线在上述双摩擦卷筒上由于弯曲、拉伸引起的层间磨损，对保护导线十分有利。这种张力机的体积也比较小，其主要缺点是卷筒上增加了横推机构和一套槽链和滑移装置，卷筒的结构复杂。

（3）单槽大包角双摩擦轮张力机。这种张力机采用两个单槽摩擦轮作为放线机构。为增加导线和轮槽之间的摩擦力，增大包绕角，故导线在两轮上呈∽形穿线走向。

这种张力机同多槽双摩擦卷筒式的相比，该机的优点是整机重量轻、尺寸小；因为导线在两轮间呈∽形走向，不封闭，故可以将导线在两轮间任何地方放入轮槽内，使穿线工序简化；还可使导线压接工作由常规在张力机出线处移至张力机尾部进线处进行，安全可靠。它的主要缺点是要求尾部张力相对较大，否则容易引起导线在轮槽中打滑。

（4）多轮滚压式或履带压延式张力机。这类张力机有两种结构：一种是导线直接在前后直排布置的多对带有保护衬垫的滚轮上通过，每对滚轮上都带有机械摩擦装置；另一种是上下滚轮带动上下履带运动，而履带上带有衬以保护材料的导线槽，导线被夹在上下履带的导线槽中展放出去。

由于这种类型张力机的优点是上下两滚轮组或履带之间的距离可以调节，因而可以通过压接管；导线通过这种放线机构时不受弯曲，在某种程度上来说，也防止了导线的磨损。但对多轮滚压式张力机，导线同轮子表面导线槽之间的接触面积，远小于其他卷筒形式的张力机，故在张力较高的情况下，导线在每对滚轮之间承受的挤压应力太大，以致压伤导线，严重情况下使导线产生永久变形。为此，这种张力机只在小张力情况下使用。不论是多轮滚压式或履带压延式，在导线进口处均可能会出现起灯笼现象，这是由于某些导线层、匝之间结构不紧密，经一段时间挤压后积聚而成的。

（5）卷线筒式张力机。这种张力机是把导线轴盘作为卷筒，由它通过心轴和制动装置相连，直接通过导线轴盘展放导线。它的结构同第十八章第二节中所述导线轴支承装置相同，但支承装置能产生的阻力矩小，在大张力情况下尚不适用，因为卷线筒式张力机使用张力如太大，会挤伤内层导线。这种张力机体积小，重量轻，现场使用占地面积小，转场也很方便，这在人员稠密地区，如城市郊区线路施工时采用，优点更为明显。某些卷线筒式张力机采用液压传动，带动力装置后还可以成为张力、牵引两用机。

卷绕筒式张力机主要用于展放中、小截面导线，或用于带张力情况下更换导线。

（6）磨芯式单卷筒张力机。这种张力机放线机构同磨芯式牵引卷筒相似，成腰鼓形，但直径要大得多。在放线过程中，由于导线必须同上述钢丝绳一样在卷筒表面滑移，故为保护导线不被磨损，在卷筒表面都镶有 MC 尼龙衬块或硬质木材。

这种张力机和滑动槽链式张力机相比，结构简单得多，且重量轻。但最大的缺点是导线展放过程中必须连续相互挤压滑移，容易损伤导线。因此，它只能够在电压等级较低、对导线表面磨损要求不高的线路施工中采用。

3. 按有否动力装置分类

（1）无动力张力机。这类张力机上无动力装置，故只能放线，无反向牵引功能。无动力张力机又有机械摩擦和液压两种产生制动张力的方式。机械摩擦式张力机结构上述已有叙述。无动力液压张力机在放线过程中液压马达依靠自吸供油，无补油泵或驱动液压马达反向进行牵引作业的液压泵。这种张力机的主要优点是结构简单、噪声小、无能耗。放线过程中产生的热靠自然耗散，或经被放导线经放线卷筒驱动增速器带动风扇冷却经散热器的液压油耗散。

（2）带动力装置的张力机。这是使用最普遍的液压传动张力机，动力装置的作用是带动液压泵驱动液压马达使放线卷筒转动，用于回收或送出导线；给放线卷筒的主液压马达进油侧补油（使用柱塞液压马达时）；驱动如支腿顶升液压缸、导线轴架、散热器液压马达风扇等。动力装置功率较大的张力机，除用作展放导线外，还具备满足牵引作业的牵引机的所有功能，如牵引力、牵引速度能无级调整；过载保护及满载起动等要求。故这种张力机也称牵张两用机。

第二节　张力机的结构原理

如上所述，每台张力机，主要有张力产生的制动系统、增速（减速）器、放线机构及一些辅助装置组成，对其使用性能影响再大的是张力产生的制动系统。制动方式的选择是张力机的关键，它对张力机的整体结构、使用性能和造价等影响很大。

张力产生的制动方式，由液压制动、机械摩擦制动、空气压缩制动和电磁制动四种。它和各自相应的部件、元器件构成张力产生的制动系统。现将常用的液压制动和机械摩擦分述如下。

（一）液压制动系统

张力机采用液压制动方式时，放线机构是通过液压元件组成的液压系统，以液压油为工质，传递获得阻力矩；同时通过散热装置，耗散产生阻力矩过程中液压油产生的热量。

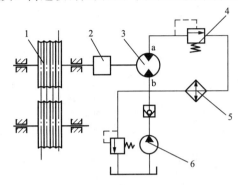

图 14-2　液压制动张力机示意图
1—放线机构；2—增速器；3—液压马达；4—高压
溢流阀；5—散热器；6—辅助液压泵

图 14-2 是液压制动张力机示意图。该机是由液压马达（作泵运转）、高压溢流阀和其他液压阀、辅助液压泵、液压管道和散热器等组成液压系统。放线张力的大小是通过高压溢流阀调节液压马达（作泵运转）的出口压力来实现的。增速器的传动比是根据放线机构和液压马达的最高允许转速设计的。张力机从零速至最高转速的张力放线工况，液压油形成从图中 a 口到 b 口的闭式循环。为确保张力的稳定，必须保证密封管路内油液不吸空，辅助液压泵必须不断向系统连续补油。

张力机控制张力的原理是：导线上的外加张力通过放线机构、增速器后，使液压马达起泵的作用（即产生泵轴的输入作用力矩）；而泵的出口 a 串接了高压液流阀，借助它的调节产生压力油，压力油形成阻力矩与作用力矩相平衡。此时液压马达（作泵运转）出口处的压力大小可通过高压溢流阀从小到大连续调节，与张力机放线机构出线处导线上的张力成正比例。控制高压溢流阀油压的高低，也即控制张力的大小。通过高压溢流阀节流的液压油产生的热量，由散热器和其他管件散发于大气中。高压溢流阀可进行无级调压，液压系统也容易设计失压保护回路（即设置液压控制的机械制动器）。由于液压张力机能较好地满足张力的稳定性、连续可调性和失压、定压安全保护等要求；在液压系统通过增设大流量的高压主变量液压泵后，它输出的压力油能使液压马达驱动放线机构正、反方向转动；从而起到牵引机的作用，以用来完成紧线或带张力回收导线的工作。因此，液压制动张力机是目前应用最广泛的形式之一。

图 14-3 是液压制动张力机在不同工作压力下，放线张力和放线速度的关系，称张力机的放线特性。由此可见，在高压溢流阀的压力调定以后，放线张力不受放线速度的影响。

放线张力的大小，可以通过调节图 14-2 中液压马达 3（这时作泵运转）上的阻力矩（即输入扭矩）来达到。

液压泵输入扭矩和油压排量的关系为

$$M = 0.159 \Delta p \, q \, \frac{1}{\eta_\mathrm{M}} \qquad (14\text{-}1)$$

式中符号含义与式（13-13）的相同。

考虑了机械部分的传动效率后，张力机放线机构输入到液压马达的扭矩为 M_T，即

$$M_\mathrm{T} = \frac{T(D_\mathrm{C} + d_\mathrm{C})}{2i_\mathrm{T}} \eta_\mathrm{MT} = M \qquad (14\text{-}2)$$

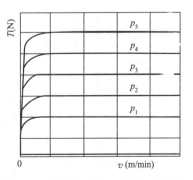

图 14-3　液压制动张力机的放线特性
T—放线张力；v—放线速度

521

则

$$T = \frac{0.318 \Delta p \, q i_{\mathrm{T}}}{(D_{\mathrm{C}} + d_{\mathrm{C}}) \eta_{\mathrm{M}} \eta_{\mathrm{MT}}} \tag{14-3}$$

式中　D_{C}——张力机放线机构卷筒槽底径，m；

$\quad\quad d_{\mathrm{C}}$——导线直径，m；

$\quad\quad i_{\mathrm{T}}$——增速机传动比；

$\quad\quad \eta_{\mathrm{MT}}$——增速机传动效率；

$\quad\quad T$——放线张力，N；

其余符号含义与式（13-13）的相同。

从式（14-3）可见，放线张力 T 同液压泵进出口的压力差 Δp 呈线性关系。由于液压泵的进口压力（即补油压力）由低压溢流阀整定后为定值，所以只要通过高压溢流阀调节液压马达出口处的压力，就能很方便地无级控制放线张力的大小。图 14-4 所示为张力机放线张力和液压系统工作压力的关系，图中直线 1 是实测值，直线 2 是按式（14-3）的计算值。

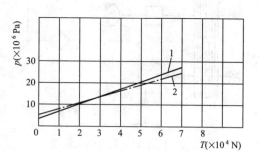

图 14-4　张力机放线张力和液压系统
工作压力的关系
p—压力；T—引力
1—实测值；2—计算值

（二）机械摩擦制动系统

机械摩擦制动形式是张力机最早采用的制动形式，至今已有几十年的历史，目前仍被广泛采用。由于新型摩擦材料的应用，使这种张力机的性能有了较大的提高。

张力机采用机械摩擦制动时，放线机构直接和由摩擦片、摩擦盘（或制动鼓）组成的摩擦副相连。摩擦副的相对转动产生了阻力矩，从而使导线上产生制动张力。摩擦产生的热量，可通过散热装置或自然冷却达到热平衡。

机械摩擦制动装置除上述摩擦副外，还有手动液压泵、液压缸、截止阀等元件组成。

图 14-5 所示为机械摩擦制动张力机的示意图。通过操作手动液压泵、使推力液压缸缸体内回程弹簧施加于摩擦副上的推力减小，放线机构的阻力矩也随之减小。开启截止阀，使液压系统回油箱回油，压力降低，液压缸回程弹簧施加于摩擦副上的推力增加，放线机构上阻力矩随之增加；从而使放线张力得到改变，故它通过液压系统的压力调整来改变放线张力的大小。但它的液压系统比上述液压制动张力机的要简单得多，工作时调定张力后，各液压元件都处于静止状态。

图 14-6 所示为这种张力机的放线特性。由于摩擦副材料的摩擦系数随运动速度的改变有一定的变化，动、静摩擦系数也有一定差异，故在正压力不变的情况下，起动时阻力矩较大，即张力较大；以后，随着放线速度的增加，放线张力略有下降。实

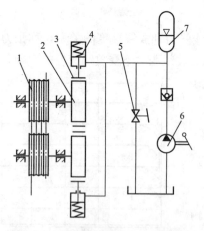

图 14-5　机械摩擦制动张力机示意图
1—放线机构；2—制动鼓；3—制动带；4—液压缸；5—截止阀；6—手动液压泵；7—蓄能器

际工作中在低速情况下，由于外界的因素使导线出现波动，因而使导线作用在放线机构上的张紧力瞬时消失（如制动鼓或制动盘惯性不够大时），并使放线机构立即处于制动状态。这时，只有当牵引力大于原牵引力的情况下，放线机构才能再次被牵引起动，因而造成张力波动较大，有时甚至会出现低速爬行现象。解决的办法是同上述液压制动张力机一样增设增速机构，适当提高制动鼓的转速，使低速性能得到改善。但增加了结构的复杂性。

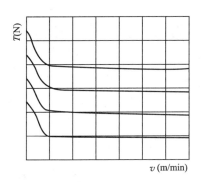

图 14-6　机械摩擦制动张力机的
放线特性

T—放线张力；v—放线速度

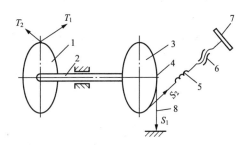

图 14-7　带式制动装置的张力机结构示意图
1—放线卷筒；2—传动轴；3—制动鼓；4—制动带；
5—张力调节装置弹簧；6—调节螺栓；7—调节手轮；
8—紧边拉板

机械摩擦制动张力机上主要采用带式和盘式两种制动装置，无论是盘式或带式制动，其制动装置和放线架同轴布置于机架纵梁的两侧。张力大小的调节是通过制动盘（或制动鼓）和摩擦材料（一般为铜基或铁基粉末冶金材料）制成的摩擦片（或制动带）之间正压力的大小来调节。

（1）采用带式制动装置的张力机。图 14-7 所示为采用带式制动装置的张力机结构示意图，左侧为放出导线的放线卷筒，右侧为由制动鼓和制动带组成的产生张力的制动装置；制动带的紧边固定在机架上，松边和张紧力调节装置连接。放线作业时，为了使导线上产生张力，制动鼓上必须同时施加一个摩擦阻力矩，以平衡导线张力在摩擦轮或摩擦卷筒上产生的转矩。如图 14-7 所示，这个阻力矩是由制动鼓和制动带之间的滑动摩擦产生，即

$$D_b(S_1 - S_2) = (D + d_C)(T_1 - T_2) \tag{14-4}$$

式中　D_b——制动鼓直径；

　D——摩擦轮（或摩擦卷筒）槽底直径；

　d_C——导线直径；

　S_1——制动带紧边拉力；

　S_2——制动带松边拉力；

　T_1——放线张力；

　T_2——导线尾部张力。

由式（14-4）可见，只要改变制动装置上摩擦阻力矩的大小，就可改变放线张力 T_1 的大小。

根据式（13-2），制动带松边拉力 S_2 和紧边拉力 S_1 的关系为 $S_1 = S_2 e^{\mu\alpha}$，式中 μ 为摩擦

系数，α 为制动带在制动鼓上的包绕角。又据式（14-4），则制动鼓上的制动力矩为

$$D_b S_2(e^{f\alpha} - 1) = (D + d_C)(T_1 - T_2)$$

所以
$$S_2 = \frac{(D + d_C)(T_1 - T_2)}{D_b(e^{f\alpha} - 1)} \tag{14-5}$$

同理
$$S_1 = \frac{(D + d_C)(T_1 - T_2)}{D_b\left(1 - \dfrac{1}{e^{f\alpha}}\right)} \tag{14-6}$$

将由式（14-5）计算的松边拉力 S_2，作为主要设计参数进行推力液压缸设计。

制动带紧边和松边摩擦副单位面积的压应力为

$$\sigma_{max} = \frac{2S_1}{D_b b}$$

$$\sigma_{min} = \frac{2S_2}{D_b b}$$

式中　　b——制动带和制动鼓有效接触宽度；

σ_{max}、σ_{min}——分别为紧边和松边处摩擦副单位面积的压应力，也为制动带周边最大和最小压应力。

制动带平均压应力为

$$\sigma = \frac{1}{2}(\sigma_{max} + \sigma_{min}) = \frac{S_1 + S_2}{D_b b} \tag{14-7}$$

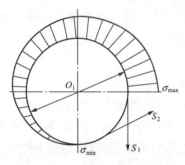

图 14-8　制动鼓周边压应力分布图

根据张力机要求的最大张力，确定制动带紧边和松边的最大拉力 S_1、S_2，根据 S_1、S_2 再确定制动带宽度，最后校核其周边压应力 σ 是否在摩擦材料的允许范围以内。图 14-8 所示为制动鼓周边压应力分布图。当设 $P_b = S_1 - S_2$，$P = T_1 - T_2$ 时，则式（14-4）可写成

$$D_b P_b = (D + d_c)P$$

由于 P_b 及 P 分别为制动鼓和摩擦轮（或摩擦卷筒）的圆周力，故制动鼓上的制动扭矩 M_b 为

$$M_b = r_b P_b$$

式中　r_b——制动鼓半径。

制动装置承受的最大扭矩，还应符合制动器设计要求，因为采用带式制动装置的张力机，制动装置必须具备制动器的功能，即

$$M_{max} = kM_b$$

式中　k——安全系数，$k = 1.5 \sim 1.8$；

M_{max}——最大制动扭矩。

图 14-9 所示为带式制动装置结构图，该装置由制动带 1、制动鼓散热器总成 2、杠杆机构 6 和推力液压缸 5 等部件组成。制动带紧包于制动鼓散热器总成的外表面，它的一边通过紧边拉板 3 和机架固定；另一端通过松边拉板 4 和杠杆机构相连。制动液压缸的推力经杠杆机构放大后，再由松边拉板使制动带张紧，从而使制动鼓上产生和制动鼓转向相反、沿圆周

方向向阻力矩。粉末冶金材料摩擦片 8 经沉头螺钉 7 固定在外包钢带 9 上组成制动带。外包钢带一般由 2~3mm 厚的高碳合金（如 65Mn）带钢组成，以使它有较好的弹性。

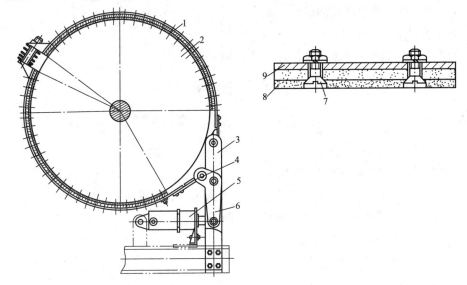

图 14-9 带式制动装置结构图

1—制动带；2—制动鼓散热器总成；3—紧边拉板；4—松边拉板；5—推力液压缸；

6—杠杆机构；7—沉头螺钉；8—粉末冶金材料摩擦片；9—外包钢带

（2）盘式制动装置的张力机。图 14-10 所示为采用盘式制动装置张力机的钳盘式制动摩擦片等效半径图，内面积为摩擦副接触面积，放线时设钳盘式制动装置为满足放线张力所需制动力矩为 M_b，则

$$M_b = n\mu pR_e \quad \mathrm{N \cdot m} \tag{14-8}$$

式中 p——作用于摩擦盘上的正压力，N；

     R_e——摩擦盘等效半径，m；

     μ——摩擦系数；

     n——摩擦工作面数目，制动盘双面摩擦时 $n=2$，单面时 $n=1$。

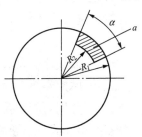

图 14-10 摩擦片等效半径图

α—摩擦副接触面积

如图 14-10 所示，摩擦片等效半径 R_e 的估算为 $R_e = \dfrac{1}{2}(R_1 + R_2)$，精确计算为

$$R_e = \frac{R_1(1-c)^2}{6(1+c)} + \frac{1}{2}(R_1 + R_2)$$

其中

$$c = \frac{R_2}{R_1}$$

钳盘式制动装置同带式制动一样，也和摩擦卷筒同轴安装。制动力矩 M_b 的大小，由卷筒上的最大扭矩 M_T 决定，即 $M_b = M_T$。根据给定 M_T 和转速的大小，就可以计算制动盘、摩擦片的尺寸大小和确定其他部分的结构。

钳盘式制动装置各部分尺寸的计算如下。

钳盘式制动装置设计时，首先由摩擦卷筒要求的最大扭矩，初定制动盘直径的大小；再根据摩擦材料的摩擦系数 μ 和允许单位面积的承压力 q 确定摩擦片扇形面积和尺寸，并进行散热校核。最后进行推力装置的设计或选择。

1. 制动盘和摩擦片计算

可以根据下式确定制动盘和摩擦片尺寸，即

$$M_T = 2\mu p R_e \tag{14-9}$$

式中　M_T——略去导线尾部拉力后由式（14-4）可得摩擦卷筒上的最大扭矩为 $M_T = \dfrac{T_1}{2} \times (D + d_c)$；

　　　　其余符号含义与式（14-8）的相同。

式（14-9）中，p 和 R_e 的值，可根据下列因素综合考虑确定：

（1）摩擦片一般都采用粉末冶金摩擦材料制成，摩擦系数 μ 取 $0.3 \sim 0.35$，单位面积允许承压 $[q]$ 可取 $(2 \sim 3) \times 10^6 \text{Pa}$。

（2）$[q]$ 必须满足如下要求

$$[q] \geqslant \dfrac{p}{\dfrac{\pi\alpha}{180}(R_1^2 - R_2^2)} \quad \text{Pa}$$

式中　R_1——摩擦片外径，一般等于制动盘外径（见图 14-10），m；

　　　　R_2——摩擦片内径（见图 14-10），m；

　　　　α——摩擦片扇形角度（见图 14-10），一般取 $15° \sim 30°$ 为宜。

2. 散热校核

通常是根据无穷空间的自然放热来考虑制动装置的散热。由上述放线张力和放线速度，可以计算出制动功率 N_b，即

$$N_b = N_T = (T_2 - T_1)v \times 10^{-3} \quad \text{kW}$$

式中　v——放线速度，m/s；

　　　　N_T——摩擦卷筒上的功率；

　　T_1、T_2——分别为放线张力和导线尾部张力，N。

如双摩擦卷筒每个卷筒都有一个制动装置产生制动力矩，并考虑载荷的不均匀系数为 1.3 后，每个制动装置承受的制动功率换算成热量 Q_1（每千瓦功率相当于 3600kJ/h）为

$$Q_1 = 0.65 N_b \times 3600 \quad \text{kJ/h}$$

设制动盘的散热量为 Q_2，只要 $Q_2 \geqslant Q_1$，即可满足散热要求。散热量 Q_2 为

$$Q_2 = \lambda A (t_1 - t_0) \quad \text{kJ/h}$$

式中　λ——放热系数，kJ/（h·m²·℃）；

　　　　A——散热面积，m²；

　　　　t_1——摩擦材料长期允许最高工作温度，对于采用粉末冶金摩擦材料可取 $t_1 = 400℃$，石棉材料则取 $t_1 = 200℃$；

　　　　t_0——周围环境温度，℃。

（三）电磁制动系统

电磁制动采用涡流制动装置的原理，它由两部分组成，其结构如图 14-11 所示，一部分是能转动的电枢转子，它的两端还带有散热风扇；另一部分是产生感应磁场的静子，它由静子铁芯和励磁绕组组成。当励磁绕组通过直流电流时，铁芯产生穿过电枢的磁通。当电枢由放线机构带动旋转时，切割由上述静子铁芯产生的磁通，在电枢内产生涡流，它同铁芯的磁通相互作用，便产生与电枢转动方向相反的转矩，从而使放线机构上获得阻力矩。阻力矩的大小和励磁绕组通过的励磁电流大小成正比，而励磁绕组的电阻值是不变的，故能通过调节该励磁电流的大小（即调节励磁绕组两端电压的大小），无级地调整放线张力的大小。

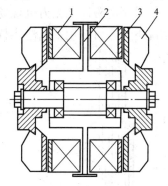

图 14-11 涡流制动装置结构图
1—励磁绕组；2—静子铁芯；
3—电枢；4—风扇

图 14-12 所示为电磁制动张力机示意图。图中放线机构采用槽链式卷筒，并经第一级链传动增速，再通过增速器第二次增速后，同涡流制动装置相连。为制动器，它和涡流制动装置 3 都是由电气控制装置控制。电源除供给制动装置的励磁电流外，还供给制动器的操作电源。电动机用于驱动卷筒反向转动进行牵引卷绕导线等作业。

图 14-13 所示为这种张力机的放线特性。由于静子铁芯内磁通有饱和现象，励磁电流（相当励磁电压）增加到一定数值后，制动装置产生的阻力矩就不再明显增大。因此，电磁制动装置的结构和外形尺寸确定后，就可以确定一个最大阻力矩，即最大张力值。由图 14-13 可见，电磁制动装置阻力矩在电枢不转动时等于零，在低速转动时阻力矩也比较小，只有转速上升到一定数值后（图中放线速度 v_0 时），才能使阻力矩趋于比较平稳的数值。为保

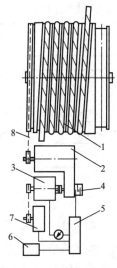

图 14-12 电磁制动张力机示意图
1—放线机构；2—增速器；3—涡流制动装
置；4—制动器；5—电气控制装置；6—电
源；7—电动机；8—链传动

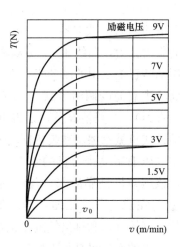

图 14-13 电磁制动张力
机的放线特性

持停机或低速时不致使张力急剧下跌而使导线落地，涡流制动装置的轴端上，一般还装设制动器，以便在这种情况下快速使它处于制动状态。

采用电磁制动张力机现场必须有电源，但只是为满足励磁电流，用量较小。在电源异常情况下，也可以用蓄电池代替原来的电源，保持正常工作。

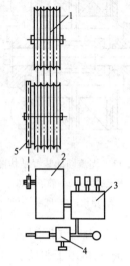

图 14-14 空气压缩制动
张力机示意图
1—放线机构；2—增速器；3—
空气压缩机；4—流量控制阀；
5—链传动增速装置

同机械摩擦制动张力机相似，获得阻力矩时，由涡流产生的热量，经本身的风扇冷却耗散于大气中，没有独立的风扇冷却系统。

由于这种张力机全部采用电气控制，不但操作方便，也容易实现自动控制和集中控制，一人可管理多台这种张力机。

（四）空气压缩制动

空气压缩制动方式和液压制动的原理相似，它是以空气为工质，通过空气压缩机（活塞式或回转式）和节流阀使放线机构获得阻力矩。所不同的是液压制动的工质液压油在液压系统内循环；空气压缩制动则是通过流量控制阀把压缩空气直接节流排放于大气中，从而在放线机构上获得阻力矩。

图 14-14 所示为空气压缩制动张力机示意图。调整这种张力机的张力时，由于空压机压缩空气过程中压力上升的范围很小（最大 $5×10^4$ Pa），用压力控制阀调整有困难，故采用流量控制阀进行调整。在某些情况下，空气压缩机压力调整到一定数值后，还可借助于设置在放线机构上的带式制动装置作为辅助制动装置（给放线机构施加制动阻力矩），在空气压缩机施加的阻力矩范围以外，调节放线张力的大小。图 14-14 中放线机构经链传动增速装置、增速器两次增速后带动空气压缩机，压缩空气通过流量控制阀节流排放入大气，同时使放线机构上产生阻力矩。

图 14-15 所示为空气压缩制动张力机的放线特性曲线。图中下面两条曲线是空气压缩机在不同压力时能承担的不同制动张力，曲线 1、2 是双摩擦卷筒放线机构上两带式制动装置上承担的制动张力（其中曲线 2 是表示双摩擦卷筒两个卷筒的两组带式制动装置都投入使用后承担的制动张力），一般情况下，是将空气压缩制动和放线卷筒上的带式机械摩擦制动装置同时使用。

当空气压缩制动张力机的空气压缩机采用活塞式压缩机时，该压缩机是靠活塞在气缸内作往复运动而使气体在气缸内完成进气、压缩、排气等过程，并由进气、排气阀控制气体进入和排出气缸。虽然这类空压机一般都有几个缸体交替进行进气、排气过程，但是输出的空气仍是很不均匀的，因此气压会波动，从而影响了放线张力的平稳性。当采用回转式压缩机后，大大地改善了排气的不均匀性，使放线机构得到比较平稳的阻力矩，因而放线张力也比较平稳。

空气压缩制动张力机虽然采用了增速器，但低速性能仍比较差。考虑到整机结构和空气

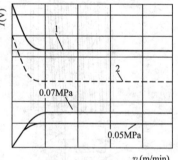

图 14-15 空气压缩制动张力
机的放线特性曲线

压缩机的容量，这种张力机的放线张力不能很大。又考虑到空气压缩机的噪声问题，还必须在流量控制阀出口处安装消音器，以保证放线作业的通信联络不受影响。

第三节 张力机放线机构

张力放线时，导线是通过张力机上的放线机构逐一被展放到线路杆塔上。因此，放线机构对被展放后的导线能否保持原来在线轴上的完好程度有很大关系；同时对张力机整机结构也有很大影响。放线机构除要求体积小、重量轻外，更重要的是在导线通过它展放的任何时候不会被损伤。

放线机构可以分为两大类：一类是导线在上面通过圆周运动被展放；另一类是通过直线运动被牵引展放。属于第一类的有多槽双摩擦卷筒、滑动链槽式卷筒、磨芯式卷筒和卷线筒等。属于第二类的有多轮滚压式和履带压延式两种。目前国内外张力机，绝大部分都采用第一类。但无论是那一类，放线机构上凡和导线接触的部位，都有 MC 尼龙、氯丁橡胶、聚氨酯橡胶和小于或等于 $\frac{0.2}{}$ 的硬金属等衬垫，以保护导线。同时要保证放线机构表面导线槽和导线之间的摩擦附着力，使导线展放过程中不会在上面有明显的相对动滑动，以有效地传递制动阻力矩。

在张力放线时，导线在放线卷筒上缠绕数圈，靠卷筒和导线之间的摩擦附着力，带动卷筒转动，卷筒再和相应的制动装置通过各种增速机构相连，得到阻力矩。导线在放线卷筒上的受力情况、放线卷筒出线张力和尾部进线张力的关系等计算方法，同第十三章第二节中牵引机牵引卷筒相似，只是摩擦系数 μ 因放线卷筒采用衬垫材料后要大得多。

一、放线机构的衬垫材料

1. 对衬垫材料的要求

放线机构导线槽表面、张力机上一切可能同导线接触的导向滚轮表面等用的衬垫材料，必须满足下列要求。

（1）硬度适当。衬垫材料硬度太高，放线过程中，导线通过放线机构时，在放线张力的作用下，容易挤压损伤导线；反之，衬垫材料硬度太低，容易被导线挤压产生永久变形，甚至被挤压损坏，影响导线槽的使用寿命。根据国外有关资料介绍，导线同导线槽衬垫之间单位面积上的支承压力应控制在 $3.5\sim5$ MPa（$35\sim50$ kgf/cm²）较好。

（2）耐磨性好。导线和槽衬垫表面接触时，由于各种原因（如同一卷筒上各槽底部直径的误差、尾部张力太小或瞬时消失时等），两者之间有时会有相对滑动，引起摩擦，损伤衬垫表面。为保证衬垫的使用寿命，在不磨伤导线的情况下，要选用耐磨性好的材料。

（3）抗老化性能和耐低温性能好。张力放线都是野外作业，周围工作环境温度的变化也比较大，特别是常遭受强烈阳光照射。阳光中紫外线会破坏化合物的键链结构，加速衬垫材料的老化，影响衬垫的使用寿命。因此要求选用抗老化性能好的材料。在北方使用的衬垫材料，还要求有好的耐低温性能，且能保证周围环境温度在 -30℃情况下，仍能正常工作。

（4）衬垫材料同导线的摩擦系数 μ 足够大。摩擦系数 μ 的大小，影响放线机构的结构（槽数）。μ 值太小，导线容易在卷筒上打滑。

此外还要求它具有容易加工成形，成本低廉等优点。

2. 常用的衬垫材料

放线机构常用的衬垫材料有 MC 尼龙、聚氨酯橡胶、氯丁橡胶和表面粗糙度小于或等于 $\frac{0.2}{\bigtriangledown}$（$R_a \leqslant 0.2\mu m$）的硬金属等。

（1）MC 尼龙。MC 尼龙是一种铸型尼龙，由于该材料有较好的抗弯、抗压机械强度和耐磨性，韧性也较好，是目前国内外张力机双摩擦卷筒或磨芯式单卷筒上常用的衬垫材料。使用这种材料作衬垫时，不必采用金属骨架，可直接浇注成多槽弧形槽块，镶装在卷筒鼓表面。MC 尼龙是由乙内酰胺为主要材料，加入六磷胺、碘化钾、氢氧化钠等增韧剂、催化剂加温搅拌均匀后浇注到预制的模具内，在一定温度和动态情况下（即使模具在一定转速下转动）固化成型。详细介绍见第十七章第三节。

（2）聚氨酯橡胶。聚氨酯橡胶的全名为聚氨基甲酸酯橡胶，属于人工合成橡胶。它的主要特点是耐磨、耐老化、耐低温、耐油、耐水和同钢铁表面黏结牢固等，其制品可控制的硬度范围广，其中尤以耐磨性为最好。聚氨酯、氯丁、丁苯橡胶机械物理性能见表 14-1。

表 14-1　　　　　　　　　聚氨酯、氯丁、丁苯橡胶机械物理性能

橡胶品种	聚氨酯橡胶	氯丁橡胶	丁苯橡胶
抗拉强度（MPa）	20~35	25~27	15~20
伸长率（%）	30~80	80~100	50~80
压缩永久变形	可	良	良
抗撕性	良	良	良
回弹性	良	良	良
最高使用温度（℃）	80	130	140
脆性温度（℃）	−30~−60	−25~−35	−30~−50
常用时温度上限（℃）	—	120	80~100
耐老化性	良	优	良
耐磨性	优	可	良
硬度（邵氏 A）	40~48		

聚氨酯橡胶可以加工成任何形状复杂的零部件，在张力机放线机构上使用时，一般都浇铸成带金属骨架的弧形槽块后，镶装在放线机构（如卷筒鼓）的表面。

由于聚氨酯橡胶有上述优良的使用性能，它除普遍用于放线机构的衬垫材料以外，还广泛用作张力机进出线导向滚轮、放线滑轮等的表面衬垫材料。其主要缺点是浇注工艺较为复杂，加工周期也比较长，成本高。

（3）氯丁橡胶（或丁苯橡胶）。这两种橡胶也是人工合成橡胶，氯丁橡胶有较好的机械物理性能，耐候性、耐油性也较好，但耐磨性较差。丁苯橡胶有较好的耐磨性和耐候性，但机械物理性能比氯丁橡胶稍差。它们同聚氨酯橡胶相比，耐磨性差，但加工成本低，对导线的保护也较有利。这两种橡胶的性能见表 14-1。

（4）金属材料。在卷筒上直接加工导线槽，但导线槽表面必须有低的粗糙度（在 $\frac{0.2}{\bigtriangledown}$ 及以下）和好的耐磨性，防止损伤导线。为尽量减少导线在双摩擦卷筒上通过时单位面积上的支承压力，减少导线被挤压变形及内部层间、股间磨损，采用金属材料双摩擦卷筒槽底直径和导线直径的倍率比应较大，即采用相对直径较大的卷筒。

二、几种放线机构

放线机构有多槽双摩擦卷筒、单槽双摩擦轮、槽链式卷筒、磨芯式放线卷筒、多轮滚压

式放线机构和履带滚压式放线机构六种，现分述如下。

1. 多槽双摩擦卷筒

多槽双摩擦卷筒放线机构，是由两个轴线平行、前后错半个槽布置的多槽卷筒组成。这两个卷筒直径可以相等，也可以不相等。这种卷筒的驱动方式，根据卷筒衬垫材料摩擦系数的大小，可分为单驱动卷筒和双驱动卷筒两种形式。双摩擦卷筒两卷筒之间连接示意如图14-16所示。

（1）单驱动卷筒。从保护导线不受损伤和传递阻力矩的可靠性出发，衬垫摩擦系数 μ 大的可采用单驱动卷筒。单驱动卷筒连接示意图如图14-16（a）所示，它由一个主动卷筒和一个从动卷筒组成，从动卷筒不传递阻力矩，导线对衬垫不可能有明显滑动。前后卷筒的直径可以不相等。

（2）双驱动卷筒。双驱动卷筒前后两个卷筒之间通过齿轮或链轮连接在一起，如图14-16（a）和图14-6（c）所示，两个卷筒始终处于机械同转速运转，都能传递阻力矩。这种双驱动卷筒，其前、后卷筒小量的直径误差会引起较大的周长累积差，甚导致导线表面摩擦力不均衡而产生和导线槽之间相对滑动。所以加工双驱动卷筒时，直径误差要求严格。但加工误差不能绝对避免，再加导线槽表面磨损的不均衡性等均使周长累积差必然存在，故双驱动卷筒上导线对衬垫的微小滑动也不能避免。当摩擦系数相对较小时，这种滑动对导线的磨损是很小的。为此，双驱动卷筒采用摩擦系数相对较小的衬垫材料比较有利。

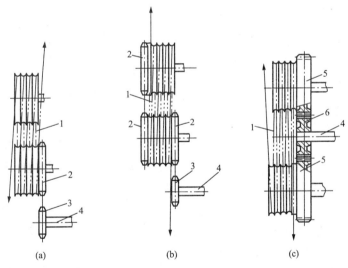

图14-16　双摩擦卷筒两卷筒之间连接示意图

（a）主、从连接；（b）链条、链轮连接；（c）齿轮连接

1—导线；2—大链轮；3—小链轮；4—输入轴；5—大齿圈；6—小齿轮

现将多槽双摩擦卷筒的槽底直径、槽形、槽数的确定和卷筒结构等分述如下。

（1）卷筒槽底直径 D 的确定。卷筒槽底直径 D，是指卷筒上导线槽底部通过卷筒中心的直径。它是放线卷筒的一个重要结构参数。

卷筒槽底直径 D 的确定，应该保证不损伤导线。同理由式（13-1）可见，导线在卷筒上同导线槽之间单位长度上的压应力，和卷筒槽底直径大小也有很大关系；槽底直径越大，在一定张力下单位长度上的压应力就越小，但卷筒体积随之增加。

卷筒槽底直径 D 和导线直径 d_c 的比值 D/d_c 称为放线卷筒的倍率比。DL/T 1109—2009《输电线路张力架线用张力机通用技术条件》规定，放线卷筒槽底直径 $D=40d_c$—100mm（考虑对展放直径较大的导线，倍率比大一些；反之倍率比小一些）。美国国家标准采用图 14-17 所示规定的倍率关系，图中规定是最小允许值，使用时一般都大于此值。

有关国家采用的倍率比见表 14-2。

表 14-2 有关国家采用的倍率比

国　　家	美　国	日　本	意　大　利	加　拿　大
倍率比 D/d_c	≥35	30	40	≥35

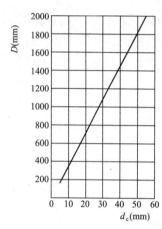

图 14-17　美国国家标准采用放线
卷筒的倍率关系

D—卷筒直径；d_c—导线直径

（2）导线槽形。卷筒上导线的槽形（见图 14-18），通常有三种类型，即深槽形、浅槽形和 V 形。美国、加拿大张力机采用深槽形或浅槽形，意大利张力机采用浅槽形，日本采用 V 形。我国目前推荐用 MC 尼龙衬垫或金属时采用浅槽形，而用合成橡胶衬垫时采用深槽形。

图 14-18（a）所示为深槽形，各参数关系为

$$R > 0.53d_c$$
$$1.5d_c > h > 0.8d_c$$
$$t > 5 + 2R + (h-R)\sin 30°$$

式中　R——槽底半径；

　　　d_c——适用的导线直径；

　　　h——槽深；

　　　t——节距，两槽中心线之间距离。

采用深槽形，导线同槽表面接触较好，故对导线和槽之间单位面积的压应力有所改善；在放线过程中，导线也不容易跳槽。但槽上部边缘容易损坏，特别是进线槽。

图 14-18（b）所示为浅槽形，各参数关系为

$$R > 0.53d_c$$
$$0.4d_c > h > 0.3d_c$$
$$t > 5 + 2R$$

浅槽形有利于临时连接导线的网套式连接通过，衬垫不易损坏。但在放线速度较高情况下容易引起导线跳槽，目前只应用于放线速度小于 100m/min 的张力机上。

图 14-18（c）所示为 V 形槽，各参数的关系为

$$R > (0.2 \sim 0.25)d_c$$
$$0.7d_c > h > 0.5d_c$$
$$t = (1.8 \sim 2.2)d_c$$

V 形槽的伸展角除图中所示的 45°外，还有采用 30°的，这时 R 也相应减小。

由于导线进入 V 形槽有楔紧作用，同槽表面接触就比较好，但不宜用于导线必须重复进出导线槽的双摩擦卷筒，在滑动槽链式卷筒上使用较好。

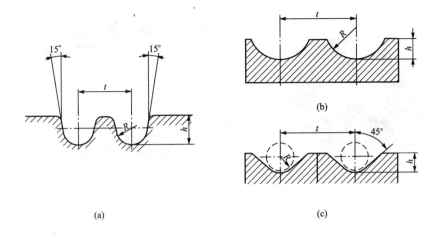

图 14-18　放线卷筒上的导线槽各种槽形

(a) 深槽形；(b) 浅槽形；(c) V 形槽

(3) 槽数的确定。卷筒上导线槽的数目，要保证导线在卷筒上有足够的摩擦附着力；即在最大放线张力情况下，卷筒处于全制动状态时，在较小的尾部拉力下，导线同卷筒槽之间无相对滑动情况。

根据式 (13-2)，要满足上述无相对滑动的要求，必须满足

$$n \geqslant \frac{1}{2\pi\mu}\ln\frac{T_{1max}}{T_2}$$

式中　　n——导线在卷筒上的有效包绕圈数；

　　　　μ——导线和卷筒槽之间的摩擦系数，$\mu=0.3\sim0.7$；

T_{1max}——张力机每个卷筒上能承受的最大出口放线张力；

T_2——尾部拉力，为保证作业的安全，一般 T_2 应以不大于 300N 计。

根据 n 值和两个卷筒的连接方式、导线进出卷筒的位置和角度，确定槽数，一般以主、从连接方式，由于只有其中一个卷筒能传递阻力矩，取 4～6 个槽；其他连接方式因两个卷筒都能传递阻力矩，槽数可适当减少。

(4) 卷筒的结构。卷筒及其导线槽块结构见图 14-19。卷筒由卷筒鼓和多个带金属骨架的橡胶或 MC 尼龙的弧形导线槽块组成，见图 14-19 (a)。卷筒鼓 2 采用焊接结构。导线槽块为便于加工由 8～12 块拼接而成。图 14-19 (b) 为带有骨架的导线槽块结构剖视图，由橡胶衬垫 3 和金属骨架 4 组成，其中金属骨架增加了导线槽的强度，可以用钢板焊接，也可以用铸铁或高强度铝合金浇铸而成。衬垫为上述聚氨酯橡胶、氯丁橡胶等材料制成。导线槽块，通过连接螺栓孔 5 同卷筒鼓连接。图 14-19 (c) 为 MC 尼龙导线槽块结构图，利用模具浇注，并在一定温度下固化成型。

2. 单槽双摩擦轮

单槽双摩擦轮由两个前后直排布置的单槽摩擦轮组成，每个轮子通过传动轴和各自的制动装置相连接，都能传递阻力矩。这种放线机构一般用在机械摩擦制动张力机上。

(1) 摩擦轮的结构。单槽双摩擦轮结构见图 14-20，它由导线槽、轮毂组成。轮毂做成钢管（或型钢）辐条式，全部采用焊接结构。导线槽和轮毂之间采用螺栓连接，整个摩擦轮

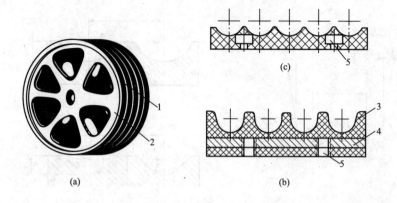

图 14-19　卷筒及其导线槽块结构图

（a）卷筒外形图；（b）带骨架的导线槽块结构剖视图；（c）MC 尼龙导线槽块结构图

1—导线槽块；2—卷筒鼓；3—橡胶衬垫；4—金属骨架；5—连接螺栓孔；6—MC 尼龙

通过轮毂的花键轴套和轮轴连接。

（2）导线槽形和两轮中心距。轮上导线槽形和上述双摩擦卷筒的深槽形相似，但考虑到槽上部侧壁的强度和保证导线正确无误的进出，槽形如图 14-20 中 A—A 剖面所示。各参数的相互关系为

$$1.5d_c > h > h_c$$

$$b > 10 + 2R + (h - R)\sin 30°$$

两轮中心距应尽量小，以增加导线在两轮上通过时的包绕角；但又必须考虑到放置或移去导线方便。一般取中心距 $A = D_1 + (1.5 \sim 2)d_c$，其中 D_1 为摩擦轮边缘直径，见图 14-20 中 A—A 剖面。

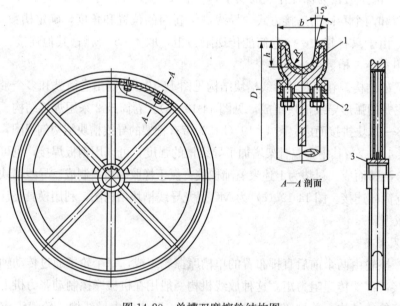

图 14-20　单槽双摩擦轮结构图

1—导线槽；2—轮毂；3—花键轴套

（3）双摩擦轮上的包绕角（见图 14-21）。由于导线通过双摩擦轮展放时只经过一个导线槽，为了增大它在双摩擦轮上的包绕角 α，导线在两轮上的走向呈∽形，见图 14-21 中箭头方向。

包绕角 α 为

$$\alpha = 3\pi - \beta_1 - \beta_2 - 2\beta_3 = 3\pi - \beta_1 - \beta_2 - 2\arccos\frac{D}{A}$$

式中　D——摩擦轮槽底直径；

　　　　β_1——出线角，$\beta \leqslant 15°$；

　　　　β_2——进线角，一般 $-5° \leqslant \beta_2 \leqslant 5°$；

　　　　A——两摩擦轮中心距。

尽管这样，双摩擦轮的包绕角都小于其他形式的卷筒，一般为 $460° \sim 480°$。为此，要求尾部拉力稍大一些，并一定要采用氯丁橡胶、丁腈橡胶等摩擦系数较大的轮槽衬垫材料。

3. 槽链式卷筒

槽链式卷筒结构如图 14-22 所示，它由槽链、卷筒毂和导向装置组成。

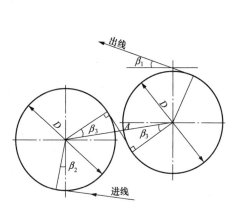

图 14-21　双摩擦轮上的包绕角

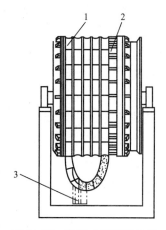

图 14-22　槽链式卷筒结构图
1—槽链；2—卷筒毂；3—导向装置

（1）槽链。槽链是由多块带导线槽的链节（见图 14-23）采用铰支连接组合而成。链节的底部有滑槽，使链节能在卷筒鼓表面的横向导轨上被横推移动。导线槽表面有保护导线的衬垫，并采用如图 14-18（c）所示的 V 形槽。两端销孔通过销轴、链板把相邻两块链节连接在一起。槽链首尾相接、周而复始地在卷筒毂表面随卷筒鼓转动，并在固定不动的横推盘螺旋面作用下不断横向滑移。

（2）卷筒毂。卷筒毂结构如图 14-24 所示，其两侧装有横推盘。横推盘的内端面为螺旋面，必须分别同和它接触的进出槽链侧面相吻合。横推盘的外侧分别装有制动鼓和大链齿圈。制动鼓和制动带（图中未标出）组成带式制动器，用于停机制动。卷筒毂的表面有 16 条均匀轴向

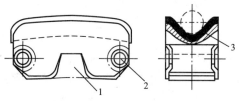

图 14-23　槽链链节结构图
1—滑槽；2—销孔；3—衬垫

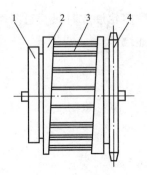

图 14-24 卷筒毂结构

1—制动鼓；2—横推盘；

3—导轨；4—大链齿圈

设置的导轨，它同链节底部的滑槽配合。放线时，由于横推盘是静止不同的，在它内端螺旋面的作用下，槽链和导线一起不断从进线侧向出线侧轴向滑移。为减少滑移阻力，导轨和滑槽之间加有润滑油脂。

设槽链在卷筒毂上卷绕时，升角为 λ_0，则

$$\tan\lambda_0 = \frac{b_0}{\pi(D_0 + h_0)}$$

式中 b_0——槽链的宽度；

D_0——卷筒毂和槽链底部接触的圆柱面直径；

h_0——槽链的高度。

横推盘螺旋面的角度，可根据上述升角 λ_0 来确定，λ_0 一般为 $1° \sim 1.5°$。

（3）导向装置。导向装置安装在卷筒下面的机架上，通过它把槽链由出线侧重新引向进线侧。它分出线处的输出导向装置和进线处的输入导向装置两部分。

导向装置由断面形状为矩形的导管和支承导管的支架组成。

导线在槽链式卷筒上通过，同导线槽一起作圆周运动的同时，被横推盘挤推，向出线侧移动，横推力较大，故卷筒毂和槽链接触面的加工精度要求较高。目前，这种卷筒使用的最大张力为 80kN。

4. 磨芯式放线卷筒

磨芯式放线卷筒如图 14-25 所示，其表面是两个向中间倾斜的锥面。导线从左侧边缘进入卷筒，向直径减小的方向（向右）绕缠几圈后被牵引展放。展放过程中，进入卷筒的导线不断向中间直径小的位置滑移，其原理同磨芯式牵引卷筒相似，但这里是靠导线尾部拉力在导线匝间产生向卷筒中间的轴向推力使导线向中间滑移。因此，使用磨芯式放线卷筒时，要求导线轴架提供的尾部张力较大。

卷筒锥面角度一般为 $21° \sim 24°$，对直径大的卷筒，锥面角度可以小一些，反之大一些。

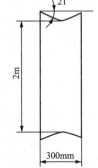

图 14-25 磨芯式放线卷筒

磨芯式放线卷筒用硬质木材或 MC 尼龙等材料制成，摩擦系数 μ 取 $0.2 \sim 0.25$。使用时，导线一般在卷筒上绕 $3 \sim 4$ 卷即可满足要求，只有展放地线时才用钢制卷筒。

卷筒的宽度由它的底部直径（中间两锥面相交处直径）大小来确定，即和导线的直径有关，一般可按下式计算

$$B = (5.5 \sim 6.5)D$$

式中 B——磨芯式放线卷筒的宽度；

D——磨芯式放线卷筒的底部直径，$D = 40d_c - 100\text{mm}$，d_c 为导线直径。

5. 多轮滚压式放线机构

（1）结构原理。多轮滚压式放线机构（见图 14-26）是由上下两排中心在同一直线上的滚轮组成。每个滚轮上都有带衬垫的导线槽。上排滚轮 1 为主动轮，每个滚轮轮轴的

另一端都装有钳盘式制动装置 4，通过它在放线过程中产生摩擦阻力矩。下排滚轮为从动轮，不带制动装置。放线时，导线在上、下两排轮子中间通过，靠上排滚轮的压紧装置 2 将它紧压在上、下两滚轮上的导线槽内，靠它同轮槽之间的摩擦力带动上、下滚轮转动，并由和上排滚轮同轴的制动装置施加阻力矩。

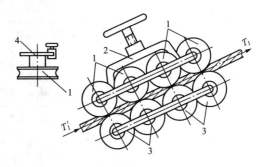

图 14-26　多轮滚压式放线机构

1—主动轮；2—压紧装置；3—从动轮；

4—钳盘式制动装置

多轮滚压式放线机构受力分析见图 14-27，当放线张力为 T_1，尾部进线张力为 T_1' 时，有

$$\left[(T_1-T_2)+(T_2-T_3)+(T_3-T_4)+(T_4-T_1')\right]r_1 = 4(F_1 r_2)$$

即
$$(T_1-T_1')r_1 = Fr_2 \qquad\qquad (14\text{-}10)$$

式中　　r_1——滚轮等效半径，$r_1=\dfrac{1}{2}(D+d_c)$，D 为滚轮槽底部直径，d_c 为导线直径；

　　　　r_2——制动装置制动盘等效半径；

　　　　F_1——每个制动盘上的正压力；

　　　　F——4 个制动盘上总的正压力；

T_2、T_3、T_4——第二、三、四个滚轮出线处拉力。

为了使导线不在上下两排滚轮之间的导线槽内滑动，压紧装置必须施加足够的压紧力（正压力）F，因导线在滚轮上的包绕角较小，各点承受的压紧力可视为相等，则

$$F\mu = T_1 - T_1'$$

$$F = \frac{Fr_2}{\mu r_1}$$

式中　μ——滚动摩擦系数。

其余符号含义与式（14-10）的相同。

（2）滚轮的槽底直径和槽形。多轮滚压式放线机构有多对滚轮组合而成，导线在滚轮槽内弯曲弧度很小，槽底直径 $D=(8\sim12)d_c$ 即可满足要求。

由于这种放线机构靠上、下两排滚轮夹紧力将制动装置的阻力矩传递到导线上，故不存在导线跳槽等问题。但导线同轮槽的接触面积相对其他几种放线机构要小得多。考虑到尽量增加导线与轮槽的接触面和上、下两滚轮轮缘之间也应保持足够的间隙，故采用了图 14-28 所示的槽形。滚轮轮槽

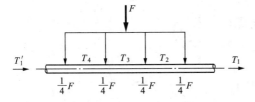

图 14-27　多轮滚压式放线机构受力分析图

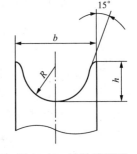

图 14-28　滚轮槽形图

537

各参数的关系为

$$R = (0.51 \sim 0.54)d_c$$
$$b = 8 + 2R + (h - R)\sin 30°$$
$$0.4d_c > h > 0.3d_c$$

多轮滚压式滚轮必须采用橡胶衬垫，放线机构的最大张力一般不超过8000N，只能在小张力的张力机上使用。

6. 履带滚压式放线机构

为改善上述多轮滚压式放线机构施加于导线上正压力过于集中的缺点，又发展采用了履带滚压式放线机构。

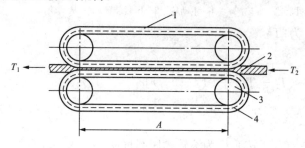

图 14-29　履带滚压式放线机构示意图
1—从动履带；2—导线；3—传动滚轮；4—主动履带

（1）结构原理。履带滚压式放线机构见图 14-29，同多轮滚压式放线机构相似，这种放线机构由下部主动履带、上部从动履带组成。每个履带上都有带衬垫的导线槽，导线通过它展放时，带动上、下履带运动。下部主动履带经传动轮同制动装置相连，以获得阻力矩。上部从动履带同压紧装置相连，以满足装入和移去导线、压接管通过，以及展放不同规格导线时调整两履带之间的距离要求，故它是可以上下移动的。

（2）履带传动滚轮中心距的确定。为保证导线和导线槽之间有足够的附着摩擦力，不会在槽内打滑，除在允许范围内调整两履带之间的夹紧力外，使导线和导线槽之间有一定的接触长度也十分必要。由图 14-29 可见，两传动滚轮中心距为 A，导线同槽之间导线断面有效接触周长以其直径的 $\frac{2}{3}$ 计，则得

$$\frac{2}{3}d_c A p \mu = T_1 - T_2$$

即

$$A = \frac{3}{2} \times \frac{T_1 - T_2}{d_c p \mu} \quad \text{m}$$

式中　T_1——放线张力，N；

T_2——尾部张力，N；

p——导线许用压应力，取 $(3.5 \sim 5) \times 10^6 \text{Pa}$。

基余符号含义与式 (13-2)、式 (14-10) 的相同。

根据 A 的数值和其他参数，考虑前后传动滚轮的大小、履带的尺寸，即可算出放线机构每个履带长度。

（3）履带上导线槽形。对履带滚压式放线机构，必须考虑调整上、下履带之间的间隙，且槽口的伸展角应较大，以便通过压接管。槽深也必须满足最小直径导线通过时上、下履带之间有足够的距离。履带滚压式放线机构槽形见图 14-30。其槽形各参数的关系为

图 14-30　履带滚压式放线机构槽形图

$$R \geqslant 0.85d_c$$
$$0.4d_c > h > 0.34d_c$$
$$t \geqslant 50 + 2R$$

第四节　张力机增速器和制动器

一、张力机增速器

张力机放线机构被牵引机通过牵引钢丝绳牵引导线带动时，根据放线速度的要求，转速都比较低，一般只有 20~50r/min；而各种制动装置中的执行元件（如液压马达、空气压缩机、涡流制动装置等）的额定转速都比它高得多。有些张力机直接利用放线机构驱动散热风扇，要求转速更高。所以，一般放线机构必须经一级或多级增速后，再同各种制动装置中的执行元件相连（机械摩擦制动张力机除外）。除少数减速器（如升角 β 较小的蜗轮减速器及有些形式的行星齿轮减速器，当它们的传动比大于某一数值时）因自锁而不能用作增速器外，大多数各种类型的减速器，只要改变输入、输出轴的动力传递方向，都可作增速器用。

用于张力机的增速器和增速装置，有链传动增速装置、圆柱齿轮增速器、行星齿轮增速器和少齿差增速器等。其中圆柱齿轮增速器和行星齿轮增速器已在第十三章第三节牵引机减速器中有叙述。

（一）链传动增速装置

链传动增速装置是由大链轮、小链轮和链条组成，在张力机上常将它用于第一级增速，此时将大链轮加工成齿圈形式并直接固定在放线卷筒的卷筒鼓上。对有些采用低速大扭矩液压马达的张力机，由于该液压马达相对转速较低，通过第一级链传动增速就可以满足它的转速要求，故把小链轮直接固定在液压马达的轴上。有些张力机用高速小扭矩液压马达、空气压缩机、涡流制动装置时，由于它们额定转速较高，靠链传动一级增速还不能满足要求，必须采用其他增速器时，小链轮可固定在该增速器的输入轴上。

除此以外，链传动增速（或减速）装置还被应用于张力机或牵引机的其他辅助装置上。如驱动散热风扇、导线轴制动装置、驱动钢丝绳卷绕机及它的排绳机构等。

图 14-31 所示为液压张力机采用链传动示意图。这种链传动方式，除放线卷筒和行星齿轮减速器之间的第一级链传动起增速作用外，其余链传动只起传递和分配动力的作用，传动比 $i=1$，不起增速作用。

采用链传动增速装置的主要优点是：传动装置布置的灵活性大，并使两传动轴的中心距有较大的选择范围；传动效率也比较高（可达 0.96~0.98）；传动比正

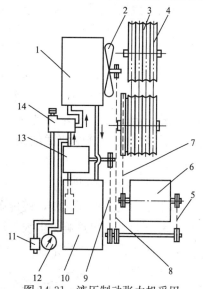

图 14-31　液压制动张力机采用
链传动示意图

1—散热器；2—风扇；3—放线卷筒；4—带式制动器；5—链传动（$i=1$）；6—行星齿轮减速器；7—第一级链传动增速器；8—驱动风扇链传动（$i=1$）；9—驱动液压马达链传动（$i=1$）；10—油箱；11—先导阀；12—压力表；13—液压马达；14—高压溢流阀

确，允许传动比也较大（一般情况下传动比最大为 7，低速时可达 10）；结构简单，必要时还可以采用多轴传动（一轴带动数轴，如图 14-31 所示）。主要的缺点是传动的平稳性不如齿轮传动好，在高速情况下链条容易产生较大的张紧力和冲击载荷，在有些情况下，链节伸长和磨损后容易跳齿。

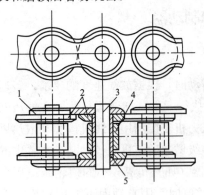

图 14-32　套筒滚子链结构图
1—外链片；2—内链片；
3—销；4—滚子；5—套筒

链传动用作张力机增速装置时，因大链轮固定在放线卷筒上，其运动速度较低，接近或略小于放线速度（常为 0.8～3m/s），故一般都采用套筒滚子链。在牵引机和张力机的其他部位上使用时，因载荷比较小，都采用单排套筒滚子链，只有当运动速度 $v \geqslant 6 \sim 7 m/s$ 时，才考虑选用齿链。现将常用套筒滚子链传动的链条、链轮等分述如下。

1. 套筒滚子链

套筒滚子链结构如图 14-32 所示，由外链片、内链片、销、滚子和套筒组成。外链片紧压在销的两端，而两内链片紧压在套筒上。销可以自由地穿过套筒，因而套筒可以在销上自由旋转，从而减少了链轮齿的磨损。

当把销加长后，就可以把两排链子并在一起，成为双排套筒滚子链。

2. 套筒滚子链轮

链轮的结构和齿轮很相似，它的齿形应保证在链条和链轮良好啮合的情况下，使链条的铰链能自由的进入或退出啮合。

对加工成齿圈形式的大链轮，可用 45 号、40Cr 钢加工而成，也可用 ZG310-570 铸钢铸成，齿面硬度 HRC40～45；还可用 QT600-3、QT700-2 球墨铸铁铸成，要求硬度 HB280～300。

张力机链传动的选择与计算，可根据放线张力、分配到这一级的传动比、放线卷筒的转速、载荷特性、两轮中心距、水平夹角、润滑情况以及工作制度等条件进行。首先确定合理的小链轮齿数 Z_1、大链轮齿数 Z_2、节距 t、中心距 A、链节数 Z 及链轮节圆直径 D_1、D_2 等，再计算出大小链轮的详细结构尺寸，最后进行强度校核。详细步骤可参考有关手册进行。

3. 链条的维护和润滑

由于张力机工作环境差，链传动在这里一般又都采用开式传动，故对链条的维护保养和润滑十分重要。应尽量避免尘埃、泥土、沙子等进入链条，并应经常检查。一般应每天开机前检查一次，发现有上述杂物，应及时清除，以减少对链条的磨损。特别应避免同酸、碱等接触，防止零件表面腐蚀。

经验证明，在大多数情况下，链条不是拉断而是因为铰链过度磨损而损坏的。根据不同的工作条件，建议按表 14-3 所推荐的润滑油牌号和黏度，及时给链条注油润滑，这是保证链条正常运转、提高使用寿命的重要措施。一般链条速度在 2m/s 以下时（如大链轮固定在放线卷筒上、放线速度在 120～140m/min 及以下时），建议每 10 天注油润滑一次。超过此值，应每周注油润滑一次。

表 14-3 中，链条上单位压力可按下式计算

<table>
<tr><td rowspan="2">链条速度
v
(m/s)</td><td colspan="4">链条上单位压力 q (10^6Pa)</td></tr>
<tr><td><100</td><td>100~200</td><td>200~300</td><td>>300</td></tr>
<tr><td></td><td colspan="4">润滑油的黏度（恩氏）°E$_{50}$及润滑油牌号</td></tr>
<tr><td><1</td><td>0.3
(HJ—20)
20 号机械油</td><td>0.4~0.5
(HJ—30)
30 号机械油</td><td>0.5~0.7
(HJ—40)
40 号机械油</td><td>0.7~0.9
(HJ—50)
50 号机械油</td></tr>
<tr><td>1~4</td><td>0.4~0.5
(HJ—30)
30 号机械油</td><td>0.5~0.7
(HJ—40)
40 号机械油</td><td>0.7~0.9
(HJ—50)
50 号机械油</td><td>1~1.1
(HQ—15)
15 号汽油机润滑油</td></tr>
</table>

表 14-3   **链传动用润滑油牌号及黏度**

表 14-3 中，链条上单位压力可按下式计算

$$q = \frac{P}{F}$$

式中 P——链条上计算拉力，考虑工作条件系数、下垂力等，在张力机上可取链条圆周力的 1.5~1.6 倍；

        F——支承面积。

（二）行星齿轮增速器

行星传动在牵引机和张力机上应用较多。大多数张力机的制动力矩均由双摩擦放线卷筒通过行星齿轮增速机增速后驱动高速小扭矩马达后获得。某些采用液压制动使导线产生尾部张力的导线轴架也都如此。还有些张力机，直接由放线卷筒轴通过行星齿轮增速器增速后驱动散热风扇。有关行星齿轮增速机的结构原理已在十三章第三节中已有详细叙述。

二、张力机制动器

张力机和牵引机一样，都装有制动器，它对保证张力机的安全也起着重要作用。

张力机在放线过程中，始终处于被动状态，牵引机停止牵引时，张力机放线机构也随之停止转动。只有在制动装置发生故障的情况下，放线机构才会被原来带张力的导线拉动旋转，并放出导线。当导线一旦接触地面，张力消失，放线机构也随之自动停止转动。张力机上制动器的作用：一是在上述制动装置发生故障时能迅速制动，防止跑线；二是在放线过程临时停机时，为防止导线因液压马达内泄漏情况下继续低速爬行，制动器也必须处于制动状态。对于某些张力机，当放线张力低于预调定值时，为防止导线落地而受磨损，制动器也会动作，使放线机构停止转动。

张力机上的制动器，对采用高速液压马达的张力机，一般均在增速器的高速轴上设置油浸式全盘式制动器；某些采用低速大扭矩液压马达的张力机，也有在放线卷筒设置带式制动器的。

对机械摩擦式张力机，制动器的功能由产生张力的制动装置兼备，不另设专门的制动器。张力机上的带式制动器，结构和机械摩擦式张力机上的带式制动装置相似，如图 14-9 所示。所不同之处在于摩擦材料都采用石棉类。这些制动器一般都安装在双摩擦卷筒中主卷筒的一侧，以获得较大的制动力矩。操作方式有手轮操作和液压推力操作两种。采用液压缸推力操作时，都是加压开启，失压自动快速制动的形式。

对全盘式制动器，和牵引机采用的这类制动器相同，详见第十三章第三节。

机械摩擦式张力机上常用带式制动器上的粉末冶金材料摩擦系数性能，如图 14-33 所示。表 14-4 为常用摩擦材料性能。

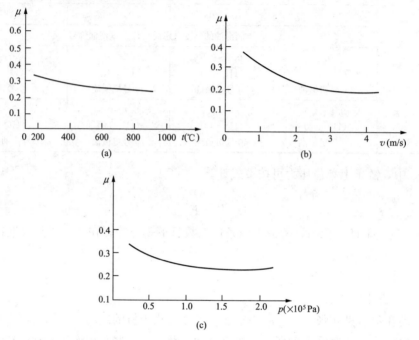

(a)　　　　　　　　　　　　　　(b)

(c)

图 14-33　粉末冶金材料摩擦系数性能

（a）摩擦系数和温度的关系；（b）摩擦系数和相对滑动速度的关系；（c）摩擦系数和正压力的关系

μ—摩擦系数；v—相对滑动速度；p—正压力

表 14-4　　　　　　　　　　　　常用摩擦材料性能

摩擦材料 *	制动鼓材料	摩擦系数 μ		使用压力 （Pa）	许用温度 （℃）
		干　式 * *	湿　式 * * *		
石棉钢丝	钢或铸铁	0.35		0.3×10^6	220
石棉橡胶	钢或铸铁	0.42～0.48		0.3×10^6	220
沥青浸石棉	钢或铸铁	0.35～0.40		0.3×10^6	200
FM69－20 粉末冶金	钢	0.4～0.5		$2.8 \sim 4 \times 10^6$	700
	16Mn	0.3～0.35		$2.8 \sim 4 \times 10^6$	800
FM73－25 粉末冶金	钢		0.14	$2.8 \sim 4 \times 10^6$	700
CM75－30 粉末冶金	钢		0.04～0.06	$2.8 \sim 4 \times 10^6$	

* 　FM 为铁基，CM 为铜基。

* * 　干式为摩擦副暴露在空气中使用。

* * * 　湿式为摩擦副浸泡在油液中使用。

制动鼓的材料对摩擦副性能、特别是摩擦系数有较大的影响。当用石棉类材料制作摩擦片（或摩擦带）时，制动鼓可采用低合金铸铁或球墨铸铁加工而成。低合金铸铁的主要成分为 3%～3.5%C、0.2%～0.45%Cr、0.2%Ni、0.08%Ti 和 0.4%Cu。当采用粉末冶金摩擦材料制作摩擦片时，并在油中工作时，应选用珠光体中碳钢（干式应用时一般都采用硬度 HB200 以上，结晶良好的铸铁和钢制成。一般铸铁耐热性差、强度低，多次突然受热容易出现裂纹，采用粉末冶金材料作为摩擦片的张力机制动装置，其制动鼓可用 16Mn 钢板焊接而成。

第五节 液压传动张力机的典型构造

液压传动张力机是各类张力机中使用最广泛的张力放线用张力机，由于它在张力架线作业过程中有放线张力平稳、无级可调，放线速度随牵引机牵引速度变化的反应灵敏，自适应性强等优点，目前已成为输电线路张力放线作业过程中使用最广泛的张力机。该液压传动张力机典型构造如图14-34所示。本机采用单轴拖车安装的方式，双摩擦放线卷筒安装于机架纵梁的一侧，发动机、主液压泵、散热器及液压油箱、控制箱和液压系统绝大部分元件安装于纵梁的另一侧，和两组放线卷筒大齿圈相连的两主液压马达、制动器、减速器总成在卷筒之间上下布置，结构紧凑，整机的前支腿采用液压升降。在本机的后部还配有供驱动导线轴架的动力源液压油管接口。

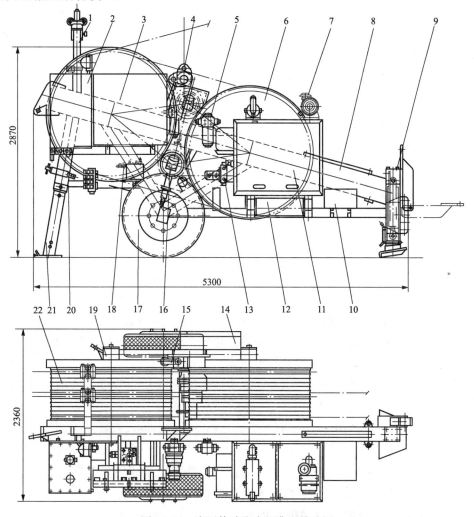

图14-34 液压传动张力机典型构造图

1—导向滚子组总成；2—液压油箱；3—散热器；4—起吊架；5—滤油器；6—大齿圈防护罩；7—发动机；8—机架；9—前支腿总成；10—蓄电池组及电气系统；11—发动机防护罩；12—工具箱；13—主液压泵、辅助液压泵总成；14—控制箱；15—辅助支撑；16—液压马达、制动器、减速器总成；17—轮轴总成；18—集成阀块；19—支撑杆；20—手刹车总成；21—后支腿；22—放线卷筒总成

本机由液压前支腿、机架，发动机及主液压泵总成，两组带大卷筒的双摩擦放线卷筒总成，主液压马达、制动器和减速器总成，主液压泵、液压马达、液压缸、液压阀、液压集成块、液压油管等组成的液压系统、控制箱，手刹车总成、轮胎和轮轴总成等组成。现将主要组成部分分述如下。

一、发动机及主液压泵总成

发动机主液压泵总成如图 14-35 所示。

张力放线过程中，发动机主要驱动和主液压泵同轴的两个辅助液压泵（双联泵），用于向主液压马达补油及驱动散热器风扇等，这时，主液压泵变量斜盘处于零位，不输出液压油。

如要放线卷筒反向转动，进行牵引作业，或同放线时同方向转动送出导线时，调节变量泵斜盘位置，使主变量泵处于工作状态，输出液压油，驱动主液压马达转动。

图 14-35 中，主液压泵及与其同轴的双联齿轮泵通过联轴器直接和发动机飞轮相连。

发动机、主液压泵总成固定在张力机主梁右侧的发动机主架上（见图 14-50 中的发动机固定架 10）。

二、双摩擦放线卷筒总成

双摩擦放线卷筒总成如图 14-36 所示。双摩擦放线卷筒由左、右两组放线卷筒组成，可用于同时展放两根导线，为便于导线交替在前后两个卷筒上通过，前后两个卷筒之间相互偏移半个导线槽。两个大齿圈用圆柱销分别固定在每组卷筒的前后两个卷筒上，和液压马达、制动器、减速（增速）器输出轴上的小齿轮啮合组成该张力机的末级开式传动齿轮减速（增速）器。由导线拉动，经放线卷筒、末级开式传动齿轮增速（减速）器［见图 14-16（c）］带动主增速（减速）器、液压马达进行张力放线（或牵引）作业。

放线卷筒的结构如前所述由卷筒鼓和固定在卷筒鼓上的 MC 尼龙弧形导线槽块组成。两组放线卷筒的前后卷筒分别安装在机架纵梁上（见图 14-50）两轴 a 孔内的心轴上。

导线槽一般均采用浅槽形结构（见图 14-18），5 个导线槽（也有采用 6 个导线槽的），卷筒周边用 8 块弧形槽块拼接而成，周围用螺栓固定在卷筒鼓上。卷筒鼓采用钢板卷成卷筒后两侧加侧板和空心轴焊接在一起，再经表面加工后再固定导线槽。目前一般采用先固定弧形 MC 尼龙块后再整体加工导线槽形；也有精密加工卷筒鼓后直接把浇注成形的导线槽固定到卷筒鼓上的，不再进行导线槽加工，这种方法导线槽使用中磨损后更换方便，但要求对卷筒鼓、成形的 MC 尼龙导线槽加工精度要求高。

加工好的放线卷筒空心轴内经轴承再安装在前后放线卷筒各自的心轴上使其能自由旋转。

目前国内外也有导线槽用金属材料加工的放线卷筒，表面有较高的光洁度，从而保护导线不被磨损。

根据有关标准要求（DL/T 1109—2009《输电线路张力架线用张力机通用技术条件》），导线槽底的公差等级为 IT8，表面粗糙度不得大于 $3.2\mu m$。

三、液压马达、制动器和减速器总成

液压马达、制动器和减速器总成如图 14-37 所示。

张力机上采用的主减速（增速）器均和制动器加工成一体，液压马达通过输出轴上的外花键插入制动器带内花键的传动轴中，该传动轴的另一端则通过另一内花键和减速（增速）

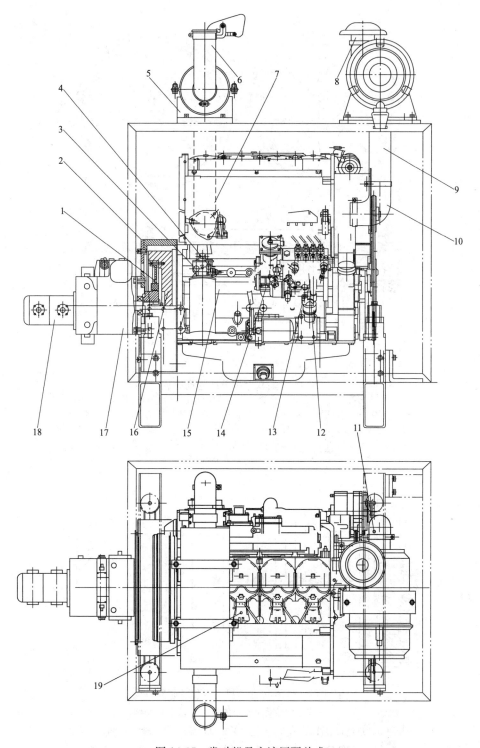

图 14-35　发动机及主液压泵总成

1—联轴器；2—连接法兰；3—机油压力传感器；4—机油温度传感器；5—消声器支架；6—消声器；7—消声器进气管；8—空气滤清器；9—胶管；10—进气弯头；11—橡胶波纹管；12—发动机本体；13—燃油进口接头；14—油门调节总成；15—发动机缸盖；16—飞轮；17—主液压泵；18—双联齿轮液压泵；19—缸盖温度传感器

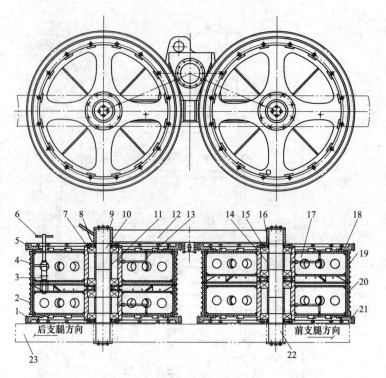

图 14-36　双摩擦放线卷筒总成

1—后右大齿圈；2—后右放线卷筒；3—并轮销轴；4—后左放线卷筒；5—后左大齿圈；6—并柄操作手柄；7—轴承；8—锚耳板；9—端盖；10—后卷筒轴；11、14—轴套；12—支撑连杆；13—润滑油管；15—轴承；16—前轴套；17—卷筒鼓；18—前左大齿圈；19—前左放线卷筒；20—前右放线卷筒；21—前右大齿轮；22—前线卷筒轴；23—主梁

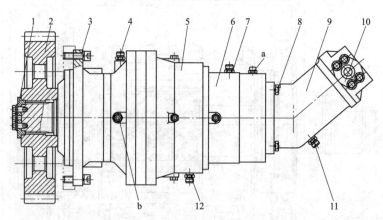

图 14-37　液压马达、制动器和减速器总成

1—端盖；2—末级开式齿轮传动减速器小齿轮；3—法兰连接螺栓；4—减速器冷却润滑油进油口过渡接头；5—减速器；6—制动器；7—制动器进油口过渡接头；8—连接螺栓；9—液压马达；10—液压马达进出油口法兰；11—液压马达泄油口；12—冷却润滑油出油口过渡接头；a—润滑油加注口；b—油位观察孔

器的高速轴相连。其减速（增速）器、制动器的结构同图 13-27（二级行星减速器）和图 13-31（全盘式制动器结构图）。

如图 14-34 所示，该液压传动张力机有两组放线卷筒，一次可同时展放两根导线，两组放线卷筒能分别独立驱动，故有两个液压马达、制动器和减速器总成，分别上下安装于机架主梁和支撑杆上，其减速器轴端上的小齿轮再和两组卷筒的大齿圈啮合，组成两末级开式圆柱齿轮传动减速（增速）器。

四、液压系统

液压系统如图 14-38 所示。由各自独立的主系统和辅助系统组成，除能满足张力放线外，还能进行牵引作业。

主系统为主变量泵和两定量主液压马达组成的闭式液压系统。辅助系统为由定量泵和风扇液压马达、导线轴架液压马达、顶升液压缸、制动液压缸等组成的开式系统。

双向变量液压泵、补油泵、辅助液压泵均由发动机驱动，其中补油泵和主液压泵在同一壳体内，其补油压力由溢流阀调定。

主系统在放线工况和牵引工况时工作原理是不同的。在张力放线工况时，主液压泵内变量斜盘摆角为零，无液压油输出。只有在牵引工况时主液压泵才工作，现将两种工况下，液压系统的工作原理分述如下。

1. 张力放线工况

张力放线工况时，截止阀 32 处于关闭状态，被展放的导线拉动放线卷筒通过增速器带动液压马达 6、7 转动，作液压泵运转（这时制动器 22、23 处于开启状态，该两制动器为压力油开启，失压由回程弹簧力制动），向液压系统输出液压油，该液压油分别经溢流阀 11、12 节流产生热量，并使放线卷筒上产生阻力矩，节流后的油液再经冷却器 25、26 冷却后，再回到液压马达 6、7 的进油口自成闭式循环。放线张力的大小，可通过先导溢流阀 13、14 改变溢流阀 11、12 开启压力的大小来实现。液压泵 5、变量泵内的补油泵 2 同时也给液压马达进油口补油（这时补油泵 2 输出的液压油经溢流阀 21 溢流），保证液压马达 6、7 一定的背压。液压泵 4 驱动散热器风扇液压马达 8 转动。导线轴架液压马达 9、10 也作液压泵运转，向外输出液压油，保证放线卷筒展放导线时进入卷筒导线一定的尾部张力，该张紧力的大小由先导溢流阀 15、16 改变溢流阀 33、34 的开启压力来实现。这时换向阀 35 开启，液压泵 3 输出的液压油进入液压马达 6、7 的补油回路。

如为增加一根导线上的放线张力，采用两组放线卷筒拼接在一起展放单根导线时，可把截止阀 32 开启，调节先导溢流阀 13、14 中任一个即可调节溢流阀 11、12 相同的开启压力，以保证每组卷筒上承受的放线张力相等，这时导线的放线张力就为两卷筒放线张力的和。如需要采用一组放线卷筒进行放线作业，只需液压马达 6 工作时，开启先导溢流阀 14、溢流阀 11、关闭先导阀 13、溢流阀 12，同时使截止阀 32 处于关闭状态，制动器 23 处于制动状态。这时，和液压马达 6 相连的放线卷筒就可进行放线作业。

2. 牵引工况

（1）紧线或收线的牵引工况。牵引工况时，其液压系统的工作原理同一般液压传动牵引机基本相同，形成一个双向变量泵和定量液压马达组成的闭式系统，使液压马达正反方向转动是通过改变变量液压泵进出油口的方向来实现的。作业开始时，必须首先操作换向阀 33、34，使单向阀 37、38 开启，这时最大牵引力则由溢流阀 11、12 调定。截止阀 32 关闭，可经先导溢流阀 13、14 分别调整 12、11 溢流阀的开启压力，以达到分别调整液压马达 6、7

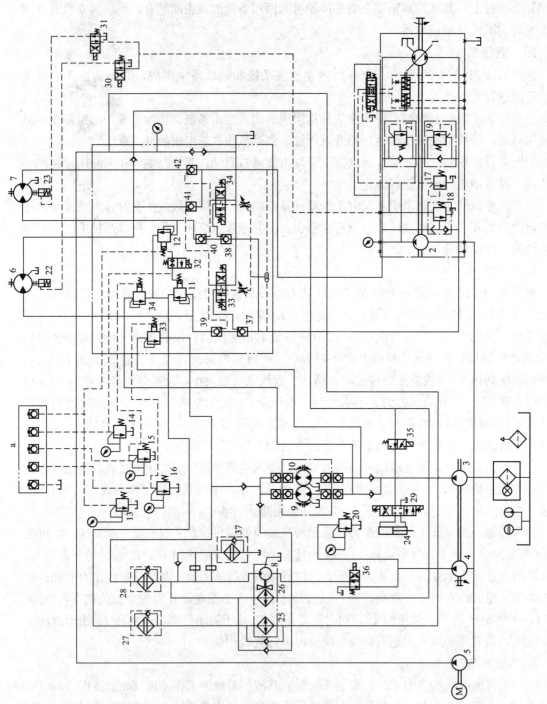

图 14-38　液压系统图

548

所在放线卷筒的最大牵引力。如果要使其中一组卷筒如液压马达 6 进行牵引作业，可关闭溢流阀 12，并使制动器 23 处于制动状态，液压马达 7 不能转动。这时可通过溢流调定液压马达 6 所带放线卷筒的最大牵引力，起动变量液压泵，即可驱动流动马达 6 进行牵引作业。

（2）送线工况。放线卷筒反向转动，在导线松弛情况下送出导线。这时，必须首先操作换向阀 33、34，使单向阀 37、38 开启，驱动变量液压泵 1，并使其变量斜盘摆角为负值，相反方向输出液压油，使液压马达 6 或液压马达 7 反向转，送出导线。

液压泵 4 用于驱动散热器风扇液压马达 8，其压力由溢流阀 20 调定。液压油经风扇液压马达 8 后，部分直接经减速器作为减速器的冷却液，其余直接回油箱。考虑到液压油的清洁度，中间设置滤油器 37。张力机前支腿顶升液压油缸 24 通过操作操向阀 29 调整作业位置。

该机设有和另一台相同型号、规格的张力机并机、有一人操作的并机操作控制箱接口，如图 14-38 中 a 所示。用于采用两台这样的张力机展放四分裂导线时，可由一人控制 4 根导线上的放线张力。

张力机液压系统各元件管路连接如图 14-39 所示。

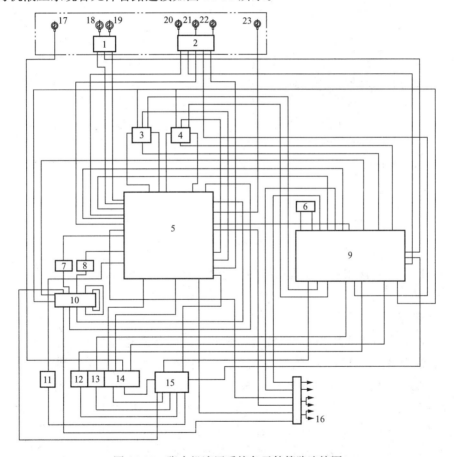

图 14-39　张力机液压系统各元件管路连接图
1—张力调整阀安装集成块；2—尾部导线张紧力调整阀、散热器风扇压力调整阀安装集成块；
3—卷筒组Ⅰ液压马达、制动器、减速器总成；4—卷筒组Ⅱ液压马达、制动器、减速器总成；
5—集成式阀块；6—前支腿液压缸；7、8—过滤器；9—换向阀安装集成块；10—散热器；11～
13—齿轮泵；14—变量液压泵；15—液压油箱；16—并机控制箱接口；17—补油压力表；
18、19—张力显示表；20、21—导线轴架压力表；22—风扇液压马达压力表；23—背压表

图 14-40 所示为图 14-39 中集成式阀块 5 外形图，它由包括高、低压溢流阀、换向阀、单向阀、液控单向阀等多个液压元件和多个插装阀组成，从而简化了液压系统各元件的连接胶管，使外形结构简单、紧凑。

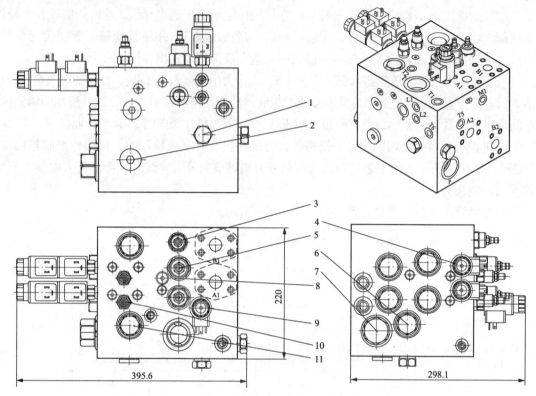

图 14-40　集成式阀块外形图

1、6、7—单向阀；2—螺栓；3—低压溢流阀；4、9—电磁阀；5—高压溢流阀；8—梭阀；
10—节流阀；11—液控单向阀

图 14-41 所示为该张力机液压系统中的主要液压元件、集成块、集成阀块在该张力机上的安装位置图。

五、控制箱

该张力机的控制箱设置于张力机放线卷筒外侧，可有效地监视导线进、出卷筒的情况，同时通过放线卷筒使其和发动机隔离，减少了发动机噪声对操作人员的影响。

除少数操作手柄外，控制箱操作面板如图 14-42 所示，其所有仪器、仪表、操作手柄、控制旋钮及按钮、指示灯等，均安装于控制箱内，发动机的起重开关、缸盖温度表、缸温报警灯、机油温度表、机油压力表、燃油表、电压表等集中安装于控制面板的右上侧；张力指示表旋钮、放线、牵引送线工况选择换向阀旋钮、张力控制旋钮、长度/速度指示仪、制动控制旋钮等均安装于控制面板的左侧；补油压力表、背压表、卷绕装置压力表、风扇压力表及卷绕装置压力调节旋钮、风扇压力调节旋钮等均控制面板中下部、发动机转速表、发动机油门调节旋钮、放线、回牵、送线工况选择及调整操作手柄等设置于控制面板的右下部。

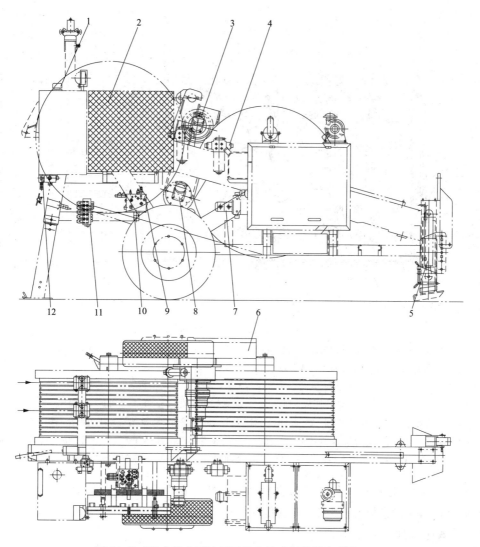

图 14-41　张力机主要液压元件和集成阀块等安装位置图

1—液压油箱；2—散热器；3—液压马达；4—滤油器；5—前支腿液压缸；6—控制箱；7—液压泵、辅助液压泵总成；8—液压马达、制动器、减速器总成；9—集成阀块；10—支架；11—换向阀组；12—导线轴架快速接头座

　　从上述液压系统在张力工况和牵引工况时的工作原理可说明，在作业时，两组卷筒在张力工况时，其张力可通过控制屏上两个独立的张力调整旋钮进行调整，而在牵引作业工况时，可通过上述放线、牵引、送线工况换向阀操作旋钮及放线、回牵、送线工况选择及调整手柄操作来实现驱动放线卷筒正反方向转动及调整牵引速度大小、或停止牵引的要求；两组放线卷筒的机械制动是通过两卷筒的两制动器通过电控操作来实现。在牵引作业时，通过开启或关闭上述两组放线卷筒的放线、牵引、送线工况的两个换向阀操作旋钮来选择两组卷筒的作业，或其中一组卷筒作业的不同工况，同时通过放线、回牵、送线工况选择手柄牵引工况（标牌上"回牵"方向）后，再上下调整牵引速度。当牵引力要求大于每组卷筒的最大牵引力时，在把两组卷筒用机械的方法并在一起的同时，可把并轮独立旋钮向并轮位置（也即两组卷筒液压回路的高压溢流阀并联位置），即可实现大于每组卷筒最大牵引力的牵引作业。

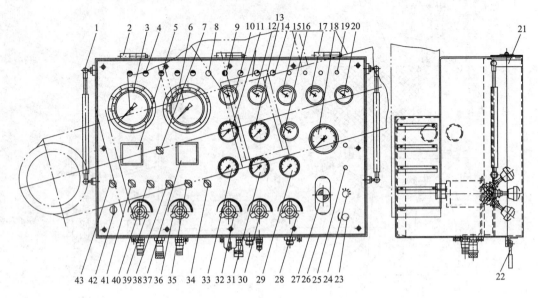

图 14-42　控制箱操作面板

1—气弹簧撑杆；2—铰链；3、6—张力表；4—滤油器报警灯；5、38—放线长度/速度显示仪；7—并轮操旋钮；8—电源指示灯；9—预热指示灯；10—机油压力表；11—补油压力表；12—机油温度表；13—背压表；14—机油温度报警灯；15—缸盖温度指示表；16—液压油温度指示表；17—燃油表；18—发动机转速表；19—保险丝；20—电压表；21—箱盖；22—挂锁；23—发动机油门调节旋钮；24—发动机起动开关；25—电源开关；26—箱体；27—变量液压泵操作手柄；28—风扇马达压力调整旋钮；29—风扇马达压力表；30、32—导线轴架马达压力调整旋钮；31、33—导线轴架马达压力表；34—导线轴架工况选择开关；35、40—放线卷筒工况选择开关；36、39—放线张力调整旋钮；38、41—制动器工况控制开关；42—前支腿油缸控制开关；43—冷却风扇工况控制开关

冷却风扇的开停可通过操作其液压马达换向阀操作旋钮来实现，而尾部导线轴架尾部张力大小的调整可通过导线轴架尾部张力调整旋钮来调整。

六、液压油箱

液压油箱除用作储油外，还有耗散液压系统工作过程中产生的热量，分离油液中出现的气泡和杂质等作用。张力机油箱的容量一般不小于主液压马达每分钟流量的 3～4 倍，容量较大，这是因为张力机放线过程中产生的制动张力，全部靠节流阀节流放热来实现，所以除考虑增加散热器的容量外，为使油液循环一次的周期加长，油箱的容量就得大一些。

该张力机上液压油箱结构如图 14-43 所示。

该油箱的储油量约为 380L，用不锈钢板焊接而成。

七、散热器

张力机在张力放线过程中，液压系统的发热大部分来自高压溢流阀节流产生的热量，该热量依靠油液循环和油箱的散热面积已远不能满足散热要求，因此，必须设置专门的散热器，及时有效地耗散液压系统产生的热量，保证张力作业的正常进行。

在张力机上，一般采用强迫风冷的翅片式散热器，散热器不但要有足够的散热面积，高的散热效率，而且要求压力损失小，结构紧凑。图 14-44 为散热器安装结构图。该机散热器采用德国 AKG4967.005.0000V1 强迫风冷翅片式散热器。

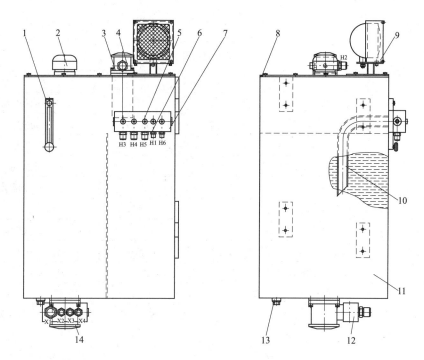

图 14-43 液压油箱结构

1—油液温度计；2—空气滤清器；3—回油过滤器；4—回油过渡接头；5—堵头；

6—过渡接头；7—回油集成块；8—箱盖；9—照明灯；10—回油管；11—油箱体；

12—吸油集成块；13—放油螺栓；14—吸油滤油器

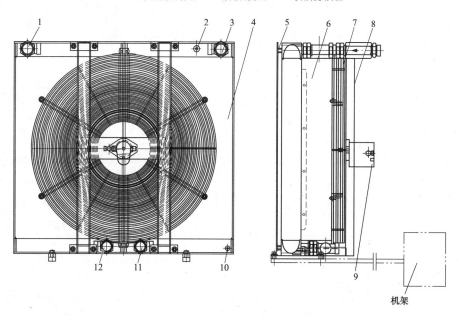

图 14-44 散热器安装结构图

1、3—三通接头、单向阀；2—小过渡接头；4—散热器本体；5—护罩；6—导风罩；7—防护网；

8—液压马达支架；9—液压马达风扇；10—温度传感器；11、12—过渡接头

八、电气控制系统

该机的电气控制原理如图 14-45 所示，其电气元件名称见表 14-5，该电气系统采用 24V

直流控制电源。

表 14-5 张力机电气系统电气元件名称

序号	代号	名称	序号	代号	名称
1	B1	蓄电池	28	Pp	机油压力表
2	BL	燃油量传感器	29	Ps1～Ps1	长度/里程表
3	Bh	转速传感器	30	Pt1	缸温表
4	Bp	机油压力传感器	31	Pt2	机油温度表
5	Bp	机油压力报警传感器	32	Py	液压油温度表
6	Bsv1～Bsv2	长度/里程传感器	33	QK	起动开关
7	Bt1	缸温传感器	34	R	预热塞
8	Bt2	缸温温度报警传感器	35	SB1	电源开关（二位防水）
9	Bt3	机油温度传感器	36	SB10	照明开关（三位防水）
10	By	液压油温度传感器	37	SB2	冷却风扇开关（二位防水）
11	VD1～VD13	二极管	38	SB3～SB4	制动器1号、2号开关（二位防水）
12	FU1～FU3	保险丝	39	SB5	工况1号选择开关（三位防水）
13	HL1	电源指示灯	40	SB6	工况2号选择开关（三位防水）
14	HL10	照明元大灯	41	SB7	卷绕装置工况开关（二位防水）
15	HL2	预热指示灯	42	SB8	并机模式开关（二位防水）
16	HL3	机油压力报警指示灯	43	SB9	前支腿控制开关（三位自复位防水）
17	HL4	缸温报警指示灯	44	V	电压表
18	HL5	机油报警指示灯	45	YC1	停车电磁阀
19	HL6～HL9	过滤器报警指示灯	46	YC10	并轮、独立电磁阀
20	J1	电源继电器	47	YC11～YC12	前支腿伸出电磁阀
21	J2	起动继电器	48	YC2	冷却风扇电磁阀
22	J3	预热继电器	49	YC3～YC4	1号制动电磁阀
23	K1～K4	过滤器报警开关	50	YC5	工况1号回牵电磁阀
24	Kt1	热敏自动开关（55℃）	51	YC6	工况1号送线电磁阀
25	M	起动电动机	52	YC7	工况2号回牵电磁阀
26	PL	燃油油量表	53	YC8	工况2号送线电磁阀
27	Phv	转速/小时计	54	YC9	卷绕装置工况电磁阀

九、前支腿总成

张力机前后有两个支腿，拖运时，两支腿均收缩到最短位置，不影响拖运。就位时，利用前支腿调整张力机到要求的位置后，再放下后支腿，用定位销固定位置，再锚定后即可进行放线作业。后支腿采用机械伸缩式套管，上下调整位置后用插销轴固定，结构比较简单。

液压前支腿采用液压缸调整工作位置，其结构如图 14-46 所示，它由拖架、插销轴、盖板、铰支接头体、外套管、上销轴、液压缸、内套管、下销轴、锁定销轴和犁锚底板等部分组成。

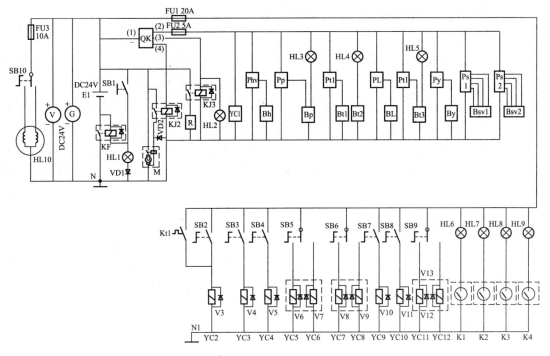

图 14-45　张力机电气控制系统原理图

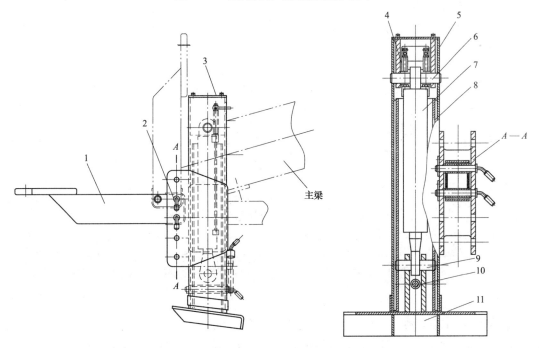

图 14-46　液压前支腿结构图

1—拖架；2—插销轴；3—盖板；4—铰支接头体；5—外套管；6—上销轴；7—液压缸；8—内套管；

9—下销轴；10—锁定销轴；11—犁锚底板

调整张力机位置时，液压缸经上销轴带动外套管上下移动，通过焊接在外套管上的夹板销轴带动机架头部上下移动。从而调整张力机的上下位置。在拖运时，也通过液压缸调整拖

555

架的上下位置，以便使它的拖环孔和拖车连接。

十、轮轴总成

张力机采用单轴拖车的结构。轮轴和轮胎装配后的总成结构如图 14-47 所示，最后将轮轴焊接在机架上。轮胎的型号为 12.00-20PR18 型（斯太尔前轮总成），充气压力为 0.6～0.8MPa。轮轴又有根据轮毂装配尺寸要求加工的轴头和矩形管焊接而成。轮轴上靠放线卷筒侧装有尼龙托滚，用于在张力机放线卷筒停止工作或放线开始穿线时，防止这时卷筒上导线松弛时触及轮轴金属体而磨损导线；轮轴上还装有驱动制动蹄的手动刹车的转动轴，它通过图 14-48 所示手刹车张拉装置施加张紧力，使两制动蹄紧贴轮毂内壁，实现轮胎的手刹制动。

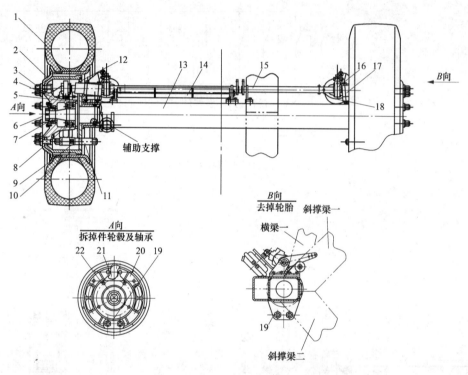

图 14-47 轮轴和轮胎装配后的总成结构图

1—轮胎；2—轮辋；3—轮胎螺栓；4—轮毂；5—密封圈；6—端盖；7、8—滚动轴承；9—支销；10—制动鼓；11—套管；12—制动器防尘罩；13—轮轴；14—尼龙托滚；15—手刹车操纵机构转动轴；16—调整臂总成；17—支架；18—制动气室；19—制动蹄销轴定位板；20—制动蹄；21—滚轮；22—制动蹄拉簧

十一、导向滚子组

导向滚子组装在放线卷筒组的进线卷筒侧，张力放线时导线轴上的导线由它导向后进入放线卷筒，以保证进入放线卷筒的导线不跳槽。

该机每组放线卷筒有一组导向滚子共四个滚子组成，两个立式布置的滚子、前后两个横式布置的滚子，为防止导线进入卷筒时有时可能发生上下跳动现象，在顶部还设置一个小压棍。图 14-49 所示为导向滚子组结构图。它由定位销轴、托臂、可移动滚子组装架、横滚子、竖滚子、压棍等组成。托臂用于调整两滚子组的高度。两滚子组的中心分别和两组卷筒

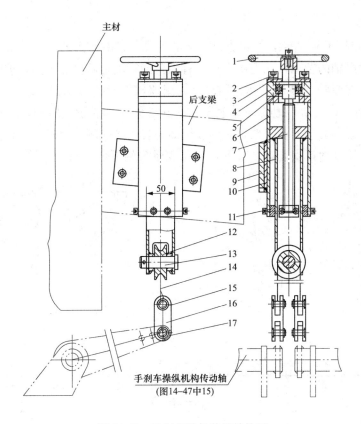

图 14-48 手刹车张拉装置结构图

1—刹车手轮；2—压盖螺栓；3—压盖；4—轴承座；5—平面球轴承；6—外套管；7—调
节丝杆；8—内套管；9—固定座；10—连接板；11—衬块；12—滑轮；13—大销轴；
14—钢丝绳；15、17—小销轴；16—双连板

各自的进线槽的中心线一致。其左右距离的调整是通过定位螺栓来调整各自的滚子组装架来
实现的。

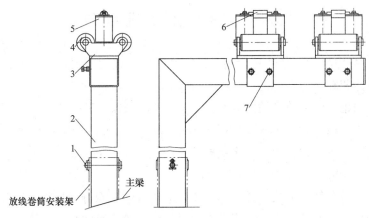

图 14-49 导向滚子组结构图

1—定位销轴；2—托臂；3—可移动滚子组装架；4—横滚子；5—竖滚子；
6—压棍；7—定位螺栓

十二、机架

机架结构如图 14-50 所示，纵梁也是机架的主梁，它由方钢加工，纵梁上两 a 孔分别为安装两组放线卷筒轴的轴孔，孔上镶嵌焊接有无缝钢管轴套后再加工到要求的尺寸。孔 b 是驱动其中一组放线卷筒的液压马达、制动器、减速器总成的减速器（增速器）法兰连接孔（另一组卷筒的液压马达、制动器、减速器总成安装在那组卷筒的支撑杆上）；纵梁一侧为发动机、散热器、蓄电池等安装支架，液压油箱则安装在同一侧，但侧立安装在焊接在纵梁上的侧架上。拖车轮轴焊接安装在纵梁下方 V 形支承架的下部。

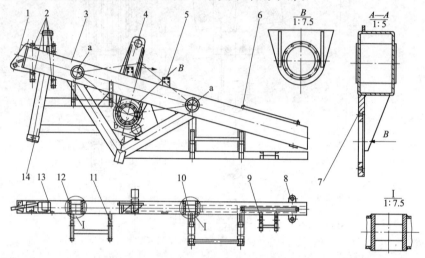

图 14-50　机架结构图

1—拉锚耳板；2—液压油箱固侧支架；3—纵梁（主梁）；4—起吊板；5—过滤器安装侧板；6—前支腿液压缸胶管护罩；7—液压马达制动器、减速器总成安装架；8—前侧向锚耳板；9—蓄电池固定架；10—发动机固定架；11—散热器固定架；12—放线卷筒轴套；13—导向滚子组托臂安装架；14—后支腿固定套管

第六节　国产张力机系列

国产张力机从 1976 年开始立项研制，目前已形成完整的系列，其主要传动方式为液压传动，有少数采用机械摩擦制动的。

国产张力机目前每组放线卷筒的放线张力有为 20、30、25、35、40、45、50、60、70、80kN 和 100kN 等系列，放线速度最高可达 83m/min（5km/h），整机均采用拖车式安装布置和单轴拖车的方式。根据张力机一次展放导线的数目，有单组卷筒、2 组卷筒、4 组卷筒、6 组卷筒等结构，这几种结构同牵引机配套，可组成一牵一、一牵二、一牵三、一牵四、一牵六等几种牵引展放导线的方式，并分别用于展放单导线、双分裂导线、四分裂导线、六分裂导线、八分裂导线。有的张力机还附带有并机用控制箱，可实现多台张力机集中控制，由一人制作。

下面就目前国内一些典型的张力机的性能特点、技术参数、结构参数及各部分的主要配置分述如下，供参考。

一、SA-YZ 系列张力机

SA-YZ 系列张力机是由宁波东方电力机具制造有限公司研制、生产的液压传动张力机。张力机有单组卷筒、两组卷筒和四组卷筒三种形式，各自相应的技术参考、结构参考和性能特点分述如下。

（一）SA-YZ20 型液压传动张力机

SA-YZ20 型液压传动张力机结构如图 14-51 所示。该机适用于展放单根导线、地线、OPGW 和 ADSS 光缆的张力放线。

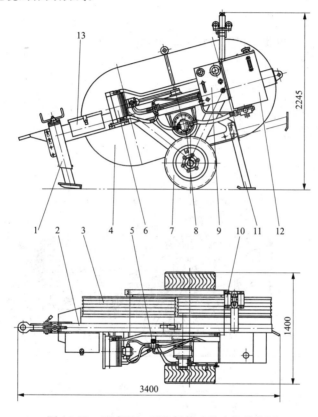

图 14-51　SA-YZ20 型液压传动张力机结构图
1—前支腿；2—机架；3—放线卷筒；4—防护罩；5—液压系统；6—散热器；7—轮胎总成；8—液压马达、减速器、制动器总成；9—控制箱；10—进线导向滚子组；11—后支腿；12—液压油箱；13—工具箱

1. 主要性能特点

（1）整机采用两轮单轴拖车安装方式，两放线卷筒以悬臂方式固定在主梁上，采用机械升降前支腿。

（2）采用液压传动，工作平稳可靠，放线张力无级可调，放线速度随牵引速度变化反应灵敏；

（3）放线卷筒导线槽采用 MC 尼龙耐磨材料，放线时对导、地线、光缆表面无损伤。

（4）带有液压制动装置，在液压系统故障情况下失压时能自动制动，防止"跑线"，确保施工安全。

（5）无动力装置，噪声低，无能耗。

2. 主要技术参数

(1) 最大张力：20kN。

(2) 最大持续张力：15kN。

(3) 最小张力：1kN。

(4) 最大放线速度：5km/h。

(5) 最大适用线缆直径：32mm。

(6) 卷筒直径：1200mm。

(7) 轮槽数：5。

(8) 外机尺寸：3400mm×1400mm×2245mm。

(9) 整机质量：1500kg。

（二）SA-YZ30A 型液压传动张力机

SA-YZ30A 型液压传动张力机结构如图 14-52 所示。该机适用于展放单根导线、地线、OPGW 和 ADSS 光缆的张力放线。

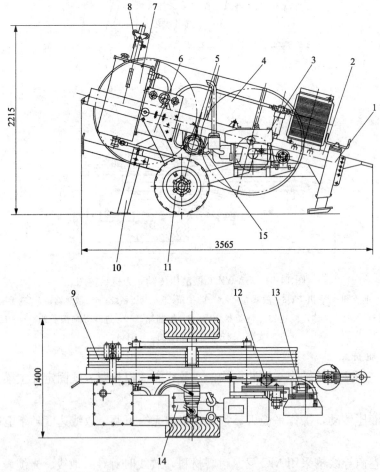

图 14-52　SA-YZ30A 型液压传动张力机结构图

1—前支腿；2—机架；3—发动机；4—防护罩；5—液压马达、减速器、制动器总成；6—控制箱；

7—液压油箱；8—进线导向滚子组；9—放线卷筒；10—后支腿；11—轮胎总成；12—液压油过

滤器；13—散热器；14—蓄电池；15—液压系统

1. 主要性能特点

（1）整机采用两轮单轴拖车安装方式，两放线卷筒以悬臂方式固定在主梁上，采用机械升降前支腿。

（2）采用液压传动，工作平稳可靠，放线张力无级可调，放线速度对牵引速度变化反应灵敏。

（3）放线卷筒导线槽采用MC尼龙耐磨材料，放线时对导、地线和光缆表面无损伤。

（4）带有液压制动装置，在液压系统故障情况失压时能自动制动，防止"跑线"，确保施工安全。

（5）该机带有小型发动机，有回牵和送线作业功能。

2. 主要技术参数

（1）最大张力：30kN。

（2）最大持续张力：25kN。

（3）最小张力：2kN。

（4）最高放线速度：5km/h。

（5）最大回牵力：20kN。

（6）最大回牵速度：5km/h。

（7）张力轮直径：1200mm。

（8）张力轮槽数：5。

（9）适用最大导线直径：32mm。

（10）柴油机功率：11kW/2200r/min。

（11）外机尺寸：3565mm×1400mm×2215mm。

（12）整机质量：1700kg。

（三）SA-YZ40A型液压传动张力机

SA-YZ40A型液压张力机结构如图14-53所示，该机主要用于展放导线、地线及钢丝绳。

1. 主要性能特点

（1）整机采用两轮单轴拖车安装方式，两放线卷筒以悬臂方式固定在主梁上，采用机械升降前支腿。

（2）采用液压传动，工作平稳可靠，放线张力无级可调，放线速度随牵引速度变化反应灵敏。

（3）放线卷筒导线槽采用MC尼龙耐磨材料，放线时对导、地线、光缆表面无损伤。

（4）带有液压制动装置，在液压系统故障情况失压时能自动制动，防止"跑线"，确保施工安全。

（5）该机有较大的回牵力，并带有液压油输出接口，可与一个导线轴架连接，放线时，保证放线的导线有足够的尾部张紧力；也可通过它驱动导线轴杠上的液压马达，卷绕经张力机放线卷筒回收导线。

2. 主要技术参数

（1）最大张力：40kN。

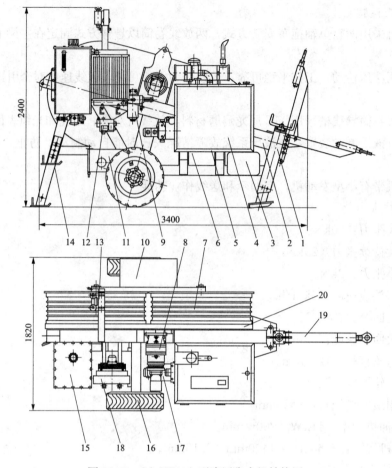

图 14-53　SA-YZ40A 型液压张力机结构图

1—前支腿；2—机架；3—燃油箱；4—发动机；5—发动机防护罩；6—工具箱；7—放线卷筒；
8—液压马达、减速器、制动器总成；9—液压油过滤器；10—控制箱；11—蓄电池；12—阀组；
13—进线导向滚子组；14—后支腿；15—液压油箱；16—轮胎总成；17—主液压泵、双联齿轮
泵；18—散热器；19—拖头；20—防护罩

（2）最大持续张力：35kN。

（3）最小稳定张力：1kN。

（4）最大放线速度：5km/h。

（5）最大牵引力：40kN。

（6）最大牵引速度：2km/h。

（7）适用最大导线直径：32mm。

（8）发动机功率/转速：37kW/r/min。

（9）外机尺寸：3400mm×1820mm×2400mm。

（10）整机质量：2800kg。

（四）SA-YZ2×25 型液压传动张力机

SA-YZ2×25 型液压传动张力机结构如图 14-54 所示，该机主要用于展放双分裂导线、单导线。

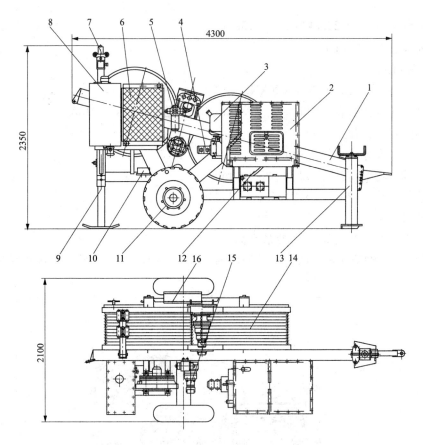

图 14-54　SA-YZ2×25 型液压传动张力机结构图

1—机架；2—发动机；3—燃油箱；4—主液压泵、双联齿轮泵；5—液压油过滤器；6—散热器；7—进线导向滚子组；8—液压油箱；9—后支腿；10—集成块；11—轮胎总成；12—蓄电池；13—前支腿；14—放线卷筒；15—液压马达、减速器、制动器总成；16—控制箱

1. 主要性能特点

（1）整机采用两轮单桥拖挂式结构，前支腿为机械升降。

（2）采用液压传动，工作平稳、可靠，放线张力无级可调。

（3）放线卷筒导线槽采用 MC 尼龙衬垫材料，放线时对导线表面无损伤。

（4）可同时展放两根导线。两根导线的放线张力可分别无级调整，放线长度可由里程表显示。

（5）当要求放线张力大于每个放线卷筒允许最大张力时，两组卷筒可进行并轮放线，这时放线张力倍增。

（6）具有回牵和送线作业功能，最大牵引力可预先设定。

（7）带有液压油输出接口，可与两个液压导线轴架连接，放线时保证放出导线有足够的尾部张紧力；可通过它驱动导线轴杠上的液压马达，卷绕通过张力机上的放线卷筒回收导线，导线上的张紧力的大小可在主机控制箱进行调节。

2. 主要技术参数

（1）放线工况。

最大放线张力：2×25kN 或 1×50kN。

持续放线张力：2×22.5kN 或 1×45kN。

最大放线速度：5km/h。

（2）牵引工况。

最大牵引力：2×25kN 或 1×50kN。

最大牵引速度：双卷筒同时牵引，1.2km/h；单卷筒牵引，2.4km/h。

（3）卷筒槽底直径：1200mm。

（4）适用最大导线直径：32mm。

（5）发动机功率/转速：38kW/2500r/min。

（6）外形尺寸：4300mm×2100mm×2350mm。

（7）整机质量：3500kg。

（五）SA-YZ2×35 型液压传动张力机

SA-YZ2×35 型液压传动张力机结构如图 14-55 所示，该机主要用于展放双分裂导线或单导线。

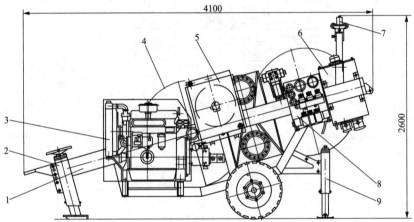

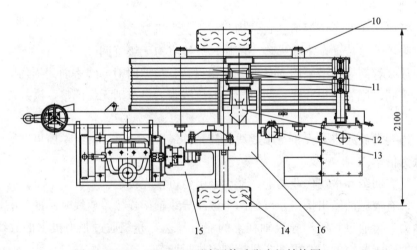

图 14-55　SA-YZ2×35 型液压传动张力机结构图

1—机架；2—前支腿；3—发动机；4—防护罩；5—散热器；6—液压油箱；7—进线导向滚子组；8—控制箱；9—后支腿；10—支撑连杆；11—放线卷筒；12—液压马达、减速器、制动器总成；13—液压油过滤器；14—轮胎总成；15—燃油箱；16—蓄电池、工具箱

1. 主要性能特点

(1) 整机采用两轮单桥拖挂式结构，前支腿为机械升降。

(2) 采用液压传动，工作平稳、可靠，放线张力无级可调。

(3) 放线卷筒导线槽衬垫采用 MC 尼龙材料，放线时对导线表面无损伤。

(4) 可同时展放两根导线。两根导线的放线张力可分别无级调整，放线长度可由里程表显示。

(5) 当要求放线张力大于每个放线卷筒允许最大张力时，两组卷筒可进行并轮放线，这时放线张力倍增。

(6) 具有回牵和送线作业功能，最大牵引力可预先设定。

(7) 带有液压油输出接口，可与两个液压导线轴架连接，放线时保证放出导线有足够的尾部张紧力；也可通过它驱动导线轴杠上的液压马达，卷绕通过张力机上的放线卷筒回收导线，导线上的张紧力的大小可在主机控制箱进行调节。

2. 主要技术参数

(1) 放线工况。

最大放线张力：2×35kN 或 1×70kN。

持续放线张力：2×30kN 或 1×60kN。

最大放线速度：5km/h。

(2) 牵引工况。

最大牵引力：2×35kN 或 1×70kN。

最大牵引速度：2×1.2km/h 或 1×2.4km/h。

(3) 放线卷筒槽底直径：1200mm。

(4) 适用最大导线直径：32mm。

(5) 发动机功率：38kW/2500r/min。

(6) 外形尺寸：4100mm×2100mm×2600mm。

(7) 整机质量：4000kg。

（六）SA-YZ2×40 型液压传动张力机

SA-YZ2×40 型液压传动张力机结构如图 14-56 所示，该机主要用于展放双分裂导线和单导线。

1. 主要性能特点

(1) 整机采用两轮单桥拖挂式结构，前支撑为液压支腿。

(2) 采用液压传动，工作平稳、可靠，放线张力无级可调。

(3) 放线卷筒导线槽衬垫采用 MC 尼龙材料，放线时对导线表面无损伤。

(4) 可同时展放两根导线。两根导线的放线张力可分别无级调整，放线长度可由里程表显示。

(5) 当要求放线张力大于每个放线卷筒允许最大张力时，两组卷筒可进行并轮放线，这时放线张力倍增。

(6) 具有回牵和送线作业功能，最大牵引力可预先设定。

(7) 带有液压油输出接口，可与两个液压导线轴架连接，放线时保证放出导线有足够的

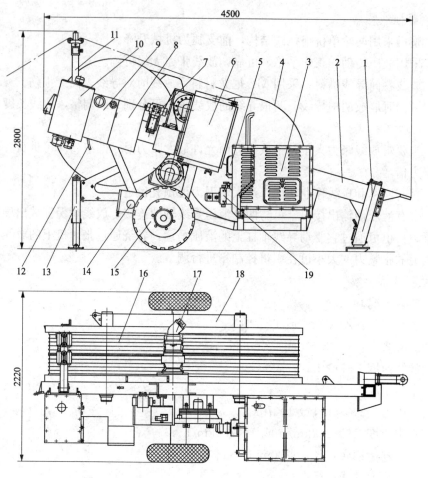

图 14-56　SA-YZ2×40 型液压传动张力机结构图

1—前支腿；2—机架；3—发动机；4—放线卷筒防护罩；5—燃油箱；6—散热器；7—液压油过滤器总成；8—并机控制箱；9—控制箱；10—液压油箱；11—进线导向滚子组；12—液压系统管路；13—后支腿；14—蓄电池；15—轮胎总成；16—放线卷筒；17—液压马达、减速机、制动器总成；18—支撑连杆；19—主液压泵、双联泵总成

尾部张紧力；也可通过它驱动导线轴杠上的液压马达，卷绕通过张力机上的放线卷筒回收导线，导线上的张紧力的大小可在主机控制箱进行调节。

（8）两台张力机可并机工作，实现两台张力机由一人进行操作，这时只需将其中一台张力机上的活动控制箱移到另一台张力机控制箱一侧，连接相应的胶管即可。

2. 主要技术参数

（1）放线工况。

最大放线张力：2×40kN 或 1×80kN。

持续放线张力：2×35kN 或 1×70kN。

最大放线速度：5km/h。

（2）牵引工况。

最大牵引力：2×40kN 或 1×80kN。

最大牵引速度：2×1.2km/h 或 1×2.4km/h。

（3）放线卷筒槽底直径：1500mm。

（4）适用最大导线直径：40mm。

（5）德国道依茨风冷发动机，功率：51kW/2500r/min。

（6）外形尺寸：4500mm×2200mm×2800mm。

（7）整机质量：4850kg。

（七）SA-YZ2×50 型液压传动张力机

SA-YZ2×50 型液压传动张力机结构如图 14-57 所示，该机主要用于展放双分裂大截面导线或单导线。

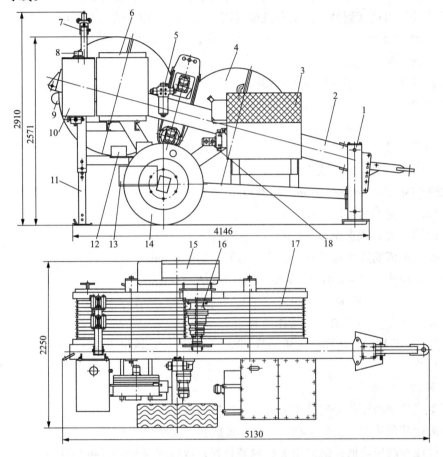

图 14-57 SA-YZ2×50 型液压传动张力机结构图

1—前支腿；2—机架；3—发动机；4—防护罩；5—液压油过滤器总成；6—散热器；7—进线导向滚子组；8—液压系统；9—导线长度测量装置总成；10—液压油箱；11—后支腿；12—集成块；13—蓄电池；14—轮胎总成；15—控制箱；16—液压马达、减速器、制动器总成；17—放线卷筒；18—主液压泵、双联齿轮泵总成

1. 主要性能特点

（1）整机采用两轮单桥拖挂式结构，前支腿为液压升降。

（2）采用液压传动，工作平稳、可靠，放线张力无级可调。

（3）放线卷筒导线槽衬垫采用 MC 尼龙材料，放线时对导线表面无损伤。

（4）可同时展放两根导线。两根导线的放线张力可分别无级调整，放线长度可由里程表显示。

(5) 当要求放线张力大于每个放线卷筒允许最大张力时，两组卷筒可进行并轮放线，这时放线张力倍增。

(6) 具有回牵和送线作业功能，最大牵引力可预先调定。

(7) 带有液压油输出接口，可与两个液压导线轴架连接，放线时保证放出导线有足够的尾部张紧力；也可通过它驱动导线轴杠上的液压马达，卷绕通过张力机上的放线卷筒回收导线，导线上的张紧力的大小可在主机控制箱上进行调节。

(8) 两台张力机可并机工作，实现两台张力机由一人进行操作，这时只需将其中一台张力机上的活动控制箱移到另一台张力机控制箱一侧，连接相应的胶管即可。

2. 主要技术参数

(1) 放线工况。

最大放线张力：$2\times50kN$ 或 $1\times100kN$。

持续放线张力：$2\times45kN$ 或 $1\times90kN$。

最大放线速度：5km/h。

(2) 牵引工况。

最大牵引力：$2\times50kN$ 或 $1\times100kN$。

最大牵引速度：$2\times1km/h$ 或 $1\times2km/h$。

(3) 放线卷筒槽底直径：1500mm。

(4) 适用最大导线直径：$\phi40mm$。

(5) 德国道依茨风冷发动机、功率：51kW/2500r/min。

(6) 外形尺寸：5130mm×2250mm×2910mm。

(7) 整体质量：6500kg。

(八) SA-YZ2×70 型液压传动张力机

SA-YZ2×70 型液压传动张力机结构如图 14-58 所示，该机主要用于展放双分裂大截面导线和单导线。

1. 主要性能特点

(1) 整机采用两轮单桥拖挂式结构，前支撑为液压支腿。

(2) 采用液压传动，工作平稳、可靠，放线张力无级可调。

(3) 放线卷筒导线槽衬垫采用 MC 尼龙材料，放线时对导线表面无损伤。

(4) 可同时展放两根导线。两根导线的放线张力可分别无级调整，放线长度可由里程表显示。

(5) 当要求放线张力大于每个放线卷筒允许最大张力时，两组卷筒可进行并轮放线，这时放线张力倍增。

(6) 具有回牵和送线作业功能，最大牵引力可预先调定。

(7) 带有液压油输出接口，可与两个液压导线轴架连接，放线时保证放出导线有足够的尾部张紧力；也可通过它驱动导线轴杠上的液压马达，卷绕通过张力机上的放线卷筒回收导线，导线上的张紧力的大小可在主机控制箱上进行调节。

(8) 两台张力机可并机工作，实现两台张力机由一人进行操作，这时只需将其中一台张

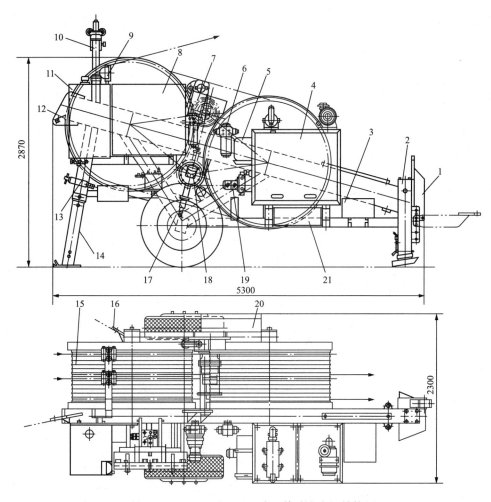

图 14-58 SA-YZ2×70 型液压传动张力机结构图

1—拖架；2—前支腿；3—电瓶；4—发动机；5—燃油箱；6、7—滤油器；8—液压系统散热器总成；9—照明灯；10—进线导向滚子组；11—液压油箱；12—后锚板；13—拖架手刹车；14—后支腿；15—放线卷筒；16—侧锚耳板；17—辅助支撑；18—液压马达制动器、减速器总成；19—主液压泵总成；20—控制箱；21—工具箱

力机上的活动控制箱（选用）移到另一台张力机控制箱一侧，连接相应的胶管即可。

(9) 放线卷筒安装为锥度的悬臂结构卷筒轴，便于装卸放线卷筒。

2. 主要技术参数

(1) 放线工况。

最大放线张力：2×70kN 或 1×140kN。

持续放线张力：2×65kN 或 1×130kN。

最大放线速度：5km/h。

(2) 牵引工况。

最大牵引力：2×63kN 或 1×126kN。

最大牵引速度：2×1.3km/h 或 1×2.5km/h。

(3) 放线卷筒槽底直径：1700mm。

（4）适用最大导线直径：45mm。

（5）德国道依茨风冷发动机、功率：82.5kW/2500r/min。

（6）外形尺寸：5300mm×2300mm×2870mm。

（7）整机质量：8500kg。

（九）SA-YZ4×45 型液压传动张力机

SA-YZ4×45 型液压传动张力机结构如图 14-59 所示，该机主要用于展放双分裂大截面导线和单导线。

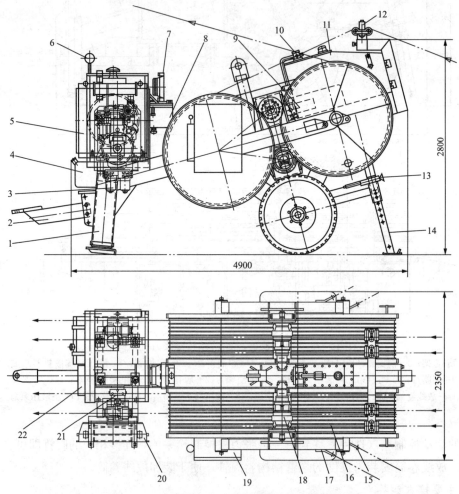

图 14-59　SA-YZ4×45 型液压传动张力机结构图

1—前支腿；2—拖架；3—滤油器；4—燃油箱；5—发动机；6—拖棍；7—减速器冷却散热器；
8—冷却油箱；9—吸油滤油器；10—回油滤油器；11—液压油箱；12—进线导向滚子组；13—拖车
手刹车；14—后支腿；15—侧锚板 1；16—放线卷筒组；17—侧锚板 2；18—液压马达制动器、减速
器总成；19—控制箱；20—散热器；21—主液压泵总成；22—蓄电池组

1．主要性能特点

（1）整机采用两轮单桥拖挂式结构，前支撑为液压支腿。

（2）采用液压传动，工作平稳、可靠，放线张力无级可调。

（3）放线卷筒导线槽衬垫采用 MC 尼龙材料，放线时对导线表面无损伤。

（4）可同时展放四根导线。四根导线的放线张力可分别无级调整，放线长度可由里程表显示。

（5）当要求放线张力大于每个放线卷筒允许最大张力时，每两组卷筒可进行并轮放线，这时放线张力倍增。

（6）具有回牵和送线作业功能，最大牵引力可预先调定。

（7）带有液压油输出接口，可与四个液压导线轴架连接，放线时保证放出导线有足够的尾部张紧力；也可通过它驱动导线轴杠上的液压马达，卷绕通过张力机上的放线卷筒回收导线，导线上的张紧力的大小可在主机控制箱进行调节。

（8）放线卷筒安装为锥度的悬臂结构卷筒轴，便于装卸放线卷筒。

2. 主要技术参数

（1）放线工况。

最大放线张力：$4 \times 45kN$ 或 $2 \times 90kN$。

持续放线张力：$4 \times 40kN$ 或 $2 \times 80kN$。

最大放线速度：5km/h。

（2）牵引工况。

最大牵引力：$4 \times 45kN$ 或 $2 \times 90kN$。

最大牵引速度：$4 \times 1km/h$ 或 $2 \times 2km/h$。

（3）放线卷筒槽底直径：1600mm。

（4）适用最大导线直径：40mm。

（5）美国进口康明斯水冷发动机、功率：82kW/2500r/min。

（6）外形尺寸：4900mm×2350mm×2800mm。

（7）整机质量：11500kg。

二、SAZ 系列张力机[1]

SAZ 系列张力机是甘肃送变电工程公司研制生产的液压传动张力机，它分别有单组卷筒、两组卷筒和四组卷筒等三组形式。其相应的技术参数、结构参数和性能特点等将分别阐述。该系列张力机的发动机、液压元件、减速（增速）器等均采用下述产品。

（1）发动机：德国道依茨风冷柴油机。

（2）主泵、主马达、主泵控制手柄等闭式回路液压元件均为德国力士乐产品。

（3）减速机：意大利 RR 公司产品。

（4）钢丝绳卷绕装置马达：丹麦丹佛斯产品。

（5）快速接头、压力表、部分液压阀为德国西德福公司产品。

（6）放线卷筒表面镀铬，完全实现牵张两用。

（7）其他液压附件均采用国内知名品牌。

（一）SAZ-25×1 型液压传动张力机

图 14-60 所示为 SAZ-25×1 型液压传动张力机结构图。

---

[1] 本部分内容根据刘文邦提供的资料编写。

1. 主要技术参数

(1) 放线工况。

持续放线张力：25kN。

最大放线速度：5km/h。

(2) 牵引工况。

最大牵引力：25kN。

持续牵引力：20kN。

最大牵引速度：3.5km/h。

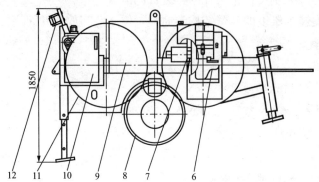

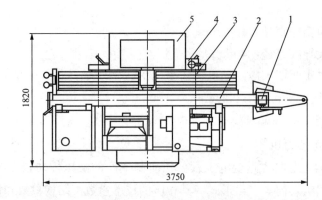

图 14-60　SAZ-25×1型液压传动张力机结构图

1—前支腿；2—纵梁；3—放线卷筒；4—手动润滑油泵；5—控制
箱；6—发动机；7—液压泵；8—轮胎总成；9—散热器；10—液压
油箱；11—大齿圈护罩；12—导向滚子组

2. 主要性能特点

(1) 放线张力和牵引力能无级平滑调整，牵引作业时最大牵引力可以预先调定，牵引力超过预调定值时，能自动停止牵引，保证作业安全。

(2) 放线速度随牵引速度的变化反应灵敏，能很好地适应各种工况下牵引速度的变化。放线工况或牵引工况时，张力机卷筒正反方向速度均无级可调。

(3) 放线或牵引作业时或在各种故障情况下均可实现快速制动，安全可靠。

(4) 操作简单、使用方便可靠，单点起吊、运输方便。

3. 结构参数

放线卷筒槽底直径：1000mm。

适用最大导线直径：27.5mm。

导线槽数：5。

发动机：道依茨风冷式 38kW-2500r/min，24V。

安装方式：单轴双轮拖车式。

外形尺寸：3750mm×1820mm×1850mm。

整体质量：3000kg。

（二）SAZ-40×1 型液压传动张力机

图 14-61 所示为 SAZ-40×1 型液压传动张力机结构图。

1. 主要技术参数

（1）放线工况。

持续张力：40kN。

相应放线速度：5km/h。

（2）牵引工况。

最大牵引力：40kN。

持续牵引力：30kN。

最大牵引速度：3.5km/h。

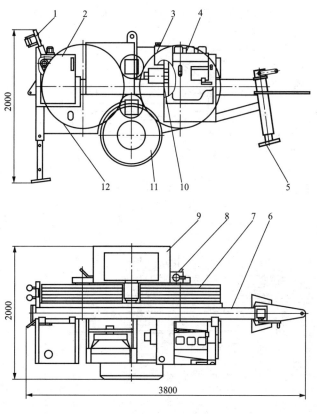

图 14-61　SAZ-40×1 型液压传动张力机结构图
1—导向滚子组；2—液压油箱；3—燃油箱；4—发动机；5—前支腿；
6—纵梁；7—放线卷筒；8—手动润滑油泵；9—控制箱；10—液压泵；
11—轮胎；12—大齿圈护罩

2. 性能说明

(1) 放线张力和牵引力能无级平滑调整，牵引作业时最大牵引力可以预先调定，牵引力超过预调定值时，能自动停止牵引，保证作业安全。

(2) 放线速度随牵引速度的变化反应灵敏，能很好地适应各种工况下牵引速度的变化。放线工况或牵引工况时，张力机卷筒正反方向速度均无级可调。

(3) 放线或牵引作业时或在各种故障情况下均可实现快速制动，安全可靠。

(4) 操作简单、使用方便可靠，单点起吊、运输方便。

3. 结构参数

放线卷筒槽底直径：1000mm。

适用最大导线直径：27.5mm。

导线槽数：5。

发动机：道依茨风冷式 38kW-2500r/min，24V。

安装方式：单轴双轮拖车式。

外形尺寸：3800mm×2000mm×2000mm。

整机质量：3200kg。

（三）SAZ-30×2 型液压传动张力机

图 14-62 所示为 SAZ-30×2 型液压传动张力机结构图。

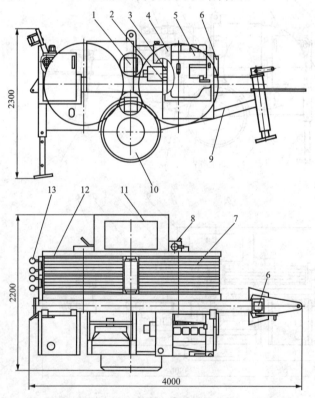

图 14-62　SAZ-30×2 型液压传动张力机结构图
1—液压马达减速器总成；2—液压泵；3—联轴器飞轮连接法兰；4—燃油箱；5—发动机；6—前支腿；7—牵引卷筒；8—润滑液压泵；9—纵梁；10—轮胎总成；11—控制箱；12—大齿圈护罩；13—导向滚子组

1. 主要技术参数

(1) 放线工况时的性能。

同时放 2 根导线（或钢丝绳）时：

持续放线张力 2×30kN。

持续放线速度 5km/h。

并轮放 1 根导线（或钢丝绳）时：

持续放线张力 60kN。

持续放线速度 5km/h。

(2) 牵引工况时的性能。

同时牵引 2 根导线（或钢丝绳）时：

最大牵引力 2×30kN。

持续牵引力 2×20kN。

持续牵引速度 2km/h。

单相牵引 1 根导线（或钢丝绳）时：

最大牵引力 30kN。

持续牵引力 20kN。

持续牵引速度 3.5km/h。

并轮牵引 1 根导线（或钢丝绳）时：

最大牵引力 60kN。

持续牵引力 40kN。

最大牵引速度 2km/h。

2. 性能说明

(1) 张力工况。

1) 可同时展放两根导线（或钢丝绳），每根导线（或钢丝绳）张力可自行调节，张力可直观显示；两个放线卷筒可并轮放线，也可单卷筒放线，另一卷筒进行牵引作业或停止；放线长度可由里程表显示。

2) 放线卷筒可正反转动，可送出导线或进行牵引作业。

3) 导线轴架与主机工况协调一致。

(2) 牵引工况。

1) 两组卷筒可同时牵引，也可并轮牵引，可以用一组卷筒牵引，另一组实现张力放线工况或停止，在各种牵引工况下可实现无级调速，在作业工况要求或故障情况下，每组卷筒均可实现快速制动。

2) 放线卷筒可缠绕钢丝绳，操作简单，使用可靠。

3. 结构参数

放线卷筒槽底直径：1200mm。

适应最大导线直径：32.5mm。

发动机：道依茨风冷式 51kW-2500r/min，24V。

安装方式：单轴双轮拖车式。

外形尺寸：4000mm×2200mm×2300mm。

整机质量：5200kg。

（四）SAZ-35×2型液压传动张力机

图 14-63 所示为 SAZ-35×2 型液压传动张力机结构图。

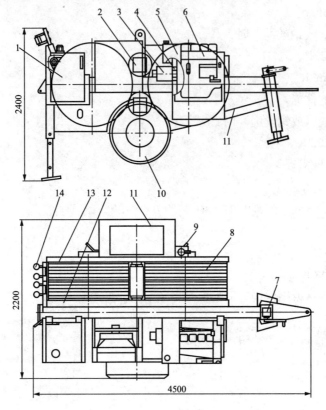

图 14-63 SAZ35×2型液压传动张力机结构图

1—液压油箱；2—液压马达、制动器、减速器总成；3—主液压泵；4—联
轴器、飞轮连接法兰；5—燃油箱；6—发动机；7—前支腿总成；8—放线
卷筒；9—润滑油脂泵；10—轮胎；11—控制箱；12、13—大齿圈护罩；
14—导向滚子组

1. 性能参数

（1）放线工况时的性能。

同时放 2 根导线（或钢丝绳）时：

最大持续张力 2×35kN。

最大持续速度 5km/h。

并轮放 1 根导线（或钢丝绳）时：

最大持续张力 70kN。

最大持续速度 5km/h。

（2）牵引工况时的性能。

同时牵引 2 根导线（或钢丝绳）时：

最大间断牵引力 2×35kN。

持续牵引力 2×20kN。

最大持续速度 2km/h。

单相牵引 1 根导线（或钢丝绳）时：

最大间断牵引力 35kN。

持续牵引力 20kN。

最大持续速度 3.5km/h。

并轮牵引 1 根导线（或钢丝绳）时：

最大牵引力 70kN。

持续牵引力 40kN。

最大牵引速度 2km/h。

2. 主要特点

（1）张力工况。

1）可同时展放两根导线（或钢丝绳），每根导线（或钢丝绳）张力可自行调节，张力可直观显示；两个放线卷筒可并轮放线，也可单卷筒放线，另一卷筒进行牵引作业或停止；放线长度可由里程表显示。

2）放线卷筒可正反转动，可送出导线或进行牵引作业。

3）导线轴架与主机工况协调一致。

（2）牵引工况。

1）两组卷筒可同时牵引，也可并轮牵引，可以用一组卷筒牵引，另一组实现张力放线工况或停止，在各种牵引工况下可实现无级调速，在作业工况要求或故障情况下，每组卷筒均可实现快速制动。

2）放线卷筒可缠绕钢丝绳，操作简单，使用可靠。

3. 结构参数

张力轮槽底直径（5 槽）：1300mm。

适应导线最大直径：35mm。

发动机：德国道依茨风冷式 53.5kW/2500r/min。

电气系统：24V。

结构形式：单轴两轮拖挂式。

外形尺寸：4500mm×2200mm×2400mm。

整机质量：5600kg。

（五）SAZ-40×2 型液压传动张力机

图 14-64 所示为 SAZ-40×2 型液压传动张力机结构图。

1. 性能参数

（1）放线工况时的性能。

同时放 2 根导线（或钢丝绳）时：

最大持续张力 2×40kN。

最大持续速度 5km/h。

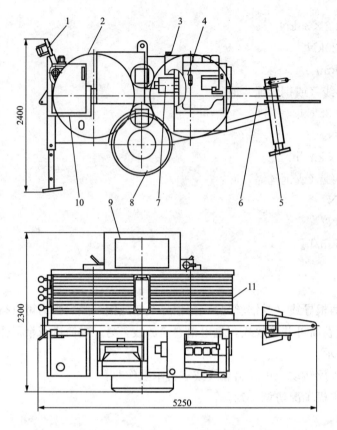

图 14-64 SAZ-40×2 型液压传动张力机结构图

1—导向滚子组；2—大齿圈护罩；3—燃油箱；4—发动机；5—前支腿；6—机架纵梁；

7—液压泵；8—轮胎；9—控制箱；10—液压油箱；11—双摩擦放线卷筒

并轮放 1 根导线（或钢丝绳）时：

最大持续张力 80kN。

最大持续速度 5km/h。

（2）牵引工况时的性能。

同时牵引 2 根导线（或钢丝绳）时：

最大间断牵引力 2×40kN。

持续牵引力 2×30kN。

最大持续速度 2km/h。

单相牵引 1 根导线（或钢丝绳）时：

最大间断牵引力 40kN。

持续牵引力 30kN。

最大持续速度 3.0km/h。

并轮牵引 1 根导线（或钢丝绳）时：

最大牵引力 80kN。

持续牵引力 60kN。

最大牵引速度 1.8km/h。

2. 主要特点

(1) 张力工况。

1) 可同时展放两根导线（或钢丝绳），每根导线（或钢丝绳）张力可自行调节，张力可直观显示；两个放线卷筒可并轮放线，也可单卷筒放线，另一卷筒进行牵引作业或停止；放线长度可由里程表显示。

2) 放线卷筒可正反转动，可送出导线或进行牵引作业。

3) 导线轴架与主机工况协调一致。

(2) 牵引工况。

1) 两组卷筒可同时牵引，也可并轮牵引，可以用一组卷筒牵引，另一组实现张力放线工况或停止，在各种牵引工况下可实现无级调速，在作业工况要求或故障情况下，每组卷筒均可实现快速制动。

2) 放线卷筒可缠绕钢丝绳，操作简单，使用可靠。

3. 结构参数

张力轮槽底直径（5 槽）：1500mm。

张力轮表面形式：尼龙衬垫。

适应导线最大直径：40mm。

发动机：德国道依茨风冷式 53.5kW-2500r/min。

电气系统：24V。

前支腿：液压升降形式。

结构形式：单轴两轮拖挂式。

外形尺寸：5250mm×2300mm×2400mm。

整机质量：7600kg。

(六) SAZ-50×2 型液压传动张力机

图 14-65 所示为 SAZ-50×2 型液压传动张力机结构图。

1. 性能参数

(1) 放线工况时的性能。

同时放 2 根导线（或钢丝绳）时：

持续放线张力 2×50kN。

持续放线速度 5km/h。

并轮放 1 根导线（或钢丝绳）时：

持续放线张力 100kN。

持续放线速度 5km/h。

(2) 收线工况时的性能。

同时牵引 2 根导线（或钢丝绳）时：

最大牵引力 2×50kN。

持续牵引力 2×35kN。

持续牵引速度 2km/h。

单相牵引 1 根导线（或钢丝绳）时：

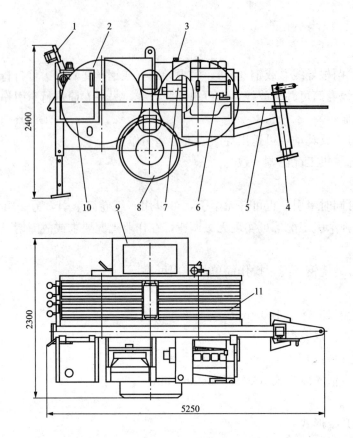

图 14-65　SAZ-50×2型液压传动张力机结构图

1—导向滚子组；2—大齿圈护照；3—燃油箱；4—前支腿；5—机架纵梁；6—发动机；

7—液压泵；8—轮胎；9—控制箱；10—液压油箱；11—双摩擦放线卷筒

最大牵引力 50kN。

持续牵引力 35kN。

持续放线速度 3.5km/h。

并轮牵引 1 根导线（或钢丝绳）时：

最大牵引力 100kN。

持续牵引力 70kN。

最大牵引速度 2km/h。

2. 主要特点

（1）张力工况。

1）可同时展放两根导线（或钢丝绳），每根导线（或钢丝绳）张力可自行调节，张力可直观显示；两个放线卷筒可并轮放线，也可单卷筒放线，另一卷筒进行牵引作业或停止；放线长度可由里程表显示。

2）放线卷筒可正反转动，可送出导线或进行牵引作业。

3）导线轴架与主机工况协调一致。

（2）牵引工况。

1）两组卷筒可同时牵引，也可并轮牵引，可以用一组卷筒牵引，另一组实现张力放线工况或停止，在各种牵引工况下可实现无级调速，在作业工况要求或故障情况下，每组卷筒均可实现快速制动。

2）放线卷筒可缠绕钢丝绳，操作简单，使用可靠。

3．结构参数

放线卷筒槽底直径：1500mm。

适应导线最大直径：40mm。

发动机：德国道依茨风冷式，53.5kW-2500r/min。

电气系统：24V。

前支腿：液压升降形式。

起吊：采用横梁单点起吊，起吊平稳。

结构形式：单轴两轮拖挂式。

外形尺寸：5250mm×2300mm×2400mm。

整机质量：8200kg。

（七）SAZ-65×2型液压传动张力机

图 14-66 所示为 SAZ-65×2 型液压传动张力机结构图。

1．性能参数

（1）放线工况时的性能。

同时放 2 根导线（或钢丝绳）时：

最大持续张力 2×65kN。

最大持续速度 5km/h。

并轮放 1 根导线（或钢丝绳）时：

最大持续张力 130kN。

最大持续速度 5km/h。

（2）收线工况时的性能。

同时牵引 2 根导线（或钢丝绳）时：

最大间断牵引力 2×65kN。

持续牵引力 2×52kN。

最大持续速度 2.5km/h。

单相牵引 1 根导线（或钢丝绳）时：

最大间断牵引力 65kN。

持续牵引力 52kN。

最大持续速度 2.5km/h。

并轮牵引 1 根导线（或钢丝绳）时：

最大间断牵引力 130kN。

持续牵引力 104kN。

最大牵引速度 1km/h。

2．主要特点

（1）张力工况。

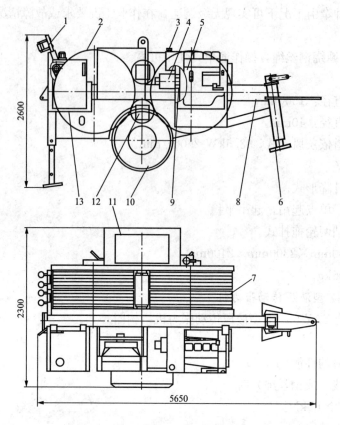

图 14-66　SAZ65×2 型液压传动张力机结构图

1—导向滚子组；2—大齿圈护罩；3—燃油箱；4—液压泵；5—发动机；
6—前支腿总成；7—放线卷筒；8—机架；9—联轴器、飞轮、连接法兰；
10—轮胎；11—控制箱；12—液压马达、制动器、减速器总成；13—液压
油箱

1）可同时展放两根导线（或钢丝绳），每根导线（或钢丝绳）张力可自行调节，张力可直观显示；两个放线卷筒可并轮放线，也可单卷筒放线，另一卷筒进行牵引作业或停止；放线长度可由里程表显示。

2）放线卷筒可正反转动，可送出导线或进行牵引作业。

3）导线轴架与主机工况协调一致。

（2）牵引工况。

1）两组卷筒可同时牵引，也可并轮牵引，可以用一组卷筒牵引，另一组实现张力放线工况或停止，在各种牵引工况下可实现无级调速，在作业工况要求或故障情况下，每组卷筒均可实现快速制动。

2）放线卷筒可缠绕钢丝绳，操作简单，使用可靠。

3. 结构参数

放线卷筒槽底直径：1700mm。

张力轮槽数：5。

适应导线最大直径：45mm。

发动机：进口德国道依茨风冷式 53.5kW-2500r/min。

电气系统：24V。

外形尺寸：5650mm×2300mm×2600mm。

整机质量：8600kg。

（八）SAZ-40×4 型液压传动张力机

1. 性能参数

（1）放线工况时的性能。

同时放 4 根导线（或钢丝绳）时：

最大持续张力 4×40kN。

最大持续速度 5km/h。

并轮放 2 根导线（或钢丝绳）时：

最大持续张力 2×80kN。

最大持续速度 5km/h。

（2）收线工况时的性能。

同时牵引 4 根导线（或钢丝绳）时：

最大间断牵引力 4×40kN。

持续牵引力 4×30kN。

最大持续速度 1km/h。

单轮牵引 1 根导线（或钢丝绳）时：

最大间断牵引力 40kN。

持续牵引力 30kN。

最大持续速度 3.0km/h。

单轮牵引 2 根导线（或钢丝绳）时：

最大间断牵引力 2×40kN。

持续牵引力 2×30kN。

最大持续速度 1.5km/h。

并轮牵引 2 根导线（或钢丝绳）时：

最大间断牵引力 2×80kN。

持续牵引力 2×60kN。

最大牵引速度 1km/h。

2. 主要特点

（1）张力工况。

1）可同时展放四根导线（或钢丝绳），每根导线（或钢丝绳）张力可自行调节，张力可直观显示；两组放线卷筒可并轮放线，也可单卷筒放线，另一卷筒进行牵引作业或停止；放线长度可由里程表显示。

2）放线卷筒可正反转动，可送出导线或进行牵引作业。

3）导线轴架与主机工况协调一致。

（2）牵引工况。

1）四组卷筒可同时牵引，也可两组卷筒并轮牵引，可以用一组卷筒或两组卷筒并轮牵引，另一组实现张力放线工况或停止作业，在各种牵引工况下，可实现无级调速，在作业工况要求或故障情况下，每组卷筒均可实现快速制动。

2）放线卷筒可缠绕钢丝绳，操作简单，使用可靠。

3．结构参数

放线卷筒槽底直径（5 槽）：1500mm。

适应导线最大直径：40mm。

发动机：进口德国道依茨风冷式，53.5kW/2500r/min。

电气系统：24V。

放线卷筒传动方式：四套独立的具有冷却系统的闭式液压回路，张力可直观显示并可预置最大张力，放收线长度可由里程表（显示器）读出。

前后支腿：均为液压升降形式。

结构形式：双轴四轮拖挂式。

外形尺寸：5000mm×2300mm×2600mm。

整机质量：12000kg。

第七节　国外张力机系列

（一）FRS300 型液压传动张力机

FRS300 型液压传动机用于牵引展放一根牵引钢丝绳或一根导线，放线卷筒槽是由耐磨材料制成，表面弧形尼龙块可以更换。图 14-67 所示为 FRS300 型液压传动张力机结构图。

1．主要性能特点

（1）本机采用开式液压回路，张力控制非常灵敏，速度变化时，张力的变化也很小。

（2）反向自动制动的制动器。

（3）机械长度（米）计数器。

（4）刚性拖车轴最大拖运速度 30km/h，带有机械停车刹车装置。

（5）带有前犁锚的机械升降前支腿。

2．主要技术参数

（1）最大张力：25kN。

（2）持续张力：20kN。

（3）最大放线速度：5km/h。

以上是在海平面位置及周围环境温度 20℃时。

（4）放线卷筒槽底直径：660mm。

（5）适用最大导线直径：24mm。

（6）外形尺寸：2710mm×1500mm×1820mm。

（二）FRS301 型液压传动张力机

FRS301 型液压传动张力机适用展放一根牵引钢丝绳或一根导线，或 OPGW 光缆，卷筒槽是由尼龙弧形块组成。图 14-68 所示为 FRS301 型液压传动张力机结构图。

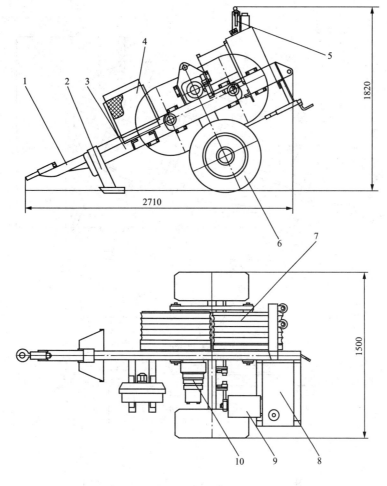

图 14-67　FRS300 型液压传动张力机结构图

1—拖架；2—前支腿；3—机架；4—液压油散热器；5—导向滚子组；6—轮胎总成；
7—放线卷筒；8—液压油箱；9—控制箱；10—液压马达、减速机总成

1. 主要性能特点

(1) 液压系统采用开式液压回路，该回路使张力控制非常灵敏，速度变化时，张力的变化也很小。

(2) 反向自动制动的制动器。

(3) 机械长度（m）计数器。

(4) 刚性拖车轴最大拖运速度可达 30km/h，带有机械停车刹车装置。

(5) 齿轮变速箱有 3 个控制挡位：①空挡，放线卷筒能由导线带动正反方向自由转动；②低张力挡，张力为 1.5～5kN 时；③正常放线张力挡。

(6) 机械升降的带犁锚的前支腿。

2. 主要技术参数

(1) 最大张力：25kN。

(2) 持续张力：20kN。

(3) 最大放线速度：5km/h。

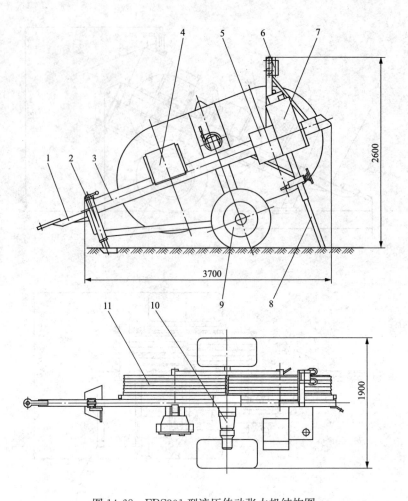

图 14-68　FRS301 型液压传动张力机结构图

1—拖架；2—前支腿；3—机架；4—液压油散热器；5—控制箱；6—导向滚子组；7—液压油箱；

8—后支腿；9—轮胎总成；10—液压马达、减速机总成；11—放线卷筒

以上是在海平面位置及周围环境温度 20℃时。

（4）放线卷筒直径：1500mm。

（5）适用最大导线直径：36mm。

（6）外形尺寸：3700mm×1900mm×2600mm。

（7）整机质量：1950kg。

（三）FRS400 型液压传动张力机

FRS 型液压传动张力机适用展放一根或两根牵引绳，或双分裂导线。放线卷筒槽块是由可更换的尼龙衬块做成。图 14-69 所示为 FRS400 型液压传动张力机结构图。

1. 主要性能特点

（1）液压系统采用开式液压回路，张力控制非常灵敏，速度变化时，张力的变化也很小。

（2）反向自动制动的制动器。

（3）机械长度（m）计数器。

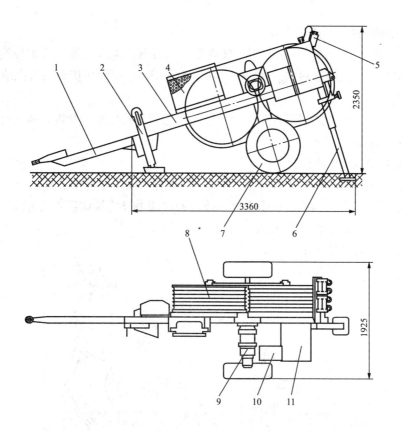

图 14-69 FRS400 型液压传动张力机结构图

1—拖架；2—前支腿；3—机架；4—液压油散热器；5—导向滚子组；6—后支腿；7—轮胎总成；8—放线卷筒；9—液压泵、减速机总成；10—控制箱；11—液压油箱

（4）刚性拖车轴最大拖运速度可达 30km/h，带有机械停车刹车装置。

（5）齿轮变速箱有 3 个控制挡位：①空挡，放线卷筒能由导线带动正反方向自由转动；②低张力挡，张力为 2～6kN 时；③正常放线张力挡。

（6）机械升降，带犁锚的前支腿。

注：1. 当采用展放双分裂导线时，适用最大导线直径为 24mm。

2. 可选用 22kW 柴油发动机时，具有牵引功能，这时最大牵引力为 40kN，总重 1900kg。

2. 主要技术参数

（1）最大放线张力：40kN。

（2）持续放线张力：35kN。

（3）最大放线速度：5km/h。

以上是在海平面位置及周围环境温度 20℃时。

（4）放线卷筒槽底直径：1200mm。

（5）适用最大导线直径：34mm。

（6）外形尺寸：3360mm×1925mm×2350mm。

（7）整机质量：1900kg。

（四）FRS403 型液压传动张力机

FRS403 型液压传动张力机主要用于展放 1 或 2 根钢丝绳或展放双分裂导线，放线卷筒表面采用可更换的尼龙弧形衬块。图 14-70 所示为 FRS403 型液压传动张力机结构图。

1. 性能特点

（1）液压系统采用开式回路，张力控制非常灵敏，放线速度变化时，张力变化也很小。

（2）反向自动制动的制动器。

（3）机械长度（m）计数器。

（4）刚性拖车轴最大拖运速度可达 30km/h，带有机械停车刹车装置。

（5）齿轮箱有三个控制挡位：①空挡，放线卷筒能被导线拉动后正反方向转动；②低张力挡（张力 2～6kN）；③常规张力挡。

（6）机械升降带犁锚的前支腿。

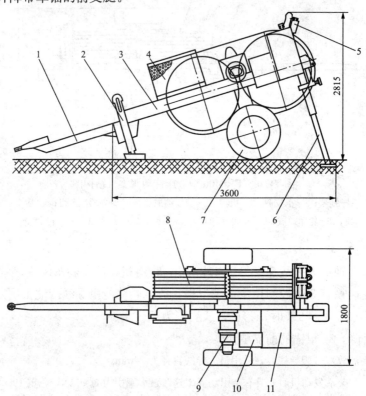

图 14-70 FRS403 型液压传动张力机结构图

1—拖架；2—前支腿；3—机架；4—液压油散热器；5—导向滚子组；6—后支腿；7—轮胎总成；8—放线卷筒；9—液压马达、减速机总成；10—控制箱；11—液压油箱

2. 主要技术参数

（1）最大放线张力：40kN。

（2）持续放线张力：35kN。

（3）最大放线速度：5km/h。

以上为在海平面高度位置及周围环境温度 20℃时。

（4）放线卷筒槽底直径：1500mm。

（5）适用最大导线直径：34mm。

（6）外形尺寸：3600mm×1800mm×2815mm。

（7）整机质量：2300kg。

（五）FRS500 型液压传动张力机

FRS500 型液压传动张力机适用展放 1 根或两根牵引绳或展放双分裂导线，放线卷筒表面采用可更换的弧形尼龙块。图 14-71 为 FRS500 型液压传动张力机结构图。

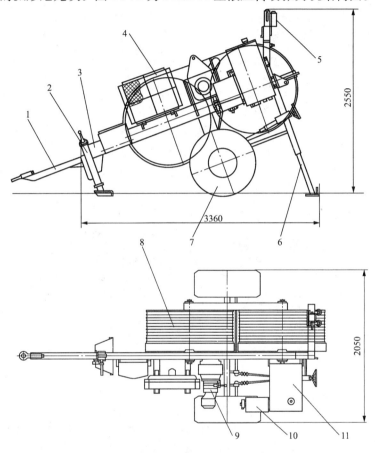

图 14-71 FRS500 型液压传动张力机结构图

1—拖架；2—前支腿；3—机架；4—液压油散热器；5—导向滚子组；6—后支腿；7—轮胎总成；8—放线卷筒；9—液压马达、减速机总成；10—控制箱；

11—液压油箱

1. 性能特点

（1）液压系统采用开式回路，张力控制非常灵敏，放线速度变化时，张力变化也很小。

（2）反向自动制动的制动器。

（3）机械长度（m）计数器。

（4）刚性拖车轴最大拖运速度可达 30km/h，带有机械停车刹车装置。

（5）齿轮箱有 2 个控制挡位：①空挡，放线卷筒能被导线带动自由转动；②低张力挡

（张力 5～20kN）。

（6）机械升降带犁锚的前支腿。

2. 主要技术参数

（1）最大放线张力：75kN。

（2）持续放线张力：70kN。

（3）最大放线速度：5km/h。

上述为在海平面位置，周围环境温度为 20℃时。

（4）卷筒槽底直径：1200mm。

（5）适用展放最大导线直径：34mm。

（6）外形尺寸：3360mm×2050mm×2550mm。

（7）整机质量：2400kg。

（六）FRS506 型液压传动张力机

FRS506 型液压传动张力机用于展放 1 根或两根牵引钢丝绳，或牵引展放双分裂导线，放线卷筒上装有可更换的尼龙弧形衬块。图 14-72 所示为 FRS506 型液压传动张力机结构图。

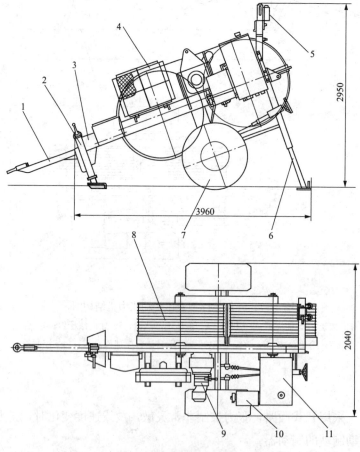

图 14-72　FRS506 型液压传动张力机结构图

1—拖架；2—前支腿；3—机架；4—液压油散热器；5—导向滚子组；6—后支腿；7—轮胎总成；8—放线卷筒；9—液压马达、减速机总成；10—控制箱；11—液压油箱

1．性能特点

（1）液压系统采用开式回路，张力控制非常灵敏，放线速度变化时，张力变化也很小。

（2）反向自动制动的制动器。

（3）机械长度（m）计数器。

（4）刚性拖车轴最大拖运速度可达30km/h，带有机械停车刹车装置。

（5）齿轮箱有3个控制挡位：①空挡，放线卷筒由导线带动后能正反方向自由转动；②低张力挡（张力5～20kN）；③常规张力挡。

（6）机械升降带犁锚的前支腿。

2．主要技术参数

（1）最大张力：75kN。

（2）持续张力：70kN。

（3）最大放线速度：5km/h。

以上是限于在海平面位置，周围环境温度为20℃时。

（4）放线卷筒槽底直径：1500mm。

（5）适用展放最大导线直径：34mm。

（6）外形尺寸：3960mm×2040mm×2950mm。

（7）整机质量：2900kg。

（七）FRB501型液压传动张力机

FRB501型液压传动张力机适用于展放1根或2根牵引绳，或展放双分裂导线，两组放线卷筒能单独控制，卷筒表面镶有可更换的尼龙槽块。图14-73所示为其结构图。

1．性能特点

（1）液压系统有两个半闭式回路组成，张力控制非常灵敏，速度变化时张力变化很小。本机还有最大张力值预设定系统。

（2）2个反向自动制动液压制动器。

（3）2个液压测力计。

（4）2个机械式里程计数器。

（5）带有机械刹车的刚性轮轴，最大拖运速度可达30km/h。

（6）液压自动升降带犁锚的前支腿。

（7）带有控制两个导线轴架的动力源接口。

（8）带有液压压接动力与动力源。

（9）2个齿轮箱带有3个控制挡：①空挡，张力轮组能在导线带动下正反方向自由转动；②低张力挡，张力2～3kN；③常规张力挡。

（10）可根据要求可提供拖车灯光系统，拖车气刹车系统，或两台张力机并机用电气连接装置。

2．主要技术参数

（1）最大张力：2×37.5kN或1×75kN。

（2）持续张力：2×35kN或1×75kN。

（3）最大放线速度：5km/h。

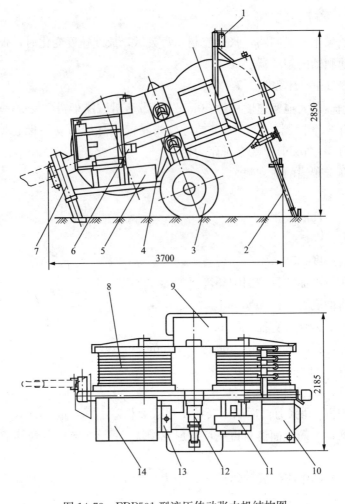

图 14-73　FRB501 型液压传动张力机结构图

1—导向滚子组；2—后支腿；3—轮胎总成；4—机架；5—电瓶箱；6—液压泵；7—前
支腿；8—放线卷筒；9—控制箱；10—液压油箱；11—液压油散热器；12—液压马
达、减速器、制动器总成；13—燃油箱；14—发动机

以上为在海平面位置，周围环境温度为 20℃时。

（4）放线卷筒槽底直径：1500mm。

（5）适用展放最大导线直径：40mm。

（6）发动机：22kW，水冷，12V 电源。

（7）外形尺寸：2185mm×3700mm×2850mm。

（8）整机质量：4600kg。

（八）FRB600 型液压传动张力机

FRB600 型液压传动张力机适用于展放 1～4 根牵引绳或 2 组双分裂导线，两组放线卷筒完全可以单独控制。卷筒带有可更换的尼龙槽块。该机采用电气控制。图 14-74 所示为 FRB600 型液压传动张力机结构图。

1. 主要性能特点

（1）液压系统有两个半闭式回路组成，使张力控制非常灵敏，速度变化情况下张力变化很小，该机还有张力预设定系统。

（2）2个反向自动制动的制动器。

（3）2个数字里程表。

（4）带有机械刹车的刚性轮轴，最大拖运速度为30km/h。

（5）液压升降带犁锚的前支腿。

（6）带有液压动力源接口，可控制4个导线轴架，并可独立控制2个导线轴架。

（7）带有可提供导线压接机动力的动力源组件。

（8）可安装拖车照明系统、气动刹车系统，以及用于展放2根最大直径可达ϕ40mm的导线相应槽型的尼龙槽块。

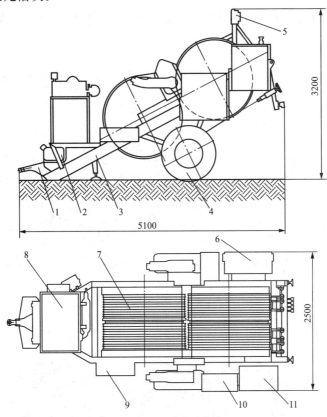

图 14-74　FRB600 型液压传动张力机结构图

1—拖架；2—前支腿；3—机架；4—轮胎总成；5—导向滚子组；6—液压油散热器；7—放线卷筒；8—发动机；9—电瓶箱；10—控制箱；

11—液压油箱

2. 主要技术参数

（1）最大张力：2×75kN。

（2）持续张力：2×70kN。

（3）最大放线速度：5km/h。

（4）最大牵引力：2×60kN。

（5）最小牵引速度：0.6km/h。

以上是在海拔位置，周围环境温度为20℃时。

（6）放线卷筒槽底直径：1500mm。

（7）适用展放最大导线直径：38mm。

（8）发动机功率：46kW，水冷，12V电源。

（9）外形尺寸：5100mm×2500mm×3200mm。

（10）整机质量：7500kg。

（九）FRQ601型液压传动张力机

FRQ601型液压传动张力机适用于同时展放1、2、3或4根牵引绳，或4分裂导线，4个放线卷筒可独立控制。放线卷筒上镶嵌有可更换的尼龙槽块。当线路为3分裂导线时，可用环形系统回牵牵引绳。采用电机控制。图14-75所示为FRQ601型液压传动张力机结构图。

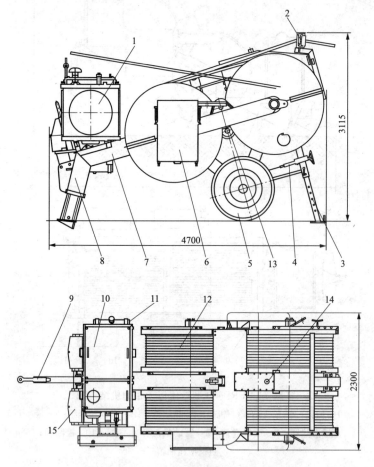

图14-75　FRQ601型液压传动张力机结构图

1—散热器；2—导向滚子组；3—后支腿；4—手动刹车；5—轮胎总成；6—控制
箱；7—机架；8—前支腿；9—拖架；10—发动机；11—燃油箱；12—放线卷筒；
13—液压马达、制动器、减速机总成；14—液压油箱；15—工具箱

1. 主要性能特点

（1）液压系统为4个半闭式回路，张力控制非常灵敏，速度有变化时，张力变化也很

小，本机还带有张力预设定系统。

（2）4 个反向自动制动的液压制动器。

（3）4 个数字里程表。4 个数字速度表。

（4）带有机械刹车的刚性轮轴，最大拖运速度为 30km/h。

（5）液压升降带犁锚的前支腿。

（6）可控制 4 个分离式导线轴架的液压动力源接口。

（7）供压接导线用的动力源。

（8）也可选用拖车照明、气动刹车装置。

2. 主要技术参数

（1）最大张力：4×37.5kN 或 2×75kN。

（2）持续张力：4×35kN 或 2×75kN。

（3）最大牵引速度：5km/h。

（4）最大牵引力：4×35kN 或 2×75kN。

以上参数是在海平面位置及周围环境温度为 20℃时。

（5）牵引卷筒槽底直径：1500mm。

（6）适用展放最大导线直径：40mm。

（7）发动机功率：48kW，水冷，24V 电源。

（8）外形尺寸：4700mm×2300mm×3115m。

（9）整机质量：10 000kg。

（十）FRQ700 型液压传动张力机

FRQ700 型液压传动张力机适用于牵引 1、2、3 或 4 根绳子，或展放 4 分裂导线，4 组放线卷筒能独立控制，放线卷筒表面镶嵌有可更换的尼龙槽块；当线路为 3 分裂导线时，用环形方式可回牵牵引绳。图 14-76 所示为 FRQ700 型液压传动张力机结构图。

1. 主要性能特点

（1）液压系统为 4 个半闭式回路，张力控制非常灵敏，速度有变化时，张力变化也很小，本机还带有张力预设定系统。

（2）4 个反向自动制动液压制动器。

（3）机械式里程表。

（4）带机械刹车的刚性轮轴最大拖运速度可达 80km/h 的拖车，空气刹车系统。

（5）带犁锚的液压升降前支腿。

（6）拖车灯光系统。

（7）可控制 4 个分离式导线轴架的液压动力源接口。

（8）供导线压接用的导线压接机液压动力源组件。

（9）放线卷筒并轮装置。

2. 主要技术参数

（1）最大张力：4×40kN 或 2×80kN。

（2）持续张力：4×35kN 或 2×70kN。

（3）最大放线速度：5km/h。

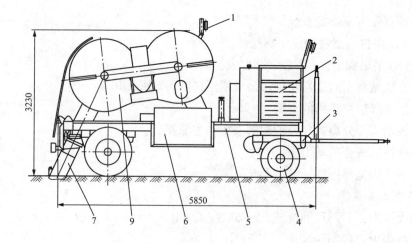

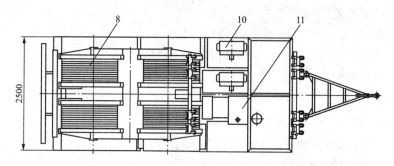

图 14-76 FRQ700 型液压传动张力机结构图

1—导向滚子组；2—发动机；3—拖架转盘；4—轮胎总成；5—机架；6—控制箱；

7—前支腿；8—放线卷筒；9—主液压马达、减速机、制动器总成；10—散热器；

11—液压油箱

（4）最大牵引力：4×40kN。

（5）最大回牵速度：4×1km。

以上参数是在海平面位置及周围环境温度为20℃时。

（6）放线卷筒槽底直径：1500mm。

（7）适用展放最大导线直径：40mm。

（8）发动机功率：85kW，水冷，12V电源。

（9）外形尺寸：5850mm×2500mm×3230mm。

（10）整机质量：13000kg。

（十一）FRQ701 型液压传动张力机

FRQ701 型液压传动张力机适用于展放 1、2、3 或 4 根牵引绳或多分裂导线，4 组放线卷筒能独立控制，放线卷筒上镶嵌有可更换的尼龙槽块。当在 3 分裂导线的线路上施工时采用环形方式能回牵牵引绳。图 14-77 所示为 FRQ701 型液压传动张力机结构图。

1. 主要性能特点

（1）液压系统为 4 个半闭式回路，能非常灵敏的控制张力，速度有变化时张力变化很小，并带有张力预设定系统。

（2）4 个反向自动制动的液压制动器。

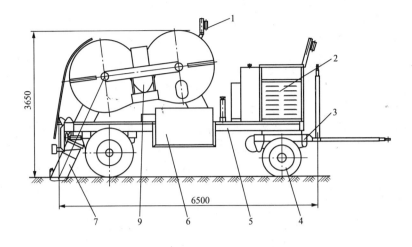

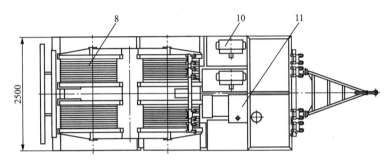

图 14-77　FRQ701 型液压传动张力机结构图

1—导向滚子组；2—发动机；3—拖架转盘；4—轮胎总成；5—机架；6—控制箱；
7—前支腿；8—放线卷筒；9—液压马达、减速机、制动器总成；10—散热器；
11—液压油箱

（3）机械里程表。

（4）带机械刹车的最大拖运速度达 30km/h 的刚性轴的拖车。空气制动系统。拖车照明系统。

（5）液压升降带犁锚的前支腿。

（6）可控制 4 个导线轴架的液压动力源接口。

（7）可供导线压接用压接机的液压动力源组件。

（8）用于空气制动系统的 ABS 配套元件。

2. 主要技术参数

（1）最大张力：4×40kN 或 2×80kN。

（2）持续张力：4×35kN 或 2×70kN。

（3）最大放线速度：5km/h。

（4）最大牵引力：4×40kN 或 2×80kN。

（5）最大牵引速度：4×1km/h。

以上参数是在海平面位置及周围环境温度为 20℃时。

（6）放线卷筒槽底直径：1800mm。

（7）适用展放最大导线直径：52mm。

（8）发动机功率：85kW，水冷，12V 电源。

（9）外形尺寸：6500mm×2500mm×3650mm。

（10）整机质量：16000kg。

（十二）FRQ702 型液压传动张力机

FRQ702 型液压传动张力机是适用于展放 1、2、3 或 4 根牵引绳或 4 分裂导线，4 组放线卷筒完全能独立控制，卷筒表面镶嵌有可更换的尼龙槽块。当线路为 3 分裂导线时，采用环形方式可回牵牵引绳。本机采用电气控制。图 14-78 所示为 FRQ702 型液压传动张力机结构图。

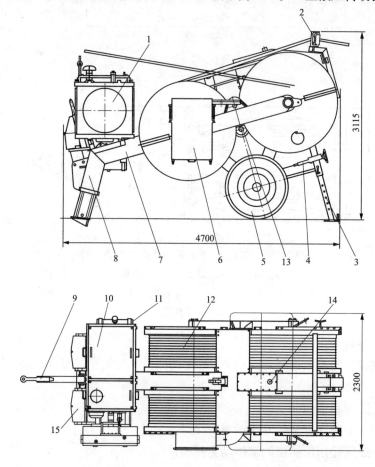

图 14-78　FRQ702 型液压传动张力机结构图

1—散热器；2—导向滚子组；3—后支腿；4—手动刹车；5—轮胎总成；6—控制箱；7—机架；
8—前支腿；9—拖架；10—发动机；11—燃油箱；12—放线卷筒；13—液压马达、制动器、
减速机总成；14—液压油箱；15—工具箱

1. 主要性能特点

（1）液压系统由 4 个半闭式回路组成，使张力控制非常平稳，速度有变化时，张力变化也很小，本机还设置有张力预设定系统。

（2）4 个反向自动制动的液压制动器。

（3）数显里程表，数显速度表。

（4）带机械制动器的刚性轴拖车，最高拖运速度可达 30km/h。也可选用拖车灯光系统及气刹车组件。

（5）液压升降的带犁锚的前支腿。

（6）可控制 4 个分离式导线轴架的液压动力源接口。

（7）可供压接导线用压接机的液压动力源组件。

2. 主要技术参数

（1）最大张力：4×45kN 或 2×90kN。

（2）持续张力：4×37.5kN 或 2×75kN。

（3）最大导线速度：5km/h。

（4）最大牵引力：4×45kN 或 2×90kN。

（5）最大牵引速度：4×1km/h。

以上参数是在海平面位置及周围环境温度为 20℃时。

（6）放线卷筒槽底直径：1500mm。

（7）适用展放最大导线直径：40mm。

（8）发动机功率：85kW，水冷，12V 电源。

（9）外形尺寸：4700mm×2300mm×3115mm。

（10）整机质量：10500kg。

（十三）FRQ800 型液压传动张力机

FRQ800 型液压传动张力机适用于同时展放 1、2、3 或 4 根牵引绳，或 4 分裂导线，4 个放线卷筒可独立控制。放线卷筒上镶嵌有可更换的尼龙槽块。当线路为 3 分裂导线时，可用环形系统回牵牵引绳。本机采用电气控制，图 14-79 所示为其结构图。

1. 主要性能特点

（1）液压系统为 4 个半闭式回路，使张力控制非常灵敏，速度有变化时，张力变化也很小，本机还带有张力预设定系统。

（2）4 个反向自动制动液压制动器。

（3）4 个数字里程表和 4 个数字速度表。

（4）带有机械刹车的刚性轮轴，最大拖运速度为 30km/h。

（5）液压升降带犁锚的前支腿。

（6）可控制 4 个分离式导线轴架的液压动力源接口。

（7）供压接导线用的压接机的动力源。

（8）也可选用拖车照明，气刹车装置。

2. 主要技术参数

（1）最大张力：4×50kN 或 2×100kN。

（2）持续张力：4×45kN 或 2×90kN。

（3）最大放线速度：5km/h。

（4）最大牵引力：4×50kN 或 2×100kN。

（5）最大牵引速度：4×0.8km/h。

以上参数是在海平面位置及周围环境温度为 20℃时。

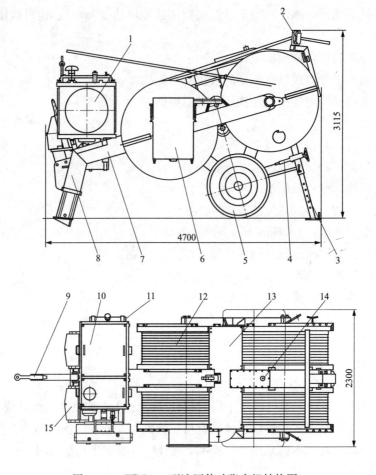

图 14-79　FRQ800 型液压传动张力机结构图

1—液压油散热器；2—导向滚子组；3—后支腿；4—手动刹车；5—轮胎总成；6—控制箱；
7—机架；8—前支腿；9—拖架；10—发动机；11—燃油箱；12—放线卷筒；13—液压马达、
制动器、减速机总成；14—液压油箱；15—工具箱

（6）放线卷筒槽底直径：1500mm。

（7）适用展放最大导线直径：40mm。

（8）发动机功率：85kW，水冷，24V 电源。

（9）外形尺寸：4700mm×2300mm×3115mm。

（10）整机质量：11500kg。

第八节　张力机的使用与维护

一、放线作业时张力机的选择

张力机在放线作业时，由牵引机牵引，通过它使导线在一定张紧下被展放。根据被展放导线截面的大小，展放时要求张力大小和每相分裂导线的数目来选择不同型号、规格的张力机，张力机还必须和导线轴架配合使用。张力机放线卷筒槽底直径应不小于 $40d_c-100mm$（其中 d_c 为导线直径），并要导线从导线轴架上通过张力机被展放到线路杆塔上时，导线进

入张力机放线卷筒要有足够的张紧力。能连续平稳地调整放线张力；并与牵引机同步运转；能在使用地区自然环境下连续工作；放线张力一经调定后能基本保持恒定不变；能分别控制同时牵放的各子导线的放线张力，或用其他方法补偿各子导线在牵放过程中可能出现的张力差；导线轮和导线导向滚轮均不损伤导线。张力机单根导线额定制动张力可按下式选用

$$T = K_T T_P$$

式中　T——主张力机单导线额定制动张力，N；

　　　K_T——选择主张力机单导线额定制动张力的系数，可取 $K_T = 0.17 \sim 0.20$。

　　　T_P——被展放导线的保证计算拉断力，N。

根据上述 T 值，及同相子导线的根数，即可选择不同型号、规格的张力机，选择时，对同相子导线数目较多时，可考虑用几台张力机同时展放，但一般情况下要求该几台张力机能集中有一位操作员控制。

导线轴架用于支撑导线线轴，使导线从线轴上经张力机放线卷筒展放到线路上时，并能使导线进入张力机放线卷筒时保证有足够的尾部张紧力。要求该张紧力满足下述要求

$$1000 < T_W < 2000$$

式中　T_W——导线的尾部张力，N。

尾部张力不宜过大，以免导线在线轴上产生过大的层间挤压及在展放过程中产生张力波动；也不宜过小，以免导线在张力机放线卷筒上滑移。

二、张力机的使用

1. 张力场的选择

张力场为张力放线过程中，张力机就位布置的场地，该场地一般应满足下述要求。

（1）地势平坦，在档距中间位置，张力机能直接运到现场，或道路、桥梁稍加平整或加固后即能运达。线路的始端或末站应作为张力场。

（2）场地地形及面积能满足张力机及导线轴架等辅助设备布置要求，一般要求不小于 75m×25m（长×宽）。

（3）张力场不应设在不允许导线、避雷线接续管的档内。

（4）一般在耐张塔前后不宜设张力场，因为耐张塔紧线施工非常复杂，费工、费时。

（5）直线转角塔前后也不宜设置张力机，因为导线通过放线滑车临时锚固很不方便。

（6）重大跨越处设置张力机要慎重，一是考虑施工的安全性；二是考虑交叉跨越等因素。

（7）张力场宜设在张力放线时导线上扬的铁塔前后，这样可以减少施工中现场的处理工作。

（8）低洼、容易积水的地方不宜设置张力场。一般也不宜设在偏移线路方向过多的地方。

（9）因张力场设备、线盘数量较多，对场地面积要求较大，应尽量减少张力场转移次数，牵引机和张力机可以交替转移，以充分利用张力场在线路中间向前后两侧放线段放线的特点。

2. 张力场布置的一般要求

图 14-80 所示为张力场平面布置图。

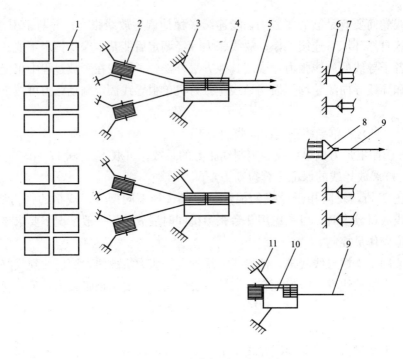

图 14-80 张力场平面布置图

1—备用导线盘；2—导线盘及导线盘轴架；3—张力机地锚；4—张力机；5—导线；6—锚线地锚；

7—导线锚线架；8—牵引板；9—牵引绳；10—小牵引机；11—小牵引机地锚

（1）主张力机应布置在线路中心线上，即中相导线的垂直下方，距第一基塔 100～150m，对特高压线路，因杆塔高度大，距离应更远，保证张力机出线与邻塔放线滑车悬点连线和地面水平线夹角不大于 15°，张力机对边相线偏角不大于 7°，并应考虑在展放三相导线过程中不必移动设备。

（2）小牵引机应设在张力机同一侧。其钢丝绳卷绕装置设置在张力机导线轴架一侧前方，以保证吊车不需转移就可更换钢丝绳卷筒。

（3）导线轴架应前后交错呈扇形排列，并保证导线轴架上线盘上出线与张力机进线的夹角不大于 2.5°。

（4）为防止感应电及跨越电力线时发生意外，所有放线设备均应装有可靠的接地装置。

（5）张力机锚固地锚的安全系数不应小于 3，必须可靠。张力机锚固载荷一般不少于100kN，导线轴架锚固载荷不得少于 30kN。

（6）导线轴架应按放线时线盘的顺序，安放在吊车和导线轴架的两侧。为了便于放线时锚线，三相锚线地锚之间距离不宜过大，一般在张力机出线与第一基杆塔边相挂线点连线外侧 1.5m 左右即可。锚线地锚距张力机出线必须大于 25m，保证张力机出线时有足够的距离。

（7）应尽量减少青苗损失，保护生态环境。

3. 张力机操作注意事项

（1）张力机的专责操作人员在每天使用前必须检查各制动器，制动器要清洁，不能黏上油污，张力机大轮制动器每天工作前要详细检查一遍，各调节螺栓要调整适当，开车不磨

602

轮，刹车必须有效。

（2）发动机起动后，要怠速运转 3～5min，待润滑油温达到 50℃，液压油温达到 20～30℃，各仪表指示正常无误，方可进行作业。

（3）操作人员调节发动机油门，要平缓无冲击，加速及停机要缓慢操作。

（4）液压操作手柄的切换，尽量在低压情况下进行，有的阀必须在高压切换时，要特别注意切换方向，动作要敏捷、准确。

（5）放线开始前，张力机做一次耐压试验，如耐压试验不符合要求，不得作业。

（6）张力放线开始后，操作人员要精力集中，时刻注意前方导线的展放情况，注意观察设备的运行情况，各仪表的指示、导线轴架运行情况、各设备锚固情况，如果发现有异常时，应报告指挥人员，并通知牵引机停止作业。

（7）开始放线时，发动机置于中速油门，打开冷却风扇，控制液压油温低于 80℃，同时，操作人员应保持导线按施工要求的张力值进行调整，并且保持两根或四根导线张力值相同，牵引板运行平稳。

（8）张力过大时，会相应增大牵引机的负荷，使牵引困难，因此，在张力机作业时，技术人员要提前计算好各处的张力值，合理指挥，保持张力机合理、安全的放线。

（9）张力过小时，会使导线落地，触及跨越物或跨越架，引起导线磨损。这时，各塔位通信人员要及时报告张力场指挥人员，以便及时增加张力。

（10）导线波动严重时，也会使导线落地或触及跨越物体。发现此情况时，张力机操作人员要注意缓慢调平导线张力，牵引机操作人员要适当降低牵引速度，保持导线平稳展放。

（11）张力机能保持较长时间连续稳定运转，且应保证液压系统散热平衡。

（12）张力机停机，需要在牵引机停机之后，特殊情况下被迫停机时，应马上通知牵引机先停机，绝对禁止张力机单方面紧急制动。

（13）工作结束，必须将导（地）线进行临时锚固，不得让张力机带张力过夜。

4. 张力机转场运输

（1）张力机转移时，由设备操作人员对设备进行全面检查，并固定部分部件，以防丢失。

（2）短距离转移时可以进行拖行，挂好拖钩并锁紧，拖运时必须限速，路面较好时，时速不得超过 15km/h，在不平道路行驶时，需修整路面，且时速不得超过 10km/h。

（3）设备转移时，专责操作人员应随时注意设备运输情况，每行驶 5km 应停车检查一次。

（4）设备运进现场，应有专人看护，看护人员应严格看管，闲杂人员不得靠近设备，换班时要交接清楚，办理交接手续，现场保卫人员对设备安全应负完全责任。

（5）液压软管拆装时，要特别小心，应保持接头处清洁，装好堵头，转移时应装箱，防止损坏软管。

5. 张力机的一般维护（机械部分）

经常对张力机进行维护和定期保养，对张力机的正常使用和减少故障、延长寿命有重要意义。

（1）机器应经常保持清洁，每天作业后，应擦净机体上的尘土、污垢，特别是散热器、水箱、液压油箱上的尘土，盖上篷布。

（2）要求轴承、转动摩擦部位、制动器、减速器每运行24h注油一次，发动机每天工作前详细检查一次油位，油位低于各部尺寸下限位时，必须加足相应种类机油。

（3）每天开机前检查制动器，确保制动是否快速有效。

（4）柴油。应符合环境温度要求且经过48h以上静置沉淀的清洁柴油注入油箱，一般温度使用0号或10号柴油，炎热地区可使用10号柴油，北方寒冷地区使用31号或凝点更低的柴油。每累计工作400h，应更换柴油滤清器。

（5）润滑油。油品符合柴油机和变速箱使用要求，新机工作50h后更换变速箱润滑油，并在每累计工作时间250h后更换机油滤清器，每累计500h或每年更换全部润滑油。正确地选择SAE润滑油等级应以环境温度为标准，严格按柴油机使用说明书要求选取，严禁不同牌号的润滑油混合使用。

（6）冷却液。当环境温度高于5℃时可用干净的软水，当环境温度低于5℃时，必须使用防冻液，如果用普通软水，必须在工作结束后将水箱、柴油机内水放尽，以免冻裂水箱、缸体。

（7）变量泵和定量马达。此两者系高精密液压元件，必须严格遵守其使用说明书的要求，若发现异常情况或故障，不得自行拆卸，应及时与生产厂家联系。

（8）冬季寒冷地区，必须对冷却器采取防冻措施，或者放尽冷却器内的液压油。

（9）柴油机的使用维护请参照柴油机说明书。

第十五章

牵张两用机

第一节　国产牵张两用机

牵张两用机具备牵引机和张力机两种功能，满足张力放线对牵引机和张力机各自的要求，对牵引机功能而言，既要求有足够大的功率，保证额定牵引力情况下要求一般牵引机具有的牵引速度，还要求有过载保护、满载起动、正反转快速制动等。一次牵引展放或牵引回收导线的长度也不应小于5～8km，故除要求选择的原动机在额定功率下能连续运转一定时间外，有的还配备一体式（在牵张两用机的尾部）或分离式的牵引绳卷绕装置。对张力机动能而言，牵张两用机可用于带张力放出导线、带张力收回线路上的旧导线后更换新导线，还可用于紧线作业，也可用于牵引回收被展放的导线。

牵张两用机要求能较长时间连续稳定运转，并耗散为保证制动张力而产生的热量，保证热平衡、能无级控制放线张力、实现恒张力放线，其双摩擦卷筒的直径槽形应满足展放导线的要求。

国产液压传动牵张两用机均采用闭式液压系统，牵引机工况时可正反方向分别无级调整牵引速度和送出牵引绳速度；最大牵引力可预先调定，超过最大牵引力时能自动停止牵引。

在张力机工况，放线张力大小能无级调整，放线速度能随时适应牵引机牵引速度同步变化，且牵引速度变化时放线张力仍保持稳定，变化很小，能实现恒张力放线。

牵张两用机液压马达的输出轴设置有同轴的液压开启失压自动制动的制动器，再经同轴的行星减速器经和末级开式传动减速器大齿圈和双摩擦牵引（放线）卷筒相连，再经卷筒进行牵引（或放线）作业。

国内目前生产的真正意义上的牵张两用机（即设置功率相对较大的发动机）的品种较少，张力机发动机的功率一般为25～85kW，即使最大的一牵四4×45kN的张力机，其发动的功率一般也不大于85kW，故一般只能单轮、低速下牵引，不能满足牵引机的全部特性，而国外的牵张两用机同样是4×45kN的，发动机的牵引功率为235kW，持续牵引力可达4×37.5kN或1×150kN，最大牵引速度也可达5km/h。

图15-1所示为带钢丝绳卷绕装置的SA-YQZ40C型液压牵张两用机结构图，该机采用51kW东风康明斯发动机，最大牵引力和最大张力均为40kN，该机尾部有同张力机一体的钢丝绳卷绕装置。

该机的钢丝绳卷绕装置只能用于卷绕回收牵引钢丝绳，不能用于卷绕回收被更换的旧导线。其配套使用的钢丝绳卷筒和牵引机配套使用的钢丝绳卷筒规格相同，SA-YQZ40C型

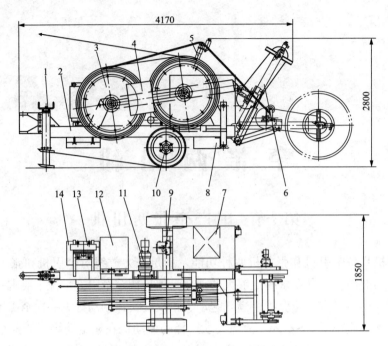

图 15-1　带钢丝绳卷绕装置的 SA-YZQ40C 型液压牵张两用机结构图

1—前支腿；2—机架；3—放线牵引卷筒；4—控制箱；5—导向滚子组；6—钢丝绳卷绕装置；

7—发动机；8—蓄电池；9—主液压泵；10—轮胎总成；11—液压马达、减速器、制动器总成；

12—液压油箱；13—散热器；14—燃油箱

液压牵张两用机由宁波东方电力机具制造有限公司研制生产，其主要性能参数和结构参数
如下。

1. 主要技术参数

（1）牵引机工况。

1）最大牵引力：40kN；

2）持续牵引力：35kN，相应牵引速度：2.5km/h；

3）最大牵引速度：5km/h。

（2）张力机工况。

1）最大放线张力：40kN；

2）最大放线速度：5km；

3）持续放线张力：35kN，相应放线速度：5km/h。

2. 结构参数

（1）牵引（放线）卷筒槽底直径：1200mm。

（2）槽数：5。

（3）适用最大导线直径：32mm。

（4）发动机功率：51kW，12V 电源。

（5）外形尺寸：4170mm×1850mm×2800mm。

（6）整机质量：3600kg。

图 15-2 所示为钢丝绳卷绕装置分体式的 SA-YQZ40D 型液压牵张两用机（即尾部不带

钢丝绳卷绕装置），但它带有可和导线轴架或分离式钢丝绳卷绕机连接的输出动力源接口，其结构和普通张力机相似，其他区别是它满足作业过程中牵引速度的要求发动机的功率比SA-YZQ40C 型液压牵张两用机大。

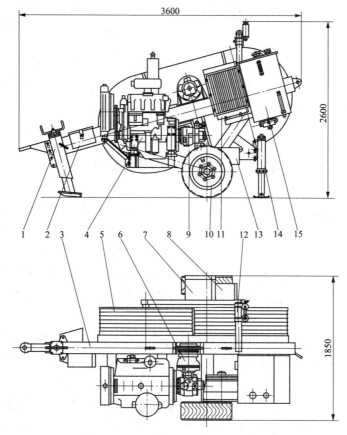

图 15-2　钢丝绳卷绕装置分体式的 SA-YQZ40D 型液压牵张两用机
1—前支腿；2—工具箱；3—机架；4—发动机总成；5—放线牵引卷筒；6—液压马
达、减速器、制动器总成；7—控制箱；8—辅助控制箱；9—主液压泵；10—轮
轴总成；11—散热器；12—导向滚子组；13—蓄电池；14—后支腿；15—液压油箱

　　该机在用牵引绳进行牵引展放导线作业时，必须配有钢丝绳卷绕机，牵引回收线路上的旧导线时与导线轴架联动使用。该导线轴架可采用人工驱动，也可通过液压马达由牵张两用机驱动卷绕回收旧导线。SA-YZQ40D 型液压牵张两用机由宁波东方电力机具制造有限公司研制生产，其主要性能参数和结构参数如下。

　　1. 主要技术参数

　　（1）牵引机工况。

　　1）最大牵引力：40kN；

　　2）持续牵引力：35kN，相应牵引速度：3km/h；

　　3）最大牵引速度：5km/h。

　　（2）张力机工况。

　　1）最大放线张力：40kN；

2）持续放线张力：35kN，相应放线速度：5km/h；

3）最大放线速度：5km/h。

2. 结构参数

（1）牵引（放线）卷筒槽底直径：1200mm。

（2）槽数：5。

（3）适用最大导线直径：32mm。

（4）发动机功率：60kW，12V 电源。

（5）外形尺寸：3600mm×1850mm×2600mm。

（6）整机质量：3200kg。

第二节 国外牵张两用机

意大利牵张两用机均采用可双向无级调速的闭式液压系统，且配置发动机的功率，同具备相同牵引力的牵引机发动机功率相差无几。个别小型的牵张两用机发动机的功率还大于同牵引力牵引机发动机的功率。和牵引机的主要差别在于牵引作业时牵引卷筒槽底直径要比同牵引力的牵引机大得多，且具备液压传动牵引机和张力机两者的全部使用性能。不同的只是意大利牵张两用机用作牵引机时，牵引绳卷绕装置均采用分体式的，而牵引机的钢丝绳卷绕装置同主机是一体。

这种牵张两用机液压系统采用闭式回路，在牵引作业时可无级调整牵引力和正反转时的牵引速度；作张力机使用时，放线张力无级可调，放线速度随牵引速度变化，反应灵敏；带有液压压力开启，失压自动制动的常闭式制动器；如有多组卷筒组成，则各组卷筒均为独立液压回路，放线时均可单独驱动，调整各自的放线张力或牵引力；而牵引作业时各卷筒可两组并轮，这时牵引力或放线张力可以倍增。根据卷筒组的数目（一、二或四），分别设置相同的输出液压动力源接口，用于驱动各自的导线轴架或钢丝绳卷绕装置。下面介绍意大利TESMEC 公司液压传动牵张两用机产品系列。

（一）AFS 301 型液压传动牵张两用机

AFS 301 型液压传动牵张两用机主要用于展放或回收单根导线（或 OPGW 光缆），放线卷筒导线槽采用可更换的耐磨尼龙。图 15-3 所示为 AFS 301 型液压传动牵张两用机结构图。

1. 主要性能特点

（1）采用闭式液压系统，最大牵引力可预先设定，可在正、反方向分别无级调整放线牵引速度和送出牵引绳速度。

（2）可根据牵引力的大小，在该牵引力允许的最大牵引速度以下的范围内无级调整牵引速度。

（3）能无级调整放线张力的大小，在放线速度变化时，放线张力的变化很小。

（4）带有液压开启，失压自动制动的制动器。

（5）有一个三挡变速器：①高张力时速度挡；②低张力挡（张力为 1.5kN 以下）；③空挡，用于在放线卷筒上穿引导线或退出多余导线。

（6）带有控制一个导线轴架动力源接口。

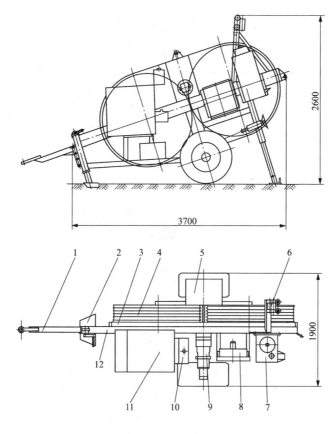

图 15-3   AFS 301 型液压传动牵张两用机结构图

1—拖架；2—前支腿；3—末级齿轮减速器；4—放线（牵引）卷筒；5—控制箱；

6—进线导向滚子组；7—液压油箱；8—散热器；9—液压马达、制动器、减速器总成；

10—液压泵；11—发动机；12—机架

（7）带有机械刹车的拖车轮轴，最大拖运速度 30km/h。

（8）带有机械升降的前支腿。

2. 主要技术参数

（1）牵引工况。

1）最大牵引力：25kN；

2）持续牵引力：20kN，对应持续牵引速度 1.7km/h；

3）最大牵引速度：4km/h，对应的牵引力 8kN。

（2）放线工况。

1）最大放线张力：25kN；

2）持续放线张力：20kN；

3）最大放线速度：5km/h。

以上工况为海平面位置，环境温度 20℃时。

（3）放线卷筒直径：1500mm。

（4）适用最大导线直径：36mm。

（5）适用最大牵引绳直径：16mm。

（6）发动机功率：25kW，水冷，12V电源。

（7）外形尺寸：3700mm×1900mm×2600mm。

（8）整机质量：2300kg。

（二）AFS 400 型液压传动牵张两用机

AFS 400 型液压传动牵张两用机主要用于展放双分裂导线，放线卷筒导线槽采用可更换的耐磨尼龙，采用电气控制。图 15-4 所示为 AFS 400 型液压传动牵张两用机结构图。

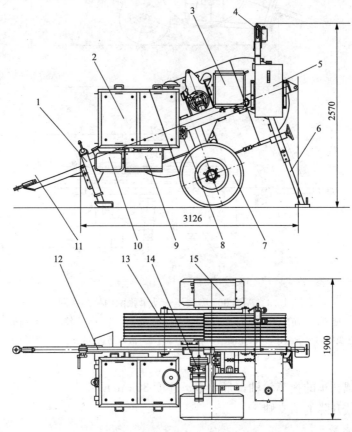

图 15-4　AFS 400 型液压传动牵张两用机结构图

1—前支腿；2—发动机；3—散热器；4—导向滚子组；5—液压油箱；
6—后支腿；7—轮胎总成；8—主液压泵；9—蓄电池；10—燃油箱；
11—拖架；12—机架；13—放线（牵引）卷筒；14—液压马达、减速机、
制动器总成；15—控制箱

1. 主要性能特点

（1）采用闭式液压系统，可正、反方向分别无级调整牵引速度和送出牵引绳速度，最大牵引力可预先设定。

（2）可根据牵引力的大小，在该牵引力允许的最大牵引速度以下无级调整牵引速度。

（3）能无级调整放线张力的大小，在放线速度变化时，放线张力的变化很小。

（4）带有液压开启，失压自动制动的制动器。

（5）有一个三挡变速器：①高张力时速度挡；②1～7kN 张力及以下的低张力速度挡；

③空挡，主要用于在放线卷筒上穿引导线或从放线卷筒上送出多余导线。

（6）带有能驱动两个导线轴架或使两个导线轴架产生制动力矩的两个动力源接口。

（7）带有机械刹车的拖车轮轴，最大拖运速度30km/h。

（8）机械升降的前支腿。

2. 主要技术参数

（1）牵引工况。

1）最大牵引力：45kN；

2）持续牵引力：35kN，持续牵引速度：3km/h；

3）最大牵引速度：5km/h，牵引力：20kN。

（2）放线工况。

1）最大放线张力：45kN；

2）持续放线张力：35kN；

3）最大放线速度：5km/h。

以上工况为海平面位置，环境温度20℃时。

（3）放线卷筒直径：1200mm。

（4）适用最大导线直径：34mm。

（5）适用最大牵引绳直径：16mm。

（6）发动机功率：63kW，水冷，12V电源。

（7）外形尺寸：3126mm×1900mm×2570mm。

（8）整机质量：2700kg。

3. 可选配

（1）液压压接机动力源。

（2）最长15m的有线遥控装置。

（3）无线遥控装置。

（4）液压钢丝绳卡握制动装置。

（5）参数记录仪表。

（三）AFS 404型液压传动牵张两用机

AFS 404型液压传动牵张两用机主要用于展放双分裂导线，放线卷筒导线槽采用可更换的耐磨尼龙，采用电气控制。图15-5所示为AFS 404型液压传动牵张两用机结构图。

1. 主要性能特点

（1）采用闭式液压系统，可正、反方向分别无级调整牵引速度和送出牵引绳速度，最大牵引力可预先设定。

（2）可根据牵引力的大小，在该牵引力允许的最大牵引速度以下无级调整牵引速度。

（3）能无级调整放线张力的大小，放线速度变化时，放线张力的变化很小。

（4）带有液压开启，失压自动制动的制动器。

（5）带有能驱动两个导线轴架或使两个导线轴产生制动力矩的两动力源接口。

（6）数显里程表。

（7）带有机械刹车的拖车轮轴，最大拖运速度30km/h。

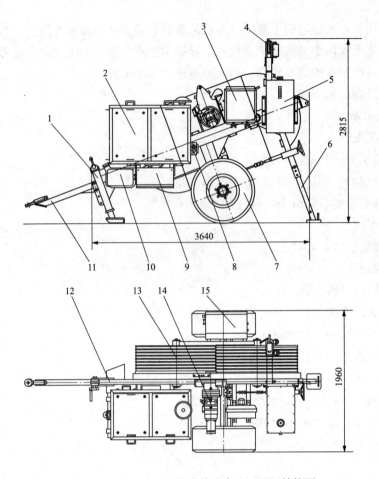

图 15-5　AFS 404 型液压传动牵张两用机结构图

1—前支腿；2—发动机；3—散热器；4—导向滚子组；5—液压油箱；6—后支腿；7—轮胎总
成；8—主液压泵；9—电瓶箱；10—燃油箱；11—拖架；12—机架；13—放线（牵引）卷筒；
14—液压马达、减速机、制动器总成；15—控制箱

(8) 机械升降的前支腿。

2. 主要技术参数

(1) 牵引工况。

1) 最大牵引力：45kN；

2) 持续牵引力：35kN，相应持续牵引速度 3km/h；

3) 最大牵引速度：5km/h，相应的牵引力 20kN。

(2) 放线工况。

1) 最大放线张力：45kN；

2) 持续放线张力：35kN；

3) 最大放线速度：5km/h。

以上工况为海平面位置，环境温度 20℃时。

(3) 放线卷筒直径：1500mm。

(4) 适用最大导线直径：34mm。

（5）适用最大牵引绳直径：16mm。

（6）发动机功率：63kW，水冷，12V电源。

（7）外形尺寸：3640mm×1960mm×2815mm。

（8）整机质量：3000kg。

3．可选配

（1）液压压接机动力源。

（2）最长15m的有线遥控装置。

（3）无线遥控装置。

（4）液压钢丝绳卡握装置。

（5）参数记录仪表。

（四）AFS 401型液压传动牵张两用机

AFS 401型液压传动牵张两用机主要用于展放双分裂导线，放线卷筒导线槽采用耐磨钢质材料，采用电气控制。图15-6所示为AFS 401型液压传动牵张两用机结构图。

1．主要性能特点

（1）采用两个闭式液压系统，可正、反方向分别无级调整牵引速度和送出牵引绳速度，两卷筒的最大牵引力可预先设定。

（2）可根据牵引力的大小，在该牵引力允许的最大牵引速度以下无级调整牵引速度。

（3）能无级调整放线张力的大小，放线速度变化时，放线张力的变化很小。

（4）带有液压开启，失压自动制动的制动器。

（5）带有能驱动两个导线轴架或使两个导线轴产生制动力矩的两动力源接口。

（6）带有两组放线卷筒机械并轮装置，两个机械里程表。

（7）带有机械刹车的拖车轮轴，最大拖动速度30km/h。

（8）机械升降的前支腿。

2．主要技术参数

（1）牵引工况。

1）最大牵引力：2×20kN 或 1×40kN；

2）持续牵引力：2×15kN 或 1×30kN，这时持续牵引速度1.7km/h；

3）最大牵引速度：4km/h，这时的牵引力 2×8kN 或 1×16kN。

（2）放线工况。

1）最大放线张力：2×20kN 或 1×40kN；

2）持续放线张力：2×15kN 或 1×30kN；

3）最大放线速度：4km/h。

以上工况为海平面位置，环境温度20℃时。

（3）放线卷筒直径：1200mm。

（4）适用最大导线直径：34mm。

（5）适用最大牵引绳直径：16mm。

（6）发动机功率：42kW，水冷，12V电源。

（7）外形尺寸：3250mm×2000mm×2475mm。

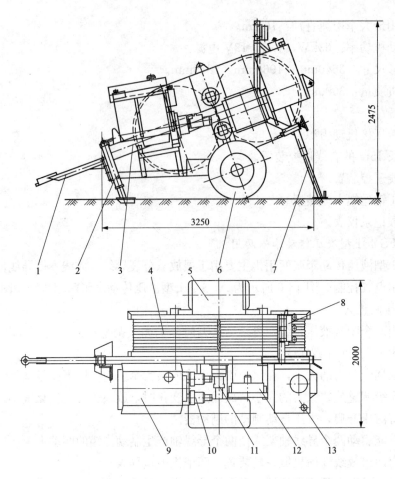

图 15-6　AFS 401 型液压传动牵张两用机结构图

1—拖架；2—前支腿；3—机架；4—放线（牵引）卷筒；5—控制箱；6—轮胎总成；7—后支腿；

8—导向滚子组；9—发动机；10—双泵；11—液压马达、减速机、制动器总成；12—散热器；

13—液压油箱

（8）整机质量：3400kg。

3. 可选配

可选配参数记录仪表。

（五）AFS 500 型液压传动牵张两用机

AFS 500 型液压传动牵张两用机主要用于展放双分裂导线，放线卷筒导线槽采用耐磨钢质材料，采用电气控制。图 15-7 所示为 AFS 500 型液压传动牵张两用机结构图。

1. 主要性能特点

（1）采用两个闭式液压系统，可正、反方向分别无级调整牵引速度和送出牵引绳，两卷筒的最大牵引力可预先设定。

（2）可根据牵引力的大小，在该牵引力允许的最大牵引速度以下无级调整牵引速度。

（3）能无级调整放线张力的大小，放线速度变化时，放线张力的变化很小。

（4）带有液压开启，失压自动制动的制动器。

（5）带有能驱动两个钢丝绳卷绕装置或两个导线轴架，或使两个导线轴产生制动力矩的

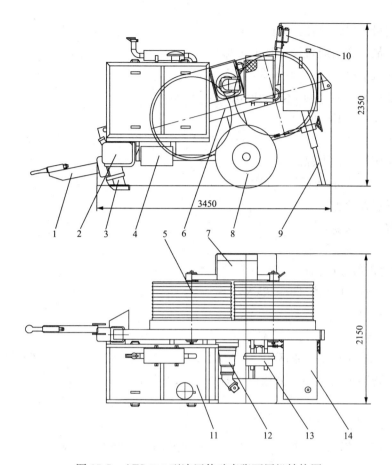

图 15-7　AFS 500 型液压传动牵张两用机结构图

1—拖架；2—燃油箱；3—前支腿；4—蓄电池；5—放线（牵引）卷筒；6—机架；
7—控制箱；8—轮胎总成；9—后支腿；10—导向滚子组；11—发动机、主液压
泵；12—液压马达、制动器、减速机总成；13—散热器；14—液压油箱

两动力源接口。

（6）带有机械刹车的拖车轮轴，最大拖动速度 30km/h。

（7）机械升降的前支腿。

2. 主要技术参数

（1）牵引工况。

1）最大牵引力：90kN；

2）持续牵引力：75kN，这时持续牵引速度 2km/h；

3）最大牵引速度：5km/h，这时的牵引力 30kN。

（2）放线工况。

1）最大放线张力：90kN；

2）持续放线张力：75kN；

3）最大放线速度：5km/h。

以上工况为海平面位置，环境温度 20℃时。

（3）放线卷筒直径：1200mm。

（4）适用最大导线直径：34mm。

（5）适用最大牵引绳直径：16mm。

（6）发动机功率：82kW，水冷，12V电源。

（7）外形尺寸：3450mm×2150mm×2350mm。

（8）整机质量：4000kg。

3．可选配

（1）液压压接机动力源。

（2）最长15m的有线遥控装置。

（3）无线遥控装置。

（4）参数记录仪表。

（5）一个三挡变速装置。

1）高张力放线速度挡；

2）低张力放线速度挡（6～22kN）；

3）空挡速度挡。

（六）AFS 507型液压传动牵张两用机

AFS 507型液压传动牵张两用机主要用于展放单根或两根牵引绳、双分裂导线，放线卷筒导线槽采用耐磨钢质材料。采用电气控制。AFS 507型液压传动牵张两用机的结构如图15-8所示。

1．主要性能特点

（1）采用两个闭式液压系统，可正、反方向分别无级调整牵引速度和送出牵引绳速度，最大牵引力可预先设定。

（2）可根据牵引力的大小，在该牵引力允许的最大牵引速度以下无级调整牵引速度。

（3）能无级调整放线张力的大小，放线速度变化时，放线张力的变化很小。

（4）带有液压开启，失压自动制动的制动器。

（5）带有能驱动两个钢丝绳卷绕装置或两个导线轴架，或使两个导线轴产生制动力矩的两动力源接口。

（6）带有机械刹车的拖车轮轴，最大拖运速度30km/h。

（7）液压升降的前支腿。

2．主要技术参数

（1）牵引工况。

1）最大牵引力：90kN；

2）持续牵引力：75kN，这时持续牵引速度3km/h；

3）最大牵引速度：5km/h，这时的牵引力30kN。

（2）放线工况。

1）最大放线张力：90kN；

2）持续放线张力：75kN；

3）最大放线速度：5km/h。

以上工况为海平面位置，环境温度20℃时。

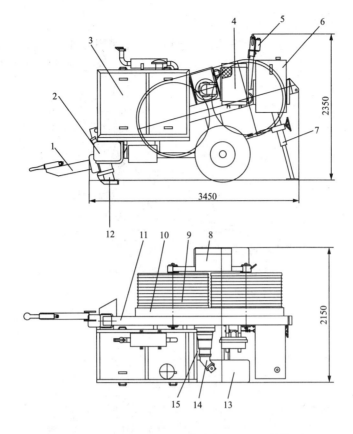

图 15-8　AFS 507 型液压传动牵张两用机结构图

1—拖架；2—燃油箱；3—发动机；4—散热器；5—进线导向滚子组；6—液压油箱；7—后支腿；8—控制箱；9—放线（牵引）卷筒；10—末级齿轮减速器；11—车架；12—前支腿；13—轮胎；14—液压马达、制动器、减速器总成；15—液压泵

（3）放线卷筒直径：1500mm。

（4）适用最大导线直径：40mm。

（5）适用最大牵引绳直径：18mm。

（6）发动机功率：82kW，水冷，12V 电源。

（7）外形尺寸：3450mm×2150mm×2350mm。

（8）整机质量：4600kg。

3. 可选配

（1）液压压接机动力源。

（2）最长 15m 的有线遥控装置。

（3）参数记录仪表。

（4）一个三挡变速装置。

1）高张力速度挡；

2）低张力速度挡（6～22kN）；

3）空挡，主要用于在放线卷筒上穿引导线或从放线卷筒上退出多余导线。

（七）AFS 506 型液压传动牵张两用机

AFS 506 型液压传动牵张两用机主要用于展放 1 根牵引绳或 2 根牵引绳或展放双分裂导线，放线卷筒导线槽采用耐摩钢质材料，采用电气控制。图 15-9 所示为 AFS 506 型液压传动牵张两用机结构图。

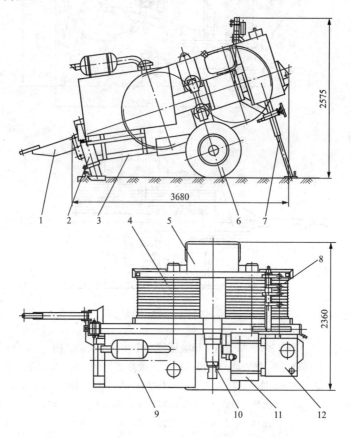

图 15-9　AFS 506 液压传动牵张两用机结构图

1—拖架；2—前支腿；3—机架；4—放线（牵引）卷筒；5—控制箱；
6—轮胎总成；7—后支腿；8—导向滚子组；9—发动机；10—液压马
达、减速机、制动器总成；11—燃油箱；12—液压油箱

1. 主要性能特点

（1）采用两个闭式液压系统组成，各自可在正、反方向分别无级调整牵引速度和送出牵引绳速度，各自的最大牵引力可预先设定，两组放线卷筒可以单独操作驱动。

（2）可根据牵引力的大小，在该牵引力允许的最大牵引速度以下无级调整牵引速度。

（3）能无级调整放线张力的大小，放线速度变化时，放线张力的变化很小。

（4）带有液压开启，失压自动制动的制动器。

（5）带有能驱动两个钢丝绳卷绕装置或两个导线轴架，或使两个导线轴产生制动力矩的两个动力源接口。

（6）带有机械刹车的拖车轮轴，最大拖动速度 30km/h。

（7）液压升降的前支腿。

2. 主要技术参数

(1) 牵引工况。

1) 最大牵引力：2×45kN 或 1×90kN；

2) 持续牵引力：2×37.5kN 或 1×75kN，这时持续牵引速度 2.5km/h；

3) 最大牵引速度：5km/h，这时的牵引力 2×15kN 或 1×30kN。

(2) 放线工况。

1) 最大放线张力：2×45kN 或 1×90kN；

2) 持续放线张力：2×37.5kN 或 1×75kN；

3) 最大放线速度：5km/h。

以上工况为海平面位置，环境温度 20℃时。

(3) 放线卷筒直径：1500mm。

(4) 适用最大导线直径：40mm。

(5) 适用最大牵引绳直径：18mm。

(6) 发动机功率：89kW，水冷，12V 电源。

(7) 外形尺寸：3680mm×2360mm×2575mm。

(8) 整机质量：5500kg。

3. 可选配

(1) 液压压接机动力源。

(2) 最长 15m 的有线遥控装置。

(3) 无线遥控装置。

(4) 两组卷筒机械并轮装置。

(5) 参数记录仪表。

(6) 一个三挡变速装置。

1) 高张力速度挡；

2) 低张力速度挡（3～14kN）；

3) 空挡，主要用于在放线卷筒上穿引导线或从放线卷筒上退出多余导线。

(八) AFS 600 型液压传动牵张两用机

AFS 600 型液压传动牵张两用机主要用于单根、2 根、3 根或 4 根牵引绳牵引作业或展放双分裂、3 分裂及 4 分裂导线，放线卷筒导线槽采用钢质材料。图 15-10 所示为 AFS 600 型液压传动牵张两用机结构图。

1. 主要性能特点

(1) 采用两个闭式液压系统组成，各自均可分别在正、反方向无级调整牵引速度和送出牵引绳速度，各自的最大牵引力均可预先设定。

(2) 各自均可根据牵引力的大小，在该牵引力允许的最大牵引速度以下无级调整牵引速度。

(3) 各自均能无级调整放线张力的大小，放线速度变化时，放线张力的变化很小。

(4) 各自均带有液压开启，失压自动制动的制动器。

(5) 带有两个机械里程表记录放线或牵引长度。

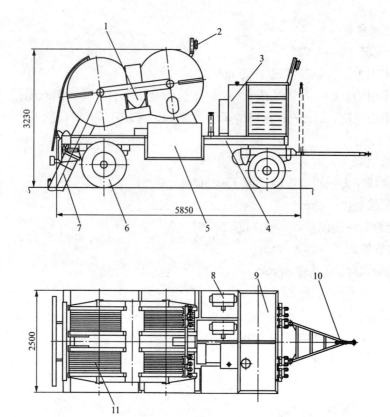

图 15-10　AFS 600 型液压传动牵张两用机结构图

1—液压马达、减速机、制动器总成；2—导向滚子组；3—液压油箱；4—机
架；5—控制箱；6—轮胎总成；7—前支腿；8—散热器；9—发动机；
10—拖架；11—放线（牵引）卷筒

（6）带有能驱动 4 个钢丝绳卷绕装置或 4 个导线轴架，或使 4 个导线轴产生制动力矩的
4 个动力源接口。

（7）带有机械刹车的双桥四轮拖车，最大拖运速度 30km/h，并带有空气刹车系统和拖
车照明系统。

2. 主要技术参数

（1）牵引工况。

1）最大牵引力：2×75kN 或 1×150kN；

2）持续牵引力：2×60kN 或 1×120kN，这时持续牵引速度 2km/h；

3）最大牵引速度：5km/h，这时的牵引力 2×20kN 或 1×40kN。

（2）放线工况。

1）最大放线张力：2×75kN 或 1×150kN；

2）持续放线张力：2×60kN 或 1×120kN；

3）最大放线速度：5km/h。

以上工况为海平面位置，环境温度 20℃时。

（3）放线卷筒直径：1500mm。

（4）适用最大导线直径：40mm。

（5）适用最大牵引绳直径：24mm。

（6）发动机功率：209kW，水冷，12V电源。

（7）外形尺寸：5850mm×2500mm×3230mm。

（8）整机质量：12500kg。

3. 可选配

（1）液压压接机动力源。

（2）最长15m的有线遥控装置。

（3）无线遥控装置。

（4）放线卷筒机械并轮装置。

（5）参数记录仪表。

（6）带有排绳机构的钢丝绳卷绕装置（可提供宽560mm，外径分别为1100mm和1400mm两种结构的钢丝绳卷筒）。

（九）AFS 700型液压传动牵张两用机

AFS 700型液压传动牵张两用机主要用于单根、2根、3根或4根牵引绳牵引作业或展放双分裂、3分裂及4分裂导线，放线卷筒导线槽采用钢质材料，采用电气控制。图15-11所示为AFS 700型液压传动牵张两用机结构图。

1. 主要性能特点

（1）采用4个闭式液压系统组成，各自均可在正、反方向分别无级调整牵引速度和送出牵引绳速度，各自的最大牵引力均可预先设定。

（2）各自均可根据牵引力的大小，在该牵引力允许的最大牵引速度以下范围内无级调整牵引速度。

（3）各自均能无级调整放线张力的大小，放线速度变化时，放线张力的变化很小。

（4）各自均带有液压开启，失压自动制动的制动器。

（5）带有4个机械里程表记录放线或牵引长度。

（6）带有能驱动4个钢丝绳卷绕装置或4个导线轴架，或使4个导线轴产生制动力矩的4个动力源接口。

（7）带有机械刹车的双轿四轮拖车，最大拖动速度80km/h，并带有空气刹车系统和拖车照明系统。

（8）液压升降的前支腿。

2. 主要技术参数

（1）牵引工况。

1）最大牵引力：4×40kN 或 2×80kN 或 1×160kN；

2）持续牵引力：4×35kN 或 2×70kN 或 1×140kN，这时持续牵引速度：2km/h；

3）最大牵引速度：5km/h，这时的牵引力 4×10kN 或 2×20kN。

（2）放线工况。

1）最大放线张力：4×40kN 或 2×80kN 或 1×160kN；

2）持续放线张力：4×35kN 或 2×70kN 或 1×140kN；

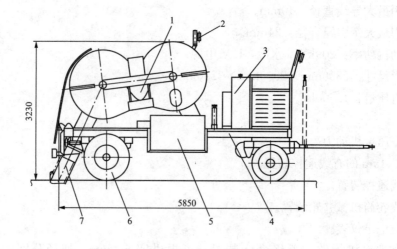

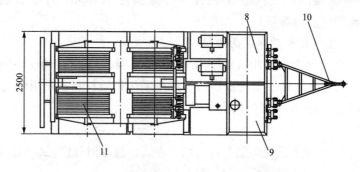

图 15-11 AFS 700 型液压传动牵张两用机结构图

1—液压马达、减速机、制动器总成；2—导向滚子组；3—液压油箱；4—机
架；5—控制箱；6—轮胎总成；7—后支腿；8—液压油散热器；9—发动机；
10—拖架；11—放线卷筒

3）最大放线速度：5km/h。

以上工况为海平面位置，环境温度 20℃时。

（3）放线卷筒直径：1500mm。

（4）适用最大导线直径：40mm。

（5）适用最大牵引绳直径：24mm。

（6）发动机功率：209kW，水冷，24V 电源。

（7）外形尺寸：5850mm×2500mm×3230mm。

（8）整机质量：14500kg。

3. 可选配

（1）液压压接机动力源。

（2）最长 15m 的有线遥控装置。

（3）无线遥控装置。

（4）能使三个一组的放线卷筒机械并轮装置。

（5）参数记录仪表。

（6）带有排绳机构能自装载的钢丝绳卷绕装置（可提供宽 560mm，外径分别为 1100mm 和 1400mm 两种结构钢丝绳卷筒）。

（十）AFS 705 型液压传动牵张两用机

AFS 705 型液压传动牵张两用机主要用于单根、2 根、3 根或 4 根牵引绳牵引作业或展放双分裂、3 分裂及 4 分裂导线，放线卷筒导线槽采用钢质材料，采用电气控制。AFS 705 型液压传动牵张两用机结构同 AFS 700 型液压传动牵张两用机。

1. 主要性能特点

（1）采用 4 个闭式液压系统组成，各自均可在正、反方向分别无级调整牵引速度和送出牵引绳速度，各自的最大牵引力均可预先设定。

（2）各自均可根据牵引力的大小，在该牵引力允许的最大牵引速度以下无级调整牵引速度。

（3）各自均能无级调整放线张力的大小，放线速度变化时，放线张力的变化很小。

（4）各自均带有液压开启，失压自动制动的制动器。

（5）带有 4 个机械里程表记录放线或牵引长度。

（6）带有能驱动 4 个钢丝绳卷绕装置或 4 个导线轴架，或使 4 个导线轴产生制动力矩的 4 个动力源接口。

（7）带有机械刹车的双桥 6 轮拖车轮，最大拖运速度 80km/h，并带有空气刹车系统和拖车照明系统。

（8）液压升降的前支腿。

2. 主要技术参数

（1）牵引工况。

1）最大牵引力：4×45kN 或 2×90kN 或 1×180kN；

2）持续牵引力：4×37.5kN 或 2×75kN 或 1×150kN，这时持续牵引速度 2km/h；

3）最大牵引速度：5km/h，这时的牵引力 4×10kN 或 2×20kN 或 1×40kN。

（2）放线工况。

1）最大放线张力：4×45kN 或 2×900kN 或 1×180kN；

2）持续放线张力：4×37.5kN 或 2×75kN 或 1×150kN；

3）最大放线速度：5km/h。

以上工况为海平面位置，环境温度 20℃时。

（3）放线卷筒直径：1500mm。

（4）适用最大导线直径：40mm。

（5）适用最大牵引绳直径：24mm。

（6）发动机功率：209kW，水冷，24V 电源。

（7）外形尺寸：5850mm×2500mm×3230mm。

（8）整机质量：14950kg。

3. 可选配

（1）液压压接机动力源。

（2）最长 15m 的有线遥控装置。

（3）无线遥控装置。

（4）能使 3 个卷筒并轮的放线卷筒机械并轮装置。

（5）能使 3 个卷筒转速同步的转速同步装置。

（6）参数记录仪表。

（7）带有排绳机构的能自装载的钢丝绳卷绕装置（可提供宽 560mm，外径分别为 1100mm 和 1400mm 两种结构钢丝绳卷筒）。

（十一）AFS 800 型液压传动牵张两用机

AFS 800 型液压传动牵张两用机主要用于单根、2 根、3 根或 4 根牵引绳牵引作业或展放双分裂、3 分裂及 4 分裂导线，放线卷筒导线槽采用钢质材料，采用电气控制。图 15-12 所示为 AFS 800 型液压传动牵张两用机结构图。

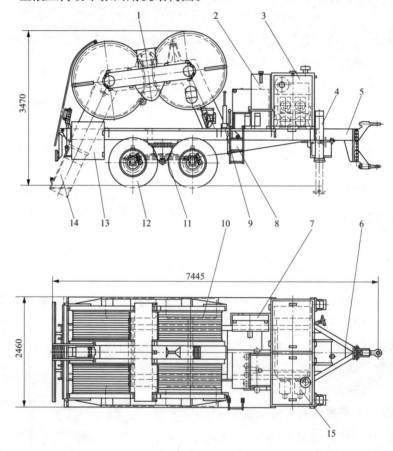

图 15-12 AFS 800 型液压传动牵张两用机结构图

1—液压马达、减速机、制动器总成；2—液压油箱；3—发动机；4—后支腿；5—机架；6—拖架；7—散热器；8—扶梯；9—注油器；10—放线（牵引）卷筒；11—减振弹簧；12—轮胎总成；13—控制箱；14—前支腿；15—主液压泵

1. 主要性能特点

（1）采用 4 个闭式液压系统组成，各自均可在正、反方向分别无级调整牵引速度和送出牵引绳速度，各自的最大牵引力均可预先设定。

（2）各自均可根据牵引力的大小，在该牵引力允许的最大牵引速度以下无级调整牵引速度。

（3）各自均能无级调整放线张力的大小，放线速度变化时，放线张力的变化很小。

（4）各自均带有液压开启，失压自动制动的制动器。

（5）带有 4 个数字里程表记录放线或牵引长度。

（6）带有能驱动 4 个钢丝绳卷绕装置或 4 个导线轴架，或使 4 个导线轴产生制动力矩的 4 个动力源接口。

（7）带有机械刹车的双桥拖车轮轴，最大拖动速度 30km/h，并带有空气刹车系统和拖车照明系统。

（8）液压升降的前支腿，两个液压升降后支腿。

（9）带有 4 个牵引绳液压卡握装置。

（10）带有 3 个 1 组的卷筒转速同步装置。

2. 主要技术参数

（1）牵引工况。

1）最大牵引力：$4 \times 48kN$ 或 $3 \times 63kN$；

2）持续牵引力：$4 \times 37.5kN$ 或 $3 \times 50kN$，这时持续牵引速度 2km/h；

3）最大牵引速度：5km/h，这时的牵引力 $4 \times 15kN$ 或 $3 \times 20kN$。

（2）放线工况。

1）最大放线张力：$4 \times 48kN$ 或 $3 \times 63kN$；

2）持续放线张力：$4 \times 37.5kN$ 或 $3 \times 50kN$；

3）最大放线速度：5km/h。

以上工况为海平面位置，环境温度 20℃时。

（3）放线卷筒直径：1600mm。

（4）适用最大导线直径：45mm。

（5）适用最大牵引绳直径：18mm。

（6）发动机功率：209kW，水冷，24V 电源。

（7）外形尺寸：7445mm×2460mm×3470mm。

（8）整机质量：17500kg。

3. 可选配

（1）液压压接机动力源。

（2）最长 15m 的有线遥控装置。

（3）无线遥控装置。

（十二）AFS 702 型液压传动牵张两用机

AFS 702 型液压传动牵张两用机主要用于单根、2 根、3 根或 4 根牵引绳牵引作业或展放双分裂、3 分裂及 4 分裂导线，放线卷筒导线槽采用耐磨钢质材料，采用电气控制。图 15-13 所示为 AFS 702 型液压传动牵张两用机结构图。

1. 主要性能特点

（1）采用 4 个闭式液压系统组成，各自均可在正、反方向分别无级调整牵引速度和送出

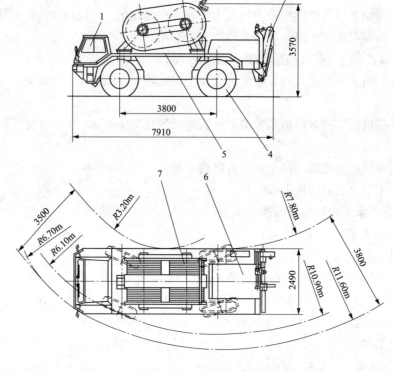

图 15-13　AFS 702 液压传动牵张两用机结构图

1—驾驶室；2—导向滚子组；3—钢丝绳卷绕装置；4—轮胎总成；5—机架；

6—液压油箱；7—放线（牵引）卷筒

牵引绳速度，各自的最大牵引力均可预先设定。

（2）各自均可根据牵引力的大小，在该牵引力允许的最大牵引速度以下无级调整牵引速度。

（3）各自均能无级调整放线张力的大小，放线速度变化时，放线张力的变化很小。

（4）各自均带有液压开启，失压自动制动的制动器。

（5）带有 4 个机械里程表记录放线或牵引长度。

（6）带有能驱动 4 个钢丝绳卷绕装置或 4 个导线轴架，或使 4 个导线轴产生制动力矩的 4 个动力源接口。

（7）整机安装在能行走的四轮车上，最大行驶速度 70km/h，双桥驱动，并带有空气刹车系统和拖车照明系统。

（8）带有液力机械变速箱，动力换挡。

（9）最小转变半径内径 2300mm，外径 6700mm。

2. 主要技术参数

（1）牵引工况。

1）最大牵引力：4×45kN 或 2×90kN 或 1×180kN；

2）持续牵引力：4×37.5kN 或 2×75kN 或 1×150kN，这时持续牵引速度：2km/h；

3）最大牵引速度：5km/h，这时的牵引力 2×20kN 或 1×40kN。

（2）放线工况。

1）最大放线张力：4×45kN 或 2×90kN 或 1×180kN；

2）持续放线张力：4×37.5kN 或 2×75kN 或 1×150kN；

3）最大放线速度：5km/h。

以上工况为海平面位置，环境温度 20℃时。

（3）放线卷筒直径：1400mm。

（4）适用最大导线直径：38mm。

（5）适用最大牵引绳直径：24mm。

（6）发动机功率：235kW，水冷，24V 电源。

（7）外形尺寸：7910mm×2490mm×3570mm。

（8）整机质量：20000kg。

3. 可选配

（1）液压压接机动力源。

（2）机械并轮装置能使三个卷筒机械并轮。

（3）带有排绳机构的钢丝绳卷绕装置（可提供宽 560mm，外径分别为 1100mm 和 1400mm 两种结构的钢丝绳卷筒）。

第十六章

机 动 绞 磨

第一节 机动绞磨分类及结构原理

机动绞磨是在现场无电源情况下使用的一种小型牵引设备，一般均由柴油机或汽油机驱动。除在架线作业时用于紧线调整导线弛度，吊装绝缘子串、放线滑车等外，在组塔施工中也广泛用于吊装组立铁塔，是线路施工中较普遍使用的小型牵引、起重设备。

线路施工用机动绞磨要适应其作业点分散性大、无电源的特点，除要求采用内燃机作为动力外，还要求体积小、重量轻、便于转场搬运，牵引速度平稳，在频繁制动操作情况下，仍能可靠制动。虽然机动绞磨牵引力较大（50N 以下），但牵引速度慢（小牵引力时最大一般不超过 20m/min，常用 10m/min 以下），而其牵引的距离较小。故牵回的钢丝绳一般由人工在保持一定的尾部拉力情况下回收。不设专门的钢丝绳卷绕回收机构。

一、机动绞磨分类

机动绞磨有多种结构类型，可按牵引卷筒形式、发动机类别和总体布置分类。

（1）按牵引卷筒形式分类，有磨芯式机动绞磨和双卷筒机动绞磨。

1）磨芯式机动绞磨是使用最广泛的机动绞磨。牵引卷筒采用单个中间小、两侧大的腰鼓形卷筒进行牵引作业。这种机动绞磨体积小、重量轻，现场搬运方便。但因在牵引过程中牵引钢丝绳必须在卷筒表面不断向卷筒中部小直径处滑移，对牵引钢丝绳保护不利。

2）双卷筒机动绞磨同张力放线用牵引机一样，采用双摩擦牵引卷筒，牵引作业过程中钢丝绳不会在卷筒表面滑移，对保护钢丝绳有利，且在较高牵引速度情况下，在牵引卷筒上不会出现钢丝绳重叠等现象，安全可靠。这类机动绞磨一般可用于较高的牵引速度。主要缺点是同磨芯式机动绞磨相比，体积和重量相对较大。

（2）按发动机类别分类，有汽油机机动绞磨和柴油机机动绞磨。

1）汽油机机动绞磨的发动机采用汽油机。汽油机机动绞磨体积小、重量轻、噪声小，起动容易（特别是在寒冷季节）。缺点是经济性相对使用柴油机较差。

2）柴油机机动绞磨的发动机采用柴油机，柴油机机动绞磨经济性好，燃料价格便宜且消耗率低，工作可靠性高。缺点是重量重、噪声大，起动也不如汽油机机动绞磨方便。

（3）按总体布置分类，有台架式机动绞磨、拖轮式或自行走式机动绞磨。

1）台架式机动绞磨是最常用的机动绞磨结构形式，有最大牵引力 30kN 和 50kN 两种规格。

2）拖车式或自行走式机动绞磨一般发动机功率相对较大（一般 9kW 左右），自行走式的动力取于手扶拖拉机,也称手扶拖拉机绞磨。

二、机动绞磨的结构

机动绞磨同第十三章第四节所述机械传动牵引结构相似,主要不同之处是驱动功率较小,一般在5kW以下,最大的也只有9kW左右。主要用于短距离的牵引起吊重物或紧线作业,牵引速度相对很低,结构简单。图16-1所示为JJ50型50kN机动绞磨结构图。主要有发动机3、传动装置5、离合器和多挡变速箱总成2、牵引卷筒1、机架4五大部分组成,现分述如下。

(1) 发动机。主要采用单缸四冲程水冷柴油机或单缸四冲程水冷汽油机,后者一般都采用进口汽油机(本田或YAMAHA);对功率相对较大的机动绞磨主要采用汽油机。也有采用电动机作为原动力的机动绞磨,主要用于城市供电系统有电源处的线路架线设备或牵引展放电缆。

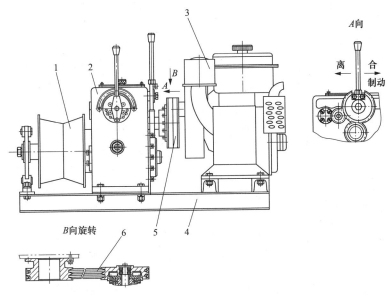

图 16-1　JJ50 型 50kN 机动绞磨结构图

1—牵引卷筒;2—多挡变速箱总成;3—发动机;4—机架;

5—传动装置;6—V形传动皮带

(2) 传动装置。有通过皮带传动或联轴器两种。采用联轴器同轴传动的机动绞磨,结构紧凑,传动效率高,但发动机输出轴和变速箱输入轴的同轴度要求较高,轴向尺寸相对较长。采用皮带传动的机动绞磨对防止载荷冲击等有利,并能增加原动机输出轴和卷筒之间的传动比调整范围,便于整机装配。缺点是传动部分结构没有上述联轴器传动紧凑。图16-1中B向旋转视图所示为皮带传动装置。

(3) 离合器。同其他机械传动牵引设备一样,离合器用于发动机起动时或操挡操作时切断载荷,在图16-1中离、合的位置如A向视图所示。机动绞磨上常用锥盘式摩擦离合器,该离合器结构如图16-2所示。这种离合器结构简单,可平稳接合,在相同直径及传递相同扭矩情况下要求的轴向力小,散热性也较好,也可平稳地接合和分离,但起动惯性较大,锥盘轴向移动相对较为困难。

（4）多挡变速箱。由于发动机的转速较高（一般为 1500～3600r/min），牵引卷筒转速为 7～30r/min，传动比较大，不同的传动比是经变速箱通过换挡来实现的。常用机动绞磨变速箱结构如图 16-3 所示该变速箱一般有 3～4 个前进挡，1 个倒挡，以满足不同牵引起吊作业工况的要求；制动器和超越离合器也装在该变速箱体内。为减轻重量，变速箱的箱体一般用铝合金加工。

（5）牵引卷筒。牵引卷筒有磨芯式卷筒和双摩擦卷筒两种，以磨芯式卷筒使用最为广泛，这两种卷筒的结构在第十三章第二节中牵引机牵引卷筒已有阐述，这里不再赘述。

（6）机架。机架用型钢焊接而成，用于固定变速箱和发动机，也带有支撑卷筒轴一端的支撑架、锚耳板和抬吊整机的拉环。

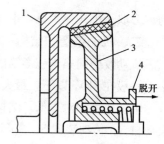

图 16-2　锥盘式摩擦
离合器结构图

1—主动件；2—摩擦材料；3—被动盘；4—操作套筒

三、机动绞磨换挡变速原理

机动绞磨换挡变速箱（见图 16-3）卷筒轴 i 上的低速齿轮 12 和齿轮轴 j 上的齿轮 13、j 轴上的齿轮 14 经 i 轴上的双联中间齿轮 16、15 同 h 轴上的齿轮 18、17 和 g 轴上的齿轮轴套 9、g 轴上的摩擦离合器齿轮 20 和 f 轴上的齿轮 23 等均为常啮合齿轮，各挡位情况始终根据挡位设定要求分别正、反方向转动。各挡情况下传动路线分述如下。

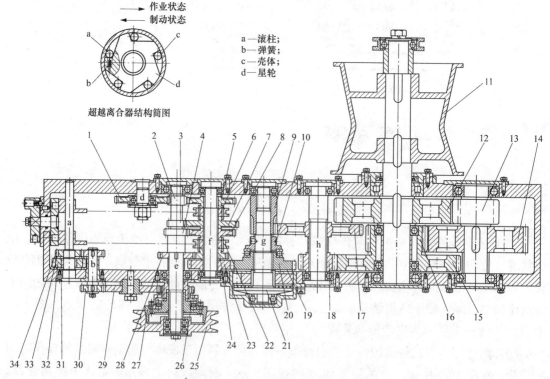

图 16-3　常用机动绞磨变速箱结构图

1—倒挡齿轮；2、3、4、28—e 轴齿轮；5、7、8—双联齿轮；6、22—换挡齿圈；9—齿轮轴套；10—平面轴承座；11—磨芯式卷筒；12—低速齿轮；13、14—j 轴齿轮；15、16—i 轴上的双联中间齿轮；17、18—h 轴上的齿轮；19、31、33—摩擦盘；20—摩擦离合器齿轮；21—超越离合器；23—f 轴上的齿轮；24—f 轴双联齿轮；25—皮带轮；26—离合器齿轮；27—离合器摩擦锥体；28—e 轴上的齿轮；29—半弧形齿轮；30—制动器齿轮；32—中间齿轮；34—制动齿轮

（1）直接挡（Ⅰ挡）。换挡齿圈 22 下移，使其和 f 轴双联齿轮 24 的小齿轮啮合。发动机经皮带轮 25、离合器摩擦锥体 27、e 轴上的齿轮 28 带动 f 轴双联齿轮 24 转动，这时换挡手柄使换挡双联齿轮通过内花键驱动 f 轴转动，再经内花键驱动同轴的常啮合齿轮、摩擦离合器齿轮 20，再经上述各常啮合齿轮传动经减速后驱动磨芯式牵引卷筒转动，进行直接挡牵引作业，这时换挡齿圈 22 在中位。

（2）Ⅱ挡。手柄使换挡齿圈 22 上移，使 f 轴双联齿轮 24 的小齿轮不再和齿圈啮合。上述齿轮 28 只是带动齿轮 24 在 f 轴空转，不传递扭矩，当使换挡齿圈 22 上移至同双联齿轮 8 的小齿轮啮合时，e 轴齿轮 4 经双联齿轮 8 的大齿轮和它的内花键带动 f 轴传动，再经 f 轴上的齿轮 23、摩擦离合器齿轮 20 和后面其余各对常啮合齿轮传动经减速后驱动卷筒进行牵引作业。

（3）Ⅲ挡。换挡手柄使换挡齿圈 22 处于中位，换挡齿圈 6 下移。同理，使双联齿轮 7 的大齿轮驱动 f 轴及轴上的齿轮 23、摩擦离合器齿轮 20 和后面其余各对常啮合齿轮经减速后驱动卷筒进行牵引作业，这时传动比最大，也即牵引速度最低。

（4）倒挡。换挡手柄使换挡齿圈 22 仍处于中位，换挡齿圈 6 上移，动力经 e 轴齿轮 2、倒挡齿轮 1 再驱动双联齿轮 5 的大齿轮转动，这时转动方向相反，再经 f 轴上的齿轮 23、摩擦离合器齿轮 20 和后面其余各对常啮合齿轮传动后，驱动卷筒反向转动，进行倒挡作业。

上述各挡速的改变主要是通过 e 轴上的齿轮 28 和 f 轴双联齿轮 24、e 轴齿轮 4 和双联齿轮 8、e 轴齿轮 3 和双联齿轮 7、e 轴齿轮 2 和双联齿轮 5 四对齿轮啮合时传动比的变化来实现直接挡等 3 个前进挡和 1 个倒挡速度的改变。

四、机动绞磨离合器和制动器工作原理

机动绞磨离合器和制动器是通过图 16-3 中通过操作手柄使半弧形齿轮 29 同时使制动器齿轮 30 和离合器齿轮 26 传动来实现的，而且两者是联动的。当半弧形齿轮 29 逆时针方向转动时，离合器齿轮 26 顺时针方向转动，该齿轮内圈加工有 T 形螺纹，迫使离合器摩擦锥体 27 向上移动，离合器分离，这时制动器齿轮 30 也顺时针方向转动，带动制动齿轮 34 逆时针方向转动，使它紧压着摩擦盘 33 和 31 的摩擦面，由于摩擦盘 31 的另一面紧贴箱体，使中间齿轮 32 固定不动，由于该齿轮是和 f 轴上的齿轮 23 也是常啮合的，故使牵引卷筒固定不能转动，实现人工手动制动的目的。

反之，如欲使牵引卷筒转动，只需操作离合器手柄使半弧形齿轮 29 顺时针方向转动，使离合器齿轮 26 和制动器齿轮 30 均逆时针方向转动，前者使离合器摩擦锥体的摩擦面和皮带轮内锥形摩擦面接合，同时制动器齿轮 30 使制动齿轮 34 上移，同摩擦盘 33 的摩擦面分离，中间齿轮 32 能自由转动，使发动机能通过离合器驱动牵引卷筒进行牵引作业。

五、机动绞磨超越离合器工作原理

超越离合器设置在变速箱体内，其作用是在机动绞磨牵引作业过程中，带载情况下停止牵引或在故障情况下重物下降时，能自动制动，防止重物滑落地面。

超越离合器的结构如图 16-3 中超越离合器结构简图所示。当机动绞磨正常牵引或起吊重物时，f 轴上的齿轮 23 带动摩擦离合器齿轮 20 转动，由于该齿轮是通过内侧 T 形螺纹和 g 轴相连，齿轮转动时会同时向下移动，压紧摩擦盘 19，带动星轮 d 顺时针方向转动，这时由于滚柱 a 与壳体 c 内壁有一定间隙，故摩擦离合器齿轮 20 在同 g 轴上 T 形螺杆紧定的情

况下，仍能带动 g 轴自由转动，传递牵引动力，驱动磨芯式卷筒 11 进行牵引作业。如要进行倒挡驱动牵引卷筒反向转动时，f 轴上的齿轮 23 带动摩擦离合器齿轮 20 反向转动，该齿轮和 g 轴之间因用 T 形螺纹连接，迫使摩擦离合器齿轮 20 上移，并同平面轴承座 10 压紧后，带动 g 轴反向转动，这时和摩擦盘 19 处于分离状态，虽然反向转动时滚柱 a 向星轮 d 和壳体 c 之间空间的渐缩方向移动，两者处于楔紧状态，星轮不能转动，但 g 轴因和星轮之间有轴套面仍能自转动，从而经 h 轴上的齿轮 17 及各级减速后驱动牵引卷动转动。

当牵引过程暂停牵引或故障情况下重物下降迫使牵引卷筒反向转动时，h 轴上的齿轮 17 通过齿轮轴套 9 迫使 g 轴反向转动，由于 T 形螺纹的作用，使摩擦离合器齿轮 20 下移，压紧摩擦盘 19，带动超越离合器星轮 d 逆时针方向转动，使滚柱 a 处于楔紧状态，星轮固定不动，由于摩擦离合器齿轮 20 经摩擦片 19 紧压星轮，使摩擦离合器齿轮 20 处于制动状态，从而保证牵引卷筒被制动，迫使牵引停止和被吊重物停留在空中。

第二节　磨芯式机动绞磨

磨芯式机动绞磨有台架式小型机动绞磨和拖车式或自行走式的手扶拖拉机机动绞磨两大类。前者需要人力或机动车搬运到作业点；自行走式的手扶拖拉机机动绞磨用手扶拖拉机改装而成，可自己行驶到作业点，无需人工搬运，但动力相对较大，其牵引速度也比小型磨芯式机动绞磨相对较高。

一、台架式机动绞磨

台架式机动绞磨主要有汽油机绞磨和柴油机绞磨两类；也有电动机绞磨，该绞磨只是在城区施工有电源时采用。这类绞磨按其牵引力大小有 10、20、30、40、50kN 几种。

1. 台架式汽油机机动绞磨

（1）JJQ 系列汽油机机动绞磨技术参数见表 16-1。

表 16-1　　　　　　　　　　JJQ 系列汽油机机动绞磨技术参数

型　号		JJQ-30-B	JJQ-50-B
汽油机功率（hp）		5.5	9
汽油机型号		本田 GX160	本田 GX270
汽油机转速（r/min）		3600	3600
牵引力（kN）/ 牵引速度（m/min）	快	7.1/18.1	12.5/18.5
	中	19/6.8	30/7.3
	慢	30/4.3	50/4.6
	倒	—/4.8	—/5.2
磨芯底径（mm）		160	160
外形尺寸（mm×mm×mm）		750×600×520	870×620×520
质量（kg）		108	135

注　由宁波东方电力机具制造有限公司生产。

（2）SJJA 系列汽油机机动绞磨技术参数见表 16-2。

632

表 16-2   **SJJ 系列汽油机机动绞磨技术参数**

型 号		SJJA-3		SJJ-3	SJJ-5
汽油机型号		罗宾 EY28/B	雅马哈 175R	165F-1	
汽油机功率（hp）		4.7	4.44	4	12
汽油机转速		1500	1800	1800	
牵引力（kN）/ 牵引速度（m/min）	Ⅰ	12.5/10.8	12.5/10.1	15/9.5	20/10
	Ⅱ	30/4.5	30/4.2	30/4	50/4
质量（kg）		102	105	105	130
外形尺寸（长×高，mm×mm）		900×610		90×610	

注 由南京线路器材厂生产。

2. 台架式柴油机机动绞磨

（1）JJC 系列柴油机机动绞磨技术参数见表 16-3。

表 16-3   **JJC 系列柴油机机动绞磨技术参数**

型 号		JJC-30	JJC-50
柴油机功率（hp）		4	6
柴油机型号		Z170F	R175A
柴油机转速（r/min）		2600	2600
牵引力（kN）/ 牵引速度（m/min）	快	7/18.1	15/13.8
	中	15/7.2	30/5.7
	慢	30/4.6	50/3.6
	倒	—/5.2	—/6.3
磨芯底径（mm）		160	160
外形尺寸（mm×mm×mm）		800×620×520	890×670×520
质量（kg）		137	170

注 由宁波东方电力机具制造有限公司生产。

（2）SJJ-3A 柴油机机动绞磨技术参数见表 16-4。

表 16-4   **SJJ-3A 柴油机机动绞磨技术参数**

型 号		SJJ-3A
额定载荷（kN）		30
配套机械		R175N 柴油机（6hp）
牵引速度（m/min）	正转	5.5 13.5
	反转	4.4 10.0
质量（kg）		135
外形尺寸（长×高，mm×mm）		960×610

注 由南京线路器材厂生产。

（3）CJM 系列汽油机、柴油机机动绞磨技术参数见表 16-5。

表 16-5   **CJM 系列汽油机、柴油机机动绞磨技术参数**

型 号	配置动力	额定牵引力（kN）		牵引速度（m/min）		质量（kg）
		Ⅰ档	Ⅱ档	Ⅰ档	Ⅱ档	
CJM-1	汽油机	10		8.5		40
CJM-3	汽油机	30	12	4	9.5	105
	柴油机					120
CJM-5	汽油机	50	20	5	11	126

注 由常熟电力机具有限公司生产。

二、拖车式磨芯机动绞磨

拖车式磨芯机动绞磨是把磨芯式机动绞磨安装在拖车上，可以用车辆拖运，或人工拖拽到现场就位。表 16-6 为意大利 TESMC 公司 AM 系列拖车式磨芯机动绞磨技术参数。这种绞磨有的还可转换成由单卷筒直接卷绕钢丝绳进行牵引作业，回收的牵引绳经排绳机构直接卷绕在卷筒上。图 16-4 所示为 AMB206 型拖车式磨芯机动绞磨结构图。图 16-5 所示为 AMC202 型带有单卷筒的拖车式磨芯机动绞磨结构图。

表 16-6   AM 系列拖车式磨芯机动绞磨技术参数

型　号		AMB 101	AMB 200	AMB 206	AMC 202
最大牵引力（kN）		10	12	15	12
持续牵引力（kN）		8	10	12	10
持续牵引速度（m/h）		1.2	0.7	0.6	0.7
最大牵引速度（km/h）		1.9	2.1	2.4	2.1
最大牵引速度下的牵引力（kN）			3	5	3
磨芯底径（mm）		220	220	220	220
卷径尺寸（mm）	卷筒外径		495	378	495
	卷筒内径		273	220	273
	卷筒宽		509	215	509
汽油机功率（kW）		5.1	5.1	8.0	6.3
外形尺寸（mm×mm×mm）		900×750×760	1300×1050×790	1450×1110×1000	2300×1160×900
整机质量（kg）		100	350	300	360
最大拖运速度（km/h）					80

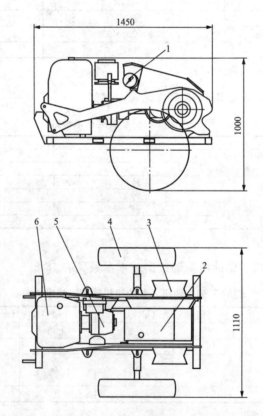

图 16-4　AMB 206 型拖车式磨芯机动绞磨结构图

1—压力表；2—液压马达、制动器、减速器总成；3—磨芯式卷筒；
4—拖车轮及轮轴；5—液压泵；6—发动机

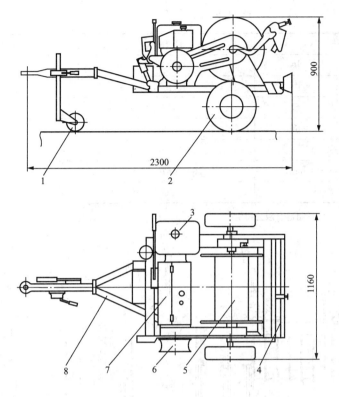

图 16-5　AMC 202 型带有单卷筒的拖车式磨芯机动绞磨结构图

1—前端导向轮；2—拖车轮及轮轴；3—发动机；4—排绳机构；5—单卷筒；

6—磨芯式卷筒；7—液压马达、制动器、减速器总成；8—拖架

第三节　双卷筒式机动绞磨

双卷筒式机动绞磨有台架式和拖车式两种，原动机有汽油机和柴油机两种。由于牵引卷筒采用双摩擦卷筒，对保护牵引绳有利，其牵引速度比磨芯式高，传动机构较为复杂。

一、台架式双卷筒机动绞磨

台架式双卷筒机动绞磨有机械传动和液压传动两种。

1. 机械传动双卷筒机动绞磨

机械传动台架式双卷筒机动绞磨结构如图 16-6 所示，其换挡变速原理与上述磨芯式机动绞磨基本相同，不同的是减速箱输出后再经末级开式传动齿轮减速器减速后驱动双摩擦牵引卷筒。末级开式传动齿轮减速器及双摩擦牵引卷筒结构如图 16-7 所示。表 16-7 为 JJCS 和 JJQS 型双卷筒机动绞磨主要技术参数。

表 16-7　　　　　　　JJCS 和 JJQS 型双卷筒机动绞磨主要技术参数

型　号		JJCS-30	JJQS-30
发动机	型号	柴油机 R175A	本田 GX270
	功率（hp）	6	9
	转速（r/min）	2600	3600

635

型　号		JJCS-30	JJQS-30
牵引力（kN）/牵引速度（m/min）	快	30/5.7	30/7.43
	中	18.9/9.1	19.2/11.8
	慢	7.6/22.7	7.2/31.4
	倒	—/6.5	—/8.4
卷筒底径（mm）		240	240
外形尺寸（mm×mm×mm）		1000×670×600	1000×670×600
整机质量（kg）		260	242

注　由宁波东方电力机具制造有限公司生产。

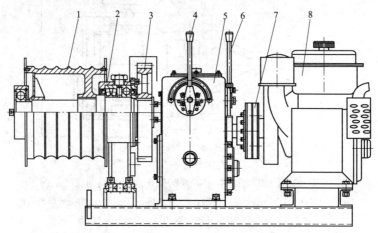

图 16-6　机械传动台架式双卷筒机动绞磨结构图

1—双摩擦卷筒；2—轴承座；3—末级开式齿轮传动减速器；4—换挡手柄；
5—变速箱；6—离合器、制动器手柄；7—皮带传动装置；8—发动机

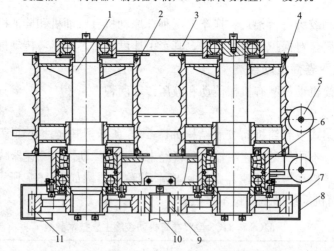

图 16-7　末级开式传动齿轮减速器及双卷筒结构图

1—卷筒低速轴；2、4—牵引卷筒；3—支撑杆；6—轴承座；
7、11—末级齿轮；8—罩壳；9—小齿轮；10—小齿轮输入轴

2. 液压传动双卷筒机动绞磨

液压传动双卷筒机动绞磨的工作原理和上述液压传动牵引机基本相似，只是整机功率相对较小。图 16-8 所示为该绞磨结构图。表 16-8 为该绞磨的技术参数。采用闭式液压系统，能在正、反两个方向无级调整牵引速度或故障情况下外力迫使双摩擦卷筒反向转动时能自动制动，防止因卷筒反转而造成事故。该机带有尾部钢丝绳卷绕装置，能卷绕回收 ϕ8mm 钢丝绳 500m。

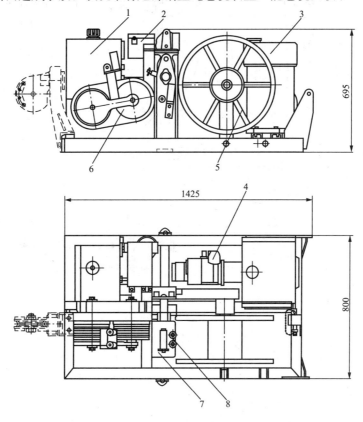

图 16-8　液压传动双卷筒机动绞磨结构图

1—液压油箱；2—控制箱；3—发动机；4—液压泵；5—牵引绳卷筒；
6—牵引卷筒；7—液压马达、制动器、减速器总成；8—出线导向滚子组

表 16-8　　　　　　　　　　液压传动双卷筒机动绞磨技术参数

最大牵引力（kN）	15	相应牵引力（kN）	4
持续牵引力（kN）	12	卷筒槽底直径（mm）	200
相应牵引速度（km/h）	1.2	汽油机功率（kW）（12V 电源）	13
最大牵引速度（km/h）	3.6		

二、拖车式双卷筒机动绞磨

拖车式双卷筒机动绞磨结构如图 16-9 所示。因采用拖车安装方式，运输相对方便，该机的牵引功率比台架式一般机动绞磨大。该机动绞磨也有发动机、变速箱、末级开式齿轮减速器、双摩擦牵引卷筒及离合器等组成。发动机和变速箱输入轴之间采用皮带传动。变速箱有 6 个前进挡，1 个倒挡。拖车式双卷筒机动绞磨的技术参数见表 16-9。

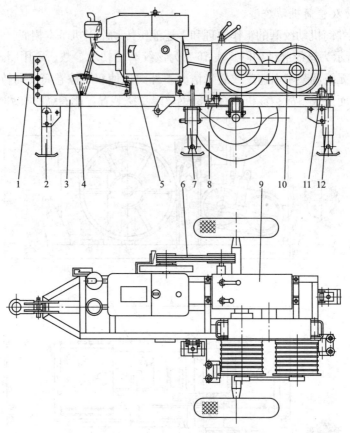

图 16-9 拖车式双卷筒机动绞磨结构

1—拖架；2—前支腿；3—机架；4—离合器操纵机构；5—发动机；6—传
动皮带；7—中支腿；8—轮胎；9—变速箱；10—双摩擦牵引卷筒；
11—出线导向滚子组；12—后支腿

表 16-9 拖车式双卷筒机动绞磨技术参数

型 号			JJCS-50T
牵引力（kN）/ 牵引速度（km/h）		Ⅰ	50/3.05
		Ⅱ	45/7.18
		Ⅲ	40/9.58
		Ⅳ	33/11.3
		Ⅴ	17/22.33
		Ⅵ	10/35.55
		倒	/7.35
卷筒槽底直径（mm）			ϕ300
槽 数			7
发动机	功率（kW）		9
	转速（r/min）		200
外形尺寸（mm×mm×mm）			2230×1210×1135
整机质量（kg）			700

注 由宁波东方电力机具制造有限公司生产。

638

第四节　手扶拖拉机机动绞磨

手扶拖拉机机动绞磨是一种自行走式的磨芯式机动绞磨,此处介绍的手扶拖拉机机动绞磨是由东风-12型手扶拖拉机改制而成,主要对变速箱进行了重新设计,原行驶部分的齿轮传动结构保持不变。换挡变速部分作了较大的改变,增加了三级减速后再驱动磨芯式卷筒进行牵引作业;同时还在箱体内增加了超越离合器和外设制动器,以保证牵引作业时的安全性。由于本机仍保留了东风-12型手扶拖拉机具有的良好行驶特性,大大方便了施工时的运输和就位,使它更有利在河网地区使用,被广泛应用于线路施工中的立杆、立塔、牵引放线、紧线、牵引起吊重物及运输等作业。

一、手扶拖拉机机动绞磨的结构和参数

该手扶拖拉机机动绞磨由12hp(8.8kW)手扶拖拉机改装。牵引作业时各挡牵引力和牵引速度见表16-10,它有4个前进挡、2个倒挡,行驶时各挡速度见表16-11,图16-10是手扶拖拉机机动绞磨动力传递和换挡变速箱结构示意图。

表 16-10　　　　　　　手扶拖拉机机动绞磨各挡牵引力和牵引速度

挡　位	Ⅰ	Ⅱ	Ⅲ	Ⅳ	倒Ⅰ	倒Ⅱ
牵引力(kN)	40	27	17	10		
牵引速度(m/min)	7.8	13.6	25	37	4.8	15

表 16-11　　　　　　　手扶拖拉机机动绞磨行驶时各挡速度

挡　位	Ⅰ	Ⅱ	Ⅲ	Ⅳ	倒Ⅰ	倒Ⅱ
行驶速度(km/min)	2.8	4.5	8.1	13.1	1.7	4.9

发动机采用S195柴油机,转速2000r/min,发动机和变速箱之间通过皮带传动后,再经设置在皮带轮内的摩擦离合器和输入轴输入动力,经减速后在变速箱的另一侧低速输出轴上通过磨芯式卷筒进行牵引作业。制动器也设置变速箱这一侧壳体的外侧。换挡手柄、油门控制手柄、离合器控制手柄,行驶时刹车、转向操作手柄等均设置在手扶把上。为保证牵引作业时整机的稳定性,防止发动机上扬,后部设置有两个八字形布置的支腿,它在拖拉机行驶时可上翻,不影响正常行驶。

二、手扶拖拉机机动绞磨的换挡变速原理

手扶拖拉机机动绞磨在行驶时和牵引作业时均能实现换挡变速(但不能同时进行),其变速箱由行驶、牵引、传动三大部分组成,传动部分是共用的。下面阐述在牵引作业时的换挡变速原理。

变速箱有4个前进挡、2个倒挡,图16-10所示为该变速箱结构示意图。发动机经皮带传动带动输入轴a后,动力输入变速箱,变速箱上端为行驶变速部分,中间为共用传动部分,下端为绞磨变速部分,牵引作业时,通过拨叉使动力输入轴和行驶部分分离、传动部分和牵引部分接合,各挡的传动过程如下。

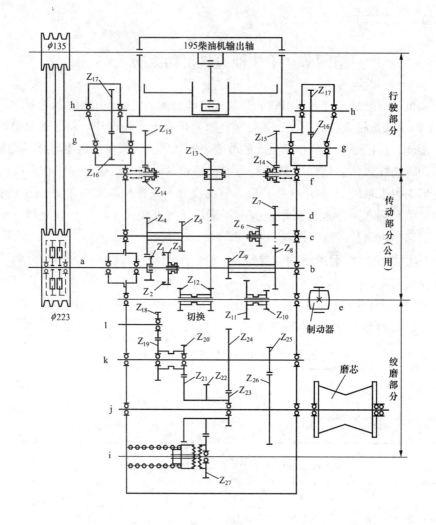

齿号	Z_1	Z_2	Z_3	Z_4	Z_5	Z_6	Z_7	Z_8	Z_9	Z_{10}	Z_{11}	Z_{12}	Z_{13}	Z_{14}	Z_{15}	Z_{16}	Z_{17}	Z_{18}	Z_{19}	Z_{20}	Z_{21}	Z_{22}	Z_{23}	Z_{24}	Z_{25}	Z_{26}	Z_{27}	
齿数	20	20	26	30	24	17	16	30	17	20	33	20	35	17	40	15	49	24	35	28	60	46	23	43	18	48	38	磨芯 $\phi165$ 细股部直径
齿轮名称	离合齿轮轴	离合齿	快挡齿轮	中间齿轮II	中间齿轮I	倒挡齿轮	倒挡齿轮	主轴齿轮I	主轴齿轮II	副变速齿轮I	副变速齿轮II	双联分离齿轮	中央齿轮	转向齿轮	行驶减速齿轮	齿轮轴	驱动齿轮	过桥齿轮	1级减速主动齿轮II	1级减速主动齿轮I	1级减速从动齿轮	刹车齿轮	2级减速主动齿轮	2级减速从动齿轮	末级减速主动齿轮	末级减速从动齿轮	制动齿轮	

图 16-10 手扶拖拉机机动绞磨动力传递和换挡变速箱结构示意图

I挡：Z_1（Z_2、Z_3）内外齿啮合 $\dfrac{Z_8}{Z_{10}}\ \dfrac{Z_{12}}{Z_{18}}\ \dfrac{Z_{18}}{Z_{19}}\ \dfrac{Z_{20}}{Z_{21}}\ \dfrac{Z_{23}}{Z_{24}}\ \dfrac{Z_{25}}{Z_{26}}$ 磨芯

II挡：Z_1（Z_2、Z_3）内外齿轮啮合 $\dfrac{Z_9}{Z_{11}}\ \dfrac{Z_{12}}{Z_{18}}\ \dfrac{Z_{18}}{Z_{19}}\ \dfrac{Z_{20}}{Z_{21}}\ \dfrac{Z_{23}}{Z_{24}}\ \dfrac{Z_{25}}{Z_{26}}$ 磨芯

III挡：$\dfrac{Z_1}{Z_4}\ \dfrac{Z_5}{Z_3}\ \dfrac{Z_8}{Z_{10}}\ \dfrac{Z_{12}}{Z_{18}}\ \dfrac{Z_{18}}{Z_{19}}\ \dfrac{Z_{20}}{Z_{21}}\ \dfrac{Z_{23}}{Z_{24}}\ \dfrac{Z_{25}}{Z_{26}}$ 磨芯

$$\text{Ⅳ挡：} \frac{Z_1}{Z_4} \frac{Z_5}{Z_3} \frac{Z_9}{Z_{11}} \frac{Z_{12}}{Z_{18}} \frac{Z_{18}}{Z_{19}} \frac{Z_{20}}{Z_{21}} \frac{Z_{23}}{Z_{24}} \frac{Z_{25}}{Z_{26}} \text{—磨芯}$$

$$\text{倒挡Ⅰ：} \frac{Z_1}{Z_4} \frac{Z_6}{Z_7} \frac{Z_7}{Z_8} \frac{Z_8}{Z_{10}} \frac{Z_{12}}{Z_{18}} \frac{Z_{18}}{Z_{19}} \frac{Z_{20}}{Z_{21}} \frac{Z_{23}}{Z_{24}} \frac{Z_{25}}{Z_{26}} \text{—磨芯}$$

$$\text{倒挡Ⅱ：} \frac{Z_1}{Z_4} \frac{Z_6}{Z_7} \frac{Z_7}{Z_8} \frac{Z_9}{Z_{11}} \frac{Z_{12}}{Z_{18}} \frac{Z_{18}}{Z_{19}} \frac{Z_{20}}{Z_{21}} \frac{Z_{23}}{Z_{24}} \frac{Z_{25}}{Z_{26}} \text{—磨芯}$$

三、手扶拖拉机机动绞磨的使用方法与维护保养

（一）手扶拖拉机机动绞磨的使用方法

手扶拖拉机机动绞磨由于结构紧凑、使用灵活性强、可在较窄的道路上自行走等，被广泛应用于线路施工各种工序的作业中。用于杆塔组立、吊装等作业时，一般要求牵引速度较慢，有时为达到最后就位时调整被吊装物件、被组立杆塔的最终位置，往往必须频繁操作制动器、离合器，使其承受载荷冲击较为严重。当用于牵引展放导线、地线时则一般要求牵引速度相对较快，但载荷比较平稳。

1. 使用前的检查及起动

（1）将拖拉机绞磨锚定就位，地锚锚点必须有两点，并和牵引卷筒相距 2～2.5mm，左右对称锚固，放下两支腿并固定。

（2）检查水箱中的水、润滑油及柴油是否符合要求，检查变速箱的油面是否正常（一般可将低速输出轴，即磨芯卷筒轴轴承盖上最高的一个螺钉拧下后如有油溢出就可以），如有油标尺，可抽出油标尺看其是否在规定刻度。添加机油时，可加至油从上述轴承盖上螺钉溢出为止。

（3）将变速箱操纵手柄放到"空挡"、离合器制动操纵手柄放在"分离"位置，油门拉至"开始"位置。

（4）起动柴油发动机，拉动换挡拨叉分离手柄，使双联分离齿轮（Z_{12}）和过桥齿轮（Z_{18}）啮合，变速箱传动部分和牵引卷筒传动部分接合，和行走传动部分分离。

2. 牵引起吊作业

（1）将牵引钢丝绳由磨芯卷筒内侧向外侧顺时针方向绕缠不少于 7 卷，尾部钢丝绳由人工拉紧，保证牵引过程中足够的尾部拉力后，即可准备牵引起吊作业。

（2）把换挡操作手柄放在要求牵引速度的挡位上，平稳缓慢地将离合制动手柄置在"合"的位置，即可开始牵引起吊重物或进行牵引展放导线作业。

（3）牵引起吊或牵引展放导线作业过程中需要停止牵引时，可将离合制动手柄迅速推到制动位置，作业马上停止。

（4）带载下降时，将换挡手柄置于倒挡位置，离合制动手柄平稳缓慢置于"合"的位置，尾部钢丝绳同时在拉紧情况下放出，即可缓缓将重物下降。

3. 使用时注意事项

手扶拖拉机机动绞磨使用时，不论在行驶过程中或牵引作业过程中，均要注意下列事项。

（1）离合制动操纵手柄处于"分离"位置时，才能进行换挡。

（2）使用绞磨牵引作业前，必须使分离行驶工况的手柄分离彻底，处于绞磨牵引作业挡位上，严禁分离不彻底而出现牵引和行走两种工况同时存在（少数手扶拖拉机绞磨会有这种

情况）。

（3）绞磨牵引作业时，无论起吊重物或带载下降、或制动时，绞磨尾部钢丝绳必须始终处于拉紧状态。

（4）手扶拖拉机起步时不得同时操纵离合制动手柄和车轮转向手柄。

（5）手扶拖拉机在行驶时不能在陡坡上分离离合器，不得高速上、下坡、空挡滑行下坡及同时操作左右转向手柄等。

（6）绞磨倒挡时不得起吊重物。

（二）手扶拖拉机机动绞磨的维护保养

手扶拖拉机机动绞磨的维护保养，除常规检查（如各紧固螺栓是否牢固、变速箱润滑油油位是否正常及其他各部件定期润滑等），随时清除各处的泥土、尘埃和油污，检查有无渗漏现象外，还要定期对整机进行保养，一般以使用 100、200、500h 为期限进行不同要求的保养。

1. 工作 100h 后需要进行的检查和保养

（1）检查并调整发动机和变速箱输入轴之间皮带传动的皮带的松紧度，必要时可移动发动机调整两者之间的距离。

（2）检查并调整离合器，分离轴承和分离杠杆端部之间的间隙。

（3）检查并调整制动器操纵系统，保证制动器安全可靠。

（4）检查轮胎气压，检查变速箱加油螺栓通气孔是否堵塞。

（5）按说明书要求润滑部位进行润滑。

2. 工作 200h 后需要进行的检查和保养

（1）清洗变速箱，并更换润滑油。

（2）按说明书要求润滑部位进行润滑。

（3）重复进行上述工作 100h 后的检查和保养全部内容。

3. 工作 500h 后需要进行的检修

（1）打开传动和变速箱，对所有传动部门（包括行走、传动、驱动绞磨）的齿轮、轴承、衬套、油封等均用柴油清洗，检查其磨损情况，必要时更换。

（2）检查各拨叉弹簧、转向弹簧工作是否可靠，必要时更换。

（3）检查各操纵机构的工作是否可靠，必要时进行调整。

（4）检查离合器摩擦片、制动环、三角皮带、各种拨叉、轮胎及其他各部件的磨损情况，必要时进行更换。

4. 润滑部位、润滑周期及注意事项

手扶拖拉机机动绞磨润滑部位和润滑周期见表 16-12。

表 16-12　　　　　　　　　手扶拖拉机机动绞磨润滑部位和润滑周期

序号	润滑部位	润滑剂	润滑要点	润滑周期
1	离合器分离爪	机油	拉动离合制动手柄，在分离爪滑动面上加油	每班 1～2 次
2	各操纵杆铰链连接点	机油	用油壶点几滴机油	每班 1 次
3	变速箱	齿轮油	旋下检油螺塞，以油从螺塞孔溢出为止	每 30h 添加 1 次

序号	润滑部位	润滑剂	润滑要点	润滑周期
4	离合器前轴承	黄油	拆下离合器塑料轴承盖涂入	每工作 400h 后一次
5	离合器分离轴承	黄油	拆下分离轴承清洗后放在黄油内加热注入	每工作 400h 一次
6	磨芯挂脚板及磨芯法兰等	机油	用油壶点几滴机油	每班一次

润滑注意事项如下：

（1）加油口和润滑工具绝对保持清洁，严防泥土、灰尘污染。

（2）更换变速箱内和左右最终传动箱内齿轮油时，需在刚停车后趁热放出，然后从变速箱的加油口加入适量柴油进行清洗，洗后将柴油放尽，加入新齿轮油。

（3）润滑剂需按下述规定选择。

1）机油：T8 机油（SY1152-60）。

2）齿轮油：冬、夏均用冬用齿轮油（SY1103-60）。

3）润滑脂（黄油）：钙基润滑脂（SYB1401-60）或其他汽车用润滑脂。

（三）手扶拖拉机机动绞磨的故障及其排除

手扶拖拉机机动绞磨常见故障及其排除方法见表 16-13。

表 16-13　　　　　手扶拖拉机机动绞磨常见故障及其排除方法

序号	故障	故障原因	排除方法
1	三角皮带打滑	（1）皮带或皮带轮表面黏附油污。 （2）皮带过松或磨损过长	（1）用干布擦干净。 （2）将发动机前移，必要时更换皮带
2	离合器打滑	（1）离合器摩擦片黏附油污。 （2）摩擦片磨损过多。 （3）分离杆与分离轴承相顶。 （4）离合器弹簧变弱	（1）拆开离合器用汽油清洗晾干。 （2）更换摩擦片。 （3）分离杠杆和分离轴承间隙调整到 0.3～0.6mm。 （4）更换弹簧
3	离合器分离不彻底	（1）分离杠杆与分离轴承间隙太大。 （2）离合制动手柄自由行程太大	（1）调整到间隙 0.3～0.6mm。 （2）调整离合器拉杆。 （3）起吊时发现此情况迅速将柴油机熄灭
4	齿轮箱发热	（1）齿轮油不符合要求或不足。 （2）轴承严重磨损及损坏	（1）更换或添加齿轮油。 （2）更换损坏轴承
5	齿轮箱漏油	（1）油封安装方向不对或损坏。 （2）纸垫损坏或轴承盖未紧固。 （3）变速箱加油塞通气孔堵塞	（1）正确安装或更换。 （2）更换纸垫或紧固轴承盖。 （3）疏通气孔
6	齿轮箱中有较大杂声或敲击声	（1）齿轮过度磨损或表面有剥落。 （2）轴承严重磨损。 （3）齿轮油不足。 （4）装配不正确	（1）更换齿轮。 （2）更换轴承。 （3）加添齿轮油。 （4）拆开检查重装
7	挂挡困难或挂不上挡	（1）变速杆弯曲变形。 （2）齿轮齿端倒角面碰毛	（1）校正变速杆及其在各挡的位置。 （2）去除齿轮端面倒角的毛刺

序号	故　　障	故障原因	排除方法
8	变速挂挡后自动跳至空挡或又同时挂上其他挡（发动机冒黑烟，机子不转）	（1）变速操纵系统杠杆与变速杆拨叉所要求的位置不相适应。 （2）变速拨叉轴定位槽磨损严重。 （3）定位弹簧变弱	（1）重新正确安装调整。 （2）更换拨叉轴。 （3）更换定位弹簧。 （4）更换磨损件
9	制动失灵	（1）制动空行程过大。 （2）制动环过度磨损	（1）调整制动操纵系统。 （2）更换制动环
10	转向失灵	（1）转向手柄行程不足。 （2）转向拨叉过度磨损	（1）更换转向拉杆长度。 （2）更换转向拨叉
11	刹车失灵	（1）刹车片磨损过度。 （2）锁紧拨叉过度磨损	（1）更换刹车片，保证间隙 0.3～0.5mm。 （2）重新紧定并帽，固紧止头螺钉，必要时更换
12	牵引失灵或牵引力不足	（1）分离拨叉杆滑移。 （2）离合器打滑	（1）拉出分离拨叉手柄，使一级减速滑动齿轮同内齿啮合。 （2）调整分离杠杆与分离轴承间隙 0.3～0.5mm
13	起吊时柴油机突然熄火	柴油机发生故障	离合制动手柄拉到"分离"的位置，拨动输出皮带轮，降下重物 0.3～0.5mm
14	在平地行驶时偏斜	（1）左、右轮胎气压不一致。 （2）左、右轮磨损不一致。 （3）左、右轮胎花纹牙数不一致	（1）将左右轮胎气压充至 2kgf/cm²。 （2）更换轮胎。 （3）更换轮胎

第十七章

放 线 滑 车

放线滑车是架线施工中使用最多的工具，可能上百套同时使用。导线由牵引机通过放线滑车经张力机被牵引展放，故要求张力架线用放线滑车体积小、重量轻、能顺利通过牵引板、各种连接器和压接管保护套，最关键的是不要损伤导线和有小的摩阻系数。

第一节　放线滑车的基本要求和类型

一、放线滑车的基本要求

张力架线用放线滑车，必须满足以下基本要求。

1. 不损伤导线

放线过程中，导线通过张力机放线机构被牵引出以后，经沿线各杆塔上的放线滑车，最后被牵引到牵引机侧。导线在放线滑车上多次通过，越靠近牵引机侧的导线，通过放线滑车次数越多。最前面的那段导线，通过滑车的次数和杆塔数目相等，其余段依次递减。导线每进出放线滑车一次，就被弯曲、拉伸各一次。放线完毕，导线又必须在放线滑车内停留一定时间，以待下一工序进行紧线。这时因导线未被固定，受风等影响导线仍可能在滑车中移动、振动，紧线调整弛度时，又由于绝缘子串等影响，导线会出现低速爬行现象，故有时导线必须多次进出滑车，才能把弛度调整到规定范围。此时，导线上的张力要比放线时大得多。为此，要求在上述不同情况下导线多次进出滑车时，外表、层间和股间都不能出现任何磨损现象。这就要求放线滑车不但要有合适的槽型和衬垫，还要有合理的滑轮直径。

2. 摩阻系数 k 要小

摩阻系数 k 是放线滑车的一个重要指标，它的含义是：当导线（或牵引钢丝绳）被牵引通过放线滑车时，欲保持进线侧拉力 P 不变，出线侧牵引力必须有一个增加值 ΔP（见图 17-1），以克服放线滑车的阻力，两侧拉力的比值，就称放线滑车摩阻系数 k，即

$$k = \frac{P + \Delta P}{P} = 1 + \frac{\Delta P}{P} \qquad (17\text{-}1)$$

k 值的大小，由导线进出放线滑车时的弯曲、拉伸造成能量损失的大小和滑车轴承的摩擦损失等决定。它对架线作业有以下影响。

（1）增加了放线时的牵引阻力。牵引机侧的牵引力和张

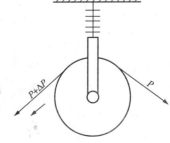

图 17-1　导线进出放线滑车拉力图

力机侧的张力有以下关系

$$P = Tk^{n} + g\Delta h \frac{\sum k^{n-1}}{n-1}$$

式中　　P——牵引机牵引力，N；

　　　　T——张力机张力，N；

　　　　n——放线段内的杆塔数目；

　　　　k——放线滑车的摩阻系数；

　　　　Δh——放线段内各档悬挂点之间的累计之差（以靠近牵引机第一基杆塔悬挂点为基准，在其水平线以下为负，水平线以上为正），m；

　　　　g——单位导线的重力，N/m。

由此可见，k 值增加，要保持张力不变，牵引力必须增加；如还要保持放线速度不变，则牵引机功率也要增大。这对一次同时展放几根导线，放线段又比较长的情况下，牵引力、牵引功率的增加是十分可观的。如 $k = 1.015$，放线段内有 13 基杆塔时，牵引阻力将增加 21.4%，对较长的放线段可能会增加 40%～50%。

（2）使调整弧度困难。随着输电线路电压等级的提高，对分裂导线同相导线之间的弧度误差要求越来越高。调整导线弧度是在放线滑车中进行。一个紧线段一般最多只选三个弧度观察档，如果放线滑车没有很小的摩阻系数，对紧线力的反应就不灵敏，观察档弧度就不能准确地反映其他档的弧度，很难把弧度调整到允许的误差范围内。无疑也增加了调整弧度的时间，影响工程进度。

对每个多轮放线滑车，各导线轮的摩阻系数基本相等，整个放线段内采用同型号的滑车等，也是保证分裂导线同相导线弧度能调至较小误差范围的一个重要条件。

3. 能顺利通过牵引板、各种连接器和压接管

牵引板（包括防捻器），必须顺次通过放线段内的每一个滑车，其余一般只通过部分滑车。它们除了本身在设计上结构、外形等考虑到能顺利通过滑车外，对滑车也必须在滑轮槽、滑轮轮缘、框架等结构方面有所考虑。这也是保证它们在滑车上顺利通过的重要条件。对压接管而言，它的结构只能由压接后导线接头的电气性能和机械强度决定，故只能从放线滑车的结构上来满足它的通过性。

4. 体积小、重量轻

由于架线施工现场分散性很大，故必须将大量放线滑车分别运送到每个杆塔位置，并吊装到绝缘子串上。不少塔位，因机动车辆无法进入，只能采用人工搬运。所以要求放线滑车除了具有足够的机械强度和优良的使用性能外，还应尽量做到体积小、重量轻、便于运输，这对降低放线滑车的制造成本也有重要的经济意义。

二、放线滑车的类型

放线滑车根据一次同时通过导线的数目，可以分为单轮、三轮、五轮、七轮和九轮放线滑车等多种类型，用于展放单导线、双分裂导线和三、四、六、八分裂导线。上述每种放线滑车，根据适用通过的导线截面面积大小，又有若干规格。

三轮、五轮、七轮、九轮放线滑车的中间滑轮为钢丝绳轮，用于通过牵引钢丝绳或牵引绳，其余各轮都为导线轮。对于单轮放线滑车，钢丝绳和导线都在该轮中通过。如图 17-2

所示为五轮放线滑车结构图。

多轮放线滑车又有通轴式、分轴式、装配式和不对称式四种结构形式。

图 17-2 所示为通轴式,这种放线滑车的特点是导线轮和钢丝绳轮都安装在一根轴上,且这两种轮的外圆直径相等。

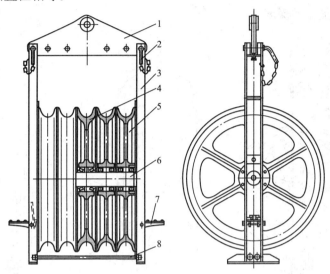

图 17-2　五轮放线滑车结构图

1—连板;2—销轴;3—框架;4—钢丝绳轮;5—导线轮;6—心轴;7—踏板;8—底梁

图 17-3 所示为分轴式放线滑车。上述通轴式放线滑车中,当钢丝绳轮采用钢轮时,钢丝绳轮的重量占整个滑车重量的很大比例。为减轻该滑车重量,在满足牵引钢丝绳直径倍率比的情况下,可缩小钢丝绳轮直径。但考虑到在滑车上通过牵引板和防捻器的要求,钢丝绳轮和导线轮外圆的边缘上部必须位于同一水平高度。为此,必须把心轴断开,使导线轮和钢丝绳轮安装在不同的心轴上,故称为分轴式放线滑车。分轴式放线滑车提高了钢丝绳轮心轴的安装高度,以保证它外圆的边缘上部和导线轮外圆的边缘在同一水平高度。但由于增加了支撑点,使结构相对通轴式较为复杂。

图 17-4 所示为装配式三轮放线滑车。为便于山区地形复杂地区滑车的转场运输,装配式多轮放线滑车由三个(三轮滑车时)或五个(五轮滑车时)单轮滑车组装而成,装拆方便。这时,相当于把滑车的心轴由原来的通轴式变成分轴式,增加了多个支撑点,大大改善了心轴的受力情况,从而使装配式多轮滑车可以采用相对直径较小的心轴和轴承;但因增加了支撑点,使组装后整个滑车的宽度增加。图 17-4 所示的装配式三轮放线滑车由两个单轮导线滑车和一个钢丝绳轮滑车组装而成,三轮滑车通过各单轮滑车两侧滑轮侧架 10 上的连接孔 a,用螺栓固定到支架 5 上,侧柱 6 和支架 5 固定在框架底梁 8 上,成为一体。同理,装配式五轮放线滑车由四个单轮导线滑车和一个钢丝绳轮滑车组装而成,结构和安装方法相似。如把装配式五轮

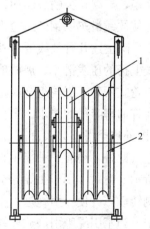

图 17-3　分轴式放线滑车

1—钢丝绳轮;2—导线轮

放线滑车两侧两个导线轮拆去，可作为三轮放线滑车使用；每个导线轮又可以作为单轮放线滑车，其主要缺点是因采用分轴式后，考虑心轴支承等原因，轮间距离较大，使用不当，导线或钢丝绳容易跳槽，落入两轮之间；也使各滑轮轮轴中心线不能在同一轴线上，而是分别处于两条轴线上，使架体受力情况较为复杂。解决上述跳槽问题可采用类似图 17-6 中的弹簧门解决，或者增加轮槽深度。

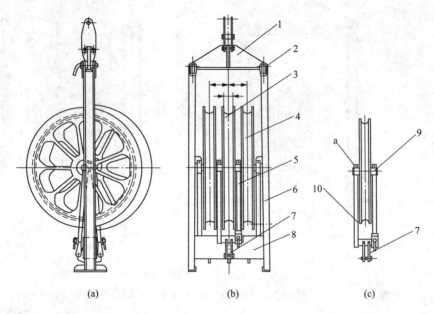

图 17-4　装配式三轮放线滑车

(a) 正视图；(b) 侧视图；(c) 拆卸成的单轮滑车图

1—连板；2—销轴；3—钢丝绳轮；4—导线轮；5—支架；6—侧柱；

7—挂环；8—框架底梁；9—心轴；10—滑轮侧架；a—连接孔

图 17-5 所示为不对称放线滑车，主要用于分裂导线数目为奇数的情况。这种放线滑车钢丝绳轮两侧的导线轮数目不等。为平衡由于钢丝绳轮两边导线轮数目不等而产生的不平衡力矩，导线轮少的一侧加设右平衡轮 5，用于调节导线到钢丝绳轮的距离。这样，在放线时可使放线滑车以钢丝绳轮为中心的两侧受力不平衡情况得到改善。

除上述几种放线滑车外，还有展放大跨越导线用的大跨越放线滑车、防止放线过程中导线上扬的压线滑车、展放地线的地线滑车等。其中，大跨越放线滑车有三轮组合式和大直径单轮式两种，三轮组合式是由在同一平面内的三个普通导线轮组合而成，以满足大跨越导线允许曲率半径的要求。大直径单轮式是采用增大滑轮直径来满足导线允许曲率半径的要求（国外这类滑车最大直径已达 1500mm 以上）。

此外，还有一种能用直升机展放导引绳的带滑臂的直升机放线滑车，其结构如图 17-6 所示。滑臂 1 用于引导导引绳进入滑车；偏心轮上的 V 形切口在导引绳作用下由外侧向内侧转动，并使导引绳进入框架内侧，落入弹簧门 4 的斜面上后，再滑入中间的钢丝绳轮 6 中。当牵引绳牵引展放导线时，弹簧门 4 在牵引板作用下打开，使导线进入两侧的导线轮 5 槽中。

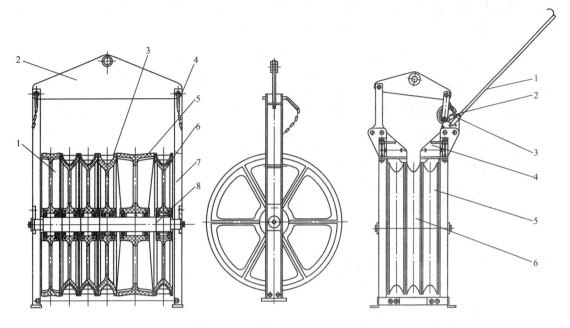

图 17-5　不对称放线滑车
1—左平衡轮；2—连板；3—钢丝绳轮；4—销轴；5—右平衡轮；
6—导线轮；7—侧柱；8—心轴

图 17-6　带滑臂的直升机放线滑车
1—滑臂；2—导引绳；3—偏心轮；
4—弹簧门；5—导线轮；6—钢丝绳轮

第二节　放线滑车的槽底直径和槽形

一、导线轮底部直径

1. 导线轮底部直径 D_C 大小对摩阻系数的影响

导线轮底部直径 D_C 是指导线轮槽底通过圆心的距离（简称槽底部直径），D_C 的大小，主要由轮槽内通过导线的直径 d_c 来决定，D_C/d_c 通常称为滑轮和导线的倍率比。

对每个放线滑车，槽底部直径小一点，重量轻一些，不但可以降低造价，而且对现场运输和吊装都是十分有利。但会带来以下三个问题：①使放线滑车的摩阻系数 k 值不能满足使用要求，增加了放线、紧线时的牵引阻力，给精确地调整弛度带来困难；②由于导线轮曲率半径较小时，导线进出滑轮时弯曲、拉伸的应变加剧，故使导线表面、层间、股间的磨损增加，影响展放后的导线质量；③导线和轮槽之间单位面积的支撑压力增加，加剧了导线和轮槽之间、导线层间、股间的挤压应力，加快了导线的磨损。

摩阻系数 k 的大小，由导线进出导线轮时弯曲、拉伸和扭绞时的能量损耗大小及轴承的滚动摩擦损失大小来决定。这几方面的能量损失，在导线进、出滑轮的包绕角一定的情况下，都和轮槽底部直径有关，现分述如下。

（1）导线进入滑轮时，在滑轮上被弯曲，使导线层间、股间产生相对位移，造成挤压摩擦。摩擦力是和导线层间、股间承受的正压力成正比的。

为便于分析，假定滑轮上的阻力很大，导线相当于处于静止状态，如图 17-7 所示。设

导线进线处某一小段在滑轮上的包绕角为 α，在牵引力的作用下在滑轮上形成的压应力为 T，则

$$T = T_1 \sin \frac{\alpha}{2} + T_2 \sin \frac{\alpha}{2}$$

式中　T_1——导线上的牵引力；

T_2——由该小段导线后面的导线和滑轮槽表面的摩擦阻力产生的拉紧力。

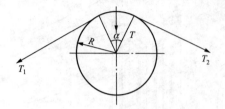

若设滑轮的等效半径为 R，则这一小段导线同滑轮接触长度为 $R\alpha$，由此得

$$q = \frac{T}{R\alpha} = \frac{(T_1 + T_2) \sin \frac{\alpha}{2}}{R\alpha}$$

而　　　　　　$R = \frac{1}{2}(D_C + d_c)$

图 17-7　导线在滑轮上的受力图

式中　q——单位长度上导线对滑轮的正压力。

当 α 很小时，导线的弧长也很小，T_1 和 T_2 可认为相等（即 $T_1 = T_2$），则

$$q = \lim_{\alpha = 0} \frac{(T_1 + T_2) \sin \frac{\alpha}{2}}{R\alpha} = \frac{T_1 \sin \frac{\alpha}{2}}{R \frac{\alpha}{2}}$$

即　　　　　　　　　　$q = \frac{T_1}{R}$　　　　　　　　　　(17-2)

由式（17-2）可见，导线同滑轮槽之间的压应力同滑轮的等效半径成反比，同张力成正比。

导线在滑轮槽之间单位长度上的正压力 q，则

$$q = \frac{2T}{D_0} \text{(Pa)}$$

设单位长度上导线同滑轮之间的摩擦力为 F，则

$$F = \mu_e q = \frac{2\mu_e T}{D_0}$$

$$D_0 = D_C + d_c$$

式中　μ_e——综合考虑了导线同滑轮槽表面之间、导线层间和股间摩擦的总摩擦系数，是一个很复杂的数值，可通过实验得出；

T——放线张力，N；

D_0——滑轮计算直径，m；

d_c——钢芯铝线直径，m。

由些可见，单位长度上导线通过滑轮时的摩擦损耗，同滑轮直径成反比，同导线张力成正比。D_C 大的滑车，在相同张力情况下，导线通过时能量损耗要小，即滑车的阻力较小。

（2）导线通过滑车时，除受到拉应力外，还有弯曲应力和层间、股间的挤压应力。这些

力使外侧线股弯曲拉伸，内侧线股被挤压，也消耗了能量。导线在滑轮上通过时，上述弯曲应力用计算是一个十分复杂的问题，可用式（13-3）的巴赫公式进行定性分析，可以认为，导线在放线滑车上通过时的弯曲应力，同导线中单股铝丝的直径 δ 成正比，同滑轮的计算直径 D_0 成反比。滑轮直径越大，在相同包绕角情况下，导线通过时产生的弯曲、挤压应力就越小，能量损耗就越少，滑车的阻力也相应减小。图 17-8 是 630mm^2（$d_c = 34.6\,\text{mm}$）的钢芯铝绞线，在不同 α 情况下，采用不同 D_C 的滑车进行试验，测得的 D_C — k 曲线。

由图 17-8 可见，放线滑车的 k 在一定范围内和 D_C 有密切关系，在 α 大时尤为明显。从图 17-8 也可以看出，该规格的钢芯铝绞线放线过程滑车的摩阻系数要达到不大于 1.015 时，如在正常情况下，导线在滑轮上的包线 30°（有关规程规定，导线在滑轮上的包绕角大于 30°时，必须挂双滑车）时，滑车槽底直径必须大于 700mm（$20d_c = 20 \times 34.6 = 692\text{mm}$），如在山区或道路崎岖不平地区包绕角增大时，摩阻系数很难满足不大于 1.015 的要求。

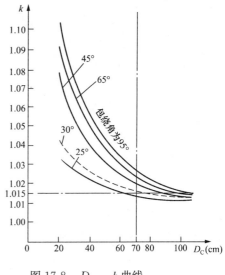

图 17-8 D_C — k 曲线

如包绕角为 45°，即使采用 $D_C = 700\text{mm}$ 直径的滑车摩阻系数也达到 1.02 左右，对调整弛度就很不利了。故在较大包绕角情况下，欲使摩阻系数接近 1.015 要求，放线滑轮槽底直径和导线直径的倍率比必须大于 20～25。包绕角的大小和杆塔所在的地理位置（档距、高差）有关，位置一定，包绕角就不能改变，除非在 1 个挂点上使用 2 个放线滑车。

国内对放线滑车的摩阻系数在原电力建设研究所良乡试验线路上也做过试验，被测滑车槽底直径为 408mm，用 300mm^2 导线，通过 7 个滑车，杆塔档距为 450m，但由于受当时滑车规格等限制，只用该滑车测定不同张力（也即不同包绕角）情况下摩阻系数变化情况，其关系如图 17-9 所示，从该曲线可以看出，包绕角对摩阻系数影响的规律同上述图 17-8 中所示是一致的。

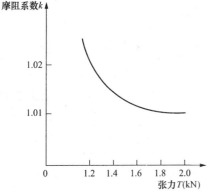

图 17-9 摩阻系数同不同张力（不同包绕角）
的关系（相同滑车时）

我国放线滑车的摩阻系数规定不得大于 1.015，该数据是 20 世纪 80 年代中期确定的，它也是经过国内几条交、直流 500kV 输电线路架线施工实践，参考国外对张力放线时滑车效率（即摩阻系数）的不少试验研究资料及国内有关摩阻系数的试验而确定的，经 20 余年的考验，目前认为滑车摩阻系数应不大于 1.015 仍是可行的，故仍被有关电力行业标准作为放线滑车的重要技术性能指标而采用。

（3）滑车轴承的摩擦损耗也是影响摩阻系数的一个因素。在轴承的型号、规格和心轴的尺寸确定

以后，该摩擦损失就只和心轴上的正压力成正比，摩擦力 F 为

$$F = P\mu_b \frac{\phi}{D_0} = 2T\mu_b \frac{\phi}{D_0} \sin\frac{\alpha}{2} \quad \text{N} \tag{17-3}$$

式中　P——心轴上的正压力，N；

　　　μ_b——轴承的滚动摩擦系数；

　　　ϕ——放线滑车心轴直径，mm；

　　　α——导线在滑车上的包绕角，(°)。

由式（17-3）看出，在张力 T、包绕角 α 不变的情况下，滑轮槽底直径越大，克服轴承摩擦力所需增加的拉力越小，对摩阻系数的影响也就越小。

2. 导线轮底部直径 D_C 大小对导线和滑轮间正压力影响

导线和滑轮之间的正压力，同导线上的张力 T、滑轮计算直径 D_0 和槽形结构的关系为

$$p = \frac{2T}{D_0 d_c b_0} \leqslant [p]$$

式中　p——导线和滑轮槽之间单位面积的正压力，Pa；

　　　b_0——有效接触面宽度系数，由轮槽的形状和所采用的衬垫材料而它，但它总小于

　　　　　1，一般可取 $\frac{2}{3}$；

　　　d_c——钢芯铝绞线直径，mm。

p 值有一定的允许范围，根据有关资料介绍，对钢芯铝绞线，在有衬垫的材料上，$[p]$ 一般不超过 $3.5\sim5\times10^6\text{Pa}$。如果滑轮槽底直径 D_C 过小，就会使 p 值超过允许范围而把导线挤压变形，甚至压扁。为使 p 值限制在一定范围内，D_C 就得足够大，必须满足

$$D_C \geqslant \frac{2T}{pd_c b_0} - d_c$$

另外，导线在紧线后到附件安装之前，必须在滑车内停留一段时间，这时单位面积的支承压力 p 值很大。如果滑轮槽底直径过小，导线振动会使滑车中导线的磨损更为严重，甚至发生断股现象。

3. 国内外放线滑轮的倍率比

有关放线滑车的倍率比，世界各国的规定都不完全一样，除考虑上述一些问题外，还得根据地理条件、施工水平、导线结构、电压等级等综合考虑，一般要求不小于 $15\sim20$。美国国家标准推荐滑轮槽底部直径最小值为 $20d_c-100\text{mm}$ 或更大一些，但同时又强调，在地形崎岖不平的地带，用小于 $19d_c$ 或 $20d_c$ 的滑轮紧线，调整弛度是非常困难的。意大利是世界上放线滑轮槽底直径对摩阻系数、对被展放导线的磨损情况试验研究工作做得最透、获得有关数据最全的国家，其推荐倍率为 $(25\sim30)d_c$，也是目前世界上采用倍率比最大的国家。日本输电线路施工标准规范规定为 $(16\sim20)d_c$。

我国现行标准为不小于 $20d_c$，属中等倍率比。

从上述的分析和试验可以看出，要降低放线滑车的摩阻系数，增加滑轮槽底直径是最好的方法，要满足放线滑车摩阻系数不大于 1.015，必须保证放线滑车导线轮槽底直径不小于

被展放导线直径的 20 倍，即 $D_c \geqslant 20d_c$。

要降低放线时对导线的磨损，最有效的方法是减低导线在滑轮中单位面积上的支承压力，从上述导线和滑轮槽底之间的正压力公式中可见，该支承压力同导线的直径成反比，滑轮槽底直径越大，相对支承压力就越小，导线层间、股间的磨损也就小，故选用足够大槽底直径的放线滑车是很有必要的。

上述两点就足以说明展放导线时无论从施工工艺要求或对导线的保护要求，选用较大倍率比滑轮的滑车是非常重要的，也是十分必要的。我国现有有关标准对选用放线滑车时要求满足其槽底直径 $D_c \geqslant 20d_c$ 是很有必要的。详细选用要求，见第三章第二节中三、放线滑车技术要求。随着国内使用导线的截面越来越大，层数越来越多，考虑通过滑车时导线弯曲、拉伸时的层间、股间摩擦损耗及对摩阻系数 k 的影响，应选更大倍率比的放线滑车。

二、导线轮槽的外形结构

导线轮槽的外形结构，除能有效地防止损伤导线、同导线表面接触良好外，还要使压接管、旋转连接器、网套式连接器等顺利通过。轮槽的边缘要考虑到和牵引板的下平面接触合理，以使牵引板的旋转连接器和导线被可靠的导引入槽，不会出现脱槽现象。

导线轮槽外形结构（见图 17-10）主要参数是底部半径 r_g、槽深 s 和两侧倾斜角 β。

（1）槽底半径 r_g。r_g 一般略大于导线直径，理论上最理想的数值是 $r_g = \dfrac{d_c}{2}$。即槽底半径等于导线直径的一半，以使导线和槽有最好的接触面，在相同张力情况下可以使导线上的支承压力 p 值最小。但考虑到通过压接管的直径、导线截面的适用范围以及导线由于各种因素而会形成一定椭圆度等，一般取 $r_g = (0.55 \sim 0.8)d_c$。r_g 太大虽然增加了适用导线截面的范围，但会造成导线和槽表面接触不良。

（2）槽深 s。s 太小，轮槽太浅，不但导线容易跳槽，压接管、连接器更容易从槽中掉出。反之，轮槽太深，槽壁抗弯强度降低，容易被压接管、连接器等挤裂。如加厚槽壁，会使滑车宽度增加，不经济，也会给现场运输、安装带来不便。一般 $s = (1.3 \sim 2)d_c$。

（3）倾斜角 β。倾斜角 β 对轮缘的宽度、多轮滑车轮距影响很大，它们都随 β 值的增加而加宽、加大。轮距太小，导线在多轮滑车上平衡性差，受风的影响容易偏摆而引起导线舞动，给调整弛度带来困难；牵引板过滑车时，可能产生的瞬时冲击也会引起导线剧烈的摆动。上述两种情况严重时会使导线发生鞭击现象，损伤导线。β 角大小对旋转连接器等在放线滑车上的通过性也有较大影响，大一些容易通过。但 β 角太大会减少导线和轮槽的接触面。

目前轮槽的倾斜角 β 有 15° 和 20° 两种，选用时有时还要根据张力机放线卷筒组合方式要求的牵引板结构等综合考虑。国内推荐的轮槽倾斜角以 15° 为主，也有少数滑车采用 20°。

（4）为使导线在滑轮槽中有较大的接触面，以减少对导线单位面积上的支撑力，可采用双 R 结构的导线轮，如图 17-11 所示，其底部考虑导线制造、运输过程中存在一定变形等情况，半径 r 一般略大于导线直径半径 1~2mm。r 太大，会影响导线和轮槽表面的接触面积；r 太小，又易损坏滑轮槽表面。

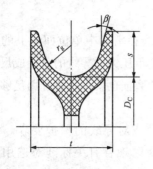

图 17-10 导线轮槽外形结构

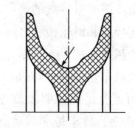

图 17-11 双 R 结构的导线轮

双 R 槽形滑轮的槽深 s，倾斜角 β 的大小同上述普通导线轮。

三、钢丝绳轮槽形

钢丝绳轮槽底部半径和槽深，主要决定主牵引钢丝绳和牵引板之间串接的旋转连接器直径的大小。同时还要考虑牵引板底部导向拉板（见图 18-21）的高度 h_2，以防止导向拉板进入钢丝轮槽时牵引板被顶升抬高而掉槽（导向拉板的高度，一般都小于导线槽的槽深 s）。一般可取槽深和槽底半径相等，接近于导线轮槽深 s。钢丝绳轮槽形如图 17-12 所示。

有些钢丝绳轮为便于小直径的导引绳通过时，能和轮槽表面有较好的接触，在钢丝绳轮槽底部加工一半径略大于导引绳直径、深度略小于导引绳直径的圆弧槽，见图 17-13。

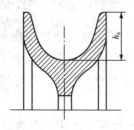

图 17-12 钢丝绳轮槽形

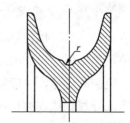

图 17-13 带双 R 结构的钢丝绳轮

第三节　放线滑车的结构及材料

图 17-2 为展放四分裂导线用的五轮 MC 尼龙放线滑车结构图，它由 MC 尼龙导线轮 5、MC 尼龙钢丝绳轮 4、心轴 6、连板 1、框架 3 和销轴 2 等组成，其中导线轮还可以采用铝合金轮轮槽内加衬垫材料，钢丝绳轮也可采用铸钢或球墨铸铁浇注而成的金属轮。

（一）导线轮

导线轮有 MC 尼龙轮和铝合金轮加衬垫材料两种，如图 17-14 所示。

1. MC 尼龙导线轮

MC 尼龙导线轮直接由 MC 尼龙浇铸而成，如图 17-14（a）所示。MC 尼龙是一种铸型尼龙，它是用乙内酰胺在催化剂氢氧化钠的作用下开环聚合成可浇铸成型的聚乙酰胺，也称铸型尼龙。英文名称为 Model Cast Nylon，取其前两名字的第一个字母及第三个名字的音译，称为 MC 尼龙。为了使浇铸成型的 MC 尼龙有较好的物理性能和机械性能，在它聚合

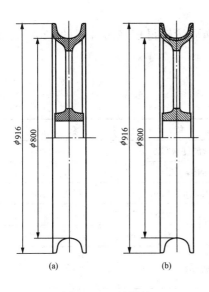

图 17-14　导线轮

(a) MC 尼龙轮；(b) 铝合金轮架加衬垫轮

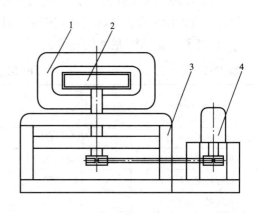

图 17-15　离心浇铸设备示意图

1—烘箱；2—尼龙轮模具；

3—离心旋转设备；4—电动机

形成能浇铸的液体全过程中，还必须加入六磷胺增韧剂及催化剂、除水活性料及助催化剂等组成活性料，并采用分次浇铸的复合浇铸工艺，且在浇铸完毕后使金属模具在保持一定的高温下（140℃左右）高速旋转，使活性料在金属模具内产生离心力，固化成形，从而满足了滑轮的机械强度和物理性能要求。也可使固化后的 MC 尼龙质地密实，不会有气孔。尼龙脱模后还须在热水中进行后期处理，消除内应力，获得更好的性能。图 17-15 为离心浇铸设备示意图。MC 尼龙制品生产过程如图 17-16 所示。浇铸成型的 MC 尼龙，有以下优良的性能。

（1）有好的机械性能。抗冲击性和耐磨性好。由于有良好的抗冲击性能，使其有好的韧性，并有一定弹性；在相同条件下进行磨损试验，其磨耗量只有铜或钢的 $\frac{1}{8} \sim \frac{1}{9}$；据有关资料介绍，MC 尼龙的磨损特点是初期损失量较大，随着使用时间增加磨损量逐渐减少并趋于稳定，且还不会损伤对磨材料。而金属材料的磨损量往往随使用时间的延长而增加。

（2）化学稳定性能好。在通常条件下，和水（包括海水）、洗涤剂、润滑油、汽油、煤油、醇及碱等液体长期接触，不会被侵蚀、损坏（遇强酸如硫酸、盐酸、硝酸时容易侵蚀）。表 17-1 为 MC 尼龙同各种介质接触时情况。

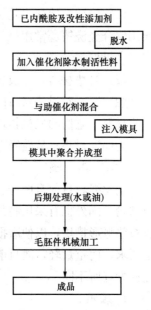

图 17-16　MC 尼龙制品

生产过程图

表 17-1　　　　　　　　　MC 尼龙同各种介质接触时情况

允许接触情况	介　　质
可长期接触	水、海水、汽油、煤油、机油、氨水、乙醇、乙醚、香蕉水、三氯乙烷
有条件接触	硼酸蒸汽、热空气、热盐水、浓醋酸、稀硫酸
不能接触	盐酸、浓硫酸、浓硝酸、苯酚、氯气、次氯酸钠

655

(3) 重量轻。其密度为 $1.14\sim1.16g/cm^3$，比金属质量轻得多（只有铝的 42%，钢的 15%），为放线滑车设计的轻型化创造了条件。

(4) 表 17-2 为 MC 尼龙的性能表。

表 17-2   MC 尼 龙 的 性 能

性　　能	数　　值	性　　能		数　　值
密度（g/cm³）	1.14～1.16	热变形温度（℃）		150～190
硬度（洛氏·R 标准）	R110～120	马丁耐热（℃）		67～74
抗张强度（MPa）	75～100	击穿电压（kV/mm）		15.0～23.6
抗弯强度（MPa）	140～170	吸水率	24h	0.7%～1.2%
抗压强度（MPa）	100～140		饱和	5.5%～6.5%
抗冲强度（MPa）	20～63	摩擦系数 μ		0.5～0.55
熔点（℃）	223～225			

2. 铝合金轮架加衬垫导线轮

铝合金轮架加衬垫导线轮由金属轮架及在轮槽内加衬垫组成，如图 17-14（b）所示。

(1) 轮架。轮架由轮缘、带筋板的轮辐和中心安装轴承用的轮毂组成。为减轻重量，轮架用铝合金浇铸。常用材料有 ZL102、ZL103 等。大多采用金属模浇铸，以保证表面光洁度和提高机械强度。

(2) 衬垫材料。导线轮采用衬垫材料，除防止导线磨损外，还可以改善导线和轮槽表面的接触状况。对衬垫材料的要求和张力机放线机构相同，也常用聚氨酯橡胶、氯丁橡胶等作衬垫材料，它们的机械物理性能见表 14-1。

为保证衬垫不从轮缘上脱落，它在轮缘上应采用咬边结构。

(二) 钢丝绳轮

钢丝绳轮目前有两种：①用 MC 尼龙浇铸的尼龙轮；②用铸钢或球墨铸铁浇铸的钢轮或铁轮。国外也有采用高强度铝镁合金轮架，在轮槽内镶装可更换的 MC 尼龙或聚氨酯橡胶衬垫弧形槽块，以便磨损后更换的。由于上述 MC 尼龙有好的耐磨性，机械强度也能满足要求，而重量轻，故目前已被广泛地用作钢丝绳轮，其浇铸工艺和尼龙导线轮基本相同，但配方有所不同。

1. 轴承

放线滑车的转速比一般机械传动的转速低（转速视滑轮直径和放线速度而定，一般为 30～80r/min），尤其在重载（紧线）时，转速更低。有时还会受到冲击载荷（如牵引板过放线滑车时）、或承受一定轴向载荷（线路有小偏角时）。根据上述载荷情况，一般都采用圆锥滚子轴承或球轴承。对中间钢丝绳轮，因它承受载荷大（为分裂导线各根导线承受载荷的总和）故必须采用圆锥滚子轴承。圆锥滚子轴承承载能力大，除承受径向载荷外，还能承受较大的轴向载荷。因放线滑车各滑轮均采用双轴承支承，这种轴承在导线张力施加的径向力作用下，产生两个向轮子中心的轴向反力。该反力使滑轮始终保持在一定的位置上，不会左右偏移、摆动。采用这种轴承，由于它有游动间隙，在安装和使用过程中可以在轴向和径向调整游隙，但首次组装时比较麻烦。

采用球轴承的主要优点是价格便宜、装配方便。但这种轴承在重载、低速、冲击载荷和转速不平稳情况下，工作性能不如上述圆锥滚柱轴承好。有时容易引起保持架变形，甚至损坏，严重时还会引起卡死等情况。长期运转后，同一种滑车上各轴承的相对稳定性也不如前者，这不利于调整分裂导线的弛度。因此，应尽量采用 7200 系列或 7300 系列圆锥滚子轴承。

2. 框架和连板

(1) 框架。框架用于支承放线滑车的心轴，并通过连板能使放线滑车吊挂连接到绝缘子串上去。同时也起保护滑轮的作用。滑车框架分落地式和吊架式两种。

1) 落地式框架可用普通槽钢焊接而成，结构比较简单。为减轻滑车重量，也有采用铝合金框架的。这时最好采用高强度铝合金整体压铸或采用高强度铝合金型材铆接加工。后者工艺较为复杂，成本也比较高。落地框架高度主要考虑牵引板和防捻器的厚度，宽度应根据滑车各导线轮和钢丝绳轮宽度的和、相邻两滑轮应保持的间隙（2～6mm，视滑轮槽底直径大小而定，轮径大者，间隙也可大些）、两侧滑轮和框架之间应留间隙（2～4mm）等考虑。两侧滑轮轮缘靠近框架处焊接有挡板或防护钢丝（它们同轮缘之间也有一定间隙），防止在该处卡住导引绳或牵引绳。

2) 吊架式框架可以整体浇铸，加工方便。吊架式滑车的心轴直接由吊架支承，两侧吊架互相独立，吊架上部由连板连连，或直接用钢丝绳相连，再吊挂到绝缘子串上。吊架式滑车的优点是体积小、重量轻；其缺点是对滑轮保护不利，运输、储藏时，滑轮轮缘直接触及地面等，容易损伤。

(2) 连板。放线滑车连板形式较多，有等边三角形、四边形等类型。有的连板上还预留有装设压线用小滚轮的轴孔。

第四节　放线滑车的受力计算

放线时，一次同时使用的滑车数量很多，吊挂地点也各不相同。当沿线路杆塔都在同一标高、档距基本相等，考虑放线滑车计算载荷时，只需根据第一个和最后一个滑车进行计算。因为这两个滑车靠近牵引机、张力机，其进出线角一般比其他杆塔上的滑车大，作用在滑车上的径向载荷亦大。如两侧进出线滑车的进出线角度相等，则只需计算牵引机侧杆塔上的滑车，因为这时它承载最大。然而，当在崎岖的山地和又有偏角的线路上，必须计算沿线路各挂点滑车上的载荷，选择最大的作为计算载荷。放线滑车受力分析见图 17-1，由图 17-17，可得

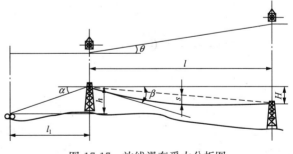

图 17-17　放线滑车受力分析图

$$\tan\alpha = \frac{h}{l_1} \qquad \alpha = \arctan\frac{h}{l_1}$$

$$\tan\beta = \frac{H+4s}{l} \qquad \beta = \arctan\frac{H+4s}{l}$$

式中　l_1——杆塔至张力机或牵引机距离；

　　　h——牵引机或张力机和杆塔横担的高差；

　　　l——相邻杆塔之间的档距；

　　　s——放线时导线的弛度；

　　　H——两杆塔挂线点高差；

　　　α——张力机或牵引机出线水平角；

　　　β——在杆塔上导线出线角。

杆塔上放线滑车的垂直载荷 F_V 为

$$F_V = 2T\sin\frac{\alpha+\beta}{2}$$

杆塔上放线滑车的水平载荷 F_H 为

$$F_H = 2T\sin\frac{\theta}{2}$$

放线滑车上的总载荷 F 为

$$F = 2T\sqrt{\sin^2\frac{\alpha+\beta}{2} + \sin^2\frac{\theta}{2}}$$

式中　θ——线路方向的偏角；

　　　T——放线张力。

　　根据 F 值，可对放线滑车进行机械强度计算。由于导线最大张力是在紧线到预定弛度值时，上述各参数应该是在这种状态下的数值。如果放线张力较大，还必须核算牵引机侧杆塔上放线滑车心轴的危险断面，放线时滑车心轴受力情况如图 17-18 所示（F 为放线时钢丝绳作用于滑车心轴的力）。紧线时滑车心轴上的受力情况如图 17-19 所示，$F_1 \sim F_4$ 为紧线时 1～4 号导线作用于滑车心轴上的力。

图 17-18　放线时滑车心
轴受力情况

图 17-19　紧线时滑车心
轴的受力情况

　　还必须根据式（17-2）校核导线轮单位面积上的支撑压力，如超过允许范围，则应选用槽底部直径更大的滑车。

第五节　铝合金放线滑车系列

　　铝合金放线滑车有单轮放线滑车、三轮、五轮、七轮及九轮几种规格，除单轮滑车外，其余各种多轮滑车均由钢丝绳轮和导线轮组成，其导线轮均采用铝轮轮架在轮槽内衬橡胶或MC尼龙衬垫。通过它展放导线时，不磨损导线。钢丝绳轮则可用铸钢或MC尼龙材料做成。铝合金系列尼龙放线滑车根据导线轮或钢丝绳轮的布置或整体结构，可分为同轴式和分轴整体式或组装式等多种结构形式。

一、单轮放线滑车和同轴式三轮、五轮放线滑车

1. 铝合金单轮放线滑车

铝合金单轮放线滑车结构如图 17-20 所示，其技术参数见表 17-3。

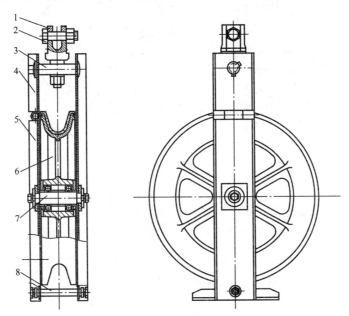

图 17-20 铝合金单轮滑车结构图

1—吊板；2—吊挂螺栓；3—横梁；4—活动侧板；5—左侧架；6—导线轮；7—心轴；8—底梁

表 17-3　　　　　　　　　铝合金单轮放线滑车技术参数

型　号	适用导线	额定载荷（kN）	质量（kg）
SHD-120×30	LGJ25-70	5	1.5
SHD-160×40	LGJ95-120	10	2.5
SHD-200×40	LGJ150-240	15	4
SHD-200×60	LGJ150-240	15	4.6
SHD-250×40	LGJ150-240	20	4.6
SHD-250×60	LGJ150-240	20	6
SHD-270×60	LGJ240-300	20	7
SHD-320×60	LGJ240-300	20	9.5
SHD-400×80	LGJ240-300	20	15
SHD-508×75	LGJ400-500	20	18
SHD-600×100	LGJ400-500	20	30

注　1. 型号中数据为导线轮外径×轮宽（mm×mm）。

　　2. 由宁波东方电力机具制造有限公司生产。

659

2. 铝合金同轴式三轮滑车

铝合金同轴式三轮放线滑车结构如图 17-21 所示。

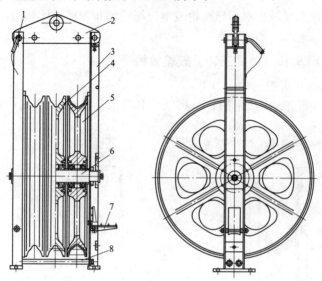

图 17-21　铝合金同轴式三轮放线滑车结构图

1—销轴；2—连板；3—框架；4—钢丝绳轮（钢或 MC 尼龙材料）；

5—橡胶或尼龙衬垫导线轮；6—心轴；7—脚踏板；8—底梁

3. 铝合金同轴式五轮滑车

图 17-22 所示为铝合金同轴式五轮放线滑车结构图。

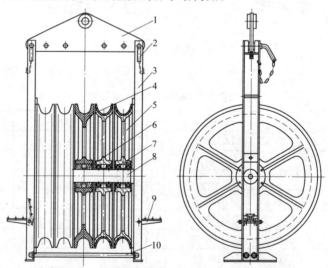

图 17-22　铝合金同轴式五轮放线滑车结构图

1—连板；2—销轴；3—右侧架；4—钢丝绳轮；5—导线轮；

6—滚柱轴承；7—球轴承；8—心轴；9—脚踏板；10—底梁

图 17-23 所示为铝合金同轴式七轮放线滑车结构图，该滑车的钢丝绳轮采用铸钢轮。表 17-4 为铝合金多轮放线滑车技术参数。

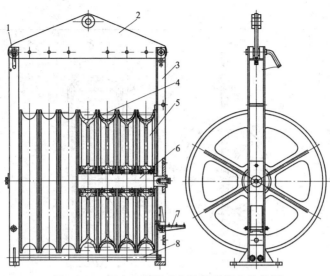

图 17-23　铝合金同轴式七轮放线滑车结构图

1—销轴；2—连板；3—框架；4—钢丝绳轮（铸钢轮）；5—导线轮；

6—心轴；7—脚踏板；8—底梁

表 17-4　　　　　　　　　　　铝合金多轮放线滑车技术参数

| 型　号 | 轮　数 | 导线轮结构尺寸（mm） | | | 额定载荷（kN） | 钢丝绳轮材料 | 质量（kg） |
		槽底直径	宽度	外径			
SHD660	3	560	100	660	40	铸钢	106
SHD660	5	560	100	660	60	铸钢	150
SHSLN660	3	560	100	660	40	尼龙	92
SHWLN660	5	560	100	660	60	尼龙	120
SHQZ660	7	560	100	660	80	铸钢	268
SHSQN926	3	800	125	926	105	尼龙	185
SHWQN926	5	800	125	926	180	尼龙	308

二、铝合金分轴式多轮放线滑车

1. 铝合金分轴式三轮放线滑车

铝合金分轴式三轮放线滑车技术参数见表 17-5。

表 17-5　　　　　　　　　铝合金分轴式三轮放线滑车技术参数

| 型　号 | 尺寸（mm） | | | | | | | | | | 断裂载荷（kN） | 质量（kg） |
	A	B	C	D	E	F	G	H	I	L		
CAT506	25	24	68	500	1280	580	628	500	250	145	120	95
CAT612	25	24	68	650	1430	580	775	500	250	145	120	110
CAT613	25	24	95	650	1430	580	775	572	250	170	180	130
CAT812	25	24	68	800	1530	580	880	500	250	145	180	125
CAT813	25	24	95	800	1540	580	893	572	250	170	180	160
CAT007*	25	24	95	1000	1740	580	1100	572	250	170	200	198

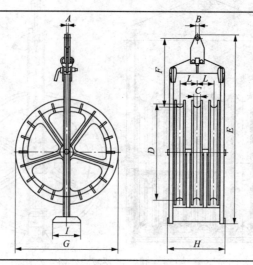

* 滑车的导线轮轮槽的衬里为尼龙。

2. 铝合金分轴式五轮放线滑车

铝合金分轴式五轮放线滑车技术参数见表 17-6。

表 17-6 铝合金分轴式五轮放线滑车技术参数

型 号	尺寸（mm）										断裂载荷	质量
	A	B	C	D	E	F	G	H	I	L	（kN）	（kg）
CAQ507	25	24	68	500	1290	595	628	700	100	145.5	120	132
CAQ614	25	24	68	650	1440	595	775	700	100	145.5	120	155
CAQ615	25	24	95	650	1440	595	775	826	130	170	180	190
CAQ814	25	24	68	800	1540	595	880	700	100	145.5	180	180
CAQ815	25	24	95	800	1540	595	893	826	130	170	180	225
CAQ008*	25	24	95	1000	1750	595	1100	826	130	170	200	270

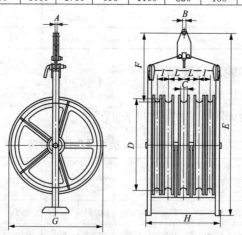

* 所标滑车的导线轮轮槽的衬里为尼龙。

3. 铝合金分轴全装配式三轮放线滑车

铝合金分轴全装配式三轮放线滑车，由多个单轮滑车组装而成，其结构原理已在本章的第一节（见图 17-4）中已有阐述，它不但可以拆成多个单轮滑车使用，如是五轮滑车，还可装配成一个三轮滑车和二个单轮滑车使用。

铝合金分轴装配式三轮放线滑车技术参数见表17-7。

表 17-7 铝合金分轴装配式三轮放线滑车技术参数

型 号	尺寸（mm）										断裂载荷 (kN)	质量 (kg)
	A	B	C	D	E	F	G	H	I	L		
CAT500	25	24	68	500	1506	600	699	250	580	148	120	136
CAT600	25	24	68	650	1563	600	846	250	580	148	120	151
CAT601	25	24	95	650	1667	600	846	250	671	178	180	166
CAT800	25	24	68	800	1758	600	951	250	580	148	180	166
CAT801	25	24	95	800	1785	600	964	250	671	178	180	190
CAT001*	25	24	95	1000	1995	600	1171	250	670	178	200	228

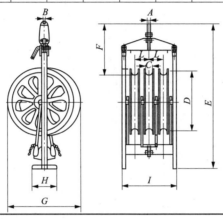

* 所标滑车的导线轮轮槽的衬里为尼龙。

4. 铝合金分轴装配式五轮放线滑车

铝合金分轴装配式五轮放线滑车技术参数见表17-8。

表 17-8 铝合金分轴装配式五轮放线滑车技术参数

型 号	尺寸（mm）										断裂载荷 (kN)	质量 (kg)
	A	B	C	D	E	F	G	H	I	L		
CSQ501	25	24	68	500	1506	600	699	250	880	148	120	212
CSQ602	25	24	68	650	1653	600	846	250	880	148	120	235
CSQ603	25	24	95	650	1710	600	846	250	1027	178	180	258
CSQ802	25	24	68	800	1758	600	951	250	880	148	180	250
CSQ803	25	24	95	800	1830	600	964	250	1027	178	180	295
CSQ002*	25	24	95	1000	2036	600	1171	250	1027	178	200	345

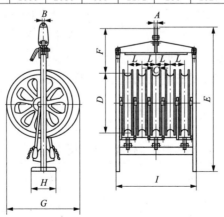

* 所标滑车的导线轮轮槽的衬里为尼龙。

663

5. 分轴式小钢丝绳轮多轮放线滑车

分轴式小钢丝绳轮多轮放线滑车，是为减轻滑车重量，中间轮采用轮径较小的钢丝绳轮。为便于放线时牵引板顺利通过滑车，钢丝绳轮和导线轮轮缘上部必须仍位于同一水平面。图 17-24 为 SHJGN822 型分轴式小钢丝绳轮九轮放线滑车结构图，该放线滑车导线轮槽底直径为 710mm，外径 822mm，导线轮宽 110mm，额定载荷 150kN，用于展放八分裂导线。该滑车由宁波东方电力机具制造有限公司生产。

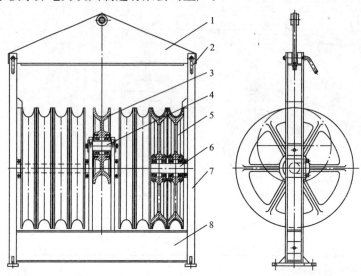

图 17-24　SHJGN822 型分轴式小钢丝绳轮九轮分轴式放线滑车结构图

1—连板；2—销轴；3—钢丝绳轮；4—钢丝绳轮芯轴；5—导线轮；

6—导线轴芯轴；7—轮架；8—底梁

第六节　MC 尼龙放线滑车系列

MC 尼龙放线滑车有单轮、三轮、五轮、七轮和九轮几种规格，分别用于一次同时展放单导线和二、四、六、八分裂导线，除单轮滑车外，其余各种多轮滑车均有钢丝绳轮和导线轮组成。导线轮均用 MC 尼龙浇注而成，而钢丝绳轮可采用铸钢浇铸而成，也可采用 MC 尼龙浇注的尼龙轮。和上述铝合金放线滑车一样，MC 尼龙放线滑车根据其导线轮或钢丝绳轮的布置或整体结构，也可分为同轴式、分轮式或组装式等多种结构形式。

一、单轮放线滑车，同轴式三轮、五轮、七轮放线滑车

1. MC 尼龙单轮放线滑车

图 17-25 所示为 MC 尼龙单轮放线滑车结构图，表 17-9 为该放线滑车技术参数。

表 17-9　　　　　　　　　　　　MC 尼龙单轮放线滑车技术参数

型　　号	适用导线	额定载荷（kN）	质量（kg）
SHDN-120×30	LGJ25-70	5	1.5
SHDN-160×40	LGJ95-120	10	2.5

型　　号	适用导线	额定载荷（kN）	质量（kg）
SHDN-200×40	LGJ150-240	15	3.6
SHDN-200×60	LGJ150-240	15	4
SHDN-250×40	LGJ150-240	20	4
SHDN-250×60	LGJ300-400	20	4.5
SHDN-270×60	LGJ300-400	20	5.6
SHDN-320×60	LGJ300-400	20	6.7
SHDN-400×80	LGJ400-500	20	13

　注　型号中数据为导线轴外径×轮宽（mm×mm）。

　2. 同轴式尼龙三轮放线滑车

　图 17-26 所示为同轴式尼龙三轮放线滑车结构图。

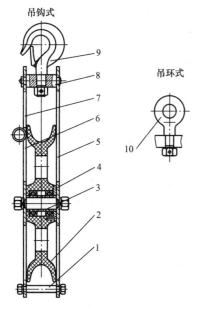
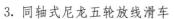
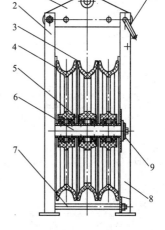

图 17-25　MC尼龙单轮放线滑车结构图

1—底梁；2—尼龙导线轮；3—心轴；4—轴套；
5—右侧架；6—左侧架；7—活动侧板；
8—横梁；9—吊钩；10—吊环

图 17-26　同轴式尼龙三轮放线滑车结构图

1—连板；2—左侧架；3—钢丝绳轮；4—导线
轮；5—轴承；6—心轴；7—底梁；8—右侧架；
9—垫片；10—销轴

　3. 同轴式尼龙五轮放线滑车

　图 17-27 所示为同轴式五轮尼龙放线滑车结构图。表 17-10 为同轴式三轮、五轮、七轮等多轮尼龙放线滑车技术参数。

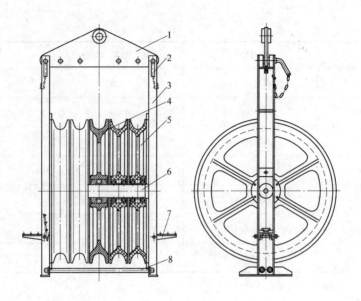

图 17-27 尼龙五轮滑车结构图

1—连板；2—销轴；3—框架；4—钢丝绳轮；5—导线轮；

6—心轴；7—脚踏板；8—底梁

表 17-10   同轴式三轮、五轮、七轮等多轮尼龙放线滑车参数

| 滑车系列 | 型 号 | 轮数 | 导线轮宽度 (mm) | 导线轮 | | 额定载荷 (kN) | 滑车其他特征 | 质量 (kg) |
				槽底直径（mm）	轮缘外径（mm）			
660 系列	SHSQN660	3	100	560	660	40		76
	SHWQN660	5	100	560	660	60		110
	SHQ660A	7	100	560	660	75		190
822 系列	SHSQN822	3	110	710	822	60		118
	SHWQN822	5	110	710	822	120		180
	SHQ822	7	110	710	822	120	钢丝绳轮为铸钢轮	285
	SHJGN822	9	110	710	822	150	钢丝绳轮为铸钢轮	450
916 系列	SHSQN916	3	110	800	916	75		120
	SHWQN916	5	110	800	916	150		200
926 系列	SHSQN926	3	125	800	926	105	导线轮为尼龙压胶轮	185
	SHWQN926	5	125	800	926	180	导线轮为尼龙压胶轮	308
1040 系列	SHSQN1040	3	125	900	1040	105	导线轮为尼龙压胶轮	200
	SHWQN1040	5	125	900	1040	180	导线轮为尼龙压胶轮	330

注 1. 表中滑车中钢丝绳轮材料未注明者均为 MC 尼龙轮。

    2. 由宁波东方电力机具制造有限公司生产。

二、分轴式尼龙多轮放线滑车

1. 分轴装配式三轮（或五轮）尼龙放线滑车

分轴全装配式三轮（或五轮）尼龙放线滑车，由多个单轮滑车组装而成，其结构原理已

在本章第一节（见图 17-4）中已有阐述，它不但可以拆成多个单轮滑车使用，如是五轮滑车，还可装配成一个三轮滑车和两个单轮滑车使用。

（1）分轴全装配式三轮尼龙放线滑车结构如图 17-4 所示，其技术参数见表 17-11。

（2）分轴全装配式五轮尼龙放线滑车结构如图 17-28 所示，其技术参数见表 17-11。

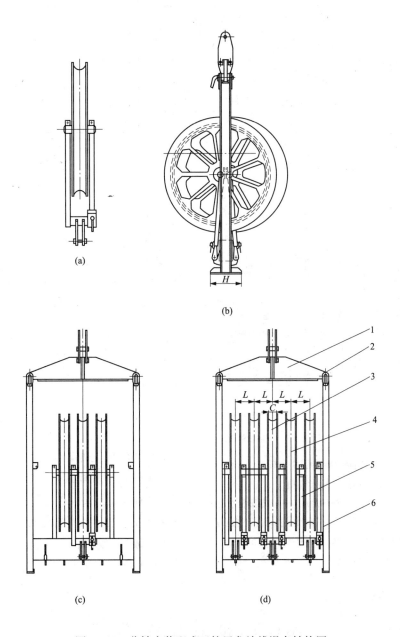

图 17-28　分轴全装配式五轮尼龙放线滑车结构图

（a）拆卸成的单轮滑车；（b）正视图；（c）拆卸成的三轮滑车；（d）侧视图

1—连板；2—销轴；3—钢丝绳轮；4—导线轮；5—支架；

6—架体（包括侧柱和下横梁成一体）

表 17-11　　　　　　　分轴式全装配式三轮、五轮尼龙放线滑车技术参数

型　号	轮　数	导线轮结构尺寸（mm）			额定载荷（kN）	质量（kg）	备　注
		宽度	槽底直径	外径			
SHSNZ660	3	100	560	660	30		
SHWNZ660	5	100	560	660	60		
SHSNZ916	3	110	800	916	75		
SHWNZ916	5	125	800	916	150		均可拆成单轮
SHSNZ916	3	125	800	916	75		放线滑车使用
SHWNZ916	5	125	800	916	150		
SHSNZ940	3	125	800	940	100		
SHWNZ940	5	125	800	940	150		

注　由宁波东方电力机具制造有限公司生产。

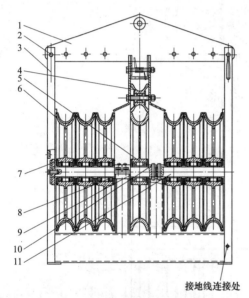

图 17-29　分轴式半装配式七轮、九轮
放线滑车结构图

1—连板；2—销轴；3—架体总成（包括底梁、左右侧
架）；4—防跳槽压轮；5—钢丝绳轮；6—导线轮；
7—压盖；8—轴承；9—钢丝绳轮芯轴；
10—轴承盖；11—导线轮心轴

装成七轮或九轮放线滑车。

2. 分轴式半装配式七轮、九轮尼龙放线滑车

分轴半装配套式七轮尼龙放线滑车用于展放六分裂导线，它有几个组件组装而成（该组件均不能单独使用，上述全组装式放线滑车由多个可独立使用的单轮滑车组装而成），便于滑车向作业点运输。

分轴式半装配式七轮、九轮放线滑车结构如图 17-29 所示（图中所示为七轮放线滑车），它由连板、架体总成、左右两个导线轮轴总成和钢丝绳轮轴总成等组成，导线轮轴总成由轮轴和安装在轮轴上的三个尼龙轮组成；钢丝绳轮总成由轮轴和安装在轮轴上的钢丝绳轮或尼龙轮组成。

分轴式半装配式七轮、九轮尼龙放线滑车向作业点运输时，根据运输条件可分拆成三件（左、右导线轮轴总成、滑车架和钢丝绳轮总成），或四件（上述滑车架、钢丝绳轮总成拆开）运输到施工现场后可方便地组

第七节　其他放线滑车

放线滑车除前述直接悬挂于杆塔上用于展放导线的铝合金放线滑车和尼龙放线滑车外，用于展放导线辅助的滑车还有压线滑车，前后直排布置的双轮式三轮放线滑车、接地滑车；用于牵引钢丝绳导向的转向滑车及用于展放地线的地线滑车，现分述如下。

一、压线滑车

为防止张力放线过程中两杆塔有高差而引起导线上扬时采用压线滑车，该滑车使用时一般是向下受力，以使其相邻两侧挂在铁塔上的放线滑车中的导线在滑轮中不跳槽，并保持一定的包绕角。

压线滑车根据使用方式有导线用压线滑车和钢丝绳用压线滑车两种，导线用压线滑车的滑轮用 MC 尼龙或铝合金衬橡胶衬垫材料，钢丝绳压线滑车的滑轮一般均采用钢质滑轮，也有采用 MC 尼龙放线滑车的。图 17-30 是 SHY40 型导线用压线滑车结构图，表 17-12 是 SHY 系列压线滑车主要技术参数。它由吊环螺栓、轮架、滑轮和拉环组成，使用时导线（或钢丝绳索）由下端缺口处进入滑轮的轮槽，再经拉环 4 施加下压力，防止导线（或钢丝绳）上扬。

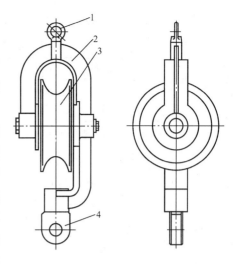

图 17-30 SHY40 型导线用压线滑车结构图
1—吊环螺栓；2—轮架；3—滑轮；4—拉环

表 17-12 SHY 系列压线滑车主要技术参数

型号名称	适用最大导线型号或钢丝绳直径	额定载荷（kN）	滑轮外径（mm）	质量（kg）	备 注
SHY10 型压线滑车	LGJ400	10	308	13	铝轮挂胶
SHYG10 型压线滑车	GJ120	10	308	20	钢轮
SHY40 型压线滑车	钢丝绳径为 28mm	40	308	55	钢轮
	LGJ720	40	308	39	铝轮
	LGJ720	40	308	34	尼龙轮

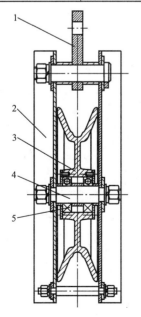

图 17-31 THZ 系列高速转向滑车结构图
1—吊环；2—架体；3—滑轮；4—心轴；5—轴承

二、高速转向滑车

张力放线时，当牵引机由于现场布置不够满足牵引钢丝绳顺线路方向沿直线牵引导线时，牵引绳可通过高速转向滑车引至非顺线路方向布置的牵引机牵引卷筒上，进行牵引作业。

高速转向滑车必须能通过钢丝绳连接器，允许最大的转速应满足牵引机最大牵引速度的要求。滑轮的槽底直径 D_S 应满足所使用牵引钢丝绳直径的倍率比要求，要求 $D_S \geqslant 25d_S$（d_S 为牵引钢线绳直径），为保证钢丝绳和轮槽接触良好，有的滑轮槽也采用双 R 结构（如图 17-31 所示）。

图 17-31 为 THZ 系列高速转向滑车结构图，它由吊环、架体、滑轮、心轴和轴承等组成。表 17-12 为 THZ 系列高速转向滑车技术参数。

转向滑车承载相对较大，有的转向滑车轮径相对较小，使转速较高，同钢丝绳接触磨损较快，故一般均采用钢轮。载荷较小的高速滑车，亦可采用尼龙轮。

表 17-13   **THZ 系列高速转向滑车技术参数**

型号	额定载荷（kN）	滑轮外径（mm）	轮宽（mm）	质量（kg）
THZ-5	50	308	75	22
THZ-16	160	600	90	15
THZ-30	300	916	110	200

注 由宁波东方电力机具制造有限公司生产。

三、接地滑车

为防止放线过程中被展放的导线在周围带电线路电磁场作用下产生静电感应，危及人身安全，架线设备必须可靠的接地外，被展放的导线必须可靠接地。由于被展放的导线是移动的，故必须设计特殊的装置及接地方法，常用的有由三个小轮组成的三点式接地滑车和在放线滑车上加设接地小滚轮的带接装置的放线滑车等方法，现分述如下。

1. 三点钩式接地滑车

三点钩式接地滑车主要安装在张力机导线出口处导线上，其结构如图 17-32 所示，它由左、右两个旋转动臂 6、12 和三个铝合金压紧轮 9、5、11 组成，铝合金压紧轮 11、5 通过

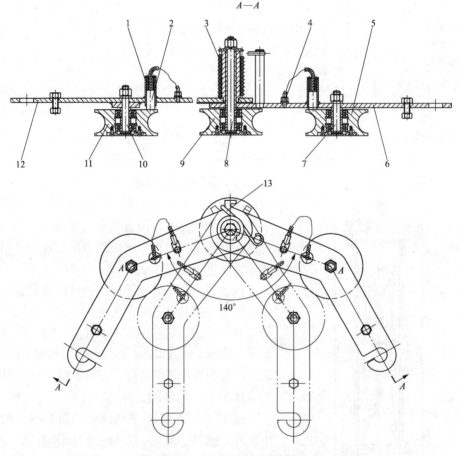

图 17-32 三点钩式接地滑车结构图

1—压紧弹簧；2—碳刷；3—大弹簧；4—导电触头；5—右铝合金压紧轮；6—右旋转动臂；7—右销轴；8—中心轴；
9—中间铝合金压紧轮；10—左销轴；11—左铝合金压紧轮；12—左旋转动臂；13—压紧弹簧

销轴 7、10 分别装在 2 个旋转动臂 12、6 上，两旋转动臂可绕中心轴 8 自由转动，两铝合金压紧轮 11、5 和铝合金压紧轮 9 内均装有滚动轴承，能绕各自的心轴自由转动。为保证良好的接地，动臂和铝合金滑轮之间还通过带有压紧弹簧 1 的碳刷 2 紧密接触，保证两者之间有良好的导电通道。表 17-14 为三点钩式接地滑车技术参数。

表 17-14　　　　　　　　　　三点钩式接地滑车技术参数

型　号	滑轮底径（mm）	滑轮材料	适用范围（mm）	质量（kg）
SHL75D	75	铝合金	φ6～φ38 导线	4.5
SHG60D	60	钢	φ6～φ28 钢丝绳和钢绞线	5.0

在使用时，将接地滑车置于张力机前出口导线上，即先将铝合金压紧轮 9 挂于导线上，两边铝合金压紧轮 11、5 靠压紧弹簧 13 的回程力迫使旋转动臂 12、6 转动，使两侧铝合金压紧轮 11、5 紧贴压紧导线，同时三个铝合金压紧轮随导线被移动展放而自由转动，经它们把感应电流引入接地棒。

2. 带接地滚轮的放线滑车

带接地滚轮的放线滑车，是在各种放线滑车的基础上，通过设置专用的接地滚轮组接地，为此，必须保证该滚轮能紧压在通过放线滑车的导线上，把被展放导线上的感应电流引入接地体。图 17-33 是带接地滚轮的五轮放线滑车结构图，它由常规结构的放线滑车和接地滚轮组两大部分组成，接地滚轮组由转动臂 3、拉簧总成 13、导线和钢丝绳接地滚轮 5、6 等组成。其中拉簧是用于当牵引板过滑车时，使滚轮组下移，有足够的空间可让牵引板通过滑车。当牵引板通过滑车后，滚轮组在拉簧的作用下回到原来紧贴导线的位置，保证和导线可靠接触。表 17-15 为带接地滚轮的放线滑车技术参数表，其导线轮、钢丝绳轮的材料、结构尺寸与上述放线滑车相同。

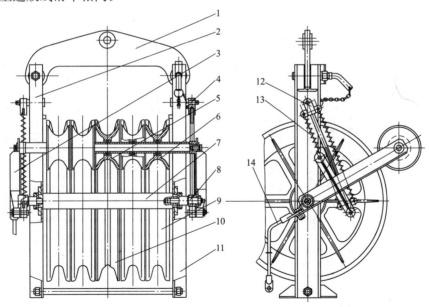

图 17-33　带接地滚轮的五轮放线滑车

1—连板；2—左侧架；3—转动臂；4—旋转轴一；5—钢丝绳接地滚轮；6—导线接地滚轮；7—心轴；
8—旋转轴二；9—导线轮；10—钢丝绳轮；11—右侧架；12—弹簧座；13—拉簧总成；14—接地铜线

671

表 17-15 带接地滚轮的放线滑车技术参数

型号	滑轮尺寸（mm）	滑轮数
SHD508D		1
SHS508D	$\phi\,508\times75$	3
SHW508D		5
SHD660D		1
SHS660D	$\phi\,660\times100$	3
SHW660D		5
SHDN916D		1
SHSQN916D	$\phi\,916\times110$	3
SHWQN916D		5

注 由宁波东方电力机具制造有限公司生产。

　　带接地滚轮的放线滑车在使用时和常规放线滑车一样，将其悬挂于杆塔的横担上或绝缘子串下方，再将滑车上的接地线末端和杆塔连接点用螺栓可靠连接即可。要禁止牵引板在通过该滑车后再反向牵引导线。

　　3. 三点式架式接地滑车

　　三点式架式接地滑车的工作原理同图 17-32 所示的三点式接地滑车相同，其结构如图 17-34 所示，它也是通过三个有铝合金轮槽的滚轮同被展放的导线接触，传递感应电流。所

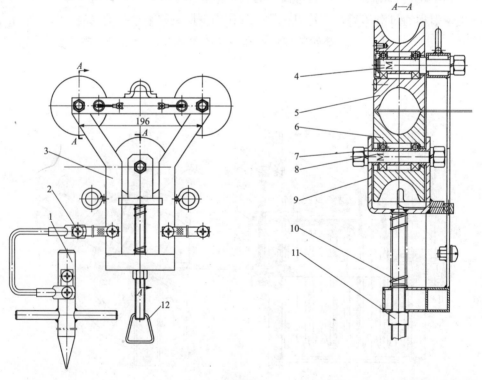

图 17-34　三点式架式接地滑车结构图

1—接地棒；2—螺钉；3—轮架；4—固定铝合金滚轮轴；5—固定铝合金滚轮；6—可移动铝合金滚轮；

7—衬套；8—可移动铝合金滚轮轴；9—可移动轮架；10—调节弹簧；11—调节螺母；12—拉环

不同的是三点式架式接地滑车的固定铝合金滚轮 5（左右两个）装在一个框架上，通过螺杆调节中间可移动铝合金滚轮 6 的位置，使导线同两侧的另外两个滚轮可靠接触，再通过框架上的接地线，把被展放导线上的感应电流引入接地棒 1 上。表 17-16 为三点架式接地滑车技术参数。

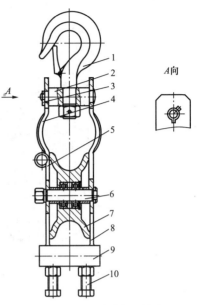

图 17-35　SHC 系列朝天钩式两用放线滑车结构图

1—吊钩；2—横梁；3—挑紧装置；4—上活动连板；5—下活动连板；6—芯轴；7—滑轮；8—左连板；9—支座；10—紧定螺栓

表 17-16　三点架式接地滑车技术参数

型　号	滑轮底径（mm）	适用线型	最大电流（A）	滑轮材料	质量（kg）
SJL-100	46	LGJ720 及以下	100	铸铝	8.0
SJT-100	50	地线	100	铸铁	10

四、其他放线滑车

其他放线滑车主要有双轮放线滑车、朝天放线滑车、多用放线滑车等。这些放线滑车主要满足被展放的导线或钢绞线的不同位置而设置。如两用放线滑车，既可吊在绝缘子球头上使用，也可以通过卡具固定在横担上使用。SHC 系列钩式两用放线滑车如图 17-35 所示。

图 17-36 所示为 SHR-2.5 双轮放线滑车的结构图。这种滑车额定载荷为 25kN，有铝轮和尼龙轮两种结构。图 17-37 所示为三轮朝天放线滑车结构图，该滑车用于展放小截面导线，放线时固定在角钢上。

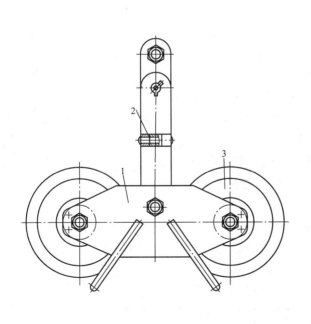

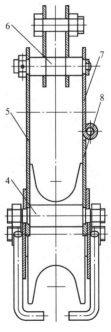

图 17-36　SHR-2.5 双轮放线滑车结构图

1—左连板；2—销轴；3—滚轮；4—下横梁；5—左上连板；6—上横梁；7—右活动上连板；8—右活动下连板

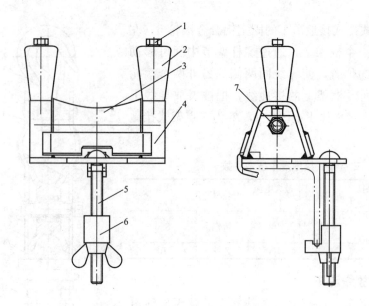

图 17-37 三轮朝天放线滑车结构图

1—立滚轮轮轴；2—立滚轮；3—横滚轮；4—支架；5—夹紧螺栓；

6—夹紧蝶形螺母；7—横滚轮轴

第八节 放线滑车的使用和维护保养

一、放线滑车的使用

放线滑车的选用，必须满足以下要求：

（1）滑车的允许载荷应不小于滑轮上导线包绕角为 30°时，滑车上所有滑轮承受的垂直载荷的总和，安全系数不小于 3。

（2）根据被展放导线外径的大小，导线放线滑轮槽底直径和槽形应符合 DL/T 371—2010《架空输电线路放线滑车》的规定。

（3）选用放线滑车导线滑轮的摩阻系数应不大于 1.015。

（4）对展放分裂导线的多轮滑车，牵引板必须和放线滑车相配合，保证牵引板能顺利通过放线滑车。

（5）导线轮轮槽的宽度应能顺利地通过压接管保护套及旋转连接器、网套式连接器、钢丝绳轮槽应能顺利通过钢丝绳连接器和旋转连接器，且还要有转好的耐磨性，不应损伤钢丝绳。

（6）要满足牵引放线方式的要求，牵引绳通过中心钢丝绳轮，同时牵引展放的各子导线轮和滑车中心轮应严格对称。若展放子导线为奇数时，要保证牵引板的通过性，必要时也可采用特殊设计的一侧带平衡轮的不对称放线滑车。

放线滑车在架线施工中使用时，直线塔和直线转角塔一般将滑车挂在悬垂绝缘子中的下面，耐张塔和耐张转角塔用钢丝绳套将放线滑车直接挂在铁塔横担下面。

对展放多分裂导线的多轮滑车，当牵引机牵引力不能满足同时牵引展放一相多分裂导线时，可左右悬挂两个多轮滑车，以便分次牵引展放每相导线。这时，两个放线滑车可以悬挂于绝缘子下面，另一个可用钢丝绳套挂在铁塔横担上。

在下列情况之一时，必须前后挂两个放线滑车。

（1）放线时，导线的垂直载荷超过滑车的承载能力时。

（2）放线滑车滑轮直径不能满足导线弯曲时允许的最小曲率半径时。

（3）压接管或压接管加保护套在通过滑车时载荷超过允许值，可能造成压接管弯曲时。

（4）导线在放线滑车上包绕角超过 30°时。

当前后必须悬挂两个放线滑车时，为使两个滑车受力均匀，必要时，必须采用不等高悬挂。

二、放线滑车的维护保养

放线滑车除使用过程中要随时进行外观检查，检查滑轮的转动灵活性，框架及其他零件是否变形，滑轮轮槽是否磨损、销轴及轴孔是否变形等情况外，还应定期检查轴承，经常保持轴承的润滑情况，润滑油膜不仅能降低摩擦阻力，同时还起着降低轴承上的接触应力，轴承润滑油脂必须适应环境温度变化的要求范围，这对北方寒冷地区尤为重要。一般采用锂基润滑油脂，不宜采用二硫化钼润滑脂（这种润滑脂容易干枯，不能在低温下使用）。且不同型号的润滑脂不能混合使用（如锂基润滑脂和钙基润滑脂），以防润滑不良损坏轴承。由于放线滑车使用的现场条件比较恶劣，风沙、尘土和有时雨淋暴晒等恶劣的气候条件下极易引起润滑油脂的干燥、污染。因此，一定要经常对轴承进行检查、定期清洗更换润滑油脂，以延长放线滑车的使用寿命，保证滑车有小的摩阻系数等优良性能。

对被磨损的滑轮、变形的框架主柱等要及时更换。对滑轮活门开闭有困难的要及时处理或更换，必要时还要做载荷试验。

第九节　特高压线路牵引奇数导线和双牵引导线用特种滑车及牵引板[❶]

随着在电压等级和输送容量的不断提高，导线的截面和分裂数也不断增加。一次性牵放导线的牵引力也相应增加，超过 28t 的，使得目前现有的牵张设备、旋转连接器和防扭钢丝绳无法满足要求。为充分利用现有的设备，提高工效，本节介绍一种牵引奇数导线和双牵引导线用特种滑车及牵引板。

一、牵引奇数导线放线滑车和牵引板

为完成导线展放，对一相多分裂导线如 6 分裂导线如不能一次牵放 6 根导线，可分 2 次同时展放 3 根或 2 次同时展放 2 根和 4 根导线两种方式。从施工工艺、施工成本、施工效率比较，分 2 次同时展放 3 根导线无疑是较经济的。但分 2 次同时展放 3 根导线，由于导线为 3 根，在特高压线路中，导线和牵引钢丝绳又不允许进入同一个滑轮，这样放线滑车就要制成四轮滑车，常规的四轮滑车无论是牵引钢丝绳通过滑轮还是导线通过滑轮都会发生滑车失衡，所以牵引奇数导线的主要难点是滑车和牵引板的平衡。根据平衡方式不同，滑车和牵引板可设计成受力重心点固定式和受力重心点可移动式两种。

---

❶ 本节由孔耕牛编写。

受力重心点固定式滑车需在导线数量少的一边加配重轮或加长导线轮与中轮间距。优点是平衡性能好，缺点是滑车重量增大，需制成专用滑车，通用性差、成本高。

受力重心点可移动式滑车也叫平衡调节式滑车是在常规的滑车上加装一个简易的受力重心点移动装置，具有通用性好、成本低的特点。该滑车和走板也叫平衡调节式放线滑车及牵引板。下面以 3 根导线展放为例介绍平衡调节式一牵三放线滑车及牵引板的结构和原理。

1. 平衡调节式一牵三放线滑车

(1) 平衡调节式一牵三放线滑车结构及工作原理。平衡调节式一牵三放线滑车结构及工作原理如图 17-38 所示。平衡调节式一牵三放线滑车在不增加配重的情况下，用常规的五轮滑车改制而成，即将滑车挂板 1 与吊臂 4 连接圆孔改成向上倾斜一定角度的斜长孔 3、在挂板 1 下方安装一个调节平衡的摆动锁紧机构 5。

平衡调节工作原理如下：在牵引板通过滑车前，挂板 1 下端被摆动锁紧机构 5 的摆动锁紧销 6 锁住，挂点带螺纹销轴 2 在斜长孔 3 下方，并处在滑车的垂直重心线上，滑车保持平衡；当牵引板在牵引钢丝绳作用下通过滑车时，锁紧装置的锁紧销被牵引板推开，挂板的挂点带螺纹销轴 2 在滑车的载重作用下向斜长孔 3 内向上滑移至斜长孔上方，此时，3 根导线进入滑车导线轮，滑车的重心发生偏移。斜长孔上下方挂点的水平距离设计成等于滑车的重心发生水平偏移距离，这样，在 3 根导线进入滑车导线轮后，滑车的挂点带螺纹销轴 2 又处在滑车的垂直重心线上，滑车又一次保持平衡。

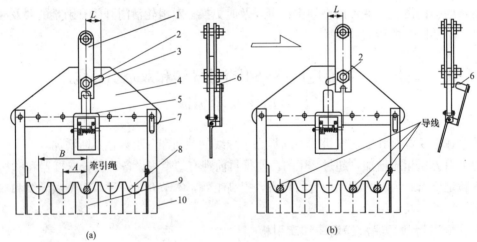

图 17-38　平衡调节式放线滑车结构及工作原理图

(a) 导线进入滑轮前平衡状态；(b) 导线进入滑轮后平衡状态

1—挂板；2—挂点带螺纹销轴；3—斜长孔；4—吊臂；5—摆动锁紧机构；6—摆动锁紧销；7—销轴；
8—导线轮；9—牵引绳轮；10—框架

(2) 平衡调节式一牵三放线滑车重心平衡点偏移确定。平衡调节式放线滑车重心平衡点偏移 L 可由导线进入导线轮后建立平衡状态的力矩平衡公式求得，即

$$P(B+L) = P(A-L) + P(B-L)$$
$$L = A/3$$

式中　P——导线对滑轮的作用力；

　　　A——中轮与相邻轮的中心距离；

　　　B——边轮与中轮的中心距离；

　　　L——平衡点偏移距离。

对于3根导线用五轮滑车，其平衡点偏移 L 为1/3中间轮与相邻导线轮的距离。

以五轮滑车中轮110mm，边轮128mm，轮间距4mm为例代入上式计算为 $A=124$mm，$L=41$mm。

平衡点滑移斜孔与水平上偏角可取15°左右。

（3）平衡调节式放线滑车适用范围。该平衡调节式放线滑车不但适用一牵三放线滑车，对一次性牵引奇数导线滑车均适用。该滑车无需专门制造，只要将常规的滑车吊臂加装重心调节装置即可，并配以配套牵引板。例如，一牵三放线滑车可以在常规的一牵四轮滑车上加装重心调节装置，既可以牵放3根导线又可以牵放4根导线，降低了制造成本。重心调节装置结构简单可靠，拆装方便。

2. 平衡调节式一牵三牵引板

（1）基本要求。平衡调节式一牵三牵引板应具有行走平衡和引导导线进入滑轮两种功能。一是牵引板在牵引奇数导线时要保持水平和垂直两个方向平衡；二是由于奇数导线为不对称分布，牵引板在通过滑车时要准确引导导线进入导线轮槽。

平衡调节式一牵三牵引板要满足过转向双滑车的要求。

（2）基本结构。平衡调节式一牵三牵引板基本结构见图17-39。

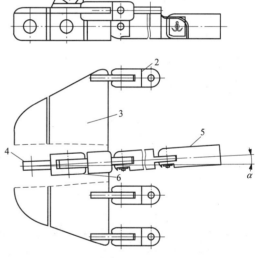

图 17-39　一牵三牵引板基本结构图

1—调触击杆；2—导线链节头；3—牵引板本体；4—牵引绳牵头；5—防扭锤；6—链式导向杆

（3）平衡工作原理。牵引板的牵引点要设置在3根导线的受力平衡点上，使得导线在行走的任何情况下水平和垂直方向受力平衡，处于平衡状态。在牵引绳与联结点后设计一个斜向导向杆，当斜向导向杆进入中轮时放线滑车或牵引板发生偏摆，牵引板上3根导线的牵引点相应发生偏摆。为保证3根导线进入常规的五轮后，滑车仍能保持平衡，在牵引板的上部设计了一个可调触击杆。当牵引板通过滑车时，牵引板上的触击杆使滑车进入第二挂点，处于新的平衡状态。

通过对斜向导向杆斜向角度和长度合理选取，可使3根导线的牵引点偏摆距离等于导线偏离导线轮线槽中心距，3根导线能准确落入导线轮线槽中。

（4）导向杆的长度计算。导向杆的长度 H 可由下式求得

$$H=L/\sin\alpha$$

式中　L——滑车平衡点偏移距离；

α——导向杆偏离角。

为减少导向杆对滑车的冲击，导向杆设计成取链节式，偏离角度取小一点，一般取 4°即可。

这种装有触击杆的平衡调节式牵引板是与受力重心变化的单滑车配合设计的，对同时展放偶数的 3 根导线（如 2×一牵三方式），可将 2 个常规的五轮滑车连同整体悬挂。2 根导线过滑车时，整体受力重心不变，滑车无需制成重心调节式，平衡牵引板也无需装触击杆，结构更简单。

二、双牵引导线用滑车及牵引板

双牵引放线方法就是将原来 1 台牵引机牵引 1 块牵引板的牵引改为 2 台牵引机同时牵引 1 块牵引板，牵引用钢丝绳由 1 根为 2 根，为保证牵引板运行平稳，两根防扭钢丝绳要通过牵引板上的滚动滑轮相连成 1 根环形钢丝绳，使得 2 台牵引机牵引力大小始终保持相等。

由于采用 2 根防扭钢丝绳，导线总张力不变，而每根防扭钢丝绳受力减半，牵引机出力减半。这样也能解决多分裂、大截面导线展放因牵引机出力不够和配套机具不能满足要求和同步展放的难题，同时施工效率也能提高。

与双牵引放线方法配套机具主要是双牵引放线滑车和双牵引牵引板防扭器。

1. 双牵引放线滑车

牵引放线滑车是将单个牵引绳轮（中间轮）改为 2 个牵引钢丝绳轮，导线轮对称地分布在钢丝绳轮的两侧。

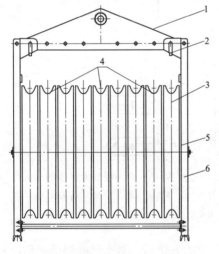

图 17-40 二牵六等径九轮滑车
1—吊臂；2—销轴；3—导线轮；4—牵引绳轮；5—轮轴；6—框架

双牵引放线滑车按牵引轮的分布方式和牵引轮径大小不同可分多种形式，为减小放线滑车轴承受的弯矩，牵引轮设置在放线滑车两侧较合理，根据牵引轮径大小可分等径和不等径两种双牵引放线滑车，同时根据牵引导线的数量又可分为二牵四、二牵六、二牵八双牵引放线滑车等。

为便于一牵二展放两根牵引绳，可在双牵引滑车中间增加牵引绳轮，制成二牵四、二牵六、二牵八双牵引七轮滑车、九轮滑车、十一轮滑车。图 17-40 所示为二牵六等径九轮滑车。

2. 双牵引牵引板防扭器

根据牵引导线数量，双牵引牵引板防扭器可与双牵引滑车配套制成二牵四牵引板防扭器、二牵六牵引板防扭器、二牵八牵引板防扭器。

双牵引牵引板防扭器由防扭平衡锤 1、牵引钢丝绳 2、滚轮 3、本体 4 组成。防扭平衡锤可制成单平衡锤和双平衡锤，滚轮可制成单滚轮、双滚轮或多滚轮。双滚轮二牵六牵引板防扭器、二牵八牵引板防扭器结构分别见图 17-41 和图 17-42。

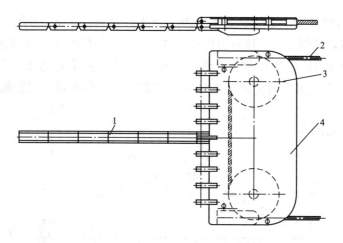

图 17-41　双滚轮二牵六牵引板防扭器结构示意图

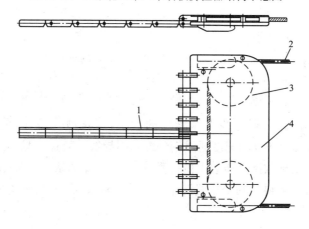

图 17-42　双滚轮二牵八牵引板防扭器结构示意图

第十节　放线滑车摩阻系数 k 的测定

放线滑车的摩阻系数，是一个很复杂的数值，影响摩阻系数的因素很多，很难经计算得出正确的数值，一般都通过实际测定获得。

测量放线滑车摩阻系数的方法有试验室（场）测定和现场实测两种。

一、试验室（场）测定法

试验室（场）方法又有采用双滑车测定和多个滑车测定两种。前者可以在室内进行，也可以在室外试验场进行；后者只能在室外试验场地上进行。

由于放线滑车摩阻系数和导线进出滑车的包绕角大小有很大关系（见图 17-9），故在采用试验室（场）测定法时，都规定某一包绕角（一般可取 60°或 30°）进行测定。

1. 双滑车测定法

双滑车测定法同时测定 2 个放线滑车的摩阻系数，取其平均值作为每个滑车的摩阻系数。重复测定 5 次，得出 5 个数值，最后再取其平均值。

（1）现场布置。双滑车测定摩阻系数现场布置如图 17-43 所示。图中 30kN 卷扬机 1 通过钢丝绳 2 牵引导线 6 时，由配重 14 使导线上产生张紧力。导线在被测放线滑车 7、8 上的包绕角为 30°左右，两侧分别串接拉力传感器 4、10，它们用数字电压表显示拉力数值。限位装置 13 使左侧拉力传感器 10 接近被测放线滑车 8、右侧拉力传感器 4 接近导向滑轮 3 时，卷扬机停止牵引。导线和拉力传感器之间的连接装置 5、9 可采用卡线器或网套式连接器。

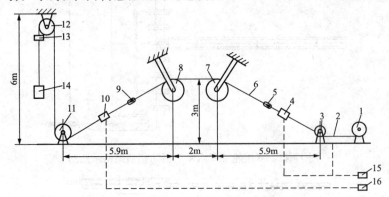

图 17-43　双滑车测定摩阻系数现场布置图

1—30kN卷扬机；2—钢丝绳；3、11、12—导向滑轮；4、10—拉力传感器；5、9—连接装置；6—导线；

7、8—被测放线滑车；13—限位装置；14—配重；15、16—测力显示装置

(2) 摩阻系数测定。根据导线上张紧力的大小，调整好配重的重量，一般取 1600～2000kg。卷扬机以每分钟 6m 的速度通过钢丝绳牵引导线，转速一旦稳定后，立刻同时记下拉力传感器 4、10 反映到数字电压表上的读数 T_1、T_2，记入表 17-17。表中 k_m 为第 m 次测的数值；$k_1 \sim k_5$ 为各次测得的两个放线滑车的等效摩阻系数；k 为平均值，称为被测类型放线滑车的摩阻系数。

表 17-17　　　　　　　　　　　摩阻系数 k 测定记录表

数　值 ＼ 测量次数	1	2	3	4	5
T_1（拉力传感器 4）					
T_2（拉力传感器 10）					
$k_m = \sqrt{\dfrac{T_1}{T_2}}$					
$k = \dfrac{k_1 + k_2 + k_3 + k_4 + k_5}{5}$					

2. 多个滑车测定法

多个滑车测定法一般用 5～6 个滑车测定，因用这种方法一次测定的滑车较多，累计拉力差大，每次测得是 5～6 个滑车摩阻系数的平均值，测得数值的精确度较上述双滑车测定法高。

测定时，重复测定 5 次，得出 5 个摩阻系数，最后取其平均值。

(1) 现场布置。6 滑车测定摩阻系数现场布置如图 17-44 所示。6 个被测放线滑车 8 按图所示水平放置于地面，并呈正六角形布置，分别和 6 个地锚相连。导线 7 经张力机 13 引出后，通过压线滑车 12、导向滑轮 11 和 6 个被测放线滑车后，经连接装置 6 和卷扬机侧拉

力传感器 5 相连。传感器另一端同由卷扬机引出的钢丝绳 2 连接。限位装置 3 的作用与上述双滑车测定法的相同。压线滑车 12 把张力机上引出的导线引向靠近地面，使通过压线滑车后的所有导线都保持在同一平面内。拉力传感器 5、10 用卡线器并联连接在导线上，并使并联连接部分导线处于松弛状态，以使导线张紧后，张紧力完全转移到拉力传感器上（也可把导线割断，通过网套式连接器串接）。

张力机 13 也可以用小型机动车辆代替，这时卷扬机拖拽车辆移动而使导线上产生张紧力。张紧力的大小通过改变装载于车辆上荷重块的数量来调节。

（2）摩阻系数测定。测量方法与上述双滑车测定法相同，但这里是通过张力机调整导线上的张紧力。测得的数据列入表 17-17 中，这时 k_m 为

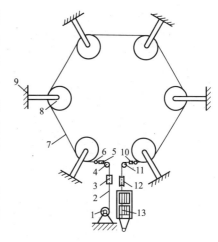

图 17-44　6 滑车测定摩阻系数现场布置图
1—30kN 卷扬机；2—钢丝绳；3—限位装置；4、11—导向滑轮；5、10—拉力传感器；6—连接装置；7—导线；8—被测放线滑车；9—滑车用地锚（30kN）；12—压线滑车；13—张力机

$$k_m = \sqrt[6]{\frac{T_1}{T_2}}$$

式中　T_1、T_2——卷扬机侧和张力机侧拉力传感器显示的拉力数值。

每次测量、计算出的是 6 个放线滑车的平均摩阻系数，测定 5 次，最后以 5 次的平均值作为被测类型放线滑车的摩阻系数 k，则

$$k = \frac{k_1 + k_2 + k_3 + k_4 + k_5}{5}$$

式中　$k_1 \sim k_5$——每次测得的 6 个放线滑车的等效摩阻系数。

二、现场实测法

现场实测法可以在施工现场或试验线路上进行。

现场实测法测得的数据即为实际数值，且一次被测的放线滑车数目较多，故测得的数值比较精确。但测量时涉及人员、设备、器材等都较多。

1. 场地布置

现场实测架线滑车摩阻系数现场布置如图 17-45 所示，左侧为张力场，右侧为牵引场，张力场侧拉力传感器 5 采用并联连接方法；牵引场侧拉力传感器采用串接方法串接于导线和牵引钢丝绳之间。放线滑车 9 预先吊挂在杆塔绝缘子串下面。牵引机和张力机到杆塔的距离要适当，保证在测量过程中，牵引钢丝绳或导线不会触及地面，防止和地面摩擦而影响测量精度。

2. 摩阻系数测定

测量时，在两侧拉力传感器旁设置无线电报话机，以便于同时读数并记录。拉力传感器和其显示仪表之间的连接线要足够长，如它们采用交流电源时，电源线同样应有足够的长度。

放线张力也可取 15~20kN，牵引机慢速牵引，牵引速度可为 20~30m/min，待到达稳定放线速度后，即可通过报话机同时读出牵引机侧拉力 T_1 和张力机侧拉力 T_2。然后记入表

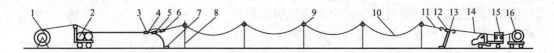

图 17-45　现场实测架线滑车摩阻系数现场布置图

1—导线轴架；2—张力机；3、6—卡线器；4、10—导线；5、12—拉力传感器；7、13—测量仪表；8—杆塔；
9—放线滑车；11—网套式连接器；14—牵引钢丝绳；15—牵引机；16—钢丝绳卷筒

17-17 中，这时测得线路上每个滑车的等效摩阻系数 k_m 为

$$k_m = \sqrt[n]{\frac{T_1}{T_2}}$$

式中　T_1、T_2——拉力传感器 12、5（见图 17-45）的读数；

　　　　n——导线通过架线滑车的数目。

重复测 5 次，每次分别算出 k_m，取其平均值即可代表该种类型放线滑车的摩阻系数 k，也即 $k = \dfrac{k_1 + k_2 + k_3 + k_4 + k_5}{5}$。

3. 摩阻系数和放线张力的关系

在线路上，架线滑车的摩阻系数 k 是随放线张力的大小而变化的。放线张力小时，导线的弛度较大，进出滑车的包绕角较大，摩阻系数也相对较大。放线张力较大时，导线进出滑车的包绕角较小，摩阻系数也相对较小。

第 十 八 章

张力架线辅助工机具

第一节　钢丝绳卷绕机

一、对钢丝绳卷绕机的基本要求

（1）能和牵引机的牵引速度密切配合，根据牵引速度的大小，能自动无级调速、自动同步。保证钢丝绳在张紧的情况下卷绕回收，并能正反方向转动和连续长时间的运转。

（2）当钢丝绳从钢丝绳卷绕机上被展放时，应能提供一定的制动张力。并能根据工况要求，随主机的停止迅速处于制动状态，停止卷绕或展放钢丝绳。

（3）钢丝绳能在钢丝绳卷筒上排列整齐，故必须设置排绳装置。卷筒直径要满足倍率比要求，一般不应小于20倍钢丝绳直径。

（4）对大部分钢丝绳卷绕机，钢丝绳卷筒必须装卸容易，使卷筒更换时间短。必要时，还要求设置自动装卸钢丝绳卷筒的机构。

二、钢丝绳卷绕机的类型

钢丝绳卷绕机布置在牵引机后面，和牵引机同步运转，它的作用是：在保持一定尾部张力情况下，卷绕牵引机牵引作业过程中由牵引卷筒收回的钢丝绳；或者被拉反向转动，也在保持一定张力的情况下放出钢丝绳。

钢丝绳卷绕机有两种类型，现分述如下。

1. 分离式钢丝绳卷绕机

分离式钢丝绳卷绕机有拖车式和台架式两种形式。

（1）拖车式。钢丝绳卷筒和它的辅助机构安装在拖车架上，可直接拖运。但它体积大，现场占地面积相对较大，造价高。

（2）台架式。钢丝绳卷筒和它的辅助机构安装在底座上，体积小，现场布置占地面积较小，造价低。但转场移位必须有吊车配合。

2. 尾部钢丝绳卷绕机

尾部钢丝绳卷绕机安装在牵引机尾部，作为牵引机的一个组成部分，也称钢丝卷绕装置。目前国内外牵引机大部分都采用这种形式。作业和转场时都不和牵引机分离。这种形式造价低，现场使用占地面积小，连接动力方便。但考虑到牵引机的重心和稳定问题，钢丝绳卷筒的容量不宜太大。在牵引作业过程中由于更换卷筒频繁，拖运时钢丝绳和卷筒也必须从卷绕机上卸下，单独运输，故增加了辅助工作时间。

三、钢丝绳卷绕机的结构原理

钢丝绳卷绕机由动力装置、排绳机构、减速装置、制动器和制动装置以及卷筒体等几大部分组成。动力装置有两种提供方式，一种由牵引机辅助液压系统提供；另一种自带专用动力装置。

常用钢丝绳卷绕机结构原理如图 18-1 所示。

（一）钢丝绳卷绕机的传动装置

考虑卷绕机卷绕速度和牵引速度必须随时同步，目前国内外采用最普遍的是液压传动方式，动力一般来自牵引机发动机带动的辅助液压泵，也有少数采用小型汽油机或柴油机驱动的液压泵站作为卷绕机的动力源。下面主要介绍常用的液压传动钢丝绳卷绕机。

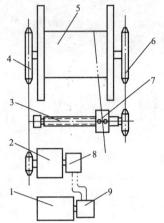

图 18-1 常用钢丝绳卷绕机
结构原理图

1—发动机；2—减速器；3—排绳机构螺杆；4—链传动减速装置；5—钢丝绳卷筒；6—排绳机构链传动；7—排绳架；8—液压马达；9—辅助液压泵

1. 钢丝绳卷筒容量的确定

钢丝绳卷筒容量和结构尺寸，由牵引钢丝绳的大小、一次牵引展放导线的长度、牵引机的总体布置、各部分的结构等因素确定。它可以容纳一个放线段内牵引回收的全部钢丝绳，也可将这些钢丝绳分绕在几个卷筒上。前者在整个牵引作业过程中，不必停机更换卷筒，辅助工作时间少，可提高作业效率。对大型牵引机，把整个放线段内的钢丝绳全部卷绕在一个卷筒上，重量大，给搬运带来一定困难。一个放线段内的钢丝绳分绕几个卷筒，牵引作业过程中更换卷筒频繁，就会影响作业效率，但每个卷筒的重量轻，便于搬运。为此，一般一个放线段内的钢丝绳分 2～3 个卷筒卷绕，或者每 800～1000m 钢丝绳分绕一个卷筒。一个放线段内的钢丝绳全部卷绕在一个卷筒上，只在中、小型牵引机上才采用。

由钢丝绳的直径、长度确定的卷筒结构尺寸见第十三章第二节的单卷筒式牵引卷筒，这里不再阐述。

2. 卷绕功率、卷绕速度的确定及液压马达参数选择

（1）卷绕功率计算。钢丝绳卷绕机的最大卷绕功率，可以根据牵引机出力最大时的牵引力和牵引速度来确定，也可以直接由牵引机的最大牵引功率算出。

设钢丝绳卷绕机的输出功率为 N_s，则有

$$N_s = \frac{P_s v_s}{60} = \frac{P_1 v_1}{60 e^{\mu a}} = \frac{N_1}{e^{\mu a}}$$

式中　P_s——钢丝绳卷筒卷绕拉力，N；

　　　v_s——钢丝绳卷筒卷绕速度，m/min；

　　　P_1——牵引机牵引力，N；

　　　v_1——牵引机牵引速度，$v_1 = v_s$；

　　　N_1——牵引机输出功率，W；

　　　μ——钢丝绳和牵引卷筒之间的摩擦系数；

　　　a——钢丝绳在牵引卷筒上的包绕角，（°）。

同理
$$N_{smax} = \frac{N_{1max}}{e^{\mu a}} \quad W \tag{18-1}$$

式中　N_{1max}、N_{smax}——牵引机输出的最大功率和钢丝绳卷绕机的最大卷绕功率。

　　考虑各级传动效率以及根据安全要求尾部拉力的安全系数，钢丝绳卷绕机要求原动机提供的最大卷绕功率 N'_{max} 为

$$N'_{smax} = \frac{k_s N_{1max}}{\eta_\Sigma e^{\mu a}} \quad W \tag{18-2}$$

式中　k_s——尾部拉力安全系数，取 1.5～1.8；

　　　η_Σ——考虑排绳机构所消耗功率在内的卷筒到原动机输出轴之间的传动总效率，视传动
装置的构成参考第十三章第四节选定。但对钢丝绳卷筒，可取 $\eta_\Sigma = 0.94$。

　　（2）卷绕速度的确定。要保持牵引卷筒尾部钢丝绳上的拉力恒定，必要条件是钢丝绳卷绕机的最低卷绕速度略大于牵引机的最高牵引速度。由于卷筒绕缠钢丝绳每圈的长度随绕缠直径的变大而增加，即牵引速度不变时，卷筒卷绕速度随绕缠直径增加而降低，故必须以绕缠直径最小时计算。即以此所得的卷绕速度大于牵引机的最高牵引速度为条件，用它确定传动系统的传动比，才能保证卷绕速度与牵引速度的合理匹配。

　　（3）液压马达参数的选择。钢丝绳卷筒一般都由液压马达驱动。图 18-2 所示为钢丝绳卷绕机液压系统简图，其工作原理为由牵引机动力装置 2 驱动的辅助液压泵 1 带动钢丝绳卷绕液压马达 4 转动，最大卷绕拉力的大小由溢流阀 3 调定。由于设计时卷绕速度大于牵引机牵引速度，即液压泵输出的流量大于卷绕液压马达 4 的流量，故使溢流阀 3 始终处于溢流状态。当牵引速度变慢时，液压油进入卷绕马达的流量随之减小，而溢流阀的溢流量增加；反之，当牵引速度增加时，进入卷绕马达的液压油自动增加，同时通过溢流阀的溢流量随之减少。当牵引机停机时，液压泵输出的流量全部经溢流阀溢流。当牵引卷筒反向转动时，卷绕马达起液压泵作用，这时相当于张力机功能，钢丝绳上的张紧力也由溢流阀调定。图 18-2 中 5 为能提供一定背压的单向阀，以使液压马达 4 被拉反转时出油口保持一定压力，防止超速而导致卷筒出现飞车现象。

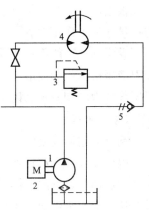

图 18-2　钢丝绳卷绕
机液压系统简图

　　钢丝绳卷绕机卷绕液压马达输出扭矩 M_s 为

$$M_s = \frac{P_s(D_{smax} + d_s)}{i_s \eta_s \eta_{\Sigma M}} \tag{18-3}$$

式中　P_s——牵引卷筒尾部钢丝绳拉力，N；

　　D_{smax}——钢丝绳卷筒满载时以最外层钢丝绳计的计算直径，m；

　　　d_s——钢丝绳直径，m；

　　　i_s——减速器传动比；

　　　η_s——钢丝绳卷筒效率（包括排绳机构功率消耗），可取 0.94；

　　　$\eta_{\Sigma M}$——机械传动效率，视减速机形式、级数而定。

同理［见式（18-2）、式（18-3）］可得

$$M_{\text{smax}} = \frac{P_{\text{smax}}(D_{\text{smax}} + d_{\text{s}})k_{\text{s}}}{2i_{\text{s}}\eta_{\text{s}}\eta_{\Sigma\text{M}}}$$

根据式（13-13），卷绕液压马达的排量 q 和进出油口的压力差 Δp 分别为

$$q = \frac{P_{\text{smax}}(D_{\text{smax}} + d_{\text{s}})k_{\text{s}}}{0.318\Delta P \eta_{\text{m}}\eta_{\text{s}}\eta_{\Sigma\text{M}}}$$

或

$$\Delta p = \frac{P_{\text{smax}}(D_{\text{smax}} + d_{\text{s}})k_{\text{s}}}{0.318q\eta_{\text{m}}\eta_{\text{s}}\eta_{\Sigma\text{M}}}$$

卷绕液压马达最大转速 n_{max} 可按卷筒卷绕第一层的卷筒转速决定，即

$$n_{\text{max}} = \frac{v_{1\text{max}}i_{\text{s}}}{\pi(D_{\text{s}} + d_{\text{s}})} \quad \text{r/min}$$

式中　　$v_{1\text{max}}$ ——牵引机最大牵引速度，m/min；

　　　　D_{s} ——卷筒芯外径，m；

　　P_{smax} ——牵引卷筒尾部钢丝绳最大拉力，N；

　　　　η_{m} ——考虑泄漏损失和机械损失在内的液压马达总效率。

其余符号与式（18-3）的相同。

根据最大卷绕功率 N'_{smax}、最大转速 n_{max} 和最大卷绕拉力 P_{smax} 综合考虑，确定液压马达的排量 q 和工作压力 p，选择合适的液压卷绕马达。

卷绕马达一般都选用齿轮液压马达，供油用辅助液压泵也都选用齿轮液压泵，也可以和牵引液压机牵引卷筒液压马达共用一个变量液压泵，这种方式的卷绕机液压系统比较简单，但尾部拉力的调整较为困难。

（二）排绳机构

钢丝绳卷筒卷绕收回的钢丝绳很长，需采用专门的排绳机构使它在卷筒上分层整齐地排列。以保证卷筒卷绕钢丝绳的数量，并防止钢丝绳在卷筒上弯曲、局部变形、层间和匝间相对滑动而损伤钢丝绳。同时也防止引起拉力波动（拉力波动使钢丝绳在牵引卷筒上瞬时打滑，从而会影响牵引力平稳性）。

目前常用的排绳机构有两种形式：摆缸式液压排绳装置和螺旋副往复式机械排绳装置。

1. 摆缸式液压排绳装置

摆缸式液压排绳装置结构如图 18-3 所示，它由双向液压缸 1、摆动臂 2 和导向轮组 3 组成。液压缸推动摆动臂，使钢丝绳在导向轮内被顺次排绕到钢丝绳卷筒上去。每当排绕到靠近卷筒法兰处后，液压缸换向，使活塞杆收缩或伸出，带动摆动臂向相反方向排绕下一层钢丝绳。对排绕大直径钢丝绳，有时还在摆动臂两侧各采用一个液压缸由左、右方向分别推、拉摆动臂。

液压缸的活塞杆行程，可以根据卷筒有效卷绕长度、中心高度、摆动臂和液压缸连接点位置、摆动臂上导向轮组中心高度等计算确定，也可用作图法求得。摆动臂摆动速度范围（在牵引机额定牵引速度情况下）是根据钢丝绳

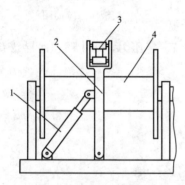

图 18-3　摆缸式液压排绳
装置结构图
1—双向液压缸；2—摆动臂；
3—导向轮组；4—钢丝
绳卷筒

卷筒最大转速（卷筒空载开始卷绕时的速度）和最小速度（卷筒快绕满时）确定。液压缸活塞杆顶伸速度，可用调速阀适当调节。

摆缸式液压排绳装置机械部分结构十分简单，但比较准确地确定摆动臂往返摆动速度比较困难，工作可靠性也较差。

2. 螺旋副往复式机械排绳装置

螺旋副往复式机械排绳装置结构如图 18-4 所示，它由左右旋螺杆 3、导向杆 7、带有导向滚轮组 4 和月牙板 1 的排绳架 8、小链轮 10、双联链轮 9、大链轮 5、减速器输出轴 11 等组成。其工作原理如下：卷绕液压马达 13 经带制动器的减速器输出轴 11，链传动驱动钢丝绳卷筒 14 转动的同时，经同轴小链轮 10、双联链轮 9、大链轮 5、二级减速后带动左右旋螺杆 3 转动。

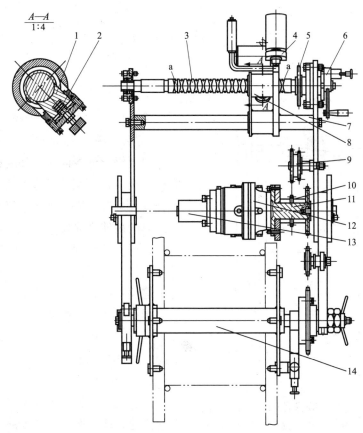

图 18-4 螺旋副往复式机械排绳装置结构图

1—月牙板；2—弹簧；3—左右螺旋杆；4—滚轮组；5—大链轮；6—手动排绳离合装置；7—导向杆；
8—排绳架；9—双联链轮；10—小链轮；11—减速器输出轴；12—带制动器的行星减速器；13—卷绕液
压马达；14—钢丝绳卷筒

该螺杆上加工有节距较大的左右旋两个螺纹槽。两个螺纹槽在螺杆的两头的终止点同弧形槽连在一起，能使月牙板 1 顺利从这一螺旋槽进入另一螺纹槽。

螺杆转动时，由于排绳架内的月牙板镶嵌在它的螺纹槽内，而它还通过滑动轴承套和导向杆相连。因此，螺杆转动时，排绳架不能随螺杆一起转动，只能被月牙板带动下在螺杆上沿着导向杆 7 移动。当移动到螺杆一端的螺纹终止点时,因螺杆转动方向是不变的,就迫使月牙板由该处的弧形槽进入另一螺纹槽,使排绳架沿着导向杆反方向移动。这样周而复始,钢丝绳就通过排绳架左右移动,被顺次排绕到钢丝绳卷筒上去。

排绳架最合理的移动速度是钢丝绳旋转一周,排绳架沿着导向杆轴向移动一个绳圈节距(理论上为钢丝绳直径 d_s)。这时,螺杆的旋转速度也即大链轮的转速 n_2,可由下式计算

$$n_2 = \frac{n_1 d_s}{t} \quad \text{r/min}$$

式中　n_1——钢丝绳卷筒(即小链轮)转速,r/min;

　　　t——螺杆上螺纹节距,m;

　　　d_s——钢丝绳直径,m。

排绳装置链传动比为 i,则

$$i = \frac{Z_1}{Z_2} = \frac{n_1}{n_2} = \frac{t}{d_s}$$

或　　　　　　　　　　　　　　$t = i d_s$

式中　Z_1、Z_2——分别为大、小链轮的齿数。

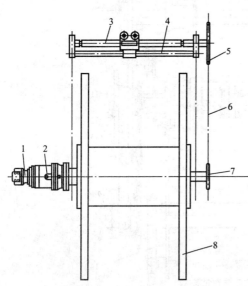

图 18-5　钢丝绳卷筒、减速器同轴布置示意图
1—液压马达;2—减速器、制动器总成;3—排绳螺杆;
4—导向杆;5—大链轮;6—链条;7—小链轮;
8—钢丝绳卷筒

由此可看出排绳装置螺杆上螺纹的节距 t、传动比 i 和被排钢丝绳直径 d_s 之间的关系。只要钢丝绳卷筒转速和螺杆转速的比等于螺杆螺纹节距和钢丝绳直径之比,就能满足钢丝绳卷筒旋转一周、排绳架移动一个钢丝绳直径距离的最佳排绳要求。因此,在设计排绳装置时,可以根据钢丝绳卷筒的转速,决定大小链轮的齿数,再根据钢丝绳直径,求出排绳螺杆上螺纹节距 t。

螺旋副往复式机械排绳装置结构简单、工作可靠、排绳均匀、效果好,是目前使用最广泛的一种排绳装置。

(三)减速装置

钢丝绳卷绕装置的减速装置主要用于钢丝绳卷筒的驱动,液压马达到钢丝绳卷筒之间的减速和液压马达到排绳机构排绳螺杆之间的减速,最常用的为行星齿轮减速器和链传动减速装置结合,前者为主减速器,后者除起到减速的作用外,还起到满足钢丝绳卷筒和排绳丝杆安装位置的要求(见图 13-67),直接由行星减速器(或少齿差减速器、摆线针轮减速器)驱动钢丝绳卷筒的结构,但排绳机构的排绳螺杆转动仍必须由链传动减速后带动。图 18-5 所示为钢丝绳卷筒、减速器同轴布置示意图。它们之间通过平键或花键连接,这种传动结构简单,但轴向尺寸较大。

除上述采用行星齿轮减速为主减速器以外,也有采用低速大扭矩液压马达和链传动减速

装置结合的钢丝绳卷筒减速装置，这种马达最低转速可至10r/min。

（四）制动器和制动装置

钢丝绳卷绕机上装设的制动器常和减速器、液压马达加工成一体的全盘式制动器。少数钢丝绳卷绕机上也有采用钳盘式、带式、液压内蹄式制动器和棘轮停止器等几种。棘轮停止器如图 18-6 所示，它由棘轮、棘爪和压紧弹簧组成。

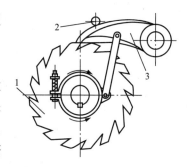

图 18-6　棘轮停止器
1—棘轮；2—压紧弹簧；3—棘爪

由于制动装置的制动力矩较小，一般只要使钢丝绳上产生 200～2500N 的张紧力即可，故制动装置比较简单。

四、分离式钢丝绳卷绕机

（一）拖车式钢丝绳卷绕机

RV 型钢丝绳卷绕机由意大利 TESMC 公司生产，是一种和牵引机分离的钢丝绳卷绕装置，采用液压传动，其动力通过胶管由牵引机后部快速接头接口引入液压油，驱动钢丝绳卷筒卷绕回收牵引钢丝绳，或放出牵引钢丝绳时保持一定的张紧力。

1. RVA 001 型钢丝绳卷绕机

RVA 001 型钢丝绳卷绕机为小型钢丝绳卷绕机，其结构如图 18-7 所示。钢丝绳卷筒安装在铰支连接的框架上，通过顶升液压缸调整位置，钢丝绳卷筒由液压马达减速器减速后驱动，牵引回收的钢丝绳经排绳机构整齐卷绕到钢丝绳卷筒上。该机采用人工拉动移位，两橡胶轮胎采用短轮轴分别安装在机架两侧两梁上。

RVA 001 型钢丝绳卷绕机最大载荷 20kN，卷筒最大扭矩 1000N·m，最大转速 50r/min，自重 525kg。该机适用于 BOF 型钢丝绳卷筒，其结构如图 18-8 所示，结构尺寸见表 18-1。根据钢丝绳直径的大小，其容绳量见表 18-2。

表 18-1　　　　　　　　　　BOF 型钢丝绳卷筒结构尺寸（见图 18-8）

型号	结构尺寸（mm）				质量
	A	B	C	D	（kg）
BOF 010	420	560	570	1100	65
BOF 020	420	560	570	1400	105
BOF 030	420	560	570	1900	135

表 18-2　　　　　　　　　　BOF 型钢丝绳卷筒容绳量

钢丝绳直径（mm）	10	12	13	14	16	18	20	22	24
BOF 010 容绳量（m）	2400	1600	1600	1100	900				
BOF 020 容绳量（m）	3600	2400	2400	2200	1800	1200	1000	900	800

2. RVB 600 型钢丝绳卷绕机

RVB 600 型钢丝绳卷绕机为双轮单轴拖车安装式钢丝绳卷绕机，其结构如图 18-9 所示，钢丝绳卷筒 5 安装在铰支连接的 U 形框架上，为固定式，不能更换，装载和调整钢丝绳卷

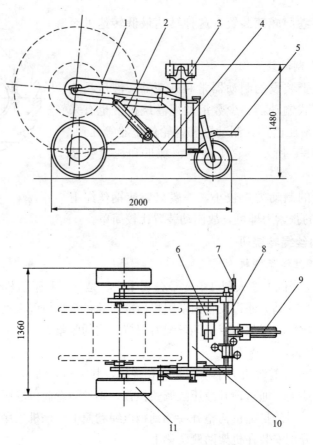

图 18-7　RVA 001 型钢丝绳卷绕机结构图

1—链传动防护罩；2—顶升液压缸；3—导向滚子组；4—框架底部侧梁；5—拖架；6—液压泵、制动器、减速器总成；7—排绳螺杆手动摇把；8—排绳机构；9—前转向小轮；10—铰支连接活动框架；11—半轴及轮胎

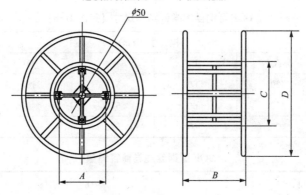

图 18-8　BOF 型钢丝绳卷筒

筒的位置是由两侧的液压顶升液压缸来调整的。其液压动力源通过 15m 胶管由牵引机后部快速接头接口引入，其钢丝绳卷筒驱动也是由液压马达经减速器减速后通过链传动实现。同时也带动排绳机构排绳螺杆转动进行往复式排绳。该机作业时拖车架底架前设置有带犁锚的支腿支撑，拖车架带有气动刹车系统，最大拖运速度为 30km/h。

该机最大载荷 70kN，钢丝绳卷筒最大扭矩 2700N·m，最大转速 35r/min，自重 1770kg。根据钢丝绳直径大小，其容绳量见表 18-3。

表 18-3   RVB 600 型钢丝绳卷绕机卷筒容绳量

钢丝绳直径 (mm)	10	12	13	14	16	18	20	22	24	26	28
容绳量 (m)	19200	13600	11200	9600	7200	5600	4000	3600	3200	2100	2400

（二）台架式钢丝绳卷绕机

图 18-10 所示为台架式钢丝绳卷绕机结构图。由来自牵引机液压动力源通过胶管连接驱动液压泵，通过减速后同轴驱动钢丝绳卷筒，并通过链传动再次减速后驱动排绳机构排绳架，实现卷筒卷绕钢丝绳同时带动排绳机构，使牵引钢丝绳整齐地卷绕到钢丝绳卷筒上。排绳机构也采用螺旋副往复式机械排绳装置。

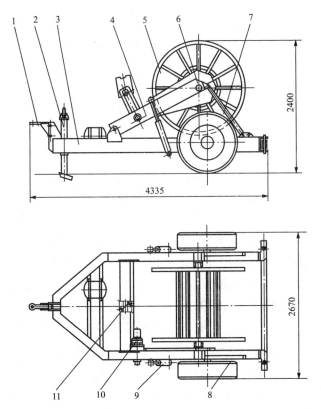

图 18-9   RVB 600 型钢丝绳卷绕机结构图
1—拖架；2—前支腿；3—拖车底架；4—铰支 U 形框架；
5—钢丝绳卷筒；6—链传动防护罩；7—活动支撑杆；
8—轮轴；9—顶升液压缸；10—液压马达、制动器、
减速器总成；11—排绳机构

图 18-10   台架式钢丝绳卷绕机结构图
1—液压泵、制动器、减速器总成；
2—排绳机构；3—钢丝绳卷筒轴杆；
4—机架

第二节 导线轴支承装置

一、对导线轴支承装置的要求

导线轴支承装置在放线时置于张力机后面一定距离，用于把导线轴支离地面，以使线轴上的导线通过张力机展放。

导线轴支承装置必须满足以下要求。

（1）导线轴被支承装置支离地面后，在没有施加制动力矩时，能正、反方向自由转动。根据导线轴直径的大小，支承装置能调节支承中心的高度，以适应不同直径导线轴的架立须要。

（2）在放线过程中，要求支承装置能给导线轴施加一定制动阻力矩，以保证张力机放线机构有足够的尾部张力，防止导线在放线机构上打滑。制动力矩可通过机械摩擦产生，也可由液压马达经溢流阀产生，无论通过那种方式产生，制动力矩的大小除满足配套张力机有可能出现的最大尾部张力要求外，并能从 0 到规定最大值范围内无级调节。通过导线轴支承装置放出导线的速度，也应满足配套张力机最大放线速度要求。采用上述液压马达者，输入液压油能卷绕回收在张力机牵引工况时同步收回导线或其他剩余导线。

（3）要求更换导线轴方便。在有些情况下，还要求具备在不借助任何外来设备的情况下，能自行装卸导线轴。

（4）体积小、重量轻，对于非拖车式的导线轴支承装置，还要便于搬运。

二、导线轴支承装置的结构原理

各种导线轴支承装置，都由轴杆总成、制动装置、顶升装置、轴托和底座等组成。图 18-11 所示为典型带机械摩擦制动装置的组装式导线轴架结构图，其工作原理是导线轴通过带有拨动臂的轴杆两端经轴托 1（又称轴瓦）被架离地面。轴托又经支承架（两者焊接在一起）、支承夹板（两者铰支连接）撑起。支承架再直接和底座铰支连接，而支承夹板被顶升液压缸上的支承销支承后，顶升液压缸再和底座铰支连接。该液压缸用于调节轴托的中心高度，以适应不同直径导线轴的要求。轴杆的两侧还带有制动盘，它和固定在支架上带有粉末冶金摩擦片的制动钳组成盘式制动装置。导线轴被拉转动放出导线时，通过拨动臂带轴杆转动，制动钳给制动盘施加制动阻力矩，经轴杆使被展放的导线上产生张紧力。张紧力的大小同

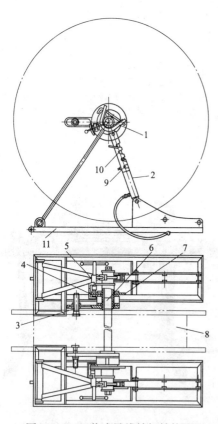

图 18-11　组装式导线轴架结构图
1—轴托；2—顶升液压缸；3—拨动臂；4—制动钳；5—支承架；6—轴杆；7—制动盘；8—导线轴；9—支承销；10—支承夹板；11—底座

张力机钳盘式制动一样，由改变制动钳在制动盘上的正压力来调节。

采用液压制动导线轴架结构如图18-16所示，主要区别是它由液压马达代替上述钳盘式制动装置。

1. 轴杆总成

轴杆总成由轴杆、锥形轴套、调整螺母、拨动臂和制动装置旋转元件等组成。

（1）轴杆。轴杆贯穿导线轴整个轴孔，其两端架在支承架的轴托上。采用液压马达驱动的导线轴杆结构如图18-12所示，它有左右两个可移动的和固定的锥形轴套、长轴杆、滑动轴套、拨动臂，及拨动臂上的拨动销组成。这种轴杆用于组装式轴架上，长轴杆右侧通过销轴和液压马达、减速器相连，两侧滑动轴套安装在两边两支承架上。拨动臂是通过螺栓固定在长轴杆上。左侧可移动锥形轴套1可根据导线轴的宽度调整和右侧固定锥形轴套3之间的距离，使长轴杆和导线线盘轴孔同心。轴杆直径的大小除从强度方面考虑外，还要考虑到导线轴中心孔的大小，一般比中心孔小6～10mm。如国内导线轴轴孔最常见的直径为80mm，轴杆直径一般采用70mm（720、900、1000mm² 大截面导线线轴孔则为120～130mm，轴杆一般采用100～115mm）。为减轻重量，轴杆一般都采用无缝钢管（两端焊上轴颈）。

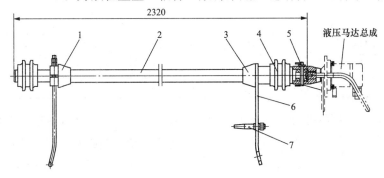

图18-12　导线轴杆结构图

1—可移动锥形轴套；2—长轴杆；3—固定锥形轴套；4—滑动轴套；5—销轴；6—拨动臂；7—拨动销

螺纹轴杆总成见图18-13，另一种轴杆如图18-13中5所示，焊接在一起的轴颈、拨动臂和制动盘能在轴杆上左右移动，轴杆还通过大螺母调节左右两端颈之间的距离。这种轴杆主要用在组装式导线轴架上，它可以根据导线轴宽度，随时调整左右两支承架之间的距离。

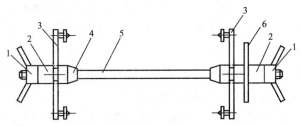

图18-13　螺纹轴杆总成

1—调整螺母；2—轴颈；3—拨动臂；4—锥形轴套；5—长轴杆；6—制动盘

目前，国内900、1000mm² 大截面导线线轴采用标准的可拆卸式全钢瓦楞结构的导线盘，其结构见图18-14，尺寸见表18-4。该线轴中心孔 D 为130mm。

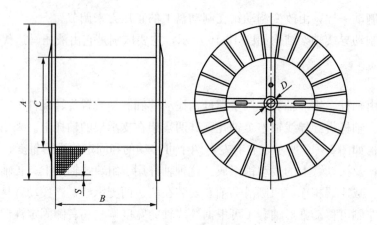

图 18-14 可拆卸式全钢瓦楞结构的导线盘

表 18-4　　　　　　　　　大截面导线用全钢瓦楞结构的导线盘尺寸

导线规格	导线质量 (kg)	长度 L (m)	导线外径 d_c (mm)	线轴筒心直径 C (mm)	线轴法兰径 A (mm)	盘宽 B (mm)	余量 S (mm)
900/40	8860	2900	39.9	1500	2600	1650	70
900/75	7130	2600	40.6	1500	2600	1650	70
1000/45	7780	2500	42.08	1500	2600	1650	70

（2）锥形轴套和调整螺母。锥形轴套和调整螺母配合使用，使导线轴在轴杆上定位，不会轴向移动；同时保持导线轴、轴杆的同心度，防止转动时偏心而引起尾部张力波动。一般情况下，在锥形轴套和调整螺母之间夹装拨动臂，锥形轴套和轴颈是加工成一体的，如图18-13所示。轴杆在靠近制动盘这一侧也装有锥形轴套和拨动臂，但它们和轴杆之间都是通过焊接固定在一起。

（3）制动装置旋转元件。旋转元件对于采用机械摩擦制动装置的导线轴支承装置，主要有为制动盘、制动鼓；对于采用液压制动装置时，在少数非同轴驱动轴杆时，采用链传动的大链轮等。它们和轴杆用焊接或销轴连接或键连接固定在一起。

2. 制动装置

导线轴支承装置上所带的制动装置，其作用和张力机制动装置相同，都是使被拉出的导线保持一定张紧力。但导线轴制动功率比张力机制动功率小得多，制动装置的结构也比较简单。导线张紧力一般不超过 2～3kN。

采用机械摩擦制动装置钳盘式的制动装置，靠自然散热。如采用液压制动装置，其液压回路和张力机液压系统相连，靠散热器风冷散热。

张力机放线机构上要求尾部张力的大小，由放线张力、放线机构的形式、衬垫材料和导线在放线卷筒上的包绕角等因素决定。

制动装置必须消耗的最大制动功率为 N_{cmax}，则

$$N_{cmax} = \frac{T_{cmax} v_{max}}{60} \eta_m \quad W$$

或
$$N_{cmax} = \frac{T_{1max} v_{max}}{60 e^{\mu \alpha}} \eta_m \quad \text{W}$$

式中　T_{cmax} ——要求的最大尾部张力，N；

　　　T_{1max} ——张力机放线张力，N；

　　　η_m ——导线轴支承装置传动效率，取 $\eta_m = 0.96$；

　　　v_{max} ——最大放线速度，m/min。

对导线轴支承装置的各部分进行强度计算时，可参照有关制动器最大制动力矩、安全系数的规定。而最大尾部张力的计算式为

$$T'_{cmax} = k_c T_{cmax}$$

式中　T'_{cmax} ——考虑安全系数后，计算用最大尾部张力；

　　　T_{cmax} ——实际要求的最大尾部张力；

　　　k_c ——尾部张力安全系数，$k_c = 1.25 \sim 1.5$。

根据 N_{cmaz}、v_{max} 和 T'_{cmax} 的值，可进行制动装置各部结构尺寸、散热等计算。如采用盘式制动装置，有关摩擦副材料，同张力机盘式制动装置相同。对采用液压制动的，可通过液压泵（或液压马达）由溢流阀产生制动力矩，和液压制动张力机相同。

3. 顶升装置

顶升装置主要用在组装式线轴架的支承装置上。在施工现场没有起吊设备的情况下，有时可以用它顶升轴杆，使导线轴架离地面；也可用它分别调整左、右两支承架的中心高度，使轴杆处于水平位置。调整完毕，受力点转移到支架体上，顶升装置可以退出并恢复原位。

常用的有螺旋杆式顶升装置和液压缸式顶升装置两种。现分述如下。

(1) 螺旋杆式顶升装置。简单的螺旋杆式顶升装置的结构和螺旋千斤顶相似。为减轻操作强度，可把顶升装置的操作机构由原来的棘轮操作，改成采用圆锥齿轮减速或蜗轮减速装置操作。这种顶升装置是导线轴架上使用最早的一种形式，结构简单、加工维护方便、工作也比较可靠。但由于螺旋副效率低（30%～40%），操作劳动强度大、不方便。

(2) 液压缸式顶升装置。这种顶升装置的结构如图 18-11 所示，它由专用的手动液压泵向液压缸压油达到顶升目的。当把导线轴顶升到要求高度后，只要打开手动液压泵的回油阀，使液压缸回油，载荷通过锯齿形支承夹板 10，自动转移到缸体外壁支承销 9 上。如要使液压缸重新顶起导线轴时，随着导线轴顶起，锯齿形夹板能自动和支承销分离。液压缸顶升装置使用方便，但必须配备手动液压泵，故结构较为复杂。

4. 轴托

轴托由 U 形轴承座加衬轴瓦组成，便于导线轴杆的装卸。有时为便于人工装卸，有些轴托在支承架上使 U 形轴承座中心倾斜一定角度（一般为 45°），如图 18-11 所示。

导线轴杆的转速比较慢，一般最高转速重载时为 20～30r/min；轻载时为 40～60r/min；比压 p 和 pv 值都比较小，故轴承可直接用球墨铸铁、20 号钢板加工，或再加衬铜基合金轴瓦制成。轴托和支承架一般直接焊接在一起，也可以做成组装式的。

三、导线轴支承装置的类型

1. 导线轴架

导线轴架有整体式导线轴架和组装式导线轴架两种。每种又分带液压马达减速器总成产

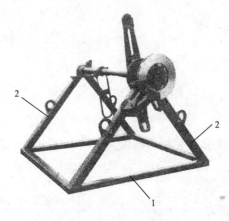

图 18-15　整体式导线轴架结构图
1—框架；2—支承架

生制动阻力矩的和直接由钳盘式制动产生制动力矩的两种。前者往往也同时带有钳盘式制动装置。

（1）整体式导线轴架。整体式导线轴架结构如图 18-15 所示，支承导线轴的左右两个支承架是用框架（或底座）1 通过螺栓连接或焊接固定连成一体。这种线轴架的优点是左右两个支承架 2 在同一基准面上，两支承架轴瓦的同心度好，更换导线轴找中心方便；导线轴轴杆在支承架轴瓦上接触较好，不会损伤轴瓦。缺点是体积大，比较重，搬运不方便。

（2）组装式导线轴架。这种线轴架左右两个支承架是分开的，如图 18-11 和图 18-16 所示。其优点是单件重量轻、体积小、便于人工搬运。但现场使用时，底架找平、中心高度的调整比较麻烦，特别是在山区或其他场地高低不平时，往往由于两个支承架轴瓦不能保证完全在同一轴线上而使轴瓦和轴杆接触不良，引起两者之间的局部磨损。表 18-5 为钳盘式制动的 SIPZ 型组装式导线轴架技术参数。

表 18-5　　　　　　　　　SIPZ 型组装式导线轴架技术参数

型　　号		SIPZ3A	SIPZ5A	SIPZ-7
适用线盘	盘径（mm）	900～1600	1600～2400	1800～2500
	盘宽（mm）	≤1350	≤1350	≤1700
	轴孔直径（mm）	65～100	65～100	120
	最大质量（kg）	3000	5000	7000
制动力矩（N·m）		1000	1000	2000
放线速度（m/min）		80	80	80
质量（kg）		200	215	480

注　1. SIPZ-7 为双制动盘结构。

　　2. 由宁波东方电力机具制造有限公司生产。

图 18-16 所示为带有液压马达的组装式导线轴架结构图。这种导线轴架的液压马达由高压胶管通过快速接头和张力机液压系统相连，放线时可通过该液压马达和相应的溢流阀保证放线机构的尾部张力；同时也可自动卷绕放线机构收回的导线，可不通过液压马达而是通过其钳盘式制动器保证放线机构的尾部张力。SIYZ 组装式导线轴架技术参数见表 18-6。

表 18-6　　　　　　　　　SIYZ 组装式导线轴架技术参数

型　　号		SIYZ5	SIYZ7	SIYZ8	SIPZ-7	SIYZ10A
适用线盘	盘径（mm）	1250～2240	1250～2500	1800～2800	2000～3000	2000～3000
	盘宽（mm）	1400	1400	1700	1700	1900
	轴孔直径（mm）	80～125	80～125	80～160	90～160	90～160
	最大质量（kg）	5000	7000	8000	10000	10000
最大制动力矩（N·m）		1200	2000	2500	3000	3000

型　　号	SIYZ5	SIYZ7	SIYZ8	SIPZ-7	SIYZ10A
最高转速（r/min）	45	45	45	45	45
液压马达最大 工作压力（MPa）	16	16	16	16	16
自重（kg）	270	350	350	400	600

注　由宁波东方电力机具制造有限公司生产。

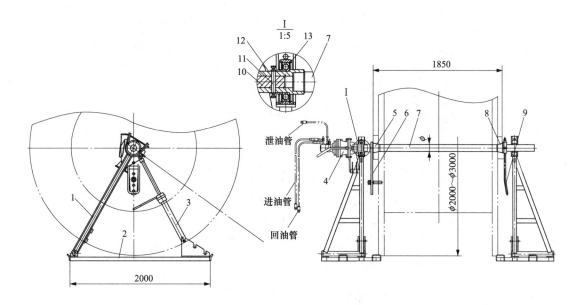

图 18-16　带有液压马达的组装式导线轴架结构图

1—支承架；2—底座；3—顶升螺杆；4—液压马达、制动器、减速器总成；5—固定锥形轴套；6—拨动臂；7—长
轴杆；8—可移动锥形轴套；9—夹紧装置；10—输入轴；11—连接销轴；12—联轴套；13—轴承

还有一种在现场临时用框架通过螺栓把左右两支承架连成一体的组装式整体导线轴架，如图 18-17 所示，由左右两个支承架中间用法兰连接，组装成上述整体式导线轴架。

2．导线轴拖车

导线轴拖车使用和运输都比较方便，但造价高，在现场占地面积较大。

导线轴拖车的结构如图 18-18 所示，导线轴左右两支承架和后部是开口的∩形拖车低盘连成一体，相当于上述整体式线轴架，底座上安装轮轴和轮胎，成为单轴拖车。图 18-18 中的两种导线轴拖车，均采用钳盘式制动装置。

3．放线架

放线架是不带制动装置的导线轴支承装置，主要用于电力线路或通信放线作业时支承各种线

图 18-17　组装式整体导线轴架

1—左侧架；2—右侧架；3—轴杆；4—连接法兰

图 18-18 导线轴拖车结构

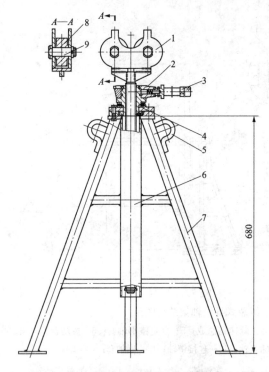

图 18-19 三柱放线架结构图

1—轴托；2—棘轮机构；3—手柄；4—平面轴承；5—锚环；
6—螺旋千斤顶；7—三柱支腿；8—轴托滚轮；9—滚轮心轴

盘，在不带张力的情况下，由人工拖拽或机械牵引展放导线时采用，且一般用于中小截面导线、地线或光缆等。这种放线架用螺杆式顶升装置根据线盘直径的大小调整放线架高度，以适应不同直径线盘上的导、地线或光缆的展放要求。

放线架成对使用，线盘通过轴杆放置于左、右两个放线架上。

（1）三柱、四柱放线架。该轴架采用三柱等三角形布置三点支撑，或四柱四边形布置四点支撑，螺杆升降。图 18-19 所示为三柱放线架结构，它由带滚轮的轴托、棘轮升降操动机构、平面轴承、锚环、螺杆升降千斤顶等几大部分组成。使用时，导线线轴通过轴杆两边固定在两个三柱放线架上，操作棘轮手柄 3 调整导线轴到适当位置后，即可进行放线作业，为保证三柱放线架的稳定性，必须通过三柱上的三个锚环把放线架锚固在临时地锚上。表 18-7 为 SIL 系列三柱放线架技术参数。

表 18-7　　　　　　　　　　SIL 系列三柱放线架技术参数

型　　　号	SIL-1	SIL-3	SIL-5
额定载荷（kN）	10	30	50
质量（kg/个）	22	24	27
高度调节范围（mm）	450~650	600~900	900~1300
外形尺寸（mm×mm×mm）	495×495×465	565×565×615	670×670×915

注　由宁波东方电力机具制造有限公司生产。

（2）框式放线架。该放线架结构如图 18-20 所示，它采用多柱支撑布置，也用螺杆螺旋付升降调节导线轴架高度，它由放置导线轴轴杆的支承座、斜支承杆、门形导柱、升降螺杆、平面轴承、棘轮升降操作机构和上平台、下平台等组成，作业时，只需将两个这种框式放线架左右布置，并使它们下平台在同一水平面上，把导线线轴孔穿轴杆后两边分别放置于支承座孔内，通过两个放线架的升降螺杆用棘轮机构手柄调整轴杆在同一水平位置，导线轴离地有一定距离后即可进行放线作业，表 18-8 为 SIK 系列框式放线架技术参数。

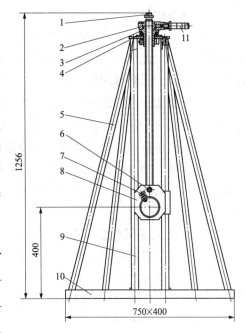

图 18-20　框式放线架结构图

1—螺杆；2—棘轮机构；3—上平台；4—平面轴承；
5—斜支承柱；6—螺栓；7—紧定螺钉；8—支承座；
9—门形导向杆；10—下平台；11—棘轮机构操作手柄

表 18-8　　　SIK 系列框式放线架技术参数

型　　　号	SIK-3	SIK-5
额定载荷（kN）	30	50
质量（kg/个）	30	44
高度调节范围（mm）	400～1000	710～1270
外形尺寸 （mm×mm×mm）	1250×750×400	1505×1000×500

注　由宁波东方电力机具制造有限公司生产。

第三节　牵引板和防捻器

牵导线连板（简称牵引板）在展放多分裂导线的过程中，用于牵引钢丝绳和导线之间的连接。防捻器是为了防止牵引板的翻转而在尾部加的平衡块。随着导线的展放，它们被逐一牵引通过各杆塔上的放线滑车，最后和导线一起到达放线区段的终点。因此，它们对导线能否顺利的展放关系很大。

一、对牵引板和防捻器的要求

（1）在通过各基杆塔上悬挂的放线滑车（包括转角塔带倾斜角的滑车）时，要求正确无误地把旋转连接器和各根导线导引入各自相应的滑轮槽中，不发生导线跳槽、错槽和卡死等现象。

（2）牵引板底部在放线滑车轮缘上通过时，摩擦阻力要小，更不允许有卡阻现象。否则容易引起滑车在牵引方向偏移角度太大，牵引板通过的瞬时会使导线上产生较大的冲击而引起导线舞动、鞭击等现象，以至损伤导线，同时也会对张力机和牵引机造成载荷冲击。

（3）各部分的强度，特别是受拉件必须有足够的安全系数，确保焊接质量。对采用平衡滑轮的牵引板，滑轮槽底直径要满足所用钢丝绳的最小倍率要求。

（4）铰接在牵引板尾部的防捻器应重量适当、结构合理并有足够的反回转力矩，以克服导线和牵引钢丝绳因扭向回转而产生的回转力矩。若防捻器重量太大，为保证弛度不变要增加放线张力和牵引力（这在牵引板牵引到两杆塔档距中间时尤为明显），并使整个放线过程中张力波动范围增加。

（5）尾部防捻器链节应结构合理，串接长度适当、并且在牵引板导引下，也能顺利地通过放线滑车。因此要有小的摩擦阻力，并不损伤滑轮轮缘和绝缘子等。各链节间要采用铰支连接，转动灵活，且可回转角度合理。

牵引板和防捻器的结构尺寸，主要根据放线滑车的结构尺寸（如槽形、轮距、框架和上连板的尺寸）、张力机放线机构的连接方式（各卷筒单独运转还是并联运转）、导线和钢丝绳的直径、旋转连接器的外径等因素来确定。

牵引板有三种结构形式：直牵式、平衡滑轮式和双牵引式。其中平衡滑轮式牵引板主要为放线机构并联运转的张力机配套使用，双牵引式主要用于两台牵引机牵引展放同相多分裂导线。

二、直牵式牵引板及其防捻器

直牵式牵引板目前应用很广泛，它有各种不同的结构形式。图 18-21 所示为较典型的一种直牵式牵引板和防捻器结构，由本体、焊接在本体上的大导向拉板、四块小导向拉板、牵引钢丝绳用旋转连接器、四根导线用旋转连接器和防捻器等组成。

1. 直牵式牵引板结构

（1）带翼板的本体结构。本体有整体冲压或折弯成形带翼板的结构和焊接结构两种，以带翼板的本体结构为例阐述直牵式牵引板的结构。翼板外形必须是无突变、平滑过渡的曲面（见图 18-21），其最高点到下平面的垂直距离 h_1，一般为牵引钢丝绳用旋转连接器直径的 $2.2 \sim 2.5$ 倍。本体前部连接旋转钢丝绳旋转连接器的槽形宽度 A 为旋转连接器直径的 $1.5 \sim 2$ 倍。本体最大宽度 B 由放线滑车的轮距决定。

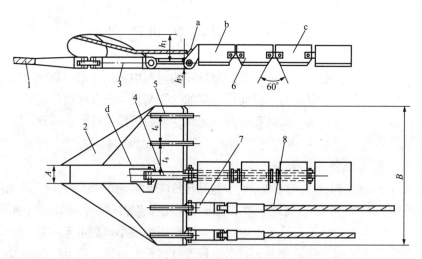

图 18-21　直牵式牵引板和防捻器结构图

1—牵引钢丝绳；2—翼板；3—钢丝绳用旋转连接器；4—大导向拉板；5—小导向
拉板；6—防捻器；7—导线用旋转连接器；8—分裂导线；a—挡块；b—第一链节；
c—链节；d—本体

对三轮放线滑车　　　　　$B = 2t_s + (0.7 \sim 0.8)\,b$

对五轮放线滑车　　　　　$B = 2(t_s + t_c) + (0.7 \sim 0.8)b$

式中　t_s——导线轮槽中心到钢丝绳轮槽中心距离（指相邻两个轮）；

　　　t_c——相邻两导线轮槽之间的距离；

　　　b——导线轮宽度。

（2）大、小导向拉板在本体上的焊接位置和结构。焊接位置如图 18-21 中所示，小导向拉板之间的中心距离等于 t_c；大、小导向拉板之间的中心距离等于 t_s。大、小导向拉板凸出本体下平面的高度分别等于或接近钢丝绳轮槽的深度 h_s 和导线轮轮槽的深度 s（见图 17-10 和图 17-12）。

导向拉板底部要加工成圆弧形，以使本体下平面和导向拉板分别能和滑轮轮缘、槽底的滚动摩擦接触良好，以便把导线的旋转连接器和防捻器第一节链节导入各自的滑轮。

大、小导向拉板尾部连接防捻器或导线用旋转连接器的销轴孔，都必须在同一轴线上。这样，可以使各旋转连接器和防捻器同时进入导线轮和钢丝绳轮，有利于防止跳槽。

（3）大导向拉板上连接牵引钢丝绳用旋转连接器的销轴孔和小导向拉板连接导线用旋转连接器销轴孔之间的垂直距离（即大导向拉板上连接旋转连接器和防捻器第一节的两销轴之间的距离 l，如图 18-26 所示）是十分重要的尺寸。因为两种旋转连接器和牵引板本体都是刚体，所以它们进入滑车时，都会使自身和相邻连接件有一定抬高。这不但容易引起导线的旋转连接器跳槽，也会使放线滑车两边钢丝绳和导线上的张力增加。当介于两旋转连接器之间的本体进入滑车时最为严重，所以希望 l 值越小越好。但 l 值太小，不能保证牵引板的导向作用。根据美国联邦专利牵引板资料介绍，l 取 80~100mm 较好。具体情况根据放线滑车槽底直径 D_c 的大小而定。

（4）牵引钢丝绳和导线的旋转连接器，以及各导向拉板在受力后水平位置的最低点，都应在同一平面上（见图 18-25），这也能起到防止跳槽的作用。

2．防捻器结构和回转力矩

（1）防捻器结构。防捻器结构（见图 18-21），它由带曲柄的第一链节 b 和多块链节 c 组成，中间用销轴连接。串接链节的多少，根据反回转力矩要求而定。也有些牵引板采用尾部挂接的多条链节组组成的防捻器。

防捻器链节的数量和总重量是根据牵引板有可能出现的回转力矩大小确定的，以保证牵引板有可能翻转时，防捻器能产生和牵引板翻转方向相反的反回转力矩，阻止牵引板翻转。为防止防捻器从滑车上滑下时上翻，打坏绝缘子，必须保证防捻器在进出滑车时都处在牵引板本体下平面以下位置。因此，各链节前后接缝处下平面加工为向下成 $60°$ V 形（见图 18-21）开口角，并在第一链节曲柄上焊接挡块 a，以使各链节只能绕各自的销轴向下摆动，不会上翻。

张力放线过程中，牵引板上出现的回转力矩是在下述情况下产生的。首先，由于所用的牵引钢丝绳和钢芯铝绞线都是用多股钢丝或铝丝铰绕而成，当对它们施加拉力时，绞线股、股中的绞丝会产生散股趋向的回转力矩。此外，在牵引展放多分裂导线时，有时牵引板左右两侧导线上张力不相等，使牵引板受力不平衡也会产生回转力矩。

（2）牵引钢丝绳和钢芯铝绞线产生的回转力矩计算如下。

1）导线回转力矩的计算：如图 18-22 所示，当导线上的张力为 T_0 时，回转力 T 及由 T 产生的回转力矩 M_1 分别为

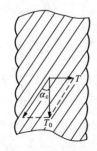

$$T = T_0 \tan\alpha_c, \quad M_1 = \frac{d_c}{2}T$$

式中　α_c——导线绞绕升角；

　　　d_c——导线的计算直径。

图 18-22　导线的张力和回转力分析图

由于钢芯铝绞线的回转力矩在各层中都能产生，故总的回转力矩由 m 到 n 层为

$$M = \sum_{m=1}^{n} \frac{T_m}{2} d_{cm}$$

2）钢丝绳回转力矩的计算：如图 18-23（a）所示，当钢丝绳上的牵引力为 P 时，回转力 F 和由 F 产生的回转力矩 M_2 分别为

$$F = P\tan\alpha, \quad M_2 = \frac{D}{2}F$$

式中　α_s——钢丝绳绞绕升角；

　　　D——钢丝绳计算直径。

由于每股钢丝绳又有多根钢丝绞绕而成，还必须考虑到它的回转力，如图 18-23（b）所示，一般以两层计，设每层的回转力为 S_1、S_2，计算直径为 ϕ_1、ϕ_2，每股钢丝绳产生的回转力矩为 M_2'，则

$$M_2' = \frac{\phi_1}{2}S_1 + \frac{\phi_2}{2}S_2$$

将其归算到对钢丝绳轴线的回转力矩 M_3 为

$$M_3 = \left(\frac{\phi_1}{2}S_1 + \frac{\phi_2}{2}S_2\right)\cos\alpha$$

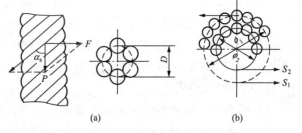

图 18-23　钢丝绳的牵引力和回转力分析图
（a）牵引力为 p 时的回转力 F；（b）回转力分析

由于钢丝绳股的绞绕方向和绳股内钢丝的绞绕方向相反，所以回转力矩相互起抵消作用，故钢丝绳总的回转力矩 M' 为

$$M' = M_2 + M_3$$

3）牵引板两侧导线上的张力不相等时产生的翻转力矩的情况较为复杂。它不但与导线在牵引板上的分布情况和导线上张力的大小有关，而且和牵引机所在沿线的位置、导线在各杆塔放线滑车上的进出线角等情况有关。为防止牵引板翻转，在放线过程中必须随时注视各根导线的弛度变化情况，发现有不平衡情况，立刻进行调整。

3. 直牵式牵引板和防捻器通过放线滑车的过程

牵引板在牵引钢丝绳牵引接近放线滑车（见图 18-24）后，分三个主要阶段通过放线滑车，现分述如下。

（1）牵引钢丝绳导引牵引钢丝绳用旋转连接

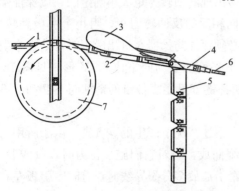

图 18-24　牵引板接近放线滑车图
1—牵引钢丝绳；2—钢丝绳用旋转连接器；3—翼板及本体；4—导线用旋转连接器；5—防捻器；6—导线；7—放线滑车

器进入放线滑车的钢丝绳轮。同牵引钢丝绳接头相连的旋转连接器进入滑车钢丝绳轮，牵引板前部翼板进入滑车的滑轮和连板之间的空间（见图 18-25）。接着，牵引板本体下平面开始同滑轮的轮缘接触。

（2）牵引板本体尾部的四块小导向拉板前部进入放线滑轮。牵引板本体继续向前移动，导引大导向拉板和小导向拉板分别进入钢丝绳轮和导线轮。因钢丝绳旋转连接器和防捻器都连接于大导向拉板的两端（在同一轴线上），故在大、小导向拉板都进入各自的滑轮槽后，钢丝绳旋转连接器必须完全撤离钢丝绳轮槽（见图 18-26）。否则，该旋转连接器在牵引钢丝绳作用下，后部上抬时容易使导向拉板随之抬高而跳出滑轮槽。

（3）牵引板经小导向拉板和导线用旋转连接器把导线引入放线滑车的导线轮槽内，同时防捻器被引导爬上钢丝绳轮轮缘并通过放线滑车。

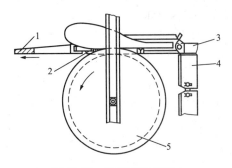

图 18-25　牵引板翼板进入
滑轮和连板之间的空间图
1—牵引钢丝绳；2—钢丝绳用旋转连接器；3—导线用
旋转连接器；4—防捻器；5—放线滑车

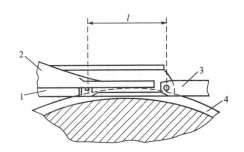

图 18-26　牵引绳旋转连接
器撤离钢丝绳轮槽
1—钢丝绳旋转连接器；2—翼板及本体；
3—导线用旋转连接器；4—放线滑车

随着滑轮的转动，大小导向拉板在轮槽中继续向前移动，最后使牵引板本体逐渐撤离滑车。这时小导向拉板把各根导线的旋转连接器引入导线轮，大导向拉板把防捻器第一链节引导入钢丝绳轮（见图 18-27），牵引板本体全部撤离放线滑车。接着旋转连接器把各根导线分别引导入各自的导线轮槽中，防捻器其他各链节也顺次爬上钢丝绳轮轮缘，通过它的下平面和轮缘的摩擦，带动钢丝绳轮转动，直到最后一节链节离钢丝绳轮为止。

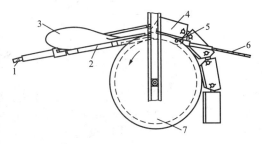

图 18-27　导线用旋转连接器进入导线轮槽
1—牵引钢丝绳；2—牵引绳用旋转连接器；
3—翼板及本体；4—防捻器；5—导线用
旋转连接器；6—导线；7—放线滑车

图 18-28 所示为直牵式本体焊接结构的一牵四牵引板结构，该牵引板由本体、防捻器组成，本体采用箱式焊接结构，底部焊有头部呈流线体的炮弹状的导向体 a、连接钢丝绳旋转连接器拉板 b 和连接导线旋转连接器拉板 c；导向体和图 18-21 中导向拉板的作用相同，把后面的导线旋转连接器、导线导入相应的放线滑车轮槽中，由于导向体 a 表面光滑，且头部成流线体，故比上述导向拉板有更好的导向作用，而且能更有效地保护滑轮轮槽表面，使其不被损坏。

牵引板的防捻器是由多节实心圆柱体铰支连接在一起，通过滑轮时直接从钢丝绳轮轮槽

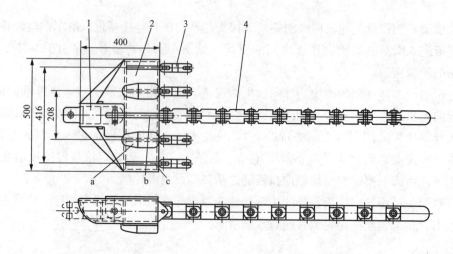

图 18-28　直牵式本体焊接结构一牵四牵引板

1—牵引钢丝绳旋转连接器；2—本体；3—导线旋转连接器；4—防捻器；

a—导向体；b—钢丝绳旋转连接器拉板；c—导线旋转连接器拉板

中通过。为防止牵引板通过放线滑车、防捻器从钢丝绳轮中快速通过时上翘，打坏绝缘子，绞支连接的多节圆柱体设计成只能向下绞支弯曲，向上弯曲时被限位。

图 18-29 所示为直牵式采用焊接结构的一牵二牵引板。

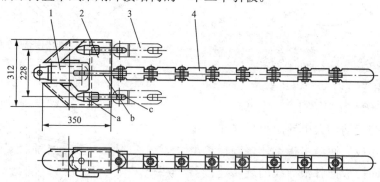

图 18-29　直牵式焊接结构一牵二牵引板结构图

1—钢丝绳旋转连接器；2—本体；3—导线旋转连接器；4—防捻器；a—导向体；

b—钢丝绳旋转连接器拉板；c—导线旋转连接器拉板

三、平衡滑轮式牵引板及其防捻器

平衡滑轮式牵引板，用于牵引展放各种多分裂导线。图 18-30 所示为用于展放四分裂导线的平衡滑轮式牵引板及其防捻器。它们由连接牵引钢丝绳的旋转连接器、导引链、小滑轮、大滑轮、牵引板壳体、外侧引绳套、连接导线用旋转连接器、防捻器、中间引绳套等组成。

采用这种牵引板放线时，外侧两根导线同外侧引绳套的两端 A、D 连接，由两小滑轮组成平衡滑轮系。中间两根导线同中间引绳套的两端 B、C 连接，由大滑轮组成平衡滑轮系。在放线过程中，外侧两根导线或中间两根导线上某一根张力发生变化时，由于滑轮的作用，能很快地自动调整弛度，使连接 A、D 或 B、C 的两根导线上的张力迅速趋于一至。从而保

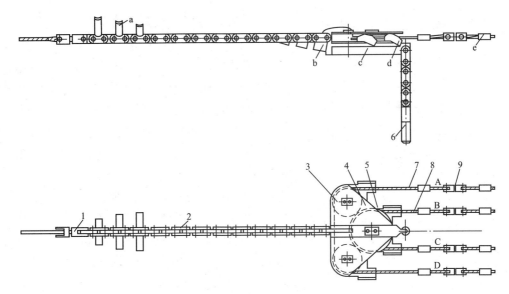

图 18-30　平衡滑轮式牵引板和防捻器结构

1—牵引钢丝绳旋转连接器；2—导引链；3—小滑轮；4—牵引板壳体；5—大滑轮；6—防捻器；

7—外侧引绳套；8—中间引绳套；9—导线用旋转连接器；a—翼板；

b—斜连板；c—筋板；d—导引口；e—扣压管

证牵引板以牵引钢丝绳为中心线的左右两侧受力平衡，不会发生翻转现象。但当 A、D 或 B、C 连接的导线上张力相差太大时（由于受到引绳套有效调节长度的限制，当引绳套上的扣压管 e 进入滑轮在壳体上的导引口 d 时），不能再起平衡张力作用。

现将平衡滑轮式牵引板和防捻器主要部分结构分述如下。

(1) 导引链。导引链是由多块连板和半圆柱形的外夹板用销轴铰支连接组合而成。各链节间能绕销轴转动一定角度。导引链前部靠近牵引钢丝绳旋转连接器的三节外夹板上焊接有圆弧形，且伸展角度不同的翼板 a，用于导引链进入钢丝绳轮槽时校正导引链的位置。尾部同牵引板壳体连接的三节斜连板 b 组成一个导引链到壳体之间的过渡斜板，使牵引板壳体接近放线滑车时能逐步被提高位置，导引壳体上的筋板 c 进入钢丝绳槽、壳体下平面在滑车轮缘上通过。

(2) 牵引板本体。牵引板本体由大、小平衡滑轮和壳体组成，其中两小滑轮和一大滑轮在壳体内以等腰三角形方式布置，并采用滚珠轴承或滑动轴承通过心轴固定在壳体上。内外侧引绳套在大、小滑轮上通过并受拉力后，绳套间的距离必须等于或近似于放线滑车相应的轮距。

大滑轮槽底直径应大于或等于引绳套钢丝绳直径的 16～20 倍，小滑轮因引绳套在上面的包绕角较小，只有大滑轮的一半，其轮槽底直径可取钢丝绳直径的 8～10 倍。

牵引板壳体采用焊接结构，下平面焊有导向筋板 c。引绳套入口处有伸出并倾斜一定角度的导引口 d，起到防止引绳套磨损作用。牵引板壳体的宽度和高度，由放线滑车框架宽度和滑轮轮缘至上连板之间的距离确定。

(3) 防捻器。防捻器挂接于牵引板壳体下平面导向筋板 c 的尾部，可用上述导引链相同的链节组成。在导向筋板上挂接防捻器用的销轴孔位置，应使防捻器各链节水平排列时下部最低点同导向筋板底部在同一直线上。防捻器一般采用 5～6 个链节。

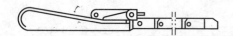

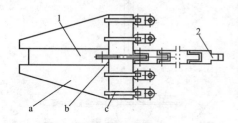

图 18-31　直牵式四导线加长型三角
牵引板及其防捻器

1—本体；2—防捻器；a—空心体；b—大导
向拉板；c—小导向拉板

四、其他牵引板及其防捻器介绍

1. 直牵式四导线加长型三角牵引板及其防捻器

直牵式回导线加长型三角牵引板及其防捻器结构如图 18-31 所示。牵引板本体 1 是底角为 75°的等腰三角形（一般四导线三角牵引板本体为等边三角形），它是采用由薄钢板加工的空心体 a 和大导向拉板 b、小导向拉板 c 焊接而成，其表面采用法琅质防锈。防捻器 2 是采用圆柱形链节。

2. 直牵式三导线柔性牵引板及其防捻器

直牵式三导线柔性牵引板及其防捻器如图 18-32 所示。牵引板由带一节圆弧形导向圆棒 a 的导引链、前连板、后连板、环链等组成。防捻器挂接在前连板上。环链的长度能保证防捻器在滑车上通过时，不和后连板重叠，并保证两者间有 50～100mm 的距离。导向圆棒的作用是降低前连板进入滑车时的高度，便于连接器和导向板进入滑车槽内。

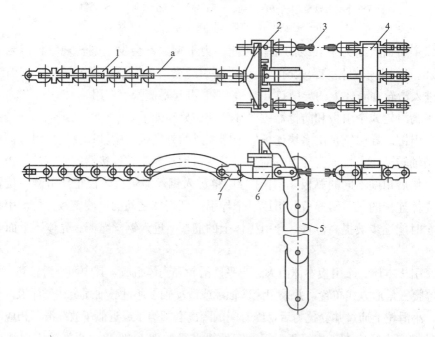

图 18-32　直牵式三导线柔性牵引板及其防捻器

1—导引链；2—前连板；3—环链；4—后连板；

5—防捻器；6—导向板；7—连接器；a—导向圆棒

图 18-33 所示为采用导向滑杆的直牵式三导线柔性牵引板及其防捻器，该牵引板导引链和图 18-30 中的导引链相同，但采用了导向滑杆 b 导引牵引板进入滑轮轮槽。其余结构同图 18-32 所示的牵引板及其防捻器。

3. 直牵式双导线矩形牵引板和链排型防捻器

直牵式双导线矩形牵引板和链排型防捻器如图 18-34 所示。牵引板本体是由三块导向

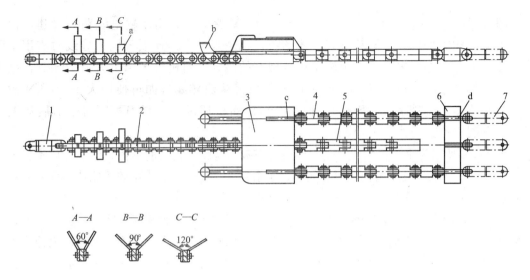

图 18-33　采用导向滑杆的直牵式三导线柔性牵引机及其防捻器

1—牵引钢丝绳用旋转连接器；2—导引链；3—前矩形体；4—筒体链；5—防捻器；6—后连板；7—导线用旋转
连接器；a—翼板；b—导向滑杆；c—前拉板；d—后拉板

拉板和一矩形板焊接而成。链排型防捻器的宽度和牵引板本体宽度基本相等。其排型链节由三个半圆筒体焊接而成，各链节中间两个连接点分别用销轴铰支连接在一起。旋转连接器用于连接导线。

　　4. 平衡滑轮式三导线牵引板及其防捻器

　　平衡滑轮式三导线牵引板及其防捻器如图 18-35 所示，它采用单个滑轮通过牵引绳套牵引左、右两侧导线，中间导线直接通过旋转连接器连接在牵引板本体中间。本体两侧挂接 2 个由 3~4 个链节组成的防捻器 4（防捻器各链节外形及结构与图 18-30 中平衡滑轮式牵引板和防捻器的相同）。

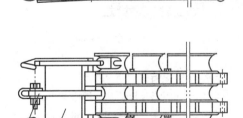

图 18-34　直牵式双导线矩形牵
引板和链排型防捻器
1—导向拉板；2—矩形板；3—旋转连接器；
4—链排型防捻器；5—销轴

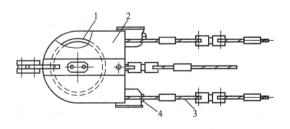

图 18-35　平衡滑轮式三导线牵引板及其防捻器
1—滑轮；2—本体；3—引绳套；4—防捻器

　　5. 双牵引牵引板

　　双牵引牵引板是由 2 台牵引机通过 1 个牵引板牵引展放多分裂导线。

随着我国±660kV和±800kV直流、1000kV交流等特高压输电线路的投建，使用导线的截面积越来越大，同相分裂导线的数目也越来越多。使展放同相导线时需用牵引力越来越大，考虑国内目前不少施工单位现有的最大牵引机最大牵引力为300kN，已无法牵引类如6×900mm²、6×1000mm²等同相大截面导线（如再使用大于300kN的牵引机，则给转运输带来较大困难），而用2台牵引机通过1块牵引板同时牵引展放上述同相多分裂大截面导线。

图18-36所示为平衡滑轮式二牵六导线牵引板结构图。它由前本体、侧板、后本体、后导向体、绞支连板、铰支销轴、短导向体、小滑轮、长导向体、大滑轮等组成，前后箱体上又焊接有长短不同的多块拉板a、b。

牵引作业时左、右两侧两牵引绳分别由两台牵引机牵引。两牵引绳上的牵引力可通过小滑轮和两大滑轮自动平衡。由于本牵引板较长，为防止通过滑车时，牵引板倾斜而撞击滑车连板，本体分为前后两段，中间采用了铰支连接。侧板用于使铰支销轴9固定，不会左右滑移。

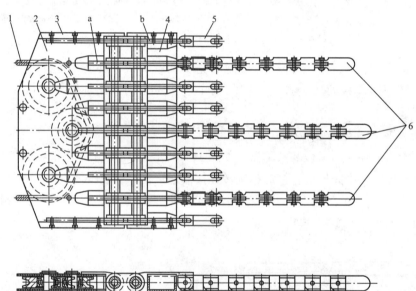

图18-36　平衡滑轮式二牵六导线牵引板结构图

1—牵引钢丝绳；2—前本体；3—侧板；4—后本体；5—导线用旋转连接器；6—圆柱体铰支
连接防捻器；7—后导向体；8—铰支连板；9—铰支销轴；10—短导向体；11—小滑轮；
12—长导向体；13—大滑轮；a、b—拉板

等距离布置的三组防捻器由多个实心圆柱体经铰支连接而成，牵引作业通过放线滑车时，三组防捻器分别通过中轮和两侧两钢丝绳轮。

图18-37所示为平衡滑轮式二牵六导线、二牵四导线两用的双牵引走板及其防捻器。该双牵引两用牵引板左右两可折箱体拆下后，可变成二牵四导线双牵引板，并采用导向滑杆作为前导向体，引导牵引板进入放线滑车。

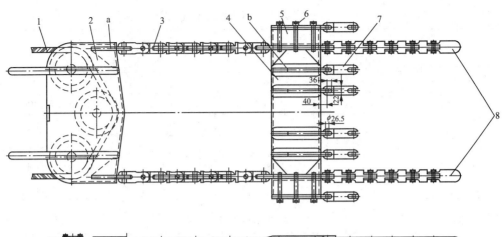

图 18-37 平衡滑轮式二牵六导线、二牵四导线两用牵引板及其防捻器

1—钢丝绳；2—前本体；3—圆柱链；4—后本体；5—侧可折箱体；6—螺栓；7—导线用旋转连接器；
8—防捻器；9—后导向体；10—导向滑杆；11—滑轮

表 18-9～表 18-12 分别为一牵二导线、一牵三导线、一牵四导线、一牵六导线牵引板技术参数，由宁波东方电力机具制造有限公司研制、生产。

表 18-9 一牵二导线牵引板技术参数

型 号	额定载荷 (kN)	质量 (kg)	适用滑车轮宽 (mm)	特 征
SZ2-8		17	75	
SZ2-8A	80	19	100	导线各自独立
SZ2-8B		19.5	110	
SZ2A-8	80	90	100	平衡滑轮式
SZ2B-13	130	55	110	导线各自独立
SZ2C-13	130	50	110	导线各自独立
SZ2B-18	180		125	导线各自独立

表 18-10 一牵三导线牵引板技术参数

型 号	额定载荷 (kN)	质量 (kg)	适用滑车轮宽 (mm)	钢丝绳长度 (m)
SZ3A-10	100	99	100	1×30＋1×15

709

表 18-11 　　　　　　　　　　　　　一牵四导线牵引板技术参数

型号	额定载荷 （kN）	质量 （kg）	适用滑车轮宽 （mm）	特　征
SZ4A-13	130	96	100	平衡滑轮式
SZ4B-13	130	65	100	导线各自独立
SZ4B-18	180	90	110	导线各自独立
SZ4B-25	250	105	110	导线各自独立
SZ4C-25	250	88	110	导线各自独立
SZ4B-32	320		125	导线各自独立

表 18-12 　　　　　　　　　　　　　一牵六导线牵引板技术参数

型号	额定载荷 （kN）	质量 （kg）	适用滑车轮宽 （mm）
SZ6B-25	250	140	100
SZ6B-25A	250	137	100
SZ8B-28	280	240	110

第四节　导线压接机

一、导线压接工机具的应用和种类

由制造厂出厂的每轴导线长度是有限的，故输电线路都由无数轴导线连接而成。导线连接处的电导率，机械强度也都会发生变化。因此导线连接的质量是线路能否安全可靠运行的重要环节。由于张力放线施工速度快，压接工作频繁，它对工程进度关系也很大。

压接后的导线接头，都必须满足下述要求。

（1）要有足够的机械强度。接头的拉断力，应大于被连接的导、地线计算拉断力的90%～95%。

（2）要有可靠的电气性能。当通过额定电流时，接头长期运行的温升不得高于导线温升。

（3）接头外表应无毛刺，受压部分平整完好，不得有缺陷或明显的刻痕。

导线压接工机具主要有压接钳和液压压接机两大类。压接钳有机械式和液压式两种，它们都采用手工操作，压接模具和压接力产生装置互为一体，体积小，重量轻；但施加于压接模具的压接力较小，只用于较小截面导线的压接。对较大截面导线的压接，常采用液压压接机（简称压接机），它又有手动压接机和机动压接机两大类；机动压接机又有采用电动机和汽油机作动力两种形式。

二、导线压接机的工作原理

导线压接机由动力源、高压胶管和压接机本体等三大部分组成。

手动压接机的动力源为超高压手动液压泵。机动压接机的动力源采用由原动机、超高压机动液压泵及控制回路和油箱等组成的超高压泵站。

压接机本体包括带靠模的液压缸、压接模具等。

图 18-38 所示为机动压接机工作原理图，右边是超高压机动泵，左边是同液压千斤顶相似的压接机本体，中间用高压软管连接。超高压机动泵相当于一个配流阀式径向柱塞泵，柱塞在底部弹簧的作用下贴紧在偏心轴的外表面。偏心轴以 O 点为旋转中心转动时，由于它同偏心轴的中心 O' 有一个偏心距 e，使柱塞在柱塞孔内往复运动，行程为 $2e$。当柱塞在底部弹簧作用下向上运动时，柱塞孔下部的容积逐渐增大，形成真空，油箱内的油液在大气压力作用下，克服单向阀 5 的弹簧阻力便进入柱塞孔。这时即为吸油状态，单向阀 4 由于弹簧回程力的作用处于关闭状态。当柱塞在偏心轴的作用下向下移动时，柱塞孔内油液压力增加，单向阀 4 在弹簧回程力被克服后开启，并通过高压胶管向压接机体供油。单向阀 5 在压力油作用下关闭，这时为压油状态。偏心轴旋转一周，柱塞在柱塞孔内完成吸油、压油一个往复行程。当偏心轴连续转动时，柱塞就不断把液压油从油箱吸入后，压进压接机体，推动活塞上移，进行压接作业。实际使用的压接机的配流式径向柱塞液压泵，在圆周方向有 3 个或 5 个柱塞，形成两种压力向压接机体供油。

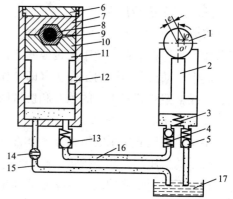

图 18-38　机动压接机工作原理图

1—偏心轴；2—柱塞；3—弹簧；4、5、13—单向阀；6—上压盖；7—上靠模；8—压接模具；9—压接管和导线；10—下靠模；11—活塞；12—缸体；14—回油阀；15—回油管；16—高压胶管；17—油箱

左面的压接机体实际上是一个液压千斤顶，但外部结构不同。来自上述径向柱塞泵的压力油由高压胶管进入单向阀 13，克服弹簧回程力使它开启后进入缸体，这时回油阀处于关闭状态。缸体内压力增加，迫使活塞上移，推动下靠模。由于上压盖同缸体通过螺纹或斜齿咬口固定在一起，使上靠模固定不动，上下靠模之间有根据导线截面积大小而确定的压接模具。随着下靠模的上移，两侧导线在压接管内被模具压紧牢固连接在一起。每模压完后，开启回油阀，活塞在自身重力作用下向下移动，这时单向阀 13 关闭，油液经回油管 15 流回油箱。

如果柱塞 2 上加力 P_1，则柱塞腔内单位面积的压力 p 为

$$p = \frac{P_1}{A_1}$$

这时，作用在压接机体液压缸内的压力同样为 p，则它的活塞受到的推力 P_2 为

$$P_2 = pA_2 = P_1 \frac{A_2}{A_1}$$

式中　A_1——超高压机动泵柱塞面积；

　　　A_2——压接机体液压缸活塞面积。

P_2 也为压接机的压接力，从上式可以看出，面积比 A_2/A_1 越大，压接力也就越大。这也表明，在柱塞 2 上加不很大的力，就能通过活塞 11 得到很大的压接力，压接机就是利用这一原理进行压接工作的。

三、超高压液压泵

压力大于 32×10^6 Pa 时称为超高压。导线压接机动力源的液压泵，由于压接力较大，并要求体积小、重量轻、便于携带或搬运，一般都采用 70×10^6 Pa 以上的超高压手动泵或机动泵。其中手动泵和不同的工作头（即工作机体）配合使用，还用于钢芯铝绞线和钢丝绳的切割、导线轴架和某些机架的顶升和机械摩擦式制动装置等方面。

1. 手动超高压液压泵

手动超高压液压泵的结构原理如图 18-39 所示，它由同轴线的两个单柱塞液压泵组成：①大排量的低压泵；②小排量的高压泵。压力较低时，两泵同时供油，实现快速推进。其工作过程如下：同轴线的大单柱塞泵 2 和小单柱塞泵 4 在操作手柄 1 带动下压油或吸油；吸油时，油液从油箱分别通过单向阀 8 和 9 进入各自的柱塞下腔；压油时，大、小柱塞由操作手柄带动下移，油液分别经单向阀 13、15 和孔 b 直通接头 6 压入压接机体内，推动活塞做功。当压力上升到一定值后，低压溢流阀 11 开启，大柱塞从油箱吸油后，直接经它溢流回油箱 10。小柱塞压出的液压油经孔 c、单向阀 15、孔 b 和直通接头 6 继续压入液压机体内，并随着上下压接模具的逐渐接近，载荷增加而压力逐渐升高，并使单向阀 13 关闭，高低压泵油路断开。直到压接工作完成为止，最后开启回油阀 16 使油液流回油箱，压接机体液压缸活塞下降。安全阀 17 用来限制液压回路最高压力。

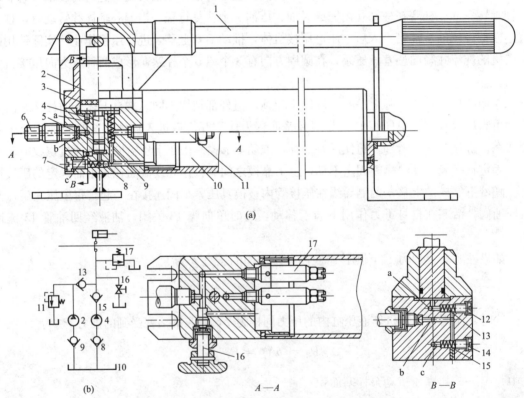

(a)

(b)   A—A   B—B

图 18-39　手动超高压液压泵结构原理图

(a) 结构图；(b) 原理图

1—操作手柄；2—大单柱塞泵；3、5—密封圈；4—小单柱塞泵；6—直通接头；7、12、14—螺钉堵塞；8、9—吸油口单向阀；10—油箱；11—低压溢流阀；13、15—出油口单向阀；16—回油阀；17—安全阀；a、b、c—孔道

表 18-13 为手动超高压液压泵技术参数。

表 18-13 手动超高压液压泵技术参数

型号	额定压力 （MPa）	储油量 （L）	质量 （kg）	备　　注
YBG-60-C	63	1	8	由宁波东方电力机具制造有限公司生产
YBG-60	70	0.7	8	
YBC-S	80	0.64	11	由常熟电力机具制造有限公司生产

对压接较小导线截面的导线，常用的还有手动超高压泵站和压接机体做成一体的各种液压钳。图 18-40 是这种手动液压钳结构图。液压钳的右部由手柄 10、11，液压缸 3、液压油箱 9、安全阀 5、泵体 8 和柱塞 7 组成超高压手动液压泵，左部 C 形钳口 2 为压接机体，压模 1 可根据导线截面更换不同规格的压接模具。

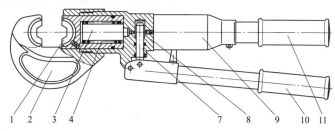

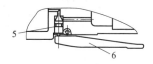

图 18-40　手动液压钳结构图

1—压模；2—C 形钳口；3—液压缸；4—回程弹簧；5—安全阀；6—压杆；
7—柱塞；8—泵体；9—油箱；10—手柄 1；11—手柄 2

表 18-14 为手动液压钳技术参数。

表 18-14 手动液压钳技术参数

型号	最大压接力 （kN）	压接范围	质量 （kg）	备　　注
YQK150	150	钳压管 LJ25～96 LGJ25～95	5.2	由宁波东方电力机具 制造有限公司生产
YQK200	200	钳压管 LGJ35～240	8.4	
QY125S	120	铜端子 16～300mm² 铝端子 16～240mm²	6	
YJC300	300	钳压管 LGJ16～240mm² 设备线夹 LGJ35～240mm²	14	由常熟电力机具制造 有限公司生产

2. 超高压机动泵

压接机用超高压机动泵，其液压泵是一种沿偏心轴圆周方向有三个柱塞的配流阀式径向柱塞泵（即一个低压柱塞泵和两个高压柱塞泵）。低压柱塞泵柱塞面积大，用于轻载时使压接机液压缸快速推进。两个高压柱塞泵柱塞面积较小，用于重载时（压接模具合拢前）液压缸的推进。

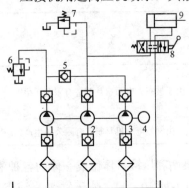

图 18-41　超高压机动泵液压系统图

超高压机动泵液压系统如图 18-41 所示，工作过程如下：原动机开始时带动高压泵和低压泵同时向压接机体液压缸供油；因低压泵的输出流量较大，使液压缸实现快速推进，随着上下压接模具之间的接触，系统压力不断上升，当压力升到低压溢流阀 6 调定的压力时，该阀开启，同时单向阀 5 关闭；低压泵输出的压力油全部经低压溢流阀 6 溢流回油箱；两高压液压泵继续向压接机体液压缸供油，压力随负载增加而上升，至高压溢流阀 7 溢流为止（该阀起过载保护作用）。每模压接完毕，操作换向阀 8，液压缸迅速回油。

超高压机动泵和液压系统所有元件一般都布置在一块底板上，底板固定于油箱的上盖板上。这种液压泵的最高压力可达 125 $\times 10^6$ Pa。

图 18-42 所示为超高压机动泵站结构图，它由直接设置在液压油箱内的超高压泵和油箱总成 7、发动机 6、液压阀总成 4、手动换向阀操作手柄 8、压力表 2、液压胶管 3、V 型传动皮带及带轮 5 等组成。进行压接作业时，只要通过液压油输出的液压胶管 3 和压接机本体（见图 18-43）连接，起动发动机 6 带动超高压液压泵 7 工作输出液压油驱动压接机本体进行压接作业。手动换向阀操作手柄 8 用于控制压接和压接完毕启模两种工况。液压阀总成 4 上有溢流阀旋钮用于调定泵站液压回路的压力，即调定压接机体压接力的大小。发动机 6 本处为内燃机，在有电源的地方也可选用电动机。

YBG 系列超高压液压泵站技术参数和 YBC 系列超高压液压泵站技术参数见表 18-15 和表 18-16。

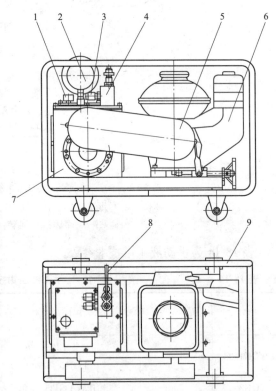

图 18-42　超高压机动液压泵站结构图

1—空气滤清器；2—压力表；3—液压胶管；
4—液压阀总成；5—V 型传动皮带及带轮；
6—发动机；7—超高压泵和油箱总成；
8—手动换向阀操作手柄；9—机架总成

表 18-15   YBG 系列高压液压泵站技术参数

型　号	额定压力 （MPa）	流量 （L/min）	功率 （kW）	质量 （kg）	动力类型
YBG-94WC	75	1.5	2.94	101	柴油机
YBG-94WD	75	1.5	1.5	68	电动机
YBG-94WQ	75	1.5	4.1	68	汽油机
YBG-94WC	75	1.5	2.94	110	柴油机
YBG5	低压 5.4 高压 70	5.94 0.81	4.41	60	汽油机
YBG63D	低压 6.3 高压 63	2.8 0.32	0.75	20	电动机

注　由宁波东方电力机具制造有限公司生产。

表 18-16   YBC 系列超高压液压泵技术参数

型　号	额定压力 （MPa）	最高压力 （MPa）	功率（L/min） 高压	功率（L/min） 低压	功率	动力类型	质量 （kg）
YBC-Ⅲ-Ja	80	94	2.05	11.2	5.5HP	汽油机	55
YBC-Ⅲ-Jc	80	94	2.05	11.2	4.0HP	柴油机	65
YBC-Ⅲ-D	80	94	1.6	8.0	3.0kW	电动机	45
YBC-Ⅱ-Ja	80	94	1.6		5.0HP	汽油机	55
YBC-Ⅱ-Jc	80	94	1.6		4.0HP	柴油机	65

注　由常熟电力机具制造有限公司生产。

四、压接机体和压接模具

1. 压接机体

如图 18-38 所示，右侧部分为液压泵站工作原理图，左侧部分为压接机体工作原理图，中间通过高压胶管 16 连接。

压接机体结构如图 18-43 所示，它有压模盖、主体、定位机构、活塞、快速接头和底盖、密封圈等组成。压接时，通过快速接头和超高压泵站相连。压接模具安装干主体和上压盖之间，上压盖可以移去以安装压接管及压接完毕后接头从压接机体中移出。

表 18-17 为 YJC 系列压接机技术参数。

表 18-17   YJC 系列压接机技术参数

型号	最大压接力 （kN）	额定工作压力 （MPa）	行程 （mm）	压接范围 压接管外径（mm）	质量 （kg）
YJC250	250		35	≤LGJ240 钳接管、设备线夹	5
YJCA600	600		25	14～58	25
YJCA1000	1000		35	14～58	35
YJCA1250	1250	80	25	14～60	45
YJCA2000	2000		25	14～80	90
YJC2500	2500		48	14～90	120
YJCA2500	2500		52	14～110	145

注　由常熟电力机具制造有限公司生产。

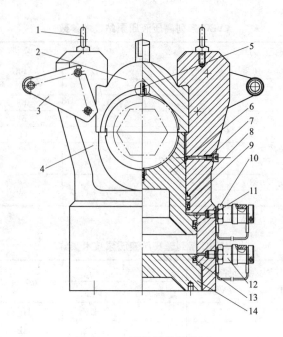

图 18-43　压接机体结构图

1—吊环螺钉；2—压模盖；3—手柄；4—主体；5—定位机构；6—活塞；7—定位螺钉；8—防尘圈；

9、11、13—密封圈；10—快速接头；12—防尘帽；14—底盖

表 18-18 为 QY 系列液压压接机技术参数。

表 18-18　　　　　　　　　　**QY 系列液压压接机技术参数**

型　号	最大压接力 （kN）	最大油压 （kN）	适用导线	行程 （mm）	净重 （kg）
QY-25	250	60	≤LGJ240	22	6
QY-35	350	70	≤LGJ240	25	12
QY-65	650	94	≤LGJ500	25	25
QY-125	1250	94	≤LGJ720	25	40
QY-200	2000	94	≤LGJ1440	25	85
QY-250	2500	94	≤LGJ1440	35	120
QY-300	3000	94 ·	≤LGJ1520	35	130

注　由宁波东方电力机具制造有限公司生产。

导线的压接是通过压接机上的钢制模具来完成。压接模具有多种规格，它们分别适用于各种截面的导线和相应的压接管。

2. 压接模具

压接模具模口外形主要有正六角形和偏平六角形两种，也有少数是椭圆形的，其中使用最普遍的是六角形的，它主要由对边距离 S 和有效长度 L 两个尺寸来决定。

（1）对边距离 S 的确定。压接模具正六角形模口对边距离 S 小一些，可增加压缩量，也提高了压接的密实度，在一定范围内能增加接头的抗拉强度。但金属的压缩量是很小的，对边距离 S 太大，多余的铝金属会通过压模接缝挤出，形成飞边，使接头的有效截面积减

小，导电性能下降；去除飞边，使接头保持表面平滑无毛刺，又增加了压接辅助工作时间。压缩量越多，接头的硬度越高，不利于下一次压接（因前后两次压接要求有一定的重叠量），也不利于接头通过放线滑车。

目前，我国推荐的压缩比一般为0.866。压缩比是指压模对边距离S和压接管外径d的比值，即$S=0.866d$。但对$720mm^2$及以上截面导线压缩比推荐为0.857，则对边距离$S=0.857d$。

（2）压接模具长度L的计算式为

$$L = \frac{p}{HBd}$$

式中　　p——压模承受总的正压力，N；

　　　　HB——被压接体的布氏硬度，Pa；

　　　　d——压接管外径，mm。

由此可见，L越长，要求压接机的压接力越大。L太长时，压接管在被挤压过程中，中间部分无法向两侧延伸，多余的金属只能从上下压模间缝隙中挤出。因此，使飞边增加，影响了压接质量，并且使每个接头压接次数增加，降低了压接工作效率，同时也容易引起接头弯曲。一般压模长度$L=（1.1\sim2）d$。

表18-19为采用不同压接管时，所采用不同压模的对边距离S及相关尺寸。表18-20为钢绞线用钢质压接管时压模的对边距离S及相关尺寸。该两种压模配宁波东方电力机具制造有限公司生产的压接机。表18-19和表18-20中附图为铝管压接压模和钢管压接压模通用。

表 18-19　　　　　　　　　　　　　　铝管压接压模尺寸

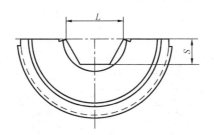

规格	适用铝管 （mm）	L （mm）	S （mm）
L-26	$\phi26$	25.73	11.14
L-28	$\phi28$	27.71	12.00
L-30	$\phi30$	29.69	12.86
L-32	$\phi32$	31.66	13.71
L-34	$\phi34$	33.65	14.57
L-36	$\phi36$	65.62	15.43
L-40	$\phi40$	39.58	17.14
L-42	$\phi42$	41.56	18.00

规格	适用铝管 (mm)	L (mm)	S (mm)
L-45	ϕ45	44.54	19.29
L-48	ϕ48	47.5	20.57
L-52	ϕ52	51.46	22.28
L-60	ϕ60	59.38	25.71
L-65	ϕ65	64.33	27.86
L-68	ϕ68	67.30	29.14
L-70	ϕ70	69.27	30.00
L-72	ϕ72	71.26	30.86
L-74	ϕ74	73.23	31.71
L-76	ϕ76	75.21	32.57
L-80	ϕ80	79.17	34.28
L-95	ϕ95	94.01	40.71
L-100	ϕ100	98.97	42.86

表 18-20　　　　　　　　　　　　**钢管压接时压模尺寸**

钢模90/铝模150

规格	适用铝管 (mm)	L (mm)	S (mm)
G-12	ϕ12	11.87	5.14
G-14	ϕ14	13.86	6.00
G-16	ϕ16	15.83	6.86
G-18	ϕ18	17.82	7.72
G-20	ϕ20	19.80	8.57
G-22	ϕ22	21.77	9.43
G-24	ϕ24	23.75	10.29
G-26	ϕ26	25.73	11.14
G-28	ϕ28	27.71	12.00
G-30	ϕ30	29.69	12.86
G-32	ϕ32	31.66	13.71
G-34	ϕ34	33.65	14.57
G-36	ϕ36	35.62	15.43
G-38	ϕ38	37.61	16.29
G-42	ϕ42	41.56	18.00
G-44	ϕ44	43.54	18.85
G-45	ϕ45	44.54	19.29
G-48	ϕ48	47.50	20.57
G-50	ϕ50	49.48	21.43

五、压接机的使用和维护

1. 手动压接机的使用和维护

手动压接机在使用时，应注意以下几点：

(1) 定期检查手动泵油箱油位，发现油位降低，必须及时充油。

(2) 保持油液清洁，防止杂质堵塞单向阀，每次用胶管连接压接机体时，必须检查接头处有否杂质。

(3) 不可把重物压在高压胶管上，更不能借助高压胶管搬动压接机。收藏卷盘胶管时，要保持一定的曲率半径，避免胶管扭结。

手动压接机的常见故障和排除方法见表 18-21。

2. 机动压接机的使用和维护

机动压接机在使用时，应注意以下几点：

(1) 为使压接机轻型化，根据压接工艺，油箱按间歇工作设计。因此，机动压接机不宜在额定工作压力下连续工作，每模压接完毕应马上使高压溢流阀处于卸荷状态，减少油液溢流时间，防止油温过高。如两模压接间隔时间较长，还应考虑关闭原动机。

(2) 高压溢流阀的整定压力不得随意调高或调低，需要调整时应通过压力表监视。

(3) 液压油要定期更换，一般在使用比较频繁的情况下半年更换一次，并用 $80 \sim 180 \mu m$ 滤网过滤。

(4) 压接机泵站起动、换向阀手柄在工作位置后，若发现压接机体液压缸活塞未上移而压力表压力有升高现象时，表明活塞卡死。这时应立刻停机并对液压回路进行检查，如无堵塞现象，检查操作手柄位置是否正确。

(5) 压接完毕，卸下胶管两端，并使它们对接在一起，防止杂物进入胶管。

机动压接机常见故障和排除方法见表 18-21。

表 18-21　　　　　　手动压接机和机动压接机的常见故障和排除方法

	故　障	产　生　原　因	排　除　方　法
手动压接机	压力打不上去	(1) 油液中有杂质，使手动泵中单向阀关闭不严，引起高低压回路相通。 (2) 阀座同钢珠配合不良	(1) 拆洗单向阀，去除杂质。 (2) 重新研磨阀座
	压接机体活塞上升不稳定	油液中混有气泡	排除油液中的空气
	漏油	密封垫、O形圈等损坏	更换密封垫或O形圈
	压接机体的活塞不能复位	缸体内回程弹簧损坏	更换回程弹簧
机动压接机	压力上不去，压接机体液压缸活塞不动作	(1) 换向阀手柄位置不对或溢流阀旋钮在卸荷位置。 (2) 高压溢流阀故障。 (3) 单向阀两侧或液压缸密封圈损坏。 (4) 液压泵不输出液压油	(1) 纠正手柄或旋钮位置。 (2) 拆洗检查后排除。 (3) 检查并更换密封圈。 (4) 检查液压泵后排除
	液压泵不吸油或手指触摸有外推感觉	(1) 因液压泵内腔有空气，故使柱塞工作不正常。 (2) 配流阀体故障	(1) 用压力油壶向腔内注油，排除空气。 (2) 拆洗检查后排除
	压接机本体液压缸活塞不能复位	(1) 回油油路堵塞。 (2) 液压缸回程弹簧损坏。 (3) 液控单向阀控制活塞杆未能顶开钢球	(1) 拆洗检查、排除。 (2) 更换弹簧。 (3) 拆洗检查、排除或更换

第五节　飞　　车

飞车在输电线路的间隔棒、防振锤等附件的安装、维修和导线压接管的检查等空中作业中，作运载机械使用。

飞车的种类很多，按其轮子行驶所跨的导线数目来分，有单导线、双分裂导线、三分裂导线、四分裂导线、六分裂导线和八分裂导线用飞车等几种。单导线飞车一般采用两个轮子；其他多分裂导线飞车分别由4～10个轮子组成。

按飞车行驶的驱动方式可分人力飞车和机动飞车两种，人力飞车大多数采用类似自行车脚蹬驱动的方式；机动飞车采用小型汽油机为动力，通过液压传动或链传动方式驱动。

按飞车整体结构又可分为筐式飞车和车架式飞车两种。筐式飞车的传动装置安装在一个金属筐内，操作人员作业站在筐内进行。车架式飞车的外形同自行车或轻型摩托车相似，操作人员坐在座垫上进行作业。

一、对飞车的基本要求

（1）飞车在导线上行驶必须安全可靠，并能通过简单操作就可方便地通过架空线上的所有障碍，包括安装好的间隔棒、防振锤和杆塔上的绝缘子串等（指直线杆塔）。

（2）飞车轮子在导线上通过时，不损伤导线表面。为此，飞车同导线有可能接触的部分，均必须衬有橡胶或塑料等衬里。轮子同导线的接触面积要足够大，使两者之间单位面积上的压应力不大于许用值。轮子要转动灵活，轮子槽和导线之间不应该有相对滑动现象。

（3）飞车的制动器必须安全可靠，具备快速制动能力，并且悬停在导线上任何位置时不会滑动。因此，除要求制动器动作可靠，反应灵敏外，还要求导线和行走轮之间有足够的摩擦力。

（4）要有一定的爬坡能力。由于导线存在弛度，飞车在各档弛度最低点向两侧杆塔导线悬挂点行驶时，须爬一定坡度。一般要求飞车的爬坡能力不小于22°。

（5）操作简单，安全可靠，装卸方便。还应具有跌落保护措施和较精确的测量行驶距离的装置，以防止意外情况下轮子和导线的脱离。同时在空中能按要求的距离安装间隔棒。

二、飞车的结构原理

飞车以架空输电线路的导线作为行驶轨道，由人力或动力装置通过减速传动机构驱动摩擦轮。靠摩擦轮和导线之间的摩擦力使飞车在导线上行驶。行驶到障碍物处时，大部分飞车又通过操作摩擦轮，采用辅助过渡摩擦轮的方法通过障碍物。也有些飞车采用在障碍物处临时安装过渡用导轨，摩擦轮可借助这过渡导轨通过障碍物。飞车由以下几个主要部分组成。

1. 摩擦轮组

摩擦轮组，简称轮子。飞车的轮子同放线滑车的导线轮相似，由轮架和衬垫材料组成。由于导线在飞车轮子槽内几乎不受弯曲，包绕角度很小，故轮子槽底部直径一般为导线直径的2～4倍就能满足要求。轮槽宽度根据接触导线截面积的大小而定，常用宽度国外有80mm和100mm两种，适用于直径为53mm及以下钢芯铝绞线。接触导线截面较小时，轮槽宽度可适当减小。轮槽表面衬有氯丁或丁腈橡胶衬垫，以保护导线并增加和导线表面的摩擦力。

轮架一般采用高强度铝镁合金浇铸而成，以减轻重量。

飞车上轮子的数量，由分裂导线数目或通过障碍物时过渡方法等决定。轮子同导线接触方式有以下几种。

（1）单线双轮式。用于单导线和双分裂导线飞车，如图 18-44（a）所示。一根导线上有两个轮子上下压紧，上轮为驱动轮，和驱动装置相连；下轮为压紧轮，即从动轮。用于双分裂导线时，所用轮子加倍。

（2）三线四轮式。用于三分裂导线飞车，如图 18-44（b）所示，上面两根导线各与一个轮子接触，为从动轮；下面一根导线上有一个驱动轮和一个压紧轮。

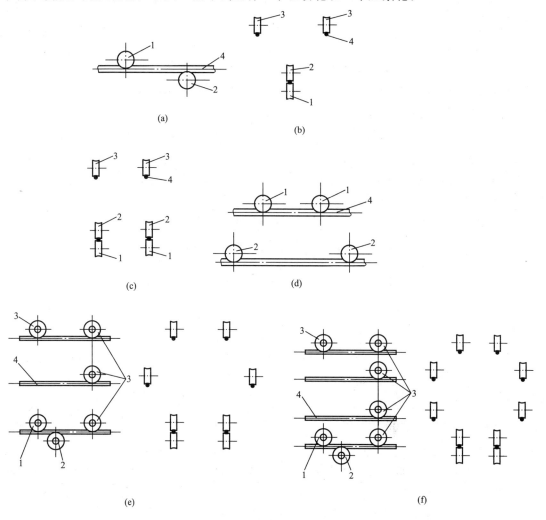

图 18-44　飞车轮子和导线各种接触方式图

1—驱动轮；2—压紧轮；3—从动轮；4—导线

（a）单线双轮式；（b）三线四轮式；（c）四线六轮式；（d）四线八轮式；（e）六线八轮式；（f）八线十轮式

（3）四线六轮式。用于四分裂导线飞车，如图 18-44（c）所示，两根导线同两个轮子接触，为从动轮；另两根导线和四个轮子接触，其中两个为驱动轮，两个为压紧轮。

（4）四线八轮式。用于四分裂导线飞车，如图 18-44（d）所示，每根导线都和两个轮子接触；其中，上面两根导线上四个轮子为驱动轮，分别和驱动装置相连；下面两根导线上四个轮子为压紧轮。

(5) 六线八轮式。用于六分裂导线飞车，如图18-44（e）所示，其下部两个导线分别和两个轮子接触，其中上面两个为驱动轮，下面两个为压紧轮；中部、上部四根导线上的轮子均为从动轮。

(6) 八线十轮式。用于八分裂导线飞车，如图18-44（f）所示，同上述六分裂导线用飞车相似；下部两根导线分别和两个轮子接触，其中上面两个为驱动轮，下面两个为压紧轮。中部四根导线和上部两根导线上的轮子均为从动轮。

此外，还有一种双线四轮和四线六轮式飞车无压紧轮，用于由地面拖动的双分裂或四分裂导线飞车上。

2. 驱动装置

飞车有液压驱动、机械驱动和人力驱动三种不同的驱动装置。

液压驱动装置是由小型汽油机带动液压泵，由液压泵驱动液压马达。液压马达和飞车的驱动轮安装在同一轴线上，它直接带动驱动轮使飞车在导线上行驶。改变行驶方向通过换向阀来实现。液压马达一般采用螺杆泵（作马达用），这种液压泵结构简单，工作平稳，可使用黏度大的液压油。

机械驱动装置同摩托车传动装置相同，小型汽油机经减速器减速后，再通过套筒滚子链传动减速（或增速）并带动驱动轮在导线上行驶。

人力驱动装置同自行车相似，通过脚蹬驱动大链轮，再经套筒滚子链、小链轮带动驱动轮在导线上行驶。还有一种人力驱动飞车上不设置驱动装置，而是通过钢丝绳或尼龙绳由地面用人力或小型牵引设备拖动，使轮子在导线上移动。

3. 制动器

飞车上用的制动器有两种形式，一种是使主动轮停止转动的制动器；另一种是飞车停止行驶后用手动刹车或其他方法将飞车固定在导线某一位置，确保作业的安全。

使主动轮停止转动的制动器，对机械传动装置或人力驱动装置，均采用与自行车或摩托车上相同的内涨式制动器；对液压传动装置，则采用换向阀关闭液压马达进出口油路的方法，使液压马达停止转动。

飞车停止行驶后采用的手动刹车方法有两种；①采用带橡胶衬垫的线夹直接将飞车夹紧固定在导线上的线夹式制动器；②在从动轮上设置钳盘式制动器，使从动轮也不能转动。前者将飞车用线夹固定在导线上安全可靠，但容易使导线变形，操作不当容易损伤导线。后者不会损伤导线，但在导线坡度较大的情况下容易滑动（在某些飞车上，可以通过调整压紧轮的压紧力来增大轮槽和导线表面的摩擦力防止滑动）。

4. 其他组成部分

飞车上还有行驶距离测定装置、压紧轮压紧力调整装置、过障碍物辅助压轮、金属筐架或机架等。

行驶距离测定装置一般都安装在从动轮上，可通过由从动轮同轴驱动的圆锥齿轮传动或蜗杆传动测量，也可通过直接和导线接触的专用摩擦轮经上述相同的传动方式测量。

压紧轮压紧力调整方法有采用螺杆调整和液压缸回程力调整两种方法。

三、常用四线八轮框式机动飞车

四线八轮框式机动飞车用于四分裂导线，其结构如图 18-45 所示，它由 9.63kW 汽油机通过液压传动驱动，行驶速度为 5km/h，最大爬坡度为 15°。本机的结构和工作原理如下。

飞车上面 4 个轮子为主动轮，分别和液压马达同轴相连，并挂在上层两根导线上；只要打开插销，主动轮可通过主动轮臂绕销轴自由转动，和上层导线分离。下面四个轮子为从动轮，挂在下层两根导线上，它装在根部采用铰支连接的从动轮臂上，并由顶升液压缸支撑。顶升液压缸根部也采用铰支连接，它和从动轮臂根部的铰支连接板又都焊接在长销轴上。长销轴可在上下轴孔内自由转动，从而使从动轮能和长销轴一起绕长销轴的轴线转动。

由汽油机、液压泵组成的泵站驱动液压马达使主动轮转动，使飞车借助于导线为轨道行驶。行驶方向的改变、速度调整、停车、起动、液压缸操作等，均在操作盘上进行。飞车行驶时，液压缸处于回油状态，由于缸内回程弹簧的作用，活塞杆收缩，并在飞车自重的作用下，上下层导线上的 8 个轮子自行压紧在各自的导线上。

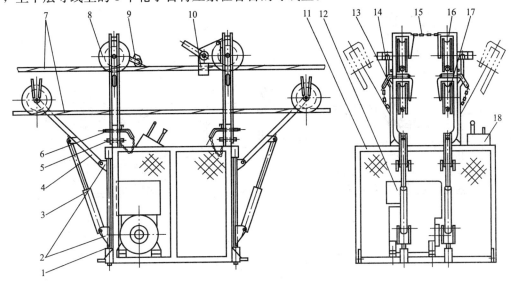

图 18-45　四线八轮框式机动飞车结构图

1—长销轴；2—铰支连接板；3—液压缸；4—从动轮臂；5—销轴；6—插销；7—导线；8—主动轮；
9—距离测量装置；10—线夹式制动器；11—筐架；12—液压泵站；13—防止脱落插销；
14—液压马达；15—防止坠落链；16—主动轮臂；17—从动轮；18—操作盘

飞车要通过障碍物时，只要进行下列操作，就可以方便地通过。

（1）首先，通过液压阀操作，使先接触障碍物的下层导线前面两个从动轮所连的两个液压缸动作，活塞杆伸出，并使该从动轮和导线脱离。同时用人工使从动轮绕长销轴的轴心转动一定角度，到不妨碍飞车前进为止。

（2）驱动飞车继续缓缓向前行驶，使上层两根导线上的前面两个驱动轮接近障碍物。这时前面下层导线上的两个从动轮已通过障碍物，故可将它们的从动轮臂扳回到原来位置，操作相应液压阀手柄，使液压缸回油，活塞杆收缩，这两个从动轮便重新压紧在下层导线上。

（3）拔下上层导线上前面两个主动轮臂上的防止脱落插销，并使这两个主动轮臂外向侧摆动一定角度，使它和上层导线脱离。再驱动后面两个主动轮，飞车缓缓向前行驶，使前面两个主动轮通过障碍物，再重新使这两个主动轮压到上层导线上。

（4）驱动飞车，使上层导线上后面两个主动轮接近障碍物。再重复上述上层导线的前面两个主动轮通过障碍的操作过程，使上层导线上的四个主动轮全部通过障碍物，下层导线上后面两个主动轮接近障碍物。

（5）再重复前面两个从动轮过障碍物的操作，使下层导线四个从动轮也全部通过障碍物，并恢复到原来位置。这时飞车各轮子全部通过了障碍物。

距离测量装置用来测量行驶距离；线夹式制动器为飞车停在线路上进行作业时用；防止脱落插销和防止坠落链，保证在任何情况下飞车不会从导线上坠落地面。飞车的框架是用铝合金制成，其周围用金属丝网封栏。

图 18-46 所示为 FYJ3 型八线框式机动飞车结构图，用于展放特高压八分裂导线。

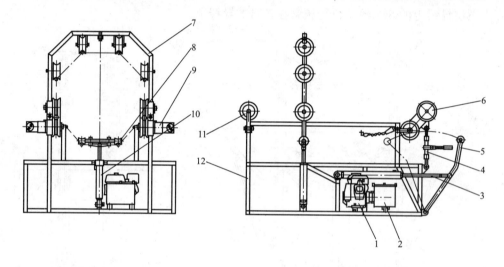

图 18-46 FYJ3 型八线框式机动飞车结构图

1—汽油机；2—液压泵站；3—前液压缸；4—压紧丝杆；5—前臂；6—驱动机构；7—被动滑轮架；8—后臂；
9—液压马达；10—后液压缸；11—后滑轮；12—飞车架体

四、二线、四线人力飞车

（一）二线人力飞车

二线人力飞车有脚蹬式和地面绳索拉动式两种，主要用于双分裂导线安装间隔棒等作业，由于双分裂导线又有水平布置和垂直布置两种形式，故适合于这两种分裂导线布置方式的不同结构的飞车。二线飞车技术参数见表 18-22。

1. 双分裂导线垂直布置时双线脚蹬人力飞车

图 18-47 所示为双线（垂直）脚蹬人力飞车结构图。该飞车在导线上行走的两组轮子是上下垂直布置的。作业时，打开防坠落链。

将驱动轮、从动轮放置在双分裂导线上，闭锁 4 个轮子的防坠落链后，即可用脚蹬机构，通过链传动由驱动轮驱动飞车行走。停车刹车装置用于到作业点后作业前固定飞车位置，临时制动装置是飞车在行走过程中临时刹车用。

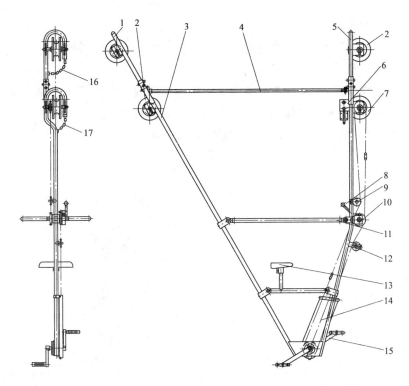

图 18-47　双线（垂直）脚蹬人力飞车结构图

1、5—上从动轮架；2—从动轮；3—机架；4—连接杆；6—停车刹车装置；7—驱动轮总成；
8—临时制动装置；9、12—张紧轮；13—鞍座；14—护罩；15—脚蹬机构；16、17—防坠落链

2. 导线水平布置双线脚蹬人力飞车

图 18-48 所示为导线水平布置的双线脚蹬人力飞车（水平）结构图。作业时，将两组轮子如图放置水平布置的两根导线上，闭锁上方两从动轮上的防坠落链，操作人员座于鞍座上，用脚蹬动脚蹬即可使飞车在双分裂导线上行走，行走过程中须临时停车时，可操作临时制动装置，到作业点后，可操作停车刹车装置，将飞车固定在该作业点的导线上，即可开始作业。

表 18-22　　　　　　　　　　　　二线飞车技术参数

型　号	额定载荷（kN）	最大通过直径（mm）	导线间距（mm）	质量（kg）	备　注
SFS2	1	$\phi40$	400	34	水平双线
			450	36	
			500	38	
SFS400	1	$\phi40$	400	40	垂直双线
FC400/450S	1	$\phi60$	400～450	34	水平双线
SFSl-400	1.5	$\phi70$	400	38	水平双线
SFSl-450	1.5	$\phi70$	450	40	水平双线

注　由宁波东方电力机具制造有限公司生产。

725

（二）四线人力飞车

四线人力飞车有脚蹬式和绳索拖动式两种，用于导线安装间隔棒等作业。

1. 三脚架形脚蹬式四线人力飞车。

图18-49是脚蹬式四线人力飞车结构图。脚蹬式四线人力飞车主要由车架、防坠落链、驱动轮、行走距离测定装置、计数器、带制动装置的从动轮、停车制动装置、鞍座、大链轮和链条张紧装置、链条和脚蹬在内的驱动系统。现分述如下。

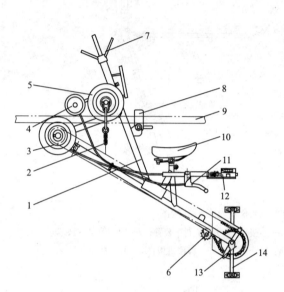

图18-48 双线脚蹬人力飞车（水平）结构图

1—车架；2—防坠落链；3—驱动轮；4—行走距离测量装置；5—从动轮；6—链条张紧装置；7—调节螺母；8—停车刹车装置；9—导线；10—鞍座；11—临时制动装置；12—计数器；13—大链轮；14—脚蹬

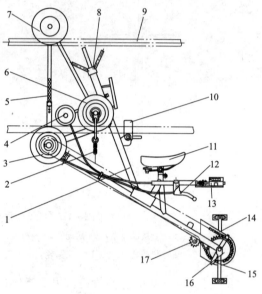

图18-49 脚蹬式四线人力飞车结构图

1—车架；2—防坠落链；3—驱动轮；4—行走距离测量装置；5—活动销；6—从动轮1；7—从动轮2；8—调节螺母；9—导线；10—临时制动装置；11—鞍座；12—刹车制动装置；13—计数器；14—链条；15—脚蹬；16—大链轮；17—链条张紧装置

（1）车架。车架是整个飞车的支承框架，采用20号无缝钢管焊接而成。

（2）驱动轮。两驱动轮安装在装有驱动小链轮轴的两侧，两驱动轮之间的距离可通过移动轮上的调节螺栓进行调节（可调400mm和450mm两种距离）中间的驱动链轮，通过链传动和同脚蹬同轴的大链轮连接，以通过脚蹬驱动小链轮使驱动轮在导线上移动。

（3）从动轮。从动轮设置于从动轮轴的两侧，该飞车从动轮组由四个从动轮组成，两轮槽的中间距同上述驱动轮一样可以调节，以适应四分裂导线之间中心距的要求。另外，通过图18-49中调节螺母8经飞车上的螺杆使从动轮轴能上下升降，以调整从动轮的高度。当从动轮和轮轴架一起升到最大位置时，拆除活动销，从动轮轴架与从动轮的4个轮子一起可绕螺杆轴在90°范围内转动以便于飞车在导线上的安装及卸下。

图18-49中从动轮1和从动轮2，4个从动轮与飞车架均采用螺栓或活动销连接，拆装方便，拆除飞车从动轮组，可作为导线水平排列的双线飞车使用。

726

（4）制动装置。当飞车需要在导线上停止不动时，转动制动装置的手柄，可将飞车停在导线上。当反向转动制动装置手柄时，制动装置便可打开。当飞车在绝缘子附作业时也可防止飞车沿导线下滑。

（5）鞍座。鞍座采用自行车坐垫，同自行车坐垫一样，高度可根据需要上下调整。

（6）驱动系统。驱动系统有大链轮、小链轮、链条、链条张紧轮及脚蹬等组成，同自行车一样，只要蹬踏脚蹬，飞车就会在导线上行驶。

2. 梯形架体脚蹬四线飞车

图 18-50 是梯形架体脚蹬四线飞车结构图。该脚蹬四线飞车两轮槽中心距做成固定的，不能调整，目前有 400、450、500mm 三种规格，且采用二级链传动驱动系统。防坠落采用销轴锁定。

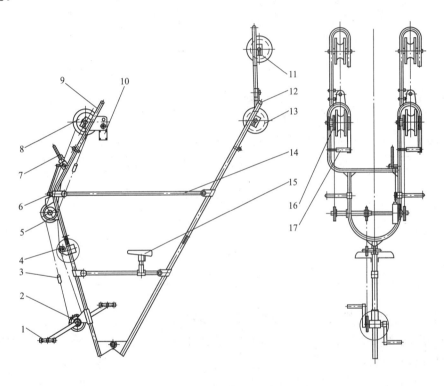

图 18-50 梯形架体脚蹬四线飞车结构图

1—踏蹬；2—大链轮；3—链条；4—张紧轮；5—中间链轮；6—刹车传动块；7—行车临时刹车装置；

8—驱动轮总成；9—驱动轮架；10—停车刹车装置；11——上从动轮；12—从动轮架；13—下从动轮

14—护杆；15—鞍座；16—链轮 4；17—插销

3. 框式绳索拖动四线飞车

框式绳索拖动四线飞车的结构如图 18-51 所示。其安装到四分裂导线上后，通过图中拉环用绳索在地面由人工拖动。其 6 个轮子均为从动轮，防坠落采用带滚柱的销轴锁定。制动装置顶部安装有带圆弧槽的橡胶块，欲使其制动时，通过操作连杆机构使橡胶块上移，压紧导线，使从动轮停止在导线上滚动。

表 18-23 为四线飞车技术参数。

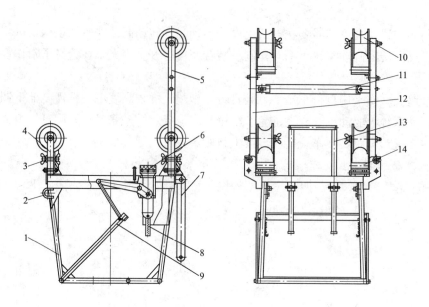

图 18-51　框式绳索拖动四线飞车结构图

1—框架；2—拉环；3—碟形螺母；4—短支撑杆；5、12—长支撑杆；6—制动装置；7—拉杆；8—回
位弹簧；9—制动装置连杆机构；10—从动轮；11—移位连杆；13—固定架；14—滚柱

表 18-23　　　　　　　　　　　　　四线飞车技术参数

型　　号	额定负荷 （kN）	最大通过直径 （mm）	导线间距 （mm）	质量 （kg）
SFS1	1.5	$\phi 70$	450	40
			500	
SFS3	1	$\phi 40$	400	36
			450	38
			500	40
FCS400	1	$\phi 60$	400～450	43.5

注　由宁波东方电力机具制造有限公司生产。

五、特高压线路架线六、八分裂导线间隔棒安装用机动飞车[❶]

由于特高压输电线路大容量输送的特点，导线要求采用多分裂或大截面，导线间隔棒的尺寸和重量也相应增加，1000kV 特高压交流线路八分裂导线间隔棒达 20kg，±800kV 特高压直流线路 900mm² 导线用间隔棒为 18kg。特别遇到跨越高山、大江时，导线间隔棒用人工输送安装，劳动强度很大，并影响工程进展，这时采用机动式飞车输送并安装导线间隔棒能发挥出其省力、安全、高效的优越性。

（一）机动飞车主要组成部分

1. 驱动装置

机动式飞车驱动装置有直流电瓶机械驱动和液压泵—马达驱动，电瓶机械驱动适合载重量小的飞车驱动，液压泵—马达驱动适合载重量大的飞车驱动。特高压线路架线自行式动力飞车驱动装置均采用液压泵—马达驱动。为减轻重量，液压泵—马达驱动系统宜闭式回路，液压泵采用调速变量轴塞泵。

---

❶　本段由孔耕牛编写。

2. 增速制动装置

增速制动装置包括增速和制动两种功能。机动式飞车的速度控制可采用变量液压泵和改变压紧轮对导线的摩擦力来调节，制动方式一般有通过停止马达转动和通过手动刹车推动压紧轮或夹紧块卡住导线两种方式。飞车在下坡时单一通过停止马达转动，是不够的，飞车在重量作用下还会滑行，必须通过手动刹车推动压紧轮或夹紧块卡住导线。用夹紧块卡住导线制动，安全可靠，不易造成飞车振动冲击，导线损伤。压紧轮制动配以摩擦片，刹车平稳，特别适用下坡制动，但对坡度较大时，还易滑行，这时可调节压紧轮，增大摩擦力，在安装间隔棒时，用辅助夹紧块夹住导线。特高压线路架线用自行式动力飞车制动装置装置均采用控制马达转动和压紧轮配以锥盘摩擦片制动方式。

3. 吊臂和框架

吊臂用来连接驱动轮、支撑轮和框架。吊臂与框架的连接采用插销轴和铰连接，以便吊臂的拆装和摆动。框架用于承载。为减轻重量，吊臂和框架均采用强度高、质量轻的铝合金管材，机械性能应不低于 ZA20。

4. 液压传动系统

SFC 840 型自行式八分裂飞车液压系统如图 18-52 所示。液压传动系统泵回路由汽油机、主泵、补油泵、手动排量控制阀、补油溢流阀、单向高压溢流阀、滤器、油箱组成闭式液压控制系统。液压马达回路由液压马达、马达安全阀、平衡阀、梭阀、制动器组成。手动排量控制阀将手动机械输入信号转换成液压控制信号并通过此压力信号推动伺服活塞的运动引起斜盘倾角的变化，进而完成泵输出流量的变化，改变液压马达输出转速。液压马达安全阀、平衡阀、梭阀、制动器有效地完成进行刹车制动功能。

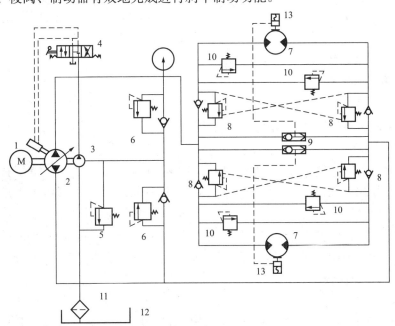

图 18-52　SFC 840 型自行式八分裂飞车液压系统图

（二）机动式飞车的主要参数计算

机动式飞车的主要参数包括载荷、爬坡力矩、马达排量、液压泵流量、汽油机功率。

1. 载荷的确定

飞车的载荷见表18-24。

表 18-24 飞车的载荷

主动轮受力直径 D (mm)	载荷质量（kg）		转速 n（r/min） 爬坡≤30°
	自重 G_1	载重 G_2	
100	220	300	127

2. 飞车爬坡力矩确定

根据车轮负载力矩公式

$$M_1 = k(G_1 + G_2)\cos30° + k(G_1 + G_2)\sin30°$$
$$= 52000(\cos30° + \sin30°)$$
$$= 71.032(\text{N} \cdot \text{m})$$

（挂胶轮与导线之间的滚动摩擦系数力臂 k 取 10mm）

飞车滚动阻力矩约 25N·m，飞车爬坡所需的总力矩 M 约为 100N·m。

3. 液压马达排量确定

$$q = 6.28M/\Delta p_{max} \eta_2 \eta_G$$

式中　q——液压马达排量，mL/r；

Δp_{max}——液压马达进出油口压力差，取 10MPa；

η_2——液压马达机械效率，取 0.92；

η_G——机械传动效率，取 0.89。

4. 汽油机功率 N 的确定

汽油机功率 N 为

$$N = QP/60\eta = qnp/60\eta \quad \text{kW}$$

式中　P——液压系统额定压力，取 12MPa；

n——液压马达转速，r/min；

η——液压系统总效率，取 0.8。

（三）机动式飞车的两种结构形式

1. SFC840 型机动式八分裂飞车

SFC840 型机动式八分裂飞车是根据我国 1000kV 特高压线路八分裂导线特点和间隔棒安装要求设计而成的，是国家电网公司 1000kV 特高压线路架线配套施工机具研制项目之一，由南京线路器材厂研制、生产。SFC840 型机动式八分裂飞车结构如图 18-53 所示。飞车框架选用高强度铝合金管，自重 120kg，载重 400kg。飞车上用来悬挂导线的支承臂采用铰链和插装式结构，便于飞车过悬垂串和并能拆装成四分裂或六分裂飞车。SFC840 型自行式八分裂飞车具有简捷轻便、载重大、制动可靠、通用性好的特点。

2. SFC645 型机动式六分裂飞车

SFC645 型机动式六分裂飞车是根据我国±800kV 特高压直流线路六分裂导线特点和间隔棒安装要求，在 SFC840 型机动式八分裂飞车基础上，通过改变吊臂设计而成，其性能参数同 SFC840 型机动式八分裂飞车，其结构图如图 18-54 所示。该飞车由南京线路器材厂研制、生产。

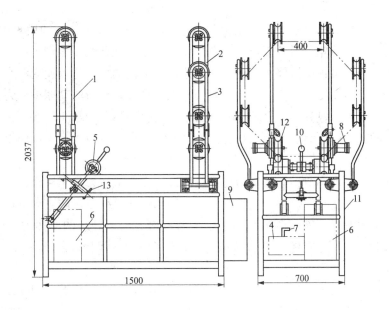

图 18-53　SFC840 型机动式八分裂飞车结构图

1—前轮上、下相导线挂臂；2—后轮上、下相导线挂臂；3—后轮中相导线挂臂；4—调速变量泵
正反转停止手柄；5—增力刹车装置；6—汽油机；7—调速变量泵；8—液压马达；9—油箱；
10—刹车手柄；11—框架；12—主动轮；13—增力手柄

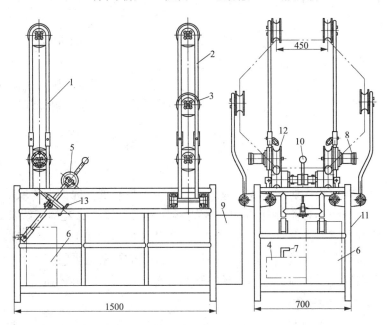

图 18-54　SFC645 型机动式六分裂飞车结构图

1—前轮上、下相导线挂臂；2—后轮上、下相导线挂臂；3—后轮中相导线挂臂；4—刹车手柄；5—增力刹
车装置；6—汽油机；7—调速变量泵正反转停止手柄；8—液压马达；9—油箱；10—刹车手柄；11—框架；
12—主动轮；13—增力手柄

（四）机动式飞车使用方法及安全维护

（1）机动式飞车在出厂前应做额定载荷试验、最大爬坡试验和下坡刹车试验。

（2）飞车的挂线应按以下操作：先打开前轮、后轮下相导线挂臂和后轮中相导线挂臂，再提升飞车，将飞车前轮、后轮复位并挂在导线上，系好挂臂间锁紧带。

（3）将调速变量泵正反转停止手柄置于中位，发动汽油机，将调速变量泵正反转停止手柄置于前进位置，转动增力手柄使增力装置两轮顶压导线，获得驱动摩擦动力。转动刹车手柄使飞车获得一定的行驶速度，飞车速度可通过调速变量泵手柄和增力手柄调节。在爬坡时，通过调节增力手柄，增加增力轮与导线的摩擦力，可获得更大推力，使得飞车在载重时具有足够的爬坡能力。

（4）控制刹车手柄调节锥盘摩擦力可进行脱开、慢速下行、刹车操作。

（5）飞车在停止安装间隔棒时应将飞车上的锁扣锁住导线，以防飞车滑行。

（6）飞车在爬坡时，通过调节增力手柄，增加增力轮与导线的摩擦力，可获得很大推力，使得飞车在载重时具有较大的爬坡能力。控制刹车手柄调节锥盘摩擦力可进行具有脱开、慢速下行、刹车操作。

（7）飞车在过悬垂串或其他障碍物时，可用纤维织带一端挂住两上相导线，另一端系住飞车框架，用手拉葫芦吊起飞车，分别打开飞车前轮两侧导线挂臂，将飞车摆过障碍物，再合上两侧导线挂臂，松开手拉葫芦放下飞车，完成飞车前轮跨越。同样完成飞车后轮跨越。这一操作须两人同步进行。

（8）飞车操作人员为两名，在飞车操作过程中必须系好安全带，安全带另一端应扣在导线上，且能滑移。

（9）飞车在行驶时，应将前轮、后轮上相导线两侧挂臂用编织带扣住。

（10）飞车为全铝合金框架，避免在装运、起吊过程中碰撞。

（11）飞车在不用时应防日晒、雨淋，以防摆动臂生锈卡死，液压系统损坏。

（12）使用一段时间后飞车应进行必要的维护并检查液压油油箱，确保液压油超过油箱 2/3。

第六节　卡　线　器

卡线器是用于在放线作业或紧线作业结束后，卡握住被展放完的导线或地线，以在线路上完成相关作业。卡线器根据用途有导线卡线器、地线卡线器、光缆卡线器、钢丝绳卡线器。根据其结构形式不同又分平行移动卡线器、双片螺栓紧定式卡线器、锲形卡线器等，桃形块滚压式卡线器等数种。其中，用于卡握钢芯铝绞线的主要为平行移动卡线器，其余卡线器主要用于卡握钢绞线、光缆、牵引钢丝绳和铝合金导线等。现分述如下。

一、平行移动式卡线器

平行移动卡线器结构如图 18-55 所示，它由上夹嘴、下夹嘴、连板、拉板、拉环和拉环滑动轴、三个铰支销轴和销轴组成。作业时，导线置于上、下夹嘴之间，当拉动拉环时，拉环滑动轴在下夹嘴上的导向槽内向右滑动，带动拉板向右移动，由于连板的一端由夹板铰支销轴连接在下夹嘴上无法移动，故迫使上夹嘴下压，并沿销轴平行向右移动，压紧导线。拉环上拉力越大，上夹嘴所受的下压力也就越大，以保证导线被上、下夹嘴紧紧夹握住。

平行移动卡线器是目前使用最广泛的导线、地线卡线器，根据使用材料不同又有铝合金卡线器、钢丝绳卡线器，前者由于重量轻、不伤损铝导线表面，故都用于钢芯铝绞线或铝绞

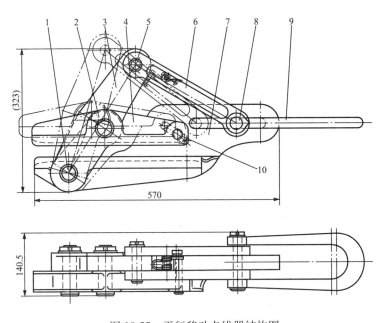

图 18-55　平行移动卡线器结构图

1、2—夹嘴铰支销轴；3—连板；4—上夹嘴；5—拉板铰支销轴；6—拉板；

7—下夹嘴；8—拉板滑动轴；9—拉环；10—小销轴

线卡握，后者主要用于钢绞线卡握，只要夹嘴长度、槽形合适，也可用于钢芯铝绞线或铝绞线的夹握，但重量较重，施工现场使用不便。

（一）铝合金卡线器

1. 铝合金钢芯铝绞线卡线器

铝合金卡线器是主要部件采用 LC4 高强度铝合金模锻而成，重量轻，有高的强度、卡握导线对导线表面无损伤等优点，是当前国内使用最广泛的钢芯铝绞线、铝绞线用卡线器，表 18-25、表 18-26 为两种 SKL 系列的卡线器的技术参数，表 18-27 为 KLQ 系列铝合金卡线器技术参数。

表 18-25　　　　　　　　　SKL 系列铝合金卡线器技术参数（一）

型　　号	额定载荷 （kN）	适用导线	最大开口 （mm）	质　　量 （kg）
SKL-7	7	LGJ25-70	14	1.0
SKL-15	15	LGJ95-120	18	1.4
SKL-25	25	LGJ150-240	22.5	3.0
SKL-40	40	LGJ300-400	32	4.0
SKL-50A	50	LGJ500	36	6.6
SKL-50B	50	LGJ630	36	6.6
SKL-60	60	LGJ720	38	9.2
SKL-70	70	LGJ900	42	14
SKL-80	80	LGJ1000	45	18
SKL-80A	80	LGJ1120	48	18

注　由宁波东方电力机具制造有限公司生产。

733

表 18-26　　　　　　　SKL 系列铝合金卡线器技术参数（二）

型　号	额定载荷 （kN）	适用导线	最大开口 （mm）	质　量 （kg）
SKL-8	8	LGJ25-70	14	1.0
SKL-16	16	LGJ95-120	20	1.5
SKL-30	30	LGJ150-240	24	3.0
SKL-42	42	LGJ300-400	32	4.2
SKL-60	60	LGJ500-630	36	6.9
SKL-70	70	LGJ720-800	38	10.0

注　由宁波东方电力机具制造有限公司生产。

表 18-27　　　　　　　　KLQ 系列铝合金卡线器技术参数

型　号	额定载荷 （kN）	适用导线	最大开口 （mm）	质量 （kg）
KLQ-8	8	LGJ25-70	17	1.2
KLQ-16	16	LGJ95-120	20	1.6
KLQ-30	30	LGJ150-240	24	2.8
KLQ-42	45	LGJ300	31	5
		LGJ400		
KLQ-60	65	LGJ500	34	7
		LGJ630	34	
KLQ-70	75	LGJ720	38	10

注　由常熟电力机具制造有限公司生产。

2. 铝合金绝缘导线卡线器

铝合金绝缘导线卡线器主要用于卡握导线外面有绝缘护层的导线。表 18-28 为 SKJL 系列铝合金绝缘导线卡线器的技术参数；表 18-29 为 SJK 系列绝缘导线卡线器的技术参数。

表 18-28　　　　　　SKJL 系列铝合金绝缘导线卡线器的技术参数

型　号	额定载荷 （kN）	适用线材直径 （mm）	最大开口 （mm）	质量 （kg）	备注
SKJL-0.5	5	$\phi 6 \sim \phi 10$	14	1.0	铝合金
SKJL-1	10	$\phi 10 \sim \phi 14$	18	1.4	铝合金
SKJL-1.5	15	$\phi 14 \sim \phi 20$	24	3.0	铝合金
SKJL-2	20	$\phi 20 \sim \phi 25$	32	4.0	铝合金
SKJLA-2	20	$\phi 25 \sim \phi 29$	32	4.0	铝合金

注　由宁波东方电力机具制造有限公司生产。

表 18-29

型号	额定载荷 （kN）	适用导线截面 （mm²）	质量 （kg）
SJK-1	5	24～70	0.8
SJK-2	10	95～120	1.5
SJK-3	15	150～240	2.0
SJK-4	20	300	3.1

（二）钢质导线卡线器

钢质导线卡线器用钢质材料加工而成，价格低，使用安全可靠，但重量重，没有上述铝合金卡线器使用方便。图 18-56 所示为钢质平行移动导线卡线器结构，其外形结构和工作原理与上述铝合金平行移动导线卡线器基本相同，不同的是其上下夹嘴一般用 45 号钢锻钢。表 18-30 为 SK 系列钢质卡线器技术参数。

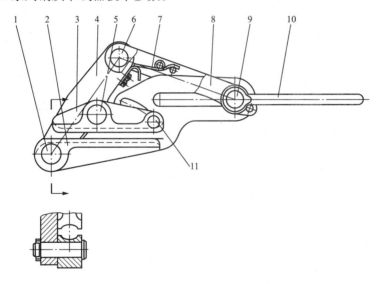

图 18-56　钢质平行移动导线卡线器结构图

1、5—夹嘴绞支销轴；2—下夹嘴；3—上夹嘴；4—连板；6—拉板铰支销轴；

7—弹簧；8—拉板；9—拉板滑动轴；10—拉环；11—小销轴

表 18-30 　　　　　　　　　　　SK 系列钢质导线卡线器技术参数

型号	额定载荷 （kN）	适用线材直径 （mm）	最大开口 （mm）	质量 （kg）
SK-1	10	LGJ25-70	14	1.6
SK-1.5	15	LGJ95-120	17	2.5
SK-2	20	LGJ120-150	18	3.4
SK-2.5	25	LGJ150-240	23	3.8
SK-4	40	LGJ300-400	32	7.0
SK-5	50	LGJ500-630	37	8.8
SK-7	70	LGJ720	38	15

注　由宁波东方电力机具制造有限公司生产。

（三）地线卡线器

1. 地线卡线器

地线卡线器是一种夹握钢绞线的平行移动卡线器，一般上下夹嘴、销轴等均采用35CrMnSiA、20CrMnTi 高强度合金钢材料，为提高夹嘴的卡握力及使用寿命，夹嘴同钢绞线夹握部分加工有人字纹。图 18-57 所示为常用圆弧形夹嘴槽的平行移动地线卡线器（也称地线自动卡线器），其和导线平行移动卡线器主要不同是上夹嘴上不用绞支销轴和小销轴，本体上没有滑动导向槽，这种地线卡线器的下夹嘴和本体是分开的，下夹嘴用高强度合金钢加工后用螺栓固定镶嵌在本体上，上夹嘴上部和一个圆柱形体（图中虚线所示）是一体，夹钳在连板 1 上，可以自动活动，在拉环拉动下，拉板向前移动时，带动上夹嘴向前移动的同时向下压紧被卡钢绞线（而钢丝绳导线卡线器则下夹嘴是和本体加工成一体的）。

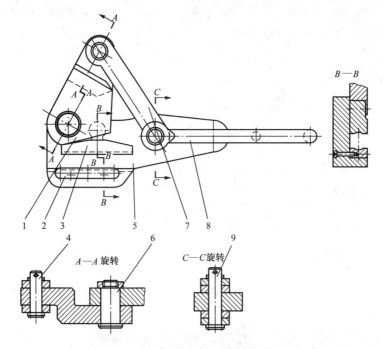

图 18-57　平行移动式地线卡线器结构图

1—连板；2—下夹嘴；3—上夹嘴；4、6—拉板绞支销轴；5—本体；7—拉板；8—拉环；9—拉环轴

表 18-31 为 SKDZ 系列地线卡线器的技术参数。

表 18-31　　　　　　　　　　SKDZ 系列地线卡线器的技术参数

型　号	额定载荷（kN）	适用钢绞线	最大开口（mm）	质量（kg）
SKDZ-0.5	5	GJ10-25	10	2
SKDZ-1	10	GJ25-50	12	2
SKDZ-2	20	GJ50-70	14	2.9
SKDZ-3	30	GJ70-120	16	3.5
SKDZ-5	50	GJ150-185	20	8.3

注　由宁波东方电力机具制造有限公司生产。

736

2. 双拉板地线卡线器

双拉板地线卡线器的结构如图 18-58 所示,它除采用两块拉板夹住连板、拉环和本体外,其下夹嘴用螺栓固定在主体上,其余结构及原理同上述平行移动导线卡线器相同。

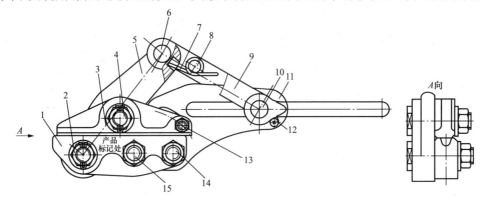

图 18-58 双拉板地线卡线器结构图

1—下夹嘴;2—螺母;3—上钳口;4、6、10—铰支销轴;5—连板;7—弹簧;8—弹簧销;9—拉板;
11—本体;12—小螺钉;13—滑动销轴;14—本体销轴;15—固定螺栓

表 18-32 为 SKD 型双拉板地线卡线器技术参数。表 18-33 为 SKG 型双拉板地线卡线器技术参数。

表 18-32　　　　　　　　　　　　SKD 型双拉板地线卡线器技术参数

型　　　号	额定载荷 (kN)	适用钢绞线	最大开口 (mm)	质量 (kg)
SKD25	10	GJ25	9.5	2.5
SKD35	10	GJ35	9.5	2.5
SKD50	15	GJ50	10	3.5
SKD70	20	GJ70	12.5	5.0
SKD100	30	GJ100	14	6.0

注 由宁波东方电力机具制造有限公司生产。

表 18-33　　　　　　　　　　　　SKG 型双拉板地线卡线器技术参数

型号	额定载荷 (kN)	适用地线	质量 (kg)
SKG-20	20	GJ35	2.5
SKG-30	30	GJ50	3.5
SKG-40	40	GJ70-80	5.0
SKG-45	45	GJ100-135	6.0

3. 桃形地线卡线器

桃形地线卡线器有单桃地线卡线器、双桃地线卡线器和偏心轮双桃地线卡线器三种。

(1) 单桃地线卡线器。单桃地线卡线器结构如图 18-59 所示。钢绞线放置在上下夹嘴之间后,拉板拉动时,桃形上夹嘴绕销轴转动,卡握住钢绞线。表 13-34 为单桃地线卡线器技术参数。

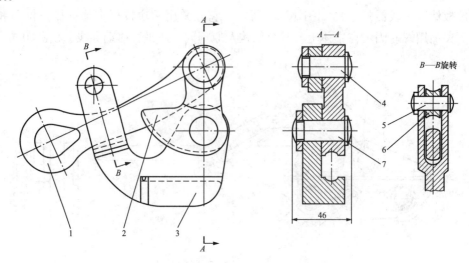

图 18-59　单桃地线卡线器结构图

1—拉板；2—上夹嘴；3—下夹嘴；4、7—铰支销轴；5—滚轮销轴；6—滚轮

表 18-34　　　　　　　　　　　　单桃地线卡线器技术参数

型　　号	额定载荷 （kN）	适用钢绞线	最大开口 （mm）	质量 （kg）
SKDD-1	10	GJ25-50	14	1.3
SKDD-2	10	GJ70-120	16	1.9

（2）双桃地线卡线器。这种卡线器同上述单桃地线卡线器相比，它有左右两个上夹嘴，下夹嘴相应加长。图 18-60 所示为双桃地线卡线器结构图。

双桃地线卡线器的工作原理同上述单桃地线卡线器，由于双桃地线卡线器有左右两个上夹嘴，卡握时同钢绞线的接触比单桃时好。

表 18-35 为双桃地线卡线器技术参数。

表 18-35　　　　　　　　　　　　双桃地线卡线器技术参数

型　　号	额定载荷 （kN）	适用钢绞线	最大开口 （mm）	质量 （kg）
SKDS-1	10	GJ25-50	11	2.6
SKDS-2	20	GJ50-70	13	3.1
SKDS-3	30	GJ70-120	15	4.1

（3）浮动式地线卡线器。浮动式地线卡线器的结构如图 18-61 所示。

（四）防捻钢丝绳卡线器

钢丝绳卡线器主要用于张力放线作业过程中临时卡握住带载荷的防捻钢丝绳。图 18-62 所示为防捻钢丝绳卡线器结构图，使用时通过移动支撑板小销轴和曲臂小销轴将防扭钢丝绳放入上下夹嘴之间后，拉动高强度卸扣 5，移动曲臂和支撑板，即可将防捻钢丝绳卡握住。

表 18-36 为 SKG 系列防扭钢丝绳系列卡线器技术参数。表 18-37 为 KQ 系列防扭钢丝

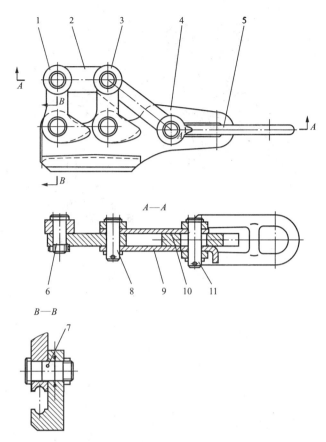

图 18-60　双桃地线卡线器结构图

1—左上夹嘴；2—连板；3—右上夹嘴；4—下夹嘴；5—拉板；

6—压板销轴；7—大弹簧；8—桃轴；9、10—拉板；11—拉环轴

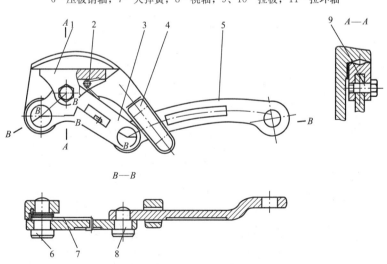

图 18-61　浮动式地线卡线器结构图

1—上夹嘴；2—小弹簧；3—转动连板；4—下夹嘴；5—拉板；

6—连板销轴；7—大弹簧；8—拉板轴；9—螺栓

绳系列卡线器技术参数。

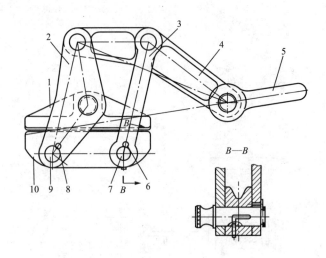

图 18-62　防捻钢丝绳卡线器结构图

1—上夹嘴；2—曲臂；3—支撑板；4—拉板；5—拉环（高强度卸扣）；

6、8—卡销；7、9—销轴；10—下夹嘴

表 18-36　　　　　　　　　　SKG 系列防扭钢丝绳卡线器技术参数

型　　号	额定载荷 （kN）	适用钢丝绳 （mm）	质量 （kg）
SKG50N	50	□11～□15	6.5
SKG70N	70	□16～□18	8.5
SKG120N	120	□19～□21 或 □22～□24	13.5
SKG200N	200	□26～□30	32.5

注　由宁波东方电力机具制造有限公司生产。

表 18-37　　　　　　　　　　KQ 系列防扭钢丝绳卡线器技术参数

型　　号	额定载荷 （kN）	适用防捻钢丝绳 （mm）	最大开口距 （mm）	质量 （kg）
KQ-25	25	6～7		
KQ-30	30	8～10	12	7.2
KQ-50	50	11～15		
KQ-70	70	16～18		
KQ-135	135	19～22	16	11.3
		24	18	
KQ-180	180	25、26		
KQ-220	220	28	24	23
		30		

注　由常熟电力机具制造有限公司生产。

二、螺栓型卡线器

螺栓型卡线器是通过带弧形槽的本体和带弧形槽多个压板通过螺栓将导线、钢丝绳或光

缆压紧卡握。图 18-63 所示为卡握钢
丝绳的螺栓型钢丝绳卡线器，为保护
导线，在弧形槽内衬有铝衬板。

（一）多片式螺栓型导线卡线器

图 18-64 所示为多片式螺栓型导线
卡线器结构图，它由拉杆、销轴、铝衬
垫、主体、连板、紧定螺母、带环螺栓
等组成。其压板各自独立有多排列而
成，使用时，夹握导线后，紧定螺母按
规定的紧定力矩紧定压紧导线，太紧会
压伤导线。表 18-38 为多片螺栓型卡线
器技术参数。

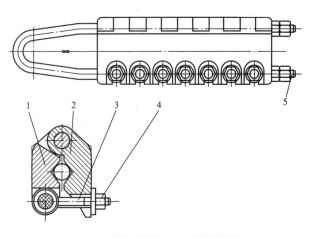

图 18-63　螺栓型钢丝绳卡线器结构图

1—主体；2—压板；3—带环螺栓；4—压紧螺母；5—拉杆

表 18-38　　　　　　　　　　　　　　**多片螺栓型卡线器技术参数**

型　　号	额定载荷 （kN）	适用导线直径 （mm²）	螺栓紧定力矩 （N·m）	质量 （kg）
SK35DP	120	30～φ35	150	45.5
SK45DP	150	37～φ35	150	50

注　由宁波东方电力机具制造有限公司生产。

（二）螺栓型钢丝绳卡线器

螺栓型钢丝绳卡线器又有圆股钢丝绳卡线器和防扭钢丝绳卡线器两种，除槽形有所不同
外，其余结构相同。图 18-63 所示为卡握四方或六方的螺栓型钢丝绳卡线器，它由主体、压
板、带环螺栓、压紧螺母、拉杆组成。使用时打开上连板，压握住钢丝绳后通过压紧螺栓将
钢丝绳压紧卡握即可。

表 18-39 为 SKG 系列螺栓型防扭钢丝绳卡线器技术参数。

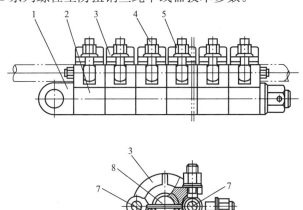

图 18-64　多片式螺栓型导线卡线器结构图

1—拉杆；2—座板；3—上压板；4—带环螺栓；5—螺母；6—铝衬垫；7—销轴；8—导线

表 18-39　　　　　　　　**SKGF 系列螺栓型防扭钢丝绳卡线器技术参数**

型　　号	额定载荷 （kN）	适用钢丝绳 （mm）	质量 （kg）
SKGF-2	20	□7、□9	5.6
SKGF-3	30	□11	5.6
SKGF-5	50	□13、□15	18
SKGF-6	60	□16、□18	18
SKGF-8	80	□20	20
SKGF-10	100	□22、□24	20

注　由宁波东方电力机具制造有限公司生产。

第七节　各种连接装置

张力放线过程中使用的连接器有钢丝绳连接器、网套式连接器和旋转连接器三种。

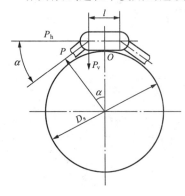

图 18-65　牵引卷筒上
连接器受力分析图

一、钢丝绳连接器

制造厂生产的钢丝绳长度无法满足整个放线段长度的要求，必须采用几根钢丝绳通过钢丝绳连接器连接在一起使用。

1. 钢丝绳连接器的使用要求

（1）抗拉强度应等于或大于所连接钢丝绳的抗拉强度。

（2）能顺利地通过放线滑车上钢丝绳轮和牵引机主卷筒，不发生折断现象。

当钢丝绳连接器在牵引卷筒（双摩擦卷筒或磨芯式卷筒）上通过时，它要随钢丝绳承受多次弯曲和拉伸应力。

牵引卷筒上连接器受力分析如图 18-65 所示，连接器两端受到的垂直分力 P_v 为

$$P_v = P\sin\alpha$$

式中　P——钢丝绳上的张紧力；

　　　α——牵引卷筒上钢丝绳和连接器轴线之间的夹角。

以连接器和牵引卷筒的切点 O 为支点，连接器承受的弯矩 M_0 为

$$M_0 = \frac{l}{2}P_v = \frac{l}{2}P\sin\alpha$$

式中　l——连接器两端连接孔中心距。

因此可见，当 l 一定时，牵引卷筒槽底直径 D_s 越小，夹角 α 就越大，在相同的张紧力 P 情况下承受的弯矩 M_0 就越大，反之承受的弯矩就相应减小。如牵引卷筒槽底直径 D_s 一定时，l 越小，夹角 α 就越小，两者都使连接器承受弯矩 M_0 减小，反之承受的弯矩相应增大。

因此，在满足强度和连接尺寸要求的情况下，连接器越小越好。

（3）要求使用方便。当每根钢丝绳长度较短，放线作业过程中连接（展放牵引钢丝绳时）和拆卸（展放导线时）连接器比较频繁时，更为重要。

（4）两端同钢丝绳套连接部分要平滑无棱角，头部呈球状，外表面也要光滑。

2．钢丝绳连接器的种类及其结构

钢丝绳连接器主要有双片式和双环式两种。

（1）双片式钢丝绳连接器。这种连接器结构如图 18-66 所示，它由上下两个带凹槽和凸缘的钢质板片 1 镶接而成。使用时，将两钢丝绳套分别放入这两板片拼成的圆弧形孔中，再用紧定螺钉 2 把两板片紧固在一起。表 18-40 为这种连接器的技术参数。

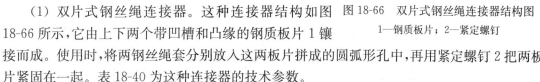

图 18-66　双片式钢丝绳连接器结构图
1—钢质板片；2—紧定螺钉

表 18-40　　　　　　　　　双片式连接器技术参数

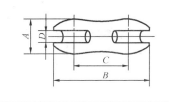

型　号	主要尺寸（mm）				额定载荷（kN）	质量（kg）
	A	B	C	D		
SL8-3	32	94	60	15	30	0.8
SL8-5	42	116	70	18	50	1.5
SL8-8	50	141	85	24	80	2

（2）双环式钢丝绳连接器。这种连接器的结构如图 18-67 所示。它由两个 U 形环 1，两个紧定螺钉 2 和带有两个中心线垂直相交销孔的连板 3 组成。使用时，被连接的两钢丝绳通过 U 形环 1 和紧定螺钉分别连接在连板两边。

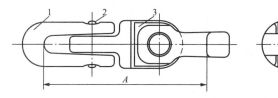

图 18-67　双环式钢丝绳连接器结构图
1—U 形环；2—紧定螺钉；3—连板

表 18-41 为日本安田制作所的双环式钢丝绳连接器规格（对照图 18-67）。

双环式钢丝绳连接器与双片式钢丝绳连接器相比，通过牵引卷筒时受力情况较好，安全可靠，但结构比较复杂，体积也较大，所用材料基本相同。

表 18-41　　　　　　　　　双环式钢丝绳连接器规格

适用钢丝绳直径（mm）	结构尺寸（mm）		额定载荷（kN）	适用钢丝绳直径（mm）	结构尺寸（mm）		额定载荷（kN）
	A	φ			A	φ	
10	108	32	16	20	190	58	64
14	142	42	30				
16	158	46	40	25	263	80	100

（3）U 形钢丝绳连接器。这种连接器的结构如图 18-68 所示，它由 U 形环 3 和螺栓销轴 1 和滚子 2 组成，使用时卸下螺栓销轴和滚子，把一侧的钢丝绳套插入 U 形环底部，另一钢丝绳套通过滚子再用螺栓销轴固定即可。表 18-42 为宁波东方电力机具制造有限公司生产的 U 形钢丝绳连接器技术参数。图 18-69 为意大利 TESMEC 公司生产的 GGT 型钢丝绳

连接器结构，表18-43为该连接器的规格（参考图18-69）。

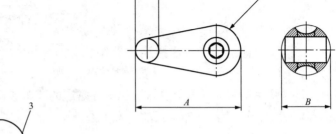

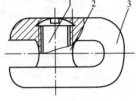

图 18-68 U形钢丝绳连接器结构图

1—螺栓销轴；2—滚子；3—U形环

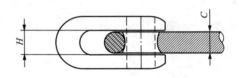

图 18-69 GGT型钢丝绳连接器结构图

表 18-42　　　　　　　　　　　　　　U形钢丝绳连接器技术参数

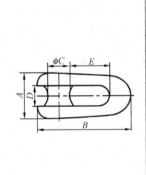

型　号	主　要　尺　寸　（mm）						额定载荷
	A	B	C	d	D	E	(kN)
SLU-1	36	68	18	10	14	29	10
SLU-3	37	76	20	12	17	31	30
SLU-5	50	96	23	18	19	42	50
SLU-8	56	110	28	20	22	50	80
SLU-10	59	126	30	22	26	54	100
SLU-13	61	134	32	24	27	56	130
SLU-15	63	138	37	27	28	58	150
SLU-25	80	178	44	32	35	72	250
SLU-28	80	178	44	32	35	72	280
SLU-32	85	186	42	30	38	80	320

表 18-43　　　　　　　　　　　　　　GGT型钢丝绳连接器技术参数

型　号	主　要　尺　寸　（mm）						破断载荷
	A	B	C（最大）	D	H	R	(kN)
GFT001	59	28	10	15	11	11	70
GFT010	73.75	40	13	19.5	14	15	110
GFT020	91	48	16	20	19	19	160
GFT030	102	54	18	22	19	20	220
GFT040	121	60	24	27	26	22	360
GFT050	174	75	28	42	30	32	750
GFT060	183	81	32	42	34	34.5	750

（4）球头型钢丝绳连接器。这种连接器结构如图 18-70 所示，和上述双片式连接器主要区别在于本连接器是一个整体。两侧也加工成球头形状。通过螺栓销轴把两侧钢丝绳连接在一起。表 18-44 为这种连接器的规格。

表 18-44   **球头型连接器规格**

型号	适用范围	主要尺寸（mm）								额定载荷（kN）
		ϕ	L_1	L	D	C	F	G	E	
1 号	9～10mm 钢丝绳	32	50	83	11	16.5	20	10	16	16
2 号	11.2～12.5mm 钢丝绳	40	63	104	14	20.5	25	13	20	25

二、网套式连接器

1. 网套式连接器的种类和结构

网套式连接器是一种插入式柔性连接器，它有单头和双头两种，分别用于导线和钢丝绳的连接和导线和导线之间的连接。

（1）单头网套式连接器。单头网套式连接器用于钢丝绳或牵引板和导线的连接，其结构如图 18-71 所示。它由钢丝绳环套、金属压接管、铜或铝保护管、多股、双股或单股的编织网等组成。

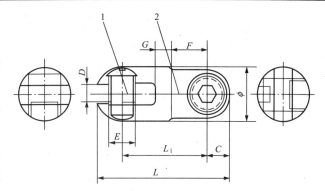

图 18-70 球头型钢丝绳连接器结构
1—球头本体；2—螺栓销轴

钢丝绳环套采用普通钢丝绳，它和网套钢丝绳股是断开的，但两者头部绳股互相交叉后用金属压接管压接在一起。也有用多根绳股环压，前部绳股为绳环套，后部绳股编织网套，这种网套连接器的压接接头部分由于钢丝绳未切断，故接头可靠，但环套绳股较松散，牵引导线时环套内各绳股受力不均，受力大的绳股易超载拉断，后又使未断绳股超载断裂，故这种结构的钢丝绳只有载荷较小的网套式连接器上才采用。铜或铝保护管 3 能防止导线头部钢芯断面刃边磨损割断绳股。

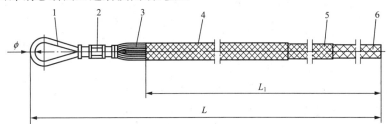

图 18-71 单头网套式连接器结构参考尺寸
1—钢丝绳环套；2—金属压接管；3—铜或铝保护管；4—多股编织网；
5—双股编织网；6—单股编织网

网套用钢丝绳股编织时，根据绳股的疏密程度分多股，双股和单股编织成三段网，自由状态呈渐缩形。

网套式连接器连接导线作用原理如下：导线由连接器尾部单股编织网套插入时，网套沿

745

牵引轴线（纵向）被压缩，菱形网孔沿这方向对角线缩小，横向对角线伸长，网套内径扩大，导线可方便插入到预定位置。当网套牵引导线时，因网套和导线表面的摩擦力作用被拉伸，使网孔纵向对角线增长，横向对角线缩短，网套内径缩小而紧握导线表面，并产生一个作用于导线表面的径向压力。施加在网套上的拉力越大，网套径向收缩作用于导线表面的径向压力也越大，而网套和导线表面之间的摩擦系数基本不变，从而使网套同导线表面的摩擦阻力也越大，使网套能紧紧夹握住导线，不会滑移。

表 18-45 为宁波东方电力机具制造有限公司生产的 SLW 型单头网套式连接器结构尺寸，单头网套式连接器结构参考尺寸（对照图 18-71）。

表 18-45　　　　　　　　　　　SLW 型单头网套式连接器结构参考尺寸

型　号	适用导线型号，截面范围 (mm²)	尺　寸 (mm)			额定载荷 (kN)	破坏载荷 (kN)
		L	L_1	ϕ		
SLW-1.5	LGJ，70～95	1300	950	8	15	30
SLW-2	LGJ，120～150	1300	950	10	20	40
SLW-2.5	LGJ，185～240	1500	1150	11	25	50
SLW-3	LGJ，300～400	1720	1340	12	30	75
SLW-4	LGJ，500～630	1860	1460	14	40	100
SLW-5	LGJ720	2130	1700	16	50	125
SLW-7	LGJ900	2600	2100	18	70	175
SLW-8	LGJ，1000～1120	2850	2300	20	80	200

（2）双头网套式连接器。双头网套式连接器用于导线之间的临时连接。张力放线卷筒上都不能通过压接管（履带滚压式放线机构除外），当每轴导线展放完后，换上另一轴导线时，新换上的导线头同前轴导线的导线尾必须用双头网套式连接器连接，使后轴导线的头被拉通过放线卷筒。然后再用压接方法使前后两轴导线的首尾连接在一起。

双头网套式连接器结构同单头的基本相同，图 18-71 中的 L_1 也相同，所不同的是网套式连接器两端均为多股编织的网套（也可做成变股编织网套）。

2. 网套式连接器使用注意事项

为确保使用安全，在选用网套式连接器时应注意以下几点：

（1）选用型号规格应与导线截面积、许用拉紧力完全相符。

（2）导线插入网套内的长度要足够，要求插至根部压管处。插入长度不够会因夹握力不足而使导线从网套内拔出，造成事故。

（3）导线插入到规定位置后，网套末端应用金属包绕带扎紧。这是为了防止牵引开始时由于网套未能产生径向收缩力、导线和钢套之间无摩擦阻力（或摩擦阻力很小）的情况下，导线从网套内拔出。某种原因使网套式连接器向牵引方向反向移动时，如网套尾部不扎紧，更容易使导线从网套中拔出。

其他部位不宜绑扎金属带，以免影响网套伸长变形而降低它的夹握力。

（4）对单头网套式连接器要避免反向牵引，在反向通过各种滑车，滚轮等情况时，禁止反向牵引。

三、旋转连接器

旋转连接器用于钢丝绳和牵引板、导线和牵引板以及牵引展放单根导线时钢丝绳和导线等之间的连接。它在承受张紧力的情况下能正、反方向自由旋转，以便消除各种情况下产生的回转力矩。

图 18-72 所示为旋转连接器的结构图。它由带有 U 形钢丝绳槽的旋转轴、带有 U 形钢丝绳槽的旋转轴承座、中间旋转轴承座、平面大轴承、平面小轴承、挡母、大螺钉、定位螺钉等组成。旋转轴承座和中间旋转轴承座之间用螺钉固定在一起，以便于安装轴承。使用时，牵引钢丝绳一般同旋转轴连接，导线通过网套式连接器同旋转轴承座连接。旋转轴承座和旋转轴能相对自由转动。

表 18-46 为宁波东方电力机具制造有限公司生产 SXL 型旋转连接器的规格和相应的外形尺寸；表 18-47 为意大利 TESMEC 公司生产的 GGT 型旋转连接器的规格和相应的外形尺寸。

旋转连接器除要求在最大载荷下仍能灵活转动外，还要求能顺利通过放线滑车。

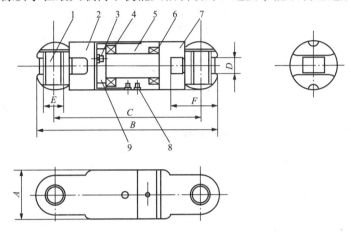

图 18-72　旋转连接器结构图

1—大螺钉；2—旋转轴承座；3—定位螺钉；4—平面大轴承；5—中间旋
转轴承座；6—平面小轴承；7—旋转轴；8—螺钉；9—挡母

表 18-46　　　　　　　　SXL 型旋转连接器规格和相应的外形尺寸

型　号	主　要　尺　寸　（mm）					额定载荷（kN）
	A	B	C	D	E	
SLX-0.5	19	61	40	8	9	5
SLX-1	30	100	70	12	13	10
SLX-2	35	120	90	14	14	20
SLX-3	37	129	95	16	16	30
SLX-5	42	154	116	18	17	50
SLX-6.5	51	185	140	20	19	65
SLX-8	57	220	165	24	22	80
SL130	62	248	192	26	24	130
SL180	75	294	222	26	26	180
SL250	85	331	251	30	30	250
SL250Y	80	323	243	30	30	250
SL320	85	346	264	38	30	320

表 18-47

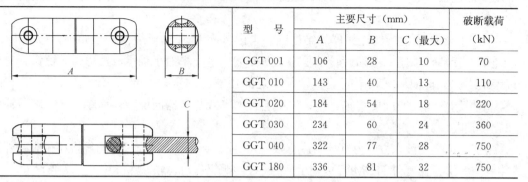

GGT 型旋转连接器规格和相应的外形尺寸

型　　号	主要尺寸（mm）			破断载荷
	A	B	C（最大）	（kN）
GGT 001	106	28	10	70
GGT 010	143	40	13	110
GGT 020	184	54	18	220
GGT 030	234	60	24	360
GGT 040	322	77	28	750
GGT 180	336	81	32	750

第八节　压接管保护套

张力放线时，当上述压接后的压接管进出放线滑车时，要弯曲而承受弯矩，一般情况下都要多次通过放线段内的滑车，反复被弯曲、拉伸，如对压接后的接头不采取保护措施，则导线接头压接管两侧的导线经反复多次弯曲，容易损伤甚至断股。压接管保护套主要作用是用于保护压接管及其两侧导线引出处的导线不受损伤。有时地线展放时，接头也用压接管保护套保护。

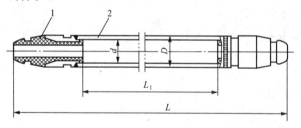

图 18-73　压接管保护套结构图

1—橡胶衬套；2—钢管本体

图 18-73 所示为压接管保护套结构，它由上下两个尺寸相同的半圆形护套组成。使用时，上下两护套扣压在导线接头上，再用铁丝捆紧固定，两端再用黑胶布包绕过渡锥面。现将压接管保护套各部尺寸的确定分述如下。

（1）内径 d。应略大于压接管外径 3～5mm。

（2）本体钢管长度 L_1。一般考虑压接管压接后长度有 15% 左右的伸长，考虑到对其两侧导线引出处导线的保护长度，再增加 5%～8% 的保护长度。压接管保护套本体钢管长度一般为压接管长度的 1.2～1.3 倍左右。如国内 720 导线压接管长度为 660mm，目前压接管本体钢管长度为 860mm。

（3）外径 D。考虑到进出滑轮受弯曲时的机械强度和刚度，一般采用厚度为 5～10mm 的无缝钢管加工而成。

（4）总长度 L。压接管保护套的总长度包括本体钢管长度和两端橡胶保护套的长度，一般可为钢管本体长度的 45%～60%。

图 18-74 所示为用内六角螺栓固定的压接管保护套结构图，使用这种

图 18-74　用内六角固定的压接管保护套结构图

1—橡胶衬套；2—钢管本体；

3—上下半护套连接螺栓；4—定位销

压接管保护套时，上下两个半圆护套可通过内六角螺栓固定在一起。

大截面导线 LGJ720 压接管保护套的尺寸为 $D=85\text{mm}$，$d=65\text{mm}$，$L_1=860\text{mm}$，$L=1240\text{mm}$。

表 18-48 为导线压接管保护套尺寸，表 18-49 为地线压接保护套尺寸。

表 18-48　　　　　　　　　　　导线压接管保护套尺寸

型　号	主要尺寸（mm）				适用导线（max）
	D	L	d	L_1	
J240B	ϕ45	850	38	530	LGJ240/55
J300B	ϕ51	940	43	600	LGJ300/50
J400B	ϕ57	995	47	655	LGJ400/50
J500B	ϕ68	1080	56	740	LGJ500/65
J630B	ϕ83	1180	63	800	LGJ630/55
J720B	ϕ83	1196	63	816	LGJ720/50
J900B	ϕ89	1240	73	860	LGJ900/40
J1000B	ϕ95	1400	75	1020	LGJ1000/45
J1000B	ϕ83	1240	63	860	LGJ1000/45

注　由宁波东方电力机具制造有限公司生产。

表 18-49　　　　　　　　　　　地线压接管保护套尺寸

型　号	主要尺寸（mm）				适用地线
	D	L	d	L_1	
J55G	30	450	24	280	GJ50、GJ55
J70G	30	510	24	340	JLB65、GJ70
J80G	34	510	27	340	GJ80
J95G	34	585	27	415	JLB95
J100G	38	590	28	390	LGJ50/30、GJ100
J120G	40	660	30	440	GJ120、JLB120
J150G	45	850	37	530	GJ150、LGJ70/40、LGJ95/55

注　由宁波东方电力机具制造有限公司生产。

第九节　带电跨越架和索道跨越工器具

张力架线过程中，当被牵引展放的导线通过已架设好的输电线路时，需在该线路的上方设置保护网或构架，防止导线触及该带电线路，并保证被展放的导线和被跨越线路之间有足够的安全距离，这种构架称为跨越架。若施工过程中该带电线路仍正常运行不停电，这种施工方法即为带电跨越施工。

如果在带电线路两侧搭设金属结构的架体，并在架体之间架设由绝缘绳编织的绳网，就组成带电跨越架。

如利用新建线路两侧的铁塔（或组立辅助支撑架体）在被跨越带电线路上方架设架空索道，在索道上设置保护装置，使被展放的导线在保护装置中被牵引展放通过被跨越带电线路的上方，保证被展放导线和带电线路之间有足够的安全距离，这种跨越方式称索道跨越。

一、张力放线对跨越架或索道跨越的基本要求

（1）跨越架应根据施工设计的要求有足够的自立强度，应满足施工地区的风载荷要求。

（2）跨越架架顶应设置对导线磨损小的由绝缘材料加工的横辊，保证在被展放导线触及架体时不被磨损；这时横辊在触及导线时必需随导线的移动而自由转动，横辊和导线之间不应有相对滑移现象。

（3）跨越架或索道跨越工器具用于跨越不停电线路施工时，应用绝缘绳网封顶，防止在导线松弛或小张力情况下触及带电线路。

（4）因跨越架或索道跨越工器具均是多次重复使用，故要求结构紧凑，装拆方便，并便于转场运输。

（5）对金属结构的跨越架，要求在放线过程中出现断线或跑线事故时能承受冲击载荷。

跨越架根据搭设方法和所用材质可分金属构件跨越架、使用钢管、木杆或毛竹现场搭设的跨越架和借助高强度绳索和专用工器具架设的索道跨越三种。其中利用钢管、木杆或毛竹现场搭设的跨越架，钢管、木杆、毛竹等有单件重量轻，便于转场运输，使用也机动灵活的优点，但搭设劳动强度大。又因这种跨越架自立强度差，承载小，为保证一定强度要求，使架体搭设面积和工作量都很大。尽管这样，这种方式还是目前放线时最常用的跨越施工方法。因它的搭设方法较为简单，这里不再赘述。下面重点介绍金属结构跨越架和索道跨越施工时的一些工器具及高强度绝缘绳等器材。

二、金属结构跨越架

金属结构跨越架是由角铁或角铝焊接或铆接而成的断面为正方形的构件、经多件组装而成的多个立柱组成。每个立柱由塔头、塔根和多个标准节组成。图 18-75 所示为由 6 个立柱组成的金属结构跨越架应用于架线施工时的现场布置图。6 个或 4 个立柱分别组立于运行线路的两侧。立柱的组立可通过倒装的方式组立，如地面条件允许的情况下也可以在地面组装后由吊车辅助组立。

金属跨越架组立高度和要求的拉线层数和立柱断面尺寸有关。目前，国内最高的跨越架立柱高度可达 50m。这种跨越架采用钢结构，断面为 700mm×700mm。组立高度为 32.5m 时，需用上、中两层拉线；当高度为 50m 时，必须采用三层拉线。而采用铝合金结构、断面为 500mm×500mm 的跨越架，当

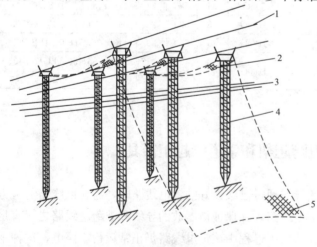

图 18-75　金属结构跨越架应用于架线
施工时的现场布置图

1—被展放导线；2—封顶尼龙网；3—运行线路；
4—立柱；5—侧向保护网

组立高度要求为50m时，除必须采用三层拉线外，还要求双柱并联并用机械固定后使用，这时立柱实际断面为500mm×1000mm。

1. 跨越架立柱

图18-76所示为跨越架立柱结构图，它由塔头、标准节、加强节和塔根几大部分组成。

（1）塔头。塔头由羊角、横辊、横担、撑杆和构架等组成。展放导线时，导线有可能压在横辊上通过，故横辊表面必须衬有橡胶或尼龙等衬垫，以防损伤导线。为防止横辊和导线之间产生相对滑移而被磨损，横辊两侧用滚动轴承支撑，以使横辊在导线的带动下能自由转动。羊角用于放线过程中在外界条件影响下导线出现波动时，挡住导线，使其不会越出塔头。羊角表面上应衬有橡胶或尼龙等衬里。横担的宽度一般为4～5m，横辊宽度为2～2.5m。羊角中心线和横担的中心线的夹角一般为45°，以保证足够的保护范围。

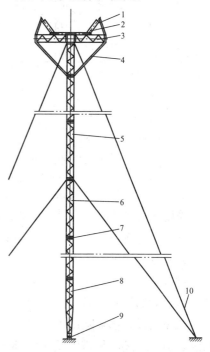

（2）标准节。为便于运输、现场安装及储存，立柱有多节金属构件组装而成，两节之间通过两端法兰或两端主材上打孔、用背铁连接组装而成，每节长度为2～3m（钢结构）或4～5m（铝合金）。图18-76中的标准节为跨越架立柱中使用最多的节段，它为正方形结构，并由4根主材通过斜材连接而成（钢结构跨越架用焊接；铝合金跨越架用铆接，但两端均再用钢法兰连接，对钢结构跨越架，也可用背铁连接）。

（3）加强节。加强节主要用于带拉锚孔的节段，其外形尺寸、结构同标准节相同，但主材、斜材规格比标准节大，以增加强度；上部四边法兰每边中间均有连接地锚拉线环的孔。

（4）塔根。塔根位于跨越架立柱最下部，根部球面底座坐落在预埋于土中的球面基础上。

图18-76 跨越架立柱结构图

1—羊角；2—横辊；3—横担；4—撑杆；
5—标准节；6—加强节；7—连接法兰
或背铁；8—塔根；9—底座；10—拉线

2. 封顶绝缘网

为保证导线在展放过程中故障情况时张力消失或跑线时下坠而不会触及被跨越的电力线路，两侧跨越架立柱之间敷设绝缘网。该绝缘网由尼龙绳或其他绝缘绳编织而成，网宽同横担宽度相等。该绝缘网是架设在连接于两立柱横担之间的承力绳上，并张紧；为防止绝缘网下坠，以保证它和下方电力线路之间有足够的安全距离，封顶绝缘网的承力绳必须绑紧牢固外，其张紧后的最大弛度不大于0.5m。

3. 拉线及拉线地锚

拉线采用钢丝绳，考虑到带电线路的静电感应，拉线中串接绝缘板。该板串接于离地垂直高度3m的位置，以防止感应电流危及现场施工人员的安全。绝缘板应有足够的绝缘强度和抗拉强度，一般采用环氧玻璃钢板。拉线地锚可采用钢板焊接而成，也可用钢管或其他临时用的钻式螺旋片地锚。在拉线上还串接双钩紧线器或在地面采用手扳式紧线器，以调整拉线的张紧力。

4. 金属结构跨越架的倒装组立装置

金属结构跨越架的组立，在现场地理条件允许的情况下可采用地面组装后用吊装设备组立，但在很多现场因考虑到有带电线路时的作业安全，一般采用倒装组立。

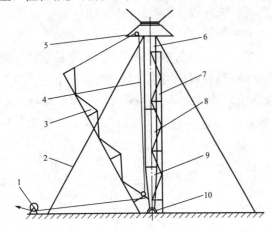

图 18-77　提升井组装示意图

1—机动绞磨；2—拉线；3、7—左、右提升井片；

4—提升钢丝绳；5—滑轮；6—塔头；8—标准节；

9—塔根；10—底座球面

倒装组立的基本方法是：先用小型人字抱杆及滑车系统和机动绞磨组立由塔头、标准节和塔根三节组成的架体，并用拉线临时锚定。再利用这架体组立由左右两片构架组成提升井。提升井组装示意如图 18-77 所示。两片合拢后用螺栓固定在一起，四角再用拉线锚定后即可用该提升井倒装组立各个架体。在组立前，还必须先把塔根拆除，然后再按顺序倒装组立整个架体。

三、索道跨越

在山区或其他地形较为复杂的地区张力架线跨越已建成的输电线路时，当金属结构跨越架难以运到现场时，可采用索道跨越的施工方法，牵引展放导线通过运行线路。同采用金属结构跨越架一样，采用索道跨越时，也可实现被跨越的线路在不停电情况下进行放线作业。同采用金属结构跨越架不同的是，采用索道跨越时，当导线展放到跨越挡前时，利用新建线路两侧的铁塔在两者之间敷设高强度承力绝缘绳，再在该绝缘绳上等距离布置 V 形或长方形结构的保护装置（展放单导线时，还可采用类似图 19-9 的双框架双轮换线滑车）使被展放的导线及牵引板从保护装置中通过（如采用上述双框架双轮换线滑车，被展放的导线从下部框架的滑轮上通过），图 18-78 所示为采用索道跨越展放双分裂导线示意图。

采用索道跨越，除用于固定承力绳的铁塔（如被跨越的带电线路靠近新建线路一侧的铁塔时，另一侧还必须搭设支承架体）外，主要有承力绳索、保护装置和保护网三大部分组成，现分述如下。

1. 承力绳索

承力绳索是索道跨越中最关键的器材，必须满足如下要求。

（1）要有好的绝缘性能。必须满足 GB 13035—1991《带电作业用绝缘绳索》中规定的电气性能要求。由于承力绳索在带电线路的上方通过，考虑静电感应及承力绳松弛及其他事故情况下触及带电线路的可能性，必须采用绝缘性能好的绳索，不能采用钢丝绳等导电体作为承力绳。一般都采用高强度的合成纤维编织的绳索。

（2）要有高的机械强度。架空索道的承力绳悬挂固定于两杆塔（或杆塔和临时组立的支撑架体）之间，为保证被展放的导线与被跨越的带电线路之间的安全距离，承力绳要求有小的弛度而必须承受较大的张紧力外，还要承受敷设在上面的所有保护装置的重量。但最大承受的还是通过在保护装置中牵引展放导线时所承受的导线重量（展放多分裂导线时还包括牵引板和防捻器的重量）。故承力绳应有足够的机械强度。

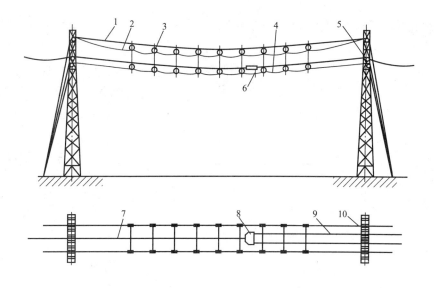

图 18-78　采用索道跨越展放双分裂导线示意图

1—承力绳；2—保护装置敷设绳；3—保护装置；4—保护网；5—放线滑车；

6—防捻器；7—牵引钢丝绳；8—牵引板；9—导线；10—铁塔（或支承架体）

（3）要有小的延伸率。要求承力绳张紧后在两侧杆塔上固定后，当承力绳上承受载荷时，其弛度变化较小，保证这时和被跨越的带电线路之间仍有足够的安全距离。

常用的索道跨越承力绳有高强度尼龙绳和美国杜邦公司生产的 Kevlar 绳，该绳索在 100kV 电压时在高湿度情况下（温度 23℃、湿度 90％经 24h 后），交流泄漏电流为 290μA，小于 GB 13035—1991 最大允许值 300μA；工频干闪电压为 198kV 大于允许值，不低于 170kV 的要求。

Kevlar 绳的延伸率为 2％，断裂强度见表 18-50，能满足机械强度要求。另一种高强度迪尼玛纤维编织而成的迪尼玛绳也用作索道跨越承力绳。其工频耐压值为 300kV，熔点为 145℃，其延伸率为 3.6％。表 18-50 为几种绝缘绳索性能。

表 18-50　　　　　　　　　　　　几种绝缘绳索性能

规　格	Kevlar 绳		高强度尼龙绳		蚕丝绳		迪尼玛绳	
	伸长率（％）	断裂强度（kN）	伸长率（％）	断裂强度（kN）	伸长率（％）	断裂强度（kN）	伸长率（％）	断裂强度（kN）
ϕ12							3.6	131
ϕ14							3.6	157
ϕ16	1.95	53.8	4.22	23.25	3.35	14.55	3.6	182
ϕ20	1.955	62.95	4.3	30.25	2.175	18	3.6	273
ϕ24	2.075	104.4	4.65	45.70	2.5	27.35		

2. 保护装置

保护装置等距离悬挂于索道跨越承力绳上，间距一般为 5～8m，挂置范围必须大于被跨越带电线路横担宽度。保护装置有多种结构形式，图 18-79 所示为框式结构保护装置结构图，它由在导线上滚动的滚轮 2、上下绝缘管 1 和 5，左右绝缘绳 4 组成，其中滚轮 1 的右侧板为活动的铰支连接，便于滚轮从承力绳上移去，也便于被展放的导线从保护装置中移去。下部绳孔 a 用于两保护装置之间的保护网的连接，上部孔 a 用于保护装置之间的连接。

3. 保护网

保护网敷设于保护装置下部，其结构类似软梯。保护网通过挂钩顺次挂于每个保护装置的下方，并随全部保护装置顺次敷设于承力绳上，保证放线过程中或故障情况下，导线或牵引钢丝绳弛度增大下坠时，保证它们和带电线路之间仍有足够的安全距离。

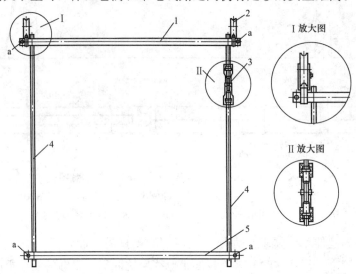

图 18-79　框式结构保护装置结构图

1、5—绝缘管；2—滚轮；3—可装拆接头；4—绝缘绳；a—绳孔

表 18-51 为宁波东方电力机具制造有限公司生产的金属结构跨越架结构尺寸，它采用断面尺寸为 1000mm×1000mm 高度为 6m 的提升井倒装组立。表 18-52 为天津市蓟县下仓线路器材厂生产的金属结构跨越架结构尺寸。

表 18-51　金属结构跨越架结构尺寸（由宁波东方电力机具制造有限公司生产）

总高度（m）	主柱断面（mm）	横担长度（m）	长度组合（m）	拉线层数
15.7	□400	4	3×5.0+0.7	1
20.7	□450	4	4×5.0+0.7	2
31.8	□500	4	6+5×5+0.8	2

表 18-52　金属结构跨越架结构尺寸（由天津市蓟县下仓线路器材厂生产）

总高度（m）	主柱断面（mm）	横担长度（m）	拉线层数
16	□400	3	1
21	□450	3	1
32	□500	5	2
36	□500	5	2
40	□600	6	2

第十节　编织钢丝绳和其他钢丝绳

牵引绳又分为主牵引绳和导引绳，主牵引绳用于牵拉展放导线，都采用钢丝绳；导引绳用于牵拉展放主牵引绳，它有钢丝绳和尼龙绳两种。张力放线中凡用作牵引的钢丝绳都采用特殊的防捻钢丝绳。

一、钢丝绳的结构

1. 钢丝绳的组成

钢丝绳一般由钢丝和绳芯组成（防捻钢丝绳有的没有绳芯）。钢丝采用优质钢材制成，并都经过冷拉和热处理等工艺，其极限抗拉强度达到（1.4～2）×10³MPa。钢丝直径一般为 0.4～1.4mm，直径太小容易折断；太大，挠性差、太硬。

钢丝绳中间的绳芯，常用剑麻、棉纱、石棉或化学纤维材料，它可以起到防锈、润滑等作用；提高钢丝绳的挠性，有利于在牵引卷筒、滑轮上通过。

钢丝绳制造时，先由多根钢丝绞成绳股后，由绳股和绳芯等填充物绞绕或直接由绳股编织而成。

2. 钢丝绳的绕捻方向

钢丝绳绳股中钢丝和绳股的绕捻方向不同，可分成同向绕捻钢丝绳、交互绕捻钢丝绳、混合绞绕防捻钢丝绳和编织钢丝绳四种。

（1）同向绕捻钢丝绳。这种钢丝绳股和绳自身的绕捻方向相同，它又分右向捻和左向捻两种。它们由于钢丝之间的接触较好，表面平滑，有挠性好、磨损小，使用寿命长等优点，但容易散股和打结。

（2）交互绕捻钢丝绳。这种钢丝绳股和绳自身绕捻方向相反，故不容易出现扭转打结和散股等现象。缺点是挠性差、使用寿命短一些。它们在施工现场作为拉锚用和一般牵引用较多，很少作为主牵引钢丝绳用。

（3）混合绞绕防捻钢丝绳。这种钢丝绳绳股内外两层钢丝绕捻方向相反，使内部存在的回转力矩相互抵消；钢丝绳受力时自由端不会发生旋转，能较好地防止扭转和打结，故常用于张力放线牵引绳和导引绳。它主要缺点是挠性较差、较硬；对牵引卷筒的磨损也比较严重。由于它亦是绞绕制作，还有一定残余的回转力矩存在。

（4）编织型钢丝绳。这种钢丝绳是由绞绕好的多根绳股交错编织而成，故内部不会产生任何回转力矩，使用过程中不会扭转和打结；它在牵引卷筒上的接触面积大，抗挤压强度高。缺点是挠性差、较硬；在相同有效截面积的情况下，同上述几种钢丝绳相比体积大。这种钢丝绳是使用最广泛的张力放线牵引绳和导引绳。

图 18-80 所示为国内外部分编织钢丝绳，图 18-81 所示为国内外其他非编织防捻钢丝绳。表 18-53 为国内部分防捻钢丝绳性能，表 18-54 为国外部分防捻钢丝绳性能，供参考。

二、钢丝绳的选用

为确保架线作业的安全可靠，必须根据下述两个条件选用牵引钢丝绳或其他用钢丝绳。

（1）按钢丝绳工作时可能出现的最大静拉力确定钢丝绳直径。

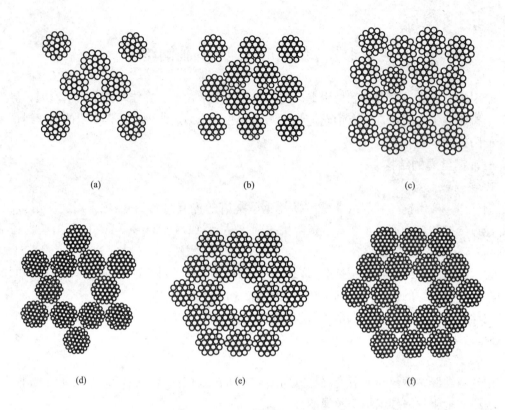

图 18-80　国内外部分编织型钢丝绳

(a)四方 8×25Fi;(b)四方 12×19W;

(c)四方 16×25Fi;(d)六方 12×37;(e)六方 18×19W;(f)六方 18×37

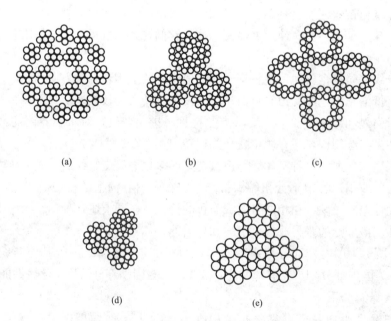

图 18-81　国内外部分其他非编织防捻钢丝绳

（a）国产多层股（不旋转型）；（b）国产异形股型；（c）日本型；（d）加拿大型；（e）美国型

表 18-53　　　　　　　　　　　　　　　国产部分防捻钢丝绳性能

结构型式	公称直径（mm）	单股直径（mm）	破断拉力（mm）	参考质量（kg/100m）	生产长度（m）
四方八股	7	$\phi 2.0$	34.38	17.17	1000
	9	$\phi 2.5$	53.90	26.92	
	11	$\phi 3.0$	76.94	38.23	
	13	$\phi 3.5$	105.04	52.46	
	15	$\phi 4.0$	116.6	68.68	
四方十二股	11	$\phi 2.5$	80.8	40.39	
	13	$\phi 3.0$	1154.4	57.34	
	15	$\phi 3.5$	157.55	78.69	
	18	$\phi 4.0$	206.27	103.2	800
	20	$\phi 4.5$	260.3	129.62	
六方十二股	11	$\phi 2.5$	80.8	40.39	1000
	13	$\phi 3.0$	115.4	57.37	
	15	$\phi 3.5$	157.5	78.69	
	18	$\phi 4.0$	205.71	103.02	
	20	$\phi 4.5$	260.34	129.62	800
	23	$\phi 5.0$	320.82	160.23	
六方十八股	21	$\phi 3.0$	173.1	86.01	
	24	$\phi 3.5$	236.33	118.40	
	27	$\phi 4.0$	309.40	154.54	
	30	$\phi 4.5$	389.28	194.43	600
	33	$\phi 5.0$	481.22	240.35	
	36	$\phi 5.5$	581.75	290.50	

注 由宁波东方电力机具制造有限公司生产。

表 18-54　　　　　　　　　　　　　　　国外部分防捻钢丝绳性能

国别	公称直径（mm）	破断力（kN）	参考质量（kg/100m）	国别	公称直径（mm）	破断力（kN）	参考质量（kg/100m）
美国型	6	34.02	19	德国编织型	8	49.0	25
	8	53.07	31		9	51.5	29.5
	10	77.11	45		11	73.0	42
	11	103.40	60		13	112.5	60.9
	12	136.08	79		16	163.5	79.8
	14	168.74	98		18	235.0	105.5
	16	199.58	123		20	280.0	132.0
	17	250.00	147		22	330.0	148.8
	19	290.30	177		24	390.0	180.0
	21	340.20	207	意大利编织型	6	22.0	11
	22	394.63	239		8	42.0	22
	25	517.10	312		10	68.0	35
	28.5	689.10	413		12	98.0	49
加拿大编织型	9	50.27	25		13	105.0	55
	11	92.27	42		14	117.0	61
	13	110.26	63		16	160.0	84
	16	151.20	80		18	225.0	121
	18	172.24	101		20	265.0	124
	20	188.66	110		22	320.0	152
	23	307.20	154		24	375.0	176
	24	343.34	172		26	409.0	198
					28	479.0	233
				日本型	8	30.40	21.5
					12	68.10	49.3
					16	121.00	85.9
					20	190.00	124
					22	228.00	162

作业要求钢丝绳承受的实际最大静拉力，必须小于或等于钢丝绳的许用拉力，即

$$P_{max}=\frac{P_b}{n} 或 P_b=nP_{max}$$

式中　P_{max}——钢丝绳工作时承受的最大静拉力；

　　　P_b——钢丝绳破断力；

　　　n——安全系数，由工作类型及载荷情况确定，放线牵引取 $n=3$；而紧线及拉锚用时取 $n=4\sim5$，详见表 18-55。

（2）钢丝绳在牵引卷筒、放线滑车钢丝绳轮上通过时，倍率比应符合以下要求，即

$$D_s\geq ed_s$$

式中　D_s——牵引卷筒或滑车钢丝绳轮槽底部直径；

　　　d_s——钢丝绳直径；

　　　e——倍率比，在牵引卷筒上通过时见第十三章第二节；在起重滑车上通过时取 $e=10\sim15$，它是决定钢丝绳使用寿命的重要因素之一。

表 18-55　　　　　　　　　　　　线路施工中钢丝绳的安全系数 n

序号	工作性质及条件	n
1	用人推绞磨直接或通过滑车组起吊杆塔或收紧导地线用的牵引绳和磨绳	4
2	用机动绞磨、电动卷扬机或拖拉机直接或通过滑车组起立杆塔或收紧导地线用的牵引绳和磨绳	4.5
3	起立杆塔用的吊点固定绳	4.5
4	起立杆塔用的根部制动绳	4
5	临时固定拉线	3
6	作其他起吊及牵引用绳及吊点固定绳	4

三、钢丝绳的使用和维护

正确使用、维护钢丝绳，对延长其使用寿命、减少对卷绕设备的磨损起重要作用。钢丝绳的破坏原因、主要是它通过牵引机构、卷绕机构、放线滑车等时，被反复弯曲、拉伸、扭转；它和各种设备、工机具之间的表面摩擦以及牵引作业过程中的载荷冲击、过载等。破坏开始，往往是钢丝绳表面钢丝磨损、随之逐渐出现断裂。断裂的钢丝越多，未断裂钢丝上的应力就越大、疲劳现象和磨损越严重，这又促使加速断裂，故到一定程度，就不能再使用。

根据钢丝绳破坏原因，在使用钢丝绳时应注意以下几点：

（1）要严格按照规定的安全系数选用放线、紧线、放导引绳、拉锚、起吊等作业用钢丝绳，也要严格按照滑轮、双摩擦卷筒，磨芯式卷筒等要求的倍率比选用钢丝绳。

（2）钢丝绳规格的选择，应根据安全系数要求通过计算决定，避免根据个人主观想象选用。不同用途的钢丝绳不得代替使用。

（3）随时监视牵引、卷绕过程中钢丝绳的运动情况，当发现有产生扭结、散股趋向时，应迅速采取措施防止。对于已产生扭结的地方，应当割除，重新插接。

（4）钢丝绳头的环接（插接绳套）和插接头工作，应当由经验丰富的工人操作，插入长度必须符合有关规定。

（5）发现钢丝绳有下列情况时，应停止使用。

1）磨损、断线等强度明显下降的钢丝绳。

2）节距过短或过长、或绳股松弛的钢丝绳。

3）和角铁等摩擦严重，或有严重刻痕的钢丝绳。

4）同高低压电线接触产生过弧光的钢丝绳及被火烧过的钢丝绳。

（6）紧线用钢丝绳，中间不应该有接头，并应选用较好的钢丝绳。起吊重物或锚定设备时，起吊角度或锚定钢丝绳同地面的夹角都不能太大。

（7）钢丝绳在使用中要加强维护保养，随时注意防止砂子，泥土等脏物黏上。要定期润滑，最好每年用油浸煮一次，以减少钢丝绳的锈蚀，这对提高使用寿命有较大的作用。

（8）对钢丝绳要定期检查，对磨损、断丝、锈蚀、破股等严重的应及时报废，更换新钢丝绳。有关架线用钢丝绳的更换标准，国内尚无统一规定。现将《日本架线工程施工标准说明》中架线用钢丝绳更换标准列入表 18-56，供参考。

表 18-56　　　　　　　　　　　　　架线用钢丝绳更换标准

项目＼种类		放线用	一般架线工程用		起吊用
			倍率比 $e=10\sim20$	倍率比 $e>20$	
断线		一节距内 2 根	一节距内 2 根	一节距内钢丝数的 3%，但同一股中只有两根	一节距内钢丝数的 10%
磨损		直径减少了公称直径的 3%以上	直径减少了公称直径的 3%以上	直径减少了公称直径的 5%以上	直径减少了公称直径的 7%以上
型伤	显著的型伤	产生严重的扭转、钢丝磨坏、股线有凹痕、芯线突出、一根以上的线股松弛　使用中加载荷后也不能拉直的弯曲变形			
	扭结	钢丝绳扭转打结，或者类似状态			
腐蚀	生锈	钢丝表面发生锈斑，腐蚀进入到钢丝绳的内部			
显著的损伤		不合格	不合格	不合格	
热影响		和角铁摩擦等变色，接触高低压电线放电			
使用次数			经相当于三个紧线现场作业后报废		
环首	断线	一个节距内 2 根		一节距内钢丝数的 3%，但在同一股内只有 2 根	
	椭圆度	70%		70%	
	型伤	不合格		散股明显的可以	

有关钢丝绳使用的其他系数分别为钢丝绳动载荷系数（见表 18-57），钢丝绳折减系数（见表 18-58），钢丝绳不均衡系数（见表 18-59）。

表 18-57 　　　　　　　　　　　　　　**钢丝绳动荷载数 K_1**

起吊或制动系统的工作方法	动荷系数 K_1	起吊或制动系统的工作方法	动荷系数 K_1
通过滑车组用人力绞车或绞磨牵引	1.1	直接用机动绞车或绞磨、拖拉机、汽车牵引	1.3
直接用人力绞车或绞磨牵引	1.2	通过滑车组用制动器控制时的制动系统	1.2
通过滑车组用机动绞车或绞磨、拖拉机、汽车牵引	1.2	直接用制动器控制的制动系统	1.2

表 18-58 　　　　　　　　　　　　　　**钢丝绳折减系数**

钢丝绳表面磨损量或锈蚀量（%）	10	15	20	25	30～40	>40
折减纱数（%）	85	75	70	60	50	0

表 18-59 　　　　　　　　　　　　　　**钢丝绳不均衡系数 K_2**

可能承受不均衡荷重的起重工具	不均衡系数 K_2	可能承受不均衡荷重的起重工具	不均衡系数 K_2
用人字抱杆或双抱杆起吊时的各分支抱杆	1.2	通过平衡滑车组相连的两套牵引装置及独立的两套制动装置平行工作时，各装置的起重工具	1.2
起吊门型或大型杆塔结构时的各分支绑固吊索	1.2		

四、钢丝绳的端部固定和连接

（一）钢丝绳的端部固定

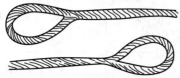

钢丝绳的端部固定又称做绳套，它有插接法（也称编结法）、挤压法和卡子固定法三种，现分述如下。

1. 插接法

把钢丝绳端部一定长度内散股，绕一套环后将绳股用专用工具再绕插入自身钢丝绳中。全部绳股最少绕插三次

图 18-82　采用插接法的绳套

以后，切除一半绳股，余下的一半绳股再继续绕插二次以上。最后绕插成的绳套，如图 18-82 所示。

这种绳套插接处的强度，可以按钢丝绳原来强度的 75%～90% 来考虑。

2. 挤压法

钢丝绳的一端绕一套环后，把端部和钢丝绳自身用特殊的压管挤压固定在一起，如图 18-83 所示。

这种方法挤压处的强度可以接近或等于钢丝绳的强度，但它必须要有专门的挤压设备和模具。

3. 卡子固定法

将钢丝绳的一端绕一套环后，端部一定长度内同自身钢丝绳用 U 形螺栓卡子固定在一起，如图 18-84 所示。

采用这种方法时，卡子固定处的强度可以按钢丝绳强度的 80%～90% 来考虑。如卡子装反（即图 18-84 中螺母在上部），则强度会降低到原来的 75% 以下。

卡子的数目在钢丝绳直径为 7～16mm 时用 3 个，17～25mm 时用 4 个，26～37mm 时 5

个，38～45mm 时 6 个如采用防捻钢丝绳，考虑到这种钢丝绳挠性差，也较硬，使卡子和钢丝绳的接触面相应减少，要求按上述数目增加 1～2 个。

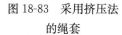

图 18-83　采用挤压法
的绳套

图 18-84　采用卡子固定法的绳套

（二）钢丝绳的连接

钢丝绳之间的连接有两种方法：连接器连接和插接。

用连接器连接时可以采用图 18-66～图 18-68 的双片式、双环式和 U 形钢丝绳连接器连接。在用于拉锚、起吊时亦可采用 U 形环连接。

插接是永久性连接，其插接方法和上述绳套插接法相同。先使被连接两钢丝绳的端部一定长度内散股、然后交错将绳股头绕插到对方钢丝绳中去。各自最少绕插 4 次，然后将绳股头切除一半，余下再绕插 2 次后，再切除一半。最后将余下的绕插 1～2 即可，以使接头直径变化平缓。

钢丝绳的绳套和插套永久性连接方法详见第三章第四节防扭钢丝绳、钢丝绳吊索和插编索扣。

第五篇

其他施工机具、工机具现场配置

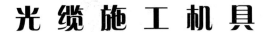

第 十 九 章

光 缆 施 工 机 具

光缆施工机具的种类和架设导线用施工机具基本相同，但由于光缆的结构和钢芯铝绞线有较大的不同，故对架设用机具也有一些特殊的要求。

光缆施工机具主要有牵引机、张力机、放线滑车、牵引板和防捻器、光缆卡线器、旋转连接器、网套式连接器、线轴架、牵引钢丝绳和熔接机等。

第一节 展放光缆用牵引机

由于光缆展放时张力较小，最大一般不会超过 10～12kN，且都是一次牵引展放一根光缆。国外各制造厂要求的牵引速度也不一样，最低要求 20m/min，最高允许达到 100m/min。国内规定初始牵引速度宜为 5m/min，正常运转后牵引速度宜控制在 20～40m/min，故展放光缆用牵引机的最高牵引速度可按 40～60m/min 考虑，且要求牵引速度平稳，并具备过载保护、满载起动和事故状态下快速制动等要求，这些均和牵引展放导线用牵引机的性能要求基本相同。展放光缆用牵引机一般可采用展放导线用 30kN 以下的小型牵引机。如SA-YQ30 型液压传动牵引机（见图 13-82）和 ARS 400 型液压传动牵引机（见图 13-95）适用于牵引展放光缆。

图 19-1 所示为 ARS 403 型液压传动牵引机结构，该机能满足上述牵引展放光缆的各种要求，其性能见表 19-1，发动机功率为 25kW。水冷，牵引卷筒槽底直径 325mm，适用最大钢丝绳直径为 13mm，共有 7 个槽。

表 19-1　　　　　　　　　　ARS 403 型液压传动牵引机性能

最大牵引力（kN）	35	对应牵引速度（m/min）	
持续牵引力（kN）	30	对应牵引速度（m/min）	25
最大牵引速度（m/min）	60	对应牵引力（kN）	12

图 19-2 所示为用于牵引展放光缆或不停电情况下将输电线路上架空地线更换成光缆用SA-YQ10 型液压传动牵引机结构图，其性能见表 19-2，该机采用液压传动，液压回路采用闭式系统、工作原理和第十三章所述液压传动牵引机的基本相同。作业过程中，可很方便地无级调整牵引力和牵引速度的大小、过载保护、满载起动和事故状态下快速制动等要求。牵引绳卷绕装置也和牵引机主体连成一体，通过排绳机构能将牵引过程中回收的牵引绳整齐的排列在牵引绳卷筒上。卷筒缠满后能迅速更换。本机采用日本本田 15.8kW 汽油发动机，通

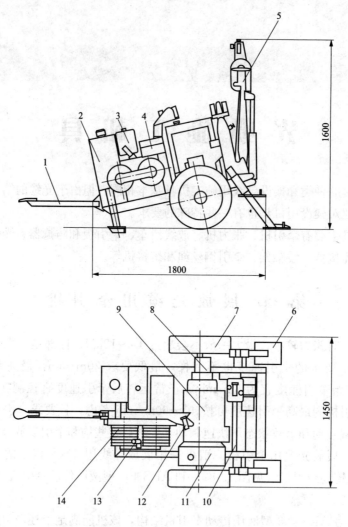

图 19-1　ARS 403 型液压传动牵引机结构图

1—拖架；2—液压油箱；3—燃料油箱；4—控制箱；5—钢丝绳卷绕装置；
6—后支腿；7—轮胎；8—液压泵；9—发动机；10—排绳机构；11—散热器；
12—出线滚轮；13—进线滚轮；14—牵引卷筒

过分动箱驱动液压系统的主液压泵及两个辅助液压泵，前者用于驱动牵引卷筒的主液压马达，后者用于液压系统补油、驱动牵引绳卷绕装置的卷绕马达、散热器风扇马达及顶升液压缸等。主液压泵采用手动伺服变量的斜盘式 CCY14-1 型轴向柱塞泵，主液压马达采用力士乐 AZFM 系列定量液压马达和双 R 行星齿轮减速器。

表 19-2　　　　　　　　　　　　SA-YQ10 液压传动牵引机性能

最大牵引力（kN）	10.0	对应牵引速度（m/min）	20
持续牵引力（kN）	7.5	对应牵引速度（m/min）	27
最大牵引速度（m/min）	40	对应牵引力（kN）	5.0

SA-YQ10 型液压传动牵引机主减速机采用二级行星传动减速器，它用液压马达经制动器同轴线连接，输出轴经小齿轮和两大齿轮啮合驱动双摩擦牵引卷筒，通过牵引绳进行牵引作业。由于该牵引机用高强度尼龙绳作为牵引绳，为减少牵引绳的磨损，双摩擦牵引卷筒表面镶装 MC 尼龙槽块，槽底直径为 300mm，有 7 个绳槽。

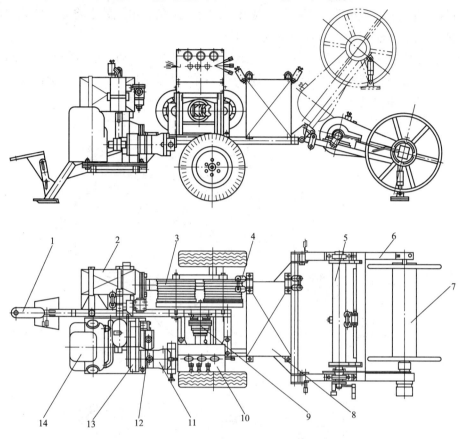

图 19-2 SA-YQ10 型液压传动牵引机结构图
1—拖架；2—燃料油箱；3—双摩擦牵引卷筒；4—导向滚子组；5—排绳机构；
6—卷筒支架；7—牵引绳卷筒；8—液压油箱；9—液压马达、制动器、减速器总成；
10—控制箱；11—变量液压泵；12—齿轮泵；13—分动箱；14—发动机

第二节 展放光缆用张力机

张力机的结构原理和展放导线用张力机相同，但由于光缆展放过程中，为保证光缆不受损伤，对其曲率半径有特殊要求，故对张力机的放线机构即双摩擦放线卷筒的倍率比也有相应的要求。各国对展放光缆用张力机放线卷筒槽底直径和光缆外径的倍率比要求不尽相同，但都远大于展放导线时放线卷筒对导线直径的倍率比（$\geqslant 40d_c-100mm$），一般取 60～80 倍光缆外径。GBJ 233—1990《电气装置安装工程 110～500kV 架空电力线路施工及验收规范》规定，展放光缆张力机的卷筒槽底直径，应不小于光缆直径的 70 倍。放线速度要求和上述牵引机牵引速度同步匹配，即最高放线速度 40～60m/min 考虑，并要求放线速度平稳，无级可调，在低速时不能出现时停时走的爬行现象，放线张力也要平稳，无级可调，张力低于允许最低值时或故障情况下张力消失时能快速制动，防止光缆落地或触及被跨越物。这些也和展放导线用张力机基本相似。

图 19-3 所示为展放光缆用 SA-YZG10 型液压传动张力牵引两用机结构图。表 19-3 为该张力牵引两用机性能。该机除用于展放光缆外，在已建成的输电线路上将原有的架空地线更换成光缆时，可用于牵引卷绕回收旧地线（钢绞线）。

该机的液压系统及选用液压元件和上述 SA-YQ10 型液压传动牵引机的基本相同。主要差别在于它没有卷绕装置的液压回路，旧地线经放线卷筒牵引回收后由人工分段割断或绕于线盘上，一般不再重复使用。

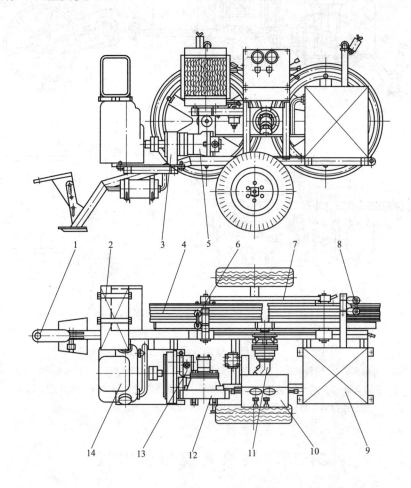

图 19-3　展放光缆用 SA-YZG10 型液压传动张力牵引两用机结构图

1—拖架；2—燃料油箱；3—分动箱；4—双摩擦放线卷筒；5—变量液压泵；6、8—导向滚子组；
7—支撑杆；8—液压油箱；10—控制箱；11—液压马达、制动器、行星减速器总成；
12—液压马达风扇、散热器；13—齿轮泵；14—发动机

表 19-4 为主要用于展放光缆的 SA-YZ30 系列张力机的技术参数，该系列张力机也可以用于展放导线。图 19-4 所示为 FRS 301 张力机的结构图。

表 19-3　　　　　　　　　　　SA-YZG10 型液压传动张力牵引两用机性能

放线工况	最大放线张力（kN）	10	对应放线速度（m/min）	34
	持续放线张力（kN）	8	对应放线速度（m/min）	40
牵引工况	最大牵引力（kN）	10	对应牵引速度（m/min）	20
	持续牵引力（kN）	8	对应牵引速度（m/min）	25
	最大牵引速度（m/min）	40	对应牵引力（kN）	5

表 19-4　　　　　　　　　　　　SA-YZ30 系列张力机技术参数

型　　　号	SA-YZ30T	SA-YZ30T1	FRS301
最大张力（kN）	30	30	25
持续张力（kN）	25	25	20
最高放线速度（km/h）	5	5	5
张力轮槽底直径（mm）	ϕ1200	ϕ1500	ϕ1500
轮槽数	5	5	5
适用最大光缆直径（mm）	ϕ20	ϕ25	ϕ25
适用最大导线直径（mm）	ϕ32	ϕ40	ϕ40
外形尺寸（m×m×m）	3.56×1.4×2.22	4.7×1.8×2.63	3700×1900×2600
质量（kg）	1500	1700	1950

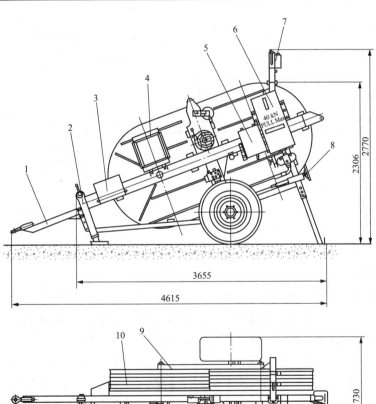

图 19-4　FRS 301 张力机结构图

1—拖架；2—前支腿；3—工具箱；4—散热器；5—控制箱；6—液压油箱；7—进线导向滚子组；
8—拖车轮手刹车；9—支撑杆；10—放线卷筒；11—液压马达、制动器、增速器（减速器）总成

第三节 光 缆 用 滑 车

一、单轮滑车

展放光缆用滑车，均为单轮滑车，其结构与普通展放导线用的单轮滑车相同，但滑轮槽底直径和光缆外径的倍率比要比展放导线用滑车要求的倍率比大得多。国外导线放线滑车轮槽底直径要求在导线直径的 $15\sim30$ 倍，我国取 $\geqslant20$ 倍，国外展放光缆用滑车滑轮槽底直径为光缆直径的 $32\sim40$ 倍，特殊情况下（如档距大于 600m 时），要求不小于 50 倍；国内目前暂定为 40 倍光缆直径。考虑滑车的刚度及其他结构方面的要求，滑轮要有相应合适的宽度，但光缆的直径又相对较小，为增加光缆和滑轮槽底的接触面积，改善光缆表面展放过程中挤压受力情况，有些光缆滑车也采用双 R 结构，即在滑轮槽底加工有较小 R 的弧形小槽，如图 19-5 所示。

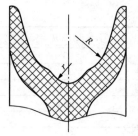

图 19-5　双 R 结构光缆
滑轮剖面图

光缆用滑车材料和导线滑车材料相同，可以用 MC 尼龙整体浇铸，也可以用铝合金轮衬以聚氨酯橡胶或氯丁橡胶等，图 19-6 所示采用上述双 R 结构轮槽的光缆滑车结构图，它由滑轮 3、滑车侧架 2、可打开的吊环 1、轴承 4、心轴 5 及底梁 6 组成。

表 19-5 为 SHD 型光缆用放线滑车技术参数。

表 19-5　　　　　　　　SHD 型光缆用放线滑车技术参数

型号	槽底直径 （mm）	外径 （mm）	宽度 （mm）	额定载荷 （kN）	质量 （kg）	备注
SHD 660	560	660	100	20	30	MC 尼龙轮
SHD 822	710	822	110	30	25	MC 尼龙轮
SHD 916	800	916	110	50	51	MC 尼龙轮
SHD 1040	900	1040	125	50	60	MC 尼龙轮或 尼龙挂胶轮

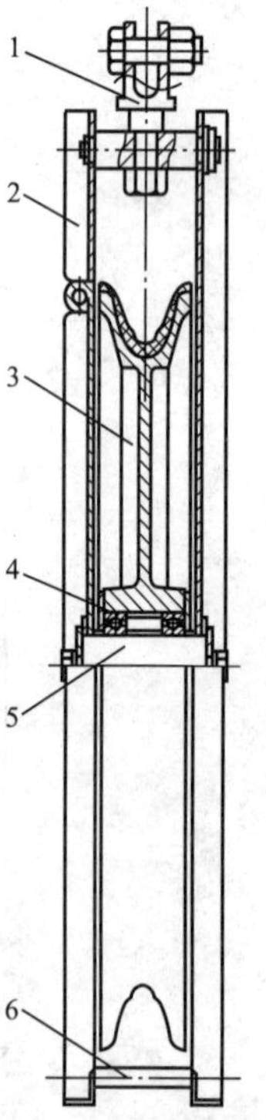

二、导向滑车

在放线段两侧已架设好的线路上展放光缆（一般为把线路上原有旧架空地线更换成光缆）时，在张力机侧通过转向滑车，把光缆由放线卷筒导引到铁塔顶部地线的位置，在另一侧由牵引机通过牵引绳经转向滑车把光缆牵引到牵引机侧。导向滑车的主要作用是改变光缆 90°牵引方向。因为光缆由铁塔羊角或顶部横担引向地面时，为不触及下面已经架设好的导线，光缆只能经塔身内部引向牵引机或张力机，为防止光缆在塔身角铁上摩擦损伤，必须通过转向滑车导向。

导向滑车结构如图 19-7 所示，它有滚轮 1、架体 2，带有塑料套管的护栏侧杆 3 和顶杆 4 组成。滚轮 1 用 MC 铸型尼龙浇铸而成，通过滚子轴承、心轴安装在架体上，能自由转动；架体由角钢材料加工而成，护栏用于防止光缆在牵引过程中跳出滑车，护栏顶杆可以打开，便于放入或移去

图 19-6　光缆滑
车结构图
1—吊环；
2—滑车侧架；
3—滑轮；4—轴承；
5—心轴；6—底梁

光缆，由于光缆经导向滑车时包绕角度较大，一般为90°，故导向滑车的曲率半径也较大，一般为800～1000mm。表19-6为导向滑轮尺寸。

表 19-6   导向滑轮尺寸

型号	管孔直径（mm）	质量（kg）
SH 80C1	80	24
SH 90C1	90	25
SH 100C1	100	26.5
SH 130C1	130	27.5
SH 150C1	150	28.5
SH 200C1	200	

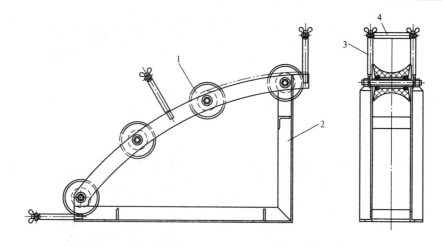

图 19-7　导向滑车结构图

1—滚轮；2—架体；3—侧杆；4—顶杆

三、井式滑车

井式滑车结构见图19-8，由四个小滚筒组装而成，安装在底座2上，且成井字形，使用时在塔体内由上而下安装在角铁上。展放光缆时，光缆在井架中心通过，再经导向滑车牵引到架设位置。井式滑车一侧的活动挡板1和可移动滚筒3能打开，以便于放入或移去光缆。

四、双轮换线滑车

双轮换线滑车由上下两个自成单元的滚轮组成，主要用于已建成并投入运行的输电线路的架空地线更换成光纤复合架空地线（Optical Fiber Composite Overhead Ground Wire，OPGW 光缆用。该滑车的结构如图 19-9 所示，它由主轮架、活动轮架、拉把、弹簧、活动销轴、铰支销、滚轮和拉环、销轴组成，以铰支销为中心，左右两侧滚轮及架体结构对称布置，并能绕铰支销旋转一定角度，在架空地线更换光缆的过程中，回收的地线和被展放的 OPGW 光缆分别通过其中的滚轮。如图 19-9 所示，只要通过拉把 3 拔出活动销轴 5 到适当位置，活动轮架就能绕销轴转

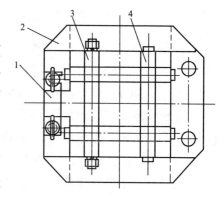

图 19-8　井式滑车结构图

1—活动挡板；2—底座；

3—可移动滚筒；4—固定滚轮

动，打开滚轮架体，以便放入或移去光缆或地线。a 孔是用于通过软绳串接多个这种滑车以便均布于地线上用。图 19-10 所示为较简易的双轮换线滑车结构。架空地线更换光缆作业过程如图 19-11 所示。

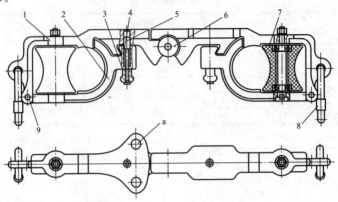

图 19-9　双轮换线滑车结构图

1—主轮架；2—活动轮架；3—拉把；4—弹簧；5—活动销轴；6—铰支销；

7—滚轮；8—拉环；9—销轴；a—滑车之间用软绳连接孔

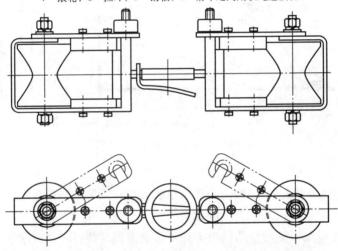

图 19-10　较简易的双轮换线滑车结构图

1）打开滚轮架体，将各个滑车顺次挂到架空地线上，每两滑车之间用软绳等距离串接（两滑车间距视被展放的 OPGW 光缆及被更换的架空地线外径大小而定，一般为 20～30m），同时也把牵引绳分别置于各滑车下部滚轮上，再用特殊设计的能在地线上行走的小型电动牵引车，把滑车牵引布置到右侧塔位 [见图 19-11（a）]，也可用人工在地面通过绳索拖拽到右侧塔位。再通过两侧软绳，把串接的换线滑车固定在两侧塔位上。

2）牵引绳通过转向滑车左侧同被展放的 OPGW 光缆相连，右侧绕缠到牵引机牵引卷筒上。即可进行牵引展放光缆作业 [见图 19-11（b）]。

3）通过牵引绳由右侧牵引机牵引展放光缆到各滑车的下部滚轮上 [见图 19-11（c）]，展放完毕把牵引绳头部和被更换的右侧塔地线的头部相连 [见图 19-11（d）]。

4）张紧 OPGW 光缆到要求的架设位置，并安装预绞丝、悬垂线夹、防振锤等附件后拆

772

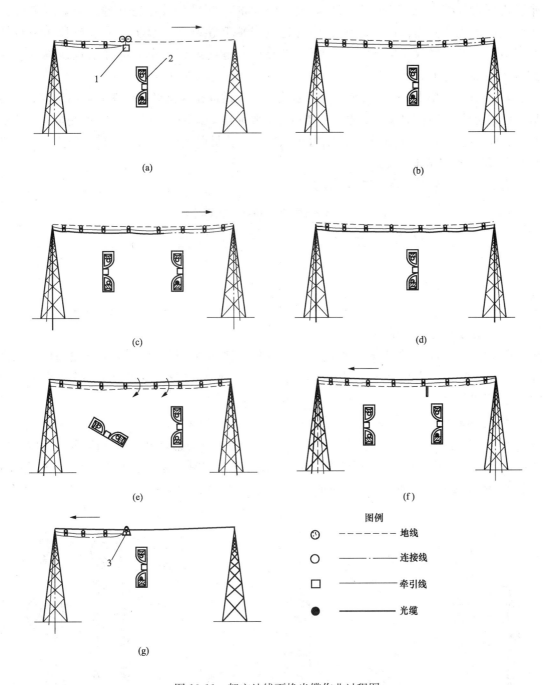

图 19-11 架空地线更换光缆作业过程图

(a) 把滑车牵引布置到右侧塔位；(b) 进行牵引展放光缆作业；(c) 通过牵引绳由右侧牵引机展放光缆；
(d) 连接牵引绳和右侧塔地线的头部；(e) 滑车自动翻转；(f) 牵引回收旧地线；(g) 顺次回收各个换线滑车；
1—电动牵引车；2—双轮换线滑车；3—收绳尾车

卸地线附件，OPGW 光缆承力。松弛地线，滑车会自动翻转，使光缆在上，地线在下〔见图 19-11（e）〕。

5）在左侧塔位用第十三章第一节中所述卷线筒式牵引机或张力牵引两用机（见图19-3）

牵引收回旧地线［见图 19-11（f）］，前者回收的旧地线直接卷绕在卷筒上，后者经张力牵引两用机卷筒回收的旧地线必须再通过线轴架卷绕到线盘上，或者分段切割后绕盘于地面。旧地线收卷完毕，同时预先连接于旧地线尾部的牵引绳经旧地线拖拽展放到滑车下部滚轮上。

6）将在右侧塔上的牵引绳头及原固定在该塔上的固定滑动的软绳头，同带滚轮、并可以在已架设的 OPGW 光缆上经牵引后能行走的收绳尾车连接在一起，再从左侧塔位回收牵引绳，同时把分布在光缆上各个换线滑车顺次回收［见图 19-11（g）］。整个架空地线更换成 OPGW 光缆的作业完成。

表 19-7 为三种双轮换线滑车的参数。

表 19-7 　　　　　　　　　　三种双轮换线滑车的参数

序号	1	2	3
额定载荷（kN）	2	2	3
质量（kg）	2.4	2.2	3.0
外形尺寸（mm×mm×mm）	152×110×343	150×65×365	102×95×516

五、组合式光缆滑车

图 19-12 所示为组合式光缆放线滑车结构图，该滑车采用四轮组合。光缆通过时，增大了光缆的曲率半径。相对采用大直径单轮滑车减速了重量，但滑车的摩阻系数较大。其结构尺寸见表 19-8。

六、上扬下压滑车

图 19-13 所示为上扬下压滑车结构图，主要用于展放光缆过程中，当被展放的光缆出现上扬时起压线作用。该滑车侧板可以打开，放线过程中出现问题可随时投入使用。上下两端均设置带保险的吊钩，便于使用时固定。其结构尺寸见表 19-8。

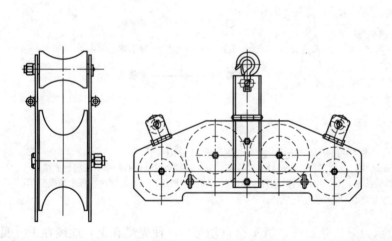

图 19-12　组合式光缆放线滑车结构图

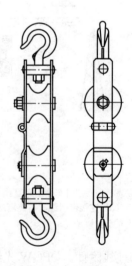

图 19-13　上扬下压
滑车结构图

表 19-8   组合式光缆滑车和上扬下压滑车尺寸

名　　称	组合式光缆滑车	上扬下压滑车
曲率半径（mm）	R500	
外形尺寸（mm×mm×mm）	750×120×480	
滑轮尺寸（mm）		φ80×50
额定载荷（kN）	10	5
质量（kg）	10	3.5

第四节　牵引链（柔性牵引板）和防捻器

光缆展放过程中，光缆轴向旋转会损伤光缆的内部结构，增加光纤损耗，故应给予有效的防止措施。形成轴向旋转的原因除牵引绳编织过程中形成的残余回转力矩作用外，光缆在绞绕生产过程中，也会使其产生一定的残余回转力矩，这些回转力矩存在会使光缆从线轴盘上被牵引展放时迫使光缆轴向旋转，有关资料介绍旋转圈数据和展放长度有关（有的光缆规定了每百米长度允许扭转圈数）。牵引链的一端经旋转连接器和牵引绳连接，牵引绳上的残余回转力矩可通过旋转连接器在牵引过程中随时释放。另一端通过网套式连接器和光缆连接（也有在光缆端部压上带牵引孔的金属接头后再和光缆连接），由牵引链上垂挂的防捻器平衡光缆上的转动力矩，阻止光缆扭转。

光缆牵引链可采用环链、板式链及编织防捻钢丝绳几种形式。防捻器则有 U 形金属板组件、金属包胶的圆柱形防捻器等，下面介绍几种牵引链和防捻器。

一、板式牵引链和 U 形金属防捻器

该牵引链和防捻器的牵引链采用板式链结构。由于展放光缆均采用单轮滑车，牵引展放过程中，牵引链和防捻器均必须在同一滑轮槽内通过，故牵引链和防捻器的结构与常用的展放分裂导线用的此类柔性牵引板和防捻器有较大的不同，如图 19-14 所示。这种牵引链和防捻器一般由 2～3 个单元组成，每个单元又均由侧拉板、中间拉板、销轴、导向圆棒、旋转连接器和防捻器组成。长度一般为 1.5～2m，串接后总长为 4.5～6m 或更长。由于牵引展放光缆时，牵引链和防捻器重叠在一起通过光缆滑车，故要求牵引链能置于防捻器的 U 形

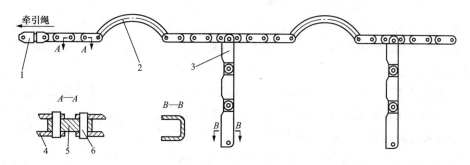

图 19-14　板式牵引链和 U 形金属板防捻器

1—旋转连接器；2—导向圆棒；3—防捻器；4—侧拉板；5—中间拉板；6—销轴

槽内，并能满足通过滑轮槽时相应的弯曲要求，且不损伤轮槽。故防捻器由多块 U 形的金属板组成，各块 U 形金属板之间采用和展放导线用防捻器相同，只能向下转动的单向绞支连接。其接头必须保证防捻器和牵引链平滑连接。导向圆棒的作用同第十八章第三节牵引展放导线用柔性走板。

二、环链式牵引链和金属包胶式圆柱形防捻器

该牵引链采用起重用短环链，垂挂的防捻器采用圆柱形金属段串接后外部包橡胶的方

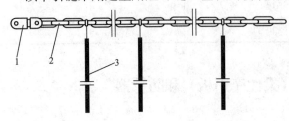

法，防捻器和环链同时通过滑车时，由于防捻器具备一定的弯曲性能，故滑轮轮槽不会被磨损。图 19-15 所示为环链式牵引链和金属包胶式圆柱形防捻器结构图，环链长一般不小于 5～8m，装有 2～3 个防捻器。采用环链式牵引链环链自身抗扭性能好，缺点是对滑轮的损伤相对较为严重。

图 19-15　环链式牵引链和金属包股式圆柱形防捻器
1—旋转连接器；2—环链；3—防捻器

三、防扭钢丝绳套式牵引链和防捻器

防扭钢丝绳套式牵引链和防捻器的结构如图 19-16 所示。除牵引链采用防扭钢丝绳套外，防捻器的结构同上述板式牵引链和 U 形金属板组件防捻器，或环连式牵引链的防捻器。防捻器通过采用压接或螺栓连接固定在防扭钢丝绳套上的防捻器接头垂挂。防扭钢丝绳套长度及安装防捻器数量同上述环链式牵引链。

这种牵引链的优点是结构简单，过滑轮时弯曲性能好，但防扭钢丝绳套的抗扭性能不如上述环链及板链。

四、直连式防捻器

不用牵引链，把防捻器通过防捻器接头直接固定在被牵引展放的光缆的前部，这也是牵引展放光缆过程中防止光缆扭转的常用方法。该防捻器的结构、安装及使用这种防捻器展放光缆时通过滑轮的情况见图 19-17。其防捻器的结构同图 19-14 中的 U 形金属板组件。为使

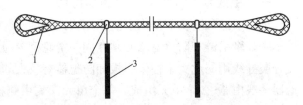

图 19-16　防扭钢丝绳套式牵引链和防捻器
1—防扭钢丝绳套；2—防捻器接头；3—防捻器

展放光缆时保护光缆前部不被损伤，这种防捻器外表面必须包衬橡胶、或过滑轮时它和光缆接触部分要有高的表面光洁度，否则，在光缆展放完毕，应把前部过滑车时被防捻器挤压损伤部分光缆切除。

牵引展放光缆时，在牵引侧光缆上一般连接 2～3 个防捻器，第 1 个防捻器在网套式连接附近（如用压接管连接可在压接管附近），一般可根据光缆外径的大小、放线段内最大档距的大小及防捻器的大小连接 2～3 个防捻器，间距为 2～3m。

采用直连式防捻器结构简单，但容易损伤牵引侧前部光缆。

表 19-9 为环链式和板式牵引链带 U 形金属防捻器牵引链的结构尺寸。

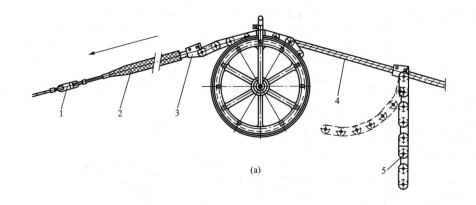

(a)

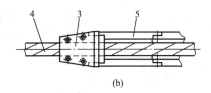

(b)

图 19-17　直连式防捻器

（a）直连式防捻器过滑车；（b）直连式防捻器和光缆连接

1—旋转连接器；2—网套连接器；3—防捻器接头；4—光缆；5—防捻器

表 19-9　　　　　　　　　　　环链式和板式牵引链结构尺寸

型号	结构形式	额定载荷（kN）	锤长（m）	锤重（kg）	主串长（m）	质量（kg）
SZL 3	链条式	30	2.2	9×3	9.18	48
GFN 20A	U 形板式	20	0.67	11.3×2	2.52	39

第五节　光缆卡线器及其他机具

一、光缆卡线器

光缆卡线器有多片式和平行移动式两种。图 19-18 所示为多片式光缆卡线器结构，表 19-10 为该卡线器的技术参数。

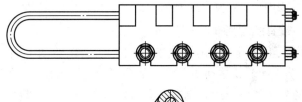

图 19-18　多片式光缆卡线器结构

777

表 19-10   多片式光缆卡线器技术参数

型 号	光缆直径	额定载荷（kN）	质量（kg）
SKG-2.5	8～20	25	3.8
SKG-4.5	20（max）	45	4.6

表 19-11 为平行移动式光缆卡线器的技术参数，图 19-19 所示为平行移动式卡线器结构。

表 19-11   平行移动式卡线器的技术参数

型 号	光缆直径	额定载荷（kN）	质量（kg）
SKG-1.6	11～15	16	5.6
SKG-1.8	15～17	18	5.8

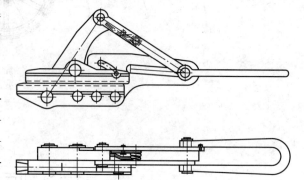

图 19-19   平行移动式光缆卡线器结构图

二、光缆网套连接器

光缆网套连接器的结构及连接原理与用于导线的网套连接器相同。表 19-12 为光缆网套连接器的尺寸。

表 19-12   光缆网套连接器的尺寸

型 号	额定载荷（kN）	长度（m）
ADSS	10	2
OPGW	10	1.2

三、自行走车

自行走车用于架空地线更换成光缆或一种光缆更换成另一种光缆。它可在架空地线或光缆上牵引载荷较小的绳索（一般为化纤绳索），再通过这化纤绳牵引牵引绳。

自行走车控制有无线遥控和直接在杆塔上控制两种，即作业人员可在地面上采用遥控器操作自行走车，使其行走或停止，也可人上杆后直接操作自行走车上的起动按钮起动自行走车，行驶到另一杆塔时再由该杆塔上的作业人员按自行走车上的停机按钮，使该机停止行驶。

图 19-20 所示为 ZZC 350 型自行走车结构图，该机由宁波东方电力机具制造有限公司研制生产，采用 220V/650W 汽油发电机和 220V/140W 单相电动机作为驱动动力。该机行走速度为 17.28m/min，牵引力 350N，最大爬坡角度 31°，如采用遥控，遥控器和接收电源采用 12 节 5 号电池，遥控直线距离 300～500m。

ZZC 350 型自行走车由发电机、电气控制部分、压紧轮转动手柄、压紧轮、转动立柱、电动机、同步带、主动驱动轮、从动驱动轮、从动驱动轮调节螺杆、挡线轮和机架等组成。

发动机采用 ET950/650W/220V 汽油发电机组，手拉起动。每次注满燃料油后可运行近 6h。电气控制部分由接触器、微动开关、遥控接收器、遥控器、电容器等组成，可通过起动按钮直接起动，或通过遥控器经遥控接收器进行遥控。采用起动按钮操作时，自行走车在两杆塔之间不能停止，只有行驶到操作人员能触及到停止按钮时，才能操作自行走车上的停止按钮，使其停止行驶。采用遥控时，自行走车行驶过程中随时可以通过操作遥控器使其

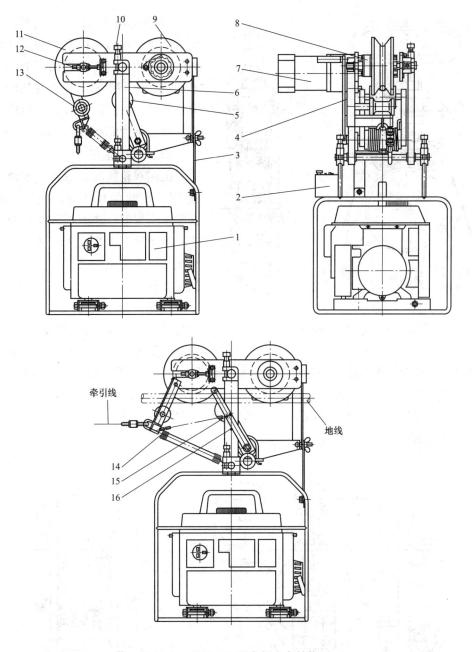

图 19-20 ZZC 350 型自行走车结构图

1—发电机；2—电器控制部分；3—连板；4—压紧轮转动手柄；5—压紧轮；6—转动立柱；
7—电动机；8—同步带；9—主动驱动轮；10—手拧螺杆；11—从动驱动轮；12—从动轮调节
螺杆；13—挡线轮；14—链条；15—调节螺钉；16—插销

停在任何位置。压紧轮转动手柄是用来在架空地线（光缆）上安装或取下自行走车，安装时可先在地面上打开压紧轮，扳转压紧轮转动手柄，使手柄臂转动 40°左右，再插上定位销，便可将压紧轮固定在打开位置；当自行车从架空地线（或光缆）上取下时，也需首先打开压紧轮。转动立柱是用来支撑两驱动轮组件，保证驱动轮组件和发电机架连接，它也可朝主驱动轮方向旋转打开，使自行走车从架空地线（或光缆）上安装或取下。

779

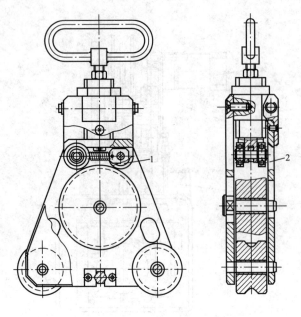

图 19-21　收绳尾车结构图

1—滚轮；2—侧板

主驱动轮采用铝合金材料，轮槽压铸有聚氨酯橡胶，以增大和架空地线之间的摩擦力，且有较好的耐磨性。轮槽槽底直径为 110mm，主动轮轮轴上装有同步带轮，通过同步带直接与电动机相连。同步带为 250H075 型。

四、收绳尾车

采用双轮换线滑车将架空地线更换成 OPGW 光缆作业时，最后一道工序回收牵引绳时，该绳头同这收绳尾车相连，拖动尾车在光缆上行走，防止牵引绳尾部绳头下坠触及下方带电线路或钩挂住其他物体。

收绳尾车结构如图 19-21 所示，它被拉动后能在光缆上经滚轮滚动而移动，一侧侧板 2 能打开，上面滚轮 1 能上下移动，以根据光缆外经大小调整上下滚轮之间的距离，保证滚轮始终在导线上滚动，不使导线出槽。

图 19-22 所示为 ZN 50 型收绳尾车结构，这种收绳尾车的阻尾力为 50～70N，滑轮通过光缆直径为 16mm。

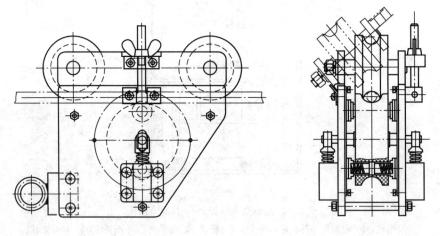

图 19-22　ZN 50 型收绳尾车结构图

第 二 十 章

索道运输技术与设备

第一节 索道运输技术

一、概述

索道运输技术在物料输送中发挥着重要作用，在地形复杂的山区灵活运用索道运输设备更是最经济的运输方式之一。货运索道不仅在高山大岭等复杂地形条件下具有特殊的竞争力（有时甚至是唯一的运输方式），而且在特定情况下用于平坦地形也是有效的，如海滩、泥沼、农田等。

索道运输具有爬坡能力大，可以跨越山川、河流、沟壑以及克服道路、线路等地障的优点。索道的高效、经济、环保等优点决定了其必将在输变电工程中得到广泛的应用。索道运输与其他运输方式比较有以下优点：

（1）索道线路长度一般仅为公路的 $1/30 \sim 1/10$，步行盘道的 $1/3 \sim 1/2$，线路可随坡就势架设，不需开挖大量土石方，对地形、地貌及自然环境的破坏小。索道可以重复利用，其建设造成的破坏是可恢复的，但公路和盘道使用完就废弃了，造成的破坏是永久性的。

（2）索道基建投资一般比汽车公路和步行盘道少，通常仅为公路的 $1/5 \sim 1/2$，经营费用低，经济效益好，投资回收快。一般为汽车能耗的 $1/20 \sim 1/10$，节约能源。有文献指出，在对货运索道、带式输送机、汽车运输和铁路运输等方式进行比较后得出以下结论：不论在基建投资还是经营费用上，货运索道都是最经济的。

索道按其应用范围和应用时设计计算的基础理论可以分为工程索道和特种索道两种类型。架空索道形式分类如图 20-1 所示，其中多索是指多承载索与单牵引索方案。

二、索道技术方案与型式

索道按货物布置方式可以分为单跨单荷重、单跨多荷重以及多跨多荷重等几种情况。其中单跨单荷重与单跨多荷重情况在输电线路施工中较为常用。

索道按运行方式主要分为往复式、脉动式和循环式。往复运行方式索道虽然运输效率比循环式运行的低一些，但具有结构简单、易于架设与拆除的特点，在一定跨度范围效率降低不明显，比较适合建设临时索道；循环运行方式索道对承载索要求比较高，驱动机构、站台布置复杂，更适合建设永久索道。

（1）双承载索、单牵引索往复式工作索布置方案。双索往复式货运索道，是指用固定式承载索承重，牵引索牵引单个（或一组）载运车往复运行运输物料的索道。这种索道跨度一般宜选择 $500 \sim 600$m，具有结构简单，安装方便的优点。双承载索、单牵引索往复式工作索

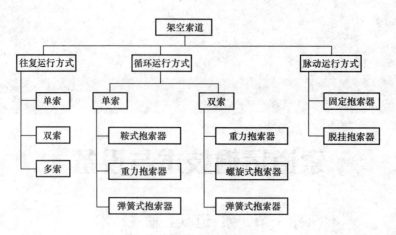

图 20-1　架空索道形式分类

布置方案如图 20-2 所示。该方案具有以下优点：

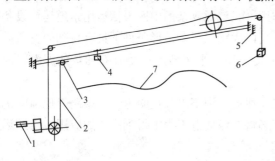

图 20-2　双承载索、单牵引索往复式索道布置方式
1—驱动装置；2—牵引索；3—托索轮；4—小车；5—地锚；
6—配重（地锚）；7—地形线

1）货车装载和卸载时无需脱开牵引索，因此事故少、安全性高，可以采用爬坡能力大的固定抱索器或牵引索连接装置，大大提高运行速度（有中间支架时为 3~5m/s，无中间支架时为 8~14m/s）。

2）承重索两端锚固避免承载索与托索轮间的相对滑动，有利于降低承载索磨损。

3）小车荷重由双索承担，改善承载索受力状况，不容易发生脱索事故；而且承载索可以选用相对较细的钢索，这样不论是在成本上还是在安装拆除过程中都具有重要意义。

4）钢索变细以后可以提高疲劳强度，接续也相对容易一些。

5）牵引索与承载索平行，降低对沿承载索方向的牵引分力，有利于改善塔架受力状况。

6）由双索分担运输荷载重量，降低了锚固要求，有利于扩大地质条件适用范围。

该方案具有以下缺点：小车行走时由于在各位置承载索张力是变量，故承载索安全系数无法保证恒定值，对承载索抗弯性要求较高。

（2）脉动式循环工作索布置方案。脉动式循环工作索布置方案中应尽可能做到货物装卸同时进行，以提高工作效率，设计时应根据运输货物的具体情况增减小车的数量以保证最大限度发挥索道性能。

（3）循环式工作索布置方案。索道上会有多辆小车，拉动钢索的是一个无极的圈，套在两端的驱动轮及迂回轮上。当小车由起点到达终点后，经过迂回轮回到起点循环。对于作为永久性设施使用的如矿山，旅游、化工厂等场合适合建设循环式索道，一般不适合输电线路施工现场。

循环式索道由于结构特点均需要安装抱索器，故价格昂贵。在实际使用过程中抱索器的安装要求比较高，而且抱索器本身质量与安装质量对索道的安全运行具有重要作用。

循环式索道需要重点考虑以下几个问题。

重车侧与轻车侧的问题，主要表现在承载索在回转盘处拉力不一致，将出现重车侧下降而轻车侧浮起现象，即每次装车或卸车均导致承载索与回转盘产生相对滑动造成承载索磨损，或者导致对动力系统造成冲击。

在非自动装、卸车时，每次装卸都需要停止动力系统采用刹车制动，这样造成对刹车的剧烈磨损，影响使用寿命。当承载索上货车数量多、运量大时还可能造成承载索在回转盘上打滑而产生飞车现象。

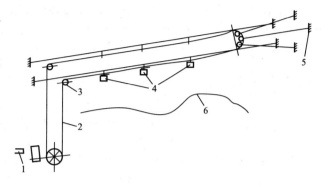

图 20-3　单承载索、单牵引索脉动式
1—驱动装置；2—牵引索；3—托索轮；4—小车；5—地锚；
6—地形线

循环式索道由于需要布置转盘，需要专门设计制作混凝土基础，在设置转角站时对基础要求更高，同时还需要设置专门的拉紧装置确保其稳定。循环式索道布置如图 20-4 所示。

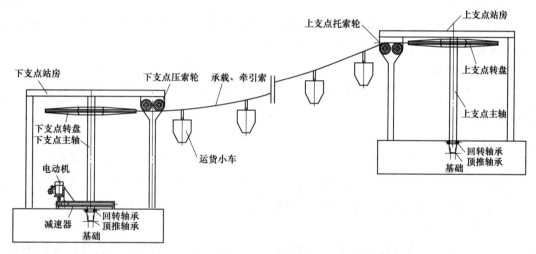

图 20-4　循环式索道布置

往复式索道具有结构简单、安装与拆除方便的优点。循环式索道结构复杂，需要庞大的回转装置。对于需要经常变换施工现场、要求灵活架设与拆除的输变电工程来说适合建设往复式货运索道。循环式与往复式索道对比情况见表 20-1。

三、索道运输技术发展趋势

新型货运索道将向大倾角、长运距、大运量方向发展。输送能力、运行速度、货车的有效载重量分别向输送能力多、运行速度高、有效载量大的方向发展。新材料与设备将在索道中广泛使用，主要包括：①工作索选用新型钢丝绳；②塔架采用高强轻型材料；③地锚采用可回收打入式；④高性能牵引动力装置；⑤灵活拆分式组合塔架等。

输电线路施工索道发展方向是轻小型化、系列化、模块标准化与快速拆装等。

表 20-1　　　　　　　　　　　　循环式与往复式索道对比情况

项目	往复式	循环式	备　注
承载索直径 （同荷载情况）	d	$1.4d$	循环式索道承载索要求是一根无极钢丝绳，由于钢丝绳一般标准生产长度为1000m，必须存在一个或多个续接点，降低了安全性；在同重同数量荷重情况下，承载索直径为往复式的 1.4 倍
承载索要求	两根	环形无极	
零部件组成	承载索、牵引索、小车、塔架、地锚、绞磨等	承载索、牵引索、回转盘、电机减速机、立式转轴、回转扁钢轨道、站房等	
抱索器	不需要	需要	
地锚	简易地锚	标准地锚	
塔架	机构简单	结构复杂	
基础处理	无需基础	混凝土基础	
动力装置	机动绞磨、电机卷扬机	电机驱动机	
最大件质量	70kg	856.35kg	
现场电源	不需要	必需	
设备与施工成本	低	很高	
转角站	接力式代替	不宜设置	
地形要求	不受限制	避开多次起伏的地形	
安装、拆除	灵活、周期1天	不灵活、费工	

（一）轻小型化

由于输电线路施工现场多在高山大岭地区，经常跨越沟壑以及河流等，轻小型索道易于运输、安装与拆除，各组成部分需要尽可能控制重量。

（二）快速拆装

由于在输电线路施工中经常变换现场，采用快速拆装的连接方式将极大提高索道运输效率。

（三）系列化

索道的经济与科学性主要体现在要根据现场实际情况进行架设，需要重点考虑的技术参数有跨度、高差、单次运输重量以及运输速度等，理想的情况是根据现场情况实地设计，在施工中可以采用系列化索道来适应不同的现场需要，尽可能提高技术经济性。

（四）模块标准化

索道组成的各个部分做成相对独立的标准模块，各模块可以互相自由组合以满足不同的现场需要。

第二节　工作索计算理论

货运施工索道施工场地复杂多变，需要根据现场实际情况进行具体设计，工作索计算精度与效率对提高货运施工索道的安全性与经济性具有重要意义，索道设计参数需要考虑地形、地质条件，料场的布置以及最大件质量工效等因素。要实现索道运输系统的技术科学、经济合理，必须根据不同的现场情况配置不同的承载索、牵引索以及配套的动力设备。由于输变电工程施工现场多变，运输对象也不完全一样，这就要求设计工作必须结合现场实际情况进行。实现参数化设计是输电线路施工对索道设计提出的重要要求。

工作索是索道运输的重要部件，开展工作索理论的研究以及参数化设计计算对保证索道设备的安全性与经济性具有重要意义。货运施工索道工作索中承载索设计计算的精度直接影响索道在使用过程中的安全性以及经济合理性，在安全系数的选取方面安全系数过小影响施工运输过程中的安全，安全系数过大则大大降低工作索的使用寿命，工作索精确的选型设计计算能够很好解决该问题。牵引索设计计算可以在承载索设计计算的基础上遵循一定的规则展开。

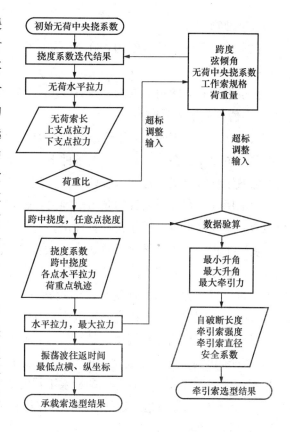

图 20-5　悬索理论计算流程图

一、单跨单荷重悬索理论

当跨距足够大，对悬挂缆索进行受力分析时，多数的悬挂缆索，都可以看成是像链条一样柔软而无刚性的悬链。由此假设条件下建立的对悬挂缆索进行受力分析的计算理论称为悬索理论，它是工程索道中各工作索设计计算的理论基础。

计算承载索受力的理论主要分悬链线法、抛物线法、悬索曲线法和摄动法四种。悬索理论计算流程如图 20-5 所示。

抛物线理论是悬链线理论取前二次项的近似计算方法，一般认为悬链线理论的计算结果为真值。通过应用抛物线与悬链线两种计算理论计算结果进行对比分析，可以得出在中央挠系数取 0.02~0.06 时两种理论计算结果误差率满足工程要求，在中央挠系数选 0.05 时，计算结果非常接近。

在计算承载索受力的方法中，抛物线理论适用的中央挠系数范围是 0.02~0.06，最大不能超过 0.08；悬链线理论的范围最大不能超过 0.2，具体见表 20-2。

表 20-2　　　　　　　　　　　索道中央挠系数范围

设计方法	荐用值	极限值
悬链线法	$S_0 \leqslant 0.2$	$S_0 \leqslant 0.25$
抛物线法（加氏）	$0.03 \leqslant S_0 \leqslant 0.05$	$0.02 \leqslant S_0 \leqslant 0.08$
抛物线法（堀氏）	$S_0 \leqslant 0.06$	$S_0 \leqslant 0.10$
抛物线法（杜氏）	$0.05 \leqslant S \leqslant 0.065$	$S \leqslant 0.08$
悬索曲线法、摄动法	$0.05 \leqslant S \leqslant 0.08$	$S \leqslant 0.20$

注　S_0、S 分别为无荷、有荷中央挠度系数。

在索道适宜的倾角范围内，无论倾角大小，随着 S_0 值的增大，有荷拉力 T 值先增大后减小，呈抛物线分布。

在索道适宜的倾角范围内，在 S_0 为 $0.025 \sim 0.030$ 时，随着荷重的增大，有荷拉力 T 值先增大后减小。

在索道适宜的倾角范围内，在 $S_0 \leqslant 0.05$ 的条件下架设索道，ΔG 随 Q 的增加而单调增加，ΔT 值则先增大后减小。

大量计算结果表明：对于部颁各荷重力级索道，以上三种不合理的差异是普遍存在的，这些差异主要发生在 $S_0 \leqslant 0.035$ 的条件下，特别是 S_0 取极小值的场合更为显著。因此，应用加藤诚平计算公式进行索道设计计算所获得的结果已经不能放心地使用了。

综上所述，在索道适宜的倾角范围内，一般必须在荷重比 $n < 3$ 的条件下，中央挠度系数 $S_0 > 0.035$ 时可以采用加氏计算理论。

实际工程应用中，悬链线理论（中央挠度系数 $\leqslant 0.2$）得到的计算结果内容丰富准确，但计算过程复杂，需要专门的计算程序，适合于在关键特殊情况下需要精确计算的索道设计施工，也可以作为抛物线理论算法的校核计算；抛物线理论结果简单，具有简单易行的特点，在一般工程中（中央挠度系数范围 $0.03 \sim 0.05$）可以正常使用。

（1）抛物线理论计算模型。悬链线理论可以作为悬索理论的精确解，1691 年几何学家 James Bemalli 等人建立了悬链线的解。但是因为是超越函数，计算困难使之不能直接应用于悬索工程的设计计算，只能根据悬索工程的要求采用不同的近似计算方法。在研究中应用 Mathematica 实现了超越函数的求解，具体计算模型如下：

无荷水平拉力系数为

$$\lambda_0^{(0)} = 8 S_0 \cos \alpha \qquad (20\text{-}1)$$

其中

$$\alpha = \arctan (h / l_0)$$

式中　S_0——初始无荷中央挠度系数；

　　　α——弦倾角，$(°)$。

迭代过程为

$$\lambda_0^{(j)} = 2\ln \frac{c^{(j)} + 1}{c^{(j)} - 1} \qquad (20\text{-}2)$$

其中

$$c^{(j)} = \frac{1}{2 S_0 \lambda_0^{(j-1)}} \sqrt{\left[\lambda_0^{(j-1)}\right]^2 \tan^2\alpha + 4 \sinh^2\left[\lambda_0^{(j-1)} / 2\right]}$$

式中　j——迭代次数，$j = 1, 2, \cdots, N$。

λ_0 精确值为

$$\lambda_0 \rightarrow \lambda_0^{(N)} \qquad (20\text{-}3)$$

精度控制为

$$\left| \frac{\lambda_0^{(N)} - \lambda_0^{(N-1)}}{\lambda_0^{(N)}} \right| \leqslant \Delta \qquad (20\text{-}4)$$

式中　Δ——预先要求误差限，常数 $\Delta = 0.000\,01$。

无荷水平拉力为

$$H_0 = \frac{q l_0}{\lambda_n} \qquad (20\text{-}5)$$

以下支点为坐标原点的索道线形方程为

$$y = x\tan\alpha - \frac{4S_0(l_0-x)x}{l_0} \tag{20-6}$$

无荷索长度为
$$L_W = \int_0^0 \sqrt{1+(\partial_x y)^2}\,\mathrm{d}x \tag{20-7}$$

无荷任意点挠度为
$$f_{0w} = x\tan\alpha - y \tag{20-8}$$

定义当量悬索单位荷重与荷重系数为
$$W = qL_W,\ q_0 = \frac{W}{l_0},\ n = \frac{P}{W} \tag{20-9}$$

无荷中央挠系数为
$$S_0 = \frac{f_{0wmax}}{l_0} \tag{20-10}$$

上支点拉力为
$$T_u = \frac{q_0 l_0}{8S_0}\sqrt{1+(4S_0+\tan\alpha)^2} \tag{20-11}$$

下支点拉力为
$$T_d = \frac{q_0 l_0}{8S_0}\sqrt{1+(4S_0-\tan\alpha)^2} \tag{20-12}$$

荷重后水平拉力为
$$H_k = \frac{qL_W}{8S}\sqrt{1+12k(n+n^2)(1-k)} \tag{20-13}$$

荷重后左段线形方程为
$$y_1 = x\tan\alpha - \frac{q_0 l_0[1+2n(1-k)]x - q_0 x^2}{2H_k} \tag{20-14}$$

荷重后右段线形方程为
$$y_2 = x\tan\alpha + \frac{q_0 l_0(1+2nk)x - q_0 x^2}{2H_k} \tag{20-15}$$

荷重后水平力最大值为
$$H_{max} = (q_0 l_0 + 2P)/8S \tag{20-16}$$

（2）悬链线理论计算模型。抛物线理论是对悬链线展开级数式取前 2 项进行改造后的计算，它是比悬链线简单得多的代数函数理论。抛物线理论中又包括加氏、堀氏和杜氏三种计算方法。

加氏和堀氏均是以控制无荷中中挠系数进行，加氏先由定索长条件求出悬索有荷拉力，而后对影响悬索拉力的各因素（弹性伸长、温度变化及支座位移）分别进行补正。堀氏在加氏的基础上，重新导入了综合补正计算式，从而扩大了加氏的使用范围。杜氏是以控制有荷中央挠系数进行的，通过拉力的二次方程式将 2 种状态的悬索（载荷不同、温度不同）联系起来，杜氏理论无荷中央挠系数小于 0.08。

1）无荷参数计算。无荷水平拉力系数见式（20-1）。迭代过程公式（20-2），λ_0 的精确值见式（20-3），精度控制见式（20-4）。

无荷索长为
$$L_W = \frac{l_0}{\lambda_0}\sqrt{\lambda_0^2\tan^2\alpha + 4\sinh^2\frac{\lambda_0}{2}} \tag{20-17}$$

式中 l_0——跨度，m。

平均拉力为

$$T_0 = \frac{H_0 l_0}{2L_W}\left(1 + \frac{1}{\lambda_0}\sinh\lambda_0 + \lambda_0\tan^2\alpha\coth\frac{\lambda_0}{2}\right) \tag{20-18}$$

其中

$$H_0 = \frac{ql_0}{\lambda_0} \tag{20-19}$$

式中 H_0——无荷水平拉力，N；

q——钢索单位长度重力，N/m。

下支点安装拉力为

$$T_X = H_0\cosh\frac{\lambda_0 x_c}{l_0} \tag{20-20}$$

其中

$$x_c = \frac{l_0}{2} - \frac{l_0}{\lambda_0}\text{arcsinh}\left[\frac{\lambda_0\tan\alpha}{2\sinh\left(\frac{\lambda_0}{2}\right)}\right] \tag{20-21}$$

式中 x_c——以索道下支点为原点建立直角坐标系，曲线最低点 c 的横坐标。

振动波往返所需时间为

$$S_E = 2\sqrt{\frac{\lambda_0 l_0}{g}\left[1 + \frac{\lambda_0^2}{l^2}\left(1 - \frac{3x_c}{l_0} + \frac{3x_c^2}{l_0^2}\right)\right]} \tag{20-22}$$

无荷悬链线方程为

$$f_0(x) = x\tan\alpha - \frac{2l_0}{\lambda_0}\sinh\frac{\lambda_0 x}{2l_0}\sinh\frac{\lambda_0(x - 2x_c)}{2l_0} \tag{20-23}$$

设计荷重为

$$F_P = (F_{P1} + F_{P2})(1 + G) + \frac{W_Q}{2} \tag{20-24}$$

式中 F_{P1}、F_{P2}——货物和跑车的重量，N；

W_Q——牵引索自重，N。

    2）有荷参数迭代计算。荷重点挠度初始值为

$$f_k^{(0)} = 4(k - k^2)f_0 \tag{20-25}$$

$$k = \frac{x}{l_0} \tag{20-26}$$

其中

$$f_0 = l_0 S_0 \tag{20-27}$$

式中 k——距离函数；

x——荷重点与下支点间水平距离；

f_0——无荷中央挠度。

无荷水平拉力初始值为

$$H_k^{(0)} = H_0 \tag{20-28}$$

第 j 次迭代计算（$j = 1, 2, \cdots, N$）：荷重点挠度 $f_k = f_k^{(j-1)}$；有荷水平拉力 $H_k = H_k^{(j-1)}$。

荷重拉力系数为

$$\lambda = ql_0/H_k \tag{20-29}$$

荷重点倾角 α_1 和 α_2 分别为

$$\left.\begin{array}{l}\alpha_1 = \arctan\left(\tan\alpha - \dfrac{f_k}{kl_0}\right) \\[3mm] \alpha_2 = \arctan\left[\tan\alpha + \dfrac{f_k}{(1 - k)l_0}\right]\end{array}\right\} \tag{20-30}$$

荷重后索长为

$$L_y = L_1 + L_2 \tag{20-31}$$

其中

$$L_1 = \frac{l_0}{\lambda} \sqrt{k^2 \lambda^2 \tan^2 \alpha_1 + 4 \sinh^2 \frac{k\lambda}{2}}$$

$$L_2 = \frac{l_0}{\lambda} \cdot \sqrt{(1-k)^2 \lambda^2 \tan^2 \alpha_2 + 4 \sinh^2 \frac{(1-k)\lambda}{2}}$$

荷重后悬索平均拉力为

$$T = \frac{L_1 T_1 + L_2 T_2}{L_1 + L_2} \tag{20-32}$$

其中

$$T_1 = \frac{H_k k l_0}{2 L_1} \left(1 + \frac{1}{k\lambda} \sinh k\lambda + k\lambda \tan^2 \alpha_1 \cosh \frac{k\lambda}{2} \right)$$

$$T_2 = \frac{H_k (1-k) l_0}{2 L_2} \left[1 + \frac{\sinh (1-k)\lambda}{(1-k)\lambda} + (1-k)\lambda \alpha_2 \cosh \frac{(1-k)\lambda}{2} \right]$$

式中 T_1、T_2——荷重点将悬链线分为 2 段的平均拉力。

荷重点水平拉力迭代值为

$$H_k^{(j)} = \frac{1}{f_k} \left[(1-k) \overline{x_1} Q_1 + k(l_0 - \overline{x_2}) Q_2 + k(1-k) l_0 F_P \right] \tag{20-33}$$

其中

$$Q_1 = \frac{QL_1}{L_1 + L_2}, \quad Q_2 = \frac{QL_2}{L_1 + L_2}, \quad Q = qL_w$$

$$\overline{x}_1 = \frac{kl_0}{2} \left[1 + \frac{l_0 \tan \alpha_1}{\lambda L_1} \left(k\lambda \cosh \frac{k\lambda}{2} - 2 \right) \right]$$

$$\overline{x}_2 = kl_0 + \frac{(1-k)l_0}{2} \cdot \left\{ 1 + \frac{l_0 \tan \alpha_2}{\lambda L_2} \left[\frac{(1-k)\lambda \cosh (1-k)\lambda}{2} - 2 \right] \right\}$$

式中 $\overline{x}_1$、$\overline{x}_2$ ——荷重点将悬链线分为 2 段的悬链线重心横坐标。

考虑悬索弹性伸长，温差影响悬索长度的协调方程为

$$L_y - L_W = \Delta L_e + \Delta L_t \tag{20-34}$$

其中

$$\Delta L_e = \frac{TL_y - T_0 L_W}{EA} \qquad \Delta L_t = \varepsilon \Delta t L_W \qquad \Delta t = t_2 - t_1$$

式中 ΔL_e ——由于拉力引起的索的弹性伸长变化量；

ΔL_t ——由于温度引起的索长改变量；

ε ——钢丝绳的线膨胀系数，℃$^{-1}$；

Δt ——温度变化值；

t_2 ——索道使用时的温度，℃；

t_1 ——索道安装时的温度，℃。

迭代式为

$$f_k = \frac{L_W}{L_y - \Delta L_e - \Delta L_t} f_k^{(j-1)} \tag{20-35}$$

精度检验为

$$\left| [f_k^{(j)} - f_k^{(j-1)}] / f_k^{(j)} \right| \leqslant \Delta \tag{20-36}$$

否则，令 $j = j + 1$，开始继续迭代计算。以下设 $j = N$ 时，其精度达到要求，则第 N 次迭代所求的值为精确值。

最大拉力为

$$T_{\mathrm{M}} = H_{\mathrm{P}} \cosh \frac{\lambda \left[(1-k) l_0 - x_{\mathrm{c}} \right]}{l_0} \tag{20-37}$$

其中

$$x_c = \frac{(1-k) l_0}{2} - \frac{l_0}{\lambda} \operatorname{arcsinh} \left[\frac{(1-k) \lambda \tan \alpha_2}{2 \sinh \frac{(1-k) \lambda}{2}} \right]$$

校核承载索实际安全系数为

$$N_{\mathrm{t}} = \frac{T_{\mathrm{S}} C_{\mathrm{T}}}{T_{\mathrm{M}}} \geqslant N_{\mathrm{T}} \tag{20-38}$$

式中　T_{S}——所选钢索钢丝的破拉断力；

　　　C_{T}——钢索破断拉力降低系数，$C_{\mathrm{T}} = 0.8 \sim 0.9$；

　　　N_{T}——承载索的安全系数，货运索道 $N_{\mathrm{T}} \geqslant 3$，客运索道 $N_{\mathrm{T}} \geqslant 3.5$，临时性索道 $N_{\mathrm{T}} \geqslant 2$。

（3）许用荷重法验算。项目应用的抛物线理论是对加氏理论以及堀氏理论综合以后改进的计算模型，可以系统地计算出索道设计中的各项参数。具体计算模型如下。

许用荷重法验算：

自破断长度为

$$R_{\mathrm{L}} = \frac{T_{\mathrm{P}}}{q} = \frac{\sigma_{\mathrm{b}} F}{q} \tag{20-39}$$

最大许用张力为

$$T_{\max} = \frac{T_{\mathrm{P}}}{K} = \frac{R_{\mathrm{L}} q}{K} \tag{20-40}$$

许用荷重系数为

$$m = \frac{4 S R_L \cos \alpha}{K L_0 \sqrt{4 S^2 \cos (2\alpha) + 2 S \sin (2\alpha) + 1}} \times \frac{8 S^2 \cos^2 \alpha + 3 S \sin (2\alpha) + 1}{\left[8 S^2 \cos^2 \alpha + 4 S \sin (2\alpha) + 2 \right] \cos \alpha} \tag{20-41}$$

最大许用荷重为

$$Q_{\max} = m q L_0 \tag{20-42}$$

【例 20-1】　在完成索道设计中抛物线理论以及悬链线理论研究的基础上，针对计算流程与算法开展研究，并应用 Mathematica 计算程序编制了计算程序。实现了索道设计中的参数化设计，只需要将现场的跨度、高差、单次运输重量以及地面障碍物情况输入到计算程序中，瞬间可以给出计算结果。

输出内容详细，不但给出无荷状态下各种参数，同时对加上荷载以后的参数也能详细显示。输出的数据量可控，可以以任意精度显示承载索各点以及荷重点的受力以及变形情况，内容可以根据要求导出到 Excel 等数据处理软件进行深加工，同时可以将数据加工以后在 AutoCAD 中自动生成图形。数据测试初始参数见表 20-3。

在程序中生成由无荷状态曲线、有荷状态曲线以及荷重点轨迹组成的索道运输中工作索的动画，可以清楚明了地展现现场中跨越障碍物的情况。

表 20-3　　　　　　　　　　　　　数据测试初始参数

跨度（m）	高差（m）	无荷中央挠度系数	荷重（kg）	每米索重（N）
395	104	0.032	689.65	8.8

测试时为双承载索结构，计算荷重为加载荷重的 1/2，输入程序后输出的计算结果与实

测值对比情况见表 20-4。在测试数据时无荷状态参数中只需要验证关键参数上、下支点安装拉力与跨中挠度即可。有荷状态下最大水平拉力无需测量，可通过其他参数进行验证。测试结果表明，软件输出的计算结果与现场测试结果相当吻合。

表 20-4   输出的计算结果与实测值对比情况

无荷输出参数	抛物线理论值	悬链线理论值	实测值
水平拉力（N）	14 056.4	14 056.4	—
悬索长度（m）	409.434	409.435	409
中央挠度系数	0.032	0.032	输入值
上支点安装拉力（N）	15 113.3	15 101.8	15 023
下支点安装拉力（N）	14 202.5	14 186.7	14 307
最低点横坐标（m）	—	217.292	—
无荷跨中挠度（m）	12.656	12.640 3	12.52
振荡往返时间（s）	—	6.428	6.40
重心坐标（m）	—	199.565	—
荷重后输出参数	抛物线理论值	悬链线理论值	实测值
中央挠度系数	0.036 29	0.035 6	0.035 2
最大水平拉力（N）	36 042.4	35 522.4	—
钢索最大拉力（N）	38 317.1	36 901.4	35 050
最大挠度（m）	14.333 5	14.059 1	13.9
最低点横坐标（m）	10.113 4	—	9.9
最低点纵坐标（m）	0.667	—	0.5

输出图像如图 20-6 所示，最上方的曲线为无荷状态下承载索线形，中间由两段曲线组成的折线为荷重后承载索线形，下方为荷重点运行轨迹曲线，最下方的曲线为地形曲线（图 20-6 的荷重点在跨中，其余点的线形没标出）。

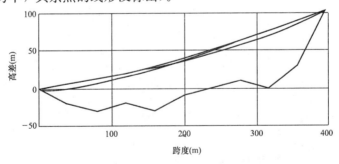

图 20-6   单跨单荷重承载索曲线与荷重点轨迹图

二、单跨多荷重悬索理论

（1）无荷参数计算，见式（20-1）。

（2）有荷重迭代计算。

1）假设水平拉力迭代初始值 $H^{(0)}$（N）。

2）假设左支座竖向力初始值 $F^{(0)}$（N）。

3）第 j 次迭代。

a. 纵向误差 Y_E。令 $H^{(j)}=H^{(j-1)}$、$F^{(j)} F^{(j-1)}$（$j=1, 2, \cdots$），则

$$\lambda_1 = \frac{ql_1}{H^{(j)}}, x_{c1} = \frac{l_1}{\lambda_1} \sinh^{-1} \frac{F^{(j)}}{H^{(j)}} \tag{20-43}$$

$$h_1 = \frac{l_1}{\lambda_1} \left[\cosh \frac{\lambda_1(l_1 - x_{c1})}{l_1} \cosh \frac{\lambda_1 x_{c1}}{l_1} \right] \tag{20-44}$$

$$\frac{dy_1}{dx_1} \bigg|_{x_1 = l_1} = \sinh \frac{\lambda_1(l_1 - x_{c1})}{l_1} \tag{20-45}$$

进行下一段迭代

$$x_{c2} = \frac{l_2}{\lambda_2} \sinh^{-1} \left[\frac{F_1}{H^{(j)}} + \frac{dy_1}{dx_1} \bigg|_{x_1 = l_1} \right] \tag{20-46}$$

$$h_2 = \frac{l_2}{\lambda_2} \left[\cosh \frac{\lambda_2(l_2 - x_{c2})}{l_2} - \cosh \frac{\lambda_2 x_{c2}}{l_2} \right] \tag{20-47}$$

$$\frac{dy_2}{dy_2} \bigg|_{x_2 = l_2} = \sinh \frac{\lambda_2(l_2 - x_{c2})}{l_2} \tag{20-48}$$

同理可求的 h_2, h_4, $\cdots$, h_{m+1}, 则纵向误差为

$$Y_E = \Sigma_{n=1}^{m+1} h_c - h \tag{20-49}$$

b. 横向索长误差 X_E

$$I_r = \frac{l_1}{\lambda_r} \sqrt{\lambda_r^2 \tan^2 a_r + 4\sinh^2 \frac{\lambda_t}{z}}, \quad \tan a_r = \frac{h_F}{l_r} \tag{20-50}$$

$$T_r = \frac{H^{(j)}}{2L_r} \left[1 + \frac{1}{\lambda_r} \sinh \lambda_r + \lambda_r \tan^2 a_r \coth \frac{\lambda_r}{2} \right] \tag{20-51}$$

$$\Delta L_c = \frac{1}{EA} (\Sigma_{r=1}^{m+1} T_r L_r - T_0 L_W) \tag{20-52}$$

$$\Delta L_t = \varepsilon \Delta T L_W \tag{20-53}$$

$$L_Y = \Sigma_{r=1}^{m+1} L_r \tag{20-54}$$

$$X_E = L_Y - L_W - \Delta L_e - \Delta L_t \tag{20-55}$$

式中　l_r——第 r 段悬链线水平跨距，m，$r = 1, 2, \cdots, m+1$；

　　　m——荷重个数；

　　　λ_r——第 r 段悬链线水平拉力系数，$\lambda_r = \frac{ql_r}{H^{(j)}}$；

　　　L_r——各段索长；

　　　T_r——各段平均拉力；

　　ΔL_e——由于拉力引起的索的弹性伸长变化量，m；

　　ΔL_t——由于温度引起的索长改变量，m；

　　　ε——钢丝绳的线膨胀系数，℃$^{-1}$，

　　　Δt——温度变化值，℃；

　　　L_Y——有荷总索长。

c. 由式（20-49）及式（20-55）求得 Y_E，X_E，若 Y_E、X_E 大于允许误差，则令 $H + \Delta H$，F 不变。

d. 由 $H + \Delta H$，F 不变，重复步骤 a. 和 b. 求出新的误差 Y_{E2}、X_{E2}，若 Y_{E2}、X_{E2} 还大于允许误差，则令 H 不变，$F + \Delta F$。

e. 由 H 不变，$F+\Delta F$ 重复步骤 a. 和 b. 求出新的误差 Y_{E3}、X_{E3}。

f. 用牛顿迭代法计算出 H、F 的修正值

$$\begin{bmatrix} H \\ F \end{bmatrix}^{(j+1)} = \begin{bmatrix} H \\ F \end{bmatrix}^{j} - \begin{bmatrix} (X_{E2}-X_E)/\Delta H & (X_{E3}-X_E)/\Delta F \\ (Y_{E2}-Y_E)/\Delta H & (Y_{E3}-Y_E)/\Delta F \end{bmatrix}^{-1} \begin{bmatrix} X_E \\ Y_E \end{bmatrix} \tag{20-56}$$

g. 按修正值重新按 a.～f. 进行循环，直到满足误差要求为止。

(3) 索的拉力计算。

1) 最大拉力 T_M（N）。当各集中荷重的重心位于跨中时，水平拉力取得最大值，此时拉力本身也取得接近最大值的值，最大拉力产生在上支点，此时可在有荷重迭代计算中假设 $H^{(0)}=(ql_0+\Sigma_{r=1}^m F_r)/88_0$，$F^{(0)}=H^{(0)}(\tan a-4s_0)$

$$T_M = H_p \cosh \frac{\lambda_{m+1}l_{m+1}-x_{cm+1}}{l_{m+1}} \tag{20-57}$$

式中　F_r——第 r 个集中荷重，N；

H_p、λ_{m+1}——当荷重重心位于跨中时相应的水平拉力和水平拉力系数。

2) 校核承载索拉力与轮压的比值

$$C = \frac{T_M}{N_1} \tag{20-58}$$

$$N_1 = \frac{F_{max}}{N_n}$$

式中　N_1——跑车的一个车轮承受的轮压。

F_{max}——各集中荷重的最大值；

N_n——跑车轮数。

(4) 挠度计算。

1) 多荷重时荷重点挠度 $f_{k(i,j)}$。将跨距分成 M 等分（常取 10 或 20 等分），将第 i 个设计荷重作为临界荷载，置于第 j 点上，可得各段悬链线水平跨距 $l_0(1)$、$l_0(2)$，…，按有荷重迭代计算，求出各局部坐标系高差，则荷重点挠度为

$$f_{k(i,j)} = x\tan a - \Sigma_{r=1}^t h_r, \quad k=\frac{l}{M}, \quad x=ki_0 \tag{20-59}$$

2) 单荷重时荷重点挠度 $f_{k(0,j)}$。将最大荷重作为设计荷重，取 $m=1$，将该荷重位于跨距等分点上，按有荷重迭代计算，求出第 1 个局部坐标系高差，则单荷重时荷重点挠度为

$$f_{k(0,j)} = x\tan a - h_1 \tag{20-60}$$

3) 荷重轨迹包络图。比较式（20-59）、式（20-60），两者之大值即为所求荷重轨迹极限值 $f_{k(j)}$。

$$f_{k(j)} = \max\{f_{k(i,j)}, f_{k(0,j)}\}, i=1,2,\cdots,m$$

4) 求地面变坡点与有荷悬索间的垂直距离

$$H_Y = Y_0 + X_Y\tan a - Y_Y - f_Y \tag{20-61}$$

其中，f_Y 为各变坡点荷重轨迹极限值，仿照式（20-61）得到。

三、承载索张力验算

(1) 承载索在张力作用下，内部产生的拉应力可由下式计算

$$\sigma_t = \frac{T}{F} \qquad (20\text{-}62)$$

式中　T——承载索张力；

　　　F——承载索金属截面积。

同时承载索在运行小车的作用下产生交变的弯曲应力，其值可由下式确定

$$\sigma_\omega = \frac{R}{F}\sqrt{\frac{E_K}{\sigma_t}} \qquad (20\text{-}63)$$

式中　R——运行小车单个车轮的压力；

　　　E_K——钢索的弹性模量。

承载索在拉伸和弯曲的双重作用下的总应力值为

$$\sigma = \sigma_t + \sigma_\omega = \frac{R}{F}\sqrt{\frac{E_K}{\sigma_t}} + \frac{T}{F} \qquad (20\text{-}64)$$

（2）承载索的强度条件。承载索在拉伸应力作用下的强度条件（第一强度条件）

$$\frac{\sigma_p}{\sigma_t} \geqslant K, \quad \frac{\sigma_\omega}{\sigma_t} \leqslant \frac{1}{2} \sim \frac{2}{3} \qquad (20\text{-}65)$$

承载索在拉、弯应力作用下的强度条件（第二强度条件）

$$\frac{\sigma_p}{\sigma_t + \sigma_\omega} \geqslant K' \qquad (20\text{-}66)$$

$$\frac{K'}{K} \geqslant \frac{2}{3} \sim \frac{3}{5} \qquad (20\text{-}67)$$

式中　σ_p——承载索破断拉应力；

　K、K'——其安全系数。

（3）强度计算的结论。综上所述，对于承载索的强度计算可以做以下结论。

1）用式（20-68）控制第一强度条件，使载荷作用下的主应力为

$$\frac{\sigma_w}{\sigma_t} \leqslant \frac{1}{2} \sim \frac{2}{5} \qquad (20\text{-}68)$$

满足要求。

2）用式（20-68）控制第二强度条件。轮压比可由下式计算

$$\frac{R}{T} = \frac{\sigma_w}{\sigma_t}\sqrt{\frac{\sigma_t}{E_k}} \leqslant \left(\frac{1}{2} \sim \frac{2}{5}\right)\sqrt{\frac{\sigma_t}{E_k}} \qquad (20\text{-}69)$$

根据式（20-69）即可确定载重小车的轮压以及所要配置的运行轮数。作为历来的经验数据，对于永久性承载索可以取比值为

$$\frac{R}{T_{min}} = \frac{1}{40} \sim \frac{1}{60} \qquad (20\text{-}70)$$

对于临时性承载索可以取

$$\frac{R}{T_{min}} = \frac{1}{25} \sim \frac{1}{30} \qquad (20\text{-}71)$$

四、牵引索受力分析

牵引索在使用过程中，其挠度应尽可能与承

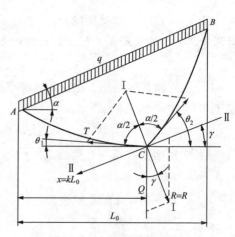

图 20-7　牵引索受力分析图

载索接近，故牵引索受力主要包括张紧力与索道牵引机施加的牵引力。张紧力的计算方法与承载索安装拉力相同，牵引力与荷重、升角等因素有关，牵引索受力分析如图20-7所示。具体计算方法如下：

最大升角

$$\gamma_{max} = \arctan\left[\tan\alpha + 4s(2k-1)\frac{W+2P}{W+4P}\right]$$

最大牵引力

$$T_{Qmax} = \frac{2P\sin\gamma_{max}}{\sin^2\gamma_{max} + \cos\gamma_{max}}$$

第三节　索道运输设备选型与设计

一、工作索选型

钢丝绳使用的最大载荷需要考虑以下几方面因素：摩擦力、过滑轮导致的弯曲应力、加速度与减速度、最长状态的重力（如果长钢丝绳用于提升时）、钢丝绳状况（新旧程度、磨损情况）以及连接附属件等，拉索的安全系数通常取3～4。由于索道运输的特殊性，超载系数有以下规定：承载索拉力载荷1.2；牵引索拉力载荷1.4；空车及重车重力1.2；设备重力1.2。

（一）承载索选型

运载索用钢丝绳必须具有良好的抗疲劳性能，并且要耐磨、抗腐蚀，还要有较小的延伸率和较高的抗拉强度等。由于交互捻钢丝绳的刚性大，抗疲劳性能极差，使用寿命不及同向捻钢丝绳的一半，在客运索道中应禁止采用。在相同使用条件下，线接触钢丝绳的使用寿命比点接触的高，因此在客运索道中禁止使用点接触钢丝绳。在现代客运索道设计中所选用的钢丝绳抗拉强度日益提高；国外选用的钢丝绳的抗拉强度已达2060～2160MPa，国内达到1770MPa。国外已采用的热压聚丙烯纤维绳芯被认为是较为理想的绳芯，可使钢丝绳的残余伸长率减少50%左右。托、压索轮直径不能为钢丝绳捻距的整数倍。复式线接触钢丝绳兼有耐磨和耐疲劳双重性能，是客运索道特别是固定抱索器索道运载索最理想的选型。西鲁式、瓦林吞—西鲁式以及填充式钢丝绳适用于运载索。瓦林吞式钢丝绳不适用于客运索道。紧密型钢丝绳在国内固定抱索器客运索道上使用3年以来的情况表明，其对压索轮轮衬的磨损大为减轻，可延长轮衬的使用寿命，降低了维修费用和工作量。

根据经验，承载索采用钢丝抗拉强度1550～1850MPa的钢丝绳为宜。强度不能选择太大，否则造成展放困难。

使用钢丝绳时，必须注意它所承受的拉力，最大不能超过破断拉力 F_p 的60%～70%，否则会造成钢丝绳的塑性变形。不断减少钢丝绳的直径，即不断减小钢丝绳的承载能力。

因同向捻钢绳比异向捻钢绳寿命提高50%～100%，所以在索道上严禁用异向捻钢绳。

安全系数必须按照相关规范，不能过大或过小。安全系数取值过大，承载索的寿命降低。试验指出：抗拉安全系数取2.1时，承载索寿命最长，当安全系数超过4.5时，则会明显缩短承载索寿命。

钢丝绳选取时要有以下性能要求。

(1) 抗拉强度高，结构密度系数大。对横向压力和挤压力、横向冲击力有较强的抵抗能力。

(2) 耐磨损，钢丝绳表面光滑，与卷筒和滑轮等有较大的外接触表面。

(3) 耐疲劳，对反复弯曲的适应性强。

(4) 柔软，不自转，不扭转，不松散。

(5) 耐腐蚀。

(6) 易插接。

(二) 牵引索选型

索道的牵引索一般选用 6×7 同向捻钢丝绳，这种钢丝绳表面股丝粗，耐磨性好，易发现断丝，便于检查和维护；而且结构紧密易于编结，接头不易变形。对于大运量双线索道牵引索直径较大时，可以考虑采用柔性较好表面股丝不小于 6×（19）、6W（19）或 6T（25）线接触钢丝绳，不要使用交互捻钢丝绳。当腐蚀断丝成为牵引索报废原因之一时应采用镀锌钢丝绳。

牵引索不得采用交互捻钢丝绳，钢丝绳表面丝的直径不得小于 1.5mm。根据以往的经验，牵引索可以大致取承载索直径的 1/2。对于双承载索索道，由于两根承载索直径相同，故可以选择与单根承载索直径相同。根据经验，牵引绳则以采用抗拉强度 1700～2000MPa 的钢丝绳为宜，牵引索的抗拉安全系数应为 4.5～5.0。牵引索初拉力的选择，需要满足下列要求：

(1) 使牵引索在驱动轮上产生足够的黏着力，保证在最不利的运行条件下不打滑。

(2) 和承载索的拉力匹配，使牵引索的悬垂曲线和重货车在大跨度中的运动轨迹接近，从而使牵引索对货车作用的附加载荷达到最小，改善了牵引索的受力状况。

(3) 保证牵引索对地面跨越物的安全距离。

(4) 牵引索不需要达到承载索一样的张紧度，主要取决于牵引索长度，过长则容易绞在一起。设计中取中央挠系数为 0.1，应用悬链线理论计算无荷状态张力。

每条牵引索必须选用同品种的钢绳，不要把抗拉强度不同，捻距相异的钢绳编接在同一条牵引索上，否则将降低使用寿命。

在一定捻距内，如损坏 3 股以上，应将损坏的绳段换成新绳段，叫"换段"，新旧绳段按规定编结，编结长度不小于绳径的 1000 倍，此时，芯绳股长度不小于绳径的 84（1000/12）倍。

牵引索的编接长度，应不小于牵引索直径的 1200～1500 倍。相邻 2 个编接端头间距应不小于牵引索直径的 3000 倍。1 条新的无极牵引索的编接接头数应不超过 2 处。在维修过程中，允许增加接头，绳索接头编接工作必须由有经验的技工承担，应确保牵引索接头处形状圆滑，各绳股位置正确，松紧程度一致，捻距均匀。接头处绳索直径增大应不超过原直径的 7%～10%。在使用时，应按规定进行润滑，所选用的润滑油或润滑脂不得有腐蚀性。

牵引索的编接与就位，应符合下列要求：

(1) 被编接的两盘钢丝绳，其结构、规格、捻向、标准号和制造厂家，必须完全相同。

（2）在编接过程中拉紧牵引索时，必须使用不损伤牵引索的专用夹具，严禁使用普通的U形绳夹。

（3）编接接头的长度，货运索道不得小于 $1000d$。

对于客运索道，当钢丝绳的总丝数小于或等于 114 时不得小于 $1200d$；当钢丝绳的总丝数大于 114 时宜为（$1300\sim1500$）d。

（4）两个编接接头之间没有编接的牵引索长度，不得小于 $3600d$。

（5）编接接头的外观，应浑圆饱满、压头平滑、捻距均匀、松紧一致。编接接头的直径增大率，$d\leqslant28$mm 时不得大于 10，$d=29\sim38$mm 时不得大于 9，$d=39\sim48$mm 时不得大于 8。

（6）编接接头的内部，钢芯与纤维芯应互相衔接。

（7）当拉紧小车的轨道较长时，牵引索就位后，拉紧小车应位于设计给定的位置。

如没有给定位置，拉紧小车应位于距轨道前端约 $1/3\sim2/5$ 行程处。

（8）牵引索的编接工作，应由考核合格的人员担任。每个编接接头的操作记录、检查结果、操作人员姓名和检查人员姓名，应登记在册。

（三）张紧索选型

拉紧索的结构：一般双索循环式索道承载索拉紧重锤基本处于移动较小的工作状态，拉紧索很少损坏，选用普通的 6×37 或 6×61 钢丝绳已能满足要求。而往复式双索索道，拉紧索经常在导向轮附近反复折绕，易疲劳损坏。从这种工作条件出发，应该选用柔性、抗挤压和旋转性好的，与拉紧轮轮槽接触面积大的钢丝绳。因此，6 股不如 8 股，圆形股不如椭圆股和三角股，单层股不如两层股。目前可以选用 6△（43）、6 〇（33）＋6△（21）等钢丝绳，有条件时可以选用特别柔软、抗挤压性能优良的。

拉紧索的公称抗拉强度一般选用 $1370\sim1670$MPa。拉紧索的规格根据悬挂重锤的重力选择，安全系数一般取 $n\geqslant5$，但承载系统的拉紧索（不包括往复式索道）可取 $n\geqslant4.5$。

承载系统的拉紧索导向轮直径与绳径之比选 $25\sim40$。牵引系统拉紧索导向轮直径与绳径之比取 $40\sim60$。侧型平坦、跨距较小而且比较均匀，重锤移动较慢者取小值。单绳拉紧时取大值，四绳拉紧时取小值。拉紧轮最好采用滚动轴承，以减少轴承的阻力损失和增大拉紧区段的长度。

二、托索轮与导向轮设计

在托索轮设计过程中主要有两个结构方面的问题需要考虑：①托索轮与承载索接触部分曲率半径，只有合理控制曲率半径才能保证承载索合理受力，不至于出现过度弯曲现象，避免因为疲劳产生破坏；②托索轮上与承载索接触部分的槽型，为保证承载索与托索轮的有效接触面积，同时还要考虑钢索受力以后截面会变成椭圆形，一般控制槽型的直径比钢索直径大 $1\sim2$mm。至于磨损问题，主要取决于托索轮的材料。以前通常使用铸铁或钢制起重滑车

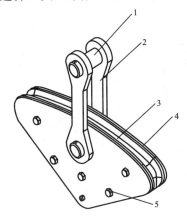

图 20-8　MC 尼龙材料托索轮

1—悬挂销轴；2—拉板；3—MC 尼龙托索轮；4—夹板；5—紧固螺栓

充当托索轮，由于摩擦系数大，故在实际使用过程中表现为承载索磨损较快。采用 MC 尼龙材料托索轮有效解决了磨损问题，最大限度地保证了承载索的使用寿命，而且大大降低了托索轮的重量。MC 尼龙材料托索轮如图 20-8 所示。

MC 尼龙，又名铸型尼龙，它是一种高分子聚合物。它有下列优点：质量轻、不产生噪声、机械性能好、有良好的回弹性；具有耐磨性和自润滑性、化学稳定性好；并具有对异物的埋没性和非黏附性。实践证明，在同等条件下，当载荷为钢丝绳强度 11%，24%，34% 时，尼龙绳轮上钢丝绳寿命分别是钢制绳轮上钢丝绳寿命的 11 倍、5 倍、3 倍，由此可见 MC 尼龙能有效减少对钢丝绳的磨损，大大提高钢丝绳的使用寿命。托、压索轮直径不能为钢丝绳捻距的整数倍。

托索轮与塔架上横梁的固定方式之间影响索道运行，因为在小车行进的过程中，工作索是动态变化的，所以将托索轮通过拉板悬挂在塔架上横梁上，这样整个托索轮就是活动的，自身能够根据受力情况进行姿态调整。有效化解了钢索倾角变化对塔架造成的不良影响。

为提高托索轮承受压力和弯矩的能力，在托索轮外层设置了托架，与 MC 尼龙结合起来很好地解决了强度与磨损问题。

导向轮直径与牵引索直径的比值，应符合表 20-5 的规定。

表 20-5　　　　　　　　　　　　　　导向轮直径与牵引索直径的比值 D/d

包角（°）	≤4	5～10	11～20	21～30	31～90	91～180
D/d	不限	30	40	50	60	80～100

推荐的曲率半径为承载索直径的 150 倍以上，为使钢索紧贴着索鞍槽面，索鞍槽的内径应大于钢索直径 1～2mm，索槽侧缘高度不应小于钢索直径的 50%～80%。

牵引索用的滑轮直径 D，是按照不使牵引索产生过大弯曲应力的要求，根据钢丝直径 δ 而决定。根据索道的规模，其直径范围为：$D \geqslant 500 \sim 1000\delta$，标准值是 $D=800\delta$。

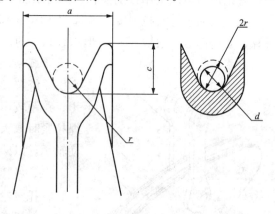

图 20-9　滑轮轮沟的形状

滑轮的轮沟面，如果由牵引索所受的面压力过大时其损耗较快，为了减少面压力也需要适当加大滑轮直径。滑轮轮沟的形状如图 20-9 所示。如果其底部断面的曲率半径过小，由于钢索的摩擦作用，轮沟和钢索的磨损就很快。反之，半径 r 过大，则形成点接触，将产生钢索变形。因此，一般应采取下值

$$2r = (1.1 \sim 1.2)d$$

式中　d——钢索直径；

在表 20-6 中列出滑轮轮沟的标准规格。把牵引索绕在保持上述接触面的滑轮，并以 Q 拉紧时，牵引索就稍有椭圆形的变形。与轮槽面大致按 $d/2$ 的宽度相接触，其面压力为

$$P = \frac{Q}{dD} \qquad (20\text{-}72)$$

式中　d——牵引索直径；

　　　D——滑轮直径。

表 20-6　　　　　　　　　　**滑 轮 轮 沟 的 标 准 规 格**　　　　　　　　（mm）

钢索直径	滑轮各部分规格				钢索直径	滑轮各部分规格			
	a	b	c	r		a	b	c	r
8	28	18	16	5	26	70	52	40	14.5
10	32	22	18	6	28	74	54	42	15.5
12	38	26	21	7	30	78	58	45	17.5
14	42	30	24	8	32	84	62	48	17.5
16	46	32	26	9	34	88	66	50	19
18	50	36	29	10	36	94	70	53	20
20	56	40	32	11.5	38	98	74	56	21
22	60	44	34	12.5	40	102	76	58	22
24	66	48	37	13.5					

　　滑轮通常用铸铁或钢熔接而成，轮沟面采用冷硬铸铁或淬火钢，同时若有必要增大钢索摩擦时，可镶上木块或硬橡胶。因此根据轮沟面的材质而调节 p 使其不超过许用压力，许用压力见表 20-7。

表 20-7　　　　　　　　　　**许用压力参考值**

滑轮的轮沟	许用压力（MPa）	滑轮的轮沟	许用压力（MPa）
铸　铁	0.25	木　块	0.15
冷硬铸铁	0.50	硬质橡胶	0.02
普 通 钢	0.40		

　　牵引索导向轮直径 D 与牵引索外层丝直径 δ 之比应满足要求（包角为 $5°\sim180°$，则 D/δ 对应为 $30\sim100$）。导向轮直径 D 与牵引索外层丝直径 δ 的比例关系与包角有关，应按表 20-8 的规定选取。

表 20-8　　　　　　　　　　**绳轮直径与牵引索直径的比例**

包角（°）	$4\sim10$	$10\sim20$	$20\sim80$	>80
$\dfrac{D}{\delta}$	$30\sim40$	$40\sim60$	$60\sim80$	$80\sim100$

三、塔架部分设计

　　塔架一般应采用人字结构，顶部夹角以 $30°\sim40°$ 为宜，以保持整体稳定性，为避免使用拉线可采用四棱台结构。塔架计算的荷重条件为承载索及牵引索对塔架产生的垂直荷重及水平荷重。必要的时候还必须考虑承载索及牵引索所承受的风压对塔架产生的侧面水平荷重。

轻型塔架的材料一般使用型钢，如角钢、槽钢以及工字钢组成的网架结构。重型塔架的材料一般选择箱型立柱结构。

考虑输变电工程施工现场的实际情况，要求塔架具有灵活组合的特点，为减少占用空间，采用截面力学特性较好的钢管作为主要材料，标准节之间采用螺栓法兰连接。

在研究过程中塔架部分主要考虑了强度、刚度以及稳定性方面的因素，应用有限元分析软件对塔架进行了建模分析以及优化设计，另外也主要考虑了价格因素选取了结构钢管作为主材，在现场实施过程中也应该充分考虑现场资源。

一般情况在设计中要将科学性、先进性、安全性与经济性结合起来，在设计过程中如果不将价格因素作为重点，也可以考虑使用高强材料或轻质铝合金材料，可以大大降低塔架部分构件的重量，提高塔架组装与拆除的速度。这种类型的索道适合于输电线路施工抢修任务。塔架组装如图 20-10 所示。

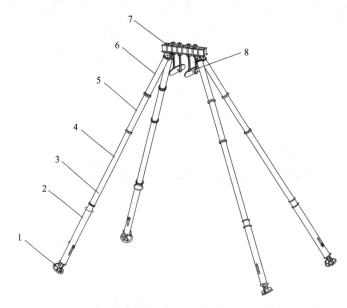

图 20-10 塔架组装图

1—底座；2—外套管；3—内套管；4—长标准节；

5—短标准节；6—顶段；7—顶梁；8—托索轮

塔架部分主要采用钢管，高度可以调节。主要调节方式包括：①通过加、减标准节进行调节；②通过底部调节装置进行高度微调节。

每个支腿之间采用钢丝绳柔性连接，以实现支腿在合适的位置固定。

四、动力装置选配

使用索道运输物料的输变电工程施工现场一般都在偏远山区，在野外没有电源作为动力，所以配备无需电源的绞磨是解决该问题最有效的办法。常规绞磨的牵引速度一般都比较低，故选用的绞磨必须在原绞磨的基础上改造，将牵引速度提上去，而牵引力可以适当降低。如：选用 JM50A-400 双磨芯机动绞磨，如图 20-11 所示，其参数见表20-9。

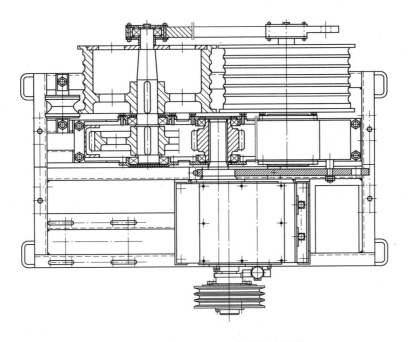

图 20-11　JM50A-400 双磨芯机动绞磨

表 20-9　　　　　　　　　　　　　JM50A-400 双磨芯机动绞磨参数

参　数	挡　位		
	Ⅰ	Ⅱ	Ⅲ
牵引速度（m/min）	16	36	60
牵引力（kN）	50	35	16

　　SQJ 系列索道牵引机主要应用于输变电线路施工中的索道运输作业，它采用模块化结构，由动力、变速箱、减速箱、卷筒，底架等组成。SQJ 系列索道牵引机主要参数见表20-10。

表 20-10　　　　　　　　　　　　　SQJ 系列索道牵引机主要参数

型号	SQJ-3					SQJ-2					SQJ-1					备　注
参数	挡位					挡位					挡位					卷筒底径 280mm
	Ⅰ	Ⅱ	Ⅲ	Ⅳ	倒	Ⅰ	Ⅱ	Ⅲ	Ⅳ	倒	Ⅰ	Ⅱ	Ⅲ	Ⅳ	倒	外形尺寸 1500mm
牵引速度（m/min）	15	24	45	73	9.15 27.4	22.5	36	67	110	14 41	45	72	135	220	27.5 82	×1150mm×650mm
牵引力（kN）	30	20	10	6		20	13	6.7	4		10	6.7	3.3	2		

　　变速箱采用四挡正车，两挡倒车。离合器和刹车联动操作。变速由主变速杆和副变速杆配合得到相关的速度。减速箱采用三级齿轮减速器，改变其中一对齿轮的速比，就可以变成其他规格的牵引机。减速箱内带有防逆转机构。SQJ 系列索道牵引机如图20-12所示。

五、牵引小车

　　车轮材料与承载索耐久性的关系：制造车轮轮槽材质太硬，超过承载索的硬度时，将加剧承载索的磨损；车轮轮槽材质太软，轮槽易磨损，并出现索状伤痕和偏磨损，反过来又加

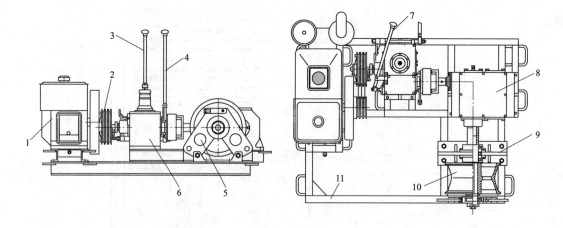

图 20-12　SQJ 系列索道牵引机

1—变速手柄；2—离合器和刹车联动手柄；3—离合器；4—柴油机；5—变速箱；6—外支架；
7—副变速手柄；8—减速箱；9—内支架；10—卷筒；11—底架

剧了承载索的磨损。特别是轮槽出现偏磨损以后，车轮与承载索之间容易产生滑动，这对承载索的磨耗尤为严重。因此，轮槽与承载索的材料硬度要相适应。一般可以采用 45号优质钢或者铸钢（ZG45），硬度为洛氏硬度 RC32～40。MC 尼龙滑轮见图 20-13。

车轮与承载索之间总有一个微小范围的面接触，这时所受的弯曲应力为

$$\sigma_{b1} = \frac{3}{8} E \frac{\delta}{D_L} \qquad (20\text{-}73)$$

式中　δ——钢丝直径；

　　　D_L——车轮直径；

　　　E——钢丝绳弹性模量。

一般设计车轮的直径 $D_L = 180 \sim 240\text{mm}$。

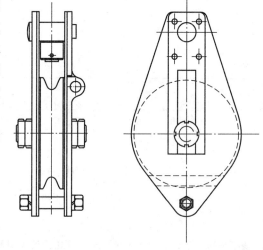

图 20-13　MC 尼龙滑轮

小车的设计主要有几点要求：①整体重量轻，增加有效装载量；②尽可能降低小车行走时对承载索的磨损；③重点考虑防止小车脱索情况发生。

六、牵引绳抱索器

（一）脱挂式抱索器

索道在输变电工程物料运输中扮演重要角色，牵引绳与运货小车能够实现快速结合与脱开是最理想的。

1. 摘挂型自锁式活动抱索器

摘挂型自锁式活动抱索器（见图 20-14）包括外壳以及导向板，连接杆套在导向板中，顶端固定锁紧块，锁紧块上开有导向槽，在锁紧块导向槽中锁紧导向轴，锁紧块导向轴两端固定在外壳上；滚轮紧贴锁紧块，滚轮中有滚轮轴，滚轮轴两端套在导向槽中，活动抱爪导杆的前端套在主抱爪旋转块中，并活动连接有活动抱爪，其导杆的另一端固定在滚轮轴上；

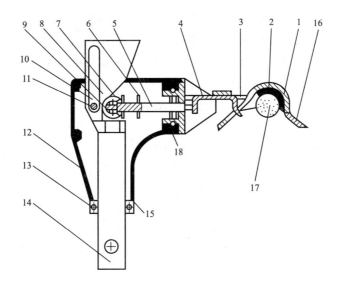

图 20-14　摘挂型自锁式活动抱索器

1—主抱爪；2—橡胶垫；3—导轨；4—活动抱爪；5—活动抱爪导杆；
6—弹簧；7—滚轮；8—紧贴锁紧块；9—滚轮轴；10—锁紧块导向槽；
11—锁紧块导向轴；12—外壳；13—导向板；14—连接杆；15—滚轮轴
导向槽；16—鸭舌；17—钢丝绳；18—旋转块

主抱爪固定在连接块上，连接块固定在旋转块上，旋转块通过限位销套在外壳上，主抱爪连接块上有导轨，活动抱爪套在导轨上；主抱爪中镶有橡胶垫。在主抱爪的前沿装有鸭舌。解决了索道运输中货运小车频繁摘挂的问题。

2. 重力式脱挂抱索器

重力式脱挂抱索器（见图 20-15）由于依靠吊重重力压紧，具有体积小、质量轻、卡紧可靠效果好以及维护简便的特点。该装置能保证卡紧前后牵引绳与承载索在同一竖直平面内，大大改善了索道工作索受力状态，提高了索道运输过程的安全性。

铝合金滑车尼龙轮下方接触承载索，与牵引绳卡紧机构连接部分采用活动盖板穿销轴（螺栓）型式。实际使用时先将铝合金滑车与卡紧机构间的销轴（螺栓）取出，打开活动盖板以后将滑车放在承载索上，合上盖板将卡紧机构与滑车连接好以后将牵引索放入卡紧机构，然后将被运物体与卡紧机构扳手相连即可。由于重物重力通过杠杆原理增力后带动上压块压紧下压块实现牵引索卡紧。此时开动索道牵引机即可实现小车带载上、下运行。运输到指定位置以后按相反顺序脱开通

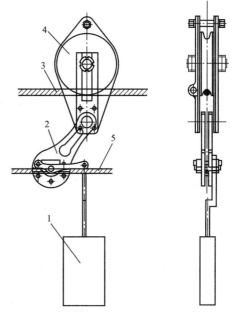

图 20-15　重力式脱挂抱索器

1—运输重物；2—牵引索卡紧装置；
3—承载索；4—运货小车；5—牵引索

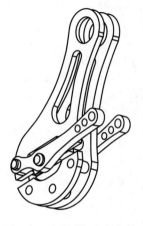

过牵引索的运动将整个小车带回运输初始位置。特点：①结构简单，体积小、质量轻；②保证了运输物体重力与承载索、牵引绳在同一竖直平面内，消除了施加在承载索上的扭矩，改善了承载索受力状态；③压紧与脱开操作简单、省时省力；④卡紧机构（见图20-16）压力可调节；⑤只需要通过更换上、下压块上的圆弧尺寸即可实现卡紧不同规格的牵引绳。

（二）固定式抱索器。

固定式抱索器实现了对不同直径的钢丝绳进行可靠的抱紧，不破坏钢丝绳本体，并能自动补偿夹紧力；安装维护方便；固定在钢丝绳上的抱索器与轮衬弧面温和、磨损小、振动小、运行成本低、延长了使用寿命，特别是可以绕驶驱动轮和迂回轮，使索道系统运行平稳和安全。固定式抱索器如图20-17所示。

图20-16　牵引绳卡紧机构

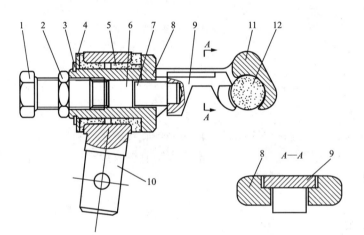

图20-17　固定式抱索器

1—锁紧螺栓；2—锁紧螺母；3—挡圈；4—止位平垫；5—滑动轴承；
6—弹性顶杆；7—刚性顶杆；8—主体；9—活动抱爪；10—座椅吊杆；
11—主抱爪；12—钢索

七、锚固方式的选择

锚杆主要分三类：土中锚杆、岩石中锚杆和海洋锚杆。锚杆由三部分组成：锚头、杆体和锚根。锚杆的材料可以是钢棒、钢筋和股线。

（1）在坚硬岩石中的锚固深度。抵抗锚杆锚固体被拔出的抗力取决于岩层的抗剪强度τ，而坚硬岩层的抗剪强度约等于抗压强度的1/12。

在均质岩石中，锚杆的影响区扩展为顶角呈90°、轴线与锚杆中心线相重合的圆锥形。均质岩石中锚杆压应力传递形式见图20-18。

对于一行锚杆（见图20-18）其影响区扩展为顶角呈90°的三角形棱柱体截面，锚杆的埋设深度由下式计算

$$h_{\text{multi}} = \frac{mP}{\sqrt{8\tau L}} \qquad (20\text{-}74)$$

假定在使用荷载下（并施加应力），锚杆被连根拔出仅受到锚杆影响区岩层重量的抵抗（见图 20-18），那么，锚固所需的深度可由下式决定

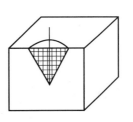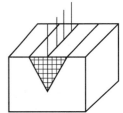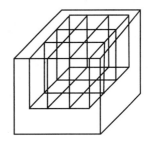

$$h = \frac{mP}{\gamma L^2} \qquad (20\text{-}75)$$

式中　P——锚固力设计值；

　　　τ——岩石的抗剪强度；

　　　L——锚杆间距；

　　　γ——岩石重力密度；

　　　m——锚杆连根拔出的安全系数。

式（20-74）中的 m 值可取 2.0～4.0，式（20-75）的 m 值可取 1.2～1.5。此外，式（20-74）和式（20-75）用于计算锚固深度，两式中的 L 值应小于等于 $h\tan\varphi$（φ 为内摩擦角）。

图 20-18　均质岩石中锚杆压应力传递形式

（2）在破碎或软弱岩石中的锚固深度。岩石的抗剪强度常因不连续面而降低，并取决于这些不连续面的产状及其与作用力方向间的组合关系。抵抗锚杆被放出的力是由沿这些不连续面的摩擦力、角变位的抗力和固结岩石的抗剪强度按不同比例组成的。岩层的走向与锚杆轴线垂直对锚杆固定最有利，这是因为剪切应力可扩展为如同均质岩层中一样的圆锥形的破坏形态。当锚杆轴线平行于岩石的若干不连续面时，其抵抗锚杆被拔出的力就最小（见图 20-19）。

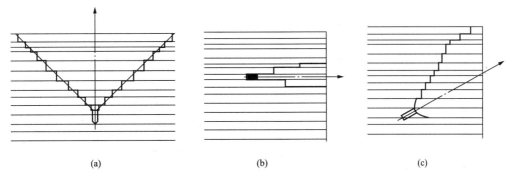

（a）　　　　　　　　　　（b）　　　　　　　　　　（c）

图 20-19　锚杆轴线与坚硬岩层不连续面夹角对岩石介质锚固的影响

（a）锚杆轴线与不连续面垂直；（b）锚杆轴线与不连续面平行；（c）锚杆轴线与不连续面成一锐角

假如岩石的不连续面只有一组，例如层状岩石，且岩层层厚与锚杆锚固段的横截面积相等，则锚杆的抗拔力只取决于岩板的抗剪强度。在这种情况下，不连续面上的黏结力和摩擦力可忽略不计，则这种岩板中心起着承受单一荷载层的作用，所需的锚固深度可由下式计算

$$h = \frac{mP}{2\tau d \sqrt{2}} = \frac{mP}{2.83\tau d} \qquad (20\text{-}76)$$

式中　d——锚杆锚固体直径。

　　对具有密集而不规则节理的岩体和强度较低的岩石，锚固深度可用捷克 L. Hobst 推导的公式确定。假定锚杆抗拔力就是岩块侧面的摩擦力，而锚杆上的应力也通过假定为圆筒形或圆锥形的岩块传递的，其假定几何岩体的顶角为摩擦角 φ 的两倍。摩擦力的大小取决于由锚杆锚固体上举力所产生的侧向应力。该应力在地面附近为零，而逐渐增加到锚杆锚固体（根部）前端水平面的最终值 σ_h（见图 20-20），σ_h 可由下式计算

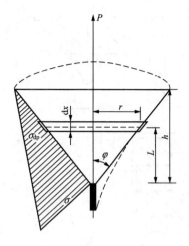

图 20-20　使锚固影响区侧面产
生摩擦力的径向力

$$\sigma_h = \sigma_v k_0 \qquad (20\text{-}77)$$

$$\sigma_v = \frac{P_{kr}}{F} \qquad (20\text{-}78)$$

$$k_0 = \frac{\nu}{1-\upsilon}$$

式中　F——锚杆锚固体（根部）前端面积；

　　　P_{kr}——岩石破坏时，锚杆锚固体（根部）前端的压力；

　　　ν——岩石泊松比。

　　σ_v 或 F 由试验选定，或在工程较小的情况下取标准值，以保证锚杆根部不会从岩石中断开。

　　在岩石中单根锚杆所需的埋设深度由下式确定

$$h = \sqrt{\frac{3mP}{\pi\sigma_h \tan^2\varphi}} \qquad (20\text{-}79)$$

　　式（20-79）适用于在同一行锚杆中，锚杆轴线间距 $L \geqslant \sqrt{\dfrac{12P}{\pi\sigma_h}}$，若 $L \leqslant \sqrt{\dfrac{12P}{\pi\sigma_h}}$，对岩石中单根锚杆的埋设深度可出下式确定

$$h = \frac{L}{2\tan\varphi} + \frac{B + \sqrt{B^2 - \dfrac{l^4\sigma_h^2}{\tan^2\varphi}}}{2L\sigma_h} \qquad (20\text{-}80)$$

$$B = \frac{l^2\sigma_h}{2\tan\varphi} + 2\cos\varphi\left(mP - \frac{l^2\pi\sigma_h}{12}\right)$$

　　（3）在非黏性土中的锚固深度。在深度为 h 的位置上，锚固体（根部）截面为 F 的一根锚杆通过覆盖土层并承受其压力。如果对锚杆施加的拉力大小等于覆盖土层产生的压力，则该锚杆就不会移动。但用这种方法来确定锚杆的深度或锚杆截面，是过于安全和不经济的。

　　土中锚杆的承载力取决于土的密实性。对于较为密实的土，其内摩擦角和横向膨胀系数都比未夯实土的大，同样作用在锚固体（锚根）上的较大的径向应力也发生在较为密实的土

层中，这是由于锚杆根部楔形块体引起的应力，使土的抗剪强度增大，从而也增大了锚杆的抗拔力。

另外，对于不很密实的土，由于剪切破坏会增大土的密实度，因而会缩小土的体积。因而较松散的土层对于锚杆拉拔很难保证有足够的抵抗力。当钳杆被拔出时．在锚杆根部上方不发生剪切现象，很多情况是锚杆周围的土体产生塑性变形。

上述观点在模型试验与现场试验中得到了充分的验证。在密实的土体小，由于锚杆根部（锚固体）的压力，形成一个较为坚实的土体，把压力的影响沿锚杆拉力方向扩展到周围地层。受拉根部以上的剪切表面具有明确的界限（见图 20-21）。破坏面呈漏斗形，其下部为锚杆根部，其上部形成圆锥体，锥体侧面则按土的最小内摩擦角 φ 倾斜。

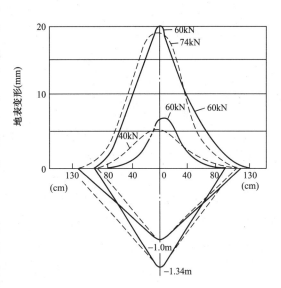

图 20-21　以不同的拉力作用

1）在干燥的非黏性土中的锚固深度。锚固在干燥的非黏性土层中的锚杆，确定其杆身长度的设定条件与应用于软岩的条件相同。在锚固设计前，应通过土的承载力试验，确定集中压力作用下土层的最大允许应力，由此可确定在所需锚杆荷载下，阻止周围土层产生塑性变形的锚杆锚固体最小截面积。根据 σ_{kr} 可推导出受锚固体压力影响的作用于土体侧面的初始应力 σ_r。抵抗锚杆被拔出的摩擦力就发生在这一表面上。

计算中假定临界荷载极限，σ_{kr} 取决于承压锚固体表面上部 1m 以内处的锚杆的单位压力，则在这一高度以上出现的变形与深度显示出近似的线性关系

$$\sigma_r = \sigma_{kr} \frac{v}{1-v} \tag{20-81}$$

对于单根锚杆

$$h_s = \sqrt{\frac{3Pm_k}{\pi \sigma_r \tan^2 \varphi} + 1} \tag{20-82}$$

若锚杆轴线间距 $L \leqslant \sqrt{\dfrac{12P}{\pi \sigma_h}}$ 的一行锚杆

$$h_s = \frac{L}{2\tan\varphi} + \frac{B + \sqrt{B^2 - \dfrac{l^4 \sigma_r^2}{\tan^2\varphi}}}{2L\sigma_r} + 1 \tag{20-83}$$

$B = \dfrac{l^2 \sigma_r}{2\tan\varphi} + 2\cos\varphi \left(m_k P - \dfrac{l^2 \pi \sigma_r}{12} \right)$；若 $L \geqslant \sqrt{\dfrac{12P}{\pi \sigma_r}}$，则式（20-79）是有效的。

式中　P——锚固力；

　　　φ——内摩擦角；

　　　σ_r——作用于锚固体以上受影响土体侧面的应力；

　　　L——锚杆轴线间距；

m_k——锚杆被拔出的安全系数。

2）在饱和的非黏性土中的锚固深度。当锚杆的锚固体从饱和的非黏性土中拉拔时，土体的体积并不增加。由于拔出的土体没有楔体作用，所以径向应力没有增加。

在无其他荷载作用时，土体中的应力完全由土体自重减去上浮力的作用所产生，这种应力的增加与深度呈线性关系，在深度 h 处垂直方向的应力为

$$\sigma_r = (\gamma - 1)h \tag{20-84}$$

在水平方向的应力为

$$\sigma_h = \sigma_v K_0$$

$$K_0 = \frac{\nu}{1-\nu}$$

式中 ν——土体的泊松比。

假定在锚杆的各个位置上，土体应力径向地作用于整个锚固体周围，则饱和的非黏性土在垂直方向的抗剪强度可由下式求得

$$\tau_z = \sigma_v \cos \psi \tan\varphi + \sigma_v \sin \psi = \sigma_v \cos \psi (\tan\varphi + \tan\psi) \tag{20-85}$$

在计算土体对锚杆锚固体拔出的抗力时，假定剪力是作用于与锚固体同一轴心的圆柱体的侧面。这个圆柱体的直径为 d，等于锚固体的最大直径。长度为 h，等于锚固体中心到地表的距离，则 h 可以由下式表示

$$h = \frac{P_{max}}{\pi d \tau} \tag{20-86}$$

式（20-86）中将 τ 改换成用另外的参数表达，即可获得所需的锚固力 P 和安全系数 m_k，而垂直锚杆所必须的埋设深度为

$$h_v = \sqrt{\frac{m_k P}{\pi d (\gamma - 1) k_0 \tan\varphi}} \tag{20-87}$$

水平锚杆的埋设深度为

$$h_h = \frac{m_k P}{\pi d (\gamma - 1) h_v \tan\varphi} \tag{20-88}$$

倾斜锚杆的埋设深度为

$$h_s = \frac{m_k P}{\pi d (\gamma - 1) h_v \cos \psi (\tan\psi + \tan\varphi)} \tag{20-89}$$

（4）在黏性土中的锚固深度。与非黏性土相比，黏性土抵抗锚杆连根拔出的能力较小，单根锚杆的锚固深度 h 可出下式求得

$$h_z = \sqrt{\frac{m_k 3P \cos \varphi}{\pi f (3C + \sigma_r f \cos \varphi)}} \tag{20-90}$$

土层特征取下列范围内的值：$C = 1 \sim 10 kPa$，$\varphi = 10 \sim 25°$，$f = \tan\varphi$，$\sigma_r = 200 \sim 500 kPa$。

当对一系列锚杆进行锚固时，则对抵抗锚杆拔出的抗力起作用的，受到影响的土层体积会随着锚杆间轴距的缩小而缩小。必要的锚固深度 h_z' 可用下式计算

$$h_z' = \frac{m_k P \cos \varphi}{L (2C + f \sigma_r)} \tag{20-91}$$

典型的岩石与灌浆体间的极限黏结应力见表 20-11，土层与锚固（灌浆体）间黏结强度推荐值见表 20-12，典型灌浆体与黏性土间的极限平均黏结应力见表 20-13。

表 20-11 典型的岩石与灌浆体间的极限黏结应力

岩石	典型的岩石与灌浆体间的极限黏结应力（MPa）	岩石	典型的岩石与灌浆体间的极限黏结应力（MPa）
花岗岩和玄武岩	1.7～3.1	砂岩	0.8～1.7
白云质石灰岩	1.4～2.1	风化岩石	0.7～0.8
软石灰岩	1.0～1.4	白垩	0.2～1.1
板岩与硬质页岩	0.8～1.4	风化泥灰岩	0.15～0.25
软页岩	0.2～0.8	混凝土	1.4～2.8

表 20-12 土层与锚固（灌浆体）间黏结强度推荐值

土层种类	土的状态	黏结强度值（kPa）
淤泥质土	—	20～25
黏性土	坚硬	60～70
	硬塑	50～60
	可塑	40～50
	软塑	30～40
粉土	中密	100～150
砂、土	松散	90～140
	稍密	160～200
	中密	220～250
	密实	270～400

表 20-13 典型灌浆体与黏性土间的极限平均黏结应力

锚杆类型	极限平均黏结应力（MPa）
重力灌浆锚杆	0.03～0.07
压力灌浆锚杆	0.03～0.07
软粉砂质黏土	0.03～0.07
粉砂质黏土	0.03～0.10
硬黏土（中至高塑性）	0.07～0.17
硬黏土（中塑性）	0.10～0.25
极硬性黏土（中塑性）	0.14～0.35
极硬的砂质黏土（中塑性）	0.28～0.38

常用的简易地锚主要包括：立式桩地锚、卧式桩地锚和重力地锚 3 种。下面分别就形式与锚固性能进行介绍。

立式桩地锚（见图 20-22）是以原木或型钢垂直或斜向打入地中，依靠土壤对桩体的嵌固和稳定作用，使其承受一定的拉力。这种锚固方式承受的拉力小，常采取双联、三联或多联的形式。

卧式桩地锚（见图 20-23）是将原木或型钢沿受力方向的垂直面埋入一定深度，锚固缆

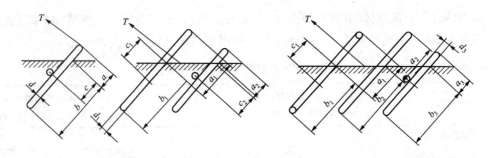

图 20-22　立式桩地锚

索系于原木或型钢上,这种形式比立式桩地锚具有较大的承载能力,缆索起重机常用的地锚如图 20-23 所示的两种结构。

图 20-23(a)为无挡式卧式桩地锚结构,采用 3 根直径为 24cm,长为 1.5~2m 的原木组成埋地木,可以承受拉力 30~50kN;图 20-23(b)为有挡式地锚结构,在图 20-23(a)的基础上加大了尺寸,并增设一层水平压木,承受拉力可达 75~100kN;水平压木一般采用直径为 10cm 的小径木。当要求超过 100kN 的承受力时,还可以采用双向加挡的措施,即除铺设水平压木以外,还设置竖直的桩木,并要桩木前加设一排挡木以分散载荷。

重力式地锚(见图 20-24)多用于缆索受力较大,或土质松散易于坍塌的永久性缆索起重机中。混凝土的强度应大于 110 级。

除此以外,还有抛石笼锚固方式。索道架设过程中要综合考虑地形地质条件,根据以上锚固原理选择合适的锚固方式与锚固工具。

八、安全防护装置设计

(1)承载索防雷击装置。承载索与地锚连接,地锚一般埋深大于 2.5m,在一定程度上起到防雷击的作用,但为了更好地保护人身和设备安全,在多雷地区可以加装专门的防雷击装置。

引下线可采用直径为≥8mm 的圆钢。引下线的一端焊接在避雷针下端的角钢上,其搭接长度为圆钢直径的 6 倍(不小于 5cm),双面施焊,且焊接处应涂防锈漆,然后以最短距离引到接地体上。

垂直接地体采用 1.5m 长镀锌角钢两根,两根角钢间距为 4m,水平接地体采用 8mm 圆钢。土壤中的接地装置连接应采用焊接,并在焊接处刷防锈漆。

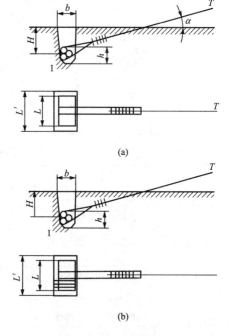

图 20-23　卧式桩地锚
(a)无挡式卧式桩地锚;(b)有挡式地锚

接地体在土壤中的埋设深度不应小于 0.5m,且距人行道不应小于 3m。接地示意如图 20-25 所示。

根据相关规范要求,避雷针的接地电阻应小于 4Ω。

(2)运货小车失速保护装置。在驱动机上加装失速保护装置,在下支点承载索装载位置设置阻挡装置,防止小车失速造成事故。

在使用时划定安全区域，相关操作人员均在安全区内作业，同时设置安全警示标志，禁止人员进入危险区。

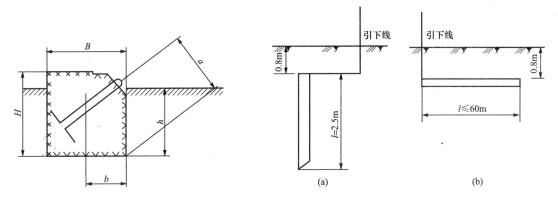

图 20-24　重力式地锚　　　　　　　　　图 20-25　接地示意图

（3）过载保护装置。过载保护装置主要有两种方案：①在运货小车与货物之间加装测力装置，这种方法最为直观有效，可以直接测量装载的货物重量；②在塔架与地锚之间的承载索上串联拉力表，在装载位置可以将理论计算或者实际测量值作为阈值来实现过载保护。

第一种方案虽然直观但增加了小车与运载货物之间的距离，降低了通过障碍物的能力，需要在地形良好的条件下使用。现场究竟采用哪一种方案需要根据现场的实际情况进行确定。

第四节　索道运输设备使用与维护

一、索道安装

（一）现场测量

架空索道应按索道施工设计的要求进行安装。索道的支柱及地锚应按索道施工设计指定的位置及技术要求进行施工。索道地锚、支柱及各种滑轮一般应设在索道的中心线上或角的二等分线上。安装后要保证塔架托索轮、上下支点地锚均在一条直线上，以防塔架受到垂直线路方向的水平力。

测量内容：主要包括根据安装现场料场位置与组塔位置，确定索道安装的上支点和下支点位置。确定好上、下支点位置（即塔架位置）后即可进一步确定承载索以及塔架拉紧索地锚位置。

测量结果：水平跨度、高差以及承载索下方地形情况等索道断面，如图 20-26 所示。根据测量结果绘制索道布置俯视图，如图 20-27 所示。

（二）安装塔架

可以使用木杆或其他搭成人字架并在顶端悬挂 3t 葫芦将塔架缓慢拉起。

（1）塔架在地面全部组装完成以后整体用葫芦拉起；

（2）先将塔架上横梁拉起，在拉起的过程中边拉起边安装下面的塔腿。

安装塔架完毕后必须保证上横梁中心线与两平行承载索中心线重合，同时需要保证各塔腿张开角度一致，上横梁水平。塔腿标准节连接螺栓间隔安装。紧线器只有在需要调整的塔

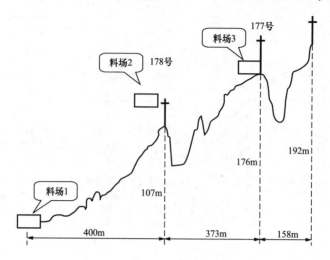

图 20-26 索道断面图

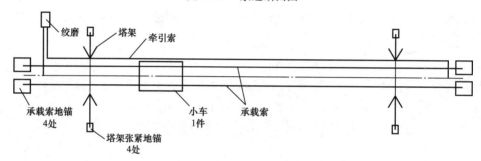

图 20-27 索道布置俯视图

腿底部成对安装。

塔架安装完成以后需要将塔腿用拌腿绳连接，以防在受力后塔腿向外侧滑移。

安装外套管时需要保证塔脚底板与地面均匀接触，安装方法为将内外套管以及紧线器轴安装好（见图 20-28）以后再与塔腿连接。

索道塔架安装时，一般应向索道的两端预倾，以适应在牵引过程中产生的水平分力。安装时要调整塔架倾角（见图 20-29），力求塔架两侧承载索的合力方向不超出塔架的倾翻支点。

（三）设置地锚

承载索作用于地锚上的拉力取决于跨度、高差、单次运输重量，以及承载索挠度等参数。实际安装时必须根据最大运重时承载索拉力确定地锚受到的力，在设置地锚时必须考虑足够的裕量（不低于 2 倍）以满足规范要求。

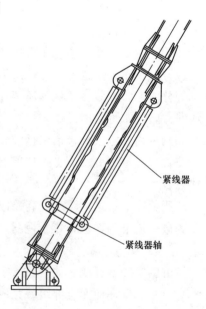

图 20-28 紧线器轴安装方法

812

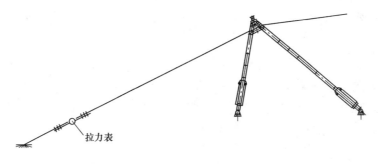

图 20-29 塔架安装要求

地锚设置完成以后需要做抗拉拔试验，以确保使用过程中地锚不会被拉出。

（四）展放承载索并张紧

展放前需要对承载索进行外观检查，测量钢丝绳直径，确保合格后开始展放工作。测量钢丝绳直径的方法如图 20-30 所示。铺索可用绞盘机牵引或人力抬、扛、拉的方法来完成。

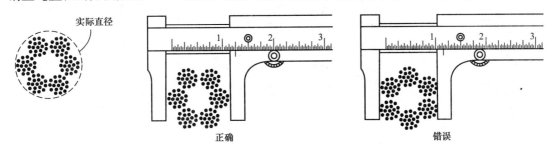

图 20-30　测量钢丝绳直径的方法

1. 解索

钢索运到现场后，解索是铺索的第一道工序。在解索时要特别注意防止钢索打绞，正确方法如图 20-31 所示。

图 20-31　正确解索方法

2. 展放

索道绳索的展放应根据地形及运输条件而定，一般可在上支点安装一台小绞磨作为动力装置牵引导引绳进行展放。承载索的两端应装有心形环等连接零件，这样既便于固定连接，又防止绳索受到损伤。

3. 张紧

承载索的初垂度和初应力，应按施工设计要求架设。

索道所用的绳索尽可能没有接头，如不可避免时，其接头应按有关起重绳索的规定进行连接。

架空索道在使用过程中，由于地锚、支柱、绳索等各部分的伸长和松动，使承载索的弧垂加大，支柱倾斜，所以一般承载索的下支点一端应安装手扳葫芦，以便及时调整。

4. 固定

在速接完钢索后，边调整拉紧度、边架起钢索。把钢索放在托索轮上面，最后经过架索状态的鉴定后，把钢索两端固定在锚接基座上。承载索锚固后，在每一个拉紧区段内，应选择一个靠近重锤的跨距，进行挠度测量，承载索挠度的偏差，不得大于设计值的5%。

在上、下支点承载索的末端与承载索地锚之间串接拉力表，以读取在运输过程中承载索的受力状况。

在最后锚接固定钢索之前，对拉紧情况要进行检查，检查中央挠度系数是否与设计一致。钢丝绳固定端连接方式如图20-32所示。

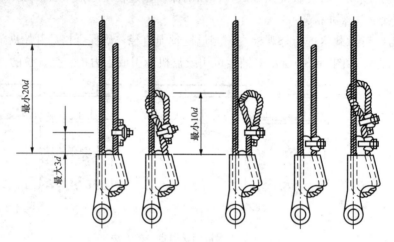

图 20-32　钢丝绳固定端连接方式

5. 展放牵引索并张紧

由于采用循环牵引，所以牵引索为一根索，在安装时将牵引索的两头分别连接在小车前后安装的旋转连接器上。

将牵引索缠绕在绞磨磨轮上后再张紧牵引索。

6. 固定绞磨并试车

张紧牵引索以后将绞磨固定，进行试车。

（1）无载荷的试运行。从端站或中间站各发一辆空车，由慢速至额定速度进行通过性检查，不得有任何阻碍。

（2）载荷试验。进行高速50%载荷、中速80%载荷、额定速度100%额定载荷试验，每次试验完成后对整个线路与结构零部件进行检查，确认无异常后进行慢速110%超载试验。做好地锚的监测防止拔出。每次试验均为一次循环，每次试验时，最少进行一次制动试验。

（3）试验要求。

1）试验过程中，小车应行走自如，不得出现脱索、滑索现象。制动时间不得超过5s。

2）索道额定载荷运行时，支架的偏移在许用范围内。

3）试验过程中，地锚不得有任何松动现象。

使用中牵引索受拉会松弛，所以安装绞磨时最好能留有调整空间以再次张紧牵引索。绞磨正转时由于变速箱内装有棘轮式自动单向制动器，会有随转速而变化的响声，反转时响声自动消失，为正常现象。

二、索道设备日常维护

索道安装完后需要进行空载试车，以查看是否存在干涉的地方。试车完后一般从300~400kg逐渐加载至额定运输重量。在逐渐加大运输重量过程中需要对各个部分进行详细的检查，并及时处理。试运调整完毕后，方可投入使用。

钢丝绳维护：过度腐蚀、过载以及通过直径过小的滑轮或鼓轮时导致过度弯曲会导致钢丝绳性能迅速下降。在用钢丝绳应该定期检查锈蚀磨损情况，这种检查的时间间隔应该随使用时间逐渐缩短。如果在使用过程中出现过风险，就应该审慎地评估剩余强度与使用寿命，这种评估应该建立在磨损最严重的点或者出现断丝最多的地方。

使用硬刷与煤油、压缩空气或流通的蒸汽定期清洗和润滑钢丝绳将有助于延长钢丝绳的使用寿命并降低腐蚀以及与滑轮或鼓的磨损。使用完毕入库前，应该对钢丝绳进行清洗与润滑。

钢丝绳的润滑：尽管在生产过程中为保护钢丝绳防止锈蚀以及降低摩擦与磨损已经进行了彻底的润滑，但在使用过程中仍然需要进行不定期的润滑。钢丝绳生产商对钢丝绳进行特殊的润滑，这些润滑有时候根据钢丝绳类型以及工作条件不同而不同，然而并非所有需要的润滑都由厂家完成润滑了。常温下有些钢丝绳的润滑剂已经变成固态，在使用前需要在70~93℃进行稀释或者用汽油等其他溶剂保证润滑剂渗透到钢丝绳内部，可以在钢丝绳表面上涂抹润滑剂或者使钢丝绳通过装满润滑剂的箱罐。

1. 承载索日常安全检查

新购钢丝绳在实际使用时弹性较大，使用一段时间以后会变松弛一些，此时需要通过地锚与承载索之间的手扳葫芦将承载索再次收紧，以保证承载索受力。

检查时要重点检查表面是否有断丝现象，有无散股现象等。

承载索，尤其是敞露形式的，为避免腐蚀，要求用液态润滑油有规则地加以润滑，每经过30~40次工作进行一次。

每条牵引索必须选用同品种的钢绳，不要把抗拉强度不同，捻距相异的钢绳编接在同一条牵引索上，否则将降低使用寿命。

在一定捻距内，如损坏3股以上，应将损坏的绳段换成新绳段，称"换段"，新旧绳段按规定编结。牵引索的编接长度，应不小于牵引索直径的1200~1500倍。相邻2个编接端头间距应不小于牵引索直径的3000倍。1条新的无极牵引索的编接接头数应不超过2处。在维修过程中，增加接头是允许的，应确保牵引索接头处形状圆滑，各绳股位置正确，松紧程度一致，捻距均匀。接头处绳索直径增大应不超过原直径的7%~10%。在使用时，应按规定进行润滑，所选用的润滑油或润滑脂不得有腐蚀性。

在使用过程中，如遇到两根承载索张紧度差异明显，则应该进行适当调整。

2. 牵引索日常检查

检查牵引索是否松弛，若松弛应立即再次张紧。

对过渡套筒进行近距离检查，必要时更换套筒。

对承载索进行油车注油润滑，更换套筒时认真检查断丝，超过5丝必须进行局部更换。

对线路设施进行改进，适当增加配重，减少弯曲挠度，提高牵引绳托架高度，减轻牵引绳对承载索的压力，减少弯矩。

3. 拉紧索的维护

索道安装时要特别考虑拉紧索的位置，锚固点距塔架中心的距离不能小于设计值，与锚固点的连接必须牢固可靠。

使用过程中要定期检查拉紧索的张紧程度，必要时进行调节。

对于磨损严重的拉紧索必须给予更换，更换标准参考钢丝绳报废相关规范。

4. 机动绞磨维护与检查

按绞磨厂家提供的说明书进行检查。

5. 滑车检查

滑车属于易损件，重点检查滑车的磨损情况。现场应该保证备品备件，必要时进行更换。

6. 塔架的检查

在松软地质条件下塔架受力以后可能出现 4 只塔脚不均匀沉降现象，此时需要调整塔脚处安装的双钩紧线器再次将塔架调平。

调平时每个塔脚需要 2 只紧线器同时调整。

三、索道运行注意事项

使用索道运输时应考虑下列要求：

（1）架设必须根据运载重量，对塔架和钢丝绳结构强度进行计算。

（2）索道架好后，应先试运，然后方可使用。运载时不得超载使用。

（3）架空索道在使用时，各支点间必须设有可靠的通信装置，联系畅通后，方可开始运行，以确保运行安全。通信装置如无对讲电话时，可采用口哨与旗语。

（4）架空索道在起动前，严格检查移动滑轮是否有偏斜现象，发现不合要求的情况，应及时加以纠正，或更换工器具，以免在滑行中发生脱槽现象，影响人身和设备的安全。

（5）索道在运行进程中，应经常注意检查。每天进行索道运输前，均应进行检查，检查项目包括地锚、塔架、绳索、卡具和滑轮等。

（6）为了防止牵引索在牵引过程中发生破股现象，应在绳索的连接端加装防扭装置，以免绳索受到损坏。

（7）架空索道所用的钢丝绳、滑轮等应经常涂油，以确保运行安全和延长使用寿命。

（8）索道在运行过程中对交叉跨越处，应设有专人看管。索道的下方严禁站人或行走。

（9）索道在运行过程中，如发现绳索的垂度不能满足要求时，应及时调整承载索，并及时检查索道各部分有否异状。

第二十一章

施工现场机具的配置及直升机等的应用

我国电网建设施工不同于铁路、公路、港口、石油和楼房建设，具有建筑区段较长、分布点多、地形复杂、建设周期较长等特点。随着输电线路电压等级的提高，线路长度越来越长，杆塔结构、导线更加复杂和庞大，而且由于各个施工企业的施工工艺各有特点，导致施工机具品种繁多。随着电力建设的高速发展，我国在高压架空输电线路施工方面积累了丰富的经验，输电线路施工机械设备和工器具也发生了日新月异的变化，逐步走向科学化、规范化和标准化的发展道路。所以，对架空输电线路施工机具科学合理的配置非常必要。

机具的配置必须以满足施工需要为依据，以符合施工工艺技术要求为目的，严格遵守科学、经济的配置原则，根据各个单位的实际装备情况，编制切实可行的施工机具配置方案。机具的合理配置可以有效地提高施工效率，降低成本，提高工程质量。同时，通过优化机具配置，可以增加设备和工器具的利用率，防止重复购置和机具积压造成的资金浪费，提高施工机具的科学管理能力，更好地为施工现场服务。

为此，在总结了输电线路施工的特点，并结合现场施工工序的实际情况，遵照现行国家标准、行业标准和相关规定的基础上，针对目前架空输电线路施工的需要，编制了输变电线路基础施工、组塔施工和架线施工的机具配置方案，以便于施工技术人员参考。

下述的各工器具配置中，对土石方工程、杆塔组立工程是以各施工队或作业组为单位配置；对架线工程，是按一个放线段架线工程配置，若有特殊情况，如停电检修、特殊跨越输电线路、公路、电气化铁路等，需要另外提出申请。对未涉及的有关电压等级线路施工用工器具，也可参考进行工器具配置。

第一节 基 础 施 工 机 具

基础施工机具包括施工测量、挖坑、埋放底盘或现场浇筑混凝土基础机具等，这里列举常用的机具和用品。

一、施工测量用工器具

施工测量主要是对设计提出的线路路径及杆塔塔位进行复测和各塔位的基础定位测量。施工测量用工器具配置见表 21-1。

表 21-1 施工测量用工器具配置

序号	名称	规 格	单位	数量	备 注
1	经纬仪	DT302	台	1	角度最小，读数不大于1或电子经纬仪（带脚架）
2	对讲机	TK3107	台	2	配相应电池
3	塔尺	5m	把	2	
4	花杆	2.5m	条	2	
5	卷尺	20～30m	把	1	

施工测量用经纬仪由测量人员保管使用，运输途中要妥善保护，由专人携带保管。

二、土石方工程用工器具

对于不塌方且渗水较慢的泥水坑，可采用人工排水，边挖边排的施工方法挖至设计深度时，立即安放底盘式浇筑混凝土垫层。

对于渗水较快的泥水坑，必须安排抽水机排水，边排水边挖坑达到设计深度后应立即铺垫干石及砂浆垫层或安放底盘。

地下水较多的泥水坑开挖完成后，应尽快将混凝土基础与地下水隔离，即在底层铺以铺石灌浆垫层，然后在上方支模浇筑混凝土。

岩石基坑的开挖以爆破作业为主，且常伴以凿岩机作业。爆破用炮眼必须用凿岩机和人工钢锹凿出，直至适宜于放置雷管和炸药。

土方工程施工工器具配置和石方工程施工工器具配置见表 21-2 和表 21-3。

表 21-2 土方工程施工工器具配置

序号	名称	规格	单位	数量	备 注
1	抽水机		台	1～2	根据水量大小配备
2	发电机		台	1	按抽水机的需要配备
3	钢锹	2号尖锹	把	2	
4	十字镐		把	2	
5	钢钎	$\phi32mm×2m$	把	3	
6	铁锤	4kg	把	1	
7	钢卷尺	5m	把	1	
8	卷尺	20m	把	1	
9	竹梯	3～4m	副	1	
10	铲		把	4	
11	筐		只	2	

表 21-3 石方工程施工工器具配置

序号	名称	规格	单位	数量	备注
1	凿岩机	凿岩深度 1.5～2m	台	1	带皮管、风钻、水箱、钻杆
2	对讲机	TK3107	台	4	配相应电池
3	钢钎	$\phi32mm×0.8m$	把	2	
4	钢钎	$\phi32mm×1.2m$	把	2	
5	钢钎	$\phi32mm×2.5m$	把	2	
6	铁锤	4磅	把	2	
7	铁锹	尖锹3号	把	2	
8	掏勺		把	2	
9	十字镐		把	1	
10	钢卷尺	5m	把	1	
11	卷尺	20m	把	1	
12	炮棍		条	2	

三、混凝土浇筑工器具

搅拌混凝土有人工搅拌和机械搅拌两种方法。可根据现场地形、混凝土量大小和设备条件选用。但目前工程中，一般都采用机械搅拌方式。混凝土浇筑后应采用振动器分层捣固，铁塔地脚螺栓周围应捣固密实。混凝土浇筑工器具配置见表21-4。

表 21-4　　　　　　　　　混凝土浇筑工器具配置

序号	名称	规格	单位	数量	备注
1	经纬仪	DT302	台	1	角度最小读数不大于1或电子经纬仪（带脚架）
2	量球		只	2	
3	塔尺		副	1	
4	花杆	2.5m	条	1	
5	卷尺	15m	把	2	
6	铁锤	2磅	把	4	
7	钢锹	尖锹2号	把	2	
8	撑木	$\phi60mm\times0.5m\sim\phi60mm\times1.5m$	把		根据需要定数量
9	钢模板及卡具		块		
10	混凝土搅拌机	出料容量≥200L	台	1	立式或卧式
11	振捣器	插入式	台	2	
12	捣固锹	$\phi18mm\times2.5m$	把	2	
13	捣固锹	$\phi18mm\times1.5m$	把	2	
14	钢卷尺	5m	把	2	
15	手推车		辆	4	根据需要
16	游标卡尺	150mm/0.02mm	把	1	
17	试块盒	15cm×15cm×15cm	个	3	标准模

四、底盘、拉盘、卡盘的安装用工器具

底盘、拉盘、卡盘的安装方式通常采用滑盘吊盘安装法，其所使用的工器具基本相同，见表21-5。

表 21-5　　　　　　　　底盘、拉盘、卡盘安装的工器具配置

序号	名称	规格	单位	数量	备注
1	经纬仪	DT302	台	1	电子经纬仪（带脚架）
2	杉木杆	$\phi100mm\times5m$	把	3	地形允许时可采用起重机
3	钢丝绳套	$\phi12.5mm\times0.5m$	把	1	
4	起重滑车	20kN开口	只	2	
5	钢钎	$\phi32mm\times1.5m$	条	2	
6	卷尺	30m	把	1	
7	锤球		只	2	
8	木锤		把	1	

五、岩石基础用工器具

岩石基础的基坑开挖及成孔所用工器具，可参照土石方工程用工器具选用。在灌注水泥砂浆时需要采用 $\phi6mm \times 1200 \sim \phi6mm \times 1800mm$（长度根据锚孔深度而定）的捣固钢钎捣固。

六、桩型基础施工工器具

桩型基础的预制桩一般在工厂集中预制，然后运至桩位施工。桩型基础施工主要包括预制混凝土施工和钻孔灌注桩施工，其工器具配置见表 21-6 和表 21-7。

表 21-6　　　　　　　　　　预制混凝土桩施工工器具配置

序号	名称	规 格	单位	数量	备 注
1	杉木杆	$\phi140mm \times 10m$	根	3	制成三脚支架
2	起重滑车	30kN 单轮	只	2	
3	钢丝绳	$\phi11mm \times 40m$	条	1	
4	桩杆	$\phi40mm$	根	1	
5	桩帽	$\phi400mm \sim 500mm$	副	1	根据桩径确定
6	桩垫	木制	块	3	
7	桩锤	铸钢	kg	1000	
8	机动绞磨	额定牵引力 30kN	台	1	

表 21-7　　　　　　　　　　钻孔灌注桩施工工器具配置

序号	名称	规 格	单位	数量	备注
1	旋转钻机	单次钻孔深度≥1.5m	台	2	4.5kW/台
2	混凝土搅拌机	出料容量≥200L	台	1	立式或卧式
3	电焊机	BX-400	台	1	
4	泥浆泵		台	2	
5	发电机		台	1	
6	下料架		套	1	

七、各种电压等级基础工程主要机具配置

各种电压等级基础工程主要机具配置见表 21-8～表 21-12。

表 21-8　　　　　　　　110kV 纯杆土石方基础工程机具、用品配置

序号	名称	规 格	单位	数量	备 注
1	经纬仪	DT302	台	1	电子经纬仪（带脚架）
2	对讲机	TK3107	台	4	（配相应的电池）
3	车载台	TK-868	台	1	
4	接地电阻测试仪	BY2571	块	1	配皮线和测钎
5	空压机	公称容积排气量 1.8m³/min；排气压力 0.8MPa	台	1	（岩石基坑）带皮管、风钻
6	凿岩机	凿岩深度≥1.5m	台	1	（岩石基坑）带皮管、风钻、水箱
7	发电机	120kW	台	1	泥水流沙坑

序号	名称	规格	单位	数量	备注
8	抽水机		台	1～2	根据水量大小配
9	发电电焊一体机	AXQ200A	台	1	
10	起重滑车	30kN 单轮	个	2	
11	游标卡尺	150mm/0.02mm	把	1	
12	手扳葫芦	30kN×3.0m	个	2	
13	卸扣	50kN	个	2	
14	塔尺	5m	把	2	
15	花杆	2～3m	根	3	
16	钢管	φ52×5	根	若干	
17	起吊钢丝绳套	φ11×3m	根	2	
18	钢管卡子		套	若干	
19	大锤	8磅	把	2	
20	小锤	2磅	把	4	
21	斧子		把	2-4	
22	垂球	0.5kg	个	2	
23	木锯		把	1	
24	洋镐		把	10	
25	撬杠	1.2～1.5m	根	4	
26	工具包		个	4	
27	卷尺	30m	把	2	
28	皮尺	50m	把	2	
29	铁钉		kg	若干	
30	木桩		个	若干	
31	铁丝	8～10 号	kg	若干	
32	铁丝	18～22 号	kg	若干	
33	钢丝刷		把	1	
34	太阳伞		把	1	
35	炮钎		根	2	岩石基础用
36	炸药		kg	若干	岩石基础用
37	雷管		发	若干	岩石基础用
38	导火索		m	若干	岩石基础用
39	黑胶布		卷	若干	
40	钻杆	0.8m	根	1	岩石基础用
41	钻杆	1.2m	根	1	岩石基础用
42	钻杆	2.5m	根	1	岩石基础用
43	钢钎	φ32m×0.8m	根	1	岩石基础用
44	钢钎	φ32m×1.2m	根	1	岩石基础用

序号	名称	规　格	单位	数量	备　注
45	钢钎	$\phi32m\times2.5m$	根	1	岩石基础用
46	掏勺		把	2	
47	木杆	$\phi160mm\times6m$	根	3	
48	板锉		把	1	
49	圆锉		把	1	
50	铁锹		把	20	

表 21-9　　　　　　　　110kV 杆塔混合型基础工程主要机具、用品配置

序号		规　格	单位	数量	备　注
1	经纬仪	DT302	台	1	电子经纬仪（带脚架）
2	搅拌机	出料容量≥200L	台	1	立式或卧式
3	机动振捣器	振捣棒直径≥51mm	台	2	带汽油机
4	空压机	公称容积排气量 1.8m³/min；排气压力 0.8MPa	台	1	（岩石基坑）带皮管、风钻
5	凿岩机	凿岩深度≥1.5m	台	1	（岩石基坑）带皮管、风钻、水箱
6	钻杆	0.8m	根	2	（岩石基坑）配钻头
7	钻杆	1.2m	根	2	（岩石基坑）配钻头
8	钻杆	2.5m	根	2	（岩石基坑）配钻头
9	抽水机		台	1	泥水流沙坑
10	发电机		台	1	泥水流沙坑
11	旋转钻扩机	钻孔直径≥1000mm	台	2	钻孔灌注桩用
12	泥浆泵	3PNL	台	2	钻孔灌注桩用
13	吊车	QY8	台	1	
14	发电电焊一体机	AXQ200A	台	1	
15	对讲机	TK3107	台	4	（配相应的电池）
16	车载台	TK-868	台	1	
17	接地电阻测试仪	BY2571	台	1	配皮线和测钎
18	双钩	10kN	个	16	
19	水罐	1000kg	个	2	
20	钢模板（异形模板）		块	若干	
21	模板卡子		个	若干	
22	角模		根	若干	
23	尖扳手	M16	把	6	
24	梯子	3～6m	副	2	
25	起重滑车	30kN 单轮	个	2	

序号		规　格	单位	数量	备　注
26	混凝土杆转运车	上（下）置式	台	1	
27	钢管	$\phi 52mm \times 5mm$	根	若干	
28	起吊钢丝绳套	$\phi 11mm \times 3m$	根	2	
29	钢管卡子		套	若干	
30	大锤	8 磅	把	2	
31	小锤	2 磅	把	4	
32	斧子		把	2～4	
33	垂球	0.5kg	个	2	
34	木锯		把	1	
35	洋镐		把	10	
36	撬杠	1.2～1.5m	根	4	
37	工具包		个	4	
38	卷尺	30m	把	2	
39	皮尺	50m	把	2	
40	铁钉		kg	若干	
41	游标卡尺	150mm/0.02mm	把	1	
42	木桩		个	若干	
43	铁丝	8～10 号	kg	若干	
44	铁丝	18～22 号	kg	若干	
45	钢丝刷		把	1	
46	太阳伞		把	1	
47	炮钎		根	2	岩石基础用
48	炸药		kg	若干	岩石基础用
49	雷管		发	若干	岩石基础用
50	导火索		m	若干	岩石基础用
51	黑胶布		卷	若干	岩石基础用
52	钢钎	$\phi 32mm \times 0.8m$	根	1	岩石基础用
53	钢钎	$\phi 32mm \times 1.2m$	根	1	岩石基础用
54	钢钎	$\phi 32mm \times 2.5m$	根	1	岩石基础用
55	掏勺		把	2	
56	木杆	$\phi 160mm \times 6m$	根	3	
57	板锉		把	1	
58	圆锉		把	1	
59	铁锹		把	20	

表 21-10 **220kV 基础工程主要机具配置**

序号	名称	规格	单位	数量	备注
1	经纬仪	DT302	台	1	电子经纬仪（带脚架）
2	搅拌机	出料容量≥200L	台	1	立式或卧式
3	振捣器	振动棒直径≥51mm	台	2	带汽油机
4	汽油机		台	1	备用
5	双钩	10kN	套	16	
6	水罐	1000kg	个	2	
7	水罐	5000kg	个	1	
8	钢模板		块	若干	
9	模板卡子		个	若干	
10	角模		根	若干	
11	钢管		根	若干	
12	钢管卡子		套	若干	
13	尖扳手	M16	把	6	
14	卡具		副	8	插入式角钢用（自制）
15	梯子	3~6m	副	2	
16	对讲机	TK3107	台	4	（配相应的电池）
17	车载台	TK-868	台	1	
18	接地电阻测试仪	BY2571	台	1	配皮线和测钎
19	木杠	$\phi80\text{mm}\times1.5\text{m}\sim$ $\phi80\text{mm}\times2\text{m}$	根	若干	抬杠
20	样板	各种规格	副	若干	（根据现场配置）非租赁范围
21	空压机	公称容积排气量 1.8m³/min；排气压力 0.8MPa	台	1	（岩石基坑）带皮管、风钻
22	凿岩机	凿岩深度≥1.5m	台	1	（岩石基坑）带皮管、风钻、水箱
23	钻杆	0.8m	根	2	（岩石基坑）配钻头
24	钻杆	1.2m	根	2	（岩石基坑）配钻头
25	钻杆	2.5m	根	2	（岩石基坑）配钻头
26	抽水机		台		泥水流沙坑
27	发电机		台	1	泥水流沙坑
28	抽水机		台	1~2	根据水量大小配
29	旋转钻扩机	钻孔直径 1000mm	台	2	钻孔灌注桩用
30	泥浆泵	3PNL	台	2	钻孔灌注桩用
31	吊车	QY80	台	1	

表 21-11 **330kV 基础工程主要机具、用品配置**

序号	名称	规格	单位	数量	备注
1	全站仪	DTM-500	台	1	带脚架和两副棱镜
2	经纬仪	DT302	台	1	电子经纬仪（带脚架）
3	搅拌机	出料容量≥200L	台	1	立式或卧式
4	振捣器	振动棒直径≥51mm	台	2	带汽油机

序号	名 称	规 格	单位	数量	备 注
5	汽油机		台	1	备用
6	双钩	10kN	个	16	
7	水罐	1000kg	个	2	
8	水罐	5000kg	个	1	
9	钢模板		块	若干	
10	模板卡子		个	若干	
11	角模		根	若干	
12	钢管		根	若干	
13	钢管卡子		套	若干	
14	尖扳手	M16	把	8	
15	卡具		副	8	插入式角钢用（自制）
16	梯子	3～6m	副	2	
17	对讲机	TK3107	台	4	（配相应的电池）
18	车载台	TK-868	台	1	
19	接地电阻测试仪	BY2571	台	1	配皮线和测钎
20	空压机	公称容积排气量 1.8m³/min；排气压力 0.8MPa	台	1	（岩石基坑）带皮管、风钻
21	凿岩机	凿岩深度≥1.5m	台	1	（岩石基坑）带皮管、风钻、水箱
22	钻杆	0.8m	根	2	（岩石基坑）配钻头
23	钻杆	1.2m	根	2	（岩石基坑）配钻头
24	钻杆	2.5m	根	2	（岩石基坑）配钻头
25	抽水机		台	1	泥水流沙坑
26	发电机		台	1	泥水流沙坑
27	旋转钻扩机	钻孔直径≥1000mm	台	2	钻孔灌注桩用
28	泥浆泵	3PNL	台	2	钻孔灌注桩用
29	吊车	QY80	台	1	
30	发电电焊一体机	AXQ200A	台	1	

表 21-12   500kV 基础工程主要机具、用品配置表

序号	名 称	规 格	单位	数量	备 注
1	全站仪	DTM-500	台	1	带脚架和两付棱镜
2	经纬仪	DT302	台	1	电子经纬仪（带脚架）
3	搅拌机	出料容积≥200L	台	1	立式或卧式
4	振捣器	振动棒直径≥51mm	台	2	带汽油机
5	汽油机		台	1	备用
6	双钩	10kN	个	16	

序号	名 称	规 格	单位	数量	备 注
7	水罐	1000kg	个	2	
8	水罐	5000kg	个	1	
9	钢模板		块	若干	
10	模板卡子		个	若干	
11	角模		根	若干	
12	钢管		根	若干	
13	钢管卡子		套	若干	
14	尖扳手	M16	把	8	
15	卡具		副	8	插入式角钢用（自制）
16	梯子	3~6m	副	2	
17	对讲机	TK 3107	台	4	（配相应的电池）
18	车载台	TK-868	台	1	
19	接地电阻测试仪	BY2571	台	1	配皮线和测钎
20	样板	各种规格	副	若干	根据现场配置
21	空压机	公称容积排气量1.8m³/min；排气压力0.8MPa	台	1	（岩石基坑）带皮管、风钻
22	凿岩机	凿岩深度≥1.5m	台	1	（岩石基坑）带皮管、风钻、水箱
23	钻杆	0.8m	根	2	（岩石基坑）配钻头
24	钻杆	1.2m	根	2	（岩石基坑）配钻头
25	钻杆	2.5m	根	2	（岩石基坑）配钻头
26	抽水机		台	1	泥水流沙坑
27	发电机		台	1	泥水流沙坑
28	抽水机		台	1~2	根据水量大小配
29	旋转钻扩机	钻扩直径≥1500	台	2	钻孔灌注桩用
30	泥浆泵	3PNL	台	2	钻孔灌注桩用
31	吊车	起吊重量≥80kN	台	1	

第二节 运输、修路机具

材料运输是指将杆塔、线材、金具、绝缘子等材料，由仓库运送到施工塔位的中、小运输。

输电线路的路径是比较复杂的，它可能通过城镇郊区、农田平地和高山大岭等。可能利用的运输道路有公路、水路、乡间马车通道或山区人行小道等，另外还要通过桥涵等构筑物。为此，运输前需对运输道路进行详细的调查，并提出相应的调查报告，以便确定运输方式和道路修补计划。

（1）尽量选用能使载重汽车通行的公路运输。

（2）利用原有通道，占用农田或损坏农作物最少。

（3）对于大山或特大山区，在畜力驮运和人力抬运困难时，可考虑导向浮升式运输和架空索道运输；对于公路运输和拓展原有通道的修路机具根据各施工单位的具体情况和施工的地质环境，各有不同。在此，不再赘述。

根据目前输电线路施工的需要，索道运输方法是进行输电线路施工中原材料和工器具运输一种不可缺少的方法，特别是针对树林、植被茂密的陡峭高山无人地区和大吨位塔材，采用索道运输，是比较经济的方法，也将是一种必然的趋势。环状索道的工器具配置见表21-13。

表 21-13 　　　　　　　　　环状索道的工器具配置（额定载荷 50kN）

序号	名　称	型　号	单位	数量	备　注
1	牵引机	牵引力 80kN 以上	台	1	双卷筒
2	承载索	$\phi 20mm$	m		根据索道长度配置（4 根承载索）
3	钢丝绳卡线器	$\phi 20mm$	把	8	
4	返空索	$\phi 20mm$	m		根据索道长度配置
5	地锚	160kN	只	8	
6	转向滑车	30kN 开环	只	6	
7	卸扣	100kN	只	8	
8	卸扣	80kN	只	3	
9	卸扣	50kN	只	20	
10	卸扣	30kN	只	30	
11	铁桩		根	80	
12	拉线	$\phi 13mm \times 15m$	根	20	
13	链条葫芦	$50kN \times 5m$	只	10	
14	双钩	3t	个	4	
15	转向滑车硬撑	2m	根	2	
16	钢丝套	$\phi 22mm \times 3m$	根	10	
17	拉力表	160kN	只	4	
18	始端、终端和中间支架		副		根据地形、索道长度配置
19	水平横梁		根	4	
20	中间支撑器 AB		只		根据索道中间支架配置
21	端部支撑器 AB		只	4	
22	行走小车		台	8	
23	U 形吊轨		只	2	
24	料罐		只	4	
25	高速滑车	$50 \sim 100kN$	只	4	
26	平衡滑轮	150kN	只	2	
27	机动绞磨	额定牵引力 30kN	台	1	
28	磨绳	$\phi 13mm \times 150m$	根	2	
29	尼龙绳或白棕绳	$\phi 12mm \times 200m$	根	2	

承载索、始端支架、终端支架和中间支架的强度需要根据索道最大运载能力、运行小车的间距以及地形等条件，对其受力进行核算。

第三节 组 塔 施 工 机 具

一、铁塔组立方法

铁塔组立方法大致上分为两类：一类是整体组立；另一类是分解组立。

(一)整体组立铁塔

整体组立铁塔方法，主要有以下5种。

(1) 倒落式人字抱杆整体立塔。适用于各种类型铁塔，尤其适用于带拉线的单柱型或双柱型（拉V，拉门）铁塔。

(2) 座腿式人字抱杆整体立塔。仅适用于宽基的自立式铁塔。

(3) 倒落式单抱杆整体立塔。适用于各种类型铁塔，主要适用于质量较轻的铁塔，是人字抱杆整体立塔方法的一种改进。

(4) 大型吊车整体立塔。适用于道路通畅，地形开阔、平坦的各种类型铁塔。

(5) 直升机整体立塔。适用于各种轻型铁塔，但施工费用昂贵。

国内目前使用较多的是前面3种整体立塔方法。

(二)分解组立铁塔

分解组立铁塔方法，主要有以下9种。

(1) 内悬浮外（内）拉线抱杆分解组塔。外拉线是抱杆拉线的下端固定在塔外的地面上的，内拉线是抱杆拉线的下端固定在塔身四根主材上的。抱杆根部为悬浮式，靠四条承托绳固定在主材上。内拉线抱杆是在外拉线抱杆的基础上改进创新的一个方法，可适当减少工器具的重量。

(2) 外拉线抱杆分解组塔。外拉线即抱杆拉线落在塔身之外的地面上，也称落地拉线。这种组塔方法的抱杆根部固定方式有两种：一种是抱杆位于塔外且悬浮在两根主材上，也称外拉线悬浮抱杆组塔；另一种是固定式，即抱杆根部固定在某一主材上，也称外拉线固定抱杆组塔。

(3) 通天抱杆分解组塔。特点是利用一根座于塔位中心地面的抱杆配以落地拉线，吊装的塔片可以组装于任何方向，利用抱杆分别将相对的两塔材吊装，再进行整体拼装。此法适用于高度在30m以下的铁塔。

(4) 摇臂抱杆分解组塔。它的特点是在抱杆的上部对称布置四副或两副可以上下变幅的摇臂。摇臂抱杆又分两种：一种是落地式摇臂抱杆，即主抱杆坐落在地面，随塔段的升高，主抱杆随之接长；另一种是悬浮式摇臂抱杆，如同内悬浮外拉线抱杆一样，抱杆根依靠四条承托绳固定。

(5) 倒装组塔。上述4种分解组塔方法顺序是由塔腿开始自下而上组装。倒装组塔的施工次序刚好与上述方法相反，是由塔头开始逐渐向下安装。倒装组塔分为全倒装及半倒装两种。

1) 全倒装组塔是先利用倒装架作抱杆，将塔头段整立于塔位中心，然后以倒装架作为倒装提升支承，其上端固定提升滑轮组以提升塔头段，并由上而下地逐段接装塔身各段，最后接装塔腿，直至整个铁塔就位。

2）半倒装组塔是先利用抱杆或起重机组立塔腿段，再以塔腿段代替抱杆，将塔头段整立于塔位中心，然后以塔腿作为倒装提升支撑，先提升塔头段，并由上而下地逐段按顺序接装塔身各段，直至塔腿以上的整个塔身与塔腿段对接合拢就位。

（6）起重机分解组塔。利用起重机分片或分段进行铁塔组立，该方法使用工具最少，但需要有较好的道路运输条件和合适的场地。

（7）无拉线小抱杆分片吊装组塔。该方法是利用一根小抱杆分片或单件吊装塔材，进行高空拼装。适用于塔位地形险峻、无组装塔片的场地及运输条件极为困难的塔位。

（8）混合组塔法。混合组塔有两种方式：

1）先将铁塔下部用抱杆整体组立，铁塔上部再利用分解组塔法继续组立，这个方法称为整立与分解混合组塔法。

2）起重机与轻便机具混合组塔。铁塔下部用起重机整体或分片、分段吊装；铁塔上部再利用抱杆分解组塔法完成。

（9）直升机分段组塔。适用于各种铁塔，尤其适用于地形极为险峻地段的铁塔，但施工费用较昂贵。

（三）选择立塔方法的基本原则

（1）基本原则是根据塔形结构、地形条件等选择安全，技术上可靠、经济上合理、操作上简便、使用工具较少且有利于环境保护的组塔方法。

（2）凡是带拉线的铁塔，包括带拉线轻型单柱塔、拉门塔、拉猫塔、拉 V 形塔等均应有限选用倒落式人字抱杆整体立塔。因为带拉线的铁塔在设计勘查定位时基本上考虑了地形起伏不大或虽起伏较大但塔身较轻，这就为整体立塔创造了条件。

（3）地形平坦、连续使用同类铁塔较多时也宜优先选用整体立塔的方法。

（4）自立式铁塔以分解组塔方法为主。分解组塔的方法较多，推荐优先选用内悬浮内拉线抱杆立塔，其他方法视各单位的机具条件、施工习惯和环保要求等具体选用。220kV 及以下电压等级的山区线路选用无拉线小抱杆分解组塔。组塔时应根据最大吊重对抱杆等进行验算。

（5）对于高度为 100m 以上的跨越铁塔应根据塔型结构、地形条件、机具条件及环保要求等进行组立铁塔方案的比较，选择优化的立塔方案。

二、抱杆、起重滑车和起重动力（绞磨）关系整个立塔过程的安全

（一）抱杆的选用

抱杆必须满足起吊重量和起吊高度两个要求。抱杆在整立过程中要承受很大的正压力，为了防止抱杆脚的下沉，需要增大抱杆脚与地面的接触面积，在松软地面上，常需垫道木等。

（1）抱杆整立铁塔。抱杆的长度、初始倾角、座落点位置，吊点绳的绑扎位置及穿绳方式，总牵引地锚位置及穿绳方式，制动绳的位置及制动方式等都影响整个立塔过程。

倒落式整体组立铁塔或水泥杆用人字抱杆或单抱杆，其抱杆的初始角度一般控制在 $55° \sim 75°$，抱杆的有效高度宜取起吊件重心高度的（0.9～1.1）倍。使用单抱杆时，在抱杆两侧需有两根拉线，以防抱杆向两侧倾斜。

固定式整体组立铁塔或水泥杆用人字抱杆或单抱杆，抱杆处在竖直状态，抱杆的有效高

度宜在起吊件重心高度的基础上增加 1.5～2m 的高度，保证两起吊滑轮之间有足够的空间。

（2）分解组立铁塔。抱杆的长度、倾斜角，起吊物与抱杆的夹角，控制大绳、总牵引地锚位置及穿绳方式等均与立塔过程有关。

分解组立铁塔用悬浮抱杆，根据吊装铁塔的分段长度及根开尺寸，选择适宜的抱杆长度。抱杆露出已组塔段的长度与插入已组塔段的长度比例一般保持在 7∶3。为方便构件（塔材）安装就位，抱杆可稍向起吊构件侧倾斜，其倾角不大于 10°。

落地式摇臂抱杆的高度随铁塔塔段的组立而递增，在抱杆顶端装有四根摇臂，既便于吊装，又可兼作平衡拉线。

（二）绞磨

绞磨是整个组塔过程中的动力。现在一般所用的绞磨有 30、50kN 和 80kN 的汽油机、柴油机绞磨。磨芯细腰部最小外径应不小于所使用最大钢丝绳直径的 10 倍。

（三）起重滑车

起重滑车滑轮一般采用铸钢滑轮和尼龙滑轮，滑轮槽底直径与钢丝绳直径之比不小于 11，根据起吊重量和选用的绞磨（起吊动力）大小来确定起重滑车。

三、主要立塔方式施工工器具配置

主要立塔方式施工工器具配置见表 21-14～表 21-23。

表 21-14　　　　　　　　整体起吊上字形钢杆塔主要工器具配置

序号	名　称	规　　格	单位	数量	备　　注
1	铝合金人字抱杆	□400mm×10m	副	1	含抱杆帽及底座
2	起重滑车	30kN，单轮，开口	只	2	
3	起重滑车	30kN，单轮	只	2	
4	起重滑车	10kN，单轮	只	2	
5	制动器	30kN	只	1	
6	钢丝绳	φ12.5mm×26m	根	1	吊点绳
7	钢丝绳	φ12.5mm×4m	根	1	吊点绳接长用
8	钢丝绳	φ11mm×150m	根	1	绞磨磨绳
9	钢丝绳	φ15.5mm×10m	根	1	总牵引用
10	钢丝绳	φ11mm×30m	根	4	晃绳、制动用
11	钢丝绳	φ15.5mm×20m	根	1	制动绳
12	钢丝绳	φ11mm×2m	根	4	
13	钢管地锚	φ230mm×1600mm	副	2	带钢绳套
14	角铁桩	L80mm×8mm×1500mm	根	8	
15	白棕绳	φ16mm×40m	根	4	
16	花篮螺栓	M22	副	4	
17	机动绞磨	30kN	台	1	
18	卸扣	80kN	只	6	
19	卸扣	30kN	只	10	
20	经纬仪	DT302	台	1	电子经纬仪（带脚架）
21	撬杠	φ25mm×2m	根	1	
22	木杠	φ60mm×2m～φ80mm×2m	根	4	
23	铁锤	12 磅	把	2	

表 21-15　　　　　　　　　　　整立 220kV 拉线塔的主要工器具配置

序号	名　称	规　格	单位	数量	备　注
1	起重滑车	50kN，双轮	只	2	总牵引用
2	起重滑车	50kN，双轮	只	2	制动绳用
3	起重滑车	30kN，单轮，开口	只	2	吊点绳用
4	制动器	50kN	只	2	制动绳用
5	起重滑车	20kN 双轮	只	8	晃绳用
6	起重滑车	30kN 单开口	只	1	转向地滑车
7	机动绞磨	30kN	台	1	牵引用
8	铝合金人字抱杆	□400mm×13m	副	1	起吊用
9	钢丝绳	ϕ21.5mm×5m	根	3	地锚用
10	钢丝绳	ϕ12.5mm×38m	根	2	吊点绳
11	钢丝绳	ϕ17mm×30m	根	2	制动绳用
12	钢丝绳	ϕ12.5mm×30m	根	4	晃绳用
13	钢丝绳	ϕ9.3mm×60m	根	4	晃绳滑车组用
14	钢丝绳	ϕ12.5mm×60m	根	2	制动滑车组用
15	钢丝绳	ϕ11mm×200m	根	1	绞磨绳
16	钢管地锚	ϕ230mm×1600mm	个	3	牵引及制动用
17	角铁桩	L80mm×8mm×1500mm	根	10	晃绳及绞磨用
18	钢丝绳	ϕ9.3mm×30m	根	2	抱杆脱帽用
19	圆木	ϕ150mm×10m	根	1	补强用
20	花篮螺栓	M22	副	6	
21	钢纵绳套	ϕ12.5mm×1m	根	6	
22	卸扣	30kN	只	7	
23	卸扣	50kN	只	6	
24	卸扣	150kN	只	8	
25	钢纵绳套	ϕ9.3mm×2.5m	根	2	
26	双钩	50kN	副	3	
27	经纬仪	DT302	台	1	电子经纬仪（带脚架）
28	撬杠	ϕ25mm×2m	根	2	
29	木杠	ϕ80mm×2m	根	4	
30	铁锤	12 磅	把	2	

表 21-16 　　　　　　　　整立直流线路拉线塔的主要工器具配置

序号	名　称	规　格	单位	数量	备　注
1	铝合金人字抱杆	□500mm×17m	副	1	L-27 塔用
	铝合金人字抱杆	□500mm×21m	副	1	L1/2-30、L1/2-33、L1/2-36 用
2	钢丝绳	ϕ19.5mm×20m	根	1	L1/2-27、L1/2-30 总牵引
3	钢丝绳	ϕ19.5mm×(20m+10m)	根	1	L1/2-33、L1/2-36 总牵引
4	钢丝绳	ϕ19.5mm×35m	根	1	L1/2-27、L1/2-30 制动绳
5	钢丝绳	ϕ19.5mm×(35m+5m)	根	1	L1/2-33、L1/2-36 制动绳
6	钢丝绳	ϕ15.5mm×44.5m	根	1	L1/2-27 吊点用
7	钢丝绳	ϕ15.5mm×(44.5m+7m)	根	1	L1/2-30、L1/2-33 吊点用
8	钢丝绳	ϕ15.5mm×(44.5m+10m)	根	1	L1/2-36 吊点用
9	钢丝绳	ϕ13mm×1.5m	根	2	吊点接长用
10	钢丝绳	ϕ13mm×40m	根	3	L1/2-27、30 晃绳用
11	钢丝绳	ϕ13mm×(40m+6m)	根	3	L1/2-33、36 晃绳用
12	钢丝绳	ϕ11mm×300m	根	1	绞磨用
13	钢丝绳	ϕ9.3mm×100m	根	3	晃绳用
14	钢丝绳	ϕ9.3mm×50m	根	2	抱杆脱帽用
15	钢丝绳套	ϕ12.5mm×5m	根	1	抱杆根加固用
16	钢丝绳套	ϕ12.5mm×1m	根	1	抱杆根加固用
17	钢丝绳套	ϕ12.5mm×3m	根	2	绞磨尾绳
18	钢丝绳套	ϕ19.5mm×5m	根	2	地锚用
19	钢丝绳套	ϕ12.5mm×2m	根	4	
20	手扳葫芦	SB-60(kN)	只	1	制动绳用
21	起重滑车	80kN，单轮，开口	只	1	吊点用
22	起重滑车	80kN，三轮，闭口	只	1	
23	起重滑车	80kN，双轮，闭口	只	1	
24	起重滑车	30kN，单轮，开口	只	1	地滑车，转向用
25	起重滑车	30kN，双轮	只	3	晃绳用
26	起重滑车	30kN，单轮	只	3	晃绳用
27	双钩	30kN	副	8	拉线制作用
28	卸扣	160kN	只	4	
29	卸扣	80kN	只	4	
30	卸扣	50kN	只	2	吊点用
31	卸扣	50kN	只	16	（含备用）

序号	名　称	规　格	单位	数量	备　注
32	卸扣	30kN	只	4	（含备用）
33	角铁桩	L80mm×8mm×1.5m	根	14	（含备用）
34	花篮螺栓	M22	套	8	
35	钢管地锚	ϕ230mm×1.6m	套	2	
36	机动绞磨	30kN	台	1	牵引用
37	木抱杆	ϕ120mm×8m	根	2	立大抱杆用
38	白棕绳	ϕ16mm×30m	条	2	木抱杆脱帽用
39	圆木	ϕ120mm×3m～ϕ160mm×3m	根	4	
40	地线卡线器		副	8	根据拉线规格

表 21-17　　　　　整立 500kV 线路 ZV 型铁塔的主要工器具配置

序号	名　称	规　格	单位	数量	备　注
1	铝合金人字抱杆	□500mm×21m	副	1	含脱帽及抱杆座
2	钢丝绳	ϕ17.5mm×52m	根	2	大千斤用
3	钢丝绳	ϕ13mm×15m	根	2	小千斤用
4	钢丝绳	ϕ21.5mm×50m	根	2	总牵引用
5	钢丝绳	ϕ11mm×300m	根	1	绞磨牵引用
6	钢丝绳	ϕ21.5mm×38m	根	2	制动用
7	钢丝绳	ϕ15mm×14m	根	2	制动用
8	钢丝绳	ϕ14mm×55m	根	2	左右晃绳用
9	钢丝绳	ϕ9.3mm×80m	根	2	晃绳滑车组用
10	起重滑车	100kN，单轮	只	1	总牵引
11	起重滑车	80kN，单轮	只	1	吊点用
12	起重滑车	80kN，双轮	只	2	牵引用
13	起重滑车	80kN，单轮	只	2	牵引用
14	起重滑车	80kN，单轮	只	1	制动用
15	起重滑车	50kN，单轮	只	2	分吊点用
16	起重滑车	30kN，双轮	只	2	晃绳用
17	起重滑车	30kN，单轮	只	2	晃绳用
18	手扳葫芦	SB-60(kN)	只	2	制动用
19	双钩	30kN	副	4	抱杆制动及拉线

序号	名 称	规 格	单位	数量	备 注
20	钢管地锚	ϕ230mm×1600mm	套	4	
21	角铁桩	L80mm×8mm×1.5m	根	21	
22	花篮螺栓	M22	副	8	
23	机动绞磨	30kN	台	2	牵引用
24	钢丝绳	ϕ9.3mm×50m	根	2	抱杆脱帽
25	钢丝绳	ϕ11mm×6m	根	3	抱杆制动
26	钢丝绳套	ϕ21.5mm×4m	根	4	地锚用
27	钢丝绳套	ϕ12.5mm×2m	根	5	
28	钢丝绳套	ϕ12.5mm×5m	根	4	
29	卸扣	30kN	只	4	抱杆脱帽
30	卸扣	80kN	只	12	吊点塔身及拉线
31	卸扣	150kN	只	2	吊点滑车
32	卸扣	250kN	只	6	制动及分牵引滑车
33	卸扣	300kN	只	1	总牵引滑车
34	木抱杆	ϕ120mm×9m	根	2	立大抱杆
35	白棕绳	ϕ16mm×30m	根	2	木抱杆脱帽
36	地线卡线器		套	4	根据拉线规格
37	铁板	—5mm×100mm×300mm	块	2	垫塔脚根

表 21-18　　　　　　内拉线抱杆分解组立 220kV 铁塔工器具配置

序号	名 称	规 格	单位	数量	备 注
1	铝合金抱杆	□400mm×18m	副	1	含脱帽、抱杆座、腰环
2	机动绞磨	30kN	台	1	小千斤用
3	起重滑车	30kN，单轮，开口	只	4	总牵引用
4	起重滑车	10kN，单轮，开口	只	2	绞磨牵引用
5	铝滑车	5kN，单轮	只	4	塔上吊工具螺栓用
6	双钩	30kN	副	4	制动用
7	卸扣	50kN	只	24	晃绳用
8	卸扣	30kN	只	20	晃绳滑车组用
9	卸扣	10kN	只	8	
10	角铁桩	L80mm×8mm×1.5m	根	7	吊点用
11	花篮螺栓	M24×450	套	4	牵引用

序号	名　称	规　格	单位	数量	备　注
12	钢丝绳	ϕ12.5mm×4m	根	4	牵引用
13	钢丝绳	ϕ12.5mm×7m	根	4	制动用
14	钢丝绳	ϕ15mm×1.5m	根	4	分吊点用
15	钢丝绳	ϕ15mm×2.5m	根	4	晃绳用
16	钢丝绳	ϕ15mm×3m	根	4	晃绳用
17	钢丝绳	ϕ9.3mm×8m	根	8	制动用
18	钢丝绳	ϕ9.3mm×100m	根	2	抱杆制动及拉线
19	钢丝绳	ϕ11mm×200m	根	1	
20	钢丝绳	ϕ12.5mm×2.5m	根	4	
21	钢丝绳	ϕ12.5mm×3.5m	根	4	
22	钢丝绳套	ϕ12.5mm×1m	根	6	牵引绳套
23	白棕绳	ϕ16mm×100m	根	4	抱杆脱帽
24	白棕绳	ϕ18mm×80m	根	4	抱杆制动
25	尖扳手	M16	把	8	
26	尖扳手	M20、M24	把	8	
27	铁锤	12磅	把	2	
28	铁锤	4磅	把	6	
29	圆锉	ϕ16mm×300mm	把	2	吊点塔身及拉线
30	钢锯		把	2	吊点滑车
31	钢钎	ϕ30mm×2m	根	4	制动及分牵引滑车
32	方垫木	□150mm×800mm	根	30	总牵引滑车
33	圆木	ϕ120mm×7.5m	根	1	立大抱杆
34	圆木	ϕ120mm×2m	根	1	木抱杆脱帽
35	木杠	ϕ80mm×2m	根	5	
36	经纬仪	DT302	台	1	电子经纬仪(带脚架)

表 21-19　　　　　内拉线抱杆分解组立 500kV 铁塔工器具配置

序号	名　称	规　格	单位	数量	备　注
1	铝合金抱杆	□500mm×21m	副	1	含脱帽、抱杆座、腰环
2	机动绞磨	30kN	台	1	
3	起重滑车	30kN，单轮，开口	只	4	
4	铝滑车	5kN，单轮	只	4	塔上吊工具螺栓用

序号	名　称	规　格	单位	数量	备　注
5	起重滑车	30kN，单轮，开口	只	3	
6	卸扣	50kN	副	30	
7	U形环	U-12	副	4	
8	U形环	U-10	副	4	
9	角铁桩	L80mm×8mm×1.5m	根	10	
10	花篮螺栓	M22×450	套	6	
11	钢丝绳	ϕ11mm×100m	根	4	外拉线及攀根绳
12	钢丝绳	ϕ12.5mm×11m	根	4	内拉线
13	钢丝绳	ϕ12.5mm×4m	根	4	内拉线接长段
14	钢丝绳	ϕ17mm×9m	根	4	承托绳
15	钢丝绳	ϕ9.3mm×8m	根	2	腰环用
16	钢丝绳	ϕ9.3mm×200m	根	1	提升抱杆用
17	钢丝绳	ϕ15mm×100m	根	1	起吊牵引用
18	钢丝绳	ϕ11mm×300m	根	1	绞磨绳
19	钢丝绳	ϕ12.5mm×3m	根	4	吊点绳
20	钢丝绳	ϕ12.5mm×8m	根	4	吊点绳
21	钢丝绳	ϕ12.5mm×15m	根	1	吊点绳
22	钢丝绳套	ϕ12.5mm×1m	根	8	
23	白棕绳	ϕ16mm×120m	根	4	提升单件塔材
24	白棕绳	ϕ18mm×100m	根	4	控制绳
25	尖扳手	M16	把	8	
26	尖扳手	M20、M24	把	8	
27	铁锤	12磅	把	2	
28	铁锤	4磅	把	6	
29	钢钎	ϕ30mm×2m	根	4	
30	方垫木	□150mm×800mm	把	30	
31	圆木	ϕ140mm×8m	条	3	做小抱杆用
32	圆木	ϕ140mm×12m	条	1	补强用
33	木杠	ϕ80mm×2m	条	5	
34	经纬仪	DT302	台	1	电子经纬仪（带脚架）
35	双钩	30kN	副	4	

表 21-20　　　　　　　　　**750kV 内悬浮外拉线组塔用工器具配置**

序号	名　称	规　格	单位	数量	备　注
1	钢抱杆	□700mm×28m	副	1	含抱杆帽、抱杆底座、腰环等
2	铝合金人字抱杆	□350mm×12m	副	1	
3	单轮滑车	30kN 环式	个	3	提升抱杆
4	钢丝绳	ϕ13mm×250m	根	1	提升抱杆
5	钢丝绳套	ϕ15mm×3m	根	2	抱杆绳转向挂滑车、提升抱杆底座滑车挂
6	钢丝绳套	ϕ17.5mm×6m	根	1	起立抱杆用
7	钢丝绳套	ϕ13mm×0.5m	根	1	连接抱杆用
8	钢丝绳套	ϕ21.5mm×12m	根	4	两端插套（承托绳用）
9	钢丝绳套	ϕ21.5mm×7m	根	4	两端插套（承托绳用）
10	卸扣	100kN	个	8	连接承托绳用
11	钢绳套	ϕ15mm×200m	根	4	外拉线（两端插头），根据钢丝绳盘长可插成两根绳
12	手扳葫芦	SB-60(kN)	个	4	外拉线用
13	卸扣	10kN	个	16	
14	地锚	80kN	个	4	固定外拉线
15	八字环	50kN	个	4	
16	钢丝绳套	ϕ13mm×2m	根	4	腰环绳
17	钢丝绳套	ϕ13mm×5m	根	4	腰环绳
18	钢丝绳套	ϕ13mm×8m	根	4	腰环绳
19	钢丝绳套	ϕ13mm×12m	根	4	腰环绳
20	卸扣	50kN	只	24	
21	双钩	50kN	副	10	调整腰环
22	起重滑车	80kN 环式，两轮	个	2	起吊滑车
23	起重滑车	80kN 环式，单轮	个	8	起吊、转向（含塔身）
24	卸扣	100kN	只	20	吊点滑车及绑吊点
25	卸扣	50kN	只	30	
26	钢丝绳套	ϕ15mm×600m	根	2	磨绳（未考虑侧面吊叉铁磨绳）
27	钢丝绳套	ϕ17.5mm×2m	根	4	
28	钢丝绳套	ϕ17.5mm×4m	根	4	吊装构件

序号	名　称	规　格	单位	数量	备　注
29	钢丝绳套	ϕ17.5mm×6m	根	4	吊装构件
30	钢丝绳套	ϕ17.5mm×8m	根	4	吊装构件
31	钢丝绳套	ϕ17.5mm×12m	根	4	吊装构件
32	钢丝绳套	ϕ13mm×120m	根	1	单吊主材用
33	钢丝绳套	ϕ17.5mm×2m	根	4	塔身转向
34	钢丝绳套	ϕ17.5mm×6m	根	3	转向用
35	钢丝绳套	ϕ17.5mm×8m	根	3	转向用
36	钢丝绳套	ϕ17.5mm×13m	根	3	转向用
37	钢丝绳套	ϕ13mm×40m	根	4	单吊主材
38	钢丝绳套	ϕ11mm×200m	根	2	控制绳
39	手扳葫芦	SB-60(kN)	只	6	塔脚转向调节
40	手扳葫芦	SB-30(kN)	只	2	塔片就位收紧
41	地锚	30kN	个	4	控制绳用
42	绞磨	50kN	台	2	起吊动力
43	地 锚	50kN	个	2	固定绞磨
44	白棕绳	ϕ14mm×200m	根	4	
45	白棕绳	ϕ22mm×120m	根	4	
46	尖扳手	M16	把	10	
47	尖扳手	M20、M24	把	10	
48	梅花扳手	M16、M20	把	10	
49	梅花扳手	M20、M24	把	10	
50	力矩扳手		把	1	
51	活动扳手	12″	把	10	
52	套筒扳手	M16、M20	副	2	紧固抱杆螺栓
53	双 钩	30kN	副	4	
54	钢桩	L90mm×8mm×2m	根	8	
55	起重滑车	10kN 环式单轮	个	4	吊附铁
56	钢丝绳套	ϕ13mm×2m	根	10	抬塔材用
57	卸扣	30kN	只	10	抬塔材用
58	防坠器	防坠质量 300kg，有效长度 5m	副	10	

表 21-21 座地摇臂抱杆分解组塔工器具配置

分类	序号	名　称	规　格	单位	数量	备　注
抱杆系统	1	角钢抱杆	□500mm	副	1	含抱杆帽、抱杆底座、腰环等 高度按50m计算
	2	钢丝绳	ϕ11mm×9m	根	4	固定底座
	3	卸扣	30kN	只	8	
	4	双钩	10kN	副	4	固定底座用
起吊系统	5	钢丝绳	ϕ11mm×270m	根	4	绞磨用
	6	起重滑车	30kN，两轮	只	4	
	7	起重滑车	30kN，单轮	只	12	
	8	起重滑车	30kN，单轮	只	4	提升小件塔材用
	9	卸扣	80kN	只	28	
	10	机动绞磨	30kN	台	1	牵引用
	11	手扳葫芦	SB-30(kN)	台	2	起滑车组用
	12	钢丝绳	ϕ13mm×3m	根	4	绑扎吊用
	13	钢丝绳	ϕ15.5mm×5m	根	4	绑扎吊点用
	14	钢丝绳	ϕ13mm×8m	根	8	挂平衡吊钩
	15	钢丝绳	ϕ13mm×10m	根	4	绑扎吊点用
	16	钢丝绳套	ϕ13mm×1.5m	根	2	绑扎吊点用
	17	棕绳	ϕ16mm×80m	根	6	绑扎吊点用
	18	棕绳	ϕ16mm×100m	根	4	提升小件用
	19	钢管地锚	ϕ230mm×1.6m	副	2	
摇臂系统	20	钢丝绳	ϕ11mm×120m	根	4	起伏滑车组
	21	起重滑车	30kN，双轮	只	4	起伏滑车组
	22	起重滑车	30kN，单轮	只	8	起伏滑车组
	23	卸扣	80kN	只	20	
	24	机动绞磨	30kN	台	1	
	25	钢管地锚	ϕ230mm×1.6m	副	2	
	26	钢丝绳套	ϕ125mm×2m	把	4	
	27	钢丝绳	ϕ15.5mm×6.4m	把	4	保险用
腰环系统	28	腰环	□500mm	副	6	
	29	钢丝绳套	ϕ11mm×1.5m	根	8	
	30	钢丝绳套	ϕ11mm×3.5m	根	8	
	31	钢丝绳套	ϕ11mm×5m	根	8	
	32	钢丝绳套	ϕ11mm×3m	根	8	
	33	卸扣	10kN	只	30	
	34	双钩	10kN	副	20	

分类	序号	名　称	规　格	单位	数量	备　注
提升系统	35	钢丝绳	$\phi11mm\times120m$	根	1	起吊用
	36	钢丝绳	$\phi11mm\times90m$	根	1	牵引用
	37	起重滑车	30kN（单轮）	只	6	
	38	卸扣	100kN	只	9	
	39	钢丝绳套	$\phi13mm\times1.5m$	根	4	
	40	钢丝绳套	$\phi13mm\times5m$	根	3	
其他	41	木抱杆	$\phi130mm\times12m$	副	1	立抱杆用
	42	钢丝绳	$\phi13mm\times80m$	根	1	立抱杆用
	43	手扳葫芦	SB-30（kN）	只	4	
	44	方木	$150mm\times200mm\times1.0m$	根	4	支垫用
	45	圆木	$\phi120mm\times9m$	根	4	补强用
	46	角铁桩	$L80mm\times8mm\times1.5m$	根	6	
	47	经纬仪	DT 302	台	1	电子经纬仪（带脚架）

表 21-22　　　　内悬浮外拉线抱杆分解组立特高压线路铁塔主要工器具配置

序号	名　称	规　格	单位	数量	备　注
1	主抱杆	$\square900mm\times40m$	副	1	含底座及帽
2	铝抱杆	$\square400mm\times15m$	根	2	含底座及帽
3	小抱杆（铝）	$\square300mm\times10m$	根	2	含底座及帽
4	脱帽拉环	$\square400mm$，50kN	副	1	
5	脱帽拉环	$\square300mm$，50kN	副	1	
6	起吊板	$-8mm\times300mm\times900mm$	块	4	主抱杆用
7	提升钢丝绳	$\phi11mm\times180m$	根	2	提升抱杆用
8	提升钢丝绳	$\phi12.5mm\times400m$	根	2	绞磨绳
9	起重滑车	30kN，单轮	只	6	
10	起重滑车	50kN，单轮	只	2	
11	钢丝绳	$\phi28mm\times10m$	根	4	承托绳
12	尼龙吊带	100kN	根	4	承托绳
13	尼龙吊带	50kN	根	4	起吊构件用
14	钢丝绳	$\phi17mm\times110m$	根	4	临时拉线用
15	拉线控制器	50kN	副	8	临时拉线及攀根用
16	双钩	50kN	副	4	临时拉线用
17	钢板地锚	$-140mm\times300mm\times1200mm$	块	6	临时拉线及绞磨用

序号	名　称	规　格	单位	数量	备　注
18	地锚钢绳套	$\phi17mm\times3m$	根	4	临时拉线及绞磨用
19	机动绞磨	50kN	台	1	临时拉线及绞磨用
20	起重滑车	80kN，三轮	只	4	
21	起重滑车	50kN，双轮	只	2	
22	卸扣	100kN	只	8	按高强卸扣计算质量
23	卸扣	60kN	只	8	按高强卸扣计算质量
24	卸扣	50kN	只	16	按高强卸扣计算质量
25	卸扣	30kN	只	10	按高强卸扣计算质量
26	棕绳	$\phi18mm\times100m$	根	3	
27	棕绳	$\phi20mm\times150m$	根	2	
28	钢管	$\phi180/6mm\times10.5m$	根	2	
29	钢管	$\phi150/6mm\times11m$	根	2	
30	钢管	$\phi80/4mm\times4m$	根	2	
31	钢丝绳	$\phi9.3mm\times1.5m$	根	8	
32	卸扣	20kN	只	10	
33	钢丝绳	$\phi17mm\times5m$	根	4	
34	钢丝绳	$\phi15mm\times8m$	根	4	
35	钢丝绳	$\phi13mm\times8m$	根	6	
36	圆木	$\phi120mm\times4m$	根	2	
37	角铁桩	$L80mm\times8mm\times1.5m$	根	12	
38	钢丝绳	$\phi11mm\times150m$	根	4	
39	钢丝绳	$\phi13mm\times3m$	根	4	

表 21-23　　　外拉线抱杆分解组 220kV 铁塔需要的主要工器具配置

序号	名　称	规　格	单位	数量	备　注
1	铝合金抱杆	$\square400mm\times15m$	副	1	含帽及座
2	抱杆脚钢绳	$\phi9.3mm\times3m$	根	1	
3	钢丝绳	$\phi12.5mm\times50m$	根	3	拉线系统
4	钢丝绳	$\phi11mm\times50m$	根	4	拉线系统
5	钢丝绳	$\phi9.3mm\times50m$	根	1	拉线系统
6	起重滑车	20kN，单轮，开口	只	4	拉线系统
7	角铁桩	$L80mm\times8mm\times1.5m$	根	8	拉线系统

序号	名　称	规　格	单位	数量	备　注
8	花篮螺丝	M22	副	4	拉线系统
9	钢丝绳	$\phi11mm\times200m$	根	1	起吊用
10	机动绞磨	30kN	台	1	牵引用
11	钢丝绳	$\phi12.5mm\times3m$	根	1	吊点绳
12	钢丝绳	$\phi12.5mm\times8m$	根	4	吊点绳
13	钢丝绳	$\phi12.5mm\times15m$	根	1	吊点绳
14	起重滑车	50kN，单轮，开口	只	2	起吊系统
15	钢丝绳	$\phi11mm\times15m$	根	2	补强用
16	钢丝绳	$\phi11mm\times60m$	根	2	攀根绳
17	白棕绳	$\phi18mm\times100m$	根	4	控制系统
18	角铁桩	L80mm×8mm×1.5m	根	4	控制用
19	白棕绳	$\phi16mm\times100m$	根	2	吊小件用
20	铝滑车	5kN，单轮	只	4	吊小件用
21	卸扣	30kN	只	8	
22	卸扣	50kN	只	8	
23	卸扣	80kN	只	8	
24	卸扣	15kN	只	6	
25	铁锤	12磅	把	2	
26	尖扳手	M16	把	8	组装用
27	尖扳手	M20、M24	把	8	组装用
28	铁锤	4磅	把	6	组装用
29	圆锉	$\phi16mm\times300mm$	把	2	组装用
30	钢锯		把	2	组装用
31	钢钎	$\phi30mm\times2m$	根	4	组装用
32	方木	150mm×150mm×800mm	根	30	组装用
33	木抱杆	$\phi140mm\times8m$	根	2	组装用
34	圆木	$\phi140mm\times12m$	根	1	补强用
35	木杠	$\phi80mm\times2m$	根	5	组装用
36	经纬仪	DT302	台	1	电子经纬仪（带脚架）
37	双钩	20kN	副	4	立塔用

四、各种电压等级杆塔工程主要工器具配置

各种电压等级杆塔工程主要工器具配置见表 21-24～表 21-28。

表 21-24　　　　　　　　　　110kV 纯杆型立杆工程主要工器具配置

序号	名　称	规　格	单位	数量	备　注
1	铝合金格构式人字抱杆	□250mm×12m	副	1	用于直线单杆型线路
2	铝合金格构式人字抱杆	□300mm×12m	副	1	用于直线门型杆线路
3	经纬仪	DT302	台	1	电子经纬仪(带脚架)
4	对讲机	TK3107	台	4	配相应的电池
5	车载台	TK-868	台	1	
6	绞磨	30kN	台	2	
7	发电电焊一体机	AXQ200A	台	1	
8	混凝土杆运输车	上(下)置式	台	1	
9	地锚	30kN	个	3	
10	地锚	50kN	个	2	
11	地锚	100kN	个	1	
12	卸扣	30kN	只	15	
13	卸扣	50kN	只	10	
14	卸扣	100kN	只	6	
15	起重滑车	10kN，单轮	只	3	
16	起重滑车	30kN，单轮	只	6	
17	起重滑车	50kN，单轮	只	4	
18	起重滑车	50kN，两轮	只	2	
19	起重滑车	100kN，两轮	只	2	
20	控制器(8字环)	30kN	个	4	
21	手扳葫芦	1.5kN	个	4	
22	手扳葫芦	30kN	个	2	
23	手扳葫芦	60kN	个	2	
24	钢丝绳葫芦	30kN	个	2	
25	棘轮扳手	M16～M20	把	4	
26	梅花扳手	M24、M30	把	2	
27	梅花扳手	M30、M36	把	2	
28	尖扳手	M16	把	10	
29	梯子	3～6m	副	2	

序号	名　称	规　格	单位	数量	备　注
30	地线卡线器	GJ35/50	只	2	
31	地线卡线器	GJ70/100	只	2	
32	角钢桩		根	4	
33	扳钻	付	台		配钻头
34	活动帐篷	2m×1.5m	套	2	
35	铁锹		把	20	
36	洋镐		把	10	
37	卷尺	50m	个	2	
38	钢管	φ52mm×5mm×4m	根	若干	吊装底盘拉盘
39	钢管卡子		套	若干	
40	钢丝绳	φ11mm×40m	根	2	
41	钢丝绳	φ13mm×200m	根	1	
42	钢丝绳	φ13mm×40m	根	2	
43	起吊钢丝绳套	φ15mm×24m	根	2	
44	起吊钢丝绳套	φ15mm×18m	根	2	
45	钢丝绳套（总牵引）	φ17.5mm×10m	根	1	
46	钢丝绳套（制动）	φ17.5mm×20m	根	2	
47	钢丝绳套（吊点）	φ17.5mm×26m	根	2	
48	钢丝绳套（吊点）	φ17.5mm×33m	根	2	
49	钢丝绳套（总牵引）	φ21.5mm×10m	根	1	
50	钢丝绳套（制动）	φ21.5mm×25m	根	2	
51	棕绳	φ16mm×50m	根	4	
52	棕绳	φ20mm×30m	根	2	
53	工具包		个	4	
54	太阳伞		把	1	

表 21-25　　　　　　　　110kV杆塔混合型杆塔工程主要工器具配置

序号	名　称	规　格	单位	数量	备　注
1	经纬仪	DT302	台	1	电子经纬仪（带脚架）
2	双钩	10kN	副	8	
3	尖扳手	M16	把	15	
4	尖扳手	M20	把	10	

序号	名　称	规　格	单位	数量	备　注
5	梯子	3～6m	副	2	
6	对讲机	TK3107	台	4	（配相应的电池）
7	车载台	TK-868	台	1	
8	角钢抱杆（中节）	□350mm×4m	节	5	
9	角钢抱杆（上下节）	□350mm×4m	节	5	
10	角钢抱杆（中）	□350mm×2m	节	4	
11	抱杆花帽	□350mm	副	1	
12	悬浮座	□350mm	副	1	
13	腰环	□350mm	副	2	
14	双钩	30kN	副	8	调整腰环
15	人字抱杆上帽	□350mm	副	1	
16	人字抱杆下帽	□350mm	副	1	
17	人字抱杆底座	□350mm	副	1	
18	抱杆脱落环	□350mm	副	1	
19	绞磨	30kN	台	2	带汽油机
20	汽油机		台	1	备用
21	地锚	30kN	个	5	
22	地锚	50kN	个	2	
23	地锚	100kN	个	1	
24	卸扣	30kN	只	20	
25	卸扣	50kN	只	40	
26	卸扣	100kN	只	6	
27	起重滑车	10kN，单轮	只	6	
28	起重滑车	30kN，单轮	只	14	
29	起重滑车	30kN，两轮	只	2	
30	八字环（控制器）	30kN	个	2	
31	手扳葫芦	15kN	个	4	
32	手扳葫芦	30kN	个	6	
33	钢丝绳葫芦	30kN	个	2	
34	地线卡线器	GJ35/50	个	2	
35	地线卡线器	GJ70/100	个	2	
36	棘轮扳手	M16～M20	把	4	

序号	名　称	规　格	单位	数量	备　注
37	梅花扳手	M24、M30	把	6	
38	梅花扳手	M30、M36	把	6	
39	力矩扳手	$\phi16$、$\phi20$、$\phi24$	把	2	
40	角钢桩		根	8	
41	扳钻		台	1	配钻头
42	发电电焊一体机	AXQ200A	台	1	
43	大运炮车		台	1	

表 21-26　　　　　　　　　220kV杆塔工程主要工器具配置

序号	名　称	规　格	单位	数量	备　注
1	经纬仪	DT302	台	1	电子经纬仪（带脚架）
2	双钩	10kN	副	8	
3	尖扳手	M16	把	15	
4	尖扳手	M20	把	10	
5	梯子	3m～6m	副	2	
6	对讲机	TK3107	台	4	（配相应的电池）
7	车载台	TK-868	台	1	
8	角钢抱杆（中节）	□350mm×4m	节	3	
9	角钢抱杆（上下节）	□350mm×4m	节	1	
10	角钢抱杆（中）	□350mm×2m	节	2	
11	抱杆花帽	□350mm	副	1	
12	悬浮座	□350mm	副	1	
13	腰环	□350mm	副	2	
14	双钩	30kN	副	8	调整腰环
15	抱杆脱落环	□350mm	副	1	
16	机动绞磨	30kN	台	2	带汽油机
17	汽油机		台	1	备用
18	地锚	50kN	个	4	
19	卸扣	50kN	只	30	
20	卸扣	100kN	只	10	
21	起重滑车	10kN，单轮	个	4	
22	起重滑车	50kN，单轮	个	4	
23	起重滑车	80kN，两轮	个	2	
24	手扳葫芦	15kN	个	2	

序号	名 称	规 格	单位	数量	备 注
25	手扳葫芦	30kN	个	3	
26	手扳葫芦	60kN	个	2	
27	梅花扳手	M24、M30	把	6	
28	梅花扳手	M30、M36	把	6	
29	力矩扳手	$\phi16$、$\phi20$、$\phi24$	把	4	
30	角钢桩		根	4	
31	扳钻		台	1	配钻头
32	地锚	100kN	个	2	

表 21-27　　　　　　　330kV 杆塔工程主要工器具配置

序号	名 称	规 格	单位	数量	备 注
1	经纬仪	DT302	台	1	电子经纬仪(带脚架)
2	双钩	10kN	副	8	
3	尖扳手	M16	把	15	
4	尖扳手	M20	把	10	
5	角钢抱杆(中节)	□350mm×4m	节	3	
6	角钢抱杆(上下节)	□350mm×4m	节	2	
7	角钢抱杆(中)	□350mm×2m	节	2	
8	抱杆花帽	□350mm	副	1	
9	悬浮座	□350mm	副	1	
10	腰环	□350mm	副	3	
11	腰环双钩	30kN	个	12	调整腰环
12	人字抱杆上帽	350	副	1	
13	人字抱杆下帽	350	副	1	
14	人字抱杆底座	350	副	1	
15	抱杆脱落环	350	个	1	
16	地锚	30kN	个	5	
17	地锚	50kN	个	4	
18	地锚	100kN	个	1	
19	地锚	150kN	个	1	
20	卸扣	50kN	只	40	
21	卸扣	100kN	只	8	
22	卸扣	150kN	只	10	
23	起重滑车	10kN，单轮	个	6	
24	起重滑车	30kN，单轮	个	10	

序号	名　　称	规　　格	单位	数量	备　　注
25	起重滑车	50kN，单轮	个	6	
26	起重滑车	80kN，两轮	个	2	
27	起重滑车	100kN，两轮	个	4	
28	起重滑车	100kN，三轮	个	1	
29	八字环（控制器）	30kN	个	4	
30	手扳葫芦	15kN	个	2	
31	手扳葫芦	30kN	个	6	
32	手扳葫芦	60kN	个	4	
33	地线卡线器	GJ35/50	个	4	
34	地线卡线器	GJ70/100	个	4	
35	棘轮扳手	M16～M20	把	4	
36	梅花扳手	M24、M30	把	6	
37	梅花扳手	M30、M36	把	6	
38	力矩扳手		把	2	
39	角钢桩		根	6	
40	机动绞磨	30kN	台	1	

表 21-28　　　　　　　　输电线路施工 500kV 杆塔工程主要工器具配置

序号	名　　称	规　　格	单位	数量	备　　注
1	经纬仪	DT302	台	1	电子经纬仪（带脚架）
2	双钩	10kN	副	8	
3	尖扳手	M16	把	15	
4	尖扳手	M20	把	10	
5	梯子	3～6m	付	2	
6	对讲机	TK 3107	台	4	（配相应的电池）
7	车载台	TK-868	台	1	
8	角钢抱杆（中节）	□500mm×4m	节	4	
9	角钢抱杆（中节）	□500mm×4.25m	节	2	
10	角钢抱杆（上下节）	□500mm×4.25m	节	2	
11	角钢抱杆（中）	□500mm×2m	节	1	
12	抱杆花帽	500mm	副	1	
13	悬浮座	500mm	副	1	
14	腰环	500mm	副	3	

序号	名 称	规 格	单位	数量	备 注
15	双钩	30kN	副	12	调整腰环
16	机动绞磨	30kN	台	1	带汽油机
17	汽油机		台	1	备用
18	地锚	30kN	个	4	
19	地锚	50kN	个	4	
20	卸扣	30kN	只	20	
21	卸扣	50kN	只	40	
22	卸扣	100kN	只	10	
23	起重滑车	10kN，单轮	个	4	
24	起重滑车	30kN，单轮	个	4	
25	起重滑车	50kN，单轮	个	4	
26	起重滑车	50kN，两轮	个	2	
27	手扳葫芦	15kN	个	2	
28	手扳葫芦	30kN	个	4	
29	手扳葫芦	60kN	个	2	
30	梅花扳手	M24、M30	把	6	
31	梅花扳手	M30、M36	把	6	
32	力矩扳手		把	2	
33	角钢桩		根	6	
34	扳钻		台	1	配钻头

第四节　架 线 施 工 机 具

在输电线路架线施工时，一般有非张力架线和张力架线两种施工方式。张力架线因为在展放过程中，导线始终处于悬空状态，避免了与地面及跨越物的接触摩擦和损伤，从而减轻了输电线路运行中电晕损耗和无线电可听噪声干扰。

一、张力架线工器具的选择原则

架线用工器具包括放、紧线过程中使用的放线滑车、压接工具、紧线工具、提线器、飞车以及绞磨等工器具。张力架线必须有张力机、牵引机及相应的配套机具。

牵引机和张力机、放线滑车是张力架线过程中，保证导线处于悬空状态的最主要的施工机具。不仅要保证导线具有一定的张力，同时要求根据导线和牵引绳的不同，满足一定的曲率半径。张力机主要控制放线张力，保证导线在展放过程中完全架空；牵引机主要是通过牵引绳和牵引走板牵引导线，使导线在整个线路中贯通。

牵引机和张力机的选用，已在第十三章第六节和第十四章第八节中有所阐述。放线滑车的选用要求如下。

（1）根据 DL/T 371—2010《架空输电线路放线滑车》的规定，选用合适的放线滑车：直径为 508mm 的滑轮，最大适用导线 LGJ400；直径为 660mm 的滑轮，最大适用导线 LGJ500；直径为 822mm 的滑轮，最大适用导线 LGJ630；直径为 916mm 的滑轮，最大适用导线 LGJ900；直径为 1040mm 的滑轮，最大适用导线 LGJ1120。放线滑轮根据展放导线的根数又可分为单轮、三轮、五轮、七轮、九轮，现在又有八牵八放线用的五轮滑车（两个五轮滑车组合成八牵八放线滑车），既可过导引牵引绳，也可过导线，二牵四、二牵六的七轮、九轮滑车等。滑轮轮槽必须保证连接器与压接管保护套的顺利通过。导线滑轮材质一般为尼龙与铝合金，铝合金滑轮轮槽必须包覆橡胶层，以减少对导线的磨损，过牵引绳的中间滑轮材质一般为尼龙与铸钢材料。

（2）地线放线滑车。

1）地线放线滑车用于展放单根避雷线或跨越江河、峡谷的钢绞线的放线滑车，此类滑车一般为单轮钢制滑车。

2）展放复合架空地线 OPGW 光缆滑车。展放复合架空地线 OPGW 光缆滑车的放线滑轮槽底直径不小于 OPGW 光缆直径的 40 倍，且不得小于 500mm。一般为单轮放线滑车。

二、各种电压等级架线施工主要工器具配置

各种电压等级架线施工主要工器具配置见表 21-29～表 21-34。

表 21-29　　　　　　　110kV 纯杆型架线施工主要工器具配置

序号	名　称	规　格	单位	数量	备　注
1	经纬仪	DT 302	台	4	电子经纬仪（带脚架）
2	双钩	30kN	副	16	打拉线用
3	双钩	50kN	副	12	打拉线用
4	梯子	3～6m	副	2	
5	对讲机	TK3107	台	15	（配相应的电池）
6	车载台	TK-868	台	2	
7	牵引机	30kN	台	1	
8	张力机	20kN	台	1	可用于展放光缆
9	吊车	起吊重量≥80kN	台	1	
10	机动绞磨	30kN	台	3	
11	汽油机		台	1	备用
12	地锚	30kN	个	4	
13	地锚	50kN	个	6	
14	地锚	100kN	个	2	
15	卸扣	30kN	只	20	
16	起重滑车	10kN，单轮	个	10	
17	起重滑车	30kN，单轮	个	2	

序号	名　称	规　格	单位	数量	备　注
18	起重滑车	50kN，单轮	个	6	
19	起重滑车	50kN，两轮	个	2	
20	手扳葫芦	15kN 长 3m	个	5	
21	手扳葫芦	30kN 长 3m	个	8	
22	地线卡线器	GJ 35/50	个	4	
23	梅花扳手	M24×30	把	6	
24	梅花扳手	M30×36	把	6	
25	角钢桩		根	6	
26	导线放线架		副	1	
27	地线放线架		副	1	
28	导线提线器		副	4	
29	放线滑车（单轮）	ϕ320mm～ϕ660mm	个	120	
30	地线放线滑车	ϕ165mm、ϕ370mm、ϕ660mm	个	40	含光缆放线滑车
31	旋转连接器	30kN	个	4	
32	网套连接器		个	6	按导线规格配
33	抗弯连接器	30kN	个	6	
34	压接管保护套（导线）		副	20	按导线规格配
35	压接管保护套（地线）		副	15	按地线规格配
36	导线卡线器		个	18	按导线规格配
37	绝缘电阻测试仪	3122	块	1	
38	液压压接机	1250kN	台	2	包括液压泵站
39	钢（铝）模		副	各 2	导（地）线规格各配
40	断线钳	导线、地线	把	2	
41	断线平台		个	2	
42	飞车	单线	台	1	
43	地线提线器	10kN	副	4	
44	牵引绳	□11mm	km	15	
45	导线接地滑车	铝轮	个	3	
46	地线接地滑车	钢轮	个	3	
47	光缆卡线管		个	2	

表 21-30　　　　　　　220kV 架线施工主要工器具配置

序号	名　称	规　格	单位	数量	备　注
1	经纬仪	DT302	台	5	电子经纬仪（带脚架）
2	梯子	3～6m	副	4	
3	对讲机	TK3107	台	20	配相应的电池

序号	名 称	规 格	单位	数量	备 注
4	车载台	TK-868	台	2	
5	吊车	起吊重量≥80kN	台	1	
6	机动绞磨	30kN	台	3	带汽油机
7	汽油机		台	1	备用
8	地锚	30kN	个	8	
9	地锚	50kN	个	2	
10	卸扣	30kN	只	20	
11	卸扣	50kN	只	60	
12	手扳葫芦	15kN 长 3m	个	10	
13	手扳葫芦	30kN 长 3m	个	10	
14	手扳葫芦	60kN 长 6m	个	6	
15	地线卡线器	GJ35/50	个	6	
16	梅花扳手	M24、M30	把	6	
17	梅花扳手	M30、M36	把	6	
18	牵引机	30kN	台	1	
19	张力机	20kN	台	1	可用于展放光缆
20	牵引机	90kN	台	1	
21	张力机	2×30kN	台	1	
22	导引绳	□11mm	km	40	
23	牵引绳	□15mm	km	15	
24	牵引绳	□18mm	km	15	
25	走板		副	2	
26	导线放线架		副	2	
27	地线放线架		副	1	
28	线轴支架		副	6	
29	导线提线器		副	2	
30	高速转向滑车	100kN	个	3	
31	高速转向滑车	160kN	个	3	
32	压线滑车（尼龙）	10kN	个	6	
33	放线滑车（单轮）	$\phi320\sim660$	个	120	
34	地线放线滑车	$\phi165mm$、$\phi370mm$、$\phi660mm$	个	60	含光缆
35	旋转连接器	30kN	个	6	
36	网套连接器		个	6	按导线规格配

序号	名　称	规　格	单位	数量	备　注
37	抗弯连接器	30kN	个	15	
38	抗弯连接器	80kN	个	8	
39	压接管保护套（导线）		副	30	
40	压接管保护套（地线）		副	15	
41	导线卡线器		个	12	按导线规格配
42	绝缘电阻测试仪	3122	块	1	
43	液压机	200t	台	4	包括汽油机
44	钢（铝）模		副	10	导（地）线规格各配
45	断线钳		把	2	
46	断线平台		个	2	
47	飞车	单线	辆	1	
48	地线提线器	10kN	副	4	
49	地线卡线器		个	6	
50	光缆卡线器		个	4	
51	导线接地滑车		个	8	
52	地线接地滑车		个	4	

表 21-31　　　　　　　　　　330kV 架线施工主要工器具配置

序号	名　称	规　格	单位	数量	备　注
1	经纬仪	DT 302	台	5	电子经纬仪（带脚架）
2	双钩	30kN	副	16	打拉线用
3	双钩	50kN	副	20	打拉线用
4	梯子	3～6m	副	8	
5	对讲机	TK3107	台	30	（配相应的电池）
6	车载台	TK-868	台	2	
7	吊车	起吊重量≥80kN	台	1	
8	吊车	起吊重量≥160kN	台	1	
9	绞磨	30kN	台	4	带汽油机
10	汽油机		台	1	备用
11	地锚	30kN	个	4	
12	地锚	50kN	个	12	
13	地锚	100kN	个	2	
14	地锚	150kN	个	2	
15	卸扣	30kN	只	30	
16	卸扣	50kN	只	60	
17	卸扣	100kN	只	20	
18	手扳葫芦	15kN 长 3m	个	10	

序号	名 称	规 格	单位	数量	备 注
19	手扳葫芦	30kN 长 3m	个	20	
20	手扳葫芦	60kN 长 6m	个	10	
21	地线卡线器	GJ70/100	个	20	
22	梅花扳手	M24、M30	把	6	
23	梅花扳手	M30、M36	把	6	
24	角钢桩		根	10	
25	牵引机	30kN	台	1	
26	牵引机	90kN	台	1	
27	张力机	20kN	台	1	可用于放光缆
28	张力机	2×30kN	台	1	
29	导引绳	□11mm	km	40	
30	牵引绳	□18mm	km	15	
31	走板		副	2	
32	光缆防捻器		副	1	
33	导线放线架		副	4	
34	地线放线架		副	4	
35	线轴支架		副	6	
36	导线提线器		副	2	
37	锚线架（双线）		副	20	
38	高速转向滑车	100kN	个	3	
39	高速转向滑车	160kN	个	3	
40	压线滑车（尼龙）	25kN	个	8	
41	放线滑车（三轮）	ϕ660mm	个	160	
42	地线放线滑车	ϕ165mm、ϕ370mm、ϕ660mm	个	80	含光缆放线滑车
43	旋转连接器	30kN	个	8	
44	旋转连接器	50kN	个	6	
45	旋转连接器	80kN	个	3	
46	网套连接器		个	12	按导线规格配
47	抗弯连接器	30kN	个	40	
48	抗弯连接器	50kN	个	40	
49	抗弯连接器	80kN	个	40	
50	压接管保护套（导线）		副	60	
51	压接管保护套（地线）		副	20	

序号	名　称	规　格	单位	数量	备　注
52	导线卡线器		个	15	按导线规格配
53	牵引绳卡线器		个	4	
54	光缆卡线器		个	4	
55	绝缘电阻测试仪	3122	台	2	
56	液压压接机	2000kN	台	2	含液压泵站
57	钢（铝）模		副	10	导（地）线规格各配
58	断线钳	导线、地线	把	5	
59	断线平台		个	2	
60	飞车	双线	台	4	
61	导线提线器	双线 2×25kN	副	6	
62	地线提线器	10kN	副	4	
63	导线接地滑车		个	8	
64	地线接地滑车		个	4	

表 21-32　　　　　　　　　　500kV 架线施工主要工器具配置

序号	名　称	规　格	单位	数量	备　注
1	经纬仪	DT 302	台	8	电子经纬仪（带脚架）
2	双钩	30kN	套	10	打拉线用
3	双钩	50kN	套	30	打拉线用
4	梯子	3～6m	副	8	
5	对讲机	TK3107	台	30	配相应的电池
6	车载台	TK-868	台	2	
7	吊车	起吊重量≥80kN	台	1	
8	吊车	起吊重量≥160kN	台	1	
9	绞磨	30kN	台	5	带汽油机
10	汽油机		台	2	备用
11	地锚	30kN	个	4	
12	地锚	50kN	个	12	
13	地锚	100kN	个	10	
14	地锚	150kN	个	4	
15	卸扣	30kN	只	60	
16	卸扣	50kN	只	120	
17	卸扣	100kN	只	40	
18	卸扣	150kN	只	10	
19	手扳葫芦	15kN 长 3m	个	10	
20	手扳葫芦	30kN 长 3m	个	60	

序号	名 称	规 格	单位	数量	备 注
21	手扳葫芦	60kN 长 6m	个	30	
22	梅花扳手	M24、M30	把	6	
23	梅花扳手	M30、M36	把	6	
24	角钢桩		根	12	
25	牵引机	30kN	台	1	
26	张力机	30kN	台	1	可用于放光缆
27	牵引机	150kN	台	1	
28	牵引机	250kN	台	1	展放 720mm² 及以上的导线
29	张力机	2×30kN	台	2	
30	张力机	2×50kN	台	1	展放 720mm² 及以上的导线
31	导引绳	□13mm	km	40	
32	牵引绳	□24mm	km	15	
33	走板		副	2	
34	光缆防捻器		副	1	
35	导线放线架		副	4	
36	地线放线架		副	4	
37	线轴支架		副	6	
38	导线拨线器		把	2	
39	锚线架（四线）		副	20	
40	高速转向滑车	100kN	个	3	
41	高速转向滑车	160kN	个	3	
42	压线滑车（尼龙）	25kN	个	20	
43	放线滑车（五轮）	ϕ660mm～ϕ916mm	个	160	根据导线规格
44	地线放线滑车	ϕ165mm、ϕ370mm、ϕ660mm	个	80	含光缆
45	旋转连接器	30kN	个	6	
46	旋转连接器	60kN	个	12	
47	旋转连接器	250kN	个	3	
48	网套连接器	150～800mm² 导线	个	24	按导线规格配
49	抗弯连接器	30kN	个	40	
50	抗弯连接器	50kN	个	40	
51	抗弯连接器	250kN	个	15	
52	压接管保护套（导线）		副	100	
53	压接管保护套（地线）		副	20	

序号	名 称	规 格	单位	数量	备 注
54	导线卡线器		个	40	按导线规格配
55	牵引绳卡线器		个	4	
56	光缆卡线器		个	4	
57	绝缘电阻测试仪	3122	块	2	
58	液压压接机	2000kN	台	5	包括液压泵站
59	钢（铝）模		副	10	导（地）线规格各配
60	断线钳		把	8	
61	断线平台		个	2	
62	飞车	四线	台	4	
63	导线提线器	四线 4×40kN	副	6	
64	地线提线器	10kN	副	4	
65	旋转连接器	130kN	个	12	
66	抗弯连接器	130kN	个	10	
67	导线接地滑车		个	8	
68	地线接地滑车		个	4	

表 21-33 　　　　　　　　　　750kV 架线施工主要工器具配置

序号	名 称	规 格	单位	数量	备 注
1	主牵引机	250kN	台	1	
2	张力机	30kN×2	台	3	
3	小牵引机	75kN	台	1	牵引绳用
4	小张力机	30kN	台	1	牵引绳用
5	小牵引机	30kN	台	1	地线用
6	小张力机	20kN	台	1	地线用
7	导线轴架	80kN	台	6	
8	钢绳卷筒		台	1	
9	吊车	起吊重量≥160kN	辆	2	
10	运输车	限载 80kN	辆	4	
11	牵引车		辆	2	
12	导引绳	□11mm	km	26	
13	导引绳	□15mm	km	50	
14	牵引绳	□30mm、□26mm	km	26	
15	抗弯连接器	30kN	个	30	
		50kN	个	50	
		250kN	个	33	
16	两线锚线架	100kN	个	24	带 φ15×6m 锚线套
17	牵引绳卡线器	□11mm	个	4	
18	牵引绳卡线器	□15mm	个	4	

序号	名 称	规 格	单位	数量	备 注
19	牵引绳卡线器	□30mm	个	4	
20	导线卡线器		个	72	按导线规格
21	导线卡线器		个	72	扩径导线用
22	地线卡线器	SKD-4	个	4	按地线规格
23	网套连接器	SLW-1.5	根	2	地线用
24	网套连接器	SLW-3	根	18	导线用
25	网套连接器	SLWS-3	根	6	
26	走板	六线	块	2	
27	七轮放线滑车	100kN	个	120	
28	压线滑车（钢轮开口）	30kN	个	10	压导引绳
29	导线接地滑车		个	8	铝轮
30	牵引绳接地滑车		个	3	钢轮
31	起重滑车	50kN	个	6	牵张场各3个
		30kN	个	6	牵张场各3个
32	旋转连接器	30kN	个	2	牵引绳与地线之间
33	旋转连接器	50kN	个	18	导引绳与牵引绳、走板与导线之间
34	旋转连接器	250kN	个	2	牵引绳与走板之间
35	卸扣	30kN	只	20	
		50kN	只	62	其中42个带到锚线架及锚线套上
		100kN	只	70	24个带到锚线架上
36	手扳葫芦	30kN	个	12	张力场6个，牵引场6个
		60kN	个	16	牵张场各8个
37	提线器	6×12kN	个	12	六线专用
		30kN	个	12	
38	紧固器		个	6	六分裂导线专用
39	钢桩	L90mm×8mm×1.5m	根	18	锚轴架车可用30kN地锚代替
40	钢丝绳套	ϕ17.5mm×4m	根	8	吊装导线
		ϕ15mm×3m	根	8	锚线保险用
		ϕ15mm×6m	根	72	锚线套（加保护，缠麻袋片）
		ϕ15mm×50m	根	6	长锚套
41	钢丝绳	ϕ11mm×60m	根	6	一端套，压线用
42	钢丝绳套	ϕ13mm×2m	根	4	转角塔压线用

続表

序号	名 称	规 格	单位	数量	备 注
43	手扳葫芦	60kN	个	8	临时拉线用
44	对讲机	TK3107	台	25	含 2 台车载台
45	棕绳	$\phi16mm\times40m$	根	2	引导线头
46	棕绳	$\phi16mm\times100m$	根	4	压线用
47	棕绳	$\phi20mm\times80m$	根	6	牵张场用
48	内六角扳手		把	4	
49	螺丝刀	18″	把	6	
50	卡钳		把	2	
51	望远镜		台	4	
52	液压压接机	2000kN	套	4	含相应的压模
53	压接管保护套	导线用	个	72	带胶皮套管
54	压接管保护套	地线用	个	16	
55	帐篷		顶	3	
56	太阳伞		顶	2	
57	木锯、斧子		把	2	牵张场各 1 把
58	铁丝	10 号、12 号			根据施工情况定
59	彩条布	$2m\times2m$	块	24	盖地锚坑、铺垫保护导线用
60	道木		根	10	
61	胶布		盘		根据施工情况配
62	高速转向滑车	300kN	个	6	转向用
63	彩条布	$10m\times4m$	块	2	张力场用
64	方木	□$250mm\times600mm$	块	16	垫牵张机轮胎
65	大锤	20 磅	把	2	牵张场各 1 把
66	撬杠		根	3	
67	放线架		个	5	包括磨杠
68	篷布			若干	导线落地保护等
69	地线接地滑车		个	4	

表 21-34　　　　　　　　1000kV 架线施工主要工器具配置

序号	名 称	规 格	单位	数量	备 注
1	主牵引机	300kN	台	1	或 180kN 两台
2	主张力机	$4\times50kN$	台	2	或 $2\times50kN$ 两台，卷筒底径≥1500mm
3	小牵引机	75kN	台	1	
4	小张力机	$2\times30kN$	台	1	卷筒底径≥1200mm

序号	名　称	规　格	单位	数量	备　注
5	光缆张力机	20kN	台	1	卷筒底径≥1200mm
6	吊车	起吊重量≥250kN	台	1	
7	吊车	起吊重量≥160kN	台	1	
8	牵引车		台	2	
9	导引绳	□15mm	km	40	
10	牵引绳	□36mm	km	20	
11	迪尼玛绳	ϕ4mm、ϕ10mm	km	各20	
12	抗弯连接器	50kN	个	80	
13	抗弯连接器	30kN	个	30	
14	牵引绳卡线器	□15mm	个	12	
15	牵引绳卡线器	□36mm	个	8	
16	走板	四线	副	4	
17	旋转连接器	30kN	个	16	
18	旋转连接器	80kN	个	10	
19	旋转连接器	300kN	个	4	
20	锚线架	80kN 双线	个	60	
21	导线卡线器	LGJ-500	个	300	
		JLB20A-170	个	10	
22	光缆卡线器		个	10	
23	地线卡线器		个	10	
24	地线卡线器	GJ 70-100 临时拉线用	个	16	
25	网套连接器	LGJ-500 用	个	50	
		JLB20A-170 用	个	6	
26	导线放线滑车	五轮 ϕ822mm	个	240	
27	光缆放线滑车	单轮 ϕ822mm	个	40	
28	地线放线滑车	单轮 ϕ660mm	个	40	
29	压线滑车	30kN	个	5	
30	起重滑车	10kN，单轮	个	10	
		30kN，单轮	个	10	
		50kN，单轮	个	24	
31	卸扣	30kN	只	200	
		50kN	只	300	
		100kN	只	140	
		150kN	只	20	

序号	名　称	规　格	单位	数量	备　注
32	手扳葫芦	15kN	个	20	
		30kN	个	60	
		60kN	个	48	
33	手拉链条葫芦	50kN	个	50	
34	导线提线器	50kN双线	个	50	
35	地线提线器	15kN	个	6	
36	附件保安接地线		副	12	
37	地锚	30kN	个	10	
		50kN	个	10	
		100kN	个	48	
		150kN	个	10	
38	钢桩	L90mm×6mm×1.8m	个	40	
39	双钩	30kN	个	50	
		50kN	个	300	
40	对讲机	TK3107	台	40	
41	断线钳	LGJ-500	把	6	
42	望远镜		副	20	
43	液压压接机	2000kN	台	8	含液压泵站
44	压模		副	16	相应导线地线规格
45	游标卡尺	150mm/0.02mm	把	6	
46	压接管保护套	LGJ-500/35用	副	150	
		JLB20A-170用	副	8	
47	绞磨	50kN	台	40	
48	飞车		台	4	
49	绝缘绳	φ20mm	m	200	
50	验电器	10~35kV	个	3	
		110、220、500kV	个	各1	
51	接地铜线		组	20	
52	悬挂式爬梯		副	30	
53	防坠器	防坠质量300kg，长度5m	副	30	
54	经纬仪	DT302	台	8	
55	发电机		台	4	
56	高空液压平台		副	3	

序号	名 称	规 格	单位	数量	备 注
57	钢丝绳套	$\phi17.5mm\times10m$	根	300	挂滑车用
		$\phi13mm\times100m$	根	2	升空用
		$\phi13mm\times120m$	根	6	临锚地线用
		$\phi15mm\times4m$	根	48	锚线架用
		$\phi15mm\times100m$	根	48	临锚导线用
		$\phi17.5mm\times1m$	根	48	锚线架用
		$\phi17.5mm\times2m$	根	40	补强断线附件用
		$\phi13mm\times400m$	根	8	紧线、挂线用

第五节 机具选用注意事项

一、液压油的选择与清洁

（1）液压系统所用的油料，必须符合说明书中规定的液压油的种类和牌号。

（2）加补油料应经过严格的过滤，向油箱注油应通过滤油器，滤油器应经常检查和清洁，发现损坏应及时更换。

（3）定期检查液压油的清洁度，如清洁度低于规定的等级应及时更换。

（4）向油箱加注新油的牌号应与旧油的牌号相同，当需加注不同牌号的油液时，应将旧油液全部放尽并清洁后方可加注新油，不同牌号的液压油不得混合使用。

（5）盛装液压油的容器必须保持清洁，容器内壁不得涂刷油漆。

二、液压泵起动前的检查和起动、运转

（1）液压油箱内的油面应在标尺规定的上、下限范围内，低于下限时必须及时补充新油。

（2）各液压元件应固定牢固，油管及密封圈应无渗漏。

（3）在低温和严寒地带起动液压泵时，应使用加热器提高油温，加热时不得使油温超过80℃。起动后当油温低于10℃时，应使液压系统在无载荷的状态下运行20min以上。

（4）停机较长时间的液压泵，起动后应空转一段时间，方可正常使用。

（5）作业前，应检查并确认各操作阀、管接头等无破损、漏油现象，各机构运转灵活，一切正常后，方可起动作业。

（6）运转中，在系统稳定工况下，应随时观察油温、压力噪声、振动情况，发现问题，应立即停机检修。

（7）液压油的工作温度宜保持在30～60℃，使用中应控制油温不超过80℃；当油温过高时，应检查油量、油黏度、找出故障并排除后，方可继续作业。

（8）液压系统作业中出现下列情况时，应停机检查。

1）油温过高，超过允许范围。

2）系统压力不足或完全无压力。

3）严重噪声振动。

4）换向阀操作失灵。

5）工作装置功能不良或卡死。

6）油管系统泄油、内渗、串压。

（9）作业完毕，工作装置及控制阀等均应回复原位。

三、燃油、润滑油、液压油的选用

（1）应根据气温按设备出厂说明书的要求选用燃料。汽油机在低温下应选用辛烷值较高标号的汽油，柴油机在最低气温 4℃ 以上的地区使用时，应采用 0 号柴油；在最低气温 −5℃ 以上的地区使用时，应采用 10 号柴油；在最低气温 −14℃ 的地区使用时，应采用 20 号柴油；在最低气温 −29℃ 的地区使用时，应采用 35 号柴油；在最低气温 −30℃ 以下的地区使用时，应采用 50 号柴油。

（2）换用冬季润滑油。内燃机应采用在温度降低时黏度增加率小，并具有较低凝固温度的薄质机油，齿轮油采用凝固温度较低的齿轮油。

（3）液压操纵系统的液压油，应随温度变化而换用，加注的液压油应使用同一品种、标号的油。换用液压油应将原液压油放尽，不得将两种不同油质的油掺合使用。

四、机械设备的存放、起动及带水作业

（1）寒冷季节时，宜使机械设备进入室内或搭设大棚存放，露天存放的大型机械，应停放在避风处，并加盖篷布。

（2）在没有保温设施的情况下起动内燃机，应将水加热到 60～80℃ 时再加入内燃机的冷却系统，并可用喷灯加热进气管。不得采用机械拖顶的方法起动内燃机。

（3）无预热装置的内燃机，可在工作完毕后将曲轴箱内的润滑油趁热放出，并存入清洁的容器内，起动时再将容器加温到 70～80℃ 后将油加入曲轴箱，严禁用明火直接烘烤曲轴箱。

（4）内燃机起动后，应先低速空转 10～20min 后再逐步增加转速。不得刚起动就加大油门。

（5）带水作业的机械设备，如水泵、混凝土搅拌机等，停用后冲洗干净，放尽水箱及机体内的积水。

五、机械设备进入冬季前的准备工作

（1）机械设备进入冬季前，使用单位应制订冬季施工安全技术措施，并对机械操作人员进行寒冷季节使用机械设备的安全教育，同时应做好防寒物资的供应工作。

（2）在进入冬季前，对在用机械设备应结合保养进行一次换季保养，换用适合寒冷季节气温的燃油、润滑油、液压油、防冻液和蓄电池液等。对停用、在库、待修和在修的进行设备，应由在用单位机械管理部门组织检查，放尽各部位存水，并挂上"放水"标志。

六、机械设备冷却系统防冻措施

（1）当室外温度低于 5℃ 时，所有用水冷却的机械设备，在停止使用后，操作人员应及时放尽机体存水。放水时待水温降低到 50～60℃ 时进行，机械设备应处于平坦位置，拧开水箱盖并打开缸体、水泵、水阀等所有放水阀。在存水没有放尽前，操作人员不得离开。存水放尽后，各放水阀均应保持开启状态，并将"无水"标志牌挂在机械设备的明显位置

处。为了防止失误，应由专职人员按时进行检查。

（2）使用防冻液的机械设备，在加入防冻液前，应对冷却系统进行清洗，根据气温要求，按比例配制防冻液，在使用中，应经常检查防冻液的容量和比重，不足时应添加。加入防冻液的机械设备，应在明显处挂"已加防冻液"的标志，避免误发。

七、机械设备磨合期的使用

（1）机械设备的磨合期，除原制造厂有规定外，应执行内燃机宜为 100h，电动机宜为 50h。

（2）磨合期，应采用符合其内燃机性能的优质燃油和润滑油料。

（3）起动内燃机时，严禁猛加油门，应在 500～600r/min 下稳定运行数分钟，使内燃机内部的运动机件得到良好的润滑，随着温度的上升逐渐增加转速，在严寒的季节，应先对内燃机进行加热后方可起动。

（4）内燃机达到额定温度后，应对汽缸盖螺丝按规定程序和扭矩，用扭力扳手逐个进行紧固，磨合期内不得少于 2 次。

（5）磨合期内，操作应平稳，严禁骤然增加转速，并应减载使用。对起重机械绞磨，从额定的 50% 开始，逐步增加荷载，且不得超过额定起重量的 80% 为宜。内燃机应减速 30% 和减载 20%～30%。

（6）在磨合期内，应观察机械各部件机构的运转情况，并应检查轴承、齿轮箱、传动机构、液压装置以及各连接部位的温度，发现转速不正常、过热、异响等现象，应及时查明原因并排除。

（7）执行磨合期的机械，应在机械明显处挂"磨合期"的标志，应使有关人员按磨合期使用规定进行操作，待磨合期满后再取下。

（8）磨合期满后，应更换内燃机曲轴箱机油，并清洗润滑系统，更换机油滤清器芯，同时应检查各齿轮箱润滑油的清洁情况，不洁时应更换。

（9）磨合期满后，应由机械管理人员、维修工进行一次检查及调整、紧固工作。内燃机装有限速装置者，应在磨合期满后拆除。

机械管理人员应对磨合期负责，在磨合期前，应把磨合期的各项要求和注意事项向操作人员交底；在磨合期中，应随时检查机械的使用运行情况，并做好记录。

八、架线设备使用注意事项

（一）放线滑车的使用注意事项

（1）使用前应进行详细的外观检查，如发现零件变形、滑轮转动不灵、滑轮裂纹及破损、活门开启和关闭有困难的滑车，包胶脱落者，均不得使用。

（2）必要时应做滑车的摩阻系数测试，其摩阻系数应不大于 1.015。

（3）必要时应做承载力试验，允许承载力应根据使用的钢芯铝绞线型号规格计算确定，也可以按制造厂提供的额定载荷进行试验。

（4）应注意维护检修，定期注润滑油脂。

（二）旋转连接器的使用注意事项

（1）牵引绳一端与旋转轴相连接，钢芯铝绞线是通过网套式连接器与旋转轴承座相连接。旋转轴和旋转轴承座能相互自由回转。

（2）使用前应做拉力试验，合格后方准使用。

（3）使用前应对旋转连接器进行清洗并加注润滑油，以保持转动灵活。

（三）卡线器的使用注意事项

（1）必须根据钢芯铝绞线、镀锌钢绞线及钢丝绳的型号和外径选择与之相匹配的卡线器型号，不准以大代小，也不准以小代大。

（2）使用前必须做卡线器的握力试验，确保符合钢芯铝绞线、镀锌钢绞线及钢丝绳的牵拉张力时方准使用。

（3）安装卡线器时，钢芯铝绞线、镀锌钢绞线及钢丝绳必须进入槽内，且将卡线器收紧。

（4）卡线器严禁超载使用，以防打滑。

（5）随着钢芯铝绞线、镀锌钢绞线及钢丝绳的牵拉，卡线器尾部的钢芯铝绞线、镀锌钢绞线及钢丝绳应理顺且收紧，防止钢芯铝绞线、镀锌钢绞线及钢丝绳卡阻卡线器。

（6）卡线器滑脱易引发伤人事故，故卡线器在牵拉过程中的收线范围内严禁站人。

（7）钢芯铝绞线、镀锌钢绞线卡线器在紧线过程中必须配备备用保险钢丝套，以防止滑脱。

卡线器应有出厂合格证及产品说明书。如发现有裂纹、弯曲、转轴不灵或钳口斜纹磨平等缺陷时严禁使用。

（四）飞车的使用注意事项

（1）新购进的或外委加工的飞车必须具有合格证书。

（2）飞车使用前必须进行外观检查，检查其结构应牢固，无裂纹及严重变形，转动机构应灵活，刹车装置应可靠，滑轮衬胶应完好。

（3）使用时行驶速度不宜过快，以免刹车困难。

（4）对有计数器的飞车，使用前应对计数器进行距离校核，以保证施工中安装间隔棒位置的准确性。平时应注意保养润滑，不得与酸、碱等腐蚀性介质接触。

（五）液压机的使用注意事项

（1）液压泵与压接钳应配套使用。

（2）应根据导地线的压接管外径选择压模。

（3）使用液压设备之前，应检查其完好性，以保证正常工作。油压表必须定期校检，做到准确可靠。

（4）液压设备应放置在坚硬、平整的地面上进行操作。

九、立塔机具使用注意事项

（一）组塔用金属抱杆

（1）抱杆必须在额定载荷内使用，不得超载使用。抱杆的容许轴向压力与抱杆的起吊重量不同，使用时必须分清。

（2）抱杆的受力状态以轴向中心施压最佳，偏心受压时会使抱杆的容许压力降低。偏心受压应对抱杆偏心受压进行验算。

（3）抱杆使用前必须进行外观检查，使其完好，凡是缺少部件（包含铆钉等）及主、斜材严重锈蚀、弯曲的严禁使用。

（4）抱杆的接头螺栓必须按设计规定安装齐全，且应拧紧，组装后的抱杆整体直线度不应超过全长的1‰，最大起吊荷载时直线度不应超过全长的2‰。

（5）铝合金抱杆在使用中要避免与钢丝绳的摩擦。

（6）抱杆在搬运过程中，不允许抛掷，以免抱杆主、斜材发生变形。

（7）抱杆不应与酸、碱、盐接触，避免被腐蚀。

（二）卸扣使用注意事项

（1）卸扣的弯环或销子的螺纹损坏者不得使用。

（2）卸扣使用时不得横向受力。

（3）卸扣销子不得扣在能活动的索具内。

（4）卸扣使用时不得处于吊件的转角内。

（5）应按标记的额定载荷使用，严禁超载使用。

（6）卸扣表面应光滑，不应有毛刺、裂纹、尖角、夹层等缺陷，不得用焊接补强法焊接卸扣的缺陷。

（7）卸扣使用时螺纹部分应拧紧。

（8）严禁用卸扣代替滑车使用。

（三）手扳葫芦或手拉葫芦使用注意事项

使用前须检查机件完好无损，传动部分及起重链条润滑良好，空转情况正常，制动可靠。使用时必须严格遵守以下规则。

（1）禁止两台及两台以上葫芦同时起吊重物。

（2）不得吊挂超过规定起重量的重物。

（3）严禁重物吊在吊钩的尖端和用起重链条捆扎重物。

（4）重物的升、降不得超过上下行程的极限。

（5）不得斜拉重物和横向牵引。

（6）链条扭结变动时应禁止使用。

（7）发现拉力大于正常拉力时，应立即停止使用并进行检查，不可猛拉，更不能增人硬拉。

（8）严禁带双行起重链条的下钩架在两行链条中翻转。

（9）严禁人员在起吊物下工作或行走。

（四）双钩紧线器使用注意事项

（1）双钩紧线器应经常保养润滑。运输途中或不使用时，应将其收缩至最短限度，防止丝扣碰坏。

（2）双钩紧线器有换向卡爪失灵、螺杆无保险装置、表面裂纹或变形严重等缺陷时严禁使用。

（3）使用时应按额定载荷控制拉力，严禁超载使用。

（4）双钩紧线器只应承受拉力，不得代替千斤顶让其承受压力。

（5）使用、搬运等作业中严禁抛掷，从杆塔上拆除后应用绳索绑扎牢固送至地面。

（6）双钩紧线器收紧后要防止因钢丝绳自身扭力使双钩紧线器倒转，一般应将双钩紧线器上下端用钢丝绳套绑死。

（7）双钩紧线器收紧后，丝杆与杆套的单头连接长度不应小于50mm，并应注意接合长度，防止突然松脱。

（五）机动绞磨的使用注意事项

（1）机动绞磨应放置平稳，锚固必须可靠，受力前方不得站人。

（2）绞磨尾绳不应少于 2 人，且应位于锚固点的后方，不得站在绳圈内。

（3）机动绞磨在受力状态下，不得采用松尾绳的方法卸载，以防磨绳突然滑跑。

（4）牵引绞磨应从磨芯的下方引出，缠绕不得少于 5 圈，且应排列整齐，严禁相互交错叠压。

（5）如采用拖拉机绞磨则绞磨的两轮胎应在同一水平面上，前后支架应受力。

（6）机动绞磨磨芯应与磨绳垂直，转向滑车应正对磨芯中心位置。

第六节　遥控氦气飞艇展放导引绳工器具

利用遥控氦气飞艇展放导引绳施工是这几年发展和认可的一项新工艺。飞艇展放导引绳的基本原理是利用飞艇展放一根轻型引绳从线路高空飞过，以供输电线路施工人员牵引后面的钢丝绳的技术。利用遥控氦气飞艇展放导引绳工器具见表 21-35。

SD-G280 型高原飞艇不但具备在海拔 3000～5000m 输电线路进行施工的能力，也具备在海拔 0～3000m 输电线路进行施工的能力。能解决以往在输电线路架线施工中人力展放导引绳通过特殊障碍物的困难，提高了工作效率。减少了不安全因素，降低了工程费用，特别是在跨越密集林区、江河湖泊、民用建筑、电力线路、深沟峡谷时作用尤为突出。同国内其他架线飞艇相比，在动力设置、强制转向、异地挂绳、尾翼设置、材料选择、防撞吊舱等方面都具有超前或领先水平。

表 21-35　　　　　　　　利用遥控氦气飞艇展放导引绳工器具

序号	名　　称	规　　格	单位	数量	备　　注
1	韩国丝	$\phi 2mm$	km	20	
2	迪尼玛绳	$\phi 3mm$	km	10	
3	迪尼玛绳	$\phi 8mm$	km	10	
4	绳盘及支架		套	1	
5	朝天滑车		只	8	
6	客货车	载质量 1500kg	台	1	
7	对讲机	TK3107	台	6	
8	发电机		台	1	

第七节　直升机在架空输电线路施工中的应用技术[①]

一、输电线路施工中直升机应用及常用直升机性能

（一）国内外直升机应用情况综述

20 世纪 50 年代，美国等国家就已经在架空输电线路上使用直升机抢救伤员和进行线路

[①] 本节由黄克信编写。

巡视等工作。随着航空及电力事业的发展及中、重型直升机的陆续出现，使得在直升机参与架空输电线路施工方面取得了巨大进展与成就，不仅机型性能优良，飞行技术精湛，配套机具先进，而且施工经验极为丰富。尤其是美国哥伦比亚直升机公司和电力公司合作率先迈入带电作业领域，如应用直升机带电换装导线间隔棒，加装护线条；在带电的交、直流超高压线路上维修架空地线、冲洗绝缘子等，从而使架空输电线路建设和维修技术推进到了一个新的阶段。

我国于1985～1987年，曾先后在五个输电线路施工现场应用过直升机进行施工并均取得成功。这项新技术的运用，不仅顺利地解决了特殊地段输电线路施工上的困难，还锻炼了队伍，为以后更好地应用直升机施工提供了经验。

（1）1985年10月，湖北省输变电工程公司与中国工航三分公司合作在宜昌无人山区试用苏联制米-8直升机吊运了769.9t混凝土及335.8t塔材，6t五轮放线滑车等物资，正式拉开了我国应用直升机进行架空输电线路施工的序幕。

（2）1987年5月，美国波音公司用波音-234来我国进行直升机应用于架空输电线路施工的表演。在吉林省送变电工程公司的配合下，于±500kV葛州坝—上海直流输电线路吉阳大跨越成功地放了8根 ϕ16.5mm牵引绳过长江。但分段吊装铁塔，由于吊段过重（或是配套机具原因）未成功（放绳以及立塔的配套机具由美国波音公司提供）。

（3）美国波音公司的波音-234接着由安徽飞抵广东，在运输困难的河网经济作物区，在广东省输变电公司的配合下，为500kV沙江线整体吊装了拉线杆塔20基，但分段吊装铁塔仍因吊段过重（也可能与配套机具有关）而未成功（配套机具由波音公司提供）。

（4）在美国波音公司表演的同时，1987年5月，中国南方航空股份有限公司珠海直升机分公司与甘肃送变电工程公司、电力建设研究所，采用美国西科尔斯基公斯的S-61直升机由英国航空公司飞行师驾驶，在±500kV葛上线宜昌长江大跨越成功施放了8根 ϕ7.9mm导引绳。配套滑车及张力机等设备由电力建设研究所研制。

（5）在上述时间里，珠海直升机分公司与湖北省输变电工程公司合作，采用S-61直升机在宜昌换流站接地极引出线无人山区困难段，成功地进行了铁塔整体吊装（7基）、分解吊装（24基）；拉线杆整体吊装（2基）的作业；牵放了三根 ϕ7.9mm导引线（共3×7000m，过21基杆塔）。其直升机及飞行员是用英国航空公司的，配套机具中的对接导轨、导杆式滑车及与直升机配合的张力设备等由湖北省输变电工程公司研制。

（6）2005年，江苏省送变电公司与中国海洋直升机专业公司合作，在江阴大跨越工程中成功地应用贝尔—205直升机施放了 ϕ3.0mm迪尼玛绳。

（7）2007年8月，北京送变电公司与北京首都通用航空公司合作也成功的应用贝尔-206直升机施放了 ϕ3.0mm的迪尼玛绳。

通过上述电网建设者们的不懈努力，说明我国始终对开发和应用这一技术的追求，但由于国内机型设备、飞行技术、费用昂贵等原因只能是"零打碎敲"式的试探着向前走，其中还搁置了20年，"成为禁区"。正因为此，虽然有些地面配合的技术储备，但与国外在直升机施工的技术水平上仍然存在着较大的差距。如果以应用的规模上看，我国仍处在刚刚起步的阶段。

（二）常用直升机的有关性能

1. 美国、加拿大

根据不同的运输吊装对象采用轻、中、重型直升机搭配使用进行直升机施工。运送作业人员、小型材料工具以及分解吊装铁塔用轻型机如 S-76、贝尔-212、贝尔-205、贝尔-206。运送大型施工机械、整体吊装铁塔用重型和中型直升机如 S-64、波音-234、波音-107。架线展放导引绳用轻型直升机如 S-76、贝尔-205。这样做既能充分有效地运用不同直升机的工作能力，又能使各个环节紧密相扣，从而形成一快速施工系统，以达到良好的施工效率。

几种常用直升机的有关的性能参数见表21-36。

表21-36 美国、加拿大常用直升机性能参数

性能参数＼型号	S-76A	S-61N	S-64E	贝尔-205A	贝尔-206	贝尔-212	波音-107	波音-234
空重（kg）	2392	5647（包括浮筒）	8724	2363	732	2787	5927	2363
最大起飞质量： 内部装载时（kg） 外挂时（kg）	4536	9300 9800	19050	4309	1151	5080	10433	21318 23133
最大有效载荷① 内部装载时（kg） 外挂时（kg）	2040	3000	9070	2268	800	2268	5210	11843 12700
最大巡航速度（km/h）	269	241	169	204	216（海拔1525m时）	230		263
平均巡航速度（km/h）	232	222						250
经济巡航速度（km/h）							248	
最大平飞速度（km/h）			203	204				
实用升限（m）	4570	3810			4115	4330	4265	4570
有升限： 有地效（m） 无地效（m）	1890	2652 1158	3230 2100		3900 2680	3350	2895 1753	3155 2180
航程： 标准燃油时（km） 最大燃油时（km） 带轴助油时（km）	748 1112	453 790	370	511	608（海拔1525m时）	420	383	1371
外部尺寸： 机长（旋翼前后放置）(m) 机高（m） 机宽（m）	16.00 4.41 2.23	22.2 5.63 6.62	26.97 7.75 6.65	17.26 4.42	11.82 9.50	17.46 4.53 2.86	25.7 5.09	30.18 5.68 4.78

①在海平面、标准大气条件（气温15℃、气压760mm汞柱高）下的参数。

2. 俄罗斯

俄罗斯有一个专业飞行直升机公司，即潘斯专业直升机公司，他们用于专业吊挂（含输电

线路施工)的机型主要是重型机米-26(吊挂 20t)，米-10(吊挂 11t)，中型机是卡-32(吊挂 5t)，轻型机米-2、V-3 等。俄罗斯常用直升机性能参数见表 21-37。

表 21-37　　　　　　　　俄罗斯常用直升机性能参数

性能参数（型号）	米-26	米-10	性能参数（型号）	卡-32
外部尺寸：			外部尺寸：	
悬翼直径(m)	32	3.5	悬翼直径(m)	15.9
尾桨直径(m)	7.61	6.3	机长(不包括悬翼)(m)	11.3
全长(悬翼和尾桨转动)(m)	40.026	32.86	（悬翼折叠)(m)	12.25
机高(至悬翼桨毂顶部)(m)	8.145	9.8	机宽(悬翼折叠)(m)	4.00
横向轮距(m)	8.15	6.92	机高(至悬翼桨毂顶部)(m)	5.40
纵向轮距(m)	8.95	8.29	主机轮横向轮距(m)	3.50
内部尺寸：			牵机轮纵向轮距(m)	1.40
货舱(m)		14.04	前后轮距(m)	3.02
长度(装卸跳板放下)(m)	15.00		座舱	
（不包括跳板)(m)	12.00		高×宽(m×m)	约 1.20×1.20
宽度(m)	3.25	2.5	内部尺寸：	
高度(m)	2.95～3.17	1.68	座舱	
重量数据：			长度(m)	4.52
空重(kg)	28200	27300	最大宽度(m)	1.30
最大有效载荷(内部或外部)	20000	11000	最大高度(m)	1.32
正常起飞质量(kg)	49500	38000	质量及载荷：	
最大起飞质量(kg)	56000	43700	空重(kg)	6500
性能数据：			最大有效载重：	
最大平飞速度(km/h)	295	200	机内(kg)	4000
正常巡航速度(km/h)	255	180	机外(kg)	5000
使用升限(m)	4600	3000	正常起飞质量(kg)	11000
悬停高度(无地效、标准大气)(m)	1800		最大起飞质量(kg)	12600
			性能数据(总重 1100kg)：	
航程(最大内部燃油、最大起飞重量、5％余油)(km)	800	250	最大平飞速度(km/h)	250
			最大巡航速度(km/h)	230
			使用升限(m)	5000
			悬停升限(无地效)(m)	3500
			航程(最大燃油)(h)	4.3

二、直升机空中运输及在输电线路基础施工中的应用

（一）各种空中运输

美国、加拿大、俄罗斯等国家一般用轻型直升机来运送作业人员、小型工具、材料和后勤物资，非常方便迅速。轻型直升机只要在 5m×5m 的平地就可以降落（见图 21-1），可以

说在山区无处不到，即使遇到地形很不好的山地，他们就在施工点附近用木板搭一小平台，轻型直升机就可顺利降落了，图21-1所示为直升机落在小平台上。中型机在线路施工中运送混凝土、线轴等。对于大型机械，如推土机、挖掘机、牵张机等，则应用重型直升机来运输，图21-2所示为用米-26直升机吊运掘土机，图21-3所示为用卡-32直升机吊运塑像。

图 21-1　直升机落在小平台上

1. 直升机运输的主要优点

（1）运输速度快。用少量人员，在几天之内就可把几百乃至几千吨货物送到各指定点。

（2）可与吊装工序相结合，运输吊装一次完成，从而大大加快施工速度。

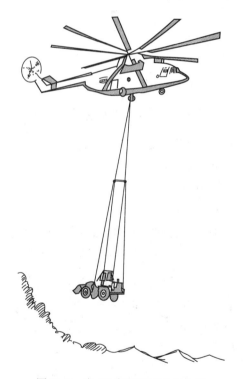

图 21-2　米-26直升机吊运掘土机

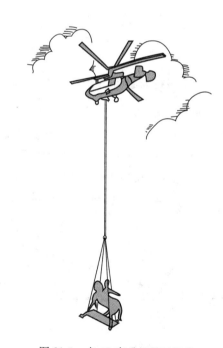

图 21-3　卡-32直升机吊运塑像

（3）准备工作时间短。一般架设一批索道要按2个月左右考虑，修路则更慢，而直升机所需辅助设施（如机场等）准备时间较短。

（4）伐木量少。这一点，在森林地区施工时，效益显著。

（5）对于运输困难地带（如高山、沼泽地）由于能节省修路费也有效益。

2. 直升机运输的缺点

（1）对天气的依赖性较大，往往会因天气恶劣而影响施工进行，甚至延误工期。

(2) 产生噪声和尘土污染较大。

(3) 使用费用较高，作业效率在很大程度上取决于驾驶员技术、地面人员的配合、合理的调度等，因此必须要有充分的准备和较高的企业管理水平。

3. 直升机运输时的注意事项

(1) 有效承载能力受飞行高度和气温的影响较大，飞行高度增加时，承载能力显著降低（有时可达 50%）。在决定吊运重量时，除了不计算地面效应外，还应留有一定的裕度（如 5%～20%）。

(2) 飞行路线与风向有密切关系。一般在飞行的起始端和终端要作回旋飞行。飞行路线与方向的关系如图 21-4 所示。

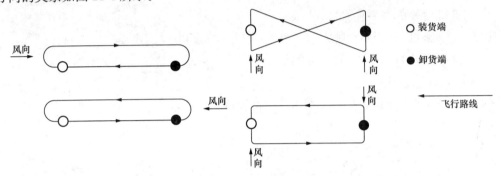

图 21-4　飞行方向与风向关系图

当飞行的起始端与终端之间高差较大时，往往不能作直线飞行。当 $L < \dfrac{H}{\alpha} v$（v 为飞行速度，m/min；α 为飞机上升率，m/min）时，必须作回旋上升（见图 21-5）。α 与飞机载重、飞行速度、空气温度、海拔标高以及发动机功率等有关，一般用飞机的最大上升率表示飞机的性能。常用的贝尔-204B 型直升机在海拔 1000m 以下时，实际使用的飞机上升率均为 230m/min；海拔 1000m 以上时，α 取 150m/min。

当飞机水平飞行时，要求对地距离须大于 150m（见图 21-6），且不宜通过居民区。

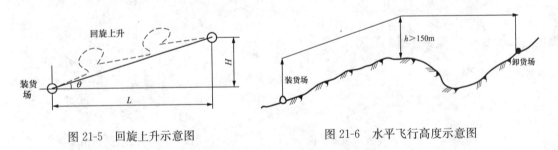

图 21-5　回旋上升示意图　　　　图 21-6　水平飞行高度示意图

综上所述，飞行距离并不是简单的等于起始端到终端的距离，而必须根据风向和地形等条件计算实际飞行距离。在决定货场位置时，必须考虑如何最大限度地缩短实际飞行距离，以提高经济效益。

(3) 实际飞行时，一般以每天 4h 考虑，其余 4h 为飞机加油、维修保养、施工问题磋商的时间。当风速大于 10m/s、视距小于 1000m 时，应停飞。

（4）塔材可成捆运输，也可组成钢结构进行运输。要依吊件重量合理选择有承载能力的直升机。

（5）各种形状货物的捆扎方法如图 21-7 所示（其中×者为错误的捆法，O 为正确的捆法）。

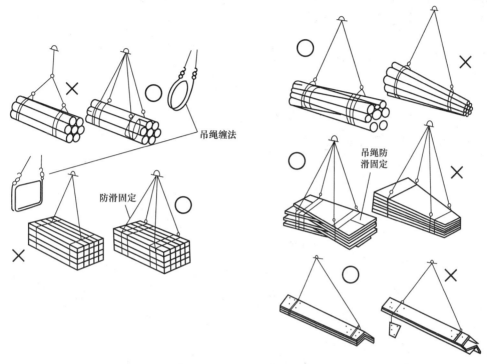

图 21-7　各种形状货物捆绑方法示意图

（6）吊钩的脱钩装置。一般使用手动和电动并用的脱钩装置进行货物的吊运。脱钩装置和操作见图 21-8。

（二）直升机用于基础施工

在基础工序中，也应用直升机来运送混凝土，混凝土装在外挂的混凝土罐内，飞到施工点后，混凝土罐下降到地面人员可操作的高度上，由地面人员拉动手柄，便可很快将混凝土卸到基坑内。混凝土罐用铝合金或钢板制成，其卸料机构的动作原理和国内的相似。

对于预制件基础，一般用飞机吊到基础坑中，人工就位。运输混凝土时，要求支模板和搅拌站的工作必须与运输紧密配合，计划周全。混凝土料罐（见图 21-9）底部锥度及卸料门要适度，才能使混凝土下料顺畅。其他注意事项如下。

（1）要充分考虑混凝土浇制作业的特殊性，混凝土应连续浇制，既要使基础不留混凝土施工缝，又要令直升机的效能充分发挥。需要在选择和确定机型及组合方式时认真解决好。

（2）直升机的载油量与飞行半径和每次吊重量有关。要充分发挥直升机的效能，合理的加油量应按工作中加油次数少且运量大的原则考虑，这就必须依据不同机型在飞行准备前加以确定。

三、直升机在组塔施工中的应用

重、中型直升机在输电线路施工中的主要用途是组塔，在组塔工序中，直升机既是运输工具又是吊装工具，塔段在材料场集中组装、这样可充分利用吊装机械，减少人员高空作

手动吊钩　　　　　　　　　　电动吊钩

风向 ←

指挥员

摘钩者

图 21-8　脱钩装置和操作示意图

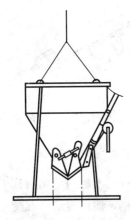

图 21-9　混凝土料罐

业，集中使用劳力，效率高且质量易于保证，因此只要计划周密，组织得当，是可以大大压缩组塔工期的。例如，1969～1979 年，美国弗吉尼亚州电气电力公司有 3 条 230～500kV 的线路，因经过沼泽地带，大型吊车无法进入施工现场，只好用飞机吊塔。又如 1975年美国西印第安纳州的一条 345kV 线路中 69 基 π 形杆被暴风损坏，为了尽快供电，美国当时最大的施工用直升机公司——卡森直升飞机公司出动了大型飞机，只用了两个星期的时间，就完成了旧塔拆除、新塔吊装、架设新导线的全部工作。1981 年，苏联在一条跨越伏尔加河的 500kV 双回路线路施工中，对 126m 高的拉线跨越塔采用大型直升机分段吊装，也取得良好的效果。还有一种情况是线路改建，即在原有路线上拆除旧线路，建设电压更高、回路更多的新线路。这时，用直升机可大大加快施工速度。如美国华盛顿州的一条 230kV 线路改建时，曾在 8h 的工作时间内，拆运走 62 基铁塔，飞机一次往返（包括使铁塔与基础分离）平均所需时间不到 8min，这是用吊车拆运无法相比的。

1. 拉线塔的吊装

拉线塔有以下几种吊装方法。

（1）当塔在塔位地面整体组装完毕后，通过摆在基础边的铰链装置，并使塔脚与基础中心对准，然后用直升机提拉塔头并使杆塔垂直于地面，固定好拉线就完成了立拉线塔的任务。

（2）当拉线塔在远离塔位的地面整体组装时，一般用直升机连运带吊装一次完成。20世纪 80 年代在 500kV 沙江线采用波音-234 直升机吊装的 20 基拉线杆以及在 ±500kV 宜昌换流站接地极引出线采用 S-61 直升机吊装的拉线杆就是采用此种方法完成的。

方法简述：直升机至杆塔中心基础上空悬停，在地面人员配合下使杆塔就位的同时（此时飞行员在操作上应使杆塔稳定和使之保持直立状态），安装拉线人员需迅速将连接在杆塔上永久固定杆塔的拉线（拉线下部绑在杆根部）拉至拉棒处连上紧线器，收紧拉线使 T 形线夹装进 U 形螺丝，拧紧一个螺帽后即可通知飞行员脱钩离去。

（3）较高的 V 形或干字形拉线塔，由于铁塔太重无法整体吊装时，可先吊装下段并打好拉线，然后用下述自立塔分段对接的吊法，逐段吊装上部铁塔。

（4）对 π 形拉线塔，一般可将两个立柱分别吊装，再吊装横担进行连接。但有叉梁时，也可整体吊装。

由于拉线塔重量一般较轻，常可整体吊装。通常平均吊运和安装一基塔，只需 10～14min。因此，在条件恶劣的情况下，这种施工方法较多地被采用。为了使塔重与飞机的承载能力相适应，美国、加拿大等国家曾经在一些需用飞机整体吊装的 230～500kV 线路上，较多地采用质量为 2.5t 左右的铝合金拉线塔。

2. 自立塔整体吊装

对于铝合金或角钢的自立塔，一般应用中型或重型直升机进行整体吊装。在料场将整个区段内的全部铁塔或塔段在地面组装好，甚至绝缘子串、放线滑车也一并装上。直升机身底部都具有专用且能电动脱钩的承载吊点绳（有 1 点、2 点、3 点、4 点等）。采用多吊点绳时，吊点钢丝绳与保安吊钩（上吊钩）相连。采用单吊点时，上吊钩则固定于机身底部。上吊钩通过一根 20～30m 并附有控制电缆的主承重钢丝绳与下吊钩相连，下吊钩则与吊着铁塔或塔段的系吊钢绳相连。上吊钩除可以电动自脱钩处还可以手动进行机械脱钩。下吊钩则是在铁塔或塔段就位好后用电动来脱钩的，米-26 直升机整体吊装塔见图21-10。

3. 自立塔分解吊装

当铁塔较重或现有直升机的承载量不足时，则采用分解吊装的方法。美国、加拿大应用三种不同的分解吊装就位方法。

（1）无导轨塔上人工就位法。吊装的塔段，其底部每角都附有一根控制绳，便于塔上人员拉住以控制塔段的方向。当直升机将塔段运至塔位上空，缓慢下降，飞行员一方面自己俯视观察，另一方面受塔上指挥员指挥，与塔上人员配合将塔段就位。塔段就好位，穿上螺栓以后，塔上指挥员用报话机通知飞行员，飞行员将直升机再下降一段高度后，电动操作使下吊钩自动脱开。塔上人员使用的工器具及操作方法与我国传统的分解组塔使用的工器具及操作方法相同。图 21-11 所示为 S-61 直升机下吊钩吊挂索具连接方法。

图 21-10　米-26 直升机
整体吊装塔

塔上人员接触就位塔段之前，须用接地的金属杆先钩住塔材，使其因在空中运动与空气分子摩擦可能产生的静电导入大地，以保证安全。

这种方法，由于就位时塔上有人，存在着危险性，要求飞行员具有较高的空中定点技术，塔上人员要机警灵活，迅速敏捷，空中和塔上配合要默契，更重要的是铁塔的设计和加工的精度要准确，否则是达不到直升机吊装的快速和高效率的。塔上人工就位法见图

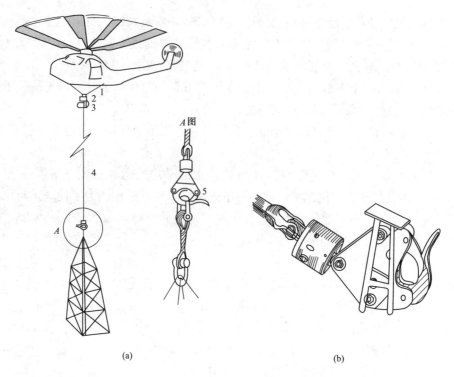

(a)　　　　　　　　　　　　　　　　　　　　(b)

图 21-11　S-61 直升机下吊钩吊挂索具连接方法

（a）吊挂索具连接方法；（b）自动脱钩的工作钩

21-12。

（2）导轨自动就位。美国埃里克森空中吊车公司采用导轨自动就位很有经验，他们使用

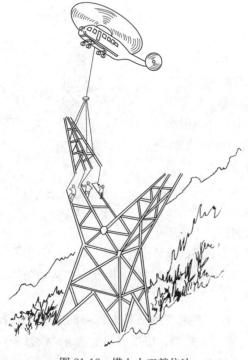

图 21-12　塔上人工就位法

的导轨有多种形式，因塔型、结构、轻重而不同。就自立塔而言，一般有内导轨（见图 21-13）和外导轨（见图 21-14）两种形式。内导轨固定在顶端上角钢的内侧，同时在外侧加装定位挡板。使后接的塔段准确到位。这种导轨用于双回路塔的塔身或酒杯塔曲臂以下的塔身之自动对接。外导轨固定在塔段顶端主角钢的外侧，用于酒杯塔曲臂以上塔头部分的自动对接。

注：重型拉线 V 形塔也可分塔头和塔身两段吊装，根据不同的塔身结构形式，须先安装不同的临时连杆，使之组成刚性框架结构，当吊装就位用拉线固定后，再吊装搭头。

采用导轨自动就位时，直升机吊运塔段飞抵塔位上空后悬停，调整方向下降，使塔段沿着导轨下滑，与已安装好的塔身准确对接。在就位过程中，飞行员一方面俯视观察，一方面通过报话机接受地面指挥员的指挥，就位完毕，

876

地面指挥员通知飞行员电动脱开下吊钩离去，然后施工人员上塔装螺栓。自动就位分段吊装如图 21-15 所示。导轨自动就位如图 21-16 所示。

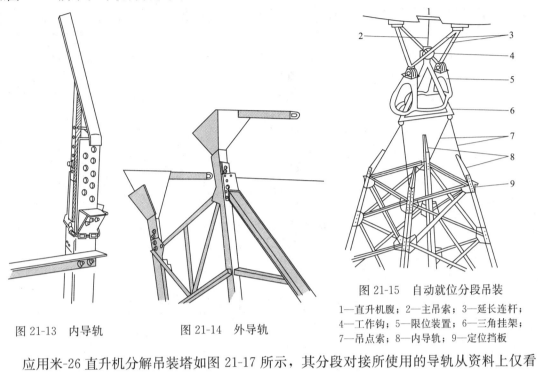

图 21-13　内导轨　　　　图 21-14　外导轨

图 21-15　自动就位分段吊装

1—直升机腹；2—主吊索；3—延长连杆；
4—工作钩；5—限位装置；6—三角挂架；
7—吊点索；8—内导轨；9—定位挡板

应用米-26 直升机分解吊装塔如图 21-17 所示，其分段对接所使用的导轨从资料上仅看到一种内导轨形式。

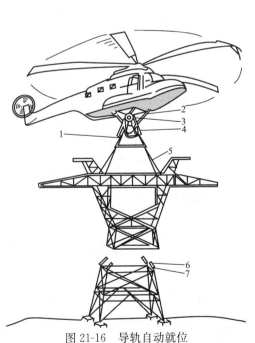

图 21-16　导轨自动就位

1—三角挂架；2—延长连杆；3—工作钩；4—限位装置；
5—吊索；6—导轨；7—定位挡板

图 21-17　应用米-26 直升机
分解吊装塔

米-26 直升机为了飞行安全，提高飞行速度和方便就位，也具有控制吊件旋转的装置，其作用原理是于主吊点相连接的三角挂架两端各有一根控制绳拉着来阻止塔架在空中旋转而达到准确地调整塔架方向进行就位的（见图 21-18）。

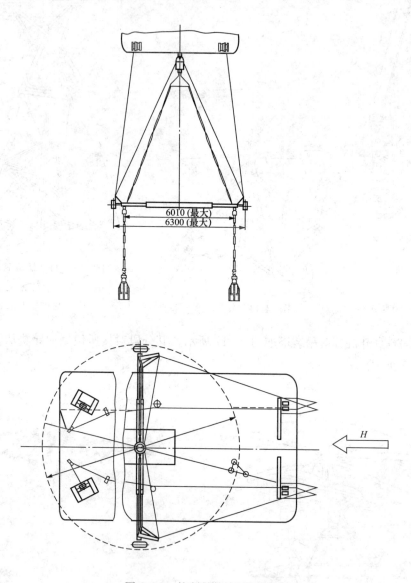

图 21-18　控制吊件旋转装置图

（3）半自动就位法。半自动就位法是直升机腹下未设置防吊件旋转的装置，而需地面人工拉紧辅助就位绳来限制吊件旋转的导轨就位法。

其方法为：控制绳通过与外挡板上的耳环后将绳头（绳头带挂钩）放置于地面。直升机吊塔段至杆塔旁徐徐下降至距地面约 1m 高时，地面配合人员迅速将置于地面控制绳头上的挂钩钩在吊段下端限位板上的挂孔内，直升机提升吊段并移位至塔位中心，此时地面人员拉紧控制绳令吊段进入内导轨完成对接就位。20 世纪 80 年代采用 S-61 直升机在宜昌无人山区吊装铁塔就是采取的这种方法。半自动就位法见图 21-19～图 21-21。

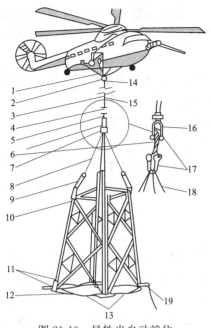

图 21-19 导轨半自动就位

1—连身绳 4×φ15mm；2—安全钩；3—主吊绳 φ18×25m；4—工作钩；5—5tU 形环；6—短绳套 φ18×1.5m（无扭力）；7—5tU 形环；8—吊点绳 4×φ13mm×5m；9—内导轨；10—打点处需绑扎麻袋护绳；11—限位绳 φ7.7mm；12—限位板；13—辅助就位绳（即限位绳）；14—旋转器；15—电缆；16—工作钩；17—5tU 形环；18—吊点绳；19—挂辅助就位绳耳板

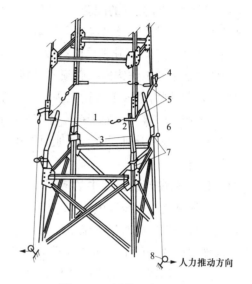

图 21-20 导轨及附件布置

1—φ7.7mm 限位绳；2—花篮螺栓；3—内导轨；4—绳钩；5—限位耳板；6—φ11mm 尼龙绳；7—外挡板；8—0.5t 单轮滑车

由于就位时塔上无人，比较安全，但要求飞行员空中定点技术高超，导轨设计准确合理，铁塔设计、加工精度高以及地面指挥员对塔上就位状况的判断准确，否则将会出现人工上塔后无法安装螺栓且不易调整的困难局面。

应用直升机分解组塔是一种特殊的施工方法，对塔体的分段重量、接头形式、位置等都有相应的要求，而这些问题必须在施工前会同设计部门、铁塔厂共同研究，妥善处理，这对提高施工安全与施工效率是非常重要的。

要充分理解吊挂作业的飞行特点：

1）由于作业地方的山势险峻，沟壑纵横，直升机飞行高度变化很大。加之山区气象条件复杂多变，气流不稳定，影响直升机正常作业（如一般在向阳山坡气流上升，背阳山后气流下降），易引起直升机向上、下侧方急冲、偏斜和侧滑，产生强烈的颠簸，致使直升机和吊挂物摆动，故悬停稳定性能差。这就要求飞行员具备优良素质及熟练的操作技术外，其配套导轨附着一定要牢固。

2）直升机在吊装组塔作业中由于承载大、作业地区的地

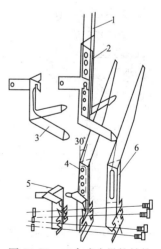

图 21-21 二合式内导轨结构

1、4—主材；2—包钢；3—限位板；5—外挡板；6—内导轨

形不平坦，地面效应减弱。所以直升机处于大扭矩、大载重状况下悬停，发动机功率消耗大，这对直升机的安全是不利的，故地面作业人员应竭尽全力以求快速安装后使直升机卸载。所以设计和制作先进的配套工（器）具至关重要。

3）吊运杆塔时要计及吊段的空气阻力影响，飞行时于空气阻力影响会使塔身后摆，吊索与铅垂线夹角为 β，直升机采取有效飞行姿态予以平衡，应事先进行理论计算。

4）吊件钢索和工作钩连接必须通过硬式套环连接，且不可将索绳套（即鼻子）直接置于工作钩内，否则将造成工作钩无法释放吊件。

5）吊挂作业时直升机处于单发停车危险区工作，因此万一单发停车时，飞行员将果断脱开工作钩以确保直升机安全。故地面作业人员应事先在施工点考虑好直升机应急脱钩时的安全避开措施。

四、直升机在架线施工中的应用

美国、加拿大在高压输电线路施工中，一般均利用直升机牵放引绳。美国两家直升机制造厂均提出直升机轻载时最大水平拉力可等于其最大有效外挂载荷。他们选用轻型直升机来牵引展放导引绳的经验似乎可以说明其合理性。此外，他们在应用直升机牵引展放导引绳时，大多数均采用带张力的牵引展放方法，以维持导引绳对地面所要求的高度。但也有采取不带张力的逐档拖地展放方法，但已不多用。

1. 直接牵放法

采用直接牵放法时，在直升机舱内（或机身下）安装一支架，导引绳头固定于该支架上，支架的高度与位置应使导引绳固定点接近于直升机的重心，导引绳的张力由地面的小张力机控制。直升机横向飞行牵引导引绳分别通过每基铁塔的边相与中相导线悬挂点上空，使导引绳受其自重作用而下落到横担上。此种方法一般不涉及过中线，故多用于双回路塔线路。

放线时，飞机一般由低向高、逆风而行，风速应小于3m/s。

还可以在直升机下悬挂张力放线机，机上通常由一名工人专门负责操纵放线机，用来控制放线速度和张力。（日本直升机用的放线机见图 21-22）。当飞机到达预定的地点后，通过装在机内的操纵装置，控制放线机的液压制动器，使绳索因砂袋和自重以一定的速度放出。这时地面人员将砂袋带出的绳头固定在塔身或地面上。然后指挥飞机向前飞行，并放出所载绳索。飞行中要求绳索始终保持一定的张力，不落地面，不被树木挂住。

当飞机沿输电线路接近铁塔时，由地面人员指挥飞机调整高度，并使所放绳索落在横担上。为防绳索磨损，有时需在横担上绑上木、竹片等。对于干字形塔，由于上横担较短，有时还要在横担上绑一对牛角挡铁，以便绳索落在横担上面不至于滑落。

为防止绳索由于输电线路转角、张力或风的作用从塔上落

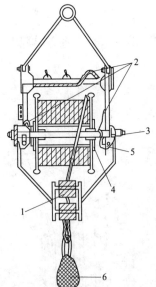

图 21-22　日本直升机用的放线机
1—导引装置；2—油管；3—轴；
4—销轴；5—制动器；
6—砂袋（15～20kg）

下，有时需用带子将已放绳索绑扎在塔上。当绳索在预定的最后一基塔上绑好后，飞机放出剩余部分绳索后离去，再重复操作展放下一盘绳索。

2. 加配重牵放法

(1) 采用加配重牵放法时直升机下的主牵引绳牵引导引绳的连接方法如图 21-23 所示，当引绳通过每基铁塔的边相（或中相）放线滑车上空时，所放导引绳受其自重作用而下落到导杆式放线滑车上。为防止牵引绳被拉平后有碰触直升机尾桨的危险，需在牵引绳与导引绳的连接处附近再加挂配重，如图 21-24 所示。受力后的主牵引绳呈稍倾斜的铅重状态，这样一来，导引绳拉平后能远离直升机的尾桨。配重的大小与导引绳的张力及直升机的飞行速度有关，其合理选择关系需根据经验研究并经理论计算来确定。1987 年，在宜昌无人山区应用 S-61 直升机采取加配重法牵引 $\phi 7.9\text{mm}$ 导引绳工艺及配套的导杆式放线滑车见图 21-25，导杆式五轮放线滑车进线机构如图 21-26 所示。

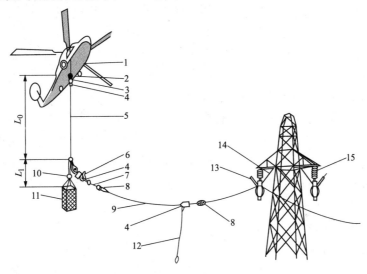

图 21-23　直升机及索具连接方式

1—机身吊索；2—测力计；3—安全钩；4—U 形环；5—主吊索；6—工作机构；
7—保险杆；8—旋转器；9—过渡绳；10—配重钩；11—配重体；12—临锚绳；
13—导杆式放线滑车；14—滑车限向撑铁；15—绝缘子串

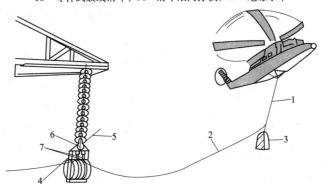

图 21-24　加配重牵引法

1—主吊索；2—导引绳；3—配重；4—放线滑车；5—导杆；6—偏心翻转机构；7—限位装置

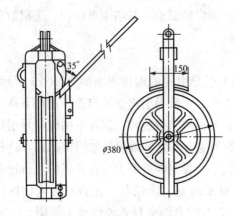

图 21-25　导杆式放线滑车

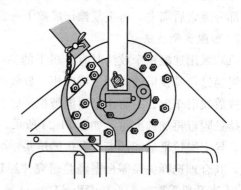

图 21-26　导杆式五轮放线滑车进线机构

(2) 目前国外应用于直升机牵放导引绳的张力机，有机械摩擦式和液压式两种。牵放导引绳施工时，与直升机配合的地面关键机具——张力机必须满足下列要求。

1) 张力恒定除满足直升机飞行平稳(包括飞行变速过程)的要求外，尚需连续可调的范围大。

2) 最高线速度一般不低于 250m/min，放绳时的使用速度考虑为 150m/min 左右。

3) 保证没有导引绳跳槽和被卡（夹）的现象发生。

4) 过载保护可靠，张力仪表显示准确。

应用直升机牵放导引绳的施工中，空中直升机与地面张力机结合为一完整工作体系，故作业前，飞行员必须对张力机性能有充分了解，并经飞行员认可后方能用于牵放施工。与 S-61 直升机相配合的液压张力机（Z-250 型）由湖北省输变电工程公司自行研制的。

(3) 美国、加拿大等国家有导杆式五轮放线滑车，我国尚需引进并研制。其关键技术为图 21-26 所示的导引绳进入五轮滑车中的翻转机构。

直接牵放法中直升机的垂直承载量小，直升机的有效功率全部用于水平牵引上，同时导引绳直接固定于直升机上，控制起来比较直接而简单；加配重牵放法中直升机的垂直承载要大，飞行员的技能及操控能力要高。

3. 直升机牵引展放中相导引绳的施工方法

(1) 导引杆法。采用此法时，直升机需横向飞行，与直升机连接的牵引绳的下端连接一根具有倒钩的导引杆，如图 21-27 所示，导引杆尾部和导引绳连接，其展放步骤如下。

1) 直升机牵引着导引杆飞到铁塔中相上空，并使导引杆前部穿过横担下侧，然后直升机稍向后退，使导引杆受导引绳的张力作用而后坐，将其前部的倒钩挂在横担下平面的直升机前进方向一侧，此时导引绳的张力通过导引杆由横担承受。

2) 飞行员电动操作松开导引杆与牵引绳连接的连接器，使直升机与导引杆分离。

3) 直升机飞到横担的直升机前进方向一侧，

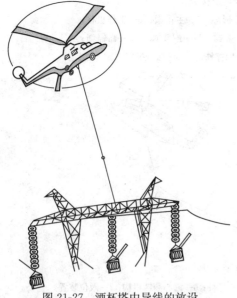

图 21-27　酒杯塔中导线的放设

再用人工通过连接器使牵引绳与导引杆恢复连接，直升机继续前飞，使导引杆的倒钩脱离横担。

4）导引绳便落到导杆式放线滑车的导杆上，并沿着导杆滑入到滑车的牵引钢绳滑轮槽内。

（2）断接器法。采用此法时需在横担中心位置上固定一个导引绳断接器，断接器是一种能自动断开和连接导引绳的机器，它包括一个断开元件和一个节套连接单元。这两个元件的一端分别和先放置在中相的导杆式放线滑车里的一段绳索的两端连接；同时在展放的导引绳上插接一个撞击后可断开的断开元件。当直升机拉着导引绳穿过断接器时，导引绳上的断开元件碰到断接器里的闭锁机构被触发而使导引绳断开，形成前后两段。受张力作用，后段立即与断接器里的节套连接单元的另一端搭连，前段则立即与断接器的断开单元的另一端搭连，于是将原先放置在放线滑车里的一段绳索插接到导引绳里转变呈导引绳经过放线滑车了，直升机便可继续牵引导引绳前进。这样一来，原先导引绳上的断开元件被留在横担上的断接器里，后连进去的断开元件则随着导引绳被拉向下一基铁塔，在那里再重复这种动作。断接器的外形及其动作步骤见图 21-28。

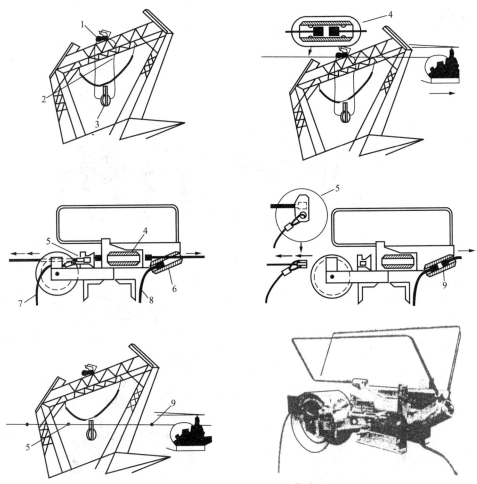

图 21-28　断接器外形及动作步骤

1—断接器；2—预接绳段；3—放线滑车；4—两端锁定了导引绳端头的释放元件；5—连接元件；6—预装的新释放元件；7—预接绳段的一端；8—预接绳段的另一端；9—分别锁定了导引绳端头和预接绳段墙头的新释放元件

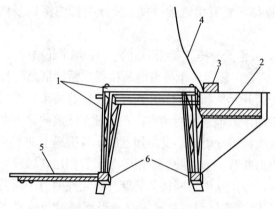

（3）液压穿线器法如图 21-29 所示，由一种专门过中相横担的穿线装置（又称穿线器），来完成过中线任务。其穿线过程见图 21-30。

图 21-29　液压穿线器法
1—构架；2—液压动力箱；3—程序控制箱；
4—电源线；5—齿条；6—齿轮箱

直升机悬吊穿线器并牵引导引绳抵达杆塔上空时，下降高度并将穿线器骑在横担上。

直升机上人员操纵，由控制箱内发出程序命令，指挥动力箱（内有电动机、油泵、油箱）内电动机起动，油泵供油并传至齿轮箱油马达，再驱动齿轮转动使带着导引绳端头的齿条向前作直线运动，当齿条穿过横担后，直升机提起穿线器前飞并令齿条复位，导引绳进入滑车后再飞向下一基杆塔重复上述动作。

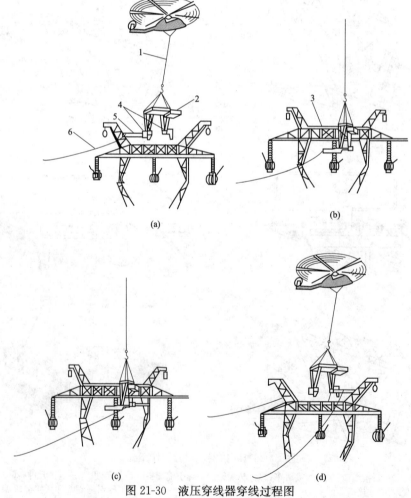

图 21-30　液压穿线器穿线过程图
1—主吊索；2—穿线器构架；3—横担；4—齿轮；5—齿条；6—导引绳

（4）放绳施工注意事项。

1）架线工程中应用直升机牵放导引绳，除顾及地形、气象条件同吊塔外还需充分考虑下述特点。

a. 施放作业的距离长，经过的杆塔多，要求配套设备（张力车、滑轮通信器材）绝对保证使用可靠，地面指挥能配合准确。

b. 由于施放距离长，山区地形险要和难以在逐基杆塔下设置作业人员，这就要求飞行员的素质优、技术精、经验丰富，以便应付施放过程中的故障。

2）直升机牵放导引绳的受力计算可参照张力放线公式，即将导引绳绳头的水平张力作为牵引车入口张力，再依所连接的主牵索受力后与铅垂线的夹角 β（压按不同机型技术性能经计算确定，一般可取≤30°）确定所悬吊的配重量。

3）直升机牵放导引绳，如机型负载条件许可，以匀速直飞牵放为准。飞行速度应控制在150m/min之内，而这一速度只能由张力设备的速度表中反映出来，故张力场地面指挥要严格控制放绳速度。

4）由于施放引绳距离过长或有其他原因，直升机油量不够飞完全程时，必须事先考虑在中途临锚塔进行临锚以便加油后再继续牵放。

5）牵放中遇有故障时，如卡滑轮（系指意外情况）或张力设备出问题，直升机张力增加，直升机应悬停（或倒飞）以便让地面人员处理故障。如处理不了需倒飞至引绳消失张力后再释放。

6）在作业前（尤其是牵放引绳），如跨越带电线路，必须办理停电手续，不允许带电作业。牵放绳施工中的张力机必须经飞行员认可。

7）作业中必须考虑在特殊情形下的飞机安全措施。如牵放绳时要加保险丝之类的方法。

五、应用直升机的施工组织管理

（一）美国、加拿大

1. 合作方式

美国、加拿大应用直升机进行线路施工时，电力公司和直升机公司有三种合作方式。

（1）电力公司联合直升机公司共同承包线路工程。加拿大BC水电局和奥克纳根直升机公司共同承包线路工程，就是这种方式，奥克纳根公司负责空中运输和吊装，BC水电局负责地面和塔上作业，实际上BC水电局派出的都是季节工。

（2）水电公司承包线路工程，租用直升机公司的直升机施工。

美国有两种租用方法：

1）长期租用。以月为单位，每月按飞行125h计算收费，用户还负责解决飞行员的食宿和直升机燃油。

2）短期租用。以小时为单位，按小时计算收费，用户不负责解决飞行员的食宿和直升机燃油。

（3）直升机公司承包线路工程，地面作业也向外发包，例如，美国埃里克森空中吊车公司多独立承包线路工程，地面作业发包给承包商。

2. 直升机施工组织

应用直升机的施工组织原则和常规施工的组织原则不同，它应以直升机为核心来组织施工，其总原则是要最大限度地发挥和利用直升机的工作能力。具体的工作原则如下。

（1）料场（即铁塔组装场）选择原则。一般将某段线路分为若干各区段，各区段控制的铁塔基数，根据一个组塔小组在一天内能完成的组塔数考虑。各区段的线路安装器材集中运送到各区段料场上，利用吊装机械集中进行铁塔地面组装。料场选择的好坏，极大地影响着直升机施工效率的高低，其选择原则为：

1）靠近公路、铁路、航道，便于大量的安装器材和工具能以较低的运费运抵料场。

2）料场到本区段各塔位的平均距离，要接近直升机的最佳飞行半径，一般为 10km 左右或 5~10min 的单程飞行时间。

3）料场于料场之间的距离，一般为 10~12km。

4）料场面积须能容纳本区段全部铁塔进行地面组装和搁置。

（2）机型选择原则。根据不同的运输、吊装对象、要轻、中、重型直升机搭配使用，充分发挥和利用直升机的工作能力，使各个环节整体配合，形成一快速施工序列，以达到较高的施工效率。

（3）施工作业安排原则。以直升机为核心，围绕着直升机连续快速作业的要求，周密安排各区段料场的运输、组塔工作和塔位上组塔人员、工具的运输和转移工作，使常规作业的工序进度与直升机作业的工序进度紧密连接。一切准备工作完成后，才调直升机进点最好。

至于施工组织形式，一般根据铁塔的分段吊数多少，适当地组织几个组塔小组，上工时用轻型直升机将几个组人员分送到几个区段的第一基塔位上，配合中型或重型直升机进行组塔。某区段的第一基铁塔组完，则用轻型直升机把小组人员和工具转移到该区段的第二基塔位上，等候配合组塔。第一区段第一基塔的塔段就位后或整塔组好后，中型或重型直升机即转到第二区段的料场吊运铁塔到第二区段的第一基塔位，配合组塔。吊运铁塔的中型、重型直升机，就这样依次连续不停地进行运塔和组塔作业。

美国埃里克森空中吊车公司两个典型工程的施工组织形式和施工参数如下：

（1）瑞典 345kV 线路组塔工程。

塔数（大部分为铝合金拉 V 塔和拉杆门塔）	500 基
吊装的吊数	650 吊
铝合金拉线塔每基重	2700~4100kg
铁塔每基重	8100kg
直升机数：	
波音-234（运输、吊装塔构）	1 架
贝尔-205（运送施工人员及工具）	1 架
拉马（运送施工人员及工具）	1 架
料场间间隔	16km
组塔进度	6 个小组，每小组 6 人
拉线塔整体吊装	2.0~2.5min/基
	52 基/（天·6 个小组）

（2）美国科罗拉多 345kV 线路组塔工程。

铁塔数	256 基

分解吊装吊数	581 吊
铁塔每基重量	5900~10400kg
料场间间隔	13km
人员组织	5 个小组，每小组 5 人
组塔进度	
20 天完成 581 吊塔	平均 30 吊/(天·5 个小组)，6 吊/(天·1 个小组)
20 天完成 90km 塔	平均 5km/(天·5 个小组)，1km 塔/(天·1 个小组)

3. 租费标准（20 世纪 80 年代水平）

美国哥伦比亚直升机公司的租费标准如下：

(1) 长期租用—按月计算费用。

1) 波音-107 中型直升机，基费每月 20 万美元，无论飞行与否，均按此收费。每月飞行超过 125h 后，则再飞行 1h 再加 1000 美元。

2) 波音-234 重型直升机，基费每月 80 万美元，无论飞行与否，均按此收费。每月飞行超过 125h 后，则再飞行 1h 再加 2000 美元。

(2) 短期租用—按小时计算收费。波音-107 中型直升机每小时收费 1000 美元，波音-234 重型直升机每小时收费 2000 美元，贝尔-205 轻型直升机每小时收费 450~550 美元。

4. 直升机施工与常规施工经济比较

根据波音直升机制造厂提供的资料，对于 S-64 型直升机，随着地形的复杂化，直升机施工将明显地显示其经济优势。假如取在较好地形情况下用传统方法的 500kV 线路施工费用为 1.0(55000 美元/km)，用直升机的施工费用则为 1.2(67200 美元/km)，用直升机的施工费用较传统方法的施工费用高 20%。在一般复杂地形情况下，用直升机的施工费用大约与传统方法的施工费用相等，仅为较好地形情况下传统方法施工费用的 1.3 倍(72800 美元/km)。但在严峻的特大山区时，用传统方法的施工费用则增至较好地形情况下传统方法施工费用的 1.9 倍(106400 美元/km)，用直升机的施工费用则为较好地形情况下传统方 施工费的 1.5 倍(8400 美元/km)，即用直升机的施工费用较传统方法的施工费用低 40%。

虽然美国的情况和我国的不同，他们是地面机械化施工与直升机施工的费用比较，而我国则是廉价的人工施工费用与直升机施工的费用比较，结果会有所不同，但至少可以说明，在复杂地形情况下用直升机施工比机械施工在比较好地形情况下用直升机施工为优。

(二) 俄罗斯

俄罗斯就应用直升机进行输电线路施工的概况作了如下说明：俄罗斯有潘斯专业直升机公司，其施工范围涉及吊运混凝土、器材、吊装铁塔及施放引绳三大工序。应用直升机进行输电线路的组织与管理，一般为线路承包商总包后切块给直升机公司，专业直升机公司管理空中作业，地面配合队伍为线路施工承包商；其中也有直接由业主分包给专业直升机公司的情况，但地面作业方面仍由施工承包商配合。专业直升机公司的收费标准因商业原因未予答复。

六、结束语

应用直升机进行输电线路施工是先进的施工技术，但综上所述不利的一面也需高度重视。

（1）受自然条件的限制多，如对天气条件的依赖大，严冬、酷暑、暴雨、浓雾、风沙等都能影响飞行甚至引起灾难性事故。

（2）直升机在飞行和悬停中容易受到风和气流的影响，它在起飞、降落时产生噪声和尘土污染较大，所扇动的尘沙易进入发动机，加速发动机叶片的磨损而发生事故。

（3）当温度在5℃以下时，一般的直升机旋翼、座舱玻璃和仪表易发生结冰现象，会导致空中停车而坠机。对于具有融冰装置的直升机则另当别论。

（4）有效承载能力受飞行高度和气温的影响较大。

（5）使用费用、作业效率在很大程度上取决于驾驶技术、地面人员配合、合理的调度等。因此除要有充分的准备和较高的企业管理水平外，还要具有飞行技能高超的专业飞行师。

当明确知晓使用直升机进行输电线路施工的不利因素后，不必因上述难度及风险而犹豫摇摆，过于谨小慎微，只要以科学的态度，采取积极的对策——慎重地引进性能好的直升机和素质高的专业飞行师、维修机械师，在由他们领飞的同时，来培训和发展我们的飞行队伍，这样做即避开了安全上的风险，也加快了推进这一施工技术在我国发展的前进步伐。

附录一 导线的型号和规格

导线的型号和规格见附表 1-1～附表 1-10。

　　　　　　　　　　　　　　导线的型号及名称

型　号	名　称
JL	铝绞线
JLHA2/JLHA1	铝合金绞线
JL/G1A、JL/G1B、JL/G2A、JL/G2B、JL/G3A	钢芯铝绞线
JL/G1AF、JL/G2AF、JL/G3AF	防腐型钢芯铝绞线
JLHA2/C1A、JLHA2/G1B、JLHA2/G3A	钢芯铝合金绞线
JLHA1/G1A、JLHA1/G1B、JLHA1/G3A	钢芯铝合金绞线
GL/LHA2、GL/LHA1	铝合金芯铝绞线
GL/LB1A	铝包钢芯铝绞线
GLHA2/LB1A、GLHA1/LB1A	铝包钢芯铝合金绞线
JLB1A、JLB1B、JLB2	钢绞线
JG1A、JB1B、JG2A、JG3A	铝包钢绞线

注　型号字母意义：J—同心绞线；F—防腐；LH—铝合金圆线；LB—铝包钢线；L—铝绞线；G1A、G2B—高强度钢线；G3A—特高强度钢线；A1、A2—高强度。

　　　　　　　　　　　　　JL 铝 绞 线 性 能

规格号	面　积 (mm²)	单线根数	直径 (mm) 单线	直径 (mm) 绞线	单位长度质量 (kg/km)	额定抗拉力 (kN)	直流电阻 (20℃) (Ω/km)
10	10	7	1.35	4.05	27.40	1.95	2.8633
16	16	7	1.71	5.12	43.80	3.04	1.7896
25	25	7	2.13	6.40	68.40	4.50	1.1453
40	40	7	2.70	8.09	109.40	6.80	0.7158
63	63	7	3.39	10.20	172.30	10.39	0.4545
100	100	19	2.59	12.90	274.80	17.00	0.2877
125	125	19	2.89	14.50	343.60	21.25	0.2302
160	160	19	3.27	16.40	439.80	26.40	0.1798
200	200	19	3.66	18.30	549.70	32.00	0.1439
250	250	19	4.09	20.50	687.10	40.00	0.1151
315	315	37	3.29	23.00	867.90	51.97	0.0916
400	400	37	3.71	26.00	1102.00	64.00	0.0721

规格号	面 积（mm²）	单线根数	直径(mm) 单线	直径(mm) 绞线	单位长度质量（kg/km）	额定抗拉力（kN）	直流电阻(20℃)（Ω/km）
450	450	37	3.94	27.50	1239.80	72.00	0.0641
500	500	37	4.15	29.00	1377.60	80.00	0.0577
560	560	37	4.39	30.70	1542.90	89.60	0.0515
630	630	61	3.63	32.60	1738.30	100.80	0.0458
710	710	61	3.85	34.60	1959.10	113.60	0.0407
800	800	61	4.09	36.80	2207.40	128.00	0.0361
900	900	61	4.33	39.00	2438.30	144.00	0.0321
1000	1000	61	4.57	41.10	2759.20	160.00	0.0289
1120	1120	91	3.96	43.50	3093.50	179.20	0.0258
1250	1250	91	4.18	46.00	3452.60	200.00	0.0231
1400	1400	91	4.43	48.70	3866.90	224.00	0.0207
1500	1500	91	4.58	50.40	4143.10	240.00	0.0193

附表 1-3　　　　　　　　　　JLHA1 铝合金绞线性能

规格号	面 积（mm²）	单线根数	直径(mm) 单线	直径(mm) 绞线	单位长度质量（kg/km）	额定抗拉力（kN）	直流电阻(20℃)（Ω/km）
16	18.6	7	1.84	5.52	50.80	6.04	1.7896
25	29	7	2.30	6.90	79.50	9.44	1.1453
40	46.5	7	2.91	8.72	127.10	15.10	0.7158
63	73.2	7	3.65	10.90	200.20	23.06	0.4545
100	116	19	2.79	14.00	319.30	37.76	0.2877
125	145	19	3.12	15.60	399.20	47.20	0.2302
160	186	19	3.53	17.60	511.00	58.56	0.1798
200	232	19	3.95	19.70	638.70	73.20	0.1439
250	290	19	4.41	22.10	798.40	91.50	0.1151
315	366	37	3.55	24.80	1008.40	115.29	0.0916
400	465	37	4.00	28.00	1280.50	146.40	0.0721
450	523	37	4.24	29.70	1440.50	164.70	0.0641
500	581	37	4.47	31.30	1600.60	183.00	0.0577
560	651	61	3.69	33.20	1795.30	204.96	0.0516
630	732	61	3.91	35.20	2019.80	230.58	0.0458

规格号	面积 (mm²)	单线根数	直径(mm)		单位长度质量 (kg/km)	额定抗拉力 (kN)	直流电阻(20℃) (Ω/km)
			单线	绞线			
710	825	61	4.15	37.30	2276.20	259.86	0.0407
800	930	61	4.40	39.60	2564.80	292.80	0.0306
900	1046	91	3.83	42.10	2888.30	329.40	0.0321
1000	1162	91	4.03	44.40	3209.30	366.00	0.0289
1120	1301	91	4.27	46.90	3594.40	409.92	0.0258

附表 1-4 **JLHA2 铝合金绞线性能**

规格号	面积 (mm²)	单线根数	直径(mm)		单位长度质量 (kg/km)	额定抗拉力 (kN)	直流电阻(20℃) (Ω/km)
			单线	绞线			
16	18.4	7	1.83	5.49	50.40	5.43	1.7896
25	28.8	7	2.29	6.86	78.70	8.49	1.1453
40	46	7	2.89	8.68	125.90	13.58	0.7158
63	72.5	7	3.63	10.90	198.30	21.39	0.4545
100	115	19	2.78	13.90	316.30	33.95	0.2877
125	144	19	3.10	15.50	395.40	42.44	0.2302
160	184	19	3.51	17.60	506.10	54.32	0.1798
200	230	19	3.93	19.60	632.70	67.91	0.1439
250	288	19	4.39	22.00	790.80	84.88	0.1151
315	363	37	3.53	24.70	998.90	106.95	0.0916
400	460	37	3.98	27.90	1268.40	135.81	0.0721
450	518	37	4.22	29.60	1426.90	152.79	0.0641
500	575	37	4.45	31.20	1585.50	169.76	0.0577
560	645	61	3.67	33.00	1778.40	190.14	0.0516
630	725	61	3.89	35.00	2000.70	213.90	0.0458
710	817	61	4.13	37.20	2254.80	241.07	0.0407
800	921	61	4.38	39.50	2540.60	271.62	0.0361
900	1036	91	3.81	41.80	2861.10	305.58	0.0321
1000	1151	91	4.01	44.10	3179.00	339.53	0.0289
1120	1289	91	4.25	46.70	3560.50	380.27	0.0258
1250	1439	91	4.49	49.40	3973.70	424.41	0.0231

附表 1-5

JL/G1A、JL/G1B、JL/G2A、JL/G2B、JL/G3A 钢芯铝绞线性能

规格号	钢比(%)	面积(mm²) 铝	面积(mm²) 钢	面积(mm²) 总和	单线根数 铝	单线根数 钢	单线直径(mm) 铝	单线直径(mm) 钢	直径(mm) 钢芯	直径(mm) 绞线	单位长度质量(kg/km)	额定抗拉力(kN) JL/G1A	JL/G1B	JL/G2A	JL/G2B	JL/G3A	直流电阻(20℃)(Ω/km)
16	17	16	2.67	18.67	6	1	1.84	1.84	1.84	5.53	64.60	6.08	5.89	6.45	6.27	6.83	1.7934
25	17	25	4.17	29.17	6	1	2.3	2.3	2.30	6.91	100.90	9.13	8.83	9.71	9.42	10.25	1.1478
40	17	40	6.67	46.67	6	1	2.91	2.91	2.91	8.74	161.50	14.40	13.93	15.37	14.87	16.20	0.7174
63	17	63	10.5	73.5	6	1	3.66	3.36	3.66	11.0	254.4	21.63	20.58	22.37	21.63	24.15	0.4555
100	17	100	16.7	117	6	1	4.61	4.61	4.61	13.8	403.8	34.33	32.67	35.5	34.33	38.33	0.2869
125	6	125	6.94	132	18	1	2.97	2.97	2.97	14.9	397.9	29.17	28.68	30.14	29.65	31.04	0.2304
125	16	125	20.4	145	26	7	2.47	1.92	5.77	15.7	503.9	45.69	44.27	48.54	47.12	51.39	0.231
160	6	160	8.89	169	18	1	3.66	3.36	3.36	16.8	509.3	36.18	35.29	37.42	36.80	38.67	0.18
160	16	160	26.1	186	26	7	2.8	2.18	6.53	17.7	644.9	57.69	55.86	61.34	59.51	64.99	0.18
200	6	200	11.1	211	18	1	3.76		3.76	18.8	636.7	44.22	43.11	45	44.22	46.89	0.144
200	16	200	32.6	233	26	7	3.13	2.43	7.3	19.8	806.2	70.13	67.85	74.69	72.41	78.93	0.144
250	10	250	24.6	275	22	7	3.8	2.11	6.34	21.6	880.6	68.72	67.01	72.16	70.44	75.6	0.1154
250	16	250	40.7	291	26	7	3.5	2.72	8.16	22.2	1007.7	87.67	84.82	93.37	90.52	98.66	0.1155
315	7	315	21.8	337	45	7	2.99	1.99	5.97	23.9	1039.6	79.03	77.51	82.08	80.55	85.13	0.0917
315	16	315	51.3	366	26	7	3.93	3.05	9.16	24.9	1269.7	106.83	101.7	114.02	110.43	121.2	0.0917
400	7	400	27.7	428	45	7	3.36	2.24	6.73	26.9	1320.1	98.36	96.42	102.23	100.29	106.1	0.0722
400	13	400	51.9	452	54	7	3.07	3.07	9.21	27.6	1510.3	123.04	117.85	130.3	126.69	137.56	0.0723
450	7	450	31.1	481.1	45	7	3.57	2.38	7.14	28.5	1485.2	107.47	105.29	111.82	109.64	115.87	0.0642
450	13	450	58.3	508.3	54	7	3.26	3.26	9.77	29.3	1699.1	138.42	132.58	146.58	142.5	154.75	0.0643

续表

规格号	钢比(%)	面积(mm²) 铝	面积(mm²) 钢	面积(mm²) 总和	单线根数 铝	单线根数 钢	单线直径(mm) 铝	单线直径(mm) 钢	直径(mm) 钢芯	直径(mm) 绞线	单位长度质量(kg/km)	额定抗拉力(kN) JL/G1A	JL/G1B	JL/G2A	JL/G2B	JL/G3A	直流电阻(20℃)(Ω/km)
500	7	500	34.6	534.6	45	7	3.76	2.51	7.52	30.1	1650.2	119.41	116.99	124.25	121.83	128.74	0.0578
500	13	500	64.8	564.8	54	7	3.43	3.43	10.3	30.9	1887.9	153.8	147.31	162.87	158.33	171.94	0.0578
560	7	560	38.7	598.7	45	7	3.98	2.65	7.96	31.8	1848.2	133.74	131.03	139.16	136.45	144.19	0.0516
560	13	560	70.9	630.9	54	19	3.63	2.18	10.9	32.7	2103.4	172.59	167.63	182.52	177.56	192.45	0.0516
630	7	630	43.6	673.6	45	7	4.22	2.81	8.44	33.8	2079.2	150.45	147.4	156.55	153.5	162.21	0.0459
630	13	630	79.8	709.8	54	19	3.85	2.31	11.6	34.7	2366.3	191.77	186.19	202.94	197.36	213.32	0.0459
710	7	710	49.1	759.1	45	7	4.48	2.99	8.96	35.9	2343.2	169.56	166.12	176.43	172.99	182.81	0.0407
710	13	710	89.9	799.9	54	19	4.09	2.45	12.3	36.8	2666.8	216.12	209.83	228.71	222.42	240.41	0.0407
800	4	800	34.6	834.6	72	7	3.76	2.51	7.52	37.6	2480.2	167.41	164.99	172.25	169.83	176.74	0.0361
800	8	800	66.7	866.7	84	7	3.48	3.48	10.4	38.3	2732.7	205.33	198.67	214.67	210	224	0.0362
800	13	800	101	901	54	19	4.34	2.61	13.0	39.1	3004.9	243.52	236.43	257.71	250.61	270.88	0.0362
900	4	900	38.9	938.9	72	7	3.99	2.66	7.98	39.9	2790.2	188.33	185.61	193.78	191.66	198.83	0.0321
900	8	900	75	975	84	7	3.69	3.69	11.1	40.6	3074.2	226.5	219	231.75	226.5	244.5	0.0322
1000	4	1000	43.2	1043.2	72	7	4.21	2.8	8.41	42.1	3100.3	209.26	206.23	215.31	212.28	220.93	0.0289
1120	4	1120	47.3	1167.3	72	19	4.45	1.78	8.9	44.5	3464.9	234.53	231.22	241.15	237.84	247.77	0.0258
1120	8	1120	91.2	1211.2	84	19	4.12	2.47	12.4	45.3	3811.5	283.17	276.78	295.94	289.55	307.79	0.0258
1250	4	1250	52.8	1302.8	72	19	4.7	1.88	9.4	47	3867.1	261.75	258.06	269.14	265.44	276.53	0.0231
1250	8	1250	102	1352	84	19	4.35	2.61	13.1	47.9	4253.9	316.04	308.91	330.29	323.16	343.52	0.0232

附表 1-6　　　　JLHA2/G1A、JLHA2/G1B、JLHA2/G3A 钢芯铝合金绞线性能钢芯铝绞线性能

规格号	钢比 (%)	面积 (mm²)			单线根数		单线直径 (mm)		直径 (mm)		单位长度质量 (kg/km)	额定抗拉力 (kN)			直流电阻 (20℃) (Ω/km)
		铝	钢	总和	铝	钢	铝	钢	钢芯	绞线		JLHA2/G1A	JLHA2/G1B	JLHA2/G3A	
16	17	18.4	3.07	21.47	6	1	1.98	1.98	1.98	5.93	74.40	9.02	8.81	9.88	1.7934
25	17	28.8	4.80	33.6	6	1	2.47	2.47	2.47	7.41	116.20	13.96	13.62	15.25	1.1478
40	17	46	7.67	53.67	6	1	3.13	3.13	3.13	9.38	185.90	22.02	21.25	24.17	0.7174
63	17	72.5	12.1	84.6	6	1	3.92	3.92	3.92	11.8	292.8	34.68	33.48	37.58	0.4555
100	6	115	6.4	121	18	1	2.85	2.85	2.85	14.3	366.4	41.24	40.79	42.97	0.288
125	6	144	7.99	152	18	1	3.19	3.19	3.19	16	458	51.23	50.43	53.47	0.2304
125	16	144	23.4	167	26	7	2.65	2.06	6.19	16.8	579.9	69.86	68.22	76.42	0.231
160	6	184	10.2	194	18	1	3.61	3.61	3.61	18	586.2	65.58	64.56	68.03	0.18
160	16	184	30	214	26	7	3	2.34	7.01	19	742.3	88.52	86.42	96.61	0.1805
200	6	230	12.8	243	18	1	4.04	4.04	4.04	20.2	732.8	81.97	80.69	85.04	0.144
200	16	230	37.5	268	26	7	3.36	2.61	7.83	21.3	927.9	110.64	108.02	120.77	0.1444
250	10	288	28.3	316	22	7	4.08	2.27	6.8	23.1	1013.5	117.09	115.12	124.72	0.1154
250	16	288	46.9	385	26	7	3.75	2.92	8.76	23.8	1159.8	138.31	135.03	150.96	0.1155
315	7	363	25.1	388	45	7	3.2	2.14	6.41	25.6	1196.5	136.28	134.52	143.3	0.0917
315	16	363	59	422	26	7	4.21	3.28	9.83	26.7	1461.4	171.9	166	188.44	0.0917
400	7	460	31.8	492	45	7	3.61	2.41	7.22	28.9	1519.4	172.1	169.87	180.69	0.0722
400	13	460	59.7	520	54	7	3.29	3.29	9.88	29.7	1738.3	201.46	195.49	218.17	0.0723

规格号	钢比(%)	面积 (mm²) 铝	钢	总和	单线根数 铝	钢	单线直径 (mm) 铝	钢	直径 (mm) 钢芯	绞线	单位长度质量 (kg/km)	额定抗拉力 (kN) JLHA2/G1A	JLHA2/G1B	JLHA2/G3A	直流电阻 (20℃)(Ω/km)
450	7	518	35.8	553.8	45	7	3.83	2.55	7.66	30.6	1709.3	193.61	191.1	203.28	0.0642
450	13	518	67.1	585.1	54	7	3.49	3.49	10.5	31.5	1955.6	226.64	219.93	245.44	0.0643
500	7	575	39.8	614.8	45	7	4.04	2.69	8.07	32.3	1899.3	215.12	212.83	225.86	0.0578
500	13	575	74.6	649.6	54	7	3.68	3.68	11.1	33.2	2172.9	251.82	244.36	269.73	0.0578
560	7	645	44.6	689.6	45	7	4.27	2.81	8.54	34.2	2127.2	240.93	237.82	252.97	0.0516
560	13	645	81.6	726.6	54	19	3.9	2.34	11.7	35.1	2420.9	283.21	277.49	305.25	0.0516
630	7	725	31.3	756.3	72	7	3.58	2.39	7.16	35.8	2248	249.62	247.43	258.08	0.0459
630	13	725	91.8	816.8	54	19	4.13	2.48	12.4	37.2	2723.5	318.61	312.18	343.4	0.0459
710	4	817	35.3	852.3	72	7	3.8	2.53	7.6	38	2533.4	281.32	278.85	290.85	0.0407
710	13	817	104	921	54	19	4.39	2.63	13.2	39.5	3069.4	359.06	351.82	387.01	0.0407
800	4	921	39.8	960.8	72	7	4.04	2.69	8.07	40.4	2854.6	316.98	314.19	327.72	0.0361
800	8	921	76.7	997.7	84	7	3.74	3.74	11.2	41.1	3145.1	356.03	348.35	374.44	0.0362
900	4	1036	44.8	1080.8	72	7	4.28	2.85	8.6	42.8	3211.4	356.6	353.47	368.69	0.0321
900	8	1036	86.3	1122.3	84	7	3.96	3.96	11.9	43.6	3538.3	400.53	391.9	421.25	0.0322
1000	8	1151	93.7	1244.7	84	19	4.18	2.51	12.5	45.9	3916.8	446.37	439.81	471.67	0.0289
1120	8	1289	105	1394	84	19	4.42	2.65	13.3	48.6	4386.8	499.93	492.59	528.27	0.0258

附表 1-7

JL/LB1A 铝包钢芯绞线性能

规格号	钢比 (%)	面积 (mm²) 铝	铝包钢	总和	单线根数 铝	铝包钢	单线直径(mm) 铝	铝包钢	直径 (mm) 铝包钢芯	绞线	单位长度质量 (kg/km)	额定抗拉力 (kN)	直流电阻 (20℃) (Ω/km)
16	16.7	15	2.56	17.56	6	1	1.81	1.81	1.81	5.43	59.00	5.91	1.7923
25	16.7	24	4.00	28	6	1	2.26	2.26	2.26	6.78	92.10	9.00	1.1471
40	16.7	38	6.40	44.4	6	1	2.85	2.85	2.85	8.55	147.40	14.21	0.9169
63	16.7	60	10.1	70.08	6	1	3.58	3.58	3.58	10.7	232.2	21.17	0.4552
100	16.7	96	16.0	112	6	1	4.51	4.51	4.51	13.5	368.6	31.84	0.2868
125	16.7	123	6.85	130	18	1	2.95	2.95	2.95	14.8	384.3	29.18	0.2304
125	5.6	120	19.6	140	26	7	2.43	1.89	5.66	15.4	460.8	44.49	0.2308
160	16.3	158	8.77	167	18	1	3.34	3.34	3.34	16.7	491.9	36.38	0.18
160	5.6	154	25	179	26	7	2.74	2.13	6.4	17.4	589.8	56.18	0.1803
200	16.3	197	10.96	208	18	1	3.74	3.74	3.74	18.7	614.9	43.62	0.144
200	5.6	192	31.3	223	26	7	3.07	2.39	7.16	19.4	737.2	69.27	0.1443
250	9.8	244	24	268	22	7	3.76	2.09	6.26	21.3	830.9	67.8	0.1153
250	16.3	240	39.1	279	26	7	3.43	2.67	8	21.7	921.5	86.58	0.1154
315	6.9	310	21.4	331	45	7	2.96	1.97	5.92	23.7	996.4	78.33	0.0917
315	16.3	303	49.3	352	26	7	3.85	2.99	8.98	24.4	1161.1	107.58	0.0916
400	6.9	393	27.2	420	45	7	3.34	2.22	6.67	26.7	1265.3	97.5	0.0722
400	13	387	50.2	437	54	7	3.02	3.02	9.07	27.2	1402.9	124.2	0.0723
450	6.9	442	30.6	472.6	45	7	3.54	2.36	7.08	28.3	1423.4	107.48	0.0642
450	13.0	436	56.5	492.5	54	7	3.21	3.21	9.62	28.9	1578.2	139.72	0.0642

规格号	钢比(%)	面积(mm²)			单线根数		单线直径(mm)		直径(mm)		单位长度质量(kg/km)	额定抗拉力(kN)	直流电阻(20℃)(Ω/km)
		铝	铝包钢	总和	铝	铝包钢	铝	铝包钢	铝包钢芯	绞线			
500	6.9	492	34	526	45	7	3.73	2.49	7.46	29.8	1581.6	119.42	0.0578
500	13	484	62.8	546.8	54	7	3.38	3.38	10.14	30.4	1753.6	153.99	0.0578
560	6.9	550	38.1	588.1	45	7	3.95	2.63	7.89	31.6	1771.4	133.75	0.0516
560	12.7	543	68.8	611.8	54	19	3.58	2.15	10.73	32.2	1956.3	169.36	0.0516
630	6.9	619	42.8	661.8	45	7	4.19	2.79	8.37	33.5	1992.8	150.47	0.0456
630	12.7	611	77.3	688.3	54	19	3.79	2.28	11.38	34.2	2200.9	190.52	0.0459
710	6.9	698	48.3	746.3	45	7	4.44	2.96	8.89	35.6	2245.8	169.57	0.0407
710	12.7	688	87.2	775.2	54	19	4.03	2.42	12.08	36.3	2480.3	214.72	0.0407
800	4.3	791	34.2	825.2	72	7	3.74	2.49	7.48	37.4	2412.8	167.67	0.0361
800	8.3	784	65.3	849.3	84	7	3.45	3.45	10.34	37.9	2598.9	206.37	0.0362
800	12.7	775	98.2	873.2	54	19	4.28	2.57	12.83	38.5	2794.7	241.94	0.0361
900	4.3	890	38.5	928.5	72	7	3.97	2.65	7.94	39.7	2714.4	188.63	0.0321
900	8.3	882	73.5	955.5	84	7	3.66	3.66	10.97	40.2	2923.8	224.82	0.0321
1000	4.3	989	42.7	1031.7	72	7	4.18	2.79	8.37	41.8	3016	209.59	0.0289
1120	4.2	1108	46.8	1154.8	72	19	4.43	1.77	8.85	44.3	3372.6	233.48	0.0258
1120	8.1	1098	89.4	1187.4	84	19	4.08	2.45	12.24	44.9	3628.4	282.88	0.0258
1250	4.2	1237	52.2	1289.2	72	19	4.68	1.87	9.35	46.8	3764.1	260.58	0.0231
1250	8.1	1225	99.8	1324.8	84	19	4.31	2.59	12.93	47.4	4049.5	315.72	0.0231

附表 1-8　　　　　　　　　　　　LJ 型铝绞线性能

标称截面 (mm²)	结构(根数 /直径,mm)	计算截面 (mm²)	外 径 (mm)	电流电阻 (Ω/km,不大于)	额定抗拉力 (N)	单位质量 (kg/km)	制造长度 (m)
16	7/1.70	15.89	5.10	1.802	2340	43.51	4000
25	7/2.15	25.41	6.45	1.127	4355	69.59	3000
35	7/2.50	34.36	7.50	0.8332	5760	94.09	2000
50	7/3.00	49.48	9.00	0.5786	7930	135.5	1500
70	7/3.60	71.25	10.80	0.4018	10950	195.1	1000
95	7/4.16	95.14	12.48	0.3009	14450	260.5	800
120	19/2.80	116.99	14.00	0.2459	18750	321.9	1500
150	19/3.15	148.07	15.75	0.1943	23310	407.4	1250
185	19/3.50	182.80	17.50	0.1574	27440	503.0	1000
210	10/3.75	209.85	18.75	0.1371	32260	577.4	1000
240	19/4.00	238.76	20.00	0.1205	36260	656.9	1000
300	37/3.20	297.57	22.40	0.09689	46850	820.4	1000
400	37/3.70	397.83	25.90	0.07247	61150	1097	1000
500	37/4.16	502.90	29.12	0.0573	76370	1387	1000
630	61/3.63	631.30	32.67	0.04577	91940	1744	800
800	61/4.10	805.36	36.90	0.03588	115900	2205	800

附表 1-9

LGJ 型钢芯铝绞线结构和主要技术参数

标称截面 铝/钢 (mm²)	结构 根数/直径 (mm) 铝	钢	计算截面 (mm²) 铝	钢	总计	外径 (mm)	直流电阻 不大于 (Ω/km)	额定抗拉力 (kN)	单位质量 (kg/km)	制造长度 (m)
10/2	6/1.50	1/1.50	10.6	1.77	12.37	4.5	2.706	4120	42.9	3000
16/3	6/1.85	1/1.85	16.13	2.69	18.82	5.55	1.779	6130	65.2	3000
25/4	6/2.32	1/2.32	25.36	4.23	29.59	6.96	1.131	9290	102.6	3000
35/6	6/2.72	1/2.72	34.86	5.81	40.67	8.16	0.823	12630	141	3000
50/8	6/3.20	1/3.20	48.25	8.04	56.29	9.6	0.5946	16870	195.1	2000
50/30	12/2.32	7/2.32	50.73	29.59	80.32	11.6	0.5692	42620	372	3000
70/10	6/3.80	1/3.80	68.05	11.34	79.39	11.4	0.4217	23390	275.2	2000
70/40	12/2.72	7/2.72	69.73	40.67	110.4	13.6	0.4141	58300	511.3	2000
95/15	26/2.15	7/1.67	94.39	15.33	109.72	13.61	0.3058	35000	380.8	2000
95/20	7/4.16	7/1.85	95.14	18.82	113.96	13.87	0.3019	37200	408.9	2000
95/55	12/3.20	7/3.20	96.51	56.3	152.81	16	0.2992	78110	707.7	2000
120/7	18/2.90	1/2.90	118.89	6.61	125.5	14.5	0.2422	27570	379	2000
120/20	26/2.38	7/1.85	115.67	18.82	134.49	15.07	0.2496	41000	466.8	2000
120/25	7/4.72	7/2.10	122.48	24.25	146.73	15.74	0.2345	47880	526.6	2000
120/70	12/3.60	7/3.60	122.15	71.25	193.4	18	0.2364	98370	895.6	2000
150/8	18/3.20	1/3.20	144.76	8.04	152.8	16	0.1989	32860	461.4	2000
150/20	24/2.78	7/1.85	145.68	18.82	164.5	16.67	0.198	46630	549.4	2000
150/25	26/2.70	7/2.10	148.86	24.25	173.11	17.1	0.1939	54110	601	2000

标称截面 (铝/钢, mm²)	结构 (根数/直径, mm)		计算截面 (mm²)			外径 (mm)	直流电阻 不大于 (Ω/km)	额定抗拉力 (kN)	单位质量 (kg/km)	制造长度 (m)
	铝	钢	铝	钢	总计					
150/35	30/2.50	7/2.50	147.26	34.36	181.62	17.5	0.1962	65020	676.2	2000
185/10	18/3.60	1/3.60	183.22	10.18	193.4	18	0.1572	40880	584	2000
185/25	24/3.15	7/2.10	187.04	24.25	211.29	18.9	0.1542	59420	706.1	2000
185/30	26/2.98	7/2.32	181.34	29.59	210.93	18.88	0.1592	64320	732.6	2000
185/45	30/2.80	7/2.80	184.73	43.1	227.83	19.6	0.1564	80190	848.2	2000
210/10	18/3.80	1/3.80	204.14	11.34	215.48	19	0.1411	45140	650.7	2000
210/25	24/3.33	7/2.22	209.02	27.1	236.12	19.98	0.138	65990	789.1	2000
210/35	26/3.22	7/2.50	211.73	34.36	246.09	20.38	0.1363	74250	853.9	2000
210/50	30/2.98	7/2.98	209.24	48.82	258.06	20.86	0.1381	90830	960.8	2000
240/30	24/3.60	7/2.40	244.29	31.67	275.96	21.6	0.1181	75620	922.2	2000
240/40	26/3.42	7/2.66	238.85	38.9	277.75	21.66	0.1209	83370	964.3	2000
240/55	30/3.20	7/3.20	241.27	56.3	297.57	22.4	0.1198	102100	1108	2000
300/15	42/3.00	7/1.67	296.88	15.33	312.21	23.01	0.09724	68060	939.8	2000
300/20	45/2.93	7/1.95	303.42	20.91	324.33	23.43	0.0952	75680	1002	2000
300/25	48/2.85	7/2.22	306.21	27.1	333.31	23.76	0.09433	83410	1058	2000
300/40	24/3.99	7/2.66	300.09	38.9	338.99	23.94	0.09614	92220	1133	2000
300/50	26/3.83	7/2.98	299.54	48.82	348.36	24.26	0.09636	103400	1210	2000

标称截面 (铝/钢, mm²)	结构 (根数/直径, mm)		计算截面 (mm²)			外径 (mm)	直流电阻不大于 (Ω/km)	额定抗拉力 (kN)	单位质量 (kg/km)	制造长度 (m)
	铝	钢	铝	钢	总计					
300/70	30/3.60	7/3.60	305.36	71.25	376.61	25.2	0.09463	128000	1402	2000
400/20	42/3.51	7/1.95	406.4	20.91	427.31	26.91	0.07104	88850	1286	1500
400/25	45/3.33	7/2.22	391.91	27.1	419.01	26.64	0.0737	95940	1295	1500
400/35	48/3.22	7/2.50	390.88	34.36	425.24	26.82	0.07389	103900	1349	1500
400/50	54/3.07	7/3.07	399.73	51.82	451.55	27.63	0.07232	123400	1511	1500
400/65	26/4.42	7/3.44	398.94	65.06	464	28	0.07236	135200	1611	1500
400/95	30/4.16	19/2.50	407.75	93.27	501.02	29.14	0.07087	171300	1860	1500
500/35	45/3.75	7/2.50	497.01	34.36	531.37	30	0.05812	119500	1642	1500
500/45	48/3.60	7/2.80	488.58	43.1	531.68	30	0.05912	128100	1688	1500
500/65	54/3.44	7/3.44	501.88	65.06	566.94	30.96	0.0576	154000	1897	1500
630/45	45/4.20	7/2.80	623.45	43.1	666.55	33.6	0.04633	148700	2060	1200
630/51	48/4.12	7/3.20	639.92	56.3	696.22	34.32	0.04514	164400	2209	1200
630/80	54/3.87	19/2.32	635.19	80.32	715.51	34.82	0.04551	192900	2388	1200
800/55	45/4.80	7/3.20	814.3	56.3	870.6	38.4	0.03547	191500	2690	1000
800/70	48/4.63	7/3.60	808.15	71.25	879.4	38.58	0.03574	207000	2791	1000
800/100	54/4.33	19/2.60	795.17	100.88	896.05	38.98	0.03635	241100	2991	1000

附表 1-10　　　　　　　　　　　扩径导线结构和主要技术参数

项　目		LGJK-300 型扩径钢芯铝绞线	LGKK-590/50 型铝钢扩径空芯导线
结构	第一层	6/2.59 铝	35/3.00 铝＋7/3.0 钢
	第二层	18/2.59 铝	48/3.00 铝
	第三层	24/3.04 铝	
	钢芯	19/2.2 钢	φ39mm 金属软管支撑
截面（mm²）	铝	301	587
	钢	72	49.5
	总	373	636
外径(mm)		27	51
额定抗拉力(N)		140140	148960
弹性系数(N/mm²)		84770	71540
线胀系数(1/℃)		$18.1×10^{-6}$	$19.9×10^{-6}$
电流电阻(20℃)(Ω/km)		0.100	0.0506
载流量(环境温度 40℃、风速 0.5m/s)(A)			
导线温度(℃)		500	786
导线温度(℃)		630	1027
导线温度(℃)		730	1216
单位质量(kg/km)		1420	2690

附录二 压接管

压接管尺寸见附表2-1。

压接管尺寸

钢芯铝绞线规格	压接管尺寸（mm）		钢绞线规格	钢绞线外径（mm）	压接管尺寸（mm）
	铝管	钢			
LGJ-240/30	φ36×450	φ20	GJ-35	7.8	φ16×220
LGJ-240/40	φ36×470	φ22	GJ-50	9	φ18×240
LGJ-240/55	φ36×490	φ22	GJ-55	9.6	φ22×240
LGJ-300/15	φ40×440	φ18	GJ-70	11	φ22×290
LGJ-300/20	φ40×450	φ18	GJ-80	11.5	φ24×290
LGJ-300/25	φ40×480	φ20	GJ-100	13	φ26×340
LGJ-300/40	φ40×490	φ20	GJ-120	14	φ28×380
LGJ-300/50	φ40×510	φ22	GJ-135	15	φ30×400
LGJ-300/70	φ42×560	φ24	GJ-150	16	φ32×400
LGJ-400/20	φ45×570	φ18	钢绞线规格	钢绞线外径（mm）	压接管尺寸（mm）
LGJ-400/25	φ45×520	φ20			
LGJ-400/35	φ45×540	φ22			
LGJ-400/50	φ45×570	φ24	LJ-150	15.75	φ30×280
LGJ-400/65	φ48×580	φ26	LJ-185	17.5	φ32×310
LGJ-500/35	φ52×580	φ22	LJ-210	18.75	φ34×330
LGJ-500/45	φ52×610	φ24	LJ-240	20	φ36×350
LGJ-500/65	φ52×640	φ26	LJ-300	22.4	φ40×390
LGJ-630/45	φ60×650	φ24	LJ-400	25.9	φ45×450
LGJ-630/55	φ60×680	φ26	LJ-500	29.12	φ52×510
LGJ-720/50	φ60×710	φ24	LJ-630	32.67	φ60×570
LGJ-800/55	φ65×730	φ26	LJ-800	36.9	φ65×650
LGJ-800/70	φ65×760	φ26			

注 液压钢芯搭接。

附录三 镀锌钢绞线的结构和参数

镀锌钢绞线结构和主要技术参数见附表3-1。

附表 3-1　　　　　　　　　镀锌钢绞线结构和主要技术参数

结构	导线直径 (mm)	钢绞线直径 (mm)	钢绞线断面积 (mm²)	公称抗拉强度(N/mm²)					单位质量 (kg/100m)
				1175	1270	1370	1470	1570	
				钢丝破断拉力总和(kN,不小于)					
1×3	2.90	6.2	19.82	23.29	25.17	27.15	29.14	31.12	15.99
	3.20	6.4	24.13	28.35	30.65	33.06	35.47	37.88	19.47
	3.50	7.5	28.86	33.91	36.65	39.54	42.43	45.31	23.29
	4.00	8.6	37.70	44.30	47.88	51.65	55.42	59.19	30.42
1×7	1.00	3.0	5.50	6.46	6.98	7.54	8.08	8.64	4.37
	1.20	3.6	7.92	9.31	10.06	10.85	11.64	12.43	6.29
	1.40	4.2	10.78	12.67	13.69	14.77	15.85	16.92	8.56
	1.60	4.8	14.07	16.53	17.87	19.28	20.68	22.09	11.17
	1.80	5.4	17.81	20.93	22.62	24.40	26.18	27.96	14.14
	2.00	6.0	21.99	25.84	29.73	30.13	32.32	34.52	17.46
	2.30	6.9	29.08	34.17	36.93	39.84	42.75	45.66	23.09
	2.60	7.8	37.17	43.60	47.20	50.92	54.63	58.35	29.51
	2.90	8.7	46.24	54.33	58.72	63.35	67.97	72.60	36.71
	3.20	9.6	56.30	66.15	71.50	77.13	82.76	88.39	44.70
	3.50	10.5	67.35	79.14	85.85	92.27	99.00	105.74	53.48
	3.80	11.4	79.39	93.28	100.82	108.76	116.70	124.64	63.04
	4.00	12.0	87.96	103.35	111.71	120.50	129.30	138.10	69.84
1×19	1.60	8.0	38.20	44.88	48.51	52.33	56.15	59.97	30.40
	1.80	9.0	48.35	56.81	61.40	66.24	71.07	75.91	38.49
	2.00	10.0	59.69	70.14	75.81	81.78	87.74	93.71	47.51
	2.30	11.5	78.94	92.75	100.25	108.15	116.04	123.94	62.84
	2.60	13.0	100.88	118.53	128.12	138.20	148.29	158.38	80.30
	2.90	14.5	125.50	147.46	159.38	171.93	184.48	197.03	99.90
	3.20	16.0	152.81	179.55	194.06	209.35	224.63	239.91	121.64
	3.50	17.50	182.80	214.79	232.16	250.44	268.72	287.00	145.51
	4.00	20.0	238.76	280.54	303.23	327.10	350.98	374.86	190.05

附录四 光缆的结构尺寸

光缆的结构尺寸见附表 4-1 和附表 4-2。

附表 4-1　　　　　　　　　光纤复合架空地线(OPGW)结构尺寸

项目		单位	OPGW-65	OPGW-75	OPGW-85	OPGW-100	OPGW110
结构	铝包钢线	Nos;mm	14;2.05	12;2.05	12;2.60	12;2.90	12;2.50
	无缝铝管		1;7.4/5.8	1;7.5/5.8	1;7.8/5.8	1;8.7/6.8	1;10/7.0
外径		mm	11.50	12.50	13.00	14.50	15.00
截面积	铝包钢线	mm²	46.21	58.90	63.71	79.26	58.90
	无缝铝管		16.59	17.76	21.36	23.13	40.05
	总面积		62.80	76.66	85.07	102.39	113.65
计算重量		kg/km	381	470	512	568	570
计算断力		kN	57.0	72.5	78.5	78.8	74.0

附表 4-2　　　　　　　　　非金属自承式光缆(ADSS)结构尺寸

芯数	缆径 (mm)	缆重 (kg/km)	最小弯曲半径		最大工作负荷 (N)	最大极限强度 (N)
			动态(cm)	静态(cm)		
4～36	14.2	159	33	14	18193	34918
38～48	15.1	180	35	15	18994	34918
48～60	15.5	187	36	15	18905	34918
62～72	16.8	224	39	17	20640	37187
74～96	18.6	268	42	19	22419	39411
98～120	20.6	329	46	21	24954	43948
122～144	22.6	397	50	23	28157	49597

附录五 钢 丝 绳

钢丝绳见附表5-1。

附表 5-1　　　　　　　　钢丝绳(GB/T 8918—1996)　　　　　　钢丝绳结构:6×19+FC

钢丝绳公称直径		钢丝绳近似重量	钢丝绳公称抗拉强度(MPa)				
d (mm)	允许偏差 (%)	(kg/100m)	1470	1570	1670	1770	1870
			钢丝绳最小破断拉力(kN)				
4	+7	5.54	7.22	7.71	8.20	8.69	9.18
5	0	8.65	11.20	12.00	12.80	13.50	14.30
6		12.50	16.20	17.30	18.40	19.50	20.60
7		17.00	22.10	23.60	25.10	26.60	28.10
8		22.10	28.80	30.80	32.80	34.70	36.70
9	+6 0	28.00	36.50	39.00	41.50	44.00	46.50
10		34.60	45.10	48.10	51.20	54.30	57.40
11		41.90	54.60	58.30	62.00	65.70	69.40
12		49.80	64.90	69.40	73.80	78.20	82.60
13		58.50	76.20	81.40	86.60	91.80	97.00
14		67.80	88.40	94.40	100.00	106.00	112.00
16		88.60	115.00	123.00	131.00	139.00	146.00
18		112.00	146.00	156.00	166.00	176.00	186.00
20		138.00	180.00	192.00	205.00	217.00	229.00
22		167.00	218.00	233.00	248.00	263.00	277.00
24		199.00	259.00	277.00	295.00	312.00	330.00
26	+6 0	234.00	305.00	325.00	346.00	367.00	388.00
28		271.00	353.00	377.00	401.00	426.00	450.00
(30)		311.00	406.00	433.00	461.00	489.00	516.00
32		354.00	462.00	493.00	524.00	556.00	587.00
(34)		400.00	521.00	557.00	592.00	628.00	663.00
36		448.00	584.00	524.00	664.00	704.00	744.00
(38)		500.00	651.00	695.00	740.00	784.00	828.00
40		554.00	722.00	771.00	820.00	869.00	918.00
6.2[1]		13.53	16.62	17.75	18.88	20.01	21.14
7.7[1]		21.14	27.47	29.34	31.21	33.08	34.95
9.3[1]		30.45	39.57	42.26	44.95	47.64	50.34
12.5[1]		54.12	70.33	75.12	79.90	84.68	89.47
15.5[1]		84.57	109.90	117.38	124.85	132.33	139.80
17.0[1]		102.3	132.98	142.02	151.07	160.11	169.16
21.5[1]		165.8	215.40	230.06	244.71	259.36	274.02

[1] 该部分规格为标准中没有但实际使用的品种,其数据为换算值供参考。

附录六 发动机常见故障及排除方法[①]

牵张机、张力机发动常见的故障和排除方法见附表 6-1～附表 6-23。表中所列故障原因和排除方法是对目前国内牵引机、张力机常用的康明斯柴油发动机提出的,也可供其他发动机参考。

附表 6-1 发动机带载后大量冒黑烟

故 障 原 因	排 除 方 法
(1)进气不通畅。	(1)检查进气道是否损坏或阻塞,予以修复。
(2)排气背压太高。	(2)在有负载的情况下,检查并校正排气背压。
(3)在气候炎热或海拔高的地区、空气稀薄。	(3)气候条件对柴油机有影响,空气稀薄时应减少负载。
(4)涡轮增压器压缩机脏污。	(4)清洗或更换增压器。检查增压器有无污物。
(5)泄放阀堵塞。	(5)清洗或更换泄放阀。
(6)燃油质量低劣。	(6)按康明斯柴油机燃油技术标准检查燃油。
(7)输油管道受阻。	(7)输油管道中有异物或管道损坏。清理修复。
(8)喷油器喷油孔堵塞。	(8)检查喷油器。清洗并调整。
(9)后冷却器堵塞(空气端)。	(9)检查后冷却器通向交换器出口处。清除后冷却器的污物和油泥。
(10)喷油器喷油室破裂。	(10)拆下喷油器和喷油室。更换破裂的喷油室。调节喷油器。
(11)喷油器流量不正确。	(11)检查喷油器的 O 形环、喷油室、柱塞滤网和喷油器流量,更换损坏的部件。
(12)密封垫漏气。	(12)检查环是否磨损,通气管是否破裂,或通气阀是否损坏。予以修复。
(13)气门漏气或调整不正确。	(13)拆下排气管,再检查柴油机的噪声。拆下气缸盖。修理气门,再调整气门。
(14)活塞环断裂或磨损。	(14)拆下排气管,找出破损的活塞环,予以更换。
(15)柴油机应进行大修。	(15)检查柴油机运行的里程数和工作小时数。
(16)气门和喷油正时不正确。	(16)重新调整气门正时和喷油正时。
(17)喷油器需要调整	(17)进行必要的调节

附表 6-2 发动机不能起动

故 障 原 因	排 除 方 法
(1)燃油用尽。	(1)将清洁燃油加入油箱,注入滤清器和燃油泵。
(2)断流阀出故障。	(2)转动手控超越控制开关,试引起动。检查有无断线,接线端是否松脱。检查电磁铁是否接通电源。检查有无污物。
(3)进油口堵塞或漏气。	(3)检查滤清器有无污物,接头和软管是否上紧,有否阻塞。
(4)进气管堵塞。	(4)检查空气滤清器和进气管路。
(5)燃油质量差。	(5)检查燃油是否混浊。如有必要更换燃油。
(6)燃油泵出故障。	(6)检查齿轮泵驱动轴是否断裂。如断裂,更换驱动轴。
(7)气门/喷油器调节不当。	(7)检查气门/喷油器有无污物或损坏。按照技术规格调整。
(8)喷油器有毛病	(8)检查 O 形环,如有损坏即予更换。检查滤网有无污物。清洗网或更换

---

❶ 姚国忧. 康明斯柴油机构造和维修. 沈阳:辽宁科学技术出版社.1997.(赵正飞. 常见故障)

故　障　原　因	排　除　方　法
(1)燃油滤清器堵塞。	(1)卸下滤清器,把滤清器中的油液倒入干净的容器里。检查油液中有无污物和水分。安装新的滤清器。
(2)燃油软管漏气。	(2)检查软管接头及连接件是否装配紧固。在燃油泵进油口处装置一个观察孔以查看系统内存在的气泡。必要时予以修理。
(3)输油管不通畅。	(3)检查各油管,如有弯曲变形、破裂、接头松脱、管道松动等,予以修复或更换。
(4)进气不通畅。	(4)检查滤清器,管道和涡轮增压器。增压器应清洁,不得有污物。务使增压器叶轮转动灵活。
(5)空燃比控制器无空气口闭塞。	(5)把无空气螺丝退出 1/4 转,试行起动柴油机,重新调节螺钉。
(6)排气受阻。	(6)检查涡轮增压器,如有污物或损坏,予以修复。
(7)密封垫漏气。	(7)检查进排气歧管,有否因柴油机的高温影响而变色。
(8)燃油质量低劣。	(8)检查燃油是否混浊。如有必要,更换燃油。
(9)燃油中含有水。	(9)更换燃油,调换所有滤清器,装设燃油加热器。
(10)齿轮泵有毛病。	(10)把燃油注入齿轮泵到油箱之间的输油管路,检查油泵抽油性能,如能抽油,说明油泵是正常的。
(11)气门与喷油器正时调节不正确。	(11)检查气门间隙以及喷油器行程,修复有毛病的零件。按技术规格调整气门和喷油器。
(12)喷油器有毛病。	(12)检查 O 形环、滤网、喷油室和柱塞的损坏情况,并加以修理。
(13)凸轮磨损。	(13)检查凸轮轴上喷油器的凸角,如果凸角不符合技术规格,则更换凸轮轴。
(14)气缸破裂或磨损。	(14)起动柴油机,检查有否过度漏气。卸下排气歧管,检查是否潮湿。修理损坏的气缸。
(15)喷油器喷油室破裂。	(15)更换破裂的喷油室,调整喷油器。
(16)气门漏气或调整不正确	(16)检查是否漏气,调整气门

故　障　原　因	排　除　方　法
(1)燃油质量低劣。	(1)检查燃油中有无污物、水或其他物质,如有必要,更换燃油。
(2)怠速转速太低。	(2)按技术规格校正。
(3)输油软管漏气。	(3)装置观察孔,观察急速时软管中燃油液流有否气泡。修理或更换损坏的软管。
(4)燃油管(油箱通气管)阻塞。	(4)拆开并洗净或更换损坏的油管或油箱通气管。
(5)齿轮泵出毛病。	(5)燃油管中设置观察孔。观察急速时的油流情况。若油泵不抽油,检查油泵的故障。
(6)气门与喷油调整不正确。	(6)检查气门间隔及喷油器的动作情况,找出污物,重新调整气门和喷油器。
(7)喷油器出毛病。	(7)检查 O 形环、滤网和喷口。作必要的修理。
(8)喷油器正时调节不当。	(8)检查正时调节情况,按技术规格调整。
(9)凸轮轴凸角磨损。	(9)用肉眼或千分表检查凸轮轴。作必要的修理。
(10)气缸磨损或活塞环断裂。	(10)卸下排气歧管。检查有无受潮或积炭,进行必要的修理。
(11)涡轮增压器出毛病。	(11)检查有无污物侵入增压器。查看叶轮是否转动灵活。查找轴承里有无污物。清洗玷污的零件,更换磨损的零件。
(12)燃油自动控制器除气室堵塞。	(12)检查除气室调整是否正确。
(13)凸轮从动轴上的偏心轮松动	(13)检查凸轮轴是否磨损,如系正常,则检查机械正时调节系统有否损坏。用 61~75N·m 的扭矩拧紧定位螺钉

　　　　　　　　　　　　　　发动机怠速时冒大量黑烟

故　障　原　因	排　除　方　法
(1)燃油泄油阀堵塞。	(1)检查管道有无堵塞，疏通管道。
(2)进气不通畅。	(2)检查管道是否堵塞。更换或修理进气管。
(3)燃油管道、油箱通气孔堵塞。	(3)拆下管道并清洗干净。如有必要应更换燃油管道及油箱通气管。
(4)涡轮增压器出毛病。	(4)检查涡轮增压器是否转动动正常，再检查轴承有无污物。必要时予以修理。
(5)喷油器喷油孔堵塞。	(5)清洗喷油器和喷油室，如果喷油室磨损，应予更换。
(6)喷油室规格不符喷油器。	(6)检查喷油室的尺寸，找出正确的零件号，换上规格合适的喷油室。
(7)喷油器喷油室破裂。	(7)用高温计检查排出废气的温度，更换损坏的喷油器和喷油室。
(8)汽缸机油消耗失常。	(8)检查机油消耗量。检查油环有无磨损。通气管是否断裂，通气阀是损坏。有则予以修复。
(9)活塞环断裂或磨损。	(9)卸下排气管，检查汽缸有无受潮或积炭。选用气缸用机油。修理气缸，更换活塞环。
(10)凸轮轴的凸轮头磨损。	(10)检查磨损范围，必要时更换凸轮轴。
(11)气缸套或活塞磨损或擦伤。	(11)如果缸套磨损没有超过标准，还可以修复使用。参照缸套的技术要求进行修理。把缸套和活塞清洗干净，重新装配。
(12)喷油器需要调整。	(12)清洗喷油器并按技术规格进行调整。
(13)轨压开关断开。	(13)柴油机爆燃压力低于 $80lbf/in^2$。电磁铁失灵，加以修理或更换。
(14)电磁铁有毛病。	(14)检查金属板、衬垫 O 形环。如已损坏需更换。
(15)电磁阀螺钉未上紧。	(15)拧紧扭矩应达到 $54\sim61N \cdot m$。
(16)电磁阀柱塞停留在滞后位置。	(16)检查气压是否太低，导线是否断开，电磁铁是否损坏，密封件是否损坏，电磁阀螺钉是否松动，以及气压软管有无阻塞等。修理或更换有缺陷的部件。
(17)通向机械式定时调节机构(Mechanical Variable Timing, MVT)电磁阀的气压管路阻塞	(17)检查气压管路有无污物或杂质。清洗干净。如有必要，予以更换

　　　　　　　　　　　　　　发动机怠速时冒白烟过多

故　障　原　因	排　除　方　法
(1)辅助起动装置使用不当。	(1)起动燃油聚积在柴油机中。检查进气歧管的温度。检查电路。需要时予以修理。
(2)燃油质量太差。	(2)检查燃油是否合格。
(3)进气口有粗制燃油。	(3)检查辅助起动装置，检查燃油自动控制器的空气管道有否混入燃油，进气道是否沾有机油。根据情况作必要的修理。
(4)散热器百叶窗卡位。	(4)检查散热器百叶窗的状况。用压缩空气清理百叶窗枢轴，并涂上润滑油。
(5)冷却液温度太低。	(5)检查恒温器或热控装置是否损坏。如有必要，更换恒温器或热控装置。
(6)喷油器喷油室破裂。	(6)必要时更换喷油室或喷油器本体。
(7)喷油室不适配喷油器。	(7)检查柴油机所用零件是否正确。
(8)气门或喷油正时不正确。	(8)调节气门，按柴油机的技术规格调整正时。
(9)喷油器需要调整。	(9)按需要进行清洗和调整。检查喷器室有无磨损和破裂。柱塞顶有无毛病。更换损坏的零件。
(10)轨压开关断开。	(10)柴油机爆燃压力低于 $80lbf/in^2$。电磁铁失灵。需修理或更换。
(11)MVT 电磁铁出故障。	(11)检查喷射孔、垫片、O 形环和滤清器等。如有必要，予以更换。
(12)MVT 活塞和机架密封件损坏。	(12)检查空气压力、活塞和密封件，加以校正。
(13)气动电磁阀螺钉未紧固。	(13)检查空气压力是否正确和有否断线。修复并紧固螺钉。
(14)电磁阀柱塞停留在滞后位置(MVT)。	(14)气压不合适、断线或电磁铁损坏。予以修复。
(15)MVT 断线或脱线。	(15)观察检查电气线路。如有断线，应予修复。
(16)凸轮从动轴(MVT)上的偏心轮松动。	(16)检查从动轴和衬套是否磨损。必要时更换零件。
(17)通向 MVT 电磁阀的气压管道堵塞	(17)检查气压管道有无污物或杂质。清洗 MVT 电磁阀

故 障 原 因	排 除 方 法
(1)进气不通畅。	(1)检查滤清器有无损坏或玷污。检查进气抑制器是否损坏。必要时修理或更换零件。
(2)排气背压太高。	(2)检查有负载情况下的背压。检查排气管有无杂质或管的弯度过大。必要时予以修复。
(3)在气候炎热或海拔高的地区,空气稀薄。	(3)减少负载来补偿海拔高造成的困难。
(4)空气滤清器与柴油机之间漏气。	(4)检查所有管卡箍、接头和密封垫。按需要拧紧或更换。
(5)涡轮增压器压缩机脏污。	(5)清洗或更换涡轮增压器。
(6)燃油泄油阀堵塞。	(6)清洗或更换泄油阀。
(7)燃油泄油管堵塞。	(7)拆下泄油管,清洗或修理。
(8)空燃比控制器膜盒气压表出毛病。	(8)检查气压表是否损坏,除气轨压是否调得太高,柱塞是否卡住,回流阀是否有毛病,燃油是否侵入进气管等。按需要进行修理。
(9)进气管或排气管密封垫漏气。	(9)如有必要,更换进/排气管密封垫。
(10)喷油器喷油孔堵塞。	(10)拆下堵塞的喷油器喷油室。清洗或更换磨损的或损坏了的零件。
(11)喷油器喷油室的尺寸不对。	(11)按该柴油机的型号检查喷油室的规格。
(12)喷油器喷油室破裂。	(12)检查或更换喷油室和喷油器。
(13)油泵校准不正确。	(13)按该型号柴油机的技术规格校准油泵。
(14)空燃比控制器(AFC)校准不正确。	(14)核对技术规格并进行调整。
(15)喷油器流量不正确。	(15)按技术规格校准喷油器质量。
(16)密封垫漏气。	(16)检查活塞环是否磨损,通气管和通气阀是否损坏。予以修复。
(17)气门漏气或调整不当。	(17)拆下排气歧管,检查柴油机的噪音。拆下气缸盖。修理并调整气门。
(18)凸轮轴的凸角磨损或损坏。	(18)更换凸轮轴。
(19)气门和喷油正时不正确。	(19)检查有无磨损和玷污。按技术规格调整气门和喷油器。
(20)汽缸套和活塞磨损或擦伤。	(20)检查缸套和活塞是否漏气。作必要的修理。
(21)喷油器需要调整。	(21)按技术规格调整喷油器。
(22)推杆或凸轮从动件罩破裂或弯曲。	(22)如有损坏,更换推杆和凸轮从动件罩。
(23)轨压开关(MVT)断开。	(23)柴油机爆燃压力在 80lbf/in² 以下,电磁铁失灵。检修或更换压力开关。
(24)MVT 电磁铁有毛病。	(24)检查喷孔密封垫、O 形环和滤清器,如有必要,予以更换。
(25)MVT 活塞和机架密封件损坏。	(25)检查气压、活塞和密封件。按情况予以修复或更换。
(26)MVT 气动电磁阀螺钉未紧固。	(26)检查气压是否正常,电路有否断线。修理并紧固螺钉。
(27)气动电磁阀柱塞停留在滞后位置(MVT)。	(27)气压不合规定、断线或电磁铁损坏。予以修理。
(28)通向机械正时调节机构(MVT)的气压管路阻塞	(28)检查气压管路有否污物或异物。清洗管路

附表 6-8　　　　　　　　　　　　　　　发动机工作无力

故　障　原　因	排　除　方　法
(1)进气不通畅。	(1)检查背压、空气滤清器。若机油太稠,滤网被污物覆盖,或其他元件被玷污,都加以清理修复。
(2)排气背压太高。	(2)检查有负载情况下的背压。进行调整。
(3)在气候炎热或海拔高的地区,空气稀薄。	(3)按海拔的高低调节空气燃油比和载荷。
(4)空气滤清器与柴油机之间漏气。	(4)紧固所有连接件。检查软管,若有破裂,予以修复。
(5)涡轮增压器压缩机有污物。	(5)清洗及更换磨损的零件。
(6)燃油质量差。	(6)排空油箱。更换滤清器,清洗输油管道。
(7)燃油输油管道漏气。	(7)检查连接件有无松动,管道有无破裂,滤清器是否未上紧等,并一一校正。
(8)输油管道堵塞。	(8)检查所有管路有无损坏。更换滤清器,用压缩空气吹净输油管路。
(9)内输油路或外输油路漏油。	(9)观察整个燃油管道有无损坏,检查并紧固各个接头。
(10)燃油进油不通畅。	(10)检查燃油滤清器是否堵塞,燃油有否玷污。检查软管接头或其他连接件是否紧固。作必要的修理。
(11)喷油器喷油孔堵塞。	(11)卸下喷油器,清洗喷油孔,调整或更换损坏的喷油器。
(12)齿轮泵损坏或齿轮磨损。	(12)在试验台上检验抽油高度。如有必要,更换齿轮泵。
(13)喷油器喷油室的尺寸不对。	(13)按柴油机的技术规格核查柴油机的转速。
(14)喷油器喷油室破裂。	(14)更换损坏的零件。
(15)喷油器 O 形环损坏。	(15)换上新的 O 形环,装配前 O 形环应涂上润滑油。
(16)节气阀传动杆磨损而需加调整。	(16)检查磨损情况,如有必要,更换并调整传动杆。
(17)高速限速器调得太低。	(17)按该型柴油机的技术规格核查柴油机的转速。
(18)空燃比控制器校准不正确。	(18)按技术规格检查校准情况。
(19)燃油泵校准不正确。	(19)按技术规格调整燃油泵。
(20)喷油器流量不正确。	(20)按技术规格校准。
(21)气动电磁阀堵塞。	(21)安装新的气动电磁阀。拧紧所有扭矩达 7~11N·m。
(22)气动电磁阀或空燃比控制器的波纹管漏入空气。	(22)紧固接头。必要时更换部件。
(23)机油油面太高。	(23)检查机油油标尺所示的油面高度。排掉过量的机油。
(24)密封垫漏气。	(24)柴油机预热时检查压缩强度。更换密封垫。
(25)气门漏气或调整不当。	(25)检查是否磨损,更换及调整气门。
(26)活塞环破裂或磨损。	(26)更换破裂或磨损的活塞环。发动机可能快到大修期。
(27)轴承间隙不对。	(27)检查轴承间隙,如果轴承规格不合,应予更换。
(28)柴油机快到大修期。	(28)检查柴油机里程数和工作小时数。
(29)气门和喷油正时不正确。	(29)按技术规格标准,检查是否有其他问题。
(30)气门卡住。	(30)检查气门安装高度,作必要的调整。
(31)汽缸套或活塞磨损或擦伤。	(31)大修柴油机。
(32)喷油器需要调整。	(32)找出问题。如果没有问题,则按技术规格调整。
(33)轨压开关(MVT)闭合。	(33)检查轨压和机油泵的校准是否正确,零件有否玷污及磨损等。更换及检修开关。
(34)MVT 的电磁阀孔堵塞。	(34)更换 O 形环,清洗孔道柱塞,检查电磁阀中有无污物及杂质。
(35)电磁阀柱塞在前进位置卡住(MVT)	(35)检查气压、电路有否断线,密封件是否破裂。按需要进行修理

附表 6-9 发动机加速时反应不灵敏

故 障 原 因	排 除 方 法
(1)燃油输油管道漏气。	(1)找出破裂的管道、松脱的滤清器及密封垫。向供油系统加压来进行检查。作必要的修理。
(2)燃油管道或通气管堵塞。	(2)检查所有燃油管道有无堵塞或损坏。更换或修理燃油管道或通气管。
(3)燃油中有水分或蜡质。	(3)排空油箱。检查燃油滤清器和油泵有否损坏。
(4)空燃比控制器校准不正确。	(4)更换磨损的零件并按技术规格校准空燃比控制器燃油泵。
(5)空燃比控制器柱塞密封件或柱体损坏或磨损。	(5)更换磨损件并按技术规格校准空燃比控制器燃油泵。
(6)燃油泵校准不正确。	(6)按技术规格调整燃油泵。
(7)喷油器流量不合适。	(7)按技术规格调整喷油器流量。
(8)气动电磁阀堵塞。	(8)按需要修理或更换气动电磁阀(液压气动电磁阀:拆卸并清洗)。
(9)气动电磁阀或空燃比控制器波纹管漏进空气。	(9)尽可能上紧或更换部件。
(10)密封垫漏气。	(10)检查压力,更换密封件。
(11)喷油器需要调准	(11)按技术规格调整喷油器

附表 6-10 发动机减速时不灵敏

故 障 原 因	排 除 方 法
(1)燃油泄油阀堵塞。	(1)检查电磁铁线路,如果没有问题,打开泄油阀阀门,检查有无障碍物。修理阀门。
(2)燃油输油管道漏气。	(2)检查燃油滤清器和连接件。向供油系加压来检查是否漏气更多。
(3)输油管路或油箱通气管堵塞。	(3)检查所有软管、管道、密封垫、通气管和滤油器有无堵塞。排除堵塞或更换零部件。
(4)喷油器 O 形环损坏。	(4)卸下喷油器,更换 O 形环。
(5)喷油器止回阀过度泄漏。	(5)更换或清洗有故障的喷油器。
(6)节气门转动杆磨损或需要调整。	(6)检查磨损情况。如有必要应更换并调整传动杆。
(7)急速弹簧装配不对。	(7)查阅零件手册,找出弹簧的正确装配号。
(8)燃油泵校准不正确。	(8)按燃油泵技术规格进行正确校准。
(9)密封垫漏气。	(9)进行压力检查。卸下缸盖,更换密封垫。
(10)节气门传动杆调整不当。	(10)重新校准燃油泵。
(11)气门调整不当	(11)根据压缩强度检查气门。按技术规格调整气门

附表 6-11 发动机燃油油耗过高

故 障 原 因	排 除 方 法
(1)进气不通畅。	(1)检查空气滤清器、进气管路和进气歧管。按需要校正。
(2)排气背压太高。	(2)检查消声器有无堵塞,管路是否弯曲。按情况进行修理或更换。
(3)涡轮增压器压缩机玷污。	(3)清洗压缩机零件。查出污物进入的地方。修理或更换涡轮增压器。
(4)泄放阀卡住。	(4)检查连接电磁铁的电气线路。如果未发现问题,用手打开阀门,检查卡住原因。予以修理。

故 障 原 因	排 除 方 法
(5)燃油质量差。	(5)换油。
(6)输油管道堵塞。	(6)取出堵塞物。检查管路有否损坏，检查燃油泵。按需要予以修理。
(7)内输油道和外输油道漏油。	(7)检查连接件和密封垫的漏油情况。修理或更换有故障的零件。
(8)柴油机内燃油太多。	(8)检查除气压力和速动轨压。如有必要，重新调整。
(9)机油油面太高。	(9)检查油标尺。如油面太高，排掉过多的机油。
(10)喷油器喷油孔堵塞。	(10)卸下喷油器。清洗或更换损坏的喷油器。
(11)喷油器喷油室尺寸不对。	(11)按技术规格检查喷油室。
(12)喷油器喷油室破裂。	(12)按需要更换喷油器和喷油室。
(13)喷油器O形环损坏。	(13)卸下喷油器，更换O形环。
(14)喷油器流量不正确。	(14)见喷油器流量的技术标准，调准流量。
(15)气门和喷油正时不正确。	(15)按技术规格调整气门和喷油正时。
(16)喷油器需要调整。	(16)按技术规格调整喷油器。
(17)燃油泵校准不正确。	(17)参照该柴油机型号的技术规格。
(18)密封垫漏气。	(18)检查压缩强度，更换密封垫。
(19)轴承间隙不恰当。	(19)检查轴承，应符合该柴油机所用的正确规格。
(20)柴油机快到大修期。	(20)检查柴油机的里程数和工作小时数。
(21)柴油机传动系不同轴。	(21)检查柴油机架是否断裂成弯曲变形。检修损坏的部件。
(22)使用不当	(22)常用稳定车速太高，道路行驶车速太高，柴油机动率太小不适于装车使用，汽车的传动系统与柴油机不匹配。核查其操作和维修手册

附表 6-12　　发动机怠速时转速不稳定

故 障 原 因	排 除 方 法
(1)燃油质量太差。	(1)换油。
(2)燃油输油管道漏气。	(2)检查滤清器管道和连接件是否松脱，密封件是否漏气，零件有无破裂。修理损坏的零部件。
(3)节气门传动杆磨损或需要调整。	(3)检查传动杆磨损或节气门的咬住情况。进行校正或修理。按技术规格进行调整。
(4)怠速弹簧装配不对。	(4)卸下并校正弹簧组合。
(5)限速器离心锤装配不当。	(5)卸下并调整离心锤组合。
(6)燃油中有水分或蜡质。	(6)排空油箱，更换滤清器。检查燃油泵有无损坏。用新燃油取代旧油。
(7)燃油泵校准不正确。	(7)参照该型号柴油机的技术规格校准燃油泵。
(8)怠速转速不适当	(8)按技术规格进行调整

发动机自动熄火

故 障 原 因	排 除 方 法
(1)燃油用完或燃油关断阀切断油路。	(1)检查燃油关断阀,看它是否开启。如关闭,应予打开。检查油箱中有否燃油,如果油箱无油,则应加油。
(2)燃油质量低。	(2)换油。
(3)燃油输油管道漏气。	(3)检查滤清器、密封垫、管道和连接件有否漏气。进行必要的修理。
(4)外输油路和内输油路漏油。	(4)对所有滤清器、密封垫、管道和连接件作外油路漏油检查。用加压办法作内油路漏油检查。进行必要的修理。
(5)燃油泵驱动轴断裂。	(5)检查驱动轴轴向间隙。从燃油泵上卸下驱动轴。更换损坏的轴,重新装配油泵。
(6)节气门传动杆磨损或需要调整。	(6)检查节气门有无磨损,是否咬住。进行校正或修理。按技术规格进行调整
(7)息速弹簧装配不当。	(7)卸下弹簧,校正后重装。
(8)限速器离心锤装配不正确。	(8)卸下限速器,校正离心锤,重新装配。
(9)燃油中有水分或蜡质。	(9)排空油箱。更换滤清器。检查燃油泵是否损坏。
(10)燃油泵校准不正确。	(10)按该型号柴油机的技术规格校准燃油泵。
(11)密封垫漏气	(11)进行压力检查,找出漏气的气缸。修理气缸,更换密封垫

附表 6-14 **发动机机油油耗过高**

故 障 原 因	排 除 方 法
(1)内外输油路漏机油。	(1)检查压缩强度。查看柴油机上有否机油漏出。更换渗漏的密封垫。拧紧所有油路接头。
(2)机油油位太高。	(2)检查油标尺的刻度。如果机油油位太高,排掉过量的机油。
(3)机油级别与气候条件不符。	(3)参见使用与保养手册中有关机油技术规格校准部分。
(4)汽缸机油控制出故障。	(4)检查各气缸压力。修整所有压力不足的气缸。可能要大修柴油机。
(5)涡轮增压器出故障。	(5)检查交换器和排气罩的湿度,修理有缺陷的涡轮增压器。
(6)活塞环破裂或磨损。	(6)检查气缸有无破裂,活塞环是否磨损。换用新的活塞环。
(7)柴油机应进行大修。	(7)检查柴油机运行的里程数和工作小时数。
(8)缸套和活塞磨损或擦伤	(8)作漏气检查,按需要更换缸套和活塞

附表 6-15 **发动机曲轴箱润滑油变稀**

故 障 原 因	排 除 方 法
(1)内外输油路燃油泄漏。	(1)检查密封垫和内外燃油管道有无渗漏。检查 O 形环。按需要更换有毛病的零件。
(2)喷油器喷油室破裂。	(2)按需要更换喷油器和喷油室。
(3)喷油器 O 形环损坏。	(3)小心安装新的 O 形环。O 形环安装前应加油润滑。
(4)汽缸机油控制失灵。	(4)检查缸套和活塞环。更换或修理有毛病的零件。
(5)内部漏水。	(5)检查密封垫,更换损坏的密封垫,检查缸盖有无铸造气孔,并加以修整。
(6)冷却液温度太低。	(6)检查恒温器、水位、有无漏水。检查水泵和风扇皮带。按需要进行修理。
(7)燃油泵有缺陷	(7)供油过量。检查燃油泵是否已校准

附表 6-16   **发动机冷却液的温度太低**

故 障 原 因	排 除 方 法
(1)恒温器出故障。	(1)更换恒温器。
(2)散热器百叶窗卡住不能开启。	(2)检查温度传感器有无毛病。如有毛病,应予更换。用压缩空气清除百叶窗各叶片枢轴上的污物,并加油润滑。
(3)冷却液的温度太低	(3)检查散热器散热容量的技术规格。检查有无泄漏,压力是否升高,恒温器热范围是否合适

附表 6-17   **发动机冷却液的温度太高**

故 障 原 因	排 除 方 法
(1)曲轴箱机油太少或无机油。	(1)查看油标尺的标度。检查冷却液系统有无渗漏。检查机油的黏度,按气候条件加添机油。
(2)冷却液不足或机油泵磨损。	(2)查阅散热器冷却液的推荐容量。检查水泵的渗漏、压力升高和磨损情况,或密封垫的渗漏情况。若有必要,进行修理或更换。
(3)恒温器有毛病。	(3)更换恒温器。
(4)软管损坏或皮带松弛。	(4)检查软管有无损坏。更换损坏的软管。检查皮带的磨损和张力。按需要更换或张紧皮带。
(5)外部渗漏或系统中有空气。	(5)检查所有软管、接头、卡箍和密封垫是否漏气,修理损坏的零部件。
(6)漏气。	(6)检查输油软管的卡箍、接头、密封垫和加压帽。若有必要,予以更换或修理。
(7)散热器堵塞。	(7)检查散热器是否损坏,散热器中是否有污物,修理散热器。
(8)水泵出毛病	(8)检查水泵叶轮,如果损坏,应更换水泵

附表 6-18   **发动机机油温度过高**

故 障 原 因	排 除 方 法
(1)曲轴箱机油缺少或无机油。	(1)检查油标尺刻度。检查冷却系统有无外部漏气。检修故障,添加机油。
(2)机油油位太高。	(2)检查油标尺刻度。排掉过多的机油。
(3)冷却液不足,或水泵磨损。	(3)见冷却液容量技术规格,检查可能存在的渗漏。检查水泵。若有必要,予以修理或更换部件。
(4)恒温器出毛病。	(4)更换恒温器。
(5)软管损坏或皮带松弛。	(5)检查并更换所有损坏的软管。检查皮带有无磨损。更换磨损的皮带。按技术规格张紧皮带。
(6)机油冷却器或水道堵塞。	(6)用清洗溶剂来清洗机油冷却器。冲洗冷却系统并更换冷却液。
(7)外部渗漏或冷却系统中有空气。	(7)检查所有软管、接头、卡箍和密封垫是否渗漏。若有必要,予以修理。
(8)冷却液太少或散热器玷污。	(8)见冷却液容量技术规格。清洗散热器。
(9)百叶窗卡住,热控元件有毛病	(9)更换热控元件,修理百叶窗

附表 6-19 发动机机油压力太低

故 障 原 因	排 除 方 法
(1)机油调压器有毛病。	(1)检查调压器有无污物或磨损。清洗或更换有毛病的部件。
(2)曲轴箱机油油位太低或无机油。	(2)用油标尺检查油位是否合适。检查有无渗漏。检查机油有无内部损失。将机油加入曲轴箱。
(3)机油输油管道堵塞。	(3)检查机油管道有无弯曲变形或破裂。修理或更换有毛病的油管。
(4)机油内外渗漏。	(4)检查油管、接头有无机油外漏。检查密封垫有无机油内漏。检查有无铸造气孔,油泵是否有故障。维修或更换损坏的零件。
(5)机油的级别与气候条件不符。	(5)检查并更换所有损坏的软管。检查皮带有无磨损。更换磨损的皮带。按技术规格张紧皮带。
(6)内部漏油或系统中有空气。	(6)用清洗溶剂来清洗机油冷却器。冲洗冷却系统并更换冷却液。
(7)冷却液容量太少或散热器钻污。	(7)检查所有软管、接头、卡箍和密封垫是否渗漏。若有必要,予以更换。
(8)机油滤清器有污物。	(8)检查换一次机油所行走的里程,检查污物或灰尘容易进入柴油机的部位,更换滤清器,消除各种问题。
(9)恒温器出故障。	(9)卸下恒温器,更换新的恒温器。
(10)软管损坏或皮带松弛。	(10)检查所有软管有无损坏。若有必要即行更换。检查皮带张力的技术规格,根据技术规格进行调整。
(11)机油冷却器或水道堵塞。	(11)卸下机油冷却器。采用本公司所推荐的溶剂来冲洗冷却器和水道。添加冷却液。
(12)冷却液不足或水泵磨损。	(12)参见柴油机型号的技术规格。如果水泵不运转,要更换水泵。
(13)油孔堵塞。	(13)用带硬毛刷的棒来疏通油路。使用发动机制造厂所推荐的清洗剂来清洗零件。
(14)分流式滤清器阻塞。	(14)检查分流式滤清器分流孔的尺寸,如果规格不对,应予更换。
(15)密封垫不密封或漏气。	(15)检查密封垫材料有无漏孔。修理或更换不合格的密封垫。
(16)轴承间隙不正确。	(16)参照轴承间隙的技术规格。若有必要应予更换。
(17)柴油机应进行大修。	(17)核查柴油机运行里程和工作小时数。
(18)主轴承或连杆轴承损坏	(18)更换连杆和轴承。检查柴油机,查明其损坏的原因和损坏的程度。修理损坏的零件

附表 6-20 发动机工作时振动过大

故 障 原 因	排 除 方 法
(1)减振器或轮动平衡受破坏。	(1)检查螺栓是否松脱。更换损坏的减振器或飞轮。
(2)活塞环断裂或磨损。	(2)检查活塞环是否磨损或断裂。更换断裂或磨损的活塞环。检查缸套有无损坏。
(3)轴承间隙不合格。	(3)检查轴承有无损坏,如已损坏,应予修复。
(4)曲轴轴向间隙不合格。	(4)更换止推环,换上加厚的止推环。如有必要,修理曲轴。
(5)主轴承也不同轴。	(5)修正主轴承孔,换用加大尺寸的主轴承。
(6)柴油机应进行大修。	(6)核查柴油机运行里程数和工作小时数。
(7)主轴承和连杆轴承损坏。	(7)检查曲轴的不同轴度,更换磨损或损坏了的轴承。
(8)齿轮传动系啮合间隙有问题,或齿轮的牙齿断裂。	(8)如果齿轮间隙大于荐用值,或牙齿断裂,应更换齿轮。
(9)紧固螺钉松脱。	(9)如螺钉螺纹脱出螺孔,按照拧紧扭矩技术规格,拧紧紧固螺钉。
(10)缸套或活塞磨损或擦伤。	(10)如果缸套磨损尚未超出极限值,可加修整后再用。见有关技术规格,将缸套内表面清理后重新安装入气缸。如果活塞损坏,应予更换。
(11)推杆或凸轮随动件弯曲变形或破损。	(11)推杆尺寸若超出技术规格的极限值,应予更换。更换其他损坏的零件。
(12)轴承间隙不正确。	(12)检查轴承尺寸是否正确。如果尺寸不正确,应予更换。
(13)曲轴轴向间隙不合格。	(13)更换止推环,换上加厚的止推环。如必要,可修理曲轴。
(14)柴油机与传动系不同轴。	(14)检查柴油机底架是否破融或弯曲变形。按需要更换或修理底架。
(15)减振器或飞轮动平衡受破坏。	(15)检查螺栓有无松动或掉落。如果减振器或飞轮损坏,应予更换。
(16)柴油机不平衡。	(16)检查风扇、风扇毂、飞轮、曲轴、连杆和活塞。作必要的修整。
(17)柴油机与传动系不同轴。	(17)检查底架是否断裂或变形,按需要更换或修理。
(18)安装螺栓松动。	(18)紧固安装螺栓,如果螺纹脱扣,应予更换。如果螺纹孔脱扣,应攻丝修整。
(19)万向接头出故障	(19)更换万向接头

附表 6-21 发动机噪声过大

故 障 原 因	排 除 方 法
(1)泄油阀堵塞。	(1)清洗泄油阀和柱塞,检查柱塞能否自由运动。更换损坏的零件。
(2)空燃比控制器校准不当。	(2)按技术规格校准燃油泵。
(3)燃油泵校准不当。	(3)按技术规格校准燃油泵。
(4)电磁阀回流阀打不开。	(4)卸下不合格的电磁阀回流阀,换上新的回流阀,按技术规格所定扭矩扭转回流阀(卸下并清洗液压电磁阀)。
(5)减振器和飞轮动平衡受破坏。	(5)检查减振器和飞轮是否损坏。如果过度损坏,需要更换。
(6)气门漏气或调整不当。	(6)卸下排气歧管,检查柴油机的噪声。卸下缸盖并修理气门,按技术规格安装好气门。
(7)齿轮传动系间隙不合格或齿轮齿断裂。	(7)如果齿轮系齿隙大于荐用值,应更换齿轮。牙齿断裂的齿轮也应更换。
(8)气门或喷油正时不对。	(8)清洗气门和喷油器,按技术规格调好气门和喷油器。
(9)气缸或活塞磨损或擦伤。	(9)如果缸套的磨损没有超出极限值,可以修复,重新利用。参阅技术规格。清理擦伤的缸套内部,并重新装入气缸内。活塞如果损坏,应予更换。
(10)推杆或凸轮随动件罩断裂或变形。	(10)如果推杆尺寸与技术规格不符,应予更换。如果凸轮随动件罩损坏,亦应更换。检查有无其他损坏。
(11)轨压开关关闭。	(11)轨压不足于打开传感器。传感器损坏,需要更换或修理。
(12)电磁阀柱塞卡住在导前位置	(12)检查 MVT 系统是否调节得当。如有必要,拆卸系统进行清洗,更换损坏的零件

附表 6-22 发动机工作粗暴

故 障 原 因	排 除 方 法
(1)起动辅助设备使用不当。	(1)检查预热器工作是否正常。只能使用发动机制造厂推荐的起动辅助设备。
(2)燃油质量太差。	(2)改用合格的燃油。
(3)输油管漏气。	(3)检查管道是否破裂。检查所有的接头是否漏气。按需要更换或修整。
(4)喷油器喷油室破裂。	(4)按需要更换喷油器和喷油室。
(5)冷却液温度太低。	(5)检查冷却系有无漏气。检查恒温器。按需要更换。
(6)燃油进入进气歧管。	(6)燃油自动控制器防泄阀有毛病及波纹管破裂。起动辅助设备出故障,造成燃油或乙醚逸入歧管。修理或更换有毛病的零件。
(7)气门和喷油正时不正确	(7)调节气门和喷油器,根据技术规格调整喷油正时

附表 6-23 发动机曲轴箱压力过大

故 障 原 因	排 除 方 法
(1)通气阀的通气管阻塞。	(1)检查通气管和通气阀有无障碍物。如果有污物,应予排除和清洗。
(2)涡轮增压器密封件漏气。	(2)检查通向曲轴箱的密封件。若有故障,予以更换。
(3)空气压缩机出故障。	(3)检查活塞环有无断裂或磨损,减压阀阀体是否卡滞,其他部件是否有毛病。
(4)活塞环断裂或磨损。	(4)卸下活塞,更换磨损或断裂的活塞环。检查缸套是否损坏。
(5)MVT 机构向曲轴箱漏气。	(5)检查活塞和机架密封件是否漏气。修整出故障的零件。
(6)气缸垫漏气	(6)检查材料有无漏孔。检查缸体是否破裂。修整损坏的零部件。更换气缸垫

附录七 常用计算公式

线路施工机具在设计和使用过程中常用各种截面的力学特性见附表 7-1。

附表 7-1

各种截面的力学特性

简图	面积 A	惯性矩 I	抗弯截面模数 $W = \dfrac{I}{e}$	重心 S 到相应边的距离 e	惯性半径 $i = \sqrt{\dfrac{I}{A}}$
	$A = a^2$	$I = \dfrac{a^4}{12}$	$W_x = \dfrac{a^3}{6}$ $W_{x_1} = 0.1179a^3$	$e_x = \dfrac{a}{2}$ $e_{x_1} = 0.7071a$	$i = \dfrac{a}{\sqrt{12}} = 0.289a$
	$A = ab$	$I_x = \dfrac{ab^3}{12}$ $I_y = \dfrac{a^3b}{12}$	$W_x = \dfrac{ab^2}{6}$ $W_y = \dfrac{a^2b}{6}$	$e_x = \dfrac{b}{2}$ $e_y = \dfrac{a}{2}$	$i_x = 0.289b$ $i_y = 0.289a$
	$A = a^2 - b^2$	$\dfrac{a^4 - b^4}{12}$	$W_x = \dfrac{a^4 - b^4}{6a}$ $W_{x_1} = 0.1179\dfrac{a^4 - b^4}{a}$	$e_x = \dfrac{a}{2}$ $e_{x_1} = 0.7071a$	$i = 0.289\sqrt{a^2 + b^2}$

简 图	面积 A	惯性矩 I	抗弯截面模数 $W = \dfrac{I}{e}$	重心 S 到相应边的距离 e	惯性半径 $i = \sqrt{\dfrac{I}{A}}$
	$A \approx 4a\delta$ $\delta \le \dfrac{a}{15}$	$I = \dfrac{2}{3}a^3\delta$	$W_x = \dfrac{4}{3}a^2\delta$	$e_x = \dfrac{a}{2}$	$i = \dfrac{a}{\sqrt{6}} = 0.408a$
	$A = \dfrac{bh}{2}$ $= \sqrt{p(p-a)(p-b)(p-c)}$ 其中 $p = \dfrac{1}{2}(a+b+c)$	$I_{x_1} = \dfrac{bh^3}{4}$ $I_x = \dfrac{bh^3}{36}$ $I_{x_2} = \dfrac{bh^3}{12}$	$W_{x_1} = \dfrac{bh^2}{24}$ $W_{x_2} = \dfrac{bh^2}{12}$	$e_x = \dfrac{2h}{3}$	$i_x = 0.236h$
	$A = \dfrac{h(a+b)}{2}$	$I_x = \dfrac{h^3(a^2+4ab+b^2)}{36(a+b)}$ $I_{x_1} = \dfrac{h^3(b+3a)}{12}$	$W_{x_2} = \dfrac{h^2(a^2+4ab+b^2)}{12(a+2b)}$ $W_{x_1} = \dfrac{h^2(a^2+4ab+b^2)}{12(2a+b)}$	$e_x = \dfrac{h(a+2b)}{3(a+b)}$	$i_x = \dfrac{h}{3(a+b)} \times$ $\sqrt{\dfrac{a^2+4ab+b^2}{2}}$
	$A = 2.598C^2 = 3.464r^2$ $C = R$ $r = 0.866R$	$I_x = 0.5413R^4$ $I_y = I_x$	$W_x = 0.625R^3$ $W_y = 0.5413R^3$	$e_x = 0.866R$ $e_y = R$	$i_x = 0.4566R$

919

简图	面积 A	惯性矩 I	抗弯截面模数 $W=\dfrac{I}{e}$	重心 S 到相应边的距离 e	惯性半径 $i=\sqrt{\dfrac{I}{A}}$
n—多角形边数	$A=\dfrac{ncr}{2}$ $=\dfrac{nc}{2}\sqrt{R^2-\dfrac{c^2}{4}}$ $c=2\sqrt{R^2-r^2}$ $\alpha=\dfrac{360°}{n}$ $\beta=180°-\alpha$ 对八角形 $A=2.828R^2=4.828c^2$ $r=0.924R,c=0.765R$	对八角形 $I=0.638R^4$ $=0.8752r^4$	对八角形 $W_x=0.691R^3$ $=0.876r^3$	$e_x=r=\sqrt{R^2-\dfrac{c^2}{4}}$ $=R\cos\dfrac{\alpha}{2}$	对八角形 $i_x=0.4749R$ $=0.514r$ $=0.621c$
	$A=\dfrac{\pi}{4}d^2$	$I_x=I_y=\dfrac{\pi}{64}d^4$ $=0.0491d^4$ $I_p=\dfrac{\pi d^4}{32}=0.0982d^4$	$W_x=\dfrac{\pi}{32}d^3=0.0982d^3$ 抗扭截面模数 $W_n=2W_x$	$e_x=\dfrac{d}{2}$	$i=\dfrac{d}{4}$
	$A=\dfrac{\pi}{4}(D^2-d^2)$	$I_x=I_y=\dfrac{\pi}{64}(D^4-d^4)$ $=0.0491(D^4-d^4)$ $I_p=\dfrac{\pi}{32}(D^4-d^4)$ $=0.0982(D^4-d^4)$	$W_x=\dfrac{\pi(D^4-d^4)}{32D}$ $=0.0982\dfrac{D^4-d^4}{D}$ 抗扭截面模数 $W_n=2W_x$	$e_x=\dfrac{D}{2}$	$i=\dfrac{1}{4}\sqrt{D^2+d^2}$

920

简 图	面积 A	惯性矩 I	抗弯截面模数 $W=\dfrac{I}{e}$	重心 S 到相应边的距离 e	惯性半径 $i=\sqrt{\dfrac{I}{A}}$
	$A=\dfrac{\pi}{8}d^2=0.393d^2$	$I_x=0.00686d^4$ $I_y=\dfrac{\pi}{128}d^4\approx0.0245d^4$	$W_x=0.0239d^3$ $W_y=\dfrac{\pi}{64}d^3\approx0.0491d^3$	$e_x=0.2878d$ $y_S=0.2122d$	$i_x=0.1319d$ $i_y=\dfrac{d}{4}$
	$A=\dfrac{\pi(D^2-d^2)}{8}$ $=0.393(D^2-d^2)$ $=1.5708(R^2-r^2)$	$I_x=0.00686(D^4-d^4)-$ $\dfrac{0.0177D^2d^2(D-d)}{D+d}$ $I_y=\dfrac{\pi(D^4-d^4)}{128}$	$W_y=\dfrac{\pi d^3}{64}\left(1-\dfrac{d^4}{D^4}\right)$	y_S $=\dfrac{2(D^2+Dd+d^2)}{3\pi(D+d)}$	$i_x=\sqrt{\dfrac{I_x}{A}}$ $i_y=\sqrt{\dfrac{I_y}{A}}=\dfrac{1}{4}\sqrt{D^2+d^2}$
	$A=\dfrac{\pi}{4}d^2-d_1d$	$I_x=\dfrac{\pi d^4}{64}(1-1.69\beta)$ $I_y=\dfrac{\pi d^4}{64}(1-1.69\beta^3)$ $\beta=\dfrac{d_1}{d}$	$W_x=\dfrac{\pi d^3}{32}(1-1.69\beta)$ $W_y=\dfrac{\pi d^3}{32}(1-1.69\beta^3)$ 抗扭截面模数 $W_n=\dfrac{\pi d^3}{16}(1-\beta)$	$e_y=\dfrac{d}{2}$ $e_x=\dfrac{d}{2}$	$i=\sqrt{\dfrac{I}{A}}$
	$A=\dfrac{\pi}{4}d^2+\dfrac{Zb(D-d)}{2}$ （Z—花键齿数）	$I_x=\dfrac{\pi d^4}{64}+$ $\dfrac{bZ(D-d)(D+d)^2}{64}$	$W_x=$ $\dfrac{\pi d^4+bZ(D-d)(D+d)^2}{32D}$ 抗扭截面模数 $W_n=2W_x$	$e_y=\dfrac{D}{2}$ $e_x=\dfrac{d}{2}$	$i_x=\dfrac{1}{4}\times$ $\sqrt{\dfrac{\pi d^4+bZ(D-d)(D+d)^2}{\pi d^2+2Zb(D-d)}}$

简 图	面积 A	惯性矩 I	抗弯截面模数 $W=\dfrac{I}{e}$	重心 S 到相应边的距离 e	惯性半径 $i=\sqrt{\dfrac{I}{A}}$
	$A = \dfrac{\pi r^2 a}{360°}$ $= 0.00873 r^2 a = 0.01745 r a$ $l = \dfrac{\pi r a}{180°}$ $c = 2r\sin\dfrac{a}{2}$	$I_{x_1} = \dfrac{r^4}{8}\left(\pi\dfrac{a}{180°} + \sin a\right)$ $I_x = \dfrac{r^4}{8}\left(\pi\dfrac{a}{180°} + \sin a - \dfrac{64}{9}\sin^2\dfrac{a}{2}\times\dfrac{180°}{\pi a}\right)$ $I_y = \dfrac{r^4}{8}\left(\pi\dfrac{a}{180°} - \sin a\right)$		$y_S = \dfrac{2c}{3l}$	$i_x = \dfrac{r}{2}\sqrt{1 + \dfrac{\sin a}{a}\times\dfrac{180°}{\pi} - \dfrac{64}{9}\times\dfrac{\sin^2\dfrac{a}{2}}{\left(a\dfrac{\pi}{180°}\right)^2}}$ $i_y = \dfrac{r}{2}\sqrt{1 - \dfrac{\sin a}{a}\times\dfrac{180°}{\pi}}$
	$A = \dfrac{1}{2}\left[rl - c(r-h)\right]$ $c = 2\sqrt{h(2r-h)}$ $r = \dfrac{c^2 + 4h^2}{8h}$ $h = r - \dfrac{1}{2}\sqrt{4r^2 - c^2}$ $l = 0.01745 r a$ $a = \dfrac{57.296 l}{r}$	$I_{x_1} = \dfrac{br^3}{8} - \dfrac{r^4}{16}\sin 2a$ $I_x = I_{x_1} - A y_S^2$ $I_y = \dfrac{r^4}{8}\left(\dfrac{a\pi}{180°} - \sin a - \dfrac{2}{3}\sin a\sin^2\dfrac{a}{2}\right)$ $W_x = \dfrac{I_x}{r - y_S}$		$y_S = \dfrac{c^3}{12A}$	$i_x = \sqrt{\dfrac{I_x}{A}}$
	$A = \dfrac{\pi a}{180°}(R^2 - r^2)$	$I_{x_1} = \dfrac{R^4 - r^4}{8}\left(\dfrac{\pi a}{90°} + \sin 2a\right)$ $I_x = I_{x_1} - A y_S^2$ $I_y = \dfrac{R^4 - r^4}{8}\left(\dfrac{\pi a}{90°} - \sin 2a\right)$		$y_S = 38.197\dfrac{(R^3 - r^3)\sin a}{(R^2 - r^2)a}$	$i_x = \sqrt{\dfrac{I_x}{A}}$ $i_y = \sqrt{\dfrac{I_y}{A}}$

简 图	面积 A	惯性矩 I	抗弯截面模数 $W = \dfrac{I}{e}$	重心 S 到相应边的距离 e	惯性半径 $i = \sqrt{\dfrac{I}{A}}$
	$A = \pi ab$	$I_x = \dfrac{\pi a b^3}{4}$ $I_y = \dfrac{\pi a^3 b}{4}$	$W_x = \dfrac{\pi a b^2}{4}$ $W_y = \dfrac{\pi a^2 b}{4}$	$e_x = b$ $e_y = a$	$i_y = \dfrac{b}{2}$ $i_y = \dfrac{a}{2}$
	$A = \pi(ab - a_1 b_1)$	$I_x = \dfrac{\pi}{4}(ab^3 - a_1 b_1^3)$ $I_y = \dfrac{\pi}{4}(a^3 b - a_1^3 b_1)$	$W_x = \dfrac{\pi(ab^3 - a_1 b_1^3)}{4b}$ $W_y = \dfrac{\pi(a^3 b - a_1^3 b_1)}{4a}$	$e_x = b$ $e_y = a$	$i_x = \sqrt{\dfrac{I_x}{A}}$ $i_y = \sqrt{\dfrac{I_y}{A}}$
	$A = b(H - h)$	$I_x = \dfrac{b(H^3 - h^3)}{12}$ $I_y = \dfrac{b^3(H - h)}{12}$	$W_x = \dfrac{b(H^3 - h^3)}{6H}$ $W_y = \dfrac{b^2(H - h)}{6}$	$e_x = \dfrac{H}{2}$ $e_y = \dfrac{b}{2}$	$i_x = \sqrt{\dfrac{H^2 + Hh + h^2}{12}}$ $i_y = 0.289b$

简 图	面积 A	惯性矩 I	抗弯截面模数 $W=\dfrac{I}{e}$	重心 S 到相应边的距离 e	惯性半径 $i=\sqrt{\dfrac{I}{A}}$
	$A=a^2-\dfrac{\pi d^2}{4}$	$I=\dfrac{1}{12}\left(a^4-\dfrac{3\pi d^4}{16}\right)$	$W=\dfrac{1}{6a}\left(a^4-\dfrac{3\pi d^4}{16}\right)$	$e=\dfrac{a}{2}$	$i=\sqrt{\dfrac{16a^4-3\pi d^4}{48(4a^2-\pi d^2)}}$
	$A=BH+bh$	$I_x=\dfrac{BH^3+bh^3}{12}$	$W_x=\dfrac{BH^3+bh^3}{6H}$	$e_x=\dfrac{H}{2}$	$i_x=\sqrt{\dfrac{I_x}{A}}$

简　图	面积 A	惯性矩 I	抗弯截面模数 $W = \dfrac{I}{e}$	重心 S 到相应边的距离 e	惯性半径 $i = \sqrt{\dfrac{I}{A}}$
	$A = BH - bh$	$I_x = \dfrac{BH^3 - bh^3}{12}$	$W_x = \dfrac{BH^3 - bh^3}{6H}$	$e_x = \dfrac{H}{2}$	$i_x = \sqrt{\dfrac{I_x}{A}}$

简　图	面积 A	惯性矩 I	抗弯截面模数 $W=\dfrac{I}{e}$	重心 S 到相应边的距离 e	惯性半径 $i=\sqrt{\dfrac{I}{A}}$
	$A = BH - b(e_2 + h)$	$I_x = \dfrac{1}{3}\left(Be_1^3 - bh^3 + ae_2^3\right)$	$W_{x1} = \dfrac{I_x}{e_1}$ $W_{x2} = \dfrac{I_x}{e_2}$	$e_1 = \dfrac{aH^2 + bd^2}{2(aH + bd)}$ $e_2 = H - e_1$	$i_x = \sqrt{\dfrac{I_x}{A}}$

注　1. 表中 I_x、I_y 均为轴惯性矩；I_p 为极惯性矩。
2. 表中 a 为单位长度。

参 考 文 献

[1] 成大先 . 机械设计手册 . 北京：化学工业出版社，2003.

[2] 第一机械工业部 . 起重运输设备手册 . 北京：机械工业出版社，1991.

[3] 蒋平海 . 张力架线机械设备和应用 . 北京：中国电力出版社，2004.

[4] 姚国忱 . 康明斯柴油机构造与维修 . 沈阳：辽宁科学技术出版社，1997.

[5] 梁治明，丘侃 . 材料力学 . 北京：高等教育出版社，1998.

[6] 李庆林 . 架空送电线路施工手册 . 北京：中国电力出版社，2002.

[7] 单圣涤 . 工程索道 . 北京：中国林业出版社，2000.

[8] 郑丽风 . 架空索道悬链线理论研究 . 北京：中国林业出版社，1992.

[9] （日）堀高夫，林山茂明 . 悬索理论及其应用 . 北京：中国林业出版社，1992.

[10] （苏）杜盖尔斯基 . 架空索道及缆索起重机 . 北京：高等教育出版社，1955.

[11] 杨文渊 . 简明工程机械施工手册 . 北京：人民交通出版社，2001.

[12] 《建筑施工手册》(第四版)编写组 . 建筑施工手册(第4版). 北京：中国建筑工业出版社，2003.

[13] 国家电网公司基建部组编 . 国家电网公司输电线路工程货运架空索道运输标准化手册 . 北京：中国电力出版社，2010.

[14] 李博立 . 500kV 输电线路施工技术 . 北京：中国电力出版社，1999.

[15] 中国水利水电工程总公司 . 工程机械使用手册 . 北京：中国水利水电出版社，1998.

[16] 国家建委设备材料施工机械分配处 . 国外施工机械选编 . 北京：机械工业出版社，1981.